SpringerWienNewYork

Moritz Schlick Gesamtausgabe

Herausgegeben von

Friedrich Stadler (Wien)
und Hans Jürgen Wendel (Rostock)

Abteilung I: Veröffentlichte Schriften
Band 5

Moritz Schlick

Rostock, Kiel, Wien

Aufsätze, Beiträge, Rezensionen
1919–1925

Herausgegeben und eingeleitet von

Edwin Glassner
und Heidi König-Porstner
unter Mitarbeit von Karsten Böger

SpringerWienNewYork

Edwin Glassner (Institut Wiener Kreis)
Heidi König-Porstner (Institut Wiener Kreis)
Karsten Böger (Moritz-Schlick-Forschungsstelle)

FWF Der Wissenschaftsfonds.

Gedruckt mit Unterstützung des
Fonds zur Förderung der wissenschaftlichen Forschung, Wien.

SpringerWienNewYork ist ein Unternehmen von
Springer Science+Business Media
springer.at

LaTeX-Programmierung und Satz: Christian Damböck (Wien)
Satztechnische Bearbeitung und Endlayout: Mathias Iven (Rostock)

Der Umschlag wurde basierend auf einem Entwurf von Rüdiger Fuchs (Rostock) vom Verlag gestaltet.

Gedruckt auf säurefreiem, chlorfrei gebleichtem Papier – TCF
SPIN: 11680765

Bibliografische Information der Deutschen Nationalbibliothek
Die Deutsche Nationalbibliothek verzeichnet diese Publikation in der Deutschen Nationalbibliografie; detaillierte bibliografische Daten sind im Internet über http://dnb.ddb.de abrufbar.

ISBN 978-3-211-32769-2 SpringerWienNewYork

M. Schlick

Editorial

Die philosophische und wissenschaftstheoretische Entwicklung des 20. und 21. Jahrhunderts ist nachhaltig durch den Logischen Empirismus geprägt, der in der Zwischenkriegszeit wesentlich von den Mitgliedern des Wiener Kreises ausgearbeitet wurde. Ein führender Kopf und Begründer des Wiener Kreises war der 1882 in Berlin geborene Physiker und Philosoph Moritz Schlick, der von 1911 bis 1921 an der Universität Rostock, von 1922 bis zu seiner Ermordung 1936 an der Universität Wien forschte und lehrte. Seine innovativen Beiträge im Rahmen einer wissenschaftlichen Philosophie und modernen Wissenschaftstheorie reichen von der Naturphilosophie, der Erkenntnistheorie, der Sprachphilosophie bis hin zur Ethik und Ästhetik im Kontext des Wiener Kreises und in enger Wechselwirkung mit dem Denken von Albert Einstein, Bertrand Russell und Ludwig Wittgenstein. Seine Werke haben die moderne Philosophy of Science entscheidend mitgeprägt.

Mit der bei SpringerWienNewYork ab 2006 erscheinenden kritischen Gesamtausgabe der Werke, nachgelassenen Schriften und Briefe von Moritz Schlick sowie der parallelen Erarbeitung seiner intellektuellen Biographie werden erstmals neben den bereits verstreut erschienenen (und inzwischen vergriffenen) Werken Schlicks auch bislang unveröffentlichte Schriften aus dem Nachlaß inklusive Korrespondenz der Forschung und Öffentlichkeit zugänglich gemacht. Die kritische Gesamtausgabe und die Biographie Moritz Schlicks zeichnen zusammen ein umfassendes und repräsentatives Bild eines der prägenden Philosophen des 20. Jahrhunderts und einer der Leitfiguren des Wiener Kreises des Logischen Empirismus. Damit wird zugleich ein wichtiger und bleibender Beitrag zur lange Zeit vernachlässigten und vielfach vergessenen deutsch-österreichischen Philosophie- und Wissenschaftsgeschichte geleistet. Die editorische

Arbeit an der Gesamtausgabe wird von einer eigenen Reihe *Schlick-Studien* begleitet und ergänzt, in der die aktuelle internationale Forschung über das Leben und Werk von Schlick dokumentiert wird.

Diese vom Österreichischen Fonds zur Förderung wissenschaftlicher Forschung (FWF) geförderte Gesamtausgabe ist das Resultat einer mehrjährigen nationalen und internationalen Kooperation: zwischen dem Institut Wiener Kreis an der Universität Wien, der Grazer Forschungsstelle und Dokumentationszentrum für Österreichische Philosophie auf österreichischer Seite sowie der Moritz-Schlick-Forschungsstelle an der Universität Rostock auf deutscher Seite.

Die Gesamtherausgeber danken Monika Schlick (Andover, MA) und George Moritz H. van de Velde-Schlick (Enschede) für die Bereitstellung der benutzten Schlick-Photographien, den Mitarbeitern in Wien, Graz und Rostock, den Mitgliedern des internationalen wissenschaftlichen Beirats für Ihre erfolgreiche Arbeit und begleitende Beratung, nicht zuletzt den Verantwortlichen des Springer Verlages für die gute Zusammenarbeit.

Wien und Rostock, im Dezember 2005

Friedrich Stadler
(Universität Wien und
Institut Wiener Kreis)

Hans Jürgen Wendel
(Universität Rostock)

Inhalt

Vorwort der Herausgeber

Im vorliegenden Band sind sämtliche unselbständig erschienenen Arbeiten Moritz Schlicks zusammengefaßt, die in den Jahren 1919 bis 1925 erschienen sind. Dazu zählen neben sowohl philosophisch als auch populärwissenschaftlich orientierten Aufsätzen zur in jenen Jahren vieldiskutierten Einsteinschen Relativitätstheorie zahlreiche Rezensionen, Arbeiten zu Hermann von Helmholtz sowie allgemein erkenntnistheoretische Aufsätze.

Schlick formuliert in den hier abgedruckten Texten mehrere wissenschaftsphilosophische Positionen: psychophysischen Parallelismus, Antivitalismus, erkenntnistheoretischen Realismus, Psychologismus, Naturalismus, Antiphänomenalismus, Empirismus. In den Debatten zur Philosophie von Raum und Zeit verfolgt Schlick eine besonders eigenständige Argumentationslinie, die sich deutlich von Positivismus und Kantianismus abhebt. Helmholtz wird als Empirist gedeutet und damit der Kantischen Tradition entrückt – eine Deutung, in der Schlick sich dem Philosophen Benno Erdmann anschließt und die (bei Schlick und bei Erdmann) ebenfalls eng mit dem Verhältnis zwischen Geometrie und Erfahrung zusammenhängt. Dabei werden auch zeitgenössischen Ergebnisse aus der experimentellen Psychologie berücksichtigt. Den Abschluß des Bandes bildet Schlicks als Lehrbuch konzipierte „Naturphilosophie" (1925b *Naturphilosophie*), die einen aufschlußreichen Überblick über Schlicks naturphilosophische Positionen während seiner hier dokumentierten „mittleren" Schaffensperiode darstellt.

Fern der rein philosophischen Behandlung einer Physik, die das 20. Jahrhundert prägen sollte, spielen im vorliegenden Band auch politisch-kulturelle Implikationen eine wichtige Rolle. Im Zuge zunehmend antisemitisch konnotierter Polemik gegen Albert Einstein und verzerrender Darstellungen der Relativitätstheorien durch Medien und Kritiker kam auch den hier abgedruckten populärwissenschaftlichen Arbeiten Schlicks wesentliche Bedeutung bei: politisch-historische Hintergründe hierzu werden in den jeweiligen editorischen Berichten der Texte sowie in der Bandeinleitung dargelegt.

Zwei der hier abgedruckten Arbeiten – die Rezension von Einsteins berühmter Rede „Geometrie und Erfahrung" (1921i *Rezension/Einstein*) sowie der Zeitungsartikel 1923d *Relativitätstheorie und Philosophie* – waren bislang unbekannt und sind erst im Zuge der Recherchen zum vorliegenden Band wiederentdeckt worden.

Zum besseren Verständnis von 1921c *Erläuterungen/Helmholtz* – den von Schlick verfaßten Herausgeberfußnoten zu zwei Aufsätzen Hermann von Helmholtz' – wurden die entsprechenden Originaltexte von Helmholtz im Anhang zu den Erläuterungen abgedruckt.

Die Herausgeber danken allen Mitarbeitern des Editionsprojekts, insbesondere Christian Damböck (Wien) und Christoph Limbeck-Lilienau (Wien) für ihre Beiträge zum Band sowie Johannes Friedl (Graz) für die maßgebliche Bearbeitung von 1925b *Naturphilosophie* und 1924 *Rezension/Planck*. Für wertvolle Hinweise im Zuge der Endredaktion bedanken wir uns herzlichst bei Fynn Ole Engler und Mathias Iven (beide Rostock). Bei Christian Damböck bedanken wir uns ferner für die kompetente technische Umsetzung und Betreuung bei der Realisierung des Bandes.

Unser ganz besonderer Dank für die finale Bearbeitung des vorliegenden Bandes gilt unserem Rostocker Kollegen Karsten Böger.

Für wichtige inhaltliche Hinweise und Hilfe bei Recherchen danken wir Massimo Ferrari (Turin), Marco Giovanelli (Tübingen), Dieter Hoffmann (Berlin), Anne J. Kox (Amsterdam), Tom Oberdan (Clemson), Gianluigi Segalerba (Wien), Catherine Wilson (New York), Kurt Walter Zeidler (Wien). Ihren besonderen Dank spricht Heidi König-Porstner Maximilian Kreuzer (TU Wien, † 2010) aus, für zahlreiche erhellende Gespräche zur in diesem Band behandelten Physik.

Für die professionelle Beantwortung von Anfragen und die Bereitstellung von Archivmaterial danken wir Brigitta Arden (Archives of Scientific Philosophy, Pittsburgh), Thomas Binder (Forschungsstelle und Dokumentationszentrum für Österreichische Philosophie, Graz), Peter Graf (Zentralbibliothek für Physik, Wien), Babette

Heusterberg (Bundesarchiv, Berlin), Elisabeth Hunerlach (Universitätsarchiv, Heidelberg), Brigitte Parakenings (Philosophisches Archiv der Universität Konstanz), Marlinde Schwarzenau (Deutsches Museum, München), Manuela Vack (Bundesarchiv Koblenz), Judith Vollmer (Universitätsarchiv Düsseldorf), Frank Wittendorfer (Siemens-Archiv), Barbara Wolf (Springer Verlagsarchiv, Heidelberg).

Neben dem *Fonds zur Förderung der wissenschaftlichen Forschung (FWF)* – der die Arbeit von Edwin Glassner und Heidi König-Porstner finanzierte – gilt unser besonderer Dank dem Institut für Zeitgeschichte und dem Institut Wiener Kreis sowie dessen Leiter (und FWF-Projektleiter) Friedrich Stadler. Durch die hier in großzügiger und zuvorkommender Weise zur Verfügung gestellten Einrichtungen und Mittel konnte die Durchführung der Arbeiten an diesem Band erst ermöglicht werden.

Edwin Glassner
Heidi König-Porstner

Wien, im April 2012

Verzeichnis der Siglen, Abkürzungen, Zeichen und Indizes

Verwendete Siglen

A	Erstveröffentlichung
DF	Druckfahne
Ms1, Ms2	weitere Manuskripte
MSGA	*Moritz Schlick Gesamtausgabe*

Abkürzungsverzeichnis[1]

a. a. O.*	am angeführten Ort
a. d. S.	an der Saale
a. o. Professor	außerordentlicher Professor
Abschn.	Abschnitt
Abt., Abtl.	Abteilung
Allgem.*	Allgemein
Anm., Anmerk.	Anmerkung
Ann.	Annalen
ASP	Archives for Scientific Philosophy
Aufl.	Auflage
Ausg.*	Ausgabe
Bd.	Band
beob.*	beobachtet

1 Die mit * versehenen Abkürzungen finden sich in dieser Form ausschließlich in den in diesem Band abgedruckten Texten von Schlick.

Ber. d. Deutsch. Physik. Ges.*	Berichte der deutschen Physikalischen Gesellschaft
berechn.*	berechnet
bes.	besondere
bezw., bzw.	beziehungsweise
Bk.*	Book
bspw.	beispielsweise
cm/sec^2*	Zentimeter pro Sekundenquadrat
ders.	derselbe
d. h.	das heißt
d. i.	das ist
div.	Divergenz
DPG	Deutsche Physikalische Gesellschaft
Dr.	Doktor
E.	Einstein
ebd.	ebenda
Ed. Gerh.	Edition Gerhardt
Einl.	Einleitung
Erk.	Erkenntnis
etc.	et cetera
evtl.	eventuell
f.	folgende
Fasc.	Fascicolo
FDÖP	Forschungs- und Dokumentationszentrum für Österreichische Philosophie
ff.	folgende
Fig.	Figur
g	Gramm
G.	Generatio
G. m. b. H.	Gesellschaft mit beschränkter Haftung
geb.*	gebunden
geh.*	geheftet
Hrsg.	Herausgeber
i. d.*	in der
insbes.	insbesondere
Inv.-Nr.	Inventarnummer

Jg.	Jahrgang
Kap.	Kapitel
Kgl.	königliche
km*	Kilometer
KPD	Kommunistische Partei Deutschlands
Kritik d. r. Vernunft	Kritik der reinen Vernunft
l. c.*	loco citato
Lib.	Liber
log*	Logarithmus
M, M.	Deutsche Mark
M. a. W.	Mit anderen Worten
m. E.	meines Erachtens
Metaph. Anfangsgr.	Metaphysische Anfangsgründe
MS, Ms	Manuskript
Nr.	Nummer
orig.	original
philos.	philosophisch(e)
Philos. Gesellsch.*	Philosophische Gesellschaft
physik.	physikalisch(e)
Physiolog. Optik, Physiol. Optik*	Physiologische Optik
p., pp.	page, pages
Prof.	Professor
Proleg.	Prolegomena
Pt.*	Part
qcm*	Quadratzentimeter
R. Th., Rel.-theorie	Relativitätstheorie
Repr.	Reprint
resp.	respektive
S.	Seite
s.*	siehe
Sept.	September
Ser.	Serie
sog.	sogenannt(e)
Sp.	Spalte
st. K.	starrer Körper

Tl.	Teil
Tom.	Tomo
u. a.	unter anderem; und andere
u. d. T.	unter dem Titel
u. s. w.*, usw.	und so weiter
übers.	übersetzt
usf.*	und so fort
v.	von, vom; versus
v. a.	vor allem
v. Chr.	vor Christus
v. u.*	von unten
vergl.*	vergleiche
vgl.	vergleiche
Vierteljahrsschr. f. wiss. Phil.*	Vierteljahrsschrift für wissenschaftliche Philosophie
Vol.	Volume
W. u. H.*	Wissenschaft und Hypothese
Wiss. Abh.*, Wiss. Abhandl., Wissenschaftl. Abhandl.,	Wissenschaftliche Abhandlungen
z. B.	zum Beispiel

Verwendete Zeichen und Indizes

Schlicks Fußnoten werden durch hochgestellte arabische Ziffern mit Klammern gekennzeichnet [1)], *textkritische Fußnoten* durch hochgestellte lateinische Kleinbuchstaben[a], *Herausgeberfußnoten* durch hochgestellte arabische Ziffern [1]. Treten in textkritischen Fußnoten Herausgeberfußnoten als *Metafußnoten* auf, so werden diese mit der Nummer der textkritischen Fußnote plus einer laufenden Ziffer symbolisiert (bspw. ist [b−2] die zweite Metafußnote in der textkritischen Fußnote [b]).

Die Angabe von *Paginierungen* erfolgt im laufenden Text durch das Symbol | und die Angabe der Seite als Marginalie. (In Fußnoten 1
erfolgt die Seitenangabe $|_1$ direkt bei dem Paginierungssymbol.)

Streichungen ⟨⟩ bzw. ⟨*Einfügungen*⟩ oder $_1$⟨*Umstellungen*⟩ werden durch Winkelklammern symbolisiert, ⌊*Ersetzungen*⌋ durch eckige Halbklammern. Der gestrichene oder ersetzte Text wird in einer textkritischen Fußnote beigefügt. Bei Umstellungen geben die tiefgestellten Indizes die ursprüngliche Reihenfolge an. [*Zusätze*] des Herausgebers stehen – wenn nicht anders gekennzeichnet – in eckigen Klammern.

a Im textkritischen Apparat werden ⟨Originaltexte Schlicks⟩ durch Winkelklammern und einen anderen Schrifttyp hervorgehoben.

Einleitung

1919 bis 1925

1919, kurz nach Erscheinen seines Opus magnum 1918 *Erkenntnislehre* (*MSGA* I/1), nahm Moritz Schlick seine durch den Kriegsdienst unterbrochene Lehrtätigkeit an der Universität Rostock wieder auf. Im November desselben Jahres feierte diese Universität, an der er bereits seit 1911 gewirkt hatte, ihr fünfhundertjähriges Bestehen. Zu diesem Anlaß wurden sowohl seinem Doktorvater Max Planck als auch Albert Einstein, mit dem Schlick seit 1915 in engem Kontakt stand, Ehrendoktorate verliehen.

„Plancks Theorie der Quanten und Einsteins Theorie der Relativität – das sind die beiden gewaltigen Gedankengebäude, die der gegenwärtigen Physik ihr charakteristisches Antlitz geben",[1]

schrieb Schlick Anfang der Zwanzigerjahre. Die Ehrung dieser beiden Gelehrten, deren Wirken aus seiner eigenen Biographie nicht wegzudenken ist, dürfte einen der Höhepunkte seiner Rostocker Zeit dargestellt haben (siehe den editorischen Bericht zu 1920h *Rostocker Ehrendoktoren*, in diesem Band). Plancks Realismus hatte in der Philosophie des jungen Schlick deutliche Spuren hinterlassen.[2] Was Einstein angeht, so hatte der promovierte Physiker Schlick sich mit philosophischen Interpretationen von dessen spezieller (1915 *Relativitätsprinzip*, *MSGA* I/4) und allgemeiner Relativitätstheorie (1917a *Raum und Zeit*, *MSGA* I/2) bereits während der Kriegsjahre einen

1 1924 *Rezension/Planck*, in diesem Band.

2 Vgl. 1924 *Rezension/Planck* sowie 1925b *Naturphilosophie*, beide in diesem Band.

Namen gemacht. Auf der Suche nach neuen akademischen Herausforderungen sollte den persönlichen Empfehlungen Plancks und Einsteins besonderes Gewicht beikommen, denn, wie Schlick noch im März 1920 schreibt:

> „Die Zahl der philosophischen Ordinarien, die für eine Philosophie wie die meine eintreten, ist ja nicht gross.“ [3]

Letztlich jedoch war es den unermüdlichen Bemühungen eines Religionsphilosophen zu danken, daß Schlick im Oktober 1921, kurz nachdem ihm in Rostock der Amtstitel eines außerplanmäßigen „a. o. Professors“ verliehen worden war, [4] einem Ruf nach Kiel folgen konnte. Heinrich Scholz war durch 1918 *Erkenntnislehre* (*MSGA* I/1) auf Schlick aufmerksam geworden und hatte sich insbesondere von dessen Behandlung des Wirklichkeitsproblems beeindruckt gezeigt. [5] Freilich dürfte auch er dem Wort Einsteins Bedeutung beigemessen haben. Anläßlich der Kieler Herbstwochen, so Scholz in einem Brief an Einstein,

> „sprachen wir auch von Moritz Schlick, und Sie nahmen die Gelegenheit wahr, um ihn mir warm ans Herz zu legen. Ich bin jetzt in der Lage, die Konsequenzen zu ziehen und ihn auf die Liste zu bringen, die wir für die Nachfolge des Herrn Martius[6] hier aufzustellen haben. Durchsetzen werde ich ihn in jedem Falle.“ [7]

Scholz hielt Wort. Zwar war die Stelle mit Karl Jaspers zunächst dem Vertreter einer völlig anderen philosophischen Richtung angeboten

3 Moritz Schlick an Albert Einstein, 13. März 1920. Als Ausnahme nennt Schlick den 1921 verstorbenen Philosophen Benno Erdmann, der ihn schon bei früheren Gelegenheiten immer wieder gefördert hatte. Vgl. hierzu die Einleitung in (*MSGA* I/1).

4 Vgl. Inv.-Nr. 84, C. 23.

5 Vgl. Heinrich Scholz an Moritz Schlick, 14. April 1919.

6 Götz Martius hatte von 1898 bis 1921 das Ordinariat für Philosophie an der Universität Kiel innegehabt. 1910 hatte Schlick – vermutlich auf Anraten Gustav Störrings – versucht, sich bei Martius zu habilitieren, mit Verweis auf seine damals noch nicht ausreichende Publikationstätigkeit jedoch eine abschlägige Antwort erhalten. Vgl. Götz Martius an Moritz Schlick, 23. Januar 1910.

7 Heinrich Scholz an Albert Einstein, 9. März 1921.

worden;[8] Jaspers lehnte jedoch ab und gab so Scholz erneut Gelegenheit, sich für den geschätzten Kollegen aus Rostock einzusetzen.[9] Ein zeitgleich an ihn ergangenes Angebot aus Erlangen[10] schlug Schlick zugunsten des Ordinariats in Kiel, das „gegenwärtig noch den größeren Wirkungskreis bieten [dürfte]",[11] aus.

Es sollte ein nur kurzer Aufenthalt werden. Noch bevor Schlick in Kiel angekommen war, hatten sich ihm bereits neue Perspektiven eröffnet. In einem als „streng vertraulich" ausgewiesenen Schreiben erkundigte sich Erich Becher schon im September, ob Schlick eventuell gewillt sei, „einen Ruf auf eine Wiener ordentliche Lehrkanzel" anzunehmen.[12] Becher, am Münchner Psychologischen Institut tätig und wie Schlick stark naturphilosophisch orientiert, hatte bereits Schlicks Bewerbungen für Kiel und Erlangen energisch unterstützt. Für das Ordinariat in Wien war er selbst vorgesehen gewesen, hatte sich jedoch nicht entschließen können, den Ruf anzunehmen.[13]

Die näheren Umstände von Schlicks Berufung nach Wien sind in der Einleitung zu *MSGA* I/6 dokumentiert.

Institutionen und Publikationsorgane

Die für den Entstehungskontext der hier abgedruckten Texte wesentlichen Institutionen, Publikationsorgane und Personen seien im Folgenden kurz vorgestellt.

Die *Kant-Gesellschaft*, Veranstalterin einer Konferenz zur Relativitätstheorie, die am 29. Mai 1920 in Halle an der Saale stattfand und

8 Vgl. *Frankfurter Zeitung*, 14. Juni 1921, S. 2.

9 Vgl. Heinrich Scholz an Moritz Schlick, 15. Juli 1921. Vgl. dazu auch 1922e *Rezension/Jaspers*, in diesem Band.

10 Vgl. *Frankfurter Zeitung*, 10. September 1921, S. 2.

11 Erich Becher an Moritz Schlick, 6. Oktober 1921.

12 Erich Becher an Moritz Schlick, 24. September 1921.

13 „Man hat mir dort ungemein viel geboten, aber auch hier wollen mich Fakultät, Universität und Ministerium mit allen Mitteln zum Bleiben bewegen." (Erich Becher an Moritz Schlick, 27. Juni 1921)

im Rahmen derer die Relativitätstheorie erstmals aus philosophischer Sicht kontrovers diskutiert wurde, hatte ihren Einfluß nach Kriegsende erheblich steigern können. Insbesondere Anfang der Zwanzigerjahre stieg die Zahl ihrer Mitglieder rapide an, nicht zuletzt, da auch die von Joseph Petzoldt 1912 in Berlin ins Leben gerufene Gesellschaft für positivistische Philosophie 1921 in ihr aufgegangen war. Gegründet worden war die *Kant-Gesellschaft* bereits 1904 von Hans Vaihinger, der Schlicks Werdegang seit spätestens 1914 mit Interesse verfolgt hatte. Die Ortsgruppe Berlin – wo Schlick 1917 seinen Vortrag „Wesen und Erscheinung" halten sollte[14] – wurde von Arthur Liebert geleitet. Auch die Redaktion der *Kant-Studien* – Publikationsort etlicher der hier abgedruckten Arbeiten Schlicks – hatte Vaihinger inne. Ab 1917 teilte er diese Aufgabe mit Max Frischeisen-Köhler, 1923 wurde sie Liebert und Paul Menzer übertragen.[15]

Die *Gesellschaft Deutscher Naturforscher und Ärzte*, Veranstalterin jener Naturforschertagung in Leipzig 1922, bei der Schlick einen der beiden Hauptvorträge halten sollte (1923a *Die Relativitätstheorie in der Philosophie*, in diesem Band), stand in enger Verbindung mit der 1898 aus der *Physikalischen Gesellschaft zu Berlin* hervorgegangenen *Deutschen Physikalischen Gesellschaft* (DPG).[16] Ungeachtet der Umgründung blieb die Dominanz der Berliner Fraktion innerhalb der DPG allerdings bestehen, was nach Kriegsende zu Separationserscheinungen führte, die nicht zuletzt politisch konnotiert waren: Dem liberaleren Berlin, repräsentiert durch Max Planck, Max von Laue und Emil Warburg, stand der konservativ ge-

14 Vgl. den editorischen Bericht zu 1919b *Erscheinung*, in diesem Band.

15 Vgl. Funke, *Kant-Studien 1896–1996*. Neben den *Kantstudien* waren als Organ für Vaihingers Philosophie des Als Ob die *Annalen der Philosophie* vorgesehen, deren erstes Heft 1919 erschien und die von Vaihinger gemeinsam mit Raymund Schmidt herausgegeben wurden. 1931 schließlich sollte aus den *Annalen der Philosophie* das Publikationsorgan des von Schlick begründeten Wiener Kreises werden: die *Erkenntnis*. Vgl. Hegselmann, *Geschichte der Erkenntnis*.

16 Abteilung 2 der Versammlungen der *Gesellschaft Deutscher Naturforscher und Ärzte* wurde von der DPG organisiert, ab 1919 wurde im Rahmen dieser Versammlungen auch deren Vorstand gewählt. Vgl. Forman, *Naturforscherversammlung 1920*.

prägte „süddeutsche Partikularismus"[17] eines Wilhelm Wien, später auch Philipp Lenards und Johannes Starks gegenüber. Letztere waren insbesondere anläßlich der Naturforschertagung in Bad Nauheim 1920, in deren Zentrum erneut Debatten um die von ihnen massiv bekämpfte Relativitätstheorie standen, sehr darum bemüht gewesen, die Berliner Dominanz innerhalb der DPG zurückzudrängen. In der Folge kam es zur Gründung von Gau-Vereinen: Am 1. Oktober 1921 wurde die *Physikalische Gesellschaft zu Berlin* wiedergegründet.[18] Bereits kurz danach, am 19. Oktober, erbat Max von Laue in deren Namen Schlicks Teilnahme als Festredner für eine gemeinsam mit der *Physiologischen* und der *Philosophischen Gesellschaft zu Berlin* ausgerichteten Helmholtz-Gedenkveranstaltung (siehe den editorischen Bericht zu *1922b Helmholtz*, in diesem Band).[19]

Der Zeitschrift *Naturwissenschaften* schließlich, in der Schlick bereits seit 1917 regelmäßig publiziert hatte, standen als Schriftleiter Arnold Berliner sowie der Physiologe August Pütter vor. Mit Berliner, dem Schlick seinerzeit von Benno Erdmann und Erich Becher als Autor einer relativitätstheoretischen Arbeit empfohlen worden war,[20] stand Schlick bis Ende der Zwanzigerjahre in regem Kontakt. Nicht nur zahlreiche der in diesem Band abgedruckten Rezensionen gehen auf dessen Anregung zurück, sondern auch die Herausgabe des Jubiläumsbandes zum 100. Geburtstag Hermann von Helmholtz' (siehe

17 Max Born an Felix Klein, 21. November 1920 (vgl. Forman, *Naturforscherversammlung 1920*, S. 57).

18 Vgl. Nelkowski, *Physikalische Gesellschaft zu Berlin*, S. F-144.

19 Eine Kooperation der *Physikalischen* mit der *Physiologischen Gesellschaft zu Berlin* zum Zweck der Ausrichtung einer Helmholtz-Gedächtnisfeier hatte es im übrigen bereits 1894 gegeben: Diese hatte 1899 die Errichtung des Helmholtz-Denkmals an der Berliner Universität zur Folge gehabt. Die Zusammenarbeit der beiden Gesellschaften für jene Feier im Jahr 1921, an der Schlick als Festvortragender teilnahm, war also trotz der erst kurz zuvor erfolgten Neugründung der *Physikalischen Gesellschaft zu Berlin* gewissermaßen schon „eingespielt". Vgl. dazu Schreier/Franke, *Geschichte der Physikalischen Gesellschaft zu Berlin*, S. F-58.

20 „So oft ich diesen Aufsatz zitiert sehe, freue ich mich aufs neue, dass mich damals der Weg von Erdmann über Becher zu Ihnen geführt hat." (Arnold Berliner an Moritz Schlick, 16. April 1924) Die Rede ist von der Aufsatzversion 1917a *Raum und Zeit* (*MSGA* I/2).

1921b *Vorrede/Helmholtz*, in diesem Band). Daß in die hier dokumentierte Schaffensperiode Schlicks auch die Besprechungen zweier Werke zur Biologie fallen, ist hingegen einer Initiative Pütters zu danken (1920f *Rezension/Kroner*, 1920g *Rezension/Driesch*).

Schriften zur Relativitätstheorie

Maßgeblich für die Entstehung eines Großteils der hier abgedruckten Texte sollte ein Experiment werden, dessen Resultate für die allgemeine Relativitätstheorie entscheidend waren. Anläßlich der Sonnenfinsternis vom 29. Mai 1919 war unter der Leitung der britischen Astronomen Arthur Stanley Eddington und Frank Dyson eine der zentralen Vorhersagen der Theorie – die Lichtablenkung in einem Schwerefeld – überprüft und in eindrucksvoller Weise bestätigt worden.[21] Nicht zuletzt aufgrund von Sensationsmeldungen besonders der angloamerikanischen Presse (die *London Times* etwa titelte: „Revolution in Science: New Theory of the Universe. Newtonian Ideas Overthrown")[22] zog die Relativitätstheorie rasch ein weit über Fachkreise hinausreichendes Interesse auf sich. Die internationale Bekanntheit, die Einstein in der Folge erlangte, sowie die insbesondere in Deutschland sehr kontroverse und oft mißverständliche Diskussion seiner Theorien blieben auch hinsichtlich Schlicks Wirken nicht ohne Einfluß. Nach 1919 stieg der Bedarf an allgemeinverständlich gehaltenen Darstellungen, die auch mathematisch nicht geschulten Lesern Zugang zu den neuen Konzepten schaffen sollten, rapide an.[23] Als einer ihrer Kenner und ersten philosophischen Interpreten lag Schlick als Autor populärer Texte nahe und wurde

21 Vgl. Dyson et al., *Determination of the Deflection of Light*.

22 *London Times*, 7. November 1919, S. 12.

23 Dies zeigt sich auch an der Aufnahme von Schlicks 1917b *Raum und Zeit* (*MSGA* I/2). Die zweite Auflage war zu Beginn 1919 erschienen, vgl. 1919e *Selbstanzeige*, in diesem Band. Bereits 1920 mußte die Monographie ein drittes Mal aufgelegt werden und erschien – als eine der ersten Arbeiten eines deutschen Autors, die nach Kriegsende in England verlegt wurde – zeitgleich mit ihrer englischsprachigen Übersetzung. Die vierte und letzte Auflage erschien 1924. Für Details vgl. die Einleitung zu *MSGA* I/2.

nicht selten von Einstein selbst als solcher empfohlen (siehe dazu die editorischen Berichte zu 1920d *Einsteins Relativitätstheorie*, 1920e *Einsteins Relativitätstheorie und ihre letzte Bestätigung*, 1920h *Rostocker Ehrendoktoren*, alle in diesem Band).[24] Von seiner fortgesetzten Beschäftigung mit der Rezeption und Entwicklung der Theorie zeugen auch die von ihm verfaßten Rezensionen zeitgenössischer Relativitätsliteratur (1921e *Rezension/Bloch*, 1921f *Rezension/Weyl*, 1921i *Rezension/Einstein*, 1923b *Rezension/Thirring*, 1923c *Rezension/Winternitz*, in diesem Band). Als schließlich Hans Vaihinger eine

„Preisaufgabe über das Verhältnis der Einstein'schen Relativitätstheorie zur Philosophie der Gegenwart mit bes. Rücksicht auf die Philosophie des Als-Ob"[25]

ins Leben rief, war Schlick als Preisrichter Vaihingers erste Wahl: letztlich dürften sowohl Max von Laue als auch der Philosoph Ernst von Aster, die gemeinsam mit ihm die endgültige Kommission stellten, von Schlick selbst empfohlen worden sein. Unter den teilnehmenden Autoren, deren Arbeiten in den *Kant-Studien* veröffentlicht

24 Nicht alle in diesem Zusammenhang von Schlick geplanten Publikationen kamen zustande: So fiel ein für das *Berliner Tageblatt* verfaßter Artikel vermutlich einem Zeitungsstreik zum Opfer, vgl. den editorischen Bericht zu 1920d *Einstein*, in diesem Band. Der Streik ist dokumentiert in: Wulf, *Das Kabinett Fehrenbach*, S. 225. Vgl. auch die entsprechenden Hinweise im *Berliner Tageblatt*, 15. Oktober 1920. Ein von der englischen Zeitschrift *Monist* angeforderter und in der Korrespondenz mit Einstein erwähnter Artikel konnte nicht aufgefunden werden (vgl. *The Monist* an Moritz Schlick, 23. September 1920). Ein weiterer Text, mit dem Schlick sich an einem Einstein-Preisausschreiben des *Scientific American* beteiligt hatte, kam, da er sich letztlich nicht unter den prämierten Arbeiten fand, zwar nicht zur Publikation, doch wird in der Einleitung des resultierenden Bandes ausführlich daraus zitiert. Vgl. Engler, *Schlicks Beitrag zum Einstein-Wettbewerb*.

25 Hans Vaihinger an Moritz Schlick, 13. Juli 1920. Mäzen für das Preisausschreiben war Victor Altmann (siehe Hans Vaihinger an Albert Einstein, 13. Juli 1920 sowie Hans Vaihinger an Moritz Schlick, 26. Juni 1923). Es handelt sich dabei vermutlich um den Banker und späteren geschäftsführenden Gesellschafter der Firma von Oskar Messter. Vgl. Bundesarchiv Koblenz, N 1275/296.

wurden,[26] fand sich auch ein Mitglied des späteren Wiener Kreises: der zu jener Zeit zwanzigjährige Herbert Feigl.[27]

Die Debatten um Einstein und um die mit seinen Theorien verbundenen neuen Begriffe des Raumes, der Zeit und der Materie sollten sich jedoch insbesondere in Deutschland rasch von der naturwissenschaftlich-philosophischen Ebene entfernen. War es Schlick zunächst darum zu tun gewesen, neukantianischen oder positivistischen Deutungen der Relativitätstheorie entgegen zu treten,[28] sah er sich bald auch mit den Polemiken jener konfrontiert, deren Gegnerschaft weniger auf philosophischen Differenzen denn auf Schwierigkeiten hinsichtlich des Verständnisses der physikalischen Inhalte beruhte. Vor diesem Hintergrund ist etwa seine Auseinandersetzung mit dem Physiker Ernst Gehrcke (1921h *Rezension/Gehrcke*, in diesem Band) sowie mit den Philosophen Hugo Dingler und Oskar Kraus zu sehen (siehe 1921d *Rezension/Dingler* und 1923d *Relativitätstheorie und Philosophie*, beide in diesem Band).

Anzumerken ist in diesem Zusammenhang, daß sich Schlick – wie etwa auch Planck – der gesellschaftspolitischen Tragweite solcher Mißverständnisse offenbar erst mit einer gewissen Verspätung bewußt wurde. Im April 1920 hatte Hans Vaihinger ihn zur Teilnahme an der bereits erwähnten Konferenz zur Relativitätstheorie und Philosophie des Als Ob in Halle an der Saale eingeladen. Mit dem als Hauptredner vorgesehenen Prager Philosophen Oskar Kraus sollte dort ein dezidierter Gegner der Einsteinschen Theorien auf den Plan treten. Vaihinger, mit Schlicks entsprechenden Arbeiten wohlvertraut, formulierte vorsichtig einen Bedarf an Diskutanten aus dem Lager der Verteidiger. Dies sei

26 Vgl. *Kant-Studien* 28, 1923, S. 500.

27 Zu Feigls Beitrag, der mit einer lobenden Erwähnung bedacht wurde, vgl. Inv.-Nr. 170, A. 166 sowie Inv.-Nr. 163, A. 127, S. 2. Feigl hatte in den Jahren 1922 und 1923 bei Schlick Vorlesungen zur Naturphilosophie sowie zu Logik und Erkenntnistheorie besucht. Vgl. Herbert Feigl an Moritz Schlick, 4. Mai 1923 und Moritz Schlick an Albert Einstein, 15. Juli 1923.

28 Vgl. 1915 *Relativitätsprinzip* (*MSGA* I/4) sowie die Auseinandersetzung mit Cassirer in 1921a *Neue Physik*, in diesem Band. Zu Schlicks Abgrenzung vom Positivismus Petzolds vgl. auch 1923a *Relativitätstheorie*, in diesem Band.

„umso wünschenswerter, als einerseits Herr Prof. Einstein selbst, der gegenwärtig in Holland ist, vielleicht nicht zu dem genannten Termin in Halle sein kann, und als andererseits der Vortrag von Herrn Prof. Kraus an der Einsteinschen Theorie von methodischen Gesichtspunkten aus Kritik üben wird".[29]

Auch Arnold Berliner, als Herausgeber der Zeitschrift *Naturwissenschaften* ständig an der Schnittstelle zwischen Wissenschaft und ihrer öffentlichen Wahrnehmung, wußte um die Bedeutung, die eine auf profunden Kenntnissen beruhende und klar verständliche Darstellung der Theorie in jener kritischen Zeit wachsender Gegnerschaft haben mußte und richtete an Schlick

„die im Namen einer Anzahl von Anhängern Einsteins an Sie ergehende Frage, ob Sie Ihre Anwesenheit in Halle in Erwägung gezogen haben [...] Wie mir kürzlich hier jemand sagte, setzt man im Lager der Einstein-Gegner grosse Hoffnungen auf die Diskussion, und es sei daher dringend notwendig, dass von der Seite der Philosophen jemand, der die Einsteinsche Theorie wirklich kenne und die physikalische Seite ebenso beherrsche wie die philosophische, in die Diskussion eingreifen würde. Und das kann sicherlich nur von Ihrer Seite geschehen."[30]

Sehr zum Verdruß Berliners konnte Schlick sich jedoch nicht zu einer Zusage entschließen.[31] Als Grund führte er Einstein gegenüber (neben schlechten Zugverbindungen) an, daß man

„den krampfhaften Bemühungen – besonders der Kantianer – um die Relativität ja mit ziemlicher Ruhe zuschauen [könne], da der baldige Sieg der Wahrheit so völlig sicher ist".[32]

29 Hans Vaihinger an Moritz Schlick, 18. Mai 1920.

30 Arnold Berliner an Moritz Schlick, 17. Mai 1920.

31 Die Bedeutung, die Berliner dem Ereignis beimaß, zeigt sich auch in einer Nachricht des Astronomen Erwin Freundlich an Schlick vom 25. Mai 1920. Ebenso wie jener war Freundlich von Berliner dringend um eine Teilnahme gebeten worden. Er berichtet von einer heftigen Auseinandersetzung, im Zuge derer Berliner „mir die bittersten Vorwürfe machte, weil ich mich entschlossen habe, nicht nach Halle zu fahren, da Einstein nicht dort sein wird und ich nur gewissermassen zu Einstein's ‚persönlichem Schutz' hinreisen wollte. Ich bin nämlich ganz der gleichen Ansicht wie Sie, dass sachlich aus der Debatte wenig positives herauskommen wird und glaube auch nicht, dass es Zeit und Mühe lohnt." (Erwin Freundlich an Moritz Schlick, 25. Mai 1920)

32 Moritz Schlick an Albert Einstein, 5. Juni 1920.

Spätestens ab August desselben Jahres, als es im Rahmen einer in der Berliner Philharmonie stattfindenden Vortragsveranstaltung zu heftigen, teils antisemitisch konnotierten Polemiken gegen Einstein selbst gekommen war (siehe dazu den editorischen Bericht zu 1921h *Rezension/Gehrcke* sowie zu 1920d *Einsteins Relativitätstheorie*, in diesem Band), sollte sich jedoch zeigen, daß sich die Gegnerschaft längst nicht mehr nur auf dem Boden naturwissenschaftlich-philosophischen Diskurses bewegte. Sowohl zum Zwecke des vermeintlichen Ad-absurdum-Führens der Theorie als auch zu deren Verteidigung wurden oft auch Tageszeitungen bemüht: Oskar Kraus' 1923 in der *Neuen Freie Presse* erschienener Artikel zum „gegenwärtigen Stand der Relativitätstheorie" sowie die in einem für seine Verhältnisse ungewöhnlich scharfen Ton abgefaßte Erwiderung Schlicks können als exemplarisch gelten für das sehr unterschiedliche Verständnisniveau, an dem Debatten zwischen Relativitätsgegnern und -befürwortern nicht zuletzt scheiterten (siehe 1923d *Relativitätstheorie und Philosophie*, in diesem Band).

In gemessenerer Form gibt Schlick in 1923a *Relativitätstheorie* (in diesem Band) gleichsam einen klärenden Überblick über philosophische und populäre Mißdeutungen der vieldiskutierten Theorien. Anlaß für diesen Text war die eingangs bereits angesprochene Naturforschertagung in Leipzig 1922, in deren Vorfeld die Hetze der Relativitätsgegner einen traurigen Höhepunkt erreicht hatte, der letztlich in Morddrohungen gegen Einstein selbst gipfelte. Auf Einladung Plancks hatte Schlick – neben seinem Studienfreund Max von Laue, der in Vertretung Einsteins zur Relativitätstheorie in der Physik gesprochen hatte – einen der beiden Hauptvorträge der Konferenz gehalten. Einmal mehr belegt dies die nicht zu unterschätzende Rolle, die Schlick in den frühen Zwanzigerjahren auch als Aufklärer und als prominenter Verteidiger der Theorie gespielt hatte.

Naturphilosophie

Im Zuge von Schlicks fortgesetzter Auseinandersetzung mit Einstein, mit dem jungen Philosophen Hans Reichenbach sowie mit Ernst

Cassirer läßt sich eine Vertiefung und Verfeinerung seines erkenntnistheoretischen und naturphilosophischen Verständnisses verfolgen, die schließlich in seiner Arbeit 1925b *Naturphilosophie* (in diesem Band) ihren vorläufigen Abschluß finden sollte. Der zum Teil in Briefwechseln nachvollziehbare Austausch mit den genannten Gelehrten findet sich in den editorischen Berichten zu 1921a *Neue Physik*, 1920c *Kausalprinzip*, 1922d *Rezension/Reichenbach* (alle in diesem Band) ausführlich dokumentiert. Inwieweit diese Entwicklung Eingang in die zweite Auflage von Schlicks 1918 *Erkenntnislehre* (*MSGA* I/1) gefunden hat, deren Erscheinen im Jahr 1925 den Abschluß der hier dokumentierten Periode darstellt, ist ebenfalls in den editorischen Berichten der jeweiligen Texte sowie in 1918 *Erkenntnislehre* (*MSGA* I/1) ausgeführt.

Seit jeher schien es Schlick ein Anliegen gewesen zu sein, das 19. Jahrhundert – ob der Tendenz der Naturwissenschaften, sich von der Philosophie abzuwenden – als besonders düsteres Kapitel der Philosophiegeschichte zu exemplifizieren. Die Ursachen für diese Abwendung sah er im deutschen Idealismus Hegelscher Prägung begründet:[33]

„[T]atsächlich hat man in der 2. Hälfte des vorigen Jahrhunderts bis ganz vor kurzem ziemlich allgemein behauptet: Es gibt gar keine Natur-Philosophie. Ja, der Name selbst war verrufen, es wurden so gut wie keine Vorlesungen mit dem Titel Natur-Philosophie in dieser Periode gehalten, die Naturforscher spotteten oder zuckten die Achseln über sie und sahen die Versuche zur Natur-Philosophie so an, wie etwa der Mediziner den Heilkundigen ansieht. Und diese Verachtung aller naturphilosophischer Spekulation war durchaus erklärlich, und auch gerechtfertigt, denn was als sog. Naturphilosophie in der ersten Hälfte des vorigen Jahrhunderts produziert worden war, das waren allerdings Leistungen, die den Hohn und Spott der echten Naturforscher in höchstem Grade herausfordern mußten. Vor allem Schelling und Hegel waren es, die zu Anfang des vorigen Jahrhunderts große Systeme der Natur-Philosophie aufgestellt hatten. Das war in der sog. Blütezeit der deutschen Philosophie, die aber in Wahrheit eine Zeit des elenden Zerfalls war. Diese Denker hatten von der Philosophie, d. h. von ihrer eignen, eine außerordentlich hohe Meinung. Sie mißachteten die Methoden der Naturwissenschaft, durch die so ungeheure Erfolge in der Welterklärung erziehlt waren, also exakte Beobachtung, Experiment und Rechnung, sie glaubten, die Philosophie bedürfe

33 Zu Schlicks erkenntnistheoretischer Kritik an Hegel vgl. 1918 *Erkenntnislehre*, S. 75 (*MSGA* I/1, S. 304) sowie die davon geringfügig abweichende ursprüngliche Formulierung in Inv.-Nr. 151, A. 97-4.

aller dieser wirksamen Hilfsmittel nicht, sondern könne durch bloßes Nachdenken die Natur ergründen und alle Naturgesetze durch bloßes Spekulieren auffinden, ohne Experiment und Beobachtung."[34]

Als maßgeblich für die „Wiedergeburt der (Natur-)Philosophie"[35] in der zweiten Hälfte des 19. Jahrhunderts betrachtete Schlick den Experimentalpsychologen Wilhelm Wundt. Obwohl dessen Philosophie als idealistisch zu bezeichnen sei, müsse man zugestehen, daß Wundts „Wirklichkeitssinn die Ideen stets richtig züg[le] und auf den Weg zurücklenk[e], der durch die Tatsachen vorgeschrieben" ist.[36] Anders als Wundt war Schlick jedoch der Ansicht, der Philosophie eine eigenständige Funktion zuschreiben zu können.

„Da nun Philosophie nicht nur, wie Wundt sagt, ‚die allgemeine Wissenschaft ist,' welche die durch die Einzelwissenschaften vermittelten allgemeinen Erkenntnisse zu einem widerspruchslosen System zu vereinigen hat, sondern auch die Voraussetzungen aller übrigen Wissenschaften zu prüfen unternimmt, so ergibt sich von selbst, daß letzten Endes nur die Philosophie eine befriedigende Theorie aller Erkenntnis [...] zu geben vermag[.]"[37]

An anderer Stelle heißt es:

„Jede Wissenschaft birgt wohl das Philosophische in sich als eigentliches Lebenprinzip, der Philosoph aber ist der Schatzgräber, der es ans Tageslicht bringt und läutert."[38]

An die analytische Aufgabe des „Schatzgräber-Philosophen" schließt für Schlick die konstruktive Aufgabe der Philosophie an,

34 Inv.-Nr. 161, A. 121 b, S. 4/5. Vgl. z. B. auch Inv.-Nr. 1, A. 2 a, S. 6 sowie Inv.-Nr. 6, A. 8, S. 2.

35 Vgl. die Nachlaßstücke „Antrittsvorlesung an der Universität Rostock, ‚Die Aufgabe der Philosophie in der Gegenwart'", 1911, Typoskript, Inv.-Nr. 1, A. 2 a, S. 6; „Philosophie der Gegenwart", undatierte Handschrift, Inv.-Nr. 6, A. 8, S. 1; vgl. auch Stumpf, *Die Wiedergeburt der Philosophie*.

36 „Philosophie der Gegenwart", undatierte Handschrift, Inv.-Nr. 6, A. 8, S. 12.

37 Undatierte Handschrift „Von den Kategorien und Anschauungsformen", Inv.-Nr. 151, A. 97-3, S. 5.

38 1915 *Relativitätsprinzip*, S. 148 (*MSGA* I/4).

„die Ergebnisse der Naturwissenschaft zum Aufbau eines lückenlosen und widerspruchslosen umfassenden Weltbildes zu verwerten".[39]

Die physikalischen Resultate der allgemeinen Relativitätstheorie forderten nun zu einer grundlegenden philosophischen Neuerung des Weltbildes heraus. Insbesondere der Neukantianismus sah sich diesbezüglich mit der Rolle, die nichteuklidische Geometrien für die „reine Anschauung" spielen, vor ein Problem gestellt. In deutlicher Abgrenzung seiner eigenen Position zu jener der Marburger Schule geht Schlick darauf in seiner Auseinandersetzung mit Ernst Cassirers *Zur Einsteinschen Relativitätstheorie* ein: Hier wird die „empiristische Ansicht"[40] als eigenständige Position formuliert, die es gestattet, die Prinzipien der Wissenschaften ausschließlich entweder als a posteriori Hypothesen oder als a priori Konventionen zu verstehen, womit Schlick den Empirismus als souveränes Drittes neben Kantianismus und Positivismus ermöglicht. Cassirer selbst hatte als einzigen wesentlichen Einwand gegen Schlicks 1917b *Raum und Zeit* (*MSGA* I/2) angeführt, daß die „Methode der Koinzidenzen" als synthetisch-apriorische Voraussetzung verwendet würde, um in der Anschauung objektives Wissen über Raum-Zeit-Punkte zu erlangen. Spätestens mit 1925b *Naturphilosophie*, in diesem Band, wird klar, daß Schlick bereit ist, sich vom direkten Nachweis von Raum-Zeit-Punkten im Gegebenen als einer objektiven empirischen Basis zu verabschieden. Dem Fortschritt der Wissenschaften ist nachzugeben: „die Philosophie darf sich nicht einmischen".[41]

Bereits die Einführung des Begriffs der impliziten Definitionen in 1918 *Erkenntnislehre* (*MSGA* I/1) war ja gerade als Ersatz für konkrete anschauliche Definitionen gedacht gewesen, welche dem bloß begrifflichen System der exakten Wissenschaften nicht genügen

39 [Vorlesung über Naturphilosophie], 1922–23, Typoskript, Inv.-Nr. 161, A. 121 b, S. 13. Vgl. für weitere Formulierungen die diversen Stellen in diesem Band S. 42, 331, 433, 434, 475, 487, 529, 531, 533, 534, 585, 602, 645.

40 Vgl. etwa 1921a *Neue Physik*, in diesem Band S. 227 sowie 1921c *Erläuterungen/Helmholtz*, in diesem Band S. 349.

41 [Vorlesung über Naturphilosophie], 1922–23, Typoskript, Inv.-Nr. 161, A. 121 b, S. 116.

könnten.[42] In den folgenden, hier dokumentierten Jahren, sollte Schlick (1921a *Neue Physik*, 1922d *Rezension/Reichenbach*, beide in diesem Band) das sogenannte Poincaré-Argument erarbeiten, gemäß welchem sich die Konvention als das eigentliche Apriori erweist, mit dem der Wissenschafter arbeitet. Ihren Niederschlag findet diese Ausarbeitung im Einschub des Kapitels „Definitionen, Konventionen, Erfahrung" in 1925a *Erkenntnislehre* (*MSGA* I/1): Hier wird die Zuordnung des Begriffs zur Wirklichkeit mittels Konvention – ohne Rekurs auf Anschauung – dargelegt; ein Ansatz, der einerseits ganz im Geiste der Denkpsychologie steht, welche besagt, daß höhere intellektuelle Vorgänge sich nicht auf der Ebene von Vorstellungen darstellen lassen.[43] Auf der anderen Seite hält Schlick Oswald Külpe, dem Begründer der Denkpsychologie, entgegen, daß der Philosophie eine souveräne, d. h. von den empirischen Wissenschaften unabhängige Erkenntnis gar nicht möglich sei, was jedoch als Korollar der von Külpe errichteten Grenze zwischen Philosophie und Wissenschaft so verstanden werden könnte.[44] Die Philosophie, obwohl sie doch nur von Begriffen handle, erfände sich einen speziellen Zugang zum selben Gegenstandsbereich, den auch die Wissenschaften bearbeiteten. Dementsprechend ist Johann Friedrich Herbarts Diktum „Philosophie ist Bearbeitung der Begriffe" für Schlick richtungweisend.[45] Der „königliche Weg der Philosophie" wird abgelehnt.[46]

Hermann von Helmholtz

Eine Sonderstellung nehmen im vorliegenden Band Schlicks Kommentare zu Arbeiten Hermann von Helmholtz' ein. Von Arnold Ber-

42 Vgl. zur Bedeutung, die der Begriff der Vorstellungen noch in 1910b *Wesen der Wahrheit* (*MSGA* I/4) spielt, z. B. Pulte, *Space between Helmholtz and Einstein*.

43 Vgl. die Einleitung in *MSGA* I/1.

44 Diese Grenzziehung wird auch kritisiert bei Becher, *Rezension/Külpe*, S. 355: „Eine einheitliche Definition, welche die Philosophie gegen die übrigen Wissenschaften scharf abgrenzen könnte, ist unmöglich."

45 Vgl. 1919b *Erscheinung*, in diesem Band S. 39.

46 Vgl. 1925b *Naturphilosophie*, in diesem Band S. 711.

liner als Herausgeber eines Helmholtz-Jubiläumsbandes vorgeschlagen, war Schlick keineswegs zufällig ein naheliegender Interpret der beiden Abhandlungen gewesen, sondern darf als in der Tradition Helmholtz' beheimatet gelten. Sein Doktorvater Planck war Helmholtz-Schüler; Alois Riehl, den Helmholtz als Philosophen sehr geschätzt hatte, zählt ebenso zu Schlicks frühesten Kontakten in der Gelehrtenwelt[47] wie der Helmholtz-Schüler Benno Erdmann, dessen Werk zu den „philosophischen Grundlagen von Helmholtz' Wahrnehmungstheorie" in den hier abgedruckten Erläuterungen ein besonderer Stellenwert beikommt.[48] Zu nennen sind schließlich auch Schlicks psychologische Studien bei Gustav Störring in Zürich, der seinerseits bei Helmholtz' Assistenten Wilhelm Wundt[49] studiert hatte.

Im ersten der von Schlick für den Jubiläumsband kommentierten Texte „Über den Ursprung und die Bedeutung der geometrischen Axiome" nimmt der Kongruenzbegriff eine zentrale Stellung ein. Dieser bedeutet bei Helmholtz, daß ein starrer Maßstab eingeschaltet wird, um voneinander entfernte Strecken miteinander zu vergleichen. Die so empirisch ausformulierte Vergleichbarkeit von Strecken, wie sie schon bei Kant unter dem Deckmantel der reinen Anschauung – also ohne Medium – garantiert wird, kommt Schlick insofern entgegen, als Einsteins Relativitätstheorie ebenfalls eine Absage an die unvermittelte Konstatierung eines Vergleichs von Strecken im Raum bedeutet. An eine derartige Interpretation hin zur zu Schlicks Zeit gegenwärtigen Physik sind aber weitere Bedingungen geknüpft, die bei Helmholtz nicht ausgeführt sind. Das ist zum einen die (von Schlick im Sinne Poincarés verstandene) konventionelle Festsetzung des starren Körpers (vgl. den „Zirkel", in diesem Band S. 280). Zum anderen kommt der Koinzidenzbegriff ins Spiel, wo der Maßstab an die zu messenden Objekte angelegt wird und die Skalenstriche mit den Enden der zu messenden Strecke zusammenfallen. Dieser findet

47 Die persönliche Bekanntschaft mit Riehl läßt sich auf spätestens 1910 datieren. Vgl. Alois Riehl an Moritz Schlick, 6. März 1910.

48 Siehe den editorischen Bericht zu 1921c *Erläuterungen/Helmholtz*, in diesem Band.

49 Vgl. hierzu auch die im Jahr 1920 erschienene Autobiographie: Wundt, *Erlebtes und Erkanntes*.

sich bei Helmholtz ebenfalls noch nicht.[50] Dennoch legen jene Stellen, an denen bereits Helmholtz an eine Verschränkung von Geometrie und Physik denkt, indem er eine „reine Raumlehre" ablehnt (vgl. unten in diesem Band S. 303), eine Interpretation im Geiste der Relativitätstheorie nahe, wenn auch diese Verschränkung von Geometrie und Mechanik (und Elektrodynamik) in der Relativitätstheorie in noch größerem Maße als bei Helmholtz vorliegt.

Auch die zweite Abhandlung, die Schlick mit Endnoten versieht, „Die Tatsachen der Wahrnehmung", dürfte für ihn mehr als bloße Auftragsarbeit gewesen sein, sondern seinem philosophischen Interesse entgegengekommen sein. Es wird hierin deutlich, welche Rolle auch die Entwicklungen der Psychologie für die Wissenschaftsphilosophie Schlicks gespielt haben.[51] Ein wiederkehrendes Grundthema in Schlicks Philosophie ist die Lehre von der Subjektivität der Sinnesqualitäten.[52] Nach dem von Schlick immer wieder angeführten Demokrit ist Galileo Galilei einer der ersten Denker der Neuzeit, der diese Lehre vertritt.[53] Die physiologische Psychologie hat allerdings ihre eigene „Fassung" dieser Doktrin formuliert (wie Schlick unten in

50 Allerdings finden sich bei Leibniz des öfteren „coincidentia". Vgl. Leibniz, *Sämtliche Schriften*, Reihe 6, Bd. 4.A, S. 564 f. und ders., *Philosophische Schriften*, Bd. VII, S. 196 und 236.

51 Diese Behauptung läßt sich auch im Hinblick auf die erste von Schlick kommentierte Abhandlung Helmholtz' illustrieren. Die empirische Psychologie drängte auf eine Umdeutung der Kant'schen Anschauungsformen Raum und Zeit als durch „Konstanz der allgemeine Eigenschaften" gekennzeichnete (damit war u. a. so etwas wie krümmungsfreier Raum gemeint), begriffliche Formen, die sich vom subjektiven Erfahrungsinhalt sondern ließen. Vgl. Nef, *Wundts Stellung zu Kant*, S. 17; Wundt, *System der Philosophie*, Erster Band, S. 105–107; ders., *Logik*, Erster Band, S. 474 f., 482, 487, 493, 502.

52 Vgl. Inv.-Nr. 151, A. 97-3, S. 1. Ein Verweis auf Frischeisen-Köhler, *Lehre von der Subjektivität der Sinnesqualitäten* findet sich überdies in Inv.-Nr. 180, A. 194, S. 36. Inv.-Nr. 163, A. 128 ist die Abschrift einer Passage aus Riehl, *Kriticismus*, Zweiter Band, Erster Teil, S. 59–64 zu diesem Thema. Siehe auch 1918 *Erkenntnislehre* (*MSGA* I/1), Kap. 28; 1919b *Erscheinung*, in diesem Band S. 39; 1922b *Helmholtz*, in diesem Band S. 475; 1923a *Relativitätstheorie*, in diesem Band S. 529 sowie 1925a *Erkenntnislehre* (*MSGA* I/1), Kap. 30.

53 Galilei wurde als Philosoph gewissermaßen von Paul Natorp wiederentdeckt und mit der psychologischen Interpretation der philosophischen Lehre von der Subjektivität der Sinnesqualitäten in Verbindung gebracht. Vgl. Natorp, *Des-*

diesem Band S. 303 festhält) und mit der Zeit inhaltlich verändert. Es ist dies das Gesetz der spezifischen Sinnesenergien, das zuerst von Johannes Müller beschrieben wurde.

„Wir mögen uns die Mahnung gelten lassen, daß Licht, Dunkel, Farbe, Ton, Wärme, Kälte, und die verschiedenen Gerüche und Geschmäcke, mit einem Worte, was Alles uns die fünf Sinne an allgemeinen Eindrücken bieten, nicht die Wahrheiten der äußeren Dinge, sondern die realen Qualitäten unserer Sinne sind, daß die thierische Sensibilität allein in diesen rein subjectiven Zweigen ausgebildet ist, wodurch das Nervenmark hier nur sich selbst leuchtet, dort sich selbst tönt, hier sich selbst fühlt, dort sich selbst riecht und schmeckt. [...] Die Wesenheit der äußeren Dinge und dessen, was wir äußeres Licht nennen, kennen wir nicht, wir kennen nur die Wesenheiten unserer Sinne."[54]

Die zunehmende Kritik an diesem Gesetz erforderte allerdings Veränderungen desselben, die einem schrittweisen Rückzugsgefecht glichen.[55] Man kann festhalten, daß es, wenn die Modalitätsunterschiede nicht in den Nerven begründet werden sollen, nur zwei Auswege gibt: entweder einen „Schritt hinaus" zu wagen und die Differenz in den Sinnesorganen selbst zu suchen, oder einen „Schritt hinein" zu tun und verschiedene Regionen des Gehirns mit unterschiedlichen Modalitäten zu identifizieren.

Den „Schritt hinein" hält Wilhelm Wundt, als führender Psychologe auch ehemaliger Vertreter des Gesetzes der spezifischen Sinnesenergien,[56] jedoch aus mehreren Gründen für nicht gangbar.[57] Einer davon ist der Regreß, der durch den „Schritt hinein" gesche-

cartes' Erkenntnistheorie, insbes. S. 135 und Fußnote 12 auf S. 186 sowie ders., *Galilei*.

54 Müller, *Physiologie des Gesichtssinnes*, S. 49 f. Vgl. auch ebd., S. 45 sowie ders., *Handbuch*, Zweiter Band, S. 254.

55 Vgl. Wundt, *Grundzüge*, Fünfte Auflage, Bd. I, S. 337.

56 Wundt, *Vorlesungen*, Erste Auflage, Bd. I, S. 181 f. begründete die „Differenz der Empfindungen" folgendermaßen: „Wenn man einen Nerven durchschneidet und dann an dem mit dem Gehirn noch in Verbindung stehenden Durchschnittsende mechanisch reizt, so entsteht dadurch nicht gerade die Empfindung des mechanischen Drucks, sondern es entsteht immer eine solche Empfindung, als wenn der Nerv mit seinem Sinnesorgan noch in Verbindung stände und dieses Sinnesorgan selbst von diesem Reiz betroffen würde."

57 Vgl. Wundt, *Grundzüge*, Erste Auflage, S. 226 f. und S. 346 f.

hen würde, wäre die Differenzierung der Empfindung nicht schon in der Nervenzelle, sondern erst im Gehirn zu finden.[58]

Dasselbe Argument wird von Alois Riehl in der ersten Auflage seines *Kriticismus* verwendet.[59] Er betont wiederholt, daß Helmholtz' Untersuchungen einer Aufhebung der ursprünglichen Formulierung des Gesetzes bei Müller gleichkämen.[60] Riehl konnte Helmholtz' „Tatsachen in der Wahrnehmung" zwar in der ersten Auflage seines Hauptwerks nicht berücksichtigen,[61] bringt aber in der zweiten, posthum erschienenen Auflage Änderungen an.[62] Darin mißt er den Unterschieden in den Gehirnregionen zwar eine gewisse Bedeutung bei, ist aber grundsätzlich nach wie vor mit Wundts Regreß-Argument einverstanden und macht lieber mit Oswald Külpe den „Schritt hinaus".[63]

In diesem Punkt denkt Schlick anders, da er zum einen ohne Angst vor dem Regreß den „Schritt hinein" beschreitet[64], und zum anderen damit eher die Rehabilitierung denn die Aufhebung des Gesetzes im Sinn zu haben scheint.

Protoverifikation

In naturphilosophischer Hinsicht ist es allerdings nicht die Psychologie, sondern die Physik, die die Basis für die Erkenntnis der Natur stellt. Es gilt daher: Solange es Regeln der Wissenschaften gibt, wie die Alltagswahrnehmung in den Makrobereich (oder den Mikrobereich) hinein erweitert werden kann, ist nicht nur die dementsprechende Erkenntnis dieser Gegenstände gerechtfertigt, sondern

58 Vgl. Wundt, *Vorlesungen*, Erste Auflage, Bd. I, S. 181–183. Vgl. auch ders., *Grundzüge*, Fünfte Auflage, Bd. I, S. 337.

59 Vgl. Riehl, *Kriticismus*, Zweiter Band, Erster Teil, S. 52.

60 Vgl. Riehl, *Kritizismus*, Zweiter Band, S. 71–73 sowie ders., *Helmholtz*, S. 703 f.

61 Vgl. Riehl, *Kriticismus*, Zweiter Band, Erster Teil, S. IV.

62 Vgl. Riehl, *Kritizismus*, Zweiter Band, S. IV.

63 Vgl. Riehl, *Kritizismus*, Zweiter Band, S. 75 f. sowie Feldman, *Wundt's Psychology*, insbes. S. 618–620.

64 Vgl. unten in diesem Band S. 303.

es kann auf der Basis dieser Prinzipien auch die Existenz dieser Gegenstände angenommen werden. Dieser quasi-realistische Anspruch wird vermutlich durch Planck beeinflußt worden sein (vgl. 1925b *Naturphilosophie*, in diesem Band S. 652). Es handelt sich dabei aber durchaus nicht um einen Konsens der damaligen Zeit, wie die folgende berühmte Stelle bei Eddington beweist, die später u. a. in Schlicks Seminar kritisch besprochen werden sollte.[65]

"I have settled down to the task of writing these lectures and have drawn up my chairs to my two tables. Two tables! Yes; there are duplicates of every object about me – two tables, two chairs, two pens. [...] One of them has been familiar to me from earliest years. It is a commonplace object of that environment which I call the world. How shall I describe it? It has extension; it is comparatively permanent; it is coloured; above all it is substantial. By substantial I do not merely mean that it does not collapse when I lean upon it; I mean that it is constituted of substance' and by that word I am trying to convey to you some conception of its intrinsic nature. [...] I do not think substantiality can be described better than by saying that it is the kind of nature exemplified by an ordinary table.

[...] Table No. 2 is my scientific table. It is a more recent acquaintance and I do not feel so familiar with it. It does not belong to the world previously mentioned that world which spontaneously appears around me when I open my eyes, though how much of it is objective and how much subjective I do not here consider. It is part of a world which in more devious ways has forced itself on my attention. My scientific table is mostly emptiness. Sparsely scattered in that emptiness are numerous electric charges rushing about with great speed; but their combined bulk amounts to less than a billionth of the bulk of the table itself. Notwithstanding its strange construction it turns out to be an entirely efficient table. [...] There is nothing substantial about my second table. It is nearly all empty space – space pervaded, it is true, by fields of force, but these are assigned to the category of 'influences', not of 'things'. Even in the minute part which is not empty we must not transfer the old notion of substance. In dissecting matter into electric charges we have travelled far from that picture of it which first gave rise to the conception of substance, and the meaning of that conception – if it ever had any – has been lost by the way. [...] Science has at last revolted against attaching the exact knowledge contained in these measurements to a traditional picture gallery of conceptions which convey no authentic information of the background and obtrude irrelevancies into the scheme of knowledge."[66]

65 Vgl. Inv.-Nr. 60, B. 40, Sommersemester 1931; Inv.-Nr. 16, A. 57 b. Die Kritik an Eddingtons Interpretation des Newtonschen Trägheitsgesetzes erinnert an Schlicks Diskussion mit Einstein: vgl. den editorischen Bericht zu 1925b *Naturphilosophie*, in diesem Band S. 589.

66 Eddington, *The Nature of the Physical World*, Introduction, pp. xi–xiii.

Genau wie Eddington beginnt Schlick, den „königlichen Weg der Philosophie"[67] abzulehnen und Erkenntnis als durch die wissenschaftliche Vorgangsweise festgelegt zu verstehen. Nur im Kontakt mit den Einzelwissenschaften ist besonderes, über den Alltag hinausgehendes Wissen zu erlangen. Für Schlick ist weder die Ablehnung des traditionellen wissenschaftlichen Wirklichkeitsbegriffs noch die Abwendung vom wissenschaftlichen Erkenntnisbegriff philosophisch zu rechtfertigen.

Im Gegensatz zu Eddington ist für Schlick allerdings die wissenschaftliche Welt permanent an die empirische Seite gebunden. Weder gibt es „irrelevancies", noch sind die Konventionen der Wissenschaft in einer Weise als willkürliche Stipulationen mißzuverstehen, daß sich zwischen einem Alltagsobjekt wie einem Tisch und seiner wissenschaftlichen Rekonstruktion ein Abgrund ergäbe. Vielmehr spiegelt die maximale Einfachheit des im engeren Sinne konventionellen Systems, in dem Naturgesetze formuliert sind, die Einheit der Natur wider. Diese Einheit wiederum erlaubt es, auf der Basis von Gleichheitserlebnissen jene Messungen durchzuführen, die eine Bestätigung der Naturgesetze auch für den nicht direkt erfahrbaren Makro- oder Mikrobereich erlauben.[68] Die Rückbindung an die empirische Prüfbarkeit von Gesetzen wird von Schlick daher folgendermaßen unterstrichen:

> „Die physikalische Wirklichkeit baut sich eben nicht aus direkt erlebbaren, beobachtbaren Daten auf, sondern ist nur an sie angeschlossen, und der Physiker hat allein dafür zu sorgen, daß dieser Anschluß an die Erfahrung jederzeit für alle Beobachtung aufrechterhalten bleibt."[69]

Gerade weil Schlick die Frage nach der Realität der Außenwelt zu einer epistemologischen Frage erhebt, bleibt die naturphilosophische Untersuchung davon unberührt. Die Erkenntnistheorie aber stellt für Schlick die Frage nach der Realität für den Makro- wie für den Mikrobereich – vermittelt über das Regelwerk der Wissenschaften –

67 Vgl. 1925b *Naturphilosophie*, in diesem Band S. 711.

68 Zu Schlicks Gesetzesbegriff als einem besonders sparsamen naturphilosophischen Grundbegriff des Empiristen vgl. die einschlägigen Stellen in diesem Band S. 106, 232, 335, 435, 502, 534, 590.

69 1925b *Naturphilosophie*, in diesem Band S. 670.

in gleicher Weise heraus. Beginnt Schlick die hier dokumentierte Zeit also in 1919b *Erscheinung*, in diesem Band, mit einem Ergebnis, welches der Erkenntnistheorie eine Beschränkung auferlegt, weil nur die Wissenschaften den Weg zur Erkenntnis der Natur vorgeben können und die Philosophie keinen Königsweg besitzt, um die Natur direkt zu erfassen, so endet er in 1925b *Naturphilosophie*, in diesem Band, mit einer Vorgabe der Erkenntnistheorie für die Naturphilosophie: Die Wirklichkeit der Außenwelt und der Weg zur Akkreditierung von Wirklichkeit kann nur von der Erkenntnistheorie bestimmt werden. Was allerdings grundsätzlich nicht in einem Zeichensystem (wie dem der Wissenschaften) erfaßt werden kann, ist von vornherein nicht zur Akkreditierung geeignet. Abseits der wissenschaftlich erweiterten Erfahrung läßt sich dementsprechend auch für die einfache Erkenntnis im Alltag, die für Schlick eben nicht grundsätzlich von wissenschaftlicher Erkenntnis unterschieden ist, Erfahrbarkeit als angebbare Methode definieren.

„Als der Anschauung zugänglich muß eine Sache gelten, wenn sich Methoden angeben lassen, mit deren Hilfe uns die Sache sinnlich vorstellbar gemacht werden könnte. Ein augenlos Geborener vermag auf keine Weise zu lernen, was ein Sehender empfindet, der ein Gelb wahrnimmt: für ihn gibt es also keine solche Methode.“ [70]

Damit formuliert Schlick seine „empiristische Anschauung“, die dem entspricht, was später in den Diskussionen des Wiener Kreises als Sinnkriterium von Protokollsätzen im Verbund mit dem Regelbegriff unter dem Einfluß Wittgensteins eine sprachphilosophische Dimension gewinnen wird.

70 1921c *Erläuterungen/Helmholtz*, in diesem Band S. 325.

Erscheinung und Wesen

Erscheinung und Wesen
Editorischer Bericht

Zur Entstehung

Am 25. Mai 1917 hielt Schlick vor der Versammlung der *Kant-Gesellschaft* in Berlin einen Vortrag mit dem Titel „Wesen und Erscheinung". Die Einladung dazu dürfte von Hans Vaihinger und Arthur Liebert, den Geschäftsführern der *Kant-Gesellschaft*, ausgegangen sein.[1] Wie aus der Ankündigung hervorgeht, wurde die Veranstaltung für „Studenten der Berliner Hochschulen" ausgeschrieben.[2] Im Anschluß – so berichtet die *Tägliche Rundschau*[3] – habe eine „fesselnde Aussprache" stattgefunden. Schlick wird mit der Aussage zitiert:

„[E]s gibt nur eine Wirklichkeit, und nur ein kleiner Teil dieser Wirklichkeit ist uns zeitweilig gegeben."[4]

Bereits im Vorfeld hatte die versöhnliche Verbindung, die Schlick zwischen dem Begriff der Wirklichkeit und dem der Erscheinung schaffen möchte, zu einer Auseinandersetzung mit Albert Einstein geführt. In der herkömmlichen Philosophie, so Schlick, würde die

1 Mit Vaihinger stand Schlick bereits seit 1914 in regem Kontakt, vgl. Briefwechsel Hans Vaihinger und Moritz Schlick, 1914–1923. Eine Übersicht über die Vortragstätigkeit der Gesellschaft aus jener Zeit findet sich in den *Kant-Studien*. Vgl. Liebert, *Vortragsveranstaltung*.

2 Die Einladung zu Schlicks Vortrag ist im Nachlaß erhalten: Inv.-Nr. 86, C. 30-1.

3 Kubsch, *Wesen und Erscheinung* (Inv.-Nr. 490, G. 9).

4 Ebd.

Welt der Erscheinung entweder als weniger real verleumdet (Platon, Kant) oder aber als die einzige Sphäre des Wirklichen dargestellt: demnach wären die Elemente der Wahrnehmung alles, was existiert (Mach). Für Schlick hingegen ist die Welt der Erscheinung um nichts weniger real als jenes, was gemeinhin als Wesen oder als Ding an sich bezeichnet wird. Er will damit jedoch keineswegs zwei verschiedene Reiche der Realität unterscheiden: beide sind Teile ein und derselben ontologischen Sphäre.

Einstein betrachtet diesen von Schlick vertretenen Wirklichkeitsbegriff als zu weit bzw. zu uneinheitlich gefaßt.

„Mach: Wirklich sind nur Empfindungen. Schlick: Wirklich sind Empfindungen und Ereignisse (physik. Natur). Es scheint mir nun, daß das Wort ‚wirklich' in verschiedenem Sinne genommen wird, je nach dem es von Empfindungen oder von Ereignissen bezw. Thatbeständen in physikalischem Sinne ausgesprochen wird. Wenn zwei verschiedene Völker unabhängig voneinander Physik treiben, werden sie Systeme schaffen, die bezüglich der Empfindungen (‚Elemente' im Sinne Machs) gewiß übereinstimmen. Die gedanklichen Konstruktionen, die die beiden zur Verknüpfung dieser ‚Elemente' ersinnen, können weitgehend verschieden sein. Beide Konstruktionen brauchen auch nicht übereinzustimmen bezüglich der ‚Ereignisse'; denn diese gehören sicherlich zu den begrifflichen Konstruktionen. Wirklich im Sinne von ‚in der Erfahrung unabweislich gegeben' sind gewiß nur die ‚Elemente', nicht aber die ‚Ereignisse'. Bezeichnen wir aber als ‚wirklich' das im Raum- und Zeitschema von uns Eingeordnete, wie Sie es in der Erkenntnistheorie gethan haben, so sind in erster Linie zweifellos die ‚Ereignisse' wirklich."[5]

Die daraus resultierende Debatte zwischen Einstein und Schlick ist im editorischen Bericht zu 1925b *Naturphilosophie*, in diesem Band, dokumentiert.

Ähnlichkeiten zwischen seiner eigenen und Schlicks Position stellt hingegen der Philosoph Erich Becher fest. Auch er unterscheidet zwischen „Kennen" und „Erkennen",[6] auch für ihn existieren verschiedene Arten des Realen innerhalb eines einzigen Wirklichkeitsbereichs. Doch hält Becher an der Unterscheidung von Erscheinung und Realem-an-sich fest:

„Meine Empfindung ist etwa zunächst ein Reales-an-sich; da sie aber zu anderen Realitäten, z. B. Wellenbewegungen, in gewissen Beziehungen steht, nenne ich

5 Albert Einstein an Moritz Schlick, 21. Mai 1917.

6 Vgl. Becher, *Naturphilosophie*.

sie in bezug auf diese ‚Erscheinung'. – Der Korrelatbegriff zu Wesen ist meines Erachtens eher Akzidenz als Erscheinung, der Korrelatbegriff zu Erscheinung aber An-sich-Seiendes."[7]

Daß Schlick im vorliegenden Aufsatz (siehe unten in diesem Band S. 46) das im Manuskript aufscheinende Adjektiv „modal" in „akzidentiell" abgeändert hat, mag diesem Hinweis Bechers zu verdanken sein.

Der im Frühjahr 1917 abgefaßte Vortrag war bereits in 1918 *Erkenntnislehre* (*MSGA* I/1), Kap. 26, eingegangen. In der Kapitelüberschrift „Wesen und ‚Erscheinung'" deuten die gesetzten Anführungszeichen abermals darauf hin, daß die dem Begriff „Erscheinung" gemeinhin innewohnende Bedeutung nicht mit jener übereinstimmt, die Schlick ihm geben möchte. Allerdings weicht das entsprechende Kapitel in einigen Punkten deutlich vom Text der hier abgedruckten Aufsatzversion ab. So fehlt etwa in 1918 *Erkenntnislehre* die im vorliegenden Text sehr ausführliche Behandlung der Vorsokratiker, im Zuge derer Schlick den „Fehler der Eleaten" geradezu als Paradebeispiel einer Bevorzugung der Wesens-Wirklichkeit auf Kosten der Wirklichkeit der Erscheinungen anführt. Weiters wird in der Aufsatzversion die bei Kant verortete kausale Wahrnehmungstheorie als bloße aus dem Reich der Erscheinungen stammende *Analogie* diskutiert (siehe unten in diesem Band S. 54). In 1918 *Erkenntnislehre* (*MSGA* I/1) hingegen wird dieser Punkt zu einer umfassenderen Kritik an jeglicher Verdoppelung im Sinne einer Ursache-Wirkung Beziehung und ihrer Anwendung in der Philosophie des Geistes ausgearbeitet.

Zur Überlieferung und Edition

Der Aufsatz erschien in *Kant-Studien* 23, Heft 2–3,[8] 1919, S. 188–208 (**A**). Im Nachlaß überliefert ist ein Manuskript (**Ms**).[9] Ms besteht aus 22 paginierten Seiten sowie einer varianten Abschrift der

7 Erich Becher an Moritz Schlick, 9. Januar 1919.

8 Am Ende des Inhaltsverzeichnisses des Heftes ist vermerkt: „Redaktionsschluß dieses Heftes am 1. Oktober 1918".

9 Inv.-Nr. 164, A. 130.

Seiten 19 und 21. Im textkritischen Apparat wird für diese beiden Seiten jeweils zwischen Ms 1 und Ms 2 unterschieden.

Der Abdruck folgt A, Variante ist Ms. Der Hervorhebungsweise in A (Sperrung) bzw. Ms (Unterstreichung) entspricht hier Kursivsetzung. Personennamen, in beiden Fassungen fallweise hervorgehoben, sind hier wie der Fließtext gesetzt. Nicht im textkritischen Apparat vermerkt ist die durchgängige Verwendung von „ss" in Ms statt „ß" in A, die abweichende Schreibweise einzelner Wörter (z. B. „Principien" in Ms statt wie in A „Prinzipien") sowie sofort eigenhändig ausgebesserte Schreibfehler. Abweichend ist auch die durchgehende Numerierung der Fußnoten, die in A und in Ms seitenweise gezählt sind.

Erscheinung und Wesen[a] A 188 Ms 1

Von der Philosophie haben ihre Freunde sowohl wie ihre Gegner zuweilen behauptet, daß sie niemals in demselben Sinne positive Arbeit leisten könne wie die Einzelwissenschaften. Sie bereichert, so heißt es, unser Wissen nie um neue Tatsachen, sondern nimmt nur auf anderm Wege bereits gefundene Tatsachen auf und sucht sie in ihr System einzufügen. Man entgegnet wohl: die Tatsachen seien auch gar nicht das Wichtige, einzig Belangreiche und Wesentliche menschlicher Wissenschaft, sondern das ⌊läge⌋[b] allein in den *Gedanken* über die Tatsachen, und in dem System dieser Gedanken, und deren Heimat sei in der Philosophie, von ihr würden sie in letzter Linie hervorgebracht.

Aber auch dies wird bestritten. Mit der Wahrnehmung der Tatsachen, sagt man, sind auch schon Gedanken über sie da, das Faktische ist nach Goethes Wort schon Theorie;[1] das vorwissenschaftliche und das einzelwissenschaftliche Vorstellungsleben des Menschen ist schon durchsetzt von Begriffen, enthält einen Schatz von Begriffen; mit ihm arbeitet die Philosophie und muß mit ihm arbeiten, ohne ihn wahrhaft bereichern zu können. Ihre Aufgabe

a Handschriftlich gestrichener Zusatz in Ms: ⟨Vortrag gehalten in der Kantgesellschaft in Berlin am 25. 5. 1917⟩ **b** Ms: ⟨liege⟩

1 Vgl. Goethe, *Werke*, Abt. II, Bd. 11, S. 131: „Das Höchste wäre, zu begreifen, daß alles Faktische schon Theorie ist. Die Bläue des Himmels offenbart uns das Grundgesetz der Chromatik. Man suche nur nichts hinter den Phänomenen; sie selbst sind die Lehre." Vgl. Erdmann, *Voraussetzungen*, S. 23: „Was Goethe als ‚das Höchste' bezeichnet: ‚zu erkennen, daß alles Faktische schon Theorie ist', das ist ein grundlegendes Ergebnis der Erkenntnistheorie, die Hume und Kant der alten Metaphysik entgegengesetzt haben."

erschöpft sich nach dieser Meinung darin, diese Begriffe miteinander zu kombinieren, zu versöhnen und in ein widerspruchsloses System zu bringen. Herbart definierte die Philosophie als Bearbeitung der Begriffe, nicht etwa als Schöpfung der Begriffe.[2] Das ist charakteristisch. Er meinte, daß alle vorphilosophischen ⟨⟩[c] an Widersprüchen kranken, und die Philosophie habe kein andres Ziel als diese Widersprüche zu überwinden, das wissenschaftliche A 189 Gedankensystem von ihnen zu reinigen. Herbart war | ein Freund der Philosophie, ihre Gegner aber erklärten es für einen Mangel, daß sie ihre letzten begrifflichen Elemente nicht erschaffe, son- Ms 2 dern nur ordne und säubere, | sie sahen darin einen Beweis ihrer Fruchtlosigkeit und Entbehrlichkeit und priesen der Philosophie gegenüber die Einzelwissenschaften als die allein schöpferischen, nur durch sie käme wahrhaft neues Material in die menschliche Erkenntnis und wirklicher Fortschritt.

Ich erinnere daran nicht, um in diesen Tadel mit einzustimmen, aber ich vertrete in der Tat die Meinung, daß die beschriebenen Anschauungen vom Wesen der Philosophie einen richtigen und gesunden Kern enthalten, und sie sind nur insofern irrig, als sie damit zugleich ein Werturteil über die philosophische Arbeit fällen, mit dem sie ihr bitter unrecht tun und ihren Erfolg verkennen.

⌊Kant, in dessen Namen diese Studien erscheinen (womit bekanntlich nicht gesagt sein soll, daß ihre Mitarbeiter auf das Kantsche System schwören, wohl aber, daß sie in ihm einen Lehrmeister der Philosophie sehen, irgendetwas an seiner Methode als vorbildlich bewundern), – Kant nannte seine Methode eine *kritische.*⌋[d] Er hat eingesehen, daß die Tat der Philosophie kritisch ist, nicht schöpferisch in dem Sinne, wie die alte Metaphysik schöpferisch – sein *wollte.* Und wer die moderne Entwick-

c Ms: ⟨Begriffe⟩ **d** Ms: ⟨Wir sind hier im Namen Kants versammelt. Das heisst zwar nicht, dass wir auf das Kantsche System schwören, aber es heisst doch wohl, dass wir in ihm einen Lehrmeister des Philosophierens sehen, irgend etwas an seiner Methode als vorbildlich bewundern. Nun, seine Methode ist die *kritische.*⟩

2 Vgl. Herbart, *Lehrbuch*, S. 50: *„Philosophie ist Bearbeitung der Begriffe."*

lung des wissenschaftlichen Denkens begreift, muß hier mit Kant übereinstimmen, und höchstens *den* Vorwurf werden wir zuweilen gegen ihn erheben, daß seine Methode noch nicht kritisch *genug* war.[3]

Die geschilderten Auffassungen der Philosophie treffen aber *nicht* die Wahrheit, wenn sie von der richtigen Einsicht in ihren kritischen Charakter zu einer Geringschätzung philosophischen Strebens gelangen und seine Leistung für sekundär und für letzten Endes entbehrlich halten. Ganz das Gegenteil ist der Fall: die kritische Arbeit krönt und vollendet erst die Einzelerkenntnisse, verbindet sie zur Einheit und zeigt ihren systematischen Zusammenhang. Vergegenwärtigen wir uns doch, was sie leistet: Kritische Reinigung und Versöhnung der Begriffe, ihre Durchbildung und Einfügung in ein System, das heißt logisch gesprochen weiter nichts als Entfernung jedes Widerspruchs aus den Urteilen, durch welche die Begriffe sich verknüpfen lassen. Ausmerzung aller Widersprüche, das bedeutet aber: Befreiung von allen Irrtümern! | Jeder Irrtum nämlich muß sich zuletzt in ir- Ms 3
gendwelchen Widersprüchen kundgeben, die er gebiert – denn wir verstehen eben unter Irrtum einen Gedanken, der irgendwie zum Widerspruch | mit der Erfahrung oder mit bereits ⌊durch Defi- A 190
nition feststehenden⌋[e] Begriffsbildungen führt. Alles Irrens aber ledig zu sein – ein höheres Ziel gibt es für unser Forschen nicht. Vor dem Irrtum aber rettet man sich nur auf zwei Wegen: entweder man entsagt dem Denken überhaupt, oder man sucht das Heil in der Philosophie.

Natürlich sind auch in vorphilosophischen Gedankenbildungen schon Kräfte tätig, die an der Beseitigung der Widersprüche erfolgreich arbeiten, aber ihre Reinigung dringt nur bis zu gewissen allgemeinsten Begriffen vor, die im Betriebe des Lebens und der Einzelwissenschaften zunächst unangefochten bleiben können. Diese höchsten Begriffe, die wegen ihrer Allgemeinheit *alle* andern durchdringen, verbinden die einzelnen Wissenschaften

e Ms: ⟨festgestellten⟩

3 Vgl. Riehl, *Kriticismus*, Erster Band, S. III: „Unter *philosophischem Kriticismus* verstehe ich nicht ausschliesslich die Philosophie Kant's."

miteinander und schlagen Brücken zwischen ihnen und dem praktischen Leben, weil sie ihnen allen gemeinsam sind. Zu ihnen gehören z. B., um nur ein paar herauszugreifen, Raum und Zeit, Ursache, Stoff u. s. w. Sie bergen gerade die größte Zahl von Irrtumsmöglichkeiten, weil sie am abstraktesten sind, sich am weitesten vom Greifbaren, Anschaulichen entfernen; und wenn es gilt, aus der Menge der über sie möglichen Urteile die widersprechenden auszuscheiden, so ist das Sache der allgemeinsten Wissenschaft, der Wissenschaft von den Prinzipien, der Philosophie. Wo auch die Einzelwissenschaften diese Aufgabe direkt angreifen (wie etwa die Physik es jetzt tut), da werden sie eben selber zur Philosophie. Zwischen ihr und ihnen besteht überhaupt nicht die scharfe Grenze, die man so oft vergeblich sucht, sie ist nicht eigentlich eine besondere Wissenschaft neben oder über ihren Schwestern, sondern sie ist etwas *in* ihnen, ihr Lebensprinzip, ihr treibender Geist, und der Philosoph ist nur der Schatzgräber, der diesen Geist ans Licht bringt.[4]

So läßt sich das Werk der Philosophie in der Tat auffassen als eine allmähliche Säuberung menschlicher und wissenschaftlicher Meinungen von Irrtümern und Irrtums|möglichkeiten. (Ms 4) Sie schafft nicht unerhörte neue Wahrheiten, sondern scheidet aus dem Wirrsal der Gedanken nach einer methodus exclusionis alles Falsche mehr und mehr aus und reinigt es, wie Bacon die philosophische Aufgabe ganz richtig formulierte, von den „idola“, d. h. den Irrtümern, den Widersprüchen, den Vorurteilen, in die der Mensch durch seine Geburt und Umgebung verstrickt ist.[5] Räume alle Vorurteile weg, und du behältst die Wahrheit rein übrig, denn jedes falsche Urteil muß ein Vorurteil, ein vorschnell gefaßtes Urteil, sein.

Wenn es solchergestalt die Aufgabe der Philosophie ausmacht, (A 191) | fundamentale Widersprüche zu überwinden, so müssen ihre

4 Vgl. zur Metapher vom „Schatzgräber“ 1915a *Relativitätsprinzip*, S. 148 (*MSGA* I/4).

5 Vgl. Bacon, *Novum Organum*, S. 163: „Quatuor sunt genera Idolorum quae mentes humanas obsident.“ (S. 51: „Vier Arten von solchen Idolen halten den menschlichen Geist gefangen.“)

großen Probleme aus gewissen Unverträglichkeiten entspringen, aus gewissen Begriffsgegensätzen, die zur Quelle von Widersprüchen werden. Und so verhält es sich wirklich: alle großen philosophischen Fragen werden am deutlichsten durch ein gegensätzliches Begriffspaar bezeichnet. Ich brauche nur einige solcher Paare zu nennen, damit ⌊wir⌋[f] die Richtigkeit dieser Behauptung einsehen: Freiheit und Notwendigkeit, Leib und Seele, Egoismus und Altruismus, Subjekt und Objekt, $_{2}$⟨Erscheinung⟩ und $_{1}$⟨Wesen⟩[g]. Die Schwierigkeiten der durch diese Begriffspaare gekennzeichneten Probleme beruhen tatsächlich – was nicht immer richtig erkannt wird – auf gewissen direkten Widersprüchen, zu denen sie überaus leicht Anlaß geben – aber ich muß mir hier versagen, das näher nachzuweisen, und statt dessen lieber von den Möglichkeiten reden, diese Widersprüche aufzulösen.

Die großen Begriffsgegensätze der Philosophie, von denen ich soeben einige aufgezählt habe, sind nun keineswegs unabhängig voneinander, sondern sie hängen auf eigentümliche Weise zusammen, so daß man fast sagen kann: alle diese Probleme verlieren auf einmal ihren Schrecken, wenn man nur eins von ihnen restlos gelöst hat. Wenn wir uns daher nunmehr dem Begriffspaar Wesen und Erscheinung zuwenden, so werden sich ganz von selbst, und ohne daß ich darauf aufmerksam mache, manche Beziehungen zeigen etwa zu der psychophysischen Frage oder zu dem Subjekt-Objekt-Problem –, Beziehungen, die hier ⟨⟩[h] nicht weiter verfolgt werden können.

Die fraglichen Begriffspaare führen zu Widersprüchen, weil sie falsch gebildet sind. Sie bilden so lange ein Problem, als sie die Träger gewisser Vorurteile bleiben, und es ist gelöst, wenn diese unbegründeten Urteile als Quelle aufgedeckt | sind. Wie Ms 5 eigentlich der Irrtum überhaupt zustande kommt, worauf seine Möglichkeit beruht, ist eine noch wenig behandelte Frage, für den Philosophen wohl nicht weniger interessant, als es die Frage nach dem Ursprung des Bösen für den Theologen sein mag.

Worin also liegt der Grund, der Rechtsgrund für die Aufstellung des Gegensatzes von Wesen und Erscheinung? Man wird

f Ms: ⟨Sie⟩ **g** Umstellung in A **h** Ms: ⟨natürlich⟩

ihn suchen müssen in dem Unterschied des Konstanten und Variablen, des Bleibenden und des Flüchtigen in unserm Erleben, vor allem den sinnlichen Wahrnehmungen. Sie sind fließend, ungleich und veränderlich. Ein Haus sieht grundverschieden aus, je A 192 nach|dem ich es am Morgen oder am Abend, von rechts oder von links, von innen oder von außen betrachte. Und doch ist es dasselbe Haus, wird durch denselben Namen, denselben Begriff bezeichnet, es ist irgend etwas an ihm, das sich nicht verändert, und irgendwie muß man doch wohl auf dieses Konstante zielen, wenn man das Wort „Wesen" gebraucht, und auf jene flüchtigen Einzelwahrnehmungen, wenn man von „Erscheinungen" spricht. Das Erkennen nämlich richtet sich stets auf das Unveränderliche, Gleichbleibende, denn Erkenntnis ist überhaupt gar nichts anderes als die Auffindung des Gleichen in dem Verschiedenen.[6] So bedeutet *Wesen* den ruhenden Pol in der Flucht der *Erscheinungen.*

Diese Gegenüberstellung des Konstanten, Identischen und des Fließenden, Verschiedenen ist sicherlich berechtigt und von ⌊fundamentaler⌋[i] Bedeutung. Solange die Trennung von Wesen und Erscheinung nichts weiter bedeuten möchte als dies, muß sie widerspruchslos durchführbar sein. Aber schon die Wortbildung deutet an, daß eben noch etwas anderes gemeint ist, daß man in dieses Begriffspaar noch viel mehr hineingelegt hat. Und in diesem Mehr liegen tausend Irrtumsmöglichkeiten. Kaum ist jener Gegensatz aufgestellt, so hängen sich schon Nebengedanken an ihn, die den Widerspruch fast unvermeidlich machen. Der älteste Fehler besteht darin, daß man vergißt, zwischen Erschei-

i Ms: ⟨fundamentalster⟩

6 Dieser Punkt führt zu einer Reihe von wesentlichen Abänderungen gegenüber der 1. Aufl., S. 8–17 (*MSGA* I/1, S. 153–180), in 1925a *Erkenntnislehre*, S. 8–19 (*MSGA* I/1, S. 151–181), wo die feinere Unterscheidung zwischen „Gleichheit" und „Identifikation" auch zu einem stärkeren Kontrast zwischen wissenschaftlicher und Alltagserkenntnis führt. Vgl. zur Rolle der Gleichförmigkeit für den Begriff der Kausalität 1920c *Kausalprinzip*, in diesem Band S. 115 sowie zum *principium identitatis indiscernibilium* 1921a *Neue Physik*, in diesem Band S. 241. Vgl. auch zum späteren Einfluß Feigls für die Änderungen in 1925a *Erkenntnislehre* (*MSGA* I/1) den editorischen Bericht in *MSGA* I/1.

nung und Schein zu unterscheiden; ihn haben bereits die Eleaten begangen, bei denen überhaupt das Begriffspaar, von dem wir sprechen, seine erste Ausprägung findet. Schein aber bedeutet das Unwirkliche, und wenn Erscheinung damit identifiziert wird, so wird zugleich das *Wesen* mit dem *Wirklichen* identisch. Das Wesen also, d. h. der Gegenstand der Erkenntnis, der Inhalt des Denkens, der Inhalt der Begriffe, wird zum wahren Sein: das Denken ist dasselbe wie das Sein, so formulierten es die | Eleaten.[7] Ms 6 Die Erscheinung aber, der Inhalt der Wahrnehmung im Gegensatz zum Wesen als Inhalt des Denkens, wird zum Nichtseienden, zum Trug, zur Täuschung. Die Wirklichkeit der Wahrnehmungswelt wird einfach geleugnet.

Von dem *Wesen* der Welt, das bei den Eleaten als reines, unveränderliches Sein in erhabener, aber glanzloser Starrheit dasteht, weiß Platon ein strahlendes Bild hinreißend zu entwerfen. Ihm offenbart sich das wahre Sein als Reich der *Ideen*:[8] die Ideen, d. h. die Begriffe, die Denkinhalte, das Gedachte, sind das echte Sein, das *Wesen*, das ὄντως ὄν, das wirklich Wirkliche,[9] wie wir übersetzen müssen – die Sinnendinge dagegen, die Welt | der A 193 Wahrnehmungen, Erde, Flüsse, Berge, Bäume, sie sind nicht in demselben Sinne wirklich, nicht Wesen. – Natürlich wird man der Platonischen Philosophie nicht gerecht, wenn man einfach den Gegensatz Ideenwelt – Sinnenwelt mit dem Gegensatz Wesen – Erscheinung gleichsetzt; viel mehr, viel tieferes liegt noch darin – aber dies Verhältnis Wesen – Erscheinung liegt unzweifelhaft *auch* darin. Nicht mehr, wie für die Eleaten, sind für Platon die Sinnendinge nur Schein, damit lassen sie sich nicht abtun, sie sind nicht wesen*los*, sondern haben eben doch *teil* an den Ideen, am Wesen. Die unsägliche Mühe, mit der Platon diese Teilhabe der Einzeldinge an den Ideen zu erklären und zu rechtfertigen sucht, ohne daß es ihm doch gelänge, das ist eben die Mühe des Kamp-

7 Diels, *Parmenides*, S. 32: „τὸ γὰρ αὐτὸ νοεῖν ἐστίν τε καὶ εἶναι“ (S. 33: „Denn [das Seiende] denken und sein ist dasselbe.“), vgl. auch ebd., S. 38 f.

8 Vgl. etwa Platon, *Phaidon*, 102a–d.

9 Vgl. Platon, *Sophist* 240b, 259a und 266e; ders., *Politikos* 301b; ders., *Gesetze*, 894a.

fes mit dem Problem Wesen – Erscheinung, wie er ganz ähnlich bis in unsere Zeit hinein noch gekämpft wird. Es ist das Problem, das immer da entstehen muß, wo man zwei verschiedene *Arten* der *Wirklichkeit* unterscheidet, eine wesenhafte und eine erscheinungshafte, eine subjektive und eine objektive, eine psychische und eine physische, eine substantielle und eine ⌊akzidentielle⌋[j], – oder wie die Gegensätze sonst noch heißen mögen. Die Eleaten wollten das Problem aus der Welt schaffen, indem sie den sinnlichen Gegenständen die Teilnahme am Reiche der Wirklichkeit einfach verwehrten; Platon mußte der Wahrnehmungswelt ihr Recht lassen, und er versuchte es, indem er – wenn auch nicht in dieser grobschlächtigen Formulierung – ihre Wirklichkeit als eine andere, eine geringere, von der eigentlichen kernhaften Realität der Ideen unterschied. Und damit hat der Gegensatz von Wesen und Erscheinung bei ihm einen Gehalt gewonnen, welcher Ms 7 heute noch einen wichtigen Teil der Bedeutung | des Begriffspaares ausmacht. Denn wer $_2$⟨Erscheinung⟩ und $_1$⟨Wesen⟩[k] einander gegenüberstellt, der denkt dabei – mag es ihm ausdrücklich zum Bewußtsein kommen oder nicht – an zwei verschiedene *Grade* der Wirklichkeit: das Wesen ist die echte, die Erscheinung eine sekundäre Art der Realität.

Diese Unterscheidung zweier verschiedener Seinswesen ist, wie gesagt, der zentrale Punkt. Wir werden in ihr das πρῶτον ψεῦδος[10] erkennen, das Anlaß gibt zu dem Problem, und damit zu einer Kette von Problemen, an der durchaus die schwersten philosophischen Entscheidungen hängen.[11] Man kommt, behaupte ich, ihrer Lösung ein gutes Stück näher, wenn man den Gedanken mehrerer

j Ms: ⟨modale⟩ **k** Umstellung in A

10 Aristoteles, *Analytica*, II 18, 66a (S. 101): „Ὁ δὲ ψευδὴς λόγος γίνεται παρὰ τὸ πρῶτον ψεῦδος. ἢ γὰρ ἐκ τῶν δύο προτάσεων ἢ ἐκ πλειόνων πᾶς ἐστι συλλογισμός. εἰ μὲν οὖν ἐκ τῶν δύο, τούτων ἀνάγκη τὴν ἑτέραν ἢ καὶ ἀμφοτέρας εἶναι ψευδεῖς." (Aristoteles, *Analytiken*, S. 134: „Der falsche Schluß kommt von einem vorausgehenden falschen Vordersatze her, denn jeder Schluß besteht entweder aus zwei Vordersätzen oder aus mehreren. Ist ersteres der Fall, so müssen bei einem falschen Schlusse notwendig ein Vordersatz oder beide falsch sein.")

11 In 1918 *Erkenntnislehre*, S. 132 (*MSGA* I/1, S. 407) exemplifiziert Schlick das πρῶτον ψεῦδος in einer Kritik an Carl Stumpf und dessen Evidenzlehre.

Seinsweisen, verschiedener Realitätsgrade seinerseits überwindet – oder besser noch, ihn von vornherein vermeidet. Dann können | jene Probleme sich überhaupt nicht voll entfalten, sie werden A 194 als fehlerhafte Fragestellungen erkannt. – Damit wir uns aber an dem Siege über den Irrtum so recht erfreuen können, wollen wir uns einen Augenblick in dem Gebiete umtun, in dem er herrscht, und zusehen, welche Unordnung er dort angerichtet hat.

Überall, wo verschiedene Arten der Wirklichkeit unterschieden werden, eine wesenhafte und eine erscheinungshafte – wenn nicht gar mehr Arten daneben – wird auch alsbald eine Stufenfolge und eine Rangordnung zwischen ihnen behauptet. Die eine Art des Seins gilt für höher, echter, vornehmer, wichtiger, als die andere, d. h. es spielt der *Wert*gedanke hier hinein. Gerade bei Platon ist diese Verwechslung oder Identifizierung des Wertgesichtspunktes mit dem logischen Gesichtspunkte am offenkundigsten. Dieser Platonismus ist auch heut noch unter uns auf die verschiedenste Weise wirksam; er ist im Grunde daran schuld, daß das Wort Idealismus so oft mißbraucht wird und rein sachliche Beurteilungen durch ethische, aesthetische und religiöse Wertschätzungen verwirrt und getrübt werden. Doch diese Verzweigungen der Gegensätze können hier nicht weiter verfolgt werden; sie bilden ein besonderes Kapitel für sich. – Als die höhere, bedeutsamere, wertvollere Wirklichkeit gilt dann immer die fernere, schwerer zu erreichende, also in unserm Falle diejenige des *Wesens* gegenüber der des Erscheinens. Das ist verständlich. Denn das Fremde, Entfernte weckt eigenartige, stärkere Gefühlsbetonungen als das Nahe, Alltägliche; die nur dem Denken erreichbare Realität wird daher für | erhabener geschätzt als die Ms 8 unmittelbar und mühelos gegebene, wahrgenommene. Als unmittelbar gegeben galten aber dem antiken Denken die physischen Objekte selber, aus denen die in heraklitischem Fließen begriffene Sinnenwelt[12] sich aufbaut. Nicht sie sind daher das wahr-

12 Platon, *Kratylos*, 402a: „Λέγει που Ἡράκλειτος ὅτι ‚πάντα χωρεῖ καὶ οὐδὲν μένει‘, καὶ ποταμοῦ ῥοῇ ἀπεικάζων τὰ ὄντα λέγει ὡς ‚δὶς ἐς τὸν αὐτὸν ποταμὸν οὐκ ἂν ἐμβαίης‘." („Herakleitos sagt doch, daß alles davongeht und nichts bleibt, und, indem er alles Seiende einem strömenden Flusse vergleicht, sagt er, man könne nicht zweimal in denselben Fluß steigen.")

haft Wirkliche, sondern die allem heraklitischen Fließen entzogenen, über die Sinnenwelt erhabenen Ideen, zu denen das Denken erst durch mühsame Arbeit vordringt, die aber in den Wahrnehmungsgegenständen sich offenbaren.[13]

Wenn nun auch in der Folgezeit die Begriffe von Wesen und Erscheinung einen etwas anderen Inhalt gewannen, so blieb doch ihr gegenseitiges Verhältnis im großen Ganzen dasselbe: sie rücken gleichsam beide dem Menschen näher, ohne doch ihren gegenseitigen Abstand zu ändern. Das geschah besonders durch die Entdeckung der Subjektivität der Sinnesqualitäten durch Demo-
A 195 krit,[14] den älteren | Zeitgenossen Platons. Damit wird das Problem eigentlich bereits *vor* Plato auf die Ebene gehoben, auf der es sich in der neueren Philosophie bewegt; es tritt nämlich dadurch ein Moment hinzu, das in der neueren Auffassung einen integrierenden Bestandteil des Erscheinungsbegriffes bildet und ihn erst vollständig macht: eben das Moment der Subjektivität. Zur Eigentümlichkeit der Erscheinung gehört erstens ein Objekt, *das* da erscheint, und ein Subjekt, *dem* es erscheint. Erscheinung ist stets Erscheinung *von* etwas und Erscheinung *für* jemand. Das Wesen dagegen ist an und für sich selbst. Das Wesen, das wirklich Wirkliche, sind bei Demokrit die Atome,[15] also die phy-

13 In seiner Kritik an Stumpf wirft Schlick ihm eine „unerlaubte Verdinglichung" vor, da in den Strom des Bewußtseins Gegenstände hineingelegt würden. Schlick mahnt daher, Heraklit ernst zu nehmen, wenn er 1918 *Erkenntnislehre*, S. 136 (*MSGA* I/1, S. 415) schreibt: „Der Strom des Bewußtseins ist ein wahres heraklitisches Fließen". Darüberhinaus schreibt Schlick in Inv.-Nr. 8, A. 13 b, S. 8 kritisch über Heraklit: „Ebenso fest wie die El[eaten] in Substanz, ist *Herakleitos* [...] in den Wechsel verbissen."

14 Demokrit, *Theophrast, De sensibus*, 63 (Stratton, *Theophrastus and the Greek Physiological Psychology before Aristotle*, S. 122): „τῶν δὲ ἄλλων αἰσθητῶν οὐδενὸς εἶναι φύσιν, ἀλλὰ πάντα πάθη τῆς αἰσθήσεως ἀλλοιουμένης, ἐξ ἧς γίνεσθαι τὴν φαντασίαν." (ebd., S. 123: "As for the other sensory objects, he holds that none has an objective reality, but that one and all are effects in our sensuous faculty as it undergoes alteration, and that from this faculty arises the inner presentation.")

15 Sextus Empiricus, VII 135 (Capelle, *Die Vorsokratiker*, S. 436 f.): „Das eine Mal verwirft Demokrit die Sinneseindrücke und behauptet, daß keiner von ihnen entsprechend der Wahrheit erfolge, sondern nur aufgrund einer subjektiven Meinung; das Wirkliche unter den Dingen seien nur die Atome und das Leere. Er

sischen Objekte. Ihr Wesen erfassen wir nach seiner Erklärung allein durch das Denken; die sekundäre Wirklichkeit aber erblickt er in den Sinnesqualitäten, den Empfindungsinhalten rot, grün, warm, kalt, süß, bitter u. s. w., in ihnen erkennt er das unmittelbar Gegebene, und er verachtet sie, weil sie die Bedingung der Konstanz, der Identität nicht erfüllen, ohne welche, wie wir gesehen haben, das Denken nicht zum Erkennen wird. Demokrits Standpunkt ist in unserer Frage derselbe wie derjenige des Materialismus des vorigen Jahrhunderts, auch die Materialisten vergaßen in ihrer Bewunderung der Realität des physischen Stoffes vollkommen, daß es auch eine Welt der Bewußtseinswirklichkeit gibt – oder glaubten doch so sprechen zu dürfen, als wenn sie überhaupt gar nicht da wäre. Die Erscheinung hat also hier, fast wie bei den Eleaten, eine so sekundäre Wirklichkeit, daß sie wiederum einfach zum Nichts wird.

| Ein solcher Standpunkt ist unmöglich in jedem erkenntnistheoretisch fundierten System der neueren Philosophie. Denn die neuere Philosophie beginnt, als Descartes den Satz an die Spitze stellt: Gerade das unmittelbar gegebene, die Bewußtseinswirklichkeit, das Erlebnis – oder wie man es nun bezeichnen will –, gerade dies ist schlechthin wirklich, besitzt echte, vollgültige Realität, und wenn auch außer ihr überhaupt nichts anderes real wäre.[16] Dieser Satz von der Realität der Bewußtseinsinhalte – gewöhnlich in die Formel „cogito ergo sum“ gekleidet, und be- Ms 9

sagt ja: ‚Süß und bitter, warm und kalt existieren nur nach der herkömmlichen Meinung, und ebenso die Farben der Dinge; in Wirklichkeit existieren nur die Atome und das Leere.‘ [Fußnote: d. h. die Sinneseindrücke gelten als wirklich, d. h. als der Wirklichkeit genau entsprechend; in Wahrheit aber existieren die Sinnesqualitäten gar nicht, sondern nur die Atome und das Leere.]“

16 Descartes, *Discours de la méthode*, S. 46: «Et remarquant que cette verité: *je pense, donc je suis*, était si ferme et si assurée, que toutes les plus extravagantes suppositions des sceptiques n'étaient pas capables de l'ébranler, je jugeai que je pouvais la recevoir, sans scrupule, pour le premier principe de la philosophie, que je cherchais. [. . .] je connus de là que j'étais une substance dont toute l'essence ou la nature n'est que de penser, et qui, pour être, n'a besoin d'aucun lieu, ni ne dépend d'aucune chose matérielle.»

kanntlich schon vor Descartes gelegentlich ausgesprochen[17] – bedeutet nicht etwa die Auffindung einer besonderen, vorher unbekannten Eigentümlichkeit der Bewußtseinsdaten, nämlich ihrer Existenz, ihrer unumstößlichen Wirklichkeit,[18] sondern er bedeutet vielmehr umgekehrt die Aufdeckung des reinen Sinnes und der wahren Quelle des Wirklichkeitsbegriffes. Wir *nennen* eben
A 196 das *wirklich,* | was wir unmittelbar erleben. Nicht das Denken, sondern in letzter Linie nur das Erlebnis lehrt uns, was unbezweifelbar und schlechthin wirklich ist. Was unter *Realität* zu verstehen ist, läßt sich nicht definieren, sondern nur aufzeigen, ebenso wie man nicht definieren kann, was „Lust" ist, oder was „rot" ist.[19] Der Erlebnisinhalt ist der Prototyp alles Realen, ganz allein in ihm liegt die Wurzel des Wirklichkeitsbegriffs; und wo unser Denken darüber hinaus ein Sein als wirklich annimmt, das nicht Bewußtsein ist, also ein transzendentes Sein, da bedarf es dazu doch irgend welcher Hinweise und Anhaltspunkte im unmittelbar Gegebenen; von diesem, vom Erlebnis geht also letztlich alle Realitätssetzung aus.

Nach der Descartesschen Klärung dieses Sachverhalts wird von nun an fast immer das Erlebte, das Subjektive, das Psychische als echtes Wesen anerkannt; und wer sich mit der Psychologie der metaphysischen Systeme beschäftigt hat, wundert sich nicht darüber, daß nun bald der Spieß noch ein wenig weiter herumgedreht wurde und jetzt gerade das objektive, außerbewußte Sein, früher als das eigentliche Wesen geachtet, zur Realität zweiten Grades herabgewürdigt wurde. Zwar zur *Erscheinung* konnte es nicht wohl gemacht werden, dazu fehlte ihm das Merkmal der

17 Schlick meint vermutlich die Stelle bei Augustinus, *De Civitate Dei*, S. 441: „Si enim fallor, sum."

18 Dies ist Descartes' Irrtum, den Schlick in 1918 *Erkenntnislehre*, S. 72 (*MSGA* I/1, S. 298) vor allem bei Brentano diagnostiziert.

19 Vgl. 1917b *Raum und Zeit*, S. 52 (*MSGA* I/2, S. 269): „So wenig ich einem Blindgeborenen durch eine Definition erklären kann, was ich erlebe, wenn ich eine grüne Fläche sehe, sowenig läßt sich beschreiben, was gemeint ist, wenn ich dem gesehenen Grün eine bestimmte Ausdehnung und einen bestimmten Ort im Gesichtsfeld zuschreibe. Um zu wissen, was es bedeutet, muß man es eben *schauen* können."

Subjektivität; es mußte für Trug und Schein, oder für ein bloßes Nichts, höchstens für eine Hilfskonstruktion erklärt werden. In der Tat finden wir diesen Standpunkt auch oft genug ausgebildet: es ist der des subjektiven Idealismus, wie z. B. Berkeley ihn vertreten hat.[20] | Ihm ist das objektive Sein, das Physische, die Materie, überhaupt nicht wirklich. Realität kommt einzig dem Psychischen, den Bewußtseinsinhalten zu, die irgend welchen Subjekten gegeben sein müssen, und wo Einzelindividuen als Subjekte nicht in Frage kommen, da tritt an ihre Stelle das allumfassende Subjekt, nämlich Gott. Hier hat also der Dualismus von Wesen und Erscheinung bereits einem metaphysischen Monismus Platz gemacht. Auch moderne Richtungen passen durchaus in den Rahmen dieser Anschauungen hinein, so der Psychomonismus, wie er etwa von dem holländischen Philosophen Heymans und manchen andern verteidigt wird.[21] Ms 10

Aber bekanntlich hat die Descartessche Wendung eine solche Wirkung nur vereinzelt entfaltet – von vielen Denkern wurde der Gegensatz von Erscheinung und Wesen auch fernerhin beibehalten, ja noch schärfer und deutlicher ausgeprägt. Es bleibt ihnen | A 197 vor allem häufig noch eine Neigung, die Wirklichkeit des Erlebens herabzusetzen zugunsten des Transzendenten, und diesem Hang begegnet man auch bei solchen Philosophen, die bewußt von der ursprünglichsten Realität der Bewußtseinsinhalte ausgehen und sich bemühen, ihr volles Recht widerfahren zu lassen.

20 Vgl. Berkeley, *Principles*, S. 29: "It is evident to any one who takes a survey of the objects of human knowledge, that they are either ideas actually imprinted on the senses, or else such as are perceived by attending to the passions and operations of the mind, or lastly ideas formed by help of memory and imagination, either compounding, dividing, or barely representing those originally perceived in the aforesaid ways."

21 Vgl. Heymans, *Einführung in die Metaphysik*, S. 218–321. Heymans beschreibt in der Einleitung, S. 27–29, einen „typischen Entwicklungsgang" für den Menschen seiner Zeit (S. 27: „Jeder Mensch hat seine Metaphysik"), der vom naiven zum wissenschaftlich ausgebildeten Dualismus/Realismus geht, über den Materialismus zu einem Parallelismus, Agnostizismus oder Positivismus kommt und schließlich in einen psychischen Monismus oder Kritizismus oder eine Mischung der beiden mündet. Vgl. auch die Kritik an Heymans in 1918 *Erkenntnislehre*, S. 221 f. (*MSGA* I/1, S. 585–588).

So vor allem bei Kant. Der eben beschriebene Hang bricht in seiner praktischen Philosophie mit Gewalt hervor, aber auch in der Erkenntnistheorie weist er dem Sein des Nichtgegebenen, des Nichterlebten einen ausgezeichneten Platz an *vor* der Wirklichkeit des Erlebens. Das erstere ist ihm das Reich der Dinge an sich, das letztere bezeichnet er als Erscheinung. Der Begriff des Dinges an sich vertritt bei Kant in der Tat genau das, was wir bisher als „Wesen" bezeichneten, denn die Dinge an sich sind das aller Subjektivität Entrückte. Er wird nicht müde, die „bloßen Erscheinungen" und die „selbständigen Wesen" einander gegenüberzustellen[1)]. Natürlich sind die Erscheinungen für Kant etwas Reales; immer wieder hat er ja betont, daß Erscheinung nicht zu verwechseln sei mit *Schein*. Die sinnliche Körperwelt hat auch bei Kant diejenige volle Realität und Objektivität, mit der sie jedermann in Leben und Wissenschaft gegenübertritt, aber Kant unterscheidet doch ihre Realität als eine empirische von der „absoluten" der Dinge an sich. Dies seine eigene Ausdrucksweise.[23] So kann es nicht ausbleiben, daß das Sein der Dinge an sich als

[1)] z. B. Kritik der reinen Vernunft, Ausgabe Kehrbach, S. 314 f.[22]

22 Vgl. Kant, *Kritik der reinen Vernunft*, A 371 f.: „Also ist der transzendentale Idealist ein empirischer Realist und gesteht der Materie, als Erscheinung, eine Wirklichkeit zu, die nicht geschlossen werden darf, sondern unmittelbar wahrgenommen wird. Dagegen kommt der transzendentale Realismus notwendig in Verlegenheit, und sieht sich genötigt, dem empirischen Idealismus Platz einzuräumen, weil er die Gegenstände äußerer Sinne für etwas von den Sinnen selbst Unterschiedenes und bloße Erscheinungen vor selbständige Wesen ansieht, die sich außer uns befinden; da denn freilich, bei unserem besten Bewußtsein unserer Vorstellung von diesen Dingen, noch lange nicht gewiß ist, daß, wenn die Vorstellung existiert, auch der ihr korrespondierende Gegenstand existiere; dahingegen in unserem System diese äußeren Dinge, die Materie nämlich, in allen ihren Gestalten und Veränderungen, nichts als bloße Erscheinungen, d. i. Vorstellungen in uns sind, deren Wirklichkeit wir uns unmittelbar bewußt werden."

23 Vgl. Kant, *Kritik der reinen Vernunft*, B 52: „Dagegen *bestreiten* wir der Zeit allen Anspruch auf absolute Realität, da sie nämlich, auch ohne auf die Form unserer sinnlichen Anschauung Rücksicht zu nehmen, schlechthin den Dingen als Bedingung oder Eigenschaft anhinge. Solche Eigenschaften, die den Dingen an sich zukommen, können uns durch die Sinne auch niemals gegeben werden. Hierin besteht also die *transzendentale Idealität* der Zeit [. . .]." B 54: „Es bleibt also ihre empirische Realität als Bedingung aller unserer Erfahrungen. Nur die absolute

ein echteres, kernhafteres gewertet wird: die Welt der Naturdinge ist „nur“ Erscheinung. Der Begriff des Phänomens setzt etwas voraus, das selbst nicht Phänomen ist, sondern eben *mehr* als Erscheinung. In dem „nur“ und dem „bloß“, mit dem | Kant von Ms 11 den Erscheinungen redet, offenbart sich immer wieder der Gedanke, als komme den Dingen an sich eine „höhere“ Realität zu. Die Erscheinungen sind, wie er stets wiederholt, bloße Vorstellungen des Gemüts, d. h. Inhalte unseres Bewußtseins. Mithin sind die Dinge an sich Wirklichkeiten, die nicht nur im Bewußtsein, sondern als selbständige Wesen für sich existieren, absolut, nicht einem Subjekt gegeben sind, sondern den Vorstellungen des Subjekts „zugrunde liegen“, in ihnen erscheinen. So treten das im Bewußtsein gegebene und das nicht so gegebene Sein als zwei verschiedene Arten der Realität auseinander: die Dinge können wohl da sein, ohne zu erscheinen, aber die Erscheinungen können | nicht da sein ohne Dinge, ihr Sein ist diesen gegenüber ein un- A 198 selbständiges, abhängiges, sekundäres. Moderne Denker haben es auch in der Terminologie zum deutlichen Ausdruck bringen wollen, daß sie hier tatsächlich einen Unterschied der Realität selber vorliegend erachten: so verwandte Külpe das Wort „wirklich“ nur für das unmittelbar Gegebene, und bezog das Wort „real“ nur auf die bewußtseinstranszendente Welt.[24] Er sagt von den „wirklichen“ und den „realen“ Elementen, daß zwischen ihnen eine „nahe Beziehung“ bestehe[25] – aber damit ist natürlich das

Realität kann ihr nach dem oben Angeführten nicht zugestanden werden." Die Parallelstelle zum Raum ist B 44.

24 Vgl. Külpe, *Die Realisierung*, S. 3: „Wir wollen das Verfahren, das man in allen diesen Wissenschaften einschlägt, um in der Erfahrung und aus ihr heraus ein wahrhaft Seiendes oder Gewesenes zu erkennen, die *Realisierung* nennen, und den Gegenstand, auf den sie gerichtet ist, das *Reale* oder die *Realität*." Und S. 4: „Nach jenem [Wirklichkeitsstandpunkt] hat sich die Erfahrungswissenschaft auf die im *Bewußtsein* gegebenen Tatsachen, die Sinneseindrücke, Vorstellungen, Gefühle, Gedanken oder das *Wirkliche*, das unmitelbar Gegenwärtige zu beschränken."

25 Vgl. Külpe, *Die Realisierung*, S. 14: „Bei der nahen Beziehung, die zwischen wirklichen und realen Objekten besteht, kann auch von einem Gegebensein der realen Objekte geredet werden, sofern sie für ein Bewußtsein da sind, und von einem Existieren der wirklichen, sofern in ihnen Reales enthalten ist."

Verhältnis zwischen den beiden Reichen eher verdunkelt als geklärt. – Und selbst wenn man den Gedanken abwehrt, die Realität des einen von ihnen für echter, höher anzusehen als die andere, so bleibt doch ihre bloße Unterscheidung als ein Fehler bestehen, dem unlösbare Probleme entquellen.

Die Kantsche Philosophie schafft an dieser Stelle keine größere Klarheit als die Platonische, welche die Art des Teilhabens der Dinge an den Ideen nicht plausibel machen konnte. Wenn man mit Kant eine Vorstellung (d. h. eine Wahrnehmungsvorstellung) als die Erscheinung eines Dinges bezeichnet, so meint man natürlich nicht, daß sie etwa ein Teil des Dinges sei, ein Ausfluß, der in das Bewußtsein hineinströme oder hineinrage. Überflüssig, zu sagen, daß die Erscheinung auch nicht etwa als ein *Bild* des erscheinenden Dinges aufgefaßt werden darf. Solche naiven Denkweisen sind ja in der nachkantischen Philosophie mit Recht kaum
Ms 12 wieder im Ernst aufgetreten. Und wenn | man, statt von einem Bilde zu sprechen, sie als Projektion, Nachahmung, Abschattung oder sonstwie bezeichnen wollte, so ist damit natürlich außer der Einführung neuer Worte nichts weiter gewonnen. Tatsächlich ist mit der Unterscheidung dieser beiden Sphären des Seins ein besonderes Verhältnis statuiert, das sich gar nicht weiter klären läßt, weil es einzigartig ist, nicht auf ein anderes bekanntes zurückgeführt werden kann. Es ließe sich höchstens durch Analogien verdeutlichen, die der empirischen Welt – also, in der Sprechweise des Systems, der Welt der Erscheinungen entnommen sind. Ein solcher Verdeutlichungsversuch soll es offenbar sein, wenn Kant die Erscheinungen als die *Wirkungen* bezeichnet, welche die Dinge an sich auf das Bewußtsein ausüben, wörtlich: als „Vorstellungen, die sie in uns wirken, indem sie unsere Sinne affizieren".[26] Das muß, wie gesagt, bildlich gemeint sein, denn wir wissen, daß
A 199 nach Kantscher Lehre die Begriffe Ursache und Wir|kung nur im Reich der Erscheinungen Sinn und Bedeutung haben[27] und da-

26 Kant, *Prolegomena*, S. 289.

27 Vgl. Kant, *Kritik der reinen Vernunft*, A 125 (nur in A): „Die Ordnung und Regelmäßigkeit also an den Erscheinungen, die wir *Natur* nennen, bringen wir selbst hinein, und würden sie auch nicht darin finden können, hätten wir sie

her nicht auf ihr Verhältnis zum Reiche des Wesens angewandt werden dürfen. Daß Kant dies scheinbar doch tut,[28] hat ihm ja bekanntlich schon von den Zeitgenossen den Vorwurf des Selbstwiderspruchs eingetragen.[29]

Nun könnte man ja bei dem Dualismus stehen bleiben, ihn als unvermeidliches Übel hinnehmen, man kann sagen: es *ist* eben so, daß Dinge einerseits und Erscheinungen andrerseits existieren und in einem nicht weiter aufzuklärenden Verhältnis zueinander stehen. Aber erstens wäre es unbefriedigend, die zwei Reiche getrennt und unreduzierbar nebeneinander anzunehmen, denn der Wille zur Erkenntnis fordert die Reduktion des einen auf das andere – Erkenntnis ist nichts anderes als solche Reduktion –, und deshalb kann das Denken sich bei einem derartigen Dualismus nicht beruhigen; zweitens aber, und das ist entscheidend, stellt sich auch die Kantsche Fassung unseres Gegensatzes überhaupt als undurchführbar heraus, weil sie im Rahmen seines Systems an innerem Zwiespalt, an Widersprüchen leidet. Nicht zwar, daß jeder Begriff eines Dinges an sich notwendig unvollziehbar wäre – davon kann ich mich durchaus nicht überzeugen –, aber er wird überflüssig und vollkommen bedeutungslos, man verliert jedes Recht, das Dasein von Dingen an sich noch zu behaupten, wenn

nicht, oder die Natur unseres Gemüts ursprünglich hineingelegt." A 127 (nur in A): „Erscheinungen können, als solche, nicht außer uns stattfinden, sondern existieren nur in unserer Sinnlichkeit."

28 Vgl. ebd., B 234: „Also ist nur dadurch, daß wir die Folge der Erscheinungen, mithin alle Veränderung dem Gesetze der Kausalität unterwerfen, selbst Erfahrung, d. i. empirisches Erkenntnis von denselben möglich; mithin sind sie selbst, als Gegenstände der Erfahrung, nur nach eben dem Gesetze möglich."

29 Vgl. Herbart, *Metaphysik*, S. 208 f., der im Zuge einer Kritik am Begriff der reinen Anschauung schreibt: „Was hieß denn ursprünglich, A und B sind *zusammen*? Es hieß, sie sind im Causalverhältnis. Nun aber kennen wir die Selbstständigkeit jedes realen Wesens; A sowohl als B sind solche Wesen; als zwei Selbstständige sind sie von keinem gegenseitigen Verhältnisse abhängig. Sie können also auch *nicht-zusammen*, das heißt, für einander nicht vorhanden sein [. . .] Denn das wirkliche Geschehen der Selbsterhaltung jedes Wesens gegen das andere folgt gar nicht aus den Begriffen, *daß* die Wesen sind, oder *was* die Wesen sind; sonder der einzige Erkenntnisgrund eines solchen Geschehens, *wenn* es geschieht, ist die Erfahrung."

Ms 13 man mit | Kant jede angebbare Beziehung der Erscheinungen zu ihnen leugnet. Unter der Voraussetzung einer solchen Beziehungslosigkeit nämlich kann in den Erscheinungen – und außer ihnen ist uns ja nichts bekannt und gegeben – niemals ein Hinweis auf die Existenz von transzendenten Dingen liegen, denn jeder Hinweis setzt irgendeine angebbare Beziehung voraus, er bedeutet ja gerade eine solche, besteht in nichts anderem. Deshalb würde jeder Grund fehlen, ein von der Sphäre der Erscheinungen unterschiedenes Reich des Wesens überhaupt anzunehmen. Man kann nicht das Dasein von etwas behaupten, ohne zu wissen, *wovon* man denn das Dasein behauptet. Es gibt kein Wissen über Existenz ohne jedes Wissen über Essenz.[30] Hieran muß jeder strenge Phänomenalismus in letzter Linie scheitern. Opfert man aber die Dinge an sich, so stellt man sich damit – das kann modernen Deutungsversuchen gegenüber nicht genug hervorgehoben werden – gänzlich außerhalb der Kantschen Philosophie. Ohne das Ding an sich kann man nach dem bekannten Wort Jakobis tatsächlich nicht in das Kantische System hineingelangen.[31]

30 Auch dieser Gedanke wird in 1918 *Erkenntnislehre* (*MSGA* I/1) wiederholt, jedoch erst in der 2. Aufl. zu einer Kritik an Petzoldt erweitert. Diese Auseinandersetzung ist auch dokumentiert in 1923a *Relativitätstheorie*, in diesem Band.

31 Vgl. Jacobi, *Werke*, Bd. II, S. 301: „[...] der Kantische Philosoph den Geist seines Systems ganz verläßt, wenn er von den Gegenständen sagt, daß sie *Eindrücke* auf die Sinne machen, dadurch Empfindungen *erregen*, und auf diese Weise Vorstellungen *zuwege bringen*[.]" S. 302: „[V]on dem *transscendentalen Gegenstande* aber wissen wir nach diesem Lehrbegriffe nicht das geringste[.]" S. 303 f.: „Indessen wie sehr es auch dem Geiste der Kantischen Philosophie zuwider seyn mag, von den Gegenständen zu sagen, daß sie *Eindrücke* auf die Sinne machen, und auf diese Weise Vorstellungen zuwege bringen, so läßt sich doch nicht wohl ersehen, wie ohne diese Voraussetzung, auch die Kantische Philosophie zu sich selbst den Eingang finden, und zu irgendeinem Vortrage ihres Lehrbegriffs gelangen könne. Denn gleich das Wort Sinnlichkeit ist ohne alle Bedeutung, wenn nicht ein distinktes reales Medium zwischen Realem und Realem, ein wirkliches Mittel von Etwas zu Etwas darunter verstanden werden, und in seinem Begriffe, die Begriffe von außereinander und verknüpft sein, von Thun und Leiden, von Causalität und Dependenz, *als realen und objektiven Bestimmungen* schon enthalten sein sollen; und zwar dergestalt enthalten, daß die absolute Allgemeinheit und Notwendigkeit dieser Begriffe als frühere Voraussetzung zugleich mit gegeben sei. Ich muß gestehen, daß dieser Anstand mich bey dem Studio der Kantischen Philosophie nicht wenig aufgehalten hat, so daß ich verschiede-

| Die zweite Möglichkeit wäre, den Gedanken der gänzlichen A 200 Beziehungslosigkeit beider Reiche fallen zu lassen; auch damit aber wäre ein bedeutsamer, charakteristischer Zug in dem Kritizismus Kants verwischt: die Unnahbarkeit, Unerreichbarkeit des Wesens wäre dahin, die Dinge wären erkennbar geworden und damit ein ganz prinzipieller Unterschied aufgehoben, der bei Kant $_2$⟨Erscheinung⟩ und $_1$⟨Wesen⟩[I] voneinander trennt, denn er fällt für ihn zusammen mit dem Gegensatz der unerkennbaren und der erkennbaren Wirklichkeit. Immerhin drängen die im Kritizismus liegenden Keime viel mehr zu einer Entwicklung in Richtung der zweiten als in Richtung der ersten Möglichkeit, die etwa auf Fichtesche Wege führt. Ich komme zugleich darauf zurück.

Wir sehen einstweilen, daß es auch Kant nicht gelingt, das Begriffspaar Wesen – Erscheinung in befriedigenderer Weise zu fassen als seine Vorgänger, die sich mit dieser Dualität abmühten. Die Schwierigkeiten würden sich noch deutlicher zeigen und ihren Charakter als unauflösliche Widersprüche offenbaren, wenn wir die Beziehung unseres Problems zum psychophysischen Problem verfolgen wollten, das aufs engste mit ihm verknüpft ist und auch bei Kant so verknüpft erscheint, oder wenn wir gar auf die Lehre vom sog. innern Sinn eingehen würden, | durch welche Ms 14 Kant den Gegensatz von Wesen und Erscheinung in ein Gebiet zu tragen suchte, das bis dahin noch von ihm verschont geblieben war und nur durch ganz künstliche Maßnahmen unter seine Herrschaft gebracht werden konnte. Aber ich muß auf diese Prüfung hier verzichten, denn es ist an der Zeit, endlich die systematische Hauptfrage zu stellen, wie der Knoten denn nun zu lösen sei, der unweigerlich durch die Annahme zweier Arten von Realität geschürzt wird.

Die nächstliegende Lösung würde natürlich darin bestehen, eine der beiden Arten gänzlich zu streichen, schlechthin für nicht

I Umstellung in A

ne Jahre hintereinander die Kritik der reinen Vernunft immer wieder von vorne anfangen mußte, weil ich unaufhörlich darüber irre wurde, daß ich *ohne* jene Voraussetzung in das System nicht hineinkommen, und *mit* jener Voraussetzung darin nicht bleiben konnte."

vorhanden zu erklären. Im Altertum strichen die Eleaten das Reich der Erscheinungen aus der Wirklichkeit weg – in unserer Periode der neueren Philosophie aber kann nicht der geringste Zweifel sein, daß höchstens der umgekehrte Versuch gemacht werden könnte: soll eine Realität aus dem metaphysischen Weltbild ausgemerzt werden, so kann es nur die der Dinge an sich sein, denn die sog. Erscheinungen, das Gegebene, die Bewußtseinsinhalte, stehen jenseits aller philosophischen Künste. Sie sind A 201 schlechthin wirklich. Sie sind die Elemente, aus denen die Welt | der Phänomene sich aufbaut. Daß sie die *einzige* Realität darstellen, ist ⟨⟩[m] die Behauptung des strengen *Positivismus*. Die Elemente des Bewußtseinslebens – rot, grün, warm, kalt, süß, bitter etc., sind als unmittelbar gegeben einfach real, und der Positivismus fügt nun hinzu, daß außer ihnen und ihren Beziehungen zueinander nichts andres real ist, daß es neben ihnen nichts anderes gibt. Dieser Standpunkt, dessen bedeutendster Vertreter in der Gegenwart Mach gewesen ist, setzt also Wirklichkeit identisch mit unmittelbarer Gegebenheit. – [n]

Das ist aber dann eine bloße Definition des Realitätsbegriffs, und als solche willkürlich, ohne gehörige Rücksicht auf die Funktion dieses Begriffes in Wissenschaft und Leben aufgestellt. Es bedeutet ihnen gegenüber eine Einengung der Bedeutung des Wortes „wirklich", die das Realitätsproblem durch eine Definition abschneidet, statt es zu lösen, denn dieses Problem stellt gerade die Frage, ob etwa noch anderes als das schlechthin Gegebene als wirklich zu bezeichnen sei. Auf diese Weise gerät die positivistische Auffassung in Schwierigkeiten, wenn sie von dem echten Sinn der Realwissenschaften Rechenschaft geben will – doch ich kann das hier nicht näher begründen und will mich sogleich zur Besprechung der übrigen Möglichkeiten wenden, durch Ms 15 | die man versuchen kann, des Gegensatzes Wesen – Erscheinung als zweier verschiedener Realitätsstufen Herr zu werden.

m Ms: ⟨nun⟩ **n** Kein Absatz in Ms

Der strenge Positivismus wollte es erreichen, indem er der einen von beiden überhaupt die Anerkennung versagte, er strich sie fort und behielt allein diejenige Sphäre übrig, welche Kant Erscheinung nannte, und dadurch wurde sie zum Wesen erhöht. Man kann den Zwiespalt aber auch dadurch zu überwinden suchen, daß man ihn auffaßt nicht als eine Abgrenzung zweier Wirklichkeitssphären, sondern bloß als eine logische oder methodische Unterscheidung. Dies ist der Standpunkt der neukantischen Richtungen der Gegenwart, von denen die einen glauben, damit die wahre Kantsche Meinung zu treffen, während die andern eine bewußte Weiterbildung und Vollendung seiner Gedanken zu geben meinen.[32] Auch für diese Ansicht gibt es nur *eine* Wirklichkeit, und in ihr wird der Gegensatz zwischen Subjekt und Objekt, zwischen Sein und Erscheinen durch das Denken erst geschaffen, ja die Wirklichkeit wird als solche selbst erst durch das Denken *erzeugt*, zur Wirklichkeit gemacht durch den Richterspruch der Vernunft – im Gegensatz zur positivistischen Anschauung, nach | welcher die Realität *vor* allem Denken gegeben A 202 ist. Realität, so sagt man nämlich, ist ja eine Kategorie, ein Verstandesbegriff, eine Denkform, in der wir Gegenstände denken; es ist also der Verstand, das Denken, welches die Gegenstände zum Range von Realitäten erhebt, indem es eben die Kategorie der Realität auf sie anwendet – sie haben daher keine Wirklichkeit unabhängig vom Denken. Die Behauptung einer solchen Unabhängigkeit wäre in sich widersprechend, sinnlos, weil Realität eben selber eine logische Form ist. M.a.W.: ein unabhängiges Wesen, Dinge an sich, gibt es nicht. Sie dienen höchstens als methodischer Grenzbegriff, wie die Unterscheidung von Subjektivität und Objektivität in ihren verschiedenen Stufen gleichfalls nur methodische Bedeutung hat. Die im wachen Leben wahrgenommenen Gegenstände sind objektiv gegenüber den Traumgestalten, aber subjektiv gegenüber den durch die mathematische Naturwissen-

32 Vgl. Riehl, *Kriticismus*, Zweiter Band, Zweiter Teil, S. 25: „Wir machen für die Erfahrung das Beständige und Gleichförmige in den Erscheinungen zum Wesen derselben, weil wir nur auf Grund von Beständigkeit und Gleichförmigkeit die Erscheinungen überhaupt begreifen können. Demnach ist der Begriff des Wesens zunächst ein logischer Zweckbegriff."

Ms 16 schaft bestimmten Gegenständen. | Diese Unterscheidungen sind korrelativ zueinander, Subjektivität und Objektivität bezeichnen keine absoluten Gegensätze, sondern verschiedene Erkenntnisstufen, und das Begriffspaar Wesen – Erscheinung, in dem dieser Gegensatz als ein absoluter auftritt, kann überhaupt keine Anwendung mehr finden, und dieser logische *Idealismus* erklärt ihn daher für restlos überwunden.[33]

Gegen die dargestellte Lehre ist einzuwenden, was überhaupt gegen jeden Rationalismus eingewandt werden muß: vergeblich ist das Bemühen, das Sein durch das Denken zu begründen, reale Beziehungen auf logische zurückzuführen. Dies gelingt dem logischen Idealismus der Neukantianer so wenig, wie es Hegel gelungen ist. Es bleibt ein bedeutungsloses Spiel mit Gedanken – fast möchte man sagen, mit Worten, wenn das Denken, das Logische, dem Sein, dem Wirklichen übergeordnet wird, wenn man beides identifiziert, weil doch alles Sein schließlich Denkinhalt sei. In Wahrheit ist Realität etwas *Irrationales*, deutlicher ausgedrückt: der Wirklichkeitsbegriff ist undefinierbar; seinen Inhalt durch Begriffe zu bestimmen, ist unmöglich. Was „wirklich" heißt, läßt sich nicht logisch erklären, nicht auf etwas zurückführen, das noch nicht wirklich wäre, sondern es läßt sich nur im Erleben aufzeigen. Ich wies schon vorhin darauf hin, was ja auch von der Mehrzahl der Erkenntnistheoretiker anerkannt wird, daß der Begriff des Wirklichen seine letzte Quelle im unmittelbar Gegebenen hat, den Bewußtseinsdaten, den Empfindungen und Gefühlen. Der
A 203 Gedanke, das Logische, kann nicht zum Richter über diese | Wirklichkeit gemacht werden, sondern setzt sie jederzeit voraus. Dies war gerade auch für Kant selbstverständlich: er hat besonders

33 Zu dieser Richtung zählten für Schlick Cohen, Natorp (vgl. Inv.-Nr. 1, A. 1, S. 5: „[...] gibt es [...] in der Gegenwart auch eine Weiterentwicklung [des Kantschen] Systems in der idealistischen Richtung. Es ist dies der Kriticismus, wie er von Cohen, Natorp und ihren Schülern vertreten wird. [...] Für sie ist nämlich der Raum (wie auch die Zeit) nicht eine Form der Sinnlichkeit, sondern des Verstandes, also nicht eine Anschauungsform, sondern eine Kategorie, weil wir ohne sie keine Gegenstände der Natur denken können."), Hönigswald (vgl. 1915a *Relativitätsprinzip*, S. 160–162, *MSGA* I/4) und Cassirer (vgl. 1921a *Neue Physik*, in diesem Band S. 225).

erklärt, daß bei der Descartesschen Frage nach der Realität der Bewußtseinsinhalte die *Existenz* noch *keine* Kategorie sei,[34] und damit die vorlogische Realität anerkannt. Deshalb ist der eben skizzierte logische Idealismus nicht die natürliche Fortsetzung der Kantschen Philosophie, sondern er scheint mir eine einseitige Umbildung zu sein. Die Stufenfolge der Objektivität, durch welche der Neukantianismus den Gegensatz von Wesen und Erscheinung vermeiden möchte, hat Kant wohl beachtet, und ausdrücklich hat er jenen | Unterschieden seinen eigenen Erscheinungsbegriff Ms 17 als den „transzendentalen" gegenübergestellt.

Nein, die einzig natürliche Fortbildung der Kantschen Erkenntnistheorie, zu der sein System von verschiedenen Seiten aus hindrängt, liegt nicht in der idealistischen, sondern in der realistischen Richtung, und man gelangt zu ihr durch eine Revision der Bestimmungen, die Kant über das sog. Ding an sich und seine Erkennbarkeit gemacht hat. Ich freue mich, das Vorhandensein dieser Anlage in Kants Kritizismus ganz neuerdings wieder von ⌊kompetenter⌋° Seite durch eine rein *historische* Untersuchung bestätigt zu finden: in der soeben veröffentlichten Berliner Akademie-Abhandlung von B. Erdmann[35] über die „Idee von Kants Kritik der reinen Vernunft".

Wir gelangen m. E. zu einer allseitig befriedigenden Auffassung, die dem Zwiespalt von Wesen und Erscheinung die Wurzel abgräbt und uns aller Schwierigkeiten überhebt, wenn wir von Kant ausgehend zunächst einmal seinen Erkenntnisbegriff einer Klärung unterziehen, deren er dringend bedarf. Kant hat in un-

o Ms: ⟨der kompetentesten⟩

34 Vgl. Kant, *Prolegomena*, S. 293: „Denn daß ich selbst dieser meiner Theorie den Namen eines transzendentalen Idealismus gegeben habe, kann keinen berechtigen, ihn mit dem empirischen Idealismus Descartes (wiewohl dieser nur eine Aufgabe war, wegen deren Unauflöslichkeit es, nach Cartesens Meinung, jedermann frei stand, die Existenz der körperlichen Welt zu verneinen, weil sie niemals genugtuend beantwortet werden könnte) [. . .] zu verwechseln." Vgl. auch 1918 *Erkenntnislehre*, S. 70 f. (*MSGA* I/1, S. 295–298).

35 Benno Erdmann wird von Schlick wiederholt positiv erwähnt. Er hatte Schlick bei früherer Gelegenheit „mit großer Anerkennung" empfohlen. Vgl. Arnold Berliner an Moritz Schlick, 10. Februar 1917.

kritischer Weise vorausgesetzt, daß zum Erkennen eines Objektes in letzter Linie eine *Anschauung* des Objekts irgendwie notwendig gehöre. Gleich im ersten Satze der transzendentalen Aesthetik sagt er das mit aller Deutlichkeit.[36] Aber in Wahrheit gibt uns Anschauung überhaupt keine Erkenntnis; sie ist ganz unwesentlich dabei. Sie lehrt uns wohl Gegenstände *kennen*, niemals aber erkennen. Die Verkennung dieses Unterschiedes, den ich bei früheren Gelegenheiten oft schon zu betonen hatte[2)], ist die Ur- A 204 sache der gefährlichsten Irrtümer in der Philosophie ge|wesen, gerade auch mancher neueren Systeme, die auf dem Wege reiner Intuition oder Wesensschau wissenschaftliche Erkenntnis zu erringen hoffen.[38]

Bei sorgfältigster Analyse aber ergibt sich: Einen Gegenstand oder Vorgang *erkennen* heißt immer: andere Gegenstände oder Vorgänge in ihm auffinden, solche Beziehungen zwischen ihm und ihnen entdecken, daß er durch sie dargestellt und auf sie zurückgeführt werden kann. Er wird auf sie zurückgeführt, das heißt: er wird als Spezialfall von allgemeinen Fällen dargestellt. Ms 18 Es bedarf | nun zu diesem Prozeß keiner unmittelbaren Anschauung der Gegenstände, sondern es genügt, wenn wir imstande sind, sie durch Begriffe zu bezeichnen. Dazu ist weiter nichts nötig als

[2)] Vgl. z. B. meinen Aufsatz: Gibt es ⟨eine⟩[p] intuitive Erkenntnis? Vierteljahrsschr. f. wiss. Phil., Bd. 36.[37]

p Einschub in A

36 Vgl. Kant, *Kritik der reinen Vernunft*, B 33: „Auf welche Art und durch welche Mittel sich auch immer eine Erkenntnis auf Gegenstände beziehen mag, so ist doch diejenige, wodurch sie sich auf dieselbe unmittelbar bezieht, und worauf alles Denken als Mittel abzweckt, die *Anschauung*."

37 1913a *Intuitive Erkenntnis* (*MSGA* I/4).

38 Husserl erweiterte den in den *Logischen Untersuchungen* gebrauchten Begriff der Ideation ab einem gewissen Zeitpunkt zum Begriff Wesens(er)schau(ung). Zur Motivation siehe Husserl, *Ideen zu einer reinen Phänomenologie*, insbes. (auch zu seiner Auseinandersetzung mit Külpe) S. 11. Siehe außerdem Husserls Kritik an Erdmann in *Logische Untersuchungen, Erster Teil*, S. 151: „Die Möglichkeit also, die Erdmann zu begründen versucht hat, nämlich daß andere Wesen ganz andere Grundsätze haben könnten, darf nicht zugestanden werden."

eine eindeutige Zuordnung der Begriffe zu den Objekten.[39] Und Erkenntnis bedeutet demnach die Schaffung einer Ordnung zwischen diesen Begriffen; sie werden zueinander durch den Erkenntnisprozeß auf die beschriebene Weise in Beziehung gesetzt, und damit sind die Objekte erkannt, denen jene Begriffe zugeordnet waren; der Ordnung der Objekte entspricht die Beziehung der Begriffe zueinander. Erkenntnis bedeutet also Stiftung einer Beziehung zwischen den zu erkennenden Objekten – oder vielmehr zwischen ihren Begriffen, nicht aber stellt sie eine reale Beziehung her zwischen dem erkennenden Subjekt und den erkannten Gegenständen. Im Gegensatz dazu bedeutet Anschauung gerade einen innigen realen Konnex zwischen Anschauendem und Angeschauten. Bei einem anschaulichen Erlebnis – wenn ich z. B. einen Ton höre – tritt dieser Ton tatsächlich in Realunion mit den andern Erlebnissen, die mein Ich konstituieren; er gehört zu diesem Ich, er wird von mir erlebt, er wird mir dadurch *be*kannt. Aber *er*kannt wird er dadurch noch keineswegs; dazu gehört noch ganz etwas anderes; dazu müßte sein Begriff zu andern Begriffen in Beziehung gesetzt, müßten z. B. die Bedingungen seiner Entstehung erforscht werden, und dadurch wäre er in den allgemeinen Zusammenhang der Natur einzuordnen, mit Hilfe des Begriffs der Schwingungszahl und anderer.[40] Einen direkteren Weg zu seiner Erkenntnis gibt es nicht; dadurch, daß ich ihn nur höre, anschaulich erlebe, wird er bloß *gegeben*, nicht erkannt. Und umgekehrt: um etwas zu erkennen, brauche ich es keineswegs unmittelbar anzuschauen, sondern ich brauche nur die Beziehungen aufzusuchen, in denen der Begriff davon zu andern Begriffen steht. Das folgt ganz allgemein aus der Analyse des Erkenntnisbegriffs; und

39 Eindeutige Zuordnung ist auf der Metaebene Urteil-Tatbestand von Schlick schon in 1910 *Wesen der Wahrheit*, S. 466 (*MSGA* I/4) nach einer ausführlichen Kritik an Husserl eingeführt worden.

40 Hier klingt eine Verteidigung der etwa von Brentano so genannten „genetischen" Psychologie (zu der bspw. Wundt zu zählen ist) an, die im Gegensatz zur rein deskriptiven Psychologie (Brentano, Husserl) physiologische Untersuchungen über die Entstehung von Vorstellungen und Eindrücken anstellt, anstatt davon zu abstrahieren. Vgl. den editorischen Bericht zu 1919f *Rezension/Kraus*, in diesem Band.

A 205 wenn es daher überhaupt | eine *Wesens*erkenntnis geben soll, so kann sie nicht Wesensschau sein, sondern eben auch nur eine Beziehung und Ordnung der dem Wesen zugeordneten Begriffe. Ein Blinder, der nie einen Lichtschimmer geschaut hat, kann doch das *Wesen* des Lichts vollkommen *er*kennen, nämlich durch das Begriffssystem der theoretischen Optik. Nur kennen, *erleben*
Ms 19 kann er es nie – | das ist eben etwas anderes, hat mit Erkenntnis nichts zu tun. ⌊Dem Physiker ist das Wesen der Elektrizität allein beschlossen in den Gleichungen Maxwells, das Wesen der Gravitation in den Gleichungen Einsteins; er denkt nicht daran, es schauen zu wollen.⌋[q] [41]

Doch jetzt die Anwendung auf unser Problem. Nur solange man das unmittelbare Anschauen für eine notwendige Bedingung ⌊der Erkenntnis⌋[r] hält, fällt der Gegensatz von Erscheinung und Ding an sich mit dem des Erkennbaren und des Unerkennbaren zusammen. Denn anschaulich sein heißt Bewußtseinsinhalt sein, und das sind freilich nur die ⌊„Erscheinungen"⌋[s] – die Dinge an sich $_2$⟨aber⟩ $_1$⟨sind⟩[t] ihrer Definition nach *nicht* Bewußtseinsinhalt und folglich der Anschauung gänzlich entzogen. Wir wissen aber jetzt, daß dies kein Hindernis ihrer Erkenntnis zu sein braucht – *könnten* wir sie anschauen, so würde uns das zu ihrer Erkenntnis unmittelbar gar nichts helfen. Wenn wir überhaupt Gründe haben, außerhalb der Bewußtseinswirklichkeit noch reales Sein anzunehmen, so ist es auch erkennbar. Denn dazu wird nur vorausgesetzt, daß jenen Realitäten irgendwie Begriffe als Zeichen eindeutig zugeordnet werden können – eine sol-

q Ms1: ⟨Der Physiker erkennt das Wesen der Elektrizität allein durch die Gleichungen Maxwell's, das Wesen der Gravitation durch die Gleichungen Einstein's; er denkt nicht daran, es schauen zu wollen.⟩ Ms2: ⟨Der Physiker erkennt das Wesen der Elektricität allein durch die Gleichungen Maxwells, das Wesen der Gravitation durch die Gleichungen Einsteins; er strebt nicht danach, es zu *schauen*.⟩ **r** Ms1: ⟨des Erkennens⟩ **s** Ms1: ⟨Erscheinungen⟩ **t** Umstellung in Ms2

41 Vgl. 1917b *Raum und Zeit*, S. 54 (*MSGA* I/2, S. 271): „[...] die Physik kennt nicht die Farbe als Eigenschaft ihrer Objekte, sondern statt dessen nur Frequenzen von Elektronenschwingungen, nicht Wärmequalitäten, sondern kinetische Energie der Moleküle usf."

che Zuordnung jedoch wird von einzelwissenschaftlichen, empirischen Gesichtspunkten aus ebenso gebieterisch und mit denselben Gründen gefordert wie das Dasein jener Realitäten selbst. Diese aber nun als ⌊„Dinge an sich“⌋[u] zu bezeichnen, haben wir gar keinen Anlaß mehr, denn erstens werden wir uns vor dem Worte „Ding“ hüten, weil darin manche Nebengedanken liegen (z. B. der der Substantialität), die wir vermeiden müssen, und außerdem sind sie dadurch, daß wir sie in dem Netz der Begriffe einfangen, aus ⌊Wirklichem⌋[v] *an sich* zugleich zu ⌊Wirklichem⌋[w] *für uns* geworden. Ferner ist nun aber auch der Terminus „Erscheinung“ für das Reich ⌊des Bewußtseitswirklichen⌋[x] nicht mehr passend, denn es lassen sich ⌊*die*⌋[y] Merkmale gar nicht mehr an ihr finden, die für den Erscheinungsbegriff durch die ganze Entwicklung der Philosophie hindurch gerade die wesentlichen waren.

So ⌊schwindet⌋[z] der Gegensatz von Wesen und Erscheinung ganz | von selbst. Damit wir dies deutlich einsehen und ein kla- A 206
res Bild von dem Standpunkt gewinnen, zu dem wir uns auf diese Weise erheben, vergegenwärtigen wir uns noch einmal die genaue Bedeutung unseres Begriffspaars, die durch alle besprochenen Wandlungen hindurch dieselbe blieb und eben das ganze Problem in sich ⌊schließt⌋[a].

Das Wort *Erscheinung* deutet stets hin auf etwas außerhalb
| Liegendes, das da erscheint, und ohne welches die Erscheinung Ms 20
nicht da wäre. Dagegen können die wesenhaften Realitäten, mag man sie als Dinge oder sonstwie fassen, sehr wohl vorhanden sein, *ohne* irgend einem Subjekte zu erscheinen. Sie sind also der Erscheinung gegenüber etwas ⌊Selbständiges⌋[b], Unabhängiges; es besteht zwischen beiden Gliedern eine einseitige Abhängigkeit, welche die Erscheinungen jener Selbständigkeit beraubt, die zu dem Begriffe des wesenhaft Wirklichen unabtrennbar gehört. –

Es gibt keine Tatsache, die zu einer derartigen Gegenüberstellung zweier irreduzibler Realitäten zwänge oder auch nur berechtigte, von denen die eine ganz auf sich selbst ruht, während

u Ms1: ⟨Dinge an sich⟩ **v** Ms1: ⟨Wirklichkeiten⟩ **w** Ms1: ⟨Wirklichkeiten⟩ **x** Ms1: ⟨der Bewußtseinswirklichkeit⟩ **y** Ms1: keine Hervorhebung **z** Ms1: ⟨verschwindet⟩ **a** Ms1: ⟨umschließt⟩ **b** Ms: ⟨Selbständigeres⟩

die andre von ihr abhängig ist. Wir gelangen zu einem befriedigenden Weltbilde nur dann, wenn wir *allem* Wirklichen, den Bewußtseinsinhalten sowohl wie allem außerbewußten Sein die gleiche *Art* und den gleichen *Grad* von Realität ohne jeden Unterschied zuerkennen. Alle sind im gleichen Sinne selbständig, alle aber auch in gleichem Sinne voneinander abhängig. Das heißt: Die Vorgänge in meinem Bewußtsein werden nicht nur durch eine transzendente Welt bedingt, deren Erscheinungen sie wären, sondern sie stehen vollkommen gleich wirklich und gleichberechtigt neben jener außerbewußten Welt und bedingen ihrerseits die Vorgänge in ihr, sodaß die Abhängigkeit durchaus gegenseitig ist; und es fehlt jeder Grund anzunehmen, daß die Wechselbeziehungen zwischen den beiden Reichen anderer Natur wären als die innerhalb eines jeden der beiden bestehenden. Es sind also überhaupt gar nicht zwei Reiche verschiedener Art, sondern nur Teile eines einzigen Wirklichkeitsreiches, von denen der eine zufällig zu unserm Bewußtsein gehört, der andere nicht. Der eine ist anschaulich gegeben, der andere zufällig nicht. Deswegen ist aber der letztere nicht etwa weniger gut erkennbar als der erste – im Gegenteil, die Physik ist bisher unvergleichlich erfolgreicher gewesen als die Psychologie. Die Anschaulichkeit der psychologischen Gegenstände nützt eben nichts für ihre Erkenntnis, sondern | A 207 es kommt allein auf die Möglichkeit der begrifflichen Verarbeitung und Ordnung an. Durch das Begriffssystem der Naturwissenschaften erkennen wir tatsächlich das Wesen der extramentalen Wirklichkeit. Nicht un*er*kennbar ist sie, wie der Phäno|Ms 21 menalismus ⌊seit⌋[c] Kant immer wieder behauptet, sondern nur un*kenn*bar, unerlebbar, und das ist etwas ganz anderes. Die Bewußtseinswirklichkeit ist ein Gefüge zahlloser unaufhörlich wechselnder Qualitäten; und wenn man uns fragt, was denn nun die übrige reale Welt ⌊sei, so werden wir antworten: nun, sie ist eben auch ein Gewebe unablässig wechselnder Qualitäten. Die weitere Frage, wie denn nun diese Qualitäten *an sich* beschaffen seien, d. h. unabhängig von unserer Bezeichnung durch Begriffe, wird als falsch gestellt abgelehnt werden müssen, denn jede

c Ms2: ⟨mit⟩

nur denkbare Antwort auf solch eine Frage könnte eben doch wieder nichts andres leisten und bedeuten als eine Bezeichnung durch einen Begriff. Was sich über das Wesen der Außenwelt sagen läßt, ist vollständig enthalten in dem ihr zugeordneten Begriffssystem,⌋[d] das wir Naturwissenschaft nennen. Wer aber damit nicht zufrieden ist, sondern etwa begehrt, die extramentalen Qualitäten *kennen* zu lernen, so wie er die eigenen mentalen Qualitäten kennt – z. B. Lust, Schmerz, grün, warm –, aus dem spricht nicht der Wille zur Erkenntnis, sondern der Wille zum Erleben, zum Schauen. Was er wünscht, hat mit Erkenntnis nichts zu tun. Wir haben keinen Grund, über die Unerkennbarkeit der Welt zu klagen, und darüber, daß etwa nur ihre „Erscheinung" uns zugänglich sei. Im Gegenteil, was wir durch unsere Begriffe erkennen, ist immer nur Wesen; es gibt keine Erscheinung.

Die unmittelbaren Daten des Bewußtseins sind selbständiges Sein, vollgehaltiges Wesen; und wir vermögen keinen Sinn mehr zu verbinden mit der Behauptung, daß sie nur die Phänomene eines verborgenen, transzendenten Seins wären. Gewiß sind sie von andern Realitäten abhängig, aber nur in dem Sinne, in dem eben überhaupt alles Wirkliche miteinander zusammenhängt – und wenn jemand *das* Erscheinung nennen wollte, so wäre *alles* Erscheinung von *allem*. Unsere Erlebnisse, Wahrnehmungen, Vorstellungen und Gefühle sind nicht etwas Sekundäres, nicht ein Sein zweiten Grades, sondern in dem gleichen Sinne selbständig real wie irgend welche transzendenten Wesen. Es gibt nur *eine* Wirklichkeit, und sie ist immer *Wesen*. Gewiß gibt es unendlich viele Arten wirklicher Gegenstände, aber es gibt nur eine Art der | Wirklichkeit, und sie | kommt ihnen allen in gleicher Weise A 208 Ms 22
zu. Das war eben der Grundfehler, der überall Anlaß zur Entstehung des Problems, ja fast zu jedem philosophischen Dualismus gab: man glaubte an verschiedene Arten von *Realität*, wo man

d Ms1: ⟨*an sich* ist, so können wir das nur verstehen als Frage, was sie sein mag unabhängig von unserm begrifflichen Zeichensystem, das wir ihr zuordnen – und da werden wir antworten: nun, sie ist eben auch ein Gewebe unablässig wechselnder Qualitäten. Was sich sonst noch über ihr Wesen sagen läßt, ist enthalten in dem zugeordneten Begriffssystem,⟩

nur von verschiedenen Arten des *Realen* hätte sprechen dürfen. Da man nun merkte, daß zwei Realitäten sich miteinander nicht vertragen, so mußte man eine von ihnen aus der Welt schaffen. Die alten Philosophen versuchten das, indem sie die Erscheinungen für unwirklich erklärten, die neueren suchten statt dessen lieber die sog. Dinge an sich loszuwerden. Beide haben unrecht, weil sie mit der anfänglichen Zerlegung der Welt in Wesen und Erscheinung Unrecht hatten.

Nur wenn wir jede Trennung innerhalb des Wirklichkeitsbegriffs vermeiden, bleiben wir seinem ursprünglichen Sinne getreu. Seine Quelle war das unmittelbar Gegebene, dieses ist schlechthin real, und die Fragestellung des Realitätsproblems richtet sich darauf, ob *dieselbe* Realität außerdem noch andern Gegenständen zugeschrieben werden darf. Wer die Wirklichkeit der letzteren als etwas andersartiges und Neues betrachtet, nimmt jenem Problem den Sinn und erfindet frei einen Realitätsbegriff, der der Erfahrungsgrundlage entbehrt und in endlose Widersprüche führt.

Es gibt nur *eine* Wirklichkeit, und alles, was in ihren Bereich fällt, ist unserer Erkenntnis prinzipiell auf gleiche Weise zugänglich, dem Dasein wie dem Wesen nach. Nur ein kleiner Teil dieser Wirklichkeit ist uns jeweils gegeben, alles übrige ist uns nicht gegeben, aber die dadurch bedingte Scheidung des Erlebten und des Nichterlebten, des Subjektiven und Objektiven ist zufälliger Art, nicht prinzipieller Natur, wie es diejenige zwischen Wesen und Erscheinung sein sollte, die wir als unmöglich erkannt haben.

Ist diese Einsicht richtig, wie ich zuversichtlich glaube, so würde damit nicht bloß die Frage nach dem Verhältnis von Wesen und Erscheinung verstummen müssen, sondern wegen der eingangs hervorgehobenen innigen Verflechtung der philosophischen Probleme wäre auch auf andere, noch tiefergreifende Fragen ein klärendes Licht geworfen, und ein weiteres Stück Weges zur Einheit des philosophischen Weltbildes läge in hellerer Beleuchtung vor uns.

Zeitgeist und Naturwissenschaft

Zeitgeist und Naturwissenschaft
Editorischer Bericht

Zur Entstehung

Als der Physiker Max Born sich in seinem ersten Schreiben an Schlick zu 1918 *Erkenntnislehre* (*MSGA* I/1) äußert, geschieht dies in rückhaltloser Begeisterung: Nicht nur ihm, sondern auch anderen Physikerkollegen (so etwa Einstein, der ihn auf dieses Werk hingewiesen habe) seien viele der von Schlick darin ausgeführten Gedanken aus eigener naturwissenschaftlicher Praxis geläufig. Enthusiastisch erklärt er:

> „Wir bilden jetzt eine Gemeinde, die ihren Propheten gefunden hat, – ich hoffe, daß Sie diese ehrenvolle Stellung annehmen. Ist sie ja doch mit keinen anderen Lasten verbunden, als die Ihnen Ihr philosophischer Beruf ohnehin auferlegt, nämlich an der Reinigung und Klärung der Erkenntnis weiter zu forschen."[1]

Nur zwei Monate später jedoch zeigt sich bereits, daß die Lasten und Pflichten des philosophischen Berufs von Born durchaus weiter gefaßt werden, als es in seinem ersten Schreiben den Anschein hatte: Ein in der *Frankfurter Zeitung* erschienener Artikel des dort als Redakteur tätigen Robert Drill[2] erfüllt Born, wie er noch am selben Tag schreibt, mit „Unruhe": Seit langem beobachte er besorgt, wie für die „politischen und sozialen Ungewitter", von denen Deutschland in der Nachkriegszeit heimgesucht wird,

1 Max Born an Moritz Schlick, 11. Juni 1919.

2 Vgl. Drill, *Kultur*.

„bestimmte Geistesrichtungen verantwortlich gemacht werden sollen; der Kampf gegen die Mißstände in Staat, Gesellschaft, Volksleben, der alle vernünftigen Menschen einigen sollte, wird von einigen philosophischen Schulen, insbesondere idealistischer und religiöser Richtung, im engsten Interesse ihrer Geistesrichtung ausgebeutet. Das Unglück des Staates wird von diesen Leuten der materialistischen Denkweise als Schuld aufgebürdet, und diese Denkweise selbst soll wiederum der Ausfluss der Herrschaft der Naturwissenschaften sein. Sehr viel richtiges mag daran sein; gerade der Artikel von Drill enthält vieles, was ich gern unterschreiben möchte. Auch mir ist die monistische Flachheit eines Häckel, Büchner u.s.w. höchst fatal; auch mir ist ganz klar, welche Verwirrung die Lehren des missverstandenen Darwinismus in den Köpfen der Halbgebildeten angerichtet haben.[3] Aber ich empfinde es als Unrecht, wenn ein Philosoph idealistischer Richtung nun diese Tatsache zu einer Reklame für seine Weltauffassung ausbeutet."[4]

Tatsächlich schien Drill – obzwar kaum als „idealistischer Philosoph" im engeren Sinn zu bezeichnen – in seinen Kreisen als Kenner Kants einige Anerkennung zu finden.[5] Neben dem Studium der Volkswirtschaft bei Lujo Brentano hatte er sich einige Jahre lang der Philosophie gewidmet, sich jedoch bald für eine journalistische Laufbahn entschieden. Im Zuge seiner jahrzehntelangen Tätigkeit als Redakteur der *Frankfurter Zeitung* entstanden zahlreiche kritische

3 Zur Interpretation Darwins durch Ernst Haeckel vgl. Lenzen, *Evolutionstheorien*. Zu den zeitgenössischen Kritikern Haeckels zählten u. a. Erich Adickes sowie dessen Lehrer Friedrich Paulsen, vgl. Paulsen, *Haeckel als Philosoph*; Adickes, *Kant contra Haeckel*. Eine Stellungnahme Schlicks zu Haeckel findet sich in einem Manuskript zur Philosophie der Gegenwart aus dem Jahr 1911: „Wo er z. B. über Fragen spricht, die in den Bereich der Physik gehören, tut sich mehrfach eine mangelhafte Bekanntschaft mit den Principien dieser Wissenschaft kund, die zur Folge hat, daß die resultierende Metaphysik den Anforderungen nicht genügt, die man vom physikalischen Standpunkt aus an das Weltbild stellen muß." (Inv.-Nr. 1, A. 2 a, S. 11)

4 Max Born an Moritz Schlick, 19. August 1919.

5 Vgl. dazu Drill, *Kantiana* sowie ders., *Kant*. Zur Person siehe auch Friedlaender, *Lebenserinnerungen*: „Durch David Kaufmann [. . .] kam auch Robert Drill in unseren Kreis, [. . .] ein Schüler von Brentano, der früher drei Jahre Philosophie studiert hatte, aber die akademische Karriere nicht ergreifen konnte, weil er stotterte. Er [. . .] ist später zur Presse gegangen; bei der Frankfurter Zeitung war er jahrzehntelang ein angesehener Redakteur [. . .] Er war ein hochintelligenter und intellektueller Mensch und man profitierte viel von Gesprächen mit ihm, besonders wenn er über Kant'sche Philosophie sprach, die er wie wenige beherrschte."

Aufsätze zu jeweils aktuellen gesellschaftspolitischen bzw. allgemein philosophischen Themen,[6] die so unterschiedliche Bereiche wie etwa die Anthroposophie, das Schulwesen, Spengleriana, die Judenfrage, den Marxismus, den Expressionismus und u. a. auch die hier zur Debatte stehende Auseinandersetzung mit „der Haeckel-Zeit"[7] umfassen. Hierzu wirft Born Drill vor, es an Gründlichkeit und Tiefe fehlen zu lassen. Er empört sich insbesondere über Drills Darstellung des Ursprungs des Energieerhaltungssatzes („alles wird Kant zugeschrieben!") und gelangt schließlich zum eigentlichen Anlaß seines Schreibens an Schlick:

> „Ich glaube, daß, wenn wir Naturforscher und Philosophen solchen Tendenzen und ihrer Propagierung nicht entgegentreten, wir eine Schuld auf uns laden. Schweigen bedeutet in diesem Falle Zustimmung und Aufgabe unserer Pflicht, die erkannte Wahrheit zu vertreten und zu verkünden. Ich möchte wohl selbst gern einem solchen Artikel wie dem Drillschen entgegentreten, aber ich schreibe schwer und schwerfällig, und das philosophische und literarische Rüstzeug ist mangelhaft. Meine Bitte ist nun, daß Sie für die Frankfurter Zeitung einen Artikel schreiben, in dem die Stellung der exakten Naturwissenschaft und Philosophie gegenüber Häckel und seinem Anhange dargelegt und die Drillschen Behauptungen, soweit sie zu bekämpfen sind, widerlegt werden."[8]

Die „Anweisungen" an Schlick sind somit deutlich, die Argumentationslinie des zu verfassenden Artikels ist im Wesentlichen vorformuliert. Auch versäumt Born es nicht, Schlick sein erstes, enthusiastisches Schreiben vom 11. Juni in Erinnerung zu bringen:

> „Ich glaube, daß Ihnen diese Arbeit leicht ist und daß Sie der gegebene Mann dazu sind. Sie müssen uns Einzelforscher, die bei der mühevollen Arbeit des Beobachtens und Rechnens den gewandten Gebrauch des Wortes nicht erlernen konnten, der großen Öffentlichkeit gegenüber vertreten. Ich nannte Sie ja schon in meinem vorigen Briefe unseren Propheten."[9]

Zwar sind Schlicks Antwortbriefe nicht erhalten, doch läßt der kurze Zeitraum, der zwischen dem Erhalt von Borns Brief und dem Erscheinungsdatum des Aufsatzes (2. September) liegt, schließen, daß

6 Einige davon zusammengefaßt in: Drill, *Aus der Philosophen-Ecke*.

7 Vgl. Drill, *Kultur*.

8 Max Born an Moritz Schlick, 19. August 1919.

9 Ebd.

er die Arbeit an vorliegendem Text unverzüglich in Angriff genommen hat.[10]

Zur Überlieferung und Edition

Der Aufsatz erschien in der *Frankfurter Zeitung*, Jg. 64, Nr. 649 (Erstes Morgenblatt), 2. September 1919, S. 1 (**A**). Es sind keine Manuskripte, Druckfahnen etc. überliefert. Der Abdruck folgt A. A ist in Fraktur gedruckt. Der Hervorhebungsweise in A (Sperrung) entspricht hier Kursivsetzung.

10 Unerwähnt bleibt in Schlicks Aufsatz, daß der zu seiner Zeit ebenso bekannte wie umstrittene Darwinist und Begründer des deutschen Monistenbundes Ernst Haeckel wenige Tage vor Erscheinen der hier dokumentierten Kontroverse, nämlich am 9. August 1919, in Jena verstorben war.

Zeitgeist und Naturwissenschaft

Europa ist von fürchterlichen Katastrophen heimgesucht worden. Es ist verständlich und recht, daß nirgends eifriger nach den Ursachen des großen Unheils geforscht wird als bei uns, dem Volke der Besiegten. Denn gerade wir werden durch das Unglück vor die schwersten Aufgaben gestellt, und die können wir um so besser erfüllen, je genauer wir uns über die Zusammenhänge klar werden, die zum Niederbruche führten. Werden aber solche Nachforschungen nicht mit der peinlichsten Gewissenhaftigkeit und den reinsten Absichten angestellt, so sind sie sinnlos und verstricken uns nur tiefer in die Verwirrung, der wir entfliehen sollten. Hier wird viel gesündigt. Fast jeder möchte diejenigen für alles Übel verantwortlich machen, die einer entgegengesetzten politischen Partei angehören, oder eine andere Weltanschauung vertreten als er selber. Das erstere ist fast unvermeidlich und scheint in dem Wesen der Politik selbst begründet zu sein; aber hier wird doch die Wucht der historischen Tatsachen bald die zum Schweigen bringen, die durch Erheben von Anklagen gegen augenblickliche Mißstände das eigene Verschulden zu bemänteln suchen. Nicht so einfach jedoch liegen die Dinge auf dem Felde des rein Geistigen und der Weltanschauungsfragen, auf welches der Kampf hinübergespielt und oft in so beklagenswert unsachlicher Weise geführt wird, daß dem Kundigen die Pflicht erwächst, auf diesem Gebiete nach Möglichkeit aufklärend zu wirken.

Es ist durchaus in der Ordnung, wenn auch der Einfluß großer *geistiger Bewegungen*, wissenschaftlicher Erkenntnisse und philosophischer Richtungen auf das Elend im Leben der Völker, des Staates und der Gesellschaft untersucht wird, und es ist möglich, daß sich dabei verderbliche Wirkungen dieser oder jener Lehrmeinung herausstellen; aber es ist höchst bedenklich, wenn diese Untersuchung zu dem Zweck begonnen wird, unbequeme gegnerische Ansichten als gefährlich zu brandmarken und dadurch Anhänger für die eigene Weltauffassung zu werben. Es mag sein, daß materialistische Denkweisen das geistige Niveau des Volkes herabdrückten und in unreifen Seelen die Entstehung niedriger Genußsucht begünstigten; darf man aber diesen Umstand als Beweis für die Richtigkeit irgend einer idealistischen Philosophie ansehen, weil diese ja den Materialismus bekämpft? Es mag sein, daß Darwins Lehre vom Kampf ums Dasein von wirren Köpfen zur Rechtfertigung roher Gewalt und zur Verherrlichung der Macht ausgebeutet wird; haben aber die Gegner des Darwinismus ein Recht, dies als einen Grund der Wahrheit ihrer eigenen Ansichten anzuführen?

Dr. Drill, der Verfasser des kürzlich an dieser Stelle erschienenen Aufsatzes „Die Kultur der Haeckel-Zeit" sieht im Haeckelschen Monismus und seiner Ausbreitung mit vollem Recht einen „Abfall vom Geiste"[1] – aber ist es auch richtig, für diesen Niedergang den Aufschwung und die Herrschaft der Naturwissenschaften und ihrer Denkweisen verantwortlich zu machen? Haeckels Welträtsel[2] sind in der Tat höchst beklagenswert, ja beschämend mit ihren philosophischen Plattheiten und physikalischen Irrtümern, aber daraus folgt weiter nichts, als daß ein überragender Forscher und vortrefflicher Mensch auf die schlimmsten Irrwege geraten kann, wenn er über Dinge schreibt, die er nicht versteht. Die Naturwissenschaften sind daran vollkommen unschuldig, und ihre berufenen Vertreter sind es, die solche Entgleisungen am allermeisten beklagen. Es geschieht auf Anregung eines von ihnen,

1 Drill, *Kultur*, S. 1.

2 Nachdem Emil du Bois-Reymond im Jahr 1872 seine berühmte Rede *Über die Grenzen des Naturerkennens* („Ignorabimus-Rede") gehalten hatte, war die Schrift *Die Perigenesis der Plastidule* von Ernst Haeckel 1876 erschienen, auf die Bois-Reymond in seiner Rede *Die sieben Welträthsel* von 1880 kritisch eingegangen war, was wiederum Haeckel zu einer eingehenden Diskussion in seinem Bestseller *Die Welträtsel* von 1899 bewogen hatte; vgl. ebd., insbes. Kap. 10, Abschn. VI, S. 73–77.

daß ich, gerade als Vertreter der Philosophie, hier die Stimme erhebe gegen die Meinung, als könne der wahre Grund einer verderblichen und am Völkerelend mitschuldigen Zeitrichtung letztlich irgendwie in der naturwissenschaftlichen Denkweise und ihrer Ausbreitung gefunden werden, und als sei die Rettung davor in gewissen „idealistischen" philosophischen Systemen zu suchen. In Wahrheit ist zur Durchdringung der Naturwissenschaften gerade in ihren exaktesten Zweigen soviel „Geist" nötig, und sie stellen in ihren letzten Gipfeln ein so erhabenes Zeugnis menschlicher Geistestätigkeit dar, daß der Gedanke, ihnen die Schuld an einer Verflachung, an einem Abfall vom Geiste zuzuschieben, dem einsichtigen von vornherein absurd erscheinen muß. Auf solch einen Gedanken kann man nur kommen, wenn man sich den Naturforscher, statt in ihm, wie im Philosophen, einen Priester der reinen Erkenntnis zu sehen, als einen Mann vorstellt, der die Wirklichkeit bloß pedantisch zerfasere oder gar nur der Technik diene. Weit entfernt davon, zum Geiste, zur Philosophie in irgend einem Gegensatz zu stehen, sind es gerade die Naturwissenschaften, die der Philosophie die wertvollsten Anregungen und Stoffe liefern. Niemand hat dies besser gewußt und betont als gerade Kant, von dem Dr. Drill behauptet, er sei der wahre Entdecker des Gesetzes von der Erhaltung der Energie, Robert Mayer und Helmholtz hätten nur das geringere Verdienst, es durch das Experiment bestätigt zu haben.[3] Aber ich glaube, niemand hätte freudiger den neueren Naturforschern die Ehre bezeigt, die ihnen gebührt, als Kant, der Bewunderer Newtons. Wer da glaubt, die (von Drill zitierte) Kantsche Formulierung des Satzes von der Erhaltung der

3 Planck etwa betonte die wissenschaftshistorischen Schlüsselrollen von Mayer und Helmholtz. Vgl. Planck, *Prinzip*, S. 31: „Daß übrigens die Verdienste Mayers in der neueren Zeit vollauf gewürdigt [...] und von unseren ersten Kapazitäten der Wissenschaft in durchaus befriedigender Weise anerkannt worden sind, dürfte bekannt genug sein." Sowie S. 39: „Weiter ausgebildet [...] erscheinen diese Betrachtungen in der Schrift von Helmholtz, [...] in der zum ersten Male die universale Bedeutung des Prinzips der Erhaltung der Kraft für alle Naturerscheinungen von der Höhe des Standpunktes der damaligen Entwicklung der Physik in gedrängter Übersicht entwickelt wurde." Vgl. auch Helmholtz, *Robert Mayers Priorität* sowie 1921c *Erläuterungen/Helmholtz*, in diesem Band S. 338.

Substanz[4] sei gleichbedeutend mit dem Helmholtzschen Energieprinzip, und dieses könne aus jenem „ohne Schwierigkeit, wenn man damit umzugehen weiß, abgeleitet werden“, dessen physikalische Vorstellungen stehen auf genau der gleichen Höhe wie Haeckels „Welträtsel“, und Kant würde sich einen solchen Verteidiger seiner Philosophie wahrlich nicht wünschen.[5] Auch jeden Versuch einer Verkleinerung der Leistungen Darwins würde er sicherlich zurückgewiesen und dessen Verdienst voll gewürdigt haben, welches darin besteht, daß er einmal durch Beibringung eines ungeheuren Tatsachenmaterials die Entwicklungslehre auf den festen Boden der Erfahrung gründete, und dann durch sein Selektionsprinzip wenigstens die grundsätzliche Möglichkeit der Erklärung des Zweckmäßigen aus Zufälligem plausibel machte. Es ist ganz und gar nicht im Geiste Kants, die Philosophie gegen naturwissenschaftliche Erkenntnisse auszuspielen, den letzteren verderbliche Wirkungen auf Kultur und Zeitgeist nachzusagen, und dann die erstere in den Dienst der Theologie, Teleologie oder, wie manche Schulen das tun, sogar der Mystik zu stellen. Naturwissenschaftliche Lehren haben nicht deshalb einem praktischen Materialismus Vorschub geleistet, weil sie den Geist am Aufstieg zu den philosophischen Regionen gehindert hätten, sondern umgekehrt: weil man durch materielle Gründe in den Niederungen zurückgehalten war, konnte man jene Lehren mißverstehen und dann für seine Zwecke mißbrauchen. Genau so kann auch die *Philosophie* nur auf diesem niederen Standpunkte mißverstanden und mißbraucht werden, in dem man sie zur Verteidigung allzumenschlicher Weltauffassungen herbeiruft, unter dem Vorgeben, die höchsten Ideale der Menschheit retten zu wollen.

Die menschlichen Ideale sind *Werte*. Sie können durch keine Betrachtungsweise umgestoßen werden, die es, wie die natur-

4 Drill zitiert auf S. 1 Kant, *Kritik der reinen Vernunft*, B 224 (nur in B): „*Bei allem Wechsel der Erscheinungen beharret die Substanz, und das Quantum derselben wird in der Natur weder vermehrt noch vermindert.*“

5 Vgl. Adickes, *Kant contra Haeckel*, S. 32 f.

wissenschaftliche, allein mit dem *Wesen* der Dinge zu tun hat.[6] Wird uns gezeigt, daß Rosenöl aus den gewöhnlichsten chemischen Stoffen zusammengesetzt ist, so duftet die Rose darum nicht weniger herrlich, und ihr Wert wird darum um keinen Deut verringert. Die moralischen Gefühle behalten ihre Erhabenheit ganz und gar unabhängig davon, was Psychologie und Entwicklungsgeschichte etwa über ihren Ursprung lehren mögen. Die Wahrheit selber, zu der ja Philosophie wie Naturwissenschaft als einziges Ziel hinstreben, ist ein Wert, der nur durch Mißverständnis mit den großen ethischen Werten in scheinbaren Widerstreit treten kann.

Ein Ungewitter brach über Europa herein, weil unsere Wertungen sich verwirrt hatten, und Erscheinungen wie die Ausbreitung des Haeckelschen Monismus und andere betrübende Symptome des Zeitgeistes waren nicht Ursachen, sondern selbst Wirkungen der ethischen Verwirrung, die Flachheit begünstigte. An der Gesundung der Wertungen zu arbeiten, ist jetzt höchste Aufgabe aller Menschen und die Wissenschaft wird das ihre dazu tun, indem sie mit aller Unerschrockenheit und Unerbittlichkeit den Wert der Wahrheit pflegt. Damit erzieht sie zu der Ehrlichkeit, die sicherlich zu den Fundamenten jeder sittlichen Erneuerung gehört.

6 Vgl. 1908 *Lebensweisheit*, S. 41 f. (*MSGA* I/3, S. 86): „Der Mensch kann sich den Dingen der Welt gegenüber auf zwei verschiedene Standpunkte stellen: entweder studiert er ihr *Wesen* oder er fragt nach ihrem *Werte*; er hat, wie Kant dies ausdrücken würde, entweder ein theoretisches oder ein praktisches Interesse an den Objekten. Die erste dieser beiden Betrachtungsweisen ist diejenige der Wissenschaft, und *nur* der Wissenschaft eigen, die letztere allen übrigen Gebieten des Lebens eigentümlich." Siehe ebd., S. 144 (*MSGA* I/3, S. 170) und 1930a *Ethik*, S. 77 (*MSGA* I/3, S. 447 f.).

Entgegnung

Entgegnung

Editorischer Bericht

Zur Entstehung

Gemeinsam mit Schlicks Aufsatz *Zeitgeist und Naturwissenschaft*, in diesem Band, erschien in der *Frankfurter Zeitung* vom 2. September 1919 eine Entgegnung Robert Drills, deren äußerst polemischer Charakter Max Born zu einem neuerlichen Schreiben an Schlick veranlaßte. Während Born Schlicks Darlegung als „durchaus ruhig, sachlich, überzeugend" bezeichnet, stünde Drills Replik „auf einer sehr niedrigen Stufe". Gleichwohl, so Born weiter, frage es sich jedoch,

> „ob die Diskussion hier abgebrochen werden soll, oder ob eine Fortsetzung angezeigt ist. Ich würde auch bereit sein Ihnen zu Hilfe zu kommen; aber vielleicht wartet man, bis ein neuer Vorstoß der ‚Idealisten' eine Abwehr erfordert. Sie werden das am besten selbst beurteilen."[1]

Schlick entschloß sich wenige Tage später zu einer solchen „Fortsetzung", deren Textvorstufe in einem Brief an die *Frankfurter Zeitung* erhalten ist. In seinem Anschreiben an die Redaktion nahm er indirekt auf Borns Rolle bei der Entstehung von *Zeitgeist und Naturwissenschaften* Bezug.[2] Seinen Entschluß, auf Drills Entgegnung zu antworten, begründet Schlick mit der

> „maßlose[n] Heftigkeit des Nachworts, das Dr. Drill zu meinem Artikel in Nr. 649 Ihres geschätzten Blattes geschrieben hat. Diese Tonart wäre selbst dann kaum

1 Max Born an Moritz Schlick, 2. September 1919.

2 Das Anschreiben an die „Sehr geehrte Redaktion!" läßt vermuten, daß Schlick über die Rolle Drills als Redakteur der Zeitung nicht hinlänglich informiert war.

erklärlich, wenn alle meine Ausführungen besonders gegen Herrn Drill gerichtet gewesen wären. Das ist aber nicht der Fall, denn, wie Sie wissen, gab sein Artikel in Nr. 609 Ihrer Zeitung nur den halb zufälligen äußeren Anstoß dazu, daß ein philosophisch stark interessierter Physiker von anerkanntem Rufe sich mit der Bitte an mich wandte, ich möchte öffentlich einiges sagen gegen gewisse Argumentationsweisen, die man jetzt häufiger findet, und dabei dann auch einige unrichtige Behauptungen des Herrn Dr. Drill zurückweisen. Den letzteren kommt ja nicht an sich, sondern nur als typischer Fall irgend welche Bedeutung zu. Auf die Form der Drillschen Entgegnung [...]"

wolle Schlick an dieser Stelle nicht eingehen, er sehe sich jedoch zur vorliegenden inhaltlichen Klarstellung genötigt und schließt mit den Worten:

„Sie werden, sehr geehrte Redaktion, gewiß mit mir der Meinung sein, daß es der Sache dient, wenn Sie dies Schreiben zur Kenntnis Ihrer Leser bringen, und ich bitte Sie daher, es zu tun."[3]

Dem Abdruck des Textes am 13. September fügte Drill, in dessen Hände – als Redakteur der *Frankfurter Zeitung* – Schlicks Schreiben ja zuallererst gelangt sein dürfte, umgehend eine weitere Entgegnung bei,[4] in welcher er u. a. ankündigte, die Ableitung des Energieerhaltungssatzes aus Kant nicht schuldig zu bleiben. Ein entsprechender Aufsatz erschien wenige Monate später im selben Blatt und erreichte Schlick diesmal auf indirektem Wege. Am 18. Dezember 1919 schrieb Albert Einstein:

„Lieber Herr Schlick! Ich sende Ihnen auf Befehl meines Freundes Born einen elenden Quatsch von einem sogen. Philosophen, der sich die Methode der Demokratie zu eigen gemacht hat. Ich will meinen Rat nicht aufdrängen, aber ich glaube nicht, dass ich an Ihrer Stelle darauf antworten würde. Es kostet Zeit, man ärgert sich, und es kommt doch nichts heraus dabei. Oder können Sies mit guter Laune und Vergnügen am Spassigen machen? Manchmal hat man auch solche Stimmungen."[5]

Schlicks Antwort vom 19. Dezember 1919 deutet darauf hin, daß er dem Rat Einsteins nicht ohne Erleichterung gefolgt war:

3 Moritz Schlick an *Frankfurter Zeitung*, 7. September 1919.

4 Siehe Herausgeberfußnote, S. 90.

5 Albert Einstein an Moritz Schlick, 8. Dezember 1919.

„Nun danke ich Ihnen noch recht sehr für die Zusendung des Drillschen Ergusses in der Frankfurter Zeitung! Er ist in der Tat nur komisch, und ich konnte mich nicht darüber ärgern. Andererseits wurde ich auch nicht in die nötige launige Stimmung versetzt, um recht spassig auf den Artikel antworten zu können, und so folge ich denn gerne ihrem Rat, der sicherlich der beste ist, und versuche nicht, Herrn Drill und seinen Beweis des Energieprinzips aus der Substantialität der Wurst zu widerlegen. An Born habe ich auch in diesem Sinne geschrieben, und ich denke, er wird damit einverstanden sein. [...] Dem urteilsfähigen Leser wird jene Philosophie – Wurst sein; schon die Geschmacklosigkeit der Darstellung kann ihm zeigen, was davon zu halten ist.“[6]

Belege einer weiteren Auseinandersetzung mit Drill konnten nicht nachgewiesen werden.

Zur Überlieferung und Edition

Der Aufsatz erschien in der *Frankfurter Zeitung*, Jg. 64, Nr. 680 (Erstes Morgenblatt), 13. September 1919, S. 1 (**A**). Im Nachlaß ist der oben zitierte Brief Schlicks vom 7. September 1919 an die *Frankfurter Zeitung* erhalten (**Bf**). Der Brief umfaßt eine Seite und ist in Maschinenschrift verfaßt.

Der Abdruck folgt A, Variante ist der Brief. A ist in Fraktur gedruckt. Varianten in der Interpunktion, die die Satzeinteilung unberührt lassen sowie maschinenschriftliche Sofortkorrekturen im Brief sind im textkritischen Apparat nicht berücksichtigt. In A wird Schlicks Entgegnung von den Herausgebern der Zeitung mit folgenden Worten eingeleitet: „Zu der unter diesem Titel in Nr. 649 erfolgten Auseinandersetzung ersucht uns Herr Professor M. Schlick um die Wiedergabe des Folgenden:“. Drills Antwort in A ist in einer Herausgeberfußnote dokumentiert (siehe unten).

6 Moritz Schlick an Albert Einstein, 19. Dezember 1919.

[Entgegnung]

1. Herr Dr. Drill hält seine Behauptung aufrecht, daß das Energieprinzip aus dem Kantschen Substanzgesetz abgeleitet werden könnte, „und daß Leute, die mit dem Energieprinzip hantieren, das eigentlich schon wissen könnten". Alle hervorragenden Physiker halten aber eine solche Ableitung für unmöglich, jedoch nicht aus Unwissenheit, sondern weil sie der Überzeugung sind – die erkenntnistheoretisch wohl begründet ist und die ich teile –, daß das Energiegesetz nur aus Experimenten und Beobachtungen, nicht aber aus Kantschen Prinzipien hergeleitet werden kann. Nur zu gut kenne ich die Versuche einer solchen Herleitung, mit nur zu gutem Recht durfte ich über die physikalische Bildung ihrer Verfasser so urteilen, wie ich es getan habe. Herr Dr. Drill verspricht uns einen neuen Versuch mit folgenden Worten, auf die ich die Aufmerksamkeit noch einmal lenken muß: „Aber daß Herr Professor Schlick es nicht weiß, verpflichtet mich nicht, es ebenfalls nicht zu wissen, und damit man nicht meine, daß ich nur so redete, werde ich später einmal das darlegen, wovon sich Herr Professor Schlick gar keine Vorstellung machen kann, nämlich jene Ableitung". A 1 Bf 1

2. Meine Meinung, daß Kant, hätte er nach Darwin gelebt, dessen Verdienste in der Richtung zur Erklärung der organischen Zweckmäßigkeit voll gewürdigt hätte, erklärt Herr Dr. Drill für falsch. Gesetzt, sie wäre es, so kann man ihre Falschheit doch nicht dadurch beweisen, daß man, wie Herr Dr. Drill, zu zeigen sucht, daß die Lehre Darwins im Widerspruch steht zu Äußerungen, die Kant getan hat, ohne dessen Werk und das seiner Nachfolger zu kennen. Ich werde Kant auch fürder gegen diejenigen seiner „Verteidiger" in Schutz nehmen, die auf sein

System schwören, als glaubten sie, Kant würde es heute ebenso geschrieben haben wie zu Ende des 18. Jahrhunderts, als die großen Ergebnisse der mathematischen und naturwissenschaftlichen Forschungen noch nicht vorlagen, die dem Philosophen heute zu Gebote stehen.[1]

1 Unmittelbar im Anschluß an Schlicks Entgegnung ist der folgende Text abgedruckt: „Hierzu bemerkt Herr Dr. Drill: ‚Diese Äußerungen des Herrn Professor Schlick sind wiederum sehr charakteristisch. Er meint, übrigens wie so mancher andere, daß Kant heute anders gesagt hätte als zu seiner Zeit. Aber diese Meinung kann man nur hegen, wenn man den Sinn der Philosophie Kants völlig verfehlt. Er hat selber ganz klar ausgesprochen, daß er entweder Endgültiges geleistet habe oder gar nichts, und er wußte, warum er das sagte. Ich kann das hier nicht auseinanderlegen (habe es übrigens schon öfter getan), aber es handelt sich darum, daß diese kritische Untersuchung Kants apriori ist, also unabhängig von den Erfahrungen, weil sie die Untersuchung der Vernunft ist, die der Erfahrung vorhergeht, daß es in solcher Untersuchung kein anderes Kriterium der Wahrheit gibt als apodiktische Gewißheit, und daß, wenn diese Gewißheit erreicht wird, keine nachfolgende Empirie sie umstößt, wovon man sich immer wieder überzeugen kann. Da nun Kant sicher sein durfte, auch in der Frage der Teleologie zu apodiktischer Gewißheit gelangt zu sein, (wovon man sich ebenfalls überzeugen kann), brauchte er weder die Naturwissenschaft des 19., noch die eines folgenden Jahrhunderts zu kennen. Den Darwinismus aber, der, insoferne er alle organische Entwicklung erklären will, keine Erfahrung, sondern eine vernunftwidrige Hypothese ist, hätte er entsprechend gekennzeichnet. Wer diese Dinge nicht sieht, der mag freilich meinen, daß man Kant nur zustimmen könne, wenn man auf ihn ‚schwört‘, obgleich es doch noch die Möglichkeit gibt, die Wichtigkeit der Sache *eingesehen* zu haben. Was nun die erkenntnis-theoretische Seite des Energieprinzips betrifft, so scheint Herr Professor Schlick zu befürchten, daß ich es unterlassen könnte, darauf zurückzukommen. Er darf versichert sein, daß es geschehen wird.‘ “

[Selbstanzeige von:] Raum und Zeit in der gegenwärtigen Physik

[Selbstanzeige von:] Raum und Zeit in der gegenwärtigen Physik[1]

Editorischer Bericht

Zur Entstehung

In der hier abgedruckten Selbstanzeige beschreibt Schlick die in der zweiten Auflage der Monographie 1919a *Raum und Zeit* (*MSGA* I/2) zu erwartenden Neuerungen. Eine sehr ähnliche Darstellung findet sich im Vorwort zur zweiten Auflage selbst. Seitens des Verlags war, da die 1500 Exemplare der ersten Auflage von 1917 „überraschend schnell", wie Schlick im vorliegenden Text meint, zur Neige gegangen waren, bereits im Februar 1918 an eine Neuauflage gedacht worden.[2]

Während der Bearbeitung des Bandes hatte Schlick mehrmals Gelegenheit gehabt, die von ihm beabsichtigten Änderungen mit Einstein persönlich zu diskutieren. Nach einem Treffen im Spätsommer des Jahres 1918 schrieb er an Gerda Tardel:

> „Wir sprachen hauptsächlich über die zweite Auflage meines Büchleins, die jetzt meine größte Sorge bildet, denn ich habe baldigste Ablieferung versprochen."[3]

Insbesondere dürften bei diesem Treffen jene neueren kosmologischen Ergebnisse besprochen worden sein, die Einstein als Konsequenzen der allgemeinen Relativitätstheorie jüngst erarbeitet hatte[4]

1 1919a *Raum und Zeit* (*MSGA* I/2).

2 Vgl. Julius Springer an Moritz Schlick, 12. Februar 1918.

3 Moritz Schlick an Gerda Tardel, 10. September 1918.

4 Vgl. Einstein, *Kosmologische Betrachtungen*.

und die er auch seinen eigenen allgemeineren Darstellungen der Relativitätstheorie als Addendum beifügte.[5] In der hier angekündigten Neuauflage 1919a *Raum und Zeit* (*MSGA* I/2) finden diese kosmologischen Konsequenzen in Kapitel IX Eingang.

Wegen des Kriegsdienstes, den Schlick zu jener Zeit zu leisten hatte, sollte die Arbeit an der neuen Auflage mehrere Monate in Anspruch nehmen.[6] Erst gegen Ende des Jahres erhielt Einstein eine Vorversion der Neuauflage zur Durchsicht. Einmal mehr zeigte er sich von Schlick beeindruckt:

> „Ich finde Ihre Darlegung, wie Ihre früheren, ausgezeichnet. Einige kleine Korrekturvorschläge, die ich anbrachte, werden Sie ohne Begründung begreifen. Sie sind wirklich ein Künstler der Darstellung."[7]

Die Auflagenzahl der Monographie wurde auf 1750 erhöht.[8] Bald schon sollte jedoch anläßlich der für die allgemeine Relativitätstheorie so bedeutenden Resultate der Sonnenfinsternisexpeditionen von 1919 eine neuerliche Aktualisierung des Bandes in 1920a *Raum und Zeit* (*MSGA* I/2) erforderlich werden.[9] Details hierzu finden sich im editorischen Bericht zu 1919a *Raum und Zeit* (*MSGA* I/2).

Zur Überlieferung und Edition

Der Aufsatz erschien in *Naturwissenschaften* 7, Heft 26 vom 27. Juni 1919, S. 463 (**A**). Es sind keine Manuskripte, Druckfahnen etc. überliefert. Der Abdruck folgt A. Personennamen, in A durch Kursivsetzung hervorgehoben, sind hier wie der Fließtext gesetzt.

5 Vgl. 1921i *Rezension/Einstein*, in diesem Band S. 467 sowie Einstein, *Spezielle und allgemeine Relativitätstheorie*, S. 71–77.

6 Vgl. Moritz Schlick an Gerda Tardel, 29. September 1918: „Die Bearbeitung der 2. Auflage meines kleinen Buches, die so sehr drängt, ist immer noch nicht fertig."

7 Albert Einstein an Moritz Schlick, 10. Dezember 1918. Die hier angesprochenen Druckfahnen mit den Korrekturvorschlägen Einsteins sind im Nachlaß nicht erhalten.

8 Vgl. Julius Springer an Moritz Schlick, 26. November 1918.

9 Vgl. dazu 1920d *Einstein*, in diesem Band, 1920e *Bestätigung*, in diesem Band.

[Selbstanzeige von:] Raum und Zeit in der gegenwärtigen Physik

Wer die Grundlagen der heutigen Physik verstehen will, muß mit 463
der Relativitätstheorie vertraut sein; wer deren Prinzipien nicht beherrscht, kann sich von dem Weltbild der modernen Naturwissenschaft keine richtige Vorstellung machen. Allenthalben besteht deshalb ein starkes Bedürfnis, in jene Prinzipien eingeweiht zu werden. Wie lebhaft dieses Bedürfnis ist, zeigt der überraschend schnelle Absatz der kleinen Schrift, in der ich das Verständnis der „allgemeinen“ Relativitäts- und Gravitationstheorie solchen Lesern zu vermitteln suchte, die den Eingang zu den Originalarbeiten durch deren mathematische Schwierigkeiten versperrt fanden. Die erste Auflage, die seit einer ganzen Reihe von Monaten vergriffen war, hatte die Grundgedanken der „speziellen“ Theorie als bekannt vorausgesetzt; das Büchlein hat aber doch viele Leser gefunden, denen die Kenntnis der älteren Theorie noch mangelte. Um solcher Leser willen, die dem Gegenstande noch fern stehen, habe ich in die zweite Auflage eine einführende Schilderung der speziellen Relativitätstheorie aufgenommen.[1] Ich hoffe, daß die Schrift dadurch nicht unwesentlich gewonnen hat; stellt sie doch nunmehr eine Einführung in den *gesamten* Ideenkreis der Einsteinschen Theorie dar. Dieser Kreis hat einen harmonischen Schluß und eine glänzende Krönung durch die Betrachtungen gefunden, die Einstein inzwischen über den Bau des Kosmos als Ganzes anstellte, und durch die er zeigte, daß der Weltraum mit größter Wahrscheinlichkeit als ein zwar unbegrenzter, aber endlicher aufzufassen sei; und es war mir eine besondere Freude, daß

1 Vgl. 1919a *Raum und Zeit* (*MSGA* I/2), Kap. II.

die zweite Auflage Gelegenheit bot, eine ausführlichere populäre Darlegung dieser ebenso schönen wie wichtigen Betrachtungen in das Büchlein einzufügen.[2] Sein Umfang ist durch die neu hinzugekommenen Kapitel nicht unbeträchtlich vermehrt. Nach wie vor legt die Schrift das Hauptgewicht auf die Herausarbeitung der großen Zusammenhänge, welche mir für das Verständnis der Einsteinschen Schöpfung und für ihre Einordnung in die allgemeine Weltanschauung, d. h. ihre philosophische Wertung, von entscheidender Bedeutung zu sein scheinen.

2 Vgl. 1919a *Raum und Zeit* (*MSGA* I/2), Kap. IX. Weitere Ausführungen dazu finden sich in 1921i *Rezension/Einstein*, in diesem Band S. 467, 1923a *Relativitätstheorie*, in diesem Band S. 545 und 1925b *Naturphilosophie*, in diesem Band S. 674.

[Rezension von:] Oskar Kraus, Franz Brentano

[Rezension von:] Oskar Kraus, Franz Brentano[1]
Editorischer Bericht

Zur Entstehung

Der Prager Philosoph Oskar Kraus war ein Schüler Friedrich Jodls und Anton Martys: Letzterer hatte ihn in die Philosophie Franz Brentanos eingeführt. Das hier von Schlick rezensierte Werk trägt den erweiterten Titel „Franz Brentano: Zur Kenntnis seines Lebens und seiner Lehre" und enthält neben einer von Kraus selbst verfaßten Darstellung des Werdegangs und der Philosophie Brentanos zwei als „Lebenserinnerungen" ausgewiesene Beiträge von Carl Stumpf und Edmund Husserl.

Schlicks ablehnende Haltung gegenüber der Brentano-Schule, wie sie in der vorliegenden Rezension zum Ausdruck kommt, hatte sich bereits in 1910b *Wesen der Wahrheit* (*MSGA* I/4) sowie in der Diskussion Brentanos, Stumpfs und Husserls in 1918 *Erkenntnislehre* (*MSGA* I/1) abgezeichnet. Später sollte insbesondere die Beurteilung der Relativitätstheorie durch Vertreter dieser Schule[2] zu einem unüberwindlichen Verständigungshindernis führen.

1 Oskar Kraus, *Franz Brentano. Zur Kenntnis seines Lebens und seiner Lehre.* Mit Beiträgen von Carl Stumpf und Edmund Husserl, München: Beck 1919. XII +171 S.

2 Allen voran Kraus selbst, siehe insbes. 1923d *Relativitätstheorie und Philosophie*, in diesem Band.

Zur Überlieferung und Edition

Die Rezension erschien in *Naturwissenschaften* 7, Heft 26 vom 27. Juni 1919, S. 463/464 (**A**). Es sind keine Manuskripte, Druckfahnen etc. überliefert. Der Abdruck folgt A. Personennamen, in A durch Kursivsetzung hervorgehoben, sind hier wie der Fließtext gesetzt.

[Rezension von:] Oskar Kraus, Franz Brentano

Das Leben und Wirken einer starken, reichen Persönlichkeit ken- 463
nen zu lernen, lohnt sich immer: deshalb sei das Buch über Franz
Brentano bestens empfohlen, denn dieser Philosoph ist als Mensch
wie als Denker ein hochbedeutender und sympathischer Charak-
ter gewesen. Dem Forscher muß er wert sein durch das rücksichts-
lose Wahrheitsstreben, das ihn als stärkster Trieb beherrschte,
dem Naturforscher besonders durch seine 1866 aufgestellte The-
se: „vera philosophiae methodus nulla alia nisi scientiae naturalis
est“;[1] das Inhaltliche seiner Philosophie wird der naturwissen-
schaftlich Denkende freilich zum großen Teil ablehnen müssen,
es steht mit der Forderung jener These zu wenig im Einklang.
Die Psychologie und die Logik aber verdanken Brentano sehr
fruchtbare Anregungen und sein Name wird in der Wissenschaft
nicht vergessen werden. Das Reizvollste an dem Buch sind die
Schilderungen, die Stumpf und Husserl von dem ungewöhnlichen
Leben und Wesen ihres Lehrers entwerfen und welche die Hälfte
des Ganzen ausmachen. Beson|ders die Darstellung Stumpfs, die 464
sich vor allem auf die früheren Jahre des Philosophen bezieht,
wird man mit reinstem Genusse lesen.

1 Im hier besprochenen Werk wird die These auf S. 19 diskutiert. Das Zitat stammt aus Brentanos Habilitationsschrift *Die Psychologie des Aristoteles*, 4. These.

Naturphilosophische Betrachtungen über das Kausalprinzip

Naturphilosophische Betrachtungen über das Kausalprinzip

Editorischer Bericht

Zur Entstehung

Der vorliegende Aufsatz geht auf die naheliegende Herausforderung zurück, präzise zu formulieren, welche neuen Konsequenzen sich aus der Relativitätstheorie für den philosophischen Begriff der Kausalität ergaben.[1] Diesbezüglich konnte ein Fortschritt gegenüber Newton ausgemacht werden, in dessen Theorie Elemente (nämlich der Galileische Raum) existieren, die als Ursachen wirken resp. in Erklärungen Verwendung finden, selbst jedoch unerklärt bleiben. Newton war sich dieses Problems bewußt gewesen:

"It is unconceivable that inanimate brute matter should (without the mediation of something else which is not material) operate upon and affect other matter without mutual contact [...] That Gravity should be innate, inherent and essential to matter so that one body may act upon another at a distance through a vacuum without the mediation of anything else by and through which their action or force may be conveyed from one to another, is to me so great an absurdity that I believe no man who has in philosophical matters any competent faculty of thinking can ever fall into it. Gravity must be caused by an agent

1 Ähnliche Überlegungen wie für Schlick dürften auch für Josef Winternitz ausschlaggebend gewesen sein, der zur selben Zeit einen Artikel zum selben Thema verfaßte (vgl. Winternitz, *Kausalität*). V. a. auch das entsprechende Werk von Helge Holst und dessen Auftritt bei der Hallenser Tagung zur Relativitätstheorie am 29. Mai 1920 scheint Ausgangspunkt einer breiteren Auseinandersetzung mit dem Kausalitätsbegriff in der Relativitätstheorie gewesen zu sein.

acting constantly according to certain laws, but whether this agent be material or immaterial is a question I have left to the consideration of my readers." [2]

Einstein veranschaulichte seine Kritik anhand eines Beispiels:

„Zwei flüssige Körper von gleicher Größe und Art schweben frei im Raume in so großer Entfernung voneinander (und von allen übrigen Massen), daß nur diejenigen Gravitationskräfte berücksichtigt werden müssen, welche die Teile eines dieser Körper aufeinander ausüben. Die Entfernung der Körper voneinander sei unveränderlich. Relative Bewegungen der Teile eines der Körper gegeneinander sollen nicht auftreten. Aber jede Masse soll – von einem relativ zu der anderen Masse ruhenden Beobachter aus beurteilt – um die Verbindungslinie der Massen mit konstanter Winkelgeschwindigkeit rotieren (es ist dies eine konstatierbare Relativbewegung beider Massen). Nun denken wir uns die Oberflächen beider Körper (S_1 und S_2) mit Hilfe (relativ ruhender) Maßstäbe ausgemessen; es ergebe sich, daß die Oberfläche von S_1 eine Kugel, die von S_2 ein Rotationsellipsoid sei. Wir fragen nun: Aus welchem Grunde verhalten sich die Körper S_1 und S_2 verschieden? Eine Antwort auf diese Frage kann nur dann als erkenntnistheoretisch befriedigend anerkannt werden, wenn die als Grund angegebene Sache eine *beobachtbare Erfahrungstatsache* ist; denn das Kausalitätsgesetz hat nur dann den Sinn einer Aussage über die Erfahrungswelt, wenn als Ursachen und Wirkungen letzten Endes nur *beobachtbare Tatsachen* auftreten. Die Newtonsche Mechanik gibt auf diese Frage keine befriedigende Antwort. [...] Der berechtigte Galileische Raum [...] ist [...] eine *bloß fingierte* Ursache, keine beobachtbare Sache.“ [3]

Daß diese „fingierte Ursache“ gar nicht notwendigerweise als *Ursache* interpretiert werden müsse, hatte Schlick jedoch bereits in 1917a *Raum und Zeit* (*MSGA* I/2) hervorgehoben:

„Einstein fügt hinzu, die Newtonsche Mechanik leiste z. B. in bezug auf den Fall des rotierenden sich abplattenden Körpers der Forderung der Kausalität nur scheinbar Genüge (Ann. d. Physik 49, 771 ff.[4]) und E. Freundlich (Die Grundlagen der Einsteinschen Gravitationstheorie, S. 30) meint gleichfalls, erst das neue

2 Isaac Newton an Richard Bentley, 25. Februar 1692/3 (Newton, *Correspondence*, S. 253 f.). Vgl. auch Isaac Newton an Richard Bentley, 17. Januar 1692/3 (ebenda, S. 240): "You sometimes speak of gravity as essential and inherent to matter: pray do not ascribe that notion to me, for the cause of gravity is what I do not pretend to know" sowie den Zusammenhang des berühmten „hypotheses non fingo“ in Newton, *Principien*.

3 Einstein, *Grundlage*, S. 771.

4 Literaturverweis auf Einstein, *Grundlage*.

Weltbild verleihe dem Kausalprinzip ‚wirklich die Bedeutung eines für die Erfahrungswelt gültigen Gesetzes'. Diese Formulierung erscheint mir aber nicht ganz einwandfrei. Man braucht die Newtonsche Lehre wohl nicht so aufzufassen, als erkläre sie den Galileischen Raum, der ja freilich keine beobachtbare Sache ist, für die *Ursache* der Zentrifugalkräfte, sondern man kann die Redeweise vom absoluten Raum wohl auch als eine Umschreibung der bloßen Tatsache des Daseins dieser Kräfte betrachten; sie wären dann eben ein schlechthin Gegebenes, und die Frage, aus welchem Grunde sie bei dem einen Körper auftreten, bei dem anderen fehlen, würde auf derselben Stufe stehen wie die Frage, aus welchem Grunde sich an dem einen Ort der Welt ein Körper befinde, am andern nicht. Die absolute Rotation braucht nicht als die Ursache der Abplattung bezeichnet zu werden, sondern man kann sagen: jene ist eben durch diese *definiert*. Ich glaube also, daß Newtons Dynamik hinsichtlich des Kausalprinzips ganz in Ordnung ist; gegen den Einwand, sie führe bloß fingierte Ursachen ein, könnte sie sich wohl verteidigen, wenn auch Newtons eigene Ausdrucksweise nicht korrekt war."[5]

Die Forderung nach einer *vera causa*, für die der absolute Raum sich nach Schlick von vornherein nicht qualifizieren kann, wird im vorliegenden Text nochmals wiederholt (siehe unten in diesem Band S. 132). Einstein hatte Schlick in diesem Punkt zugestimmt – und bereits damals eine tiefergreifende Auseinandersetzung mit dem Kausalitätsproblem, wie der hier abgedruckte Aufsatz Schlicks sie liefert, angeregt:

„Mit Ihrer Kritik auf S. 178 (Anmerkung) haben Sie Recht. Die Forderung der Kausalität ist eben bei genauem Zusehen keine scharf umgrenzte. Es gibt verschiedene Grade der Erfüllung der Kausalitäts-Forderung. Man kann nur sagen, daß die Erfüllung der allgemeinen R. Th. in höherem Masse geglückt ist als der klassischen Mechanik. Die sorgfältige Durchführung dieses Gedankens wäre vielleicht eine lohnende Aufgabe für einen Erkenntnis-Theoretiker."[6]

Dennoch schien Schlick zunächst Bedenken gehabt zu haben, von Einstein eine Stellungnahme zu dem vorliegenden, im April 1920 fertiggestellten Text einzuholen;[7] erst kurz vor Drucklegung entschloß er sich, ihn doch noch zu übersenden und dürfte dabei mit Kritik bereits gerechnet haben:

5 1917a *Raum und Zeit*, S. 178 (*MSGA* I/2, S. 324, Anm. 2).

6 Albert Einstein an Moritz Schlick, 21. März 1917.

7 „In einem Aufsatz über Kausalität hatte ich versucht, mich über das gleiche Thema zu äußern; ich will ihn aber lieber erst schicken, wenn er gedruckt ist (in den ‚Naturwissenschaften'), denn mit Manuskripten sind Sie sicherlich überhäuft." (Moritz Schlick an Albert Einstein, 22. April 1920)

„Ich habe das Gefühl, als wenn Sie manchen Satz in der Arbeit doch nicht billigen würden, und so bitte ich Sie recht herzlich, mir doch die Mängel mitzuteilen, die Sie etwa darin finden."[8]

Die Einwände Einsteins und die daraus resultierende Diskussion konnten, da die entsprechende Ausgabe der *Naturwissenschaften* zu jenem Zeitpunkt bereits gesetzt war,[9] nicht mehr in den Text eingearbeitet werden. Auf Kritik stieß insbesondere die von Schlick als Voraussetzung für Kausalzusammenhänge resp. für den Gesetzesbegriff angeführte Gleichförmigkeit. Als Gegenbeispiel nannte Einstein Kometenbahnen, die nie auch nur annähernd dieselben seien. Dennoch, so Einstein, sei dieser Vorgang kausal zu erfassen, „die dem Kepler'schen Gesetz entsprechenden Gesetze" seien ohne die „Wiederholung *gleichen* Geschehens" auffindbar.[10]

Schlick schien es jedoch um eine grundsätzlichere Einsicht in die Bedingung der Möglichkeit einer quantitativen Beschreibung von Phänomenen (resp. in die letzte Konsequenz der Verifikation eines Gesetzes) zu gehen – oder, mit anderen Worten: um die empirische Basis.[11] Zwar pflichtet er Einstein grundsätzlich bei, fügt jedoch hinzu:

„Ich möchte aber glauben, daß wir ohne eine gewisse Wiederholung des Gleichen in der Natur nicht einmal imstande wären, den Kometenlauf auch nur richtig zu beschreiben und quantitativ festzulegen. Wir bedürfen zur Konstatierung der verschiedenen Kometenörter wohl gewisser Instrumente, die sich zu verschiedenen Zeiten gleich einstellen lassen, wir müssen an ihnen Messungen vornehmen können, und die praktische Anwendung jeder Skala und jedes Zifferblattes scheint mir auf dem Prinzip der Wiederholung physisch gleicher Vorgänge zu beruhen. Wenn wir sagen, daß den verschiedenen Kometenbewegungen das gleiche Gravitationsgesetz zugrunde liegt, so scheint mir der prüfbare Sinn dieser Aussage nur darin bestehen zu können, daß uns der Vollzug ganz bestimmter auf die Kometenbeobachtung bezüglicher Operationen irgendwie zu *gleichen* Erlebnissen führt."[12]

8 Moritz Schlick an Albert Einstein, 5. Juni 1920.

9 Vgl. Moritz Schlick an Albert Einstein, 10. Juni 1920.

10 Albert Einstein an Moritz Schlick, 7. Juni 1920.

11 Schlicks Nachlaß enthält zwei Versionen der entsprechenden Antwort an Einstein: Moritz Schlick an Albert Einstein, 9. Juni 1920; Moritz Schlick an Albert Einstein, 10. Juni 1920. Nur die später datierte wurde letztlich abgesandt.

12 Moritz Schlick an Albert Einstein, 10. Juni 1920.

Einstein lenkte ein.

„Ihr Brief war wieder ein Meisterstück von Klarheit, und ich habe mich ziemlich vollständig von Ihnen überzeugen lassen, besonders was die fundamentale Rolle der Wiederholung des Gleichartigen anlangt. Ich habe da wirklich vor Bäumen den Wald nicht gesehen."[13]

Als weiterer strittiger Punkt in der angesprochenen brieflichen Debatte sei das Problem des Trägheitsgesetzes als Verletzung des Kausalitätspostulats erwähnt: Einsteins diesbezügliche Kritik sollte später in 1925b *Naturphilosophie* (siehe dort den editorischen Bericht) eingearbeitet werden.

Da es sich beim vorliegenden Text um Schlicks ersten naturphilosophischen Aufsatz nach 1917a *Raum und Zeit* (*MSGA* I/2) handelt und in gewisser Weise um eine gedankliche Fortführung desselben, war der Publikationsort gleichsam vorgegeben. Im April bestätigte Arnold Berliner, Schriftleiter der *Naturwissenschaften*, den Erhalt des Manuskripts[14] und konnte Schlick wenig später vom baldigen Erscheinen dieser „höchst wertvolle[n] Bereicherung unsrer Zeitschrift" in Kenntnis setzen.[15]

Zur Überlieferung und Edition

Der Aufsatz erschien in *Naturwissenschaften* 8, Heft 24 vom 11. Juni 1920, S. 461–474 (**A**). Es sind keine Manuskripte, Druckfahnen etc. überliefert.[16]

13 Albert Einstein an Moritz Schlick, 31. Juni 1920. Schlick sollte auch im weiteren an seiner Ansicht festhalten, vgl. etwa 1925a *Erkenntnislehre*, S. 348 (*MSGA* I/1, S. 774).

14 Vgl. Arnold Berliner an Moritz Schlick, 29. April 1920.

15 Arnold Berliner an Moritz Schlick, 17. Mai 1920. In einem weiteren Brief findet sich der Vorschlag, dem Verständnis der Leser mittels Hervorhebungen entgegenzukommen, die Berliner durch Unterstreichungen auf einer beigelegten Fahne deutlich gemacht hatte, vgl. Arnold Berliner an Moritz Schlick, 31. Mai 1920. Die angesprochene Fahne fehlt jedoch im Nachlaß.

16 Siehe aber Albert Einstein an Moritz Schlick, 7. Juni 1920, und Moritz Schlick an Albert Einstein, 10. Juni 1920; dort ist von einem Manuskript die Rede.

Der Abdruck folgt A. Personennamen, in A durch Kursivsetzung hervorgehoben, sind hier wie der Fließtext gesetzt. Abweichend ist auch die durchgehende Numerierung der Fußnoten, die in A spaltenweise gezählt sind.

Naturphilosophische Betrachtungen über das Kausalprinzip 461

1. Kausalität und Naturgesetzlichkeit

Das Kausalprinzip ist nicht selbst ein Naturgesetz, sondern vielmehr der allgemeine Ausdruck der Tatsache, *daß* alles Geschehen in der Natur ausnahmslos gültigen Gesetzen unterworfen ist.

Das Wort Natur denken wir uns dabei im weitesten Sinne genommen, so daß alles Wirkliche überhaupt unter diesen Begriff fällt. Dies hindert nicht, daß wir im folgenden die Wirklichkeit ausschließlich in der Form betrachten, in welcher die Naturwissenschaft sie uns darstellt, nämlich als raum-zeitliche Mannigfaltigkeit.

Zwischen dem Prinzip der Kausalität und den Naturgesetzen besteht also nicht ein Verhältnis der Koordination, sondern jenes ist diesen übergeordnet; und von einer Formulierung des Prinzips muß man verlangen, daß sie dieses Verhältnis richtig zum Ausdruck bringt. Diese Forderung wird z. B. erfüllt durch die von Kant in der ersten Auflage der Kritik der reinen Vernunft für den Kausalsatz aufgestellten Formel, welche lautet: „Alles, was geschieht, setzt etwas voraus, worauf es nach einer Regel folgt.“[1] Hier wird deutlich gesagt, daß Kausalität bedingt ist durch das Vorhandensein von Regeln, welche die Aufeinanderfolge der Ereignisse bestimmen, und diese Regeln sind eben die Naturgesetze.

Nach dem Kausalprinzip ist jeder beliebige Vorgang V als „Wirkung“ eines vorhergehenden Vorganges U (der „Ursache“)

1 Kant, *Kritik der reinen Vernunft*, A 189.

aufzufassen und durch ihn vollkommen bestimmt zu denken. Es behauptet also, daß jedes Ereignis eine Ursache habe, sagt aber nichts darüber, wie sie beschaffen und zu finden sei. Das Kausalprinzip lehrt uns, daß zu jedem V ein U gehört; diese Aussage hat nur Sinn unter der Voraussetzung, daß es Regeln gibt, die angeben, welche Vorgänge U es denn nun sind, die zu gewissen gegebenen Vorgängen V als deren Ursache gehörten. Nur dadurch, daß solche Regeln gelten, wird V durch U bestimmt. Die Behauptung der durchgehenden Bestimmtheit der Ereignisse, welche das Kausalprinzip ausspricht, ist daher identisch mit der Behauptung des durchgehenden Bestehens von Naturgesetzen.

Hiernach möchte es scheinen, als müsse jedes Gesetz die Termini Ursache und Wirkung enthalten, da es ja doch eine Verknüpfung zwischen ihnen behaupte. Das ist aber bekanntlich nicht der Fall. Im Gegenteil, gerade in der strengsten Formulierung der Naturregeln, wie sie in der mathematischen Physik vorliegt, begegnen uns jene Begriffe überhaupt nicht. Weder ist es so, daß in den Gleichungen der Naturwissenschaft etwa die linke Seite der Ursache, die rechte der Wirkung entspräche, noch gelingt es im allgemeinen, durch Einführung jener beiden Worte mit Hilfe einer sprachlichen Umformung den Sinn der Gleichung adäquat wiederzugeben. Spricht dies nicht gegen die soeben entwickelte Auffassung des Kausalsatzes?

In Wahrheit liegt kein Widerspruch vor, sondern es bestehen nur gewisse Schwierigkeiten in der tatsächlichen Anwendung der Begriffe Ursache und Wirkung, die dem philosophischen Denken von altersher zu schaffen machten, die aber die moderne Wissenschaft in ihrer strengen Formulierung der Naturgesetze vollkommen gemeistert hat, wobei freilich von causa und effectus explizite nicht mehr die Rede war.

Die bedeutsamste dieser Schwierigkeiten entsteht aus der Erkenntnis der unendlichen Verkettung aller Naturvorgänge untereinander. Sie bewirkt, daß genau betrachtet jedes Geschehen von jedem andern Geschehen in der Welt abhängt; der Fall eines Blattes wird schließlich durch die Bewegungen sämtlicher Gestirne beeinflußt, und schlechthin unvollendbar wäre die Aufgabe, zu einem beliebigen, bis ins letzte Detail bestimmt gedachten Vorgange seine „Ursache" in absoluter Vollständigkeit anzugeben. Man würde dazu nichts Geringeres als die Gesamtheit der bis dahin abgelaufenen Zustände des Universums heranzuziehen haben.

Diese Uferlosigkeit wird nun zum Glück durch die Erfahrung alsbald beträchtlich eingeschränkt. Sie lehrt, daß der gegenseitigen Abhängigkeit aller Ereignisse voneinander in der Natur gewisse leicht formulierbare Bedingungen auferlegt sind. Zunächst nämlich zeigt sich, daß das Geschehen in einem Moment nur bestimmt wird durch die Ereignisse des unmittelbar vorhergehenden Moments, daß also die Abhängigkeiten sich nicht unvermittelt über zeitliche Fernen erstrecken. Unter der Voraussetzung, daß diese Erfahrungseinsicht allgemein gültig ist, kann man dann den Kausalsatz in der Form aussprechen: „Der Zustand der Welt während eines Zeitdifferentials ist durch ihren Zustand während des voraufgehenden Zeitdifferentials eindeutig bestimmt", aber natürlich ist auch diese Formulierung noch praktisch wertlos, da eben der Gesamtzustand des Universums niemals in der Erfahrung gegeben ist.

| Eine immer weiter ausgedehnte und immer besser bestätigte 462
Empirie hat es nun aber sehr wahrscheinlich gemacht, daß das soeben für die zeitliche Abhängigkeit Bemerkte gleichfalls für die räumliche gilt: im Raume gibt es nach dem Ausweis der Erfahrung ebensowenig eine Fernwirkung wie in der Zeit;[2] die in einem Raumpunkte sich abspielenden Naturprozesse sind also vollständig bestimmt durch diejenigen in seiner unmittelbaren Nachbarschaft[3] und nur indirekt, nämlich durch die Vermittelung der letzteren, hängen sie auch von entfernteren Vorgängen

2 Vgl. das Newton-Zitat im editorischen Bericht.

3 Vgl. Poincaré, *Dernières Pensées*, S. 7: «Cela posé, qu'est-ce qu'une loi? C'est un lien constant entre l'antécédent et le conséquent, entre l'état actuel du monde et son état immédiatement postérieur.» An anderer Stelle betont Poincaré (*Science et Méthode*, S. 68) das bloß annäherungsweise Wissen um die Anfangszustände. Dieser Aspekt bei Poincaré wird vom jungen Reichenbach (*Concept of Probability*, S. 61–63) hervorgehoben und könnte zur späteren Auseinandersetzung mit Schlick beigetragen haben; vgl. 1922d *Rezension/Reichenbach*, in diesem Band.

ab. (Die Vermittlung könnte auch diskontinuierlich erfolgen, so daß endliche *Differenzen* an die Stelle der Differentiale zu treten hätten. Die Erfahrungen der Quantentheorie[4] warnen davor, diese Möglichkeit aus dem Auge zu verlieren.) Sofern man dies als allgemeingültig betrachten darf, ist damit die Möglichkeit einer brauchbaren Formulierung kausaler Abhängigkeit gegeben, die den besprochenen Bedenken nicht mehr ausgesetzt ist.

Denn wenn wir jetzt einen beliebigen durch eine geschlossene Fläche begrenzten Raumteil ins Auge fassen und nach den Ursachen des Geschehens innerhalb desselben fragen, so brauchen wir alle außerhalb gelegenen Vorgänge nicht mehr in Betracht zu ziehen, sondern dürfen uns auf den Raumteil selbst und auf seine Grenze beschränken, denn alle von außen kommenden Wirkungen müssen ja die Grenzfläche einmal „passieren“, und es genügt, wenn wir sie von diesem Augenblick an verfolgen können. Wir brauchen also nur den Zustand an der Oberfläche während einer bestimmten Zeit zu kennen, und außerdem den Zustand in dem gesamten Raumteil zu Anfang dieser Zeit, um alle während jener Zeit im Innern sich abspielenden Prozesse vollständig angeben zu können, also lauter Größen, die im Prinzip der Erfahrung restlos zugänglich sind. Dies ist eine dem mathematischen Physiker wohlbekannte Wahrheit: sind die „Anfangsbedingungen“ und die „Grenzbedingungen“ gegeben, so ist alles Geschehen in dem betrachteten Gebiet durch die Differentialgleichungen der Physik eindeutig bestimmt und zu berechnen. Das ist also die nunmehr einwandfreie und erfahrungsmäßig prüfbare Form, in welcher der Kausalsatz in der exaktesten Wissenschaft erscheint, und die er, wie gesagt, nur unter der Voraussetzung der Nichtexistenz von Fernkräften annehmen konnte. Daß das Geschehen in einem Punkte allein von denjenigen Vorgängen abhängt, die sich in seiner unmittelbaren zeitlichen und räumlichen Nachbarschaft abspielen, kommt darin zum Ausdruck, daß Zeit und Raum in den

4 Diese Stelle ist die erste Erwähnung der Quantentheorie im publizierten Werk. Die erwachende Vorsicht dokumentiert sich auch im Unterschied etwa zwischen 1918 *Erkenntnislehre*, S. 125 (*MSGA* I/1, S. 394) und 1925a *Erkenntnislehre*, S. 131 (*MSGA* I/1, S. 394).

Formeln der Naturgesetze als unendlich kleine Größen auftreten, d. h. diese Formeln sind Differentialgleichungen.[5] Wir können sie in leicht verständlicher Terminologie auch als *Mikrogesetze* bezeichnen. Durch den mathematischen Prozeß der Integration gehen aus ihnen die *Makrogesetze* (oder Integralgesetze) hervor, welche nun die Naturabhängigkeiten in ihrer Erstreckung über räumliche und zeitliche Fernen angeben. Nur die letzteren fallen in die Erfahrung, denn das unendlich Kleine ist nicht beobachtbar. Die in der Natur herrschenden Differentialgesetze können daher nur aus den Integralgesetzen gemutmaßt und erschlossen werden, und diese Schlüsse sind streng genommen niemals eindeutig, da man den beobachteten Makrogesetzen stets durch verschiedene Hypothesen über die zugrunde liegenden Mikrogesetze gerecht werden kann. Unter den verschiedenen Möglichkeiten wählt man natürlich diejenige, die sich durch die größte Einfachheit auszeichnet. Es ist das Endziel der exakten Naturwissenschaft, alles Geschehen auf möglichst wenige und möglichst einfache Differentialgesetze zurückzuführen.

Denken wir uns dies Endziel erreicht, so ist eben jener Satz, daß die Mikrogesetze im Verein mit den Anfangs- und Grenzbedingungen den Ablauf aller Vorgänge in dem umgrenzten Bezirk eindeutig bestimmen, mit dem Kausalsatz identisch.

5 Vgl. Poincaré, *Dernières Pensées*, S. 8: «Nous dirons alors que l'ensemble des lois équivaut à un système d'équations différentielles qui lient les vitesses de variations des divers éléments de l'univers aux valeurs actuelles de ces éléments.» Poincarés Kommentare zur Solvay-Konferenz (und damit implizit auch zu Einsteins Vortrag dort) drehten sich ebenfalls um die Frage nach der Abhängigkeit des Begriffs des Naturgesetzes von Differentialgleichungen; vgl. Poincaré in Langevin und Broglie, *Theorie du rayonnement*, S. 451: «Ce que les nouvelles recherches semblent mettre en question, ce ne sont pas seulement les principes fondamentaux de la Mécanique, c'est quelque chose qui nous paraissait jusqu'ici inséparable de la notion même de la loi naturelle. Pourrons-nous encore exprimer ces lois sous la forme d'équations différentielles?» Vgl. dazu auch Helmholtz, *Vorwort*, S. XXI: „Lord Kelvin [...] und Maxwell [...] haben sich offenbar durch ähnliche Erklärungen besser befriedigt gefühlt, als durch die bloße allgemeinste Darstellung der Tatsachen und ihrer Gesetze, wie sie durch das System der Differentialgleichungen der Physik gegeben wird. Ich muß gestehen, daß ich selbst bisher an dieser letzteren Art der Darstellung festgehalten."

Wollen wir die Kausalbegriffe in der alten Form verwenden, so werden wir den Gesamtzustand des Bezirks während eines Zeitdifferentials als Wirkung des unmittelbar vorhergehenden und als Ursache des direkt folgenden Gesamtzustandes zu betrachten haben. Es ist aber klar, daß dies nur eine von vielen möglichen Arten ist, die infolge der gegenseitigen Abhängigkeit bestehende eindeutige Bestimmtheit aller Zustände zu formulieren. Man kann ebensogut irgend einen Zustand des Systems als Ursache eines *beliebigen* später folgenden ansehen, wenn das Interesse sich gerade auf diese beiden, nicht auf die dazwischenliegenden konzentriert. Dagegen erlaubt der Sprachgebrauch nicht, einen Zustand als Ursache irgend eines *voraufgegangenen* zu bezeichnen, obwohl (immer die Bekanntheit der Grenzbedingungen vorausgesetzt) dieser sich aus jenem mit Hilfe der strengen Naturgesetze genau so leicht ergibt wie umgekehrt. Bei den sogenannten Minimalprinzipien der theoretischen Physik werden Anfangs- und Endzustand als feste Daten betrachtet, von denen alle dazwischen liegenden Vorgänge abhängen und aus denen sie sich berechnen lassen. Es besteht hier also eine große Willkür der Auffassung, es ist eigentlich jede berechtigt, sofern sie nur die durchgehende vollkommene Bestimmtheit des Ganzen unangetastet läßt. Das sollte man sich vor allem bei Untersuchungen über die Verschiedenheit und die Berechtigung der kausalen und der finalen oder teleologischen Anschauungen vor Augen halten: manche falsche Fragestellung auf diesem Gebiete ist der Unklarheit in bezug auf die besprochenen einfachen Verhältnisse entsprungen.

Den durchgängigen Zusammenhang der Vorgänge untereinander, der seinen Ausdruck in der unabänderlichen Bestimmt-
463 heit alles Geschehens | findet, dürfen wir als einen *kausalen*[1] bezeichnen; die Kausalbegriffe Ursache und Wirkung aber werden wir nur als eine Formulierung – und nicht als die glücklichste – ansehen, die jenen Tatbestand wiederzugeben sucht. Die beiden Begriffe behalten eine hervorragende praktische Brauchbar-

[1] Im Gegensatz zum funktionalen, welcher nicht eine reale, sondern eine rein begrifflich-analytische Beziehung bedeutet, wie sie etwa zwischen den Zahlen x und $\log x$ besteht.

keit besonders in den Fällen, wo die Abhängigkeiten der Natur sich in gewisser Weise voneinander isolieren lassen und die Anwendung der Millschen Regeln der Induktion[6] gestatten, durch die man dann zur Auffindung der Makrogesetze gelangt. Durch experimentelle Veranstaltungen bemüht man sich, den einfachsten Fall zu realisieren, daß man nämlich eine Größe A um einen Betrag ΔA ändert (=Vorgang U in unserer früheren Bezeichnungsweise) und die Änderung einer Größe B um den Betrag ΔB beobachtet (= Vorgang V), während der Einfluß aller übrigen Abhängigkeiten unmerkbar klein gesetzt ist.

Wie nun die auf solchen Wegen gewonnenen Makrogesetze aufeinander reduziert und schließlich als Resultate universeller Mikrogesetze gedeutet werden, das ist eine methodische Frage, die für unsern gegenwärtigen Zweck außer Betracht bleiben kann.

2. Die Gleichförmigkeit der Natur

Die einzelnen Regeln, welchen der Ablauf der Naturprozesse folgt, lernen wir allein durch die *Erfahrung* kennen. Darüber besteht seit Hume und Kant kein ernstlicher Zweifel mehr. Um zu wissen, welchen Vorgang V irgend ein U nach sich zieht, müssen wir U und V wenigstens einmal beobachtet haben. Wir vermögen also einen kausalen Zusammenhang in der Natur nur dann zu erkennen, wenn in ihr gleiche Vorgänge wiederkehren; denn wenn jedes Ereignis in der Welt vollkommen neu und noch nie dagewesen wäre, so wüßten wir ja nie, was für ein Ereignis als Folge dazu gehört, es mangelte den Kausalbegriffen an jeder Möglichkeit der Anwendung, wir kämen gar nicht zu ihrer Aufstellung.

An diesem Punkte könnte man versucht sein, zwei Bedenken zu erheben. Erstens könnte man meinen, es sei sehr wohl möglich, mit Hilfe der Naturgesetze die Wirkung noch nie dagewesener Ursachen zu bestimmen. Wenn z. B. ein Ingenieur eine ganz neuartige Brücke baut, so weiß er ihre Tragfähigkeit, ihre Spannungsverhältnisse usw. vorher anzugeben, obwohl doch die Brückenkonstruktion durch ihn überhaupt zum erstenmal zur

6 Vgl. Mill, *Logic*, Book 3, Chapter VIII.

Existenz gelangt. Hierauf ist natürlich zu entgegnen, daß solche Komplexe, die als etwas Neues in unserer Erfahrung auftreten, sich in den gedachten Fällen zerlegen lassen in Teile, die für sich bereits beobachtet waren, und die nun in ihrer Kombination dem Ganzen äquivalent sind. Und die Kombination selber bedeutet auch nicht etwas ganz „Neues“, da der Einfluß (oder die Einflußlosigkeit) des Kombinierens gleichfalls schon bekannt war.

Der zweite Einwand, der sich erheben ließe, geht tiefer. Er behauptet, daß genau Gleiches in der Welt überhaupt nicht vorkomme. Denn „die Natur ist nur *einmal* da“ (Mach, Die Mechanik^3, S. 474),[7] und da jeder Vorgang in ihr mit allen andern zusammenhängt, so ist ein beliebiges Geschehen streng genommen völlig einzigartig und kehrt in genau gleicher Gestalt niemals wieder. Es scheint also, als dürfe das Vorkommen streng gleicher Vorgänge nicht zur Bedingung der Aufstellung des Kausalsatzes gemacht werden. – Gegen diesen Einwand muß man geltend machen, daß das Erscheinen absolut gleicher Prozesse, dessen Unmöglichkeit prinzipiell zugegeben werden kann, für den gedachten Zweck auch nicht erforderlich ist, sondern daß eine weitgehende Ähnlichkeit statt der völligen Gleichheit genügt. Denn durch Abstraktion der unwesentlichen und störenden Momente wird die Ähnlichkeit für unser Bewußtsein in Gleichheit übergeführt. Mit Recht hat man daher auf die Rolle der Abstraktion bei der Bildung und Anwendung der Kausalbegriffe hingewiesen (Mach a. a. O., B. Erdmann, „Über Inhalt und Geltung des Kausalgesetzes“, S. 9 f.). Es ist aber zu betonen, daß es im allgemeinen in Wirklichkeit gar keines Abstraktionsprozesses bedarf,

7 Vgl. Mach, *Mechanik*, S. 474: „Wenn wir von Ursache und Wirkung sprechen, so heben wir willkürlich jene Elemente heraus, auf deren Zusammenhang wir bei Nachbildung einer Thatsache in der für uns wichtigen Richtung zu *achten* haben. In der Natur gibt es keine Ursache und keine Wirkung. Die Natur ist nur *einmal* da. Wiederholungen gleicher Fälle, in denen A immer mit B verknüpft wäre, also gleiche Erfolge unter gleichen Umständen, also das Wesentliche des Zusammenhanges zwischen Ursache und Wirkung, existiren nur in der Abstraction, die wir zum Zweck der Nachbildung der Thatsachen vornehmen.“ Vgl. auch 1918 *Erkenntnislehre*, S. 205 (*MSGA* I/1, S. 553): „Es gibt nur *eine* Wirklichkeit, und sie ist immer *Wesen* und läßt sich nicht in Wesen und Erscheinung auseinander legen.“

um Gleichheiten in Ähnlichkeiten aufzufinden, denn die Tatsachen der Bewußtseinsschwelle sorgen von selbst dafür, daß geringe Unterschiede in den beobachteten Ereignissen unbemerkt bleiben, und daß ein Gleichheitserlebnis sich einstellt, wo in Wahrheit nur eine Ähnlichkeit vorgelegen haben kann. Dies letztere lehrt uns aber meist nur die theoretische Überlegung: nur die Einsicht in die gegenseitige Verschlungenheit aller Vorgänge zwingt uns die Verschiedenheit auch derjenigen Vorgänge oder Gegenstände zu behaupten, die wir gemeinhin als gleich ansehen. Es ist also meist gerade umgekehrt als man es darzustellen pflegt: nicht zur Herausschälung von Gleichheiten aus beobachteten Ähnlichkeiten bedarf es einer besonderen intellektuellen Anstrengung, sondern es sind im Gegenteil ziemlich weitgehende wissenschaftliche Erkenntnisse nötig, um uns zu überzeugen, daß nur die Unvollkommenheit unserer Sinne uns die Abwesenheit von Unterschieden vortäuscht, die in Wirklichkeit vorhanden sein müssen. Vergeblich würden wir uns bemühen, die Verschiedenheit zweier Pendelschläge einer guten Uhr zur Wahrnehmung zu bringen: wir können sie nur theoretisch-deduktiv erschließen. Und dieses Schließen geschieht nach Regeln, die ihrerseits auf der Beobachtung von Gleichmäßigkeiten beruhen.

So bleibt denn unanfechtbar bestehen, daß wir zu keiner *Kenntnis* von Kausalzusammenhängen gelangen und überhaupt den Begriff eines solchen nicht bilden würden, wenn es in der Welt keine | „gleichen“ Gegenstände oder Vorgänge gäbe, wobei das 464
Wort „gleich“ allerdings nicht in seiner allerstrengsten Bedeutung zu nehmen ist.

Wenn wir aber auch in einem Universum ohne Gleichförmigkeit keine Gesetze und folglich keine Kausalität zu *erkennen* vermöchten, so kann man vielleicht doch fragen, ob nicht dessen ungeachtet Kausalität in einer derartigen Welt *vorhanden sein* kann. Eine solche Frage darf jedoch nur mit der größten Vorsicht gestellt werden. Gewiß ist es rein begrifflich etwas anderes, ob wir nach einem objektiven Bestehen der Kausalität forschen oder nach ihrer *Konstatierbarkeit*, aber es wäre natürlich vollkommen müßig, nach der Existenz einer Sache zu fragen, von der wir wissen, daß sie unserer Kenntnis prinzipiell und absolut entzogen wäre, wenn sie existierte. Über schlechthin unprüfbare und folglich falsch gestellte Fragen geht die Wissenschaft mit Recht zur Tagesordnung über. Dagegen bekäme die Problemstellung einen Sinn, wenn jene Unmöglichkeit der Feststellung nicht eine absolute, sondern mehr praktischer, zufälliger Natur wäre. Dieser Fall verdient wohl, ins Auge gefaßt zu werden. Es wäre möglich, daß das Bestehen von Kausalität in der Natur sich mit einem *Merkmal* verknüpfte, das zwar prinzipiell erfahrbar ist, uns aber doch nur zum Bewußtsein kommen und in seiner Bedeutung erkannt werden kann, wenn Gleichförmigkeit des Geschehens sich damit verbindet. Dieses Merkmal könnte entweder in dem Vorhandensein von *Naturgesetzen auch ohne Gleichförmigkeit* bestehen oder in einem noch unbekannten Moment, das in der Geltung der Naturgesetze nur seinen Ausdruck findet. Jedenfalls wäre dann Gleichförmigkeit nicht mehr *das* wesentliche Merkmal der Kausalität, sondern nur ein unentbehrliches Mittel, um den Gedanken der Gesetzmäßigkeit überhaupt zu fassen und daraufhin jenes andere Moment als wesentliches Merkmal der Kausalität zu deuten.

Es ist eine verbreitete Meinung, daß die Dinge sich wirklich so verhalten wie hier geschildert, und schon deswegen müssen wir diese Ansicht ernstlich prüfen. Wir untersuchen also zunächst, ob der Begriff der Kausalität auch sinnvoll anwendbar ist auf eine Welt, in der gleiche Vorgänge sich nie wiederholen. Da Kausalität jedenfalls durchgängige Gesetzmäßigkeit bedeutet, so lautet also unsere Frage: Ist die Gleichförmigkeit der Natur eine wesentliche Bedingung dafür, daß sie von Gesetzen beherrscht wird, oder ließe sich die Welt auch dann festen Regeln unterworfen denken, wenn in ihr auf gleiche Vorgänge stets verschiedene folgten?

Die Frage läßt sich auch so formulieren: Muß jedes Naturgesetz *allgemein* sein, d. h. auf eine Mehrzahl realer Fälle passen, die nur durch Raum und Zeit getrennt sind – oder sind auch *individuelle* Naturgesetze möglich, derart, daß jeder Vorgang in der Welt seiner eigenen, besonderen Regel folgt, die für keinen andern gilt und daher jede Gleichförmigkeit im Universum ausschließt? Könnte man auch im letzteren Falle sagen, die Welt unterstehe restlos der Kausalität, weil ja doch für jedes Geschehen in ihr ein Gesetz seines Verlaufs da sei, nach dem es sich richtet?

Um die Frage zu beantworten, wollen wir überlegen, ob es möglich ist, Gesetze von solcher Form zu konzipieren, wie es dem Gedanken der individuellen Kausalität entspricht.

Nichts erscheint leichter als das!

Wir brauchen nur anzunehmen, daß in den mathematischen Ausdruck der Naturgesetze Raum und Zeit explizite eingehen, und zwar als Argumente nichtperiodischer Funktionen. Denn wenn das Weltgeschehen durch Regeln dieser Art bestimmt wird, können im Universum auf gleiche Vorgänge niemals gleiche Wirkungen, sondern immer nur andere folgen. Käme nämlich je während eines Zeitdifferentials ein schon einmal dagewesenes Ereignis wieder, so müßte es ein anderes Ereignis nach sich ziehen als in allen übrigen Fällen seines Vorkommens, weil das Folgeereignis nach unserer Annahme durch die räumlichen und zeitlichen Bestimmungen des Antezedens mitbedingt wäre, und diese sind eben jedesmal andere. Zwei *gleiche* Ereignisse müssen sich immer durch Ort oder Zeit ihres Auftretens unterscheiden, denn täten sie das nicht, sondern stimmten auch in diesen Beziehungen überein, so läge nicht Gleichheit, sondern Identität vor: wir hätten es überhaupt nur mit einem einzigen, nicht mit zwei Vorgängen zu tun.[8]

Das Geschehen in einer derartigen Welt wäre ganz und gar chaotisch. Jede Regelmäßigkeit wäre aufgehoben. Irgendein chemischer Versuch beispielsweise würde bei solcher Ordnung der Dinge ein anderes Resultat ergeben, je nachdem er in diesem Zimmer oder nebenan, jetzt oder nach einer Viertelstunde angestellt würde: aber auch die ganze Umgebung müßte sich geändert haben nebst dem Beobachter selber, dessen persönliche Identität unter solchen Umständen vielleicht gar nicht erhalten bleiben könnte. Es ist zweifelhaft, ob ein so unordentliches Universum selbst unter gewissen stark einschränkenden Voraussetzungen für uns auch nur vorstellbar wäre.

8 Zur Raum(-Zeit)-Stelle als Kriterium für Identität vgl. Kants Kritik an Leibniz (zitiert im editorischen Bericht zu 1921c *Erläuterungen/Helmholtz*, in diesem Band): Kant, *Kritik der reinen Vernunft*, A 260–292, B 316–349; insbes. A 264, B 320. Vgl. auch Kries, *Messung intensiver Größen*, S. 258: „Überall beruht die Messung auf der Gleichsetzung des Nichtidentischen."

In einer derartigen Welt hätten Raum und Zeit absolute Bedeutung. Denn wenn die Koordinaten des Raumes und der Zeit in der gedachten Weise in alle Naturgesetze eingehen, so müssen sie auf ein ganz bestimmtes Bezugssystem bezogen werden, sonst wäre das Geschehen nicht eindeutig festgelegt. Ein Wechsel des Bezugssystems würde eine ganz andere Formulierung der Naturgesetze nötig machen: die räumlichen und zeitlichen Bestimmungen wären also nicht relativ. Hierauf wird noch zurückzukommen sein.[9]

Was für ein Schluß läßt sich aus dem Ergebnis unseres Gedankenexperimentes ziehen? Es scheint die begriffliche Möglichkeit einer Welt zu lehren, die jeder Gleichförmigkeit ermangelt, in
465 der aber dennoch alles Geschehen nach festen | Gesetzen erfolgt. Diese Gesetze müßten uns (vorausgesetzt, daß wir existieren könnten) freilich gänzlich verborgen bleiben, aber ihr objektives Vorhandensein scheint davon doch nicht berührt zu werden. Denn wenn auch dem menschlichen Intellekt die Auffindung eines Gesetzes nur beim Bestehen von Gleichförmigkeiten möglich ist, so sind doch Intelligenzen denkbar, die an diese Bedingung nicht gebunden sind, und das genügt doch wohl sicher, um der Behauptung der Existenz der Gesetze Sinn zu geben. Wir denken die Gesetze unabhängig davon, ob gerade der Mensch darum weiß oder nicht: er macht sie nicht, sondern findet sie nur. Kurz, die Nichtfeststellbarkeit der Gesetze scheint nicht eine absolute und prinzipielle, sondern eine zufällige, durch die Besonderheit der menschlichen Organisation bedingte und daher von Nichtexistenz wohl unterscheidbar zu sein.

So ergibt sich augenscheinlich, daß die gedachte ungeordnete Welt genau so gut von der Kausalität regiert wäre wie die in Gleichförmigkeit und Regelmäßigkeit prangende Welt, der unser wirkliches Leben angehört, und in der die Kausalität für uns so leicht feststellbar ist. Es würde folgen, daß Gleichförmigkeit keineswegs zu den notwendigen Bedingungen der Kausalität zu

9 Als generell kovariante Formulierung findet sich diese Idee insbes. auch bei Einstein, *Grundlage*. Siehe die Verweise weiter unten in diesem Band.

rechnen ist, daß vielmehr als deren einziges Merkmal das Bestehen von im übrigen gänzlich beliebigen Gesetzen anzusehen sei.

Diese Schlußfolgerung erscheint zunächst unbedenklich und entspricht, wie gesagt, der herrschenden Meinung[2)]. Wir wollen sie aber nicht annehmen, ohne sie mit der größten Sorgfalt auf ihre Bündigkeit zu prüfen, denn es gibt eine Frage, die uns stutzig machen und Zweifel an ihrer Richtigkeit erwecken muß.

3. Zufälliges und notwendiges Geschehen

Die Frage, welche uns bedenklich machen muß, ist diese: Wie würde sich von dem gedachten chaotischen aber doch gesetzmässigen Universum eine schlechthin *zufällige* Welt unterscheiden?

Wenn wir versuchen, uns eine Welt vorzustellen, die von blossem Zufall, nicht von Gesetzen regiert wird, in welcher also die Ereignisse aufeinander folgen, ohne sich gegenseitig zu beeinflussen, so daß niemals eines die Ursache oder die Wirkung eines anderen wäre – wenn wir eine solche Welt zu denken suchen, so gelangen wir zu einem Universum von genau derselben Art, wie wir es uns vorhin ausgemalt haben. Welcher prinzipielle Unterschied läßt sich zwischen beiden entdecken?

Wir können uns zwei genau gleiche Welten denken derart, daß in der einen ganz dieselben Vorgänge sich aus Zufall abspielen wie in der andern aus Kausalität. Wenn irgend eine beliebige schein-

[2)] Vgl. z. B. Hugo Bergmann, Der Begriff der Verursachung und das Problem der individuellen Kausalität, Logos Band V, S. 91, 1914. Ferner Franz Erhardt, Tatsachen, Gesetze, Ursachen, S. 8, Rostock 1912.[10] v. Kries, Logik, S. 50, Tübingen 1916.[11] Auch mich selbst muß ich hier zitieren: Allgemeine Erkenntnislehre, S. 322, 1918.

10 Franz Erhardt war ein Kollege Schlicks in Rostock und zeitweilig Rektor der Universität. Vgl. Ferrari, *Franz Erhardt*.

11 Vgl. auch Schlicks Besprechung des Werkes 1916i *Rezension/Kries* (*MSGA* I/4), insbes. S. 382 die Beurteilung der „abgeklärten" und „besonnenen" formalen Deutung des Kausalsatzes bei Kries. Dementsprechend bezieht sich Schlick hier desweiteren auch auf Kries; vgl. unten in diesem Band S. 144.

bar regellose Folge von Weltzuständen gegeben ist, so können wir sie nach Gutdünken auch als Ausfluß einer Gesetzmäßigkeit auffassen. Denn das Stück, das auf der Weltbühne gespielt wird, mag so chaotisch und wirr sein wie nur möglich: immer ließe es sich doch durch strenge Gesetze darstellen, wenn man diese nur passend wählt; für die tollsten Unregelmäßigkeiten ließe sich stets eine ausreichende Erklärung finden: sie würde nämlich durchweg in den besondern Werten der Raum- und Zeitkoordinaten der fraglichen Vorgänge erblickt werden können. Und bei physikalischem Geschehen brauchten wir nicht einmal zu fürchten, daß wir zur Darstellung beliebiger Naturläufe nicht mit analytischen Funktionen auskämen, denn selbst wenn man nur solche benutzen dürfte, so wäre es doch mit ihrer Hilfe möglich, sich jedem beliebigen Gesetz bis zu jedem gewünschten Grade der Genauigkeit anzuschmiegen. Wirklich ermitteln könnten wir die Funktionen freilich durchaus nicht, aus den in der vorigen Betrachtung erläuterten Gründen; aber hier kommt es nur auf die Denkbarkeit, d. h. auf die Widerspruchslosigkeit der Sache an.

Läßt sich wirklich kein Unterschied angeben zwischen einem durch Zufall verworrenen Universum und einem durch Kausalität verwirrten? Wir wollen zusehen, auf welchen Wegen man nach solch einem Unterschied suchen könnte. Ließe sich keiner finden, so wäre das Resultat der vorigen Betrachtung zu verwerfen, wonach es schien, als seien Kausalität und Naturgesetzlichkeit ganz unabhängig von jeder Gleichförmigkeit der Welt, und die Gleichförmigkeit, d. h. eine gewisse Unabhängigkeit von Ort und Zeit, würde doch ein notwendiges Merkmal des Kausalitätsbegriffs bilden.

Das konträre Gegenteil zum Zufall ist die Notwendigkeit. Man müßte also sagen: in der kausal regierten Welt geht jeder Zustand in den folgenden vermöge einer Notwendigkeit über, die in der vom Zufall aufgebauten Welt fehlt. Wir müssen sorgfältig prüfen, welchen Sinn diese Aussage hat. Nur wenn sich mit ihr überhaupt ein Sinn verbinden läßt, können wir unsern bisherigen Begriff des Naturgesetzes aufrecht erhalten, der die Gleichförmigkeit des Geschehens nicht zu seinen Merkmalen zählt.

Man wird zuerst geneigt sein, das Wesen der kausalen Notwendigkeit darin zu erblicken, daß der folgende Zustand auf den vorhergehenden nicht bloß *folgt*, sondern durch ihn *bestimmt* wird. Und welchen Sinn hat hier das Wort „bestimmen"? Es muß jedenfalls bedeuten, daß es eine Regel, eine Formel gibt, mit Hilfe deren das Kommende aus dem Vergangenen abgeleitet werden kann. Es war aber das Ergebnis unserer vorhergehenden Betrachtung, daß eine solche Formel *unter allen Umständen* existiert. Stets, also | auch bei „zufälligem" Geschehen, lassen sich geeignete Weltre- 466
geln erfinden, die dem Verlauf der tatsächlichen Ereignisse, wie er auch sein mag, vollkommen angepaßt sind, so daß der folgende Zustand jeweils als die richtige Fortsetzung des vorhergehenden erscheint. Die Möglichkeit einer solchen Formel kann also nicht das kennzeichnende Merkmal der Notwendigkeit sein.

Jetzt wird man meinen, der Sinn dieses Wortes und mithin der Unterschied zwischen zufälligem und gesetzmäßigem Geschehen liege darin, daß bei dem ersteren jene Formel immer erst *nach*träglich aufgestellt werden könnte, weil ja alle Zustände des Gesamtverlaufs bekannt sein müssen, um die richtigen, den Verlauf beschreibenden Funktionen zu finden; dagegen ließe sich bei kausalem Geschehen der Ablauf *voraussagen*, weil eben die Ereignisse gezwungen wären, einer bestimmten Formel zu folgen, die ein für allemal festliege.

Dieser Versuch einer Unterscheidung verfehlt aber seinen Zweck. Erstens nämlich ist jedes Gesetz, jede objektive Regel als rein begriffliches Gebilde unzeitlich; es hat keinen Sinn zu fragen, ob es vor oder nach einem bestimmten Zeitpunkt existiere. Die Existenz eines Begriffes ist zeitlos und bedeutet nur, daß er widerspruchsfrei ist, daß er überhaupt gedacht werden kann. Allerdings kann man nach dem Zeitpunkt fragen, wann sich ein Begriff von uns aufstellen läßt. Und hier könnte man nun ein Erkennungszeichen kausaler Notwendigkeit darin zu finden hoffen, daß die tatsächliche Formulierung eines Gesetzes bei ihr eben im voraus geschehen könne. Aber auch diese zweite Hoffnung ist trügerisch, denn auch dazu taugt jene Bestimmung nicht. Wir hatten ja gesehen, daß es der *Voraussetzung* einer Wiederkehr des Gleichen bedarf, um eine vorhandene Gesetzmäßigkeit festzustellen; ohne sie wäre uns die Auffindung der wahren Regeln des Geschehens durch Beobachtung gänzlich unmöglich. *Ohne* Beobachtung aber könnte die richtige Formel nur *erraten* werden. Ein Erraten ist aber natürlich auch für ein völlig gesetzloses Universum ebensogut möglich: auch wenn die Zukunft durch nichts bestimmt wäre als den blinden Zufall, könnte ihr Ablauf eben doch richtig geraten werden. Wieder gelingt es nicht, auf diesem Wege einen Unterschied zwischen einer gesetzhaften und einer gesetzlosen Welt zu entdecken oder zu konstruieren: in beiden Fällen wäre eine Übereinstimmung der Formel mit der Wirklichkeit in gleicher Weise zufällig, und es besteht keine angebbare Differenz.

So ist es ein vergebliches Bemühen, den Begriff des nichtgleichförmigen und doch notwendigen Weltablaufs durch Zergliederung von dem des zufälligen Geschehens zu unterscheiden. Um ihm trotzdem noch einen Sinn zu retten, hat man angenommen, das eigentlich entscheidende Merkmal der Notwendigkeit lasse sich überhaupt nicht definieren, denn es sei ein letztes, nur zu erlebendes Moment, und daher keiner Beschreibung zugänglich. Es wäre das S. 464 Sp. 1 erwähnte Moment,[12] welches dann als Grund aller Naturgesetzlichkeit zu gelten hätte. Diese Möglichkeit ist noch zu prüfen.

Es herrscht Einigkeit darüber, daß das gesuchte Moment nicht zu finden ist in der sinnlichen Erfahrung. Kausalität und Notwendigkeit sind nichts Wahrnehmbares, nichts, was sich an den Ereignissen und ihrer Abfolge beobachten ließe. Das gilt selbst in unserer wirklichen ganz und gar gleichförmigen und wiederholungsreichen Welt – wieviel mehr nicht in einem Universum ohne solche Regelmäßigkeiten!

Es bliebe also nur übrig, nach dem fraglichen Merkmal in der psychologischen Erfahrung zu forschen: vielleicht werden wir uns in der inneren Erfahrung unmittelbar dessen bewußt, was Notwendigkeit ist? Derartiges wird in der Tat von manchen angenommen. Man meint, das Gesuchte sei in unsern Urteilsakten zu finden, nämlich in den Akten des apodiktischen Urteilens. „Der

12 Spalte 1 reicht im Original von „‚gleichen‘ Gegenstände oder Vorgänge“ bis „die für keinen anderen gilt und daher“.

hier vorkommende Begriff der Notwendigkeit ist gewonnen durch Reflexion auf ein modales, stellungnehmendes Verhalten unserer Seele“ (H. Bergmann, Logos, V, S. 85). Das notwendige Geschehen würde sich vom zufälligen unterscheiden wie das apodiktische Urteil (das die Form hat „S muß P sein“) vom problematischen („S kann P sein“).

Ich vermag nicht einzusehen, daß man auf diese Weise zu einer haltbaren Definition des Notwendigkeitsbegriffs geführt wird. Sie erhält für die objektive Welt nur Sinn, wenn man annimmt, daß in den Naturvorgängen ein gewisser Zwang auftreten könne, der demjenigen analog ist, den wir beim apodiktischen Urteilen fühlen. Hier würde also das gesuchte Moment der Notwendigkeit, das wir im objektiven Geschehen selbst nicht finden können, auf dieses durch einen Analogieschluß aus der inneren Reflexion übertragen. Ein solcher Schluß ist aber zweifellos ganz unstatthaft. Denn wer möchte im Ernst behaupten, der Übergang von der Ursache zur Wirkung dürfe als eine Art Urteil aufgefaßt werden, das die Natur bei Gelegenheit eines jeden Vorganges in ihr fälle? Dergleichen poetisch-metaphysische Vorstellungen bringen uns unserm Ziel um keinen Schritt näher. Ferner ist wohl zu beachten, daß man nicht etwa das Zwangsgefühl beim apodiktischen Urteilen auffassen darf als das Erlebnis eines Kausalnexus im psychischen Geschehen, denn wenn man ein assertorisches oder problematisches Urteil fällt, so sind die psychischen Vorgänge dabei natürlich genau so gut kausal determiniert, und doch tritt jenes Notwendigkeitserlebnis nicht auf. Es ist tatsächlich wohl nur ein Gefühl, und die Kausalität selber kommt in ihm ebensowenig zum Bewußtsein wie beim Willensakt, von dem ja schon *Hume* feststellte,[13] daß nur die Aufeinanderfolge von Wollen und | Handlung erlebt werde, nicht aber das Auseinanderfolgen[3]. 467

[3] J. Geyser (Allgem. Philosophie des Seins und der Natur, Nr. 97, Münster 1915)[14] sucht die Ansicht aufrecht zu halten, daß wir in der psychischen

13 Vgl. Hume, *Enquiry*, S. 134–147 sowie insbes. S. 150: "Beyond the constant *conjunction* of similar objects, and the consequent *inference* from one to the other, we have no notion of any necessity or connexion."

14 Geyser verwendet Kopfrechnen als Beispiel für ein „geistiges Tun“, für das

So erhalten wir also auch auf diesem Wege keine Antwort auf die Frage nach einer gültigen Definition des Notwendigkeitsbegriffs, die das Merkmal der Gleichförmigkeit nicht voraussetzte.

Unser Problem darf nicht verwechselt werden mit der Frage nach dem psychologischen Ursprung der Vorstellung der Notwendigkeit. Er ist wohl ein mehrfacher, und darf mit Recht teilweise in dem Erlebnis apodiktischen Urteilens gefunden werden, ebenso aber auch dort, wo Hume ihn suchte: in der assoziativen Gewöhnung, vermöge deren die Vorstellung des Consequens sich mit derjenigen des Antezedens verknüpft, wenn die Aufeinanderfolge beider vorher oft erlebt wurde. Jene Gewöhnung aber *setzt*, wie Hume selber so scharf betont hat, die Gleichförmigkeit des Geschehens *voraus*, und auf sie sehen wir uns also selbst an dieser Stelle verwiesen.

Der Umstand, daß die Notwendigkeitsvorstellung psychologisch auf mehrere Quellen zurückgeht, hat, nebenbei bemerkt, zu sehr schädlichen Begriffsverwirrungen in der Philosophie geführt. Es wurde nämlich in den Begriff der Notwendigkeit aus der psychischen Erfahrung das *Zwangs*mäßige aufgenommen, d. h. der gewaltsamen Überwindung eines widerstrebenden Wollens. Notwendigkeit und Zwang sind aber zwei gänzlich verschiedene Begriffe, die nichts miteinander gemein haben sollten. Das konträre Gegenteil der Notwendigkeit ist der *Zufall*, das des Zwanges die *Freiheit.*[15] Bei genauer Beachtung dieses Unterschiedes ist z. B.

Wirklichkeit das Auseinanderfolgen direkt erleben und vom bloßen Aufeinander unterscheiden können. Dieses Unterscheiden dürfte aber eine andre, rein psychologisch zu klärende Bedeutung haben.

gilt (S. 97): „Als *Folge* dieses Tuns stellt sich das *intentionale* Bewußtsein und das Richtigkeitsbewußtsein ein. [...] In Fällen nun wie dem hier geschilderten *erleben* wir, daß in uns etwas geschieht, auf das nicht nur ein anderes [inneres Tun] folgt, sondern durch das dieses andere eintritt."

15 Diese Verwechslung, in 1930a *Ethik*, S. 105 (*MSGA* I/3, S. 482) als „einer der größten Skandale der Philosophie" bezeichnet, wurde für Schlick schon „ganz besonders klar durch Hume" beigelegt. Vgl. z. B. *Treatise*, S. 407: „Few are capable of distinguishing betwixt the liberty of *spontaneity*, as it is call'd in the schools, and the liberty of *indifference*; betwixt that which is oppos'd to violence, and that which means a negation of necessity and causes." Sowie

das Problem der sogenannten Willensfreiheit so gut wie gelöst: Notwendig ist unser Handeln immer, das ist aber nicht dasselbe wie erzwungen, und daher auch nicht dasselbe wie unfrei; es ist vielmehr überall frei zu nennen, wo es nicht wesentlich durch Hemmungen (Fesseln, Drohungen) bestimmt wird, die den Absichten des Handelnden zuwiderlaufen. Ist diese Verwechslung an sich schon ein böser Fehler, so wird sie noch durch einen schweren Anthropomorphismus vermehrt, wenn wir nun gar die Notwendigkeit des Weltgeschehens als eine Art von Zwang auffassen. Dies tun wir aber, wenn wir uns die Naturgesetze als Gebote, als Befehle vorstellen, denen die Dinge gehorchen müssen, als möchten die Dinge ihnen wohl ausweichen, wenn sie nur könnten. In Wahrheit enthalten die Naturgesetze aber gewiß kein Müssen oder Sollen, sondern beschreiben nur, was tatsächlich geschieht. Notwendigkeit im falschen Sinne des Müssens „is something that exists in the mind, not in objects“[4)].

Das Ergebnis ist, daß sich ein unmittelbar zu erlebender Unterschied zwischen Notwendigkeit und Zufall nicht angeben läßt. Wie sollte das auch möglich sein, da doch zufälliges Geschehen in unserem Sinne sicherlich nicht von uns erlebt wird?

Damit sind die Möglichkeiten, in einer von jeder Gleichförmigkeit entblößten Welt von notwendigem Geschehen im Gegensatz zu zufälligem zu reden, überhaupt erschöpft. Wir täuschten uns also, als wir in der vorigen Betrachtung glaubten, den Begriff kausaler Notwendigkeit auf ein chaotisches Universum anwenden

[4)] Hume, Treatise on human nature, book I, part III, Of the idea of necessary connection.

Planck, *Gesetzmäßigkeit*, S. 101: „Wer die uns durch das Bewußtsein gegebene freie, durch keinerlei Kausalgesetz eingeschränkte Selbstbestimmung für logisch unvereinbar hält mit dem absoluten Determinismus auf allen Gebieten des geistigen Lebens, der begeht einen prinzipiellen Fehler von ähnlicher Art, wie [...] ihn ein Physiologe begehen würde, wenn er sich einbildete, die natürlichen Funktionen eines Muskels an dem anatomischen Präparat desselben studieren zu können. So setzt sich die Wissenschaft selber ihre eigene unübersteigliche Grenze.“ Und ders., *Kausalgesetz und Willensfreiheit*, S. 46: „[D]ie Unmöglichkeit, das eigene gegenwärtige Ich dem Kausalgesetz zu unterstellen [...] ist logischen Ursprungs [...] Ihr unterliegt auch die höchste Intelligenz, ja selbst ein Laplacescher Geist.“

zu können. Wir ermöglichten uns diese Anwendung dadurch, daß wir Naturgesetze konzipierten, die von Raum und Zeit explizite abhängen, denn durch diesen Kunstgriff konnten wir jedes beliebige, noch so unordentliche, Geschehen dem Gesetzesbegriff unterwerfen. Jetzt wird offenbar, daß dieser Gesetzesbegriff zu weit gefaßt war: nicht bloß zur *Auffindung* der Gesetze bedarf es der Gleichförmigkeit der Natur, sondern sie ist auch nötig, um dem *Begriff der Gesetzmäßigkeit* überhaupt einen angebbaren, von der Zufälligkeit unterschiedenen Sinn zu verleihen. Es genügt nicht, daß überhaupt eine Formel denkbar ist, durch welche das Naturgeschehen sich darstellen läßt – dies ist *ausnahmslos* möglich –, sondern die Formel muß auch *bestimmter Art* sein. Es müssen nämlich beliebig viele Fälle ihrer Anwendung möglich sein. Ein Naturgesetz ist also nur dann eines, wenn es *allgemein* ist; der Begriff der individuellen Kausalität hat uns zum Widerspruch geführt. (H. Poincaré hat in einem Aufsatze „L'évolution des lois" [welcher das erste Kapitel des Buches „Dernières pensées" bildet][16] die Frage behandelt, ob die Naturgesetze sich mit der Zeit ändern könnten, also die Frage, die wir so formuliert haben, ob die Zeit vielleicht explizite in die Gesetze eingehe; er kommt mit vollem Recht zu dem Ergebnis, daß diese Annahme unter allen Umständen abzuweisen sei, weil eine solche Möglichkeit niemals in den Bereich wissenschaftlicher Erfahrung fallen könne.[17] Auch hier also das Resultat, daß für uns der Begriff der Gesetzmäßigkeit ohne Gleichförmigkeit seinen Inhalt verliert.

16 Vgl. Poincaré, *Dernières Pensées*, Kap. I.

17 Vgl. ebd., S. 12 f.: «Nous ne connaissons les lois qu'imparfaitement; l'expérience ne fait que limiter notre choix, et parmi toutes les lois qu'elle nous permet de choisir, on en trouvera toujours qui ne nous exposent pas à une contrediction du genre de celles dont nous venons de parler et qui pourraient nous obliger à conclure contre l'immutabilité.» Vgl. auch S. 29 f.: «Les lois considérées comme existant en dehors de l'esprit qui les crée ou qui les observe sont-elles immuables *en soi*? Non seulment la question est insoluble, mais elle n'a aucun sens. A quoi bon se demander si dans le monde des choses en soi les lois peuvent varier avec le temps, alors que dans un pareil monde, le mot de temps est peut-être vide de sens? De ce que ce monde est, nous ne pouvons rien dire, ni rien penser, mais seulment de ce que paraît ou pourrait paraître à des intelligences qui ne différeraient pas trop de la nôtre.»

Poincaré glaubt für seine Schlüsse die Voraussetzung machen zu müssen, daß nur die Möglichkeit einer *langsamen* Änderung der Gesetze mit der Zeit in Betracht gezogen werde;[18] ich glaube aber, daß auch ohne diese Voraussetzung derselbe Nachweis genau so gut geführt werden kann – wir wollen uns aber an dieser Stelle nicht auf die dazu nötigen erkenntnistheoretischen Betrachtungen einlassen –.)

Sollen nun gleiche Fälle im Naturgeschehen existieren können, so muß irgend ein Prinzip der Trennung vorausgesetzt werden, welches da macht, daß Vorkommnisse *gleich* sein können, ohne doch *identisch* zu sein. Das Prinzip muß gleiche Dinge in der Welt auseinanderhalten, ohne sie inhaltlich irgendwie zu beeinflussen. Bekanntlich ist dies | Auseinander in der Natur auf zwei für unser 468
Bewußtsein qualitativ verschiedene Weisen realisiert, nämlich im Nebeneinander des Raumes und im Nacheinander der Zeit. Zwei im übrigen vollkommen gleiche Dinge unterscheiden sich durch den Ort oder die Zeit ihres Daseins.

Diese Prinzipien des Auseinander, welche die Voraussetzung des Begriffs der Gesetzmäßigkeit und der Kausalität bilden, würden mit Recht, in Anlehnung an Kants Terminologie, als *Formen* bezeichnet werden, weil eben die inhaltlichen Bestimmungen der Dinge von ihnen nicht abhängen. Daß gerade Raum und Zeit diese Formen sind, ist eine Tatsache, die wir hinnehmen müssen. Andere Formen können wir uns nicht vorstellen, wenn sie auch denkbar sind. Raum und Zeit könnten ihre Funktion als Formen nicht erfüllen, wenn sie explizite in die Differentialgesetze des Naturgeschehens eingingen, denn dann käme ihnen eben doch eine inhaltliche Bedeutung zu, Ort und Zeit eines Ereignisses wären etwas für dasselbe Charakteristisches, untrennbar zu seinem Wesen Gehörendes. Wir hatten oben bemerkt, daß Raum und Zeit, wenn die Naturgesetze von ihnen abhingen, eine absolute Bedeutung gewinnen würden. Wir können daher jetzt sagen: Kausalität

18 Vgl. ebd., S. 6: «Si l'on veut croire à une évolution des lois, elle ne peut sans contredit être que très lente, de sorte que, pendant le peu d'années où l'on a pensé, les lois de la nature n'ont pu subir que des changements insignificants.»

setzt voraus, daß Raum und Zeit nicht etwas Absolutes in dem bezeichneten Sinne sind.

Dieser höchst wichtige Zusammenhang von Raum und Zeit mit der Kausalität ist kaum jemals richtig gewürdigt worden, jedoch hat ihn bereits der große Physiker Maxwell aufs schärfste hervorgehoben und benutzt, um das Kausalprinzip ganz richtig in folgender Weise zu formulieren[5)]:

„The difference between one event and another does not depend on the mere difference of the times or the places at which they occur, but only on differences in the nature, configuration, or motion of the bodies concerned.“ Und er fügt hinzu: „It follows from this, that if an event has occurred at a given time and place it is possible for an event exactly similar to occur at any other time and place.“

Damit ist dem Raum und der Zeit eine Homogenität zugesprochen, die in der Tat unerläßlich für sie ist, wenn sie wirklich bloß *Formen* sein sollen, wie die Kausalität es fordert. Diese Homogenität ist von allgemeinster Art (und deshalb verträglich mit den raum-zeitlichen Inhomogenitäten, die nach der Gravitationstheorie *durch die Materie* bedingt werden), sie ist nach dem eben Gesagten mit der Absolutheit des Raumes und der Zeit unvereinbar, und von ihr gilt daher der Satz Poincarés: „... la relativité de l'espace et son homogénité sont une seule et même chose[6)].“

Nun ist aber die Relativität des Raumes und der Zeit durch die neuen Fortschritte unserer physikalischen Anschauungen in einem viel weiteren und tieferen Sinne statuiert worden. Man muß die Frage aufwerfen, ob diese weitestgehende Relativierung ebenfalls eine unumgängliche Voraussetzung für die Möglichkeit der Kausalität bildet, oder ob hier nicht ein so enger Zusammenhang besteht wie mit jener besonderen Relativität, von welcher

[5)] *Matter* and *Motion*, Ende des ersten Kapitels.[19]

[6)] Science et méthode, S. 113.[20]

19 Vgl. Maxwell, *Matter and Motion*, S. 21. Den ersten Teil des angegebenen Zitats nennt Maxwell „General Maxim of Physical Science".

20 Poincaré, *Science et Méthode*, S. 113. Das Wort heißt richtig „homogénéité".

wir fanden, daß ohne sie nicht sinnvoll von einer allgemeinen Gesetzmäßigkeit der Natur gesprochen werden kann. Wie es sich damit auch verhalten mag – jedenfalls verspricht die Untersuchung der Frage einige Einsicht in die Voraussetzungen und Grenzen der Kausalität und soll deshalb hier begonnen werden.

4. Kausalprinzip und Relativität

Wir gehen aus von der Betrachtung eines Beispiels, das Einstein zur anschaulichen Verdeutlichung eines Grundgedankens seiner allgemeinen Relativitätstheorie benutzt hat[7)]. Wir denken uns zwei flüssige Körper von gleicher Beschaffenheit und Größe in sehr großer Entfernung von allen übrigen Körpern frei in der Welt schwebend und relativ zueinander in Rotation befindlich, und zwar um die gegenseitige Verbindungslinie mit konstanter Winkelgeschwindigkeit. Die eine der beiden Massen sei kugelförmig, die andere zeige abgeplattete Gestalt, nämlich die Form eines Rotationsellipsoids. Worauf ist die Verschiedenheit der Gestalt beider Körper zurückzuführen? Newton würde darauf vom Standpunkt seiner Dynamik antworten: der Grund für die Abplattung der einen Masse ist darin zu suchen, daß sie im Raume rotiert, während die andere ruht und daher keine Abweichung von der Kugelgestalt zeigt. Damit wären dem Raume absolute Eigenschaften zugeschrieben, denn von einer Rotation relativ zu ihm würde ja das Auftreten der die Abplattung verursachenden Zentrifugalkräfte abhängen.

Diese Vorstellungsweise ist nun, wie mit Nachdruck wohl zuerst Mach hervorgehoben hat,[21] höchst unbefriedigend. Denn, so formuliert es Einstein, der „Galileische Raum, der hierbei eingeführt wird (bzw. die Relativbewegung zu ihm), ist eine *bloß*

7) Die Grundlage der allgemeinen Relativitätstheorie, S. 8, 1916.

21 Vgl. Mach, *Mechanik*, S. 226 f.

fingierte Ursache, keine beobachtbare Sache“.[22] Und er fährt fort: „Es ist also klar, daß dic Newtonsche Mechanik der Forderung der Kausalität in dem betrachteten Falle nicht wirklich, sondern nur scheinbar Genüge leistet ... “[23]

Hieraus ergibt sich deutlich: ist die geschilderte Vorstellungsweise tatsächlich wesentlich für die alte Mechanik, dann verletzt sie das Kausalprinzip, und es ist bewiesen, daß allein der modernen relativistischen Mechanik wissenschaftliche Wahrheit zukommen kann; denn Erfüllung des Kausalprinzips ist ja conditio sine qua non der Naturerkenntnis. Die Frage, ob auch die extremste, von Einstein in die Wissenschaft eingeführte Relativität des Raumes sich gleich der bisher besprochenen allein aus dem Kausalsatz herleiten lasse, wäre bejaht.

469 Aber in Wahrheit reicht der Tatbestand zur | Herleitung des gedachten Ergebnisses nicht aus. Bei näherer Prüfung finden wir nämlich, daß die alte Mechanik den Forderungen des Kausalsatzes nicht etwa widerspricht, sondern nur die Grenzen seiner Anwendbarkeit sind in ihr enger gezogen als in der allgemeinen Relativitätstheorie; und das ist etwas ganz anderes. Die Frage nach den Grenzen einer jeden kausalen Naturbetrachtung gehört mit zum Gegenstande unserer Untersuchung.

Es stünde sehr schlecht um die Grundlagen der Galilei-Newtonschen Mechanik, wenn sie in unserm Beispiele genötigt wäre, eine Ursache der abgeplatteten Gestalt des einen Körpers anzugeben und sie in einer Rotation relativ zum absoluten Raume zu finden; denn eine Kausalerklärung kann nur dann als geglückt gelten, wenn sie in letzter Linie auf eine vera causa, auf etwas tatsächlich Beobachtbares zurückführt, und das ist der absolute Raum gewiß nicht. Aber in Wahrheit ist die alte Mechanik zu einer solchen Erklärung gar nicht genötigt. Wir erinnern uns, daß die Begriffe von Ursache und Wirkung nur auf *Vorgänge* angewandt werden dürfen. Die Gestalt eines Körpers als solche ist

22 Vgl. Einstein, *Grundlage*, S. 9: „[Der] Galileische Raum R_1, der hierbei eingeführt wird (bzw. die Relativbewegung zu ihm), ist aber eine *bloß fingierte* Ursache, keine beobachtbare Sache.“

23 Ebenda.

aber kein Vorgang, man darf daher streng genommen nach einer Ursache der Gestalt gar nicht fragen, sondern muß sie als Tatsache hinnehmen, wie etwa das Vorhandensein der beiden Körper überhaupt als Tatsache hinzunehmen ist, die einer Kausalerklärung nicht unterliegt. Der einzige *Vorgang*, der sich in unserm Falle abspielt, ist die Rotation des einen Körpers in bezug auf den andern: im Zeitdifferential dt dreht er sich um einen Winkel $d\varphi$, und die *Ursache* dieses Vorgangs ist einfach die Drehung desselben Körpers im unmittelbar vorhergehenden Zeitdifferential um denselben Winkel. Damit ist vom Standpunkt der alten Mechanik alles restlos erklärt, was überhaupt einer Kausalerklärung bedarf und fähig ist.

Dennoch haftet der ganzen Überlegung unleugbar etwas Paradoxes und tief Unbefriedigendes an, und den verborgenen Grund davon müssen wir aufsuchen.

Man wird zunächst bemerken, daß es sich eigentlich nicht um die Erklärung der Form des einen Körpers handelt, sondern vielmehr um den *Unterschied* der Gestalt der beiden Körper. In jeder andern Beziehung sind sie gleich, befinden sich unter gleichen Umständen, denn jeder rotiert in bezug auf den andern mit der gleichen Winkelgeschwindigkeit – warum sind sie verschieden von Gestalt?

Nun ist Verschiedenheit wiederum kein Vorgang, man darf also nicht nach einer *Ursache* fragen. (Wohl aber könnte man, wenn es sich um die Verschiedenheit zweier *Vorgänge* handelte, nach dem *Grunde* derselben fragen und ihn in der Verschiedenheit der Ursachen beider Vorgänge finden.) Aber es besteht die Möglichkeit, daß die Form eines Körpers nur ein *Anzeichen* sein mochte für gewisse in oder an ihm sich abspielende Prozesse, die nun eine Kausalerklärung gestatten. Ein Beispiel möge zeigen, wie dies gemeint ist. Der naive Mensch betrachtet die *Farbe* eines Gegenstandes als eine ruhende „Eigenschaft" des Körpers; dennoch darf man mit Recht nach einer Ursache der Farbe fragen, weil die wissenschaftliche Analyse zu dem Ergebnis führt, daß farbiges Licht in der physischen Wirklichkeit als ein *Vorgang* (von Schwingungen) aufzufassen ist.[24] Etwas ähnliches scheint nun in unserm Fall tatsächlich vorzuliegen. Dies kann man sich etwa dadurch klarmachen, daß man an dem Einsteinschen Beispiel eine kleine Variation vornimmt, in der an Stelle des bloßen Gestaltunterschiedes eine Verschiedenheit der Prozesse auftritt. Zu diesem Zwecke denken wir uns die flüssigen Massen durch zwei feste Körper ersetzt, die relativ zueinander um die Verbindungslinie rotieren. Auf beiden sei ein kleines Klötzchen mit einer Klammer befestigt. Werden diese Klammern plötzlich gelöst, so bleibt das Klötzchen auf dem einen Körper ruhig liegen, auf dem andern aber fliegt es in der Richtung der Tangente (vom dem ersten Körper aus beurteilt) davon. Welches ist die Ursache dieses Davonfliegens?

Die Lösung der Klammer kann es nicht sein, denn diese findet auf beiden Körpern gleichmäßig statt; es bleibt also als Ursache nur übrig der Gesamtprozeß: Lösung der Klammer plus Drehung, denn andere Vorgänge sind ja nicht vorhanden. Sagte man nun: „Aber auch die Drehung ist doch für beide Körper dieselbe, da der erste in bezug auf den zweiten mit derselben Winkelgeschwindigkeit rotiert wie der zweite in bezug auf den ersten!“, so konnte Newton antworten: „Bewegung relativ zum Körper 1 ist eben nicht dasselbe wie Bewegung relativ zum Körper 2! Die Erfahrung lehrt eben, daß der eine Körper in der Natur *ausgezeichnet* ist, und dadurch wird es praktisch, die Bewegungen auf ein in ihm ruhendes Koordinatensystem zu beziehen; die so bezogenen Bewegungen *nenne* ich *absolute*“. Newton drückte sich nicht ganz so aus,[25] aber de facto entspricht diese Formulierung durchaus den Grundlagen seiner Mechanik, und logisch ist nichts gegen sie einzuwenden. Daß es keinen bevorzugten Körper, kein ausgezeichnetes Bezugssystem geben könne, läßt sich aus dem bloßen Begriff der Bewegung nicht beweisen, denn hier kann nur

24 Zum möglichen (direkten oder indirekten) Einfluß von Hermann von Helmholtz für diesen und die folgenden Gedankengänge zur „Reduktion von Eigenschaften auf Prozesse“ siehe den editorischen Bericht zu 1921b *Vorrede/Helmholtz*, in diesem Band S. 252.

25 Vgl. Newton, *Principien*, S. 26–31.

die Erfahrung entscheiden. Zwar wenn man die Bewegung rein kinematisch, nämlich als Ortsveränderung mathematischer Punkte auffassen dürfte, dann würde es dem Begriff der Bewegung widersprechen, wollte man zwei beliebig zueinander bewegte Bezugssysteme nicht als völlig gleichwertig betrachten; aber in der Natur haben wir es immer nur mit der Bewegung von *Körpern*, also mit der Dynamik zu tun, und die reine Kinematik ist ein Abstraktionsprodukt, über dessen Anwendbarkeit auf die Wirklichkeit nur durch die Beobachtung etwas ausgemacht werden kann.[26] So durfte Newton ohne einen Verstoß gegen den Kausalsatz die | 470 Annahme für erlaubt halten, daß gewisse Körper in der Natur bevorzugt seien und daher am besten als Bezugskörper benutzt würden. Sie dürften „ruhend" heißen, und eine Rotation relativ zu ihnen würde an dem Wegfliegen jenes Probekörperchens erkannt werden. Dies Davonfliegen, d. h. das Auftreten von Zentrifugalbeschleunigungen, wäre aufzufassen als *Definition* der dynamischen Drehung, nicht etwa als *Wirkung* der kinematischen Drehung. Natürlich wäre es prinzipiell auch möglich, das Bezugssystem in einen beliebigen andern Körper zu verlegen, an welchem sich Zentrifugalbeschleunigungen zeigen, und diesen durch die Benennung „ruhend" auszuzeichnen, aber es liegt auf der Hand, daß dies Vorgehen unpraktisch wäre.

Es könnte also sehr wohl sein, daß in unserm Beispiel der eine Körper schlechthin vor dem andern ausgezeichnet wäre, ebenso wie etwa ein Körper vor einem andern ein größeres Volumen voraus haben könnte, ohne daß man nach einer Ursache des Unterschiedes fragen dürfte. Die alte Dynamik widersprach also dem Kausalprinzip nicht.

Und gerade weil sie es nicht tat, ist das Verdienst der allgemeinen Relativitätstheorie Einsteins um so größer, denn ohne durch einen wirklichen Fehler der alten Anschauung dazu gezwungen

26 Vgl. 1915a *Relativitätsprinzip*, S. 167 (*MSGA* I/4): „Der Begriff der reinen Kinematik oder Phoronomie (Ortsveränderung mathematischer Punkte in der Zeit) ist eine Abstraktion, über deren Bedeutung sich a priori nichts sagen läßt; nur die Erfahrung kann darüber entscheiden."

zu sein,[27] bringt sie jene wundersame Vereinheitlichung des naturwissenschaftlichen Weltbildes zuwege, auf welcher ihre Größe in physikalischer wie in philosophischer Beziehung ruht.

Dennoch bedeutet die erwähnte Theorie nicht etwa nur eine logische Vereinfachung, sondern einen tatsächlichen *Fortschritt der Kausalerklärung*; sie erschließt dem Ursachenbegriff eine neue Zone jenseits der Grenze, die bis dahin seiner Herrschaft gesetzt schien. Es erscheint deshalb doppelt sonderbar, daß man gelegentlich geglaubt hat[8)], die Vereinbarkeit der Relativitätstheorie mit dem Kausalprinzip trete nicht deutlich genug zutage, und eine besondere Rechtfertigung der Theorie in dieser Hinsicht für nötig hielt.

[8)] Siehe Helge Holst, Die kausale Relativitätsforderung und Einsteins Relativitätstheorie (Det Kgl. Danske Videnskabernes Selskab, Mathematisk-fysiske Meddelelser, II, Kopenhagen 1919),[28] welche Arbeit sich wieder auf J. Petzoldt beruft (Ber. d. Deutsch. Physik. Ges. 1918, S. 189).[29]

27 Vgl. Albert Einstein an Moritz Schlick, 6. Februar 1917 über 1917a *Raum und Zeit* (*MSGA* I/2): „Sehr gut hat mir gefallen, daß Sie nicht a posteriori die allgemeine Relativitätstheorie als erkenntnistheoretisch *notwendig* sondern nur als in höherem Maße *befriedigend* hingestellt haben. Diese Unbestechlichkeit freut mich besonders."

28 Die Schrift wird schon negativ erwähnt im Brief von Moritz Schlick an Albert Einstein, 22. April 1920: „Vor kurzem las ich die Abhandlung von Helge Holst über die ‚kausale Relativitätsforderung' – was für ein kümmerliches Geschreibsel!". Vgl. Holst, *Relativitätsforderung*, S. 1: „Ein Hauptgrund für den starken Widerstand, welcher sich wider die Einstein'sche Relativitätstheorie erhoben hat, ist zweifellos darin zu suchen, daß die Änderungen von den Dimensionen der Körper und der Dauer der physikalischen Prozesse, mit denen man in der Relativitätstheorie rechnen muß, wie es scheint, mit dem Ursachengesetze unverträglich sind."

29 Vgl. Petzoldt, *Relativitätstheorie*. Siehe dazu Joseph Petzoldt an Hans Reichenbach, 30. Dezember 1921 (in: Hentschel, *Korrespondenz Petzoldt-Reichenbach*, S. 37): Petzoldt bedauert darin, daß er Reichenbach diesen Aufsatz nicht zukommen lassen kann, was darauf schließen läßt, daß er sich auch zu diesem späteren Zeitpunkt noch damit identifiziert. Andererseits kritisiert Petzoldt Holst in *Mechanistische Naturauffassung* (erschienen im *Annalen*-Band zur Konferenz in Halle). Der ursprüngliche Adressat seiner Polemik in Halle war allerdings Oskar Kraus; vgl. Hentschel, *Interpretationen*, S. 173.

Es liegt uns ob, jenen Prozeß der Grenzerweiterung genauer zu betrachten, um daraus womöglich Schlüsse über die Grenzen kausaler Erkenntnis überhaupt zu ziehen.

Bekanntlich schritt die allgemeine Relativitätstheorie dadurch über die Newtonsche Mechanik hinaus, daß sie auf den von Newton vernachlässigten Umstand hinwies, daß die in der beschriebenen Weise ausgezeichneten Körper gerade diejenigen sind, die relativ zum Fixsternhimmel ruhen. Mit andern Worten: der bevorzugte Körper ist, wie die Erfahrung lehrt, in Wahrheit das System der Fixsterne. *Dies* System aber ist gegenüber allen sonst zur Wahrnehmung gelangenden Körpern *ohnehin* ausgezeichnet, nämlich durch seine ungeheure Größe und Masse; und wenn es gelang, die erste Art der Bevorzugung (Eignung als Bezugssystem der Mechanik) auf die zweite (Größe der räumlichen Ausdehnung und Masse) zurückzuführen, so war dies erkenntnistheoretisch überaus befriedigend. Wir sind eben durchaus nicht geneigt, die verschiedene Bedeutung der Körper als Bezugssysteme mit derselben Bereitwilligkeit als eine letzte, nicht weiter reduzierbare Eigenschaft anzuerkennen, wie ihre Größe. Jene Zurückführung war als Postulat schon früher, z. B. von Mach, aufgestellt worden, aber erst Einstein zeigte den Weg, auf welchem die Reduktion, und zwar mit Hilfe einer Kausalerklärung, wirklich ausgeführt werden konnte.[30] Auf diesem Wege wurden dann alle Bewegungen völlig relativiert, zur Erkenntnis des Charakters einer Bewegung genügten rein kinematische Feststellungen: der kinematische Bewegungsbegriff fiel mit dem dynamischen in der Wirklichkeit vollkommen zusammen,[31] und diese Vereinfachung ist es, die für das erkenntnistheoretische Gewissen eine so große Erleichterung bedeutet.

30 Vgl. 1920d *Einstein*, in diesem Band S. 167 sowie 1922a *Raum und Zeit* (*MSGA* I/2), Kap. VI.

31 Vgl. 1915a *Relativitätsprinzip*, S. 167 (*MSGA* I/4): „[D]as Dynamische ist vom Kinematischen nicht wirklich, sondern nur in der Abstraktion zu trennen. Es ist mithin ganz ungerechtfertigt, die dynamischen Erscheinungen, also die Fliehkräfte, allgemeiner die Trägheitswiderstände, als die Wirkungen oder Folgen der Bewegung aufzufassen, sondern sie gehören ebenso unmittelbar zur physischen Bewegung wie die Ortsveränderung selber."

Wie ließ sich die Verknüpfung herstellen, wie der Zusammenhang finden zwischen den eben hervorgehobenen Eigentümlichkeiten des Fixsternhimmels, nämlich einerseits seiner gewaltigen Ausdehnung und Masse, andrerseits seiner Eigenschaft als Galilei-Newtonscher Bezugskörper (Inertialsystem)?

Da wir erkannt hatten, daß die Begriffe Ursache und Wirkung nur auf *Prozesse* anzuwenden sind, so wäre es falsch zu sagen, die große Masse des Fixsternsystems sei die Ursache seiner ausgezeichneten Bedeutung als Bezugskörper; aus demselben Grunde wäre die Behauptung unzulässig, das „Vorhandensein“ der Fixsternmassen sei die Ursache des Auftretens von Zentrifugalkräften an einem in bezug auf sie rotierenden Körper. Es war vielmehr ein viel tieferes Eindringen in das Wesen der Trägheitsvorgänge nötig, um beispielsweise in unserm oben besprochenen Fall zweier zueinander rotierender Körper das verschiedene Verhalten der beiden streng naturgesetzlich abzuleiten. Es genügte nicht, darauf hinzuweisen, daß der Körper 1 in bezug auf den ganzen Fixsternhimmel sich drehe, der Körper 2 jedoch nur in bezug auf den kleinen Körper 1, so daß man es mit zwei ganz verschiedenen Vorgängen zu tun habe, denen auch verschiedene Wirkungen entsprechen müßten; sondern es zeigte sich, daß eine befriedigende Lösung der Aufgabe erst möglich wurde durch die Einführung des ganz aus dem modernen physikalischen Denken geborenen Begriffs des jede Masse umgebenden *Gravitationsfeldes* (bzw. Trägheitsfeldes). Alle Vorgänge, die in unserm Beispiel als Ursachen wie als Wirkungen in Betracht kommen, sind *Bewegungen von Materie im Gravitationsfelde*; sie sind für die beiden betrachteten Körper verschieden und, was
471 wichtig ist, durch *Differential*gleichungen darstellbar | weil es für jedes Teilchen nur auf seine unmittelbare raum-zeitliche Umgebung ankommt. Die Zustände im Gravitationsfelde selbst sind als *Vorgänge* aufzufassen, jeweils unmittelbar verursacht durch diejenigen in der nächsten Nachbarschaft, mittelbar in letzter Linie durch alle vorhandenen Massen; und diese Auffassung wurde möglich, nachdem die spezielle Relativitätstheorie gelehrt hatte, die Massen als Energien zu betrachten, womit auch ihnen *Prozeß*charakter zugesprochen war. Es ist vom erkenntnistheore-

tischen Gesichtspunkt bemerkenswert, daß das Gravitationsfeld nicht etwas in demselben Sinne Wahrnehmbares darstellt, wie die Bewegungen sichtbarer Körper zueinander. Bleibt man aber bei der Betrachtung der letzteren stehen, so gelangt man nicht über das bloße Postulat der Relativität aller Bewegungen hinaus und weiß nicht einmal, ob es sich überhaupt erfüllen läßt. Erst durch die Aufstellung jener Differentialgleichungen, welche die mathematischen Zeichen für ein kontinuierliches Gravitationsfeld sind, gelang es zu zeigen, daß die Naturgesetze sich wirklich in einer Form ausdrücken lassen, die völlig unabhängig ist vom Bezugssystem (beliebigen Transformationen gegenüber kovariant[32]), daß mithin in der Natur wirklich alle Bewegungen als relativ aufgefaßt werden können, jenes Postulat also erfüllbar ist. Mach, der das Postulat aufstellte, kam bekanntlich nur zu den ganz unbrauchbaren Formeln, die man in seiner historisch-kritischen Darstellung der Mechanik findet (3. Auflage, S. 228 f.). Die Sachlage erscheint mir für die Beurteilung der Machschen Erkenntnistheorie nicht unwesentlich.[33]

Zurückblickend erkennen wir, daß die allgemeine Relativitätstheorie tatsächlich eine Erweiterung des Bereichs der kausalen Naturerklärung erzielt, und zwar dadurch, daß es ihr gelingt, gewisse früher für irreduzibel gehaltene Eigenschaften der Körper als *Prozesse* zu deuten: die Eignung zum Bezugskörper der Mechanik wurde mit Hilfe von Einsteins genialen Konzeptionen als Vorgang, als Geschehen aufgefaßt, nämlich als Verhalten des Körpers zum umgebenden Gravitationsfelde, und dieses Feld ist selbst ein realer Prozeß, mittelbar verursacht durch den Ein-

32 Schlick änderte das Adjektiv zur Bezeichnung dieses wichtigen Sachverhalts erst 1920 von „invariant" in „kovariant" um. Vgl. den Unterschied zwischen 1920a *Raum und Zeit*, S. 55 (*MSGA* I/2, S. 237) und 1922a *Raum und Zeit*, S. 62 (*MSGA* I/2, S. 237).

33 Vgl. die erkenntnistheoretische Diagnose desselben Punktes in 1915a *Relativitätsprinzip*, S. 170 (*MSGA* I/4): „[W]ir zeigten, daß die Argumente gar nicht haltbar sind, die Mach zu seinem Satze führten." Zu Schlicks Mach-Interpretation und dem allgemeinen Dilemma einer Würdigung Machs angesichts der Relativitätstheorie vgl. Wolters, *Mach I*, S. 48 f. Allerdings ist Schlicks Kritik an Mach vor dem Hintergrund der Auseinandersetzung mit Petzoldt zu sehen. Vgl. 1923a *Relativitätstheorie*, in diesem Band S. 536 ff.

fluß der sonst noch in der Welt vorhandenen Massen. Stünde es schlechthin fest, daß die erwähnten Eigenschaften der Körper so gedeutet werden müssen und nicht anders aufgefaßt werden können, dann wäre in der Tat die Forderung der Kausalität nur durch das allgemeine Relativitätsprinzip zu erfüllen, und unsere oben aufgeworfene Frage, ob die Relativität des Raumes auch in dem allerallgemeinsten Sinne aus dem Kausalsatz sich ableiten ließe, wie es mit der beschränkteren, früher besprochenen, auf dem Maxwellschen Wege möglich war – diese Frage wäre bejaht; eine nicht-relativistische Naturauffassung widerspräche dann tatsächlich dem Kausalprinzip.

Freilich ist nicht ersichtlich, wie in diesem Falle (abgesehen von der nachträglichen glänzenden Bewährung der Theorie) ein strenger Beweis dafür geführt werden sollte, daß die fragliche Eigenschaft als Prozeß angesehen werden müsse, und auch in manchem andern Falle scheint ein solcher Beweis nicht möglich zu sein. Aber trotz vielleicht mangelnden Beweises gibt es für den Naturforscher – und dies kann nicht genug betont werden – im allgemeinen keine festere Überzeugung als die vom Prozeßcharakter der wahrnehmbaren Eigenschaften der Materie. Wo solche Deutung überhaupt möglich erscheint, da gilt sie stets auch als zutreffend. Sollte unser Fall eine Ausnahme davon machen? Es spricht m. E. im höchsten Maße zugunsten der allgemeinen Relativität, daß die Voraussetzung so bewährter und fundamentaler Prinzipien genügt, um sie als bloße Folgerung aus dem Kausalsatz erscheinen zu lassen.

5. Die Kausalität der Eigenschaften

Es ist nötig, restlose Klarheit zu gewinnen über das eben angezogene Prinzip, welches die Reduktion von „Eigenschaften" auf „Prozesse" fordert, wo immer sie möglich ist. Diese Reduktion ist – wie schon an einem früher berührten Beispiele zu erkennen – der wichtigste Weg, auf welchem unsere Naturerklärung prinzipielle Fortschritte macht. Das hier zugrundeliegende Problem hat in der naturphilosophischen Literatur öfters eine gewisse Rolle gespielt. Es läßt sich in der Frage formulieren: Kann es zwei Körper geben, die in allen Eigenschaften übereinstimmen, ausgenommen in einer einzigen?

Zunächst kann natürlich nicht der geringste *Widerspruch* darin gefunden werden, wenn ein Gegenstand die Eigenschaften $ABCDE$ besäße, ein anderer aber die Eigenschaften $XBCDE$; rein logisch gesprochen bestünde also die Möglichkeit, daß zwei Körper sich in ihren Beschaffenheiten völlig glichen und nur in einem einzigen Punkte – z. B. der chemischen Reaktionsfähigkeit, oder der Farbe, oder der Siedetemperatur – voneinander verschieden wären. Dazu war nur erforderlich, daß die Merkmale voneinander unabhängig waren, und warum sollten sie das nicht sein? So konnte man darüber streiten, ob die Aussage, daß dem Stoffe S die Beschaffenheit B zukomme, als ein Naturgesetz aufzufassen sei oder als eine bloße *Definition* des Körpers. Die moderne Wissenschaft aber hat erkannt, daß die Beschaffenheiten der Materie nicht tote Qualitäten, sondern lebendige Prozesse sind, und damit ist der Sachverhalt geklärt, die Frage entschieden. Denn Vorgänge sind nichts isoliertes, sondern haben Ursachen und Wirkungen; es ist schon eine Abstraktion, in dem stetigen Flusse des Geschehens überhaupt eine endliche Zahl von „Eigenschaften" herauszuheben und zu sondern, eine ganz unabhängig für sich stehende Beschaffenheit kann es nicht gehen. Jetzt ist es in der Tat ein | aus dem Kausalprinzip fließendes Postulat, daß zwei 472
Stoffe, die in *einer* Eigenschaft voneinander abweichen, außerdem noch in andern Qualitäten differieren müssen. Denn wenn die Eigenschaft auf einem Vorgang beruht, so ist ja auch die *Ursache* dieses Vorganges notwendig bei beiden Körpern verschieden, diese ist wiederum ein Prozeß und stellt eine neue Eigenschaft des Körpers (oder seiner Umgebung) dar; in ihr ist also eine zweite Differenz gegeben, die irgendwie konstatierbar sein muß.

Hat man z. B. zwei Stoffe, die sich chemisch genau gleich verhalten und als einzige physikalische Differenz ein abweichendes optisches Drehungsvermögen zeigen, so führt man dies bekanntlich zurück auf verschiedene Anordnung der Atome im Molekül, mithin auf eine gewisse Verschiedenheit der im Molekül sich abspielenden Prozesse. Diese aber müssen sich schließlich noch auf andere Weise als bloß durch das optische Drehungsvermögen sichtbar machen lassen, indem man nämlich jene verborgenen Vorgänge mit andern künstlich erzeugten Prozessen so kombiniert, daß eine neue beobachtbare Wirkung herauskommt. Es ist die Kunst des Experimentators, hierzu geeignete Verfahrungsweisen zu ersinnen. So wahr der Kausalsatz gilt, muß es solche Verfahrungsweisen prinzipiell geben.

Auf diese Weise löst die moderne Naturansicht alle Qualitäten in Vorgänge auf und ermöglicht dadurch die Anwendung des Kausalprinzips auf die Verknüpfung der Eigenschaften untereinander. Die Zusammengehörigkeit bestimmter Eigenschaften der Stoffe ist nicht Definition, sondern Naturgesetz. Das Urteil, ‚An diesem Orte befindet sich ein Wasserstoffatom' heißt weiter nichts als: ‚An diesem Orte spielen sich bestimmte Prozesse ab'. Die Natur besteht eben in letzter Linie aus Vorgängen, Ereignissen, Prozessen, nicht aus qualitätsbegabten Substanzen.

6. Wesentliche und zufällige Bestimmungen

Gibt es nun aber nicht doch Eigenschaften, die wir nicht als Prozesse verstehen können, die folglich der kausalen Erklärung spotten und in denen daher unsere physikalische Erkenntnis eine unübersteigbare Schranke und natürliche Grenze findet?

Nach den vorausgehenden Betrachtungen wäre diese Frage zu bejahen, denn wir hatten eine solche irreduzible Eigenschaft z. B. kennengelernt in der *Größe* eines Körpers, in seinem räumlichen Umfange. Wir können noch hinzufügen, daß man auch nicht nach einer eigentlichen Kausalerklärung dafür suchen darf, daß ein Gegenstand sich jetzt gerade an einem bestimmten Orte oder, was dasselbe ist, sich dort gerade zu einer bestimmten Zeit befindet: kurz, es sind die „äußerlichen" Bestimmungen der gegenseitigen Ordnung der Körper, welche einer kausalen Erklärung widerstreben (denn die Größe und Form eines Gegenstandes läßt sich auf die Ordnung seiner Teile zurückführen).

Man wird einwenden, daß es in vielen Fällen doch möglich und erforderlich sei, nach der Ursache solcher äußeren Bestimmungen zu forschen. Denn ich darf doch fragen, warum jener Schlüssel gerade jetzt in jener Schublade liegt, oder warum die antiken römischen Ziegel größer sind als die heute gebräuchlichen, oder warum die Erde zurzeit gerade im nördlichen Winter in ihr Perihel gelangt, usw. Darauf ist zu entgegnen: erstens liegt hier ein laxer Sprachgebrauch vor, der verwirren kann. Dasjenige, nach dessen Ursache hier gefragt wird, ist in Wahrheit gar nicht der Ort des Schlüssels oder die Gestalt der Ziegel, sondern es sind die Handlungen, welche dem Schlüssel die bestimmte Lage, dem Ziegel die bestimmte Größe gaben. Die Lage des Schlüssels, die Form der Ziegel sind für uns der *Erkenntnisgrund* gewisser Vorgänge, aber nicht deren *Wirkung* in dem strengen Sinne des Wortes, den wir um der Exaktheit des naturphilosophischen Denkens willen fixieren mußten. Hat man dann die Ursachen der fraglichen Vorgänge ermittelt, so ist damit – und dies ist das zweite, was zu bemerken war – nicht ein prinzipieller Fortschritt der wissenschaftlichen Erkenntnis erzielt, nicht irgend ein Naturgesetz ausgesprochen, wie es bei der oben behandelten Reduktion einer „Eigenschaft“ auf einen Prozeß der Fall war, sondern es sind nur gewisse tatsächliche Angaben über das Naturgeschehen durch andere ersetzt, die aber den ersten genau äquivalent sind.

Ein Beispiel wird am besten zeigen, was hier gemeint ist. Gesetzt, wir fragen, warum die äußersten Planeten größer sind als die inneren und weisen zur Erklärung auf die mutmaßliche Konstitution des Urnebels hin, aus welchem das Sonnensystem sich wahrscheinlich entwickelte, so taucht sofort die Frage auf: Woher die Konstitution des Urnebels? Und wenn es gelänge, auch darauf eine Antwort zu finden und dann die Kette der Fragen und Antworten noch weiter zu verlängern, so ständen doch alle Glieder der Kette auf gleicher Erkenntnisstufe; die Zahl der zu erklärenden Tatsachen würde bei diesem Fortschritt nicht verringert werden, sondern konstant bleiben. Jeder Zustand, bei dem wir die Kette abbrechen mögen, würde genau den gleichen „zufälligen“ Charakter tragen wie der vorhergehende oder nachfolgende. Die Fragen richten sich eben nicht auf Naturgesetze, sondern auf die Bedingungen, unter denen die Gesetze tatsächlich zur Entfaltung kommen; und diese Bedingungen bezeichnen wir vom Standpunkte der Wissenschaft aus als „zufällig". Sie können nicht auf Elementareres zurückgeführt werden, sondern müssen schlechthin auf irgendeine Weise gegeben sein.

Hier scheinen wir an der Grenze des Naturerkennens zu stehen, die im Wesen der Sache liegt und oft die Aufmerksamkeit der Forscher auf sich gezogen hat. Der Tatbestand ist auf
473 mannig|fache Weise formuliert worden. In der exaktesten Wissenschaft tritt uns der Gegensatz, um den es sich hier handelt, entgegen als der Unterschied zwischen den Differentialgleichungen des Naturgeschehes einerseits und den „Anfangs- und Grenzbedingungen" andrerseits. Die letzteren geben erst die Möglichkeit zur Anwendung der ersteren, sie erfüllen die leere Form der Naturgesetze erst mit Inhalt, indem sie die Integrationskonstanten darin bestimmen. Sie lassen sich wohl durch andere Grenzbedingungen ersetzen (indem man eben die raum-zeitlichen Grenzen anders zieht), jedoch können sie nicht auf die Gesetze zurückgeführt, nicht aus den Differentialgleichungen abgeleitet werden. Zur völligen Bestimmung der Wirklichkeit genügt nicht die Kenntnis ihrer Gesetze, sondern ebenso wichtig ist die Bekanntschaft mit der Anfangskonstellation, die wir als *zufällig* zu bezeichnen pflegen. Freilich muß der Umstand, daß in der Welt gerade die erfahrungsgemäß in ihr geltenden Gesetze herrschen, so wesentlich er auch für das Antlitz des Universums ist, wohl in demselben Sinne „zufällig" genannt werden; und das gleiche gilt schließlich von dem Umstande, daß es überhaupt so etwas wie Naturgesetze und Kausalität gibt.

Eine sehr treffende und leicht verständliche Terminologie hat v. Kries eingeführt[9)][35], indem er *nomologische* und *ontologische*

[9)] Siehe z. B. v. Kries, Logik, Tübingen 1912[34], S. 53.

34 Das Erscheinungsjahr ist 1916.

35 Kries, *Principien der Wahrscheinlichkeitsrechnung*, führt das „Princip der Spielräume" ein (S. 157: „Als Grundlage unserer Theorie ist der Satz zu betrachten, dass Annahmen, welche gleiche und indifferente ursprüngliche Spielräume umfassen, gleich wahrscheinlich sind.") und unterstreicht seine Bedeutung „in dem gegenwärtigen Wissen" (S. 171), da es gegenüber dem in Konkurrenz stehenden Prinzip der Gesetzmäßigkeit bei Unmöglichkeit einer sicheren Progno-

Bestimmung der Wirklichkeit einander gegenüberstellt: „Die erstere beträfe die Gesamtheit in der Wirklichkeit ausgedrückter Gesetze, die ontologische dagegen die durch diese Gesetze nicht bestimmten, rein tatsächlichen Verhaltungsweisen". Einen etwas andren Ausdruck gibt H. Poincaré demselben Tatbestande, wenn er zwischen *wesentlichen* und *zufälligen* Konstanten unterscheidet[10)]. Die ersteren sind diejenigen Zahlengrößen, die zum Ausdruck eines Gesetzes gehören (z. B. die Potenz $^{-2}$ in der Formel des Newtonschen Attraktionsgesetzes), zu den letzteren aber sind die zu rechnen, die zur Festlegung der Anfangs- und Grenzbedingungen dienen (z. B. die Dauer des Erdumlaufs gleich 366$^1/_4$ Sterntagen). Poincaré erklärt die Unterscheidung für „etwas künstlich, jedenfalls in ihrer Anwendung sehr willkürlich und immer mißlich, solange die Natur noch Geheimnisse besitzt".[37] Es ist leicht zu verstehen, warum Poincaré die Trennung für fließend hielt, wenn man z. B. daran denkt, daß in früheren Zeiten etwa die Atomgewichte und sonstigen Eigenschaften der chemischen Elemente recht wohl als zufällige Größen aufgefaßt werden konnten, während die moderne Entwicklung, beginnend mit der Aufstel-

[10)] Vgl. Poincaré, Wissenschaft und Hypothese, S. 120 f.[36]

se als vorteilhaft gelten muß. S. 171 f.: „Wenn unter diesen Umständen unsere Kenntnis der Wirklichkeit notwendig eine unvollständige bleibt, so wird nun die Bestimmung der Spielräume und die Erwartungsbildung am Platze sein. Das so erreichbare Wissen darf in mehrfacher Beziehung befriedigender genannt werden, als man auf den ersten Blick zu glauben geneigt ist. Erstlich ist hier hervorzuheben, daß es unvollständig nur in *ontologischer* Beziehung zu sein braucht, während die Einsicht in den gesetzmäßigen Zusammenhang des Geschehens, in die *nomologischen* Verhältnisse, vollständig und correct sein könnte." Als Beispiel führt Kries hier die kinetische Theorie der Gase an.

36 Poincaré, *Wissenschaft und Hypothese*, S. 120. Die Seitenzahlen der 1., 2. und 3. Aufl. von *Wissenschaft und Hypothese* sind an der zitierten Textstelle gleich. Schlick hat vermutlich die 2. Aufl. benutzt; siehe 1921c *Erläuterungen Helmholtz*, in diesem Band S. 283.

37 Vgl. Poincaré, *Wissenschaft und Hypothese*, S. 120: „Ich weiß nicht, ob es in sich gerechtfertigt ist, den Zufall in solcher Weise in die Erscheinungen eingreifen zu lassen, und ob die gemachte Unterscheidung nicht etwas künstlich ist; jedenfalls steht so viel fest, daß dieselbe in ihrer Anwendung sehr willkürlich und immer mißlich bleibt, solange die Natur noch Geheimnisse besitzt."

lung des periodischen Systems und endend mit der Elektronentheorie des Atombaus, sie als wesentliche aufzufassen gelehrt hat, die aus gesetzmäßigen Zusammenhängen heraus begriffen werden können.[38] Dennoch erscheint es ganz wohl möglich, eine prinzipielle Grenze zu ziehen zwischen wesentlichen und zufälligen Bestimmungen in dem besprochenen Sinne, wenn man nur im Auge behält, daß die tatsächlichen Erkenntnisse der Wissenschaft eben noch nicht überall zu jener Grenze vorgedrungen, zum Teil noch sehr weit von ihr entfernt sind. Sie wird erst dann erreicht sein, wenn wirklich alle Qualitäten restlos in Prozesse aufgelöst sind. Obgleich dann die Natur nicht eigentlich mehr „Geheimnisse besäße", weil ihre Gesetze ausnahmslos durchschaut wären, bliebe ein Rest von rein tatsächlichen Bestimmungen übrig, die sämtlich bekannt sein müßten, bevor man mit Hilfe der Naturgesetze einen beliebigen Zustand des Universums errechnen könnte, und dies sind dann die *zufälligen* Konstanten oder, in v. Kries' Ausdrucksweise, die ontologischen Bestimmungsstücke der Wirklichkeit. Sie geben die raum-zeitliche Verteilung der Ereignisse in einem beliebigen Anfangszustand an.

Ein an moderne physikalische Begriffsbildungen gewöhntes Denken könnte hier stutzig werden. Man könnte nämlich fragen: wie ist eigentlich der hier verwendete Begriff des Ereignisses, des Vorgangs, festgelegt? Als Vorgang oder Prozeß bezeichneten wir jede zeitliche Änderung, und eine solche drückt sich mathematisch aus als Differentialquotient nach der Zeit. Nun hat aber bekanntlich in den Grundformeln der gegenwärtigen Physik die Zeitkoordinate ihre ausgezeichnete Stellung gegenüber den Raumkoordinaten eingebüßt, ja, die Koordinaten der allgemeinen Relativitätstheorie haben im allgemeinen überhaupt nicht mehr die Bedeutung von Raum- und Zeitstrecken, sondern sie sind sozusagen Zahlen für eine untrennbare Mischung aus beiden. Wie ist mit diesem Umstande die Sonderstellung des Begriffes „Vorgang" vereinbar, die ihm nach unsern Betrachtungen für das Kausalprinzip zuzukommen scheint?

38 Es existieren zu diesem Thema Mitschriften aus der Studienzeit: Inv.-Nr. 149 A. 218.

Eine kurze Überlegung kann zeigen, daß hier keine Schwierigkeit und kein Widerspruch besteht und kann vielleicht noch zu einer vertieften Auffassung kausaler Abhängigkeit führen. Wir betrachten die räumlich-zeitlich ausgedehnte Welt in der bekannten Weise als eine vierdimensionale Mannigfaltigkeit, und zwar wollen wir uns zunächst, um die Ideen zu fixieren, die Zeit einfach als vierte Koordinate vorstellen, die auf den drei gewöhnlichen kartesischen Raumkoordinaten senkrecht steht. Nun läßt sich nach unsern früheren Überlegungen die Aussage des Kausalprinzips (unter Voraussetzung der Nichtexistenz von Fernwirkungen) für ein abgeschlossenes räumliches Gebiet G folgendermaßen auffassen: Ist eine vierdimensionale „Scheibe“ von der Basis G und der Dicke dt gegeben, so ist dadurch die in der Richtung t unmittelbar anschließende Scheibe mitbestimmt. Oder, wenn wir es für eine endliche Zeit t formulieren wollen: Ist von einem vier|dimensionalen 474
„Zylinder“ von der Höhe t eine unendlich dünne Schicht an der Basis G und in gleicher Weise der gesamte Mantel des Zylinders gegeben, so ist das ganze Innere des Zylinders (sein Gehalt an Ereignissen) dadurch bestimmt. Aber bereits nach der speziellen Relativitätstheorie ist nicht eine bestimmte Richtung in der vierdimensionalen Welt als Richtung der Achse t ausgezeichnet, sondern diese ist innerhalb gewisser Grenzen frei wählbar. Die dreidimensionale Zylinderbasis G, deren Weltpunkte alle „gleichzeitig“ sind, kann in verschiedenen zueinander geneigten Lagen angenommen werden. Der Begriff des „Vorgangs“, für den ja der in der jeweiligen Zeitrichtung genommene Differentialquotient maßgebend ist, wird auf diese Weise relativiert, und es kommt dadurch auch in den Begriff des Kausalzusammenhanges eine gewisse Relativität hinein. Aber irgendeine prinzipielle Schwierigkeit oder gar ein Widerspruch wird hierdurch nicht hervorgerufen. Nach wie vor determiniert eine in der vierdimensionalen Welt gedachte „Scheibe“ die nächstfolgende: nur ist ihre Lage in der Welt nicht von vornherein fest vorgeschrieben, die kausale Deutung der Ordnung der Weltpunkte kann auf verschiedene Weise erfolgen. Die Willkür erreicht ihren höchsten bei der Naturbeschreibung möglichen Grad in der allgemeinen Relativitätstheorie; der besprochene „Zylinder“ kann sich ganz und gar

deformieren, und die Verhältnisse gestatten nicht mehr einen anschaulich übersichtlichen Ausdruck. Eins aber bleibt, und darauf kommt es uns hier allein an: es muß ein dreidimensionales Gebiet gegeben sein, das sich zum mindesten unendlich wenig auch in die vierte Dimension erstreckt – dann ist dadurch auch die unmittelbar anschließende Weltschicht mitbestimmt durch „kausale Abhängigkeit". *Alles Wirkliche ist vierdimensional; dreidimensionale Körper sind genau so gut bloße Abstraktionen wie Linien oder Flächen.* Die kausale Bestimmtheit der Welt erstreckt sich nur in *einer* Dimension; und diese nennen wir dann die Zeitrichtung. Ist sie einmal gewählt, so ist das in den drei übrigen Dimensionen Liegende als schlechthin *zufällig* anzusehen.

Damit ist zweifellos eine unübersteigliche Schranke der kausalen Betrachtungsweise bezeichnet. Nur auf die Erstreckung in der Zeitrichtung findet das Kausalprinzip Anwendung. Wenn es Gesetze gibt, deren Geltungsbereich gänzlich innerhalb der drei andern Dimensionen bleibt, so würden wir die durch sie bestimmten Zusammenhänge niemals als *kausale* bezeichnen. Sie würden einen gänzlich andern Charakter tragen. Das ist so gewiß, als für unsere Bewußtseinswirklichkeit zeitliche Dauer und räumliche Ausdehnung etwas ganz Verschiedenes und Unvergleichbares sind.

Das wird noch deutlicher, wenn wir uns einmal die Frage vorlegen, wie solche Gesetze in concreto beschaffen wären, wenn es sie in der Wirklichkeit gäbe. Die Frage nach dem Vorhandensein solcher Gesetze würde nicht bloß bedeuten, ob jene „zufälligen" Daten in strenger, mathematischer Form darstellbar sind (das ist stets der Fall, denn *beliebige* Anfangsbedingungen können prinzipiell in analytische Form gefaßt werden), sondern das Kennzeichen der Gesetzmäßigkeit ist auch hier wieder, wie früher, die Unabhängigkeit von absoluten Koordinatenwerten.

Unter der (vermutlich unrichtigen) Voraussetzung, daß es sich nicht weiter verständlich machen ließe, warum die Elektrizität gerade nur in bestimmten Quantitäten existenzfähig ist, ließe sich zum Beispiel die Tatsache der Gleichheit aller Elektronen der Welt, wo sie sich auch befinden mögen, als eine Gesetzlichkeit der gedachten Art auffassen.

Oder, falls es gewiß wäre, daß überall in endlichen Teilen des Universums nur solche Vorgänge sich abspielen, die mit Entropievermehrung verbunden sind (also Übergänge von Zuständen geringerer zu solchen von höherer „Wahrscheinlichkeit"), so setzte das einen Anfangszustand von bestimmter Gesetzmäßigkeit voraus (Hypothese der molekularen Unordnung), die gleichfalls von der fraglichen Art wäre.

Das Problem, ob es dergleichen Gesetze, die mit Kausalität nichts zu tun haben, überhaupt gibt, und wie sie gegebenenfalls zu denken wären, ist von höchster Wichtigkeit für die Gestaltung des Weltbildes. Vielleicht wird erst nach seiner Lösung eine befriedigende logische Theorie des „induktiven" Erkennens möglich sein. Denn man kann die logische Induktion auffassen als das Verfahren, mit dessen Hilfe wir die Kausalzusammenhänge ermitteln, indem wir sie von allem bloß „zufälligen" Zusammentreffen unterscheiden.

Einsteins Relativitätstheorie

Einsteins Relativitätstheorie

Editorischer Bericht

Zur Entstehung

Die Entstehung des vorliegenden Textes ist einmal mehr der persönlichen Vermittlung Albert Einsteins zu verdanken. Schlick schreibt dazu:

„Sie waren so freundlich, mich dem Berliner Tagblatt für dessen Almanach zur Abfassung eines Artikels über die Relativitätstheorie zu empfehlen. Ich bin natürlich auf die Aufforderung der Redaktion sofort eingegangen und habe auf diese Weise durch eine Arbeit von 8 Tagen ein ganz hübsches Sümmchen verdient, das in Vorkriegszeiten zu einer schönen Ferienreise für meine ganze Familie gereicht hätte. Ich hoffe nur, dass Sie mit der Darstellung auch zufrieden sein werden. Das schwierigste war, der Forderung der Kürze zu genügen und doch leicht verständlich zu bleiben."[1]

Wenig später erreichte Schlick ein zweites Schreiben des *Berliner Tageblatts*, in welchem er um einen weiteren Artikel zum selben Thema gebeten wurde. Wieder war es Einstein, der ihn als Autor ausdrücklich empfohlen hatte. Dieser sah sich in jenen Tagen dem unerfreulichen Medienecho ausgesetzt, das eine Veranstaltung in der Berliner Philharmonie nach sich gezogen hatte. Die *Arbeitsgemeinschaft deutscher Naturforscher zur Erhaltung der reinen Wissenschaft* hatte dort am 24. August 1920 Vorträge organisiert, im Zuge derer es zu heftigen Polemiken gegen die Relativitätstheorie und gegen Einstein selbst gekommen war.[2] Einstein hatte sich daraufhin

1 Moritz Schlick an Albert Einstein, 29. August 1920.

2 Schlick nimmt in oben zitiertem Brief dazu Stellung: „Was muss man jetzt in Berlin erleben, wo die Philharmonie zum Cirkus geworden ist, in dem ein Clown

zu einer Stellungnahme entschlossen, die am 27. August im *Berliner Tageblatt* veröffentlicht wurde und die auch bei Befürwortern der Theorie für Unbehagen gesorgt hatte, so etwa bei Max Born, der sie – bei aller persönlichen Betroffenheit über den „Einstein-Skandal" – „wenig geschickt" nannte.[3] Einstein sagt darin mit Bezugnahme auf die vortragenden Ernst Gehrcke und Paul Weyland, er sei sich

„des Umstandes bewußt, daß die beiden Sprecher einer Antwort aus meiner Feder unwürdig sind, denn ich habe guten Grund zu glauben, daß andere Motive als das Streben nach Wahrheit diesem Unternehmen zugrunde liegen. (Wäre ich Deutschnationaler mit oder ohne Hakenkreuz statt Jude von freiheitlicher Gesinnung [...])"[4]

Das liberale *Berliner Tageblatt* – unter der Leitung des kurz danach verstorbenen jüdischen Verlegers Rudolf Mosse – war ab etwa 1919 selbst häufig zur Zielscheibe Deutschnationaler geworden.[5] Zur sich abzeichnenden Verschärfung der Debatten um die Allgemeine Relativitätstheorie hatten neben politischen Motiven jedoch immer wieder auch Verständnisdefizite beigetragen, die aus der Schwierigkeit ihrer Darstellung resultierten. Es darf also angenommen werden, daß Einstein gerade in jenen Tagen an der Veröffentlichung eines klärenden und sachlichen Textes aus der bereits bewährten Hand Schlicks Interesse haben mußte. Der auf seine neuerliche Anregung hin vom *Tageblatt* gewünschte Artikel sollte 220 Zeilen umfassen und „in zwei Wochen" erscheinen.[6] Einem weiteren Brief, in dem Schlick zu dem hier vorliegenden sowie dem neueren Text Stellung nimmt, ist zu entnehmen, daß letzterer tatsächlich spätestens Anfang Oktober an den Verlag ergangen war:

„Der Artikel für das Tageblatt ist schlecht geworden wegen der erforderlichen übergroßen Kürze, dagegen scheint mir der, den ich gleichfalls infolge Ihrer

nach dem andern auftritt! Ich weiss, dass Sie lächelnd und völlig unberührt über der Sache stehen, aber dazu gehört Seelengröße. Ich muss gestehen, dass ich doch die Fäuste etwas geballt und mich über die Deutschen herzlich geschämt habe, als ich von den Dingen las."

3 Max Born an Moritz Schlick, 8. September 1920.

4 Einstein, *Antwort*.

5 Siehe hierzu Schwarz, *Berliner Tageblatt (1872–1939)*.

6 *Berliner Tageblatt* an Moritz Schlick, 18. September 1920.

gütigen Empfehlung für den Mosseschen Almanach verfassen durfte, besser gelungen. Erschienen sind beide noch nicht."[7]

Soweit sich feststellen ließ, ist letztlich von den beiden Arbeiten jedoch nur die hier vorliegende tatsächlich in Druck gegangen. Ein möglicher Grund dafür könnte ein Streik der Berliner Zeitungsangestellten sein, der genau in der fraglichen Zeit – vom 8. bis zum 14. Oktober – das Erscheinen des Großteils der Presse in der Hauptstadt vereitelt hatte.[8]

Zur Überlieferung und Edition

Der Beitrag erschien in *Mosse Almanach* 1921, Berlin: Mosse 1920, S. 105–123 (**A**). Es sind keine Manuskripte, Druckfahnen etc. überliefert. Der Abdruck folgt A. Der Hervorhebungsweise in A (Sperrung) entspricht hier Kursivsetzung.

7 Moritz Schlick an Albert Einstein, 9. Oktober 1920.

8 Vgl. *Berliner Tageblatt* Nr. 472 v. 15. Oktober 1920.

Einsteins Relativitätstheorie 105

Wir denken uns zurückversetzt in die dämmernde Frühzeit der Wissenschaft, als der Mensch über den Bau des Alls nachzusinnen begann. Damals galt den meisten Völkern die Erde als eine feste Scheibe, deren flache nach oben gewandte Seite die Wohnstätte der Menschen bildete. Was hieß das: nach „oben“ gewandt? Nun, das ließ sich nicht weiter angeben, denn „oben“ galt eben als ein *absoluter* Begriff, die Richtung nach oben oder nach unten betrachtete man als eine besondere, im Raum schlechthin festliegende Richtung; und die Tatsache, daß alle schweren Gegenstände nach „unten“ fallen, legte man sich so zurecht, daß man erklärte, „unten“ sei der „natürliche“ Ort der Dinge, nach dem sie streben. Es ist uns heute schon schwer, uns in diese Anschauung hineinzudenken, und so vermögen wir kaum die ganze Wucht des Gedankens jenes kühnen Geistes zu empfinden, der als erster die Lehre von der Kugelgestalt der Erde aufstellte (es soll ein Philosoph der Schule des Pythagoras gewesen sein). Die Richtung von oben nach unten, vom Kopf zu den Füßen, war nun nicht mehr etwas Absolutes, sondern es war die Richtung nach dem Mittelpunkt der Erde, also eine andere für verschiedene Stellen ihrer Oberfläche; der Begriff der Vertikalen war etwas Relatives geworden, war nur in bezug auf die Erde definiert.

| Aber noch einen weit kühneren Erkenntnisschritt auf dem 106
Wege zu Relativierung wichtiger Naturbegriffe bedeutete es, als der Gedanke sich Bahn brach, daß unsere Erde nicht fest und unerschütterlich in der Mitte des Weltalls ruhe. Sie sollte sich nicht nur um ihre eigene Achse drehen (auch dieser Gedanke war schon den Pythagoräern geläufig), sondern sogar in ungeheurem Schwunge den fernen Sonnenball jährlich einmal umkrei-

sen. Bekanntlich war es die Lebensarbeit des Kopernikus, die dieser („heliozentrischen") Anschauung zum Siege verhalf; weniger bekannt aber ist, daß schon achtzehn Jahrhunderte vor Kopernikus der große alexandrinische Astronom Aristarch von Samos die heliozentrische Lehre von der Bewegung des Erdballs mit aller Klarheit verkündet hat,[1] ohne damals mit einer so kühnen Behauptung bei seinen Fachgenossen oder gar bei der großen Menge Anklang zu finden. Das war im dritten vorchristlichen Jahrhundert. Aha, sagt der Geschichtskundige: also zur Zeit der Ptolemäerherrschaft in Aegypten.

Wann wird die Zeit kommen, da man nicht mehr in dieser Weise die grossen Geistestaten der Menschheit als Nebenerscheinungen in den Gang der politischen Ereignisse nachträglich einreiht, sondern sie als die Marksteine ansieht, an denen alle historische Betrachtung sich zu orientieren hat? Wenn Geschichte erst so gelernt wird, dann wird ein künftiger Historiker, den man nach der Zeit des grossen Weltkrieges fragt, vielleicht die Antwort geben: der grosse Krieg? ach ja, der fand in jener Epoche statt, als Einstein die Relativitätslehre vollendete!

Diese Lehre ist in der Tat etwas Gewaltiges. Sie bedeutet für unsere physikalische Weltanschauung eine Umwälzung ohnegleichen, einen Erkenntnisfortschritt, für den alle, die überhaupt nach Weltanschauung streben, Verständnis suchen müssen. Und sie haben alle ein Anrecht darauf, schon jetzt, nicht erst nach 1800 Jahren, einen Hauch des Geistes zu spüren, der heute befreiend durch die Gefilde des Naturerkennens weht und die vertrocknenden Reste überwundener Weltansichten reinigend hinwegbläst. Die alten kosmologischen Errungenschaften, von denen ich soeben sprach – die Erkenntnisse der Kugelgestalt und der

1 Es gab vermutlich – trotz der Nennung von Aristarch in einer Frühfassung von Kopernikus, *De Revolutionibus Orbium Coelestium*, die in der publizierten Fassung fehlt – in puncto Heliozentrismus keinen veritablen Einfluß von Aristarch auf Kopernikus. Vgl. Gingerich, *The Eye of Heaven*, S. 185–192; insbes. S. 190: "There is no question but that Aristarchus had the priority of the heliocentric idea. Yet, there is no evidence that Copernicus owed him anything. As far as we can tell, both the idea and its justification were found independently by Copernicus."

Bewegung der Erde –, sind mit den | Theorien Einsteins nicht 107 nur äußerlich vergleichbar wegen der Weitung des Blickes, die den Menschen durch sie zuteil ward, sondern es besteht auch eine innere Verwandtschaft. Denn Einsteins Entdeckungen liegen in derselben Richtung wie jene: sie vollenden die Relativierung grundlegender Naturbegriffe, die durch jene ersten grossen Befreiungen vom räumlich Absoluten angebahnt war.

1. Die spezielle Relativitätstheorie

Noch Kopernikus dachte sich die Sonne in Ruhe in des Universums Mitte verharrend. Aber längst wissen wir: sie bewegt sich samt ihrer ganzen Planetenfamilie mit einer Geschwindigkeit von fast 20 Kilometer in jeder Sekunde gegen die Fixsternwelt. Wenn sich diese aber nun auch bewegt? Dann wäre die wirkliche Geschwindigkeit der Sonne im Raum doch nicht 20 Kilometer? Hat die Frage nach der „wirklichen Geschwindigkeit im Raum“ überhaupt einen Sinn? Offenbar nur dann, wenn es eine „absolute“ Bewegung gibt, d. h. eine Bewegung, die man definieren kann, ohne auf irgendwelche Vergleichskörper Bezug zu nehmen. Dagegen nennen wir eine Bewegung, die nur in einer Lageänderung des Bewegten im Verhältnis zu anderen Körpern besteht, *relativ*. Mein Schreibtisch ist in Ruhe relativ zur Erde, aber in heftiger Bewegung relativ zur Sonne, da ja die Erde samt meinem Zimmer die Sonne mit einer Geschwindigkeit von etwa 30 Kilometer pro Sekunde umkreist.

Kann man Ruhe und Bewegung voneinander unterscheiden, ohne sich auf Vergleichskörper zu beziehen? Oder gibt es Bewegung und Ruhe nur in bezug auf Körper? Bereits alltägliche Erfahrungen scheinen zu lehren, dass es zum mindesten bei *einer* Klasse von Bewegungen unmöglich ist, einen absoluten Sinn für sie zu finden: das sind die „geradlinig-gleichförmigen“. Denn wenn irgendein Fahrzeug (Schiff, Eisenbahnzug, Ballon) sich durchaus gleichförmig über den Boden bewegt, d. h. in gerader Linie mit unveränderlicher Geschwindigkeit fährt, so vermögen die Insassen ihre Bewegung nur am Vorübergleiten der Umgebung (Erdoberfläche, Luft) zu konstatieren, nicht aber durch irgendwelche

108 Beobachtungen | im Innern ihres Vehikels. In einem auf völlig geraden und glatten Schienen gleichförmig rollenden Eisenbahnwagen mit verhängten Fenstern wäre es gänzlich unmöglich zu entscheiden, ob er rollt oder stillsteht; alle mit beliebigen mechanischen Apparaten angestellten Versuche (Pendelschwingungen, freier Fall usw.) fallen im bewegten Wagen nicht um Haaresbreite anders aus als im ruhenden. Es gilt z. B. das Trägheitsgesetz („ein Körper, auf den keine Kräfte wirken, bewegt sich geradlinig und gleichförmig, oder ruht") in dem fahrenden Wagen genau so gut wie im „ruhenden" Zimmer. Und wenn wir dennoch in der Eisenbahn gar wohl spüren, ob der Zug gerade hält oder in Fahrt begriffen ist, so sind daran allein die praktisch nie fehlenden Erschütterungen oder Wendungen des Wagens schuld, d. h. die Störungen der Gleichförmigkeit oder der Geradlinigkeit seiner Bewegung. Eine schlechthin erschütterungs*freie* Bewegung dagegen ist die der Erde um die Sonne; von ihr können wir daher unmittelbar gar nichts merken. Als die antiken Astronomen die Behauptung der Erdbewegung wagten, müssen sie also die Einsicht besessen haben, dass sich Ruhe und Bewegung zum mindesten nicht immer voneinander unterscheiden lassen. Freilich ist die Erdbewegung nicht genau geradlinig, aber der Radius ihrer Bahn ist so gross, dass die während einer kurzen Zeit von ihr beschriebene Bahnstrecke ohne merklichen Fehler als gerade betrachtet werden kann.

Die Erfahrung lehrt also folgendes. Wenn ein Körper (z. B. Eisenbahnwagen) sich relativ zu einem zweiten (z. B. Erde) geradlinig-gleichförmig (doch mit beliebiger Geschwindigkeit) bewegt, so spielen sich alle Naturvorgänge auf dem ersten ganz genau so ab wie auf dem zweiten; die Naturgesetze sind für beide vollkommen gleichlautend. Dies ist das – von Einstein so genannte – „Spezielle Relativitätsprinzip".

Die Gültigkeit dieses Prinzips für alle *mechanischen* Vorgänge war bereits den Begründern der klassischen Mechanik, Galilei und Newton, wohlbekannt. Sie wussten: wenn ihre Grundgesetze der Mechanik (z. B. das Trägheitsgesetz) in bezug auf einen bestimmten Körper galten, so galten sie auch in bezug auf jeden, der
109 sich gegen den ersten gerad|linig-gleichförmig bewegt. Betrach-

ten wir irgendeinen Körper, für den jene Gesetze gültig sind, als „ruhend“, so dürfen wir mit genau dem gleichen Rechte jeden anderen zum ersten geradlinig-gleichförmig bewegten Körper als ruhend auffassen und dem ersten die Bewegung zuschreiben, denn es gibt schlechterdings keinen Grund, den einen Körper in dieser Hinsicht dem anderen vorzuziehen. Geradlinig-gleichförmige Bewegungen haben eben keine „inneren“ Eigenschaften, woran man sie unterscheiden könnte, sondern bestehen einzig und allein in der Ortsveränderung gegenüber anderen Körpern: sie sind *relativ*.

Während es also längst anerkannt war, dass Ruhe und geradlinig-gleichförmige Bewegung sich durch mechanische Experimente nicht unterscheiden liessen, durfte man eine Zeitlang glauben, dies müsste mit Hilfe optischer oder elektrischer Versuche möglich sein, so dass also für die Erscheinungen des Lichtes und des Elektrizität das Relativitätsprinzip nicht gelten würde. Zu diesem Glauben musste man z. B. durch folgende Ueberlegung kommen. Das Licht besteht bekanntlich in elektrischen Wellen von der gleichen Art wie die, welche in der drahtlosen Telegraphie benutzt werden nur dass die letzteren eine viel grössere Wellenlänge haben. Als Träger dieser Wellen dachte man sich einen das Weltall überall erfüllenden Stoff, den „Aether“, der die Lichtwellen fortleite, so ähnlich wie die Luft der Ausbreitung der Schallwellen dient. Wenn ein Körper sich gegen den Aether bewegte, so müsste sich dies offenbar durch optische Beobachtungen prinzipiell nachweisen lassen, denn die Lichtwellen müssten sich in bezug auf ihn anders bewegen, als wenn er ruhte; eine solche Ruhe gegen den Aether dürfte man als „absolute“ bezeichnen, und jede Bewegung relativ zum ihm müsste dann „absolute Bewegung“ heissen. Es schien z. B. möglich zu sein, unsere oben aufgeworfene Frage nach der „wahren Bewegung der Sonne im Raume“ zu beantworten – darunter wäre eben die wahre Bewegung im Aether zu verstehen. Wir betrachten zum diesem Zweck das Sonnensystem zu einer Zeit, wo der Planet Jupiter sich ungefähr in derselben Richtung von der Sonne befindet in der die Eigen|bewegung unseres 110 Systems erfolgt. Dann flieht der Jupiter gleichsam vor den von der Sonne ausgehenden Lichtstrahlen her, sie werden längere

Zeit gebrauchen, um ihn zum erreichen, als wenn das System im Aether ruhte; ihre Fortpflanzungsgeschwindigkeit relativ zum Jupiter wird also verringert sein. Nun möge sich in derselben Entfernung von der Sonne, aber auf der entgegengesetzten Seite, zur selben Zeit einer der Planetoiden befinden, z. B. Hektor, so dass also die Bewegung unseres Planetensystems ungefähr in der Richtung Hektor–Sonne stattfindet. Hektor läuft dann den Lichtstrahlen der Sonne entgegen, sie legen mithin den Weg von ihr zu ihm in kürzerer Zeit zurück, ihre Geschwindigkeit relativ zum Hektor ist vergrössert. So hätte es sein müssen.

In Wirklichkeit aber ist nichts davon zu bemerken, dass das Licht verschiedene Zeit gebrauchte, um von der Sonne zu verschiedenen Stellen der Jupiter-Bahn zu gelangen. Ihr Licht verhält sich genau so, als ob die Sonne im Aether ruhte, obgleich wir doch aus astronomischen Beobachtungen mit Sicherheit wissen, dass sie sich gegen die Fixsternwelt mit einer Geschwindigkeit von etwa 20 Kilometer in jeder Sekunde bewegt. Gelingt es vielleicht auf andere Weise, Ruhe oder Bewegung gegen den Aether festzustellen? Wenn es einen solchen Stoff gibt, bewegt sich die Erde ganz bestimmt relativ zu ihm; legt sie doch bei ihrem Umlauf um die Sonne in jeder Sekunde 30 Kilometer zurück! Eine solche Geschwindigkeit, wenn sie auch klein ist gegen die des Lichts (300 000 Kilometer pro Sekunde) müsste durch die modernen Methoden der Physik mit aller Sicherheit und Genauigkeit konstatierbar sein, und man hat geistreiche optische und elektrische Versuche erdacht, mit deren Hilfe diese Konstatierung hätte möglich sein müssen. Aber diese oft wiederholten Versuche führten mit aller Bestimmtheit zu dem Resultat, dass die optischen und elektrischen Erscheinungen durch eine Bewegung „gegen den Aether“ *nicht* beeinflusst werden. Das heisst: auch durch optische und elektrische Methoden ist der Zustand geradlinig-gleichförmiger Bewegung vom Zustand der Ruhe durchaus *un*unterscheidbar.
111 Mit anderen Worten: | das Relativitätsprinzip gilt für *alle* physikalischen Vorgänge, nicht bloss für die Mechanik.

Dieser Tatbestand ist einfach genug. Aber wie gewaltig sind die Konsequenzen, die Einstein aus ihm zu ziehen lehrte! Das Beobachtungsergebnis, dass das Licht sich relativ zu jedem Beobachter stets mit der gleichen Geschwindigkeit von 300 000 Kilometer in der Sekunde fortzupflanzen schien, ganz unabhängig von der Bewegung des Beobachters selbst, war mit den Grundvoraussetzungen der Physik unvereinbar. Man stelle sich vor: an einem Beobachter laufen die Lichtwellen mit der eben angegebenen Geschwindigkeit vorbei, ein zweiter Beobachter rast an dem ersten mit der Geschwindigkeit von 30 Kilometer pro Sekunde vorüber, dem Licht entgegen, und doch sollen dessen Wellen mit genau der gleichen Geschwindigkeit am zweiten vorbeiziehen wie am ersten, nicht 30 Kilometer schneller! Dies schien völlig undenkbar, es widersprach den Grundvorstellungen der Bewegungslehre und verhielt sich auch weder bei der Schallausbreitung noch bei irgendeiner anderen Bewegung so. Deshalb versuchte man früher, die Versuchsergebnisse durch physikalische Hilfsannahmen zu erklären: man glaubte, die Lichtausbreitung erfolge für den „bewegten" Beobachter in Wahrheit doch mit einer anderen Geschwindigkeit als für den „ruhenden", nur entzöge sich der Unterschied der Feststellung, weil infolge eines eigentümlichen Naturspiels unsere physikalischen Apparate durch die Bewegung eine Aenderung ihrer Dimensionen von solcher Grösse erlitten, dass der sonst zum beobachtende Effekt dadurch gerade wieder aufgehoben würde.

Einstein aber betrachtete die Sache als der unvoreingenommene Philosoph, der er ist, und sagte sich: wenn kein Einfluss wahrzunehmen ist, so tun wir am besten, anzunehmen, dass er nicht *existiert*; ist eine „absolute" Bewegung, eine Bewegung gegen den Aether, nicht nachzuweisen, so gibt es eben dergleichen gar nicht, das Prinzip der Relativität aller geradlinig-gleichförmigen Bewegungen gilt nicht bloss scheinbar, sondern ist ein strenges Naturgesetz!

Und jener Widerspruch mit der Galileischen Bewegungslehre? Der ist natürlich vorhanden; aber muss denn jene | Lehre 112
richtig sein? Einstein zeigte, dass sie tatsächlich auf unhaltbaren Voraussetzungen ruht, nämlich auf der Voraussetzung, dass den Begriffen der Länge, der Zeitdauer und der Gleichzeitigkeit eine absolute, vom Bewegungszustande des Beobachters unabhängige Bedeutung zukomme. Diese Annahme erkannte er als ein blosses, Jahrtausende altes Vorurteil, das wir nur fallen zu lassen

brauchen, um die störenden Widersprüche zum Verschwinden zu bringen.

Wir kehren, um dies einzusehen, zu einer früheren Betrachtung zurück und denken uns, wir beobachteten unser Sonnensystem von einem fernen Stern aus und sähen, dass es sich mit grosser Geschwindigkeit nach links bewegt. Jupiter stehe links von der Sonne, Hektor in gleicher Entfernung rechts. Jetzt flamme auf der Sonne eine mächtige, nach beiden Seiten sichtbare Protuberanz auf. Die von dieser Erscheinung ausgehenden Lichtstrahlen werden, so müssen wir urteilen, den Jupiter *später* treffen als den Hektor, weil ja Jupiter wegen der Bewegung des Sonnensystems vor den Strahlen fortläuft, Hektor ihnen entgegeneilt. Wir werden sagen: auf dem Hektor sieht man die Protuberanz früher als auf dem Jupiter: Aber ein relativ zur Sonne ruhender Beobachter wird ganz anders urteilen. Für ihn breitet sich das Licht relativ zur Sonne nach allen Seiten gleich schnell aus; und da Jupiter und Hektor von ihr gleich weit entfernt sind, so muss er urteilen, dass ein Jupiter-Bewohner die Protuberanz genau zur gleichen Zeit aufleuchten sieht wie ein Hektor-Bewohner. Ein Betrachter auf der Sonne selbst erklärt also zwei Ereignisse – Sichtbarwerden der Protuberanz auf Jupiter und auf Hektor – für gleichzeitig, die für einen Beobachter auf einem an der Sonnenbewegung nicht teilnehmenden Sterne nicht gleichzeitig sind. Wer von beiden hat recht? Wenn man entscheiden könnte, wer eigentlich in Wahrheit ruht, ob der Stern oder das Sonnensystem, so könnte man einen der beiden Beobachter des Irrtums überführen; da aber wegen der Relativität der Bewegungen beide mit schlechthin gleichem Rechte sich als ruhend betrachten dürfen, so sind die Behauptungen beider eben auch gleich richtig, jeder hat von
113 seinem Standpunkt aus recht. Zwei | Ereignisse an verschiedenen Orten, die für einen Beobachter gleichzeitig sind, finden für einen, der sich gegen den ersten bewegt, zu verschiedenen Zeiten statt. In diesem Satze liegt durchaus kein Widerspruch; er widerspricht nur der Meinung, dass Gleichzeitigkeit etwas Absolutes sei, aber diese Meinung war eben unbegründet. Auch ein Widerspruch mit unseren Wahrnehmungen liegt nicht vor; unmittelbar wahrnehmen können wir nur die Gleichzeitigkeit zweier Ereignis-

se, die praktisch am gleichen Ort stattfinden, aber bei räumlich getrennten Ereignissen kann über ihre Gleichzeitigkeit nur indirekt mit Hilfe von Signalmethoden entschieden werden, und wer sagt uns, dass die Anwendung dieser Methoden für verschieden bewegte Beobachter nicht einen verschiedenen zeitlichen Abstand der Ereignisse ergeben sollte?

Aber weiter. Ein Mensch mit einem festen Stabe fahre mit grosser Geschwindigkeit in der Richtung des Stabes an mir vorüber und stelle mir die Aufgabe, dessen Länge zu messen. Ich werde das so machen, dass ich eine Messstange in dieselbe Richtung halte und in dem Augenblick, wo der Anfang des bewegten Stabes den Nullpunkt meines Metermasses passiert, von einem Gehilfen ablesen lasse, bei welcher Zahl das Ende des Stabes sich befindet. Diese Zahl gibt dann die gesuchte Länge an. Wegen der Relativität der Gleichzeitigkeit wird aber der mit dem Stab bewegte Beobachter behaupten, dass mein Gehilfe und ich unsere Ablesungen nicht genau in demselben Moment ausgeführt hätten, und dass folglich unsere Längenbestimmung nicht richtig sei. In der Tat erhalten wir (auch wenn wir die Messung nach einer anderen als der beschriebenen Methode vornehmen) eine etwas geringere Länge für den bewegten Stab als jener, der den Stab ausmisst, während er mit ihm ruht. Dennoch ist unsere Messung genau so richtig wie seine eigene, denn keine der beiden Parteien kann ihren Standpunkt als den einzig zulässigen erweisen, beide dürfen ja mit dem gleichen Rechte behaupten, dass sie sich in Ruhe befinden. Von einer allein „wahren" Länge eines Stabes darf man nicht sprechen; sie ist eben für verschiedene Beobachter verschieden, und zwar um so kürzer, je schneller die Bewegung. Also
auch Längen | sind etwas Relatives. Freilich sind die Unterschiede 114
nur klein, solange die Geschwindigkeiten gering sind im Vergleich zu der des Lichts; Einsteins Formeln geben darüber Aufschluss. Ein ausserhalb der Erde stationierter Beobachter zum Beispiel, an dem die Erde mit einer Geschwindigkeit von 30 Kilometer pro Sekunde vorbeisauste, würde ihren etwa 12 700 Kilometer betragenden Durchmesser nur für 6 Zentimeter kürzer erklären als wir, die wir ruhend auf ihr wohnen. Es handelt sich also um feinste Unterschiede, denen wir in Wirklichkeit nicht mit einer Messstan-

ge beikommen können, wie wir es eben der Anschaulichkeit halber vorausgesetzt hatten.

Auch das Mass für die Zeitdauer (Sekunde, Minute) ist nach Einstein relativ. Dies macht man sich leicht klar, wenn man bedenkt, dass das Licht für jeden Beobachter die Strecke von 300 000 Kilometer in einer Sekunde zurücklegen soll. Da eine und dieselbe Strecke für verschiedene Beobachter verschieden lang ist, so folgt die Relativität der Zeitmasse: ein und derselbe Vorgang (z. B. der Umlauf des Zeigers einer bestimmten Uhr) hat für verschieden bewegte Beobachter verschiedene Dauer.

Noch eine fremdartige, für die physikalische Weltanschauung höchst wichtige Konsequenz ergibt sich aus dem Relativitätsprinzip: der Glaube an die Existenz eines stofflichen, substantiellen Aethers muss aufgegeben werden. Von einem Stoffe darf man nur sprechen, wenn ihm ein bestimmter Zustand der Ruhe oder Bewegung zu einem Vergleichskörper zugeschrieben werden kann; es war aber gerade der Sinn des Relativitätsprinzips, dass sich für *keinen* Körper der Bewegungszustand eines Lichtäthers relativ zu ihm feststellen lässt. Die Vorstellung, dass die Lichtwellen einen stofflichen Träger haben, dass in einem Lichtstrahl die Zustandsänderung einer Substanz sich fortpflanzt, diese Vorstellung ist damit unhaltbar geworden. Der Gedanke einer stofflosen Lichtausbreitung stellt hohe Ansprüche an unser Abstraktionsvermögen, aber auch diesen Gedanken vollzieht das immer abstrakter werdende physikalische Denken schliesslich bereitwillig,
115 denn er enthält keinen Widerspruch und liegt zudem | in einer Richtung, die von der wissenschaftlichen Philosophie auch in anderen Zusammenhängen schon eingeschlagen wird.

2. Die allgemeine Relativitätstheorie

Das „spezielle“ Relativitätsprinzip, von dem bisher allein die Rede war, heisst deshalb so, weil es nur die Spezialklasse der geradlinig-gleichförmigen Bewegungen für relativ erklärt. Vom philosophischen Standpunkt ist es aber ganz unverständlich, dass diese Art von Bewegungen in dieser Hinsicht ausgezeichnet sein sollte, denn die philosophischen Gründe für die Relativität scheinen auf Bewegungen von veränderlicher Geschwindigkeit oder Richtung genau ebenso gut anwendbar zu sein. Für Geschwindigkeits- und Richtungs*änderungen* schien nun aber die Erfahrung auf Schritt und Tritt zu lehren, dass ihnen tatsächlich ein absoluter Charakter zukomme, d. h. dass ihr Vorhandensein ohne jeden Bezug auf Vergleichskörper festzustellen sei. Wir hatten ja schon darauf aufmerksam gemacht, dass man auch in einem dicht verschlossenen Eisenbahnwagen jede Richtungsänderung, Beschleunigung oder Verlangsamung der Bewegung gar deutlich empfindet. Jeder Stoss ist eine plötzliche Beschleunigung, beim Anfahren werden wir gegen die Rückwand des Wagens gedrückt, beim plötzlichen Bremsen gegen die Vorderwand geschleudert. Schon auf der Schule lernen wir, dass dies auf dem *Trägheits*gesetz beruht: jeder Körper setzt einer Veränderung der Grösse oder Richtung seiner Bewegung einen Widerstand, den „Trägheitswiderstand", entgegen, einen um so grösseren, je grösser seine „Masse" ist. Im Falle des Eisenbahnwagens und anderer irdischer Bewegungen könnte man versuchen, die Beschleunigungen als nur relativ zur Erde aufzufassen – aber auch die Drehung der Erde selbst lässt sich bekanntlich ohne Beobachtung ausserirdischer Körper leicht konstatieren, z. B. durch Pendelversuche; diese Drehung ist also doch wohl eine absolute Bewegung? Der grosse Newton glaubte es in der Tat, aber vor allen Ernst Mach hat energisch darauf hingewiesen, dass man so viel doch nicht behaupten dürfe, sondern nur von einer Drehung relativ zum Fixsternhimmel reden könne.[2]

| Jedoch erst Einstein verstand diesen Gedanken fruchtbar 116
zum machen. Er fragte sich: haben wir irgendeinen Anhalt dafür, dass wirklich, wie es dieser Gedanke fordert, das Fixsternsystem

2 Vgl. 1920c *Kausalprinzip*, in diesem Band S. 137 sowie 1922a *Raum und Zeit* (*MSGA* I/2), Kap. VI und Mach, *Mechanik*, S. 233: „Können wir vielleicht das Wasserglas Newton's festhalten, den Fixsternhimmel dagegen rotiren, und das Fehlen der Fliehkräfte *nun nachweisen*? Der Versuch ist nicht ausführbar, der Gedanke überhaupt sinnlos, da *beide* Fälle sinnlich voneinander nicht zu unterscheiden sind. Ich halte demnach *beide* Fälle für *denselben* Fall und die Newton'sche Unterscheidung für eine Illusion."

schuld ist an den Trägheitswiderständen, die bei jeder Beschleunigung relativ zu jenem System auftreten? Was kennen wir denn für Wirkungen, die von den Fixsternen ausgehen? Abgesehen von ihrer Strahlung *nur* eine: das ist die allgemeine Massenanziehung, die nach Newton zwischen allen Körpern der Welt besteht. Sie bewirkt auch die Schwere der Körper, denn das Gewicht der irdischen Gegenstände beruht ja auf der „Anziehung", welche die Erde auf sie ausübt. Kann diese allgemeine Anziehung, die Gravitation, irgend etwas mit dem Auftreten von Trägheitswiderständen zu tun haben? Ein Umstand von ganz fundamentaler Bedeutung weist darauf hin, dass wirklich der engste Zusammenhang zwischen diesen beiden Erscheinungsklassen besteht: nämlich der vor Einstein fast nie beachtete merkwürdige Umstand, dass für beide Wirkungen eine und dieselbe Grösse massgebend ist, und das ist die *Masse*. Dass der Trägheitswiderstand, den ein Körper einer bestimmten Beschleunigung entgegensetzt, seiner Masse proportional ist, erwähnten wir schon; genau das gleiche gilt aber auch von der Gravitationskraft, die er an einer bestimmten Stelle unter dem Einfluss der vorhandenen Himmelskörper erleidet, also z. B. von seiner *Schwere* an der Erdoberfläche. Wegen dieser Proportionalität wird sozusagen bei jedem Körper sein Trägheitswiderstand von seiner Schwere in gleichem Masse überwunden, so dass die Schwerebeschleunigung für jeden Körper dieselbe wird; in der Tat fallen bekanntlich alle Gegenstände gleich schnell (wenn störende Einflüsse, wie z. B. die Luftreibung, ausgeschaltet werden).

Am anschaulichsten wird die Beziehung zwischen Trägheit und Gravitation wohl vor Augen geführt durch Einsteins berühmtes *Lift*beispiel.[3] Ein Physiker möge sich in einem allsei-

3 Das Äquivalenzprinzip kommt inhaltlich das erste Mal vor in Einstein, *Relativitätsprinzip*. Die Äquivalenz von träger und schwerer Masse spielt eine wesentliche Rolle in Einsteins Gravitationstheorie (vgl. Einstein, *Lichtgeschwindigkeit* und ders., *Theorie des statischen Gravitationsfeldes*). Der Name „Äquivalenzprinzip" taucht erst 1912 resp. 1913 auf. Vgl. dazu Norton, *Einstein's Principle*, S. 214. Das Liftbeispiel („Kasten") wird bspw. verwendet im Vortrag (bei dem u. a. Hans Thirring anwesend war) vom 23. September 1913 bei der 85. Versammlung der *Gesellschaft Deutscher Naturforscher und Ärzte* in Wien (Einstein, *Stand des*

tig geschlossenen Kasten irgendwo im Weltall befinden und beobachte, dass jeder losgelassene Körper alsbald auf den Boden des Kastens stürzt, und zwar ganz unabhängig von seiner Natur stets mit der gleichen Beschleunigung. Er | könnte hieraus 117
schließen, daß sein Kasten mit eben jener Beschleunigung durch einen gigantischen Zug wie ein Lift nach „oben" gerissen würde, während die losgelassenen Gegenstände vermöge ihrer Trägheit zurückbleiben und folglich nach „unten" zu fallen scheinen. Dieser Schluss ist aber nicht zwingend; der Physiker könnte ebenso gut annehmen, dass ein Kasten auf irgendeinen Weltkörper ruhte und dass das Fallen der Körper auf die von diesem ausgeübte Anziehung zurückzuführen sei. Wir sehen also: die Erscheinung könnte auf zwei verschiedene Weisen ganz genau gleich gut erklärt werden, nämlich entweder als Trägheits- oder als Gravitationserscheinung. Der Mann im Kasten hat, solange ihm der Ausblick nach draussen verwehrt ist, schlechterdings kein Mittel, zwischen Trägheits- und Gravitationswirkung zu unterscheiden. Den Satz, dass es unter den angegebenen Umständen prinzipiell keine Möglichkeit der Entscheidung zwischen beiden Erklärungsarten gibt, bezeichnet Einstein als Aequivalenzprinzip.

Dies Prinzip lehrt uns, dass unsere frühere Annahme, als könnten wir absolute Beschleunigung ohne Beobachtung von Vergleichskörpern mit Sicherheit konstatieren, doch nicht zutrifft; denn für das in einem abgeschlossenen Wagen beobachtete eigentümliche Verhalten der Körper brauchten nun nicht mehr notwendig Beschleunigungen des Wagens verantwortlich gemacht zu werden, sondern man könnte es prinzipiell auch durch Gravitationswirkungen ausserhalb befindlicher Massen erklären. Dadurch öffnet sich die Möglichkeit, vielleicht auch alle beschleunigten und krummlinigen Bewegungen nur als relativ zu grossen

Gravitationsproblems) und danach prominent in Einstein, *Spezielle und allgemeine Relativitätstheorie*, S. 45–48. Vgl. auch Max von Laue an Moritz Schlick, 19. August 1913: „Von dem Versuche Einsteins, die Relativitätstheorie so umzuformen, daß ein Gravitationsfeld vollständig durch ein beschleunigtes Bezugssystem ersetzt werden kann, haben Sie wohl schon gehört. Einstein trägt in Wien darüber vor. Mir gefällt diese ‚Aequivalenzhypothese' ganz und gar nicht, ich glaube einfach nicht, daß sie richtig ist."

Massen (z. B. des Fixsternhimmels) aufzufassen. In den Naturgesetzen kommt möglicherweise der Begriff absoluter Bewegung in keiner Form vor, d. h. alle Naturgesetze sind vielleicht so beschaffen, dass sie – im Gegensatz zur Newtonschen Mechanik – erlauben, jeden beliebigen Körper willkürlich als „ruhend" zu betrachten, welches auch seine Bewegung relativ zu allen übrigen Körpern sein möge. Erst wenn diese Möglichkeit sich als wirklich erwiese, wäre der philosophischen Forderung der Relativität des 118 Bewegungsbegriffes überhaupt Genüge getan. Einstein | hat diesen Gedanken in zehnjährigem unermüdlichen Ringen verfolgt, bis es schliesslich im Jahre 1915 seinem Genie gelang, ein neues Grundgesetz der Mechanik aufzustellen, welches tatsächlich das „allgemeine Relativitätsprinzip" erfüllt. Dies Prinzip besagt: *alle* Bewegungen (auch ungleichförmige und krummlinige) sind relativ, haben Sinn und Dasein nur in Beziehung zum anderen Körpern. Damit ist die alte klassische Mechanik von Galilei und Newton, wie sie auf den Schulen gelehrt wird, als unzureichend erkannt; die Einsteinsche Mechanik tritt an ihre Stelle. Sie muss nach dem Gesagten die Erscheinungen der Trägheit und der Gravitation in eins umfassen, da ja beides gar nicht voneinander getrennt werden kann. Die Formulierung des Grundgesetzes dieser neuen Mechanik, obgleich an sich überraschend einfach, ist nicht wohl ohne Bezug auf mathematische Begriffe möglich und kann daher an dieser Stelle nicht gegeben werden. Es bedeutet besonders deshalb einen so ungeheuren Fortschritt, weil es eben die Erscheinungen der Gravitation mit einschliesst und damit eins der grössten physikalischen Rätsel löst, mit dem so viele vergangene Generationen sich vergeblich abgemüht hatten: das Rätsel der Schwerkraft. Freilich sieht die Lösung ganz anders aus, als man sich sie früher dachte: die gegenseitige Anziehung aller Massen erklärt sich nicht durch irgendwelche Strahlungen oder durch Stösse unsichtbarer Teilchen, wie man wohl gemeint hat, sondern die Erklärung ist viel abstrakterer Natur, sie hängt nämlich mit dem neuen Raumbegriff der Relativitätslehre zusammen; in den an einer bestimmten Stelle herrschenden Gravitationskräften drückt sich gleichsam die dortige Beschaffenheit des Raums selber aus. Was damit gemeint ist, wird nachher noch etwas deutlicher werden.

Wenn früher niemand an der Richtigkeit der Newtonschen Mechanik zweifelte, so liegt das einfach daran, dass deren Formeln in der Tat mit so grosser Annäherung gültig sind, dass eine Abweichung von ihnen bei den in der Natur gewöhnlich vorkommenden Geschwindigkeiten nicht beobachtet werden konnte. Es folgt z. B. aus den Gleichungen Einsteins ohne weiteres, dass alle Körper sich innerhalb der gewöhn|lichen Beobachtungsgenauig- 119
keit gerade so verhalten, als ob sie sich nach dem Newtonschen Gesetze anzögen. Nur ein Fall war bekannt, in dem dies Gesetz nicht ganz auszureichen schien: der Planet Merkur zeigte in seinem Lauf um die Sonne eine zwar sehr kleine, aber doch merkliche Abweichung von dem Verhalten, das jenes Gesetz ihm vorschrieb. Es war einer der ersten erstaunlichen Erfolge der allgemeinen Relativitätstheorie, dass Einstein mit ihrer Hilfe diese Abweichung mühelos und zahlenmässig ganz genau erklären konnte.

Aber noch in viel weitergehendem Masse werden unsere Vorstellungen von dem gesetzlichen Zusammenhang der Naturerscheinungen durch die neue Theorie verändert und erweitert. Wir denken uns wieder einen Physiker in einem abgeschlossenen Lift wie vorhin. Alle Gegenstände sollen, wenn losgelassen, alsbald mit gleicher Beschleunigung „nach unten fallen“. Ausserdem aber durchquere ein Lichtstrahl den Kasten von rechts nach links. Der Beobachter kann nun auf den Gedanken kommen, dass es mit Hilfe dieses Lichtstrahls eigentlich doch möglich sein müsste zu entscheiden, ob der Kasten sich nach oben bewegt, oder ob er unter dem Gravitationseinfluss eines unter seinen Füssen befindlichen Weltkörpers steht. Im ersteren Falle nämlich müsste der Kasten während der Zeit, die das Licht zum Durchlaufen der Kastenbreite gebraucht, sich ein wenig nach oben bewegt haben, der Lichtstrahl müsste auf seinem Wege von der rechten zur linken Seite des Käfigs ein wenig nach unten gebeugt erscheinen. Wenn nun das Aequivalenzprinzip und damit das allgemeine Relativitätsprinzip wirklich richtig sein soll, so muss die gleiche Erscheinung, die gleiche Ablenkung des Lichts auch dann eintreten,

wenn der Kasten auf einem Weltkörper ruht. Denn wäre dies nicht der Fall, so liessen sich die beiden gedachten Fälle ja doch unterscheiden, und es gäbe ein Mittel, eine absolute Beschleunigung des Kastens zu konstatieren. Das Relativitätsprinzip fordert also, dass ein Weltkörper auf einen Lichtstrahl in seiner Nähe eine ablenkende Wirkung ausübt – eine für die Vor-Einsteinsche Wissenschaft gänzlich überraschende Forderung! Wegen der fa-
120 belhaften Geschwindigkeit des Lichts ist allerdings | seine Ablenkung so klein, dass sie sich auf der Erde mit irgendwelchen experimentellen Hilfsmitteln in keinem Falle konstatieren liesse. Aber ein Lichtstrahl, der an der ungeheuren Masse unserer Sonne vorbeiläuft, müsste durch ihre Gravitationswirkung – oder, wie der Physiker sagt, „in ihrem Gravitationsfelde" – eine durch feinste Beobachtungen wohl feststellbare Ablenkung erfahren. Diese Folgerung kann man an dem Licht von Fixsternen prüfen, die von der Erde aus gesehen in der Nähe der Sonne zu stehen scheinen, denn die Lichtstrahlen solcher Sterne gehen ja, bevor sie zur Erde gelangen, dicht an der Sonne vorbei. Werden sie wirklich abgelenkt, so muss der Stern aus seiner gewöhnlichen Lage ein wenig verschoben erscheinen. Nun sind in Sonnennähe stehende Sterne für gewöhnlich nicht zu beobachten, weil der Glanz der Sonne sie überstrahlt – aber bei einer Sonnenfinsternis werden sie dem menschlichen Auge und der photographischen Platte sichtbar, weil der Glanz der Sonne durch den vor sie tretenden Mond abgeschirmt wird. Bei der letzten totalen Sonnenfinsternis am 29. Mai 1919 wurden von zwei eigens zu diesem Zwecke ausgesandten englischen Expeditionen entsprechende Beobachtungen angestellt, und in der Tat: die im Herbst 1919 vollendete Ausmessung der photographischen Aufnahmen zeigte das Vorhandensein einer scheinbaren Verschiebung der Sternorte genau in dem von Einstein zahlenmässig vorhergesagten Betrage! Die Kunde von dieser unerhört glänzenden Bestätigung der Relativitätstheorie ging damals in alle Welt, und der Ruhm, den Einsteins Name in Fachkreisen längst genoss, verbreitete sich nun in der grossen Menge.

Doch hiermit ist die durch Einsteins Theorie bewirkte Umwälzung unserer physikalischen Anschauungen nicht erschöpft;

noch tiefer hat sie die Elemente aufgewühlt, aus denen das Weltbild der Physik sich aufbaut. Auch die Raumlehre, die Geometrie, die sonst als eine von der Naturlehre unabhängige Wissenschaft und als deren unerschütterliche Grundlage galt, auch sie bleibt von dem grossen Umschwung nicht unberührt. Die allgemeine Relativitätstheorie zeigt unwidersprechlich die von den grossen Mathematikern | des vorigen Jahrhunderts vorausgeahnte 121
unauflösbare Verflochtenheit der Raumlehre mit der Physik, und ausserdem führt sie zu dem für die meisten so erstaunlichen Ergebnis, dass die gewöhnliche auf der Schule gelehrte Geometrie, die Euklidische, zur exaktesten Naturbeschreibung nicht passend ist und durch eine allgemeinere Raumlehre ersetzt werden muss. Dies hängt damit zusammen, dass die Geometrie schliesslich auf Streckenmessung mit Hilfe von Massstäben beruht und dass die allgemeine Relativitätstheorie zu ganz eigentümlichen Konsequenzen in bezug auf alle Längenmessungen führt. Schon in der speziellen Theorie hing, wie wir sahen, die Länge eines Stabes von seiner Geschwindigkeit zum messenden Beobachter ab, aber eben nur von der Geschwindigkeit; die allgemeine Theorie geht hierüber durch eine weitergehende Relativierung aller Massverhältnisse hinaus. Das spezielle Relativitätsprinzip bezog sich ja nur auf geradlinig-gleichförmige Bewegungen; wo Beschleunigungen oder Gravitationswirkungen auftreten, sind seine Konsequenzen zu modifizieren. Und zwar lehrt die allgemeine Theorie bei eingehender Durchführung, dass die Masse eines Körpers unter diesen Umständen auch von dem an seinem Orte herrschenden Gravitationsfelde abhänge, welches seinerseits wieder durch die Lage und Bewegung der übrigen Körper bestimmt wird. Der Leser kann sich denken, dass bei dieser Sachlage jeder Versuch einer Anwendung der gewöhnlichen Geometrie illusorisch wird, denn die Euklidische Messkunst setzt voraus, dass die Länge eines Massstabes als eine von seinem Orte unabhängige Grösse betrachtet werden kann. Sobald dies nicht mehr der Fall ist, wird die Gleichheit zweier Strecken an verschiedenen Orten zu einem relativen Begriff, und die strenge Gültigkeit der vertrauten geometrischen Sätze hört auf; in der Einsteinschen Welt herrscht eine allgemeinere, nicht-Euklidische Raumlehre.

Aber müssen wir denn die Längen von Strecken durch Anlegen von Massstäben miteinander vergleichen, stehen uns nicht optische Methoden zur Ausführung solcher Messungen zur Verfügung? In der Tat ist in der Natur das trefflichste Urbild einer ge-
122 raden Linie nicht ein Lineal oder ein | gespannter Faden, sondern vielmehr der Lichtstrahl. Aber man denke an das besprochene Verhalten von Lichtstrahlen unter dem Einfluss von Gravitationswirkungen und überlege, dass in der Welt kein Punkt von solchen Einwirkungen frei ist. Dann erkennt man, dass auch den Lichtstrahlen nicht die Eigenschaften zukommen, welche die Geraden der Euklidischen Geometrie besitzen. Der Laie wird hier sagen: „Das ist kein Wunder, denn diese Lichtstrahlen *sind* eben keine geraden Linien mehr! Wenn ich nun aber an der bekannten Definition festhalte, dass die Gerade die kürzeste Linie zwischen zwei Punkten ist, dann wird doch wohl meine altgewohnte Euklidische Geometrie anwendbar bleiben?“ Wir wollen es sehen! Die Einsteinsche Theorie ergibt folgendes. Wenn wir zwischen zwei Punkten eine Menge von Verbindungslinien ziehen und ihre Längen ausmessen, indem wir an jeder einen Massstab so oft hintereinander abtragen, wie es geht, so stellt sich heraus, dass wir mit der geringsten Zahl von Abtragungen gerade auf derjenigen Linie auskommen, auf welcher der Lichtstrahl läuft: der Weg des Lichtes ist also auch in der allgemeinen Relativitätstheorie die kürzeste Verbindungslinie zweier Punkte. Alles Bemühen, der Euklidischen Geraden ihre Bedeutung für das Universum zu retten, bleibt vergeblich: es gibt in der Einsteinschen Welt keine „Geraden“, sondern nur „geradeste“, kürzeste Linien – und das sind die Lichtstrahlen im leeren Raum. Es ist in unserem Raume ähnlich wie auf einer Kugeloberfläche, auf der sich auch keine Geraden, wohl aber kürzeste, geradeste Linien (die größten Kreise) ziehen lassen. Dabei ist natürlich immer im Auge zu behalten, dass die Abweichungen von den Euklidischen Geraden so gering sind, dass sie nur durch die allerfeinsten astronomischen Messungen unter günstigsten Umständen gerade noch erkannt werden können.

Und nun vielleicht das Wunderbarste der Einsteinschen Weltansicht: Wenn ich in unserem Raume von einem Punkte ausgehend eine solche geradeste Linie immer weiter und weiter verfolge,

so komme ich niemals „ins Unendliche“, sondern gelange schliesslich in die Gegend des Ausgangs|punktes zurück. Das heißt aber: 123
der Raum ist endlich. Wohlverstanden: ich bin dabei nicht etwa auf einer Kreislinie herumgegangen, die Welt ist nicht ein endlicher in einem unendlichen Raume schwebender Kosmos, sondern das Universum hat schlechthin keine Grenzen, und der Raum hat erst recht keine. Dennoch, trotz seiner erhabenen Grenzenlosigkeit und so schwer der Gedanke zu fassen sein mag, ist er endlich. Es ist sogar möglich, seine Grösse zu schätzen. Der Astronom de Sitter gelangte unter Benutzung von Einsteins Formeln zu der Annahme, dass ein Wesen, das auf dem geradesten Weg und mit der Geschwindigkeit des Lichts unermüdlich durch den Raum reiste und reiste, nach ungefähr hundert Millionen Jahren wieder in der Gegend des Ausgangspunktes eintreffen würde.

Damit nähert sich die exakteste Naturwissenschaft Dingen, von denen man bis vor kurzem noch glauben musste, dass sie immer nur ein Gegenstand metaphysischer Träume bleiben würden. Freilich hat sie hier die Grenzen dessen, was unserem anschaulichen Vorstellen zugänglich ist, längst überschritten; aber keine Philosophie kann daraus einen Einwand gegen die Richtigkeit ihrer Ergebnisse herleiten. Die Relativitätstheorie ruht fest auf dem ehernen Boden der Erfahrung und der Tatsachen; sie stellt die Wirklichkeit auf die voraussetzungsloseste Weise dar und mit Hilfe von Grundgedanken, die trotz ihrer verwickelten mathematischen Einkleidung doch im Prinzip die allereinfachsten sind.

Mit ehrfürchtigem Staunen sehen wir den Forschergeist in alle Weiten des Universums dringen, sehen ihn der Natur seine grossen Fragen vorlegen und ihre Antwort im voraus erraten. Vielleicht werden spätere Generationen uns glücklich preisen, die wir diese Epoche der Wissenschaft mit erleben. Welch ein Weg vom ersten Aufdämmern des Gedankens raum-zeitlicher Relativität bis zu seiner Vollendung durch die kühnste Theorie, die Menschengeist noch ersann!

Einsteins Relativitätstheorie und ihre letzte Bestätigung

Einsteins Relativitätstheorie und ihre letzte Bestätigung

Editorischer Bericht

Zur Entstehung

Die Anregung zu vorliegendem Aufsatz – einer weiteren gemeinverständlichen Arbeit zur allgemeinen Relativitätstheorie – ging von Rudolf Schmidt, Schriftleiter der *Elektrotechnischen Rundschau*, aus. Schmidt übersandte Schlick am 1. Dezember 1919 eine Abschrift aus der britischen Zeitschrift *Engineering*, die

> „den ersten ausführlicheren Bericht über die englischen Messungen während der Sonnenfinsternis am 29. Mai 1919 darstellt, der nach Deutschland gelangt ist".[1]

Schmidt hatte von Schlicks Auseinandersetzung mit den Einsteinschen Theorien nicht nur aus dessen Schriften Kenntnis, sondern auch aus Gesprächen während einer „leider nur kurzen gemeinsamen Tätigkeit bei der Abteilung D der Inspektion der Fliegertruppen im Oktober/November 1918", wo er gemeinsam mit Schlick Kriegsdienst geleistet hatte. Er durfte davon ausgehen, daß die Resultate der Sonnenfinsternisexpeditionen bei seinem Adressaten auf lebhaftes Interesse stoßen würden und bat ihn, für die *Elektrotechnische Rundschau* darüber zu berichten. Mit Rücksicht auf die Leserschaft der Zeitschrift, die eher technisch orientiert sei, ersuchte er ihn weiters, seinem Bericht „eine Einleitung über das Wesen und die Bedeutung der Relativitätstheorie" voranzustellen. Einmal mehr

1 Rudolf Schmidt an Moritz Schlick, 1. Dezember 1919. Die Abschrift selbst ist im Nachlaß nicht erhalten.

wurde dabei von Schlick eine Darstellungsform erbeten, die auch demjenigen, der „die Formelsprache der höheren Mathematik nicht beherrscht, ein gewisses Verständnis“[2] der Theorie ermöglichen solle.

Der Umfang des erbetenen Aufsatzes wurde mit insgesamt drei Druckseiten „von der Größe der Physikalischen Zeitschrift“ festgelegt; geplantes Erscheinungsdatum war der 1. Januar 1920. Schmidt fügte hinzu:

„Da wir besonderen Wert darauf legen, den Lesern der Zeitschrift einen Bericht aus Ihrer Feder zu bieten, so würden wir, wenn er wider Erwarten aus technischen Gründen nicht mehr in die erste Januar-Nummer aufgenommen werden kann, ihn für die zweite Januar-Nummer, die am 15. Januar erscheint, vorsehen.“[3]

Die Wahl des Titels wurde dem Autor überlassen. Ebenso

„möchten wir es Ihrer Entscheidung anheimstellen, ob Sie es für angebracht halten, dass in der Diskussion der Versuchsergebnisse auf den mehrfach gemachten Einwand eingegangen wird, der die beobachteten Abweichungen aus der Ablenkung der Lichtstrahlen in der Sonnenatmosphäre erklären will“.

Vermutlich aufgrund der Kürze der für die Abfassung des Textes zur Verfügung stehenden Zeit ging Schlick auf diese Anregung nicht ein.

Zur Überlieferung und Edition

Der Aufsatz erschien in *Elektrotechnische Umschau* 8, Heft 1 vom 1. Januar 1920, S. 6–8 (**A**). Es ist eine dreiseitige Druckfahne mit handschriftlichen Anmerkungen und Korrekturen im Nachlaß überliefert (**DF**).[4] Auf der Druckfahne fehlt der Verfassername. Schlick weist in einer Marginalie darauf hin. Die Druckfahne hat einen Aufkleber mit dem Vermerk: „Korrekturen zurückerbeten an Louis Neberts Verlag, Halle a. d. S., Töpferplan 3“; am oberen Rand der

2 Ebd.

3 Rudolf Schmidt an Moritz Schlick, 8. Dezember 1919.

4 Inv.-Nr. 419, A. 239.

ersten Seite steht nochmals in Handschrift: „Korrekturen umgehend zurückerbeten".

Der Abdruck folgt A, Variante ist DF. Der Hervorhebungsweise in A und DF (Sperrung) entspricht hier Kursivsetzung.

Einsteins Relativitätstheorie und ihre letzte Bestätigung

A 6 / DF 6

Der menschliche Geist vollbringt seine größten Entdeckertaten nicht selten durch eine Überwindung alteingewurzelter Vorurteile. Sätze, an deren Richtigkeit bis dahin niemand zweifelte, werden vom Genie als falsch erkannt und durch umfassende Wahrheiten ersetzt, die den früheren Irrtum zugleich erklären und überwinden. So befreite Kopernikus die Menschheit für immer von dem Glauben an die ausgezeichnete Stellung der Erde im Weltall, und so hat in unsern Tagen Albert Einstein Newtons Lehre vom absoluten Raum und von der absoluten Zeit endgültig gestürzt und mit unerhörter Kühnheit und Kraft des Denkens ein neues Weltbild ⌊geschaffen⌋[a], in welchem die Begriffe von Raum und Zeit eine ganz andere Bedeutung haben als bei Newton, und in der zugleich das Wesen der Gravitation, der Schwerkraft, endlich ergründet erscheint. Um einen Begriff von der Art und Tragweite der umwälzenden Ideen Einsteins zu bekommen, stellen wir drei ganz einfache Fragen.

1. Was bedeutet es, wenn man sagt, zwei an verschiedenen Orten stattfindende Ereignisse seien *gleichzeitig*?

Der Laie glaubt es ohne weiteres zu wissen, und auch der Physiker glaubte bis dahin, es bedürfe keiner Erläuterung und sei ohne Definition klar. Aber Einstein zeigte, daß dieser Glaube auf einem Vorurteil beruht: in der Tat ist der Begriff der Gleichzeitigkeit an verschiedenen Orten nicht etwas in demselben Sinne unmittelbar in der Erfahrung Aufweisbares wie Gleichzeitigkeit an *demselben* Orte. Er zeigte ferner, daß die Methoden, die

a DF: ⟨aufgestellt⟩; handschriftliche Korrektur

uns zur Feststellung des zeitlichen Zusammenfallens oder Auseinanderfallens ferner Ereignisse zu Gebote stehen, zu verschiedenen Ergebnissen führen müssen je nach dem Bewegungszustand des Beobachters. Wenn z. B. ein Beobachter zwei Lichtblitze auf verschiedenen Weltkörpern wahrgenommen hat und (unter Berücksichtigung der Entfernungen und der Lichtgeschwindigkeit) schließt, daß sie tatsächlich zu gleicher Zeit stattfanden, so wird ein anderer, gegen den ersten bewegter Beobachter durch Anwendung *desselben* Schlußverfahrens zu dem Urteil geführt, daß *dieselben* Ereignisse *nicht* gleichzeitig waren. Wer hat nun recht? Eine Entscheidung ließe sich nur fällen, wenn es eine absolute Bewegung gäbe, so daß man von einem Beurteiler sagen könnte, er allein ruhe, während die übrigen sich bewegen. Aber eine Entscheidung ist unmöglich, denn die Erfahrung lehrt, daß es keine „absolute" Bewegung gibt, wenigstens zunächst keine geradlinig-gleichförmige; alle Experimente, die auf den Nachweis einer solchen Bewegung hinausliefen, sind mißlungen. Von mehreren geradlinig-gleichförmigen zueinander bewegten Beobachtern kann sich also jeder mit gleichem Recht als ruhend betrachten, keiner ist vor dem andern ausgezeichnet; jeder hat daher auch gleich recht mit seinem Urteil über die Gleichzeitigkeit zweier Ereignisse; dieser Begriff ist also ebenso nur relativ, wie derjenige der Bewegung. Weiterverfolgung dieser Gedanken führt zu dem Resultat, daß auch die Begriffe der Dauer eines Ereignisses und der Länge einer Strecke relativ sind. Wenn also zwei (geradlinig-gleichförmig) zueinander bewegte Beobachter einen und denselben Körper messen, so finden sie für seine Dimension in der Bewegungsrichtung verschiedene Werte, und jeder dieser Werte darf mit demselben Recht als die „wahre" Länge des Körpers bezeichnet werden.

2. Nachdem festgestellt ist, daß es keinen erfahrungsmäßigen Sinn hat, von absoluter geradlinig-gleichförmiger Bewegung zu sprechen, fragen wir: Gibt es absolute beschleunigte und Rotationsbewegungen?

Die klassische Mechanik von Galilei und Newton antwortete hierauf unbedenklich mit Ja. Denn die Rotation eines Körpers z. B. kann man stets an den auftretenden Fliehkräften erkennen, und diese müßten sich, so meinte man, auch zeigen, wenn ein Körper ganz allein im Weltraum rotierte, also in absoluter Drehung sich befände. Ist dies letztere aber richtig? Einen Körper allein im Weltraum nehmen wir niemals wahr; wir kennen tatsächlich nur relative Drehungen, z. B. gegen die Erde oder höchstens gegen das System der Fixsterne, und wir wissen nicht von vornherein, ob Fliehkräfte auch an dem Körper auftreten würden, wenn die Fixsterne nicht da wären; wir können sie ja nicht wegnehmen. Es wäre also denkbar, daß das Erscheinen jener Zentrifugalkräfte eine Wirkung des Fixsternsystems wären. Welche Wirkungen aber gehen von den Fixsternen aus? Wir kennen (außer ihrem Leuchten) nur die allgemeine Massenanziehung, die Schwere oder Gravitation. Gibt es in der Natur einen Hinweis darauf, daß die Gravitation wirklich am Auftreten der Fliehkräfte schuld ist? In der Tat, | sagt Einstein, besitzen wir sogar A 7 / DF 7 einen sehr deutlichen Hinweis: das ist die Tatsache, daß bei jedem Körper der für die Fliehkräfte und sonstigen Trägheitswirkungen maßgebende Faktor identisch ist mit dem für seine Schwere charakteristischen Faktor: das ist nämlich die *Masse.* Träge und schwere Masse sind eins. Dies gibt Einstein das Recht zu behaupten: auch Rotationen und andere beschleunigte Bewegungen sind ganz und gar relativ. Auf Grund dieses Satzes entwickelt er eine ganz neue, wundersame Mechanik; die klassische Mechanik ist nicht mehr streng richtig, sondern erscheint nur als ein in vielen Fällen mit großer Annäherung gültiger Spezia⟨l⟩[b]fall der allgemeinen Einsteinschen Dynamik.

3. Wie kann man die Gleichheit der Dimensionen zweier an verschiedenen Orten befindlicher Körper feststellen? z. B. die Länge zweier Stäbe?

Offenbar ⌊z. B.⌋[c] so, daß man die Länge der Stäbe mit der eines Maßstabes vergleicht, den man zuerst an den einen, dann an den andern Körper anlegt. Dabei wird angenommen, daß der Maßstab seine Länge während des Transports nicht ändert. Wie aber kann man sich überzeugen, daß dies zutrifft? Wollte man es durch Aus-

b Einschub in DF; handschriftliche Korrektur **c** DF: ⟨nur⟩; handschriftliche Korrektur

messen mit einem neuen Maßstab tun, so müßte dieselbe Frage in bezug auf diesen gestellt werden, usf. ⟨Optische Methoden der Messung unterliegen, wie man sich leicht klar macht, im Prinzip ganz ähnlichen Zweifeln.⟩[d] Man sieht, daß die Möglichkeit der Längenvergleichung auf gewissen Voraussetzungen über die Starrheit unserer Maßstäbe ruht, die nicht beweisbar und nicht schlechthin selbstverständlich sind;[1] und da der Geometrie in allen ihren Anwendungen auf die Wirklichkeit nur solche Meßerfahrungen zugrunde liegen, so erkennt man, daß Physik und Geometrie unauflöslich miteinander verwoben sind, und man kann sich denken, daß physikalische Erfahrungen uns unter Umständen sogar dazu veranlassen könnten, die Regeln der üblichen (Euklidischen) Geometrie zu verlassen, die wir alle in der Schule gelernt haben (also z. B. den Satz aufzugeben, daß die Winkelsumme im Dreieck zwei Rechte beträgt), und an ihre Stelle nichteuklidische Maßbestimmungen zu setzen: eine Möglichkeit, die von den großen Mathematikern des vorigen Jahrhunderts bereits vorausgesehen wurde. Dadurch käme eine neue Art von Relativität, diejenige aller räumlichen Bestimmungen, in das Weltbild hinein. Einstein zeigte, daß dieser Fall wirklich eingetreten ist: seine Physik bedient sich nicht mehr der euklidischen Geometrie. –

So ungefähr sehen die Grundgedanken aus, auf denen die Relativitätstheorie sich aufbaut. Manchem mögen sie auf den ersten Blick den Eindruck spitzfindiger theoretischer Klügeleien machen; aber es ist gerade ein größtes Verdienst Einsteins, daß er sie in ihrer gewaltigen realen Bedeutung für die Naturwissenschaft erfaßte und sie zu einem widerspruchslosen System der Physik zusammenschmolz, das auf ganz konkrete Fragen Antwort gibt und an der Erfahrung prüfbare Voraussagungen zu machen gestattet. So wies der Schöpfer der Theorie nach, daß sie mit der größten Leichtigkeit genaue Rechenschaft gibt von einer Un-

d Einschub in DF; handschriftliche Korrektur

1 Vgl. 1921i *Rezension/Einstein*, in diesem Band S. 465.

regelmäßigkeit der Bewegung des Planeten Merkur, welche den Astronomen bis dahin rätselhaft war. Er hat ferner eine Verschiebung der Spektrallinien vorausgesagt, die sich in den Spektren großer Sterne finden muß, und deren Vorhandensein durch neuere Beobachtungen tatsächlich festgestellt erscheint. Endlich hat er berechnet, daß Lichtstrahlen, die auf ihrem Wege an der Sonne vorbeistreichen, durch deren Gravitationswirkung aus ihrer gradlinigen Bahn etwas abgelenkt werden müssen. Dies müßte unbedingt zur Folge haben, daß Fixsterne, die von der Erde aus gesehen nahe dem Sonnenrande stehen, eine scheinbare kleine Ortsveränderung zeigen ⟨⟩[e]. Da solche Sterne unserm Auge und der photographischen Platte nur bei verfinsterter Sonne sichtbar werden, so mußte man eine totale Sonnenfinsternis abwarten, um diese Folgerung der Relativitätstheorie prüfen zu können. Die letzte totale Finsternis fand nun statt am 29. Mai 1919, und die Engländer haben zwei Expeditionen zu ihrer Beobachtung ausgerüstet, die keine andere Aufgabe hatten als die Feststellung, ob der „Einsteineffekt“ wirklich vorhanden sei oder nicht. Die eine ging nach Principe an der Westküste von Afrika, die andere nach Sobral in Nordbrasilien, und sie brachten von dort eine Reihe von Aufnahmen der die Sonne scheinbar umgebenden Sterne mit. Als die mühsame Ausmessung der Platten beendet war, wurde das Resultat am 6. November in einer gemeinsamen Sitzung der Royal Society und der Royal Astronomical Society vorgelegt. Es lautet: es findet tatsächlich eine scheinbare Verschiebung der Sterne statt, und ihr Betrag ist genau von der von Einstein vorausberechneten Größe! Die folgende Tabelle, die einem Bericht der Zeitschrift „Engineering“ über jene denkwürdige Sitzung entnommen ist,[2] zeigt die vortreffliche Übereinstimmung zwischen Berechnung und Beobachtung. Die Verschiebung ist in Bogensekunden angegeben, und zwar ist nach | astronomischem Brauche A 8

e DF: ⟨müssen⟩; handschriftliche Korrektur

2 Vgl. Maw/Raworth, *Deflection of Light*. Später veröffentlicht im offiziellen Bericht von Dyson et al., *Determination of the Deflection of Light*, die Tabelle findet sich dort auf S. 309. Die berechnete Verschiebung in Rektaszension für Stern Nr. 11 ist dort mit -0,32 statt mit -0,22 angegeben.

ihre dem Himmelsäquator parallele Komponente als Änderung
DF 8 der „Rekt|aszension“, die dazu senkrechte Komponente entsprechend als „Deklination“ bezeichnet.

Nr. des Sterns	Verschiebung in Rektaszension		Verschiebung in Deklination	
	beob.	berechn.	beob.	berechn.
11	-0,19	-0,22	+0,16	+0,02
5	-0,29	-0,31	-0,46	-0,43
4	-0,11	-0,10	+0,83	+0,74
3	-0,20	-0,12	+1,00	+0,87
6	-0,10	+0,04	+0,57	+0,40
10	-0,08	+0,09	+0,35	+0,32
2	+0,95	+0,85	-0,27	-0,09

Die angesichts der Schwierigkeit der Beobachtungen ganz vortreffliche Übereinstimmung ist wohl der beste Beweis dafür, daß die gefundenen Verschiebungen wirklich dem Einsteineffekt zu verdanken sind, und nicht etwa irgendwelchen anderen Ursachen.

Kein Zweifel mehr: die allgemeine Relativitätstheorie ist glänzend bestätigt; einer der größten Triumphe des menschlichen Geistes ist errungen. Mit Recht wird heute Albert Einstein, das jüngste Mitglied der preußischen Akademie der Wissenschaften,[3] in der ganzen Welt als ein neuer Newton gepriesen.[4] Die durch

3 Vgl. Pais, *Raffiniert ist der Herrgott*, S. 525: „1913 [...] 12. Juni: Planck, Nernst, Rubens und Warburg schlagen Einstein zur Aufnahme in die Preußische Akademie in Berlin vor. 3. Juli: Der Vorschlag wird mit einundzwanzig gegen eine Stimme angenommen und am 12. November von Kaiser Wilhelm II bestätigt. 7. Dezember: E. akzeptiert die Stelle in Berlin.“

4 Vgl. die Schlagzeilen in *The London Times*, 7. November 1919, S. 12: "Newtonian Ideas Overthrown"; 8. November 1919, S. 12: "Einstein v. Newton"; 22. November 1919, S. 8: "Newton and Einstein"; 25. November 1919, S. 8: "Newton and Einstein".

sein Genie vollbrachte Umwandlung fundamentalster Begriffe (Raum, Zeit, Materie) hat in der Geschichte der Wissenschaften nicht ihresgleichen.[5]

5 Am Ende des Artikels ist folgender Verweis in kleinerer Schriftgröße angefügt: „(Leser, die sich über die Relativitätstheorie genauer unterrichten wollen, weisen wir auf das fesselnd und leicht verständlich geschriebene Buch hin: [1919a *Raum und Zeit* (*MSGA* I/2)], Preis M 5,20. Die Schriftleitung.)"

[Rezension von:]
Richard Kroner, Das Problem der historischen Biologie

[Rezension von:] Richard Kroner, Das Problem der historischen Biologie[1]

Editorischer Bericht

Zur Entstehung

Die Aufforderung zu dieser Rezension kam einmal mehr aus der Redaktion der *Naturwissenschaften*, diesmal allerdings von August Pütter.

> „Hans Driesch hat eine kleine Schrift über den Begriff der organischen Form veröffentlicht, die ich gerne bei uns von Dir besprochen sehen würde, diese Schrift erscheint in einer Sammlung von Darstellungen aus dem Bereich der theoretischen Biologie, in der kürzlich auch eine Schrift von Richard Kroner: Das Problem der historischen Biologie erschienen ist. Würdest Du auch diesem Werk einige Worte widmen?"[2]

Der Philosoph und Theologe Richard Kroner, ein Schüler Windelbands und Rickerts, stand der südwestdeutschen Schule des Neukantianismus nahe. Bereits 1913 hatte er sich mit *Zweck und Gesetz in der Biologie* in philosophische Aspekte der Methodendebatte in der Biologie eingearbeitet. Wie Julius Schaxel, Reihenherausgeber der *Abhandlungen zur theoretischen Biologie*, in denen die hier rezensierte Arbeit erschienen war, schlug auch Kroner eine Art Mittelweg

1 Richard Kroner, *Das Problem der historischen Biologie* [= *Abhandlungen zur theoretischen Biologie*, Heft 2]. Berlin: Bornträger 1919. IV+35 S.

2 August Pütter an Moritz Schlick, 2. Januar 1920. Pütter war, wie aus dem Schreiben hervorgeht, ein Freund der Familie Schlick, was die vertrauliche Anrede erklärt.

zwischen Vitalismus und Mechanismus ein.[3] Die Gesetze der Physik würden nach Kroner nicht durch die postulierten Zweckmäßigkeiten resp. die Entelechien, die das Organische vor dem Anorganischen auszeichnen sollen, beeinflußt oder gelenkt. Das *Gesetz* sei vom *Zweck* unabhängig. Das „organische Ganze" erhielte allerdings eine Sonderstellung, da es zu seinen Teilen „in keinem zeitlich-räumlichen Verhältnisse" stünde und „sich Maß und Zahl nicht unterwerfen" ließe.[4] Dementsprechend sei es allgemein nicht (wie etwa bei Christoph Sigwart) als empirische Frage zu klassifizieren, ob sich organische Prozesse auf mechanische Gesetze zurückführen ließen, sondern dieses Ziel „widerstreite [...] der logischen Analyse".[5]

Das Problem einer Verbindung von Geschichte und Biologie, auf das Schlick in der vorliegenden Rezension Bezug nimmt, wird in *Zweck und Gesetz in der Biologie* allerdings noch nicht behandelt. Aus dem Vorwort zur hier rezensierten Arbeit geht hervor, daß diese Themenstellung einer Anregung Schaxels zu verdanken ist. Dieser habe, so Kroner, auch „das Verdienst erworben, Biologie und Philosophie einander anzunähern."[6] Der Reihentext von Schaxels *Abhandlungen zur theoretischen Biologie* faßt die somit vorgegebene Programmatik wie folgt zusammen:

> „Als anzustrebendes Ziel schwebt die monographische Bearbeitung der biologischen Begriffe vor, deren geschichtliche Bedingtheit und logische Möglichkeit zu ergründen ist."[7]

3 Dieser Mittelweg war eine damals nicht unübliche Haltung. Vgl. z. B. Schultz, *Philosophie des Organischen*, S. 199: „Und das Gesamtergebnis des gemusterten Jahrhunderts? Es hat, dächte ich, zweifellos festgestellt, daß weder die Maschinentheorie noch der Vitalismus völlig besiegbar sind."

4 Kroner, *Zweck und Gesetz*, S. 152.

5 Ebd., S. 164.

6 Kroner, *Das Problem der historischen Biologie*, Vorwort.

7 Schaxel, *Über die Darstellung allgemeiner Biologie*, Umschlagseite 2.

Zur Überlieferung und Edition

Die Rezension erschien in *Naturwissenschaften* 8, Heft 32 vom 6. August 1920, S. 636/637 (**A**). Es sind keine Manuskripte, Druckfahnen etc. überliefert. Der Abdruck folgt A. Personennamen, in A durch Kursivsetzung hervorgehoben, sind hier wie der Fließtext gesetzt.

[Rezension von:] Richard Kroner, Das Problem der historischen Biologie

Nach Kroners Meinung nimmt die Biologie in ihrer methodi- 636
schen und erkenntnistheoretischen Eigenart eine Mittelstellung zwischen Geschichts- und Naturwissenschaft ein, und hieraus leitet der Verfasser die Aufgabe ab, herauszufinden, was Biologie und Geschichte eigentlich gemeinsam haben, d. h., welche Rolle dem Historischen in der Biologie zufällt. Er findet „eine logische Verwandtschaft zwischen dem organischen und historischen Sein" auf folgende Weise. Nach der Lehre der Windelband-Rickertschen Philosophenschule unterscheiden sich Geschichte und Naturwissenschaft dadurch, daß die letztere das Allgemeine und Gesetzmäßige, die erstere das Individuelle, Einmalige zum Gegenstand der Forschung nimmt.[1] Diese Lehre bedarf der Ergänzung und Präzisierung – denn auch die Naturwissenschaft untersucht, z. B.

1 Windelband, *Einleitung in die Philosophie*, unterscheidet die Einteilungen in Naturforschung und Kulturforschung einerseits und Naturwissenschaften und Geisteswissenschaften andererseits und meint S. 242: „Denn diese letztere beruht auf der metaphysischen Dualität von Natur und Geist weit mehr als auf der psychologischen Dualität von äußerer und innerer Erfahrung, und sie betrifft deshalb die Gegenstände der wissenschaftlichen Untersuchung nicht in dem kritischen Sinne der modernen Erkenntnistheorie. Diese weiß, daß aus denselben Gruppen des absolut Wirklichen ebensogut Gegenstände der Naturerkenntnis, die auf Heraushebung der allgemeinen Gesetzmäßigkeit gerichtet ist, wie andererseits historische Gegenstände herauszuarbeiten sind, deren Formung an der wertbestimmten Auswahl des Besonderen orientiert ist." Vgl. auch Rickert, *Kulturwissenschaft und Naturwissenschaft*, S. 37: „Es giebt Wissenschaften, die *nicht* auf Bildung allgemeiner Begriffe und Aufstellung von Naturgesetzen gerichtet sind, und das sind die historischen Wissenschaften im weitesten Sinne des Wortes.

637 in der Geologie und Astrono|mie, Einmaliges –, und so meint Kroner, die Geschichte behandele das für die Menschheit *bedeutsame* Individuelle, d. h. das *Originelle* oder dasjenige, welches seinen besonderen Charakter durch eine Beziehung zu allgemeingültigen *Werten* erhält.[2] Nach Kroner gibt es nun eine Idee, die in der Biologie eine ganz ähnliche Rolle spielt wie die des Wertes in der Geschichte: es ist die des Organismus bzw. des Lebens. Durch diesen Begriff bekommen die Teile eines Organismus einen eigentümlichen Sinn, eine besondere Bedeutung, nämlich als Teile eines *Ganzen*, und dadurch gelangt – wenn auch von einer andern Seite her als in der Geschichte – der Zweckmäßigkeitsgesichtspunkt in die Biologie.[3] Zugleich repräsentiert die Idee des Organismus natürlich auch den Begriff des Individuums, der für historische wie biologische Betrachtungen – obzwar in beiden Gebieten in verschiedener Bedeutung – gleich fundamental ist.[4] – Wo Kroners Ausführungen sich über rein methodologische Fragen erheben – und das tun sie oft, da er mit sehr weiten Gesichtspunkten an seine Aufgabe herantritt –, scheinen sie mir nicht hinreichend begründet und anfechtbar zu sein. Wenn der Verfasser z. B. sagt, im Organismus sei die Idee der „Welt-

Sie wollen die Wirklichkeit selbst darstellen, die doch niemals allgemein sondern stets individuell ist, und die daher, sobald sie in dieser ihrer Individualität und Besonderheit in Betracht kommt, die Grenze für jeden naturwissenschaftlichen Begriff bildet, weil dessen Bedeutung gerade darauf beruht, daß das Individuelle durch ihn als unwesentlich ausgeschieden ist." Vgl. für eine Kritik an Windelband und Rickert auch Becher, *Geisteswissenschaften und Naturwissenschaften*.

2 Kroner, *Das Problem der historischen Biologie*, S. 9: „Die historische Besonderheit ist von der Werthaftigkeit unabtrennbar. Nur die durch Wertbeziehung ausgezeichnete Individualität ist die historische. Wir nennen solche Individualität auch *Originalität*."

3 Ebd., S. 22: „Der Organismus ist niemals als eine mechanische Spezifität aufzufassen. Es ist widerspruchsvoll, ihn als einen Mechanismus zu denken. Worin besteht dieser Widerspruch? Der Organismus ist die Idee eines Ganzen, dessen Teile organisiert, d. h. durch die Idee des Ganzen bestimmt sind. Am besten läßt sich die Beziehung der Teile zum Ganzen durch den Zweckbegriff zum Ausdruck bringen, obwohl dieser Begriff keineswegs dem logischen Sachbestande, den er ausdrücken soll, adäquat ist. Die Idee des Ganzen, darauf kommt es hier an, ist kein Allgemeinbegriff im Sinne der Naturwissenschaft."

4 Vgl. 1925b *Naturphilosophie*, in diesem Band.

totalität“ verwirklicht (ein übrigens schon von Bergson formulierter Gedanke[5]) und darin bestehe das Geheimnis des Lebens, seine physikalisch-chemische Unerklärbarkeit (S. 24),[6] oder wenn er meint, die Organismusidee überschreite die Grenzen möglicher Naturerkenntnis und die Grenzen naturwissenschaftlicher Begriffsbildung (S. 26, 27),[7] so sind das Formulierungen, die ein vorsichtiger Forscher nicht so leicht unterschreiben wird. Kroners Ausführungen über das Wesen der Geschichtsforschung dagegen werden gewiß allgemeineren Beifall finden, und seine Schrift wird dazu helfen, gewisse Gemeinsamkeiten historischer und biologischer Begriffsbildung verständlich zu machen, die wegen der in beiden Gebieten vorkommenden teleologischen Betrachtungsweise in der Tat vorhanden sind.

5 Vgl. Bergson, *Matière et Mémoire*, S. 9 f.: «Mais le système nerveux peut-il se concevoir vivant dans l'organisme qui le nourrit, sans l'atmosphère où l'organisme respire, sans la terre que cette atmosphère baigne, sans le soleil autour duquel la terre gravite? Plus généralement, la fiction d'un objet matériel isolé n'implique-t-elle pas une espèce d'absurdité, puisque cet objet emprunte ses propriétés physiques aux relations qu'il entretient avec tous les autres, et doit chacune de ses déterminations, son existence même par conséquent, à la place qu'il occupe dans l'ensemble de l'univers? Ne disons donc pas que nos perceptions dépendent simplement des mouvements moléculaires de la masse cérébrale. Disons qu'elle varient avec eux, mais que ces mouvements eux-mêmes restent inséparablement liés au reste du monde matériel.»

6 Vgl. Kroner, *Das Problem der historischen Biologie*, S. 24: „So sonderbar es ist, daß an einer bestimmten Stelle des unendlichen Raumes und an einer bestimmten Stelle der unendlichen Zeit die Idee des Naturganzen sich im Einzelfalle verwirklicht – es ist doch so, und eben darin besteht das ‚Geheimnis‘ des Lebens, besteht seine physikalisch-chemische Unerklärbarkeit.“

7 Vgl. ebd., S. 26 f.: „Der Naturbegriff kann sich nicht im Mechanismus, er kann sich nur im Organismus vollenden. Der Mechanismus besitzt dazu keine Kraft, weil seine Idee den Organismus ausschließt. [. . .] Die Organismusidee dagegen überschreitet die Grenzen möglicher Naturerkenntnis. Sie stellt das Ideal einer durch die Grenzen der eigenen Begriffsbildung nicht mehr eingeschränkten, sondern ‚absoluten‘ Naturerkenntnis dar.“

[Rezension von:] Hans Driesch, Der Begriff der organischen Form

[Rezension von:] Hans Driesch, Der Begriff der organischen Form[1]

Editorischer Bericht

Zur Entstehung

Wie schon im editorischen Bericht zu 1920f *Rezension/Kroner* geschildert, ging die Aufforderung zur Abfassung der vorliegenden Rezension von August Pütter aus. Die Arbeit des Biologen und Philosophen Hans Driesch war wie jene Kroners in der von Julius Schaxel herausgegebenen Reihe *Abhandlungen zur theoretischen Biologie* erschienen. Anders als Kroner genoß Driesch – als Hauptvertreter des Vitalismus – zu jenem Zeitpunkt jedoch einen außerordentlich hohen Bekanntheitsgrad. Wenige Jahre später sollte Schlick Einstein gegenüber anmerken: „Er gilt momentan als Deutschlands größter Philosoph!"[2]

Auf eine inhaltliche Auseinandersetzung mit Driesch läßt Schlick sich im vorliegenden Text explizit nicht ein. Diese wird in 1925b *Naturphilosophie*, in diesem Band, nachgeholt.

Zur Überlieferung und Edition

Die Rezension erschien in *Naturwissenschaften* 8, Heft 32 vom 6. August 1920, S. 637 (**A**). Es sind keine Manuskripte, Druckfahnen etc. überliefert. Der Abdruck folgt A. Personennamen, in A durch Kursivsetzung hervorgehoben, sind hier wie der Fließtext gesetzt.

1 Hans Driesch, *Der Begriff der organischen Form* [= *Abhandlungen zur theoretischen Biologie*, Heft 3]. Berlin: Bornträger 1919. IV+83 S.

2 Moritz Schlick an Albert Einstein, 23. November 1924.

[Rezension von:] Hans Driesch, Der Begriff der organischen Form

Die Schrift gibt eine schön aufgebaute und gut lesbare Zusam- 637
menfassung der biologischen Grundanschauungen Drieschs. Man muß dem Herausgeber der Serie dankbar sein, daß er Driesch zu dieser Arbeit veranlaßte, und dem Verfasser, daß er sich der Aufgabe unterzog; denn eine so einheitliche und übersichtliche Darstellung lag bisher nicht vor. Die Vorzüge der Schreibweise Drieschs (prägnante Formulierungen) kommen voll zur Geltung, ihre sonst manchmal störenden Eigenheiten (Vorliebe für begriffliche und terminologische Neubildungen)[1] treten dagegen kaum in Erscheinung. Manches in des Verfassers biologischen und philosophischen Schriften Verstreute findet sich hier sachlich vereinigt. So bedarf es gewiß keiner Entschuldigung dafür, daß das Büchlein gegenüber den früheren Publikationen Drieschs nichts prinzipiell Neues bringt.[2] Sein Erscheinen wird von Philosophen

1 Neologistische Komposita waren schon der Hauptkritikpunkt in der sonst neutral gehaltenen ersten Rezension. Vgl. dazu 1916c *Rezension/Driesch*, S. 259 (*MSGA* I/4): „Die löbliche Absicht, sich gebräuchlichen Formen anzubequemen, hat er aber doch nur unvollkommen erreicht; die etwas ungefüge Sprache macht das Büchlein vielleicht sogar schwerer lesbar als seine anderen philosophischen Schriften. Manche Wortbildungen (auf S. 57 ist z. B. von einem ‚Erlebniskreiszeichenerleben' die Rede!) stellen gar zu harte Anforderungen an die Geduld des Lesers."

2 Vgl. Driesch, *Der Begriff der organischen Form*, Vorwort: „[M]ir ist wohl bewußt, daß es nicht möglich sei, grundlegend Neues über einen Gegenstand zu sagen, mit dem man sich schon 25 Jahre lang von jedem möglichen Standpunkte aus beschäftigt und über den man Schriften und Werke der verschiedensten Art und Größe geschrieben hat."

und Biologen, von Freunden und Gegnern der Lehre Drieschs begrüßt werden. Die Anhänger des Vitalismus werden sich freuen, daß hier sein hervorragendster Vertreter noch einmal die gewichtigsten Argumente zusammenträgt;[3] die Gegner aber – und das scheint dem Referenten besonders wichtig – werden gleichfalls dankbar sein für die scharfen Formulierungen, die sie hier finden, denn je strenger die Gedankenführung, um so deutlicher müssen ihre Lücken hervortreten, an denen die Kritik einsetzen kann. Es ist nicht die Aufgabe dieser kurzen Anzeige, sachlich-kritisch Stellung zu nehmen und Gedanken über Einzelheiten vorzutragen, die dem Referenten bei der Lektüre kommen mußten; hier handelt es sich nur darum, die Aufmerksamkeit beider Parteien empfehlend auf das Büchlein zu lenken.

3 Vgl. 1925b *Naturphilosophie*, in diesem Band S. 729.

Rostocker Ehrendoktoren.
III. Albert Einstein

Rostocker Ehrendoktoren. III. Albert Einstein

Editorischer Bericht

Zur Entstehung

Anläßlich des fünfhundertjährigen Jubiläums der Universität Rostock sollte Einstein von der Medizinischen Fakultät die Ehrendoktorwürde verliehen werden. Der offiziellen Einladung zu den Feierlichkeiten schloß Schlick sich in einem persönlichen Schreiben vom 15. Oktober 1919 an. Zwar hoffe er

> „zuversichtlich, daß Sie die Universität ohnehin nicht durch Ihre Absage enttäuschen würden, aber ich möchte doch nicht versäumen, meine Bitten mit denen der Fakultät zu vereinen und Ihnen außerdem noch zu sagen, wie sehr ich mich freuen würde, wenn Sie in dem erhofften Falle Ihres Kommens in meinem Hause Wohnung nehmen würden. Ich habe mit dem Gäste-Ausschuss für das Jubiläum vereinbart, daß ich Ihnen ein Zimmer in meinem Hause zur Verfügung stelle, und ich hoffe von ganzem Herzen, daß Sie von diesem Anerbieten Gebrauch machen werden."[1]

Die gleiche Einladung, so Schlick weiter, sei auch an Planck ergangen, dem ebenfalls ein Ehrendoktorat verliehen werden sollte. Auch

1 Neben der persönlichen Freundschaft Schlicks mit Einstein und seinem Doktorvater Planck liegen der Unterbringung im eigenen Haus auch organisatorische Motive zugrunde: Zu den von den Festveranstaltern im Vorfeld zu bewältigenden Problemen zählte neben der schlechten Versorgungslage auch eine allgemeine Wohnungsnot. Die Bevölkerung war aufgefordert worden, Quartiere für die zu erwartenden Gäste zur Verfügung zu stellen. – Hierzu sowie zu weiteren Details der Organisation der Jubiläumsfeier siehe: Buchsteiner, *Zwischen Monarchie und Moderne*.

ihn hoffe er für die Zeit der Feierlichkeiten, die für den 12. November, den Stiftungstag der Universität Rostock, anberaumt waren, in seinem Haus zu beherbergen.[2] Beide Adressaten nahmen die Einladung postwendend an.[3]

„Die hohe Ehre, die mir von der medizinischen Fakultät zugedacht wird, macht es mir zur Pflicht, dieselbe auch persönlich in Empfang zu nehmen."[4]

Es sollte jedoch anders kommen. Aus einem weiteren, kurz vor dem anberaumten Termin verfaßten Brief Plancks geht hervor, daß die Festivitäten zunächst verschoben werden mußten. Grund hierfür war die nach dem Krieg herrschende Kohlennot gewesen, die zu einem Reichsverbot für den Personenverkehr geführt hatte: Die Universität hatte sich gezwungen gesehen, die geplanten Veranstaltungen auf den 25. bis 27. November zu verlegen.[5] Planck gab der Hoffnung Ausdruck,

„daß aufgeschoben nicht aufgehoben heißt, und daß die schöne Feier nun wirklich, wenn auch 14 Tage später, von statten geht".

Wie auch Einstein[6] kündigte er, sofern „keine höhere Gewalt dazwischen tritt", sein Eintreffen in Rostock für Dienstag, den 25. November an.[7] Wenige Tage vor dem Ereignis verstarb jedoch Plancks Tochter nach der Geburt eines Kindes im Wochenbett.[8] Planck konnte an der am Mittwoch dem 26. November stattfindenden Verleihung der Ehrenpromotionen nicht teilnehmen.

2 Vgl. Moritz Schlick an Albert Einstein, 15. Oktober 1919. Der entsprechende Brief von Moritz Schlick an Max Planck ist nicht erhalten.

3 Vgl. Albert Einstein an Moritz Schlick, 17. Oktober 1919.

4 Max Planck an Moritz Schlick, 19. Oktober 1919.

5 Vgl. Buchsteiner, *Zwischen Monarchie und Moderne*, S. 48. – In der Kapitelüberschrift S. 57 ff. ist das Datum der Jubelfeier irrtümlich mit „25. bis 27. Dezember" angegeben.

6 Vgl. Albert Einstein an Moritz Schlick 21. November 1919. Die Briefe, in denen Schlick Einstein und Planck über die Verschiebung des Termins informiert, sind nicht erhalten.

7 Max Planck an Moritz Schlick, 9. November 1919.

8 Vgl. Max Planck an Moritz Schlick, 23. November 1919; siehe auch: Rudolf Schmidt an Moritz Schlick, 8. Dezember 1919.

Insgesamt elf Personen wurden von der Medizinischen Fakultät zu Ehrendoktoren ernannt, darunter auch Sven Hedin und Adolf Friedrich von Mecklenburg. Die Universität hatte bestimmt, daß auch allgemeinere Verdienste, die nicht im Bereich des jeweiligen Fachgebiets lägen, gewürdigt werden konnten.[9] Einstein wurde, wie es auf seiner Promotionsurkunde heißt, geehrt

„in Anerkennung der gewaltigen Arbeit seines Geistes, durch die er die Begriffe von Raum und Zeit, von Schwerkraft und Materie von Grund aus erneuert hat".[10]

Seine und die Ernennung Plancks darf zwar als Zeichen dafür gewertet werden, daß ein progressiver Teil der Rostocker Universitätsangehörigen das trotz der schwierigen wirtschaftlichen Lage mit großer Feierlichkeit begangene Jubiläum als Aufbruch und als Fest der Wissenschaften verstanden haben wollte. Insgesamt jedoch spiegelt diese Fünfhundertjahrfeier – die erste Universitätsfeier der sich konstituierenden Weimarer Republik – die politischen Probleme, mit denen sich die neue Regierung nach der Novemberrevolution konfrontiert sah, deutlich wider. Provokationen reaktionär-nationalistisch gesonnener Studenten und Schüler säumten die Veranstaltungen und wurden von nicht minder nationalistischen Universitätsangehörigen nur halbherzig unterbunden. Auseinandersetzungen zwischen der pro- und kontrarevolutionären Jugend führten zu Störungen und Zwischenfällen, die auch den anwesenden Gästen nicht entgehen konnten. Zudem waren viele der Festansprachen von einem dezidiert konservativ-nationalistischen Geist getragen:[11] Einstein selbst berichtet, im Rahmen der Feiern „arge politische Hetzreden" gehört zu haben:

„Als Festsaal stand nur das Theater zur Verfügung, wodurch der Feier etwas Komödienhaftes gegeben wurde. Reizend war da zu sehen, wie in zwei Proszeniumslogen untereinander die Männer der alten und der neuen Regierung saßen. Natürlich wurde die neue von den akademischen Größen mit Nadelstichen aller

9 Vgl. Buchsteiner, *Zwischen Monarchie und Moderne*, S. 68.

10 Universitätsarchiv Rostock, Signatur: Prom. med. Nr. 150/1919, Albert Einstein. Die Urkunde trägt das Datum 12. November 1919, war also bereits vor Festsetzung des neuen Termins gedruckt worden.

11 Vgl. Buchsteiner, *Zwischen Monarchie und Moderne*, S. 71 ff.

erdenklichen Art traktiert, dem Ex-Großherzog eine nicht enden wollende Ovation dargebracht. Gegen die angestammte Knechtsseele hilft keine Revolution!"[12]

Dennoch, so Einstein in seinem Dankesschreiben an Schlick, seien es

„schöne Tage [gewesen], die ich bei Ihnen verbringen durfte, kaum beeinträchtigt durch den feierlichen Exzess der alma mater und die rednerischen Heldenthaten ihrer Söhne".[13]

Die Rostocker Ehrendoktorwürde sollte die einzige bleiben, die Einstein je von einer deutschen Universität verliehen wurde.

Zur Überlieferung und Edition

Der Aufsatz erschien in *Norddeutsche Zeitung. Landeszeitung für Mecklenburg, Lübeck und Holstein*, Nr. 8, 11. Januar 1920, 2. Beiblatt (**A**). Es sind keine Manuskripte, Druckfahnen etc. überliefert. Der Abdruck folgt A. A ist in Fraktur gesetzt. Der Hervorhebungsweise in A (Sperrung) entspricht hier Kursivsetzung.

12 Born, Einstein, *Briefwechsel*, S. 38 f.

13 Positiv auch die Reaktion Plancks: So übereinstimmend erfreulich lauteten „die Berichte, die mir von dem Verlauf der Rostocker Feier zugegangen sind, [...] daß man Ihnen und allen Beteiligten nur Glück wünschen kann zu dem schönen Gelingen dieses nach seiner ganzen Art so hochbedeutsamen und in dieser traurigen Zeit einzigartigen Festes. Möge die in ihm erzeugte ideale Stimmung und Gesinnung weiter wirken und gute Früchte tragen", schreibt Planck am 14. Dezember 1919 an Schlick.

Rostocker Ehrendoktoren. III. Albert Einstein

2. Beiblatt

Stetig und langsam ist für gewöhnlich der Fortschritt der Wissenschaft. Stein für Stein wird von emsigen Forschern gebrochen, behauen und dem Gebäude menschlicher Erkenntnis eingefügt, um im wissenschaftlichen Weltbilde den Platz einzunehmen, der ihm durch den Plan des Ganzen vorgezeichnet ist. Dieser Platz wird in seinen großen Umrissen aus dem Hirn weniger überragender Geister geboren. (Man denke z. B. an Kopernikus und Newton); sie bestimmen den Weg der Forschung oft für Jahrhunderte, ihren Nachfolgern nur die Ausgestaltung der feineren Züge überlassend, bis wieder ein neues Genie erscheint und ein neues, umfassenderes Weltbild entwirft, das die früheren entweder umstößt oder als Teilwahrheiten in sich aufnimmt.

In der Gegenwart erleben wir eine Unterbrechung des ruhigen Ganges der Wissenschaft durch einen solchen gewaltigen Aufschwung, erleben wir die Geburt eines neuen Weltbildes. Sein Schöpfer ist Albert Einstein. Wie Kopernikus die Menschheit für immer von einem Jahrtausende alten Vorurteil, von dem Glauben an die ausgezeichnete Stellung der Erde im Weltall, befreite, so besteht auch Einsteins große Tat in der Ueberwindung alteingewurzelter Vorurteile im bezug auf die Begriffe von *Raum und Zeit*, an denen zu zweifeln bis dahin noch niemandem in den Sinn gekommen war.[1]

1 Vgl. Weyl, *Raum, Zeit, Materie*, S. 136: „In anschaulicher Hinsicht aber *mutet es* [das Einsteinsche Relativitätsprinzip] *uns zu, den Glauben an die objektive Bedeutung der Gleichzeitigkeit abzulegen; in der Befreiung von diesem Dogma liegt die große erkenntnistheoretische Tat Einsteins*, die seinen Namen neben den des Kopernikus rückt." Siehe auch 1921f *Rezension/Weyl*, in diesem Band.

Jedermann glaubt zu wissen, was es heißt, wenn man sagt, zwei Ereignisse fanden an verschiedenen Orten, aber zu derselben Zeit statt; man meint, der Sinn einer solchen Behauptung sei ohne weiteres klar und habe eine absolute Bedeutung. Einstein hat diesen Glauben als einen Irrtum erkannt. Er lehrt, daß eine Aussage über die *Gleichzeitigkeit mehrerer Ereignisse an verschiedenen Orten* nur Sinn hat, wenn der Beurteiler angegeben ist, für den die Aussage gelten soll, und daß zwei Vorkommnisse, die für den einen Beobachter gleichzeitig stattfinden, unter Umständen als zeitlich aufeinander folgend betrachtet werden müssen von einem andern Beobachter, der sich in bezug auf den ersten bewegt. Beide Beurteiler haben mit ihren Aussagen gleich recht, weil jeder sich selbst als ruhend und den andern als bewegt ansehen kann, denn die Bewegung eines Körpers ist nie „absolut", sondern existiert nur in bezug auf andere Körper, sie ist stets etwas „Relatives". Zu den *relativen Begriffen* gehört also nun nach Einstein nicht bloß die Bewegung, sondern auch die Gleichzeitigkeit, und ferner (was hier nicht näher ausgeführt werden kann) die Dauer eines Vorgangs und die Länge eines Maßstabes. Alle diese Größen hängen vom Bewegungszustande des Beobachters ab. Es mag manchem scheinen, als ob es sich hier um spitzfindige theoretische Klügeleien handelte,[2] aber es ist eben nicht das geringste Verdienst Einsteins, daß er die gewaltige greifbare Bedeutung solcher Betrachtungen für die Naturwissenschaft klar erfaßte und auf ihrem Grunde ein ganz neuartiges physikalisches Weltbild errichtete, dessen einzelne Züge sich durch die Erfahrung prüfen lassen. In diesem grandiosen Weltbilde erscheint zugleich eins der größten Rätsel gelöst, mit dem man sich Jahrhunderte lang vergeblich abgemüht hatte: das Rätsel der Gravitation, d. h. der *allgemeinen Massenanziehung*, auf der die Schwere aller Körper beruht, der Fall des Apfels vom Baum so gut wie die Bewegung der fernsten Sterne. Einsteins genialer Blick erkannte den Zusammenhang des Problems der Schwerkraft mit der Relativität aller Bewegung, und ihm gelang die Aufhellung der Beziehungen zwischen Raum, Zeit, Materie und Schwere durch höchst

2 Vgl. 1920e *Bestätigung*, in diesem Band S. 186.

scharfsinnige Gedankengänge, die sich wegen ihrer mathematischen Verwicklung leider der gemeinverständlichen Darstellung entziehen. Nach seiner Theorie ist sogar das *Licht* dem Einfluß der Schwere unterworfen; Sternenlicht, das dicht an der Sonne vorbeigeht, muß z. B. durch ihre Gravitationswirkung ein wenig aus seiner Bahn abgelenkt werden: auch diese Voraussage Einsteins ist bei Gelegenheit der Sonnenfinsternis vom 29. Mai 1919 glänzend bestätigt worden. Als die Nachricht hiervon vor kurzem den Ruhm seines Namens in alle Kulturländer trug, wurde er oft als ein neuer Newton bezeichnet: mit vollem Recht, denn nur mit den leuchtenden Geistern der Vergangenheit ist er zu vergleichen.

Kritizistische oder empiristische Deutung der neuen Physik?

Kritizistische oder empiristische Deutung der neuen Physik?

Editorischer Bericht

Zur Entstehung

Ernst Cassirers ehrgeiziges Projekt einer erkenntniskritischen Auseinandersetzung mit der Relativitätstheorie aus neukantianischer Sicht war bereits im Vorfeld auf lebhaftes Interesse gestoßen. 1920 war ein erster Aufsatz dazu in der *Neuen Rundschau* veröffentlicht worden: „Philosophische Probleme der Relativitätstheorie".[1] Die Anregung, auf Cassirers 1921 erschienenes Buch *Zur Einsteinschen Relativitätstheorie* mit dem hier abgedruckten Aufsatz zu reagieren, dürfte – wie von Schlick im Text zweimal angesprochen – von der Schriftleitung der *Kant-Studien* ausgegangen sein.[2]

Einstein, der Cassirers Werk korrekturgelesen hatte, zeigte sich mit dessen Darstellung (des physikalischen Gehalts) im wesentlichen einverstanden, kritisierte jedoch die Annahme der Determiniertheit des wissenschaftlichen Begriffsapparats durch die Natur des menschlichen Intellekts.[3] Schlicks Urteil fiel ähnlich aus.[4] Ein für ihn wesent-

1 Vgl. Arnold Berliner an Moritz Schlick, 29. April 1920. Unter anderem hatte Einstein Hans Vaihinger im vorhinein darauf aufmerksam gemacht. Albert Einstein an Hans Vaihinger, 3. Juni 1920 (Einstein, *Collected Papers*, Bd. 10, S. 179).

2 Eine entsprechende Korrespondenz ist im Nachlaß nicht erhalten.

3 Albert Einstein an Ernst Cassirer, 5. Juni 1920 (Einstein, *Collected Papers*, Bd. 10, S. 182).

4 Wie auch schon in 1918 *Erkenntnislehre*, S. 327 (*MSGA* I/1, S. 782): „Es gibt keine synthetischen Urteile a priori." In der zweiten Auflage verteidigt er an dieser Stelle seine Position gegen Reichenbachs Vorwurf von versteckten synthetischen Urteilen a priori.

liches Argument (siehe unten in diesem Band S. 230) gegen den Neukantianismus bestand darin, die Koinzidenz nicht als Manifestation der „reinen Anschauung" zu verstehen. Die erkenntnistheoretische Gefälligkeit der Relativitätstheorie bestünde in der Rückführung aller Messungen – und somit des objektiven Gehalts der Physik – auf Koinzidenzen. Indem Messungen immer durch das Feststellen eines solchen Zusammenfallens durchgeführt würden, würde aber nicht etwa eine Aussage vor der Erfahrung gebildet. Die Anschauung bliebe, wie Schlick betont, *empirisch* – Teil der Wirklichkeit der Erscheinung und damit psychologisches Erlebnis.

Im Gegensatz dazu bezieht sich für Cassirer die „reine Anschauung" immer nur auf den mathematischen Raum und die mathematische Zeit. Auch die Kantsche Subjektivität des Raumes und der Zeit sei nicht psychologisch als „Erlebnis-Subjektivität" zu verstehen, sondern als transzendental. Eine psychologische Deutung – dies hatte er Schlick in *Zur Einsteinschen Relativitätstheorie*, S. 123 f., vorgehalten – sei eine „Verkennung des Sinns und Gehalts der Kantschen Begriffe".

Über ihre Auffassungsunterschiede hatten sich die beiden Philosophen im Vorfeld auch brieflich auseinandergesetzt:[5]

„Als ich Ihnen das Buch vorlegte, mußte ich von vornherein in vielen Einzelheiten auf Widerspruch gefaßt sein [...] Was den erkenntnistheoretischen Gegensatz zwischen uns betrifft, so handelt es sich hierbei freilich um Dinge, von denen man nicht hoffen darf, daß man brieflich zu einer Verständigung über sie gelangen könnte. Aber auch ich empfinde, so wenig ich diesen Gegensatz abschwächen will, daß nichtsdestoweniger zwischen Ihrer Fassung des Empirismus und meiner Ansicht von der kritischen Methode starke Zusammenhänge bestehen u. daß beide eine große Strecke weit mit einander gehen können [...] Der Differenzpunkt zwischen uns liegt, soweit ich sehe, schon im Begriff des Apriori, den ich etwas anders als Sie fasse: nämlich nicht als einen konstanten, ein für alle Mal festliegenden Bestand an materialen „Anschauungen" oder Begriffen, sondern als eine Funktion, die gesetzlich bestimmt ist und die daher in ihrer Richtung und Form mit sich identisch bleibt, die aber im Fortschritt der Erkentnis inhaltlich die verschiedensten Ausprägungen erfahren kann. [...] Aber, wie gesagt, ich verkenne nicht, wie schwer es ist, sich über solche Grundfragen in kurzen brieflichen Auseinandersetzungen zu verständigen. Um so mehr freue ich mich auf Ihren Artikel in den Kant-Studien, von dem ich mir, wenn nicht eine Einigung zwischen uns

5 Schlick zitiert aus Cassirers Brief im vorliegenden Text. Sein Gegenbrief an Cassirer ist im Nachlaß nicht erhalten.

beiden, so doch eine sehr wesentliche Klärung der Prinzipienfrage verspreche. Ihr Aufsatz wird für meine kleine Schrift auch darum wichtig sein, weil Sie dem erkenntnistheoretischen Standpunkt der meisten modernen Physiker wesentlich näher stehen als ich es thue und weil Sie daher hier eine Vermittlung zwischen Physik und Philosophie werden herstellen können, die meine Schrift – so sehr sie sich darum bemüht – vielleicht schon deshalb nicht geben kann, weil sie vielfach eine dem Physiker fremde Sprache spricht."[6]

Einstein zeigt sich angesichts des vorliegenden Aufsatzes einmal mehr beeindruckt:

„Heute morgen habe ich Ihre Abhandlung über Cassirer mit wahrer Begeisterung gelesen. So scharfsinnig und wahr habe ich schon lange nichts gelesen."[7]

Zur Überlieferung und Edition

Der Aufsatz erschien in *Kant-Studien* 26, Heft 1–2,[8] 1921, S. 96–111 (**A**). Im Nachlaß überliefert ist eine Druckfahne (**DF**).[9] Die Druckfahne besteht aus 16 paginierten Seiten, an denen Schlick noch handschriftliche Korrekturen vornahm.

Der Abdruck folgt A, Variante ist DF. Der Hervorhebungsweise in A und DF (Sperrung) entspricht hier Kursivsetzung. Personennamen, in beiden Fassungen fallweise hervorgehoben, sind hier wie der Fließtext gesetzt. Abweichend ist auch die durchgehende Numerierung der Fußnoten, die in A und in DF seitenweise gezählt sind.

6 Ernst Cassirer an Moritz Schlick, 23. Oktober 1920.

7 Albert Einstein an Moritz Schlick, 10. August 1921. Bereits an anderer Stelle hatte Einstein Schlicks Abgrenzung gegenüber dem Kantianismus postiv hervorgehoben. „Was nun Schlicks philosophische Stellung anbelangt, so wird ihm bei einer späteren Generation seine Selbständigkeit gegenüber den Dogmen der Kantischen Philosophie vielleicht zur Ehre gereichen." Albert Einstein an Heinrich Scholz, 13. März 1921.

8 Am Ende des Inhaltsverzeichnisses des Heftes ist vermerkt: „Redaktionsschluß dieses Heftes am 10. Juni 1921".

9 Inv.-Nr. 419, A. 240.

Kritizistische oder empiristische Deutung der neuen Physik? A 96 DF 1

Bemerkungen zu Ernst Cassirers Buch „Zur Einsteinschen Relativitätstheorie"

Ein unverwischbarer, unveräußerlicher Charakterzug der kritischen Philosophie ist ihre Verwurzelung in der exakten Wissenschaft. Wie Kant selbst nach wohlbegründeter (besonders von Cohen verfochtener)[1] Meinung mit seiner Erkenntniskritik das

1 Vgl. Cohen, *Kants Theorie der Erfahrung*, S. 1 f.: „Die sachlichen Voraussetzungen [für das Studium Kants] lassen sich jedoch in die Namen *Newton* und *Leibniz* zusammenfassen [...] Die Art dieser Voraussetzung ist daher bündiger zu bestimmen, weil die nahezu zweihundert Jahre, welche insbesondere seit dem Erscheinen von Newtons *Philosophiae naturalis principia mathematica* verflossen sind, eine gewisse dunkle Übereinstimmung herbeigeführt haben bezüglich dessen, was diese Wissenschaft als Wissenschaft auszeichnet. Man macht allgemach einen methodischen Unterschied zwischen Mathematik und Ethik, Naturwissenschaft und Geschichte. Die Beziehung Kants zur Wissenschaft, als diejenige zu Newton gefaßt, so inhaltreich sie sein muß, ist somit doch definiert." S. 93–95: „Kants Aufgabe ist also zunächst die Prüfung und Kennzeichnung des Erkenntniswertes und des Gewissheitsgrundes der Newtonschen Naturwissenschaft [...]. Die transzendentale Methode ist in dem Nachdenken über die *Philosophiae naturalis principia mathematica* entstanden. [...] Somit war Kant, um die Grundlagen der Wissenschaft zu entdecken, auf die Entdeckung der Wissenschaft selbst und auf die Darstellungen derselben, in letzter Instanz auf Newtons Systematik der Prinzipien angewiesen." S. 108: „Die Bestimmtheit der apriorischen Elemente richtet sich also nach dieser ihrer Beziehung und Kompetenz für die durch sie zu begründenden Tatsachen der wissenschaftlichen Erkenntnis." Vgl. auch Cassirer, *Hermann Cohen*, S. 261: „Wenn es wahr ist, daß, wie Cohen es ausdrücklich formuliert, ‚nur ein Newtonianer als Kant aufstehen konnte', so bedroht jede

Ziel einer philosophischen Rechtfertigung der Newtonschen Naturprinzipien verfolgte, so streben die neukantischen Schulen danach, die Wahrheit der kritischen Grundgedanken dadurch zu beweisen, daß sie ihre Brauchbarkeit und Fruchtbarkeit auch für die Physik der neuen Zeit darzutun suchen. Es wurde dem Neukantianismus nicht schwer, mit der Entwicklung der Naturwissenschaft Schritt zu halten, als sie von der mechanischen zur energetischen und schließlich zur elektrodynamischen Weltansicht überging – ist aber seine Kraft und Elastizität auch groß genug, um den Sprung mitzumachen, durch den die Physik sich in unsern Tagen auf eine neue Bahn begab? Ich glaubte diese Frage verneinen zu müssen zu einer Zeit, als nur ganz wenige Versuche vorlagen, die Spezielle Relativitätstheorie dem kritizistischen Standpunkt zu assimilieren, und als die Allgemeine Theorie überhaupt noch nicht abgeschlossen war. Es schien mir, daß die zu einer philosophischen Aufklärung und Rechtfertigung jener Theorie nötigen Prinzipien viel eher aus der empiristischen als aus der Kantschen Erkenntnistheorie entnommen werden können[1]; und auch bei späteren Gelegenheiten fand ich keine Veranlassung,
A 97 DF 2 diesen Standpunkt auf|zugeben, zumal die bald darauf glücklich vollendete Allgemeine Theorie einem Gedanken zum Siege verhalf, der auf extrem empiristischem Boden (nämlich im Positivismus Machs) erwachsen war. Aber bei der Bedeutung und Schwierigkeit der Frage ist es Pflicht, die Sachlage bei jedem ernsten Anlaß erneut zu prüfen. Einen solchen Anlaß stellt das Erscheinen des Buches von Ernst Cassirer[2] dar, und so folge ich gern der

[1] Die philosophische Bedeutung des Relativitätsprinzips, Zeitschrift für Philosophie und philosophische Kritik, Bd. 159.

[2] Ernst Cassirer, Zur Einsteinschen Relativitätstheorie, Erkenntnistheoretische Betrachtungen, Berlin 1921.

Umbildung von Newtons Mechanik das System der ‚synthetischen Grundsätze' in seinem eigentlichen Kern. Indessen hat Cohens eigene Entwicklung diese Auffassung seiner Lehre widerlegt. Er ist bei aller Energie, mit der er die Newtonische Systematik in den Mittelpunkt der Betrachtung rückt, doch gerade den Umformungen, die diese Systematik in der Physik des 19. Jahrhunderts erfahren hat, mit entschiedenstem Interesse und mit unbefangener Würdigung gefolgt."

Aufforderung der Schriftleitung der Kantstudien, dem Problem an der Hand dieses Buches eine neue Untersuchung zu widmen, die freilich aus äußeren Gründen nur in ganz kurzer Fassung gegeben werden kann.

Cassirer hat sich in seiner Schrift den Nachweis zum Ziel gesetzt, daß die philosophischen Grundlagen der Relativitätstheorie nur im Bereiche des Kritizismus gefunden werden können, genauer in derjenigen Form der kritischen Ansicht, die er gern als logischen Idealismus[2] bezeichnet. Er stellt sich die Aufgabe, durch erkenntnistheoretische Analyse zu entscheiden, „ob die Theorie in ihrem Ursprung und ihrer Entwicklung als Beleg und Zeugnis für den *kritischen* oder als Zeugnis für den *sensualistischen* Erfahrungsbegriff zu gelten hat“ (S. 26).

Angesichts dieser Formulierung müssen sich aber sogleich Bedenken erheben: Ist das Problem wirklich auf diese Alternative zurückführbar? gilt hier ein tertium non datur? Sicherlich gibt es einen Empirismus, der vom Sensualismus verschieden ist und sich auf *ihn* nicht reduzieren läßt – das ist historisch wie sachlich leicht ersichtlich. Wenn also gezeigt wird (und das ist wohl nicht schwer), daß die Relativitätstheorie aus rein sensualistischen Prämissen nicht zu verstehen ist, so wird hierdurch allein weder die Notwendigkeit noch auch die Zulässigkeit der kritizistischen Interpretation der Theorie bewiesen, es sei denn, man faßte den Begriff des logischen Idealismus so weit, daß jene Alternative eben erlaubt wird. Dann aber schwebt er in Gefahr, seine entschiedene Färbung und damit seinen philosophischen Wert zu verlieren, die heterogensten Meinungen würden sich in ihm vereinigen lassen. An einigen Stellen scheint Cassirer in der Tat zu so allgemeinen Formulierungen zu neigen, daß die Abgrenzung seines Kritizismus undeutlich zu werden droht. Wir müssen den Grenzlinien nachzugehen suchen.

| Um eine feste Grundlage für die folgenden Betrachtungen A 98 DF 3
herzustellen, muß ich mit wenigen Worten sagen, welche unentbehrlichen Merkmale ich mir mit dem Begriff des Kritizismus verknüpft denke. Eine solche Festlegung ist durchaus nötig für

2 Vgl. 1919b *Erscheinung*, in diesem Band S. 60.

jede Diskussion über die Verträglichkeit der Relativitätstheorie mit der kritischen Erkenntnislehre, denn nur auf diese Weise wird das störende Hineinspielen der Fragen der Kant-Interpretation vermieden; die Diskussion bleibt solange unergiebig, als jeder sich des nicht ungewöhnlichen Arguments bedienen kann, der andere lege eben die Kantsche Meinung nicht richtig aus.

Folgendes also sei vorausgeschickt. Alle exakte Wissenschaft, deren philosophische Rechtfertigung unzweifelhaft das erste Ziel der von Kant begründeten Erkenntnislehre bildet, beruht auf Beobachtungen und Messungen. Bloße Empfindungen und Wahrnehmungen sind aber noch nicht Beobachtungen und Messungen, sondern sie werden es erst dadurch, daß sie geordnet und interpretiert werden. Die Bildung der physikalischen Gegenstandsbegriffe setzt also fraglos bestimmte Prinzipien der Ordnung und Interpretation voraus. Das Wesentliche des kritischen Gedankens sehe ich nun in der Behauptung, daß jene konstitutiven Prinzipien *synthetische Urteile a priori* seien, wobei zum Begriff des Apriori das Merkmal der *Apodiktizität* (der allgemeinen, notwendigen, unumgänglichen Geltung) unabtrennbar gehört. – Ich bin zwar überzeugt, mit dieser Erklärung Kants eigene Meinung richtig zu treffen, aber selbst wenn weder er noch seine Anhänger dieser Art von Kritizismus je gehuldigt hätten, bliebe ja die sachliche Richtigkeit oder Falschheit der folgenden Aufstellungen davon ganz unberührt, und auf diese allein kommt es bei einer Untersuchung an, die sich auf das Systematische, nicht auf das Historische richtet.

Die wichtigste Folgerung aus der eben entwickelten Ansicht ist, daß ein Denker, der die Unentbehrlichkeit konstitutiver Prinzipien zur wissenschaftlichen Erfahrung überhaupt einsieht, deswegen noch nicht als Kritizist bezeichnet werden darf. Ein Empirist kann z. B. sehr wohl das Vorhandensein solcher Prinzipien anerkennen; er wird nur leugnen, daß sie synthetisch und a priori im oben bezeichneten Sinne sind.

Cassirer erkennt, daß „Empirismus und Idealismus sich in bestimmten Voraussetzungen begegnen. Beide gestehen hier der Erfahrung die entscheidende Rolle zu – und beide lehren anderer-

|seits, daß jede exakte Messung allgemeine empirische *Gesetze* voraussetzt" (S. 94 f.). A 99 DF 4 Aber indem er sich dann der dringenden Frage zuwendet, „wie wir zu jenen Gesetzen, auf denen die Möglichkeit aller empirischen Messung beruht, gelangen und welche Art der Geltung ... wir ihnen zugestehen" (S. 95), stellt er dem Kritizismus nur die sensualistische Ansicht unter dem Namen des „strengen" Positivismus gegenüber. Mit vollem Recht verurteilt er den von Mach gelegentlich unternommenen Versuch, selbst analytisch-mathematische Gesetze gleich Dingen zu behandeln, „deren Eigenschaften man durch unmittelbare Wahrnehmung ablesen kann" (S. 95)[3] – jedoch damit ist nicht der logische Idealismus bewiesen, sondern nur der Sensualismus widerlegt. Zwischen beiden bleibt die empiristische Ansicht stehen, nach welcher jene konstitutiven Prinzipien entweder *Hypothesen* oder *Konventionen* sind; im ersten Falle sind sie nicht a priori (denn es mangelt ihnen die Apodiktizität), im zweiten sind sie nicht synthetisch.[4] Wie steht es mit dem Nachweis, daß die Grundsätze der Einsteinschen Physik nicht diesen Charakter tragen, sondern als synthetische Sätze a priori anzusprechen seien?

Kant selbst rechnete, wie gar nicht zu bezweifeln ist, zu den gegenstandskonstituierenden synthetischen Prinzipien a priori die Axiome der euklidischen Geometrie und der Galileischen Kinematik. Und die Mehrzahl der Kantianer hat auch nach der mathematischen Entdeckung der nichteuklidischen Geometrien an der euklidischen Naturauffassung als der einzig möglichen fest-

3 Cassirer verweist hier als Beispiel auf Mach, *Wärmelehre*, S. 75, der für die Ableitung der Funktion $y = x^m$ eine Taylorreihe entwickelt und danach schreibt: „Mit diesem Ergebniss *reagirt* die Funktion x^m auf eine *bestimmte* Operation, die des Differentiirens. Diese Reaktion ist ein *Kennzeichen* von x^m, gerade so wie die blaugrüne Farbe auf die Lösung von Kupfer in Schwefelsäure."

4 Diese „empiristische Ansicht" der Aufteilung wissenschaftlicher Prinzipien in Hypothesen und Konventionen hängt mit dem Poincaré-Argument zusammen und wird schon 1920 in der brieflichen Auseinandersetzung mit Reichenbach formuliert; vgl. den editorischen Bericht zu 1922d *Rezension/Reichenbach*, in diesem Band S. 503. Schlick schreibt diese „empiristische Ansicht" auch Helmholtz zu; vgl. 1921c *Erläuterungen/Helmholtz*, in diesem Band S. 281.

gehalten, indem sie (sehr deutlich z. B. Riehl[5] und Hönigswald[6]) erklärten, der euklidischen Geometrie komme in der Tat die von Kant ihr zugeschriebene *anschauliche* Notwendigkeit zu, während die andern Geometrien nur begriffliche Denkbarkeit besäßen, die ja der Kantschen Lehre nicht widerstreitet.

Nun ist die Spezielle Relativitätstheorie mit den Sätzen der Galileischen Kinematik, die Allgemeine außerdem noch mit den Sätzen Euklids unvereinbar. Wer die Einsteinsche Theorie annimmt, muß die Lehre Kants in ihrer ursprünglichen Form ablehnen; man muß, wie auch Cassirer mehrfach betont, einen Schritt über Kant hinaus tun.[7] Aber darauf kommt es uns hier garnicht

5 Vgl. die entsprechende Auseinandersetzung mit Riehl in 1921c *Erläuterungen/Helmholtz*, in diesem Band insbes. S. 290.

6 Vgl. Hönigswald, *Über den Unterschied und die Beziehungen*, S. 888: „‚Synthetisch' bedeutet – und zwar stets in seiner Kombination mit dem Worte ‚apriorisch' – einmal: den Grund für die Möglichkeit des spezifischen Verfahrens der euklidischen Geometrie, nämlich zu demonstrieren, ohne in einer Analyse von Begriffen zu bestehen; und es umfaßt das andere Mal den Grund der apodiktischen Geltung der Geometrie als Norm für die räumlichen Verhältnisse der Erfahrung." S. 889: „Punkt, Linie und Raum bedeuten in der *Geometrie* etwas von Punkt, Linie und Raum in der *Erfahrung* völlig Verschiedenes." S. 891 f.: „*Alle Geometrien sind apriorisch und synthetisch in dem ersten Sinne dieses Wortes.* [...] Alle Geometrien sind grundsätzlich von gleicher logisch-mathematischer Valenz. [...] Prinzipiell unterschieden voneinander sind die Geometrien nur im Hinblick auf ihr *erkenntnistheoretisches* Verhältnis zum Begriff der Erfahrung; denn positiv ist dieses Verhältnis nur bei der *euklidischen* Geometrie. [...] *Apriori und dennoch synthetisch im zweiten Sinn dieses Wortes ist nur die euklidische Geometrie.*"

7 Vgl. Cassirer, *Zur Einsteinschen Relativitätstheorie*, S. 12: „Erwiese es sich, daß die neueren physikalischen Anschauungen über Raum und Zeit schließlich ebensoweit über Kant, wie über Newton hinausführten: dann wäre der Zeitpunkt gekommen, an dem wir, auf Grund der Kantischen Voraussetzungen über Kant fortzuschreiten hätten." S. 109: „[D]aß es die ‚Regeln des Verstandes' sind, durch welche allein das Dasein der Erscheinungen synthetische Einheit bekommen und in einen bestimmten Erfahrungsbegriff zusammengenommen werden kann: das hat auch Kant entschieden betont [...]. Der Schritt über ihn hinaus, den wir nunmehr auf Grund der Ergebnisse der allgemeinen Relativitätstheorie zu vollziehen hätten, bestünde in der Einsicht, daß in diese verstandesmäßige Bestimmung, in welcher uns erst das empirisch-physikalische Weltbild entsteht, auch geometrische Axiome und Gesetze von anderer als Euklidischer Form eingehen können, an. Der Kritizismus, wie er oben definiert wurde, könnte dessenungeachtet der neuen Theorie gegenüber sich behaupten und bewähren, ja noch größere Triumphe feiern; dazu wäre nur nötig, daß die letzten Grundlagen der Theorie sich eben als synthetische | Sätze von schlechthin notwendiger Geltung für alle Erfahrung A 100 DF 5 enthüllten. Welches sind diese Sätze?

Denn das ist wohl zu beachten: wer die Behauptung des Kritizismus aufstellt, der muß, sollen wir ihm Glauben schenken, die Prinzipien a priori auch wirklich angeben, die den festen Grund aller exakten Wissenschaft bilden müssen. Für die Transzendentalphilosophie sagt Cassirer mit Recht (S. 78), sind Raum und Zeit nicht Dinge, sondern „Erkenntnisquellen". Es muß also eine Angabe der Erkenntnisse gefordert werden, deren Quelle z. B. der Raum ist. Der kritische Idealist muß sie mit derselben Bestimmtheit und Deutlichkeit bezeichnen, mit der Kant auf die zu seiner Zeit einzig bekannte und anerkannte Geometrie und „allgemeine Bewegungslehre" hinweisen konnte. Alle die, welche die Relativitätstheorie vom Kantschen Standpunkt aus beurteilt haben, wiesen darauf hin, daß es sich in ihr um die *empirische* (d. h. hier: durch physikalische Methoden gemessene Zeit) und um den *empirischen* Raum handelt, und sie stellen ihnen die Kantsche „reine Anschauung" von Raum und Zeit gegenüber als dasjenige, was jene empirischen Konstruktionen erst möglich macht und folglich von jedem Fortschritt der Physik, der immer nur das Empirische betreffen kann, schlechthin unberührt bleiben muß.[8] Durch diese Wendung wird die Problemlage nicht geändert, sondern nur anders ausgedrückt, denn die reine Anschauung ist eben die Erkenntnisquelle jener Grundsätze a priori, deren man zur Konstruktion der empirischen Zeit und des empirischen Raums bedarf, für manche ist sie einfach ein zusammenfassender Terminus für den Inbegriff jener Grundsätze selbst; in jedem Falle kann die Existenz eines „reinen Raumes"

und daß die Zulassung solcher Axiome die Einheit der Welt [. . .] nicht nur nicht zerstört, sondern sie von einer neuen Seite her erst wahrhaft begründet."

8 Vgl. 1915a *Relativitätsprinzip*, S. 155–163 (*MSGA* I/4).

und einer „reinen Zeit" überhaupt nur dadurch erwiesen werden, daß man das System der dazugehörigen synthetisch-apriorischen Grundsätze tatsächlich aufzeigt oder wenigstens eine eindeutige Anweisung gibt, wie es zu finden ist. Es kann nicht genug betont werden, daß ein Anhänger der kritischen Philosophie sich nur durch Vorweisung eines solchen Urteilssystems legitimieren kann. Jeder Versuch, Einstein mit Kant zu versöhnen, muß in der Relativitätslehre synthetisch-apriorische Prinzipien aufdecken; sonst ist er von vornherein als gescheitert zu betrachten, weil er nicht einmal zu der richtigen Problemstellung vorgedrungen ist.

Cassirer sieht das Problem natürlich in seiner richtigen Bedeutung, und an zwei Orten seines Buches scheint er eine nähere
A 101 DF 6 | Bestimmung des Inhaltes der vom logischen Idealismus behaupteten reinen Anschauung zu geben. An der ersten Stelle (S. 84) erblickt er ihn in dem Begriff der Koinzidenz der „Weltpunkte", auf welche die Allgemeine Relativitätstheorie bekanntlich alle Naturgesetze zurückführt.[9] Aber ich glaube, daß gerade diese „Koinzidenz" sich garnicht als bloßer Inbegriff und Knotenpunkt apriorischer Sätze auffassen läßt, sondern zunächst durchaus Repräsentant eines *psychologischen* Erlebnisses des Zusammenfallens ist, so wie etwa das Wort „gelb" ein einfaches nicht mehr definierbares Farberlebnis bezeichnet. Nur so vermag sie die von der Theorie ihr zugeweisene Vermittlerrolle zwischen Realität und

9 Vgl. Cassirer, *Zur Einsteinschen Relativitätstheorie*, S. 84: „In der Tat läßt sich der Punkt, an welchem die allgemeine Relativitätstheorie jene methodische Voraussetzung, die bei Kant den Namen der ‚reinen Anschauung' führt, implizit anerkennen muß, genau bezeichnen. Er liegt im Begriff der ‚Koinzidenz', auf den sie den Inhalt und die Form aller Naturgesetze zuletzt zurückführt. [...] so besteht [...] alles, was die Physik uns vom ‚Wesen' der Naturvorgänge zu lehren vermag, immer nur in Aussagen über Koinzidenzen."

naturwissenschaftlich-begrifflicher Konstruktion zu spielen.[10] Mit andern Worten: wir haben eine *empirische* Anschauung vor uns[3)].

Eine zweite Antwort auf die Frage, was denn an synthetisch-apriorischen Sätzen über den Raum jetzt noch übrig bleibe, gibt Cassirer S. 101, wo er sagt: „Denn das ‚Apriori' des Raumes ... schließt ... keine Behauptung über eine bestimmte einzelne Struktur des Raumes in sich, sondern geht nur auf jene Funktion der ‚Räumlichkeit überhaupt', die sich schon in dem allgemeinen Begriff des Linienelements als solchen – ganz abgesehen von seiner näheren Bestimmung – ausdrückte". Diese Formulierung, die aussagen will, daß es überhaupt so etwas wie ein Linienelement in der Naturbeschreibung geben müsse, kann jedoch kaum befriedigen. Denn welcher Axiomenkomplex ist es, der in jener Behauptung beschlossen sein soll? Die Axiome der Stetigkeit können es nicht sein, denn die schon von Riemann ins Auge gefaßte Möglichkeit diskontinuierlicher Raumbestimmungen ist durch die moderne Quantentheorie in greifbare Nähe gerückt worden.[12] Und welche andern Axiome man auch wählen möge: es ist nicht einzusehen, warum gerade sie die allein notwendige Raumstruktur konstituieren sollen, da doch andere von nicht geringerer „Evidenz" dem Fortschritt der Physik zum Opfer fielen.

[3)] Dies ist auch der eigentliche Sinn meiner Ausführungen in „Raum und Zeit", 3. Aufl. 1920,[11] S. 83.

10 Schlick macht hier wie schon in der Kritik an Kant in 1919b *Erscheinung*, in diesem Band, die Realität der Erscheinung gegen die Realität des hier von Cassirer angeführten „Wesens" stark. Der Raum der Physik z. B. wird in 1917b *Raum und Zeit*, S. 53 (*MSGA* I/2, S. 269 f.) sowohl als „begriffliche Konstruktion" als auch als real verstanden. Bei Einstein, *Grundlage*, wird das Koinzidenzargument jedenfalls nicht als apriorische Voraussetzung, sondern als Erläuterung der „Natürlichkeit" der Forderung nach genereller Kovarianz eingeführt.

11 1920a *Raum und Zeit* (*MSGA* I/2).

12 Riemann, *Über Hypothesen*, S. 3: „Größenbegriffe sind nur da möglich, wo sich ein allgemeiner Begriff vorfindet, der verschiedene Bestimmungsweisen zuläßt. Je nachdem unter diesen Bestimmungsweisen von einer zu einer andern ein stetiger Übergang stattfindet oder nicht, bilden sie eine stetige oder discrete Mannigfaltigkeit." S. 20: „Die Frage über die Gültigkeit der Voraussetzungen der

Hier erscheint jede inhaltliche Behauptung, so allgemein sie auch sein möge, schon zu speziell, und es ist durchaus konsequent, wenn man auf die Frage, welches denn nun die letzten synthetischen Grundsätze a priori aller Naturwissenschaft sind, A 102 DF 7 die Ant|wort erteilt (die ich einer freundlichen brieflichen Mitteilung Cassirers entnehme): „eigentlich nur der Gedanke der ‚Einheit der Natur' d. h. der Gesetzlichkeit der Erfahrung überhaupt, oder vielleicht kürzer der ‚Eindeutigkeit der Zuordnung'".[13] Damit scheint mir aber die Gefahr unentfliehbar hereingebrochen zu sein, die ich oben als unvermeidliche Folge einer zu großen Umfangsweitung des kritischen Gedankens bezeichnete. Denn nun dürfte es nicht mehr möglich sein, jemals eine physikalische Theorie als Bestätigung der kritizistischen Philosophie anzusprechen: diese müßte vielmehr mit *jeder* Theorie, sofern sie nur die Bedingungen der Wissenschaftlichkeit erfüllt, in gleicher Weise und ohne die Möglichkeit einer Selektion vereinbar sein. Einheitliche Naturgesetzlichkeit ist sicherlich die conditio sine qua non der Wissenschaft,[14] weil, wie Cassirer selbst sagt (S. 45), „der allgemeine Gedanke der Invarianz und Eindeutigkeit ... in irgend einer Form in *jeder* Theorie der Natur wiederkehren muß". Auch für den Empiristen sind, wie Cassirer (S. 95) anerkennt, die Gesetze „das eigentlich Bleibende und Substantielle", auch der Empirist glaubt an die Einheit der Natur, an die Gesetzlichkeit aller Erfahrung, nur meint er, daß sich ihre Gültigkeit, ihre objektive Notwendigkeit durch keine transzendentale Deduktion oder sonstwie

Geometrie im Unendlichkleinen hängt zusammen mit der Frage nach dem innern Grunde der Maßverhältnisse des Raumes. Bei dieser Frage, welche wohl noch zur Lehre vom Raume gerechnet werden darf, kommt die obige Bemerkung zur Anwendung, daß bei einer diskreten Mannigfaltigkeit das Prinzip der Maßverhältnisse schon in dem Begriffe dieser Mannigfaltigkeit enthalten ist, bei einer stetigen aber anders woher hinzukommen muß. Es muß also entweder das dem Raume zugrunde liegende Wirkliche eine diskrete Mannigfaltigkeit bilden, oder der Grund der Maßverhältnisse außerhalb, in darauf wirkenden bindenden Kräften gesucht werden." Vgl. auch 1929a *Erkenntnistheorie*, S. 312 (*MSGA* I/6, S. 167).

13 Ernst Cassirer an Moritz Schlick, 23. Oktober 1920.

14 Vgl. 1920c *Kausalprinzip*, in diesem Band S. 132.

erweisen lasse. Hier kann sich der Kritizist auf keine physikalische Theorie berufen, denn jede beweist durch ihre Bewährung in der Erfahrung nur die tatsächliche, nicht die notwendige Geltung des Satzes von der Einheit der Natur.

Wie ein roter Faden zieht sich durch Cassirers Buch der mit den glänzendsten Mitteln überlegener philosophisch-historischer Kultur geführte Nachweis, daß die Relativitätstheorie dem in der Entwicklung der exakten Wissenschaft von Platon bis heute immer richtungweisenden Ideal nicht etwa widerspricht, sondern im Gegenteil seine zur Zeit vollkommenste Erfüllung darstellt; daß die von ihr statuierte Relativität der Maßbestimmungen keineswegs einen Verzicht auf streng eindeutige objektive Gesetzmäßigkeit bedeutet, sondern im Gegenteil der Weg ist, zu allgemeinsten Gesetzen zu gelangen und letzte Invarianten aufzudecken. Ein neuerer Aufsatz Cassirers (im Dezemberheft der Neuen Rundschau)[15] ist im wesentlichen dem gleichen Nachweis gewidmet. So notwendig und verdienstlich es war, durch solche Ausführungen naheliegenden laienhaften Mißverständnissen der Einsteinschen Theorie entgegenzutreten und sie in den gebührenden Abstand | von jedem sophistischen „Relativismus“ skep- A 103 DF 8
tischer Färbung zu rücken, so wird damit doch nur bestätigt, daß die Relativitätslehre, weil sie eben eine wissenschaftliche Theorie ist, natürlich eine *Aufstellung*, nicht eine *Aufhebung* allgemeinster, objektiv gültiger Gesetze bedeutet. Das Einsteinsche Weltbild läßt die Einheit der Natur vollkommener hervortreten als das Newtonsche, aber nicht, weil es dem kritischen Gedanken gemäßer wäre, sondern weil es, schon am physikalischen Erkenntnisbegriff gemessen und noch unabhängig von der letzten philosophischen Interpretation, eine höhere Erkenntnisstufe darstellt.

Die Frage, ob dem von Cassirer so tief durchdachten logischen Idealismus der Nachweis der Richtigkeit der Behauptung gelungen sei, daß nur auf dem Boden der kritizistischen Erkenntnislehre die Relativitätstheorie sich philosophisch begründen und rechtfertigen lasse – diese Frage vermögen wir nach dem Vorangehenden gerade in bezug auf den entscheidenden Punkt nicht

15 Cassirer, *Philosophische Probleme der Relativitätstheorie.*

zu bejahen: die Lehre von den synthetischen Urteilen a priori als den konstruktiven Prinzipien der exakten Naturwissenschaft erfährt durch die neue Theorie keine unzweideutige Bestätigung. Cassirers Darlegungen scheinen mir keine überzeugende Anweisung zu geben, wie die Wunde geheilt werden kann, die der ursprünglichen Kantschen Ansicht durch den Umsturz der Euklidischen Physik geschlagen ist. Aber damit ist noch nicht gesagt, daß das Verhältnis zwischen Transzendentalphilosophie und Relativitätstheorie nun überhaupt als ein rein negatives erwiesen wäre; an andern Punkten könnten bedeutsame Berührungen beider Gedankenkreise stattfinden, wichtige Gemeinsamkeiten sich offenbaren.

Es liegt überaus nahe, in der kritischen Lehre von der *Idealität* des Raumes[16] und der Zeit eine enge natürliche Verwandtschaft mit den Gedanken der Relativitätstheorie zu suchen. Man hat in der Tat die Wesenlosigkeit, die den Raum der Einsteinschen Naturlehre vor dem starren Raum Newtons (und ebenso die Zeit) auszuzeichnen scheint, als eine willkommene Bestätigung der Kantschen Philosophie betrachtet. Auch Cassirer vertritt diese Auffassung. Im Anschluß an meine Bemerkung, daß nach der allgemeinen Relativitätstheorie nur einer unauflöslichen Einheit von Raum, Zeit und Stoff noch das Prädikat der Wirklichkeit zukomme (Raum und Zeit S. 67), meint er, diese Einsicht gehöre „zu den Grundlehren des kritischen Idealismus selbst" (S. 93); und A 104 DF 9 ferner: „die ideelle Trennung des reinen Raumes und der reinen | Zeit von den Dingen (genauer von den empirischen Erscheinungen) duldet nicht nur, sondern fordert geradezu ihre empirische ‚Union'" (S. 94). Dies letztere ist freilich richtig, denn Raum und Zeit sind als Formen der Anschauung von dem in ihnen geformten Stoff ebenso wenig trennbar, wie umgekehrt der Stoff ohne eine Form sein kann. Aber die von der Relativitätstheorie behauptete ‚Union', die ich durch jene Bemerkung zu treffen suchte,[17] ist

16 Vgl. 1916a *Idealität des Raumes* (*MSGA* I/4).

17 Der Begriff der „Union" von Raum und Zeit aus der prominenten Stelle bei Minkowski, *Raum und Zeit*, S. 75, war von Schlick mit der neuen Einheit der Wirklichkeit von Raum, Zeit und Dingen in Zusammenhang gebracht worden.

eine viel innigere als die Einheit von Stoff und Form, über welche die Transzendentalphilosophie nirgends hinausgegangen ist. Wenn daher Cassirer fortfährt: „Diese Union hat die allgemeine Relativitätstheorie in einem neuen Sinne bewährt und erwiesen ...", so ist der Ton durchaus auf das Wort *neu* zu legen. Dieses Neue wird gänzlich verkannt von E. Sellien[4)],[18] welcher sagt: „Für die tatsächliche Bestimmung von Raum und Zeit in der Erfahrung gehören Raum, Zeit und Körper zusammen. Dieser Satz ist keine Errungenschaft der Einsteinschen Theorie, wie Schlick mit so viel Emphase behauptet, er ist längst bekannt, und widerlegt Kants Lehre von der *reinen* Zeit durchaus nicht, weil er sie garnicht berührt". Es ist jedoch ein schlechthin fundamentales Mißverständnis der Allgemeinen Relativitätstheorie, wenn man glaubt, meine oben erwähnte Bemerkung so auffassen zu dürfen, als solle in ihr nur negativ die Sonderexistenz von Zeit und Raum gegenüber der Materie (und umgekehrt) geleugnet werden – das wäre freilich eine längst bekannte Trivialität.

[4)] Die erkenntnistheoretische Bedeutung der Relativitätstheorie, Kieler Dissertation, 1919, S. 37; auch als Ergänzungsheft 48 der „Kantstudien" erschienen.

Vgl. die von Schlick hier genannte Stelle in 1920a *Raum und Zeit*, S. 67 (*MSGA* I/2, S. 255 f.).

18 Einstein wies Schlick auf die Schrift Selliens hin: Albert Einstein an Moritz Schlick, 17. Oktober 1919. Cassirer, *Zur Einsteinschen Relativitätstheorie*, S. 124 liest Sellien gegen Schlick. Sellien, *Die erkenntnistheoretische Bedeutung der Relativitätstheorie*, S. 37: „Zunächst einmal ist festzustellen, daß die allgemeine Relativitätstheorie zu ihren Ergebnissen dadurch kommt, daß sie den Gedanken, alle raum-zeitlichen Messungen auf Koinzidenzen von Körpern zurückzuführen, bis zum prinzipiellen Extrem steigert. Das ist eine Fortsetzung der Bestrebungen der speziellen Theorie. Da wir nun aber bei dieser schon gefunden haben, daß dieses Verfahren durchaus berechtigt ist, vom Positivismus wie von Kant ohne weiteres zugegeben wird, überhaupt unbedingt notwendig ist, so dürfen wir hier von der neuen Theorie nichts wesentlich Neues erwarten. Für die tatsächliche Bestimmung von Raum und Zeit in der Erfahrung gehören Raum, Zeit und Körper zusammen. Dieser Satz ist keine Errungenschaft der Einsteinschen Theorie, wie Schlick mit so viel Emphase behauptet ([1917b *Raum und Zeit*, S. 22 (*MSGA* I/2), S. 215 f.]), er ist längst bekannt, und widerlegt Kants Lehre von der *reinen* Zeit durchaus nicht, weil er sie garnicht berührt."

Sondern die gegenseitige Abhängigkeit von Raum, Zeit und Materie geht in der Einsteinschen Theorie viel tiefer; nach ihr ist es z. B. unmöglich, von den Abmessungen einer Raumgestalt ohne Rücksicht auf die Art ihrer materiellen Erfüllung zu sprechen. Daß die Raumlehre in *dieser* Weise zum Zweige der Physik wird, verdient allerdings mit großer Emphase hervorgehoben zu werden. Nur Riemann hat diesen Gedanken mit völliger Klarheit A 105 DF 10 vorweggenommen; dem Kritizismus lag er nicht bloß fern[5)], | sondern er scheint ihm zu widersprechen, weil er es unmöglich macht, Raum und Zeit als bloße Formen in dem bisherigen Sinne aufzu-

[5)] Man hat zwar auch in diesem Punkte Kant zum Vorläufer Einsteins erklären wollen. Auf Grund einiger Bemerkungen in Kants erster Schrift „Gedanken von der wahren Schätzung der lebendigen Kräfte" sagt Ilse Schneider (Das Raum-Zeitproblem bei Kant und Einstein, Berlin 1921, S. 70): „Kant weist also als erster auf den Zusammenhang von Geometrie und Physik, speziell Gravitation, hin".[19] Aber Kants Versuch, die Dreidimensionalität des Raumes mit der Formel des Newtonschen Gravitationsgesetzes in Beziehung zu bringen, bedeutet nichts weniger als eine Vorahnung der Vereinigung von Geometrie und Physik im erkenntnistheoretischen Sinne, hat vielmehr gar nichts damit zu tun.[20] Mit ähnlichem Rechte könnte man hier auf die Cartesianische Identifizierung von Substanz und Ausdehnung[21] hinweisen, die auch Cassirer erwähnt (S. 60),[22] ohne daß er aber ihre wahre Bedeutung übertriebe.

19 Der Satz ist im Original durch Sperrdruck hervorgehoben.

20 Derselbe Punkt wird kritisiert in Erdmann, *Axiome*, S. 98. Vgl. dazu Vaihinger, *Philosophie des Als-Ob*, S. 77: „*Helmholtz* [zieht] aus der logischen Möglichkeit eines Raumes von n-Dimensionen ein Argument gegen *Kants Theorie des Angeborenseins* der Raumvorstellung (in 3 Dimensionen) [...] Ob dieses Argument nicht gegen eine mißverstandene Lehre Kants gerichtet sei, ist eine andere Frage."

21 Vgl. Descartes, *Die Prinzipien der Philosophie*, S. 58 (bzw. *Les principes de la philosophie*, in: *Œvres de Descartes*, Bd. IX, S. 47).

22 Vgl. Cassirer, *Zur Einsteinschen Relativitätstheorie*, S. 60: „Zu Beginn der neueren Zeit unternimmt Descartes den Versuch, diese Zweiheit, die sich in den ersten Fundamenten des physikalischen Denkens zeigt, philosophisch zu überwinden. [...] Das physische Sein des Körpers und das geometrische Sein der Ausdehnung bilden ein und denselben Gegenstand: die ‚Substanz' des Körpers geht in seinen räumlich-geometrischen Bestimmungen auf."

fassen, deren Gesetze von ihrem Inhalt unabhängig zu behandeln sind. Wenn Einstein von der Durchführung der allgemeinen Relativität bemerkt hat, sie nehme dem Raum und der Zeit „den letzten Rest physikalischer Gegenständlichkeit", so glaubt Cassirer, „daß die Theorie hierin nur dem Standpunkt des kritischen Idealismus die bestimmteste Anwendung und Durchführung innerhalb der empirischen Wissenschaft selbst verschafft" (S. 79). Legen wir aber – wie es Cassirer (S. 13) mit Recht als erste Aufgabe des Erkenntnistheoretikers fordert – den Sinn des Terminus „physikalische Gegenständlichkeit" restlos klar, so stoßen wir wieder auf das eben geschilderte Ergebnis, dem die Lehre von der Idealität von Zeit und Raum nur nach seiner negativen Seite hin gerecht zu werden vermag: es zeigt sich nämlich, daß mit der „Gegenständlichkeit" dem Raum und der Zeit zwar jede irgendwie beschaffene Unabhängigkeit von der Materie abgesprochen wird, daß aber der Rest, der *dann* vom physikalisch Räumlichen und Zeitlichen übrig bleibt, im Verein mit der Materie sich auch derselben Realität erfreut wie diese. Einstein selbst hat gelegentlich ausgesprochen, daß der physikalische Raum auch nach der Allgemeinen Relativitätstheorie Realität habe, nur keine selbständige. Das Räumliche und Zeitliche erhalten also einen Sinn, in dem sie nicht mehr bloß als ‚Formen' in der gewohnten Bedeutung angesehen werden dürfen, sondern sie gehören jetzt zu den physikalischen Bestimmungsstücken der Körper; die ‚Metrik' bedeutet nicht etwa bloß eine mathematische Messung des physikalisch Realen, sondern drückt selbst dessen Vorhandensein aus. Raum und Materie treten eben, wie Cassirer es durchaus treffend ausdrückt, „nicht mehr als verschiedene Klassen physikalischer Objektbegriffe auf" (S. 61). Wenn man also der Meinung ist, die Einsteinsche Physik weise „in dieser Hinsicht weniger Widersprüche zur kantischen transzendentalen Ästhetik auf, als irgend eine frühere Physik"[6)],[23] so scheint mir darin eine Verkennung der

[6)] Ilse Schneider, l. c. S. 65.

23 Die Stelle von „weniger" bis „Physik" ist im Original mit Sperrdruck hervorgehoben.

A 106 DF 11 | positiven Seite der Einsteinschen Raum- und Zeitlehre zu liegen. Es wäre auch verwunderlich, wenn die Kantsche Erkenntnistheorie in so deutlichem Widerspruch stehen sollte zur Newtonschen Naturlehre, deren philosophische Rechtfertigung eines ihrer vornehmsten Ziele war. –

Mag aber auch die rechte Würdigung der allgemeinsten Relativität (Kovarianz gegenüber *beliebigen* Substitutionen in der Sprache der Theorie) von kritizistischen Prinzipien aus schlecht gelingen: vielleicht könnten sie doch insofern einen tragfähigen Unterbau Einsteinscher Lehren liefern, als sie wenigstens zu dem Grundsatz der Relativität aller *Bewegungen* (Kovarianz gegenüber einer bestimmten Gruppe von Substitutionen) in einem günstigen Verhältnis stehen. Natürlich ist von einem philosophischen System nicht zu verlangen, daß es diesen Grundsatz als Theorie durchführe, wohl aber kann er sich aus ihm als unentbehrliches Postulat ergeben. Ist auch dies noch zu viel gefordert, so darf man zum allermindesten erwarten, daß jener Grundsatz, nachdem er von anderer Seite einmal aufgestellt war, sofort als kongenial erkannt und von dem System mit größter Energie angeeignet werde. Tatsächlich wäre der Kritizismus hierzu aus seinen Prämissen heraus sehr wohl imstande gewesen; dennoch hat er in seinen historischen Erscheinungsformen von den eben aufgestellten Forderungen keine erfüllt. Es war vielmehr der Positivist Mach, der das allgemeine Relativitätsprinzip zuerst mit Nachdruck zu einem Postulat der Naturbeschreibung erhob. Er verlangte – und zwar wirklich aus philosophischen Gründen – eine solche Formulierung der Naturgesetze, daß z. B. die Rotation der Erde gegen die Fixsterne mit gleichem Recht als eine entgegengesetzte Drehung des Sternhimmels um die Erde aufgefaßt werden könnte.[24] Um Kants Stellung zu diesem Gedanken kennen zu lernen – der ja zu seiner Zeit genau so möglich war – lese man die Metaphysischen Anfangsgründe der Naturwissenschaften, wo er

24 Vgl. 1920c *Kausalprinzip*, in diesem Band S. 137 sowie 1920d *Einstein*, in diesem Band S. 167.

im I. Hauptstück in der Anmerkung zum Grundsatz I, und im IV. Hauptstück im Lehrsatz 2 und der Allgemeinen Anmerkung zur Phänomenologie das Problem bespricht. Er fühlt dort (wie Leibniz, Huyghens und andere)[25] durchaus das Bedürfnis, die Relativität *aller* Bewegung aufrecht zu erhalten. Während aber Newton erkannte, daß dies mit *seiner* Mechanik unvereinbar sei und für sie folgerichtig (vermutlich nicht ganz leichten Herzens) die absolute Bewegung postulierte, sucht Kant dadurch nach einem Ausweg, ⌊da⌋[a] | er neben den Gegensatz der relativen und ab- A 107 DF 12
soluten denjenigen der „wahren“ und „scheinbaren“ Bewegung setzte![7)].

[7)] Ilse Schneider (l. c. S. 14) zitiert die entsprechende Kantstelle beifällig, weil sie Kant als Gegner der absoluten Bewegung erscheinen läßt, aber sie vergißt, daß jene Unterscheidungen gerade vom Standpunkt der Relativitätstheorie eine Ungeheuerlichkeit darstellen.[26]

a DF: ⟨daß⟩

25 Vgl. den Briefwechsel zwischen Leibniz und Huyghens in Cassirers Ausgabe: Leibniz, *Hauptschriften zur Grundlegung der Philosophie*, S. 242–246. (Zur positiven Beurteilung der Cassirer-Ausgabe im Hinblick auf die Relativitätstheorie vgl. Reichenbach, *Bewegungslehre*, S. 420 f.) Cassirer betont auf S. 242 die Bedeutung dieses Briefwechsels als Ergänzung zur Leibniz-Clarke Korrespondenz insbes., was den Begriff der relativen Bewegung betrifft. Gottfried Leibniz an Christiaan Huyghens, 12./22. Juni 1694 (S. 243 f.): „[...] daß es in der Natur noch etwas anderes gibt, als die Geometrie darin zur Bestimmung bringen kann; und es ist dies nicht der geringste unter den mannigfachen Gründen, durch die ich zu beweisen pflege, daß man, abgesehen von der Ausdehnung und ihren verschiedenen Bestimmungen, die etwas rein Geometrisches sind, noch ein übergeordnetes Prinzip, nämlich die Kraft, anerkennen muß. Newton erkennt die Äquivalenz der Hypothesen für den Fall der geradlinigen Bewegung an, glaubt jedoch, daß bei der Kreisbewegung das Streben der Körper, sich vom Mittelpunkt oder der Drehungsachse zu entfernen, uns ihre absolute Bewegung erkennen läßt. Ich aber habe Gründe zu der Ansicht, daß nichts das allgemeine Gesetz der Äquivalenz durchbricht.“ Zu Leibniz' Kritik der in eben diesem Punkt unzureichenden Cartesianischen Identifizierung von Substanz und Ausdehnung vgl. ebd., S. 308 f. und S. 329.

26 Vgl. Schneider, *Das Raum-Zeit-Problem bei Kant und Einstein*, S. 14: „Daß

Cassirer hat bereits in „Substanzbegriff und Funktionsbegriff" (1910) die Frage der Relativität der Rotation behandelt (S. 230 ff.). Es ist höchst bemerkenswert, mit welchem Scharfsinn er schon damals die Konsequenzen der Machschen Auffassung überblickte. Er sagt nämlich (l. c. 246): „Die positivistischen Bedenken gegen den ‚reinen' Raum und die ‚reine' Zeit beweisen daher nichts, weil sie zu viel beweisen würden: sie müßten, konsequent zu Ende gedacht, auch jede Darstellung physisch gegebener Körper in einem geometrischen System, in welchem es feste Lagen und Entfernungen gibt, verwehren". Hier und in den der zitierten Stelle vorhergehenden Entwicklungen werden also vom kritizistischen Gesichtspunkte aus im wesentlichen gerade *die* Konsequenzen verworfen, zu denen sich die Naturwissenschaft jetzt gezwungen sieht.

Gewiß hat Cassirer Recht mit seiner Meinung, daß die Bestätigung der Machschen Relativitätsbehauptung für sich noch keinen zwingenden Beweis für die Notwendigkeit einer empiristischen Interpretation der Einsteinschen Theorie liefere (S. 97) – aber ein höchst bedeutsames Indizium bleibt sie doch. Und zwar, wie ich glaube, kein trügerisches. Denn das erkenntnistheoretische Motiv, das Mach und Einstein (sei es mit Recht oder Unrecht) zu dem Postulat der Relativität aller Bewegungen führte, war der Satz, daß *Unterschiede des Wirklichen nur dort angenommen werden dürfen, wo Unterschiede im prinzipiell Erfahrbaren vorliegen.*[27] Diese fundamentale Regel ist öfters ausgesprochen

für ihn die wahre Bewegung, die Kreisbewegung, eine Ausnahmestellung einnimmt, und von der geradlinigen Translation als scheinbarer Bewegung unterschieden wird, beweist, wie aus den zitierten Stellen ersichtlich, keineswegs, daß *Kant* die Rotation für eine ‚absolute Bewegung' gehalten habe."

27 Vgl. Mach, *Mechanik*, S. 233: „Können wir vielleicht das Wasserglas Newton's festhalten, den Fixsternhimmel dagegen rotiren, und das Fehlen der Fliehkräfte *nun nachweisen*? Der Versuch ist nicht ausführbar, der Gedanke überhaupt sinnlos, da *beide* Fälle sinnlich voneinander nicht zu unterscheiden sind. Ich halte demnach *beide* Fälle für *denselben* Fall und die Newton'sche Unterscheidung für eine Illusion." Vgl. 1915a *Relativitätsprinzip* (*MSGA* I/4) sowie 1923a *Relativitätstheorie*, in diesem Band S. 532.

worden, auch von Metaphysikern wie Leibniz, bei dem sie gleich in zwei Gestalten erscheint, nämlich als principium identitatis indiscernibilium[28] und als principe de l'observabilité (in letzterer Form führt es auch Cassirer S. 37 an);[29] aber von der Aufstellung bis zum konsequenten Festhalten und Durchführen der Regel ist noch ein großer Schritt. Wird der Grundsatz jedoch in seiner wahrhaft fundamentalen Bedeutung erkannt und gewürdigt, so läßt er sich, wie ich glaube, zum obersten Prinzip aller empiristischen Philosophie erheben, zur | letzten Richtschnur, die bei A 108 DF 13
der Stellungnahme zu jeder Einzelfrage maßgebend sein muß, und deren unerbittliche Anwendung auf alle Spezialprobleme ein Verfahren von höchster Fruchtbarkeit darstellt.

Ist diese Auffassung richtig, so wäre damit allerdings der Zusammenhang der Relativitätslehre mit der empiristischen Erkenntnistheorie als ein innerlicher, streng sachlicher, als nicht bloß äußerer und zufälliger erkannt.

28 Vgl. Leibniz, *Nouveaux Essais sur l'Entendement Humain*, Buch II, Kap. 27, § 1 sowie Leibniz, *Hauptschriften zur Grundlegung der Philosophie*, Leibniz' 4. Schreiben, § 4, und Leibniz' 5. Schreiben, §§ 26–28.

29 Cassirer zitiert dort Leibniz («quand il n'y a point de changement observable, il n'y a point de changement du tout») und verweist als Quelle auf sein Werk über Leibniz; Cassirer, *Leibniz' System in seinen wissenschaftlichen Grundlagen*, S. 247 ff. Dort ist die Herkunft der Textstelle angegeben anhand der Erdmann-Ausgabe; Erdmann (Hrsg.), *Leibnitii opera philosophica*: „An Clarke (V, 52), S. 770". Siehe aber insbesondere Cassirers eigene Leibniz-Auswahl: Leibniz, *Hauptschriften zur Grundlegung der Philosophie*, S. 188. Dort wird an eben jener Stelle der Leibniz'sche Gedanke in einer Anmerkung von Cassirer ebenfalls als „Prinzip der Identität des Ununterscheidbaren" bezeichnet, es scheint also auch für Cassirer hier kein wesentlicher Unterschied bestanden zu haben. Vgl. Cassirers Anmerkung zum *principium* in *Leibniz' System in seinen wissenschaftlichen Grundlagen*, S. 249 f.: „Wissenschaftliche Annahmen bedürfen nicht der unmittelbaren Darstellung in wirklicher, einzelner Erfahrung, aber die Beziehung auf mögliche Erfahrung muss in ihnen gewahrt bleiben. Die Hypothese erlangt erst dadurch wissenschaftliches Recht, dass sie sich wenigstens mittelbar in ihren Folgen im System des Erfahrbaren bewährt."

Im letzten Kapitel seines Buches betont Cassirer mit Nachdruck, daß der Raum und die Zeit der Relativitätstheorie eben Raum und Zeit der *Physik* sind, nicht der Wirklichkeit schlechthin, sodaß ihnen etwa der Raum und die Zeit der *Psychologie*[30] als etwas gänzlich Heterogenes gegenüberstehen. Es ist in der Tat von größter Wichtigkeit, sich stets darüber klar zu sein, daß man von Raum und Zeit in völlig verschiedenen Bedeutungen reden kann – am wichtigsten gerade auch für den, dem es schließlich auf die Erkenntnis des Zusammenhanges dieser verschiedenen Bedeutungen ankommt. Wenn ich an andern Stellen[8)] den psychologischen Raum (und die Zeit) als das rein Anschauliche dem physikalischen als einer rein begrifflichen Konstruktion gegenüberstellte, so war ich mir wohl bewußt, daß die „Anschauung" bei Kant in einer ganz andern Weise abgegrenzt wird. In diesem Punkte bin ich von einer Reihe von Kritikern mißverstanden worden. Cassirer erklärt[9)] Kants reine Anschauung als eine bestimmte „Methode der Objektivierung": das ist sie freilich ⌊*auch*⌋[b], aber ihr Wesen erschöpft sich nicht darin. Gewiß wollte Kant alles Psychologische aus ihr entfernen – aber ich werde mich niemals überzeugen können, daß es ihm gelungen ist. Denn es kann eben nicht gelingen[10)] ohne die Anwendung der einzigen Methode, die das rein Begriffliche der Geometrie vom Psychologisch-Anschaulichen zu trennen ermöglicht: das ist die Methode der impliziten Definition, die erst in der modernen Mathematik ausgebildet wurde[11)]. Ohne sie ist es nicht einmal möglich, die Idee eines reinen Begriffs zu fassen und in seiner Ablösung von allen

[8)] „Raum und Zeit" 3, S. 81, „Allgemeine Erkenntnislehre", S. 801.

[9)] S. 123, 124, Anmerkung.

[10)] Wie sich z. B. aus den Ausführungen Selliens (l. c. S. 40) erkennen läßt.

[11)] Vgl. „Allgemeine Erkenntnislehre", S. 30 ff.

b DF: ⟨auch⟩; handschriftliche Korrektur

30 Der psychologische Entstehungsgrund des Raumbegriffs war schon früh Thema für Schlick; vgl. Inv.-Nr. 1, A. 1.

psychologischen Momenten zu verstehen. Kants reiner Anschauungsraum enthält also notwendig solche Momente, sie geben dem Raumbegriff den Inhalt, ohne den er für Kant „leer“ wäre. | Sein A 109 DF 14 Raum ist ihm zwar identisch mit dem Raum Newtons (dies ist auch die Meinung Cassirers, die ich stets geteilt habe; Sellien[12)] jedoch, den Cassirer sonst zustimmend zitiert, scheint ihr zu widersprechen), aber der Newtonsche Raum ist auch bei ihm eben ein anschaulicher, noch nicht gereinigt von den Elementen, die *wir* noch als psychologisch bezeichnen müssen. So ist Kants reine Anschauung – wie es auch durchaus der verbreiteten Meinung von Raum und Zeit entspricht – ein Mittelding zwischen rein Begrifflichem und psychologisch Anschaulichem; und da ich es für eins der wichtigsten Ergebnisse der modernen Theorie der exakten Wissenschaft halte (in diesem Punkte hat sich Henri Poincaré besonders große philosophische Verdienste erworben), daß es solch eine Mischung, solch ein Mittelding eben *nicht gibt*, so mußte ich einerseits die Existenz einer reinen Anschauung im Sinne Kants leugnen (Allgem. Erkenntnislehre, S. 302) und durfte von einer Vermengung des physischen Raumbegriffs mit seinen sinnlichen Repräsentanten sprechen (Raum und Zeit, S. 83); an-

[12)] l. c. S. 16. Dort ist von der Zeit die Rede;[31] vom Raum aber gelten die Argumente in gleicher Weise.

31 Sellien, *Die erkenntnistheoretische Bedeutung der Relativitätstheorie*, S. 16: „Nach Newton existiert diese absolute Zeit an sich, sie besitzt absolute Realität, bei Kant aber ist sie weiter nichts als die ‚wirkliche Form der inneren Anschauung‘. [Kant, *Kritik der reinen Vernunft*, A 37/B 53] Daher ist sie nur wirklich, so weit mögliche Erfahrung reicht. Und darum dürfen wir auch aus den Worten Kants: ‚Also erklärt unser Zeitbegriff die Möglichkeit so vieler synthetischer Erkenntnis a priori, als die allgemeine Bewegungslehre, die nicht wenig fruchtbar ist, darlegt‘ [Kant, *Kritik der reinen Vernunft*, B 49 (nur in B)], nicht den Schluß ziehen, den Schlick ([1915a *Relativitätsprinzip*, S. 159 (*MSGA* I/4)]) aus ihnen gezogen hat, daß Kants absolute Zeit mit der Newtons identisch sei. Kant hätte seine Lehre auch ohne die Kenntnis der Newtonschen Prinzipien entwickeln können, seine Theorie ist allgemein genug, um jene zu umfassen, ist sie doch von jeder besonderen Erfahrung überhaupt unabhängig abgeleitet worden.“

dererseits mußte ich erklären, daß in der Lehre von den bloß subjektiven Anschauungsformen eben insofern ein richtiger Kern zu finden ist, als sie noch von psychologischen Momenten nicht ganz entblößt sind. Diese Ansichten vermag ich also nicht aufzugeben.

Die Verfolgung des Bedeutungswandels der Termini Raum und Zeit durch die verschiedenen Gebiete des Geisteslebens gibt Cassirer Gelegenheit, seine Betrachtung der Relativitätslehre großzügig in umfassendere Zusammenhänge einzuordnen und außer dem Lichte der speziellen Erkenntniskritik auch die Strahlen der systematischen Philosophie auf sie zu richten. So schließt das Buch mit einem Umblick, dessen Weite der Höhe des eingenommenen Standpunktes entspricht. Wir scheiden mit dem Eindruck, daß dieser Standpunkt über die Region des eigentlichen Kritizismus doch schon hinausliegt, und daß es Cassirer nur hierdurch gelang, der Relativitätstheorie philosophisch in dem Maße gerecht zu werden, wie es in dem geistvollen und gedankenreichen Buche geschieht.

Gern willfahre ich der Aufforderung der Leitung der Kantstudien, bei dieser Gelegenheit noch über zwei andere Bücher zur Einsteinschen Lehre kurz zu berichten, denn es handelt sich um
A 110 DF 15 | Schriften, von denen zu sprechen sich lohnt. Die erste, verfaßt von Max Born[13)],[32] gibt eine glänzende, ausführliche Darstellung der Einsteinschen Lehre vom Standpunkt des Physikers aus. Sie füllt in ⌊überaus trefflicher⌋[c] Weise eine sehr fühlbare Lücke der Einstein-Literatur, denn während die bis dahin vor-

[13)] Die Relativitätstheorie Einsteins und ihre physikalischen Grundlagen gemeinverständlich dargestellt, mit 129 Abbildungen und einem Porträt. Springer, Berlin 1920.

c DF: ⟨unübertrefflicher⟩; handschriftliche Korrektur

32 Vgl. Arnold Berliner an Moritz Schlick, 31. Mai 1920; zitiert in diesem Band S. 252.

handenen gemeinverständlichen Einführungen in die Theorie bei der Besprechung ihrer physikalischen Grundbegriffe sich auf das notwendigste beschränkten, erscheint die Theorie in dem Bornschen Buche zum ersten Mal nicht von ihrem natürlichen Hintergrunde abgelöst, sondern es wird gerade auf ihre Einordnung in das System der Physik großes Gewicht gelegt, klar treten die Zusammenhänge hervor, aus denen sie in Wirklichkeit erwachsen ist. Für den Nichtphysiker ist es von höchstem Werte, in diese Zusammenhänge eingeweiht zu werden, denn durch sie führt der naturgemäße Weg zum Verständnis. Born ebnet diesen Weg nicht nur durch Vermeidung aller höheren Mathematik, sondern selbst Logarithmen und trigonometrische Funktionen kommen nicht vor. Die Hauptsache aber ist: das Buch ist durch und durch das Werk eines philosophischen Kopfes. Das zeigt sich nicht etwa darin, daß Born den Gang seiner Darstellung durch philosophische Deutungen und Abschweifungen unterbräche, sondern in der Höhe der Gesichtspunkte, die den Aufbau bestimmen, und in der tiefen Besinnung, die aus der Behandlung des Gegenstandes überall hervorleuchtet. Es zeigt sich ferner vor allem in der kurzen philosophischen Einleitung, die geradezu klassisch anmutet in der Wärme und der Prägnanz, mit der sie den Grundgedanken vorträgt: daß das Absolute nur im Umkreis des Subjektiven zu finden ist, und daß der denkende Geist in die Sphäre der objektiven Geltung nur vordringen kann, indem er das Absolute opfert, um Erkenntnis des Relativen dafür einzutauschen. Fürwahr eine fundamentale Einsicht, die nicht nur in der theoretischen Wissenschaft offenbar wird, sondern nach meiner Überzeugung sich auch in der praktischen Philosophie bewährt.

Die zweite Schrift ist das Büchlein „Relativitätstheorie und Erkenntnis a priori“ von Hans Reichenbach (Berlin 1920). Es stellt zweifellos einen großen Fortschritt in der logischen Deutung der Einsteinschen Lehre dar. Reichenbach leuchtet durch eine | Art axiomatischer Methode in sehr scharfsinnigen und A 111 DF 16
selbständigen Ausführungen in die logischen Grundlagen der Relativitätstheorie hinein und liefert dabei durch Aufdeckung ge-

wisser versteckterer Prinzipien (er spricht z. B. von einem „Prinzip des approximierbaren Ideals“, einem „Prinzip der normalen Induktion“ usw.) einen wertvollen Beitrag zur Logik der exakten Wissenschaft überhaupt. Er gelangt zu dem Resultat, daß Einsteins Theorie mit der ursprünglichen Kantschen Lehre nicht vereinbar sei, und er nimmt eine solche Umbildung des Aprioribegriffs vor, daß die Relativitätstheorie ihm nicht mehr widerspricht und, wie er meint, der wichtigste Grundgedanke der Kantschen Philosophie aufrecht erhalten bleibt. Diesen Grundgedanken glaubt er nämlich in der Einsicht zu finden, daß jede Erkenntnis nur durch die logische Voraussetzung gewisser Prinzipien möglich wird, die ihren Gegenstand überhaupt erst konstituieren. Solche Prinzipien nennt er a priori, läßt aber das Merkmal der Apodiktizität fallen; sie sind also nicht notwendig, und fortschreitende Erfahrung kann Anlaß zu ihrer Modifikation geben. „Apriori bedeutet: *vor* der Erkenntnis, aber nicht: für alle Zeit, und nicht: unabhängig von der Erfahrung“ (S. 100). Nach dem oben (S. 98) Gesagten scheint mir der Boden des Kritizismus damit vollständig verlassen zu sein; und Reichenbachs Prinzipien a priori würde ich als Konventionen im Sinne Poincarés bezeichnen.[33] Die Terminologie des Verfassers kann ich also nicht gutheißen, aber sachlich stimme ich in den meisten wesentlichen Ergebnissen durchaus mit ihm überein. Selbst in den Fragen, in bezug auf welche er in der Schrift gegen mich Stellung nimmt, besteht in Wahrheit keine tiefgehende Verschiedenheit der Meinungen, wie eine briefliche Erläuterung beider Standpunkte nachträglich ergeben hat.[34] Aber auch für den, der diesen Standpunkten fern steht, ist das Büchlein wertvoll, denn eine philosophische Leistung, die sich durch Originalität, Klarheit und Schärfe der Gedankenführung so auszeichnet wie die vorliegende, muß dem Le-

33 Das Poincaré-Argument wird nochmals eigens wiederholt in 1922d *Rezension/Reichenbach*, in diesem Band S. 507.

34 Vgl. dazu den editorischen Bericht zu 1922d *Rezension/Reichenbach*, in diesem Band.

ser auch dann Genuß und Vorteil bieten, wenn sie ihn zum Widerspruch anregt.

Vorrede
(gemeinsam mit Paul Hertz)
[zu: Hermann von Helmholtz, Schriften zur Erkenntnistheorie. Hrsg. u. erläutert von Paul Hertz und Moritz Schlick]

Vorrede (gemeinsam mit Paul Hertz) [zu: Hermann von Helmholtz, Schriften zur Erkenntnistheorie. Hrsg. u. erläutert von Paul Hertz und Moritz Schlick]

Editorischer Bericht

Zur Entstehung

Als Herausgeber der *Naturwissenschaften* hatte Arnold Berliner dem 100. Geburtstag Hermann von Helmholtz' bereits ein Sonderheft gewidmet. Johannes von Kries, Alois Riehl, Wilhelm Wien, Walther Nernst und Eugen Goldstein hatten darin „Helmholtz als Philosophen", „Helmholtz als Physiker" und „Helmholtz als Physiologen" ihre Würdigung zuteil werden lassen.[1] Für die Herausgabe eines zum selben Anlaß geplanten Helmholtz-Jubiläumsbandes fiel seine erste Wahl auf Schlick:

> „Ich habe Herrn Springer vorgeschlagen, zum 100. Geburtstage von Helmholtz seine sämtlichen erkenntnistheoretischen Arbeiten, die doch gerade jetzt eine große Rolle spielen, neu herauszugeben. Selbstverständlich kommen Sie an allererster Stelle für diese Herausgabe in Frage, und Herr Springer hat mich deswegen beauftragt, Sie anzufragen, was Sie von der Idee halten, und ob Sie evtl. die Herausgabe übernehmen würden."[2]

1 Die drei Festvorträge bei der am 25. November 1921 in Berlin stattfindenden Helmholtz-Geburtstagsfeier trugen exakt die gleichen Titel. Es darf angenommen werden, daß die Veranstalter das Sonderheft zur Orientierung herangezogen hatten. Vgl. den editorischen Bericht zu 1922b *Helmholtz*, in diesem Band.

2 Arnold Berliner an Moritz Schlick, 16. November 1920.

In Schlicks kurz davor in den *Naturwissenschaften* erschienenem Aufsatz 1920c *Kausalprinzip* (in diesem Band) hatte Berliner Anklänge an Helmholtz ausmachen können. Insbesondere dürften ihn Schlicks Verständnis einer Eigenschaft als Prozeß, z. B. seine Interpretation von Farbe als (Schwingungs-)Vorgang (siehe 1920c *Kausalprinzip*, in diesem Band S. 134), sowie seine Identifizierung der Reduktion von Eigenschaften auf Prozesse mit wissenschaftlichem Fortschritt (ebd., in diesem Band S. 140) zu folgendem Hinweis bewogen haben:

„Vielleicht interessiert Sie, daß Helmholtz mit großem Nachdruck an verschiedenen Stellen darauf hingewiesen hat, daß die Eigenschaften der Objekte in ihren Wirkungen auf andere bestehen, so z. B. in einem Vortrage über die Gesichtsempfindungen (dem zweiten Vortrage von dreien über die neueren Fortschritte in der Theorie des Sehens). Er weist dort z. B. auch auf Locke und Herbart hin, und auch darauf, daß diese Anschauung ganz im Sinne Kants sei.[3] Ebenso geht er auf diese Frage im Handbuch der physiologischen Optik ein, und zwar steht im Sachregister unter dem Stichwort ‚Eigenschaften' wörtlich: Eigenschaften der Objekte bestehen in ihren Wirkungen auf andere, III, 20–21 (III bezieht sich auf den dritten Band der in drei Bänden herausgegebenen dritten Auflage des Handbuches.")[4]

Da die Gegenbriefe fehlen, bleibt unklar, ob eine etwaige Stellungnahme Schlicks zu obigem Zitat Berliners Entscheidung für ihn als

3 Siehe Helmholtz, *Fortschritte*, S. 321: „[J]ede *Eigenschaft* oder *Qualität* eines Dinges [ist] in Wirklichkeit nichts Anderes [...], als die Fähigkeit desselben, auf andere Dinge gewisse Wirkungen auszuüben. [...] Wenn aber, was wir Eigenschaft nennen, immer eine Beziehung zwischen zwei Dingen betrifft, so kann eine solche Wirkung natürlich nie allein von der Natur des einen Wirkenden abhängen, sondern sie besteht überhaupt nur in Beziehung auf und hängt ab von der Natur eines zweiten, auf welches gewirkt wird. Es hat also gar keinen reellen Sinn, von Eigenschaften des Lichts reden zu wollen, die ihm an und für sich zukämen, unabhängig von allen anderen Objecten, und die in der Empfindung des Auges wieder dargestellt werden sollten. [...] Natürlich haben sich diese Überlegungen schon längst denkenden Köpfen aufgedrängt; man findet sie bei *Locke* und *Herbart* deutlich ausgesprochen, sie sind durchaus im Sinne von *Kant*."

4 Arnold Berliner an Moritz Schlick, 31. Mai 1920. Das Sachregister für alle drei Bände (der dritten Auflage) befindet sich in Bd. II. Dort findet sich auch auf S. 382 das hier angeführte „wörtliche" Zitat mit dem Verweis auf Bd. III. Die Stelle in Bd. III wiederum wird von Schlick extensiv in 1921c *Erläuterungen/Helmholtz*, S. 312–314 zitiert.

Herausgeber der Helmholtz-Schriften mit beinflußt haben könnte. Der Herausgabe selbst dürfte Schlick jedenfalls umgehend zugestimmt haben: Bereits am 26. November bekundete Berliner in Zufriedenheit darüber, daß die „Helmholtzidee [...] Beifall gefunden" habe. Er betonte jedoch, daß es

> „ohne einen umfangreicheren Apparat von Noten und Literaturnachweisen [...] nicht abgehen [würde], wenn die Ausgabe nicht nur ein vorübergehendes, sondern ein länger anhaltendes Interesse bekommen soll"[5]

und schlug daher vor, dem erheblichen Arbeitsaufwand durch Hinzuziehung eines „Gehilfen" zu begegnen:

> „eventuell Dr. *Reichenbach* oder einen Ihnen sonst geeignet erscheinenden Physiker und Philosophen, der auf diesem Gebiete Bescheid weiß".[6]

Schlick folgte dem Vorschlag Berliners zwar insofern, als er die Herausgeberschaft teilte, jedoch gibt es keinerlei Hinweis darauf, daß er Reichenbach – mit dem er zur fraglichen Zeit in reger Korrespondenz stand – tatsächlich als Mitarbeiter in Erwägung gezogen hätte. Statt dessen nennt ein im März 1921 an Schlick ergangener Verlagsvertrag Paul Hertz als Mitherausgeber.[7]

5 Arnold Berliner an Moritz Schlick, 26. November 1920.

6 Ebd.

7 Vgl. Julius Springer an Moritz Schlick, 16. März 1921. In Paul Hertz an Moritz Schlick, 19. September 1920 hatte Hertz, mit dem Schlick seit 1914 in Kontakt stand, über finanzielle Probleme geklagt, was für Schlick ein zusätzlicher Grund gewesen sein könnte, ihn für die Herausgabe in Betracht zu ziehen. Briefe Schlicks an Hertz oder Berliner aus der fraglichen Zeit sind jedoch nicht erhalten. Auch geben weder die überlieferte Hertz-Reichenbach Korrespondenz noch der Briefwechsel zwischen Reichenbach und Berliner Auskunft darüber, was letztlich zur Entscheidung für Hertz geführt hatte.

Zur Überlieferung und Edition

Der Text erschien in Helmholtz, *Schriften zur Erkenntnistheorie*, Berlin: Springer 1921, S. V–IX (**A**). Der Band wurde für 8.50 Mark verkauft,[8] die erste Auflage umfaßte 1000 Stück. Es sind keine Manuskripte, Druckfahnen etc. überliefert.

Der Abdruck folgt A. Der Hervorhebungsweise in A (Sperrung) entspricht hier Kursivsetzung. Personennamen, in A durch Sperrung hervorgehoben, sind hier wie der Fließtext gesetzt.

8 Vgl. Bibliographische Abteilung des Börsenvereins der Deutschen Buchhändler zu Leipzig, *Deutsches Bücherverzeichnis der Jahre 1921 bis 1925*, Eintrag „Helmholtz".

Vorrede V
(gemeinsam mit Paul Hertz) [zu: Hermann von Helmholtz, Schriften zur Erkenntnistheorie. Hrsg. u. erläutert von Paul Hertz und Moritz Schlick]

Es ist eine oft ausgesprochene Wahrheit, daß das schönste Denkmal eines großen Mannes seine eigenen Werke sind. Nicht besser und würdiger können wir das Andenken eines Genius feiern, als indem wir uns seiner Schöpfungen erfreuen und für ihre Wirkung unter der Mitwelt Sorge tragen. So lag es nahe, Helmholtz' hundertsten Geburtstag dadurch zu begehen, daß die Erinnerung an diesen Geistesriesen (einen „intellectual giant“ nannte ihn Maxwell)[1] durch Veranstaltung einer Neuausgabe seiner fortwirkenden Schriften wachgehalten werde.

Sein Gesamtwerk kam für diesen Zweck nicht in Betracht. Die beiden großen klassischen Bücher über die Physiologische Optik und Akustik[2] werden auch fürder als ragende Denkmäler

1 Vgl. Maxwell, *Helmholtz*, S. 391: "We prefer to regard Helmholtz as the author of the two great books on Vision and Hearing, and now that we are no longer under the sway of that irresistible power which has been bearing us along through the depths of mathematics, anatomy, and music, we may venture to observe from a safe distance the whole figure of the intellectual giant as he sits on some lofty cliff watching the waves, great and small, as each pursues its independent course on the surface of the sea below."

2 Helmholtz, *Handbuch der Physiologischen Optik* und ders., *Die Lehre von den Tonempfindungen*.

seines Schaffens einzeln für sich stehen müssen; und seine zahlreichen kleineren Schriften behandeln zum größten Teil Fragen der Physik und Physiologie, die zu den modernen Problemen dieser Gebiete in keinem sehr engen Verhältnis mehr stehen, weil in beiden Wissenschaften, vor allem in der Physik, die letzten Jahrzehnte so mächtige Fortschritte zu verzeichnen haben, daß viele Fragen der Helmholtzschen Epoche zurzeit hinter dem Horizont des veränderten Gesichtskreises versunken sind. Gerade auf dem Gebiete der Physik, wo seine reichste Begabung, seine glühendsten Interessen und seine glänzendsten Leistungen lagen, zeigt sich unverkennbar, daß dieser außerordentliche Mann noch mehr ein Vollender gewesen ist als ein Anreger und Pfadweiser. Seine klassischen physikalischen Arbeiten – man denke etwa an das Energieprinzip oder die Arbeit über die Wirbelbewegungen – stehen am *Ende* von Entwicklungsreihen. So geben sie wohl ein sicheres Fundament für neue Entwicklungsmöglichkeiten, aber die moderne Physik, welche die in der „klassischen" Zeit geschaffenen Grundlegungen dankbar hinnimmt, doch vor allem nach Lösung ihrer neuen brennenden Fragen suchen muß, blickt auf diese Schriften als auf etwas außerhalb ihres eigenen Problemkreis Stehendes. Natürlich könnte es sein, daß die Physik einst auf Helmholtz' Anschauungen zurückgreifen und darin verborgene Keime zur Entfaltung bringen müßte; im gegenwärtigen Stadium der Wissenschaft aber erscheint sein Werk als etwas abgeschlossen Zurückliegendes.

Nur in einem Punkte trifft das nicht zu, und zwar in einem von höchster Wichtigkeit: es gilt nicht für Helmholtz' erkennt-
VI nistheoretische | Arbeiten. Die Probleme, die Helmholtz als Erkenntnistheoretiker behandelt hat, ragen nicht nur aus seiner Zeit in die unsrige hinein, sondern sind heute zum Teil zu einem neuen Leben erwacht, zu einem intensiveren Leben, weil sie eine Bedeutung erlangt haben, die damals noch nicht vorausgesehen wurde. Es handelt sich um die Probleme der letzten Begründung mathematischer Erkenntnis, von denen bereits Kant fühlte, daß sie den Schlüssel zum Problem der Erkenntnis überhaupt enthalten, und die heute in viel höherem Maße im Mittelpunkt des Interesses stehen als zu Helmholtz' Zeit. Er stieß auf diese Fragen von

der sinnesphysiologischen Seite her, Riemann von der mathematischen, die moderne Forschung von der physikalischen aus. Ihre hohe philosophische Bedeutung ist auf diesem letzten Wege in der Gegenwart am deutlichsten hervorgetreten und hat allgemeine Aufmerksamkeit erregt, aber Helmholtz war sich ihrer bereits voll bewußt und hat demgemäß Gewicht darauf gelegt, die Ergebnisse jener „metamathematischen"[3] Untersuchungen durch populäre Vorträge in weitere Kreise zu tragen. Auch heute noch ist seine Darstellung trefflich geeignet, in die Dinge einzuführen und den Fragenkreis der nicht-euklidischen Geometrie zu erschließen, der in der modernen Relativitätstheorie eine so unmittelbare Bedeutung für das Verständnis des physischen Weltzusammenhanges gewonnen hat. Die allgemeine Relativitätstheorie hat eine großartige Bestätigung der realen Bedeutung der Riemannschen und Helmholtzschen Gedankengänge erbracht, die früher so mancher Anfeindung ausgesetzt waren und bis in die Gegenwart oft genug als leeres Spiel mit Begriffen ohne Möglichkeit der Anwendung auf die wirkliche Welt hingestellt worden sind.

So sind es vor allem Helmholtz' Schriften zur Theorie der geometrischen Erkenntnis, durch welche die Ideen dieses hervorragenden Geistes im Denken der Gegenwart lebendig erhalten werden können; sie mußten einen großen Teil dieses Bandes einnehmen. Helmholtz hat jene Probleme in engem Zusammenhang mit andern erkenntnistheoretischen Fragen behandelt, die eins der wichtigsten Eingangstore zur Philosophie bilden: es sind die Fragen der Theorie der Wahrnehmung; und seine Ausführungen über dies Thema gelten in ihrer Klarheit und Eindringlichkeit nicht mit Unrecht als klassische Darstellungen, auf die man auch in Zukunft immer wieder zurückgreifen wird. Auch diese Seite des Helmholtzschen Schaffens mußte in unserer Ausgabe möglichst vollständig berücksichtigt werden, wenn sie ihren Zweck erfüllen und etwas Abgeschlossenes bieten sollte.

Selbst wenn der hundertste Geburtstag nicht eine äußere Veranlassung dazu gäbe, wäre es aus inneren Gründen an der Zeit, Helmholtz' erkenntnistheoretische Arbeiten zusammengefaßt her-

3 Vgl. 1921c *Erläuterungen/Helmholtz*, in diesem Band S. 325.

auszugeben. Sieht sich die moderne Naturwissenschaft durch die
VII logische | Allgemeinheit ihrer Prinzipien genötigt, wieder innigste Fühlung mit der Philosophie zu nehmen, so ist ihr Helmholtz in einer unphilosophischen Zeit darin voraufgegangen: sein Name ist das Sinnbild einer fruchtbaren Vereinigung der Wissenschaft mit einer erkenntnistheoretisch orientierten Philosophie, von der er an einer berühmten Stelle (Vorträge und Reden I^5, S. 88) sagt, sie beabsichtige nur, „die Quellen unseres Wissens und den Grad seiner Berechtigung zu untersuchen, ein Geschäft, welches immer der Philosophie verbleiben wird und dem sich kein Zeitalter ungestraft wird entziehen können“.[4] So haben sich die Herausgeber auf eine dankenswerte Anregung des Schriftleiters der „Naturwissenschaften“, Herrn Dr. Berliner,[5] gern der Aufgabe unterzogen, deren Ergebnis nun mehr in diesem Bande vorliegt.

Der oberste Gesichtspunkt, der uns bei der Auswahl und Erläuterung der Schriften geleitet hat, war die Rücksicht auf die *Sache*, auf die zur Sprache kommenden Probleme. Es ist uns nicht um historische oder philologische Fragen zu tun, also nicht um die Verfolgung der zeitlichen Entwicklung von Helmholtz' Ansichten, oder eine kritische Sichtung der Helmholtz-Literatur, auch nicht um eine ausführliche Wiedergabe oder Aufzählung aller Stellen, an denen Helmholtz sich zu irgend einer erkenntnistheoretischen Frage geäußert hat, sondern seine Schriften werden hier von neuem dargeboten um der Wahrheit willen, die in ihnen enthalten ist, oder sich aus ihnen gewinnen läßt. Helmholtz hat häufig ein und dasselbe Thema mehrfach behandelt, zuweilen in so weitgehender Übereinstimmung, daß er längere Ausführungen aus einer Darstellung wörtlich in die andere übernahm; schon aus diesem Grunde hätte ein wahlloser Abdruck aller erkenntnistheoretischen Stellen aus seinen Werken dem Zwecke des Bandes nicht entsprochen. Nach Prüfung des gesamten Materials wurden die nunmehr hier vereinigten Abhandlungen ausgewählt, weil sie die vollständigste und abgeklärteste, geschlossenste Darstellung der Helmholtzschen Gedanken zur Erkenntnistheorie enthalten. Nur

4 Das Zitat stammt aus Helmholtz, *Über das Sehen des Menschen*.

5 Vgl. dazu den editorischen Bericht.

an verhältnismäßig wenigen Punkten war es nötig, Stellen aus anderen Schriften von Helmholtz heranzuziehen, um ein wirklich lückenloses Bild seiner Erkenntnistheorie zu geben; solche Stellen sind in unsern Erläuterungen abgedruckt.

Auch für unsern Kommentar war der rein sachliche Gesichtspunkt entscheidend: die möglichst vollständige und getreue Wiedergabe und Erläuterung der Helmholtzschen Ansichten wurde nicht um ihrer selbst willen angestrebt, sondern dient durchaus dem Zweck der Erkenntnis und Wahrheit; deswegen mußten zu den bloßen Anmerkungen auch Weiterführungen und selbst gelegentliche Berichtigungen hinzutreten. Vor allem galt es, Helmholtz' Gedanken zu dem gegenwärtigen Stand der Forschung in Beziehung zu setzen; manche Bemerkung gab | Anlaß, einen Blick VIII
auf moderne Probleme zu werfen, und es entsprach gerade dem Zweck des Buches, solchen Berührungspunkten mit Gegenwartsfragen nicht aus dem Wege zu gehen. Wir hoffen aber, man wird nicht finden, daß die Erläuterungen im Verhältnis zum Text einen zu großen Raum einnehmen, sondern daß sie die Wirkung der Worte des Meisters eher unterstützen als abschwächen.

Es ist unser Bestreben gewesen, den Band in der Hauptsache *gemeinverständlich* zu gestalten, d. h. er wendet sich im wesentlichen an einen Leserkreis gleicher Art, wie ihn Helmholtz' populäre Reden und Vorträge voraussetzen. Es wäre aber nicht gerechtfertigt gewesen, alles nur für den Fachmann Verständliche fortzulassen, nur um das Prinzip der Popularität nicht zu durchbrechen; der Zweck der Ausgabe erforderte vielmehr, auch auf die von Helmholtz gegebene streng wissenschaftliche Begründung einzugehen. Deshalb wurde z. B. die kurze mathematische Abhandlung „Über die Tatsachen, die der Geometrie zugrundeliegen" mit aufgenommen. Ihre Veröffentlichung in diesem Zusammenhange erschien umso mehr geboten, als die das gleiche Thema behandelnde Schrift von Riemann in einer kürzlich von H. Weyl besorgten Neuausgabe[6] so außerordentlichem Interesse begegne-

6 „Neuausgabe" ist ambivalent: Schlick bezieht sich hier, wie aus den Erläuterungen unten in diesem Band S. 276 hervorgeht, schon auf die zweite bei Springer erschienene Auflage von Riemann, *Über Hypothesen*, also abgesehen

te. Auch in den Anmerkungen war es nötig, an manchen Punkten über das Bedürfnis des Nichtfachmannes hinauszugehen, und so sind unter den Erläuterungen (auch zu den populären Schriften) solche, die sich mehr an den Kenner wenden. Es war aber unnötig, die nichtpopulären Teile des Bandes irgendwie besonders kenntlich zu machen, da der für Einzelfragen nicht interessierte Leser sie natürlich ohnehin sofort herausfindet und unberücksichtigt lassen kann.

Jeder der beiden Herausgeber hat unter diejenigen Teile des Kommentars, für welche er die Verantwortung übernimmt, seine Initialen gesetzt (M. S. für I und IV, P. H. für II und III); damit soll aber keine strikte Arbeitsteilung angedeutet sein, sondern wir haben, soweit es auf brieflichem Wege möglich war, gemeinsam gearbeitet und uns über Einzelfragen verständigt. Aber äußere Verhältnisse – vor allem die Kürze der verfügbaren Zeit – und innere – aus gelegentlichen Abweichungen unserer erkenntnistheoretischen Ansichten fließende – Gründe ließen es angezeigt erscheinen, die Verantwortung in der angegebenen Weise zu teilen. Daß diesergestalt die eine oder andere Frage doppelt angeschnitten wurde, wird dem Zweck des Bandes nicht schaden, sondern eher von Vorteil sein, da es stets zur Klärung beiträgt, wenn die gleiche Sache von verschiedenen Gesichtspunkten aus beleuchtet wird.

Die Numerierung der Erläuterungen beginnt bei jeder Abhandlung von vorn; bei Zitieren einer Anmerkung zu einer an-
IX deren Abhandlung | wird diese daher stets durch eine auf die betreffende Abhandlung hinweisende römische Ziffer näher bezeichnet (z. B. Anm. II, 25).

Durch gelegentliche freundliche Ratschläge in Einzelfragen haben uns unterstützt die Herren Geheimrat F. Klein, Dr. Bernays und Dr. Behmann in Göttingen, Prof. Engel in Gießen und Prof. Katz in Rostock; ihnen sei hier herzlich gedankt, ebenso Herrn Geheimrat C. Stumpf in Berlin, durch dessen gütige

von der Erstpublikation in den *Abhandlungen der Königlichen Gesellschaft der Wissenschaften zu Göttingen* und der Veröffentlichung in Riemann, *Gesammelte Mathematische Werke*, S. 254–269, 2. Aufl.: S. 272–287.

Vermittlung die in den Abhandlungen der preußischen Akademie der Wissenschaften erscheinende posthume Schrift B. Erdmanns „Die philosophischen Grundlagen von Helmholtz' Wahrnehmungstheorie“ vor ihrer Veröffentlichung für die vorliegende Ausgabe nutzbar gemacht werden konnte.[7]

Wir hoffen, daß sich beim Gebrauche des Buches – sei es in stiller Lektüre oder in philosophischen Seminarübungen – die Zweckmäßigkeit der bei der Herausgabe befolgten Richtlinien erweisen wird. Möge sich immer wieder herausstellen, daß Forschende wie Lernende in der Beschäftigung mit dem Erkenntnistheoretiker Helmholtz eine reiche Quelle geistigen Gewinnes und Genusses finden können!

7 Vgl. Carl Stumpf an Moritz Schlick, 16. Februar 1921: „Jetzt ist das MS Erdmanns dem Druck übergeben. Ich hoffe, daß die Korrekturen bald kommen und werde sie Ihnen senden. Aber vielleicht kommen Sie doch schon vorher nach Berlin und können dann etwa vom MS selbst Einsicht nehmen. Seitens der Akademie steht nichts entgegen.“

Erläuterungen [zu: Hermann von Helmholtz, Über den Ursprung und die Bedeutung der geometrischen Axiome / Die Tatsachen in der Wahrnehmung]

Erläuterungen
[zu: Hermann von Helmholtz, Über den Ursprung und die Bedeutung der geometrischen Axiome / Die Tatsachen in der Wahrnehmung]

Editorischer Bericht

Zur Entstehung

Umfang und Inhalt des von Schlick und Hertz kommentierten Jubiläumsbandes zum 100. Geburtstag Hermann von Helmholtz' waren bereits im Vorfeld von Arnold Berliner festgelegt worden:

> „Es handelt sich um die erkenntnistheoretischen Aufsätze in den gesammelten Abhandlungen und die Aufsätze, die in den Vorträgen und Reden erschienen sind, die über den Ursprung der geometrischen Axiome und ferner die Tatsachen in der Wahrnehmung handeln. Dazu kommt dann wohl noch der Aufsatz über Messen und Zählen."[1]

In der Endfassung des Bandes wurde diese vorgeschlagene Auswahl lediglich um den Aufsatz „Über die Tatsachen, die der Geometrie zugrunde liegen" erweitert, dessen Kommentierung – wie auch jene des oben erwähnten Aufsatzes über Messen und Zählen – von Hertz übernommen wurde. Ein von Schlick in 1921b *Vorrede/Helmholtz*, in diesem Band, angesprochener Briefwechsel mit Hertz, in dem Fragen der Kommentierung und Arbeitsteilung erörtert worden sein dürften, ist nicht überliefert.

Für die Erstellung der Schlick'schen Kommentare kam der Schrift Benno Erdmanns „Die philosophischen Grundlagen von Helmholtz'

1 Arnold Berliner an Moritz Schlick, 26. November 1920.

Wahrnehmungstheorie" besondere Bedeutung bei. Erdmann, mit dem Schlick bis zu dessen Lebensende in Kontakt stand, war am 7. Januar 1921 verstorben. Durch Vermittlung von dessen Schüler Carl Stumpf konnte diese Schrift Schlick noch vor ihrem Erscheinen in den *Abhandlungen der Preußischen Akademie der Wissenschaften* zur Verfügung gestellt und so für die hier abgedruckten Erläuterungen zum Band herangezogen werden.[2]

Das fertige Manuskript dürfte Anfang Juni 1921 an Springer ergangen sein (vertragsgemäßes Datum der Abgabe war der 1. Juni). Am 5. Juni 1921 erwähnt Schlick in einem Brief an Wolfgang Köhler die

> „Fertigstellung einer unerfreulichen Arbeit [...], die vertragsgemäß in dieser Woche an den Verleger abgeliefert werden sollte, und mich während der letzten 14 Tage so in Anspruch nahm, daß ich schlechthin jede Ablenkung vermeiden mußte. Jetzt ist das Manuskript glücklich fort".[3]

Zur Überlieferung und Edition

Der Text erschien in Helmholtz, *Schriften zur Erkenntnistheorie*, Berlin: Springer 1921, S. 25–37, 153–175 (**A**). Der Band wurde für 8.50 Mark verkauft.[4] Es sind keine Manuskripte, Druckfahnen etc. überliefert.

Der Abdruck folgt A. Der Hervorhebungsweise in A (Sperrung) entspricht hier Kursivsetzung. Personennamen, in A durch Sperrung hervorgehoben, sind hier wie der Fließtext gesetzt. Die Sigle „M. S." jeweils am Ende der Schlickschen Kommentare (vgl. 1921b *Vorrede/Helmholtz*, in diesem Band) wurde nicht übernommen. Die von Schlick kommentierten Helmholtz-Texte sind unkommentiert und unverändert, in der Form der oben genannten Ausgabe im Anhang abgedruckt. Die Seitenverweise am Anfang jeder Anmerkung

2 Vgl. Carl Stumpf an Moritz Schlick, 16. Februar 1921.

3 Moritz Schlick an Wolfgang Köhler, 5. Juni 1921.

4 Vgl. Bibliographische Abteilung des Börsenvereins der Deutschen Buchhändler zu Leipzig, *Deutsches Bücherverzeichnis der Jahre 1921 bis 1925*, Eintrag „Helmholtz".

Schlicks beziehen sich auf die Paginierung des von Schlick und Hertz herausgegebenen Bandes, welche ebenfalls im Abdruck der Helmholtz-Texte im Anhang dokumentiert ist.

Erläuterungen [zu: Hermann von Helmholtz, Über den Ursprung und die Bedeutung der geometrischen Axiome]

S. 1 ¹) Unter „Deduktion“ versteht man in der Logik die Ableitung eines Urteils aus umfassenderen Urteilen, d. h. aus solchen von allgemeinerer Gültigkeit. Sie stellt das einzige Verfahren der völlig *strengen* Begründung einer Wahrheit durch andere Wahrheiten dar. Die gewöhnlichste Form der Deduktion ist der Syllogismus (vgl. Anm. IV, 43). Im Gegensatz zu ihr steht die logische „Induktion“, die aus besonderen und einzelnen Wahrheiten allgemeiner gültige zu erschließen sucht und sich zu diesem Zwecke der „mühsamen und langwierigen Aufgabe“ des Sammelns von Erfahrungstatsachen unterziehen muß, von der Helmholtz in demselben Satze spricht. Dem induktiven Schließen mangelt die absolute Sicherheit, denn sofern es einen aus einer Anzahl von Einzelfällen abgelesenen Satz auf noch nicht beobachtete Fälle verallgemeinernd ausdehnt, geht es über das hinaus, was in den Voraussetzungen wirklich enthalten ist. Induktiv gewonnene Sätze können daher nur auf eine (oft freilich überaus hohe) *Wahrscheinlichkeit* der Geltung Anspruch machen.

S. 1 ²) In diese Frage faßt Kant das Problem seiner „Kritik der reinen Vernunft“ zusammen.[1] Unter einem „synthetischen Urteil“

1 Vgl. Kant, *Kritik der reinen Vernunft*, B 19 (nur in B): „Die eigentliche Aufgabe der reinen Vernunft ist nun in der Frage enthalten: *Wie sind synthetische Urteile a priori möglich?*“

versteht er einen Satz, der von einem Gegenstande ein Prädikat aussagt, das dem Gegenstande nicht schon vermöge seiner Definition zukommt; dagegen behauptet ein „analytisches Urteil“ von einem Subjekt nur etwas, das in ihm bereits definitionsgemäß enthalten ist. Verstehe ich z. B. unter einem „Körper“ immer etwas Ausgedehntes, so ist der Satz „Alle Körper sind ausgedehnt“ offenbar analytisch, während es ein synthetisches Urteil wäre, wenn wir sagen „alle Körper erleiden auf der Erdoberfläche eine Beschleunigung von etwa 981 cm/sec^2“. Das erste Urteil folgt einfach aus der Definition, aus dem Begriff des Körpers, das zweite läßt sich nicht daraus ableiten, sondern nur die Erfahrung kann lehren, ob und mit welcher Beschleunigung die durch den Begriff „Körper“ bezeichneten Gegenstände auf die Erde fallen. Ein Urteil, dessen Geltung ganz unabhängig von aller Erfahrung feststeht, nennt Kant a priori; wenn seine Gültigkeit nur auf der Erfahrung beruht, so heißt es a posteriori. Aus dem Gesagten folgt, daß jedes analytische Urteil a priori ist, denn man bedarf ja keiner Erfahrung, um seine Gültigkeit einzusehen, sondern nur einer Zergliederung seines Subjektsbegriffs, der durch seine Definition vollständig gegeben ist. Es folgt ferner, daß die meisten synthetischen Urteile des Alltags wie der Wissenschaft a posteriori sind, weil sie das Ergebnis von Erfahrungen aussprechen. – Gibt es auch synthetische Urteile a priori, d. h. also Sätze, die von einem Gegenstand *mehr* aussagen als schon in seinem Begriffe liegt, und doch dies Mehr nicht aus der Erfahrung entnehmen? Man erkennt leicht die ungeheure Wichtigkeit der Frage. Wirklicher Fortschritt der Erkenntnis nämlich ist nur in synthetischen Urteilen; nur sie erweitern unser Wissen, während analytische bloß erläutern, was wir durch Definition in unsere Begriffe hineingesteckt haben. Wenn aber alle synthetischen Urteile nur a posterio-
26 ri | sind, dann geschieht kein Erkenntnisfortschritt mit absolut sicherer Geltung, denn eine auf Erfahrungen beruhende Gültigkeit reicht nicht weiter als eben diese Erfahrungen selbst und kann durch neue Beobachtungen umgestoßen werden. Wir sind der allgemeinen, notwendigen Geltung eines Satzes nur sicher, wenn er a priori gültig ist. Notwendigkeit und ausnahmslose Geltung ist daher das Erkennungszeichen der Apriorität. Dies Kennzeichen

liegt nach Kant bei den geometrischen Axiomen vor[2] und er zweifelte, wie Helmholtz im Text bemerkt, auch nicht daran, daß sie synthetisch seien. Er glaubte also an das tatsächliche Vorhandensein synthetischer Urteile a priori, dieser höchsten Form der Erkenntnis, und für ihn fragte es sich nur: wie sind sie möglich? Wie kann ich von einem Gegenstande mit Sicherheit etwas aussagen, was weder aus seiner Definition gefolgert noch aus der Erfahrung abgelesen ist? Die Helmholtzsche Untersuchung prüft, wie sich zeigen wird, die Frage, ob wirklich, wie Kant voraussetzte, die Axiome der Geometrie als synthetische Urteile a priori betrachtet werden dürfen.

S. 2 [3]) Dadurch, daß Kant den Raum als eine „Form der Anschauung", mithin als eine unserm anschauenden Bewußtsein eigentümliche Gesetzmäßigkeit auffaßte, wollte er eben die Möglichkeit synthetischer Urteile a priori über den Raum erklären. Alles was wir wahrnehmen und anschaulich vorstellen können, muß notwendig den Gesetzen unseres Anschauens unterstehen, diese Gesetze müssen daher nach Kant a priori von allem Erfahrbaren gelten.

S. 2 [4]) „... inhaltsleeres Schema." Hierüber wird später Näheres zu sagen sein. Vgl. Anm. IV, 33.

S. 3 [5]) Die Definition der Geometrie als „Lehre vom Raum" ist an dieser Stelle ausreichend, gibt aber Anlaß zu mancher Frage, vor allem zu der, ob sich noch näher angeben läßt, was hier unter „Raum" zu verstehen ist. Es könnte z. B. sein, daß der Mathematiker, der Physiker und der Psychologe gar nicht dasselbe meinen, wenn sie vom „Raum" sprechen. Die Helmholtzsche Untersuchung wird noch von selbst auf diese Frage hinführen.

2 Vgl. Kant, *Kritik der reinen Vernunft*, B 73 (nur in B): „Hier haben wir nun eines von den erforderlichen Stücken zur Auflösung der allgemeinen Aufgabe der Transzendentalphilosophie: *wie sind synthetische Sätze a priori möglich?* nämlich reine Anschauungen a priori, Raum und Zeit, in welchen wir, wenn wir im Urteile a priori über den gegebenen Begriff hinausgehen wollen, dasjenige antreffen, was nicht im Begriffe, wohl aber in der Anschauung, die ihm entspricht, a priori entdeckt werden und mit jenem synthetisch verbunden werden kann, welche Urteile aber aus diesem Grunde nie weiter, als auf Gegenstände der Sinne reichen, und nur für Objekte möglicher Erfahrung gelten können."

S. 3 [6]) Diese Aufzählung von „Axiomen“ ist offenbar nur als eine Sammlung von Beispielen aufzufassen, die zeigen soll, um was es sich handelt. Daß in einem abgerundeten System der Geometrie gerade diese Sätze und genau in dieser Formulierung als Axiome auftreten müßten, will Helmholtz damit offenbar nicht sagen.

S. 3 [7]) Die großen Erfolge der logisch schließenden Methode in der Mathematik erklären den Wunsch, für alles einen Beweis zu geben, und zugleich den Glauben an das Gelingen eines solchen Unternehmens (ein Bestreben, dem auf philosophischem Gebiete die Systeme Fichtes und Reinholds ihre Entstehung verdanken; beide versuchten, ein ganzes System aus *einem* einzigen Satze abzuleiten).[3] Aber die einfache Überlegung, daß man zu jedem Schluß Prämissen bedarf, zeigt die Unmöglichkeit, alles zu beweisen, und die Notwendigkeit, Voraussetzungen zu machen. Solche Ausgangspunkte des logischen Denkens sind die Axiome, deren Ursprung eben hier zur Untersuchung steht.

S. 3 [8]) Das Urbild eines idealistischen Philosophen ist Plato. Er erklärt die Evidenz der geometrischen Axiome durch die Hypothese der „Anamnesis“ oder Wiedererinnerung. Die menschliche Seele habe in früheren Stadien ihrer Existenz vor ihrer irdischen Geburt die mathematischen Wahrheiten durch unmittelbares Schauen kennen gelernt und wisse nun von ihnen ohne irdische Erfahrung, durch bloße Wiedererinnerung.[4]

27 | Es verdient vielleicht erwähnt zu werden, daß in dieser platonischen Lehre eigentlich doch die Erfahrung den Erklärungsgrund

3 Fichtes Version eines ersten Grundsatzes war als Gegenentwurf zu Reinholds Elementarphilosophie konzipiert und wurde von Reinhold schließlich auch seiner eigenen Version vorgezogen. Vgl. Reinhold, *Beiträge zur Berichtigung bisheriger Mißverständnisse der Philosophen*, S. 167: „Im Bewußtsein wird die Vorstellung durch das Subjekt vom Subjekt und Objekt unterschieden und auf beide bezogen.“ Vgl. auch Fichtes Tathandlung resp. Ich-Setzung in *Grundlage der gesamten Wissenschaftslehre*, S. 15: „Dieser Satz: Ich bin, ist bis jetzt nur auf einer Tatsache gegründet, und hat keine andere Gültigkeit, als die einer Tatsache. Soll der Satz $A = A$ [...] gewiß sein, so muß auch der Satz: Ich bin, gewiß sein. Nun ist es Tatsache des empirischen Bewußtseins, daß vor allem Setzen im Ich vorher das Ich selbst gesetzt sei.“

4 Vgl. Platon, *Menon*, 80d–82b und *Phaidon*, 72e–74d.

bildet, nur nicht die sinnliche des Erdenlebens, sondern eine, wenn auch ganz anders geartete, Erfahrung während einer mythischen Präexistenz.

S. 3 [9]) Ein strenger Beweis für die Fruchtlosigkeit der Versuche ist allerdings damit noch nicht erbracht. Allgemein beweist man die Unmöglichkeit, einen Satz aus bestimmten Axiomen abzuleiten (d. h. die „Unabhängigkeit" dieses Satzes von jenen Axiomen, welche dazu nötigt, ihn selber als neues Axiom neben die übrigen zu stellen), indem man den fraglichen Satz fallen läßt oder durch einen anderen ersetzt und unter Beibehaltung der übrigen Axiome das entstehende System von Lehrsätzen auf seine Widerspruchslosigkeit prüft. So ergibt sich z. B. die Unabhängigkeit des Parallelensatzes von den übrigen euklidischen Axiomen daraus, daß man durch Aufgeben des Satzes zu dem Bolyai-Lobatschewskischen bzw. dem Riemannschen System der Geometrie gelangt. Man kann nun beweisen, daß diese beiden nichteuklidischen Geometrien in sich widerspruchslos sind, *falls* die euklidische Geometrie es ist. Die Widerspruchslosigkeit der letzteren (an der freilich wohl nie gezweifelt wurde) läßt sich erweisen, wenn das Gebäude der Zahlenlehre – die Arithmetik – als widerspruchslos vorausgesetzt wird. Die Richtigkeit dieser Voraussetzung streng darzutun scheint bisher noch nicht gelungen zu sein.[5]

S. 4 [10]) Der griechische Mathematiker Eukleides faßte um 300 v. Chr. das mathematische Wissen seiner Zeit in einem so vortrefflichen Lehrbuche zusammen, daß es noch in der neuesten Zeit gelegentlich (z. B. in englischen Schulen) dem geometrischen Unterricht zugrunde gelegt wird.[6]

S. 4 [11]) Wenn man, wie Helmholtz es hier tut, von „Bewegung" als etwas tatsächlich Erfahrbarem, als einem wirklichen Prozeß redet, so müssen unter „geometrischen Gebilden" hier

5 Die Unmöglichkeit dieses Beweises ist Inhalt von Gödel, *Über formal unentscheidbare Sätze*.

6 Vgl. etwa Heath, *Manual*, S. 214: "The unique status of Euclid as a text-book in England, which lasted until recently, may perhaps be said to date from the publication of Robert Simson's *Elements of Euclid*, which first appeared both in Latin and in English in 1756."

starre körperliche Modelle verstanden sein, nicht die rein mathematischen Linien oder Flächen als bloße Abstraktionsgebilde. Es entsteht die wichtige Frage, inwiefern überhaupt ein Unterschied zwischen „geometrischen“ und „körperlichen“ Gebilden gemacht werden kann, also das Problem des Verhältnisses der Geometrie zur Physik, zu welchem Helmholtz gegen den Schluß des Vortrages in ganz bestimmter Weise Stellung nimmt.

S. 4 12) Man beachte, daß der von Helmholtz im letzten Satz gezogene Schluß nur zulässig ist, wenn es zutrifft, daß jede Voraussetzung entweder logisch begründet sein oder aus der Erfahrung stammen muß, also nicht aus einer dritten Quelle herrühren kann.

S. 5 13) Die „analytische“ Geometrie führt alle Beweise dadurch auf Rechnungen zurück, daß sie jeden Punkt des Raumes durch drei Zahlen (Koordinaten) bezeichnet, indem sie z. B. seine Abstände von drei aufeinander senkrechten Ebenen angibt (vgl. S. 12 des Textes). Auf diese Weise wird es möglich, die Beziehungen zwischen räumlichen Gebilden als Zahlbeziehungen (nämlich zwischen den Koordinaten ihrer Punkte) rein rechnerisch zu behandeln.

S. 5 14) „rein logische Operation“ d. h. Deduktion; vgl. Anm. 1.

S. 5 15) Da es zweckmäßig ist, den Terminus „Denken“ auf die logischen Operationen des Urteilens und Schließens zu beschränken, so ist von den beiden Formulierungen zweifellos die erste, „sich vorstellen“, vorzuziehen.[7] Der Sinn der in diesem Satze von Helmholtz gegebenen Erklärung dürfte in seiner Einfachheit kaum mißverstanden werden. Vorstellbar heißt alles, was im Sinne der Psychologie anschaulich reproduzierbar ist. Daß die-
28 ser | Bestimmung wegen der individuellen Differenzen des Vorstellungsvermögens eine gewisse Subjektivität oder Relativität anhaftet, dürfte die *prinzipielle* Bedeutung der Abgrenzung des Begriffs „vorstellbar“ nicht beeinträchtigen (vgl. Anm. IV, 42).

7 Schlicks Sensibilisierung in diesem Punkt hat wohl mit der psychologischen Einteilung in Vorstellungen einerseits und psychische Phänomene höherer Ordnung andererseits zu tun. Vgl. für die Unterschiede zwischen Wundts physiologischer und Külpes Denkpsychologie die Einleitung in *MSGA* I/1.

S. 6 [16]) Der Begriff der „geradesten" Bahn spielt auch in der Mechanik von Heinrich Hertz eine entscheidende Rolle.[8]

S. 7 [17]) So ersetzte J. Wallis (1614–1703) das euklidische Parallelenaxiom durch den Satz: zu jeder Figur gibt es eine ähnliche von willkürlicher Größe (siehe Bonola-Liebmann, Die nichteuklidische Geometrie, Leipzig 1908, S. 14 f.).[9]

S. 8 [18]) D. Hilbert (Grundlagen der Geometrie, 3. Aufl., Leipzig und Berlin 1909, S. 251) hat bewiesen, „daß es eine singularitätenfreie und überall regulär analytische Fläche von konstanter negativer Krümmung nicht gibt. Insbesondere ist daher auch die Frage zu verneinen, ob auf die Beltramische Weise die ganze Lobatschewskische Ebene durch eine regulär analytische Fläche im Raume sich verwirklichen läßt".[10] Dieses mathematische Ergebnis, auf welches auch Riehl (Helmholtz in seinem Verhältnis zu Kant, S. 37)[11] hinweist, ist aber für den erkenntnistheoretischen Grundgedanken des Helmholtzschen Vortrages nicht von prinzipieller Bedeutung.

S. 9 [19]) ... und die Krümmungsradien deswegen mit entgegengesetztem Vorzeichen genommen werden.

8 Vgl. Hertz, *Die Prinzipien der Mechanik.* Der Begriff wird eingeführt in „Geradeste Bahnen" (S. 100–106) und später auf S. 125 verwendet.

9 Vgl. Bonola, *Die nichteuklidische Geometrie,* S. 17: „J. Wallis (1616–1703) gab [...] einen neuen Beweis des V. Postulats, der sich gründet auf den allgemeinen Satz: *Zu jeder Figur gibt es eine ähnliche von willkürlicher Größe.*" An dieser Stelle wird verwiesen auf Wallis, *De Postulato Quinto,* S. 669–678.

10 Hilbert, *Grundlagen der Geometrie,* Anhang V. Im Original steht „die zu Anfang aufgeworfene Frage" und „Beltramische" sowie „ganze Lobatschefskysche" sind hervorgehoben.

11 Vgl. Riehl, *Hermann von Helmholtz in seinem Verhältnis zu Kant,* S. 37: „Durch die neuesten Untersuchungen von Hilbert scheint es überdies fraglich geworden zu sein, ob sich auch nur der Begriff eines pseudosphärischen Raumes analytisch entwickeln lässt. Es giebt nach diesen Untersuchungen keine singularitätenfreie und überall reguläre analytische Fläche von negativer konstanter Krümmung, also ist die Frage: ob sich auf die Beltramische Weise, und diese wollte eben Helmholtz veranschaulichen, die ganze Lobatschefskysche Geometrie verwirklichen lasse, zu verneinen."

S. 10 ²⁰) Die „synthetische Methode des Euklid“ ist das gleiche, was Helmholtz auf S. 4 „Methode der Anschauung“ genannt hatte.

S. 11 ²¹) Es sind eben die Axiome unserer gewöhnlichen, metrischen Geometrie. Man kann sich auch ein geometrisches System denken, in dem überhaupt keine Größenbegriffe vorkommen. Ein solches ist die Analysis situs. Sie beschäftigt sich allein mit denjenigen Eigenschaften räumlicher Gebilde, die keinerlei Maßbegriffe enthalten. Poincaré bezeichnet deshalb die Analysis situs als die wahre „*qualitative* Geometrie“ (Wert der Wissenschaft², S. 49).[12]

S. 11 ²²) Die Schrift von Riemann ist neuerdings mit ausführlichen Erläuterungen herausgegeben von H. Weyl, Berlin 1919, 2. Aufl., 1921.

S. 12 ²³) In der Mannigfaltigkeit der Farben würden also die drei Mengen der Grundfarben, die zur Mischung einer bestimmten Farbe nötig sind, als die drei „Koordinaten“ der letzteren aufzufassen sein (siehe die Anmerkungen II, 8; III, 29); in der Tonmannigfaltigkeit wären Stärke und Höhe jedes Tones seine beiden Koordinaten.

S. 12 ²⁴) Das von Helmholtz im folgenden hervorgehobene Unterscheidungsmerkmal ist zwar notwendig, aber nicht hinreichend, um das Eigentümliche des „Raumes“ gegenüber anderen dreidimensionalen Mannigfaltigkeiten zu bestimmen. Inwiefern kann man überhaupt von einer „Definition“ des Raumes sprechen? Was räumliche Ausdehnung im psychologisch-anschaulichen Sinne ist, kann nur durch Wahrnehmungserlebnisse bekannt werden; es ist ebensowenig definierbar, wie man einem Blindgeborenen eine Vorstellung davon geben kann, was „rot“ ist.[13] Als

12 Vgl. Poincaré, *Der Wert der Wissenschaft*, S. 49: „Man hat oft gesagt, daß die metrische Geometrie quantitativ sei, die projektive Geometrie dagegen rein qualitativ; das ist nicht ganz richtig. Was eine Gerade von anderen Linien unterscheidet, sind doch auch Eigenschaften, die in gewisser Beziehung quantitativ bleiben. Die wirklich qualitative Geometrie ist also die Analysis situs.“

13 Vgl. 1917b *Raum und Zeit*, S. 52 (*MSGA* I/2, S. 269): „So wenig ich einem Blindgeborenen durch eine Definition erklären kann, was ich erlebe, wenn ich eine grüne Fläche sehe, so wenig läßt sich beschreiben, was gemeint ist, wenn

definierbar sind nur diejenigen Eigenschaften des Raumes anzusehen, die der mathematischen Analyse zugänglich sind. Das sind aber die einzigen Eigenschaften, von denen die Physik Gebrauch machen muß; und daraus lassen sich wichtige Schlüsse ziehen.

S. 13 [25]) Es kann kaum nachdrücklich genug auf das hingewiesen werden, was Helmholtz hier betont: der Ausdruck „Krümmungsmaß" in seiner Anwendung auf den Raum ist durchaus nur im übertragenen Sinne zu verstehen; nichts, was wir irgendwie anschaulich als Krümmung wahr|nehmen oder vorstellen können, 29
soll dadurch bezeichnet werden. Ein typisches Beispiel dieses verbreiteten Mißverständnisses findet man in der Streitschrift „Kant und Helmholtz" von Albrecht Krause, Lahr 1878, wo es auf S. 84 heißt: „Linien, Flächen, Achsen der Körper im Raum haben eine Richtung und daher auch ein Krümmungsmaß, aber der Raum als solcher hat keine Richtung, weil eben alles Gerichtete im Raume ist, und darum hat er *kein* Krümmungsmaß; das ist aber etwas anderes als *ein* Krümmungsmaß gleich Null."[14] Hiermit hängt ein anderes Mißverständnis zusammen, dem man sehr häufig begegnet. Da wir uns nämlich eine gekrümmte Fläche nur in einem dreidimensionalen Raume vorzustellen vermögen, so schließt man, daß eine „gekrümmte" dreidimensionale Mannigfaltigkeit die Existenz einer vierdimensionalen voraussetze. Dieser Analogieschluß ist aber falsch. Wäre er richtig, so müßte auch der „ebene" euklidische Raum nur in einen vierdimensionalen Raum eingebettet vorstellbar sein: es ist nämlich offenbar, daß wir uns auch eine Ebene nicht anders vorstellen können als im Raume,

ich dem gesehenen Grün eine bestimmte Ausdehnung und einen bestimmten Ort im Gesichtsfeld zuschreibe." Vgl. auch Riehl, *Kriticismus*, Zweiter Band, Erster Teil, S. 138 f.: „Ich bin weit entfernt, die Beobachtungen an sehend gewordenen Blindgeborenen überschätzen zu wollen; muss aber behaupten, dass diese Beobachtungen wenigstens über die entscheidenden Puncte einstimmig und überaus vernehmlich reden und die völlige Ungleichartigkeit der Gesichtsvorstellung des Raumes und der entsprechenden Vorstellung durch den Tastsinn beweisen." Hier fügt Riehl eine Fußnote über entsprechende Experimente von Dufour ein, die von Schlick in 1918 *Erkenntnislehre*, S. 235 (*MSGA* I/1, S. 611) anhand von Pictet, *Discussion* aufgegriffen werden.

14 Der letzte Teil des Zitats ab „und darum" ist durch Fettdruck hervorgehoben und die Worte „ist" und „aber" sind vertauscht.

da es ja für unsere Vorstellung, genau wie bei einer krummen Fläche, stets möglich bleibt, die Ebene beiderseits durch Hinaustreten in den Raum zu verlassen. Der Laie vergißt zu leicht, daß die „Krümmung" im Gaußschen Sinne durchaus eine *interne* Eigenschaft der Fläche ist, und daß eine krumme Fläche genau so ein nur zweidimensionales Gebilde ist wie eine Ebene.[15] Es ist richtig, wenn Helmholtz sagt, im Falle der Fläche entspreche der „Krümmung" eine sinnliche Anschauung, aber nicht jede für die Anschauung krumme Fläche ist es auch im mathematischen Sinne. Bekanntlich haben z. B. eine Kegel- oder eine Zylinderfläche das Gaußsche Krümmungsmaß Null.

S. 13 [26]) Helmholtz spricht von unserm „tatsächlich bestehenden" Raum; er hat nie daran gezweifelt, daß der physikalische Raum nicht bloß eine teilweise willkürliche gedankliche Konstruktion, sondern etwas Wirkliches sei, dessen Eigenschaften durch Beobachtungen feststellbar sind. In welchem Sinne diese Voraussetzung begründet und gerechtfertigt ist, wird sich aus Helmholtz' eigenen Ausführungen ergeben. Er bezeichnet hier den tatsächlich vorliegenden Raum als „eben"; auf S. 17 ergänzt er dies dahin, daß außer der Ebenheit auch ein geringes, von Null nicht merklich verschiedenes Krümmungsmaß mit den Erfahrungen verträglich sei.

S. 13 [27]) Noch andere Raumformen sind der elliptische und der Klein-Cliffordsche Raum; vgl. Anm. II, 30.

S. 14 [28]) Helmholtz bezeichnet es als eine „Tatsache der Beobachtung", daß eine Bewegung fester Raumgebilde, d. h. eine Ortsveränderung starrer Körper, möglich sei. Weiter unten (Anm. 40) wird zur Sprache kommen, inwiefern dies wirklich als Beobachtungstatsache gelten darf.

15 Vgl. Gauß, *Disquisitiones*. Die angesprochene Erkenntnis, daß sich Krümmung als *interne* Eigenschaft verstehen läßt, ist formuliert im sogenannten *Theorema egregium* (S. 120 f.). Die Verallgemeinerung auf n-dimensionale Mannigfaltigkeiten erfolgte durch Riemann (*Über die Hypothesen*) im Jahr 1868. Gauß war beim Habilitationsvortrag Riemanns anwesend (vgl. Reich, *Geschichte der Differentialgeometrie*, insbes. S. 293). Diese Arbeit wiederum forderte Helmholtz heraus und es entstand im selben Jahr dessen Schrift *Tatsachen*. Siehe dazu auch die von Paul Hertz verfaßte, dem entsprechende historische Anmerkung 29 über Gauß.

S. 14 [29]) Die mathematischen Entwicklungen, deren Resultate Helmholtz hier kurz angibt, findet der Leser in der Abhandlung „Über die Tatsachen, die der Geometrie zugrunde liegen". Für die nähere Kritik der Helmholtzschen Voraussetzungen, die aber für das erkenntnistheoretische Ergebnis belanglos ist, sei auf die Erläuterungen zu jener Abhandlung verwiesen.[16]

S. 15 [30]) Das im folgenden von Helmholtz angegebene Merkmal des festen Körpers (unveränderliche Entfernung zweier Punkte des Körpers) gibt die Grundlage, auf der jede physische Messung beruhen muß, denn eine Messung geschieht in letzter Linie stets durch wiederholtes Anlegen eines Maßstabes. Ein Maßstab aber ist ein Körper, auf dem zwei (oder mehr) Punkte markiert sind, deren Entfernung als konstant betrachtet wird. Den Maßstab an einen zu messenden Gegenstand „anlegen", heißt: jene beiden Punkte mit bestimmten Punkten des Gegenstandes zur Koinzidenz bringen.

| S. 15 [31]) Diese Definition führt die Kongruenz (die Gleich- 30
heit zweier Strecken) auf die Koinzidenz von Punktpaaren starrer Körper „mit demselben im Raume festen Punktpaare" zurück, setzt also voraus, daß man „Punkte im Raume" unterscheiden und festhalten könne. Diese Voraussetzung hat Helmholtz im vorhergehenden Absatz ausdrücklich gemacht, mußte aber dazu wiederum das Gegebensein „gewisser als unveränderlich und fest betrachteter Raumgebilde" voraussetzen (S. 14). Die Unveränderlichkeit und Festigkeit (heute ist der Terminus „Starrheit" gebräuchlicher) läßt sich nun ihrerseits nicht wieder mit Hilfe jener Kongruenzdefinition bestimmen, denn sonst würde man sich ersichtlich im Kreise herumdrehen. Deswegen erscheint die Definition logisch nicht befriedigend. Man entgeht dem Zirkel nur dadurch, daß man von gewissen Körpern durch Übereinkunft festsetzt, sie seien als starr zu betrachten, und man wählt diese Körper so, daß die Wahl zu einem möglichst einfachen System der Naturbeschreibung führt (Poincaré, Der Wert der Wissen-

16 Der Aufsatz ist als zweiter im von Schlick und Hertz herausgegebenen Band enthalten und von Hertz kommentiert worden.

schaft, S. 44 ff., 1910).[17] Es lassen sich leicht Körper finden, die (bei Ausschaltung von Temperatur- und anderen Einflüssen) dies Ideal mit praktisch ausreichender Annäherung erfüllen. Dann läßt sich (mit Einstein, Geometrie und Erfahrung, S. 9) die Kongruenz einwandfrei folgendermaßen definieren: „Wir wollen den Inbegriff zweier auf einem praktisch starren Körper angebrachten Marken eine Strecke nennen. Wir denken uns zwei praktisch starre Körper und auf jedem eine Strecke markiert. Diese beiden Strecken sollen ‚einander gleich' heißen, wenn die Marken der einen dauernd mit den Marken der andern zur Koinzidenz gebracht werden können."[18]

S. 16 [32]) Es ist dies das sog. Monodromieprinzip. Vgl. darüber die Abhandlung II dieses Bandes und besonders die Erläuterungen dazu.[19]

S. 16 [33]) Das „Hamiltonsche Prinzip"[20] drückt die Naturgesetze in so allgemeiner, umfassender Form aus, daß es sich auch

17 Vgl. Poincaré, *Der Wert der Wissenschaft*, S. 44–46: „Augenscheinlich wollen wir, wenn wir sagen, daß die euklidische Gerade eine *wirkliche* Gerade ist, die nicht-euklidische aber nicht, nur sagen, daß die erste Anschauung einem *wichtigeren* Gegenstand entspricht als die zweite. [...] Wenn die euklidische Gerade wichtiger ist, als die nicht-euklidische, so bedeutet das hauptsächlich, daß sie von gewissen wichtigen, natürlichen Gegenständen wenig abweicht, von denen die nicht-euklidische Gerade stark abweicht. [...] Die euklidischen Geraden bleiben in den ersteren, den sogenannten euklidischen Bewegungen euklidische Gerade, während die nicht-euklidischen Geraden keine nicht-euklidischen Geraden bleiben. In den Bewegungen der zweiten Art oder nicht-euklidischen Bewegungen, bleiben die nicht-euklidischen Geraden nicht-euklidische Gerade, während die euklidischen Geraden keine euklidischen Geraden bleiben. [...] Was wollen wir nun damit ausdrücken, wenn wir sagen, daß die euklidischen Bewegungen die wirklichen Bewegungen ohne Umgestaltung sind? Es soll einfach heißen, daß sie wichtiger wie die anderen sind; und warum sind sie wichtiger? Weil gewisse wichtige natürliche Körper, die festen Körper, ungefähr solche Bewegungen erleiden."

18 Vgl. 1921i *Rezension/Einstein*, in diesem Band S. 467.

19 Hertz schreibt dort S. 66: „Das Monodromieprinzip ist aber, wie Lie gezeigt hat, ganz entbehrlich." Lies umfassende Kritik an Helmholtz ist ein Hauptthema in Hertz' Erläuterungen.

20 Siehe auch 1925b *Naturphilosophie*, in diesem Band S. 652 und S. 726.

bei allen modernen Erweiterungen physikalischer Anschauungen bewährt hat. Nach ihm verlaufen alle physikalischen Vorgänge so, daß beim Übergang aus dem Anfangs- in den Endzustand eine gewisse Funktion der den jeweiligen Zustand bestimmenden Größen einen möglichst kleinen (in Ausnahmefällen möglichst großen) Wert enthält.

S. 17 ^{34}) „Denknotwendigkeiten." *Notwendig* dürfen die Ergebnisse unseres Denkens nur dann heißen, wenn sie durch Deduktion (vgl. Anm. 1) gewonnen sind. Da nun die besonderen Bestimmungen unseres tatsächlichen Raumes sich nicht aus dem bloßen Begriff einer dreidimensionalen Mannigfaltigkeit deduzieren lassen, spricht Helmholtz ihnen die Denknotwendigkeit mit Recht ab. In Kantscher Terminologie würde man dies Ergebnis formulieren müssen, indem man sagt: Die Sätze, welche jene besonderen Eigenschaften von unserm Raum behaupten, – d. h. die geometrischen Axiome – sind nicht analytisch. Denn analytisch hießen ja die Urteile, die von einem Gegenstande nur aussagen, was in seinem Begriff schon enthalten ist, aus ihm also deduziert werden kann.

S. 17 ^{35}) Die „entgegengesetzte Annahme" wäre zunächst nur die, daß die geometrischen Axiome *synthetische* Sätze darstellen, denn dies ist der Gegensatz zu analytisch, was nach der vorigen Anmerkung mit „denknotwendig" zusammenfällt. Helmholtz geht aber gleich einen Schritt weiter und wirft die Frage auf, ob die Axiome Erfahrungssätze, d. h. synthetische Urteile *a posteriori* seien. Er scheint also für die Axiome nur die beiden Möglichkeiten ins Auge zu fassen: entweder analytisch, oder synthetisch a posteriori. (So schon oben; vgl. Anm. 12). Gerade
| die Klasse von Urteilen, auf die hier alles ankommt, nämlich 31
die synthetischen a priori, scheint er von vornherein nicht zu berücksichtigen. Erfahrungssätze, die Helmholtz den *denk*notwendigen, also den analytischen, Urteilen gegenüberstellt, sind in Wahrheit der Gegensatz zu *notwendigen* Urteilen schlechthin;[21]

21 Vgl. zu dieser Einteilung der Urteile 1929a *Erkenntnistheorie* (*MSGA* I/6), insbes. die Kommentare zu S. 310 (*MSGA* I/6, S. 165).

dagegen wären Kants apriorisch-synthetische Urteile, wenn es sie gäbe, zwar nicht *denk*notwendig, wohl aber stellten sie *anschauliche* Notwendigkeiten dar. Auch nach Kantscher Lehre wären nichteuklidische Axiomensysteme durchaus *denk*bar, d. h. in sich widerspruchslos aufzustellen, aber sie wären nicht *vorstellbar*, nicht durch anschauliche Vorstellungen zu vergegenwärtigen, und sie könnten keine Anwendung in der physischen Wirklichkeit finden, denn diese wäre als anschaulich wahrnehmbar den Gesetzen unseres Anschauens unterworfen; gehörten zu diesen Gesetzen die euklidischen Axiome, so könnten wir die Körperwelt nicht anders als im euklidischen Raum geordnet wahrnehmen und vorstellen. Von der Seite des Kantianismus hat man Helmholtz den Vorwurf gemacht, er habe zwischen anschaulicher und Denknotwendigkeit nicht unterschieden, und in der Tat hat er es unterlassen, diesen wichtigen Unterschied hier zu erwähnen. Sachlich war er sich aber vollkommen klar darüber, daß es zur Entscheidung seines Problems eben darauf ankomme, ob eine andere als die euklidische Geometrie *anschaulich vorstellbar* sei. Das geht schon aus dem nächsten Satze des Textes aufs deutlichste hervor, denn dort verwendet Helmholtz das Wort „vorstellen", dessen Sinn er oben (vgl. Anm. 15) ausdrücklich erklärt hat. Auf diese Erklärung legt er mit Recht großes Gewicht, denn er kommt mehrmals darauf zurück (S. 22 dieses Vortrages, ferner „Die Tatsachen in der Wahrnehmung", unten S. 122; ebenso Abhandlungen, II, S. 644).

S. 17 [36]) Dieser Satz formuliert das Problem scharf und ist völlig zutreffend. Wenn „Räume andrer Art in dem angegebenen Sinne" (vgl. die vorhergehende Anmerkung) vorstellbar sind, dann besitzt der euklidische Raum keine anschauliche Notwendigkeit für uns; und da Euklids Axiome, wie Helmholtz vorher gezeigt, auch nicht *denk*notwendig sind, so wäre der Beweis erbracht, daß sie *überhaupt* nicht notwendig und folglich (vgl. Anm. 2) nicht a priori gelten. Sie müßten dann in der Tat aus der Erfahrung stammen, a posteriori sein. Dem Nachweis, daß nichteuklidische Räume tatsächlich vorstellbar seien, wendet sich Helmholtz im Text alsbald zu. Die folgenden Absätze geben zunächst vorbereitende Betrachtungen.

S. 17 [37]) Unter der Parallaxe eines Fixsterns versteht man den Winkel, unter welchem die große Achse der Erdbahn von dem Stern aus gesehen erscheint. Die beiden Endpunkte der Erdbahnachse und der Fixstern bilden zusammen die Endpunkte eines sehr langgestreckten Dreiecks; der Winkel an der Spitze ist die Parallaxe. Da die Winkelsumme im Euklidischen Dreieck gleich zwei Rechten ist, so erhält man den Wert der Parallaxe, wenn man die Summe der beiden an der Basis jenes Dreiecks befindlichen Winkel von zwei Rechten abzieht. Für unmeßbar ferne Sterne werden die beiden langen Seiten des Dreiecks merklich parallel, die Summe der Basiswinkel wird gleich zwei Rechten, die Parallaxe gleich Null. Da die Winkelsumme im pseudosphärischen Dreieck kleiner als zwei Rechte ist, kann die Summe der Basiswinkel diesen Betrag nicht erreichen; subtrahiert man sie also von zwei Rechten, so müßte man stets, auch bei den fernsten Sternen, einen positiven Betrag erhalten, wie es Helmholtz in der Klammer erwähnt. Im sphärischen Raum dagegen würde man auch negative Winkelwerte bekommen, da die Summe der beiden Basiswinkel zwei Rechte übersteigen könnte.

| S. 17 [38]) Daß astronomische Beobachtungen das Paralle- 32
lenaxiom und damit die euklidische Struktur des Raumes „empirisch bestätigen“ könnten, gilt nur unter gewissen Vorbehalten, vor allem nur dann, wenn die Voraussetzung gemacht wird, daß Lichtstrahlen als gerade Linien aufzufassen sind. Lieferten die Parallaxenbestimmungen z. B. negative Werte, so wäre es stets möglich, dies Ergebnis ebenso gut durch die Annahme krummliniger Lichtausbreitung wie durch die Hypothese einer positiven Raumkrümmung zu erklären. Hierauf hat mit besonderem Nachdruck H. Poincaré aufmerksam gemacht, der in bezug auf diesen Fall sagt (Wissenschaft und Hypothese, 2. Aufl., 1906, S. 74): „so hätte man die Wahl zwischen zwei Schlußfolgerungen: wir könnten der euklidischen Geometrie entsagen oder die Gesetze der Optik abändern und zulassen, daß das Licht sich nicht genau in gerader Linie fortpflanzt.“ Es ist fraglos ein Mangel der Helmholtzschen Darstellung, daß er die zweite Möglichkeit nicht genügend hervorhebt und beide Alternativen scharf einander ge-

genüberstellt. Er schien dadurch den Angriffen der Kantianer ein leichtes Ziel zu bieten. Wir kommen noch darauf zurück und werden dann sehen, daß er den wahren Zusammenhang völlig klar durchschaut hat. Poincaré hat durchaus unrecht, wenn er an jener Stelle fortfährt: „Es ist unnütz, hinzuzufügen, daß jedermann die letztere Lösung als die vorteilhaftere ansehen würde.“[22] Die Erfolge der Einsteinschen allgemeinen Relativitätstheorie, welche die Geltung der Euklidischen Axiome opfert, beweisen die Irrtümlichkeit der Behauptung Poincarés und man darf mit Sicherheit sagen, daß er sie heute angesichts jener Erfolge gern zurücknehmen würde. Er glaubte, daß die euklidische Geometrie ihre Vorzugsstellung in der Physik immer bewahren müßte, weil sie die „einfachste“ sei. Aber nicht die Einfachheit eines Einzelzweiges oder Hilfsmittels der Wissenschaft ist entscheidend, sondern es kommt in letzter Linie auf die Einfachhheit des *Systems* der Wissenschaft an, die mit der *Einheit* der Naturerkenntnis identisch ist.[23] Diese höchste Einfachheit wird heute durch das

22 Im Original lautet das Zitat „Es ist unnütz hinzuzufügen, daß jedermann diese letztere Lösung als die vorteilhaftere ansehen würde.“

23 Schlick hat seine Meinung gegenüber Helmholtz hier revidiert. Er meinte früher – trotz Poincarés Bevorzugung der euklidischen Geometrie (vgl. *Wissenschaft und Hypothese*, S. 52: „[D]ie Euklidische Geometrie ist die bequemste und wird es immer bleiben[.]“) – einen Vorteil der Poincaréschen Darstellung *auch vor der Helmholtzschen* in der Flexibilität bezüglich der Wahl der Geometrie zu sehen angesichts der Erfahrung. Vgl. 1915a *Relativitätsprinzip*, S. 150 (*MSGA* I/4): „H. Poincaré hat mit überzeugender Klarheit dargetan, daß uns keine Erfahrungen zwingen können (obwohl noch Gauss und Helmholtz der entgegengesetzten Meinung waren), der Darstellung der physikalischen Gesetzmäßigkeiten der Welt ein bestimmtes geometrisches System zugrunde zu legen, etwa das Euklidische; sondern man kann dazu auch ganz andere Systeme wählen, nur muß man dann zugleich auch andere Naturgesetze annehmen.“ Sowie S. 151: „Wir messen gleichsam immer nur das Produkt zweier Faktoren, nämlich der räumlichen und der im engeren Sinne physischen Eigenschaften der Körper, und wir können den einen der beiden Faktoren beliebig annehmen, solange wir nur dafür sorgen, daß das Produkt mit der Erfahrung übereinstimmt, was sich dann durch passende Wahl des anderen Faktors erreichen läßt.“ Sowie das Echo bei Einstein, *Geometrie und Erfahrung*, S. 8: „[M]an fühlt sich zu folgender allgemeiner Auffassung hingedrängt, welche Poincarés Standpunkt charakterisiert. Die Geometrie (G) sagt nichts über das Verhalten der wirklichen Dinge aus, sondern nur die Geometrie zusammen mit dem Inbegriff (P) der physikalischen Gesetze.

Fallenlassen der euklidischen Geometrie vollkommener erreicht als durch ihre Beibehaltung. Die Beobachtung, daß die Planeten nicht genau in einfachen Keplerellipsen um die Sonne laufen, sondern äußerst komplizierte Bahnen beschreiben, machte trotzdem das Weltbild einfacher, weil sie es ermöglichte, dem Newtonschen Gravitationsgesetz genauere Gültigkeit zuzuschreiben. Wie Poincaré (a. a. O. S. 152) erkannte: „Die Einfachheit der Keplerschen Gesetze ist nur scheinbar“,[24] genau so würde er heute sagen: Die Einfachheit der euklidischen Geometrie in ihrer Anwendung auf die Natur ist nur scheinbar. Helmholtz hat im Anschluß an Riemann die Zulässigkeit dieses Standpunktes klar und entschieden vertreten; was er auch für die philosophische Rechtfertigung desselben geleistet hat, wird sogleich noch zu betrachten sein.

S. 18 39) Die „Kongruenz“ wird festgestellt durch Beobachtung des Zusammenfallens materieller Punkte. Alle physikalischen Messungen lassen sich auf dieses selbe Prinzip zurückführen, da bei allen unsern Instrumenten jede Ablesung mit Hilfe von Koinzidenzen beweglicher Teile mit Skalenpunkten usw. bewerkstelligt wird. Der Helmholtzsche Satz läßt sich daher zu der Wahrheit erweitern, daß physikalisch überhaupt keine andern Geschehnisse konstatierbar sind als Begegnungen von Punkten, und Einstein hat daraus konsequent den Schluß gezogen, daß alle physikalischen Gesetze im Grunde nur Aussagen über solche Koinzidenzen enthalten dürfen. Die folgenden Absätze des Helmholtzschen Vortrages enthalten Ausführungen, die sich in der gleichen Richtung bewegen.

| S. 18 40) In dem Wörtchen „wirklich“ steckt das wesentlich- 33
ste philosophische Problem des ganzen Vortrages. Was für einen Sinn hat es, von einem Körper zu sagen, er sei *wirklich* starr? Nach der von Helmholtz (S. 15) gegebenen Definition des festen

Symbolisch können wir sagen, daß nur die Summe (G) + (P) der Kontrolle der Erfahrung unterliegt. [...] Sub specie aeterni hat Poincaré mit dieser Auffassung nach meiner Meinung Recht.“

24 Im Original lautet das Zitat „Die Einfachheit der Kepplerschen Gesetze ist z. B. nur scheinbar.“ Vgl. dazu Schlicks Beharrlichkeit in der Diskussion mit Einstein über Kepler im editorischen Bericht zu 1920c *Kausalprinzip*, in diesem Band S. 106.

Körpers würde dazu vorausgesetzt, daß man von der Entfernung von „Raum“punkten ohne Rücksicht auf Körper sprechen könne; aber daß man sie ohne solche Körper auf keine Weise feststellen und messen kann, ist zweifellos. Man gerät also in die Schwierigkeiten, die schon in der Anm. 31 geschildert wurden. Soll der Inhalt des Begriffes „wirklich“ ein solcher sein, daß er sich erfahrungsmäßig prüfen und konstatieren läßt, so bleibt nur der in jener Anmerkung bereits erwähnte Ausweg, diejenigen Körper als „starr“ zu erklären, die, wenn man sie als Maßstäbe verwendet, zu der *einfachsten* Physik führen. Das sind eben die Körper, welche die von Einstein (vgl. Anm. 31) angeführte Bedingung erfüllen. Was als „wirklich“ starr zu gelten hat, wird also dann nicht durch eine logische Notwendigkeit des Denkens oder durch die Anschauung bestimmt,[25] sondern durch eine Übereinkunft, eine Definition.

S. 18 [41]) Hier scheint es, als ob Helmholtz den Begriff des starren Maßstabes doch als etwas absolutes, unabhängig von unsern Konventionen feststehendes ansähe, denn von der Wahrscheinlichkeit oder Wahrheit einer Behauptung kann nur die Rede sein, wenn ihre Richtigkeit sich prinzipiell prüfen läßt; auf Definitionen ist der Begriff der Wahrscheinlichkeit nicht anwendbar. Aber offenbar haben wir in dieser Formulierung nur eine Konzession an die Auffassungsfähigkeit des Lesers zu sehen, dem Helmholtz die radikaleren Gedanken in ihrer strengen Konsequenz nur allmählich näher bringt.

S. 18 [42]) Dieses Verhalten wird nicht etwa in diesem nur vorbereitenden, sondern erst im nächsten Absatz angegeben.

S. 18 [43]) Für das folgende vergleiche man die Durchführung derselben Gedanken[26] bei Delboeuf, Prolégomènes philosophiques

25 Vgl. dazu 1921g *Rezension/Dingler*, in diesem Band.

26 Frühere Versionen finden sich bei Leibniz, *Mathematische Schriften*, Bd. 1, S. 180: «Car si toutes les choses du monde qui nous regardent, estoient diminuées en même proportion, il est manifeste, que pas un ne pourroit remarquer le changement.» Siehe auch Kant, *Kant's gesammelte Schriften*, Bd. 39, S. 997: „Setzt man aber voraus, daß sich das ganze Universum verändert habe, so ist keine Vergleichung weiter möglich, und also auch keine Veränderung der Größe denkbar; es wäre die kleinste Erdkugel der größten in Rücksicht unserer subjec-

de la géométrie, 1860;[27] Mongré, Das Chaos in kosmischer Auslese, Kap. 5, 1898;[28] Poincaré, Der Wert der Wissenschaft^2, 46 f., 1910;[29] Science et méthode, 96 ff., 1908;[30] Dernières pensées, 37 ff.,

tiven Vorstellungen gleich groß, weil wir sie nicht mit einem dritten Gegenstande vergleichen könnten. Der Begriff von Größe bliebe also an sich derselbe, mithin ist dieser absolut, aber die magnitudo oder parvitas kann nie absolut erkannt werden, sondern nur durch *relation.*"

27 Delbœuf, *Prolégomènes*, behauptet die Unabhängigkeit von Form und Größe und unterscheidet zwischen einfacher Vergrößerung („changer la grandeur") und Vergrößerung ohne Abänderung der Form („majorer") und schließt aus der Homogenität des Raumes S. 133: «L'espace est homogène: il suit de là qu'une figure peut se transporter partout dans l'espace sans changer de propriétés; deux figures égales sont donc, en général, *superposable* [...]. L'espace est homogène: il suit de là que, dans la *majorisation*, les différentes parties de l'espace croissent en proportion; *si je double l'espace, chaque partie de l'espace est doublée.* Un objet composé de barres de cuivre et de barres de zinc, au contraire, un pendule compensateur, par exemple n'est pas dans ce cas; si on le chauffe, certaines parties se dilateront plus que les autres; mais dans un corps homogène, toutes les parties se dilateront en proportion de leur grandeur respective.»

28 Vgl. Mongré, *Chaos*, S. 84: „Eine zweite, ebenfalls streng beweisbare Möglichkeit [der Transformation] ist die der *gleichmäßigen Vergrößerung oder Verkleinerung* aller Raumdimensionen. [Es folgt ein Zitat der hier kommentierten Stelle bei Helmholtz.] Wir haben uns in der Einleitung dieser Schrift bereits gegen die realistische Mißdeutung des angeführten Satzes ausgesprochen; natürlich sind nicht die Dimensionen des Weltalls tatsächlich variabel, sondern der Begriff Ausdehnung, Größe, Dimension wird jenseits der empirischen Raumanschauung gegenstandslos und dialektisch."

29 Vgl. Poincaré, *Der Wert der Wissenschaft*, S. 46: „Man hat oft bemerkt, daß, wenn alle Körper des Weltalls sich gleichzeitig und in gleichem Verhältnis ausdehnten, wir gar kein Mittel hätten, dies wahrzunehmen, da alle unsere Meßinstrumente gleichzeitig mit den Gegenständen wachsen würden, zu deren Bemessung sie dienen."

30 Vgl. Poincaré, *Science et Méthode*, S. 96 f.: «C'est là une des formes les plus banales du principe de la relativité de l'espace; mais il en est une autre, sur laquelle Delbeuf a particulièrement insisté. Supposons que, dans une nuit, toutes les dimensions de l'univers deviennent mille fois plus grandes: le monde sera resté *semblable* à lui-même, en donnant au mot de *similitude* le même sens qu'au troisième livre de géométrie.»

1913;[31] Schlick, Raum und Zeit^{3}, Kap. 3, 1920.[32]

S. 19 ^{44}) In mathematischer Sprache läßt sich die gedachte Veränderung, die Helmholtz hier beschreibt, so ausdrücken: wenn man sich die ganze Welt so deformiert denkt, daß ihre neue Gestalt aus der alten durch eine eindeutige, stetige, im übrigen aber ganz beliebige Punkttransformation hervorgeht, so ist die neue Welt von der alten in Wirklichkeit gänzlich ununterscheidbar. Das im Text folgende Spiegelbeispiel entspricht einem speziellen Falle einer solchen Transformation. Vgl. die in Anm. 43 angeführte Literatur.

S. 20 ^{45}) Die Erkenntnis der Sinnlosigkeit der Frage, welche der beiden beschriebenen Welten die „wirkliche" und welche die deformierte sei, ist für das gesamte Problem von höchster Wichtigkeit. Es besteht zwischen beiden Welten gar kein „wirklicher" Unterschied, sondern nur ein solcher der Beschreibung, indem in beiden Fällen ein verschiedenartiges Koordinatensystem zugrunde gelegt wird (vgl. wieder die oben Anm. 43 zitierte Literatur). Mit andern Worten: wir haben es in beiden Fällen mit der gleichen objektiven Wirklichkeit zu tun, die durch zwei verschiedene Zeichensysteme dargestellt wird.

S. 20 ^{46}) Wenn Helmholtz durch den Nachsatz sagen wollte, daß die Männer beider Welten voneinander abweichende mechanische Gesetze konstatieren würden, so wäre das offenbar ein Irrtum, solange er nicht die Voraussetzung fallen läßt, daß in der
34 Spiegelwelt alle Maßstäbe an den | Verzerrungen der Körper teilnehmen. Denn sonst müssen alle Messungen, alle Ablesungen von Instrumenten dort zu genau den gleichen Zahlen führen wie in

31 Vgl. Poincaré, *Dernières Pensées*, S. 37 f.: «Si les objets étaient tous agrandis dans une même proportion, et qu'il en fût de même de nos instruments de mesure, nous ne nous en appercevrions pas davantage. [...] Mais il y a plus: supposons que tous les objets soient déformés suivant une certaine loi, plus compliquée que les précédentes, suivant une lois tout à fait quelconque et qu'en même temps nos instruments de mesure soient déformés suivant la même loi; de cela non plus nous ne pourrions pas nous apercevoir, de sorte que l'espace est beaucoup plus relatif encore qu'on ne le croit d'ordinaire. Nous ne pouvons nous apercevoir que des modifications de forme des objets qui diffèrent des modifications simultanées de forme de nos instruments de mesure.»

32 1920a *Raum und Zeit* (*MSGA* I/2).

der ursprünglichen Welt; alle Punktkoinzidenzen bleiben erhalten (vgl. Anm. 39). Ein Gesetz ist aber nur ein zusammenfassender Ausdruck für Meßresultate, folglich sind die physikalischen Gesetze in beiden Welten nicht verschieden. Vielleicht aber denkt Helmholtz sich die Sache so, daß dem Beobachter in der deformierten Welt irgendwie Maßstäbe zur Verfügung gestellt werden, die an der sonst dort herrschenden Deformation nicht teilnehmen, und mit denen er seine Körper fortlaufend vergleichen kann. In diesem Fall würde er sonderbare Bewegungsgesetze konstatieren und könnte schließen, daß es vernünftiger wäre, die andere Welt als unverzerrt zu betrachten, weil dort (in bezug auf jene Maßstäbe) eine viel einfachere Mechanik herrscht.

S. 20 [47]) Von F. Klein ist die nichteuklidische Maßbestimmung im Innern einer Fläche zweiten Grades auf rein projektivem Wege eingeführt worden (Ges. Abhandlungen, Bd. I, S. 287 f.).[33]

S. 20 [48]) Wo der Stand des Beobachters B auch sein mag, es gibt stets eine Abbildung auf die Euklidische Kugel derart, daß B dem Mittelpunkt der Kugel entspricht. Es sei P ein Punkt im nichteuklidischen Raum und Q sein Bildpunkt im Kugelraum. Sind nun AA' die Augen des Beobachters im nichteuklidischen Raum und BB' deren Abbilder, die sehr dicht beieinander sein sollen, so müssen bis auf unendlich kleine Größen höherer Ordnung die nichteuklidischen Winkel PAA' und $PA'A$ gleich den Winkeln QBB' und $QB'B$ sein, daher wird Q für den euklidisch Gewöhnten in *der* Entfernung erscheinen, die es im Beltramischen Kugelbilde tatsächlich hat.

S. 22 [49]) In diesem Absatz hat Helmholtz das erkenntnistheoretische Hauptergebnis seiner Untersuchung formuliert. Nachdem er in den vorhergehenden Absätzen gezeigt hat, daß die sinnlichen Eindrücke, die man in einer nichteuklidischen Welt empfangen würde, sehr wohl anschaulich vorstellbar sind, schließt er, daß der euklidische Raum *keine* unentrinnbare Form unseres Anschauungsvermögens sei, sondern ein Produkt der Erfahrung. Ist der Schluß wirklich zwingend? Besonders von der Seite der Kantschen Philosophie her hat man es bestritten (vgl.

33 Vgl. Klein, *Nicht-Euklidische Geometrie.*

z. B. A. Riehl, Hermann v. Helmholtz in seinem Verhältnis zu Kant, S. 35 ff., 1904), indem man einwandte, die von Helmholtz beschriebenen Wahrnehmungsfolgen brauchten nicht notwendig als Vorgänge in einem nichteuklidischen Raume gedeutet werden, sondern man könne sie ebensowohl, wie gerade aus Helmholtz' eigenen Darlegungen klar hervorgehe, als eigentümliche Orts- und Gestaltsänderungen im euklidischen Raume auffassen. Und diese letzte Art der Interpretation – so behauptet der Apriorismus weiter – sei diejenige, zu der unsere Anschauung uns unabweislich zwinge: sie nötige uns, für das etwa beobachtete sonderbare Verhalten der Körper allein ihre *physikalische* Beschaffenheit und Gesetzlichkeit verantwortlich zu machen, und verbiete uns, stattdessen den Grund jenes Verhaltens in einer von der euklidischen abweichenden Beschaffenheit „des Raumes" zu suchen.[34] Wir haben schon mehrfach hervorgehoben, daß wirklich

34 Riehl, *Hermann von Helmholtz in seinem Verhältnis zu Kant*, S. 36 f.: „Helmholtz [läßt uns] in Gedanken in einen ‚pseudosphärischen Raum' blicken (eigentlich nur durch eine Schicht convexer Flächen) und zeichnet mit anschaulicher Phantasie den Eindruck, den die Gestalt der Dinge in einem solchen Raume auf uns machen müßte. Er schließt daraus, ‚wir können uns den Anblick einer pseudosphärischen Welt ebenso gut nach allen Richtungen ausmalen, wie wir ihren Begriff entwickeln können'. Der Raum, den die Geometrie zum Grunde legt, wäre demnach nicht die notwendige Form unserer äußeren Anschauung, weil sie nicht die einzige wäre; außer ihr gäbe es noch einen Raum an sich und von diesem eine ‚physische Geometrie', die mit der reinen nicht übereinzustimmen brauchte, da wir sie ja als von dieser verschieden vorstellen können. – Können wir das wirklich? Die Visierlinien mindestens, längs welcher allein wir in jenen imaginierten Raum hineinblicken könnten, müßten gerade sein; also ist es nicht möglich, uns den Anblick einer pseudosphärischen Welt nach *allen* Richtungen auszumalen, eben die Richtung, die unser anschauendes Subjekt selbst zu jener Welt einnimmt, bliebe davon ausgenommen. Wir wollten den ‚ebenen' Raum umgehen und es zeigt sich, daß wir ihn brauchen, um einen ‚gekrümmten' vorzustellen: auch vermögen wir von diesem anderen Raum genau so viel, nicht mehr, anschaulich vorzustellen, als sich von ihm in dem ‚euklidischen' Raume abbilden, oder populär zu reden, in ihn hineinstrecken würde. [...] Statt zur Widerlegung der Lehre Kants zu führen, dient ihr das Argument von Helmholtz vielmehr zur Bestätigung." Siehe auch die Kritik in Riehl, *Kriticismus*, Zweiter Band, Erster Teil, S. 83: „So gross die Verdienste der *physiologischen Optik* um die Erklärung der einzelnen, bestimmten, Raumanschauungen sind, so gering sind ihre Erfolge in der Erklärung der Raumvorstellung im allgemeinen."

beide Interpretationsmöglichkeiten nebeneinander bestehen. Helmholtz war aber so fest überzeugt, daß wir bei gewissen Erfahrungen der Wahrnehmung und Messung die *geometrische* Deutung wählen würden, daß er die andere Möglichkeit hier nicht explizite widerlegt hat. Er selbst vermochte sich offenbar von eingewurzelten Anschauungsgewohnheiten so frei zu machen, daß die Selbstbeobachtung ihm das Fehlen der behaupteten reinen Anschauung unmittelbar zu zeigen schien. Aber wohl nicht jeder kann sich so leicht zu | dieser Einstellung durchringen; und 35
so ist hier eine Lücke in dem Beweisgang festzustellen. Es hätte die aprioristische Ansicht widerlegt werden müssen, nach welcher uns für die Deutung der Wirklichkeit nur physikalische, nicht aber rein geometrische Hypothesen freistehen, weil die letzteren, obwohl denkmöglich, durch einen anschaulichen Zwang ausgeschlossen seien. Die Lücke des Beweises kann wohl auf verschiedene Weise ausgefüllt werden. So macht Poincaré es in seinen erkenntnistheoretischen Büchern höchst plausibel, daß z. B. diejenigen Linien, die wir *Gerade* nennen, gar nicht durch unmittelbar gegebene anschauliche Eigenschaften vor andern Linien ausgezeichnet sind, sondern allein durch die Rolle, die sie in der physischen Wirklichkeit erfahrungsgemäß spielen; und dies Ergebnis ist dann in der Tat entscheidend.[35] Ferner wäre wohl vor allem darauf hinzuweisen, daß wir eine *rein* geometrische Anschauung überhaupt nicht besitzen, in dem z. B. Flächen ohne jede Dicke, Farbe usw. gar nicht vorstellbar sind. (Vgl. auch F. Klein, Vortrag v. 14. 10. 05 i. d. Philos. Gesellsch. d. Universität Wien;[36] M. Pasch, Vor-

35 Vgl. oben in diesem Band S. 280.

36 Vgl. Klein, *Grenzfragen*, S. 4: „Es scheint da eine zweifache Stellungnahme möglich: entweder die radikale, zu der ich mich bekenne, daß unsere Raumanschauung eine untere Schwelle der Genauigkeit habe, und daß das, was wir vor Augen haben, wenn wir von einer Kurve sprechen, ein *Streifen* von allenfalls sehr geringer, jedenfalls nicht verschwindender Querdimension sei. Oder aber es habe – so ist mir gesagt worden – der menschliche Geist die Fähigkeit, die sogenannten analytischen Kurven sich wirklich genau vorzustellen; nur die nichtanalytischen seien im eigentlichen Sinne transzendent. – Da wäre es eine sehr merkwürdige Tatsache, daß gerade den Kurven, die man früher von mathematischer Seite allein kannte, unsere Raumanschauung sollte koordiniert gewesen sein, und daß nur, was man seither konstruiert, über unsere Anschauungen hinausgehe."

lesungen über neuere Geometrie.[37] Ferner bereits Stuart Mill,[38]

37 Vgl. Pasch, *Vorlesungen über neuere Geometrie*, S. III: „Bei den bisherigen Bestrebungen, die grundlegenden Teile der Geometrie in eine Gestalt zu bringen, welche den mit der Zeit verschärften Anforderungen entspricht, ist der empirische Ursprung der Geometrie nicht mit voller Entschiedenheit zur Geltung gekommen. [...] Diese Auffassung suchen die folgenden Blätter in aller Strenge durchzuführen." S. 17: „Die Mathematik stellt Relationen zwischen den mathematischen Begriffen auf, welche den Erfahrungstatsachen entsprechen sollen, aber weitaus in ihrer Mehrzahl der Erfahrung nicht unmittelbar entlehnt, sondern ‚bewiesen' werden; die (außer den Definitionen der abgeleiteten Begriffe) zur Beweisführung notwendigen Erkenntnisse bilden selbst einen Teil der aufzustellenden Relationen. Nach Ausscheidung der auf Beweise gestützten Sätze, der *Lehrsätze*, bleibt eine Gruppe von Sätzen zurück, aus denen alle übrigen sich folgern lassen, die *Grundsätze*; diese sind unmittelbar auf Beobachtung gegründet." An dieser Stelle verweist Pasch auf den hier kommentierten Aufsatz von Helmholtz. Vgl. zum Thema krumme Linien S. 218: „Auch bei diesen Gelegenheiten wird man meines Erachtens dazu gedrängt, eine empiristische Auffassung durchzuführen, um Widersprüchen bei der Anwendung der Analysis auf Geometrie zu entgehen. Neben der sinnlichen Wahrnehmung darf aber dann nicht auf ‚Anschauung' oder ‚Vorstellungskraft' wie auf eine besondere Quelle mathematischer Erkenntnis Bezug genommen werden. Wenn bei der Anwendung der Mathematik z. B. vorausgesetzt wird, daß alle ‚anschaulichen' ebenen Kurven anschauliche Differentialkurven und anschauliche Integralkurven besitzen [...], so ist die Berechtigung dazu in den Eigenschaften der physischen Linie zu suchen und dort auch zu finden."

38 Vgl. Mill, *Logic*, Buch II, Kap. V, § 5. Mills Angriffspunkt ist folgendes Argument, S. 153: "Intuition is 'imaginary looking;' but experience must be real looking: if we see a property of straight lines to be true by merely fancying ourselves to be looking at them, the ground of our belief cannot be the senses, or experience; it must be something mental", welches durch ihn auf folgende Weise beantwortet wird, S. 154: "[I]n all systems of experimentation we take some objects to serve as representatives of all which resemble them; and in the present case the conditions which qualify a real object to be the representative of its class are completely fulfilled by an object existing only in our fancy. Without denying, therefore, the possibility of satisfying ourselves that two straight lines cannot enclose a space, by merely thinking of straight lines without actually looking at them; I contend that we do not believe this truth on the ground of the imaginary intuition simply, but because we know that the imaginary lines exactly resemble real ones, and that we may conclude from them to real ones with quite as much certainty as we could conclude from one real line to another."

und vor ihm Hume, Treatise, Bk. I, Pt. II, Section IV.[39]) Dann sind unserer sinnlich-anschaulichen Vorstellung überhaupt nur physisch-körperliche Gebilde zugänglich, und es folgt, daß in unserer anschaulichen Geometrie Physisches und Geometrisches bereits untrennbar verschmolzen sind, daß sie also mit der „praktischen Geometrie“ zusammenfällt. Dies war zweifellos Helmholtz' Meinung. In diesem Sinne schließt er denn auch die hier festgestellte Beweislücke in der Beilage III zu der Rede über die „Tatsachen in der Wahrnehmung“; siehe unten S. 142. Vgl. zur Frage der Existenz einer reinen Anschauung auch Schlick, Allgemeine Erkenntnislehre, § 37.[40]

S. 22 [50]) Manche Mathematiker gehen in diesem Punkte über Helmholtz hinaus und sind der Ansicht, daß die Fähigkeit, eine räumlich-vierdimensionale Welt vorzustellen, uns nicht schlechtweg abgesprochen werden könne. So z. B. Poincaré. Er weist darauf hin (Wissenschaft und Hypothese, S. 70), daß die Dreidimensionalität unseres Gesichtsraumes u. a. dadurch entsteht, daß die ursprünglich nur zweidimensionalen Simultanwahrnehmungen eines Auges nach ganz bestimmten Gesetzen – nämlich den Regeln der Perspektive – aufeinander folgen; und er meint nun, daß die Vorstellung einer Welt von vier Raumdimensionen sich von selbst ergeben würde, wenn die Beobachtung eine nach ganz bestimmten Gesetzen erfolgende Wandlung der dreidimensionalen

39 Vgl. Hume, *Treatise*, S. 39: "The parts, into which the ideas of space and time resolve themselves, [...] being nothing in themselves, are inconceivable when not fill'd with something real and existant." S. 49 f.: "Nothing is more apparent to the senses, than the distinction betwixt a curve and a right line; nor are there any ideas we more easily form than the ideas of these objects. But however easily we may form these ideas, 'tis impossible to produce any definition of them, which will fix the precise boundaries betwixt them. [...] 'Tis true, mathematicians pretend they give an exact definition of a right line, when they say, *it is the shortest way betwixt two points*. But in the first place, I observe, that this is more properly the discovery of one of the properties of a right line, than a just definition of it. [...] The idea of a *plain surface* is as little susceptible of a precise standard as that of a right line [...] It appears, then, that the ideas which are most essential to geometry, *viz.* those [...] of a right line and a plain surface, are far from being exact and determinate, according to our common method of conceiving them."

40 1918 *Erkenntnislehre* (*MSGA* I/1).

Körpergestalten zeigte; diese müßten uns dann als dreidimensionale perspektivische Ansichten vierdimensionaler Gebilde erscheinen, die daher in demselben Sinne anschaulich vorstellbar wären, wie es die dritte Dimension des Gesichtsraumes für den Einäugigen ist.[41] Gilt dies bereits für den Sehraum, auf den ja Helmholtz seine Betrachtungen beschränkt, so scheint es für die übrigen Sinnesvorstellungen – etwa die des Tast- und Muskelsinnes – noch viel weniger festzustehen, daß sie notwendig in einer dreidimensionalen Mannigfaltigkeit geordnet erscheinen müßten. Jedenfalls muß die Frage der Vorstellbarkeit einer vierten Raumdimension mindestens als ein Problem angesehen werden, das ernste Erwägung verdient.

S. 22 [51]) Dieser Satz enthält die fundamentale, von Riemann schon errungene und neuerdings in der Allgemeinen Relativitätstheorie wahrhaft fruchtbar gewordene Erkenntnis, daß die Geometrie als Teil der *Physik* zu betrachten ist,[42] also nicht als eine Wissenschaft von rein idealen Gebilden, wie etwa die Arithmetik, die Lehre von den Zahlen. Die im Text folgenden Sätze begründen diese Erkenntnis einwandfrei. Die Formulierung des
36 Satzes | ist vielleicht insofern nicht ganz glücklich, als Helmholtz in ihm eine „reine Raumlehre“ der Geometrie gegenüberzustellen scheint, ohne doch anzugeben, wie der Begriff einer reinen Raumlehre zu umgrenzen sei. Wir würden heute lieber sagen, daß eben die „Raumlehre“ schlechthin eine empirische Wissenschaft ist, nämlich, mit Einstein zu reden, derjenige Teil der Physik, der

41 Poincaré, *Wissenschaft und Hypothese*, S. 71 f.: „Wir verstehen somit, wie der Begriff eines dreidimensionalen Raumes aus dem Schauspiel dieser Perspektiven entstehen konnte, wenngleich jede von ihnen nur zwei Dimensionen hat; denn sie *folgen aufeinander nach gewissen Gesetzen*. [...] Da gibt es nichts, was man sich nicht vorstellen könnte, und dennoch sind diese Empfindungen genau dieselben, denen ein mit einer zweidimensionalen Netzhaut versehenes Wesen unterworfen wäre, welches sich im vierdimensionalen Raume bewegen könnte. In diesem Sinne ist es erlaubt zu sagen, daß man sich die vierte Dimension vorstellen könne.“

42 Vgl. Weyls Kommentar in Riemann, *Über Hypothesen*, S. 47: „So hat Riemanns Idee, welche die alte Scheidewand zwischen Geometrie und Physik niederriss, heute durch Einstein ihre glänzende Erfüllung gefunden.“

von den „Lagerungsmöglichkeiten“[43] der Körper handelt. Ebenso hat auch schon Newton gedacht, wie das von Helmholtz an anderer Stelle (S. 152 dieses Bandes)[44] angeführte Zitat beweist. Die rein mathematische Disziplin der Geometrie im Gegensatz zur praktischen oder physischen ist nichts als ein Gebäude von Lehrsätzen, die rein logisch-formal aus einer Reihe von Axiomen abgeleitet sind, ohne Rücksicht darauf, ob es irgendwelche Gegenstände (z. B. räumliche Gebilde) gibt, von denen jene Axiome gelten (vgl. Schlick, Allgemeine Erkenntnislehre, § 7).[45] Diese strenge „Geometrie“ trägt also ihren Namen eigentlich zu Unrecht, und sie kann keinen Anspruch darauf erheben, eine „Raumlehre“ zu sein. Daß es eine „reine“ Raumlehre gar nicht gibt, war auch Helmholtz' Meinung, wie aus seinen Bemerkungen S. 144 ff. leicht zu entnehmen ist.

S. 23 [52]) Vgl. Anm. 46.

43 Vgl. Einstein, *Geometrie und Erfahrung*, S. 5 f.: „Es ist klar, daß das Begriffssystem der axiomatischen Geometrie allein über das Verhalten derartiger Gegenstände der Wirklichkeit, die wir als praktisch-starre Körper bezeichnen wollen, keine Aussagen liefern kann. [...] Um dies zu bewerkstelligen, braucht man nur den Satz zuzufügen: Feste Körper verhalten sich bezüglich ihrer Lagerungsmöglichkeiten wie Körper der euklidischen Geometrie von drei Dimensionen; dann enthalten die Sätze der euklidischen Geometrie Aussagen über das Verhalten praktisch starrer Körper. [...] Wir wollen die so ergänzte Geometrie ‚praktische Geometrie' nennen und sie im folgenden von der ‚rein axiomatischen Geometrie' unterscheiden.“ Siehe auch 1921i *Rezension/Einstein*, in diesem Band S. 465.

44 Der Verweis bezieht sich auf das Ende von Helmholtz, *Wahrnehmung* (in diesem Band S. 416).

45 Vgl. 1918 *Erkenntnislehre*, S. 34 f. (*MSGA* I/1, S. 213 f.): „Die Geometrie als fester Bau streng exakter Wahrheiten ist also nicht eigentlich Wissenschaft vom Raume, sondern die räumlichen Gebilde spielen nur die Rolle von anschaulichen Beispielen, in welchem die in den geometrischen Sätzen in abstracto aufgestellten Beziehungen verwirklicht sind. [...] Die implizite Definition dagegen steht nirgends in Gemeinschaft oder Verbindung mit der Wirklichkeit, sie lehnt sie absichtlich und prinzipiell ab, sie verharrt im Reich der Begriffe. Ein mit Hilfe impliziter Definition geschaffenes Gefüge von Wahrheiten ruht nirgends auf dem Grunde der Wirklichkeit, sondern schwebt gleichsam frei, wie das Sonnensystem die Gewähr seiner Stabilität in sich selber tragend. Keiner der darin auftretenden Begriffe bezeichnet in der Theorie ein Wirkliches[.]“

S. 23 [53]) Dieser Absatz zeigt, im Gegensatz zu weniger vorsichtigen Äußerungen (vgl. Anm. 31, 40, 41), wie klar sich Helmholtz über die wechselseitige Bedingtheit von Geometrie und Physik war: er erklärt mit Recht, daß wir den tatsächlichen Raum unserer Welt als einen beliebig nichteuklidischen auffassen können, wenn wir nur zugleich ganz neue physikalische Gesetzmäßigkeiten einführen. Warum tun wir dies nicht? Warum verwenden wir in der Praxis, z. B. in der Technik, immer die euklidische Geometrie? Kant hätte geantwortet: weil unsere apriorische Raumanschauung es nicht anders zuläßt! Poincaré würde sagen: weil die Geometrie dadurch zur Wissenschaft von den Lagerungsmöglichkeiten unserer festen Körper wird und mithin unsere physikalischen Formeln ihre einfachste Gestalt annehmen. Dies ist natürlich auch Helmholtz' Meinung; wie die erste Zeile des Absatzes lehrt, entscheidet auch für ihn die wissenschaftliche *Nützlichkeit* über die zu wählende Auffassung.

S. 23 [54]) Dieser Satz spricht es noch einmal aus: die Raumlehre ist nicht eine rein mathematische Disziplin, sondern Lehre von den Lagerungsmöglichkeiten starrer Körper, oder, wie Einstein sie auch nennt, „praktische Geometrie“. Helmholtz bezeichnet sie auch als *physische* Geometrie, s. unten S. 143.

S. 23 [55]) Das Wort „transzendental“ gebraucht Helmholtz nicht korrekt im Kantschen Sinne; besonders verwechselt er es häufig, wie auch an dieser Stelle, mit „apriorisch“. – Der Sinn der folgenden Sätze sei wegen der Wichtigkeit ihres Inhaltes noch mit einigen Worten erläutert. Nachdem Helmholtz das Vorhandensein einer apriorischen Anschauung des „Raumes“ abgelehnt hat, prüft er die Frage, ob wir nicht vielleicht eine apriorische Anschauung des „festen Körpers“ besitzen. Was wäre, fragt er, die Folge davon? Die Sätze der dann existierenden anschaulichen Geometrie wären zwar a priori, aber *analytisch*, denn sie ließen sich aus den Eigenschaften jener idealen starren Körper deduzieren, von deren Lagerungsmöglichkeiten diese Geometrie handeln würde. Welches aber die Lagerungsmöglichkeiten irgendwelcher *wirklicher* Körper sind – über diese Frage der praktischen Geometrie könnte sie uns gar nichts lehren; die Sätze dieser letzteren wären nach wie vor synthetische Urteile a posteriori. Nehmen wir

einmal an, jene gedachte apriorische Geometrie wäre euklidisch, so wäre die einzige Folge, daß wir nur solche Körper starr *nennen* dürfen, deren | Lagerungsgesetze euklidischen Regeln folgen; 37
daß unsere bequemsten Maßstäbe in diesem Sinne wirklich starr sind, ist aber eine reine Erfahrungstatsache. Jene apriorische Anschauung wäre also überflüssig, sie trüge nichts zur Erkenntnis der Wirklichkeit bei, würde mithin gerade die von Kant ihr zugewiesene Aufgabe nicht erfüllen; ja, sie wäre unserer Erkenntnis sogar hinderlich und schädlich, sobald sich herausstellte (wie es in unsern Tagen augenscheinlich der Fall ist), daß wir die Annahme streng euklidischer Lagerungsmöglichkeiten nur festhalten können, wenn wir die Schönheit und Vollendung unseres Systems der Physik dafür opfern. Kurz, die Annahme einer apriorischen Anschauung des starren Körpers wäre in jeder Hinsicht wissenschaftlich verfehlt. Ähnliche Gedankengänge verfolgt Helmholtz auch unten S. 144 ff.

S. 24 [56]) Dieser Absatz wiederholt noch einmal, daß die auf die Wirklichkeit angewendete Geometrie – welche aus der formal abstrakten Disziplin sofort entsteht, wenn man sie an einer beliebigen Stelle mit der Wirklichkeit zur Deckung bringt und ihren leeren Begriffen realen Inhalt gibt – daß diese praktische Geometrie durchaus eine *Erfahrungswissenschaft* ist.

Erläuterungen 153
[zu: Hermann von Helmholtz, Die Tatsachen in der Wahrnehmung]

S. 109 [1]) Die bei Gelegenheit der Stiftungsfeier der Berliner Universität im Jahre 1878 gehaltene Rektoratsrede „Die Tatsachen in der Wahrnehmung" gilt mit Recht als die gehaltvollste von Helmholtz' erkenntnistheoretischen Arbeiten. Wenn die Bemerkung Königsbergers (H. v. Helmholtz, II, S. 78),[1] Helmholtz habe hier „ein in sich abgeschlossenes System seiner Philosophie" gegeben, auch ein wenig zu weitgreifend erscheint, so ist doch sicher, daß der Vortrag die vollkommenste, geschlossenste Darstellung seiner Erkenntnislehre enthält. Form und Inhalt stehen auf einer Höhe, daß man Königsberger gern beistimmen kann, wenn er die Arbeit als die „schönste und bedeutsamste"[2] seiner Reden erklärt (ebenda, S. 246). Eine wie große prinzipielle Wichtigkeit Helmholtz selbst dem Gegenstande der Rede zuschrieb, läßt sich vielleicht am besten aus den volltönenden Titeln erkennen, die er vorübergehend als Überschrift des Vortrages in Betracht zog. „Den Titel werde ich zuletzt machen", schreibt er seiner Frau, „ich weiß ihn noch nicht. Vielleicht: ‚Was ist wirklich?' oder ‚Alles Vergängliche ist nur ein Gleichnis' oder ‚Ein Gang zu den Müttern'." (Ebenda, S. 246.)

S. 111 [2]) Das Prädikat „wahr" darf im strengen Sinne nur Urteilen (Aussagen) zugeschrieben werden. Man kann also nach

1 Schlick hatte bei Leo Königsberger im Sommersemester 1901 in Heidelberg eine Vorlesung zur Differential- und Integralrechnung sowie eine zur Funktionentheorie gehört; vgl. Inv.-Nr. 85, C. 26-1.

2 Im Original steht „schönste und bedeutendste".

der Wahrheit des Denkens fragen, insofern „denken" mit „urteilen" gleichbedeutend sein soll. Sprechen wir aber von Wahrheit in unserm *Anschauen*, so bezieht sich diese Redeweise nur auf Urteile *über* unser Anschauen, oder auf Urteile, die im Anschauen versteckt enthalten sind, falls es dergleichen geben sollte.

S. 111 [3]) Diese Frage läßt sich unter die vorige mit einbegreifen, denn das Verhältnis unserer Vorstellungen zur Wirklichkeit ist für Leben und Forschen eben deshalb wichtig, weil man es kennen muß, um wahre Urteile über die Wirklichkeit zu fällen.

S. 112 [4]) Helmholtz' Anschauungen scheinen vorauszusetzen, daß man die Philosophie irgendwie als Wissenschaft vom *Geistigen* definiert. Eine solche Begriffsbestimmung dürfte aber kaum zweckmäßig sein, denn das Geistige, hier offenbar mit dem „Psychischen" identisch gedacht, bildet ja den Gegenstand einer Einzelwissenschaft, der Psychologie. Es ist zwar gelegentlich versucht worden, psychologisches und philosophisches Forschen einfach zu identifizieren (so hat Theodor Lipps die Philosophie als „Geisteswissenschaft oder Wissenschaft der inneren Erfahrung" definieren wollen),[3] aber auf diese Weise wird man sicherlich weder der Philosophie noch der Psychologie gerecht – betrachten doch manche, und nicht ohne Berechtigung, die Psychologie als einen Zweig der Naturwissenschaft. Ohne hier auf die umstrittene und im Grunde unwesentliche Frage nach der Definition der Philosophie einzugehen, können wir sagen, daß der völlig richtige Gedanke, den Helmholtz hier im Sinne hat, besser wohl so formuliert würde: Natur-

3 Vgl. Lipps, *Grundtatsachen des Seelenlebens*, S. 3: „Zwei Gesichtspunkte muß die in jedem Falle notwendige Umgestaltung des ursprünglichen Begriffs der Philosophie festhalten, den praktischen und den historischen. Das Gebiet, das er abgrenzt, muß ein eigentümlich geartetes sein, dessen Bearbeitung dementsprechend ihre besonderen Weisen des Verfahrens erheischt und es muß so viel möglich diejenigen Disziplinen umschließen, die wir als philosophische zu bezeichnen gewohnt sind. Beide Forderungen erfüllt die Definition der Philosophie als Geisteswissenschaft oder Wissenschaft der inneren Erfahrung. Auf innere Erfahrung beruhen Psychologie, Logik, Ästhetik, Ethik mit den daran sich anknüpfenden Disziplinen, schließlich auch Metaphysik in dem Sinne, in dem von solcher die Rede sein kann." In Inv.-Nr. 180, A. 198, S. 16 findet sich überdies ein Verweis auf Lipps, *Einheiten und Relationen*.

wissenschaften und Geisteswissenschaften gelangen, wenn sie ihre eigenen Fragen bis zu den letzten Gründen verfolgen, schließlich notwendig in die Erkenntnistheorie | und begegnen sich dort, also 154 auf dem Gebiet der Philosophie. Auf diesem Gebiet entscheidet sich auch erst, ob oder in welchem Sinne die übliche Scheidung des Geistigen und Körperlichen aufrecht erhalten werden kann. Wenn Helmholtz hier die „Einwirkungen der Körperwelt" und die „eigene Tätigkeit des Geistes" gegenüberstellt, so schließt er sich damit in der Ausdrucksweise der populären Weltauffassung an – ob damit etwa auch sachlich bestimmte Voraussetzungen in unkritischer Weise eingeführt werden, wird sich erst im Verlauf der weiteren Betrachtungen zeigen (vgl. unten Anm. 49).

S. 112 [5]) Man muß sich sorglich davor hüten, die Bedeutung des Terminus „vor der Erfahrung" in der Kantschen Philosophie mißzuverstehen. Das Wörtchen „vor" ist nämlich doppeldeutig, da es zeitlich oder logisch verstanden werden kann. Bei Kant sind die apriorischen Erkenntnisse lediglich im *logischen* Sinne *vor* der Erfahrung, d. h. ihre Gültigkeit ist nicht von Erfahrungen abhängig, hat ihren logischen Grund nicht in ihnen. Kant sagt mit Entschiedenheit (Kritik der reinen Vernunft, 2. Aufl., Einleitung): „Der Zeit nach geht also keine Erkenntnis in uns vor der Erfahrung vorher, und mit dieser fängt alle an. – Wenn aber gleich alle unsere Erkenntnis *mit* der Erfahrung anhebt, so entspringt sie darum doch nicht eben alle aus der Erfahrung."[4]

S. 112 [6]) Statt „transzendental" müßte es richtig „apriorisch" heißen. Daß Helmholtz beide Termini oft vertauscht hat, wurde schon erwähnt (Anm. I, 55). A priori ist für Kant alles, was unabhängig von der Erfahrung gilt; das Wort transzendental hat eine etwas kompliziertere Bedeutung. Kants Worterklärung lautet (Kritik der reinen Vernunft, Reclam-Ausgabe S. 43 f.): „Ich nenne alle Erkenntnis transzendental, die sich nicht sowohl mit Gegenständen, sondern mit unserer Erkenntnisart von Gegenstän-

4 Kant, *Kritik der reinen Vernunft*, B 1 (nur in B). „Der Zeit nach" und „aus" sind im Original ebenfalls hervorgehoben.

den, insofern diese a priori möglich sein soll, beschäftigt.“[5] Und an einer andern Stelle (ebenda S. 80) sagt er ausdrücklich: „Daher ist weder der Raum, noch irgendeine geometrische Bestimmung desselben a priori eine transzendentale Vorstellung, sondern nur die Erkenntnis, daß diese Vorstellungen gar nicht empirischen Ursprungs seien, und die Möglichkeit, wie sie sich gleichwohl a priori auf Gegenstände der Erfahrung beziehen könne, kann transzendental heißen.“[6]

S. 112 [7]) Nach Locke (1632–1704) gibt es zwei Arten von Eigenschaften:[7] nämlich die quantitativ faßbaren räumlichen und zeitlichen, die nach seiner Ansicht den Dingen selber zukommen und die er als „primäre“ Eigenschaften bezeichnet; von ihnen unterscheiden sich die „sekundären Qualitäten“ wie rot, kalt, laut usw. dadurch, daß sie nur Bestimmungen des wahrnehmenden Bewußtseins sind, in welchem sie durch Einwirkung der Körper auf die Sinnesorgane erzeugt werden. Sie sind also gar keine Eigenschaften der Dinge, sondern gehören nur dem Subjekt an und haben keine Ähnlichkeit mit den wahren Eigenschaften der äußeren Dinge. Das ist die Lehre von der „Subjektivität der Sinnesqualitäten“, die bereits im Altertum von Demokrit ganz deutlich ausgesprochen wurde.[8] In der neueren Zeit wurde sie schon vor Locke wohl zuerst von Galilei wieder vertreten.[9]

5 Vgl. ebd., B 25 (variant in A 11 f.): „Ich nenne alle Erkenntnis *transzendental*, die sich nicht so wohl mit Gegenständen, sondern mit unserer Erkenntnisart von Gegenständen, so fern diese *a priori* möglich sein soll, überhaupt beschäftigt.“

6 Ebd., A 56/B 80 f.

7 Vgl. Locke, *Works*, Bd. I, S. 119–122.

8 Vgl. 1919b *Erscheinung*, in diesem Band S. 48.

9 Galilei, *Il Saggiatore*, Kap. 48 analysiert den Satz „Bewegung ist die Ursache von Wärme“ und schreibt: „[...] ben sento tirarmi dalla necessità, subito che concepisco una materia o sostanza corporea, a concepire insieme ch'ella è terminata e figurata di questa o di quella figura, ch'ella in relazione ad altre è grande o piccola, ch'ella è in questo o quel luogo, in questo o quel tempo, ch'ella si muove o sta ferma, ch'ella tocca o non tocca un altro corpo, ch'ella è una, pocha o molta [...] ma ch'ella debba essere bianca o rossa, amara o dolce, sonora o muta, di grato o ingrato odore, non sento farmi forza alla mente di doverla apprendere da cotali condizioni necessariamente accompagnata [...] tengano solamente lor residenza nel corpo sensitivo, sì che rimosso l'animale, sieno levate ed annichil-

S. 113 8) Das von Joh. Müller[10] so benannte Gesetz der spezifischen Sinnesenergien ist von ihm freilich nicht ganz einwandfrei formuliert worden. Man kann es vielleicht vorsichtiger so aussprechen: die Modalität der Empfindung hängt unmittelbar allein davon ab, welche Region des Zentralorgans in einen entsprechenden Erregungszustand versetzt ist, unabhängig von den äußeren Ursachen, welche die Erregung bewirken. Es sind wohl | noch bessere, allgemeinere Formulierungen möglich – aber der 155
eigentliche Grundgedanke, der eben die Lehre von der Subjektivität der Sinnesqualitäten in physiologischer Fassung ausspricht, bleibt derselbe und bleibt richtig. Die *prinzipiellen* Angriffe, die z. B. W. Wundt in seiner Psychologie gegen das Gesetz von Joh. Müller gerichtet hat, sind daher jedenfalls unberechtigt.

S. 114 9) Die Tatsache, daß man Lichtschwingungen nach der (gerade auch durch Helmholtz' Mitwirkung zum Siege gelangten) elektromagnetischen Lichttheorie heute nicht mehr als stoffliche Bewegungen auffaßt und folglich als von Schallwellen wesentlich verschieden ansieht, ist für den hier von Helmholtz vollzogenen Vergleich belanglos.

S. 114 10) Nach der Young-Helmholtzschen Theorie[11] gibt es in der Netzhaut des Auges drei verschiedene Grund*prozesse*, die

ate tutte queste qualità [...]." (Drake, *The Controversy on the Comets of 1618*, S. 309: „[...] upon conceiving of a material or corporeal substance, I immediately feel the need to conceive simultaneously that it is bounded and has this or that shape; that it is in this place or that at any given time; that it moves or stays still, that it does or does not touch another body; and that it is one, few, or many. [...] But that it must be white or red, bitter or sweet, noisy or silent, of sweet or foul odor, my mind feels no compulsion to understand as necessary accompaniments. [...] they have their habitation only in the sensorium. Thus, if the living creature were removed, all these qualities would be removed and annihilated.")

10 Zu Helmholtz' Verhältnis zu seinem Lehrer sowie der Rolle der traditionellen „Naturphilosophie" in der Medizin damals vgl. Cahan, *Letters of Hermann von Helmholtz To His Parents*, S. 16–18.

11 Vgl. Helmholtz, *Vorträge und Reden*, Erster Band, S. 312: „Die Farbentheorie mit allen diesen wunderlichen und verwickelten Verhältnissen war eine Nuß, an deren Eröffnung nicht nur unser großer Dichter vergebens gearbeitet hat, sondern

den Empfindungen Rot, Grün, Blau entsprechen. Die Empfindungen der übrigen Farben stellen sich nach dieser Theorie ein, wenn mehrere jener Prozesse zugleich erregt werden. Jede Farbenempfindung ist aber psychologisch gesprochen zweifellos etwas Einfaches, Unzerlegbares. Man darf mithin streng genommen nur von einer Mischung der physiologischen Prozesse reden, nicht von einer Mischung der Empfindungen oder „in der Empfindung". Daß Helmholtz zwischen dem physiologischen Vorgang der Sinneserregung und dem psychologischen Vorgang der Empfindung nicht streng genug geschieden hat, wird sich uns noch mehrfach zeigen. Nebenbei sei bemerkt, daß die modernen Farbentheorien (Hering, v. Kries, G. E. Müller), um einen besseren Anschluß an die Erfahrungstatsachen zu erzielen, nicht unerheblich von der Young-Helmholtzschen Ansicht abgewichen sind.[12] Doch das ist für die erkenntnistheoretischen Zusammenhänge ganz unwesentlich.

auch wir Physiker und Physiologen; ich schließe mich hier ein, weil ich selbst mich lange Zeit damit abgemüht habe, ohne eigentlich dem Ziele näher zu kommen, bis ich endlich entdeckte, daß eine überraschend einfache Lösung des Räthsels schon im Anfange dieses Jahrhunderts gefunden und längst gedruckt zu lesen war. Sie war gefunden und gegeben von demselben Thomas Young, der auch dem Räthsel der ägyptischen Hieroglyphen gegenüber die erste richtige Spur zur Entzifferung fand."

12 Hering, *Zur Lehre vom Lichtsinne*, unterscheidet zwischen Assimilation (A) und Dissimilation (D) und schreibt S. 135: „[D]er Hauptfehler der Young-Helmholtz'schen Theorie bleibt bestehen. Denn dieser liegt darin, daß diese Theorie nur *eine* Art der Erregbarkeit, Erregung und Ermüdung kennt, nämlich die von mir mit D bezeichnete, und daß sie das antagonistische Verhalten gewisser Lichtstrahlen zum Sehorgan verkennt; daher sie das Weiß aus ‚complementären' Lichtstrahlen nicht dadurch entstehen läßt, daß sie sich in ihrer Wirkung auf die farbigen Sehsubstanzen *aufheben*, sondern dadurch, daß sie sich zu Weiß *ergänzen*." Vgl. Kries, *Funktion der Netzhautstäbchen*, S. 108: „[...] möchte König in den Stäbchen, resp. dem Sehpurpur den Träger der von der Young-Helmholtzschen Theorie angenommenen Blau-Komponente sehen [...] scheinen mir doch in mehreren Richtungen dieser Betrachtungsweise unüberwindliche Schwierigkeiten zu erwachsen." Siehe auch Müller, *Psychophysik der Gesichtsempfindungen*, S. 325: „Die Young-Helmholtzsche Theorie, welche zu dem obigen Satze in Einklang steht, ist gleichfalls eine Komponententheorie des Weißprozesses, kommt aber wegen ihrer groben Widersprüche zu den psychophysischen Axiomen und zu den zahlreichen Erfahrungsthatsachen überhaupt nicht in Betracht."

S. 115 [11]) Helmholtz' Theorie der Konsonanz, auf die er sich in diesem Absatz bezieht, ist nicht unbestritten geblieben. Besonders Stumpf hat in seiner „Tonpsychologie“[13] eine Ansicht entwickelt, die auf wesentlich andern Grundlagen ruht. Aber wiederum kommt es in diesem Zusammenhange auf die Richtigkeit der psycho-physiologischen Theorie gar nicht an, da sie nur die Aufgabe eines erläuternden Beispiels zu erfüllen hat.

S. 115 [12]) Die Formulierung dieses Satzes könnte von verschiedenen Seiten aus angegriffen werden. Hier sei nur darauf hingewiesen, daß es bedenklich ist, die Empfindungen als Wirkungen „in unsern Organen“ zu bezeichnen, denn sie sind als psychische Größen offenbar nicht sowohl in den Organen als im *Bewußtsein.* Wir haben das Quidproquo vor uns, das soeben schon in Anm. 10 berührt wurde, und das nur dann unschädlich bliebe, wenn man nachweisen könnte, daß Helmholtz das Wort Empfindung immer nur „in physischer Beziehung“, als Vorgang im Sinnesorgan, verstanden habe (vgl. B. Erdmann, Die philosophischen Grundlagen von Helmholtz' Wahrnehmungstheorie, S. 19).[14] Wo er es tut, stellt er ihr das entsprechende psychische

13 Vgl. Stumpf, *Tonpsychologie*, Zweiter Band, S. 455 f.: „Des Weiteren pflegt man nach Anleitung der Helmholtz'schen Lehre das Zustandekommen von Schwebungen aus dem Princip des Mitschwingens abzuleiten. Es folgt aus diesem Princip, dass durch eine objectiv einfache Schwingung ein einzelnes abgestimmtes Teilchen, wie wir solche in der Schnecke voraussetzen, am intensivsten zum Mitschwingen angeregt wird, ausserdem aber in abnehmendem Grade auch eine gewisse Anzahl benachbarter Teilchen [...] Gleichwohl werden wir gut tun, diesen Teil der Entstehungsgeschichte als Hypothese von der eigentlichen Definition noch zu scheiden.“ Die Kritik Stumpfs an Helmholtz wird explizit auf S. 69–76.

14 Vgl. Erdmann, *Grundlagen*, S. 19: „Schon bei Aristoteles, heißt es dementsprechend in der Optik, findet sich eine feine psychologische Unterscheidung über die Mitwirkung der geistigen Tätigkeit in den Sinneswahrnehmungen, das Physikalische und Physiologische, die Empfindung, ist deutlich unterschieden von dem Psychischen; die Wahrnehmung äußerer Objekte beruht [...] auf Urteil. Auf Grund solcher Unterscheidung von Wahrnehmung und Empfindung ist Helmholtz unbedenklich, von Empfindungen der Sinnesorgane und in ihnen der Nervenfasern zu reden. Gemeint ist damit stets ‚die Empfindung in physischer Beziehung‘, der Inbegriff der physischen Vorgänge, welche die Empfindung im Gehirn als Bestandteil des Bewußtseins ‚vermitteln‘ oder ‚erregen‘, denen die Empfindungen ‚entsprechen‘.“

Datum als „Wahrnehmung“ gegenüber; so heißt es in einer von Königsberger (H. v. Helmholtz, II, S. 129) mitgeteilten frühen Aufzeichnung: „Wahrnehmung ist Bewußtwerden einer bestimmten Empfindung, d. h. eines bestimmten Zustandes unserer Organe.“ Aber diese Bezeichnungs- und Denkweise scheint doch nicht konsequent festgehalten zu sein.

S. 115 [13]) Da nicht nur die Äußerung der Empfindung, sondern diese selbst verschieden ist, müßte es statt „wie eine solche Wirkung sich äußert“ wohl besser heißen: „was für eine Wirkung eintritt“.

S. 115 [14]) Der Ausdruck „Wahrheit der Bilder“ ist nach
156 Anm. 2 als | abkürzende Redeweise aufzufassen mit dem Sinn: „Wahrheit der Urteile, in denen Gleichheit der Gegenstände mit den Bildern behauptet wird.“ Analog erklärt Helmholtz an einer anderen Stelle (1. Aufl. der Physiolog. Optik, abgedruckt 3. Aufl., Bd. III, S. 18) wahre Vorstellungen als solche, die uns zu zweckmäßigem Handeln führen: der Erfolg des Handelns ist nämlich ein Anzeichen für die Richtigkeit der zugrunde gelegten Urteile: „Ich meine daher, daß es gar keinen möglichen Sinn haben kann, von einer andern Wahrheit unserer Vorstellungen zu sprechen, als von einer *praktischen.* Unsere Vorstellungen von den Dingen *können* gar nichts anderes sein als Symbole, natürlich gegebene Zeichen für die Dinge, welche wir zur Regelung unserer Bewegungen und Handlungen benutzen lernen. Wenn wir jene Symbole richtig lesen gelernt haben, so sind wir imstande, mit ihrer Hilfe unsere Handlungen so einzurichten, daß dieselben den gewünschten Erfolg haben, d. h. daß die erwarteten neuen Sinnesempfindungen eintreten. Eine andere Vergleichung zwischen den Vorstellungen und den Dingen gibt es nicht nur in der Wirklichkeit nicht – darüber sind alle Schulen einig – sondern eine andere Art der Vergleichung ist gar nicht *denkbar* und hat gar keinen Sinn.“[15]

15 Helmholtz, *Handbuch der Physiologischen Optik*, 1. Aufl., S. 443. Im Original (1. und 3. Aufl.) steht „Symbole richtig zu lesen“ und „Wirklichkeit“ ist hervorgehoben.

S. 115 [15]) Daß eine solche Abbildung der Gesetzmäßigkeit des Wirklichen mit Hilfe eines Zeichensystems überhaupt das Wesen aller Erkenntnis ausmacht, daß also unser Erkennen nur auf diese Weise seine Aufgabe erfüllen kann und keiner andern Methode dazu bedarf, wird zu zeigen versucht in Schlick, Allgemeine Erkenntnislehre, I. Teil.[16]

S. 116 [16]) Die Ausdrucksweise dieses Satzes zusammen mit dem folgenden erweckt den Anschein, als habe Kant die Qualitäten der Empfindung für eine „Form der Anschauung" erklärt. Dies ist durchaus nicht der Fall. Nur Raum und Zeit sind nach Kant Formen, die Empfindungsqualitäten sind ihm stets Inhalte des Anschauens, und sie haben bei ihm eine ganz andere Bedeutung für die Erkenntnis als die Formen (nur letztere nämlich sind ihm Quellen synthetischer Urteile a priori). Helmholtz' Satz soll einfach besagen, daß die Empfindungsqualitäten lediglich subjektiv sind.

S. 116 [17]) Dieser Satz muß nicht so gedeutet werden, als ob Helmholtz die von der modernen Psychologie meist geleugnete Existenz sogenannter „Innervationsempfindungen" behauptete.[17] Er weist nur auf die natürlich unbezweifelbare Tatsache hin, daß wir bei der Ausführung einer willkürlichen Bewegung eben ein Bewußtsein davon haben, daß wir die Bewegung einleiten. Lageänderungen und Bewegungen unserer Gliedmaßen selbst werden uns übrigens durch die sog. kinästhetischen Empfindungen

16 Vgl. 1918 *Erkenntnislehre*, S. 1 ff. (*MSGA* I/1, S. 133 ff.).

17 Vgl. Wundt, *Grundzüge*, Fünfte Auflage, Bd. II, S. 31 f.: „Entweder sind jene [zentralen Empfindungk]omponenten [der Bewegungsempfindungen] *direkt* an die motorische Innervation gebunden [...]. Oder es handelt sich um eine *sensorische Miterregung*, die an die motorische Innervation gebunden ist. Die erste dieser Annahmen ist die Hypothese der ‚Innervationsempfindungen'. Sie ist die einfachste, und deshalb wurde sie von den Physiologen und Pathologen zunächst ergriffen [...]. Sie ist aber die unwahrscheinlichste, und im Hinblick auf unsere heutige Kenntniss der psychophysischen Bedingungen der Empfindung ist sie kaum mehr aufrecht zu erhalten." Vgl. auch die Untersuchungen des mit Schlick befreundeten Rostocker Psychologen Katz, *Zur Psychologie des Amputierten und seiner Prothese*, S. 46: „Wir lehnen mit Wundt die erste Annahme ab" sowie die Kritik an Heymans in 1918 *Erkenntnislehre*, S. 221 (*MSGA* I/1, S. 585 f.).

bewußt, die vermutlich durch besondere, in den Muskeln, Sehnen und Gelenken endigende Sinnesnerven vermittelt werden.

S. 117 [18]) Hier bestreitet Helmholtz offenbar dem Sinne nach die Existenz besonderer Innervationsempfindungen sogar ausdrücklich, denn er meint ja, daß das Bewußtsein der Impulse nicht durch bestimmte spezifische Empfindungsqualitäten charakterisiert wird, sondern durch die Vorstellung der mit ihnen verknüpften Bewegungen. Im übrigen sind die von Helmholtz hier etwa im einzelnen gemachten psychologischen Annahmen, wie auch B. Erdmann meint (a. a. O. S. 26), „für den wesentlichen Gehalt seiner Lehre belanglos".

S. 117 [19]) Der Satz ist wohl dem Sinne nach verständlich, die Formulierung wird aber wieder beeinträchtigt durch die Neigung, den Unterschied zwischen der Empfindung als psychisches Datum und als Erregung des Sinnesorgans zu verwischen. Die von Helmholtz vorgenommene Gegenüberstellung der „Wahrneh-
157 mung *psychischer* Tätigkeiten" und der | „Empfindungen der äußeren Sinne" scheint nur möglich zu sein, wenn die letzteren als nichtpsychisch aufgefaßt werden; dem widersprechen aber die beiden nächsten Sätze, in welchen von Empfindungsqualitäten offensichtlich als von Bewußtseinsinhalten die Rede ist. Hätte Helmholtz den „äußeren" Sinnen die „inneren" Tätigkeiten (statt der „psychischen") gegenübergestellt, so würde dies seiner im vorigen Absatz (S. 116) aufgestellten Unterscheidung der inneren und äußeren Anschauung entsprochen haben. Aber auch diese ist aus mancherlei Gründen bedenklich (vgl. Schlick, Allgem. Erkenntnislehre, § 19),[18] und die einzig rechtmäßige Art, dem von Helmholtz hier entwickelten Unterschied zwischen räumlichen und nichträumlichen Erlebnissen gerecht zu werden, besteht wohl darin, daß man zu den ersteren schlechthin *alle Sinneswahrnehmungen* rechnet, zu den letzteren aber einfach alle übrigen Bewußtseinsinhalte.

Den Satz, daß die Empfindungen „unter irgendwelcher Art der Innervation vor sich gehen", kann man sich an Beispielen erläutern: Tastwahrnehmungen erfordern im allgemeinen eine Be-

18 Vgl. 1918 *Erkenntnislehre*, S. 132 ff. (*MSGA* I/1, S. 407 ff.).

wegung der tastenden Hand, Gesichtswahrnehmungen eine Bewegung des blickenden Auges, des Kopfes usw. Bei den Schallwahrnehmungen, wo dies in geringerem Maße gilt (obwohl auch hier Hinneigen des Ohres, Herantreten an die Schallquelle usw. mitspielen) ist auch sofort die räumliche Bestimmtheit weniger ausgesprochen.

S. 117 [20]) Wieder ist hier wie oben der Ausdruck „Anschauungsform" in völlig anderm Sinne gebraucht als bei Kant (vgl. Anm. 16). Helmholtz hat aber ganz recht, die von ihm beschriebene Raumanschauung den Empfindungsqualitäten zu koordinieren, denn es handelt sich in beiden Fällen um subjektive, psychische Inhalte. Was er nämlich im vorhergehenden und nachfolgenden schildert, ist der *psychologische* Raum (oder eigentlich *die* psychologischen Räume; denn man muß die räumlichen Daten z. B. der Bewegungsempfindungen von denen der Gesichts- oder der Tastwahrnehmungen als etwas gänzlich Verschiedenes trennen, wenn sie auch alle durch enge Assoziationen verbunden sind), nicht der physisch-geometrische Raum. Der letztere ist eine qualitätslose, formale, begriffliche Konstruktion, der erstere als anschauliche Gegebenheit nach Helmholtz' Worten mit den Qualitäten der Empfindungen behaftet und ebenso rein subjektiv wie diese.[19]

S. 117 [21]) In der Tat ist z. B. der süße Geschmack des Zuckers, obwohl rein subjektiv, nichts weniger als Schein, sondern als Empfindungsqualität von unbezweifelbarster Wirklichkeit. Ebenso die räumlichen Eigenschaften der Wahrnehmungen, mit deren Hilfe wir uns ja in der Umwelt mit größter Sicherheit orientieren.[20] Ein Schein würde vorliegen, wenn die Wahrnehmungen uns zu

19 Vgl. 1917b *Raum und Zeit*, S. 53 (*MSGA* I/2, S. 269 f.).

20 Vgl. den „Fehler der Eleaten" in 1919b *Erscheinung*, in diesem Band S. 45 sowie Wundt, *Kleine Schriften*, Bd. I, S. 190: „Diese Vertauschung des wahren Gegensatzes ‚Erscheinung und Wirklichkeit' mit dem falschen ‚Erscheinung und Ding an sich' halte ich für einen der schwersten Fehler der Kantischen Philosophie." S. 197: „Da aber beide Faktoren, das denkende Subjekt und das gedachte Objekt, unabänderlich zusammengehören, so sind beide in dieser Verbindung gleichzeitig das ‚Ding an sich', das sich erst in unserer Reflexion in jene beiden Faktoren scheidet, und die ‚Erscheinung', die sich eben nur dadurch von dem

verkehrtem Verhalten den Dingen gegenüber verleiteten – so etwa, wenn wir nach dem Spiegelbilde eines Gegenstandes greifen, weil wir es fälschlich für den Gegenstand selbst halten. Vgl. Anm. 31.

S. 117 [22]) Nach dieser ganz richtigen Erklärung ist das Urteil, die äußere Anschauung sei räumlich, von *notwendiger* Gültigkeit, weil es analytisch ist (vgl. Anm. I, 2), denn wir *nennen* eben das „außen", was in dem beschriebenen Sinne räumlich bestimmt ist. Dazu gehört natürlich auch unser eigener Körper, der ja gegenüber dem Selbstbewußtsein als etwas Äußeres aufgefaßt wird.

S. 118 [23]) Die Art der Apriorität des Raumes, die Helmholtz ihm in den Worten des Textes zuschreibt, muß als eine „psychologische" bezeichnet werden. Es ist nicht unwichtig festzustellen, ob oder wie weit seine Auffassung sich mit Kants Lehre deckt, 158 auf die sich Helmholtz | ausdrücklich bezieht, und an die er anknüpft. Nun stehen sich zwei verschiedene Interpretationen des Kantschen Apriorismus gegenüber: Erstens die von Helmholtz selbst hauptsächlich berücksichtigte (z. B. auch von Schopenhauer vertretene)[21] psychologische Auffassung, die als wesentlichsten Zug der apriorischen Erkenntnisse ihre Bedingtheit durch die psychische Organisation des erkennenden Bewußtseins betrachtet. Zweitens die transzendental-logische Auslegung, nach welcher das Wesen des Apriori darin besteht, daß es die letzten Grundsätze umfaßt, durch die alle strenge Erkenntnis allein begründet, in ihrer Gültigkeit verbürgt wird. Unbefangene Lektüre der Schriften Kants scheint zu lehren, daß der zweite Gesichtspunkt für sein Sy-

bloßen Schein unterscheidet, daß sie das Ding selbst ist. Schein und Erscheinung würden dagegen unrettbar in ihrer Bedeutung zusammenfließen, wenn hinter der Erscheinung als das eigentlich Wirkliche ein transzendenter Gegenstand vorauszusetzen wäre."

21 Vgl. Schopenhauer, *Die Welt als Wille und Vorstellung*, Bd. II, S. 12–14: „Ist [das Gesetz der Kausalität,] wie Locke und Hume annahmen, *a posteriori*, also aus der Erfahrung abgezogen; so ist es objektiven Ursprungs, gehört dann selbst zu der in Frage stehenden Außenwelt und kann daher ihre Realität nicht verbürgen [...]. Ist es hingegen, wie Kant uns richtiger belehrt hat, *a priori* gegeben, so ist es subjektiven Ursprungs, und dann ist klar, daß wir damit stets im Subjektiven bleiben. [...] Lockes Philosophie war die Kritik der Sinnesfunktionen. Kant aber hat die Kritik der Gehirnfunktionen geliefert."

stem der wichtigere ist, aber doch in enger, nicht ganz zu lösender Verflechtung mit dem ersten Gesichtspunkt auftritt. Es wird also weder die einseitig psychologische Auffassung dem Kantschen Gedanken gerecht, noch auch die logische Interpretation durch die sog. „neukantischen" Schulen, die alles Psychologische von jeder Verbindung mit dem Apriori streng fernhalten wollen. In Helmholtz' Ausführungen wird, wie gesagt, die Apriorität der Raumanschauung nur im psychologischen Sinne anerkannt, seine Erkenntnistheorie weicht also von der Kantschen durchaus ab, wie er auch selbst deutlich eingesehen hat. Auch B. Erdmann urteilt in seiner letzten Schrift (Die philosophischen Grundlagen von Helmholtz' Wahrnehmungstheorie, S. 27), daß nach Helmholtz der Raum eine subjektive Anschauungsform sei „in einem Kants Lehre vom Raum durchweg fremden Sinne", und er meint mit Recht, daß hier „die rationalistischen Gedanken Kants in ihr empiristisches Gegenstück umgebogen" seien.[22]

S. 118 [24]) Ein beträchtlicher Teil der Rede über die „Tatsachen der Wahrnehmung" ist von Helmholtz in den § 26 der zwei-

22 Vgl. Erdmann, *Grundlagen*, S. 27: „Er nennt die räumlichen Wahrnehmungen, die während einer bestimmten Zeitperiode durch eine gewisse bestimmte und begrenzte Gruppe von Willensimpulsen herbeizuführen sind, die zeitweiligen *Präsentabilien*, dagegen *präsent* dasjenige Empfindungsaggregat aus dieser Gruppe, was gerade zur Perzeption kommt. Dann erscheint jenem Menschen jedes einzelne aus der Gruppe der zeitweiligen Präsentabilien als *bestehend in jedem Augenblicke*. Er hat es beobachtet in jedem einzelnen Augenblicke, wo er es gewollt hat. Der Induktionsschluß, daß er es auch in jedem zwischenliegenden Augenblicke habe beobachten können, ist also gerechtfertigt. *In diesem Sinne* also, d. h. in einem Kants Lehre vom Raum durchweg fremden, *würde* der Raum eine *subjektive Anschauungsform* sein, wie die Empfindungsqualitäten Rot, Süß, Kalt. *Von diesem Standpunkt aus würde er als die notwendige Form der äußeren Anschauung* erscheinen, weil wir eben das, was wir als räumlich bestimmt wahrnehmen, als Außenwelt [...] im Unterschied von der Welt des Selbstbewußtseins zusammenfassen, und eine *gegebene, vor aller Erfahrung mitgebrachte Form* der Anschauung, insofern seine Wahrnehmung an die Möglichkeit motorischer Willensimpulse geknüpft *wäre*, für die uns die geistige und körperliche Fähigkeit durch unsere Organisation gegeben sein muß. [...] Deutlicher noch als beim Kausalprinzip sind demnach hier die rationalistischen Gedanken Kants in ihr empiristisches Gegenstück umgebogen." Für eine vollkommen andere Rekonstruktion dieser Stelle vgl. Friedman, *Helmholtz's Zeichentheorie* sowie Ryckman, *The Reign of Relativity*, S. 72.

ten Auflage der „Physiologischen Optik“ wörtlich aufgenommen worden. Dort (S. 588) folgen auf die vorliegende Textstelle einige (aus der ersten Auflage der Optik übernommene) Ausführungen, die wegen ihres erkenntnistheoretischen Interesses hier Platz finden mögen:[23]

„Was zunächst die *Eigenschaften* der Objekte der Außenwelt betrifft, so zeigt eine leichte Überlegung, daß alle Eigenschaften, die wir ihnen zuschreiben,[24] nur *Wirkungen* bezeichnen, welche sie entweder auf unsere Sinne oder auf andere Naturobjekte ausüben. Farbe, Klang, Geschmack, Geruch, Temperatur, Glätte, Festigkeit gehören der ersteren Klasse an, sie bezeichnen Wirkungen auf unsere Sinnesorgane. Glätte und Festigkeit bezeichnen den Grad des Widerstandes, den die berührten Körper entweder der gleitenden Berührung oder dem Drucke der Hand darbieten. Statt der Hand können aber auch andere Naturkörper eintreten, ebenso für die Prüfung anderer mechanischer Eigenschaften, der Elastizität und Schwere. Die chemischen Eigenschaften beziehen sich ebenfalls auf Reaktionen, d. h. Wirkungen, welche der betrachtete Naturkörper auf andere ausübt. Ebenso ist es mit den andern physikalischen Eigenschaften der Körper, den optischen, elektrischen, magnetischen. Überall haben wir es mit Wechselbeziehungen verschiedener Körper aufeinander zu tun, mit Wirkungen aufeinander, welche von den Kräften abhängen, die verschiedene Körper aufeinander ausüben. Denn alle Naturkräfte sind Kräfte, welche ein Körper auf den andern ausübt. Wenn wir uns die bloße Materie ohne Kräfte denken, so ist sie auch ohne Eigenschaften, abgesehen von ihrer verschiedenen Verteilung im Raume und ihrer Bewegung. Alle Eigenschaften der Naturkörper kommen deshalb auch erst zutage, wenn wir sie in die entsprechende Wechselwirkung mit andern Naturkörpern oder mit unsern Sinnesorganen setzen. Da aber solche Wechselwirkung in
159 jedem Augen|blick eintreten kann, beziehlich auch durch unsern

23 Helmholtz, *Handbuch der Physiologischen Optik*, 1. Aufl.: S. 444 f.; 3. Aufl.: Bd. III, S. 19 ff. Ein Hinweis auf diese Stelle kam von Arnold Berliner. Vgl. dazu den editorischen Bericht zu 1921b *Vorrede/Helmholtz*, in diesem Band S. 252.

24 Im Original steht „die wir ihnen zuschreiben können“.

Willen in einem jeden Augenblicke[25] herbeigeführt werden kann, und wir dann immer die eigentümliche Art der Wechselwirkung eintreten sehen, so schreiben wir den Objekten eine dauernde und stets zur Wirksamkeit bereite Fähigkeit zu solchen Wirkungen zu. Diese dauernde Fähigkeit nennen wir *Eigenschaft*.

Daraus geht nun hervor, daß in Wahrheit die *Eigenschaften* der Naturobjekte trotz dieses Namens gar nichts dem einzelnen Objekte an und für sich eigenes bezeichnen, sondern immer eine Beziehung zu einem zweiten Objekte (einschließlich unserer Sinnesorgane) bezeichnen. Die Art der Wirkung muß natürlich immer von den Eigentümlichkeiten sowohl des wirkenden Körpers abhängen, als von denen des Körpers, auf welchen gewirkt wird. Darüber sind wir auch keinen Augenblick in Zweifel, wenn wir von solchen Eigenschaften der Körper reden, welche sich zeigen, wenn der eine auf einen andern, ebenfalls der Außenwelt angehörigen Körper wirkt, z. B. bei den chemischen Reaktionen. Bei den Eigenschaften dagegen, welche auf Wechselbeziehungen der Dinge zu unsern Sinnesorganen beruhen, sind die Menschen von jeher geneigt gewesen, es zu vergessen, daß wir es auch hier mit der Reaktion gegen ein besonderes Reagens, nämlich unserm Nervenapparat zu tun haben, und daß auch Farbe, Geruch und Geschmack, Gefühl der Wärme und Kälte Wirkungen sind, die ganz wesentlich von der Art des Organs, auf welches gewirkt wird abhängen. Allerdings sind die Reaktionen der Naturobjekte auf unsere Sinne die am häufigsten und am allgemeinsten wahrgenonmmen, sie haben für unser Wohlsein und für unsere Behaglichkeit die überwiegendste Wichtigkeit; das Reagens, an welchem wir sie zu erproben haben, ist uns von Natur mitgegeben, aber dadurch wird das Verhältnis nicht anders.

Die Frage zu stellen, ob der Zinnober wirklich rot sei, wie wir ihn sehen, oder ob dies nur eine sinnliche Täuschung sei, ist deshalb sinnlos. Die Empfindung von Rot ist die normale Reaktion normal gebildeter Augen für das von Zinnober reflektierte Licht. Ein Rotblinder wird den Zinnober schwarz oder dunkelgraugelb sehen; auch dies ist die richtige Reaktion für sein besonders gear-

25 Im Original steht „in einem beliebigen Augenblicke".

tetes Auge. Er muß nur wissen, daß sein Auge eben anders geartet ist, als das anderer Menschen. An sich ist die eine Empfindung nicht richtiger und nicht falscher als die andere, wenn auch die Rotsehenden eine große Majorität für sich haben. Überhaupt existiert die rote Farbe des Zinnobers nur, insofern es Augen gibt, die denen der Majorität der Menschen ähnlich beschaffen sind. Genau mit demselben Rechte ist es eine Eigenschaft des Zinnobers, schwarz zu sein, nämlich für die Rotblinden. Überhaupt ist das vom Zinnober zurückgeworfene Licht an sich durchaus nicht rot zu nennen, es ist nur für bestimmte Arten von Augen rot. Wenn wir von Eigenschaften der Körper sprechen, die sie in bezug auf andere Körper der Außenwelt haben, vergessen wir nicht in der Sprache auch den Körper zu bezeichnen, in bezug auf welchen die Eigenschaft vorhanden ist. Wir sagen: ‚Blei ist löslich in Salpetersäure, es ist nicht löslich in Schwefelsäure‘. Wenn wir bloß sagen wollten: ‚Blei ist löslich‘, so würden wir sogleich bemerken, daß dies eine unvollständige Behauptung ist, und würden sogleich fragen müssen, worin es löslich sei. Wenn wir aber sagen, ‚Zinnober ist rot‘, so versteht es sich implizite von selbst, daß er für unsere Augen rot ist, und für die Augen anderer Menschen, welche wir als gleich beschaffen voraussetzen. Wir glauben, das nicht erwähnen zu brauchen, und deshalb vergessen wir es auch wohl und können verleitet werden zu glauben, die Röte sei eine dem Zinnober oder dem von ihm reflektierten Lichte, ganz unabhängig von unseren Sinnesorganen zukommende Eigenschaft.
160 Etwas | anderes ist es, wenn wir behaupten, daß die Wellenlängen des von Zinnober zurückgeworfenen Lichtes eine gewisse Länge haben. Das ist eine Aussage, die wir unabhängig von der besonderen Natur unseres Auges machen können, bei der es sich dann aber auch nur um Beziehungen zwischen der Substanz und den verschiedenen Ätherwellensystemen handelt.“

S. 118 [25]) Auf ganz ähnliche Weise macht H. Poincaré (Der Wert der Wissenschaft, 2. Aufl., S. 61 f.)[26] das Eigentümliche

26 Vgl. Poincaré, *Der Wert der Wissenschaft*, S. 62: „So können wir uns einem Gegenstand gegenüber, der seinen Ort verändert hat, in die vorige Lage bringen, indem wir *unseren* Ort verändern, so daß die Gesamtheit der ursprünglichen

räumlicher Veränderungen (Bewegungen) gegenüber qualitativem Wechsel (z. B. Farbänderung eines Körpers) in der Umwelt klar.

S. 119 26) Siehe z. B. Fichte, Grundlage der gesamten Wissenschaftslehre, § 2, Nr. 9.[27]

S. 119 27) Helmholtz spricht, wie es üblich ist, einfach von „der" Raumanschauung, obwohl, wie schon bemerkt (Anm. 20), eigentlich so viele Raumanschauungen unterschieden werden müßten, als es Sinne gibt; dem Blinden z. B. *fehlt* eben der anschauliche Gesichtsraum.[28] Es tritt aber zwischen den Raumvorstellungen eine sehr enge assoziative Verknüpfung ein, und man kann fragen, ob ein bestimmtes Sinnesgebiet dabei eine ausgezeichnete Rolle spielt,[29] so daß es gleichsam die Assoziationskerne liefert, um welche die übrigen räumlichen Vorstellungen sich gruppieren. Die Frage ist wohl zu bejahen, und es sind, wie auch aus Helmholtz' eigenen Ausführungen S. 116 f. einleuchtet, in erster Linie die Daten der Bewegungsempfindungen, denen jener zentrale Platz angewiesen werden muß. In diesem Sinne dürfen wir auch Poincaré verstehen, wenn er sagt (Der Wert der Wissenschaft, S. 71): „Der wirkliche Raum ist der Bewegungsraum."[30] In zweiter Linie ist, wie Helmholtz hervorhebt, allerdings hauptsächlich auf den Tastsinn Rücksicht zu nehmen, dessen Vorstellungen übrigens mit denen des Bewegungssinnes am engsten verknüpft sind.

S. 120 28) Ein Kontinuum von n Dimensionen ist dadurch charakterisiert, daß es durch ein $(n-1)$-dimensionales Kontinuum

Eindrücke wiederhergestellt wird; wenn der Gegenstand nicht den Ort, sondern den Zustand verändert hat, so ist das unmöglich. Dies ist ein neuer Unterschied zwischen den äußeren Veränderungen: die, die auf diese Weise aufgehoben werden können, nennen wir Veränderungen der Lage, die anderen Veränderungen des Zustandes."

27 Vgl. Fichte, *Grundlage der gesamten Wissenschaftslehre*, S. 24: „Es ist ursprünglich nichts gesetzt als das Ich; und dieses nur ist schlechthin gesetzt (§ 1). Demnach kann nur dem Ich schlechthin entgegengesetzt werden. Aber das dem Ich Entgegengesetzte ist = *Nicht-Ich*."

28 Vgl. auch Anm. 24 in diesem Band S. 276.

29 Diese Frage beantwortet Schlick u. a. eingehend in Inv.-Nr. 1, A. 1.

30 Poincaré, *Der Wert der Wissenschaft*, Teil 1, Kap. 3, § 6.

vollständig zerlegt werden kann. Auch Poincaré (Wissenschaft und Hypothese, S. 33 f.,[31] Wert der Wissenschaft, S. 73)[32] benutzt dies Merkmal als Kennzeichen des n-dimensionalen Kontinuums.

S. 120 [29]) Der Relativsatz zeigt, wie sehr die aus Kants Philosophie übernommenen Termini bei Helmholtz ihren Sinn geändert haben. Nach Kant sind natürlich alle empirischen Gegenstände durchaus „an die Form des menschlichen Vorstellungsvermögens gebunden", da sie ja gerade erst durch diese Form Gegenständlichkeit erlangen. Helmholtz will hier offenbar andeuten, daß den räumlichen Eigenschaften der Körper doch über das „Vorstellungsvermögen" hinaus eine gewisse objektive Bedeutung zukomme. Dies würde vielleicht der Meinung Kants insofern entsprechen, als auch er der Ansicht war, zu jeder räumlichen Bestimmung müsse „im Objekte, das an sich unbekannt ist, auch ein Grund sein" (Metaphys. Anfangsgründe der Naturwissenschaft, Dynamik, 4. Lehrsatz, Anm. 2.[33] Vgl. auch A. Riehl, Der philosophische Kritizismus I^2, S. 470).[34]

31 Vgl. Poincaré, *Wissenschaft und Hypothese*, S. 33: „Wenn man ein physikalisches Kontinuum C durch einen Querschnitt zerlegen kann, welcher sich auf eine endliche Anzahl von gegeneinander abgegrenzten Elementen reduziert und welcher folglich weder ein Kontinuum noch mehrere Kontinua bildet, so werden wir C ein Kontinuum *von einer Dimension* nennen. Wenn im Gegenteil C nur durch Querschnitte zerlegt werden könnte, welche selbst Kontinua sind, so werden wir sagen, daß C mehrere Dimensionen hat. Wenn es genügt, Querschnitte zu benutzen, welche Kontinua von einer Dimension sind, so werden wir sagen, daß C zwei Dimensionen hat; wenn zweidimensionale Querschnitte genügen, so werden wir sagen, daß C drei Dimensionen hat, und so weiter."

32 Vgl. Poincaré, *Der Wert der Wissenschaft*, S. 73: „Wenn zur Zerteilung von K ein Schnitt genügt, der ein Kontinuum mit einer Dimension bildet, so hat K zwei Dimensionen; wenn ein Schnitt, der ein Kontinuum mit zwei Dimensionen bildet, genügt, so hat K drei Dimensionen usw."

33 Vgl. Kant, *Anfangsgründe* (*AA* IV, S. 507): „Denn es ist nicht das Ding, sondern nur diese Vorstellung desselben, deren Theilung, ob sie zwar ins Unendliche fortgesetzt werden kann, und im Objecte (das an sich unbekannt ist) dazu auch ein Grund ist, dennoch niemals vollendet, folglich ganz gegeben werden kann, und also auch keine wirkliche unendliche Menge im Objecte (als die ein ausdrücklicher Widerspruch seyn würde,) beweiset."

34 Vgl. Riehl, *Kritizismus*, Erster Band, S. 470: „Die transzendentale Ästhetik handelt, was wohl zu beachten ist, von dem absoluten Raume Newtons und

S. 121 [30]) Die Formulierung des Textes ist wörtlich verstanden sehr anfechtbar und müßte aus schon mehrfach berührten Gründen (vgl. Anm. 12) zu Mißverständnissen und Wirrungen führen, wenn sie nicht durch den folgenden Satz (siehe nächste Anm.) gemildert würde. Die Empfindungs*qualitäten* gehören als solche sicherlich allein dem Bewußtsein an, durchaus nicht dem Nervensystem. Wenn ich einen bitteren Geschmack empfinde oder einen lauten Ton höre, so sind nicht meine Nerven bitter oder laut. Helmholtz drückt sich so aus, als befinde sich das Bewußtsein mit seinen | Empfindungen im Nervensystem und – da ja 161
das Nervensystem ein Gegenstand im Raume ist – folglich auch im Raume. Man käme so zu einer „Projektionstheorie" der Wahrnehmung, nach welcher die Empfindungsqualitäten zuerst im Körper (Nervensystem) selbst empfunden wurden, um darauf in den Raum „hinausprojiziert" zu werden. (Mit dieser unmöglichen philosophischen Projektionslehre darf nicht eine gewisse rein physiologische Theorie des räumlichen Sehens verwechselt werden, die – freilich wohl unzweckmäßiger Weise – gleichfalls mit dem Namen Projektionstheorie bezeichnet worden ist. Vgl. darüber z. B. von Kries in Band III der 3. Auflage von Helmholtz' Physiolog. Optik, S. 466).[35] Da das Räumliche (auch nach Helmholtz selbst)

ihre Lehre, also insbesondere die Idealität des Raumes, gilt von den relativen Räumen nur soweit, als deren Eigenschaften durch diejenigen des absoluten Raumes bestimmt sind. Unbestimmt aber bleiben durch diese Eigenschaften die tatsächlichen Ausdehnungsgrößen und Entfernungen, sowie die besonderen Gestalten der Dinge; unbestimmt bleibt durch sie mit einem Worte alles, was Gegenstand der empirischen Anschauung, im Unterschiede zu der reinen, ist. Zu jeder gegebenen räumlichen Bestimmung muß daher, so lehrt Kant ausdrücklich, ‚im Objekte, das an sich unbekannt ist, auch ein Grund sein'. [Fußnote: Metaph. Anfangsgr. der Naturwissenschaft. Dynamik, 4. Lehrsatz, Anmerk. 2. Was hier von der Teilbarkeit gezeigt wird, gilt von jeder besonderen räumlichen Bestimmung eines Objektes.] ‚*Dinge* als Erscheinungen bestimmen den Raum, d. i. unter allen möglichen Prädikaten desselben (Größe und Verhältnis) machen sie es, daß diese oder jene zur Wirklichkeit gehören', – heißt es in einer schon angeführten Stelle in der ‚Anmerkung zur ersten Antinomie'."

35 Vgl. Helmholtz, *Handbuch der Physiologischen Optik*, 3. Aufl., Dritter Band, S. 466: „Die Auseinandersetzung der verschiedenen hier in Betracht kommenden Fragen wird erschwert durch den nicht sehr glücklich gewählten, durch schwankenden Gebrauch noch unklarer gewordenen Ausdruck *Projektionstheorie*."

eine Anschauungsform des Bewußtseins ist, so geht es nicht an, das Bewußtsein nun wieder irgendwo im anschaulichen Raum zu lokalisieren. Versucht man dies dennoch, so verwickelt man sich in unlösbare Widersprüche und begeht den Fehler, den R. Avenarius als „Introjektion" bezeichnete, und den er in seinen Schriften „Kritik der reinen Erfahrung"[36] und „Der menschliche Weltbegriff"[37] mit großem Scharfsinn beleuchtet und als vermeidlich erwiesen hat.[38] Vgl. dazu Schlick, Idealität des Raumes, Introjektion und psychophysisches Problem. Vierteljahrsschr. f. wiss. Philosophie, Bd. XL.[39]

S. 121 [31]) Dieser Satz, wenn er auch vielleicht nicht jedes Mißverständnis ganz ausschließt, hebt doch mit dankenswerter Deutlichkeit hervor, daß das, was Helmholtz soeben als Schein bezeichnet hat – nämlich das Behaftetsein der im Raum vorhandenen Gegenstände mit den Empfindungsqualitäten – daß dies in der Tat „die ursprüngliche Wahrheit" ist, weil eben jene Qualitäten sich wirklich im anschaulichen Raum darbieten und nirgendwo anders Existenz haben. Versteht man unter „Körpern" die im Anschauungsraum wahrgenommenen Objekte, so müssen wir mit Kant bedenken, daß sie „nicht etwas außer uns, sondern bloß Vorstellungen in uns sind, mithin daß nicht die Bewegung

36 Zitat nicht nachgewiesen.

37 Vgl. Avenarius, *Der menschliche Weltbegriff*, S. 27: „Was die Einlegung oder Introjektion für sich selbst besagt, und was sie für das menschliche Weltdenken bzw. Welterkennen bedeutet, tritt sofort am Begriff der Wahrnehmung zutage [...] Nun aber lege M – unwissentlich, unwillentlich und unterschiedslos – *in den Mitmenschen* T Wahrnehmungen der von ihm (M) vorgefundenen empirischen Sachen *hinein*, aber auch Denken, Gefühl und Wille und [...] auch Erfahrung und Erkenntnis überhaupt."

38 Vgl. auch die etwas stärkere Erklärung in Avenarius, *Bemerkungen*, S. 153 f.: „Während ich den Baum vor mir als Gesehenes in demselben Verhältnis zu mir belasse, in welchem er in bezug auf mich ein Vorgefundenes ist, *verlegt* die herrschende Psychologie den Baum als ‚Gesehenes' *in* den Menschen (bzw. in das Gehirn desselben). Diese Hineinverlegung des ‚Gesehenen' usw. *in* den Menschen ist es also, welche als *Introjektion* bezeichnet wird. [...] diese Introjektion ist es, welche allgemein aus dem ‚Vor mir' ein ‚In mir' macht, [...] aus dem ‚Bestandteil der (realen) Umgebung' einen ‚Bestandteil des (ideellen) Denkens'[.]"

39 1916a *Idealität des Raumes* (*MSGA* I/4).

der Materie in uns Vorstellungen wirke, sondern daß sie selbst bloße Vorstellung sei" (Kritik der reinen Vernunft, Ausg. Kehrbach, S. 326).[40] Und in demselben Sinne sagt E. Mach (Analyse der Empfindungen^{5}, S. 23): „Nicht die Körper erzeugen Empfindungen, sondern Empfindungskomplexe bilden die Körper."[41] Die „äußeren Ursachen", als deren Wirkungen Helmholtz auf S. 115 die Empfindungen betrachtete, sind also jedenfalls nicht diese Körper, sondern es können nur transzendente Dinge darunter verstanden werden (auf die freilich nach Kant der Ursachenbegriff wieder nicht anwendbar wäre); daß diesen Dingen die Sinnesqualitäten nicht zukommen, hat Helmholtz offenbar durch den vorhergehenden Satz ausdrücken wollen. Es bleibt etwas unbefriedigend, daß Helmholtz nicht scharf hervorhebt, daß in *keiner* Weise ein „Schein" vorliegt, wenn wir die sinnlichen Qualitäten im Anschauungsraum lokalisiert wahrnehmen.

S. 121 [32]) Wenn wir auf die letzten Seiten der Helmholtzschen Entwicklungen zurückschauend uns fragen, worin diese „wesentlichsten Züge" der Raumanschauung bestehen, so sehen wir uns wohl auf die Aussage geführt, daß der Raum eine dreidimensionale kontinuierliche Mannigfaltigkeit darstellt, in dem Verschiedenes gleichzeitig nebeneinander besteht, und in dem Größenvergleichungen möglich sind.

S. 121 [33]) Helmholtz führt hier die für seine Lehre höchst wichtige Unterscheidung der „allgemeinen Form der Raumanschauung" und ihrer „näheren Bestimmungen" ein, welche letzteren durch die Axiome der Geometrie ausgesprochen würden. Die „allgemeine" Form ist für ihn das „inhaltsleere Schema", das er S. 2 als die wahre An|schauungsform erklärt hat, inbezug auf welche 162
Kants Aprioritätslehre aufrecht zu erhalten sei. Man muß fragen: welches sind denn die jenen „näheren" gegenüberstehenden *weiteren* Bestimmungen, durch die nun die „allgemeine Form" charak-

40 Vgl. Kant, *Kritik der reinen Vernunft*, A 387 (nur in A): „[...] daß sie [die Bewegung der Materie] selbst (mithin auch die Materie, die sich dadurch kennbar macht) bloße Vorstellung sei[.]"

41 Vgl. Mach, *Die Analyse der Empfindungen*, S. 23: „Nicht die Körper erzeugen Empfindungen, sondern *Elementencomplexe* (Empfindungscomplexe) bilden die Körper."

terisiert sein soll, denn irgendwelche Merkmale müssen ihr doch auch zukommen, da man sonst von ihr gar nicht als von etwas Bestimmtem reden könnte? Auf diese Frage scheinen zwei Antworten möglich zu sein. Erstens könnten die gesuchten Merkmale in gewissen nicht weiter beschreibbaren, sondern nur im Erleben aufweisbaren Eigentümlichkeiten der Sinneswahrnehmungen bestehen, die ihnen eben den Charakter der Räumlichkeit verleihen – etwa die „Ausgedehntheit" einer Gesichtswahrnehmung, oder die davon ganz verschiedene „Ausgedehntheit" einer Tastwahrnehmung. Zweitens aber könnten die fraglichen Bestimmungen der „allgemeinen" Form der Raumanschauung eben in jenen „wesentlichsten Zügen" zu suchen sein, von denen Helmholtz vorher gesprochen hat, und die in der vorigen Anmerkung zusammengestellt wurden. Im zweiten Fall erhebt sich aber die Frage, ob jene allgemeinen Züge nicht ebenso gut wie die „näheren Bestimmungen" in bestimmten geometrischen Axiomen formuliert werden können und müssen. Die moderne Geometrie ist geneigt, diese Frage zu bejahen, und dann würde sich die Unterscheidung zwischen allgemeinen und besonderen Bestimmungen der Raumanschauung nicht in dem geforderten Sinne aufrecht erhalten lassen. Damit dies möglich sei, wird man also unter der „allgemeinen Form" jenes unbeschreibbare psychologische Moment der Räumlichkeit verstehen müssen, welches den Sinneswahrnehmungen anhaftet. Poincaré wirft (Der Wert der Wissenschaft, S. 48) die Frage auf, ob nicht vielleicht der Raum insofern „eine unserm Bewußtsein aufgenötigte Form" sei, als seine rein *qualitativen* Bestimmungen in Betracht kommen. Die Eigenschaften dieser „allgemeinen Form" oder dieses „inhaltleeren Schemas" würden dann durch die Sätze der Analysis situs (siehe oben, Anm. I, 21) auszusprechen sein. Poincaré kommt aber zu dem Resultat, daß auch diese Sätze vermutlich auf Erfahrungen beruhen.[42]

42 Vgl. Poincaré, *Der Wert der Wissenschaft*, S. 50: „In der Analysis situs genügen ungenaue Erfahrungen, um ein strenges Theorem zu begründen[.]" Vgl. auch 1918 *Erkenntnislehre*, S. 127 (*MSGA* I/1, S. 397 f.).

Einige Neukantianer (wie P. Natorp,[43] E. Cassirer[44]) haben versucht, die Apriorität der Raumanschauung im echten Kantschen Sinne (also nicht in Helmholtz' psychologischer Interpretation) so aufzufassen, daß sie nicht die Festlegung auf irgendeine bestimmte euklidische oder nichteuklidische Geometrie umfaßt. Sie scheinen aber daran zu scheitern, daß es ihnen nicht gelingt, die nach ihrer Meinung dann noch übrigbleibenden apriorischen Gesetze der Raumanschauung wirklich namhaft zu machen. Vgl. Schlick, Kritizistische oder empiristische Deutung der neuen Physik? Kantstudien XXVI.[45]

43 Vgl. Natorp, *Die logischen Grundlagen der exakten Wissenschaften*, S. 309 f.: „Wenn es des Beweises noch bedurfte, daß die *Euklidische* Vorstellung des Raumes eine absolute Denknotwendigkeit nicht ist, so ist dieser Beweis durch die Aufzeigung und den Ausbau widerspruchsloser, also denkmöglicher nichteuklidischer Raumsysteme freilich erbracht. Aber so wichtig dieser Beweis sonst sein mag, für *Kant* bedurfte es seiner nicht, da eben der Satz, daß der *Euklidische* Raum eine absolute Denknotwendigkeit nicht sei, eine der wesentlichen Voraussetzungen seiner These ist, daß er eine dem Menschen eigentümliche, für andere denkende Wesen vielleicht nicht bestehende Anschauungsnotwendigkeit sei. Daß wir aber die nichteuklidischen Räume uns sogar zur Anschauung zu bringen vermöchten, hat zwar *Helmholtz* beweisen wollen, aber dieser Beweis – der mit der Mathematik der nichteuklidischen Räume nichts zu tun hat, vielmehr eine rein psychologisch-physiologische Frage betrifft – ist heute wohl allgemein als mißglückt erkannt und dürfte kaum noch ernstliche Verteidigung finden."

44 Vgl. Cassirer, *Zur Einsteinschen Relativitätstheorie*, S. 101: „Denn das ‚Apriori' des Raumes, das [die Physik] als Bedingung jeder physikalischen Theorie behauptet, schließt, wie sich gezeigt hat, keine Behauptung über eine bestimmte einzelne Struktur des Raumes in sich, sondern geht nur auf jene Funktion der ‚Räumlichkeit überhaupt', die sich schon in dem allgemeinen Begriff des Linienelements ds als solchen – ganz abgesehen von seiner näheren Bestimmung – ausdrückte." Vgl. auch die Kritik an Helmholtz ebd., S. 107, wo die Identifizierung des Euklidischen Begriffs der Geraden als reiner Idealbegriff als „*synthetische Einheitssetzung*" bezeichnet und der Helmholtzschen „analytisch" Auffassung der geometrischen Axiome entgegengesetzt wird. Eine ähnliche Kritik an Helmholtz findet sich bei Cassirer, *Probleme der Relativitätstheorie*, S. 1341. Im Gegensatz dazu spielte Helmholtz' Zeichentheorie bei Cassirer, *Substanzbegriff und Funktionsbegriff*, eine bedeutende Rolle: vgl. dazu den Cassirers *Substanzbegriff und Funktionsbegriff* entgegenkommenden Verweis von Schlick in 1921a *Neue Physik*, in diesem Band S. 240.

45 1921a *Neue Physik*, in diesem Band.

S. 121 [34]) Die folgenden Grundsätze bilden aber noch kein lückenloses System von Axiomen, auf welchen sich die gesamte Geometrie ohne Zuhilfenahme weiterer Sätze aufbauen ließe. Siehe Anm. I, 6. Zu den folgenden Ausführungen des Textes vgl. den Vortrag über „Die Axiome der Geometrie“.[46]

S. 121 [35]) Hier und im folgenden wäre wieder statt transzendental richtiger „apriorisch“ zu setzen.

S. 122 [36]) Da Helmholtz hier von der Anschauungsform des *Auges* spricht, so folgt, daß auch er der Meinung ist, im Grunde komme jedem einzelnen Sinne seine besondere Anschauungsform zu in der Bedeutung, in welcher er das Wort verwendet. Hier ist mit Rücksicht auf die Ausführungen in Anm. 33 von Interesse, daß von Kries (in der 3. Auflage von Helmholtz' Physiologischer Optik, Bd. III, S. 499) die Ansicht entwickelt hat, die
163 Raumanschauung des Auges beruhe in allen ihren *quanti|tativen* Bestimmungen auf Erfahrung, dagegen seien die *qualitativen* Lageeigenschaften (also die von der Analysis situs zu behandelnden Daten) durch physiologische Bildungsgesetze von vornherein fest gegeben: „Das, was wir uns als bildungsgesetzlich festgelegt denken können, würde also die Anordnung im Gesichtsfelde noch in ähnlicher Weise veränderlich lassen, wie ein auf eine Gummiplatte gemaltes Bild durch die örtlich verschiedenen Dehnungen des Gummis umgestaltet werden kann.“[47]

S. 122 [37]) Der Absatz erklärt noch einmal die Unterscheidung zwischen dem, was der Raum als Anschauungsform ist, und dem, was die Axiome von ihm aussagen. Wiederum scheinen uns Helmholtz' Ausführungen die in Anm. 33 gegebene Deutung zu fordern. Wenn wir von der Raumvorstellung alles wegnehmen, was sich begrifflich, d. h. letzten Endes durch geometrische Axiome, ausdrücken läßt, so bleibt eben nur jenes qualitative Element der Räumlichkeit (Ausgedehntheit), das wir als ein letztes

46 Gemeint ist Helmholtz, *Ursprung und Bedeutung der geometrischen Axiome*, in diesem Band S. 349 ff.: Helmholtz nennt den Vortrag in seiner Vorrede zu *Populäre wissenschaftliche Vorträge*, Bd. 3, Heft 3, S. V kurz: „Über die Axiome der Geometrie“. Dort ist der Vortrag auf S. 52–54 durch den Zusatz „Mathematische Erläuterungen“ ergänzt.

47 Im Original steht „in einer ähnlichen Weise“.

nicht mehr zu zergliederndes Datum erleben. Helmholtz hat dies nicht selbst ausgesprochen, und es scheint, daß er sich den Begriff der Anschauungsform doch mit reicherem Inhalt ausgestattet gedacht hat; da er aber diesen Inhalt nirgends explizite angab, so ist es Aufgabe der Interpretation, ihn so zu bestimmen, wie es mit den psychologischen und geometrischen Tatsachen vereinbar erscheint.

Die vollständigste Angabe dessen, was Helmholtz sich als Inhalt der reinen Raumanschauung gedacht hat, findet sich – freilich auch nur in Form eines Vergleiches – an folgender Stelle (Wissenschaftl. Abhandl. II, 641 f.),[48] die dem gegen Land gerichteten Aufsatz[49] entnommen ist (siehe unten Anm. 72).

„Um an ein ganz ähnliches Verhältnis zu erinnern, so liegt es unzweifelhaft in der Organisation unseres Sehapparates, daß alles, was gesehen wird, nur als eine räumliche Verteilung von Farben gesehen werden kann. Das ist die uns angeborene Form der Gesichtswahrnehmungen. Aber durch diese Form ist in keiner Weise präjudiziert, wie die Farben, welche wir sehen, sich räumlich nebeneinander ordnen oder zeitlich aufeinander folgen sollen. In demselben Sinne, meine ich, könnte das Vorstellen aller äußeren Objekte in Raumverhältnissen die einzig mögliche und a priori gegebene Form sein, in der wir Objekte überhaupt vorstellen können, ohne daß dadurch irgendeine Nötigung gesetzt zu sein braucht, daß nach oder neben gewissen bestimmten Raumwahrnehmungen eine andere bestimmte eintreten müsse, daß also z. B. jedes geradlinige gleichseitige Dreieck Winkel von 60° habe, wie groß auch die Seiten sein mögen. Bei Kant allerdings ist der Beweis, daß der Raum eine a priori gegebene Form der Anschauung sei, wesentlich gestützt auf die Meinung, die Axiome seien synthetische Sätze, gegeben a priori. Wenn man aber auch diesen Satz und den darauf gegründeten Beweis fallen läßt, so könnte immerhin doch noch die Form der Raumvorstellung als die notwendige

48 Im Original steht „räumlich nebeneinander ordnen und zeitlich aufeinander folgen", „z. B." ist ausgeschrieben und es heißt dort „den darauf gestützten Beweis".

49 Vgl. Helmholtz, *Origin II*.

Form der Anschauung des Nebeneinanderstehens von Verschiedenem, a priori gegeben sein. Es würde dabei kein wesentlicher Zug des Kantschen Systems verloren gehen, im Gegenteil würde dieses System an Konsequenz und Verständlichkeit gewinnen, weil damit auch der wesentlich auf die überzeugende Kraft der geometrischen Axiome gebaute Beweis für die Möglichkeit einer Metaphysik fortfiele, von welcher Wissenschaft Kant selbst doch weiter nichts zu entdecken wußte, als die geometrischen und naturwissenschaftlichen Axiome. Was die letzteren betrifft, so sind sie teils von bestrittener Richtigkeit, teils einfache Folgerungen aus dem Prinzip der Kausalität, das heißt aus dem Triebe unseres Verstandes, alles Geschehende als gesetzmäßig, d. h. als begreif-
164 lich zu betrachten. Da | nun Kants Kritik sonst überall gegen die Zulässigkeit metaphysischer Folgerungen gerichtet ist, so scheint mir sein System von einer Inkonsequenz befreit und ein klarerer Begriff von dem Wesen der Anschauung gewonnen zu werden, wenn man den apriorischen Ursprung der Axiome aufgibt, und die Geometrie als die erste und vollendetste der Naturwissenschaften ansieht.“

S. 122 [38]) Diese Schilderung wird der Kantschen Anschauungslehre nicht ganz gerecht, denn es wird keine Rücksicht genommen auf die „reine“ Anschauung, welche nach Kant in der empirischen als deren Form und Gesetzmäßigkeit aufweisbar und selber kein „psychischer Vorgang“ ist. Sie war auch für Kant insofern noch weiter auflösbar, als sie sich ja in die einzelnen geometrischen Axiome auseinanderlegt. Wenn Helmholtz also Kant vorwirft, er habe die Anschauung nicht weiter aufzulösen versucht, so muß er etwas anderes gemeint haben. Er hat offenbar sagen wollen, Kant habe versäumt, die Frage zu stellen, *warum* die Raumanschauung gerade die tatsächlich geltenden Axiome und keine andern in sich enthalte. In diesem Sinne muß man auch die Stelle im Anhang auslegen, wo Helmholtz sagt: „Die Frage, ob die Anschauung mehr oder weniger weit in begriffliche Bildungen aufzulösen sei, war damals noch nicht aufgeworfen worden“ (siehe S. 140).

S. 122 [39]) Vgl. den Vortrag über Ursprung und Bedeutung der geometrischen Axiome, S. 5.

S. 122 40) Zu diesem Nachsatz gibt es keine Parallelstelle in dem Vortrag über die Axiome; er schneidet eine bedeutsame Frage an. Wir zeigen an anderer Stelle (Anm. I, 38), daß in dem Falle der nichteuklidischen Geometrie eine Ausschließung „jeder andern Deutung" streng genommen niemals mit logischem Zwange geschehen kann, sondern allein durch die Ökonomie der Erkenntnis, da außer der geometrischen Interpretation rein theoretisch die physikalische stets möglich bleibt. Der Punkt findet seine ausführliche Besprechung in der von Helmholtz gegen Land gerichteten Antikritik,[50] die in diesem Bande abgedruckt ist.

S. 123 41) Über den Ausdruck „metamathematisch" sagt Helmholtz an anderer Stelle (Wiss. Abhandl. II, 640): „Der Name ist allerdings in ironischem Sinne von Gegnern gegeben, nachgebildet der Metaphysik. Da aber die Bearbeiter der nichteuklidischen Geometrie deren objektive Wahrheit nie behauptet haben, so können wir den Namen sehr wohl akzeptieren."[51]

S. 123 42) Helmholtz ist durchaus im Recht, wenn er für den vorliegenden Zweck den Begriff der Anschaubarkeit gerade so faßt, wie es hier geschieht; denn er unterscheidet sich von dem, was Helmholtz im nächsten Absatz den „älteren Begriff der Anschauung" nennt, nur dem Grade nach, nicht prinzipiell. Bei diesen philosophischen Betrachtungen handelt es sich natürlich ganz und gar um eine *prinzipielle* Festlegung des Anschauungsbegriffs. Als der Anschauung zugänglich muß eine Sache gelten, wenn sich Methoden angeben lassen, mit deren Hilfe uns die Sache sinnlich vorstellbar gemacht werden könnte. Ein augenlos Geborener vermag auf keine Weise zu lernen, was ein Sehender empfindet, der ein Gelb wahrnimmt:[52] für ihn gibt es also keine solche Methode. Oder wenn uns berichtet würde, daß irgendwelche Lebewesen ein uns unbekanntes Sinnesorgan – etwa für magnetische Störungen – besäßen, so könnten wir uns auf keinerlei Weise ein Erlebnis

50 Vgl. Helmholtz, *Origin II.*

51 Vgl. Schlicks Anspielung in 1921b *Vorrede/Helmholtz*, in diesem Band S. 257. Im Original sind „Metaphysik" und „Nicht-Euklidische Geometrie" hervorgehoben, und es steht dort „so können sie den Namen sehr wohl akzeptieren".

52 Vgl. die Stellen in diesem Band S. 276, S. 309 sowie S. 315.

der zugehörigen Empfindungen verschaffen: dies sind Beispiele von Fällen, die jenseits aller Anschaubarkeit liegen. Helmholtz' folgende Ausführungen erläutern, daß die Vorstellbarkeit nichteuklidischer Räume nicht zu derartigen Fällen gehört, sondern daß dazu nur die Ausmalung einer Abfolge von Wahrnehmun-
165 gen erfordert | wird, die sich aus lauter alltäglich vorkommenden Empfindungen zusammensetzen.

S. 125 [43]) Die Verhältnisse mögen durch ein von Helmholtz an andern Stellen oft gebrauchtes Beispiel illustriert werden. Man kann folgenden Schluß bilden:

Major (oder „Obersatz"): Licht, welches ich mit dem rechten Auge in der Nähe der Nase sehe, rührt von einer links befindlichen Lichtquelle.

Minor (oder „Untersatz"): Bei bestimmtem Druck auf den rechten Augapfel sehe ich einen Lichtfleck auf der Nasenseite.

Conclusio (oder Schlußsatz): Die Quelle der Lichtempfindung (der Druck) liegt links.

Der Schluß (man nennt einen Schluß von dieser Form bekanntlich einen „Syllogismus") ist falsch, denn bekanntlich muß das Auge rechts gedrückt werden, damit der entstehende Lichtschein links lokalisiert erscheint. Der Fehler entsteht dadurch, daß der „aus einer Reihe von Erfahrungen gebildete" Obersatz fälschlich als allgemein gültig betrachtet und auf einen Fall angewandt wird, in dem er nicht zutrifft. In der Physiolog. Optik, 2. Aufl., S. 582 sagt Helmholtz: „Wenn wir Erregung in denjenigen Nervenapparaten gefühlt haben, deren peripherische Enden an der rechten Seite beider Netzhäute liegen, so haben wir in millionenfach wiederholten Erfahrungen unseres ganzen Lebens gefunden, daß ein leuchtender Gegenstand nach unserer linken Seite hin vor uns lag. Wir mußten die Hand nach links[53] erheben, um das Licht zu verdecken, oder das leuchtende Objekt zu ergreifen, oder uns nach links hin bewegen, um uns ihm zu nähern. Wenn also in diesen Fällen kein eigentlicher bewußter Schluß vorliegt, so ist doch die wesentliche und ursprüngliche Arbeit eines solchen vollzogen und das Resultat desselben erreicht, aber freilich nur

53 Im Original steht „nach links hin".

durch die unbewußten Vorgänge der Assoziation von Vorstellungen, die im dunklen Hintergrunde unseres Gedächtnisses vor sich geht und deren Resultate sich daher auch unserem Bewußtsein aufdrängen, als gewonnen durch eine uns zwingende, gleichsam äußere Macht, über die unser Wille keine Gewalt hat. Es fehlt an diesen Induktionsschlüssen, die zur Bildung unserer Sinneswahrnehmungen führen, allerdings die reinigende und prüfende Arbeit des bewußten Denkens; dessen ungeachtet glaube ich, sie doch ihrem eigentlichen Wesen nach als *Schlüsse*, unbewußt vollführte Induktionsschlüsse, bezeichnen zu dürfen."

S. 125 [44]) Zu der berühmten Lehre von den „unbewußten Schlüssen", über die der vorhergehende Absatz in wenigen Worten einen Überblick gibt, sei nur kurz folgendes bemerkt. Die moderne Psychologie lehnt den Begriff des unbewußten Schließens mit aller Energie ab, weil sie das Denken, den logischen Prozeß, mit Recht ausschließlich als Funktion des *Bewußtseins* betrachtet.[54] Es fragt sich, ob bei Helmholtz lediglich die Verwen-

54 Vgl. dagegen Wundt, *Beiträge*, S. 438: „[S]o zweifelt doch Niemand daran, daß das Bewußtsein zum Teil noch im Bewußtsein entsteht, d. h. nachdem die erste rohe Scheidung [zwischen Subjekt und Objekt] längst schon gemacht ist, wird diese Scheidung im weiteren Verlauf des Seelenlebens noch immer mehr geschärft und vervollkommnet. [...] Ist aber der erste Akt des Bewußtwerdens, der noch ins unbewußte Leben fällt, schon ein Schlußprozeß, so ist damit das Gesetz logischer Entwicklung auch für dieses unbewußte Leben nachgewiesen, es ist gezeigt, daß es nicht bloß ein bewußtes, sondern auch ein unbewußtes *Denken* giebt." Wundt, *Grundzüge*, Erste Auflage, S. 638, kritisiert in diesem Zusammenhang jedoch die Erklärung von Gesichtswahrnehmungen anhand von Analogieschlüssen zu Tastwahrnehmungen in der empiristischen (d. h. nicht-nativistischen) Theorie von Helmholtz. Störring, *Vorlesungen*, beschreibt Fälle von Amnesie, in denen sinnvolle Reaktionen im Hinblick auf das Erlebte (und Vergessene) zu beobachten sind; die Erlebnisse werden also nicht auf die herkömmliche bewußte Weise „reproduziert", Störring schließt mangels „Reproduktionswirkung" unbewußter Phänomene S. 247: „*Deshalb muß die Annahme dunkelbewußter psychischer Größen in diesen und ähnlichen Fällen vor der Annahme unbewußter Zwischenglieder der Reproduktion bevorzugt werden, so lange nicht Tatsachen aufgewiesen sind, die zur Annahme solcher unbewußter Phänomene zwingen.*" Vgl. dazu den Unterschied zwischen Handlung und Tätigkeit („ideomotorisches Tun") in 1930a *Ethik*, S. 24 (*MSGA* I/3, S. 383). Ziehen, *Leitfaden*, urteilt auf S. 4: „*psychisch und bewußt sind für uns zunächst identisch*" und richtet auf S. 31 ein entwicklungsgeschichtliches Argument gegen die (frühe) Wundtsche Deutung

dung einer unzweckmäßigen Bezeichnung vorliegt, oder ob die ungeeignete Bezeichnung zugleich der Ausdruck von Gedanken ist, die einer strengen erkenntnistheoretischen Kritik nicht standhalten. Wir glauben, daß die Helmholtzsche Darstellung innerhalb weiter Grenzen die erstere, günstige Interpretation zuläßt und daher billigerweise erfordert. Im vorliegenden Absatz gibt Helmholtz den Terminus „unbewußte Schlüsse" preis, freilich nur, um Verwechslungen mit den „gänzlich unklaren" Schopenhauerschen Gedanken zu vermeiden.[55] Daß er sonst kein sachliches Bedenken fand, den Ausdruck beizubehalten, geht daraus hervor, daß er die in der vorigen Anmerkung mitgeteilte Stelle aus der ersten Auflage der Physiologischen Optik unverändert in die zweite
166 Auflage des Buches (1894)[56] aufnahm und | ebenda (S. 602) ausdrücklich hinzufügte, er „finde den Namen auch jetzt noch bis zu einer gewissen Grenze zulässig und bezeichnend". Er spricht aber deutlich aus, daß der Prozeß in Wirklichkeit in „Vorgängen der Assoziation" bestehe,[57] und äußert sich auch an andern Stellen ähnlich, z. B. S. 601[58] der 2. Aufl. der Physiologischen Optik, wo es heißt: „So sehen wir, daß dieser Prozeß, der in seinen wesentlichen Teilen, soweit wir erkennen können, nur durch un-

des Gesetzes der spezifischen Sinnesenergien (vgl. in diesem Band S. 27). Die jeweilige Organisation der inneren Reizleitung in Etappen folgt einer funktionellen Differenzierung, diese „Abstimmung [. . .] durch Vererbung und Übung" konterkariert Wundts funktionelle Indifferenz. Vgl. auch Schlicks Kritik an Eduard von Hartmanns „Metaphysik des Unbewußten" in Inv.-Nr. 1, A. 2 a, S. 13.

55 Helmholtz entwickelte seine Gedanken vermutlich unabhängig von Schopenhauer: vgl. Wundt, *Erlebtes und Erkanntes*, Kap. 25.

56 Das Erscheinungsjahr ist 1896.

57 Vgl. Helmholtz, *Optik*, Zweite Auflage, S. 602: „Ich habe in der früheren Auflage dieses Buches diese Art von Inductionsschlüssen, welche auf die Kenntnis des regelmäßigen Verhaltens der uns umgebenden Naturobjecte gebaut sind, als *unbewußte* Schlüsse bezeichnet, und finde den Namen auch jetzt noch bis zu einer gewissen Grenze zulässig und bezeichnend, da diese Associationen von Wahrnehmungen im Gedächtnis in der That meistens so vor sich gehen, daß man zur Zeit, wo sie entstehen, nicht auf ihr Entstehen aufmerkt, höchstens in einer Weise, daß man sich erinnert, denselben Vorgang schon öfter beobachtet zu haben, ihn also als einen schon bekannten anerkennt."

58 Das Zitat reicht dort von S. 601 bis S. 602.

willkürliche und unbewußte Aktion unseres Gedächtnisses vollzogen wird, dennoch imstande ist, Vorstellungsverbindungen in uns hervorzubringen, deren Ergebnisse in allen wesentlichen Zügen mit denen des bewußten Denkens übereinstimmen.“ Helmholtz rechtfertigt die Übertragung des logischen Terminus auf jene psychischen Vorgänge durch die Bemerkung, daß diese Prozesse zu dem gleichen *Resultat* führen, also dieselben Dienste leisten wie richtige Schlüsse es tun würden. Gewiß leiten uns Assoziationen und Instinkte im allgemeinen sogar noch sicherer in unserm Verhalten zur Umwelt als der Verstand; ein Schluß von der Gleichheit der Leistung auf Gleichheit des Wesens wäre natürlich deshalb noch nicht zulässig. Hiernach darf man wohl sagen, daß in den hier berührten Fragen, wo es sich um die Ordnung unserer Wahrnehmungen handelt, Helmholtz' Lehre von den „unbewußten Schlüssen“ nur in ihrer Formulierung, nicht in ihrem eigentlichen Kern angefochten werden muß.

Es soll hier nicht untersucht werden, ob dies auch dort gilt, wo Helmholtz nicht bloß für die Ordnung der Wahrnehmungen, sondern auch für die Annahme der Existenz von Körpern als Ursachen der Empfindungen ein unbewußtes Schließen verantwortlich machen will. Er tut es z. B. in dem 1855 in Königsberg zum besten des Kantdenkmals gehaltenen Vortrage „Über das Sehen des Menschen“, wo er sagt (Vorträge und Reden^5 I, 112): „Wenn aber das Bewußtsein nicht unmittelbar am Orte der Körper selbst diese wahrnimmt, so kann es nur durch einen Schluß zu ihrer Kenntnis kommen.“ (Ähnlich Schopenhauer, Welt als Wille und Vorstellung, § 4: „Die erste, einfache, stets vorhandene Äußerung des Verstandes ist die Anschauung der wirklichen Welt: diese ist durchaus Erkenntnis der Ursache aus der Wirkung ...“)[59] Da aber Helmholtz sich später (siehe gegen Ende der Rede über die Tatsachen in der Wahrnehmung) über diesen Punkt vorsichtiger ausgesprochen hat, und da es uns nicht auf die historische Entwicklung von Helmholtz' Ansichten, sondern auf ihre sachliche und bleibende Bedeutung ankommt, kann jene frühere Formulie-

59 Vgl. Schopenhauer, *Die Welt als Wille und Vorstellung*, S. 13; im Original steht „einfachste“.

rung außer Betracht gelassen werden. Näheres über Helmholtz' Lehre von den unbewußten Schlüssen in der mehrfach zitierten Akademieabhandlung von B. Erdmann und bei F. Conrat, H. v. Helmholtz' Psychologische Anschauungen, Halle 1904, Kap. 8.[60]

S. 126 45) Als solche Lokalzeichen[61] kommen bei Lotze die Augenbewegungen (Bewegungsempfindungen) in Betracht, die nötig sind, um den betr. Ort der Netzhaut auf die Stelle des deutlichsten Sehens zu bringen. Nach W. Wundt (Physiologische Psychologie II^{5}, S. 668 ff.)[62] könnten außerdem z. B. Unterschiede der Farbe die Rolle von Lokalzeichen spielen. Daß die peripheren Teile der Netzhaut z. B. eine ganz andere Farbempfindlichkeit haben als die zentralen, ist ja wohlbekannt.

60 Vgl. Conrat, *Hermann von Helmholtz' Psychologische Anschauungen*, S. 92–112.

61 Vgl. Erdmann, *Grundlagen*, sowie Helmholtz, *Fortschritte*, S. 332 f.

62 Vgl. Wundt, *Grundzüge*, Erste Auflage, S. 640: „Ich habe schon früher betont, wie es mir durchaus erforderlich scheint, neben den bloss intensiv abgestuften Innervationsgefühlen qualitative Verschiedenheiten der peripherischen Empfindung anzunehmen, so dass sich erst aus der Synthese dieser verschiedenartigen Elemente die extensive Form des Sehfeldes entwickelt. Doch habe ich damals noch ausschliesslich auf die locale Färbung der Netzhautempfindungen Werth gelegt, für die ich speciell den Ausdruck Localzeichen beibehielt; ich glaube nunmehr, [...] den mit der Bewegung des Auges verbundenen Tastempfindungen eine mitwirkende Bedeutung zuschreiben zu müssen." Siehe auch ders., *Grundzüge*, Fünfte Auflage, S. 669 f.: „Die Frage, durch die Lotze selbst [zum Begriff des Localzeichens] geführt wurde, war [...] wesentlich eine *metaphysische*. [...] Im Gegensatz zu dieser metaphysischen Anwendung des Localzeichenbegriffs sucht nun die ‚Theorie der complexen Localzeichen' zunächst lediglich die Thatsache zum Ausdruck zu bringen, dass das Sehorgan *Empfindungs-* und *Bewegungsorgan zugleich* ist. Sie betrachtet daher die Gesichtswahrnehmung durchaus als ein gemeinsames Product dieser beiden Functionsrichtungen, des ‚Netzhautbildes' und des ‚Bewegungsbildes'. Demnach setzen wir einerseits *qualitative* Unterschiede der Netzhautempfindungen, die vom Ort des Eindrucks abhängen, und anderseits *intensive* Gradabstufungen der die Bewegungen und Stellungen des Auges begleitenden Spannungsempfindungen voraus, die beide in Folge der Reflexbeziehungen aller Netzhauterregungen zum Netzhautcentrum in gesetzmäßiger Verbindung stehen."

S. 127 [46]) Diesen Einwand erhob z. B. Du Bois-Reymond[63] nach der Lektüre der Vorträge, die Helmholtz über „Die neueren Fortschritte in der Theorie des Sehens“ gehalten hatte (zuerst abgedruckt in den Preußischen Jahrbüchern, dann in den Vorträgen und Reden I^5, S. 265 ff.).[64] Er schrieb 1868[65] (siehe Koenigsberger, H. v. Helmholtz, II, S. 84) an Helmholtz: „Gegen die streng empiristische Anschauung scheint mir | immer zu sprechen, daß 167
sie eben durchaus konsequent müßte durchführbar sein, was, wie Du selbst zugibst, der Fall nicht ist; denn wenn dem Kälbchen angeboren ist, dem Euter des Geruchs halber nachzugehen, was kann ihm dann nicht noch alles angeboren sein? Mir scheint immer noch so viel Nativismus übrig zu bleiben, den man nicht los werden kann, daß es auf eine Hand voll mehr oder weniger nicht ankommt ...“

S. 128 [47]) Die vorhergehenden Absätze enthalten eine Schilderung der von Helmholtz vertretenen und benannten empiristischen Theorie der Gesichtswahrnehmungen, in welcher er ihre Grundgedanken der nativistischen Lehre klar und trefflich gegenüberstellt, so daß gelegentlich von dieser berühmten Stelle gesagt werden durfte (von Fr. Hillebrand in seiner Schrift über Ewald Hering, Berlin 1918, S. 102),[66] sie könne „als die vollendetste Darstellung der empiristischen Theorie gelten“. Hier ist nicht der Ort, auf den Widerstreit zwischen nativistischer und empiristischer Ansicht einzugehen,[67] der auch in der Gegenwart nicht erloschen ist. Denn es handelt sich dabei um rein einzelwissenschaftliche Fragen, die gegenüber der erkenntnistheoretischen Problemstellung indifferent sind. Helmholtz sagt zwar (Physiolog. Optik, S. 796 der ersten, S. 945 der zweiten Auflage):[68] „Bei der Wahl zwischen den verschiedenen theoretischen Ansichten

63 Zum umfangreichen Briefwechsel zwischen Helmholtz und Du Bois-Reymond siehe Kirsten, *Dokumente einer Freundschaft*.

64 Vgl. Helmholtz, *Fortschritte*.

65 Vgl. Emil Du Bois-Reymond an Hermann von Helmholtz, 25. April 1868.

66 Vgl. Hillebrand, *Ewald Hering*.

67 Dieser Widerstreit wird in Inv.-Nr. 1, A. 1 behandelt.

68 Das Zitat reicht dort von S. 945 bis S. 946.

scheint mir … mehr eine Neigung zu gewissen metaphysischen Betrachtungsweisen, als der Zwang der Tatsachen, ihren Einfluß auf die verschiedenen Forscher ausgeübt zu haben," und wirklich läßt sich zuweilen eine Einwirkung des philosophischen auf den physiologischen Gesichtspunkt feststellen, aber notwendig und gerechtfertigt ist er nicht. Die empiristische Auffassung der Raumwahrnehmung ist ganz unabhängig vom erkenntnistheoretischen Empirismus, wie man schon daraus schließen kann, daß sich z. B. bei E. Mach ein weitgehender Nativismus mit einer streng empiristischen, ja sensualistischen Erkenntnistheorie vereint. In der Tat ist nicht einzusehen, warum die nativistische Annahme, daß die Empfindungen von vornherein gewisse räumliche Eigenschaften besitzen, mit dem erkenntnistheoretischen Empirismus nicht ebenso gut vereinbar sein sollte, wie die selbstverständlich auch von dem letzteren zugegebene Tatsache, daß den Empfindungen eine ursprüngliche nicht weiter ableitbare Qualität und Modalität anhaftet. Es muß auch nachdrücklich betont werden, daß es ein Irrtum ist, den Nativismus, wie es noch manchmal geschieht, als eine Form des Kantschen Apriorismus anzusehen. Kants Lehre hat den Sinn, die apodiktische Geltung der geometrischen Axiome zu erklären (vgl. Anm. I, 3), der Nativismus aber ist eine Theorie der *Sinneswahrnehmung*; sein Ziel kann mithin nicht sein, eine *strenge* mathematische Gesetzmäßigkeit des Raumes zu begründen, da alle Wahrnehmung als solche nur approximative Daten liefert. So sagt z. B. v. Kries ganz richtig (in der 3. Aufl. von Helmholtz' Physiol. Optik, Bd. III, S. 524), daß der Nativismus Herings „mit den Anschauungen Kants gar nichts mehr gemein hat". [69]

69 Hering, *Vom Lichtsinne*, identifiziert Helmholtz als „Spiritualisten" und schreibt S. 3: „Zwischen ‚Nativismus' und ‚Empirismus' besteht kein grundsätzlicher, sondern nur ein gradweiser Unterschied. Wenn uns, um dies hier abermals auszusprechen, die Organe angeboren sind, so sind es bis zu einem gewissen Grade auch ihre Functionen, das müssen selbst die strengsten ‚Empiristen' zugeben; und anderseits hat es nie einen ‚Nativisten' gegeben, der den gewaltigen Einfluß geleugnet hätte, welchen Gebrauch und Übung auf die Functionen unserer Organe und insbesondere der Sinnesorgane hat. […] Der Spiritualist freilich wird immer geneigt sein, das Gebiet des Angeborenen einzuengen, um für

Übrigens ist wohl auch innerhalb der Psychophysiologie der Gegensatz der nativistischen und empiristischen Anschauung nicht so prinzipiell und unversöhnlich, wie manchmal angenommen wird. Eine nativistische Theorie, die bei der Frage der Lokalisation nicht auch der Erfahrung eine beträchtliche Rolle zuerkennt, scheint ebensowenig durchführbar zu sein wie eine empiristische, die es unternehmen wollte, die Raumvorstellung aus schlechthin unräumlichen Empfindungselementen zu konstruieren. Wir glauben auch, daß Helmholtz' Lehre nicht als ein Versuch dieser letzteren Art aufzufassen ist; er hat ja im Gegenteil das Räumliche als eine ursprüngliche | Anschauungsform (in sei- 168 nem psychologischen Sinne) betrachtet, und wir hatten (Anm. 33 und 37) dies so interpretieren müssen, daß jeder Elementarempfindung ein nicht erst durch Erfahrung nachträglich entstandenes Moment der Ausgedehntheit (bei Gesichtsempfindungen etwa der „Flächenhaftigkeit") zukommt. Helmholtz' Satz (S. 122) „Unser Auge sieht alles, was es sieht, als ein Aggregat farbiger Flächen im Gesichtsfelde; *das ist seine Anschauungsform*", scheint in dieser Hinsicht völlig schlagend zu sein (vergl. auch das in Anm. 37 angeführte Zitat). Ob es sich an irgendeinem Punkte als nötig erweisen möchte, sich nativistischen Anschauungen noch weiter zu nähern, ist, wie gesagt, für das rein erkenntnistheoretische Problem der Wahrnehmung ganz gleichgültig.

S. 128 [48]) Den Glauben an die Existenz der Außenwelt auf *Willens*erfahrungen zu gründen, hat in etwas anderer Weise besonders W. Dilthey unternommen (Beiträge zur Lösung der Frage vom Ursprung unseres Glaubens an die Realität der Außenwelt und seinem Recht. Sitzungsberichte der Berliner Akademie, 1890).[70]

S. 129 [49]) Der extremste subjektive Idealismus, welcher die Existenz einer vom Subjekt verschiedenen Außenwelt leugnet, heißt bekanntlich Solipsismus. Die theoretische Möglichkeit dieses Standpunktes ist von der Mehrzahl der Philosophen zugegeben

den menschlichen Geist einen freieren Spielraum zu gewinnen und denselben als möglichst unabhängig von seiner organischen Grundlage darstellen zu können."

70 Vgl. Dilthey, *Beiträge*.

worden, wenn er auch natürlich keine ernsthaften Vertreter gefunden hat. Die Stelle deutet darauf hin, daß die realistische Ausdrucksweise, in die Helmholtz seine Wahrnehmungslehre gekleidet hat, nicht Ausfluß einer unkritischen Denkweise, sondern nur als nächstliegende Formulierung gewählt ist, deren realistische oder idealistische Interpretation dem Metaphysiker überlassen bleiben kann.

S. 129 50) Vgl. z. B. Fichte, Bestimmung des Menschen, III. Buch, I.[71]

S. 130 51) In diesem Falle wäre die Existenz der Außenwelt als eine *Fiktion* zu bezeichnen – ein Gedanke, den H. Vaihinger in seiner „Philosophie des Als Ob" an mehreren Stellen weiter ausführt.[72] Die vorliegende Stelle bei Helmholtz scheint ihm entgangen zu sein, da er in seinem Werke nicht darauf bezug nimmt. Für Helmholtz selbst ist natürlich die realistische Weltansicht nicht Fiktion, sondern eben Hypothese.

S. 130 52) In dieser (wohl nicht sehr zweckmäßigen) Erweiterung umfaßt der Terminus „Denken" alle geistigen Prozesse, die irgendwie zum zweckmäßigen Verhalten gegenüber der Außenwelt führen, vor allem die Assoziations- und Reproduktionstätigkeiten.

S. 131 53) Der hier von Helmholtz ausgesprochene Gedanke ist eine fundamentale Einsicht aller Erkenntnistheorie. Er liegt schon der Platonischen Ideenlehre zugrunde – denn Platos Ideen sind

71 Dieselbe Stelle wird kritisiert in Dilthey, *Beiträge*, S. 998. Vgl. Fichte, *Bestimmung des Menschen*, S. 259 f.: „Es schweben mir vor Erscheinungen im Raume, auf welche ich den Begriff meiner selbst übertrage: ich denke sie mir als Wesen meines Gleichen. Eine durchgeführte Speculation hat mich ja belehrt, oder wird mich belehren, daß diese vermeinten Vernunftwesen außer mir nichts sind, als Producte meines eigenen Vorstellens [. . .] Aber die Stimme meines Gewissens ruft mir zu: was diese Wesen auch an und für sich seien, du solltest sie behandeln, als für sich bestehende, freie, selbstständige, von dir ganz und gar unabhängige Wesen. [. . .] Ich *denke* sie als Wesen meines gleichen, sagte ich so eben: aber der Strenge nach ist es nicht der Gedanke, durch welchen sie mir zuerst als solche dargestellt werden. Die Stimme des Gewissens ist es[.]"

72 Vaihinger, *Philosophie des Als Ob*, scheint Helmholtz dementsprechend interpretieren zu wollen: vgl. ebd., S. 381 f. und S. 767.

die unveränderlichen Urbilder der ewig wechselnden Einzeldinge[73] – und ebenso der modernen Theorie der Wissenschaft. Die „Principles of Science“ von Stanley Jevons beginnen mit dem Satze: „Wissenschaft entspringt aus der Aufdeckung von Gleichheit in der Verschiedenheit.“[74]

S. 131 [54]) Der Satz darf nicht wörtlich verstanden werden, denn natürlich kann ein *Gesetz* überhaupt nicht Gegenstand einer Wahrnehmung sein. Die Aufstellung einer Gesetzmäßigkeit bildet vielmehr immer erst den Abschluß eines Prozesses von Beobachtung, Ordnung und Deutung. Helmholtz will nur sagen, daß die Auffindung von Gesetzen etwas Unmittelbareres ist als die Ermittlung von Substanzen, und dieser Gedanke ist es, der in den beiden nächsten Sätzen näher ausgeführt wird. Verfolgt man ihn weiter, so gelangt man leicht zu der in der modernen Naturwissenschaft immer deutlicher sich offenbarenden Einsicht, daß der Substanzbegriff überhaupt gänzlich auf den Gesetzesbegriff reduziert werden kann,[75] | daß also der erstere auf der höchsten Stufe 169
der Naturerkenntnis als Grundbegriff entbehrlich wird.

S. 131 [55]) Die überraschende Festlegung des Ursachenbegriffs, die Helmholtz hier vollziehen möchte, indem er Ursache und Gesetz identifiziert, wäre wohl recht unzweckmäßig. Denn es fehlt offenbar das Recht, das Wort Ursache beizubehalten, wenn man damit nicht einen Begriff bezeichnet, der wenigstens in seinen Hauptmerkmalen mit dem übereinstimmt, was man sonst darunter zu verstehen pflegte. Wenn die Ursachen das ewig Gleichbleibende sein sollen, während die Wirkungen, die Geschehnisse in der Welt unablässig wechseln, so wäre die gegenseitige Entsprechung beider, die sonst zu ihrem Begriff gehörte, gänzlich zerstört; eine Wirkung könnte nicht mehr selbst als Ursache weiterer Wirkungen aufgefaßt werden. Es ist nicht einzusehen, warum man für den Begriff des *Gesetzes* auch noch das Wort Ursache

73 Vgl. etwa Platon, *Phaidon*, 102a–d sowie 1919b *Erscheinung*, in diesem Band S. 45.

74 Vgl. Jevons, *Principles*, S. 1: "Science arises from the discovery of Identity amidst Diversity."

75 Vgl. 1925b *Naturphilosophie*, in diesem Band.

anführen sollte, dem sonst ein anderer Sinn zukam, und warum es unzweckmäßig sein soll, die Worte Ursache und Wirkung allein auf Vorgänge, auf Naturprozesse anzuwenden, auf die ihre Bedeutung bei sorgfältigem Gebrauch in der Wissenschaft sonst beschränkt war. Es ist richtig, daß der Terminus Ursache oft in „sehr verwaschener Weise“ benutzt wurde; das kann aber vermieden werden, ohne daß eine Verwechslung mit den Begriffen des Antecedens oder der Veranlassung eintreten müßte. Vgl. Schlick, Naturphilosophische Betrachtungen über das Kausalprinzip, „Die Naturwissenschaften“, VIII, S. 461 ff.[76]

S. 131 [56]) Diesem Ausspruch, der ohne nähere Interpretation leicht mißverstanden werden könnte, liegt wohl zunächst der Gedanke zugrunde, daß der Begriff der Ursache (den Helmholtz ja soeben mit dem des Gesetzes identifiziert hat), wenn wir sie durch eine Art von Anthropomorphismus als etwas „den Ablauf der Naturprozeß[e] *Zwingendes*, als eine unserem *Willen* gleichwertige Macht“ auffassen, in der Tat in den der Kraft umschlägt. Zur ferneren Charakterisierung des Helmholtzschen Standpunktes können wir einige Ausführungen aus dem § 5 und § 6 seiner „Einleitung zu den Vorlesungen über theoretische Physik“ heranziehen. Er erklärt dort, wie etwa das Attraktionsgesetz zunächst nur laute: „Zwei schwere Körper, die sich in endlicher Entfernung voneinander im Raume befinden, erleiden eine Beschleunigung und zwar jeder einzelne von ihnen in der Richtung gegen den andern hin“,[77] wie wir es dann aber, „indem wir Abstrakta bilden und statt der Verba Substantive einsetzen ... in der Form aussprechen, daß zwischen je zwei schweren Körpern ... fortdauernd eine Anziehungskraft von bestimmter Größe besteht. Wir haben damit statt der einfachen Beschreibung des Phänomens der Bewegung ein Abstraktum, die Anziehungskraft, eingeführt. Wir bezeichnen damit in der Tat weiter nichts, wenigstens nichts, was noch einen faktischen Sinn hat, als was auch in der Beschreibung des bloßen Phänomens enthalten ist. Wir versichern nur

76 Vgl. 1920c *Kausalprinzip*, in diesem Band.

77 Helmholtz, *Einleitung*, S. 10.

durch die Aufstellung des Gesetzes in dieser Form, welches den Begriff der Kraft benutzt, auch daß dieses Phänomen der gegenseitigen Annäherung der beiden Körper, sobald die Bedingungen dazu gegeben sind, in jedem Zeitmoment eintritt.“ [78]

S. 131 [57]) Es muß auffallen, daß Fichte von Helmholtz relativ häufig und immer zustimmend angeführt wird, obwohl doch das rationalistische System dieses Denkers mit seinen Ansichten kaum irgendwelche Berührungspunkte aufweist, und obwohl die Form, in der Fichte seine theoretischen Ideen vortrug, ihm gewiß nicht zusagen konnte. Die Erklärung kann nur darin gefunden werden, daß Helmholtz sich in der Wertschätzung Fichtes von Gefühlen der Pietät leiten ließ. Seine Sym|pathie für den Philosophen 170 geht zweifellos auf Eindrücke zurück, die er nach eigener Schilderung (Vorträge und Reden, I^5, S. 17)[79] bereits als Knabe im Hause seines Vaters empfing, der ein begeisterter Verehrer Fichtes war.

S. 133 [58]) Diese berühmten Worte Kirchhoffs, die gleichsam zu einem Programm der erkenntnistheoretisch orientierten Physik geworden sind, werden von ihm selber (in der Vorrede zu den Vorlesungen über Mechanik) so erläutert: „Ich will damit sagen, daß es sich nur darum handeln soll, anzugeben, *welches* die Erscheinungen sind, die stattfinden, nicht aber darum, ihre *Ursachen* zu ermitteln.“ Er sah sich zu dieser Stellungnahme gedrängt, weil die bis dahin übliche Definition der Mechanik nicht befriedigte: „Man pflegt die Mechanik als die Wissenschaft von den Kräften zu definieren, und die Kräfte als *Ursachen*, welche Bewegungen hervorbringen oder hervorzubringen *streben*“, und dieser Definition „haftet die Unklarheit an, von der die Begriffe der Ursache und des Strebens sich nicht befreien las-

78 Ebd., S. 11. Im Original steht „bloßen Beschreibung des Phänomens“.

79 Vgl. Helmholtz, *Erinnerungen*, S. 17 (Tischrede gehalten bei der Feier des 70. Geburtstages, Berlin 1891): „Das Interesse für die erkenntnistheoretischen Fragen ward mir schon in der Jugend eingeprägt, dadurch daß ich meinen Vater, der einen tiefen Eindruck von Fichte's Idealismus behalten hatte, mit Collegen, die Hegel oder Kant verehrten, oft habe streiten hören.“

sen".[80] Kirchhoffs Motiv war also die Abwendung von dem Anthropomorphismus, von dem oben (Anm. 56) die Rede war.

S. 133 [59]) Wir wollen uns kurz vergegenwärtigen, was Helmholtz in dem vorliegenden Absatz über Inhalt und Geltung des Kausalprinzips lehrt. *Inhaltlich* spricht es nach seiner (zweifellos zutreffenden) Meinung das Vertrauen auf die vollkommene Begreifbarkeit der Welt aus, und da dies mit dem Vertrauen auf die durchgängige Gesetzmäßigkeit identisch ist, so ist „das Prinzip der Kausalität in der Tat nichts anders als die Voraussetzung der Gesetzlichkeit aller Naturerscheinungen" (so formuliert es Helmholtz in einem 1881 geschriebenen Zusatz zu seiner Abhandlung über Die Erhaltung der Kraft).[81] Seiner *Geltung* nach ist es ein *regulatives* Prinzip, das uns also als Richtschnur des Forschens dient, für das wir aber keine weitere Bürgschaft haben als seinen Erfolg. Die Gültigkeit ist also eine tatsächliche, auf die wir vertrauen müssen, die wir aber nicht beweisen können.

Ganz anders Kant. Ihm ist das Kausalgesetz ein *konstitutives* Prinzip, es ist am Aufbau unserer Erfahrung beteiligt und macht sie erst möglich; es muß daher notwendig von allen Erfahrungen gelten. Wir vertrauen nicht nur auf seine Gültigkeit, sondern sind nach Kant ihrer sicher.

S. 134 [60]) Wiederum gebraucht Helmholtz die Worte a priori und transzendental in einem ganz andern Sinne als Kant. Nach dem Philosophen heißt ein Satz a priori, wenn seine *Geltung* unabhängig von der Erfahrung besteht und eingesehen werden kann, und gerade dies trifft nach Helmholtz' vorangehenden und folgenden Erklärungen für das Kausalprinzip nicht zu. Helmholtz will durch das Wort a priori nur ausdrücken, daß der Kausal-

80 Kirchhoff, *Vorlesungen*, S. III. Im Original steht „Wissenschaft von den *Kräften* zu definiren, und die Kräfte als die *Ursachen*, welche". Die „berühmten Worte", ebenfalls auf S. III, wiederholen sich nochmals auf S. 1.

81 Vgl. Helmholtz, *Kraft*, S. 68: „Die philosophischen Erörterungen der Einleitung sind durch Kants erkenntnistheoretische Ansichten stärker beeinflußt, als ich jetzt noch als richtig anerkennen möchte. Ich habe mir erst später klar gemacht, daß das Prinzip der Kausalität in der Tat nichts Anderes ist als die Voraussetzung der Gesetzlichkeit aller Naturerscheinungen. Das Gesetz als objektive Macht anerkannt, nennen wir Kraft."

satz nicht aus der Erfahrung durch Induktion entnommen werden kann, sondern bei der Deutung der Erfahrungen immer schon vorausgesetzt werden muß. Eine derartige Voraussetzung, deren Geltung nicht von vornherein feststeht, trägt aber den Charakter einer *Hypothese*. Helmholtz ist sich darüber auch klar geworden, denn in einer nachgelassenen Aufzeichnung (Königsberger, H. v. Helmholtz, I, S. 247 f.) sagt er: „Das Kausalgesetz (die vorausgesetzte Gesetzmäßigkeit der Natur) ist nur eine Hypothese und nicht anders erweisbar als eine solche. Keine bisherige Gesetzmäßigkeit kann künftige Gesetzmäßigkeit erweisen. Den übrigen Hypothesen, welche besondere Naturgesetze aussagen, gegenüber hat das Kausalgesetz nur folgende Ausnahmestellung: 1. Es ist die Voraussetzung der Gültigkeit aller andern. 2. Es gibt die einzige Möglichkeit für uns überhaupt, etwas nicht Beobachtetes zu wissen. 3. Es ist die | notwendige Grundlage für 171
absichtliches Handeln. 4. Wir werden darauf hingetrieben durch die natürliche Mechanik unserer Vorstellungsverbindungen. Wir sind also durch die stärksten Triebfedern getrieben, es richtig zu *wünschen*; es ist die Grundlage alles Denkens und Handelns. Ehe wir es nicht haben, können wir es auch nicht prüfen; wir können also nur daran *glauben*, danach *handeln* ...“ Auf das Handeln, auf den *praktischen* Beweis des Kausalprinzips verweist Helmholtz auch in den unmittelbar anschließenden Ausführungen des Textes. Nicht der Kantsche Standpunkt also ist es, den er in der Frage des Kausalgesetzes vertritt, sondern er wandelt auf den Pfaden David Humes. Es mag erlaubt sein hinzuzufügen, daß auch uns Humes Standpunkt der einzige zu sein scheint, der allen Angriffen der Kritik widerstehen kann.

S. 134 [61]) Entgegen dieser Versicherung hat sich in unsern kritischen Anmerkungen gezeigt – was auch sonst schon öfters betont worden ist – daß sich nur geringe Spuren einer philosophischen Übereinstimmung zwischen Kant und Helmholtz feststellen lassen. Die Lehre von der Subjektivität der Raumanschauung und der Sinnesqualitäten, auf die Helmholtz allerdings das Hauptgewicht legte, ist eigentlich der einzige Punkt, in dem Helmholtz sich mit Recht und ohne Einschränkung auf Kant berufen konnte. Daß Helmholtz selbst an eine größere Übereinstimmung glaubte als tatsächlich bestand, ist teils dadurch zu erklären, daß er Kants Lehre nicht immer richtig auffaßte, sondern zu sehr im psychologischen Sinne auslegte; teils dadurch, daß die hohe Verehrung, die er dem Denker zollte, ihm die Gemeinsamkeiten wichtiger, die Abweichungen aber unwesentlicher erscheinen ließ.

S. 137 [62]) Im Text hat Helmholtz die Meinung vertreten, daß nur diejenigen Daten des Bewußtseins räumlich gedeutet werden, die sich bei Ausführung von Körperbewegungen ändern. Hier macht er sich selbst den Einwand, daß viele aus dem Innern des Leibes stammenden Empfindungen durch Bewegungen nicht merklich beeinflußt würden, daß wir sie aber dennoch nicht als unräumliche Seelenzustände (wie Erinnerungen oder Wünsche) auffassen, sondern sie vielmehr an bestimmten Stellen unseres Körpers mehr oder weniger deutlich lokalisieren. Die Argumente, die er im folgenden dem Einwande entgegenstellt, sind durchaus geeignet, ihn zu entkräften oder ihm wenigstens seine Schärfe zu nehmen, und Helmholtz hat dabei auch die moderne Psychologie im wesentlichen auf seiner Seite. Freilich kann die nativistische Ansicht, daß innere Empfindungen von vornherein, also ohne Mitwirkung von Bewegungen, in bestimmter Weise lokalisiert würden, wohl auch nicht als gänzlich widerlegt und unmöglich angesehen werden.

S. 137 [63]) Es ist bemerkenswert, daß Helmholtz Zustände wie Niedergeschlagenheit und Melancholie zu den Empfindungen rechnet, während sie doch sonst als *Gefühls*zustände von jenen unterschieden werden. Er scheint damit den Hauptgedanken der geistvollen Gefühlstheorie von W. James (1884) und K. Lange (1887) vorwegzunehmen, wonach die Gefühle in nichts anderem bestehen sollen als in Empfindungen innerer Organe.[82] Allerdings

82 Vgl. James, *Emotion*, S. 189 f.: "[Two sets of examples] appear to prove that there are pleasures and pains inherent in certain forms of nerve-action as such, wherever that action occur. [...] My thesis [...] is that *the bodily changes follow directly the PERCEPTION of the existing fact, and that our feeling of the same changes as they occur IS the emotion.*" Vgl. auch Lange, *Über Gemütsbewegungen*, S. 9: „[H]auptsächlich liegt der Grund darin, daß man bei Untersuchungen über die Affecte niemals von diesen körperlichen Erscheinungen ausgegangen ist, sondern dieselben als eine Nebensache, als Phänomene

wird die James-Langesche Theorie von den meisten neueren Psychologen abgelehnt.[83]

S. 139 [64]) Die Unbestimmtheit in der Lokalisation der Empfindungen innerer Organe wird auch von E. Meumann (Archiv f. d. gesamte Psychologie, Bd. IX, S. 57. 1907) in erster Linie darauf

angesehen hat, die wohl interessant und wichtig sein mögen, aber doch eine untergeordnete, secundäre Bedeutung haben als mehr oder minder zufällige Begleiter des Hauptphänomens, des seelischen Affectes." S. 49: „Was nun aber die Gemütsbewegungen eigentlich sind, daß sie eine solche Gewalt über den Körper haben können, darüber sucht man, meine ich, in der ganzen modernen Psychologie umsonst nach einer Aufklärung, selbst bei Wundt." S. 74: „Es wird nun hoffentlich einleuchten, daß man [...] die Sache auf den Kopf stellt, wenn man, wie das ja oft geschehen ist und noch immerfort geschieht, sich die Aufgabe stellt, die physiologischen oder pathologischen Wirkungen der einzelnen Affecte auf den Körper zu bestimmen." S. 76: „Es ist das vasomotorische System, dem wir die ganze emotionelle Seite unseres Seelenlebens, unsere Freuden und Leiden, unsere glücklichen und unglücklichen Stunden zu danken haben[.]"

83 Vgl. Becher, *Sensibilität*, S. 341: „Sodann ist seit der Aufstellung der *James-Lange*schen Gefühlshypothese die Wichtigkeit ‚innerer' Empfindungen für das Gefühlsleben unzweifelhaft geworden, wenn auch der Kampf um jene Hypothese keineswegs entschieden sein mag. Eine genaue Kenntnis der inneren Sensibilität würde am direktesten zur Entscheidung über die Bedeutung dieser Empfindungen für das Gefühlsleben führen können." Becher bezieht sich auch auf Meumann, *Frage der Sensibilität*, der sich an der James-Langeschen Theorie orientiert (S. 26): „Die Diskussion über die *James-Langesche* Gefühlstheorie hat die Psychologen wiederholt auf die Bedeutung der Empfindungen hingewiesen, die aus inneren Organen des Körpers stammen." Vgl. auch Meumann, *Weiteres zur Frage der Sensibilität* und Becher, *Bemerkungen über die Sensibilität*. Möglicherweise war für die Ausrichtung von Bechers psychologischer Forschung entscheidend, daß er kurz vor dieser Auseinandersetzung seinen Standpunkt in der Leib-Seele Debatte von einer parallelistischen Position zu einer Wechselwirkungsauffassung geändert hatte. Vgl. Becher, *Erich Becher*, S. 24. Eine weitaus positivere Einschätzung findet man bei Dunlap, *Preface*, der den Einfluß von Darwin, *Expression*, konstatiert und der Theorie von Lange und James auf S. 5 eine besonders einflußreiche Rolle zuschreibt: "[T]his theory has not only become so strongly entrenched in scientific thought that it is practically assumed today as the basis for the study of the emotional life, but has also led to the development of the hypothesis of reaction or response as the basis of all mental life[.]" Zum Einfluß Darwins auf Gefühlstheorien vgl. auch 1909 *Ästhetik* (*MSGA* I/4).

zurückgeführt, daß wir die Organe nicht sehen, also ihre Bewegungen nicht verfolgen können.[84]

S. 140 [65]) In früheren Anmerkungen (33, 37) hat sich schon 172 deut|lich ergeben, in welchem Sinne wir Helmholtz' Worte verstehen müssen, damit die Behauptung der Überschrift als richtig gelten kann. Wir waren zu folgendem Resultat gekommen. Wenn „transzendental" gemäß dem Helmholtzschen Sprachgebrauch so viel heißt wie apriorisch, und wenn dies Wort in der Kantschen Bedeutung verstanden wird, so ist die Apriorität der Axiome mit derjenigen des Raumes einerlei. Bei Kant hat ja die Behauptung der letzteren nur den Zweck, die apodiktische Gültigkeit der Axiome zu erklären. Aber das Helmholtzsche Apriori ist eben nicht das Kantische, sondern hat nur die Bedeutung, daß die Räumlichkeit der Wahrnehmungen in demselben Sinne etwas rein Subjektives sei wie die Qualität der Empfindungen (vgl. Anm. 16). Unter dieser Voraussetzung braucht allerdings die „transzendentale" Natur der Raumanschauung keinen Grund für die Geltung irgendwelcher synthetisch-apriorischer Axiome über den Raum abzugeben.

S. 140 [66]) In der Tat erklärt Erdmann dort[85] (S. 97) die Raumvorstellung insofern für apriori, als sie nicht in uns entstehen könnte, „wenn nicht eine besondere Disposition unserer seelischen Tätigkeiten vorhanden wäre, bestimmte Gruppen äußerer Reize gerade räumlich zusammenzufassen". Sie müsse aber „in anderer Hinsicht mit demselben Recht" empirisch genannt werden, nämlich offenbar insofern, als ihr Inhalt sich in geometrischen Grundsätzen ausdrücken läßt. Diese beruhen auf Erfahrung, denn „sowohl für die Ausdehnung unseres Raumes nach drei Dimensionen und seine Unbegrenztheit als auch für seine Stetigkeit, sowie endlich für den besonderen Wert seines Krümmungsmaßes

84 Vgl. Meumann, *Frage der Sensibilität*, S. 57: „[D] die Unbestimmtheit der Lokalisation bei den inneren Empfindungen [ist] sicher nicht diesen selbst zur Last zu legen, sondern dem Umstande, daß wir die Organe, in denen sie ausgelöst werden, nicht kennen, insbesondere nicht *sehen*, daß uns keine *Gesichtsvorstellung* von ihnen unterstützt." Es folgt ein Verweis auf die hier kommentierte Stelle bei Helmholtz.

85 Vgl. Erdmann, *Axiome*. Vgl. auch Land, *Rezension/Erdmann*.

müssen besondere Anlässe in den Erregungen liegen, welche die psychische Entwicklung der Raumvorstellung hervorrufen." In diesen Erklärungen wird offenbar die Apriorität (bzw. „Transzendentalität") der Raumanschauung in derselben Bedeutung genommen wie bei Helmholtz selbst.

S. 140 [67]) Da Krause sich auf den Standpunkt Kants stellte (womit nicht gesagt sein soll, daß er die Lehren des Philosophen durchgehends richtig interpretierte), so durfte er die beiden Fragen, ob der Raum eine apriorische Anschauungsform darstelle, und ob die geometrischen Axiome synthetische Urteile a priori seien, als gleichbedeutend behandeln. Sein Fehler war eben, daß er sich mit all seinen Voraussetzungen schon auf Kantischen Boden begab und von da aus Helmholtz zu kritisieren unternahm. Da die Einsicht in die neue Raumlehre gerade nur unter Befreiung von diesen Voraussetzungen möglich ist, so steht er dem wahren Inhalt der Riemann-Helmholtzschen Theorie ganz verständnislos gegenüber. Es lohnt an dieser Stelle nicht, auf Krauses Argumente näher einzugehen als es Helmholtz im Text selbst tut.

S. 140 [68]) Vgl. Anm. 47.

S. 140 [69]) Vgl. Anm. 38.

S. 141 [70]) Darüber, daß dieser Glaube stets *möglich* bleibt, aber nicht gerechtfertigt ist, siehe oben Anm. I, 38; I, 49.

S. 142 [71]) Hierauf hatten wir schon früher (Anm. I, 25) hingewiesen. Das von Helmholtz gerügte Mißverständnis des Namens ist auch heute noch nicht ausgerottet, denn immer wieder und wieder findet man in populären gegen die Relativitätstheorie gerichteten Artikeln noch die Behauptung, es sei verfehlt, von „gekrümmten" Räumen zu sprechen.

S. 142 [72]) Die hier von Helmholtz als III. Beilage angefügten Betrachtungen wurden zuerst (in englischer Übersetzung) in der englischen Zeitschrift „Mind", April 1878, Nr. X,[86] veröffentlicht als Antwort auf eine Kritik, die Prof. Land ebenda, Nr. V,[87] an Helmholtz' Abhandlung „Über den | Ursprung und die Bedeu- 173

86 Vgl. Helmholtz, *Origin II*.

87 Vgl. Land, *Kant's Space*.

tung der geometrischen Axiome"[88] geübt hatte. In dem *Mind*-Aufsatz (abgedruckt in den Wissenschaftlichen Abhandlungen, Bd. II, S. 640–660 unter der Überschrift „Über den Ursprung und Sinn der geometrischen Sätze. Antwort gegen Herrn Prof. Land") gehen einige Absätze vorher, die Helmholtz hier fortließ, da ihr sachlicher Inhalt bereits in anderer Form in den „Tatsachen der Wahrnehmung" enthalten ist. Aus dem gleichen Grunde durften sie in dieser Ausgabe fortbleiben. Ein kurzer Abschnitt daraus ist oben (Anm. 37) bereits wiedergegeben. Der Inhalt dieser Beilage ist für den Helmholtzschen Gedankengang höchst wichtig, denn er füllt eine empfindliche Lücke aus, die in der Beweisführung des Textes stehen geblieben war. Vgl. Anm. I, 49.

S. 142 [73]) Vgl. den Text S. 129, Zeile 8 v. u.

S. 143 [74]) Diese beiden Arten von Gleichheit stellt Helmholtz an einer andern Stelle (Wiss. Abh. II, S. 641) auch so gegenüber, daß er die erste als „*subjektive* Gleichheit in der hypothetischen transzendentalen Anschauung" bezeichnet, und die zweite als „*objektive* Gleichwertigkeit der reellen Substrate solcher Raumgrößen, welche sich im Ablauf physischer Verhältnisse und Vorgänge bewährt".[89]

S. 143 [75]) Helmholtz führt in dieser Definition die „physische Gleich*wertigkeit*" von Raumgrößen auf Gleichheit von physischen Bedingungen und Gleichheit von Zeitabschnitten und Vorgängen zurück. Man muß fragen, ob darin nicht eine Zirkeldefinition liegt; denn wie will man die Gleichheit der erwähnten Umstände, z. B. der Zeitgrößen, anders feststellen als mit Hilfe räumlicher Gleichheit, da doch alle physikalischen Meßmethoden (Instrumentenablesungen) schließlich auf diese letztere zurückführen? Die Formulierung kann also nicht befriedigen; erst die beiden im Text

88 Vgl. Helmholtz, *Origin*.

89 Vgl. Helmholtz, *Ursprung und Sinn der geometrischen Sätze*, S. 641: „Daß die letztere mit der ersteren zusammenfiele, könnte nur durch Erfahrung bewiesen werden. Nur auf die letztere käme es an bei unserem wissenschaftlichen und praktischen Verhalten der objektiven Welt gegenüber. Wenn beide nicht übereinstimmten, würde die erstere nur den Wert eines *falschen Scheines* haben."

folgenden Sätze lassen den richtigen und brauchbaren Sinn des Helmholtzschen Gedankens hervortreten.

S. 143 [76]) Hier gründet Helmholtz den Begriff der physischen Gleichwertigkeit auf bestimmte Erfahrungstatsachen und ergänzt auf diesem Wege seine obige Definition. Bei genauerem Zusehen findet man, daß die Erfahrungen, um die es sich hier handelt, in letzter Linie stets auf die Beobachtung von Koinzidenzen materieller Punkte hinauslaufen. Vgl. Anm. I, 39.

S. 143 [77]) Vgl. Anm. I, 54. Wir hatten früher die physische Geometrie von der rein begrifflichen unterschieden. Die dritte Art von Geometrie, die zunächst möglich erscheinen könnte, die apriorische Geometrie der reinen Anschauung, wird eben durch die folgenden Betrachtungen von Helmholtz abgelehnt.

S. 144 [78]) Die beiden Dreiecke ABC und Abc würden in einer nichteuklidischen Geometrie einander nicht ähnlich sein. Daß es nur in der euklidischen Geometrie ähnliche Figuren gibt, wurde schon oben (Anm. I, 17) bemerkt.

S. 145 [79]) Vgl. den früher (Anm. I, 49) zitierten Vortrag von F. Klein.

S. 145 [80]) In der Tat ist die „reine Anschauung“ nach Kant der Inbegriff einer völlig strengen Gesetzmäßigkeit; soll sie doch den Grund der unverbrüchlichen Geltung der Axiome abgeben. Das Augenmaß dagegen würde nach Kantscher Terminologie wohl irgendwie zur „empirischen“ Anschauung zu rechnen sein. Wie die reine Anschauung sich eigentlich zur empirischen verhalte, darüber vermögen wir bei Kant keine ganz befriedigenden Erklärungen zu finden; jedenfalls kommt die reine Anschauung nach seiner Meinung in der empirischen zum Ausdruck, indem sie ihre Gesetzlichkeit, ihre Form auf irgendeine Weise bestimmt. Die Möglichkeit einer Verwechslung beider scheint nicht mit genügender Sicherheit aus|geschlossen zu sein, um zu verhindern, daß in 174
den Argumenten der Kantianer Aussagen empirischer Anschauung, also der Erfahrung, sich als Aussagen der „reinen“ einschleichen.

S. 146 [81]) In diesem Falle würde der Satz von der Identität beider Arten von Gleichheit behaupten, daß auch im zweiten Dreieck die Seiten sich bei der Ausmessung mit einem Zirkel als gleich herausstellen *müßten*. Aber nur die Erfahrung kann lehren (auch nach Kant, wie Helmholtz richtig hervorhebt), ob bei der angegebenen Konstruktion eine bestimmte Zirkelspitze mit einem bestimmten Punkt unserer Zeichnung zusammenfällt. Stimmte das Resultat der Messung nicht mit unserer euklidischen Erwartung überein, so könnte der Grund entweder in einer Deformation der verglichenen Objekte oder in der Unbrauchbarkeit der euklidischen Geometrie liegen. Der Kantianer lehnt die letztere Möglichkeit von vornherein ab, aber, wie Helmholtz nachweist, ohne zureichenden Grund.

S. 148 [82]) Es mag zweckmäßig sein, die Argumentation der drei letzten Absätze kurz zusammenzufassen. Helmholtz schließt folgendermaßen: Gesetzt, es wäre wirklich so, wie die Kantianer meinen, d. h. eine reine Anschauung zwänge uns, von den beiden prinzipiell möglichen Interpretationen (siehe die vorige Anmerkung, ferner Anm. I, 49) immer die physikalische Deutung zu wählen, welche die euklidische Geometrie unangetastet ließe: Dann würden wir ein Verhalten der Körper, wie es Helmholtz als Verhalten in einer nichteuklidischen Welt beschreibt, zwar auffassen müssen als eine eigentümliche unter sonderbaren Verzerrungen im euklidischen Raum stattfindende Bewegung der Gegenstände, aber wir könnten durch begrifflich-analytische Methoden feststellen, daß alle Naturprozesse so vor sich gehen, als *ob* die Welt nichteuklidisch konstituiert wäre, daß sie sich also mit Hilfe nichteuklidischer Maßbestimmungen am einfachsten und durchsichtigsten beschreiben ließe; und wir müßten den Zwang der Anschauung, der uns gerade diese Art der Darstellung verbieten möchte, als ein lästiges Hindernis empfinden, das uns den Weg zur logisch bequemsten Auffassung versperrte und ihren einfachen Kern durch eine komplizierte Hülle verbärge. Wir könnten, durch das Ökonomieprinzip geleitet, in der Tat zu der Behauptung gelangen, die „wirkliche" Konstitution der Welt sei nichteuklidisch, und die sinnliche Auffassung, der sich unter den gemachten Voraussetzungen natürlich auch der wissende Forscher nicht würde entschlagen können, dürfte von ihm nicht mit Unrecht als eine Art „falschen Scheines" bezeichnet werden.

S. 148 [83]) Bekanntlich ist die moderne Physik in der allgemeinen Relativitätstheorie zu der Annahme nichteuklidischer Maßbestimmungen übergegangen; sie schreibt dem Raum ein von Ort zu Ort wechselndes Krümmungsmaß zu. Dadurch ist die in der vorigen Anmerkung geschilderte Situation wirklich eingetreten: unsere euklidische Vorstellungsweise liegt im Kampf mit der begrifflichen Analyse, welche erkennt, daß die euklidische Anschauung der Wirklichkeit nicht ganz adäquat ist. Aber sie hält uns in ihren Banden: so nennen wir z. B. die an der Sonne vorbeilaufenden Lichtstrahlen *krumm* und stellen sie in Zeichnungen so dar, obgleich es doch die geradesten Linien unseres Raumes sind. Nur insofern entspricht die tatsächliche Lage nicht den Annahmen der vorigen Anmerkung, als die Abweichungen von der Euklidizität so klein sind, daß sie sich der alltäglichen Sinneswahrnehmung nicht offenbaren. Täten sie dies aber, so sind wir mit Helmholtz davon überzeugt, daß dann unser anschauliches Vorstellungsvermögen den nichteuklidischen Maßbestimmungen vollkommen angepaßt wäre, weil es sich eben unter dem Einfluß nichteuklidischer Erfahrungen ent|wickelt hätte; dann würde 175
also zwischen anschaulicher Vorstellung und begrifflicher Darstellung der Natur gar kein Widerstreit bestehen. Für die tatsächlich vorliegenden Verhältnisse dürfen wir also schließen: Die Schwierigkeit, welche die Vorstellung der Einsteinschen Welt den meisten Menschen bereitet, ist nicht zurückzuführen auf eine unentrinnbare apriorische Anschauungsform des menschlichen Bewußtseins, sondern auf die Tatsache, daß alle unsere alltäglichen Erfahrungen zu einer physischen Geometrie führen, die innerhalb der Wahrnehmungsgenauigkeit unserer Sinne euklidisch ist.[90]

S. 150 [84]) Für den Idealisten würden also die topogenen und hylogenen Momente in irgendwelchen Eigenschaften unserer Wahrnehmungen oder sonstigen Bewußtseinsdaten gesucht werden müssen, da er ja eine Realität außerhalb dieser nicht aner-

90 Vgl. Moritz Schlick an Hans Reichenbach, 26. November 1920: „Dem Abgehen von euklidischen Sätzen widerstrebt in der Tat die Gewöhnung[.]“

kennt.[91] Es wird über jene Momente gar nichts vorausgesetzt, also auch nicht etwa, daß die beiden Arten ganz unabhängig voneinander sind. Ob dies der Fall ist, kann nur die Erfahrung lehren. Nach der allgemeinen Relativitätstheorie sind „stoffliche" und räumliche Bestimmungen bekanntlich nicht voneinander trennbar.

S. 150 [85]) Die Ansicht, die Helmholtz hier als Meinung vieler Kantianer kritisiert, ist Kant selbst nicht zur Last zu legen. Vgl. die Anm. IV, 29 zitierte Kantstelle.

S. 151 [86]) Der Ausdruck „reale Welt" muß hier in dem Sinne genommen werden, in welchem er auch für den subjektiven Idealisten Sinn hat. Auch in seiner Welt existieren ja die topogenen und hylogenen Momente, auch für ihn kann es eine „Form" des Vorstellens geben, die als solche daran kenntlich wäre, daß ihre Daten einer Prüfung durch die Erfahrung nicht zugänglich sind, weil jede Erfahrung sie schon voraussetzen würde.

S. 152 [87]) Vgl. hierzu die Anmerkungen IV, 23, 32, 36.

91 Vgl. z. B. Ziehen, *Erkenntnistheorie*, S. 133 f., Fußnote 2: „Ganz nichtssagend sind natürlich alle Ansichten, welche den Dingen an sich wie die Lotzesche ‚intelligible Beziehungen' als ‚Bestimmungsgründe' für die Räumlichkeit unserer Empfindungen oder wie die Helmholtzsche ‚topogene Momente' zuschreiben." Es folgt ein Verweis auf die hier kommentierte Stelle bei Helmholtz. Laas, *Idealismus und Positivismus*, S. 595: „Die wahrgenommenen Raumstellen haben in Wirklichkeit keine specifisch andern ‚realen Bedingungen' oder ‚Ursachen' nöthig, als die Inhalte der Wahrnehmungen selbst. Er nennt die Ursachen jener ‚topogene', die dieser ‚hylogene Momente', ohne mit diesen beiden ‚Momenten' mehr zu sagen, als dass die localen, resp. qualitativen Verschiedenheiten der Wahrnehmung auf *correspondente*, wenn auch unbekannte Verschiedenheiten als Ursachen Anweisung geben." Der Name Ernst Laas taucht ohne näheren Zusammenhang in Inv.-Nr. 180, A. 197, S. 9 auf.

Anhang

Hermann von Helmholtz 1

I. Über den Ursprung und die Bedeutung der geometrischen Axiome

(Vorträge und Reden, II, 5. Auflage, S. 1–31.)

Die Tatsache, daß eine Wissenschaft von der Art bestehen und in der Weise aufgebaut werden kann, wie es bei der Geometrie der Fall ist, hat von jeher die Aufmerksamkeit aller derer, welche für die prinzipiellen Fragen der Erkenntnistheorie Interesse fühlten, im höchsten Grade in Anspruch nehmen müssen. Unter allen Zweigen menschlicher Wissenschaft gibt es keine zweite, die gleich ihr fertig, wie eine erzgerüstete Minerva aus dem Haupte des Zeus, hervorgesprungen erscheint, keine, vor deren vernichtender Ägis Widerspruch und Zweifel so wenig ihre Augen aufzuschlagen wagten. Dabei fällt ihr in keiner Weise die mühsame und langwierige Aufgabe zu, Erfahrungstatsachen sammeln zu müssen, wie es die Naturwissenschaften im engeren Sinne zu tun haben, sondern die ausschließliche Form ihres wissenschaftlichen Verfahrens ist die Deduktion[1]. Schluß wird aus Schluß entwickelt, und doch zweifelt schließlich niemand von gesunden Sinnen daran, daß diese geometrischen Sätze ihre sehr praktische Anwendung auf die uns umgebende Wirklichkeit finden müssen. Die Feldmeßkunst wie die Architektur, die Maschinenbaukunst wie die mathematische Physik, sie berechnen fortdauernd Raumverhältnisse der verschiedensten Art nach geometrischen Sätzen; sie erwarten, daß der Erfolg ihrer Konstruktionen und Versuche sich diesen Rechnungen füge, und noch ist kein Fall bekannt geworden, wo sie sich in dieser Erwartung getäuscht hätten, vorausgesetzt, daß sie richtig und mit ausreichenden Daten gerechnet hatten.

So ist denn auch die Tatsache, daß Geometrie besteht und solches leistet, in dem Streite über diejenige Frage, welche gleichsam den Kernpunkt aller Gegensätze der philosophischen Systeme bildet, immer benutzt worden, um an einem imponierenden Beispiele zu erweisen, daß ein Erkennen

von Sätzen realen Inhalts ohne entsprechende aus der Erfahrung hergenommene Grundlage möglich sei. Namentlich bilden bei der Beantwortung von Kants berühmter Frage[2)]: „Wie sind synthetische Sätze a priori möglich?"
2 die geometrischen Axiome | wohl diejenigen Beispiele, welche am evidentesten zu zeigen schienen, daß überhaupt synthetische Sätze a priori möglich seien. Weiter gilt ihm der Umstand, daß solche Sätze existieren und sich unserer Überzeugung mit Notwendigkeit aufdrängen, als Beweis dafür, daß der Raum eine a priori gegebene Form aller äußeren Anschauung[3)] sei. Er scheint dadurch für diese a priori gegebene Form nicht nur den Charakter eines rein formalen und an sich inhaltsleeren Schema[4)] in Anspruch zu nehmen, in welches jeder beliebige Inhalt der Erfahrung passen würde, sondern auch gewisse Besonderheiten des Schema mit einzuschließen, die bewirken, daß eben nur ein in gewisser Weise gesetzmäßig beschränkter Inhalt in dasselbe eintreten und uns anschaubar werden könne[1].

Eben dieses erkenntnistheoretische Interesse der Geometrie ist es nun, welches mir den Mut gibt in einer Versammlung, deren Mitglieder nur zum kleinsten Teile tiefer, als es der Schulunterricht mit sich brachte, in mathematische Studien eingedrungen sind, von geometrischen Dingen zu reden. Glücklicherweise wird das, was der Gymnasialunterricht an geometrischen Kenntnissen zu lehren pflegt, genügen, um Ihnen wenigstens den Sinn der im folgenden zu besprechenden Sätze verständlich zu machen.

Ich beabsichtige nämlich Ihnen Bericht zu erstatten über eine Reihe sich aneinander schließender neuerer mathematischer Arbeiten, welche die geometrischen Axiome, ihre Beziehungen zur Erfahrung und die logische Möglichkeit, sie durch andere zu ersetzen, betreffen.

Da die daraufbezüglichen Originalarbeiten der Mathematiker – zunächst nur bestimmt Beweise für den Sachverständigen in einem Gebiete zu führen, welches eine höhere Kraft der Abstraktion in Anspruch nimmt als irgendein anderes – dem Nichtmathematiker ziemlich unzugänglich sind, so

[1] In seinem Buche „Über die Grenzen der Philosophie" behauptet Herr W. Tobias, Sätze ähnlichen Sinnes, die ich früher ausgesprochen hatte, seien ein Mißverständnis von Kants Meinung. Aber Kant führt speziell die Sätze, daß die gerade Linie die kürzeste sei (Kritik d. r. Vernunft. Einleitung V, 2. Aufl., S. 16), daß der Raum drei Dimensionen habe (ebd. Tl. I, Abschn. 1, § 3, S. 41), daß nur eine gerade Linie zwischen zwei Punkten möglich sei (ebd. Tl. II, Abtl. I, von den Axiomen der Anschauung S. 204), als Sätze an, „welche die Bedingungen der sinnlichen Anschauung a priori ausdrücken". Ob diese Sätze aber ursprünglich in der Raumanschauung gegeben sind, oder diese nur die Anhaltspunkte gibt, aus denen der Verstand solche Sätze a priori entwickeln kann, worauf mein Kritiker Gewicht legt, darauf kommt es hier gar nicht an.

will ich versuchen, auch für einen solchen anschaulich zu machen, um was es sich handelt. Ich brauche wohl nicht zu bemerken, daß meine Auseinandersetzung keinen Beweis von der Richtigkeit der neuen Einsichten geben soll. Wer einen solchen sucht, der muß sich schon die Mühe nehmen, die Originalarbeiten zu studieren. | 3

Wer einmal durch die Pforten der ersten elementaren Sätze in die Geometrie, das heißt die mathematische Lehre vom Raume[5], eingetreten ist, der findet vor sich auf seinem weiteren Wege jene lückenlose Kette von Schlüssen, von denen ich vorher gesprochen habe, durch welche immer mannigfachere und verwickeltere Raumformen ihre Gesetze empfangen. Aber in jenen ersten Elementen werden einige Sätze aufgestellt, von denen die Geometrie selbst erklärt, daß sie sie nicht beweisen könne; daß sie nur darauf rechnen müsse, jeder, der den Sinn dieser Sätze verstehe, werde ihre Richtigkeit zugeben. Das sind die sogenannten Axiome der Geometrie. Zu diesen gehört zunächst der Satz, daß, wenn man die kürzeste Linie, die zwischen zwei Punkten gezogen werden kann, eine *gerade Linie* nennt, es zwischen zwei Punkten nur eine und nicht zwei verschiedene solche gerade Linien geben könne. Es ist ferner ein Axiom, daß durch je drei Punkte des Raumes, die nicht in einer geraden Linie liegen, eine Ebene gelegt werden kann, das heißt eine Fläche, in welche jede gerade Linie, die zwei ihrer Punkte verbindet, ganz hinein fällt. Ein anderes vielbesprochenes Axiom sagt aus, daß durch einen außerhalb einer geraden Linie liegenden Punkt nur eine einzige und nicht zwei verschiedene, jener ersten parallele, Linien gelegt werden können. Parallel aber nennt man zwei Linien, die in ein und derselben Ebene liegen und sich niemals schneiden, soweit sie auch verlängert werden mögen. Außerdem sprechen die geometrischen Axiome Sätze aus, welche die Anzahl der Dimensionen sowohl des Raumes als seiner Flächen, Linien, Punkte bestimmen, und den Begriff der Kontinuität dieser Gebilde erläutern, wie die Sätze, daß die Grenze eines Körpers eine Fläche, die einer Fläche eine Linie, die einer Linie ein Punkt, und der Punkt unteilbar ist; ferner die Sätze, daß durch Bewegung eines Punktes eine Linie, durch Bewegung einer Linie eine Linie oder Fläche, durch Bewegung einer Fläche eine Fläche oder ein Körper, durch Bewegung eines Körpers aber immer nur wieder ein Körper beschrieben werde[6].

Woher kommen nun solche Sätze, unabweisbar und doch unzweifelhaft richtig im Felde einer Wissenschaft, wo sich alles andere der Herrschaft des Schlusses hat unterwerfen lassen?[7] Sind sie ein Erbteil aus der göttlichen Quelle unserer Vernunft, wie die idealistischen Philosophen[8] meinen, oder ist der Scharfsinn der bisher aufgetretenen Generationen von Mathematikern nur noch nicht ausreichend gewesen, den Beweis zu finden? Natürlich versucht jeder neue Jünger der Geometrie, der mit frischem Eifer an die-

se Wissenschaft herantritt, der Glückliche zu sein, welcher alle Vorgänger überflügelt. Auch ist es ganz recht, daß ein jeder sich von neuem daran versucht; denn nur durch die Fruchtlosigkeit der eigenen Versuche konnte man sich bei der bisherigen Sachlage von der Unmöglichkeit des Beweises
4 überzeugen[9]. Leider finden sich | von Zeit zu Zeit auch immer einzelne Grübler, welche sich so lange und tief in verwickelte Schlußfolgen verstricken, bis sie die begangenen Fehler nicht mehr entdecken können und die Sache gelöst zu haben glauben. Namentlich der Satz von den Parallelen hat eine große Zahl scheinbarer Beweise hervorgerufen.

Die größte Schwierigkeit in diesen Untersuchungen bestand und besteht immer darin, daß sich mit den logischen Begriffsentwicklungen gar zu leicht Ergebnisse der alltäglichen Erfahrung als scheinbare Denknotwendigkeiten vermischten, solange die einzige Methode der Geometrie die von Euklides[10] gelehrte Methode der Anschauung war. Namentlich ist es außerordentlich schwer, auf diesem Wege vorschreitend sich überall klar zu machen, ob man in den Schritten, die man für die Beweisführung nacheinander vorschreibt, nicht unwillkürlich und unwissentlich gewisse allgemeinste Ergebnisse der Erfahrung zu Hilfe nimmt, welche die Ausführbarkeit gewisser vorgeschriebener Teile des Verfahrens uns schon praktisch gelehrt haben. Der wohlgeschulte Geometer fragt bei jeder Hilfslinie, die er für irgendeinen Beweis zieht, ob es auch immer möglich sein wird eine Linie von der verlangten Art zu ziehen. Bekanntlich spielen die Konstruktionsaufgaben in dem Systeme der Geometrie eine wesentliche Rolle. Oberflächlich betrachtet sehen dieselben aus wie praktische Anwendungen, welche man zur Einübung der Schüler hineingesetzt hat. In Wahrheit aber stellen sie die Existenz gewisser Gebilde fest. Sie zeigen, daß Punkte, gerade Linien oder Kreise von der Art, wie sie in der Aufgabe zu konstruieren verlangt werden, entweder unter allen Bedingungen möglich sind, oder bestimmen die etwa vorhandenen Ausnahmefälle. Der Punkt, um den sich die im folgenden zu besprechenden Untersuchungen drehen, ist wesentlich dieser Art. Die Grundlage aller Beweise in der Euklidschen Methode ist der Nachweis der Kongruenz der betreffenden Linien, Winkel, ebenen Figuren, Körper usw. Um die Kongruenz anschaulich zu machen, stellt man sich vor, daß die betreffenden geometrischen Gebilde[11] zueinander hinbewegt werden, natürlich ohne ihre Form und Dimensionen zu verändern. Daß dies in der Tat möglich und ausführbar sei, haben wir alle von frühester Jugend an erfahren. Wenn wir aber Denknotwendigkeiten auf diese Annahme freier Beweglichkeit fester Raumgebilde mit unveränderter Form nach jeder Stelle des Raumes hin bauen wollen, so müssen wir die Frage aufwerfen, ob diese Annahme keine logisch unerwiesene Voraussetzung einschließt. Wir werden gleich nachher sehen, daß sie in der Tat eine solche einschließt, und zwar eine sehr folgenreiche. Wenn sie das aber tut, so ist jeder Kongruenzbeweis auf eine nur aus der Erfahrung genommene Tatsache gestützt[12)].

Ich führe diese Überlegungen hier zunächst nur an, um klar zu machen, auf welche Schwierigkeiten wir bei der vollständigen Analyse | aller von uns gemachten Voraussetzungen nach der Methode der Anschauung stoßen. Ihnen entgehen wir, wenn wir die von der neueren rechnenden Geometrie ausgearbeitete analytische Methode[13)] auf die Untersuchung der Prinzipien anwenden. Die ganze Ausführung der Rechnung ist eine rein logische Operation[14)]; sie kann keine Beziehung zwischen den der Rechnung unterworfenen Größen ergeben, die nicht schon in den Gleichungen, welche den Ansatz der Rechnung bilden, enthalten ist. Die erwähnten neueren Untersuchungen sind deshalb fast ausschließlich mittels der rein abstrakten Methode der analytischen Geometrie geführt worden.

Übrigens läßt sich nun doch, nachdem die abstrakte Methode die Punkte, auf die es ankommt, kennen gelehrt hat, einigermaßen eine Anschauung dieser Punkte geben; am besten, wenn wir in ein engeres Gebiet herabsteigen, als unsere eigene Raumwelt ist. Denken wir uns – darin liegt keine logische Unmöglichkeit – verstandbegabte Wesen von nur zwei Dimensionen, die an der Oberfläche irgendeines unserer festen Körper leben und sich bewegen. Wir nehmen an, daß sie nicht die Fähigkeit haben, irgend etwas außerhalb dieser Oberfläche wahrzunehmen, wohl aber Wahrnehmungen zu machen, ähnlich den unserigen, innerhalb der Ausdehnung der Fläche, in der sie sich bewegen. Wenn sich solche Wesen ihre Geometrie ausbilden, so würden sie ihrem Raume natürlich nur zwei Dimensionen zuschreiben. Sie würden ermitteln, daß ein Punkt, der sich bewegt, eine Linie beschreibt, und eine Linie, die sich bewegt, eine Fläche, was für sie das vollständigste Raumgebilde wäre, das sie kennen. Aber sie würden sich ebensowenig eine Vorstellung machen können von einem weiteren räumlichen Gebilde, das entstände, wenn eine Fläche sich aus ihrem flächenhaften Raume herausbewegte, als wir es können von einem Gebilde, das durch Herausbewegung eines Körpers aus dem uns bekannten Raume entstände. Unter dem viel gemißbrauchten Ausdrucke „sich vorstellen" oder „sich denken können, wie etwas geschieht"[15)] verstehe ich – und ich sehe nicht, wie man etwas anderes darunter verstehen kann, ohne allen Sinn des Ausdrucks aufzugeben –, daß man sich die Reihe der sinnlichen Eindrücke ausmalen könne, die man haben würde, wenn so etwas in einem einzelnen Falle vor sich ginge. Ist nun gar kein sinnlicher Eindruck bekannt, der sich auf einen solchen nie beobachteten Vorgang bezöge, wie für uns eine Bewegung nach einer vierten, für jene Flächenwesen eine Bewegung nach der uns bekannten dritten Dimension des Raumes wäre, so ist ein solches „Vorstellen" nicht möglich, ebensowenig als ein von Jugend auf absolut Blinder sich wird die Farben

„vorstellen" können, auch wenn man ihm eine begriffliche Beschreibung derselben geben könnte.

Jene Flächenwesen würden ferner auch kürzeste Linien in ihrem flä-
6 chenhaften Raume ziehen können. Das wären nicht notwendig | gerade Linien in unserem Sinne, sondern was wir nach geometrischer Terminologie *geodätische Linien* der Fläche, auf der jene leben, nennen würden, Linien, wie sie ein gespannter Faden beschreibt, den man an die Fläche anlegt, und der ungehindert an ihr gleiten kann. Ich will mir erlauben, im folgenden dergleichen Linien als die *geradesten* Linien[16)] der bezeichneten Fläche (beziehlich eines gegebenen Raumes) zu bezeichnen, um dadurch ihre Analogie mit der geraden Linie in der Ebene hervorzuheben. Ich hoffe den Begriff durch diesen Ausdruck der Anschauung meiner nicht mathematischen Zuhörer näherzurücken, ohne doch Verwechslungen zu veranlassen.

Wenn nun Wesen dieser Art auf einer unendlichen Ebene lebten, so würden sie genau dieselbe Geometrie aufstellen, welche in unserer Planimetrie enthalten ist. Sie würden behaupten, daß zwischen zwei Punkten nur *eine* gerade Linie möglich ist, daß durch einen dritten, außerhalb derselben liegenden Punkt nur eine Parallele mit der ersten geführt werden kann, daß übrigens gerade Linien in das Unendliche verlängert werden können, ohne daß ihre Enden sich wieder begegnen, und so weiter. Ihr Raum könnte unendlich ausgedehnt sein, aber auch, wenn sie an Grenzen ihrer Bewegung und Wahrnehmung stießen, würden sie sich eine Fortsetzung jenseits dieser Grenzen anschaulich vorstellen können. In dieser Vorstellung würde ihnen ihr Raum unendlich ausgedehnt erscheinen, gerade wie uns der unserige, obgleich auch wir mit unserem Leibe nicht unsere Erde verlassen können, und unser Blick nur soweit reicht, als sichtbare Fixsterne vorhanden sind.

Nun könnten aber intelligente Wesen dieser Art auch an der Oberfläche einer Kugel leben. Ihre kürzeste oder geradeste Linie zwischen zwei Punkten würde dann ein Bogen des größten Kreises sein, der durch die betreffenden Punkte zu legen ist. Jeder größte Kreis, der durch zwei gegebene Punkte geht, zerfällt dabei in zwei Teile. Wenn beide ungleich lang sind, ist der kleinere Teil allerdings die einzige kürzeste Linie auf der Kugel, die zwischen diesen beiden Punkten besteht. Aber auch der andere größere Bogen desselben größten Kreises ist eine geodätische oder geradeste Linie, d. h. jedes kleinere Stück desselben ist eine kürzeste Linie zwischen seinen beiden Endpunkten. Wegen dieses Umstandes können wir den Begriff der geodätischen oder geradesten Linie nicht kurzweg mit dem der kürzesten Linie identifizieren. Wenn nun die beiden gegebenen Punkte Endpunkte desselben Durchmessers der Kugel sind, so schneiden alle durch diesen Durchmesser gelegten Ebenen Halbkreise aus der Kugelfläche, welche alle kürzeste Linien zwischen den beiden Endpunkten sind. In einem solchen

Falle gibt es also unendlich viele untereinander gleiche kürzeste Linien zwischen den beiden gegebenen Punkten. Somit würde das Axiom, daß | nur 7
eine kürzeste Linie zwischen zwei Punkten bestehe, für die Kugelbewohner nicht ohne eine gewisse Ausnahme gültig sein.

Parallele Linien würden die Bewohner der Kugel gar nicht kennen. Sie würden behaupten, daß beliebige zwei geradeste Linien, gehörig verlängert, sich schließlich nicht nur in einem, sondern in zwei Punkten schneiden müßten. Die Summe der Winkel in einem Dreieck würde immer größer sein als zwei Rechte, und um so größer, je größer die Fläche des Dreiecks. Eben deshalb würde ihnen auch der Begriff der geometrischen Ähnlichkeit der Form zwischen größeren und kleineren Figuren derselben Art fehlen[17)]. Denn ein größeres Dreieck muß notwendig andere Winkel haben als ein kleineres. Ihr Raum würde allerdings unbegrenzt, aber endlich ausgedehnt gefunden oder mindestens vorgestellt werden müssen.

Es ist klar, daß die Wesen auf der Kugel bei denselben logischen Fähigkeiten doch ein ganz anderes System geometrischer Axiome aufstellen müßten, als die Wesen auf der Ebene, und als wir selbst in unserem Raume von drei Dimensionen. Diese Beispiele zeigen uns schon, daß, je nach der Art des Wohnraumes, verschiedene geometrische Axiome aufgestellt werden müßten von Wesen, deren Verstandeskräfte den unserigen ganz entsprechend sein könnten.

Aber gehen wir weiter. Denken wir uns vernünftige Wesen existierend an der Oberfläche eines eiförmigen Körpers. Zwischen je drei Punkten einer solchen Oberfläche könnte man kürzeste Linien ziehen und so ein Dreieck konstruieren. Wenn man aber versuchte, an verschiedenen Stellen dieser Fläche kongruente Dreiecke zu konstruieren, so würde sich zeigen, daß, wenn zwei Dreiecke gleichlange Seiten haben, ihre Winkel nicht gleich groß ausfallen. An dem spitzeren Ende des Eies gezeichnet, würde die Winkelsumme des Dreiecks sich mehr von zwei Rechten unterscheiden, als wenn ein Dreieck mit denselben Seiten an dem stumpferen Ende gezeichnet würde; daraus geht hervor, daß an einer solchen Fläche sich nicht einmal ein so einfaches Raumgebilde, wie ein Dreieck, ohne Änderung seiner Form von einem Orte nach jedem anderen fortbewegen lassen würde. Ebenso würde sich zeigen, daß, wenn an verschiedenen Stellen einer solchen Oberfläche Kreise mit gleichen Radien konstruiert würden (die Länge der Radien immer durch kürzeste Linien längs der Fläche gemessen), deren Peripherie am stumpfen Ende größer ausfallen würde, als am spitzeren Ende.

Daraus folgt weiter, daß es eine besondere geometrische Eigenschaft einer Fläche ist, wenn sich in ihr liegende Figuren, ohne Veränderung ihrer sämtlichen längs der Fläche gemessenen Linien und Winkel, frei verschieben lassen, und daß dies nicht auf jeder Art von Fläche der Fall sein wird. Die

Bedingung dafür, daß eine Fläche diese wichtige Eigenschaft habe, hatte 8 schon Gauß in seiner berühmten Abhandlung | über die Krümmung der Flächen nachgewiesen. Die Bedingung ist, daß das, was er das „Maß der Krümmung" genannt hat (nämlich der reziproke Wert des Produktes der beiden Hauptkrümmungsradien), überall längs der ganzen Ausdehnung der Fläche gleiche Größe habe.

Gauss hat gleichzeitig nachgewiesen, daß dieses Maß der Krümmung sich nicht verändert, wenn die Fläche gebogen wird, ohne dabei in irgendeinem Teile eine Dehnung oder Zusammenziehung zu erleiden. So können wir ein ebenes Papierblatt zu einem Zylinder oder einem Kegel (Düte) aufrollen, ohne daß die längs der Fläche des Blattes genommenen Abmessungen seiner Figuren sich verändern. Und ebenso können wir die halbkugelförmige geschlossene Hälfte einer Schweinsblase in Spindelform zusammenrollen, ohne die Abmessungen in dieser Fläche selbst zu verändern. Es wird also auch die Geometrie auf einer Ebene dieselbe sein wie in einer Zylinderfläche. Wir müssen uns nur im letzteren Falle vorstellen, daß unbegrenzt viele Lagen dieser Fläche, wie die Lagen eines umgewickelten Papierblattes, übereinander liegen, und daß man bei jedem ganzen Umgang um den Zylinderumfang in eine andere Lage hineinkommt, verschieden von derjeniegen, in der man sich früher befand.

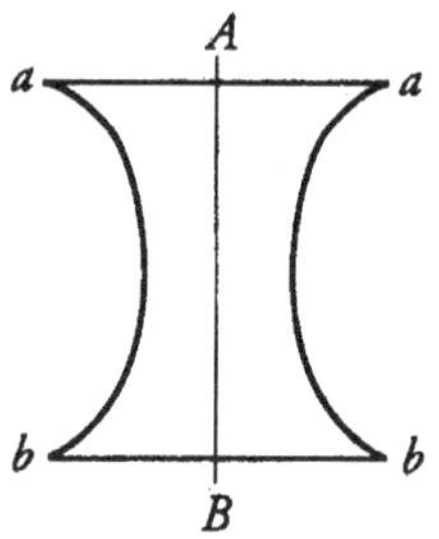

Fig. 1

Diese Bemerkungen sind nötig, um Ihnen eine Vorstellung von einer Art von Fläche geben zu können, deren Geometrie der der Ebene im ganzen ähnlich ist, für welche aber das Axiom von den Parallellinien nicht gilt. Es ist dies eine Art gekrümmter Fläche, welche sich in geometrischer Beziehung wie das Gegenteil einer Kugel verhält, und die deshalb von dem

ausgezeichneten italienischen Mathematiker E. Beltrami[2], der ihre Eigen-
schaften untersucht hat, die *pseudosphärische Fläche* genannt worden ist.
Es ist eine sattelförmige Fläche, von der in unserem Raume nur begrenz-
te Stücke oder Streifen zusammenhängend dargestellt werden können, die
man aber doch sich nach allen Richtungen in das Unendliche fortgesetzt
denken kann, da man jedes an der Grenze des konstruierten Flächenteiles
liegende Stück nach der Mitte desselben zurückgeschoben und dann fort-
gesetzt denken kann[18)]. Das verschobene Flächenstück muß dabei seine
Biegung, aber nicht seine Dimensionen ändern, geradeso wie man auf ei-
nem durch dütenförmiges Zusammenrollen einer Ebene entstandenen | Ke- 9
gel ein Papierblatt hin- und herschieben kann. Ein solches paßt sich der
Kegelfläche überall an, aber es muß, näher der Spitze des Kegels, stärker
gebogen werden und kann über die Spitze hinaus nicht so verschoben wer-
den, daß es dem existierenden Kegel und seiner idealen Fortsetzung jenseits
der Spitze angepaßt bliebe.

Wie die Ebene und die Kugel sind die pseudosphärischen Flächen von konstanter Krümmung, so daß sich jedes Stück derselben an jede andere Stelle der Fläche vollkommen anschließend anlegen kann, und also alle an einem Orte in der Fläche konstruierten Figuren an jeden anderen Ort in vollkommen kongruenter Form und mit vollkommener Gleichheit aller in der Fläche selbst liegenden Dimensionen übertragen werden können. Das von Gauss aufgestellte Maß der Krümmung, das für die Kugel positiv und für die Ebene gleich Null ist, würde für die pseudosphärischen Flächen einen konstanten, negativen Wert haben, weil die beiden Hauptkrümmungen einer sattelförmigen Fläche ihre Konkavität nach entgegengesetzten Seiten kehren[19)].

Ein Streifen einer pseudosphärischen Fläche kann zum Beispiel aufgewickelt als Oberfläche eines Ringes dargestellt werden. Denken Sie sich eine Fläche wie $aabb$, Fig. 1, um ihre Symmetrieachse AB gedreht, so würden die beiden Bogen ab eine solche pseudosphärische Ringfläche beschreiben. Die beiden Ränder der Fläche oben bei aa und unten bei bb würden sich mit immer schärfer werdender Biegung nach außen wenden, bis die Fläche senkrecht zur Achse steht, und dort würde sie mit einer unendlich starken Krümmung an der Kante enden. Auch zu einem kelchförmigen Champagnerglase mit unendlich verlängertem, immer dünner werdenden Stiele wie Fig. 2 könnte eine Hälfte einer pseudosphärischen Fläche aufgewickelt werden. Aber an einer Seite ist sie notwendig immer durch einen scharf abbrechenden Rand begrenzt, über den hinaus eine kontinuierliche

[2] Saggio di Interpretazione della Geometria Non-Euclidea. Napoli 1848. – Teoria fondamentale degli Spazii di Curvatura costante. Annali di Matematica. Ser. II, Tomo II, p. 232–255.

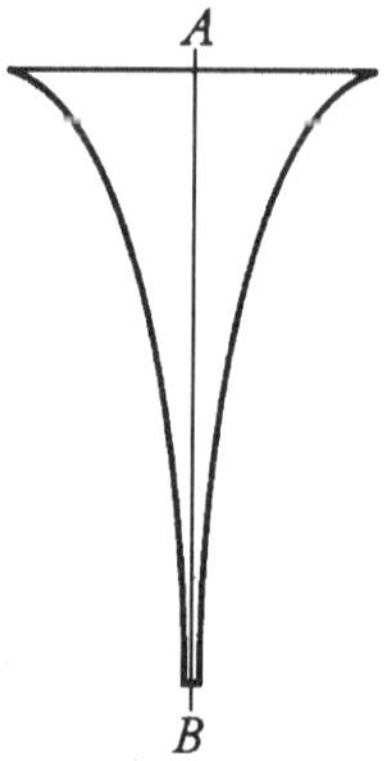

Fig. 2

Fortsetzung der Fläche nicht unmittelbar ausgeführt werden kann. Nur dadurch, daß man jedes einzelne Stück des Randes losgeschnitten und längs der Fläche des Ringes oder Kelchglases verschoben denkt, kann man es zu Stellen von anderer Biegung bringen, an denen weitere Fortsetzung dieses Flächenstücks möglich ist.

In dieser Weise lassen sich denn auch die geradesten Linien der pseudosphärischen Fläche unendlich verlängern. Sie laufen nicht wie die der Kugel in sich zurück, sondern, wie auf der Ebene, ist zwischen | zwei gegebenen Punkten immer nur eine einzige kürzeste Linie möglich. Aber das Axiom von den Parallelen trifft nicht zu. Wenn eine geradeste Linie auf der Fläche gegeben ist und ein Punkt außerhalb derselben, so läßt sich ein ganzes Bündel von geradesten Linien durch den Punkt legen, welche alle die erstgenannte Linie nicht schneiden, auch wenn sie ins Unendliche verlängert werden. Es sind dies alle Linien, welche zwischen zwei das Bündel begrenzenden geradesten Linien liegen. Die eine von diesen, unendlich verlängert, trifft die erstgenannte Linie im Unendlichen bei Verlängerung nach einer Seite, die andere bei Verlängerung nach der anderen Seite.

Eine solche Geometrie, welche das Axiom von den Parallelen fallen läßt, ist übrigens schon im Jahre 1829 nach der synthetischen Methode des Euklid[20)] von dem Mathematiker N. J. Lobatschewsky zu Kasan vollständig ausgearbeitet worden[3]. Es zeigte sich, daß deren System ebenso konsequent und ohne Widerspruch durchzuführen sei, wie das des Euklides. Diese Geometrie ist in vollständiger Übereinstimmung mit der der pseudosphärischen Flächen, wie sie Beltrami neuerdings ausgebildet hat.

[3] Prinzipien der Geometrie. Kasan, 1829–1830.

Wir sehen daraus, daß in der Geometrie zweier Dimensionen die Voraussetzung, jede Figur könne, ohne irgendwelche Änderung ihrer in der Fläche liegenden Dimensionen, nach allen Richtungen hin fortbewegt werden, die betreffende Fläche charakterisiert als Ebene oder Kugel oder pseudosphärische Fläche. Das Axiom, daß zwischen je zwei Punkten immer nur eine kürzeste Linie bestehe, trennt die Ebene und die pseudosphärische Fläche von der Kugel, und das Axiom von den Parallelen scheidet die Ebene von der Pseudosphäre. Diese drei Axiome sind also notwendig und hinreichend, um die Fläche, auf welche sich die euklidische Planimetrie bezieht, als Ebene zu charakterisieren, im Gegensatz zu allen anderen Raumgebilden zweier Dimensionen.

Der Unterschied zwischen der Geometrie in der Ebene und derjenigen auf der Kugelfläche ist längst klar und anschaulich gewesen, aber der Sinn des Axioms von den Parallelen konnte erst verstanden werden, nachdem Gauss den Begriff der ohne Dehnung biegsamen Flächen und damit der möglichen unendlichen Fortsetzung der pseudosphärischen Flächen entwickelt hatte. Wir als Bewohner eines Raumes von drei Dimensionen und begabt mit Sinneswerkzeugen, um alle diese Dimensionen wahrzunehmen, können uns die verschiedenen Fälle, in denen flächenhafte Wesen ihre Raumanschauung auszubilden hätten, allerdings anschaulich vorstellen, weil wir zu diesem Ende nur unsere eigenen Anschauungen auf ein engeres Gebiet zu beschränken haben. Anschauungen, die man hat, sich
wegdenken ist leicht; aber Anschau|ungen, für die man nie ein Analogon 11
gehabt hat, sich sinnlich vorstellen ist sehr schwer. Wenn wir deshalb zum Raume von drei Dimensionen übergehen, so sind wir in unserem Vorstellungsvermögen gehemmt durch den Bau unserer Organe und die damit gewonnenen Erfahrungen, welche nur zu dem Raume passen, in dem wir leben.

Nun haben wir aber noch einen anderen Weg zur wissenschaftlichen Behandlung der Geometrie. Es sind nämlich alle uns bekannten Raumverhältnisse meßbar, das heißt, sie können auf Bestimmung von Größen (von Linienlängen, Winkeln, Flächen, Volumina) zurückgeführt werden. Eben deshalb können die Aufgaben der Geometrie auch dadurch gelöst werden, daß man die Rechnungsmethoden aufsucht, mittels deren man die unbekannten Raumgrößen aus den bekannten herzuleiten hat. Dies geschieht in der *analytischen Geometrie*, in welcher die sämtlichen Gebilde des Raumes nur als Größen behandelt und durch andere Größen bestimmt werden. Auch sprechen schon unsere Axiome von Raumgrößen[21]. Die gerade Linie wird als die *kürzeste* zwischen zwei Punkten definiert, was eine Größenbestimmung ist. Das Axiom von den Parallelen sagt aus, daß, wenn zwei gerade Linien in derselben Ebene sich nicht schneiden (parallel sind), die Wechselwinkel, bzw. die Gegenwinkel, an einer dritten, sie schneidenden, paarweise gleich sind. Oder dafür wird der Satz gesetzt, daß die Summe der Winkel in jedem Dreieck gleich zwei Rechten ist. Auch dies sind Größenbestimmungen.

Man kann also auch von dieser Seite des Raumbegriffs ausgehen, wonach die Lage jedes Punktes, in bezug auf irgendwelches als fest angesehenes Raumgebilde (Koordinatensystem), durch Messungen irgendwelcher Größen bestimmt werden kann; dann zusehen, welche besonderen Bestimmungen unserem Raume, wie er bei den tatsächlich auszuführenden Messungen sich darstellt, zukommen, und ob solche da sind, durch welche er sich von ähnlich mannigfaltig ausgedehnten Größen unterscheidet. Der der Wissenschaft leider zu früh entrissene Riemann in Göttingen[4] hat zuerst diesen Weg eingeschlagen. Dieser Weg hat den eigentümlichen Vorzug, daß alle Operationen, die in ihm vorkommen, reine rechnende Größenbestimmungen sind, wobei die Gefahr, daß sich gewohnte Anschauungstatsachen als Denknotwendigkeiten unterschieben könnten, ganz wegfällt.

Die Zahl der Abmessungen, welche nötig ist, um die Lage eines Punktes zu geben, ist gleich der Anzahl der Dimensionen des betreffenden Raumes. In einer Linie genügt der Abstand von einem festen Punkte, also eine
12 Größe; in einer Fläche muß man schon die Abstände von zwei | festen Punkten angeben; im Raum von dreien, um die Lage des Punktes zu fixieren; oder wir brauchen, wie auf der Erde, geographische Länge, Breite und Höhe über dem Meere, oder, wie in der analytischen Geometrie gewöhnlich, die Abstände von drei Koordinatenebenen. Riemann nennt ein System von Unterschieden, im welchem das Einzelne durch n Abmessungen bestimmt werden kann, eine *$n$fach ausgedehnte Mannigfaltigkeit* oder eine *Mannigfaltigkeit von n Dimensionen*. Somit ist also der uns bekannte Raum, in dem wir leben, eine dreifach ausgedehnte Mannigfaltigkeit von Punkten, eine Fläche eine zweifache, eine Linie eine einfache, die Zeit ebenso eine einfache. Auch das System der Farben bildet eine dreifache Mannigfaltigkeit, insofern jede Farbe nach Thomas Youngs und Maxwells[5] Untersuchungen dargestellt werden kann, als die Mischung dreier Grundfarben, von deren jeder ein bestimmtes Quantum anzuwenden ist. Mit dem Farbenkreisel kann man solche Mischungen und Abmessungen wirklich ausführen.

[4] „Über die Hypothesen, welche der Geometrie zu Grunde liegen", Habilitationsschrift vom 10. Juni 1854. Veröffentlicht in Bd. XIII der Abhandlungen der Königl. Gesellschaft zu Göttingen[22)].

[5] Siehe Helmholtz' Vorträge und Reden, Bd. 1, S. 307.

Ebenso könnten wir das Reich der einfachen Töne[6] als eine Mannigfaltigkeit von zwei Dimensionen betrachten, wenn wir sie nur nach Tonhöhe und Tonstärke verschieden nehmen und die Verschiedenheiten der Klangfarbe beiseite lassen[23)]. Diese Verallgemeinerung des Begriffes ist sehr geeignet, um hervortreten zu lassen, wodurch sich der Raum von anderen Mannigfaltigkeiten dreier Dimensionen unterscheidet[24)]. Wir können, wie Sie alle aus alltäglicher Erfahrung wissen, im Raume den Abstand zweier übereinander gelegener Punkte vergleichen mit dem horizontalen Abstande zweier Punkte des Fußbodens, weil wir einen Maßstab bald an das eine, bald an das andere Paar anlegen können. Aber wir können nicht den Abstand zweier Töne von gleicher Höhe und verschiedener Intensität vergleichen mit dem zweier Töne von gleicher Intensität und verschiedener Höhe. Riemann zeigte durch Betrachtungen dieser Art, daß die wesentliche Grundlage jeder Geometrie der Ausdruck sei, durch welchen die Entfernung zweier in beliebiger Richtung voneinander liegender, und zwar zunächst zweier unendlich wenig voneinander entfernter Punkte gegeben wird. Für diesen Ausdruck nahm er aus der analytischen Geometrie die allgemeine Form[7], welche derselbe erhält, wenn man die Art der Abmessungen, durch welche der Ort jedes Punktes gegeben wird, ganz beliebig läßt. Er zeigte dann, daß diejenige Art der Bewegungsfreiheit bei unveränderter Form, welche den Körpern in unserem | Raume zukommt, nur bestehen kann, wenn gewisse, 13
aus der Rechnung hervorgehende Größen[8], die bezogen auf die Verhältnisse an Flächen sich auf das Gausssche Maß der Flächenkrümmung reduzieren, überall den gleichen Wert haben. Eben deshalb nennt Riemann diese Rechnungsgrößen, wenn sie für eine bestimmte Stelle nach allen Richtungen hin denselben Wert haben, das Krümmungsmaß des betreffenden Raumes an dieser Stelle. Um Mißverständnisse abzuwehren, will ich hier nur noch hervorheben, daß dieses sogenannte Krümmungsmaß des Raumes eine auf rein analytischem Wege gefundene Rechnungsgröße ist, und daß seine Einführung keineswegs auf einer Unterschiebung von Verhältnissen, die nur in der sinnlichen Anschauung Sinn hätten, beruht. Der Name ist nur als kurze Bezeichnung eines verwickelten Verhältnisses von dem einen Falle hergenommen, wo der bezeichneten Größe eine sinnliche Anschauung entspricht[25)].

[6] Vorträge und Reden, Bd. I, S. 141.

[7] Nämlich für das Quadrat des Abstandes zweier unendlich naher Punkte eine homogene Funktion zweiten Grades der Differentiale ihrer Koordinaten.

[8] Es ist ein algebraischer Ausdruck, zusammengesetzt aus den Koeffizienten der einzelnen Glieder in dem Ausdruck für das Quadrat der Entfernung zweier benachbarter Punkte und deren Differentialquotienten.

Wenn nun dieses Krümmungsmaß des Raumes überall den Wert Null hat, entspricht ein solcher Raum überall den Axiomen des Euklides. Wir können ihn in diesem Falle einen *ebenen Raum* nennen, im Gegensatz zu anderen analytisch konstruierbaren Räumen, die man gekrümmte nennen könnte, weil ihr Krümmungsmaß einen von Null verschiedenen Wert hat. Indessen läßt sich die analytische Geometrie für Räume der letzteren Art ebenso vollständig und in sich konsequent durchführen, wie die gewöhnliche Geometrie unseres tatsächlich[26)] bestehenden ebenen Raumes.

Ist das Krümmungsmaß positiv, so erhalten wir den *sphärischen* Raum, in welchem die geradesten Linien in sich zurücklaufen, und in welchem es keine Parallelen gibt. Ein solcher Raum wäre, wie die Oberfläche einer Kugel, unbegrenzt, aber nicht unendlich groß. Ein negatives konstantes Krümmungsmaß dagegen gibt den *pseudosphärischen* Raum, in welchem die geradesten Linien in das Unendliche auslaufen, und in jeder ebensten Fläche durch jeden Punkt ein Bündel von geradesten Linien zu legen ist, die eine gegebene andere geradeste Linie jener Fläche nicht schneiden[27)].

Diese letzteren Verhältnisse hat Beltrami[9] dadurch der Anschauung zugänglich gemacht, daß er zeigte, wie man die Punkte, Linien und Flächen eines pseudosphärischen Raumes von drei Dimensionen im Inneren einer Kugel des euklidesschen Raumes so abbilden kann, daß jede geradeste Linie des pseudosphärischen Raumes in der Kugel durch eine gerade Linie
14 vertreten wird, jede ebenste Fläche | des ersteren durch eine Ebene in der letzteren. Die Kugeloberfläche selbst entspricht dabei den unendlich entfernten Punkten des pseudosphärischen Raumes; die verschiedenen Teile desselben sind in ihrem Kugelabbild um so mehr verkleinert, je näher sie der Kugeloberfläche liegen und zwar in der Richtung der Kugelradien stärker als in den Richtungen senkrecht darauf. Gerade Linien in der Kugel, die sich erst außerhalb der Kugeloberfläche schneiden, entsprechen geradesten Linien des pseudosphärischen Raumes, die sich nirgends schneiden.

Somit zeigte sich, daß der Raum, als Gebiet meßbarer Größen betrachtet, keineswegs dem allgemeinsten Begriffe einer Mannigfaltigkeit von drei Dimensionen entspricht, sondern noch besondere Bestimmungen erhält, welche bedingt sind durch die vollkommen freie Beweglichkeit der festen Körper mit unveränderter Form nach allen Orten hin und bei allen möglichen Richtungsänderungen. Ferner durch den besonderen Wert des Krümmungsmaßes, welches für den tatsächlich vorliegenden Raum gleich Null zu setzen ist, oder sich wenigstens in seinem Werte nicht merklich von Null unterscheidet. Diese letztere Festsetzung ist in den Axiomen von den geraden Linien und von den Parallelen gegeben.

[9] Teoria fondamentale degli Spazii di Curvatura costante. Annali di Matematica. Ser. II, Tom. II, Fasc. III, p. 232–255.

Während Riemann von den allgemeinsten Grundfragen der analytischen Geometrie her dieses neue Gebiet betrat, war ich selbst teils durch Untersuchungen über die räumliche Darstellung des Systems der Farben, also durch Vergleichung einer dreifach ausgedehnten Mannigfaltigkeit mit einer anderen, teils durch Untersuchungen über den Ursprung unseres Augenmaßes für Abmessungen des Gesichtsfeldes zu ähnlichen Betrachtungen gekommen. Riemann ging von dem oben erwähnten algebraischen Ausdrucke, welcher die Entfernung zweier einander unendlich naher Punkte in allgemeinster Form darstellt, als seiner Grundannahme aus, und leitete daraus die Sätze über Beweglichkeit fester Raumgebilde her; während ich von der Tatsache der Beobachtung[28] ausgegangen bin, daß in unserem Raume die Bewegung fester Raumgebilde mit demjenigen Grade von Freiheit möglich ist, den wir kennen, und aus dieser Tatsache die Notwendigkeit jenes algebraischen Ausdrucks hergeleitet habe, den Riemann als Axiom hinstellt. Die Annahmen, welche ich der Rechnung zugrunde legen mußte, waren die folgenden[29].

Erstens – um überhaupt rechnende Behandlung möglich zu machen – muß vorausgesetzt werden, daß die Lage jedes Punktes A gegen gewisse als unveränderlich und fest betrachtete Raumgebilde durch Messungen von irgendwelchen Raumgrößen, seien es Linien, oder Winkel zwischen Linien, oder Winkel zwischen Flächen usw., bestimmt werden könne. Bekanntlich nennt man die zur Bestimmung der Lage des Punktes A nötigen Abmessungen seine *Koordinaten*. Die Anzahl | der im allgemeinen zur vollständigen 15
Bestimmung der Lage eines jeden Punktes nötigen Koordinaten bestimmt die Anzahl der Dimensionen des betreffenden Raumes. Es wird weiter vorausgesetzt, daß bei Bewegung des Punktes A sich die als Koordinaten gebrauchten Raumgrößen kontinuierlich verändern.

Zweitens ist die Definition eines festen Körpers, bzw. festen Punktsystems zu geben, wie sie nötig ist, um Vergleichung von Raumgrößen durch Kongruenz vornehmen zu können. Da wir hier noch keine speziellen Methoden zur Messung[30] der Raumgrößen voraussetzen dürfen, so kann die Definiton eines festen Körpers nur erst durch folgendes Merkmal gegeben werden: Zwischen den Koordinaten je zweier Punkte, die einem festen Körper angehören, muß eine Gleichung bestehen, die eine bei jeder Bewegung des Körpers unveränderte Raumbeziehung zwischen den beiden Punkten (welche sich schließlich als ihre Entfernung ergibt) ausspricht, und welche für kongruente Punktpaare die gleiche ist. Kongruent aber sind solche Punktpaare, die nacheinander mit demselben im Raume festen Punktpaare zusammenfallen können[31].

Trotz ihrer anscheinend so unbestimmten Fassung ist diese Bestimmung äußerst folgenreich, weil bei Vermehrung der Punktzahl die Anzahl der Gleichungen viel schneller wächst, als die Zahl der durch sie bestimmten Koordinaten der Punkte. Fünf Punkte, A, B, C, D, E, geben zehn verschiedene Punktpaare:

$$\begin{array}{r} AB,\ AC,\ AD,\ AE, \\ BC,\ BD,\ BE, \\ CD,\ CE, \\ DE, \end{array}$$

also zehn Gleichungen, die im Raume von drei Dimensionen fünfzehn veränderliche Koordinaten enthalten, von denen aber sechs frei verfügbar bleiben müssen, wenn das System der fünf Punkte frei beweglich und drehbar sein soll. Es dürfen also durch jene zehn Gleichungen nur neun Koordinaten bestimmt werden, als abhängig von jenen sechs veränderlichen. Bei sechs Punkten bekommen wir fünfzehn Gleichungen für zwölf veränderliche Größen, bei sieben Punkten einundzwanzig Gleichungen für fünfzehn Grössen usw. Nun können wir aber aus n voneinander unabhängigen Gleichungen n darin vorkommende Größen bestimmen. Haben wir mehr als n Gleichungen, so müssen die überzähligen selbst herzuleiten sein aus den n ersten derselben. Daraus folgt, daß jene Gleichungen, welche zwischen den Koordinaten jedes Punktpaares eines festen Körpers bestehen, von besonderer Art sein müssen; so daß, wenn sie im Raume von drei Dimensionen für neun aus je fünf Punkten gebildete Punktpaare erfüllt sind, aus ihnen die Gleichung für das zehnte Paar identisch folgt. Auf diesem Umstande
16 beruht es, daß | die genannte Annahme für die Definition der Festigkeit doch genügt, um die Art der Gleichungen zu bestimmen, welche zwischen den Koordinaten zweier fest miteinander verbundener Punkte bestehen.

Drittens ergab sich, daß der Rechnung noch eine besondere Eigentümlichkeit der Bewegung fester Körper als Tatsache zugrunde gelegt werden mußte, eine Eigentümlichkeit, welche uns so geläufig ist, daß wir ohne diese Untersuchung vielleicht nie darauf verfallen wären, sie als etwas zu betrachten, was auch nicht sein könnte. Wenn wir nämlich in unserem Raume von drei Dimensionen zwei Punkte eines festen Körpers festhalten, so kann er nur noch Drehungen um deren gerade Verbindungslinie als Drehungsachse machen. Drehen wir ihn einmal ganz um, so kommt er genau wieder in die Lage, in der er sich zuerst befunden hatte. Daß nun Drehung ohne Umkehr jeden festen Körper immer wieder in seine Anfangslage zurückführt, muß besonders erwähnt werden[32)]. Es wäre eine Geometrie möglich, wo dies nicht so wäre. Am einfachsten ist dies für die Geometrie der Ebene einzusehen. Man denke sich, daß bei jeder Drehung jeder ebenen Figur ihre linearen Dimensionen dem Drehungswinkel proportional wüchsen, so würde nach einer ganzen Drehung um 360 Grad die Figur nicht mehr ihrem Anfangszustande kongruent sein. Übrigens würde ihr aber jede zweite

Figur, die ihr in der Anfangslage kongruent war, auch in der zweiten Lage kongruent gemacht werden können, wenn auch die zweite Figur um 360 Grad gedreht wird. Es würde ein konsequentes System der Geometrie auch unter dieser Annahme möglich sein, welches nicht unter die Riemannsche Form fällt.

Andererseits habe ich gezeigt, daß die aufgezählten drei Annahmen zusammengenommen ausreichend sind, um den von Riemann angenommenen Ausgangspunkt bei Untersuchung zu begründen, und damit auch alle weiteren Ergebnisse von dessen Arbeit, die sich auf den Unterschied der verschiedenen Räume nach ihrem Krümmungsmaß beziehen.

Es ließe sich nun noch fragen, ob auch die Gesetze der Bewegung und ihrer Abhängigkeit von den bewegenden Kräften ohne Widerspruch auf die sphärischen oder pseudosphärischen Räume übertragen werden können. Diese Untersuchung ist von Herrn Lipschitz[10] in Bonn durchgeführt worden. Es läßt sich in der Tat der zusammenfassende Ausdruck aller Gesetze der Dynamik, das Hamiltonsche Prinzip[33)], direkt auf Räume, deren Krümmungsmaß nicht gleich Null ist, übertragen. Also auch nach dieser Seite hin verfallen die abweichenden Systeme der Geometrie in keinen Widerspruch.

| Wir werden nun weiter zu fragen haben, wo diese besonderen Be- 17
stimmungen herkommen, da dieselben, wie sich gezeigt hat, nicht in dem allgemeinen Begriff einer ausgedehnten Größe von drei Dimensionen und freier Beweglichkeit der in ihr enthaltenen begrenzten Gebilde eingeschlossen sind. *Denknotwendigkeiten*[34)], die aus dem Begriff einer solchen Mannigfaltigkeit und ihrer Meßbarkeit, oder aus dem allgemeinsten Begriff eines festen in ihr enthaltenen Gebildes und seiner freiesten Beweglichkeit herfließen, sind sie nicht.

Wir wollen nun die entgegengesetzte Annahme[35)], die sich über ihren Ursprung machen läßt, untersuchen, die Frage nämlich, ob sie *empirischen Ursprungs* seien, ob sie aus Erfahrungstatsachen abzuleiten, durch solche zu erweisen, bzw. zu prüfen und vielleicht auch zu widerlegen seien. Diese letztere Eventualität würde dann auch einschließen, daß wir uns Reihen beobachtbarer Erfahrungstatsachen müßten vorstellen können, durch welche ein anderer Wert des Krümmungsmaßes angezeigt würde, als derjenige ist, den der ebene Raum des Euklides hat. Wenn aber Räume anderer Art in dem angegebenen Sinne vorstellbar sind, so wäre damit auch widerlegt, daß die Axiome der Geometrie notwendige Folgen einer a priori gegebe-

[10] Untersuchungen über die ganzen homogenen Funktionen von n Differentialen. Borchardts Journal für Mathematik, Bd. LXX, S. 71 und Bd. LXXII, S. 1. – Untersuchung eines Problems der Variationsrechnung, ebenda, Bd. LXXIV.

nen transzendentalen Form unserer Anschauungen im Kantschen Sinne seien[36].

Der Unterschied der euklidschen, sphärischen und pseudosphärischen Geometrie beruht, wie oben bemerkt, auf dem Werte einer gewissen Konstante, welche Riemann das Krümmungsmaß des betreffenden Raumes nennt, und deren Wert gleich Null sein muß, wenn die Axiome des Euklides gelten. Ist sie nicht gleich Null, so würden Dreiecke von großem Flächeninhalte eine andere Winkelsumme haben müssen, als kleine, erstere im sphärischen Raume eine größere, im pseudosphärischen eine kleinere. Ferner ist geometrische Ähnlichkeit großer und kleiner Körper oder Figuren nur möglich im euklidschen Raume. Alle Systeme praktisch ausgeführter geometrischer Messungen, bei denen die drei Winkel großer geradliniger Dreiecke einzeln gemessen worden sind, also auch namentlich alle Systeme astronomischer Messungen, welche die Parallaxe[37] der unmeßbar weit entfernten Fixsterne gleich Null ergeben (im pseudosphärischen Raum müßten auch die unendlich entfernten Punkte positive Parallaxe haben), bestätigen empirisch[38] das Axiom von den Parallelen, und zeigen, daß in unserem Raume und bei Anwendung unserer Messungsmethoden das Krümmungsmaß des Raumes als von Null ununterscheidbar erscheint. Freilich muß mit Riemann die Frage aufgeworfen werden, ob sich dies nicht vielleicht anders verhalten würde, wenn wir statt unserer begrenzten Standlinien, deren größte die große Achse der Erdbahn ist, größere Standlinien benutzen könnten.

18 | Aber wir dürfen dabei nicht vergessen, daß alle geometrischen Messungen schließlich auf dem Prinzipe der Kongruenz beruhen[39]. Wir messen Entfernungen von Punkten, indem wir den Zirkel oder den Maßstab oder die Meßkette zu ihnen hinbewegen. Wir messen Winkel, indem wir den geteilten Kreis oder den Theodolithen an den Scheitel des Winkels bringen. Daneben bestimmen wir gerade Linien auch durch den unserer Erfahrung nach geradlinigen Gang der Lichtstrahlen; aber daß das Licht sich längs kürzester Linien ausbreitet, so lange es in einem ungeänderten brechenden Medium bleibt, würde sich ebenso auch auf Räume von anderem Krümmungsmaß übertragen lassen. Alle unsere geometrischen Messungen beruhen also auf der Voraussetzung, daß unsere von uns für fest gehaltenen Meßwerkzeuge wirklich[40] Körper von unveränderlicher Form sind, oder daß sie wenigstens keine anderen Arten von Formveränderungen erleiden, als diejenigen, die wir an ihnen kennen, wie z. B. die von geänderter Temperatur, oder die kleinen Dehnungen, welche von der bei geänderter Stellung anders wirkenden Schwere herrühren.

Wenn wir messen, so führen wir nur mit den besten und zuverlässigsten uns bekannten Hilfsmitteln dasselbe aus, was wir sonst durch Beobachtung nach dem Augenmaß und dem Tastsinn, oder durch Abschreiten zu ermitteln pflegen. In den letzteren Fällen ist unser eigener Körper mit seinen Organen das Meßwerkzeug, welches wir im Raume herumtragen. Bald ist die Hand, bald sind die Beine unser Zirkel oder das nach allen Richtungen sich wendende Auge der Theodolith, mit dem wir Bogenlängen oder Flächenwinkel im Gesichtsfelde abmessen.

Jede Größen vergleichende Schätzung oder Messung räumlicher Verhältnisse geht also aus von einer Voraussetzung über das physikalische Verhalten gewisser Naturkörper, sei es unseres eigenen Leibes, sei es der angewendeten Meßinstrumente, welche Voraussetzung übrigens den höchsten Grad von Wahrscheinlichkeit[41)] haben und mit allen uns sonst bekannten physikalischen Verhältnissen in der besten Übereinstimmung stehen mag, aber jedenfalls über das Gebiet der reinen Raumanschauungen hinausgreift.

Ja, es läßt sich ein bestimmtes Verhalten[42)] der uns als fest erscheinenden Körper angeben, bei welchem die Messungen im euklidschen Raume so ausfallen würden, als wären sie im pseudosphärischen oder sphärischen Raume angestellt. Um dies einzusehen[43)], erinnere ich zunächst daran, daß, wenn die sämtlichen linearen Dimensionen der uns umgebenden Körper und die unseres eigenen Leibes mit ihnen in gleichem Verhältnisse, z. B. alle auf die Hälfte verkleinert oder alle auf das Doppelte vergrößert würden, wir eine solche Änderung durch unsere Mittel der Raumanschauung gar nicht würden bemerken können. Dasselbe würde aber auch der Fall sein, wenn
die Dehnung | oder Zusammenziehung nach verschiedenen Richtungen hin 19
verschieden wäre, vorausgesetzt, daß unser eigener Leib in derselben Weise sich veränderte und vorausgesetzt ferner, daß ein Körper, der sich drehte, in jedem Augenblick ohne mechanischen Widerstand zu erleiden oder auszuüben, denjenigen Grad der Dehnung seiner verschiedenen Dimensionen annehme, der seiner zeitigen Lage entspricht[44)]. Man denke an das Abbild der Welt in einem Konvexspiegel. Die bekannten versilberten Kugeln, welche in Gärten aufgestellt zu werden pflegen, zeigen die wesentlichen Erscheinungen eines solchen Bildes, wenn auch gestört durch einige optische Unregelmäßigkeiten. Ein gut gearbeiteter Konvexspiegel von nicht zu großer Öffnung zeigt das Spiegelbild jedes vor ihm liegenden Gegenstandes scheinbar körperlich und in bestimmter Lage und Entfernung hinter seiner Fläche. Aber die Bilder des fernen Horizontes und der Sonne am Himmel liegen in begrenzter Entfernung, welche der Brennweite des Spiegels gleich ist, hinter dem Spiegel. Zwischen diesen Bildern und der Oberfläche des Spiegels sind die Bilder aller anderen vor letzterem liegenden Objekte enthalten, aber so, daß die Bilder um so mehr verkleinert und um so mehr abgeplattet sind, je ferner ihre Objekte vom Spiegel liegen. Die Abplattung, das heißt die Verkleinerung der Tiefendimension, ist verhältnismäßig

bedeutender als die Verkleinerung der Flächendimensionen. Dennoch wird jede gerade Linie der Außenwelt durch eine gerade Linie im Bilde, jede Ebene durch eine Ebene dargestellt. Das Bild eines Mannes, der mit einem Maßstab eine von dem Spiegel sich entfernende gerade Linie abmißt, würde immer mehr zusammenschrumpfen, je mehr das Original sich entfernt, aber mit seinem ebenfalls zusammenschrumpfenden Maßstab würde der Mann im Bilde genau dieselbe Zahl von Zentimetern herauszählen, wie der Mann in der Wirklichkeit; überhaupt würden alle geometrischen Messungen von Linien oder Winkeln, mit den gesetzmäßig veränderlichen Spiegelbildern der wirklichen Instrumente ausgeführt, genau dieselben Resultate ergeben wie die in der Außenwelt. Alle Kongruenzen würden in den Bildern bei wirklicher Aneinanderlagerung der betreffenden Körper ebenso passen wie in der Außenwelt, alle Visierlinien der Außenwelt durch gerade Visierlinien im Spiegel ersetzt sein. Kurz, ich sehe nicht, wie die Männer im Spiegel herausbringen sollten, daß ihre Körper nicht feste Körper und ihre Erfahrungen gute Beispiele für die Richtigkeit der Axiome des Euklides seien. Könnten sie aber hinausschauen in unsere Welt, wie wir hineinschauen in die ihrige, ohne die Grenze überschreiten zu können, so würden sie unsere Welt für das Bild eines Konvexspiegels erklären müssen und von uns gerade so reden, wie wir von ihnen, und wenn sich die Männer beider Welten miteinander besprechen könnten, so würde, soweit ich sehe, keiner den anderen überzeugen können, daß er die wahren Verhältnisse | habe, der andere die verzerrten; ja ich kann nicht erkennen, daß eine solche Frage überhaupt einen Sinn hätte[45)], so lange wir keine mechanischen Betrachtungen einmischen[46)].

Nun ist Beltramis[47)] Abbildung des pseudosphärischen Raumes in einer Vollkugel des euklidschen Raumes von ganz ähnlicher Art, nur daß die Fläche des Hintergrundes nicht eine Ebene, wie bei dem Konvexspiegel, sondern eine Kugelfläche ist, und das Verhältnis, in welchem sich die der Kugelfläche näher kommenden Bilder zusammenziehen, einen anderen mathematischen Ausdruck hat. Denkt man sich also umgekehrt, daß in der Kugel, für deren Innenraum die Axiome des Euklides gelten, sich Körper bewegen, die, wenn sie sich vom Mittelpunkte entfernen, sich jedesmal zusammenziehen, ähnlich den Bildern im Konvexspiegel, und zwar sich in der Weise zusammenziehen, daß ihre im pseudosphärischen Raum konstruierten Abbilder unveränderte Dimensionen behalten, so würden Beobachter, deren Leiber selbst dieser Veränderung regelmäßig unterworfen wären, bei geometrischen Messungen, wie sie sie ausführen könnten, Ergebnisse erhalten, als lebten sie selbst im pseudosphärischen Raume.

Wir können von hier aus sogar noch einen Schritt weiter gehen; wir können daraus ableiten, wie einem Beobachter, dessen Augenmaß und

Raumerfahrungen sich gleich den unserigen im ebenen Raume ausgebildet haben, die Gegenstände einer pseudosphärischen Welt erscheinen würden, falls er in eine solche eintreten könnte. Ein solcher Beobachter würde die Linien der Lichtstrahlen oder die Visierlinien seines Auges fortfahren als gerade Linien anzusehen, wie solche im ebenen Raume vorkommen, und wie sie in dem kugeligen Abbild des pseudosphärischen Raumes wirklich sind. Das Gesichtsbild der Objekte im pseudosphärischen Raume würde ihm deshalb denselben Eindruck machen, als befände er sich im Mittelpunkte des Beltramischen Kugelbildes[48)]. Er würde die entferntesten Gegenstände dieses Raumes in endlicher Entfernung[11] rings um sich zu erblicken glauben, nehmen wir beispielsweise an, in hundert Fuß Abstand. Ginge er aber auf diese entfernten Gegenstände zu, so würden sie sich vor ihm dehnen, und zwar noch mehr nach der Tiefe, als nach der Fläche; hinter ihm aber würden sie sich zusammenziehen. Er würde erkennen, daß er nach dem Augenmaß falsch geurteilt hat. Sähe er zwei gerade Linien, die sich nach seiner Schätzung miteinander parallel bis auf diese Entfernung von 100 Fuß, wo ihm die Welt abgeschlossen erscheint, hinausziehen, so würde er, ihnen nachgehend, erkennen, daß sie bei dieser Dehnung der Gegenstände, denen er sich nähert, auseinander rücken, je mehr er an ihnen vorschreitet;
hinter ihm dagegen würde ihr Abstand zu schwinden scheinen, | so daß 21
sie ihm beim Vorschreiten immer mehr divergent und immer entfernter voneinander erscheinen würden. Zwei gerade Linien aber, die vom ersten Standpunkte aus nach einem und demselben Punkte des Hintergrundes in 100 Fuß Entfernung zu konvergieren scheinen, würden dies immer tun, so weit er ginge und er würde ihren Schnittpunkt nie erreichen.

Nun können wir ganz ähnliche Bilder unserer wirklichen Welt erhalten, wenn wir eine große Konvexlinse von entsprechender negativer Brennweite vor die Augen nehmen, oder auch nur zwei konvexe Brillengläser, die etwas prismatisch geschliffen sein müßten, als wären sie Stücke aus einer zusammenhängenden größeren Linse. Solche zeigen uns ebenso, wie die oben erwähnten Konvexspiegel, die fernen Gegenstände genähert, die fernsten bis zur Entfernung des Brennpunktes der Linse. Wenn wir uns mit einer solchen Linse vor den Augen bewegen, gehen ganz ähnliche Dehnungen der Gegenstände, auf die wir zugehen, vor, wie ich sie für den pseudosphärischen Raum beschrieben habe. Wenn nun jemand eine solche Linse vor die Augen nimmt, nicht einmal eine Linse von 100 Fuß, sondern eine viel stärkere von nur 60 Zoll Brennweite, so merkt er im ersten Augenblicke vielleicht, daß er die Gegenstände genähert sieht. Aber nach wenigem Hin- und Hergehen schwindet die Täuschung, und er beurteilt

[11] Das reziproke, negative Quadrat dieser Entfernung wäre das Krümmungsmaß des pseudosphärischen Raumes.

trotz der falschen Bilder die Entfernungen richtig. Wir haben allen Grund zu vermuten, daß es uns im pseudosphärischen Raume bald genug ebenso gehen würde, wie es bei einem angehenden Brillenträger nach wenigen Stunden schon der Fall ist. Kurz, der pseudosphärische Raum würde uns verhältnismäßig gar nicht sehr fremdartig erscheinen; wir würden uns nur in der ersten Zeit, bei der Abmessung der Größe und Entfernung fernerer Gegenstände nach ihrem Gesichtseindruck, Täuschungen unterworfen finden.

Die entgegengesetzten Täuschungen würde ein sphärischer Raum von drei Dimensionen mit sich bringen, wenn wir mit dem im euklidschen Raume erworbenen Augenmaße in ihn eintreten. Wir würden entferntere Gegenstände für entfernter und größer halten, als sie sind; wir würden auf sie zugehend finden, daß wir sie schneller erreichen, als wir nach dem Gesichtsbilde annehmen mußten. Wir würden aber auch Gegenstände vor uns sehen, die wir nur mit divergierenden Gesichtslinien fixieren können; dies würde bei allen denjenigen der Fall sein, welche von uns weiter als ein Quadrant eines größten Kreises entfernt sind. Diese Art des Anblicks würde uns kaum sehr ungewöhnlich vorkommen, denn wir können denselben auch für irdische Gegenstände hervorbringen, wenn wir vor das eine Auge ein schwach prismatisches Glas nehmen, dessen dickere Seite zur Nase gekehrt ist. Auch dann müssen wir die Augen divergent stellen, um entfernte Gegenstände zu fixieren. Das erregt ein gewisses Gefühl ungewohnter Anstrengung in den Augen, ändert aber nicht merklich den Anblick
22 der so gesehenen | Gegenstände. Den seltsamsten Teil des Anblicks der sphärischen Welt würde aber unser eigener Hinterkopf bilden, in dem alle unsere Gesichtslinien wieder zusammenlaufen würden, so weit sie zwischen anderen Gegenständen frei durchgehen könnten, und welcher den äußersten Hintergrund des ganzen perspektivischen Bildes ausfüllen müßte.

Dabei ist freilich noch weiter zu bemerken, daß, wie eine kleine ebene elastische Scheibe, etwa eine kleine ebene Kautschukplatte, einer schwach gewölbten Kugelfläche nur unter relativer Kontraktion ihres Randes und Dehnung ihrer Mitte angepaßt werden kann, so auch unser im euklidschen ebenen Raum gewachsener Körper nicht in einen gekrümmten Raum übergehen könnte ohne ähnliche Dehnungen und Zusammenpressungen seiner Teile zu erleiden, deren Zusammenhang natürlich nur so weit erhalten bleiben könnte, als die Elastizität der Teile ein Nachgeben ohne Reißen und Brechen erlaubte. Die Art der Dehnung würde dieselbe sein müssen, als wenn wir uns im Mittelpunkte von Beltramis Kugel einen kleinen Körper dächten, und von diesem dann auf sein pseudosphärisches oder sphärisches Abbild übergingen. Damit ein solcher Übergang als möglich erscheine, wird immer vorausgesetzt werden müssen, daß der übergehende Körper hinreichend elastisch und klein sei im Vergleich mit dem reellen oder imaginären Krümmungsradius des gekrümmten Raumes, in den er übergehen soll.

Es wird dies genügen um zu zeigen, wie man auf dem eingeschlagenen Wege aus den bekannten Gesetzen unserer sinnlichen Wahrnehmungen die Reihe der sinnlichen Eindrücke herleiten kann, welche eine sphärische oder pseudosphärische Welt uns geben würde, wenn sie existierte. Auch dabei treffen wir nirgends auf eine Unfolgerichtigkeit oder Unmöglichkeit, ebensowenig wie in der rechnenden Behandlung der Maßverhältnisse. Wir können uns den Anblick einer pseudosphärischen Welt ebensogut nach allen Richtungen hin ausmalen, wie wir ihren Begriff entwickeln können. Wir können deshalb auch nicht zugeben, daß die Axiome unserer Geometrie in der gegebenen Form unseres Anschauungsvermögens begründet wären, oder mit einer solchen irgendwie zusammenhingen[49)].

Anders ist es mit den drei Dimensionen des Raumes. Da alle unsere Mittel sinnlicher Anschauung sich nur auf einen Raum von drei Dimensionen erstrecken, und die vierte Dimension nicht bloß eine Abänderung von Vorhandenem, sondern etwas vollkommen Neues wäre, so befinden wir uns schon wegen unserer körperlichen Organisation in der absoluten Unmöglichkeit, uns eine Anschauungsweise einer vierten Dimension vorzustellen[50)].

Schließlich möchte ich nun noch hervorheben, daß die geometrischen Axiome gar nicht Sätze sind, die nur der reinen Raumlehre angehörten[51)].
Sie sprechen, wie ich schon erwähnt habe, von Größen. Von Größen | kann 23
man nur reden, wenn man irgendwelches Verfahren kennt und im Sinne hat, nach dem man diese Größen vergleichen, in Teile zerlegen und messen kann. Alle Raummessung und daher überhaupt alle auf den Raum angewendeten Größenbegriffe setzen also die Möglichkeit der Bewegung von Raumgebilden voraus, deren Form und Größe man trotz der Bewegung für unveränderlich halten darf. Solche Raumformen pflegt man in der Geometrie allerdings nur als geometrische Körper, Flächen, Winkel, Linien zu bezeichnen, weil man von allen anderen Unterschieden physikalischer und chemischer Art, welche die Naturkörper zeigen, abstrahiert; aber man bewahrt doch die eine physikalische Eigenschaft derselben, die Festigkeit. Für die Festigkeit der Körper und Raumgebilde haben wir aber kein anderes Merkmal, als daß sie, zu jeder Zeit und an jedem Orte und nach jeder Drehung aneinander gelegt, immer wieder dieselben Kongruenzen zeigen, wie vorher. Ob sich aber die aneinander gelegten Körper nicht selbst beide in gleichem Sinne verändert haben, können wir auf rein geometrischem Wege, ohne mechanische Betrachtungen[52)] hinzunehmen, gar nicht entscheiden.

Wenn wir es zu irgendeinem Zwecke nützlich fänden, so könnten wir in vollkommen folgerichtiger Weise den Raum, in welchem wir leben, als den scheinbaren Raum hinter einem Konvexspiegel mit verkürztem und zusammengezogenem Hintergrunde betrachten; oder wir könnten eine abgegrenzte Kugel unseres Raumes, jenseits deren Grenzen wir nichts mehr wahrnehmen, als den unendlichen pseudosphärischen Raum betrachten. Wir müßten dann nur den Körpern, welche uns als fest erscheinen, und ebenso unserem eigenen Leibe gleichzeitig die entsprechenden Dehnungen und Verkürzungen zuschreiben, und würden allerdings das System unserer mechanischen Prinzipien gleichzeitig gänzlich verändern müssen; denn schon der Satz, daß jeder bewegte Punkt, auf den keine Kraft einwirkt, sich in gerader Linie mit unveränderter Geschwindigkeit fortbewegt, paßt auf das Abbild der Welt im Konvexspiegel nicht mehr. Die Bahnlinie wäre zwar noch gerade, aber die Geschwindigkeit abhängig vom Orte[53)].

Die geometrischen Axiome sprechen also gar nicht über Verhältnisse des Raumes allein, sondern gleichzeitig auch über das mechanische Verhalten unserer festesten Körper bei Bewegungen[54)]. Man könnte freilich auch den Begriff des festen geometrischen Raumgebildes als einen transzendentalen[55)] Begriff auffassen, der unabhängig von wirklichen Erfahrungen gebildet wäre, und dem diese nicht notwendig zu entsprechen brauchten, wie ja unsere Naturkörper tatsächlich ganz rein und ungestört nicht einmal denjenigen Begriffen entsprechen, die wir auf dem Wege der Induktion von ihnen abstrahiert haben. Unter Hinzunahme eines solchen nur als Ideal konzipierten Begriffs der Festigkeit könnte dann ein strenger
24 *Kantianer* allerdings die geo|metrischen Axiome als a priori durch transzendentale Anschauung gegebene Sätze betrachten, die durch keine Erfahrung bestätigt oder widerlegt werden könnten, weil man erst nach ihnen zu entscheiden hätte, ob irgendwelche Naturkörper als feste Körper zu betrachten seien. Dann müßten wir aber behaupten, daß unter dieser Auffassung die geometrischen Axiome gar keine synthetischen Sätze im Sinne Kants wären. Denn sie würden dann nur etwas aussagen, was aus dem Begriffe der zur Messung notwendigen festen geometrischen Gebilde analytisch folgen würde, da als feste Gebilde nur solche anerkannt werden könnten, die jenen Axiomen genügen.

Nehmen wir aber zu den geometrischen Axiomen noch Sätze hinzu, die sich auf die mechanischen Eigenschaften der Naturkörper beziehen, wenn auch nur den Satz von der Trägheit, oder den Satz, daß die mechanischen und physikalischen Eigenschaften der Körper unter übrigens gleichbleibenden Einflüssen nicht vom Orte, wo sie sich befinden, abhängen können, dann erhält ein solches System von Sätzen einen wirklichen Inhalt, der durch Erfahrung bestätigt oder widerlegt werden, eben deshalb aber auch durch Erfahrung gewonnen werden kann[56)].

Übrigens ist es natürlich nicht meine Absicht, zu behaupten, daß die Menschheit erst durch sorgfältig ausgeführte Systeme genauer geometrischer Messungen Anschauungen des Raumes, die den Axiomen des Euklides entsprechen, gewonnen habe. Es mußte vielmehr eine Reihe alltäglicher Erfahrungen, namentlich die Anschauung von der geometrischen Ähnlichkeit großer und kleiner Körper, welche nur im ebenen Raume möglich ist, darauf führen, jede geometrische Anschauung, die dieser Tatsache widersprach, als unmöglich zu verwerfen. Dazu war keine Erkenntnis des begrifflichen Zusammenhanges zwischen der beobachteten Tatsache geometrischer Ähnlichkeit und den Axiomen nötig, sondern nur durch zahlreiche und genaue Beobachtungen von Raumverhältnissen gewonnene anschauliche Kenntnis ihres typischen Verhaltens; eine solche Art der Anschauung, wie sie der Künstler von den darzustellenden Gegenständen besitzt und mittels deren er sicher und fein entscheidet, ob eine versuchte neue Kombination der Natur des darzustellenden Gegenstandes entspricht, oder nicht. Das wissen wir zwar in unserer Sprache auch mit keinem anderen Namen als dem der „Anschauung" zu bezeichnen; aber es ist dies eine empirische, durch Häufung und Verstärkung gleichartig wiederkehrender Eindrücke, in unserem Gedächtnis gewonnene Kenntnis, keine transzendentale und vor aller Erfahrung gegebene Anschauungsform. Daß dergleichen empirisch erlangte und noch nicht zur Klarheit des bestimmt ausgesprochenen Begriffs durchgearbeitete Anschauungen eines typischen gesetzlichen Verhaltens häufig genug den Metaphysikern als a priori gegebene Sätze imponiert haben, brauche ich hier nicht weiter zu erörtern.

109 # Hermann von Helmholtz

IV. Die Tatsachen in der Wahrnehmung[1)]

Rede, gehalten zur Stiftungsfeier der Friedrich-Wilhelms-Universität zu Berlin 1878.

Hochgeehrte Versammlung!

Wir feiern heute das Stiftungsfest unserer Universität an dem Jahrestage der Geburt ihres Stifters, des vielgeprüften Königs Friedrich Wilhelm III. Das Jahr dieser Stiftung 1810 fiel in die Zeit der größten äußeren Bedrängnis unseres Staates; ein erheblicher Teil des Gebietes war verloren, das Land durch den vorausgegangenen Krieg und die feindliche Besetzung erschöpft; der kriegerische Stolz, der ihm aus den Zeiten des Kurfürsten und des großen Königs geblieben, war tief gedemütigt. Und doch erscheint uns jetzt, wenn wir rückwärts blicken, dieselbe Zeit so reich an Gütern geistiger Art, an Begeisterung, Energie, idealen Hoffnungen und schöpferischen Gedanken, daß wir trotz der verhältnismäßig glänzenden äußeren Lage, in der heute Staat und Nation sich befinden, fast mit Neid auf jene Periode zurücksehen möchten. Daß der König in der bedrängten Lage vor anderen materiellen Anforderungen zunächst an die Gründung der Universität dachte, daß er dann Thron und Leben auf das Spiel setzte, um sich der entschlossenen Begeisterung der Nation im Kampfe gegen den Überwinder anzuvertrauen, zeigt, wie tief auch bei ihm, dem schlichten, lebhaften Gefühlsäußerungen abgeneigten Manne, das Vertrauen auf die geistigen Kräfte seines Volkes wirkte.

Eine stattliche Reihe ruhmwürdiger Namen hatte Deutschland damals in der Kunst, wie in der Wissenschaft aufzuweisen, Namen, deren Träger in der Geschichte menschlicher Geistesbildung zum Teil zu den Ersten aller Zeiten und Völker zu zählen sind.

Es lebte Goethe und lebte Beethoven; Schiller, Kant, Herder und Haydn hatten noch die ersten Jahre des Jahrhunderts erlebt. Wilhelm von Humboldt entwarf die neue Wissenschaft der vergleichenden Sprachkunde, Niebuhr, Fr. Aug. Wolf, Savigny, lehrten alte Geschichte, Poesie und Recht mit lebendigem Verständnis durchdringen, Schleiermacher suchte den geistigen
110 Inhalt der Religion tiefsinnig zu erfassen und Joh. Gottlieb Fichte, | der

zweite Rektor unserer Universität, der gewaltige unerschrockene Redner, riß seine Zuhörerschaft fort durch den Strom seiner sittlichen Begeisterung und den kühnen Gedankenflug seines Idealismus.

Selbst die Abirrungen dieser Sinnesweise, die sich in den leicht erkennbaren Schwächen der Romantik aussprechen, haben etwas Anziehendes dem trocken rechnenden Egoismus gegenüber. Man bewunderte sich selbst in den schönen Gefühlen, in denen man zu schwelgen wußte; man suchte die Kunst, solche Gefühle zu haben, auszubilden; man glaubte die Phantasie um so mehr als schöpferische Kraft bewundern zu dürfen, je mehr sie sich von den Regeln des Verstandes losgemacht hatte. Darin steckte viel Eitelkeit, aber immerhin war es eine Eitelkeit, die für hohe Ideale schwärmte.

Die Älteren unter uns haben noch die Männer jener Periode gekannt, die einst als die ersten Freiwilligen in das Heer traten, stets bereit, sich in die Erörterung metaphysischer Probleme zu versenken, wohlbelesen in den Werken der großen Dichter Deutschlands, noch glühend von Zorn, wenn vom ersten Napoleon, von Begeisterung und Stolz, wenn von den Taten des Befreiungskrieges die Rede war.

Wie ist es anders geworden! Das mögen wir wohl erstaunt ausrufen in einer Zeit, wo sich die zynische Verachtung aller idealen Güter des Menschengeschlechts auf den Straßen und in der Presse breit macht, und in zwei scheußlichen Verbrechen gegipfelt hat, welche das Haupt unseres Kaisers offenbar nur deshalb zu ihrem Ziele wählten, weil in ihm sich Alles vereinigte, was die Menschheit bisher als würdig der Verehrung und der Dankbarkeit betrachtet hat.

Fast mit Mühe müssen wir uns daran erinnern, daß erst acht Jahre verflossen sind seit der großen Stunde, wo alle Stände unseres Volkes auf den Ruf desselben Monarchen ohne Zaudern, voll opferfreudiger und begeisterter Vaterlandsliebe in einen gefährlichen Krieg zogen gegen einen Gegner, dessen Macht und Tapferkeit uns nicht unbekannt war. Fast mit Mühe müssen wir des breiten Spielraums gedenken, den die politischen und humanen Bestrebungen, auch den ärmeren Ständen unseres Volkes ein sorgenfreieres und menschenwürdigeres Dasein zu bereiten, in der Tätigkeit und in den Gedanken der gebildeten Klasse eingenommen haben, daran denken, wie sehr ihr Los in materieller und rechtlicher Beziehung wirklich gebessert ist.

Es scheint die Art der Menschheit einmal zu sein, daß neben viel Licht immer viel Schatten zu finden ist; politische Freiheit gibt zunächst den gemeinen Motiven mehr Schrankenlosigkeit sich zu zeigen und sich gegenseitig Mut zu machen, so lange ihnen nicht eine zu energischem Widerspruch gerüstete öffentliche Meinung gegenübersteht. Auch in den Jahren vor dem

Befreiungskriege, als Fichte seinem Zeitalter Bußpredigten hielt, fehlten
111 diese Elemente nicht. Er schildert Zu|stände und Gesinnungen als herrschend, die an die schlimmsten unserer Zeit erinnern. „Das gegenwärtige Zeitalter stellt in seinem Grundprinzip sich hin hochmütig herabsehend auf diejenigen, die durch einen Traum von Tugend sich Genüsse entwinden lassen, und seiner sich freuend, daß es über solche Dinge hinweg sei, und in dieser Weise sich nichts aufbinden lasse."[1] Die einzige Freude, die über das rein Sinnliche hinausgehe, welche den Repräsentanten des Zeitalters bekannt sei, nennt er „das Laben an der eigenen Pfiffigkeit". Und doch bereitete sich in dieser selben Zeit ein mächtiger Aufschwung vor, der zu den ruhmreichsten Ereignissen unserer Geschichte gehört.

Wenn wir also unsere Zeit auch nicht für hoffnungslos verloren zu halten brauchen, so dürfen wir uns doch nicht allzu leichtfertig mit dem Troste beruhigen, daß es in anderen Zeiten eben nicht besser war als jetzt. Immerhin ist es ratsam, daß bei so bedenklichen Vorgängen ein jeder in dem Kreise, in dem er zu arbeiten hat und den er kennt, Umschau halte, wie es mit der Arbeit für die ewigen Ziele der Menschheit bestellt ist, ob sie im Auge gehalten werden, ob man sich ihnen genähert habe. Im Jugendzeitalter unserer Universität war auch die Wissenschaft jugendlich kühn und hoffnungskräftig, ihr Auge war vorzugsweise den höchsten Zielen zugewendet. Wenn diese auch nicht so leicht zu erreichen waren, wie jene Generation hoffte, wenn sich auch zeigte, daß weitläufige Einzelarbeit den Weg dahin vorbereiten mußte, und somit durch die Natur der Aufgaben selbst zunächst eine andere weniger enthusiastische, weniger unmittelbar den idealen Zielen zugewendete Art der Arbeit gefordert wurde, so wäre es doch zweifellos ein Verderben, wenn unsere Generation über den untergeordneten und praktisch nützlichen Aufgaben die ewigen Ideale der Menschheit aus dem Auge verloren haben sollte.

Das Grundproblem, welches jene Zeit an den Anfang aller Wissenschaft stellte, war das der Erkenntnistheorie: „Was ist Wahrheit[2)] in unserem Anschauen und Denken? in welchem Sinne entsprechen unsere Vorstellungen der Wirklichkeit?"[3)] Auf dieses Problem stoßen Philosophie und Naturwissenschaft von zwei entgegengesetzten Seiten; es ist eine gemeinsame Aufgabe beider. Die erstere, welche die geistige Seite betrachtet, sucht aus unserem Wissen und Vorstellen auszuscheiden was aus den Einwirkungen der Körperwelt herrührt, um rein hinzustellen, was der eigenen Tätigkeit des Geistes angehört. Die Naturwissenschaft im Gegenteil sucht abzuscheiden, was Definition, Bezeichnung, Vorstellungsform, Hypothese ist, um rein übrig zu behalten, was der Welt der Wirklichkeit angehört,

[1] Fichtes Werke VII, S. 40.

deren Gesetze sie sucht. Beide suchen dieselbe Scheidung zu vollziehen, wenn auch jede für einen anderen | Teil der Geschichte interessiert ist[4]. In 112
der Theorie der Sinneswahrnehmungen und in den Untersuchungen über die Grundprinzipien der Geometrie, Mechanik, Physik kann auch der Naturforscher diesen Fragen nicht aus dem Wege gehen. Da meine eigenen Arbeiten vielfach in beide Gebiete eingetreten sind, so will ich versuchen, Ihnen einen Überblick von dem zu geben, was von Seiten der Naturforschung in dieser Richtung getan ist. Natürlich sind schließlich die Gesetze des Denkens bei den naturforschenden Menschen keine anderen als bei den philosophierenden. In allen Fällen, wo die Tatsachen der täglichen Erfahrung, deren Fülle doch schon sehr groß ist, hinreichten, um einem scharfsinnigen Denker von unbefangenem Wahrheitsgefühl einigermaßen genügendes Material für ein richtiges Urteil zu geben, muß der Naturforscher sich damit begnügen, anzuerkennen, daß die methodisch vollendete Sammlung der Erfahrungstatsachen das früher gewonnene Resultat einfach bestätigt. Aber es kommen auch gegenteilige Fälle vor. Dies als Entschuldigung dafür, wenn es entschuldigt werden muß, – daß im Folgenden nicht überall neue, sondern großenteils längst gegebene Antworten auf die betreffenden Fragen wiedergegeben werden. Oft genug gewinnt ja auch ein alter Begriff, an neuen Tatsachen gemessen, eine lebhaftere Beleuchtung und ein neues Ansehen.

Kurz vor dem Beginn des neuen Jahrhunderts hatte Kant die Lehre von den vor aller Erfahrung[5] gegebenen, oder wie er sie deshalb nannte „*transzendentalen*“[6] Formen des Anschauens und Denkens ausgebildet, in welche aller Inhalt unseres Vorstellens notwendig aufgenommen werden muß, wenn er zur Vorstellung werden soll. Für die Qualitäten der Empfindung hatte schon Locke den Anteil geltend gemacht, den unsere körperliche und geistige Organisation an der Art hat, wie die Dinge uns erscheinen[7]. In dieser Richtung nun haben die Untersuchungen über die Physiologie der Sinne, welche namentlich Johannes Müller vervollständigte, kritisch sichtete und dann in das Gesetz von den *spezifischen Energien der Sinnesnerven* zusammenfaßte, die vollste Bestätigung, man kann fast sagen in einem unerwarteten Grade, gebracht und dadurch zugleich das Wesen und die Bedeutung einer solchen von vorn herein gegebenen, subjektiven Form des Empfindens in sehr entscheidender und greifbarer Weise dargelegt und anschaulich gemacht. Dieses Thema ist schon oft besprochen worden; ich kann mich deshalb heute darüber kurz fassen.

Zwischen den Sinnesempfindungen verschiedener Art kommen zwei verschiedene Grade des Unterschieds vor. Der am tiefsten eingreifende ist der Unterschied zwischen Empfindungen, die verschiedenen Sinnen angehören, wie zwischen blau, süß, warm, hochtönend; ich habe mir erlaubt,

diesen als Unterschied in der *Modalität* der Empfindung zu bezeichnen. Er
113 ist so eingreifend, daß er jeden Übergang vom einen | zum anderen, jedes Verhältnis größerer oder geringerer Ähnlichkeit ausschließt. Ob z. B. Süß dem Blau oder Rot ähnlicher sei, kann man gar nicht fragen. Die zweite Art des Unterschieds dagegen, die minder eingreifende, ist die zwischen verschiedenen Empfindungen desselben Sinnes; ich beschränke auf ihn die Bezeichnung eines Unterschiedes der *Qualität*. Fichte faßt diese Qualitäten je eines Sinnes zusammen als Qualitätenkreis, und bezeichnet, was ich eben Unterschied der Modalität nannte, als *Unterschied der Qualitätenkreise*. Innerhalb jedes solchen Kreises ist Übergang und Vergleichung möglich. Von Blau können wir durch Violett und Karminrot in Scharlachrot übergehen, und z. B. aussagen, daß Gelb dem Orangerot ähnlicher sei als dem Blau. Die physiologischen Untersuchungen lehren nun, daß jener tief eingreifende Unterschied ganz und gar nicht abhängt von der Art des äußeren Eindrucks, durch den die Empfindung erregt ist, sondern ganz allein und ausschließlich bestimmt wird durch den Sinnesnerven, der von dem Eindrucke getroffen worden ist. Erregung des Sehnerven erzeugt nur Lichtempfindungen, gleichviel ob er nun von objektivem Licht, d. h. von Ätherschwingungen, getroffen werde oder von elektrischen Strömen, die man durch das Auge leitet, oder von Druck auf den Augapfel, oder von Zerrung des Nervenstammes bei schneller Bewegung des Blickes. Die Empfindung, die bei den letzteren Einwirkungen entsteht, ist der des objektiven Lichtes so ähnlich, daß man lange Zeit an eine wirkliche Lichtentwickelung im Auge geglaubt hat. Johannes Müller zeigte, daß eine solche durchaus nicht stattfinde, daß eben nur die Empfindung des Lichtes da sei, weil der Sehnerv erregt werde[8].

Wie nun einerseits jeder Sinnesnerv, durch die mannigfachsten Einwirkungen erregt, immer nur Empfindungen aus dem ihm eigentümlichen Qualitätskreise gibt: so erzeugen andererseits dieselben äußeren Einwirkungen, wenn sie verschiedene Sinnesnerven treffen, die verschiedenartigsten Empfindungen, diese immer entnommen aus dem Qualitätenkreise des betreffenden Nerven. Dieselben Ätherschwingungen, welche das Auge als Licht fühlt, fühlt die Haut als Wärme. Dieselben Luftschwingungen, welche die Haut als Schwirren fühlt, fühlt das Ohr als Ton. Hier ist wiederum die Verschiedenartigkeit des Eindruckes so groß, daß die Physiker sich bei der Vorstellung, Agentien, die so verschieden erschienen wie Licht und strahlende Wärme, seien gleichartig und zum Teil identisch, erst beruhigten, nachdem durch mühsame Experimentaluntersuchungen nach allen Richtungen hin die vollständige Gleichartigkeit ihres physikalischen Verhaltens festgestellt war.

Aber auch innerhalb des Qualitätenkreises jedes einzelnen Sinnes, wo die Art des einwirkenden Objektes die Qualität der erzeugten Emp|findung 114
wenigstens mitbestimmt, kommen die unerwartetsten Inkongruenzen vor. Lehrreich ist in dieser Beziehung die Vergleichung von Auge und Ohr, da die Objekte beider, Licht und Schall, schwingende Bewegungen sind[9)], die je nach der Schnelligkeit ihrer Schwingungen verschiedene Empfindungen erregen, im Auge verschiedener Farben, im Ohr verschiedener Tonhöhen. Wenn wir uns zur größeren Übersichtlichkeit erlauben, die Schwingungsverhältnisse des Lichtes mit den Namen der durch entsprechende Tonschwingungen gebildeten musikalischen Intervalle zu bezeichnen, so ergibt sich folgendes: Das Ohr empfindet etwa 10 Oktaven verschiedener Töne, das Auge nur eine Sexte, obgleich die jenseits dieser Grenzen liegenden Schwingungen beim Schall wie beim Lichte vorkommen und physikalisch nachgewiesen werden können. Das Auge hat nur drei voneinander verschiedene Grundempfindungen in seiner kurzen Skala, aus denen sich alle seine Qualitäten durch Addition zusammensetzen, nämlich Rot, Grün, Blauviolett. Diese mischen sich in der Empfindung, ohne sich zu stören[10)]. Das Ohr dagegen unterscheidet eine ungeheure Zahl von Tönen verschiedener Höhe. Kein Akkord klingt gleich einem anderen Akkorde, der aus anderen Tönen zusammengesetzt ist, während doch beim Auge gerade das Analoge der Fall ist; denn gleich aussehendes Weiß kann hervorgebracht werden durch Rot und Grünblau des Spektrum, durch Gelb und Ultramarinblau, durch Grüngelb und Violett, oder durch je zwei, drei oder alle diese Mischungen zusammen. Wären im Ohre die Verhältnisse die gleichen, so wäre gleichtönend der Zusammenklang C und F mit D und G, mit E und A, oder mit C, D, E, F, G, A usw. Und, was in bezug auf die objektive Bedeutung der Farbe bemerkenswert ist: außer der Wirkung auf das Auge hat noch keine einzige physikalische Beziehung aufgefunden werden können, in der gleich aussehendes Licht regelmäßig gleichwertig wäre. Endlich hängt die ganze Grundlage der musikalischen Wirkung der Konsonanz und Dissonanz von dem eigentümlichen Phänomen der Schwebungen ab. Diese beruhen auf einem schnellen Wechsel in der Intensität des Tones, welcher dadurch entsteht, daß zwei nahe gleichhohe Töne abwechselnd mit gleichen und entgegengesetzten Phasen zusammenwirken, und demgemäß bald starke, bald schwache Schwingungen der mitschwingenden Körper erregen. Das physikalische Phänomen würde beim Zusammenwirken zweier Lichtwellenzüge ganz ebenso vorkommen können, wie beim Zusammenwirken zweier Tonwellenzüge. Aber der Nerv muß erstens fähig sein, von beiden Wellenzügen affiziert zu werden, und zweitens muß er dem Wechsel von starker und schwacher Intensität schnell genug folgen können. In letzterer Beziehung

ist der Gehörnerv dem Sehnerven erheblich überlegen. Gleichzeitig ist jede Faser des Hörnerven nur für Töne aus einem engen Intervall der Skala emp-
115 findlich, so | daß nur ganz nahe gelegene Töne in ihr überhaupt zusammenwirken können, weit voneinander entfernte nicht oder nicht unmittelbar. Wenn sie es tun, so rührt dies von begleitenden Obertönen oder Kombinationstönen her. Daher tritt beim Ohr dieser Unterschied von schwirrendem und nicht schwirrendem Intervalle, d. h. von Konsonanz und Dissonanz ein. Jede Sehnervenfaser dagegen empfindet durch das ganze Spektrum, wenn auch verschieden stark in verschiedenen Teilen. Könnte der Sehnerv überhaupt den ungeheuer schnellen Schwebungen der Lichtoszillationen in der Empfindung folgen, so würde jede Mischfarbe als Dissonanz wirken[11)].

Sie sehen, wie alle diese Unterschiede in der Wirkungsweise von Licht und Ton bedingt sind durch die Art, wie der Nervenapparat gegen sie reagiert.

Unsere Empfindungen sind eben Wirkungen, welche durch äußere Ursachen in unseren Organen hervorgebracht werden[12)], und wie eine solche Wirkung sich äußert[13)], hängt natürlich ganz wesentlich von der Art des Apparates ab, auf den gewirkt wird. Insofern die Qualität unserer Empfindung uns von der Eigentümlichkeit der äußeren Einwirkung, durch welche sie erregt ist, eine Nachricht gibt, kann sie als ein *Zeichen* derselben gelten, aber nicht als ein *Abbild*. Denn vom Bilde verlangt man irgend eine Art der Gleichheit mit dem abgebildeten Gegenstande, von einer Statue Gleichheit der Form, von einer Zeichnung Gleichheit der perspektivischen Projektion im Gesichtsfelde, von einem Gemälde auch noch Gleichheit der Farben. Ein Zeichen aber braucht gar keine Art der Ähnlichkeit mit dem zu haben, dessen Zeichen es ist. Die Beziehung zwischen beiden beschränkt sich darauf, daß das gleiche Objekt, unter gleichen Umständen zur Einwirkung kommend, das gleiche Zeichen hervorruft, und daß also ungleiche Zeichen immer ungleicher Einwirkung entsprechen.

Der populären Meinung gegenüber, welche auf Treu und Glauben die volle Wahrheit der Bilder[14)] annimmt, die uns unsere Sinne von den Dingen liefern, mag dieser Rest von Ähnlichkeit, den wir anerkennen, sehr geringfügig erscheinen. In Wahrheit ist er es nicht; denn mit ihm kann noch eine Sache von der allergrößten Tragweite geleistet werden, nämlich die Abbildung der Gesetzmäßigkeit in den Vorgängen der wirklichen Welt[15)]. Jedes Naturgesetz sagt aus, daß auf Vorbedingungen, die in gewisser Beziehung gleich sind, immer Folgen eintreten, die in gewisser anderer Beziehung gleich sind. Da Gleiches in unserer Empfindungswelt durch gleiche Zeichen angezeigt wird, so wird der naturgesetzlichen Folge gleicher Wirkungen auf gleiche Ursachen, auch eine ebenso regelmäßige Folge im Gebiete unserer Empfindungen entsprechen.

Wenn Beeren einer gewissen Art beim Reifen zugleich rotes Pigment | 116
und Zucker ausbilden, so werden in unserer Empfindung bei Beeren dieser Form rote Farbe und süßer Geschmack sich immer zusammen finden.

Wenn also unsere Sinnesempfindungen in ihrer Qualität auch nur *Zeichen* sind, deren besondere Art ganz von unserer Organisation abhängt, so sind sie doch nicht als leerer Schein zu verwerfen, sondern sie sind eben Zeichen von *Etwas*, sei es etwas Bestehendem oder Geschehendem, und was das Wichtigste ist, das *Gesetz* dieses Geschehens können sie uns abbilden.

Die Qualitäten der Empfindung also erkennt auch die Physiologie als bloße Form der Anschauung an[16)]. Kant aber ging weiter. Nicht nur die Qualitäten der Sinnesempfindungen sprach er an, als gegeben durch die Eigentümlichkeiten unseres Anschauungsvermögens, sondern auch Zeit und Raum, da wir nichts in der Außenwelt wahrnehmen können, ohne daß es zu einer bestimmten Zeit geschieht und an einen bestimmten Ort gesetzt wird; die Zeitbestimmung kommt sogar auch jeder innerlichen Wahrnehmung zu. Er bezeichnete deshalb die Zeit als die gegebene und notwendige, *transzendentale Form der inneren*, den Raum als die entsprechende Form der *äußeren Anschauung*. Auch die räumlichen Bestimmungen also betrachtet Kant als ebenso wenig der Welt des Wirklichen, oder „dem Dinge an sich" angehörig, wie die Farben, die wir sehen, den Körpern an sich zukommen, sondern durch unser Auge in sie hineingetragen sind. Selbst hier wird die naturwissenschaftliche Betrachtung bis zu einer gewissen Grenze mitgehen können. Wenn wir nämlich fragen, ob es ein gemeinsames und in unmittelbarer Empfindung wahrnehmbares Kennzeichen gibt, durch welches sich für uns jede auf Gegenstände im Raum bezügliche Wahrnehmung charakterisiert: so finden wir in der Tat ein solches in dem Umstande, daß Bewegung unseres Körpers uns in andere räumliche Beziehungen zu den wahrgenommenen Objekten setzt, und dadurch auch den Eindruck, den sie auf uns machen, verändert. Der Impuls zur Bewegung aber, den wir durch Innervation unserer motorischen Nerven geben, ist etwas unmittelbar Wahrnehmbares[17)]. Daß wir etwas tun, indem wir einen solchen Impuls geben, fühlen wir. Was wir tun, wissen wir nicht unmittelbar. Daß wir die motorischen Nerven in Erregungszustand versetzen oder *innervieren*, daß deren Reizung auf die Muskeln übergeleitet wird, diese sich infolgedessen zusammenziehen und die Glieder bewegen, lehrt uns erst die Physiologie. Wiederum aber wissen wir auch ohne wissenschaftliches Studium, welche wahrnehmbare Wirkung jeder verschiedenen Innervation folgt, die wir einzuleiten imstande sind. Daß wir dies durch häufig wiederholte Versuche und Beobachtungen lernen, ist in einer großen Reihe von Fällen sicher nachweisbar. Wir können noch im erwachsenen Alter lernen, die Inner|vationen 117
zu finden, die zum Aussprechen der Buchstaben einer fremden Sprache

oder für eine besondere Art der Stimmbildung beim Singen nötig sind; wir können Innervationen lernen, um die Ohren zu bewegen, um mit den Augen einwärts oder auswärts, selbst auf- und abwärts zu schielen u. s. w. Die Schwierigkeit, dergleichen zu vollführen, besteht nur darin, daß wir durch Versuche die noch unbekannten Innervationen zu finden suchen müssen, die zu solchen bisher nicht ausgeführten Bewegungen nötig sind. Übrigens wissen wir selbst von diesen Impulsen unter keiner anderen Form und durch kein anderes definierbares Merkmal, als dadurch, daß sie eben die beabsichtigte beobachtbare Wirkung hervorbringen; diese letztere dient also auch allein zur Unterscheidung der verschiedenen Impulse in unserem eigenen Vorstellen.[18)]

Wenn wir nun Impulse solcher Art geben (den Blick wenden, die Hände bewegen, hin- und hergehen), so finden wir, daß die gewissen Qualitätenkreisen angehörigen Empfindungen (nämlich, die auf räumliche Objekte bezüglichen) dadurch geändert werden können; andere psychische Zustände, deren wir uns bewußt sind, Erinnerungen, Absichten, Wünsche, Stimmungen durchaus nicht. Dadurch ist in unmittelbarer Wahrnehmung ein durchgreifender Unterschied zwischen den ersteren und letzteren gesetzt. Wenn wir also dasjenige Verhältnis, welches wir durch unsere Willensimpulse unmittelbar ändern, dessen Art uns übrigens noch ganz unbekannt sein könnte, ein *räumliches* nennen wollen, so treten die Wahrnehmungen *psychischer* Tätigkeiten gar nicht in ein solches ein; wohl aber müssen alle Empfindungen der äußeren Sinne unter irgend welcher Art der Innervation vor sich gehen, d. h. räumlich bestimmt sein[19)]. Demnach wird uns der Raum auch sinnlich erscheinen, behaftet mit den Qualitäten unserer Bewegungsempfindungen, als das, durch welches hin wir uns bewegen, durch welches hin wir blicken können. Die Raumanschauung würde also in diesem Sinne eine subjektive *Anschauungsform* sein, wie die Empfindungsqualitäten Rot, Süß, Kalt[20)]. Natürlich würde dies für jene ebenso wenig wie für diese, den Sinn haben, daß die Ortsbestimmung eines bestimmten einzelnen Gegenstandes ein *bloßer Schein*[21)] sei.

Als die *notwendige* Form der äußeren Anschauung aber würde der Raum von diesem Standpunkt aus erscheinen, weil wir eben das, was wir als räumlich bestimmt wahrnehmen, als Außenwelt zusammenfassen. Dasjenige, an dem keine Raumbeziehung wahrzunehmen ist, begreifen wir als die Welt der inneren Anschauung, als die Welt des Selbstbewußtseins[22)].

Und eine gegebene, *vor aller Erfahrung mitgebrachte* Form der Anschauung würde der Raum sein, insofern seine Wahrnehmung an die Möglichkeit motorischer Willensimpulse geknüpft wäre, für die uns die geistige
118 und körperliche Fähigkeit durch unsere | Organisation gegeben sein muß, ehe wir Raumanschauung[23)] haben können[24)].

Darüber, daß das von uns besprochene Kennzeichen der Veränderung bei Bewegung allen auf räumliche Objekte bezüglichen Wahrnehmungen zukommt, wird nicht wohl ein Zweifel sein können[2]. Es wird dagegen die Frage zu beantworten sein, ob nun aus dieser Quelle alle eigentümlichen Bestimmungen unserer Raumanschauung herzuleiten sind. Zu dem Ende müssen wir überlegen, was mit den bisher besprochenen Hilfsmitteln des Wahrnehmens sich erreichen läßt.

Suchen wir uns auf den Standpunkt eines Menschen ohne alle Erfahrung zurückzuversetzen. Um ohne Raumanschauung zu beginnen, müssen wir annehmen, daß ein solcher Mensch auch die Wirkungen seiner Innervationen nicht weiter kenne, als insofern er gelernt habe, wie er durch Nachlaß einer ersten Innervation oder durch Ausführung eines zweiten Gegenimpulses sich in den Zustand wieder zurückversetzen könne, aus dem er durch den ersten Impuls sich entfernt hat. Da dieses gegenseitige Sichaufheben verschiedener Innervationen ganz unabhängig ist von dem, was dabei wahrgenommen wird: so kann der Beobachter finden, wie er das zu machen hat, ohne noch irgendein Verständnis der Außenwelt vorher erlangt zu haben.

Ein solcher Beobachter befinde sich zunächst einmal einer Umgebung von ruhenden Objekten gegenüber. Dies wird sich ihm erstens dadurch zu erkennen geben, daß, solange er keinen motorischen Impuls gibt, seine Empfindungen unverändert bleiben. Gibt er einen solchen (bewegt er zum Beispiel die Augen oder die Hände, schreitet er fort), so ändern sich die Empfindungen; und kehrt er dann, durch Nachlaß oder den zugehörigen Gegenimpuls, in den früheren Zustand zurück, so werden sämtliche Empfindungen wieder die früheren[25)].

Nennen wir die ganze Gruppe von Empfindungsaggregaten, welche während der besprochenen Zeitperiode durch eine gewisse bestimmte und begrenzte Gruppe von Willensimpulsen herbeizuführen sind, die zeitweiligen *Präsentabilien*, dagegen *präsent* dasjenige Empfindungsaggregat aus dieser Gruppe, was gerade zur Perzeption kommt: so ist unser Beobachter zur Zeit an einen gewissen Kreis von Präsentabilien gebunden, aus dem er aber jedes Einzelne in jedem ihm beliebigen Augenblicke durch Ausführung der betreffenden Bewegung präsent machen kann. Dadurch erscheint ihm jedes Einzelne aus dieser Gruppe der Präsentabilien als *bestehend in jedem Augenblick* dieser Zeitperiode. Er hat es beobachtet in jedem einzelnen Augenblicke, wo er es gewollt hat. Die Behauptung, daß er es auch in jedem anderen zwischenliegenden Augenblicke würde haben beobachten können,
wo | er es gewollt haben würde, ist als ein Induktionsschluß anzusehen, der 119
von jedem Augenblick eines gelungenen Versuches auf jeden Augenblick

[2] Über die Lokalisation der Empfindungen innerer Organe siehe Beilage I, S. 137 dieses Buches.

der betreffenden Zeitperiode schlechthin gezogen wird. So wird also die Vorstellung von einem *dauernden Bestehen von Verschiedenem gleichzeitig nebeneinander* gewonnen werden können. Das „Nebeneinander" ist eine Raumbezeichnung; aber sie ist gerechtfertigt, da wir das durch Willensimpulse geänderte Verhältnis als „räumlich" definiert haben. Bei dem, was da als nebeneinander bestehend gesetzt wird, braucht man noch nicht an substantielle Dinge zu denken. „Rechts ist es hell, links ist es dunkel; vorn ist Widerstand, hinten nicht", könnte zum Beispiel auf dieser Erkenntnisstufe gesagt werden, wobei das Rechts und Links nur Namen für bestimmte Augenbewegungen, Vorn und Hinten für bestimmte Handbewegungen sind.

Zu anderen Zeiten nun ist der Kreis der Präsentabilien für dieselbe Gruppe von Willensimpulsen ein anderer geworden. Dadurch tritt uns dieser Kreis mit dem Einzelnen, was er enthält, als ein Gegebenes, ein „*objectum*" entgegen. Es scheiden sich diejenigen Veränderungen, die wir durch bewußte Willensimpulse hervorbringen und rückgängig machen können, von solchen, die nicht Folge von Willensimpulsen sind und durch solche nicht beseitigt werden können. Die letztere Bestimmung ist negativ. Fichtes passender Ausdruck dafür ist, daß sich ein „Nicht-Ich" dem „Ich" gegenüber Anerkennung erzwingt[26].

Wenn wir nach den empirischen Bedingungen fragen, unter denen die Raumanschauung sich ausbildet, so müssen wir bei diesen Überlegungen hauptsächlich auf den Tastsinn Rücksicht nehmen, da Blinde ohne Hilfe des Gesichts die Raumanschauung[27] vollständig ausbilden können. Wenn auch die Ausfüllung des Raumes mit Objekten für sie weniger reich und fein ausfallen wird, als für Sehende: so erscheint es doch im höchsten Grade unwahrscheinlich, daß die Grundlagen der Raumanschauung bei beiden Klassen von Menschen gänzlich verschieden sein sollten. Versuchen wir selbst im Dunkeln oder mit geschlossenen Augen tastend zu beobachten: so können wir sehr wohl mit einem Finger, selbst mit einem in der Hand gehaltenen Stifte, wie der Chirurg mit der Sonde, tasten und doch die Körperform des vorliegenden Objekts fein und sicher ermitteln. Gewöhnlich betasten wir größere Gegenstände, wenn wir uns im Dunkeln zurechtfinden wollen, mit fünf oder zehn Fingerspitzen gleichzeitig. Wir bekommen dann fünf- bis zehnmal soviel Nachrichten in gleicher Zeit als mit einem Finger, und brauchen die Finger auch zu Größenmessungen an den Objekten wie die Spitzen eines geöffneten Zirkels. Jedenfalls tritt beim Tasten der Umstand, daß wir eine ausgebreitete empfindende Hautfläche mit vie-
120 len empfindenden Punkten haben, ganz in den | Hintergrund. Was wir bei ruhigem Auflegen der Hand, etwa auf das Gepräge einer Medaille, durch das Hautgefühl zu ermitteln imstande sind, ist außerordentlich stumpf und dürftig im Vergleich mit dem, was wir durch tastende Bewegung, wenn

auch nur mit der Spitze eines Bleistiftes, herausfinden. Beim Gesichtssinn wird dieser Vorgang dadurch viel verwickelter, daß neben der am feinsten empfindenden Stelle der Netzhaut, ihrer zentralen Grube, welche beim Blicken gleichsam an dem Netzhautbilde herumgeführt wird, gleichzeitig noch eine große Menge anderer empfindender Punkte in viel ausgiebigerer Weise mitwirken, als dies beim Tastsinn der Fall ist.

Daß durch das Entlangführen des tastenden Fingers an den Objekten die Reihenfolge kennengelernt wird, in der sich ihre Eindrücke darbieten, daß diese Reihenfolge sich als unabhängig davon erweist, ob man mit diesem oder jenem Finger tastet, daß sie ferner nicht eine einläufig bestimmte Reihe ist, deren Elemente man immer wieder vor- oder rückwärts in derselben Ordnung durchlaufen müßte, um von einem zum anderen zu kommen, also keine linienförmige Reihe, sondern ein flächenhaftes Nebeneinander, oder nach Riemanns Terminologie, eine Mannigfaltigkeit zweiter Ordnung, das alles ist leicht einzusehen. Der tastende Finger freilich kann noch mittels anderer motorischer Impulse, als die sind, die ihn längs der tastbaren Fläche verschieben, von einem zum anderen Punkt derselben kommen, und verschiedene tastbare Flächen verlangen verschiedene Bewegungen, um an ihnen zu gleiten. Dadurch ist für den Raum, in dem sich das Tastende bewegt, eine höhere Mannigfaltigkeit verlangt als für die tastbare Fläche; es wird die dritte Dimension hinzutreten müssen. Diese aber genügt für alle vorliegenden Erfahrungen; denn eine geschlossene Fläche teilt den Raum, den wir kennen, vollständig[28)]. Auch Gase und Flüssigkeiten, die doch nicht an die Form des menschlichen Vorstellungsvermögens gebunden sind[29)], können durch eine rings geschlossene Fläche nicht entweichen; und wie nur eine Fläche, nicht ein Raum, also ein Raumgebilde von zwei, nicht eines von drei Dimensionen, durch eine geschlossene Linie zu begrenzen ist: so kann auch durch eine Fläche eben nur ein Raum von drei Dimensionen, nicht einer von vieren abgeschlossen werden.

So wäre die Kenntnis zu gewinnen von der Raumordnung des nebeneinander Bestehenden. Größenverschiebungen würden durch Beobachtungen von Kongruenz der tastenden Hand mit Teilen oder Punkten von Körperflächen, oder von Kongruenz der Netzhaut mit den Teilen und Punkten des Netzhautbildes dazukommen.

Davon, daß diese angeschaute Raumordnung der Dinge ursprünglich
herrührt von der Reihenfolge, in der sich die Qualitäten des Empfindens
dem bewegten Sinnesorgan darboten, bleibt schließlich auch | im vollende- 121
ten Vorstellen des erfahrenen Beobachters eine wunderliche Folge stehen.
Nämlich die im Raume vorhandenen Objekte erscheinen uns mit den Qualitäten unserer Empfindungen bekleidet. Sie erscheinen uns rot oder grün, kalt oder warm, riechen oder schmecken usw., während diese Empfindungs-

qualitäten doch nur unserem Nervensystem angehören und gar nicht in den äußeren Raum hinausreichen[30)]. Selbst, wenn wir dies wissen, hört der Schein nicht auf, weil dieser Schein in der Tat die ursprüngliche Wahrheit ist; es sind eben die Empfindungen, die sich zuerst in räumlicher Ordnung uns darbieten[31)].

Sie sehen, daß die wesentlichsten Züge[32)] der Raumanschauung auf diese Weise abgeleitet werden können. Dem populären Bewußtsein aber erscheint eine Anschauung als etwas einfach Gegebenes, was ohne Nachdenken und Suchen zustande kommt, und überhaupt nicht weiter in andere psychische Vorgänge aufzulösen ist. Dieser populären Meinung schließt sich ein Teil der physiologischen Optiker an, und auch die Kantianer strikter Observanz, wenigstens betreffs der Raumanschauung. Bekanntlich nahm schon Kant an, nicht nur, daß die allgemeine Form der Raumanschauung transzendental gegeben sei, sondern daß dieselbe auch von vornherein und vor aller möglichen Erfahrung gewisse nähere Bestimmungen enthalte, wie sie in den Axiomen der Geometrie ausgesprochen sind[33)]. Diese lassen sich auf folgende Sätze zurückführen[34)]:

1) Zwischen zwei Punkten ist nur *eine* kürzeste Linie möglich. Wir nennen eine solche „*gerade*".

2) Durch je drei Punkte läßt sich eine *Ebene* legen. Eine Ebene ist eine Fläche, in die jede gerade Linie ganz hineinfällt, wenn sie mit zwei Punkten derselben zusammenfällt.

3) Durch jeden Punkt ist nur eine Linie möglich, die einer gegebenen geraden Linie parallel ist. *Parallel* sind zwei gerade Linien, die in derselben Ebene liegen und sich in keiner endlichen Entfernung schneiden.

Ja Kant benutzt die angebliche Tatsache, daß diese Sätze der Geometrie uns als *notwendig* richtig erschienen, und wir uns ein abweichendes Verhalten des Raumes auch gar nicht einmal vorstellen könnten, geradezu als Beweis dafür, daß sie vor aller Erfahrung gegeben sein müßten, und daß deshalb auch die in ihnen enthaltene Raumanschauung eine transzendentale[35)], von der Erfahrung unabhängige Form der Anschauung sei.

Ich möchte hier zunächst wegen der Streitigkeiten, die in den letzten Jahren über die Frage geführt worden sind, ob die Axiome der Geometrie transzendentale oder Erfahrungssätze seien, hervorheben, daß diese Frage
122 ganz zu trennen ist von der erst besprochenen, ob der | Raum überhaupt eine transzendentale Anschauungsform sei oder nicht[3].

Unser Auge sieht alles, was es sieht, als ein Aggregat farbiger Flächen im Gesichtsfelde; das ist seine Anschauungsform.[36)] Welche besonderen Farben bei dieser und jener Gelegenheit erscheinen, in welcher Zusam-

[3] Siehe Beilage II, S. 140.

menstellung und in welcher Folge, ist Ergebnis der äußeren Einwirkungen und durch kein Gesetz der Organisation bestimmt. Ebensowenig folgt daraus, daß der Raum eine Form des Anschauens sei, irgend etwas über die Tatsachen, die in den Axiomen ausgesprochen sind. Wenn solche Sätze keine Erfahrungssätze sein, sondern der notwendigen Form der Anschauung angehören sollen, so ist dies eine weitere besondere Bestimmung der allgemeinen Form des Raumes, und diejenigen Gründe, welche schließen lassen, daß die Anschauungsform des Raumes transzendental sei, genügen darum noch nicht notwendig, um gleichzeitig zu beweisen, daß auch die Axiome transzendentalen Ursprungs seien[37)].

Kant ist bei seiner Behauptung, daß räumliche Verhältnisse, die den Axiomen des Euklides widersprächen, überhaupt nicht einmal vorgestellt werden könnten, so wie in seiner gesamten Auffassung der Anschauung überhaupt, als eines einfachen, nicht weiter aufzulösenden psychischen Vorganges[38)], durch den damaligen Entwicklungszustand der Mathematik und Sinnesphysiologie beeinflußt gewesen.

Wenn man eine vorher nie gesehene Sache sich vorzustellen versuchen will, so muß man sich die Reihe der Sinneseindrücke auszumalen wissen, welche nach den bekannten Gesetzen derselben zustande kommen müßten, wenn man jenes Objekt und seine allmählichen Veränderungen nacheinander von jedem möglichen Standpunkte aus mit allen Sinnen beobachtete[39)]; und gleichzeitig müssen diese Eindrücke von der Art sein, daß dadurch jede andere Deutung ausgeschlossen ist[40)]. Wenn diese Reihe der Sinneseindrücke vollständig und eindeutig angegeben werden kann, muß man meines Erachtens die Sache für anschaulich vorstellbar erklären. Da dieselbe der Voraussetzung nach noch nie beobachtet sein soll, kann keine frühere Erfahrung uns zu Hilfe kommen und bei der Auffindung der zu fordernden Reihe von Eindrücken unsere Phantasie leiten, sondern es kann dies nur durch den *Begriff* des vorzustellenden Objektes oder Verhältnisses geschehen. Ein solcher Begriff ist also zunächst auszuarbeiten und so weit zu spezialisieren, als es der angegebene Zweck erfordert. Der Begriff von Raumgebilden, die der gewöhnlichen Anschauung nicht entsprechen sollen, kann nur durch die rechnende analytische Geometrie sicher entwickelt werden. Für das vorliegende Problem hat zuerst Gauß 1828 durch seine Ab|handlung über die Krümmung der Flächen die analytischen Hilfsmit- 123
tel gegeben, und Riemann diese zur Auffindung der logisch möglichen, in sich konsequenten Systeme der Geometrie angewendet; diese Untersuchungen hat man nicht unpassend als *metamathematische*[41)] bezeichnet. Zu bemerken ist übrigens, daß schon Lobatschewski 1829 und 1840 eine Geometrie ohne den Parallelensatz auf dem gewöhnlichen synthetisch anschaulichen Wege durchgeführt hat, welche in vollkommener Übereinstimmung

mit dem entsprechenden Teile der neueren analytischen Untersuchungen ist. Endlich hat Beltrami eine Methode der Abbildung metamathematischer Räume in Teilen des euklidischen Raumes angegeben, durch welche die Bestimmung ihrer Erscheinungsweise im perspektivischen Sehen ziemlich leicht gemacht wird. Lipschitz hat die Übertragbarkeit der allgemeinen Prinzipien der Mechanik auf solche Räume nachgewiesen, so daß die Reihe der Sinneseindrücke, die in ihnen zustande kommen würden, vollständig angegeben werden kann, womit die Anschaubarkeit solcher Räume im Sinne der vorangestellten Definition dieses Begriffes erwiesen ist[4].

Hier aber tritt der Widerspruch ein. Ich verlange für den Beweis der Anschaubarkeit nur, daß für jede Beobachtungsweise bestimmt und unzweideutig die entstehenden Sinneseindrücke anzugeben seien, nötigenfalls unter Benutzung der wissenschaftlichen Kenntnis ihrer Gesetze, aus denen, wenigstens für den Kenner dieser Gesetze, hervorgehen würde, daß das betreffende Ding oder anzuschauende Verhältnis tatsächlich vorhanden sei[42)]. Die Aufgabe, sich die Raumverhältnisse in metamathematischen Räumen vorzustellen, erfordert in der Tat einige Übung im Verständnis analytischer Methoden, perspektivischer Konstruktionen und optischer Erscheinungen.

Dies aber widerspricht dem älteren Begriff der Anschauung, welcher nur das als durch Anschauung gegeben anerkennt, dessen Vorstellung ohne Besinnen und Mühe sogleich mit dem sinnlichen Eindruck zum Bewußtsein kommt. Diese Leichtigkeit, Schnelligkeit, blitzähnliche Evidenz, mit der wir zum Beispiel die Form eines Zimmers, in welches wir zum ersten Male treten, die Anordnung und Form der darin enthaltenen Gegenstände, den Stoff, aus dem sie bestehen, und vieles andere wahrnehmen, haben unsere Versuche, mathematische Räume vorzustellen, in der Tat nicht. Wenn diese Art der Evidenz also eine ursprünglich gegebene, notwendige Eigentümlichkeit aller Anschauung wäre, so könnten wir bis jetzt die Anschaubarkeit solcher Räume nicht behaupten.

Da stoßen uns nun bei weiterer Überlegung Fälle in Menge auf, welche
124 zeigen, daß Sicherheit und Schnelligkeit des Eintretens be|stimmter Vorstellungen bei bestimmten Eindrücken auch erworben werden kann, selbst wo nichts von einer solchen Verbindung durch die Natur gegeben ist. Eines der schlagendsten Beispiele dieser Art ist das Verständnis unserer Muttersprache. Die Worte sind willkürlich oder zufällig gewählte Zeichen, jede andere Sprache hat andere; ihr Verständnis ist nicht angeerbt, denn für ein deutsches Kind, das zwischen Franzosen aufgewachsen ist und nie deutsch sprechen hörte, ist Deutsch eine fremde Sprache. Das Kind lernt die Be-

[4] Siehe meinen Vortrag über die Axiome der Geometrie.

deutung der Worte und Sätze nur durch Beispiele der Anwendung kennen, wobei man, ehe es die Sprache versteht, ihm nicht einmal verständlich machen kann, daß die Laute, die es hört, Zeichen sein sollen, die einen Sinn haben. Schließlich versteht es, herangewachsen, diese Worte und Sätze ohne Besinnen, ohne Mühe, ohne zu wissen, wann, wo und an welchen Beispielen es sie gelernt hat, es faßt die feinsten Abänderungen ihres Sinnes, oft solche, denen Versuche logischer Definition nur schwerfällig nachhinken.

Es wird nicht nötig sein, daß ich die Beispiele solcher Vorgänge häufe, das tägliche Leben ist reich genug daran. Die Kunst ist geradezu darauf begründet, am deutlichsten die Poesie und die bildende Kunst. Die höchste Art des Anschauens, wie wir sie im Schauen des Künstlers finden, ist ein solches Erfassen eines neuen Typus der ruhenden oder bewegten Erscheinung des Menschen und der Natur. Wenn sich die gleichartigen Spuren, welche oft wiederholte Wahrnehmungen in unserem Gedächtnisse zurücklassen, verstärken: so ist es gerade das Gesetzmäßige, was sich am regelmäßigsten gleichartig wiederholt, während das zufällig Wechselnde verwischt wird. Dem liebevollen und achtsamen Beobachter erwächst auf diese Weise ein Anschauungsbild des typischen Verhaltens der Objekte, die ihn interessierten, von dem er nachher ebensowenig weiß, wie es entstanden ist, als das Kind Rechenschaft davon geben kann, an welchen Beispielen es die Bedeutung der Worte kennengelernt hat. Daß der Künstler Wahres erschaut hat, geht daraus hervor, daß es uns wieder mit der Überzeugung der Wahrheit ergreift, wenn er es uns an einem von den Störungen des Zufalls gereinigten Beispiele vorträgt. Er aber ist uns darin überlegen, daß er es aus allem Zufall und aller Verwirrung des Treibens der Welt herauszulesen wußte.

Soviel nur zur Erinnerung daran, wie dieser psychische Prozess von den niedrigsten bis zu den höchsten Entwicklungsstufen unseres Geisteslebens wirksam ist. Ich habe die hierbei eintretenden Vorstellungsverbindungen in meinen früheren Arbeiten als *unbewußte Schlüsse* bezeichnet; als unbewußt, insofern der Major derselben aus einer Reihe von Erfahrungen gebildet ist, die einzeln längst dem Gedächtnis entschwunden sind und auch
nur in Form von sinnlichen Beobachtungen, | nicht notwendig als Sätze in 125
Worte gefaßt, in unser Bewußtsein getreten waren. Der bei gegenwärtiger Wahrnehmung eintretende neue sinnliche Eindruck bildet den Minor, auf den die durch die früheren Beobachtungen eingeprägte Regel angewendet wird[43]. Ich habe später jenen Namen der unbewußten Schlüsse vermieden, um der Verwechslung mit der, wie mir scheint, gänzlich unklaren und ungerechtfertigten Vorstellung zu entgehen, die Schopenhauer und seine Nachfolger mit diesem Namen bezeichnen; aber offenbar haben wir es hier mit einem elementaren Prozesse zu tun, der allem eigentlich sogenannten Denken zugrunde liegt, wenn dabei auch noch die kritische Sichtung und

Vervollständigung der einzelnen Schritte fehlt, wie sie in der wissenschaftlichen Bildung der Begriffe und Schlüsse eintritt[44)].

Was also zunächst die Frage nach dem Ursprunge der geometrischen Axiome betrifft, so kann die bei mangelnder Erfahrung fehlende Leichtigkeit der Vorstellung metamathematischer Raumverhältnisse nicht als Grund gegen ihre Anschaubarkeit geltend gemacht werden. Übrigens ist die letztere vollkommen erweisbar. Kants Beweis für die transzendentale Natur der geometrischen Axiome ist also hinfällig. Andererseits zeigt die Untersuchung der Erfahrungstatsachen, daß die geometrischen Axiome, in demjenigen Sinne genommen, wie sie allein auf die wirkliche Welt angewendet werden dürfen, durch Erfahrung geprüft, erwiesen, eventualiter auch widerlegt werden können[5].

Eine weitere und höchst einflußreiche Rolle spielen die Gedächtnisreste früherer Erfahrungen noch in der Beobachtung unseres Gesichtsfeldes.

Ein nicht mehr ganz unerfahrener Beobachter erhält auch ohne Bewegung der Augen, sei es bei momentaner Beleuchtung durch eine elektrische Entladung, sei es bei absichtlichem, starrem Fixieren, ein verhältnismäßig reiches Bild von den vor ihm befindlichen Gegenständen. Doch überzeugt sich auch der Erwachsene noch leicht, daß dieses Bild viel reicher und namentlich viel genauer wird, wenn er den Blick im Gesichtsfelde herumführt und also diejenige Art der Raumbeobachtung anwendet, die ich vorher als die grundlegende beschrieben habe. Wir sind in der Tat auch so sehr daran gewöhnt, den Blick an den Gegenständen, die wir betrachten, wandern zu lassen, daß es ziemlich viel Übung erfordert, ehe es uns gelingt, ihn für physiologisch optische Versuche längere Zeit ohne Schwanken auf einem Punkte festzuhalten. Ich habe in meinen physiologisch optischen Arbeiten[6]
126 auseinanderzusetzen gesucht, wie unsere Kenntnis des Gesichtsfeldes | durch Beobachtung der Bilder während der Bewegungen des Auges erworben werden kann, wenn nur irgendwelcher wahrnehmbarer Unterschied zwischen übrigens qualitativ gleichen Netzhautempfindungen existiert, der dem Unterschiede verschiedener Orte auf der Netzhaut entspricht. Nach Lotzes Terminologie wäre ein solcher Unterschied ein *Lokalzeichen*[45)] zu nennen; nur, daß dieses Zeichen ein Lokalzeichen sei, d. h. einem örtlichen Unterschiede entspreche und welchem, braucht nicht von vorn herein bekannt zu sein. Daß Personen, die von Jugend auf blind waren und später durch Operation das Gesicht wieder erhielten, zunächst nicht einmal so

[5] Siehe meine „Wissenschaftlichen Abhandlungen", Bd. II, S. 640. Auszug daraus Beilage III, S. 142 dieser Ausgabe.

[6] Handbuch der Physiologischen Optik. – Vorträge über das Sehen des Menschen. Bd. I, S. 85 und 265 der „Vorträge und Reden".

einfache Formen, wie einen Kreis und ein Quadrat, durch das Auge unterscheiden konnten, ehe sie sie betastet hatten, ist auch durch neuere Beobachtungen wieder bestätigt worden[7]. Außerdem lehrt die physiologische Untersuchung, daß wir verhältnismäßig genaue und sichere Vergleichungen nach dem Augenmaß ausschließlich an solchen Linien und Winkeln im Sehfelde ausführen können, die sich durch die normalen Augenbewegungen schnell hintereinander auf denselben Stellen der Netzhaut abbilden lassen. Wir schätzen sogar die wahren Größen und Entfernungen der nicht allzu entfernten räumlichen Objekte viel sicherer, als die mit dem Standpunkt wechselnden perspektivischen im Gesichtsfelde des Beobachters, obgleich jene auf drei Dimensionen des Raumes bezügliche Aufgabe viel verwickelter ist, als diese, die sich nur auf ein flächenhaftes Bild bezieht. Eine der größten Schwierigkeiten beim Zeichnen ist bekanntlich sich frei zu machen von dem Einfluß, den die Vorstellung von der wahren Größe der gesehenen Objekte unwillkürlich ausübt. Genau die beschriebenen Verhältnisse sind es nun, welche wir erwarten müssen, wenn wir das Verständnis der Lokalzeichen erst durch Erfahrung erworben haben. Für das, was objektiv konstant bleibt, können wir die wechselnden sinnlichen Zeichen sicher kennen lernen, viel leichter als für das, was selbst bei jeder Bewegung unseres Körpers wechselt, wie es die perspektivischen Bilder tun.

Für eine große Zahl von Physiologen, deren Ansicht wir als die *nativistische* bezeichnen können, im Gegensatz zur *empiristischen*, die ich selbst zu verteidigen gesucht habe, erscheint indessen diese Vorstellung einer erworbenen Kenntnis des Gesichtsfeldes unannehmbar, weil sie sich nicht klar gemacht haben, was doch am Beispiel der Sprache so deutlich vorliegt, wie viel die gehäuften Gedächtniseindrücke zu leisten vermögen. Es sind deshalb eine Menge verschiedener Versuche gemacht worden, wenigstens einen gewissen Teil der Gesichtswahrnehmung auf einen angeborenen Mechanismus zurückzuführen in dem Sinne, daß bestimmte Empfindungseindrücke bestimmte fertige | Raumvorstellungen auslösen sollten. Im Ein- 127
zelnen habe ich den Nachweis geführt[8], daß alle bisher aufgestellten Hypothesen dieser Art nicht ausreichen, weil sich schließlich doch immer wieder Fälle auffinden lassen, wo unsere Gesichtswahrnehmung sich in genauerer Übereinstimmung mit der Wirklichkeit befindet, als jene Annahmen ergeben würden. Man ist dann zu der weiteren Hypothese gezwungen, daß die bei den Bewegungen gewonnene Erfahrung schließlich die angeborene An-

[7] Dufour (Lausanne) im Bulletin de la Société médicale de la Suisse Romande, 1876.

[8] Siehe mein Handbuch der *Physiologischen Optik*. 3. Ableitung. Leipzig 1867.

schauung überwinden könne und also *gegen* diese das leiste, was sie nach der empiristischen Hypothese *ohne* ein solches Hindernis leisten soll.

Die nativistischen Hypothesen über die Kenntnis des Gesichtsfeldes erklären also *erstens* nicht, sondern nehmen nur an, daß das zu erklärende Faktum bestehe, indem sie gleichzeitig die mögliche Rückführung desselben auf sicher konstatierte psychische Prozesse zurückweisen, auf die sie doch selbst wiederum in anderen Fällen sich berufen müssen. *Zweitens* erscheint die Annahme sämtlicher nativistischer Theorien, daß fertige Vorstellungen von Objekten durch den organischen Mechanismus hervorgebracht werden, viel verwegener und bedenklicher, als die Annahme der empiristischen Theorie, daß nur das unverstandene Material von Empfindungen von den äußeren Einwirkungen herrühre, alle Vorstellungen aber daraus nach den Gesetzen des Denkens gebildet werden.

Drittens sind die nativistischen Annahmen unnötig. Der einzige Einwurf, der gegen die empiristische Erklärung vorgebracht werden konnte, ist die Sicherheit der Bewegung vieler neugeborener oder eben aus dem Ei gekrochener Tiere[46)]. Je weniger geistig begabt dieselben sind, desto schneller lernen sie das, was sie überhaupt lernen können. Je enger die Wege sind, die ihre Gedanken gehen müssen, desto leichter finden sie dieselben. Das neugeborene menschliche Kind ist im Sehen äußerst ungeschickt; es braucht mehrere Tage, ehe es lernt, nach dem Gesichtsbilde die Richtung zu beurteilen, nach der es den Kopf wenden muß, um die Brust der Mutter zu erreichen. Junge Tiere sind allerdings von individueller Erfahrung viel unabhängiger. Was aber dieser Instinkt ist, der sie leitet, ob direkte Vererbung von Vorstellungskreisen der Eltern möglich ist, ob es sich nur um Lust oder Unlust, oder um einen motorischen Drang handelt, die sich an gewisse Empfindungsaggregate anknüpfen, darüber wissen wir Bestimmtes noch so gut wie nichts. Beim Menschen kommen deutlich erkennbar noch Reste der letztgenannten Phänomene vor. Sauber und kritisch angestellte Beobachtungen wären auf diesem Gebiete im höchsten Grade wünschenswert.

128 | Höchstens könnte also für Einrichtungen, wie sie die nativistische Hypothese voraussetzt, ein gewisser pädagogischer Wert in Anspruch genommen werden, der das Auffinden der ersten gesetzmäßigen Verhältnisse erleichtert. Auch die empiristische Ansicht würde mit dahin zielenden Voraussetzungen vereinbar sein, daß zum Beispiel die Lokalzeichen benachbarter Netzhautstellen einander ähnlicher sind als die entfernter, diejenigen korrespondierenden Stellen beider Netzhäute ähnlicher als die disparater u. s. w. Für unsere gegenwärtige Untersuchung ist es genügend, zu wissen, daß Raumanschauung vollständig auch beim Blinden entstehen kann, und das beim Sehenden, selbst wenn die nativistischen Hypothesen teil-

weise zuträfen, doch die letzte und genaueste Bestimmung der räumlichen Verhältnisse von den bei Bewegung gemachten Beobachtungen bedingt wird[47)].

Ich kehre zurück zur Besprechung der ersten ursprünglichen Tatsachen unserer Wahrnehmung. Wir haben, wie wir gesehen, nicht nur wechselnde Sinneseindrücke, die über uns kommen, ohne daß wir etwas dazu tun, sondern wir beobachten unter fortdauernder eigener Tätigkeit, und gelangen dadurch zur Kenntnis des *Bestehens* eines gesetzlichen Verhältnisses zwischen unseren Innervationen und dem Präsentwerden der verschiedenen Eindrücke aus dem Kreise der zeitweiligen Präsentabilien. Jede unserer willkürlichen Bewegungen, durch die wir die Erscheinungsweise der Objekte abändern, ist als ein Experiment zu betrachten, durch welches wir prüfen, ob wir das gesetzliche Verhalten der vorliegenden Erscheinung, d. h. ihr vorausgesetztes Bestehen in bestimmter Raumordnung, richtig aufgefaßt haben.

Die überzeugende Kraft jedes Experimentes ist aber hauptsächlich deshalb so sehr viel größer, als die der Beobachtung eines ohne unser Zutun ablaufenden Vorganges, weil beim Experiment die Kette der Ursachen durch unser Selbstbewußtsein hindurchläuft. Ein Glied dieser Ursachen, unseren Willensimpuls, kennen wir aus innerer Anschauung und wissen, durch welche Motive er zustande gekommen ist[48)]. Von ihm aus beginnt dann, als von einem uns bekannten Anfangsglied und zu einem uns bekannten Zeitpunkt, die Kette der physischen Ursachen zu wirken, die in den Erfolg des Versuches ausläuft. Aber eine wesentliche Voraussetzung für die zu gewinnende Überzeugung ist die, daß unser Willensimpuls weder selbst durch physische Ursachen, die gleichzeitig auch den physischen Prozeß bestimmten, schon mit beeinflußt worden sei, noch seinerseits psychisch die darauf folgenden Wahrnehmungen beeinflußt habe.

Der letztere Zweifel kann namentlich bei unserem Thema in Betracht kommen. Der Willensimpuls für eine bestimmte Bewegung ist ein psychischer Akt, die darauf wahrgenommene Änderung der | Empfindung gleich- 129
falls. Kann nun nicht der erste Akt den zweiten durch rein psychische Vermittlung zustande bringen? Unmöglich ist es nicht. Wenn wir träumen, geschieht so etwas. Wir glauben träumend eine Bewegung zu vollführen und wir träumen dann weiter, daß dasjenige geschieht, was davon die natürliche Folge sein sollte. Wir träumen in einen Kahn zu steigen, ihn vom Land abzustoßen, auf das Wasser hinaus zu gleiten, die umringenden Gegenstände sich verschieben zu sehen usw. Hierbei scheint die Erwartung des Träumenden, daß er die Folgen seiner Handlungen eintreten sehen werde, die geträumte Wahrnehmung auf rein psychischem Wege herbeizuführen. Wer weiß zu sagen, wie lang und fein ausgesponnen, wie folge-

richtig durchgeführt ein solcher Traum werden könnte. Wenn alles darin im höchsten Grade gesetzmäßig der Naturordnung folgend geschähe, so würde kein anderer Unterschied vom Wachen bestehen, als die Möglichkeit des Erwachens, das Abreißen dieser geträumten Reihe von Anschauungen.

Ich sehe nicht, wie man ein System selbst des extremsten subjektiven Idealismus widerlegen könnte, welches das Leben als Traum betrachten wollte[48)]. Man könnte es für so unwahrscheinlich, so unbefriedigend wie möglich erklären – ich würde in dieser Beziehung den härtesten Ausdrücken der Verwerfung zustimmen – aber konsequent durchführbar wäre es; und es scheint mir sehr wichtig, dies im Auge zu behalten. Wie geistreich Calderon dies Thema im „Leben ein Traum" durchgeführt, ist bekannt.

Auch Fichte nimmt an, daß das Ich sich das Nicht-Ich, d. h. die erscheinende Welt, selbst setzt, weil es ihrer zur Entwicklung seiner Denktätigkeit bedarf. Sein Idealismus unterscheidet sich aber doch von dem eben bezeichneten dadurch, daß er die anderen menschlichen Individuen nicht als Traumbilder, sondern auf die Aussage des Sittengesetzes hin als dem eigenen Ich gleiche Wesen faßt[50)]. Da aber ihre Bilder, in denen sie das Nicht-Ich vorstellen, wieder alle zusammen stimmen müssen, so faßte er die individuellen Ichs alle als Teile oder Ausflüsse des absoluten Ich. Dann war die Welt, in der jene sich fanden, die Vorstellungswelt, welche der Weltgeist sich setzte, und konnte wieder den Begriff der Realität annehmen, wie es bei Hegel geschah.

Die *realistische Hypothese* dagegen traut der Aussage der gewöhnlichen Selbstbeobachtung, wonach die einer Handlung folgenden Veränderungen der Wahrnehmung gar keinen psychischen Zusammenhang mit dem vorausgegangenen Willensimpuls haben. Sie sieht als unabhängig von unserem Vorstellen bestehend an, was sich in täglicher Wahrnehmung so zu bewähren scheint, die materielle Welt außer uns. Unzweifelhaft ist die realistische Hypothese die einfachste, die wir bilden können, geprüft und
130 bestätigt in außerordentlich weiten | Kreisen der Anwendung, scharf definiert in allen Einzelbestimmungen und deshalb außerordentlich brauchbar und fruchtbar als Grundlage für das Handeln. Das Gesetzliche in unseren Empfindungen würden wir sogar in idealistischer Anschauungsweise kaum anders auszusprechen wissen, als indem wir sagen: „Die mit dem Charakter der Wahrnehmung auftretenden Bewußtseinsakte verlaufen so, *als ob* die von der realistischen Hypothese angenommene Welt der stofflichen Dinge wirklich bestände[51)]." Aber über dieses „*als ob*" kommen wir nicht hinweg; für mehr als eine ausgezeichnet brauchbare und präzise Hypothese können wir die realistische Meinung nicht anerkennen; notwendige Wahrheit dürfen wir ihr nicht zuschreiben, da neben ihr noch andere unwiderlegbare idealistische Hypothesen möglich sind.

Es ist gut, dies immer vor Augen zu halten, um aus den Tatsachen nicht mehr folgern zu wollen, als daraus zu folgern ist. Die verschiedenen Abstufungen der idealistischen und realistischen Meinungen sind metaphysische Hypothesen, welche, so lange sie als solche anerkannt werden, ihre vollkommene wissenschaftliche Berechtigung haben, so schädlich sie auch werden mögen, wo man sie als Dogmen oder als angebliche Denknotwendigkeiten hinstellen will. Die Wissenschaft muß alle zulässigen Hypothesen erörtern, um eine vollständige Übersicht über die möglichen Erklärungsversuche zu behalten. Noch notwendiger sind die Hypothesen für das Handeln, weil man nicht immerzu warten kann, bis eine gesicherte wissenschaftliche Entscheidung erreicht ist, sondern sich, sei es nach der Wahrscheinlichkeit, sei es nach dem ästhetischen oder moralischen Gefühl entscheiden muß. In diesem Sinne wäre auch gegen die metaphysischen Hypothesen nichts einzuwenden. Unwürdig eines wissenschaftlich sein wollenden Denkers aber ist es, wenn er den hypothetischen Ursprung seiner Sätze vergißt. Der Hochmut und die Leidenschaftlichkeit, mit der solche versteckte Hypothesen verteidigt werden, sind die gewöhnlichen Folgen des unbefriedigenden Gefühls, welches ihr Verteidiger in den verborgenen Tiefen seines Gewissens hegt über die Berechtigung seiner Sache.

Was wir aber unzweideutig und als Tatsache ohne hypothetische Unterschiebung finden können, ist das Gesetzliche in der Erscheinung. Von dem ersten Schritt an, wo wir vor uns weilende Objekte im Raume verteilt wahrnehmen, ist diese Wahrnehmung das Anerkennen einer gesetzlichen Verbindung zwischen unseren Bewegungen und den dabei auftretenden Empfindungen. Schon die ersten elementaren Vorstellungen enthalten also in sich ein Denken und gehen nach den Gesetzen des Denkens vor sich. Alles, was in der Anschauung zu dem rohen Materiale der Empfindungen hinzukommt, kann in Denken aufgelöst werden, wenn wir den Begriff des Denkens so erweitert nehmen, wie es oben geschehen ist[52]. | 131

Denn wenn „begreifen" heißt: *Begriffe* bilden, und wir im Begriff einer Klasse von Objekten zusammensuchen und zusammenfassen, was sie von gleichen Merkmalen an sich tragen: so ergibt sich ganz analog, daß der Begriff einer in der Zeit wechselnden Reihe von Erscheinungen das zusammenzufassen suchen muß, was in allen ihren Stadien gleich bleibt[53]. Der Weise, wie Schiller es ausspricht:

> „Sucht das vertraute Gesetz in des Zufalls grausenden Wundern,
> Suchet den ruhenden Pol in der Erscheinungen Flucht."

Wir nennen, was ohne Abhängigkeit von anderem gleich bleibt in allem Wechsel der Zeit: die *Substanz*; wir nennen das gleichbleibende Verhältnis

zwischen veränderlichen Größen: das sie verbindende *Gesetz*. Was wir direkt wahrnehmen, ist nur das letztere[54]. Der Begriff der Substanz kann nur durch erschöpfende Prüfungen gewonnen werden und bleibt immer problematisch, insofern weitere Prüfung vorbehalten wird. Früher galten Licht und Wärme als Substanzen, bis sich später herausstellte, daß sie vergängliche Bewegungsformen seien, und wir müssen immer noch auf neue Zerlegungen der jetzt bekannten chemischen Elemente gefaßt sein. Das erste Produkt des denkenden Begreifens der Erscheinung ist das *Gesetzliche*. Haben wir es so weit rein ausgeschieden, seine Bedingungen so vollständig und sicher abgegrenzt und zugleich so allgemein gefaßt, daß für alle möglicherweise eintretenden Fälle der Erfolg eindeutig bestimmt ist, und wir gleichzeitig die Überzeugung gewinnen, es habe sich bewährt und werde sich bewähren in aller Zeit und in allen Fällen: dann erkennen wir es als ein unabhängig von unserem Vorstellen Bestehendes an und nennen es die *Ursache*, d. h. das hinter dem Wechsel ursprünglich Bleibende und Bestehende; nur in diesem Sinne ist meiner Meinung nach die Anwendung des Wortes gerechtfertigt, wenn auch der gemeine Sprachgebrauch es in sehr verwaschener Weise überhaupt für Antezedens oder Veranlassung anwendet[55]. Insofern wir dann das Gesetz als ein unsere Wahrnehmung und den Ablauf der Naturprozesse Zwingendes, als eine unserem Willen gleichwertige Macht anerkennen, nennen wir es „*Kraft*"[56]. Dieser Begriff der uns entgegentretenden Macht ist unmittelbar durch die Art und Weise bedingt, wie unsere einfachsten Wahrnehmungen zustande kommen. Von Anfang an scheiden sich die Änderungen, die wir selbst durch unsere Willensakte machen, von solchen, die durch unseren Willen nicht gemacht, durch unseren Willen nicht zu beseitigen sind. Es ist namentlich der Schmerz, der uns von der Macht der Wirklichkeit die eindringlichste Lehre gibt. Der Nachdruck fällt hierbei auf die Beobachtungstatsache, daß der wahrgenommene Kreis der Präsentabilien nicht durch einen *bewußten* Akt unseres Vorstellens oder Willens gesetzt ist. Fichtes „*Nicht-Ich*" ist
132 hier der genau zutreffende negative Ausdruck[57]. Auch dem Träu|menden erscheint, was er zu sehen und zu fühlen glaubt, nicht durch seinen Willen oder durch die bewußte Verkettung seiner Vorstellungen hervorgerufen zu sein, wenn auch unbewußt das letztere in Wirklichkeit oft genug der Fall sein möchte; auch ihm ist es ein Nicht-Ich. Ebenso dem Idealisten, der es als die Vorstellungswelt des Weltgeistes ansieht.

Wir haben in unserer Sprache eine sehr glückliche Bezeichnung für dieses, was hinter dem Wechsel der Erscheinungen stehend auf uns einwirkt, nämlich: „das Wirkliche". Hierin ist nur das Wirken ausgesagt; es fehlt die Nebenbeziehung auf das Bestehen als Substanz, welche der Begriff des Reellen, d. h. des Sachlichen, einschließt. In den Begriff des Objektiven andererseits schiebt sich meist der Begriff des fertigen Bildes eines Gegenstandes ein, welcher nicht auf die ursprünglichsten Wahrnehmungen paßt. Auch bei dem folgerichtig Träumenden müßten wir diejenigen seelischen Zustände oder Motive, welche ihm die dem gegenwärtigen Stande seiner geträumten Welt gesetzmäßig entsprechenden Empfindungen zur Zeit unterschieben, als wirksam und wirklich bezeichnen. Andererseits ist klar, daß eine Scheidung von Gedachtem und Wirklichem erst möglich wird, wenn wir die Scheidung dessen, was das Ich ändern und nicht ändern kann, zu vollführen wissen. Diese wird aber erst möglich, wenn wir erkennen, welche gesetzmäßigen Folgen die Willensimpulse zur Zeit haben. Das Gesetzmäßige ist daher die wesentliche Voraussetzung für den Charakter des Wirklichen.

Daß es eine Contradictio in adjecto sei, das Reelle oder Kants „Ding an sich" in positiven Bestimmungen vorstellen zu wollen, ohne es doch in die Form unseres Vorstellens aufzunehmen, brauche ich Ihnen nicht auseinanderzusetzen. Das ist oft besprochen. Was wir aber erreichen können, ist die Kenntnis der gesetzlichen Ordnung im Reiche des Wirklichen, diese freilich nur dargestellt in dem Zeichensystem unserer Sinneseindrücke.

„Alles Vergängliche
Ist nur ein Gleichnis."

Daß wir Goethe hier und weiter mit uns auf demselben Wege finden, halte ich für ein günstiges Zeichen. Wo es sich um weite Ausblicke handelt, können wir seinem hellen und unbefangenen Blick für Wahrheit wohl vertrauen. Er verlangte von der Wissenschaft, sie solle nur eine künstlerische Anordnung der Tatsachen sein und keine abstrakten Begriffe darüber hinaus bilden, die ihm leere Namen zu sein schienen und die Tatsachen nur verdüsterten. In demselben Sinne etwa hat neuerdings Gustav Kirchhoff es als die Aufgabe der abstraktesten unter den Naturwissenschaften, der Mechanik, bezeichnet, die in der Natur vorkommenden Bewegungen
vollständig | und auf die einfachste Weise zu beschreiben[58]. Was das 133
„Verdüstern" betrifft, so geschieht dies in der Tat, wenn wir im Reiche der abstrakten Begriffe stehen bleiben und uns nicht den tatsächlichen Sinn derselben auseinanderlegen, d. h. uns klar machen, welche beobachtbaren neuen gesetzlichen Verhältnisse zwischen den Erscheinungen daraus folgen. Jede richtig gebildete Hypothese stellt ihrem tatsächlichen Sinne nach ein allgemeineres Gesetz der Erscheinungen hin, als wir bisher unmittelbar beobachtet haben; sie ist ein Versuch, zu immer allgemeinerer und umfassenderer Gesetzlichkeit aufzusteigen. Was sie an Tatsachen Neues behauptet, muß durch Beobachtung und Versuch geprüft und bestätigt

werden. Hypothesen, die einen solchen tatsächlichen Sinn nicht haben, oder überhaupt nicht sichere und eindeutige Bestimmungen für die unter sie fallenden Tatsachen geben, sind nur als wertlose Phrasen zu betrachten.

Jede Zurückführung der Erscheinungen auf die zugrunde liegenden Substanzen und Kräfte behauptet etwas Unveränderliches und Abschließendes gefunden zu haben. Zu einer unbedingten Behauptung dieser Art sind wir nie berechtigt; das erlaubt weder die Lückenhaftigkeit unseres Wissens noch die Natur der Induktionsschlüsse, auf denen all unsere Wahrnehmung des Wirklichen vom ersten Schritte an beruht.

Jeder Induktionsschluß stützt sich auf das Vertrauen, daß ein bisher beobachtetes gesetzliches Verhalten sich in allen noch nicht zur Beobachtung gekommenen Fällen bewähren werde. Es ist dies ein Vertrauen auf die Gesetzmäßigkeit allen Geschehens. Die Gesetzmäßigkeit aber ist die Bedingung der Begreifbarkeit. Vertrauen in die Gesetzmäßigkeit ist also zugleich Vertrauen auf die Begreifbarkeit der Naturerscheinungen. Setzen wir aber voraus, daß das Begreifen zu vollenden sein wird, daß wir ein letztes Unveränderliches als *Ursache* der beobachteten Veränderungen werden hinstellen können, so nennen wir das regulative Prinzip unseres Denkens, was uns dazu treibt, das *Kausalgesetz*. Wir können sagen, es spricht das Vertrauen auf die *vollkommene Begreifbarkeit* der Welt aus. Das Begreifen, in dem Sinne, wie ich es beschrieben habe, ist die Methode, mittels deren unser Denken die Welt sich unterwirft, die Tatsachen ordnet, die Zukunft voraus bestimmt. Es ist sein Recht und seine Pflicht, die Anwendung dieser Methode auf alles Vorkommende auszudehnen, und wirklich hat es auf diesem Wege schon große Ergebnisse geerntet. Für die Anwendbarkeit des Kausalgesetzes haben wir aber keine weitere Bürgschaft, als seinen Erfolg. Wir könnten in einer Welt leben, in der jedes Atom von jedem anderen verschieden wäre, und wo es nichts Ruhendes gäbe. Da würde keinerlei Regelmäßigkeit zu finden sein, und unsere Denktätigkeit müßte ruhen[59].

134 | Das Kausalgesetz ist wirklich ein a priori gegebenes, ein transzendentales Gesetz[60]. Ein Beweis desselben aus der Erfahrung ist nicht möglich; denn die ersten Schritte der Erfahrung sind nicht möglich, wie wir gesehen haben, ohne die Anwendung von Induktionsschlüssen, d. h. ohne das Kausalgesetz; und aus der vollendeten Erfahrung, wenn sie auch lehrte, daß alles bisher Beobachtete gesetzmäßig verlaufen ist – was zu versichern wir doch lange noch nicht berechtigt sind, – würde immer nur erst durch einen Induktionsschluß, d. h. unter Voraussetzung des Kausalgesetzes, folgen können, daß nun auch in Zukunft das Kausalgesetz gültig sein würde. Hier gilt nur der eine Rat: Vertraue und handle!

Das Unzulängliche
Dann wird's Ereignis.

Das wäre die Antwort, die wir auf die Frage zu geben haben: was ist Wahrheit in unserem Vorstellen? In dem, was mir immer als der wesentlichste Fortschritt in Kants Philosophie erschienen ist, stehen wir noch auf dem Boden seines Systems. In diesem Sinne habe ich auch in meinen bisherigen Arbeiten häufig die Übereinstimmung[61] der neueren Sinnesphysiologie mit Kants Lehren betont, aber damit freilich nicht gemeint, daß ich auch in allen untergeordneten Punkten in verba magistri zu schwören hätte. Als wesentlichsten Fortschritt der neueren Zeit glaube ich die Auflösung des Begriffs der Anschauung in die elementaren Vorgänge des Denkens betrachten zu müssen, die bei Kant noch fehlt, wodurch dann auch seine Auffassung der Axiome der Geometrie als transzendentaler Sätze bedingt ist. Es sind hier namentlich die physiologischen Untersuchungen über die Sinneswahrnehmungen gewesen, welche uns an die letzten elementaren Vorgänge des Erkennens hingeführt haben, die noch nicht in Worte faßbar, der Philosophie unbekannt und unzugänglich bleiben mußten, solange diese nur die in der Sprache ihren Ausdruck findenden Erkenntnisse untersuchte.

Denjenigen Philosophen freilich, welche die Neigung zu metaphysischen Spekulationen beibehalten haben, erscheint gerade das als das Wesentlichste an Kants Philosophie, was wir als einen von der ungenügenden Entwicklung der Spezialwissenschaften seiner Zeit abhängigen Mangel betrachtet haben. In der Tat stützt sich Kants Beweis für die Möglichkeit einer Metaphysik, von welcher angeblichen Wissenschaft er selbst doch nichts weiter zu entdecken wußte, ganz allein auf die Meinung, daß die Axiome der Geometrie und die verwandten Prinzipien der Mechanik transzendentale, a priori gegebene Sätze seien. Übrigens widerspricht sein ganzes System eigentlich der Existenz der Metaphysik, und die dunklen Punkte
seiner Erkenntnis|theorie, über deren Interpretation so viel gestritten wor- 135
den ist, stammen von dieser Wurzel ab.

Nach alledem hätte die Naturwissenschaft ihren sicheren Boden, auf dem feststehend sie die Gesetze des Wirklichen suchen kann, ein wunderbar reiches und fruchtbares Arbeitsfeld. Solange sie sich auf diese Tätigkeit beschränkt, wird sie von idealistischen Zweifeln nicht getroffen. Solche Arbeit mag bescheiden erscheinen im Vergleich zu den hochfliegenden Plänen der Metaphysiker.

Doch mit Göttern
Soll sich nicht messen
Irgendein Mensch.
Hebt er sich aufwärts
Und berührt
Mit dem Scheitel die Sterne,
Nirgends haften dann

Die unsichtbaren Sohlen,
Und mit ihm spielen
Wolken und Winde.

Steht er mit festen
Markigen Knochen
Auf der wohlgegründeten
Dauernden Erde:
Reicht er nicht auf,
Nur mit der Eiche
Oder der Rebe
Sich zu vergleichen.

Immerhin mag uns das Vorbild dessen, der dies sagte, lehren, wie ein Sterblicher, der wohl zu stehen gelernt hatte, auch wenn er mit dem Scheitel die Sterne berührte, noch das klare Auge für Wahrheit und Wirklichkeit behielt. Etwas von dem Blicke des Künstlers, von dem Blicke, der Goethe und auch Leonardo da Vinci zu großen wissenschaftlichen Gedanken leitete, muß der rechte Forscher immer haben. Beide, Künstler wie Forscher, streben, wenn auch in verschiedener Behandlungsweise, dem Ziele zu, neue Gesetzlichkeit zu entdecken. Nur muß man nicht müßiges Schwärmen und tolles Phantasieren für künstlerischen Blick ausgeben wollen. Der rechte Künstler und der rechte Forscher wissen beide recht zu arbeiten und ihrem Werke feste Form und überzeugende Wahrheitstreue zu geben.

Übrigens hat sich bisher die Wirklichkeit der treu ihren Gesetzen nachforschenden Wissenschaft immer noch viel erhabener und reicher enthüllt, als die äußersten Anstrengungen mythischer Phantasie und metaphysischer Spekulation sie auszumalen gewußt hatten. Was wollen alle die ungeheuerlichen Ausgeburten irdischer Träumerei, die Häufungen riesiger Dimen-
136 sionen und Zahlen sagen gegen die Wirk|lichkeit des Weltgebäudes, gegen die Zeiträume, in denen Sonne und Erde sich bildeten, in denen das Leben während der geologischen Geschichte sich entwickelte, in immer vollendeteren Formen sich den beruhigteren physikalischen Zuständen unseres Planeten anpassend.

Welche Metaphysik hat Begriffe vorbereitet von Wirkungen, wie sie Magnete und bewegte Elektrizität aufeinander ausüben, um deren Zurückführung auf wohlbestimmte Elementarwirkungen die Physik im Augenblick noch ringt, ohne zu einem klaren Abschluß gelangt zu sein. Aber schon scheint auch das Licht nichts als eine andere Bewegungsweise jener beiden Agentien, und der raumfüllende Äther erhält als magnetisierbares und elektrisierbares Medium ganz neue charakteristische Eigenschaften.

Und in welches Schema scholastischer Begriffe sollen wir diesen Vorrat von wirkungsfähiger Energie einreihen, dessen Konstanz das Gesetz von der

Erhaltung der Kraft aussagt, der, unzerstörbar und unvermehrbar wie eine Substanz, als Triebkraft in jeder Bewegung des leblosen, wie des lebendigen Stoffes tätig ist, ein Proteus, in immer neue Formen sich kleidend, durch den unendlichen Raum wirkend und doch nicht ohne Rest teilbar mit dem Raume, das Wirkende in jeder Wirkung, das Bewegende in jeder Bewegung, und doch nicht Geist und nicht Materie? – Hat ihn der Dichter geahnt?

In Lebensfluten, in Tatensturm,
Wall' ich auf und ab,
Webe hin und her!
Geburt und Grab,
Ein ewiges Meer,
Ein wechselnd Weben,
Ein glühend Leben,
So schaff' ich am sausenden Webstuhl der Zeit,
Und wirke der Gottheit lebendiges Kleid.

Wir, Stäubchen auf der Fläche unseres Planeten, der selbst kaum ein Sandkorn im unendlichen Raume des Weltalls zu nennen ist, wir, das jüngste Geschlecht unter den Lebendigen der Erde, nach geologischer Zeitrechnung kaum der Wiege entstiegen, noch im Stadium des Lernens, kaum halb erzogen, mündig gesprochen nur aus gegenseitiger Rücksicht, und doch schon durch den kräftigeren Antrieb des Kausalgesetzes über alle unsere Mitgeschöpfe hinausgewachsen und sie im Kampf um das Dasein bezwingend, haben wahrlich Grund genug, stolz zu sein, daß es uns gegeben ist, „die unbegreiflich hohen Werke" in treuer Arbeit langsam verstehen zu lernen, und wir brauchen uns nicht im mindesten beschämt zu fühlen, wenn dies nicht gleich im ersten Ansturm eines Ikarusfluges gelingt.

Beilagen zu dem Vortrag „Die Tatsachen in der Wahrnehmung" 137

I. Über die Lokalisation der Empfindungen innerer Organe Zu Seite 118

Es könnte hier in Frage kommen, ob nicht die physiologischen und pathologischen Empfindungen innerer Organe des Körpers mit den Seelenzuständen in dieselbe Kategorie fallen müßten, insofern viele von ihnen ebenfalls durch Bewegungen nicht, oder wenigstens nicht erheblich geändert werden[62]. Nun gibt es in der Tat solche Empfindungen zweideutigen Charakters, wie die der Niedergeschlagenheit, Melancholie, Angst, welche ebensogut aus körperlichen, wie aus psychischen Ursachen entstehen können, und bei denen auch jede Vorstellung einer besonderen Lokalisation fehlt[63]. Höchstens macht sich bei der Angst die Gegend des Herzens in unbestimmter Weise als Sitz der Empfindung geltend, wie denn überhaupt die ältere Ansicht, daß das Herz Sitz vieler psychischer Gefühle sei, sich offenbar davon herleitete, daß dieses Organ durch solche häufig in veränderte Bewegung gesetzt wird, welche Bewegung man teils direkt, teils indirekt durch die aufgelegte Hand fühlt. So entsteht also eine Art falscher körperlicher Lokalisation für wirklich psychische Zustände. In Krankheitszuständen geht das noch viel weiter. Ich entsinne mich, als junger Arzt einen melancholischen Schuhmacher gesehen zu haben, welcher zu fühlen glaubte, daß sein Gewissen sich zwischen Herz und Magen gedrängt habe.

Andererseits gibt es doch eine Reihe körperlicher Empfindungen, wie Hunger, Durst, Übersättigung, neuralgische und entzündliche Schmerzen, die wir, wenn auch unbestimmt, als körperliche lokalisieren und nicht für psychisch halten, obgleich sie durch Bewegungen des Körpers kaum verändert werden. Die meisten entzündlichen und rheumatischen Schmerzen freilich werden durch Druck auf die Teile oder durch Bewegung der Teile, in denen sie ihren Sitz haben, erheblich gesteigert. Sie sind aber auch im gegenteiligen Falle, ebenso wie die neuralgischen Schmerzen, wohl nur als höhere Intensitäten normal vorkommender Druck- und Spannungsgefühle der betreffenden Teile anzusehen. Die Art der Lokalisation gibt dabei häufig eine Hindeutung auf die Veranlassungen, bei denen wir etwas über den Ort der Empfindung erfahren haben. So werden fast alle Empfindungen der Baucheingeweide an bestimmten Stellen der vorderen Bauchwand verlegt, selbst für solche Organe, die, wie das Duodenum, Pancreas, Milz usw., der hinteren Wand des Rumpfes näher liegen. Aber
138 Druck von außen | kann alle diese Organe fast nur durch die nachgiebige vordere Bauchwand, nicht durch die dicken Muskelschichten zwischen Rippen, Wirbelsäule und Hüftbein treffen. Ferner ist sehr merkwürdig, daß bei Zahnschmerzen von Beinhautentzündung eines Zahnes die Patienten im Anfang gewöhnlich unsicher sind, ob von einem Paar übereinander stehender Zähne der obere oder der untere leidet. Man muß erst kräftig auf die beiden Zähne drücken, um zu finden, welcher die Schmerzen macht. Sollte dies nicht davon herrühren, daß Druck auf die Beinhaut der Zahnwurzel im normalen Zustande nur beim Kauen vorzukommen pflegt, und dabei immer beide Zähne jedes Paares gleichzeitig gleich starken Druck erleiden?

Gefühl der Übersättigung ist Empfindung von Fülle des Magens, welches durch Druck auf die Herzgrube deutlich gesteigert wird, während das Gefühl des Hungers durch denselben Druck sich einigermaßen vermindert.

Dadurch kann deren Lokalisation in der Herzgrube veranlaßt sein. Übrigens wenn wir annehmen, daß den an denselben Stellen des Körpers endigenden Nerven die gleichen Lokalzeichen zukommen, würde die deutliche Lokalisation einer Empfindung eines solchen Organs auch für die anderen Empfindungen desselben genügen.

Dies gilt wohl auch für den Durst, insoweit derselbe Empfindung von Trockenheit des Schlundes ist. Das damit verbundene allgemeinere Gefühl von Wassermangel des Körpers, welches durch Benetzen des Mundes und Halses nicht beseitigt wird, ist dagegen nicht bestimmt lokalisiert.

Das in seiner Qualität eigentümliche Gefühl des Atmungsbedürfnisses, der sogenannte Lufthunger, wird durch Atmungsbewegungen gemindert, und danach lokalisiert. Doch scheiden sich nur unvollkommen die Empfindungen für Atmungshemmnisse der Lungen und für Zirkulationshemmnisse, falls letztere nicht mit fühlbaren Änderungen des Herzschlages verbunden sind. Vielleicht ist diese Scheidung nur deshalb so unvollkommen, weil Störungen der Atmung auch in der Regel gesteigerte Herzaktion hervorrufen, und gestörte Herzaktion die Befriedigung des Atmungsbedürfnisses erschwert.

Zu beachten ist übrigens, daß wir von der Form und den Bewegungen so außerordentlich fein empfindlicher und dabei sicher und geschickt bewegter Teile, wie es unser Gaumensegel, Kehldeckel und Kehlkopf sind, ohne anatomische und physiologische Studien gar keine Vorstellung haben, da wir sie ohne optische Werkzeuge nicht sehen und sie auch nicht leicht betasten können. Ja trotz aller wissenschaftlichen Untersuchungen wissen wir noch nicht alle ihre Bewegungen mit Sicherheit zu beschreiben, z. B. nicht die bei Hervorbringung der Fistelstimme eintretenden Bewegungen des Kehlkopfes. Hätten wir angeborene Lokalisationskenntnis für unsere mit Tastempfindung | versehenen Organe, so müßten wir eine solche doch 139
für den Kehlkopf ebensogut, wie für die Hände erwarten. In der Tat aber reicht unsere Kenntnis von der Form, Größe, Bewegung unserer eigenen Organe nur gerade so weit, als wir diese sehen und betasten können[64].

Die außerordentlich mannigfaltigen und fein auszuführenden Bewegungen des Kehlkopfs lehren uns auch noch betreffs der Beziehung zwischen dem Willensakt und seiner Wirkung, daß, was wir zunächst und unmittelbar zu bewirken verstehen, nicht die Innervation eines bestimmten Nerven oder Muskels ist, auch nicht immer eine bestimmte Stellung der beweglichen Teile unseres Körpers, sondern es ist die erste beobachtbare äußere Wirkung. So weit wir durch Auge und Hand die Stellung der Körperteile ermitteln können, ist letztere die erste beobachtbare Wirkung, auf die sich die bewußte Absicht im Willensakt bezieht. Wo wir das nicht können, wie beim Kehlkopf und den hinteren Mundteilen, sind die verschiedenen

Modifikationen der Stimme, des Atmens, Schlingens usw. diese nächsten Wirkungen.

Die Bewegungen des Kehlkopfs, obgleich hervorgerufen durch Innervationen, die den zur Bewegung der Glieder gebrauchten vollkommen gleichartig sind, kommen also bei der Beobachtung von Raumveränderungen nicht in Betracht. Ob aber der sehr deutliche und mannigfaltige Ausdruck von Bewegung, den die Musik hervorbringt, nicht vielleicht darauf zurückzuführen ist, daß die Änderung der Tonhöhe im Gesang durch Muskelinnervation hervorgebracht wird, also durch dieselbe Art der inneren Tätigkeit, wie die Bewegung der Glieder, wäre noch zu fragen.

Auch für die Bewegungen der Augen besteht ein ähnliches Verhältnis. Wir wissen alle sehr wohl den Blick auf eine bestimmte Stelle des Gesichtsfeldes hinzurichten, d. h. zu bewirken, daß deren Bild auf die zentrale Grube der Netzhaut fällt. Ungebildete Personen aber wissen nicht, wie sie die Augen dabei bewegen, und wissen nicht immer der Aufforderung eines Augenarztes, daß sie die Augen etwa nach rechts drehen sollen, wenn dies in dieser Form ausgesprochen wird, Folge zu leisten. Ja selbst Gebildete wissen zwar einen nahe vor die Nase gehaltenen Gegenstand anzusehen, wobei sie nach innen schielen; aber der Aufforderung nach innen zu schielen, ohne daß ein entsprechendes Objekt da wäre, wissen sie nicht Folge zu leisten.

140

II. Der Raum kann transzendental sein, ohne daß es die Axiome sind Zu Seite 122

Fast von allen philosophischen Gegnern der metamathematischen Untersuchungen sind beide Behauptungen als identisch behandelt worden, was sie keineswegs sind[65)]. Das hat Herr Benno Erdmann[9] schon ganz klar in der den Philosophen geläufigen Ausdrucksweise auseinandergesetzt[66)]. Ich selbst habe es betont in einer gegen die Einwürfe von Herrn Land in Leyden gerichteten Antwort[10]. Obgleich der Verfasser der neuesten Gegenschrift, Herr Albrecht Krause[11], beide Abhandlungen zitiert, sind doch auch bei ihm wieder von sieben Abschnitten die ersten fünf zur Verteidigung der transzendentalen Natur der Anschauungsformen des Raumes bestimmt, und nur zwei behandeln die Axiome[67)]. Der Verfasser ist allerdings nicht bloß Kantianer, sondern Anhänger der extremsten nativisti-

[9] Die Axiome der Geometrie. Leipzig 1877. Kapitel III.

[10] *Mind*, a Quarterly Review. London und Edinburgh. Vol. III, p. 212 (April 1878).

[11] „Kant und Helmholtz" von A. Krause. Lahr 1878.

schen Theorien in der physiologischen Optik und betrachtet den ganzen Inhalt dieser Theorien als eingeschlossen in Kants System der Erkenntnistheorie, wozu doch nicht die geringste Berechtigung vorläge[68)], selbst wenn Kants individuelle Meinung, dem unentwickelten Zustande der physiologischen Optik seiner Zeit entsprechend, ungefähr so gewesen sein sollte. Die Frage, ob die Anschauung mehr oder weniger weit in begriffliche Bildungen aufzulösen sei, war damals noch nicht aufgeworfen worden[69)]. Übrigens schreibt Herr Krause mir Vorstellungen über Lokalzeichen, Sinnengedächtnis, Einfluß der Netzhautgröße usw. zu, die ich nie gehabt und nie vorgetragen habe, oder die zu widerlegen ich mich ausdrücklich bemüht habe. Unter Sinnengedächtnis habe ich stets nur das Gedächtnis für unmittelbare sinnliche Eindrücke, die nicht in Wortfassung gebracht sind, bezeichnet, aber würde gegen die Behauptung, dieses Sinnengedächtnis habe seinen Sitz in den peripherischen Sinnesorganen, stets lebhaft protestiert haben. Ich habe Versuche ausgeführt und beschrieben zu dem Zwecke, um zu zeigen, daß wir selbst mit gefälschten Netzhautbildern, z. B. durch Linsen, durch konvergierende, divergierende oder seitlich ablenkende Prismen sehend, schnell die Täuschung überwinden lernen und wieder richtig sehen, und dann wird mir S. 41 von Herrn Krause untergeschoben, ein Kind müßte alles kleiner sehen, als ein Erwachsener, weil sein Auge kleiner ist. Vielleicht überzeugt der vorstehende Vortrag den genannten Autor, daß er den Sinn meiner empiristischen Theorie der Wahrnehmung bisher gänzlich mißverstanden hat. | 141

Was Herr Krause in den Abschnitten über die Axiome einwendet, ist zum Teil in dem vorstehenden Vortrage erledigt, z. B. die Gründe warum die anschauliche Vorstellung eines bisher noch nie beobachteten Objekts *schwer* sein könne. Dann folgt mit Bezug auf meine in dem Vortrage über die Axiome der Geometrie[12] zur Veranschaulichung des Verhältnisses der verschiedenen Geometrien gemachten Annahme flächenhafter Wesen, die auf einer Ebene oder Kugel leben, eine Auseinandersetzung, daß auf der Kugel zwar zwei oder viele „geradeste"[13] Linien zwischen zwei Punkten existieren könnten, das Axiom des Euklides aber von der einen „geraden" Linie spräche. Für die Flächenwesen auf der Kugel aber hat die gerade Verbindungslinie zwischen zwei Punkten der Kugelfläche, nach den gemachten Annahmen gar keine reale Existenz in ihrer Welt. Die „geradeste" Linie ihrer Welt wäre eben für sie, was für uns die „gerade" ist. Herr Krause macht zwar den Versuch, die gerade Linie als die Linie von nur einer Richtung zu definieren. Wie soll man aber Richtung definieren; doch wieder nur durch

[12] Siehe S. 1 dieses Bandes.

[13] So hatte ich die kürzesten oder geodätischen Linien benannt.

die gerade Linie. Hier bewegen wir uns in einem Circulus vitiosus. Richtung ist sogar der speziellere Begriff, denn in jeder geraden Linie gibt es zwei entgegengesetzte Richtungen.

Dann folgt eine Auseinandersetzung, daß, wenn die Axiome Erfahrungssätze wären, wir von ihrer Richtigkeit nicht absolut überzeugt sein könnten, wie wir es doch wären. Darum dreht sich ja eben der Streit. Herr Krause ist überzeugt, wir würden Messungen, die gegen die Richtigkeit der Axiome sprächen, nicht glauben[70)]. Darin mag er wohl in bezug auf eine große Anzahl von Menschen Recht haben, die einem auf alte Autorität gestützten Satze, der mit allen ihren übrigen Kenntnissen eng verwoben ist, lieber trauen als ihrem eigenen Nachdenken. Bei einem Philosophen sollte es doch anders sein. Die Menschen haben sich auch gegen die Kugelgestalt der Erde, gegen deren Bewegung, gegen die Existenz von Meteorsteinen lange genug höchst ungläubig verhalten. Übrigens ist an seiner Behauptung richtig, daß es sich empfiehlt, in der Prüfung der Beweisgründe gegen Sätze von alter Autorität um so strenger zu sein, je länger sich dieselben bisher in der Erfahrung vieler Generationen als tatsächlich richtig erwiesen haben. Schließlich aber müssen doch die Tatsachen und nicht die vorgefaßten Meinungen oder Kants Autorität entscheiden. Ferner ist richtig, wenn die Axiome Naturgesetze sind, daß sie natürlich an der nur approximativen Erweisbarkeit aller Naturgesetze durch Induktion Teil haben. Aber der Wunsch, exakte Gesetze kennen zu wollen, ist noch kein Beweis dafür, daß
142 es solche gibt. Sonderbar jedoch ist es, daß Herr A. Krause, | der die Ergebnisse wissenschaftlicher Messung wegen ihrer begrenzten Genauigkeit verwirft, für die transzendentale Anschauung sich mit den Schätzungen durch das Augenmaß beruhigt (S. 62), um zu erweisen, daß wir gar keiner Messungen bedürften, um uns von der Richtigkeit der Axiome zu überzeugen. Das heißt doch Freund und Feind mit verschiedenem Maße messen! Als ob nicht jeder Zirkel aus dem schlechtesten Reißzeuge Genaueres leistete als das beste Augenmaß, selbst abgesehen von der Frage, die sich mein Gegner gar nicht stellt, ob das letztere angeboren und a priori gegeben oder nicht auch erworben sei.

Großen Anstoß hat der Ausdruck *Krümmungsmaß* in seiner Anwendung auf den Raum von drei Dimensionen bei philosophischen Schriftstellern erregt[14]. Nun bezeichnet der Name eine gewisse von Riemann definierte Größe, welche, für Flächen berechnet, zusammenfällt mit dem, was Gauß Krümmungsmaß der Flächen genannt hat. Diesen Namen haben die Geometer als kurze Bezeichnung für den allgemeineren Fall von mehr als zwei Dimensionen beibehalten. Der Streit bewegt sich hier nur um den

[14] Z. B. bei A. Krause, l. c., S. 84.

Namen, und um nichts als den Namen für einen übrigens wohl definierten Größenbegriff[71].

III. Die Anwendbarkeit der Axiome auf die physische Welt[72] Zu Seite 125

Ich will hier die Folgerungen entwickeln, zu denen wir gedrängt würden, wenn Kants Hypothese von dem transzendentalen Ursprunge der geometrischen Axiome richtig wäre und erörtern, welchen Wert alsdann diese unmittelbare Kenntnis der Axiome für unsere Beurteilung der Verhältnisse der objektiven Welt haben würde[15].

§ 1

Ich werde in diesem ersten Abschnitte zunächst in der realistischen Hypothese[73] stehen bleiben und deren Sprache reden, also annehmen, daß die Dinge, welche wir objektiv wahrnehmen, reell bestehen und | auf unsere 143
Sinne wirken. Ich tue dies zunächst nur, um die einfache und verständliche Sprache des gewöhnlichen Lebens und der Naturwissenschaft reden zu können, und dadurch den Sinn dessen, was ich meine, auch für Nichtmathematiker verständlich auszudrücken. Ich behalte mir vor, im folgenden Paragraphen die realistische Hypothese fallen zu lassen und die entsprechende Auseinandersetzung in abstrakter Sprache und ohne jede besondere Voraussetzung über die Natur des Realen zu wiederholen.

Zunächst müssen wir von derjenigen Gleichheit oder Kongruenz der Raumgrößen, wie sie nach der gemachten Annahme aus transzendentaler Anschauung fließen könnte, diejenige Gleichwertigkeit derselben unterscheiden, welche durch Messung mit physischen Hilfsmitteln zu konstatieren ist[74].

Physisch gleichwertig nenne ich Raumgrößen, in denen unter gleichen Bedingungen und in gleichen Zeitabschnitten die gleichen physikalischen Vorgänge bestehen und ablaufen können[75]. Der unter geeigneten Vorsichtsmaßregeln am häufigsten zur Bestimmung physisch gleichwertiger

[15] Also, um neue Mißverständnisse zu verhüten, wie sie bei Herrn A. Krause, l. c., S. 84 vorkommen: nicht ich bin es, „der einen transzendentalen Raum mit ihm eigenen Gesetzen kennt", sondern ich suche hier die Konsequenzen aus der von mir für unerwiesen und unrichtig betrachteten Hypothese Kants zu ziehen, wonach die Axiome durch transzendentale Anschauung gegebene Sätze sein sollen, um nachzuweisen, daß eine auf solcher Anschauung beruhende Geometrie gänzlich unnütz für objektive Erkenntnis sein würde.

Raumgrößen gebrauchte Prozeß ist die Übertragung starrer Körper, wie der Zirkel und Maßstäbe, von einem Orte zum anderen. Übrigens ist es ein ganz allgemeines Ergebnis aller unserer Erfahrungen, daß, wenn die Gleichwertigkeit zweier Raumgrößen durch irgendwelche dazu ausreichende Methode physikalischer Messung erwiesen worden ist, dieselben sich auch allen anderen bekannten physikalischen Vorgängen gegenüber als gleichwertig erweisen[76)]. Physische Gleichwertigkeit ist also eine vollkommen bestimmte eindeutige objektive Eigenschaft der Raumgrößen, und offenbar hindert uns nichts, durch Versuche und Beobachtungen zu ermitteln, wie physische Gleichwertigkeit eines bestimmten Paares von Raumgrößen abhängt von der physischen Gleichwertigkeit anderer Paare solcher Größen. Dies würde uns eine Art von Geometrie geben, die ich einmal für den Zweck unserer gegenwärtigen Untersuchung *physische Geometrie*[77)] nennen will, um sie zu unterscheiden von der Geometrie, die auf die hypothetisch angenommene transzendentale Anschauung des Raumes gegründet wäre. Eine solche rein und absichtlich durchgeführte physische Geometrie würde offenbar möglich sein und vollständig den Charakter einer Naturwissenschaft haben.

Schon deren erste Schritte würden uns auf Sätze führen, welche den Axiomen entsprächen, wenn nur statt der transzendentalen Gleichheit der Raumgrößen ihre physische Gleichwertigkeit gesetzt wird.

Sobald wir nämlich eine passende Methode gefunden hätten, um zu bestimmen, ob die Entfernungen je zweier Punktpaare einander gleich (d. h.
144 physisch gleichwertig) sind, würden wir auch den besonderen | Fall unterscheiden können, wo drei Punkte a, b, c so liegen, daß außer b kein zweiter Punkt zu finden ist, der dieselben Entfernungen von a und c hätte wie b. Wir sagen in diesem Falle, daß die drei Punkte in gerader Linie liegen.

Wir würden dann imstande sein, drei Punkte A, B, C zu suchen, die alle drei gleiche Entfernung voneinander haben, also die Ecken eines gleichseitigen Dreiecks darstellen. Dann könnten wir zwei neue Punkte suchen b und c, beide gleich weit von A entfernt, und b mit A und B, c mit A und C in gerader Linie liegend. Alsdann entstände die Frage: Ist das neue Dreieck Abc auch gleichseitig, wie ABC; ist also $bc = Ab = Ac$? Die euklidische Geometrie antwortet: ja; die *sphärische* behauptet: $bc > Ab$, wenn $Ab < AB$; und die pseudosphärische: $bc < Ac$ unter derselben Bedingung[78)]. Schon hier kämen die Axiome zur tatsächlichen Entscheidung. Ich habe dieses einfache Beispiel gewählt, weil wir dabei nur mit der Messung von Gleichheit oder Ungleichheit der Entfernungen von Punkten, beziehlich mit der Bestimmtheit oder Unbestimmtheit der Lage gewisser Punkte zu tun haben, und weil gar keine zusammengesetzteren Raumgrößen, gerade Linien oder Ebenen konstruiert zu werden brauchen.

Das Beispiel zeigt, daß diese physische Geometrie ihre die Stelle der Axiome einnehmenden Sätze haben würde.

So weit ich sehe, kann es auch für den Anhänger der Kantschen Theorie nicht zweifelhaft sein, daß es möglich wäre, in der beschriebenen Weise eine rein erfahrungsmäßige Geometrie zu gründen, wenn wir noch keine hätten. In dieser würden wir es nur mit beobachtbaren empirischen Tatsachen und deren Gesetzen zu tun haben. Die Wissenschaft, die auf solche Weise gewonnen wäre, würde nur insofern eine von der Beschaffenheit der im Raum enthaltenen physischen Körper unabhängige Raumlehre sein, als die Voraussetzung zuträfe, daß physische Gleichwertigkeit immer für alle Arten physischer Vorgänge gleichzeitig eintritt.

Aber Kants Anhänger behaupten, daß es neben einer solchen physischen auch eine *reine Geometrie* gäbe, die allein auf transzendentale Anschauung gegründet sei, und daß diese in der Tat diejenige Geometrie sei, die bisher wissenschaftlich entwickelt wurde. Bei dieser hätten wir es gar nicht mit physischen Körpern und deren Verhalten bei Bewegungen zu tun, sondern wir könnten, ohne durch Erfahrung von solchen irgend etwas zu wissen, durch innere Anschauung uns Vorstellungen bilden von absolut unveränderlichen und unbeweglichen Raumgrößen, Körpern, Flächen, Linien, die, ohne daß sie jemals durch Bewegung, die nur physischen Körpern zukommt, zur Deckung gebracht würden, doch im Verhältnis der Gleichheit und Kongruenz zueinander ständen[16].

| Ich erlaube mir hervorzuheben, daß diese innere Anschauung von Geradheit der Linien, Gleichheit von Entfernungen oder von Winkeln absolute Genauigkeit haben müßte; sonst würden wir durchaus nicht berechtigt sein, darüber zu entscheiden, ob zwei gerade Linien, unendlich verlängert, sich nur einmal, oder auch vielleicht wie größte Kreise auf der Kugel zweimal schneiden, noch zu behaupten, daß jede gerade Linie, welche eine von zwei Parallellinien, mit denen sie in derselben Ebene liegt, schneidet, auch die andere schneiden müsse[79)]. Man muß nicht das so unvollkommene Augenmaß für die transzendentale Anschauung unterschieben wollen, welche letztere absolute Genauigkeit fordert[80)]. 145

Gesetzten Falls, wir hätten nun eine solche transzendentale Anschauung von Raumgebilden, ihrer Gleichheit und ihrer Kongruenz, und könnten uns durch wirklich genügende Gründe überzeugen, daß wir sie haben: so würde sich allerdings daraus ein System der Geometrie herleiten lassen, welches unabhängig von allen Eigenschaften der physischen Körper wäre, eine reine, transzendentale Geometrie. Auch diese Geometrie würde ihre Axiome haben. Es ist aber klar, auch nach Kantschen Prinzipien, daß

[16] Land in Mind. II., p. 41. – A. Krause, l. c., S. 62.

die Sätze dieser hypothetischen reinen Geometrie nicht notwendig mit denen der physischen übereinzustimmen brauchten. Denn die eine redet von Gleichheit der Raumgrößen in innerer Anschauung, die andere von physischer Gleichwertigkeit. Diese letztere hängt offenbar ab von empirischen Eigenschaften der Naturkörper und nicht bloß von der Organisation unseres Geistes.

Dann wäre also zu untersuchen, ob die beiden besprochenen Arten der Gleichheit notwendig immer zusammenfallen. Durch Erfahrung ist darüber nicht zu entscheiden. Hat es einen Sinn zu fragen, ob zwei Paare Zirkelspitzen nach transzendentaler Anschauung gleiche oder ungleiche Längen umfassen? Ich weiß damit keinen Sinn zu verbinden und soweit ich die neueren Anhänger Kants verstanden habe, glaube ich annehmen zu dürfen, daß auch sie mit Nein antworten würden. Das Augenmaß dürfen wir uns, wie gesagt, hierbei nicht unterschieben lassen.

Könnte nun etwa aus Sätzen der reinen Geometrie gefolgert werden, daß die Entfernungen der beiden Zirkelspitzenpaare gleich groß seien? Dazu müßten geometrische Beziehungen zwischen diesen Entfernungen und anderen Raumgrößen bekannt sein, von welchen letzteren man direkt wissen müßte, daß sie im Sinne der transzendentalen Anschauung gleich seien. Da man dies nun direkt nie wissen kann, so kann man es auch durch geometrische Schlüsse niemals folgern.

Wenn der Satz, daß beide Arten räumlicher Gleichheit identisch sind, nicht durch Erfahrung gefunden werden kann, so müßte er ein metaphy-
146 sischer Satz sein und einer Denknotwendigkeit entsprechen. | Dann würde eine solche aber nicht nur die Form empirischer Erkenntnisse, sondern auch ihren Inhalt bestimmen, – wie zum Beispiel bei der oben angeführten Konstruktion zweier gleichseitiger Dreiecke[81)], – eine Folgerung, welche Kants Prinzipien geradezu widersprechen würde. Dann würde das reine Anschauen und Denken mehr leisten, als Kant zuzugeben geneigt ist.

Gesetzten Falls endlich, daß die physische Geometrie eine Reihe allgemeiner Erfahrungssätze gefunden hätte, die mit den Axiomen der reinen Geometrie gleichlautend wären: so würde daraus höchstens folgen, daß die Übereinstimmung zwischen physischer Gleichwertigkeit der Raumgrößen und ihrer Gleichheit in reiner Raumanschauung eine zulässige Hypothese sei, die zu keinem Widerspruch führt. Sie würde aber nicht die einzig mögliche Hypothese sein. Der physische Raum und der Raum der Anschauung könnten sich zueinander auch verhalten, wie der wirkliche Raum zu seinem Abbild in einem Konvexspiegel[17].

[17] Siehe meinen Vortrag über die Axiome in der Geometrie S. 1 dieses Bandes.

Daß die physische Geometrie und die transzendentale nicht notwendig übereinzustimmen brauchen, geht daraus hervor, daß wir sie uns tatsächlich als nicht übereinstimmend vorstellen können.

Die Art, wie eine solche Inkongruenz zur Erscheinung kommen würde, ergibt sich schon aus dem, was ich in einem früheren Aufsatze[18] auseinandergesetzt habe. Nehmen wir an, daß die physikalischen Messungen einem pseudosphärischen Raume entsprächen. Der sinnliche Eindruck von einem solchen bei Ruhe des Beobachters und der beobachteten Objekte würde derselbe sein, als wenn wir Beltramis kugeliges Modell im euklidischen Raume vor uns hätten, wobei der Beobachter sich im Mittelpunkt befände. Sowie aber der Beobachter seinen Platz wechselte, würde das Zentrum der Projektionskugel mit dem Beobachter wandern müssen und die ganze Projektion sich verschieben. Für einen Beobachter, dessen Raumanschauungen und Schätzungen von Raumgrößen entweder aus transzendentaler Anschauung oder als Resultat der bisherigen Erfahrung im Sinne der euklidischen Geometrie gebildet wären, würde also der Eindruck entstehen, daß, so wie er selbst sich bewegt, auch alle von ihm gesehenen Objekte sich in einer bestimmten Weise verschieben und nach verschiedenen Richtungen verschieden sich dehnen und zusammenziehen. In ähnlicher Weise, nur nach quantitativ abweichenden Verhältnissen, sehen wir auch in unserer objektiven Welt die perspektivische relative Lage und die scheinbare Größe der Objekte von verschiedener Entfernung wechseln, so wie der Beobachter sich bewegt. Wie wir nun | tatsächlich imstande sind, aus diesen wechseln- 147
den Gesichtsbildern zu erkennen, daß die Objekte rings um uns ihre relative gegenseitige Lage und Größe nicht verändern, so lange die perspektivischen Verschiebungen genau dem in der bisherigen Erfahrung bewährten Gesetze entsprechen, welchem sie bei ruhenden Objekten unterworfen sind, wie wir dagegen bei jeder Abweichung von diesem Gesetze auf Bewegung der Objekte schließen: so würde, wie ich selbst, als Anhänger der empiristischen Theorie der Wahrnehmung, glaube voraussetzen zu dürfen, auch jemand, der aus dem euklidischen Raume in den pseudosphärischen überträte, anfangs zwar Scheinbewegungen der Objekte zu sehen glauben, aber sehr bald lernen, eine Schätzung der Raumverhältnisse den neuen Bedingungen anzupassen.

Dies letztere ist aber eine Voraussetzung, die nur nach der Analogie dessen, was wir sonst von den Sinneswahrnehmungen wissen, gebildet ist, und durch den Versuch nicht geprüft werden kann. Nehmen wir also an, die Beurteilung der Raumverhältnisse bei einem solchen Beobachter könnte

[18] Über die Axiome der Geometrie S. 1 dieses Bandes.

nicht mehr geändert werden, weil sie mit angeborenen Formen der Raumanschauung zusammenhinge: so würde derselbe doch schnell ermitteln, daß die Bewegungen, die er zu sehen glaubt, nur Scheinbewegungen sind, da sie immer wieder zurückgehen, wenn er selbst sich auf seinen ersten Standpunkt zurückbegibt; oder ein zweiter Beobachter würde konstatieren können, daß Alles in Ruhe bleibt, während der erste den Ort wechselt. Wenn also vielleicht auch nicht vor der unreflektierten Anschauung, würde doch bald vor der wissenschaftlichen Untersuchung sich herausstellen können, welches die physikalisch konstanten Raumverhältnisse sind, etwa so wie wir selbst durch wissenschaftliche Untersuchungen wissen, daß die Sonne feststeht und die Erde rotiert, trotzdem der sinnliche Schein fortbesteht, daß die Erde stillsteht und die Sonne in 24 Stunden einmal um sie herumläuft.

Dann aber würde diese ganze vorausgesetzte transzendentale Anschauung a priori in den Rang einer *Sinnestäuschung*, eines *objektiv falschen Scheines* herabgesetzt werden, von der wir uns zu befreien und die wir zu vergessen suchen müßten, wie es bei der scheinbaren Bewegung der Sonne der Fall ist. Es würde dann ein Widerspruch sein zwischen dem, was nach der angeborenen Anschauung als räumlich gleichwertig erscheint, und dem, was in den objektiven Phänomenen sich als solches erweist. Unser ganzes wissenschaftliches und praktisches Interesse würde an das letztere geknüpft sein. Die transzendentale Anschauungsform würde die physikalisch gleichwertigen Raumverhältnisse nur so darstellen, wie eine ebene Landkarte die Oberfläche der Erde, sehr kleine Stücke und Streifen richtig, größere dagegen notwendig falsch. Es würde sich dann nicht bloß um die
148 *Er|scheinungsweise* handeln, die ja notwendig eine Modifikation des darzustellenden Inhalts bedingt, sondern darum, daß die Beziehungen zwischen Erscheinung und Inhalt, die für engere Grenzen Übereinstimmung zwischen beiden herstellen, auf weitere Grenzen ausgedehnt einen *falschen Schein* geben würden[82)].

Die Folgerung, welche ich aus diesen Betrachtungen ziehe, ist diese: Wenn es wirklich eine uns angeborene und unvertilgbare Anschauungsform des Raumes mit Einschluß der Axiome gäbe, so würden wir zu ihrer objektiven wissenschaftlichen Anwendung auf die Erfahrungswelt erst berechtigt sein, wenn durch Beobachtung und Versuch konstatiert wäre, daß die nach der vorausgesetzten transzendentalen Anschauung gleichwertigen Raumteile auch physisch gleichwertig seien. Diese Bedingung trifft zusammen mit Riemanns Forderung, daß das Krümmungsmaß des Raumes, in dem wir leben, empirisch durch Messung bestimmt werden müsse.

Die bisher ausgeführten Messungen dieser Art haben keine merkliche Abweichung des Wertes dieses Krümmungsmaßes von Null ergeben. Als tatsächlich richtig innerhalb der bis jetzt erreichten Grenzen der Genauigkeit des Messens können wir die Euklidische Geometrie also allerdings ansehen[83)].

§ 2

Die Erörterungen des ersten Paragraphen blieben ganz im Gebiete des Objektiven und des realistischen Standpunkts des Naturforschers, wobei die begriffliche Fassung der Naturgesetze der Endzweck ist und die Kenntnis durch Anschauung nur eine erleichternde Hilfe, beziehlich ein zu beseitigender falscher Schein.

Herr Professor Land glaubt nun, daß ich bei meinen Auseinandersetzungen die Begriffe des *Objektiven* und des *Realen* verwechselt hätte, daß bei meiner Behauptung, die geometrischen Sätze könnten an der Erfahrung geprüft und durch sie bestätigt werden, unbegründeter Weise vorausgesetzt sei (Mind. II., p. 46) „that empirical knowledge is acquired by simple importation or by counterfeit, and not by peculiar operations of the mind, solicited by varied impulses from an unknown reality". Wenn Herr Prof. Land meine Arbeiten über Sinnesempfindungen gekannt hätte, würde er gewußt haben, daß ich selbst mein Leben lang gegen eine solche Voraussetzung, wie er mir unterschiebt, gekämpft habe. Ich habe von dem Unterschiede des Objektiven und Realen in meinem Aufsatze nicht gesprochen, weil mir in der vorliegenden Untersuchung gar kein Gewicht auf diesen Unterschied zu fallen schien. Um diese meine Meinung zu begründen, wollen wir jetzt, was in der realistischen Ansicht hypothetisch ist, fallen lassen und nachweisen, daß die bisher aufgestellten Sätze und Beweise auch dann | noch 149
einen vollkommen richtigen Sinn haben, daß man auch dann noch nach der physischen Gleichwertigkeit von Raumgrößen zu fragen und darüber durch Erfahrung zu entscheiden berechtigt ist.

Die einzige Voraussetzung, welche wir festhalten, ist die des Kausalgesetzes, daß nämlich die mit dem Charakter der Wahrnehmung in uns zustande kommenden Vorstellungen nach festen Gesetzen zustande kommen, so daß, wenn verschiedene Wahrnehmungen sich uns aufdrängen, wir berechtigt sind, daraus auf Verschiedenheit der realen Bedingungen zu schließen, unter denen sie sich gebildet haben. Übrigens wissen wir über diese Bedingungen selbst, über das eigentlich Reale, was den Erscheinungen zugrunde liegt, nichts; alle Meinungen, die wir sonst darüber hegen mögen, sind nur als mehr oder minder wahrscheinliche Hypothesen zu betrachten. Die vorangestellte Voraussetzung dagegen ist das Grundgesetz unseres Denkens; wenn wir sie aufgeben wollten, so würden wir damit überhaupt darauf Verzicht leisten, diese Verhältnisse denkend begreifend zu können.

Ich hebe hervor, daß über die Natur der Bedingungen, unter denen Vorstellungen entstehen, hier gar keine Voraussetzungen gemacht werden sollen. Ebenso gut, wie die realistische Ansicht, deren Sprache wir bisher gebraucht haben, wäre zulässig die Hypothese des subjektiven Idealismus. Wir könnten annehmen, daß all unser Wahrnehmen nur ein Traum sei, wenn auch ein in sich höchst konsequenter Traum, in dem sich Vorstellung aus Vorstellung nach festen Gesetzen entwickelte. In diesem Falle würde der Grund, daß eine neue scheinbare Wahrnehmung eintritt, nur darin zu suchen sein, daß in der Seele des Träumenden Vorstellungen bestimmter anderer Wahrnehmungen und etwa auch Vorstellungen von eigenen Willensimpulsen bestimmter Art vorausgegangen sind. Was wir in der realistischen Hypothese Naturgesetze nennen, würden in der idealistischen Gesetze sein, welche die Folge der mit dem Charakter der Wahrnehmung aufeinander folgenden Vorstellungen regeln.

Nun finden wir als Tatsache des Bewußtseins, daß wir Objekte wahrzunehmen glauben, die sich an bestimmten Orten im Raume befinden. Daß ein Objekt an einem bestimmten besonderen Orte erscheint und nicht an einem anderen, wird abhängen müssen von der Art der realen Bedingungen, welche die Vorstellung hervorrufen. Wir müssen schließen, daß andere reale Bedingungen hätten vorhanden sein müssen, um zu bewirken, daß die Wahrnehmung eines anderen Orts des gleichen Objekts eintrete. Es müssen also in dem Realen irgendwelche Verhältnisse oder Komplexe von Verhältnissen bestehen, welche bestimmen, an welchem Ort im Raume uns ein Objekt erscheint. Ich will diese, um sie kurz zu bezeichnen, *topogene Momente* nennen. Von ihrer Natur wissen wir nichts, wir wissen nur, daß
150 das Zustande|kommen räumlich verschiedener Wahrnehmungen eine Verschiedenheit der topogenen Momente voraussetzt.

Daneben muß es im Gebiete des Realen andere Ursachen geben, welche bewirken, daß wir zu verschiedener Zeit am gleichen Orte verschiedene stoffliche Dinge von verschiedenen Eigenschaften wahrzunehmen glauben. Ich will mir erlauben, diese mit dem Namen der *hylogenen Momente* zu bezeichnen. Ich wähle diese neuen Namen, um alle Einmischung von Nebenbedeutungen abzuschneiden, die sich an gebräuchliche Worte knüpfen könnten[84)].

Wenn wir nun irgend etwas wahrnehmen und behaupten, was eine gegenseitige Abhängigkeit von Raumgrößen aussagt, so ist zweifelsohne der tatsächliche Sinn einer solchen Aussage nur der, daß zwischen gewissen topogenen Momenten, deren eigentliches Wesen uns aber unbekannt bleibt, eine gewisse gesetzmäßige Verbindung stattfindet, deren Art uns ebenfalls unbekannt ist. Eben deshalb sind Schopenhauer und viele Anhänger von Kant zu der unrichtigen Folgerung gekommen, daß in unseren Wahrnehmungen räumlicher Verhältnisse überhaupt kein realer Inhalt sei, daß der Raum und seine Verhältnisse nur transzendentaler Schein seien, ohne daß irgend etwas Wirkliches ihnen entspreche[85)]. Wir sind aber jedenfalls berechtigt, auf unsere räumlichen Wahrnehmungen dieselben Betrachtungen anzuwenden, wie auf andere sinnliche Zeichen z. B. die Farben. Blau ist nur eine Empfindungsweise; daß wir aber zu einer gewissen Zeit in einer bestimmten Richtung Blau sehen, muß einen realen Grund haben. Sehen wir zu einer Zeit dort Rot, so muß dieser reale Grund verändert sein.

Wenn wir beobachten, daß verschiedenartige physikalische Prozesse in kongruenten Räumen während gleicher Zeitperioden verlaufen können, so heißt dies, daß im Gebiete des Realen gleiche Aggregate und Folgen gewisser hylogener Momente zustande kommen und ablaufen können in Verbindung mit gewissen bestimmten Gruppen verschiedener topogener Momente, solcher nämlich, die uns die Wahrnehmung physisch gleichwertiger Raumteile geben. Und wenn uns dann die Erfahrung belehrt, daß jede Verbindung oder jede Folge hylogener Momente, die in Verbindung mit der einen Gruppe topogener Momente bestehen oder ablaufen kann, auch mit jeder physikalisch äquivalenten Gruppe anderer topogener Momente möglich ist, so ist dies jedenfalls ein Satz, der einen realen Inhalt hat, und die topogenen Momente beeinflussen also unzweifelhaft den Ablauf realer Prozesse.

In dem oben angegebenen Beispiel mit den zwei gleichseitigen Dreiecken handelt es sich nur 1) um Gleichheit oder Ungleichheit, d. h. physische Gleichwertigkeit oder Nicht-Gleichwertigkeit von Punktabständen; 2) um Bestimmtheit oder Nicht-Bestimmtheit der topogenen Momente
gewisser Punkte. Diese Begriffe von Bestimmtheit | und von Gleichwertig- 151
keit in Beziehung auf gewisse Folgen können aber auch auf Objekte von übrigens ganz unbekanntem Wesen angewendet werden. Ich schließe daraus, daß die Wissenschaft, welche ich physische Geometrie genannt habe, Sätze von realem Inhalt enthält, und daß ihre Axiome bestimmt werden, nicht von bloßen Formen des Vorstellens, sondern von Verhältnissen der realen Welt[86)].

Dies berechtigt uns noch nicht, die Annahme einer Geometrie, die auf transzendentale Anschauung gegründet ist, für unmöglich zu erklären. Man könnte z. B. annehmen, daß eine Anschauung von der Gleichheit zweier Raumgrößen ohne physische Messung unmittelbar durch die Einwirkung der topogenen Momente auf unser Bewußtsein hervorgebracht werde, daß also gewisse Aggregate topogener Momente auch in bezug auf eine psychische, unmittelbar wahrnehmbare Wirkung äquivalent seien. Die ganze euklidische Geometrie läßt sich herleiten aus der Formel, welche die Entfernung zweier Punkte als Funktion ihrer rechtwinkeligen Koordinaten gibt. Nehmen wir an, daß die Intensität jener psychischen Wirkung, deren Gleichheit als Gleichheit der Entfernung zweier Punkte im Vorstellen erscheint, in derselben Weise von irgendwelchen drei Funktionen der topogenen Momente jedes Punktes abhängt, wie die Entfernung im euklidischen Raume von den drei Koordinaten eines jeden, so müßte das System der reinen Geometrie eines solchen Bewußtseins die Axiome des Euklid erfüllen, wie auch übrigens die topogenen Momente der realen Welt und ihre physische Äquivalenz sich verhielten. Es ist klar, daß in diesem Falle die Übereinstimmung zwischen psychischer und physischer Gleichwertigkeit der Raumgrößen nicht allein aus der Form der Anschauung entschieden werden könnte. Und wenn sich Übereinstimmung herausstellen sollte, so wäre diese als ein Naturgesetz, oder, wie ich es in meinem populären Vortrage bezeichnet habe, als eine praestabilierte Harmonie zwischen der Vorstellungswelt und der realen Welt aufzufassen, ebensogut wie es auf Naturgesetzen beruht, daß die von einem Lichtstrahl beschriebene gerade Linie mit der von einem gespannten Faden gebildeten zusammenfällt.

Ich meine damit gezeigt zu haben, daß die Beweisführung, die ich im § 1 in der Sprache der realistischen Hypothese gegeben habe, sich auch ohne deren Voraussetzungen gültig erweist.

Wenn wir die Geometrie auf Tatsachen der Erfahrung anwenden wollen, wo es sich immer nur um physische Gleichwertigkeit handelt, können nur die Sätze derjenigen Wissenschaft angewendet werden, die ich als physische Geometrie bezeichnet habe. Wer die Axiome aus der Erfahrung herleitet, dem ist unsere bisherige Geometrie in der Tat physische Geometrie, die sich nur auf eine große Menge planlos gesammelter, statt auf ein System
152 methodisch durchgeführter Erfah|rungen stützt. Zu erwähnen ist übrigens, daß dies schon die Ansicht von Newton war, der in der Einleitung zu den „*Principia*" erklärt: „Geometrie selbst hat ihre Begründung in mechanischer Praxis und ist in der Tat nichts anderes, als derjenige Teil der gesamten Mechanik, welcher die Kunst des Messens genau feststellt und begründet[19]."

Dagegen ist die Annahme einer Kenntnis der Axiome aus transzendentaler Anschauung:

1) Eine *unerwiesene* Hypothese;

2) eine *unnötige* Hypothese, da sie nichts in unserer tatsächlichen Vorstellungswelt zu erklären vorgibt, was nicht auch ohne ihre Hilfe erklärt werden könnte;

[19] Fundatur igitur Geometria in praxi Mechanica, et nihil aliud est quam Mechanicae universalis pars illa, quae artem mensurandi accurate proponit ac demonstrat.

3) eine für die Erklärung unserer Kenntnis der wirklichen Welt *gänzlich unbrauchbare* Hypothese, da die von ihr aufgestellten Sätze auf die Verhältnisse der wirklichen Welt immer erst angewendet werden dürfen, nachdem ihre objektive Gültigkeit erfahrungsmäßig geprüft und festgestellt worden ist.

Kants Lehre von den a priori gegebenen Formen der Anschauung ist ein sehr glücklicher und klarer Ausdruck des Sachverhältnisses; aber diese Formen müssen inhaltsleer und frei genug sein, um jeden Inhalt, der überhaupt in die betreffende Form der Wahrnehmung eintreten kann, aufzunehmen. Die Axiome der Geometrie aber beschränken die Anschauungsform des Raumes so, daß nicht mehr jeder denkbare Inhalt darin aufgenommen werden kann, wenn überhaupt Geometrie auf die wirkliche Welt anwendbar sein soll. Lassen wir sie fallen, so ist die Lehre von der Transzendentalität der Anschauungsform des Raumes ohne allen Anstoß[87)]. Hier ist Kant in seiner Kritik nicht kritisch genug gewesen; aber freilich handelte es sich dabei um Lehrsätze aus der Mathematik, und dies Stück kritischer Arbeit mußte durch die Mathematiker erledigt werden.

[Rezension von:] Werner Bloch, Einführung in die Relativitätstheorie

[Rezension von:] Werner Bloch, Einführung in die Relativitätstheorie[1]

Editorischer Bericht

Zur Entstehung

Werner Bloch war in den Jahren 1916 bis 1918 Hörer von Einsteins Berliner Vorlesungen zur Relativitätstheorie. Nach Abschluß des Studiums wurde er als Gymnasiallehrer tätig und veröffentlichte gemeinverständliche Arbeiten zur neueren Physik sowie Übersetzungen physikalischer und philosophischer Werke aus dem Englischen. Ob die vorliegende Rezension – wie zu vermuten ist – auf eine Anregung der Schriftleitung der *Kant-Studien* zurückgeht oder durch eine persönliche Empfehlung Einsteins an Schlick motiviert war, konnte nicht festgestellt werden.

Von Arthur Liebert, dem Herausgeber der *Kant-Studien*, liegt lediglich ein späteres Schreiben vor, in dem dieser sich bei Schlick für „die Zustellung der trefflich geratenen Besprechung des Büchleins von Bloch" bedankt.[2] Der Datierung ist zu entnehmen, daß der vorliegende Text bereits im April 1919 beim Verlag eingegangen war. Allerdings, so Liebert,

> „liegt so ungeheuerlich viel Material zum Druck vor, dass ich Sie bitte, nicht ungeduldig sein zu wollen, wenn doch noch einige Zeit vergeht, bevor die Besprechung erscheint".[3]

1 Werner Bloch, *Einführung in die Relativitätstheorie* [= *Aus Natur und Geisteswelt*, Bd. 618]. Leipzig/Berlin: Teubner 1918. 100 S.

2 Arthur Liebert an Moritz Schlick, 15. April 1919.

3 Ebd.

Zum Zeitpunkt des Erscheinens der Rezension hatte Blochs Buch bereits seine dritte Auflage erfahren.

Zur Überlieferung und Edition

Die Rezension erschien in *Kant-Studien* 26, Heft 1–2,[4] 1921, S. 174/175 (**A**). Im Nachlaß überliefert ist ein einseitiges Typoskript (**Ts**).[5] An Ts hat Schlick noch handschriftlich Korrekturen angebracht.

Der Abdruck folgt A, Variante ist Ts. Der Hervorhebungsweise in A (Sperrung) bzw. Ts (Unterstreichung) entspricht hier Kursivsetzung. Nicht im textkritischen Apparat dokumentiert ist die abweichende Schreibweise einzelner Wörter (z. B. „Spezielle Relativitätstheorie" in A statt wie in Ts „spezielle Relativitätstheorie") sowie handschriftlich korrigierte Schreibfehler in Ts. Einige wenige Unterschiede in der Interpunktion zwischen A und Ts, die die Satzeinteilung unberührt lassen, sind ebenfalls nicht berücksichtigt.

4 Am Ende des Inhaltsverzeichnisses des Heftes ist vermerkt: „Redaktionsschluß dieses Heftes am 10. Juni 1921".

5 Inv.-Nr. 419, A. 241.

[Rezension von:] Werner Bloch, Einführung in die Relativitätstheorie

Von den leicht verständlichen Darstellungen der Relativitätstheo- A 174 / Ts 1 rie ist das Büchlein von Bloch eine der ⌊besten⌋[a]. Inhaltlich sind seine Ausführungen bis in jede Einzelheit vollkommen korrekt, der Leser hat an der Schrift also einen absolut zuverlässigen Führer; formal zeichnet sie sich in Stil und Gedankenaufbau durch ⌊große⌋[b] Klarheit aus, sie ist daher auch ein *angenehmer* Führer, der die bequemsten Wege zum Ziel zu finden weiß. Bloch trifft durchaus den richtigen Grad und Ton der Popularität, er hat keine Scheu vor einfachen ma|thematischen Formeln und um- A 175 geht leichte Rechnungen nicht, die aber jedem verständlich sein müssen, der die Prima einer höheren Lehranstalt besucht hat. Die systematische Darstellung des Büchleins beschränkt sich auf die „Spezielle" Relativitätstheorie, nur die letzten zehn Seiten handeln von der „Allgemeinen" Theorie und geben nur die charakteristischsten Züge davon wieder. Diese Selbstbeschränkung des Verfassers möchte man bedauern wegen der außerordentlichen physikalischen und philosophischen Wichtigkeit der Sache, zumal eine eingehendere Schilderung auch in gemeinverständlicher Form ganz wohl möglich ist, wie Einsteins eigene populäre Darstellung[1] des Gegenstandes beweist und wie auch der Referent in seiner

a Ts: ⟨allerbesten⟩ **b** Ts: ⟨vorbildliche⟩

1 Vgl. Einstein, *Spezielle und allgemeine Relativitätstheorie*.

Schrift über Raum und Zeit in der gegenwärtigen Physik[2] gezeigt zu haben hofft. Der Verfasser geht auf die philosophische Bedeutung der speziellen Theorie in einem kurzen Absatz besonders ein und weist dabei sehr richtig auf die doppelte Bedeutung des Wortes „Zeit" hin. Man dürfe den Zeitbegriff des Physikers und des Philosophen nicht miteinander verwechseln, da sie ganz verschiedene Dinge seien. Nur würde man hier, ⟨glaube ich,⟩[c] statt Philosoph wohl genauer Psychologe sagen; dem Philosophen fällt vielmehr die Aufgabe zu, den psychologischen *und* den physikalischen Zeitbegriff mit gleicher Vorurteilslosigkeit zu untersuchen und beide miteinander in Einklang zu bringen.[3] Diese Aufgabe scheint mir freilich durch den Satz des Verfassers: „Die Philosophie sucht ... nach *Merkmalen der Zeit a priori*" (S. 84) nicht ⌊erschöpfend⌋[d] zum Ausdruck gebracht zu sein.

Noch einmal sei das kleine Buch als eine wirklich leicht verständliche und nach Form und Inhalt vortreffliche Einführung in die ⟨Spezielle⟩[e] Relativitätstheorie empfohlen.

c Einschub in Ts; handschriftliche Korrektur **d** Ts: ⟨ganz treffend⟩ **e** Einschub in A

2 Mit 1920a *Raum und Zeit* (*MSGA* I/2) existierte zu diesem Zeitpunkt die dritte Auflage der Monographie.

3 Vgl. etwa 1917b *Raum und Zeit*, S. 54 (*MSGA* I/2, S. 271).

[Rezension von:]
Hermann Weyl,
Raum, Zeit, Materie

[Rezension von:] Hermann Weyl, Raum, Zeit, Materie[1]
Editorischer Bericht

Zur Entstehung

Es ist auffällig, daß Schlicks erste schriftliche Auseinandersetzung mit dem Werk Hermann Weyls – einer der wichtigsten Arbeiten zur Relativitätstheorie ihrer Zeit – verhältnismäßig lange auf sich warten ließ. Eine entsprechende Bitte um Besprechung hatte ihn bereits 1918 erreicht,[2] also kurz, nachdem die erste Auflage des Buchs erschienen war. Schlicks Briefwechsel ist zu entnehmen, daß er auch dessen weiterer Entwicklung reges Interesse entgegenbrachte. So etwa antwortet der ihm noch aus Schulzeiten bekannte Gymnasiallehrer Paul Boedke auf eine briefliche Anfrage Schlicks, wenn er mitteilt:

> „Der neue ‚Weyl' ist die dritte Auflage des alten und in wesentlichen Punkten stark geändert! Sie finden einen kurzen Bericht über die neuen Weylschen Ansätze in Heft 7 der Naturwissenschaften von Haas (vgl. dazu Freundlich Heft 12.). Wenn ich die Sache recht verstanden habe, ist es Weyl gelungen durch eine über Einstein noch hinausgehende metrische Normierung des 4-dimensionalen Raums nicht nur das Gravitationsfeld – wie Einstein – sondern auch das elektromagnetische Feld zu bestimmen, d. h. doch wohl die Maxwellschen Gleichungen geometrisch herzuleiten!"[3]

1 Hermann Weyl, *Raum, Zeit, Materie. Vorlesungen über allgemeine Relativitätstheorie*. Berlin: Springer 1918. VIII+234 S.

2 Vgl. Arthur Liebert an Moritz Schlick, 20. August 1918.

3 Paul Boedke an Moritz Schlick, 18. April 1920. Die Briefe Schlicks an Boedke sind im Nachlaß nicht erhalten.

Wie an anderer Stelle auch Arnold Berliner –

„Ich hatte gehofft, auch über Weyl's Arbeiten in ihrer Bedeutung für die Naturphilosophie etwas zu lernen."[4]

– bringt Boedke wenig später die naheliegende Hoffnung zum Ausdruck, von Schlick in dessen kommenden Publikationen „zur 3. Aufl. Weyl etwas zu erfahren".[5] Mit Ausnahme der hier abgedruckten Besprechung bleibt Schlick eine tiefergreifende Auseinandersetzung mit Weyl jedoch schuldig. Im vorliegenden Text schließt er sich der ausgesprochen positiven Bewertung, die als einer der ersten Rezensenten Albert Einstein selbst dem Werk zuteil werden ließ,[6] im wesentlichen an.

Weyl, der Schlicks 1919a *Raum und Zeit* (*MSGA* I/2)[7] eine recht wohlwollende Besprechung gewidmet hatte, stand dessen erkenntnistheoretischen Auffassungen wesentlich kritischer gegenüber. So etwa heißt es in einem Brief an Edmund Husserl zu 1918 *Erkenntnislehre* (*MSGA* I/1):

„Über die lächerlichen Bemerkungen Schlicks zur Phänomenologie habe auch ich mich geärgert, um so mehr, als sein Buch[8] bedauerlicher-, aber verständlicherweise unter den führenden theoretischen Physikern den grössten Anklang findet."[9]

Entsprechend diesen offensichtlichen Auffassungsunterschieden zeigt sich auch Schlick im vorliegenden Text mit Weyls an Husserl gemahnenden philosophischen Ausführungen „weniger glücklich".

4 Arnold Berliner an Moritz Schlick, 26. August 1926. Berliner bezieht sich auf Schlicks Aufsatz 1925b *Naturphilosophie*, in diesem Band.

5 Paul Boedke an Moritz Schlick, 20. Mai 1920.

6 Vgl. Einstein, *Rezension/Weyl*.

7 Vgl. Weyl, *Rezension/Schlick II*.

8 Vgl. auch Weyl, *Rezension/Schlick I*.

9 Hermann Weyl an Edmund Husserl, 26. März 1921 (Husserl, *Briefwechsel*, S. 290 f.).

Zur Überlieferung und Edition

Die Rezension erschien in *Kant-Studien* 26, Heft 1–2,[10] 1921, S. 205–207 (**A**). Im Nachlaß überliefert ist ein Typoskript (**Ts**).[11] An Ts hat Schlick noch Korrekturen angebracht, es umfaßt vier unpaginierte Seiten.

Der Abdruck folgt A, Variante ist Ts. Der Hervorhebungsweise in A (Sperrung) bzw. Ts (Unterstreichung) entspricht hier Kursivsetzung. Nicht im textkritischen Apparat berücksichtigt sind die abweichende Schreibweise einzelner Wörter (z. B. „Weyls" in Ts statt wie in A „Weyl's", „Husserlscher" in Ts statt wie in A „Husserl'scher", „allgemeine Relativitätstheorie" in Ts statt wie in A „Allgemeine Relativitätstheorie"), offensichtliche Schreibfehler und Korrekturen derselben in Ts sowie handschriftlich in Ts nachgetragene Unterstreichungen. Innerhalb eines Zitats vorkommende doppelte Anführungszeichen wurden stillschweigend in einfache geändert.

10 Am Ende des Inhaltsverzeichnisses des Heftes ist vermerkt: „Redaktionsschluß dieses Heftes am 10. Juni 1921".

11 Inv.-Nr. 417, A. 236.

[Rezension von:] Hermann Weyl, Raum, Zeit, Materie

A 205 / Ts 1

Weyl hat recht, wenn er das Vorwort seines Buches mit den Worten beginnt: „Mit der Einsteinschen Relativitätstheorie hat das menschliche Denken über den Kosmos eine neue Stufe erklommen.“ Die Theorie ist in der Tat von so großer philosophischer Tragweite, daß ein Erkenntnistheoretiker, und vollends ein Naturphilosoph, der ihren Sinn nicht restlos erfaßt hätte, als für seine Aufgabe ganz unzulänglich ausgerüstet anzusehen wäre. Deshalb muß jedes Mittel, das in die Tiefe jener großartigen Theorie hineinführt, den Fachgenossen mit aller Dringlichkeit empfohlen werden. Weyl's Buch ist ein solches Mittel, und wer es zu lesen versteht, wird diesem Führer mit dem größten Genuß und Nutzen folgen. Der Verfasser steht durchaus über seiner Materie; sein Werk ist das erste zusammenfassende *Lehrbuch* über den Gegenstand. Es behandelt ihn in erster Linie vom Standpunkt des Mathematikers und bringt dadurch die formale Schönheit und die Systematik des Aufbaus der Theorie am besten zur Geltung. Aber auch in physikalischer Hinsicht überschaut der Leser überall die weitesten Horizonte.

Uns aber ist das wesentlichste: die ganze Darstellung ist von echt philosophischem Geiste getragen. An den Anfang und ans Ende des Buches stellt der Autor sogar einige spezifisch philosophische Ausführungen; freilich möchte er mir in ihnen, wo er frei schwebend den exakt-wissenschaftlichen Boden verläßt, weniger glücklich erscheinen. In der Einleitung gibt er einige erkenntnistheoretische Erörterungen in lebendigem Stil und in Husserl'scher Terminologie, woraus aber nicht zu schließen ist, daß Husserl's

Philosophie in irgend einem besonders innigen Verhältnis zur Relativitätstheorie stände. Weyl kommt auch in der Folge nicht darauf zurück. – In den Schlußbemerkungen stellt er als ein wichtiges Resultat der Untersuchungen hin: „Die Physik handelt garnicht von dem Materiellen, Inhaltlichen der Wirklichkeit, sondern, was sie erkennt, ist lediglich deren *formale Verfassung*“.[1] Diesem Satze wird man insofern zustimmen können, als jede echte Erkenntnis es in bestimmtem Sinne nur mit Formalem zu tun hat, indem sie Beziehungen zwischen Wirklichkeitselementen aufdeckt, nicht aber Wirkliches unmittelbar kennen lehrt, wie das Erleben, die A 206 | Anschauung es tut. Man wird aber jenem Satze widersprechen müssen, wenn der Begriff des Formalen so ausgelegt wird, wie Weyl es gleich darauf zu tun scheint, indem er die Physik mit der formalen Logik vergleicht und meint, daß jene sich zum Reich der Ts 2 Wirklichkeit verhalte | wie diese zum Reich der Wahrheit: „Ihre Gesetze werden ebenso wenig in der Wirklichkeit jemals verletzt, wie es Wahrheiten gibt, die mit der Logik nicht im Einklang sind: aber über das Inhaltlich-Wesentliche dieser Wirklichkeit machen sie nichts aus...“[2] Wie läßt sich das vereinen mit der Tatsache, daß die Physik nicht reine Mathematik, sondern eine empirische Wissenschaft ist, daß also jeder ihrer Sätze – und natürlich auch die Relativitätstheorie – durch die Erfahrung bestätigt werden muß und durch sie widerlegt werden kann? Ich ⌊möchte glauben⌋[a], daß Weyl nicht das hat sagen wollen, was man aus diesem Schlusse seines Buches bei wörtlicher Interpretation herauslesen müßte, sondern daß ihm nur die Wahrheit vorschwebte, daß die Physik lediglich Relationen zum Gegenstande hat, nicht absolute Gegebenheiten wie ⌊das anschauliche Erlebnis⌋[b]. Das ist aber nicht ein Mangel der physikalischen Methode, sondern es gilt m. E. letzten

a Ts: ⟨glaube bestimmt⟩ **b** Ts: ⟨die Anschauung⟩

1 Im Original lautet der Anfang (*Raum, Zeit, Materie*, S. 227): „Die Physik, das stellt sich damit heraus, handelt gar nicht [...]“.

2 Im Original (ebd.): „[...] ebensowenig in der Wirklichkeit jemals verletzt, wie es Wahrheiten gibt, die mit der Logik nicht im Einklang sind; aber über das inhaltlich-Wesenhafte [...]“.

Endes von *jedem* Erkennen, weil es so im Begriff und Wesen der Erkenntnis überhaupt liegt.[3]

Diese wenigen Bedenken bezüglich der Formulierung sind aber auch das Einzige, was ich gegen Weyl's Darstellung zu erinnern hätte: der wichtigste philosophische Gehalt steckt doch in seiner Behandlung des eigentlichen Themas, aus der uns die allgemeinsten Prinzipien der Mathematik und Physik klar und groß als erkenntnistheoretische Wahrheiten entgegentreten – denn allgemeinste Physik, wie überhaupt *allgemeinste* Wissenschaft, *ist* schon Erkenntnistheorie.

Einzelne wohl gesicherte Ergebnisse der Philosophie der Mathematik finden bei Weyl eine überaus treffliche Darstellung. So vor allem die Wahrheit, daß die Geometrie in keiner Weise das anschauliche Wesen des Raumes zu erfassen und zu erschöpfen vermag. Der Raum der Geometrie ist eine begriffliche Konstruktion (ein dreidimensionales Größengebiet), die zur exakten Beschreibung unzählig vieler erdenkbarer Gebilde dienen kann – Weyl greift als solche u. a. heraus: „Lösungssysteme linearer Gleichungen", „Gasgemische" usf., und der „anschauliche Raum" ist nur eins von diesen Beispielen, die Geometrie stellt nur eine ihnen allen gemeinsame Ordnung dar: „von dem, was den Raum der Anschauung zu dem macht, was er *ist* in seiner ganzen Besonderheit und was er nicht teilt mit ... ‚Gasgemischen' und ‚Lösungssystemen linearer Gleichungen', enthält die Geometrie nichts" (S. 23). Da also der Raum der Geometrie schlechthin *unanschaulich* ist, so kann niemals irgend eine Geometrie, sei sie euklidisch oder nichteuklidisch, Anspruch auf absolut einzige Geltung für den Raum unserer *Anschauung* machen.[c]

Um der Sache willen sei die Bemerkung gestattet, daß eben hierdurch der öfters gehörte, auch von V. Henry in den Kantstudien (XXIII, S. 351 ff, Besprechung meiner Schrift über „Raum

c Absatzmarke in Ts handschriftlich eingefügt

3 Vgl. 1918 *Erkenntnislehre* (*MSGA* I/1).

Ts 3 und Zeit | in der gegenwärtigen Physik")[4] gegen die Relativität der Raumbestimmungen erhobene Einwand seine Erledigung findet. Nach diesem Einwand soll die *Anschauung* uns doch eine bestimmte Geometrie als die allein richtige aufzwingen müssen, obwohl die *Erfahrung* dies nicht tue. – Darüber muß man sich auf jeden Fall klar sein: wer an *eine* (durch die Anschauung zwangsläufig bestimmte) Geometrie glaubt, muß die Allgemeine Relativitätstheorie verwerfen, weil die letztere die Verwendung *verschiedener* geometrischer Maßbestimmungen in der Natur schlechthin fordert,[5] und er muß die Konsequenzen tragen. Es geht nicht an, zu sagen, man stehe als Physiker auf dem Boden der Allgemeinen Relativitätstheorie, lehne aber als Philosoph oder als Mathematiker die geometrische Relativität des Raumes ab, denn sie ist integrierender Bestandteil der Einstein'schen Theorie, und die ist entweder wahr oder falsch. Das Erkennen ist nur eines. Jede echte Erkenntnis ist als solche allgemeingültig, aus welcher Einzelwissenschaft sie auch stamme, und wenn die Physik eine Wahrheit über Raum und Zeit findet, so gilt sie auch für den Geisteswissenschaftler. Verbindet letzterer mit den *Worten* Raum und Zeit (nicht mit den *Begriffen*, wie Henry a. a. O. S. 354

4 Vgl. Henry, *Rezension/Schlick*. Der Untertitel von Schlicks Monographie ist dort falsch angegeben als „Zur Einführung in das Verständnis der allgemeinen Relationstheorie". Vgl. auch die spätere Abschwächung der in dieser Rezension ausgedrückten Kritik in Henry, *Besprechung Schlicks* sowie Henrys Dissertation bei Alois Riehl: *Raumproblem* und die Anfrage von Arnold Berliner an Moritz Schlick, 28. April 1919.

5 Vgl. 1917b *Raum und Zeit*, S. 33 (*MSGA* I/2, S. 230): „Es ist aber nicht etwa so, daß an die Stelle der Euklidischen Geometrie nun eine bestimmte andere, etwa die Lobatschewskysche oder die Riemannsche, für den ganzen Raum zu treten hätte, so daß unser Raum als pseudosphärischer oder sphärischer zu behandeln wäre, wie Mathematiker und Philosophen sich das wohl vorzustellen pflegten – sondern es sind die verschiedenartigsten Maßbestimmungen zu verwenden, im allgemeinen an jeder Stelle andere; und welche es sind, hängt nun von dem Gravitationsfelde an jenem Orte ab." Die hier zitierte Formulierung „wie [...] pflegten" über die gleichsam überwundenen Vorstellungen wird ab der zweiten Auflage von 1919a *Raum und Zeit* (*MSGA* I/2) durch einen Verweis auf Kap. IX ersetzt.

sagt)[6] einen andern | Sinn, etwa den des Anschaulichen, so kann A 207 das wohl Anlaß zu Mißverständnissen geben, aber sachlich nichts ändern. Weil die Geometrie im modernen Sinne über das anschaulich Räumliche überhaupt nichts aussagt, haben Psychologie und Geisteswissenschaften hier völlig freie Hand; deshalb kann aber auch die Anschauung (nicht bloß die Erfahrung) dem geometrischen Raum, welchen die Physik benutzt, keinerlei Gesetze aufzwingen. Ich hatte diesen Schluß im letzten Kapitel der oben erwähnten Schrift (S. 55 der ersten,[7] ⌊S. 81 der dritten Auflage[8].⌋[d]) gezogen; Henry hat seine Kritik nur an die Ausführungen der ersten Kapitel angeschlossen.

Wir wollen aus dieser Abschweifung die Lehre ziehen, den philosophischen Gehalt der relativitätstheoretischen Sätze nicht deshalb zu unterschätzen, weil sie den Einzelwissenschaften der Mathematik und Physik entstammen, sondern sie im Gegenteil recht zu studieren, damit ihre Weltanschauung bildende Kraft sich voll auswirken kann. Sie werden von Weyl in wahrhaft souveräner Weise vorgeführt und begründet. Seine Darstellung, wie schon der Titel seines Werks, läßt trefflich hervortreten, daß die moderne exakte Wissenschaft nicht bloß die Begriffe von Raum und Zeit gänzlich modifiziert, sondern auch, was weniger bekannt ist, nicht minder den Begriff der *Materie*. In Zukunft wird keine Naturphilosophie ihrer Aufgabe gerecht werden können, die nicht auch diese Seite der neuen Ergebnisse voll berücksichtigt und Rechenschaft zu geben sucht von jenen noch dunkelen Verhältnissen, die Weyl sehr schön aus|einandersetzt in seinen Darlegungen über Ts 4 die Beziehung zwischen „Materie" und „Feld", über den Gegensatz von „Substanzphysik" und „Feldphysik". Um zu zeigen,

d Ts: ⟨S. 77 der zweiten Auflage⟩

6 Vgl. Henry, *Rezension/Schlick*, S. 354: „Der Geisteswissenschaftler vollends wird diese von der modernen Physik so propagierte Anschauung nicht teilen. Er tritt von ganz andern Voraussetzungen als der der Meßbarkeit an Raum und Zeit heran. Für ihn haben diese Grundbegriffe einen ganz andern Sinn als für den Physiker."

7 Vgl. 1917b *Raum und Zeit*, S. 55 (*MSGA* I/2, S. 272).

8 Vgl. 1920a *Raum und Zeit*, S. 81 (*MSGA* I/2, S. 272).

mit welcher Kühnheit auch exaktes Denken sich in der Relativitätstheorie zu Höhen erhebt, die den mutigsten Metaphysiker schwindeln machen könnten, will ich noch einige Sätze aus dem letzten Kapitel zitieren (S. 220): „... es kann also prinzipiell geschehen, daß ich jetzt künftige Ereignisse miterlebe, die zum Teil erst eine Wirkung meiner künftigen Entschlüsse und Handlungen sind. Auch ist es nicht ausgeschlossen, daß ... die Weltlinie meines Leibes in die Nähe eines Weltpunktes zurückkehrt, den sie schon einmal passierte. Daraus würde dann ein radikaleres Doppelgängertum resultieren, als je ein E. T. A. Hoffmann[9] ausgedacht hat.“[10]

Weyl's Buch stellt hohe Anforderungen an den Leser. An mathematischen Kenntnissen setzt es zwar nicht viel voraus, nur das gewöhnliche Handwerkszeug der höheren Analysis, denn ein großer Vorzug des Werkes besteht gerade darin, daß die zur Beherrschung der Theorie nötigen komplizierteren mathematischen Hilfsmittel alle erst im Buche selbst abgeleitet werden; jedoch in hohem Maße wird vom Leser die Fähigkeit verlangt, mathematischen Gedankengängen abstraktester Natur zu folgen. Wer sie mitbringt, wird unter allen Umständen aus dem Buche sehr vieles lernen und hohen philosophischen Gewinn davontragen[1)].[11]

[1)] ⟨Anmerkung bei der Korrektur. Seit dies Referat (vor mehr als zwei Jahren) geschrieben wurde, hat Weyls Buch seine Anziehungskraft auf die Leser schon in drei neuen Auflagen bewährt.⟩[e]

e Einschub in A

9 Doppelgänger spielen im Werk E. T. A. Hoffmanns eine prominente Rolle; für eine zusammenfassende Übersicht siehe z. B. Reber, *Zum Motiv des Doppelgängers*.

10 Im Original lautet das Zitat „[...] es kann also prinzipiell geschehen, daß ich jetzt Ereignisse miterlebe, die zum Teil erst eine Wirkung meiner künftigen Entschlüsse und Handlungen sind. Auch ist es nicht ausgeschlossen, daß eine Weltlinie, obschon sie in jedem Punkte zeitartige Richtung besitzt, insbesondere die Weltlinie meines Leibes, in die Nähe eines Weltpunktes zurückkehrt, den sie schon einmal passierte. Daraus würde dann ein radikaleres Doppelgängertum resultieren, als es je ein E. T. A. Hoffmann ausgedacht hat.“

11 Vgl. Einstein, *Rezension/Weyl*, S. 373: „Das Buch setzt Fähigkeit zu scharfem Denken, aber verhältnismäßig wenig Vorkenntnisse voraus. Die beim Studium aufzuwendende Mühe wird glänzend belohnt, und es dürfte kaum jemand geben, der aus diesem Buche nicht lernen könnte."

[Rezension von:] Hugo Dingler, Physik und Hypothese

[Rezension von:] Hugo Dingler, Physik und Hypothese[1]

Editorischer Bericht

Zur Entstehung

Sechs Jahre nachdem Schlick 1915b *Rezension/Dingler* (*MSGA* I/4) verfaßt hatte, ergab sich erneut die Möglichkeit zu einer Rezension. 1915 hatte Schlick – abgesehen von einer Kritik an seiner Darstellungsweise – nur lobende Töne für Hugo Dingler übrig gehabt. Angesichts der Lektüre eines neueren Werks des Philosophen zeigte er sich jedoch entsetzt.

„H. Dingler in München hat ein Buch über die ‚Grundlagen der Physik' geschrieben, in das ich mit einer gewissen Erschütterung hineingesehen habe. Ein früher vielversprechender Geist scheint hier (durch den Krieg?) völlig zerrüttet zu sein."[2]

Dingler hatte sich im oben angesprochenen Werk aus dem Jahr 1919 erstmals ablehnend zur Relativitätstheorie geäußert.[3] In dieselbe Kerbe sollte ein Vortrag bei der Naturforschertagung in Bad

1 Hugo Dingler, *Physik und Hypothese Versuch einer induktiven Wissenschaftslehre nebst einer kritischen Analyse der Fundamente der Relativitätstheorie*. Berlin/Leipzig: Vereinigung wissenschaftlicher Verleger 1921. XII+200 S.

2 Moritz Schlick an Albert Einstein, 22. April 1920. Vgl. die ähnliche Einschätzung bei Smekal, *Rezension/Dingler*, S. 45: „Es ist sehr bedauerlich, daß dem Verfasser, trotz seiner früheren, zum Teil ins Mathematische übergreifenden Veröffentlichungen, im Grunde auch tieferes mathematisches Verständnis abgeht, so daß man nicht darauf hoffen kann, ihn selbst einmal an dem Versuch einer wirklichen ‚Durchsetzung' seiner Ideen scheitern zu sehen."

3 Vgl. Dingler, *Die Grundlagen der Physik*, S. VII: „Für den denkenden Leser gilt nun folgendes Verhältnis: Entweder, er erkennt die Gegenargumente gegen

Nauheim am 24. September 1920 schlagen, der unter dem Titel „Kritische Bemerkungen zu den Grundlagen der Relativitätstheorie" veröffentlicht wurde, sowie ein Zeitungsartikel – „Kritisches zur Relativitätstheorie" – , in dem Dingler die Relativitätstheorie als in ihrer erkenntnistheoretischen Begründung mangelhaft auffaßte und als „naive Theorie" bezeichnete.[4]

Zu *Physik und Hypothese*, dem hier von Schlick rezensierten neueren Werk Dinglers, bezog noch ein weiteres der späteren Mitglieder des Wiener Kreises Position – wenngleich in völlig anderer Weise. Rudolf Carnap, der zu jener Zeit noch nicht mit Schlick bekannt war,[5] hatte anläßlich des bereits oben erwähntem Vortrags in Bad Nauheim mit Dingler Kontakt aufgenommen. Dingler, von Carnap beeindruckt, betraute ihn daraufhin mit der Abfassung einer Rezension von *Physik und Hypothese*. Darin stellt Carnap Dingler als einen „kritischen Konventionalisten" dar, der – als Alternative zum Kantianismus – daran festhalte, daß Naturgesetze weder von der Natur noch vom Verstand vorgegeben würden, sondern auf freiem Beschluß basierten,

> „daß nämlich der Physiker nach freier Wahl die Grundgesetze aufstelle, aus denen alle Einzelnaturgesetze sich rein logisch ableiten lassen".[6]

Damit, so Carnap weiter, sei

die Grundlagen der Relativitätstheorie als richtig, dann ist seine Stellungnahme an sich vereinfacht; oder, er hält aus irgendwelchen, ihm besonders schwerwiegend erscheinenden Gründen an der Relativitätstheorie fest, dann muß er einen unlösbaren Widerspruch erkennen. Denn die Art des Aufbaues bewirkt, daß die im Folgenden gegebene Methode völlig unwiderleglich ist."

4 In diesem Zusammenhang berief sich Dingler auch auf Machs vermeintliche Ablehnung der Relativitätstheorie, wie sie im Vorwort zu den *Prinzipien der physikalischen Optik* zum Ausdruck kommt. Wie später von Gereon Wolters nachgewiesen werden konnte, stammte der Text, in dem diese „Ablehnung" zum Ausdruck kam, allerdings nicht von Mach selbst. Es handelte sich um eine bewußte Fälschung. Vgl. Wolters, *Mach I*.

5 Der Kontakt zwischen Schlick und Carnap kam erst durch Hans Reichenbachs Vermittlung anläßlich der Vorbereitung der Erlanger Tagung zustande. Vgl. Rudolf Carnap an Moritz Schlick, 7. Dezember 1922.

6 Carnap, *Geltung*, S. 2.

„die These bestätigt. Wir wählen die obersten Naturgesetze – Raumgesetz und Wirkungsgesetz –, ohne daß die Natur uns eine Wahl aufzwingen oder unsern Festsetzungen nachträglich widersprechen könnte."[7]

Hinsichtlich der Relativitätstheorie zeigte er sich mit Dinglers Ausführungen jedoch nicht einverstanden. Es ließe sich zeigen,

„daß man, von der These der freien Verfügbarkeit über die obersten Naturgesetze ausgehend, einen andern Weg einschlagen kann, der im Gegensatz zu Dingler gerade zur Relativitätstheorie führt".[8]

Ohne sich deshalb von der Relativitätstheorie überzeugen zu lassen, pries Dingler die „meisterhafte Weise",[9] in der Carnap *Physik und Hypothese* dem Laien nahegebracht habe. Wie Dingler und im Gegensatz zum Empirismus vertrat Carnap somit den Standpunkt, Axiome seien a priori, aber nicht im Sinn einer Transzendentalphilosophie, sondern lediglich auf der Basis eines freien Beschlusses.

„[Dingler] zeigt [. . .], daß auch das Grundgesetz der Abhängigkeit der Vorgänge von einander, das oberste Naturgesetz, von dem alle niederen sich herleiten, allein auf Festsetzung beruht."[10]

Dieser Punkt widerspricht klar der grundlegenden empiristischen Annahme von der Gleichförmigkeit der Natur, wie sie von Schlick etwa in 1920c *Kausalprinzip*, in diesem Band S. 115 vertreten wird.[11]

Nicht unerwähnt bleiben soll an dieser Stelle Dinglers Haltung zum Psychologismus. Es zeigt sich, daß die Mésalliance der Brentano-Schule mit der Relativitätstheorie (vgl. 1919f *Rezension/Kraus*, in diesem Band) auch für ihn einen Einfluß darstellte:

„Es ist das unvergängliche Verdienst meines Lehrers E. Husserl, die psychologische Verirrung als solche in voller Deutlichkeit erkannt, endgültig widerlegt und bei allen Denkenden eigentlich schon unmöglich gemacht zu haben. Ich freue

7 Ebd.

8 Ebd.

9 Hugo Dingler an Rudolf Carnap, 7. Juli 1921 (Wolters, *Carnap, Dingler*, S. 100).

10 Carnap, *Geltung*, S. 2.

11 Im weiteren Verlauf des Verhältnisses sollten sich auch zwischen Carnap und Dingler inhaltliche Differenzen offenbaren.

mich, auf seinen Wegen zu wandeln, wenn ich seinen Antipsychologismus im folgenden zu einem Antihistorizismus, Antibiologismus, und zuletzt alles in allem zu einem *Antiempirismus* auszubauen unternehme, der teilweise schon vom Antipsychologismus gedeckt, doch, wie uns scheint, noch niemals mit solcher letzten Konsequenz durchgeführt wurde."[12]

Dem folgt ein Verweis auf eine „vielfach treffende Analyse"[13] bei Oskar Kraus, *Fiktion und Hypothese*. Im letzten Teil des Dingler'schen Werks, der der Besprechung aktueller Literatur zur Relativitätstheorie gewidmet ist, findet sich unter anderem auch eine Kritik von Schlicks 1917b *Raum und Zeit* (*MSGA* I/2). Obwohl Dingler oftmals zwischen verschiedenen Formen des Empirismus unterscheidet und bei der Niederschrift von *Physik und Hypothese* eine Art „Pathologie des Empirismus" im Sinn gehabt haben dürfte,[14] fällt seine Analyse letztlich nicht sehr differenziert aus. So meint Dingler etwa einerseits, Schlick sei einem „durch Mach gemilderte[n] Empirismus"[15] zuzurechnen, setzt jedoch wenige Seiten später Ernst Cassirers Position in *Zur Einsteinschen Relativitätstheorie* „im wesentlichen de[m] Standpunkt, der von Schlick vertreten wurde", gleich.[16] Sein wesentlicher Einwand bezieht sich auf das vermeintliche Fehlen einer Grundlage für Messung, von der Dingler meint, sie könne erst durch die Herstellung des starren Körpers etabliert werden – woraus sich für ihn zwingend die Notwendigkeit euklidischer Geometrie ergibt. Schlicks Stellungnahme fällt erwartungsgemäß aus. Später sollte er einräumen, daß er in seiner Besprechung „beim besten Willen nicht ganz sachlich bleiben konnte".[17]

12 Dingler, *Physik und Hypothese*, S. VI.

13 Ebd., S. VIII.

14 Weyl, *Rezension/Dingler*, kritisiert dementsprechend den fehlenden „Kontakt mit der lebendigen Entwicklung der Wissenschaft". Vgl. auch die einschlägige Kritik Schlicks in seinen Äußerungen Reichenbach gegenüber im editorischen Bericht zu 1922d *Rezension/Reichenbach*, in diesem Band S. 504.

15 Dingler, *Physik und Hypothese*, S. 178.

16 Ebd., S. 182.

17 Moritz Schlick an Hans Reichenbach, 10. August 1921. Reichenbach reagiert ähnlich (Hans Reichenbach an Moritz Schlick, 10. September 1921): „Ich verstehe gut, daß Sie bei einem Referat über ihn nicht mehr ganz sachlich bleiben konnten; mir ist es auch schon einmal bei Dingler so gegangen."

Zur Überlieferung und Edition

Die Rezension erschien in *Naturwissenschaften* 9, Heft 39 vom 30. September 1921, S. 778/779 (**A**). Im Nachlaß überliefert ist ein Typoskript (**Ts**).[18] Ts trägt handschriftliche Korrekturen und Ergänzungen Schlicks und umfaßt eine Seite.

Der Abdruck folgt A, Variante ist Ts. Nicht im textkritischen Apparat berücksichtigt sind die abweichende Schreibweise einzelner Wörter (z. B. „Übermittelung" in Ts statt wie in A „Übermittlung", „ebenso gut" in Ts statt wie in A „ebensogut") und offensichtliche Schreibfehler und Korrekturen derselben in Ts. Personennamen, in A durch Kursivsetzung hervorgehoben, sind hier wie in Ts wie der Fließtext gesetzt.

18 Inv.-Nr. 419, A. 242.

[Rezension von:] Hugo Dingler, Physik und Hypothese

Das Buch ist ein typisches Beispiel dafür, wie ein richtiger und A 778 / Ts 1 fundamentaler Gedanke durch Verzerrung und verkehrte Anwendung zu ganz absurden Folgerungen mißbraucht werden kann. Der richtige Gedanke, der den Anschauungen Dinglers zugrunde liegt, ist die besonders von Poincaré vertretene Lehre, daß gewisse Prinzipien der Wissenschaft auf Konventionen beruhen, bei deren Wahl der Gesichtspunkt der Einfachheit, der logischen Bequemlichkeit entscheidend ist. Der Verfasser glaubt hieraus schließen zu dürfen: Da die euklidische die einfachste der denkbaren Geometrien, der starre Körper das einfachste Naturgebilde und das Newtonsche Gravitationsgesetz das einfachste Naturgesetz ist, so sind diese drei als „Konstitutionshypothesen"[1] der gesamten Physik zugrunde zu legen. Das heißt: Alle Naturerscheinungen müssen erklärt werden als Bewegungen starrer Körper, die im euklidischen Raume allein nach dem Newtonschen Attraktionsgesetz vor sich gehen!![2] Und diese Erklärung, meint der Verfasser,

1 Vgl. Dingler, *Physik und Hypothese*, S. 91: „Wir haben solche Gebilde ‚Universalhypothesen' genannt, und uns schon überzeugt, daß sie eigentlich etwas prinzipiell anderes sind, als die gewöhnliche Hypothese. Wir wollen nun zusehen, was sich allgemein über solche sagen läßt. Und zwar wollen wir solche Fundamentalhypothesen behandeln, welche wirklich möglicher Vorgänge sich bedienen, also in ihren Konsequenzen ‚direkt gesehen' werden können, wir nennen solche: ‚*anschauliche Fundamentalhypothesen*' oder kurz ‚*Konstitutionshypothesen*'."

2 Vgl. Rudolf Carnap an Hugo Dingler, 29. Juli 1921 (ASP-RC 028-12-08): „Mir sind nämlich *Bedenken* gegen einen Punkt der reinen Synthese gekommen, nämlich *gegen die Aufstellung eines Anziehungsgesetzes als einzigen Wirkungsgesetzes.* Es scheint mir, [...] als müsse man dem Newtonschen Gesetz noch ein anderes Axiom hinzufügen[.]"

muß stets durchführbar sein, denn wo sie etwa auf Schwierigkeiten stößt, haben wir stets die Möglichkeit, die Existenz verborgener Massen „ins Weite und ins Feine"[3] anzunehmen, auf deren Anwesenheit alle Abweichungen zurückgeführt werden könnten. – Es wäre wohl ein vergebliches Bemühen, den Verfasser davon überzeugen zu wollen, wie sehr sein Verfahren (er nennt es „Exhaustionsmethode")[4] dem Geiste der wahren wissenschaftlichen Methode widerstreitet, die natürlich nicht diejenigen Grundannahmen als die „einfachsten" wählt, die sich auf den ersten Blick als solche zu empfehlen scheinen, sondern vielmehr diejenigen,

3 Vgl. Dingler, *Physik und Hypothese*, S. 106 f.: „Man wird eine solche Aufgabe, die vorgegebenen Bewegungen einer endlichen Zahl von Körpern nach dem Newtonschen Gesetz zu ‚erklären', natürlich nur dann erfüllen können (falls die gegebenen Körper als von konstanter Masse angenommen werden, was schon geschieht, wenn sie überhaupt in jeder erkennbaren Hinsicht als konstant angenommen werden), wenn man noch weitere Massen annehmen darf. Dies ist ja aber in der Wirklichkeit stets möglich, denn wir haben ja stets die Möglichkeit, ins Weite und ins Feine beliebig weit fortzuschreiten und beim synthetischen Aufbau ist dieser Weg der einzige, der erlaubt, Massen festzustellen. [Fußnote: Gewöhnliche Hypothesen können ja experimentell widerlegt werden.] So ist es unmöglich, daß wir einmal zu einem Widerspruch kommen." Vgl. auch Dingler, *Grundlagen der Physik*, S. 69: „Das, was wir soeben für ‚das Feine' ausführten, das gilt mit großer Ähnlichkeit und Analogie auch für ‚das Weite'. [. . .] Auch hier also, und dies ist die wichtige Konsequenz unserer Überlegungen, ist eine Erschöpfung des Seins durch unsere synthetische Konstruktion ausgeschlossen, auch in der Weite ist die Entwicklung des Seins nach dem Newtonschen Gesetz eine unendliche, nie vollendbare Aufgabe."

4 Zur Geschichte der Exhaustionsmethode im analytischen Sinn seit der Antike vgl. z. B. Heuser, *Analysis 2*, S. 637–651 sowie Heath, *Manual*. Als Motivation für diese Bezeichnung schreibt Dingler auf S. 27: „Es leuchtet sofort ein, daß dem Konstrukteur an dieser Stelle ‚unsere' Geometrie (also die euklidische) und die Erfülltheit ihrer Gesetze als das Kennzeichen des st. K. vorschwebt, daß er nicht etwa das Erfülltsein der euklidischen Gesetze experimentell festzustellen sucht. Diese Gesetze sind ihm vielmehr von vorneherein (lateinisch: a priori) so gewiß, daß ihre Erfüllung durch einen Körper diesen als st. K. ausweisen. [. . .] *er hat in sich gewisse logische Kennzeichen* (die Gesetze der euklidischen Geometrie) *und sucht sich einen wirklichen Körper herzustellen, der so genau als möglich diesen gehorcht.* Wir drücken das so aus: Er führt die Gesetze der euklidischen Geometrie durch ‚Exhaustion' in die Wirklichkeit ein." Vgl. auch die kritischen Bemerkungen zu Dinglers Methode in Arnold Berliner an Hans Reichenbach, 3. Mai 1921 (ASP-HR 015-49-25).

welche bei ihrer Durchführung das einheitlichste physikalische Weltbild lie|fern. Es genüge daher, einige spezielle Ergebnisse A 779 der Dinglerschen Denkweise anzuführen, denn an ihren Früchten kann man die Brauchbarkeit einer Methode doch wohl am besten erkennen. Im letzten Abschnitt des Buches gibt er als Anwendung seiner Methode eine Kritik der Relativitätstheorie, die wahrhaft grotesk anmutet. Nur weniges sei herausgehoben. Nach Ansicht des Verfassers gelangt man zu der einzig „natürlichen“ Definition der Gleichzeitigkeit an verschiedenen Orten mit Hilfe möglichst vollkommen gleicher Uhren, die synchron gestellt und dann an die betreffenden Orte transportiert und abgelesen werden. Und er behauptet (S. 162), „daß Herrn Einstein die natürliche Definition der Gleichzeitigkeit tatsächlich unbekannt war“ (!!). Die auf Übermittlung von Lichtsignalen beruhende Einsteinsche Definition der Gleichzeitigkeit sucht Dingler durch den Vergleich mit Schallsignalen ad absurdum zu führen; er glaubt sich darüber hinwegsetzen zu dürfen, daß der Vergleich hinfällig gemacht wird durch das Scheitern aller Versuche, die Existenz und Bewegung eines Trägers der Lichtwellen (einen „Ätherwind“) nachzuweisen; denn, so meint er S. 163, wenn man wolle, könne man an der Bewegung des Mediums der Schallwellen ebensogut zweifeln, die Existenz eines Luftwindes brauche man nicht anzunehmen; „daß einem der Hut davon fliegt, das muß man anders erklären“ (vielleicht wird ⌊unser⌋[a] Hut durch unsere über Dinglers Behauptungen sich sträubenden Haare herabgeworfen?). Vom Verständnis der Relativitätstheorie ist der Autor noch sehr weit entfernt; sonst hätte er z. B. nicht wiederholt behaupten können, daß in der speziellen Theorie die Annahme der Einsteinschen Definition der Gleichzeitigkeit mit der Einführung einer nichteuklidischen Geometrie gleichbedeutend sei, oder daß eine Messung der Gravitationspotentiale $g_{\mu\nu}$ infolge eines inneren Zirkels prinzipiell unmöglich sei, usw. usw. In einem besonderen Abschnitt „Warum Relativitätstheorien immer falsch sein müssen“ sagt er: „Jede Relativitätstheorie entspricht dem Versuche, bei einem Thermometer auf die Wahl eines Nullpunktes und auf die Wahl einer

a Ts: ⟨der⟩; handschriftliche Korrektur

Gradeinheit zu verzichten“ (!!). Wir wünschen dem Verfasser, daß er sich noch einmal aus seiner Sackgasse herausarbeiten und für seinen früher gezeigten Scharfsinn[5] ein geeignetes Betätigungsfeld finden möge; sein Buch aber können wir nur mit tiefem Bedauern ⌊aus der Hand legen⌋[b].

b Ts: ⟨darüber aus der Hand legen, dass Autor, Verleger und Drucker eine Mühe darauf verwandten, die einer besseren Sache würdig gewesen wäre.⟩

5 Vgl. 1915b *Rezension/Dingler*, S. 375 (*MSGA* I/4): „Mit Scharfsinn zeigt der Verfasser, wie die Lösung einiger Probleme von erprobter Hartnäckigkeit durch die bloße Besinnung über die Methode der Wissenschaft überhaupt gefunden wird“.

[Rezension von:] Ernst Gehrcke, Physik und Erkenntnistheorie

[Rezension von:] Ernst Gehrcke, Physik und Erkenntnistheorie[1]

Editorischer Bericht

Zur Entstehung

Der Physiker Ernst Gehrcke war einer der frühesten und vehementesten Gegner der Relativitätstheorie. In zahlreichen Arbeiten und öffentlichen Auftritten hatte Gehrcke in zum Teil sehr polemischer Weise versucht, die Einsteinschen Theorien ad absurdum zu führen und damit wesentlich zur späteren Entwicklung einer medialen Hetze gegen Einstein beigetragen.

Auch im Briefwechsel Schlicks taucht der Name Gehrckes bereits sehr früh auf. Max von Laue, der seinen einstigen Studienkollegen Schlick schon seit 1911 immer wieder zu bewegen versucht hatte, eine Arbeit zum Relativitätsprinzip zu verfassen,[2] machte ihn 1913 auf einen Aufsatz Max Frischeisen-Köhlers aufmerksam: In diesem würde eine „ausgezeichnet orientierende [...] Zusammenfassung“[3]

1 Ernst Gehrcke, *Physik und Erkenntnistheorie* [= *Wissenschaft und Hypothese*, Bd. 22]. Leipzig/Berlin: Teubner 1921. IV+119 S.

2 „Sie schrieben mir schon vor einigen Monaten in einem Brief, für den ich Ihnen bestens danke, dass Sie Sich für das Relativitätsprinzip interessierten. Seitdem geht mir der Gedanke im Kopf herum, ob es nicht gut wäre, wenn einmal von berufener philosophischer Seite etwas darüber geschrieben würde. [...] Ein dankbares Problem wäre es wohl. Bei den Physikern herrscht grosse Sehnsucht nach einer philosophischen Behandlung, [...] das eigentliche philosophische Problem, das hier den Kern der Sache bildet, zu behandeln, liegt ausserhalb meines Bereiches. Sie aber sind doch, wie vielleicht kein anderer Ihrer Fachgenossen, in der Physik bewandert. Würde das Problem Ihnen nicht ganz besonders gut liegen?“ (Max von Laue an Moritz Schlick, 27. Dezember 1911)

3 Vgl. Frischeisen-Köhler, *Zeitproblem*, S. 151. Frischeisen-Köhler bezieht sich auf Gehrcke, *Einwände*.

Gehrckes zur Relativitätstheorie lobend erwähnt. Laue zeigte sich bestürzt:

> „Daß die wirklich nicht sehr gescheiten Einwände Gehrcke's auch dort Eingang finden würden, hätte ich wirklich nicht gedacht. [...] Das einzige, was ich vielleicht in den großen Ferien tue, ist, daß ich öffentlich den Gehrkeschen Irreführungen entgegentrete. Aber nur, wenn ich bei sehr guter Stimmung bin, denn dazu gehört ein gewisser Humor.“[4]

Laue setzte dieses Vorhaben nicht in die Tat um; eine pointierte und recht detaillierte Kritik Gehrckes findet sich jedoch schließlich in Schlicks 1915a *Relativitätsprinzip* (*MSGA* I/4). Schlick nimmt darin insbesondere auf einen 1914 in den *Kant-Studien* erschienen Artikel Bezug, in dem Gehrcke unter anderem meint:

> „Minkowski wird auf den Standpunkt des Solipsismus gedrängt. – Bemerkenswert ist, daß kein Beobachter in dieser Theorie von sich sagen kann, er bewege sich; denn täte er dies, so rückte er plötzlich in eine andere Welt und käme dann mit sich selbst in Widerspruch.“[5]

Neben der Zurückweisung der Widersprüche, die Gehrcke in der Relativitätstheorie entdecken will, sowie der Feststellung, durch derlei Darstellungen würde „der Einsicht in die Wahrheit geschadet“,[6] findet vor allem Gehrckes Schlußwort „Der Erfahrung widerspricht die neue Theorie“[7] eine ironische Antwort. Schlick bezieht sich auf die Sonnenfinsternis vom 21. August 1914, die wegen des Kriegsausbruchs nicht zur Überprüfung der allgemeinen Relativitätstheorie genutzt werden konnte, wenn er die Frage stellt:

> „Sollte er [Gehrcke] Gelegenheit gehabt haben, die erwähnte astronomische Beobachtung anzustellen?“[8]

4 Max von Laue an Moritz Schlick, 2. April 1913. Laue hatte zu jenem Zeitpunkt schon eine wissenschaftliche Kontroverse mit Gehrcke zu einem anderen Thema hinter sich. Vgl. Gehrcke, *Interferenz des Lichtes* sowie Laue, *Interferenzerscheinungen*.

5 Gehrcke, *Grundlagen*, S. 486.

6 1915a *Relativitätsprinzip*, S. 132 (*MSGA* I/4).

7 Gehrcke, *Grundlagen*, S. 487.

8 1915a *Relativitätsprinzip*, S. 170 (*MSGA* I/4).

Gehrcke bleibt die Antwort darauf schuldig und kommt auch in seiner *Kritik der Relativitätstheorie* kaum auf Schlick zu sprechen. Es ist bezeichnend, daß auch Gehrcke sich in *Physik und Erkenntnistheorie*, S. 85 auf Oskar Kraus und Franz Brentano beruft: Für Kraus stellen auch die anläßlich der Sonnenfinsternis von 1919 letztlich durchgeführten und die Relativitätstheorie bestätigenden Beobachtungen kein gültiges empirisches Argument dar (vgl. 1923d *Relativitätstheorie und Philosophie*, in diesem Band).

Auch Arnold Berliner, Herausgeber der *Naturwissenschaften*, dem Publikationsort der vorliegenden Rezension, war bereits früh auf Gehrckes antirelativistische Aktivitäten aufmerksam geworden. Anläßlich der Lektüre von 1915a *Relativitätsprinzip* (*MSGA* I/4) übersandte er Schlick

> „die Zusammenfassung eines Referates, das Gehrcke, wenn ich mich recht erinnere, im Kolloquium bei Rubens gegeben hat. Welche Aufnahme das Referat gefunden hat, zeigen die Ausführungen von Born."[9]

Gehrckes *Die Relativitätstheorie, eine wissenschaftliche Massensuggestion* war zum Zeitpunkt des Verfassens der hier abgedruckten Rezension längst erschienen. Das Werk geht auf den bereits erwähnten Vortrag Gehrckes vom 24. August 1920 in der Berliner Philharmonie zurück (siehe oben, in diesem Band, S. 153 f.). Einsteins Reaktion darauf ist dokumentiert:

> „Herr Gehrcke hat teils direkte Unrichtigkeiten vorgebracht, teils hat er durch einseitige Auswahl des Materials und Entstellung beim unwissenden Laien einen falschen Eindruck hervorzurufen versucht."[10]

Der polemische Schluß von Schlicks kurzer und ablehnender Rezension kann vor diesem Hintergrund nicht verwundern.

9 Arnold Berliner an Moritz Schlick, 18. September 1916. Das angesprochene Schriftstück ist im Schlick-Nachlaß nicht auffindbar.

10 Einstein, *Antwort*. Vgl. auch die Anmerkungen in Einstein, *Collected Papers*, Bd. 7.

Zur Überlieferung und Edition

Die Rezension erschien in *Naturwissenschaften* 9, Heft 39 vom 30. September 1921, S. 779 (**A**). Im Nachlaß überliefert ist ein einseitiges Typoskript (**Ts**).[11]

Der Abdruck folgt A, Variante ist Ts. Der Hervorhebungsweise in Ts (Unterstreichung) entspricht hier wie in A Kursivsetzung. Personennamen, in A durch Kursivsetzung hervorgehoben, sind hier wie in Ts wie der Fließtext gesetzt. Nicht im textkritischen Apparat berücksichtigt sind offensichtliche Schreibfehler und Korrekturen derselben in Ts. Einige wenige Unterschiede in der Interpunktion zwischen A und Ts, die die Satzeinteilung unberührt lassen, sind ebenfalls nicht berücksichtigt.

11 Inv.-Nr. 419, A. 243.

[Rezension von:] Ernst Gehrcke, Physik und Erkenntnistheorie

E. Gehrcke E. tritt hier als Erkenntnistheoretiker auf den Plan. A 779 / Ts 1
Wer verfolgt hat, wie dieser geschickte Experimentalphysiker bei früheren Gelegenheiten gestrauchelt ist, wenn er sein eigenes Gebiet verlassend, sich in die Höhen der Theorie hinaufwagte, wird ihn nur mit großer Besorgnis seine Wanderung in philosophisches Gebiet antreten sehen. Man atmet etwas erleichtert auf, wenn man bemerkt, daß der Verfasser, der offenbar wirklich das Bedürfnis fühlt, sich über die Prinzipien seiner Wissenschaft klar zu werden, im größten Teil des Büchleins auf bequemen und gebahnten Wegen bleibt, auf denen er mit seinem ⌊nicht allzu schweren⌋[a] Gepäck ganz gut fortkommt. Er setzt z. B. ganz richtig auseinander, daß es keinen Sinn hat, bei physikalischen Größen eine schlechthin genaue Angabe ihrer Maßzahl zu fordern, daß z. B. die Oberfläche der Ostsee nicht auf 1 qcm genau definierbar, das Gewicht eines Menschen nicht auf 1 mg genau angebbar ist; er erklärt, daß sich niemand eine Entfernung von 3 Lichtjahren anschaulich vorstellen könne; daß es auf ökonomischen Prinzipien beruhe, wenn die Physik mit dem Begriff der Geschwindigkeit und nicht mit dem reziproken Werte der „Langsamkeit" arbeite; und auch sonst äußert der Verfasser über physikalische Grundbegriffe manches Klare und Richtige. An andern Stellen aber gleitet er aus und verliert vollkommen das Gleichgewicht. Ich führe nur zwei solche Stellen ohne Kommentar an. S. 103: „Allgemein ist also das Zeitelement dasjenige, was die Vektorgröße kennzeichnet und ist die Zeitgröße sozusagen der Urvektor der Physik. Wie der Zeitpunkt der Typus des Vektors, ist

a Ts: ⟨leichten⟩

der Raumpunkt, der Massenpunkt der Typus des Skalars ..." S. 95: „nach oben hin erscheint die Skala der physikalisch definierbaren Temperaturen begrenzt durch denjenigen Hitzegrad, bei dem die Moleküle des erhitzten Körpers sich mit Lichtgeschwindigkeit bewegen. Eine noch größere Temperatur als diese ist nach unseren heutigen Erfahrungen ebensowenig wahrscheinlich wie eine relative Geschwindigkeit zweier Massen, die größer ist als die doppelte Lichtgeschwindigkeit". Und dies wird in einer Anmerkung so erläutert: „Wenn sich z. B. ein Elektron $_2\langle$mit Lichtgeschwindigkeit$\rangle$ $_1\langle$(als β-Strahl)$\rangle$[b] nach rechts und eines mit Lichtgeschwindigkeit nach links bewegt, so haben beide relativ zueinander die *doppelte* Lichtgeschwindigkeit." Die Relativitätstheorie wird von Gehrcke bekanntlich als eine unglaubliche Verirrung des menschlichen Geistes betrachtet, die durch seine eigenen Aufsätze darüber längst erledigt sei. Er tut sie denn auch hier mit ganz wenigen Sätzen (S. 84[2] und 92[3]) ab. Der Leser aber, hoff' ich, wird an diese Theorie denken, wenn er auf S. 5 dieser fragwürdigen Schrift den Satz liest: „Der Forscher, der eine neue Wahrheit entdeckt, hat nicht nur die sachlichen Schwierigkeiten der Materie zu überwinden, er hat meist auch gegen das Übelwollen von Menschen und gegen die Trägheit der Gehirne anzukämpfen."

b Umstellung in A[1]

1 Die hier wiedergegebene Wortstellung in A entspricht dem Original.

2 Gehrcke wiederholt hier seinen Vorwurf, daß die Relativitätstheorie entweder zu Widersprüchen oder zum Solipsismus führe.

3 An dieser Stelle erklärt Gehrcke die Frage, welche Arten von Bewegung mechanisch als relativ oder als absolut gelten können, sowie die „Frage der sogenannten Inertialsysteme" für erledigt.

[Rezension von:]
Albert Einstein,
Geometrie und Erfahrung

[Rezension von:] Albert Einstein, Geometrie und Erfahrung[1]

Editorischer Bericht

Zur Entstehung

Dem hier rezensierten Text liegt ein Festvortrag zugrunde, den Albert Einstein am 27. Januar 1921 zur Feier des Jahrestages Friedrichs II. in Berlin gehalten hatte. Ob Schlick bei diesem Vortrag anwesend war, konnte nicht geklärt werden. Auch ist den vorhandenen Nachlaßdokumenten nicht zu entnehmen, ob die Aufforderung zu vorliegender Rezension auf die Schriftleitung der *Naturwissenschaften* oder auf Einstein selbst zurückgeht. Ursprünglich war der Vortragstext in den Sitzungsberichten der Akademie publiziert worden[2] und ist mit der von Schlick hier rezensierten „erweiterten Fassung", die bei Springer erschien, weitgehend identisch. Unterschiede finden sich im Schlußteil: Hier erörtert Einstein die Möglichkeit der Veranschaulichung einer dreidimensionalen, endlichen und grenzenlosen Welt.

Bereits in *Über die spezielle und die allgemeine Relativitätstheorie* hatte Einstein sich mit dem Problem des starren Körpers auseinandergesetzt:

„Wenn wir nun, der Denkgewohnheit folgend, den Sätzen der Euklidischen Geometrie den einzigen Satz zufügen, daß zwei Punkten eines praktisch starren Körpers stets die nämliche Entfernung (Strecke) entspreche, was für Lagenänderungen wir auch mit dem Körper vornehmen mögen, so werden aus den Sätzen

1 Einstein, Albert, *Geometrie und Erfahrung*. Berlin: Springer 1921. 20 S.

2 Vgl. Einstein, *Geometrie und Erfahrung*.

der euklidischen Geometrie Sätze über die mögliche relative Lagerung praktisch starrer Körper. Die so ergänzte Geometrie ist dann als ein Zweig der Physik zu behandeln.“[3]

Einen Hinweis auf die grundlegende Verquickung von Geometrie und Erfahrung, wie sie hier von Einstein vertreten wird,[4] findet Schlick bereits bei Hermann von Helmholtz, und zwar in dessen Auffassung, „daß die geometrischen Axiome gar nicht Sätze sind, die nur der reinen Raumlehre angehörten“.[5] Daß angesichts der Erfahrung die einfachste „praktische Geometrie“ nicht zugleich die rein logisch einfachste sein muß,[6] wird von Schlick bereits in 1915a *Relativitätsprinzip*, S. 151 (*MSGA* I/4) dargelegt: Einfachheit wird über dem Produkt (Einstein, *Geometrie und Erfahrung*, S. 8, spricht von der Summe) aus Geometrie und Physik, nicht bloß über die Geometrie allein maximiert. An dieser Stelle wird der Einfluß Henri Poincarés explizit. Daß Schlick hier Einsteins Ansicht teilt, unterscheidet ihn von anderen Protagonisten des frühen Logischen Empirismus.[7]

Ein in der ersten Auflage von 1918 *Erkenntnislehre*, S. 302 (*MSGA* I/1, S. 738) noch nicht vorhandener Einschub in 1925a *Erkenntnislehre*, S. 326 (*MSGA* I/1, S. 738) steht ebenfalls in Zusam-

3 Einstein, *Spezielle und allgemeine Relativitätstheorie*, S. 2 f.

4 Für weitere historische Analysen der holistischen Aspekte dieser Ansicht vgl. die Hinweise der Herausgeber in Einstein, *Collected Papers*, Bd. 7, S. 403–405; insbes. als Einfluß für Schlick Planck, *Bahnen*, S. 67 f. sowie die Besprechung in 1924 *Rezension/Planck*, in diesem Band, wo Schlick sich vor allem in wissenschafts*historischer* Formulierung auf die holistische Position Plancks einläßt.

5 Vgl. Helmholtz, *Ursprung und Bedeutung der geometrischen Axiome*, in diesem Band S. 371 und 1921c *Erläuterungen/Helmholtz*, in diesem Band S. 295.

6 Hieraus scheinen sich Unterschiede zu Carnap zu ergeben, die sich schon früh andeuten (vgl. den editorischen Bericht zu 1921g *Rezension/Dingler*, in diesem Band) und später in der Protokollsatzdebatte, insbes. in der Diskussion um 1936c *Naturgesetze* (*MSGA* I/6) virulent werden.

7 Vgl. Ryckman, *P(oint)-C(oincidence) Thinking*, S. 494: "The point-coincidence remarks, situated in their true context, cannot be used to explain a sharp fact/convention distinction because the intended significance of these remarks [...] carries an unabashedly undichotomous, one might even say, *holist* message: space and time are no longer to be seen as having a reality separate from the metric field. Of the founding fathers of logical empiricism, only Schlick initially saw this correctly."

menhang mit Einsteins Redeweise von den Lagerungsmöglichkeiten der Körper. Diese Formulierung erlaubte es Schlick offensichtlich, seine eigene Position nochmals zu präzisieren.

Zur Überlieferung und Edition

Die Rezension erschien in *Naturwissenschaften* 9, Heft 22 vom 3. Juni 1921, S. 435/436 (**A**). Im Nachlaß überliefert ist ein einseitiges Typoskript (**Ts**).[8]

Der Abdruck folgt A, Variante ist Ts. Der Hervorhebungsweise in Ts (Unterstreichung) bzw. in A (Kursivsetzung, Fettdruck) entspricht hier einheitlich Kursivsetzung. Personennamen, in A durch Kursivsetzung hervorgehoben, in Ts an einer Stelle durch Unterstreichung hervorgehoben, sind hier wie der Fließtext gesetzt.

8 Inv.-Nr. 20, A. 77.

[Rezension von:] Albert Einstein, Geometrie und Erfahrung

Das Problem *Geometrie und Erfahrung* hat Einstein in der Preußischen Akademie der Wissenschaften am 27. Januar in einem Festvortrag behandelt, der jetzt bei J. Springer in erweiterter Fassung erschienen ist. Einstein macht sich in ihm eine These zu eigen, die wohl als ein Eckpfeiler der modernen Theorie exaktwissenschaftlicher Erkenntnis angesehen werden muß, und die er in wundervoller Prägnanz so formuliert: „Insofern sich die Sätze der Mathematik auf die Wirklichkeit beziehen, sind sie nicht sicher, und insofern sie sicher sind, beziehen sie sich nicht auf die Wirklichkeit." Nach der älteren Auffassung war die Geometrie die Wissenschaft vom Raume, dessen Eigenschaften uns durch Intuition gegeben seien: nach neuerer Auffassung sind zwei Bedeutungen des Wortes Geometrie zu unterscheiden. A 435 / Ts 1

Erstens die Geometrie als Zweig der reinen Mathematik. Als solche stellt sie nur ein System von Lehrsätzen dar, die rein logisch aus gewissen Axiomen abgeleitet sind, wobei es nur auf diesen logischen Zusammenhang ankommt, ganz abgesehen davon, ob es irgendwelche Gegenstände oder anschaulich vorstellbare Gebilde gibt, von denen jene Axiome gelten.

Zweitens die (von Einstein so genannte) „praktische Geometrie", nämlich die Wissenschaft von den (durch Punktkoinzidenzen festzustellenden) Lagerungsmöglichkeiten der Körper. Als solche ist sie eine durch Erfahrung zu prüfende Naturwissenschaft⟨⟩[a]. Sie entsteht aus der rein formalen logisch-mathematischen Geometrie durch Hinzufügung des Satzes, daß es Naturdinge gibt – die „starren“ Körper –, welche sich den geometrischen Axiomen gemäß verhalten.[2] – Man hat oft bemerkt, daß es keinen schlechthin *zwingenden* Grund gebe, irgendwelche Naturkörper mit ganz bestimmten Eigenschaften als „starre“ auszuwählen; wir könnten ein beliebiges System der Geometrie zur Beschreibung der Wirklichkeit benutzen, wenn wir nur zugleich das System der Physik dazu passend einstellen; nur die Gesamtheit: Geometrie plus Physik wird durch die Erfahrung zwangsläufig bestimmt. Einstein erkennt die prinzipiell unwiderlegliche Richtigkeit dieser Ansicht an; aber wie schon Poincaré zugab, daß die Ökonomie der Wissenschaft uns eine ganz bestimmte Geometrie als die geeignetste ohne Schwanken wählen läßt (nur glaubte er noch, es sei die euklidische), so ist es nach Einstein beim heutigen Entwicklungsstadium der Physik unabweislich, empirische Naturkörper von bestimmten Eigenschaften als praktisch starre Maßstäbe bei der Ausmessung der Lagerungsmöglichkeiten zugrunde zu legen – solche nämlich, die der durch Erfahrung prüfbaren Bedingung genügen, daß zwei Maßstäbe *stets* und *überall* gleich lang sind,

a Ts: ⟨(der z. B. Poincaré wegen ihres Mangels an absoluter Strenge den Namen Geometrie versagen zu müssen glaubte)⟩; handschriftliche Marginalie an dieser Stelle: ⟨W. u. H.[2] S. 72⟩[1]

1 Vgl. Poincaré, *Wissenschaft und Hypothese*, S. 72: „Man sieht, daß die Erfahrung eine unumgänglich notwendige Rolle in der Genesis der Geometrie spielt; aber es würde ein Irrtum sein, daraus zu schließen, daß die Geometrie – wenn auch nur teilweise – eine Erfahrungswissenschaft sei. Wenn sie erfahrungsmäßig wäre, so würde sie nur annähernd richtig und provisorisch sein. Und von welch' grober Annäherung! Die Geometrie würde nur das Studium der Bewegungen von festen Körpern sein; aber sie beschäftigt sich in Wirklichkeit nicht mit natürlichen Körpern, sie hat gewisse ideale, durchaus unveränderliche Körper zum Gegenstand, welche nur ein vereinfachtes und wenig genaues Bild der natürlichen Körper geben.“

2 Vgl. die ähnliche Unterscheidung bei Kries, *Messung intensiver Größen*, zwischen theoretischer und praktischer Meßbarkeit.

wenn sie *einmal* und *irgendwo* als gleich befunden wurden[3] (eine Bedingung, die Weyl bekanntlich aufzugeben versucht hat). Unter dieser Voraussetzung sind nunmehr die Axiome der praktischen Geometrie reine Erfahrungssätze, durch Beobachtung zu ermitteln. Nach der ⟨allgemeinen⟩[b] Relativitätstheorie sind diese Axiome bekanntlich nicht-euklidisch, und der Raum hat im ganzen angenähert sphärische Struktur. Einstein gibt eine höchst geistreiche Methode an, mit Hilfe deren es der Astronomie vielleicht in absehbarer Zeit möglich sein wird, diese Folgerung indirekt zu bestätigen. – Als letzten Abschnitt hat Einstein eine sehr hübsche Betrachtung angefügt, durch die er zeigt, daß der sphärische Raum nicht etwa unerfüllbare Ansprüche an unser Anschauungsvermögen stellt, wie oft geglaubt wird, sondern daß eine dreidimensionale, endliche und doch grenzenlose Welt sehr wohl anschaulich vorstellbar ist. Gerade diese Veranschaulichung ist so einfach und reizvoll, daß sie gewiß viel dazu beitragen wird, in vorurteilsfreien Gemütern die noch vielfach hem|menden phi- A 436
losophischen Bedenken gegen die neue Auffassung der Raumlehre zu zerstreuen.

b Einschub in A

3 Vgl. Reichenbach, *Raumlehre*, S. 403: „*[W]enn die Körper unmittelbar nebeneinander sind, sind sie gleich groß, und in einem andern Raumpunkt sind sie, nebeneinander gestellt, wieder gleich groß; aber wenn der eine hier, der andere da steht, kann ich sie mit demselben Recht gleich groß wie doppelt so groß nennen.*" Sowie S. 404: „Wir mußten, gedrängt durch relativistische Überlegungen, den *geometrischen* Längenbegriff aufgeben und durch einen *physikalischen* ersetzen."

Helmholtz als Erkenntnistheoretiker

Helmholtz als Erkenntnistheoretiker
Editorischer Bericht

Zur Entstehung

Im Auftrag der *Physikalischen*, der *Physiologischen* und der *Philosophischen Gesellschaft zu Berlin* lud Max von Laue seinen einstigen Studienkollegen Schlick als Vortragenden zu einer am 25. November 1921 in Berlin stattfindenden Feier zum 100. Geburtstag Hermann von Helmholtz' ein. Als Festvortragende über den Physiker bzw. den Physiologen Helmholtz, so Laue, seien bereits Emil Warburg und Max Rubner vorgesehen,

> „doch fehlt uns noch jemand, der über Helmholtz als Erkenntnistheoretiker spräche, nachdem Stumpf, der anfänglich wohl Ja sagen wollte, schließlich doch abgesagt hat.[1] Im Auftrage der drei Gesellschaften möchte ich Sie nun bitten, diesen Vortrag zu übernehmen."[2]

Unter Bezugnahme auf den von Schlick gemeinsam mit Paul Hertz herausgegebenen Helmholtz-Jubiläumsband, der erst einen Monat

1 Datiert auf den 18. Oktober 1921 – also zeitgleich – erreichte Schlick ein Schreiben des damals über 70jährigen Carl Stumpf, in welchem dieser sich für den ihm zugesandten Helmholtz-Jubiläumsband bedankt. Zu Schlicks Erläuterungen merkt er allerdings kritisch an, daß geometrische Sätze von Begriffen hergeleitet würden, die auf Grund bloßer Anschauung gebildet würden. Carl Stumpf an Moritz Schlick, 18. Oktober 1921: „Und das bleibt wahr, auch wenn es 3 Geometrien gibt; es gibt dann eben sogar 3 apriorische Wissenschaften statt einer. Nur die Entscheidung, welche davon die objektiv anwendbare, fällt der Physik [...] zu [...] Aber jedenfalls gibt es eine rein aprioristische Mathematik." Interessiert hätten ihn weiters Schlicks Ausführungen über Helmholtz' Raumpsychologie.

2 Max von Laue an Moritz Schlick, 19. Oktober 1921.

zuvor erschienen war,[3] sowie angesichts der Dringlichkeit der Angelegenheit (die Veranstaltung sollte bereits einen Monat später stattfinden!) fügte Laue hinzu, Schlick sei

„ja auf das Thema gut eingearbeitet, und so hoffen wir Alle schon *sehr bestimmt* [Fußnote: auch z. B. Planck] auf eine Zusage, die ich mir recht bald, womöglich telegraphisch erbitte. Wir kämen andernfalls hier in große Verlegenheit."[4]

Zwar ist Schlicks Antwort nicht erhalten, doch dürfte sie prompt und wie gewünscht per Telegramm erfolgt sein.[5] Wenige Tage später, am 23. Oktober, bedankte Laue sich für dessen Zusage: „Damit ist ein gutes Gelingen der Feier nun gesichert."[6] Eine Einladung zu einem gemeinsamen Abend im Haus der Laues am darauf folgenden Tag sowie eine weitere zu einer Feier am 27. November bei Ellen Siemens-Helmholtz[7] in Wannsee, zu der – so Laue – neben den Vortragenden und den Vorständen der drei Gesellschaften auch „die gesamte Nachkommenschaft von Helmholtz"[8] erwartet würde, schlug Schlick aber aus Termingründen aus.[9]

Die Festveranstaltung fand an einem Freitag Abend in einer der Aulen der Berliner Universität statt, der Beginn war mit 19.30 Uhr festgesetzt.[10] Bezüglich der Redezeit hatte Laue Schlick bereits im Vorfeld ersucht, sich in seinem als dritten und letzten der anberaumten Vorträge auf 30 Minuten zu beschränken, „jedenfalls nicht mehr, da Warburg schon von 45 Minuten und Rubner von 35 sich nichts abhandeln lassen"[11] wolle und die Feier sonst zu lang würde. Max

3 Vgl. den editorischen Bericht zu 1921b *Vorrede/Helmholtz*, in diesem Band.

4 Max von Laue an Moritz Schlick, 19. Oktober 1921.

5 Schlick trägt Termin, Thema und Redezeit in sein Notizbuch ein: Inv.-Nr. 180, A. 196, S. 20.

6 Max von Laue an Moritz Schlick, 23. Oktober 1921.

7 Ellen Siemens-Helmholtz war die Tochter von Hermann von Helmholtz.

8 Max von Laue an Moritz Schlick, 5. November 1921.

9 Zur Einladung bei Siemens-Helmholtz siehe auch Ellen Siemens-Helmholtz an Moritz Schlick, 12. November 1921.

10 Eine kurze Notiz über die Gedenkfeier erscheint in den Verhandlungen der *Deutschen Physikalischen Gesellschaft*. Vgl. Scheel, *Sitzung*.

11 Max von Laue an Moritz Schlick, 19. Oktober 1921.

Planck, der die Veranstaltung gemeinsam mit seiner Gattin besucht hatte, lobte

„den hohen und reinen Genuß, den mir wie wohl auch den übrigen Zuhörern Ihre schöne Rede bei der Helmholtz-Feier nach Form und Inhalt bereitet hat".[12]

Etwaige Unterschiede zwischen dem Vortrag und dem hier abgedruckten Text konnten, da ein entsprechendes Vortragsmanuskript im Nachlaß fehlt, nicht dokumentiert werden.

Zur Überlieferung und Edition

Der Aufsatz erschien in *Helmholtz als Physiker, Physiologe und Philosoph*, Karlsruhe: Müllersche Hofbuchhandlung 1922, S. 29–39 (**A**). Der Vortrag wurde gemeinsam mit jenen von Emil Warburg und Max Rubner abgedruckt. Der Ladenpreis des Bandes betrug 50 Pfennig.[13] Im Nachlaß überliefert ist eine Druckfahne (**DF**).[14] Sie trägt handschriftliche Korrekturen und Ergänzungen Schlicks und umfaßt sieben paginierte Seiten.

Der Abdruck folgt A, Variante ist DF. Der Hervorhebungsweise in A und DF (Sperrung) entspricht hier Kursivsetzung. Personennamen, in A und DF fallweise durch Sperrung hervorgehoben, sind hier wie der Fließtext gesetzt. Nicht im textkritischen Apparat vermerkt sind einige wenige Unterschiede in der Interpunktion zwischen A und DF, sowie deren Korrekturen in DF, die die Satzeinteilung unberührt lassen. Die eingefügte Fußnote, in DF handschriftlich mit einem Kreuz, in A mit einem Asterisk gekennzeichnet, wird hier numeriert.

12 Max Planck an Moritz Schlick, 4. Dezember 1921.

13 Vgl. Bibliographische Abteilung des Börsenvereins der Deutschen Buchhändler zu Leipzig, *Deutsches Bücherverzeichnis der Jahre 1921 bis 1925*, Eintrag „Warburg".

14 Inv.-Nr. 419, A. 244.

Helmholtz als Erkenntnistheoretiker A 29 / DF 1

⟨Hochgeehrte Festversammlung!⟩[a]

Nachdem Physik und Physiologie Helmholtz als den Ihrigen gefeiert haben, tritt nun die Philosophie auf den Plan, um zu erklären, daß auch sie diesen Großen für sich in Anspruch nehmen darf, und daß sein Ruhm auch ihr Ruhm ist. Und sie gibt sich nicht zufrieden mit einem kleinen Eckchen seines Geistes, mit einer schmalen Seite seines Schaffens; denn Helmholtz hat sich nicht etwa nur nebenbei hin und wieder ein wenig mit Philosophie beschäftigt, sondern er war schlechthin ein Philosoph.[b]

Er ist es schon deshalb gewesen, weil er ein ganz großer Forscher war. Denn es ist ein Kennzeichen der größten | wissenschaft- A 30
lichen Geister, daß sie jede Frage, mit der sie sich beschäftigen, bis zu Ende denken, und das Ende jeder Frage liegt in der Philosophie. Ein wahrhaft großer Forscher begnügt sich nie damit, ⌊daß⌋[c] er die Lösung irgendeines Spezialproblems gefunden hat, sondern er fragt nach weiteren Gründen, und nach den Gründen der Gründe, bis hinauf zu den letzten und höchsten. Und die letzten erreichbaren Prinzipien gehören wegen ihrer Allgemeinheit keiner Einzelwissenschaft mehr an, sondern liegen darüber hinaus in der Sphäre der allgemeinen Wissenschaftslehre, in der Philosophie, in der Theorie des Erkennens. Weil ja Wissenschaft Erkenntnis bedeutet, so muß jedes wissenschaftliche Problem schließlich auf irgendeinem Wege in ein Erkenntnisproblem einmünden. Die

a Einschub in A b Absatzmarke in DF handschriftlich eingefügt c DF: ⟨wenn⟩; handschriftliche Korrektur

Physik z. B. dringt mit ihrer Naturerklärung nur bis zu gewissen letzten Begriffen und Voraussetzungen vor – wie Raum, Zeit, Kausalität –, die sie mit ihren Methoden nicht weiter analysieren kann, sondern deren Erhellung und Rechtfertigung der Philosophie überlassen bleiben muß. Und bis zur letzten Erhellung und Rechtfertigung hat Helmholtz jede seiner wissenschaftlichen Fragen verfolgt, die dazu reif war.[d]

Weil er nie die letzten Prinzipien aus dem Auge verlor, darum war sein wissenschaftliches Denken selbst ein Philosophieren. Er hat es selber mit der größten Deutlichkeit ausgesprochen, daß man von jeder beliebigen Einzelfrage aus, wenn man sie nur weit genug verfolge, unfehlbar in das Gebiet der Erkenntnistheorie gelange. In einem berühmten Worte bezeichnet er als Aufgabe der Philosophie: „die Quellen unseres Wissens und den Grad seiner Berechtigung zu untersuchen, ein Geschäft, welches immer der Philosophie verbleiben wird und dem sich kein Zeitalter ungestraft wird entziehen können". Er sprach dies Wort im Jahre 1855 in einem Vortrage, den er zum Besten eines Kantdenkmals in Königsberg hielt.[1] Er sprach es in einer Zeit, die versucht hatte, sich der philosophischen Aufgabe zu entziehen, und in der Tat nicht ungestraft, denn sie war dafür einer seichten materialistischen Metaphysik zum Opfer gefallen. Es war die Zeit, in
A 31 welcher die ernste Forschung | sich von der Philosophie als von etwas gänzlich Abstrusem und Unwissenschaftlichem abgewandt hatte, weil sie ganz unter dem Eindruck des Zusammenbruches stand, den die pompöse Naturphilosophie eines Hegel und Schelling nach kurzer Blüte erleben mußte. Auch Helmholtz hat die Spekulationen dieser Denker mit den allerschärfsten Ausdrücken verurteilt, aber das war ihm kein Anlaß zu einer Flucht vor der Philosophie überhaupt, sondern vielmehr gerade ein Anreiz zu einem echten, gesunden Philosophieren, das ihm desto unentbehr-

d Absatzmarke in DF handschriftlich eingefügt

1 Vgl. Helmholtz, *Über das Sehen des Menschen.*

licher erschien.[2] Er fand es allein in | der Kritik des Erkennens. DF 2
Die Metaphysik hat er abgelehnt. Der Philosoph Helmholtz ist der Erkenntnistheoretiker Helmholtz.

Welche Meinung man auch im einzelnen über das Wesen der Erkenntnis hegen mag, so herrscht doch darüber Einigkeit, daß man an einer Erkenntnis den *Stoff*, den sie enthält, unterscheiden kann von der *Form*, in der dieser Stoff gestaltet ist. Dementsprechend wirkt im psychologischen Erkenntnisakt zweierlei zusammen: die Aufnahme des Erkenntnismaterials durch die Wahrnehmung, und seine Verarbeitung durch das *Denken*. Auch wenn man vielleicht glaubt, beide Faktoren schließlich auf einen einzigen zurückführen oder sonstwie vereinigen zu können, muß man die Scheidung wenigstens als eine vorläufige gelten lassen, und so zeigt sich die Erkenntnistheorie von zwei Seiten, es öffnen sich zwei Tore zu ihrem Tempel. Helmholtz hat durch beide Tore den Zugang gefunden. Als Physiologe hat er die Empfindung und Wahrnehmung zum vornehmsten Gegenstand seiner Forschung gemacht, und er ist mit dem Wahrnehmungsproblem sofort bis zur erkenntnistheoretischen Fragestellung vorgedrungen; als Mathematiker und als mathematischer Physiker hat er das abstrakte Denken in der Arithmetik, Geometrie und Physik kritisch geprüft und so grundlegende Beiträge zur Theorie der *begrifflichen* Erkenntnis geliefert. Die Ergebnisse, zu denen er auf beiden Wegen gelangte, also von der Seite der Wahrnehmung und von der Seite

2 Vgl. ebd., S. 89: „Aber als nach seinem [Fichtes] Tode *Schelling* die Wissenschaft des südlichen, *Hegel* die des nördlichen Deutschlands beherrschte, hub der Zwist an. Nicht mehr zufrieden mit der Stellung, welche *Kant* ihr angewiesen hatte, glaubte die Philosophie neue Wege entdeckt zu haben, um die Resultate, zu denen die Erfahrungswissenschaften schliesslich gelangen müssten, im Voraus auch ohne Erfahrung durch das reine Denken finden zu können. [...] Der Gegensatz dieser Schulen gegen die wissenschaftlichen Grundsätze der Naturforschung sprach sich namentlich deutlich in der höchst unphilosophisch leidenschaftlichen Polemik *Hegel's* und einiger seiner Schüler gegen *Newton* und dessen Theorie aus. [...] Die Philosophie hatte Alles in Anspruch nehmen wollen; jetzt ist man kaum noch geneigt, ihr einzuräumen, was ihr wohl mit Recht zukommen möchte. Aber darf es uns wundern, wenn auf die überfliegenden Hoffnungen tiefe Niedergeschlagenheit folgte; wenn man die jüngsten Systeme der Philosophie mit der Philosophie überhaupt verwechselte, und das Mißtrauen gegen jene auf die ganze Wissenschaft übertrug?"

der Begriffe her, standen in vollkommener Harmonie miteinander und schlossen sich zusammen zu einer | A 32 *empiristischen* Erkenntnistheorie, d. h. einer Philosophie, welche die Quelle aller echten Erkenntnis in der *Erfahrung* findet, und die einzige Bürgschaft für die Wahrheit und Geltung jeder Wirklichkeitserkenntnis in der *Wahrnehmung*.

Wahrnehmung ist aber nicht ohne weiteres Erkenntnis, sondern der Sinn, in welchem sie allein dazu werden kann, ist von Helmholtz oft und sorgfältig erläutert worden. Die Inhalte der Wahrnehmung nämlich, also die Sinnesqualitäten grün, rot, warm, kalt, bitter, süß etc., geben uns nicht unmittelbar die Eigenschaften von Dingen wieder, die außerhalb unseres Bewußtseins vorhanden sind, sondern jene Qualitäten sind nur die im Bewußtsein auftretenden Wirkungen, welche die äußeren Dinge durch Vermittlung unserer Sinnesorgane auf uns ausüben, sie hängen also von unseren Organen mindestens ebensosehr ab wie von den Beschaffenheiten der äußeren Dinge, können also nicht bloße Wiederholungen und Kopien der letzteren sein. „Insofern die Qualität unserer Empfindung uns von der Eigentümlichkeit der äußeren Einwirkung, durch welche sie erregt wird, eine Nachricht gibt, kann sie als ein *Zeichen* derselben gelten, aber nicht als ein Abbild.“[3] – Das ist wesentlich die Lehre von der sogenannten Subjektivität der Sinnesqualitäten, die schon von einigen vorgeschrittenen altgriechischen Denkern, wie Demokrit,[4] vielleicht schon Protagoras,[5] vertreten wurde, die aber von Helmholtz sogleich positiv ergänzt wird, indem er den Ton darauf legt, daß die Empfindungen eben doch *Zeichen* für Wirkliches sind, und daß dies genügt, um „eine Sache von der allergrößten Tragwei-

3 Helmholtz, *Wahrnehmung*, in diesem Band S. 380. Vgl. auch 1925a *Erkenntnislehre*, S. 331 (*MSGA* I/1, S. 746).

4 Vgl. 1919b *Erscheinung*, in diesem Band S. 48.

5 Vgl. Platon, *Theaitetos*, 157a–160c, insbes. 160b–c: „Denn süß, aber niemanden süß zu sein, ist unmöglich. [. . .] Ich bin also der Richter, nach dem Protagoras, dessen sowohl, was mir ist, wie es ist, als dessen, was mir nicht ist, wie es nicht ist.“

te"[6] zu leisten, „nämlich die Abbildung der *Gesetzmäßigkeit* in den Vorgängen der wirklichen Welt".[7] „Da Gleiches in unserer Empfindungswelt durch gleiche Zeichen angezeigt wird, so wird der naturgesetzlichen Folge gleicher | Wirkungen auf gleiche Ur- DF 3 sachen auch eine ebenso regelmäßige Folge im Gebiete unserer Empfindungen entsprechen."[8] Die Zeichenfunktion der Empfindungen genügt also, um die *Gesetze* der Welt zu erkennen: insofern geben sie uns Wahrheit, die einzige, die wir erlangen und gebrauchen | können. Ja, wir dürfen hinzufügen, daß mehr zu A 33 fordern bei genauerem Zusehen dem strengen Erkenntnisbegriff sogar widersprechen würde.

Die Lehre von der Subjektivität der Sinnesqualitäten war für Helmholtz nicht nur wichtig durch die positive Ergänzung, die er ihr mit der Zeichentheorie gab, sondern er hat sie auch in andere Zusammenhänge noch hineingestellt, und dadurch hat sein Denken charakteristische Züge bekommen, die oft Gegenstand der Erörterung in der Literatur gewesen sind.[e]

Erstens nämlich hat er jene Lehre in Beziehung gebracht zu den physiologischen Tatsachen, die Joh. Müller in dem sogenannten „Gesetz der spezifischen Energien der Sinnesnerven"[9] zusammengefaßt hatte. Dies Gesetz sagt aus, daß die Art einer Empfindung nur davon abhängt, welcher Sinnesnerv gereizt wird, nicht aber von der Art des äußeren Reizes. Wird z. B. der Sehnerv erregt, so haben wir immer eine ⌊*Licht*empfindung⌋[f], ohne Rücksicht darauf, ob die Erregung durch einen Lichtstrahl geschieht, der unser Auge trifft, oder etwa durch einen mechanischen Druck auf den Augapfel. In solchen Tatsachen erblickt Helmholtz – und zwar, wie er hinzufügt, fast „in einem unerwar-

e Absatzmarke in DF handschriftlich eingefügt f DF: ⟨*Lichtempfindung*⟩; handschriftliche Marginalie: „empfindung nicht sperren!"

6 Helmholtz, *Wahrnehmung*, in diesem Band S. 380.

7 Ebd.

8 Ebd.

9 Vgl. 1921c *Erläuterungen/Helmholtz*, in diesem Band S. 303.

teten Grade" – „die vollste Bestätigung"[10] der Ansicht, daß die Sinnesqualitäten rein subjektive Zeichen sind und nicht Kopien objektiver Beschaffenheiten der Dinge.

Zweitens aber hat Helmholtz diese Erkenntnis in Beziehung gebracht zur Kantischen Philosophie. Auch diese finde, so meinte er, in den erwähnten Tatsachen eine entscheidende Stütze. Ihm war die Kantische Erkenntnistheorie wesentlich „die Lehre von den vor aller Erfahrung gegebenen ... Formen des Anschauens und Denkens ... in welche aller Inhalt unseres Vorstellens notwendig aufgenommen werden muß, wenn er zur Vorstellung werden soll".[11] Helmholtz übersah dabei, daß Kant zu den Formen des Anschauens die Sinnesqualitäten gerade *nicht* rechnete, sondern nur *Raum* und *Zeit* waren für Kant solche Formen.[12]
A 34 Rein subjektiv sind die Empfindungsqualitäten | natürlich auch für Kant, aber er zählte sie zum Inhalt, nicht zur Form. Da es Helmholtz nur auf die Subjektivität ankam, hat er diesen für Kant so wesentlichen Unterschied nicht beachtet und eine größere Übereinstimmung seiner eigenen Erkenntnistheorie mit der Kantschen angenommen, als tatsächlich vorhanden war.[13] Die Unterschiede werden sichtbar auf eine höchst lehrreiche Weise in der Lehre vom *Raum* und von der geometrischen Erkenntnis, ⌊also⌋[g] jenem Felde, wo die philosophische Kraft des Helmholtzschen Geistes sich mit dem hellsten Glanz entfaltet hat.[h]

Bevor ich aber davon spreche und damit über das Gebiet der Wahrnehmungstheorie hinausgreife, möge über diese Wahrnehmungslehre, von der ich ja nur den Grundgedanken kurz hervorheben konnte, noch ein Wort gesagt sein. Es ist nämlich von der

g DF: ⟨als⟩; handschriftliche Korrektur **h** Absatzmarke in DF handschriftlich eingefügt

10 Helmholtz, *Wahrnehmung*, in diesem Band S. 377.

11 Ebd., in diesem Band S. 377.

12 Dies wird von Schlick an der Stelle des berühmten Diktums „Der Raum kann transzendental sein, ohne daß es die Axiome sind" genauer untersucht. Vgl. Helmholtz, *Wahrnehmung*, in diesem Band S. 387 resp. S. 404 sowie 1921c *Erläuterungen/Helmholtz*, in diesem Band S. 322.

13 Vgl. 1921c *Erläuterungen/Helmholtz*, in diesem Band S. 339.

Seite der neueren Erkenntniskritik idealistischer und positivistischer Richtung die Helmholtzsche Theorie der Wahrnehmungserkenntnis gelegentlich ein wenig herablassend so behandelt worden, als gehe sie allzu unbefangen von gewissen Voraussetzungen | aus, die einer realistischen Metaphysik angehören würden. Es DF 4 würde ja einfach angenommen, daß physische Körper außerhalb unseres Bewußtseins real existieren, auf unsere Organe einwirken und dadurch zu Ursachen unserer Empfindungen werden – während doch eine hypothesenfreie Darstellung des Tatbestandes davon auszugehen habe, daß die Körper (einschließlich der Sinnesorgane) zunächst selbst nur als Komplexe von Empfindungen gegeben seien – und ferner sei auch die Verwendung des Begriffs der Verursachung an dieser Stelle nicht gerechtfertigt.[i][14]

Man braucht nur den Schluß der großen Rede über die „Tatsachen in der Wahrnehmung“ zu lesen, die Helmholtz in diesem Saale[15] 1878 gehalten hat und aus der ich schon einige Sätze zitierte, um zu erkennen, daß solche Vorwürfe ihn nicht treffen. Man sieht dann sofort, daß Helmholtz weit davon entfernt war, sich irgendwie auf eine realistische Metaphysik festzulegen. Er hat vielmehr an verschiedenen Stellen betont, daß er sich zwar der Ausdrucksweise der realistischen | Hypothese bediene – schon A 35 um der Bequemlichkeit willen –, aber auch wenn man auf extrem

i Absatzmarke in DF handschriftlich eingefügt

14 Laas, *Idealismus und Positivismus*, I. Teil, S. 2 f. sowie insbes. III. Teil, S. 572 ff. geht auf Helmholtz' Wahrnehmungstheorie ein, konstatiert S. 574, „dass Kant darum als Vorläufer J. Müllers angesehen wird, weil er – allerdings nicht ganz ohne eigene Schuld – im Sinne der alten und vulgären Wahrnehmungstheorie und des hinter ihr liegenden Realismus gedeutet wird, wonach die Empfindungen Producte der Einwirkung transcendenter Objecte auf ein transcendentes Subject oder ‚Bewusstsein', eine reagierende ‚Seele' sind“ und kommt S. 595 zum Schluß, Helmholtz' Position sei „eine Spielform des vulgären, dualistischen Realismus“. Vgl. auch die instruktive Gegenüberstellung von Helmholtz und Laas in Volkelt, *Erfahrung und Denken*, S. 82, sowie Cornelius, *Psychologie als Erfahrungswissenschaft*, S. 270, der meint, Helmholtz hätte das Parallelenaxiom stillschweigend vorausgesetzt.

15 Es handelt sich um die Räumlichkeiten der Friedrich-Wilhelms-Universität, der heutigen Humboldt-Universität zu Berlin.

idealistischem Standpunkt stehe, also jede Wirklichkeit außerhalb des Bewußtseins leugne, behielten alle seine Ausführungen ihren guten Sinn, und die Zeichentheorie der Wahrnehmung bestehe auch dann zu Recht. In der Tat: der positive Grundgedanke dieser Theorie war, wie wir sahen, der, daß wir in den Zeichen ein Mittel haben, die *Gesetzmäßigkeit* des Wirklichen abzubilden; weiter wird nichts behauptet und gefordert – diese Forderung und Behauptung aber ist unabhängig von jeder metaphysischen Hypothese. „Was wir aber unzweideutig und als Tatsache ohne hypothetische Unterschiebung finden können, ist das Gesetzliche in der Erscheinung“ [16] … „ist die Kenntnis der gesetzlichen Ordnung im Reich des Wirklichen, diese freilich nur dargestellt in dem Zeichensystem unserer Sinneseindrücke.“ [17] Mit diesen Worten kann sich der Idealist genau so gut wie der Realist einverstanden erklären. Bemerkenswert ist hier die ausdrückliche und uneingeschränkte Zustimmung, mit der Helmholtz die berühmten Worte Gustav Kirchhoffs zitiert, wonach die Aufgabe der Mechanik sich darin erschöpfe, alle Bewegungen „vollständig und auf die einfachste Weise zu beschreiben“, [18] Worte, die dann förmlich zu einem Programm für eine positivistische Deutung der Physik geworden sind.[j]

Daß Helmholtz' erkenntnistheoretische Anschauungen, ohne diese Denkweise zu postulieren, sehr wohl mit ihr vereinbar sind, geht auch daraus hervor, daß wir ihn mehrfach auf den Spuren ⟨⟩[k] Humes finden, [19] der als der hervorragendste neuere Begründer jener Denkweise angesehen werden darf. So erklärt Helmholtz z. B. den Ausdruck „das Wirkliche“ als eine besonders glückliche Bezeichnung für alles Reale, weil jenem Ausdrucke die Nebenbe-

j Absatzmarke in DF handschriftlich eingefügt **k** DF: ⟨D.⟩; handschriftliche Korrektur

16 Helmholtz, *Wahrnehmung*, in diesem Band S. 395.

17 Ebd., in diesem Band S. 397.

18 Kirchhoff, *Vorlesungen*, S. III. Vgl. 1921c *Erläuterungen/Helmholtz*, in diesem Band S. 337.

19 Vgl. die entgegengesetzte Interpretation bei Riehl, *Helmholtz*, S. 705.

ziehung auf den Begriff der *Substanz* fehle und nur das *Wirken* ausgesagt werde; und dies bedeutet nur das Eingeordnetsein in einen gesetzmäßigen Zusammenhang.[20] Der Glaube an das Bestehen eines solchen durchgehenden ausnahmslosen Zusammenhanges ist der Glaube an den *Kausalsatz.* Dieser Satz muß bei jedem Schritt in Wissenschaft und | Leben vorausgesetzt werden, aber A 36 seine Geltung läßt sich weder durch Vernunft noch durch Erfahrung theoretisch begründen; sie ist allein *praktisch* begründet. Hier gilt nach Helmholtz nur der eine Rat: „Vertraue und handle."[21] | Auch dies ist ganz im Sinne Humes gedacht. Wir sehen al- DF 5 so: sowohl bei seinen gelegentlichen Ansätzen zu einer Auflösung des Substanzbegriffs in Wirkungen, in Beziehungen, wie auch in der Auffassung des Kausalsatzes bewegt sich Helmholtz in der Richtung Humescher Denkwege.[I]

Aber das sind unbewußte Berührungspunkte. Bewußt hat Helmholtz eher Anschluß an die Kantsche Philosophie gesucht. So bedient er sich Kantscher Ausdrücke, wenn er den Kausalsatz „ein a priori gegebenes, ein transzendentales Gesetz" nennt – aber sachlich weicht seine Anschauung, ohne daß er es selbst deutlich gewahr wurde, weit von der Kantschen ab.

Das gilt auch, wie schon angedeutet, hinsichtlich der *Raumlehre.* Kant hatte den Raum als eine Form unseres Anschauens bezeichnet, und Helmholtz glaubt diesen Ausdruck beibehalten zu dürfen: „Kants Lehre von den a priori gegebenen Formen der Anschauung ist ein sehr glücklicher und klarer Ausdruck des Sachverhältnisses."[22] Helmholtz meint mit diesem Sachverhalt, daß die räumlichen Bestimmungen unserer Wahrnehmungen etwas ebenso Subjektives seien wie die Sinnesqualitäten: daß z. B.

I Absatzmarke in DF handschriftlich eingefügt

20 Vgl. Helmholtz, *Wahrnehmung*, in diesem Band S. 396. Vgl. im Gegensatz dazu Schlicks negative Beurteilung einer Unterscheidung von unterschiedlichen Begriffen des Wirklichen bei Külpe in 1919b *Erscheinung*, in diesem Band S. 53.

21 Helmholtz, *Wahrnehmung*, in diesem Band S. 398.

22 Ebd., in diesem Band S. 417.

unser Auge die Farben in räumlich-flächenhafter Ausbreitung nebeneinander sieht, sei ebenso eine Folge unserer subjektiven Organisation wie die Tatsache, daß es überhaupt *Farben* sieht. ⌊„Auch die räumlichen Bestimmungen also“, sagt er, „betrachtet Kant als ebensowenig der Welt des Wirklichen angehörig, wie die Farben, die wir sehen, den Körpern an sich zukommen, sondern durch unser Auge in sie hineingetragen sind.“⌋[m] [23] In Wahrheit liegen für Kant beide Fälle ganz verschieden.[24] Die Farben gehören ihm zum *Inhalt* der Anschauung, der Raum aber ist deren a priori gegebene *Form*. Das Wort „apriorische Form“ bedeutet jedoch bei Kant nur einen Ausdruck für die Behauptung, daß die Grundsätze, welche die Eigenschaften des Raumes aussprechen A 37 (es sind die *Axiome* der Geometrie), notwendig | und unabhängig von aller Erfahrung gelten müssen: wir können also nach Kant überhaupt nichts Räumliches wahrnehmen oder uns vorstellen, das jenen Grundsätzen nicht entspräche. Gerade dies aber mußte Helmholtz bestreiten. Nach ihm haben die Axiome der Geometrie den Grund ihrer Geltung *allein* in der Erfahrung, und wir können uns sehr wohl anschauliche Vorstellungen von Räumen bilden,[25] für welche die Axiome der gewöhnlichen, der sogenannten Euklidischen Geometrie nicht gelten. In diesem Punkte ist er Kant bewußt entgegengetreten, glaubte freilich damit einen verhältnismäßig unwesentlichen Punkt seiner Lehre anzufechten, während es sich allerdings um eine Kardinalfrage des Systems handelt, nämlich um nichts Geringeres als den Unterschied zwischen Kritizismus und Empirismus.[n]

Man hat versucht, Helmholtz’ Ansicht so zu deuten, als ob er sich in größerer Übereinstimmung mit Kant befände, als er

m Zitat in DF in Klammern gesetzt; Klammern handschriftlich gestrichen **n** Absatzmarke in DF handschriftlich eingefügt

23 Ebd., in diesem Band S. 381.

24 In diesem Punkt stimmt die Interpretation bei Riehl, *Helmholtz*, S. 703 f. mit der Schlicks überein.

25 Vgl. die Kommentare zu 1929a *Erkenntnistheorie*, S. 310 (*MSGA* I/6, S. 165).

selbst glaubte[26] – aber, wie ich meine, ohne viel Glück. Und es kommt ja auch gar nicht darauf an, wieweit Helmholtz von Kant abgewichen ist, und wieweit er sich der Abweichung bewußt war. Wesentlich ist allein, *ob* Helmholtz mit seiner Auffassung der geometrischen Erkenntnis *recht* hat. Und da kann heute kein Zweifel sein: Helmholtz' Raumlehre, seine größte erkenntnistheoretische Leistung, ist ganz gewiß *wahr*.

Zwar die rein begriffliche Möglichkeit anderer Geometrien als der gewohnten und zu Kants Zeiten allein be|kannten (DF 6) Euklidischen war den Mathematikern schon offenbar geworden; ja, so erleuchtete Geister wie Gauß[27] und Riemann[28] hatten auch die Möglichkeit ihrer Anwendung auf die physikalische Wirklichkeit bereits in Betracht gezogen – aber Helmholtz, der unabhängig von Riemann zu seinem Standpunkte vordrang, hat ihn zugleich ausführlich philosophisch gerechtfertigt. Er tat es in dem berühmten Vortrage „Über den Ursprung und die Bedeutung der geometrischen Axiome" und in einer kritischen Abhandlung über den reellen Sinn der Geometrie.[29] Er führt dort

26 So beispielsweise Alois Riehl, der über Helmholtz urteilt, dieser sei „der echte Erbe Kants" (Riehl, *Helmholtz*, S. 705).

27 Vgl. Gauß, *Selbstanzeige/Disquisitiones*. Siehe auch Ullrich, *Gauß*, S. 233: „Mit der Abhandlung ‚Disquisitiones generales circa superficies curvas' krönte Gauß seine Beschäftigung mit den Eigenschaften von Flächen im Raum, mit der er, etwa durch seine a priori koordinatenfreie Definition der Krümmung, die Differentialgeometrie begründete. Und vielleicht nicht gerade in dieser Abhandlung selbst, aber in deren Selbstanzeige in den ‚Göttingischen Gelehrten Anzeigen' offenbarte Gauß, daß seine wichtigsten Anregungen für diese Untersuchungen aus der Astronomie und der (theoretischen) Geodäsie stammten, also eine Rückwirkung aus der Praxis auf die reine Mathematik vorlag."

28 Riemann, *Über Hypothesen*, Kap. III hat den Titel „Anwendung auf den Raum". Vgl. die Verweise in 1921a *Neue Physik*, in diesem Band S. 231 und 1921c *Erläuterungen/Helmholtz*, in diesem Band S. 294.

29 Ein Einfluß Riemanns auf Helmholtz muß spätestens ab 1868 angenommen werden. Vgl. Volkert, *On Helmholtz' Paper*. *Ursprung und Bedeutung der geometrischen Axiome* wird in Helmholtz, *Vorträge und Reden*, Bd. II, S. 1 mit 1870 datiert. Helmholtz, *Ursprung und Sinn der geometrischen Sätze* hat den Kolumnentitel „Reeller Sinn der Geometrie" und ist erst in den *Wissenschaftlichen Abhandlungen*, Bd. II im Jahr 1883 auf deutsch erschienen, der *Mind*-Artikel *Origin II* ist die englische Übersetzung davon und wurde bereits 1878 publiziert.

den erkenntnistheoretischen Beweis, daß die Geometrie, sofern sie A 38 eben Lehre *vom Raume* und nicht bloß ein System ab|strakter, aus willkürlichen Definitionen logisch abgeleiteter Sätze sein will, eine auf Erfahrung ruhende *Natur*wissenschaft ist.[30] Der Inhalt der geometrischen Grundsätze – z. B. des Axioms, daß sich durch einen Punkt außerhalb einer geraden Linie nur eine Parallele zu dieser Linie ziehen läßt – ist hiernach im Grunde eine *physikalische* Behauptung: es wird damit etwas über das beobachtbare physische Verhalten von Körpern oder Lichtstrahlen usw. ausgesagt. Und wenn die Körper sich in bestimmter Weise *anders* verhielten, als wir es tatsächlich beobachten, so würde man von vornherein eine andere als die Euklidische Raumlehre aufgestellt und als die richtige angenommen haben, ohne durch irgendeine apriorische Anschauungsform daran gehindert zu werden. Seine Gründe stützen sich dabei hauptsächlich auf die unlösliche Union des Räumlichen und des Physischen in der Erfahrung und auf eine Analyse dessen, was unter „anschaulichem Vorstellen" komplizierter Raumverhältnisse zu verstehen sei. Helmholtz' Argumente sind unwiderleglich, und wer heute seine Darlegungen liest, muß über die lückenlose Vollständigkeit der Beweiskette erstaunen, in der manches uns so ganz modern anmutet.°

Seine Lehre, damals viel angefeindet, ist bekanntlich im Fortschritt der Wissenschaft glänzend bestätigt worden. Was Helmholtz als möglich erklärte, ist heute als wirklich erkannt: die gegenwärtige Physik ist durch Einsteins allgemeine Relativitätstheorie in der Tat zu der Überzeugung gekommen, daß durch genaueste Beobachtung festgestellte Naturerscheinungen dazu nötigen, dem wirklichen Raume nicht-euklidische Eigenschaften zuzuschreiben. – Es ist für den Philosophen eine hohe Befriedigung, hier festzustellen, daß es auch in der Erkenntnistheorie so etwas

o Absatzmarke in DF handschriftlich eingefügt

Zur weiteren Übersicht siehe die Bibliographie in Helmholtz, *Wissenschaftliche Abhandlungen*, Bd. III, S. 605–636 sowie 1921c *Erläuterungen/Helmholtz*, in diesem Band S. 278.

30 Vgl. zur Auseinandersetzung mit Land 1921c *Erläuterungen/Helmholtz*, in diesem Band S. 323, S. 325 und S. 343.

gibt wie eine Bestätigung durch die Entwicklung der Wissenschaft.

Vielleicht würde eine ähnliche Feststellung auch möglich sein hinsichtlich der erkenntnistheoretischen Untersuchungen, die Helmholtz dem abstrakten begrifflichen Denken gewidmet hat in der Abhandlung über „Zählen und Messen",[31] in welcher er die logischen Grundlagen der | Arithmetik behandelt. Ich bedaure, A 39 daß die Kürze der Zeit verbietet, einen Blick auf diese Seite seines Schaffens[1)] zu werfen und zu sehen, in welchem Sinne auch hier seine empiristische Auffassung sich zu bewähren scheint – das Bild des Philosophen Helmholtz würde dadurch nicht verändert, sondern nur in kräftigeren Strichen erscheinen. Auch hier, wo sich Helmholtz von der Seite des reinen Denkens her der Erkenntnistheorie nähert, würden wir sehen, mit welcher Selbständigkeit er sein Problem ergreift, wie unab|hängig von allen bloßen Gewohn- DF 7 heiten des Denkens er den Begriffen auf den Grund geht und nach letzten Prinzipien trachtet, kurz, wie er auch hier ganz Philosoph bleibt.[q]

Er blieb es als Mathematiker ebenso wie als Physiologe und Physiker. Die Werkstatt seines Schaffens war nie von den engen Mauern einer Fachwissenschaft eingeengt – sondern wie die großen Gedanken ihm immer nur auf Spaziergängen, nie am Schreibtisch, zuflogen,[32] so arbeitete sein Geist auch im übertragenen Sinne stets in der freien Natur; offen lagen vor seinem Blicke die Nachbargebiete nach allen Seiten, und nach oben die Regionen der Philosophie. Das große Beispiel seines Forschens

[1)] ⟨Vergl. zur Ergänzung die Anmerkungen zu der im Text genannten Abhandlung in: H. v. Helmholtz, Schriften zur Erkenntnistheorie, herausgegeben und erläutert von P. Hertz und M. Schlick, Berlin 1921.⟩[p]

p Einschub in DF; handschriftliche Korrektur **q** Absatzmarke in DF handschriftlich eingefügt

31 Dieser Aufsatz ist ebenfalls im von Schlick und Hertz herausgegebenen Band erschienen und von Hertz kommentiert worden. Vgl. 1921b *Vorrede/Helmholtz* und 1921c *Erläuterungen/Helmholtz*, beide in diesem Band.

32 Vgl. Helmholtz, *Erinnerungen*, S. 15 f. Die Stelle wird auch zitiert z. B. von Mach, *Wärmelehre*, S. 441 f.

zeigt, daß die echte Wissenschaft stets hinaufstrebt zu den Höhen der Philosophie, und daß echte Philosophie sich nur erhebt auf dem festen Grunde der Wissenschaften. Dies lehrt uns Helmholtz, der Erkenntnistheoretiker.

[Rezension von:]
Ernst von Aster, Geschichte der neueren Erkenntnistheorie

[Rezension von:] Ernst von Aster, Geschichte der neueren Erkenntnistheorie[1]

Editorischer Bericht

Zur Entstehung

Von den drei in *Naturwissenschaften* 10, 1922 erschienenen Rezensionen (vgl. 1922d *Rezension/Reichenbach* und 1922e *Rezension/Jaspers*, in diesem Band) liegt die hier vorliegende dem Erscheinungsdatum des entsprechenden Werks zeitlich am nächsten. Eine Bitte um Besprechung durch den Schriftleiter Arnold Berliner ist im Briefwechsel nicht dokumentiert,[2] dürfte jedoch 1921, unmittelbar nach Erscheinen des Asterschen Werks, erfolgt sein.

Zu einem ersten brieflichen Kontakt zwischen Schlick und dem vorwiegend historisch tätigen Philosophen Ernst von Aster war es bereits 1913 gekommen. Dem Anschein nach unaufgefordert hatte Schlick Aster ein Exemplar seines Aufsatzes „Gibt es intuitive Erkenntnis?“[3] zukommen lassen. Mit dem Erscheinen von Schlicks 1918 *Erkenntnislehre* (*MSGA* I/1) intensivierte sich der Kontakt zwischen den beiden Gelehrten. An mehreren Stellen bringt Aster die

1 Ernst von Aster, *Geschichte der neueren Erkenntnistheorie (von Descartes bis Hegel)*. Berlin & Leipzig: Vereinigung wissenschaftlicher Verleger 1921. VI+ 638 S.

2 Briefe aus den Jahren 1921 und 1922 sind in der Korrespondenz zwischen Berliner und Schlick nicht erhalten.

3 Schlick, 1913a *Intuitive Erkenntnis* (MSGA I/4). Insbesondere mit der darin geäußerten Kritik der Husserlschen Phänomenologie hatte von Aster sich zu jener Zeit vollkommen einverstanden erklärt. Vgl. Ernst von Aster an Moritz Schlick, 16. Oktober 1913.

Absicht zum Ausdruck, sich von seinem eigenen phänomenalistischen Gesichtspunkt aus

> „schriftlich mit Ihrer Erkenntnistheorie, mit der ich mich in einzelnen Punkten ebenso entschieden im Einklang weiss, wie in andern im Gegensatz, gründlich auseinanderzusetzen".[4]

Zu eigentlich philosophischen Auseinandersetzungen scheint es zwischen ihm und Schlick jedoch zu keinem Zeitpunkt gekommen zu sein. Auch in der hier abgedruckten Rezension nimmt Schlick von einer inhaltlichen Diskussion des Buchs Abstand.

Die Entstehung des vorliegenden Textes dürfte in die Sommermonate des Jahres 1922 fallen. Schlick hatte zu jener Zeit jedenfalls Anlaß gehabt, sich näher mit den Asterschen Arbeiten auseinanderzusetzen: Nachdem feststand, daß er selbst einem Ruf nach Wien Folge leisten würde, stellte sich hinsichtlich des Ordinariats in Kiel, das er seit kurzem inne gehabt hatte, einmal mehr die Frage der Nachfolge. Statt des von Wolfgang Köhler[5] und Albert Einstein favorisierten Philosophen und Experimentalpsychologen Max Wertheimer, für den auch von Aster sich mit Nachdruck eingesetzt hatte,[6] war schließlich von Aster selbst dem Ministerium zur Berufung empfohlen worden.[7]

Eine persönliche Einschätzung Schlicks findet sich in einem Schreiben an Einstein:

4 Ernst von Aster an Moritz Schlick, 19. August 1922.

5 Vgl. Wolfgang Koehler an Moritz Schlick, 1. Juni 1922.

6 „[I]ch glaube im Ernst Ihnen Niemand Besseren empfehlen zu können." (Ernst von Aster an Moritz Schlick, 28. Juni 1922)

7 „Ich hatte keine Ahnung, dass man mich überhaupt in Betracht zog." (Ernst von Aster an Moritz Schlick, 19. August 1922) Daß von Aster von Schlick in Erwägung gezogen wurde, könnte auf einen Hinweis Erich Bechers zurückzuführen sein, der in seinem Urteil über die in Frage kommenenden Kandidaten - darunter neben Wertheimer auch Bauch und Reichenbach – „mit kräftiger Empfehlung [...] noch einen Ordinarius" nannte, „der wohl eher als Bauch nach Kiel gehen würde: v. Aster-Gießen. Er ist als Forscher ungemein tüchtig und als Lehrer ganz hervorragend." (Erich Becher an Moritz Schlick, 16. Juni 1922) Wenig später sollte Schlick von Aster auch für das Preisrichteramt in einer von Hans Vaihinger initiierten „Einstein-Preisaufgabe" vorschlagen. Vgl. dazu die Einleitung, in diesem Band S. 17.

„Schliesslich blieb auf der dem Ministerium einzureichenden Liste nur ein einziger Name übrig: der des Giessener Ordinarius E[rnst] v. Aster. Ich halte diese Wahl für ganz glücklich, denn Aster ist sehr tüchtig und arbeitsam, aber seine Nennung unico loco halte ich nicht für gerechtfertigt, [...] Die Fakultät scheint weniger nach einem Philosophen als nach einem abgestempelten Philosophieprofessor zu trachten."[8]

Zur Überlieferung und Edition

Die Rezension erschien in *Naturwissenschaften* 10, Heft 39 vom 29. September 1922, S. 873 (**A**). Es sind keine Manuskripte, Druckfahnen etc. überliefert. Der Abdruck folgt A. Personennamen, in A durch Kursivsetzung hervorgehoben, sind hier wie der Fließtext gesetzt.

8 Moritz Schlick an Albert Einstein, 13. August 1922.

[Rezension von:] Ernst von Aster, Geschichte der neueren Erkenntnistheorie

Ein ungemein gründliches und ins einzelne gehendes Buch. Es 873
behandelt die Erkenntnistheorie in der Zeit von Descartes bis Hegel, umfaßt also auch die Epoche der Entstehung der modernen Wissenschaft, mithin ein Gebiet, dem viele Leser dieser Zeitschrift reges Interesse entgegenbringen werden. Der Verfasser löst die Aufgabe, die er sich gestellt, mit glücklicher Hand. Er hütet sich davor, in die Geschichte der Philosophie den Gedanken einer stetigen Entwicklung nach einem ganz bestimmten Ziele hineinzulegen, er mißt den Fortschritt der Erkenntnistheorie nicht mit einem vorgelegten Maßstab und ergeht sich nicht in umfassenden geistesgeschichtlichen Betrachtungen, vermutlich weil er fürchtet, daß große Entwicklungslinien aus dem Gedränge der historischen Erscheinungen immer nur mit einer gewissen Gewaltsamkeit herauszuarbeiten sind. Aber er hält sich ebenso weit entfernt von einer bloß referierenden Wiedergabe, durch die manche schlechte Historiker einen Ersatz für die Lektüre der Originale bieten zu können meinen. Er strebt vielmehr, das Ideal der reinen Objektivität der Darstellung dadurch zu erreichen, daß er sich bei jedem behandelten Denker in die Einzelprobleme vertieft, dessen Gedanken nachdenkend entwickelt und dabei ihre Beziehungen, Abhängigkeiten und Gegensätzlichkeiten nach allen Seiten aufzeigt. Wir bleiben stets bei konkreten Fragen und spüren doch die Weite des Blicks, mit dem der Verfasser die Zusammenhänge überschaut, und die Höhe seiner Gesichtspunkte, die nicht einseitige „Standpunkte" sind. Er hat die Quellen mit großer Gewissen-

haftigkeit durchforscht, seine Darstellung ist ungemein sicher und fließend. So entstand ein Buch, das den Leser zwar nicht durch geistvolle und überraschende Wendungen ergötzt, ihm aber eine Fülle sicheren Wissens und wertvoller philosophiegeschichtlicher Erkenntnis in gediegener und brauchbarer Fassung zugänglich macht. Die in das Buch hineingesteckte gewaltige Arbeit ist sicherlich nicht umsonst aufgewendet.

[Rezension von:]
Hans Reichenbach, Relativitätstheorie und Erkenntnis a priori

[Rezension von:] Hans Reichenbach, Relativitätstheorie und Erkenntnis a priori[1]

Editorischer Bericht

Zur Entstehung

Schon im Frühjahr 1920 hatte Albert Einstein Schlick auf das hier besprochene Werk aufmerksam gemacht.

„Der junge Reichenbach hat über Kant u. allgemeine Relativität eine interessante Abhandlung geschrieben, in der er auch Ihr Gleichnis von der Rechenmaschine anführt.“[2]

Reichenbach hatte 1918 *Erkenntnislehre* (*MSGA* I/1) genau studiert.[3] Bereits in seiner Rezension dieses Werks zeichnet sich die hier dokumentierte Diskussion ab:

„Synthetische Urteile a priori aber verneint Schlick. Daß er die anschaulich gewonnenen verneint (die transzendentale Ästhetik Kants), folgt aus seiner Lehre von der Anschauung, der er jede Bedeutung für die Erkenntnis abspricht; daß er aber die rein begrifflichen unter ihnen ablehnt (Kants transzendentale Analytik), scheint mir aus seiner Begründung nicht gerechtfertigt.“[4]

Schlick nimmt Reichenbachs Kritik zur Kenntnis.

1 Hans Reichenbach, *Relativitätstheorie und Erkenntnis a priori*. Berlin: Springer 1920. VI+110 S.

2 Albert Einstein an Moritz Schlick, 19. April 1920.

3 Vgl. auch Reichenbach, *Rezension/Hertz, Schlick I* sowie ders., *Rezension/ Hertz, Schlick II*.

4 Reichenbach, *Rezension/Schlick*, S. 342 f.

„Er macht auch einige prinzipielle Ausstellungen, von denen ein Teil, wie ich zugeben muß, wirklich Hand und Fuß hat.“[5]

Reichenbach nimmt, wie Einstein Schlick gegenüber im eingangs zitierten Brief andeutet, in *Relativitätstheorie und Erkenntnis a priori*[6] ebenfalls auf 1918 *Erkenntnislehre* (*MSGA* I/1) Bezug: das vierte Kapitel „Erkenntnis als Zuordnung“ diskutiert Schlicks implizite Definitionen und ihre Funktion im Erkenntnisprozeß. Reichenbach legt dar, daß sich Zuordnung im mathematischen Sinn grundsätzlich von Zuordnung im erkenntnistheoretischen Sinn unterscheide, weil die erkenntnistheoretische Zuordnung mathematische Gleichungen mit der Wirklichkeit in Verbindung bringe, die aber durch die Wahrnehmung weder definiert noch gar geordnet sei. Daher *erzeuge* die erkenntnistheoretische Zuordnung erst die Definition des Wirklichen. Es folgt eine Diskussion über Kontinuum und Diskretion, wie sie in ähnlicher Weise in 1918 *Erkenntnislehre* (*MSGA* I/1) in Schlicks Ausführungen seines „Gleichnisses von der Rechenmaschine“[7] gegeben ist.

Schlicks Definition von Wahrheit als Eindeutigkeit der Zuordnung stimmt Reichenbach zu. Dabei entsteht jedoch ein indirektes Verhältnis der begrifflichen Seite zur Wirklichkeitsseite der erkenntnistheoretischen Zuordnung. Eindeutigkeit impliziere, daß derselben begrifflichen Einheit immer dieselbe Einheit in der Wirklichkeit zugeordnet werden müsse, worüber aber – so Reichenbach – nichts ausgesagt werden könne. Kriterium für die Eindeutigkeit der Zuordnung ist daher für Reichenbach lediglich die „Gleichheit der Messungszahlen“:

„*Eindeutigkeit* heißt für die Erkenntniszuordnung, daß eine physikalische Zustandsgröße bei ihrer Bestimmung aus *verschiedenen Erfahrungsdaten* durch *dieselbe Messungszahl* wiedergegeben wird.“[8]

5 Moritz Schlick an Albert Einstein, 5. Juni 1920.

6 Hans Reichenbach an Arnold Berliner, 16. Juni 1920 (ASP-HR 015-49-40): „Für die Überschrift meiner Arbeit habe ich jetzt endlich, gemeinsam mit Herrn Prof. Regener, eine vernünftige Form gefunden. Sie soll lauten: ‚Relativitätstheorie und Erkenntnis apriori‘.“

7 Vgl. 1918 *Erkenntnislehre*, S. 123–128 (*MSGA* I/1, S. 392–401).

8 Reichenbach, *Relativitätstheorie und Erkenntnis a priori*, S. 43.

Der höhere Stellenwert, den Schlick der Eindeutigkeit beimißt, führt Reichenbach zu folgender eigenwilliger Diagnose:

> „[D]ie Charakterisierung der Erkenntnis als Eindeutigkeit der Zuordnung ist Schlicks Analyse der Vernunft, und die Eindeutigkeit sein synthetisches Urteil a priori.“ [9]

Den Abschluß des Kapitels bildet die Frage, welche Prinzipien die Eindeutigkeit der Zuordnung von Gleichungen zur Wirklichkeit ermöglichen. Diese wird von Reichenbach – als Frage nach der Möglichkeit von Erkenntnis – explizit als transzendentale Frage mit Rückgriff auf Kant ins Visier genommen.

Schlick hatte bereits in 1921a *Neue Physik*, in diesem Band S. 246, das in der vorliegenden Rezension vorgebrachte Poincaré-Argument verwendet und Reichenbach brieflich darauf aufmerksam gemacht:

> „Im letzten Hefte der ‚Kantstudien‘ habe ich mir erlaubt, ganz kurz auf Ihr schönes Büchlein über Rel.-theorie und Erk. a priori einzugehen [...] Der Raummangel erlaubte dort übrigens nicht ein Eingehen auf die Sache.“ [10]

Das Poincaré-Argument kann aber noch weiter zurückverfolgt werden: Bereits der eingangs zitierte Hinweis Einsteins dürfte Schlick zu einer tiefergehenden Auseinandersetzung damit bewogen haben. [11] Schon 1920 schreibt er an Einstein:

> „Reichenbach scheint mir der Konventionslehre von Poincaré gegenüber nicht gerecht zu sein; was er apriorische Zuordnungsprinzipien nennt und mit Recht von den empirischen Verknüpfungsprinzipien unterscheidet, scheint mir vollkommen identisch mit Poincarés ‚Konventionen‘ zu sein und keine darüber hinausgehende Bedeutung zu haben. R[eichenbach]'s Anlehnung an Kant scheint mir genau betrachtet nur rein terminologisch zu sein.“ [12]

9 Ebd., S. 110.

10 Moritz Schlick an Hans Reichenbach, 10. August 1921.

11 Vgl. auch den Einschub in 1925a *Erkenntnislehre*, S. 326 (*MSGA* I/1, S. 737), der gegenüber 1918 *Erkenntnislehre*, S. 302 (*MSGA* I/1, S. 737 f.) die ersten Sätze der „praktischen“ Geometrie nicht nur als implizite Definitionen, sondern genauer als Konventionen identifiziert.

12 Moritz Schlick an Albert Einstein, 9. Oktober 1920.

Nach Erhalt des Reichenbachschen Werks gratuliert Schlick diesem zur „hervorragenden Leistung", deutet jedoch zugleich prinzipielle inhaltliche Abweichungen an.[13] Resultat der im folgenden dokumentierten brieflichen Diskussion wird wiederum der Verweis auf Poincaré sein. Reichenbach schien sich über Schlicks Absichten bereits weitgehend im Klaren zu sein:

„[W]enn es Ihnen darauf ankam, Kant zu widerlegen, so war es mehr meine Absicht, ihn vor den Kantianern zu retten. Immerhin habe ich den Eindruck, daß unsere Differenzen wesentliche Punkte berühren und um so wertvoller wird es mir sein, wenn Sie mir gelegentlich Ihre Antwort ausführlich mitteilen würden."[14]

Eine handschriftliche Anmerkung Schlicks auf diesem Brief deutet darauf hin, daß er sich nicht wie Reichenbach darauf einlassen wollte, Kant zu verteidigen.

„In Ihrem Bestreben, Kant zu retten, haben Sie ihn m. E. zu günstig interpretiert."[15]

Kant, so Schlick in seiner Antwort, identifizierte die „allgemeinsten Gesetze der Natur" als „Prinzipien der Natur*erkenntnis*". Dementsprechend unterscheidet Schlick Apriori im Sinne von „evident" von Apriori im Sinne von „Gegenstandsbegriff bestimmend".[16] Entscheidend für Schlick ist nun die gegenstandskonstituierende Funktion des Apriori (also des Apriori im zweiten Sinn), die darin liege, daß entsprechende a priori angenommene Prinzipien erlaubten, daß aus Wahrnehmungen Beobachtungen oder Messungen würden, und zwar – im Gegensatz zu Kant – auch ohne die Identität dieser Prinzipien mit evidenten Axiomen (also das Apriori im ersten Sinn) behaupten zu müssen.

„Kant aber würde uns unzweifelhaft sagen, daß *dies* [zweite] Apriori *allein* keinen Pfifferling wert sei; es komme vielmehr darauf an, daß jene Prinzipien identisch

13 Vgl. Moritz Schlick an Hans Reichenbach, 25. September 1920.

14 Hans Reichenbach an Moritz Schlick, 17. Oktober 1920.

15 Hans Reichenbach an Moritz Schlick, 17. Oktober 1920; Schlicks Notiz.

16 Diese Unterscheidung findet sich bei Reichenbach selbst angedeutet, vgl. Reichenbach, *Relativitätstheorie und Erkenntnis a priori*, S. 6 und S. 46. Berliner kritisiert diese Unterscheidung ähnlich wie im folgenden Schlick, vgl. Arnold Berliner an Hans Reichenbach, 16. November 1920 (ASP-HR 015-49-33).

mit den evidenten Axiomen wären (z. B. Kausalsatz, Substanzgesetz); erst dann haben sie alle Merkmale des Kantschen A-priori. Es bestehen ja aber außerdem noch die beiden Möglichkeiten, daß jene Prinzipien Hypothesen oder daß sie Konventionen sind. Nach meiner Meinung trifft gerade das zu, und es ist der Kernpunkt meines Briefes, daß ich nicht herauszufinden vermag, worin sich Ihre Sätze a priori von den Konventionen eigentlich unterscheiden – sodaß wir also im wichtigsten Punkte einer Meinung wären. Daß Sie über die Poincarésche Konventionslehre mit so wenigen Worten hinweg gehen, hat mich an Ihrer Schrift am meisten gewundert."[17]

Reichenbach antwortet, daß dies seiner eigenen Ansicht sehr nahe komme,[18] daß aber Poincarés Konventionalismus – in Reichenbachs Lesart – keine Einschränkung der Willkür in Systemen von kombinierten Prinzipien erlaube.

„Ich danke Ihnen recht herzlich für Ihren ausführlichen Brief. Ich habe danach in der Tat den Eindruck, daß unsere Differenzen wesentlich geringer sind, als ich glaubte. [...] Sie fragen mich, warum ich meine Prinzipien a priori nicht *Konventionen* nenne. Ich glaube, über diese Frage werden wir uns sehr leicht einigen. Obgleich mehrere Systeme von Prinzipien möglich sind, ist doch immer nur eine *Gruppe* von Prinzipien-Systemen möglich; und in dieser Einschränkung liegt eben doch ein Erkenntnisgehalt. Jedes mögliche System besagt in seiner Möglichkeit eine *Eigenschaft* der Wirklichkeit. Ich vermisse bei Poincaré eine Betonung, daß die Willkürlichkeit der Prinzipien eingeschränkt ist, sowie man Prinzipien *kombiniert*."[19]

Schlick ist jedoch der Meinung, daß diese Abhängigkeit der Konventionen untereinander wohl bei Poincaré berücksichtigt sei. Er sieht darin allerdings einen Mangel bei anderen „konventionalistischen" Autoren.

„Wenn Poincaré nicht ausdrücklich betont hat, daß Konventionen nicht voneinander unabhängig, sondern immer nur gruppenweise möglich sind, so würde

17 Moritz Schlick an Hans Reichenbach, 26. November 1920.

18 Vgl. Reichenbach, *Selbstanzeige/Relativitätstheorie*, S. 493: „Damit wird der *apodiktische* Charakter des aprioren Satzes zerstört. Es wird jedoch gezeigt, daß dieser Charakter nicht das Wesen des Apriori erschöpft, sondern daß der *logische* Charakter des Apriori als *konstitutive Bedingung der Erfahrung* bestehen bleibt."

19 Hans Reichenbach an Moritz Schlick, 29. November 1920. Die Verweise des frühen Reichenbach auf Poincaré beziehen sich vor allem auf das Wahrscheinlichkeitsproblem und nicht auf dessen Konventionalismus. Vgl. die von Poincaré behauptete Einschränkung der Willkür durch die Erfahrung zitiert in 1920c *Kausalprinzip*, in diesem Band S. 128 (Fußnote 17).

man ihm natürlich doch sehr unrecht tun, wollte man glauben, er sei sich dieses Umstandes nicht bewußt gewesen. Selbstverständlich war dies der Fall, und den Unfug, den z. B. Dingler unter Verkennung jenes Umstandes mit dem Konventionsbegriff treibt, würde er mit Spott zurückgewiesen haben. Der Beibehaltung des Terminus steht also m. E. nichts im Wege."[20]

Auch Reichenbachs Kritik an Schlicks Konzeption von Wahrheit als Eindeutigkeit der Zuordnung wird nun thematisiert, wobei Reichenbach seinen oben zitierten Vorwurf zwar zurücknimmt, dennoch aber darauf besteht, daß auch Eindeutigkeit nur ein Begriff sei, für den ebenfalls gelte,

„daß man keinen der für die Erkenntnis-Zuordnung benutzten Begriffe so definieren kann, daß er vor der Änderung prinzipiell bewahrt bleibt".[21]

Obwohl also bei Kant etwa *Euklidizität* zum Erkenntnisbegriff gehöre und somit Erkenntnis mitkonstituiere, so sei die erkenntniskonstitutive Funktion der *Eindeutigkeit* bei Schlick nicht in gleicher Weise berechtigt, weil Kant „die Vernunft unveränderlich schien",[22] in Schlicks Philosophie dagegen ein unveränderliches Prinzip keine natürliche Rolle spielen könne.[23] Schlick wehrt diesen Gedanken ab.

„Der Vergleich zwischen Eindeutigkeit bei mir [und] Euklidizität bei Kant ist nicht berechtigt, denn selbst wenn man die Euklidizität in meinen Erk.begriff aufnehmen wollte, wäre die Gültigkeit der Euklid. Geometrie für die Physik ein analytisches Urteil, nicht synthetisch wie bei Kant. Genau ebenso hat schon

20 Moritz Schlick an Hans Reichenbach, 11. Dezember 1920.

21 Hans Reichenbach an Moritz Schlick, 29. November 1920.

22 Ebd.

23 Das Argument fand sich schon in Reichenbachs Kritik in Bezug auf 1920c *Kausalprinzip*, in diesem Band. Vgl. Hans Reichenbach an Arnold Berliner, 16. Juni 1920: „Ich muß sagen, daß ich einigermaßen erschrocken bin über die Wendung, die Schlick jetzt nimmt. [...] daß gerade in der unendlichen Anpassungsfähigkeit der Vernunft an die Wirklichkeit ihr besonderer Vorzug liegt, sieht er nicht, oder vielmehr *nicht mehr*, denn in dieser Erkenntnis hatte ich gerade das große Verdienst Schlicks gesehen." (ASP-HR 015-49-40) Berliner zeigt sich in der Folge über Reichenbachs Kritik erstaunt und will eine Entgegnung Reichenbachs in den *Naturwissenschaften* nur eingeschränkt publizieren (vgl. Arnold Berliner an Hans Reichenbach, 18. Juni 1920 und 3. Juli 1920; ASP-HR 015-49-39 und ASP-HR 015-49-38). Vgl. für die möglichen Hintergründe dieser Kritik an Schlick Padovani, *Probability and Causality*, S. 119–121.

Helmholtz seinen Erk.begriff dem Kantischen gegenübergestellt. In der ‚Deduktion' sucht Kant die Evidenz aus der Konstruktivität abzuleiten, zu erklären; in den Proleg. geht er von ersterer als Erkenntnisgrund der letzteren aus – also kein Widerspruch."[24]

Es scheint sich also in dieser Auseinandersetzung zwischen Schlick und Reichenbach vielleicht um noch andere als bloß terminologische Unterschiede zu handeln.[25] Persönlich lernten sich Schlick und Reichenbach frühestens im September 1921 kennen. Eine spätere Auseinandersetzung mit Reichenbach sollte im Sommer 1928 zu unüberwindbaren inhaltlichen Differenzen führen.[26] Die Wertschätzung Reichenbachs für Schlick nach der eben dokumentierten brieflichen Diskussion zeigt jedoch ein Brief an Arnold Berliner.

„Wissen Sie, es kommt mir immer ganz merkwürdig vor, zu sehen, wie diese Philosophen immer noch nicht gemerkt haben, daß ihre Zeit vorbei ist. Jetzt wollen sie beweisen, daß ihre Weisheiten durch Einstein gar nicht berührt worden wären. Sie merken gar nicht, daß sie ihre Lehren dadurch nur völlig leer machen, denn wenn sie die Naturwissenschaft nichts angeht, sind ihre vielen Thesen inhaltslos. Ich möchte mal sehen, wie sich der alte Kant dagegen wehren würde, daß sein Raum nicht der von Einstein wäre. Ja, was soll denn der apriorische Raum, wenn man ihn nicht zur Erkenntnis gebraucht? Ist der bloß zum Ansehen da? O Kant, wer rettet dich vor den Kantianern? Ich glaube Kant ginge heute lieber zu seinem großen Gegner Schlick, als zu Ilse Schneider und Riehl und Sellien und zur Kantgesellschaft."[27]

Berliner schließlich war es, der Schlick zur vorliegenden Rezension aufforderte:

„Ich glaube, Ihres Interesses für die Reichenbachsche Arbeit so sicher zu sein, daß ich es wage, sie Ihnen auch ohne vorherige Anfrage mit der Bitte um Ihre Besprechung zuzuschicken."[28]

24 Hans Reichenbach an Moritz Schlick, 29. November 1920; handschriftliche Anmerkung von Schlick.

25 Vgl. dazu Friedman, *Reconsidering Logical Positivism*, Kap. 3 sowie Oberdan, *Geometry*.

26 Vgl. dazu den editorischen Bericht zu 1929c *Rezension/Reichenbach* (*MSGA* I/6).

27 Hans Reichenbach an Arnold Berliner, 22. April 1921 (ASP-HR 015-49-26).

28 Arnold Berliner an Moritz Schlick, 1. Oktober 1920.

Anderthalb Jahre später, nämlich Anfang 1922, schien Reichenbach sich bei Berliner nach der bereits überfälligen Rezension erkundigt zu haben. Berliner, offensichtlich selbst über die Säumigkeit verwundert, antwortete, Schlick habe das Buch „zur Besprechung seit 2. Oktober, aber nicht etwa 1921, sondern 1920“ [29] in Besitz und teilte bald darauf mit, daß er Schlick nun abermals um die Besprechung gebeten habe. [30]

Zur Überlieferung und Edition

Die Rezension erschien in *Naturwissenschaften* 10, Heft 39 vom 29. September 1922, S. 873 f. (**A**). Es sind keine Manuskripte, Druckfahnen etc. überliefert. Der Abdruck folgt A. Personennamen, in A durch Kursivsetzung hervorgehoben, sind hier wie der Fließtext gesetzt.

29 Arnold Berliner an Hans Reichenbach, 26. Januar 1922 (ASP-HR 015-49-19).

30 Arnold Berliner an Hans Reichenbach, 10. März 1922 (ASP-HR 015-49-17).

[Rezension von:] Hans Reichenbach, Relativitätstheorie und Erkenntnis a priori

Das vorliegende Buch (dessen Besprechung sich aus zufälligen 873
äußeren Gründen arg verspätet) ist die erste einer Reihe von Arbeiten, in denen der Verfasser sich mit hervorragendem Erfolge um die philosophische Auswertung der Relativitätstheorie bemüht. Seine Methode ist die der logischen Analyse: er deckt durch ungemein scharfsinnige Zergliederung die einzelnen Prinzipien und Behauptungen auf, die in der Relativitätstheorie enthalten sind oder in dem wissenschaftlichen Verfahren vorausgesetzt werden, das zur Aufstellung und Begründung der Theorie führt. Jedem physikalischen Lehrgebäude liegen irgendwelche Prinzipien zugrunde, die nicht aus der Erfahrung abgeleitet, sondern in einem bestimmten Sinne willkürlich sind. Reichenbach nennt sie mit dem Ausdruck Kants Grundsätze *a priori*, weil sie mit dessen „synthetischen Urteilen a priori" dies gemeinsam haben, daß sie logisch *vor* der Erfahrung sind, wissenschaftliche Erfahrung erst aufbauen helfen; er spricht ihnen aber mit Recht die Merkmale der strengen Notwendigkeit und gänzlichen Unabhängigkeit von der Erfahrung ab, die ihnen nach Kant wesentlich zukommen sollten. Es wäre daher vielleicht zweckmäßiger und historisch gerechter gewesen, sie nicht mit Kant als Sätze a priori, | sondern 874
mit Poincaré als *Konventionen* zu bezeichnen,[1] denn Poincaré hat vor allen den logischen Ort solcher Prinzipien mit tiefdringender Einsicht bestimmt. Aber es kommt natürlich im Grunde nicht

1 Vgl. 1921a *Neue Physik*, in diesem Band S. 246.

auf die Benennung an, sondern nur auf die richtige Würdigung jener Grundsätze, ihrer erkenntnistheoretischen Tragweite und ihres Verhältnisses zueinander; und hier hat Reichenbach Bedeutendes und Bleibendes geleistet. Er erzielt eine Reihe sicherer und sehr bemerkenswerter Resultate, und nur an ganz wenigen Stellen erscheinen einige Formulierungen der Verbesserung und Präzisierung bedürftig. Die Logik der exakten Wissenschaft wird durch diese Schrift um ein gutes Stück vorwärts gebracht, und ich stehe nicht an, zu erklären, daß wir hier nicht nur die selbständigste und ertragreichste Untersuchung vor uns haben, die bisher von philosophischer Seite der Relativitätstheorie gewidmet ist, sondern auch eine allgemein-naturphilosophische Leistung allerersten Ranges.

[Rezension von:] Karl Jaspers, Psychologie der Weltanschauungen

[Rezension von:] Karl Jaspers, Psychologie der Weltanschauungen[1]

Editorischer Bericht

Zur Entstehung

„Auf die Möglichkeit hin, dass das Buch Sie interessiert", sendet Arnold Berliner Schlick bereits im Oktober 1919 Karl Jaspers' *Psychologie der Weltanschauungen* zu,

> „mit der Bitte, es gelegentlich – ich meine damit wirklich jede beliebige Ihnen konvenierende Zeit – in den „Naturwissenschaften" zu besprechen".[2]

Berührungspunkte zwischen Jaspers und Schlick fehlen völlig, bis im März 1921 der Kieler Philosoph Heinrich Scholz in einem als „Streng vertraulich!" ausgewiesenen Schreiben Schlick wissen läßt, daß es ihm gelungen sei, ihn als Nachfolger von Götz Martius auf die Berufungsliste für ein Ordinariat in Kiel zu setzen.[3] Trotz der Bemühungen Scholz', der Schlicks Berufungsangelegenheit mit außerordentlichem Eifer betreibt, ergeht der Ruf jedoch letztlich an Jaspers.[4] Schlick wendet sich daraufhin mit der – angesichts der höchst unterschiedlichen Ausrichtung der beiden Philosophen erstaunlichen – Anfrage an Scholz, ob dieser es für möglich halte,

1 Karl Jaspers, *Psychologie der Weltanschauungen*. Berlin: Springer 1919. XII+ 428 S.

2 Arnold Berliner an Moritz Schlick, 21. Oktober 1919.

3 Vgl. Heinrich Scholz an Moritz Schlick, 25. März 1921.

4 Vgl. Moritz Schlick an Heinrich Scholz, Juni 1921. Eine entsprechende Meldung findet sich in der *Frankfurter Zeitung* vom 14. Juni 1921.

„daß Jaspers mich als seinen Nachfolger für das Extraordinariat in Heidelberg empfehlen könnte?“[5]

Die Frage bleibt ungeklärt, denn einmal mehr wendet sich das Blatt: Jaspers nimmt die Berufung nach Kiel nicht an. Unverzüglich beginnt Scholz erneut, die Angelegenheit im Sinne Schlicks weiterzubetreiben. Es dürfte seinen fortgesetzten Bemühungen zu danken sein, daß Schlick, der in der Zwischenzeit auch einen Ruf an die Universität Erlangen erhalten hat, sich schließlich für Kiel entscheidet.[6]

Für eine Auseinandersetzung Schlicks mit dem Werk Jaspers' finden sich außerhalb des oben geschilderten Zeitraums keinerlei Belege. Es darf vermutet werden, daß der Lektüre der *Psychologie der Weltanschauungen* ein eher anlaßbezogenes Interesse zugrunde lag, und daß der Entstehungszeitraum der vorliegenden Rezension auf frühestens Sommer oder Herbst 1921 eingegrenzt werden kann.

Ungeachtet der überraschend freundlichen Behandlung, die Schlick in seiner Rezension der „verstehenden Psychologie“ (ein Begriff, der auf Dilthey zurückgeht, bei dem Schlick 1900/1901 Vorlesungen zur „Allgemeinen Geschichte der Philosophie“ gehört hatte) zuteil werden läßt, findet er in seiner Abgrenzung zu Jaspers stets klare Worte. Stellvertretend hierfür sei eine Diskussion mit Reichenbach genannt, in der das Redaktionskommittee einer geplanten philosophischen Zeitschrift besprochen wird. Schlick, der diesem Kommittee selbst angehören soll, verwahrt sich entschieden gegen Jaspers als möglichen Mitherausgeber,

„denn ich weiss, dass sein Name auf viele exakte Denker abschreckend wirkt“.[7]

Noch deutlicher formuliert er seine Ablehnung, nachdem er selbst Bertrand Russell als mögliches Kommitteemitglied ins Spiel gebracht hat:

5 Moritz Schlick an Heinrich Scholz, Juni 1921.

6 Vgl. den Briefwechsel zwischen Heinrich Scholz und Moritz Schlick aus dem Jahr 1921.

7 Moritz Schlick an Hans Reichenbach, 14. Juli 1923.

„Dem Vorschlage, Jaspers unter die Herausgeber aufzunehmen, können Sie wohl mit dem Hinweis darauf begegnen, dass Russell doch nur unter der Voraussetzung der „Exaktheit" mitmacht, sodass es heissen müsste: Russell oder Jaspers!"[8]

Zur Überlieferung und Edition

Die Rezension erschien in *Naturwissenschaften* 10, Heft 39 vom 29. September 1922, S. 874 (**A**). Es sind keine Manuskripte, Druckfahnen etc. überliefert. Der Abdruck folgt A. Personennamen, in A durch Kursivsetzung hervorgehoben, sind hier wie der Fließtext gesetzt.

8 Moritz Schlick an Hans Reichenbach, 1. Oktober 1923.

[Rezension von:] Karl Jaspers, Psychologie der Weltanschauungen

Das Werk des Heidelberger Philosophen, dessen Erscheinen in 874
zweiter Auflage nun schon bevorsteht[1)], läßt sich in gewisser Hinsicht am kürzesten charakterisieren, wenn man es als ein modernes Gegenstück zu Hegels „Phänomenologie des Geistes“ bezeichnet.[2] Der Vergleich drängt sich auf, weil beide Werke durch Gegenstand, Anlage und Kühnheit des Entwurfs verwandt erscheinen, obwohl sie in Methode und Ergebnissen weit auseinanderstreben. Denn Jaspers spricht nicht als Metaphysiker, ja, er will nicht einmal als Philosoph sprechen, weil er den Namen Philosophie (wenn er „den edlen, mächtigen Klang behalten soll“)[3] derjenigen Art von Weltbetrachtung vorbehalten möchte, die sich nicht nur objektiv-uninteressiert erkennend verhält, sondern zugleich wertend, gestaltend und bewegend in die Welt eingreift. Er nennt diese weltanschauunggebende Philosophie, die für ihn die

[1)] Kürzlich erschienen. XII, 486 S. Preis geh. M. 294,–; geb. M. 436,–.[1]

1 Karl Jaspers an Martin Heidegger, 6. September 1922 (Heidegger und Jaspers, *Briefwechsel 1920–1963*, S. 33): „Sie werden bald vom Verleger die 2. Auflage meiner ‚Psychologie der Weltanschauungen‘ zugesandt bekommen. Sie brauchen das Exemplar nur in Ihre Bibliothek zu stellen, denn Erhebliches geändert ist nicht, nur einiges gestrichen und einiges stilistisch gefeilt.“

2 Jaspers, *Psychologie der Weltanschauungen*, S. 11: „Schließlich werden wir uns umsehen, ob und wo eine systematische Psychologie der Weltanschauungen geleistet worden ist. Ich kenne nur einen großartigen Versuch: Hegels Phänomenologie des Geistes. [...] Hegel hat eine Methode, wir keine beherrschende, sondern bald diese, bald jene.“

3 Ebd., S. 2.

allein echte ist, auch die „prophetische".[4] Eine solche Begriffsbestimmung (die wohl nur den wenigsten zweckmäßig erscheinen wird) stellt die Philosophie jedenfalls in Gegensatz zur *Wissenschaft*, die ja ihrem Wesen nach den Standpunkt der bloßen Betrachtung einnimmt, den auch Jaspers in dem Buche nicht verlassen will. Es ist ein Werk der *verstehenden Psychologie.*[5] „Die Weltanschauungspsychologie ist ein Abschreiten der Grenzen unseres Seelenlebens, soweit es unserem Verstehen zugänglich ist."[6] Verstehen bedeutet ein Nacherleben, Einfühlen, Hineindenken in die seelischen Zustände, aus denen Weltanschauungen entspringen und in denen sie sich darstellen; und diese komplexen Zustände werden nach der objektiven und nach der subjektiven Seite beschrieben und zergliedert. So entsteht eine deskriptive Analyse der „Weltbilder", der „Geistestypen" und der „Einstellungen". Jaspers handhabt die verstehende Methode mit größter Virtuosität; wahrhaft erstaunlich ist die Kraft und Beweglichkeit der Einfühlung, die ihm bei der Durchmusterung der feinsten Falten des Seelenlebens zu Gebote steht. Eine gewisse Vorliebe für das Verborgene, Düstere und Verschwommene ist dabei unverkennbar: immer wieder wendet sich die Betrachtung dem „Mystischen" und „Dämonischen" zu, es wird nicht minder bei Goethe und Kierkegaard aufgesucht als in der Kasuistik der Psychopathologie.[7] Immer neue Möglichkeiten innerlichsten Erlebens in den Höhen und Tiefen menschlichen Daseins ziehen

4 Ebd.

5 Ebd., S. 7. Dieser Ausdruck Jaspers signalisierte auch die Opposition gegen die empirische resp. experimentelle Psychologie, der Schlick aufgeschlossen gegenüberstand.

6 Ebd., S. 6.

7 Vgl. ebd., S. 9 f.: „Wie es in der Psychiatrie eine allgemeine Psychopathologie und eine kasuistische Klinik als Formen wissenschaftlicher Mitteilung gibt, und wie beide aufeinander angewiesen sind, so kann es eine systematische oder, wenn man will, allgemeine Psychologie der Weltanschauungen geben, die in dem vorliegenden Buche zu geben versucht wird, und eine kasuistische Weltanschauungspsychologie, aus der etwa ein Kapitel das der Philosophencharaktere wäre. [...] Alle Psychologie drängt vom Casus zum Typus, vom Einzelnen zum Allgemeinen. Befriedigt gelöst ist die wissenschaftliche Aufgabe nur, wenn beides sich ergänzt, wenn das Allgemeine auch wieder in konkreter Kasuistik gezeigt wird."

an uns vorüber; es ist ein Zaubergarten, durch den Jaspers uns führt. Freilich wird er vielen auch als ein Irrgarten erscheinen, besonders solchen, die nach festen und konkreten wissenschaftlichen Ergebnissen dieses gewaltigen Aufgebots von Geist und Wissen suchen: das Buch enthält keine wissenschaftliche Psychologie in dem Sinne, in dem die Leser der „Naturwissenschaften" das Wort zu verstehen geneigt sein werden. Es spricht im Grunde auch nicht die Sprache einer solchen Psychologie, sondern seine Ausdrucksmittel sind Bilder, Gleichnisse, Metaphern, die ja in der Tat die einzige Möglichkeit bieten, den Leser zum Nacherleben fremder Erlebnisse anzuregen. So gibt das Werk eine reiche Fülle zergliedernder Beschreibung, es verzichtet auf Synthesen und gegenseitige Zurückführung, auf das Herausstellen allgemeiner Gesetzmäßigkeiten und damit auf eigentliche Erklärung. Es bietet vielmehr nur Material und Ansätze dazu. Wer jedoch nicht mit der Erwartung zu dem Buche greift, neue und wissenschaftliche *Erkenntnis* zu gewinnen, sondern einen Blick tun will in die tiefen Gründe, aus denen Weltanschauungen unerschöpflich quellen, der wird in Jaspers den rechten Führer finden und stärkste Eindrücke davontragen.

Die Relativitätstheorie in der Philosophie

Die Relativitätstheorie in der Philosophie
Editorischer Bericht

Zur Entstehung

Unmittelbar im Anschluß an Plancks Gratulationen zum Helmholtz-Vortrag (siehe S. 473 in diesem Band) und im selben Schreiben erging an Schlick eine Einladung, die einen Höhepunkt und zugleich eine Würdigung seiner Rolle als philosophischem Interpreten von Einsteins Relativitätstheorie darstellen sollte. Als Vorsitzender der *Gesellschaft deutscher Naturforscher und Ärzte* habe Planck den Auftrag erhalten,

„Sie zu fragen, ob Sie vielleicht geneigt wären, auf der nächstjährigen Tagung der Gesellschaft in Leipzig, im September 1922, welche zugleich die Feier ihres 100jährigen Bestehens mit umfassen wird, einen Vortrag in der ersten allgemeinen Sitzung zu halten. Wir hatten uns als wissenschaftliches Thema für diese Sitzung kein geeigneteres auswählen können, als die Einsteinsche Relativitätstheorie, deren Bedeutung für die Wissenschaft und die Kulturwelt gerade für eine Jubiläumstagung eine angemessene Lösung abgibt, und als Redner wissen wir uns keinen berufeneren zu denken als zuerst Einstein über die ‚Relativitätstheorie in der Physik' und dann Sie über die ‚Relativitätstheorie in der Philosophie'. Einstein hat mir bereits zugesagt, und nun ergeht meine, und auch seine, Bitte an Sie, uns ebenfalls durch eine Annahme dieser Einladung zu einer würdigen Darstellung des Themas zu verhelfen. Ich bin mir wohl bewußt, daß es Ihnen nicht leicht und nicht bequem sein wird, eine bejahende Antwort zu geben. Denn Sie sind von mancherlei Seiten bedrängt mit Aufgaben und von übernommenen Pflichten aller Art, wozu auch noch die Schwierigkeiten Ihrer Übersiedlung kommen. Aber ich bitte Sie, doch die Angelegenheit einer wohlwollenden Erwägung zu unterziehen, und namentlich zu bedenken, daß Sie hier etwas tun würden, was dem Verständnis der Relativitätstheorie, um welches so viele Berufene und Unberufene ringen, in weiten Kreisen zu Gute käme. Es würde mich außerordentlich erfreuen und auch persönlich zu herzlichem Dank stimmen, wenn Sie sich entschließen könnten, die Einladung wenigstens grundsätzlich anzunehmen. Nähere Einzelheiten haben wir ja immer noch reichlich Zeit zu besprechen. Die Reiseunkosten würden Ihnen natürlich von der Kasse der Gesellschaft ersetzt werden, leider kann darüber hinaus von ihr nichts weiter geleistet werden.“ [1]

Es ist bezeichnend, daß Planck in diesem Zusammenhang auch auf die „Kulturwelt“ Bezug nahm: Debatten um die Relativitätstheorie hatten bereits in den Jahren zuvor, verschärft durch eine von Weyland und Gehrcke 1920 in der Berliner Philharmonie initiierte „antirelativistische“ Veranstaltung[2] weite Kreise gezogen und – teils aufgrund stark antisemitischer Untertöne in der Argumentation der Gegner, zum Teil aber auch bedingt durch Mißverständnisse bezüglich der Theorie selbst – ein erhebliches Interesse in der deutschen Öffentlichkeit hervorgerufen und eine Berichterstattung bedingt, die weit über die Grenzen naturwissenschaftlicher Kreise und Interessen hinaus kulturkampfähnliche Züge anzunehmen begann. Schlicks Rolle in dieser Auseinandersetzung hatte sich im Lauf der Zeit und im Zuge seiner mannigfachen Arbeiten zur Relativitätstheorie von der eines rein philosophischen Interpreten zu der eines „Aufklärers“ und prominenten Befürworters gewandelt. 1922a *Raum und Zeit* (*MSGA* I/2), von Einstein als eine der klarsten philosophischen Darstellungen der Theorie betrachtet, war zum Zeitpunkt der Erhalts von Plancks Anfrage gerade in Druck gegangen. In den Jahren seit 1915a *Relativitätsprinzip* (*MSGA* I/4) hatte Schlick sich mehrfach sowohl in Fachkreisen als auch in der Öffentlichkeit als philosophischer Interpret der Theorie profiliert. Es verwundert vor diesem Hintergrund nicht, daß Planck Schlick in seiner Anfrage ersuchte,

„zu bedenken, daß Sie hier etwas tun würden, was dem Verständnis der Relativitätstheorie, um welches so viele Berufene und Unberufene ringen, in weiten Kreisen zu Gute käme“.[3]

Schlicks Antwortschreiben ist nicht erhalten. Einer Postkarte Plancks vom 14. Dezember ist jedoch zu entnehmen, daß die von Schlick er-

1 Max Planck an Moritz Schlick, 4. Dezember 1921.

2 Vgl. auch 1921h *Rezension/Gehrcke* und den editorischen Bericht zu 1920d *Einsteins Relativitätstheorie*, beide in diesem Band.

3 Max Planck an Moritz Schlick, 4. Dezember 1921.

betene Zusage, „die der Naturforschertagung eine wertvolle Bereicherung ihres Inhaltes sichert," umgehend erfolgt war. Als Termin für die Naturforschertagung wurde die Woche 18. bis 24. September 1922 präzisiert.[4] Details zum Ablauf des Veranstaltung erreichten Schlick in einem weiteren Schreiben Plancks:

> „Ihr Vortrag [...] ist jetzt auf Montag den 18. Sept. angesetzt. Vorher wird Einstein über ‚Die Relativitätstheorie in der Physik' sprechen. Die Dauer ist auf etwa 40 Minuten veranschlagt, es dürften in diesem speziellen Falle auch ein wenig mehr sein, weil in der betreffenden Sitzung keine weiteren wissenschaftlichen Vorträge gehalten werden. Näheres über das ganze Programm enthält natürlich die gedruckte Einladung, die Ihnen seinerzeit zugehen wird."[5]

Ab Mai desselben Jahres wurde das Programm der Tagung auch in der Presse angekündigt: Neben den oben genannten Vorträgen zur Relativitätstheorie, mit denen die Veranstaltung eröffnet werden sollte, standen Themen wie Wiederherstellungschirurgie, Vererbungslehre, Geophysik sowie ein Vortrag Sven Hedins über Tibet auf dem Programm.[6] Im Juli wurde der enorme Andrang absehbar, mit dem das „größte wissenschaftliche Ereignis in nächster Zeit"[7] zu rechnen hatte. In den *Leipziger Neuesten Nachrichten* ließ die *Gesellschaft der Deutschen Naturforscher und Ärzte* die Bitte an die Leipziger Bevölkerung publizieren, „für die Gäste der Tagung vom 17.–24. September Freiquartiere zur Verfügung zu stellen".[8]

Die Planungen hinsichtlich Einsteins Eröffnungsvortrag wurden jedoch jäh durch ein Ereignis vereitelt, das die deutsche wie die internationale Öffentlichkeit gleichermaßen erschütterte. Am 24. Juni 1922 wurde Reichsaußenminister Walther Rathenau auf offener Straße durch Schüsse aus einer Maschinenpistole und durch die Detonation einer Handgranate ermordet. Das Attentat wurde von Mitgliedern einer rechtsextremistischen Organisation verübt. Einstein, persönlich mit Rathenau bekannt, wurde gewahr, daß sich auch sein eigener Name auf einer Liste von Personen befand, die von jener

4 Vgl. Max Planck an Moritz Schlick, 14. Dezember 1921.

5 Max Planck an Moritz Schlick, 4. Februar 1922.

6 Vgl. *Leipziger Neueste Nachrichten*, 22. Mai 1922.

7 *Leipziger Neueste Nachrichten*, 9. Juli 1922.

8 Ebd.

Organisation „beseitigt" werden sollten. Er sagte seine Teilnahme am Naturforscherkongreß ab. Die Nachricht von seiner Absage ging am 5. und 6. August durch die deutsche Presse, bald auch durch die internationale, erregte großes Aufsehen und wurde kontrovers diskutiert.[9]

Max von Laue, der nun an Einsteins Stelle den Hauptvortrag halten sollte, sah angesichts dessen bereits im Juli die Notwendigkeit gegeben, sich mit Schlick

„über die Relativitätsvorträge in Leipzig in's Benehmen zu setzen. Sie wissen es wohl schon: Einstein hat den Vortrag abgesagt, und ich muß ihn wohl oder übel halten. Natürlich bereite ich ihn erst in den Ferien vor. Da ich bei Ihrer Gewissenhaftigkeit und bei der längeren Vorbereitungszeit, die Sie zur Verfügung haben, annehme, daß Sie schon wissen, was Sie sagen wollen, so bitte ich Sie um die Freundlichkeit, es mir gelegentlich zu schreiben. Wie ausführlich, das steht bei Ihnen. Am Bequemsten und am vollständigsten erfüllen Sie vielleicht meine Bitte, wenn Sie mir einen Durchschlag Ihres Manuskripts zur Verfügung stellen."[10]

Da Schlicks Briefe an von Laue im Nachlaß nicht erhalten sind, konnte nicht festgestellt werden, ob Schlick dieser Bitte nachkam. Es darf jedoch bezweifelt werden, daß das Manuskript für den Vortrag zu diesem frühen Zeitpunkt bereits fertiggestellt war. Eine Stellungnahme Schlicks zu den Ereignissen findet sich in einem Brief an Einstein:

„Ich war sehr bestürzt, als ich durch Planck und Laue von Ihrer Absage erfuhr, und Sie können sich denken, welche Abscheu mich erfüllte, dass (wie Planck sich ausdrückte) eine Mörderbande das Programm der Leipziger Tagung stört."[11]

9 So heißt es in einem Zeitungsausschnitt mit dem Titel „Einstein auf der Mordliste" vom 6. August 1922: „Die ‚Leipziger Neuesten Nachrichten' bringen folgende aufsehenerregende Meldung aus Naturforscherkreisen: Professor Albert Einstein hatte zugesagt, auf der Hundertjahrfeier der Gesellschaft deutscher Naturforscher und Ärzte in Leipzig einen Vortrag über die Relativitätstheorie zu halten. Kurz nach der Ermordung Rathenaus teilte aber Einstein dem Vorsitzenden der Gesellschaft mit, daß er seine Beteiligung an der Hundertjahrfeier absagen müsse, weil er für mehrere Monate ins Ausland gehe. Diesen plötzlichen Entschluß faßte Einstein, als er erfuhr, daß auch sein Name auf der Liste der Opfer stehe, die von der Mörderorganisation beseitigt werden sollten, der schon Rathenau zum Opfer gefallen ist." Vgl. Wazeck, *Einstein auf der Mordliste*.

10 Max von Laue an Moritz Schlick, 17. Juli 1922.

11 Moritz Schlick an Albert Einstein, 13. August 1922.

Die Tagung fand schließlich, wie ein Korrespondent des *Berliner Tageblatts* berichtet, „[u]nter außerordentlichem Andrang von nahezu 7000 Teilnehmern aus dem ganzen Reich und in Anwesenheit zahlreicher Ausländer“[12] in der Albert-Halle des Leipziger Kristallpalastes statt. Gegner der Relativitätstheorie verteilten Flugblätter, in denen sie die Entscheidung der *Gesellschaft deutscher Naturforscher und Ärzte*, der Relativitätstheorie den prominenten Platz einer Hauptveranstaltung einzuräumen, aufs Schärfste verurteilten: Es solle – so der Text – der Eindruck erweckt werden, „als stelle die Relativitätstheorie einen Höhepunkt der modernen wissenschaftlichen Forschung dar“. Die Unterzeichneten – darunter einmal mehr Gehrcke (vgl. 1921h *Rezension/Gehrcke*, in diesem Band), Lenard und auch Lipsius – betrachteten dies als „Irreführung der öffentlichen Meinung“ und

> „als unvereinbar mit dem Ernst und der Würde deutscher Wissenschaft, wenn eine im höchsten Maße anfechtbare Theorie voreilig und marktschreierisch in die Laienwelt getragen wird“.[13]

Von Störungen der Hauptveranstaltung selbst wird jedoch nicht berichtet.[14] In den *Münchner Neuesten Nachrichten*, die fast täglich von der Naturforscherversammlung berichteten, wurde Schlicks Vor-

12 Vgl. *Berliner Tageblatt*, Morgenausgabe, 18. September 1922: „Die Relativitätstheorie auf dem Naturforschertag. Newtons Mechanik und Einsteins Lehre. Die Vorträge von Laue und Schlick“; gezeichnet „Dr. Mamlock“, keine Seitenangabe.

13 Wazeck, *Einstein auf der Mordliste*, S. 222 (Faksimile).

14 Anders die Situation in der Stadt Leipzig: Zusätzliche politische Brisanz ergab sich aus dem Umstand, daß dort nur wenige Tage nach dem Kongreß auch die Prozesse gegen die Rathenau-Mörder stattfinden sollten. Der österreichische Schriftsteller Joseph Roth, vom *Berliner Tageblatt* beauftragt, über den Prozeßverlauf zu berichten, schildert seine Eindrücke wie folgt: „Ich geriet zwischen den Naturforscherkongreß und das Neujahrsfest der Juden. Beide Ereignisse hingen durch die Erörterung der Relativitätstheorie zusammen. [...] In der Nacht besteht Leipzig aus Rathenaumördern und solchen, die es werden wollen. Drei Nächte hintereinander hörte ich Studententrupps durch die Straßen ziehen [...] Die germanische Jugend schrie: Nieder mit der Judenrepublik. Ebert ist ein Schwein. An die hundert Leipziger gingen vorbei und ließen sich's gefallen. Ein Schutzmann pendelte auf und ab, königliche Gesinnungswatte in den Ohren.“ (Roth, *Wie ich Leipzig sah*)

trag als „klar und fesselnd" bezeichnet.[15] Unmittelbare Reaktionen darauf sind einem Dankesschreiben Plancks zu entnehmen:

„Wenn Sie auch schon durch den Beifall, der Ihnen am Schluss Ihres Vortrages in der ersten allgemeinen Sitzung geworden ist, die Ueberzeugung bekommen haben werden, dass es Ihnen gelungen war, die Teilnehmer unserer Hundertjahrfeier mit Erfolg in die philosophischen Probleme einzuführen, die die Relativitäts-Theorie stellt, so möchten wir doch nicht unterlassen, Ihnen den herzlichsten Dank des Vorstandes und der Geschäftsführung dafür auszusprechen, dass Sie die nicht geringen Mühe eines derartigen Vortrages auf sich genommen haben. Unsere ganze Zeitströmung drängt nach philosophischer Begründung und Vertiefung der Naturwissenschaften. Es war uns daher von besonderer Wichtigkeit, jenes gegenwärtig im Mittelpunkt des Interesses stehende Thema auch von Seiten eines naturwissenschaftlich vorgebildeten Philosophen beleuchtet zu sehen. Dafür, dass Sie das in so ausgezeichneter Weise getan haben, sind wir Ihnen zu dauerndem Dank verpflichtet."[16]

Die in der Tagespresse publizierten Zusammenfassungen des Schlickschen Vortrags lassen darauf schließen, daß dieser inhaltlich und sogar im Wortlaut sehr große Ähnlichkeit mit dem hier abgedruckten Aufsatz gehabt haben muß.[17] Schlick geht darin unter anderem auf das „übergroße Interesse" ein, das die Relativitätstheorie auch außerhalb der Fachkreise erweckt hatte, nimmt also zumindest indirekt auf die der Tagung vorangegangenen Kontroversen und Polemiken Bezug. Wenngleich er es explizit ablehnt, über die „Relativitätstheorie bei den Philosophen" zu sprechen und weder deren Kritiker noch Befürworter namentlich nennt, ist Joseph Petzoldt als einer seiner Adressaten unverkennbar.[18] Dies ist umso weniger verwunderlich, als gerade der philosophische Relativismus, den der Positivist Petzoldt aus den Einsteinschen Theorien meinte ableiten zu können, zu recht mißverständlichen Interpretationen geführt hatte – umso mehr, als es sich bei der Petzoldtschen Deutung ja um eine die Relativitätstheorie ausdrücklich befürwortende gehandelt hatte. Grenzte

15 Vgl. Schweisheimer, *Hundertjahr-Versammlung*.

16 Max Planck an Moritz Schlick, 27. September 1922.

17 Vgl. auch Mamlock, *Relativitätstheorie*.

18 Eine diesbezüglich etwas mißverständliche Zusammenfassung verfaßte der Generalsekretär der Gesellschaft Deutscher Naturforscher und Ärzte in *Nature*. Vgl. Rassow, *Society*. Hier wird Schlicks Abgrenzung von der rein positivistischen Richtung in der Deutung der Relativitätstheorie außer Acht gelassen.

sich Schlick schon bei anderer Gelegenheit von Mach und Avenarius ab, beläßt er es im vorliegenden Text bei einer schwachen Anerkennung für den Beitrag des Positivismus zur Relativitätstheorie.[19] Petzoldts Relativismus hingegen wird klar als Mißdeutung der Relativitätstheorie beurteilt. Auch etwaigen daraus resultierenden populären Mißverständnissen tritt Schlick in aller Deutlichkeit entgegen.

Zur Überlieferung und Edition

Der Aufsatz erschien in Wittig, Alexander (Hrsg.), *Verhandlungen der Gesellschaft Deutscher Naturforscher und Ärzte. 87. Versammlung zu Leipzig, Hundertjahrfeier vom 17. bis 24. September 1922*, Leipzig: Vogel 1923, S. 58–69 (**A**). Es sind keine Manuskripte, Druckfahnen etc. überliefert.

Der Abdruck folgt A. Der Hervorhebungsweise für Sachliches in A (Sperrung) entspricht hier Kursivsetzung. Personennamen, in A durch Großblock hervorgehoben, sind hier wie der Fließtext gesetzt.

19 Vgl. unten in diesem Band S. 536.

Die Relativitätstheorie in der Philosophie 58

Die Relativitätslehre ist in erster Linie eine physikalische Theorie. Wer aber deswegen den philosophischen Charakter und die philosophische Tragweite der Theorie leugnen will (wie man es gelegentlich getan), der verkennt, daß die physikalische und die philosophische Betrachtungsweise sich überhaupt nicht immer streng voneinander sondern lassen, daß vielmehr beide ineinander übergehen, sobald sie sich der Bearbeitung der höchsten, allgemeinsten Grundbegriffe der Physik zuwenden.

Das tut aber die Relativitätstheorie, denn sie unterwirft die fundamentalen Begriffe des Raumes, der Zeit und der Substanz einer kritischen Zergliederung und dringt damit in die Philosophie ein; wie denn jede Wissenschaft unmerklich philosophisches Gebiet betritt, wenn sie die Fundamente untersucht, auf denen ihr eigenes Lehrgebäude ruht oder bis dahin geruht hat.

Bekanntlich hat sich in der Einsteinschen Relativitätstheorie herausgestellt, daß die von der früheren Physik vorausgesetzten Grundbegriffe durchaus nicht die einzig möglichen Fundamente aller Naturwissenschaft darstellen, sondern durch andere, anders gebaute ersetzt werden müssen – zum mindesten ersetzt werden können. Dieses „können", diese auf jeden Fall bestehende Möglichkeit, ist ein philosophisch sehr wichtiges Resultat, denn es zeigt uns: selbst wenn die Relativitätstheorie gar nicht richtig wäre, wenn also (was wohl nur ganz wenige von uns glauben) künftige experimentelle Erfahrungen ihr widersprechen sollten,[1]

1 Zum Hintergrund der *positiven* empirischen Belege vgl. 1920d *Einstein*, in diesem Band S. 171 und S. 172 sowie 1920e *Bestätigung*, in diesem Band S. 187–187.

selbst dann bliebe die Kritik der physikalischen Grundbegriffe, zu der sie Anlaß gab, voll berechtigt; sie hat unserm Blicke neue Möglichkeiten gezeigt, sie hat gewisse Vorurteile beseitigt, die nun nie wieder zurückkehren können, weil sie endgültig als Vorurteile erkannt sind, ganz unabhängig von den Schicksalen der Relativitätstheorie in der Physik. Mit andern Worten: die Theo-
59 rie | hätte sogar *dann* ihre philosophische Bedeutung, wenn sie keine physikalische hätte.

Ihrem philosophischen Gehalt ist es im Grunde zu danken, daß die Relativitätstheorie bei der Allgemeinheit der Gebildeten ein so übergroßes Interesse entfacht hat: man spürt eben deutlich, wie tief sie in die Denkgewohnheiten der Menschen umgestaltend eingreift; und der Mensch läßt sich gern erschüttern.

Nicht wenige Philosophen haben versucht, diesen umgestaltenden Einfluß zu leugnen oder zu verkleinern, sie haben zur Relativitätslehre in sehr radikaler Weise Stellung genommen. Die einen nämlich glaubten Einsteins Ideen rundweg ablehnen zu müssen, weil sie ihrem „gesunden Menschenverstand“ widersprachen, die andern meinten, jene Ideen aus alten längst bekannten Philosophemen so mühelos ableiten zu können, als ob sie etwas ganz Selbstverständliches wären,[2] mithin gar keinen prinzipiellen philosophischen Erkenntnisfortschritt darstellten. Ich will nicht im einzelnen auf diese extremen Ansichten eingehen, überhaupt die von verschiedenen Denkern eingenommenen Positionen nicht einzeln besprechen, denn Sie werden mir gewiß Dank wissen, wenn ich mich genau an das Thema halte, das mir gestellt ist und welchen lautet: „Die Relativitätstheorie in der Philosophie“, nicht aber „Die Relativitätstheorie bei den Philosophen“.

Ein naturwissenschaftliches Lehrgebäude, wie die Einsteinsche Theorie eins darstellt, kann auf zwei unterscheidbaren (wenn auch schließlich nicht prinzipiell verschiedenen) Wegen in Beziehung zur Philosophie treten. Sie kann nämlich erstens in *methodischer* und zweitens in *sachlicher* Hinsicht philosophische Bedeutung gewinnen. Die methodische Bedeutung ist mehr äußerlicher

2 Vgl. z. B. die Kritik an Ilse Schneider in 1921a *Neue Physik*, in diesem Band S. 239.

Natur; sie beruht darauf, daß die Theorie von sich selbst aus zur Philosophie hindrängt und in ihr eine Grundlage und Ergänzung sucht. Sie verfolgt die naturwissenschaftliche Betrachtungsweise bis an die äußerste Grenze, wo sie nicht weiter kommt, und erkennt, daß die letzte Entscheidung nur aus philosophischen Prinzipien gewonnen werden kann. Sie muß der Philosophie das letzte Wort erteilen und deckt damit den uralten, stets vorhandenen, aber in neuerer Zeit oft verborgenen und vergessenen Zusammenhang zwischen Einzelwissenschaft und Philosophie auf. Wir werden sogleich sehen, wie dies durch die Relativitätslehre geschieht.

Zweitens hat diese Theorie eine *sachliche* Bedeutung für die Philosophie; d. h. sie vermag unmittelbar Beiträge zur Lösung bestimmter, durch die Geschichte des menschlichen Denkens sich hindurchziehender philosophischer Probleme zu liefern. Während durch die methodischen Beziehungen nur das Tor zur Philosophie geöffnet wird, | dringen wir vermöge der sachlichen Beziehungen 60
in das Innere, sehen uns hier ganz bestimmten Fragen gegenüber und werden zu ganz bestimmten Antworten geführt.

Ich beleuchte zunächst kurz die methodischen Beziehungen, durch welche also die Einsteinsche Lehre Physik und Philosophie wieder in unmittelbare Nähe und gegenseitige Berührung gebracht hat.

Richtet man den Blick zuerst auf die *spezielle* Relativitätstheorie, so kann man leicht und genau den Punkt angeben, an dem Einstein mit der philosophischen Betrachtung einsetzte, und welches philosophische Prinzip dabei ins Spiel trat. Es hatte sich herausgestellt, daß es auf keine Weise möglich war, eine absolute Bewegung der Erde, d. h. in der damaligen Ausdrucksweise: eine Bewegung gegen den Lichtäther, festzustellen, und H. A. Lorentz und Fitzgerald hatten eine rein physikalische Erklärung dafür gegeben durch ihre Hypothese, daß alle relativ zum Äther bewegten Körper sich in der Bewegungsrichtung um einen bestimmten Betrag kontrahieren. Einstein erkannte diese Hypothese als besondere physikalische Annahme nicht an, obwohl sie zweifellos von den Beobachtungsresultaten vollkommene Rechenschaft gab und das Erkenntnisbedürfnis der namhaftesten Physiker tatsächlich

befriedigte; er verwarf die geschilderte Auffassung aus einem rein philosophischen Grunde, nämlich weil sie einem rein erkenntnistheoretischen Prinzip[3] nicht Genüge leistete: dem Prinzip, *daß als Erklärungsgrund* in der Naturwissenschaft *nur etwas wirklich Beobachtbares eingeführt werden dürfe.*[4] Jene Annahme behandelte die Bewegung eines Körpers relativ zum Äther als etwas Wirkliches ohne daß man doch ein Mittel hätte, diese Bewegung jemals nachzuweisen. Einstein sagte: was sich nicht nachweisen läßt, darf nicht als existierend angenommen werden. Dies ist natürlich eine philosophische Forderung, nicht etwa ein Erfahrungssatz; Erfahrung kann ja nichts darüber lehren, ob etwas Nicht-Erfahrbares existiert. Und dieses philosophische Postulat hat ein so großes Gewicht für uns alle, die wir an Einsteins Theorie glauben, daß wir alle Konsequenzen, zu denen die darauf gebaute Lehre führt, willig in den Kauf nehmen, und mögen sie noch so paradox sein. Wir opfern dem erkenntnistheoretischen Postulat zuliebe ohne Bedenken die alten Vorurteile und Denkgewohnheiten, daß die Längenmessungen eines Körpers, die Zeitdauer eines Vorgangs, die Gleichzeitigkeit an verschiedenen Orten etwas Absolutes seien, – freilich erst, nachdem wir sie wirklich als Vorurteile erkannt
61 | haben – aber wir opfern sie, um die Erkenntnisbefriedigung zu genießen, die uns die Erfüllung jenes philosophischen Satzes bereitet. Die spezielle Relativitätstheorie unterscheidet sich von der Lorentzschen Auffassung zuerst in der Tat nur durch die grandiose philosophische Interpretation; in ihren mathematischen Gleichungen, und mithin in ihrem prüfbaren Erfahrungsgehalt, stimmen beide gänzlich überein.

3 Vgl. die Einteilung Einsteins in Prinzipientheorien und konstruktive Theorien in Einstein, *On His Theory*, S. 14: „The theory of relativity is a theory of principle. [...] The special relativity theory is therefore the application of the following proposition to any natural process:–‚Every law of nature which holds good with respect to a co-ordinate system K must also hold good for any other system K', provided that K and K' are in uniform movement of translation.'"

4 Vgl. Einstein, *Elektrodynamik*, S. 891: „Beispiele ähnlicher Art, sowie die mißlungenen Versuche, eine Bewegung der Erde relativ zum ‚Lichtmedium' zu konstatieren, führen zu der Vermutung, daß dem Begriffe der absoluten Ruhe nicht nur in der Mechanik, sondern auch in der Elektrodynamik keine Eigenschaften der Erscheinungen entsprechen[.]"

So hat Einstein die Physik wieder philosophisch gemacht; oder vielmehr, es ist durch ihn deutlich geworden, daß die Physik philosophisch *ist*, daß auch der Physiker sich von philosophischen Gesichtspunkten leiten lassen muß. Und daß das Eindringen in den *Geist* der physikalischen Forschung, welches die philosophische Einstellung mit sich bringt, auch für die Physik selber wieder fruchtbar wird, zeigt ja die weitere Entwicklungsgeschichte der Relativitätstheorie.

Denn nicht nur an ihrem *Anfang* steht die erkenntnistheoretische Forderung, das System der Physik müsse sich aufbauen lassen ohne jede Einfügung von Größen, die prinzipiell nicht beobachtbar sind, sondern derselbe Satz zieht sich durch ihr ganzes Gebäude als Leitmotiv hindurch, um an den wesentlichsten Punkten bestimmend und entscheidend hervorzutreten. Ich will das an einem wichtigen Beispiel zeigen. Jenes fundamentale Prinzip, welches Einstein als das *Äquivalenzprinzip* bezeichnet, wird zur Grundlage der allgemeinen Relativitätstheorie erst durch die philosophische Interpretation, die Einstein den Tatsachen angedeihen läßt. Die *Tatsache* des Äquivalenzprinzips ist die, daß sich in einem genügend kleinen Bereich Schwerewirkungen und Trägheitswirkungen schlechterdings nicht unterscheiden lassen. Nun, das war seit langem bekannt, wenigstens für alle *mechanischen* Vorgänge, und das berühmte „Liftbeispiel", durch welches Einstein jene Tatsache veranschaulicht, hätte ebensogut schon von Newton aufgestellt werden können.[5] Man kannte also sehr wohl die Äquivalenz von Trägheit und Schwere und glaubte doch, daß sie voneinander völlig wesensverschieden wären. Einstein aber sagte: „Wenn beide Wirkungen tatsächlich in keiner Weise durch Beobachtung voneinander unterscheidbar sind, so sind sie eben *identisch*, es handelt sich um ein und dieselbe Naturerscheinung, nur mit zwei verschiedenen Namen bezeichnet";[6] er stützt sich also wieder auf jenes erkenntnistheoretische Postulat, wonach Verschiedenheiten in der Wirklichkeit nur dort angenommen werden dürfen, wo Verschiedenheiten in der Beobachtung vorliegen.

5 Vgl. die entsprechende Anm. in 1920d *Einstein*, in diesem Band S. 168.

6 Als Zitat nicht nachgewiesen.

Und wenn wir endlich, Einzelheiten übergehend, den Blick auf den Gipfel des ganzen Baues der Relativitätslehre richten, so
62 finden | wir, daß das gleiche philosophische Prinzip dort thront. Fragt man sich nämlich, was denn in der Physik eigentlich überhaupt letzten Endes beobachtbar sei, so findet man mit Einstein, daß alle exakte Wissenschaft nur auf Beobachtungen ruht, die *Messungen* sind, daß aber jede Messung auf nichts anderes hinausläuft als auf die Feststellung des Zusammenfallens zweier Punkte (z. B. einer Zeigerspitze mit einem Skalenpunkt oder den Enden eines Maßstabes mit bestimmten Punkten eines zu messenden Körpers). Wenn es also wahr ist, daß in den physikalischen Gesetzen nur Beobachtungsresultate auftreten dürfen, so müssen sie sich alle zurückführen lassen auf Gesetze über das Zusammentreffen von Punkten. Diese Punktkoinzidenzen sind die wahre objektive Realität, welche die Physik zu beschreiben hat; und alles, was sonst noch in ihren Gleichungen auftritt, ist im Grunde nur Mittel der Beschreibung, abhängig vom Standpunkt und Ausgangspunkt, und verfällt deshalb der vollständigen Relativierung.[7] Damit ist die physikalische Relativität in ihrer allgemeinsten Fassung, wie sie in der Einsteinschen Theorie durchgeführt ist, durch jenen erkenntnistheoretischen Grundgedanken rein philosophisch begründet.

Die angeführten Beispiele zeigen, daß die Wurzeln des Relativitätsgedankens sich überall in die Philosophie hinein erstrecken: diese neue Physik ruht unmittelbar auf dem philosophischen Mutterboden, auf den sich mittelbar alle Wissenschaft irgendwie stützen muß.

Aber indem wir so die methodische Beziehung der Relativitätslehre zur Philosophie verfolgen, offenbaren sich uns zugleich sachliche Beziehungen, von denen sich die methodischen überhaupt nicht ganz streng sondern lassen. Wir gewahren nämlich nicht nur die innige Verflechtung der neuen Physik mit philosophischen Grundgedanken, sondern bemerken zugleich, daß es ganz bestimmte Grundgedanken sind, daß sie in die Richtung einer ganz bestimmten Philosophie hinweisen. Die in der Theorie so

7 Vgl. 1917b *Raum und Zeit*, S. 35 (*MSGA* I/2, S. 231–233).

stark betonte Tendenz, nur das Erfahrbare, Beobachtbare gelten zu lassen, ist im Sinne jener Denkrichtung, die man als *Empirismus*, als Erfahrungsphilosophie zu bezeichnen pflegt. Ich meine in der Tat: die Forderung, in das System der Weltbeschreibung keine andern Größen aufzunehmen als erfahrbare, darf geradezu als *der* Grundgedanke der reinen Erfahrungsphilosophie angesehen werden. Womit nicht gesagt sein soll, daß dies Prinzip in den aus der Philosophiegeschichte bekannten empiristischen Systemen je in voller Reinheit festgehalten worden wäre. Und weil es der Relativitätstheorie geglückt ist zu zeigen, daß jene erkenntnistheoretische Forderung sich in der Physik wirklich erfüllen läßt und gerade durch | ihre Erfüllung erstaunlichste naturwissenschaft- 63
liche Erfolge erzielt wurden, so darf der Empirismus den Sieg der Relativitätslehre als einen eigenen Sieg in Anspruch nehmen, darf darin eine Bestätigung seiner eigenen Ideen, einen Beweis der Fruchtbarkeit seiner eigenen Ansätze erblicken.

Auch die historische Betrachtung zeigt uns die Blutsverwandtschaft zwischen Relativitätslehre und Empirismus, denn Einstein ist unmittelbar durch Hume und Mach[8] beeinflußt worden, jene hervorragenden Empiristen, deren Philosophie man gern und treffend mit dem Namen des *Positivismus* bezeichnet, weil sie die Aufgabe aller wissenschaftlichen Erkenntnis darin sieht, das positiv Gegebene in seinen Zusammenhängen zu beschreiben. Zu der Zeit, als Einstein die beschränkte Relativitätstheorie fand, war er gerade mit dem Studium Humes beschäftigt,[9] und es

8 Vgl. Einstein, *Mach*, S. 102: „[...] von mir selbst weiß ich mindestens, daß ich insbesondere durch Hume und Mach direkt und indirekt sehr gefördert worden bin[.]" Siehe auch Frank, *Bedeutung*, S. 68: „Es ist ja heute allgemein bekannt, daß die Einsteinsche allgemeine Relativitäts- und Gravitationstheorie ganz unmittelbar aus der positivistischen Raum- und Bewegungslehre erwachsen ist[.]"

9 Vgl. Albert Einstein an Moritz Schlick, 14. Dezember 1915: „Sehr richtig sind auch Ihre Ausführungen darüber, daß der Positivismus die Rel.theorie nahe legt, ohne sie indessen zu fordern. Auch darin haben Sie richtig gesehen, daß diese Denkrichtung von großem Einfluß auf meine Bestrebungen gewesen ist, und zwar E. Mach und noch viel mehr Hume, dessen Traktat über den Verstand ich kurz vor Auffindung der Relativitätstheorie mit Eifer und Bewunderung studierte. Es ist sehr gut möglich, daß ich ohne diese philosophischen Studien nicht auf die Lösung gekommen wäre."

ist bekannt, daß die Behauptung der allgemeinen Theorie, in der Physik müßten *alle* Bewegungen als rein relativ betrachtet werden, als Forderung schon von Mach mit dem größten Nachdruck aus erkenntnistheoretischen Gründen aufgestellt wurde. Ob Machs Gründe wirklich zwingend waren, soll hier nicht untersucht werden[10] – *daß* wir ihnen in diesem Zusammenhang begegnen und das Postulat der Relativität beliebiger Bewegungen so deutlich aufgestellt finden, ist jedenfalls ein *Anzeichen* für die logische Zusammengehörigkeit relativistischer und empiristischer Gedankengänge. Freilich nur ein Anzeichen, denn historische Zusammenhänge können nie die Rolle von sachlichen Begründungen übernehmen.

Es geht deshalb auch durchaus nicht an, die moderne Relativitätslehre einfach als eine Fortsetzung und natürliche Konsequenz philosophischer Relativitätsgedanken zu betrachten, wie wir sie mehr oder weniger deutlich schon seit frühen Zeiten finden, etwa in den Anschauungen des Sophisten Protagoras, dessen Relativismus zusammengefaßt ist in seinem berühmten Satze: „Der Mensch ist das Maß aller Dinge“.[11] Wenn ich im allgemeinen über Relativität in der Philosophie zu sprechen hätte, so müßte ich in der Tat bei Protagoras beginnen, aber ich soll ja von der Relativitätstheorie in der Philosophie reden, und das ist etwas ganz anderes, zum mindesten etwas viel Spezielleres.[12] Der Satz des Protagoras bedeutet vielleicht, daß die Welt für jeden so *ist*, wie sie ihm *erscheint*,[13] vielleicht auch, daß alle unsere Urteile und

10 Vgl. dazu 1920c *Kausalprinzip*, in diesem Band S. 137–139, 1915a *Relativitätsprinzip* (*MSGA* I/4), S. 170 sowie 1917a *Raum und Zeit* (*MSGA* I/2), Kap. X.

11 Vgl. Diels/Kranz, *Die Fragmente der Vorsokratiker*, 74 B 1: „πάντων χρημάτων μέτρον ἐστὶν ἄντρωπος, τῶν μὲν ὄντων ὡς ἔστιν, τῶν δὲ οὐκ ὄντων ὡς οὐκ ἔστιν.“

12 Vgl. Planck, *Kausalgesetz und Willensfreiheit*, nach einer Kritik an Protagoras S. 29: „[E]s gibt noch ein anderes, für gewisse Fragen viel wichtigeres Maß, welches, unabhängig von der Art und Beschaffenheit des messenden Intellekts, den Dingen selbst eigentümlich ist.“

13 Vgl. Petzoldt, *Das Weltproblem*, 2. Aufl.: S. 188, 3. Aufl.: S. 189 (ähnlich auf S. 208): „Es ist keine tiefere Wahrheit ausgesprochen worden als die des *Protagoras*: die Welt *ist* für jeden so, wie sie ihm *erscheint*.“ An dieser Stelle beginnt

die Qualitäten aller unserer Wahrnehmungen rein subjektiv sind ... dies mag sogar ganz richtig sein, aber die Relativitäts*theorie* hat mit alledem nichts zu tun. Der Mensch und seine Sinnesqualitäten kommen in Einsteins Formeln nicht vor. Man gelangt zu einer ganz falschen Auffassung der Lehre, wenn man in ihr nur eine Spezialisierung des vagen und übrigens falschen Satzes sehen möchte: | „Alles ist relativ", oder wenn man glaubt (wie es gesche- 64
hen ist), Einsteins allgemeines Relativitätsprinzip in der Formel aussprechen zu können: „Es gibt keine absoluten Qualitäten". Über irgendwelche Sinnesqualitäten sagt die Theorie nichts,[14] ja man darf die Qualitäten unserer Sinnesempfindungen mit vollem Recht – wenn das Wort nicht verpönt ist – als etwas Absolutes betrachten:[15] die Wahrnehmungsinhalte blau, warm, sauer usw. sind als Erlebnisse eines Subjekts durchaus absolut in dem Sinne, daß keine Interpretation, keine begriffliche Bearbeitung an ihnen etwas ändern oder deuteln kann, sie sind als Wirkliches schlechthin vorhanden und gegeben.[16]

in der dritten Auflage von 1921 eine ausführliche Diskussion von 1918 *Erkenntnislehre* (*MSGA* I/1), insbes. der darin geäußerten Kritik an Petzoldt. Vgl. auch das Vorwort zur dritten Auflage von Petzoldts *Das Weltproblem*, S. V: „Namentlich hat *M. Schlick*, mit dem ich sonst viele Berührungspunkte habe, erheblichen Anstoß genommen. Das ausführliche Eingehen auf seine Bedenken und Auffassungen (S. 188 ff.) möchte zur weiteren Klärung beitragen." Zur philosophiehistorischen Bedeutung von Protagoras bei Petzoldt siehe *Das Weltproblem*, S. 77 f. und S. 208 f., sowie ders., *Relativitätstheorie der Physik*, S. 42 f.

14 Vgl. 1918 *Erkenntnislehre*, S. 207 (*MSGA* I/1, S. 557): „In der Physik z. B. erschließen uns [...] die Gleichungen Einsteins das Wesen der Gravitation [...] Gibt man dies zu, so sind wir nach dem eben Gesagten zugleich im Besitze der Erkenntnis des Wesens der Dinge an sich. Und nur der kann es nicht zugeben, der unter dem Wesen eines Realen nichts anderes verstehen will als ein schlechthin Gegebenes, eine unmittelbar erlebte Qualität; dieses aber ist [...] überhaupt nicht erkennbar, sondern nur kennbar, wißbar."

15 Vgl. Petzoldt, *Das Weltproblem*, 3. Aufl., S. 190: „Schlick [...] wird dem relativitstischen Prinzip, aus dem Einsteins Theorie in ihrem erkenntnistheoretischen Kern erst hervorgegangen ist, nicht gerecht, weil er seine Allgemeinheit verfehlt. Man kann dem allgemeinen Relativitätsprinzip die Form geben: es gibt keine absoluten Qualitäten." Vgl. auch 1921a *Neue Physik*, in diesem Band S. 230.

16 Ähnliches gilt für die Relativität der Werte in 1930a *Ethik*, S. 89 (*MSGA* I/3, S. 462): „Die Lust oder Unlust, die das Subjekt beim Werten erlebt, ist ja gewiß

Die Relativitätstheorie dagegen hat lediglich physikalische *Größen* zum Gegenstande, d. h. Resultate von Messungen. Jedes Messungsergebnis ist eine Zahl, die von gewissen Voraussetzungen abhängt, unter denen die Messung stattfindet, und von gewissen Festsetzungen, die man treffen muß, um überhaupt zu einer Maßzahl zu gelangen; und die Relativierung, welche die neue Lehre vollzieht, besteht im Grunde nur darin, daß sie das Messungsergebnis als von *mehr* Voraussetzungen abhängig erweist, als man früher glaubte, nämlich vom Bewegungszustand des Beobachters usw. Die Theorie deckt also gewisse Abhängigkeiten auf, deren Art und Grad sie natürlich genau angibt und in strengen Gesetzen formuliert. Man begegnet in der populären Meinung zuweilen noch dem unbegreiflichen Mißverständnis, als handele es sich in der Relativitätstheorie um eine Aufhebung der strengen Bestimmtheit, um eine Lockerung der Naturgesetze. Das Gegenteil ist natürlich der Fall. Eine wissenschaftliche *Theorie* kann immer nur die Auf*stellung*, niemals die Auf*hebung* von Gesetzen zum Ziele haben, und die Relativitätslehre *ist* eine wissenschaftliche *Theorie.* Wenn ein philosophischer Relativismus gelegentlich die Tendenz gehabt hat, strenge Gesetzlichkeit zu leugnen, so ist dies um so mehr Grund, den völlig entgegengesetzten Charakter der physikalischen Relativität zu betonen. Auch nach der Relativitätstheorie darf man getrost sagen, daß sich die physikalische Gesetzlichkeit der Welt als eine „absolute" darstellt. Absolut nicht in dem Sinne, daß sie nicht auf beliebig viele verschiedene Weisen formuliert werden könnte, wohl aber in dem Sinne, daß die Gesetze schlechthin eindeutig und sicher bestimmt sind, wenn einmal bestimmte Festsetzungen und Voraussetzungen getroffen sind,[17] wie sie zu Beginn jeder Naturbeschreibung erforderlich sind. Ein Gesetz verdient eben diesen Namen nur dann, wenn es schlechthin gültig ist, jeder Unbestimmtheit und Willkür entzogen.

etwas Absolutes, denn wenn das Wort absolut überhaupt irgendwo erlaubt ist, so sicherlich bei einem solchen letzten Datum des Bewußtseins."

17 Vgl. dazu die spätere Auseinandersetzung mit Carnap in 1936c *Naturgesetze* (*MSGA* I/6).

Die Relativierung ist für die Theorie überhaupt nur Mittel zum Zweck. Alle Größen, die sich relativieren *lassen*, mußten relativiert werden, um gerade die ruhenden Pole in der Erscheinungen Flucht, die | sogenannten Invarianten, rein herauszustellen,[18] also 65
das, was unbekümmert um Betrachtungsweise und Standpunkt unverändert bleibt und schließlich das physikalische Weltbild in seiner Reinheit und in aller Vollständigkeit ausmacht.

Es kommt also auch der Relativitätslehre – wie jeder wissenschaftlichen Theorie – allein auf die Aufstellung objektiver, allgemeingültiger Gesetze an, und dazu kann sie den Gedanken einer objektiven Wirklichkeit, in der alle Subjekte gemeinsam leben, und die alle Beobachter gemeinsam messen, nicht entbehren.[19] Sie findet diese objektive Welt, über welche die Aussagen aller Beobachter übereinstimmen müssen, in dem System jener raumzeitlichen Koinzidenzen, von denen ich schon gesprochen habe. Diese Koinzidenzen von Ereignissen, also Gleichzeitigkeiten an gleichen Orten, bilden das objektive Gerüst, mit Hilfe dessen es allein gelingt, einen durchgehenden allgemeinen Gesetzeszusammenhang der Natur herzustellen.[20] Gäbe es nicht irgendwelche aller Subjektivität und Relativität entrückten Daten wie jene Koinzidenzen, so fehlte jeder Ansatzpunkt für eine wissenschaftliche Theorie; wäre z. B. Gleichzeitigkeit am gleichen Orte nicht etwas Absolutes, so ließe sich auch keine Gesetzmäßigkeit für die Relativität der Gleichzeitigkeit an verschiedenen Orten angeben.[21]

18 Vgl. zur Unterscheidung zwischen Invarianz und Kovarianz z. B. 1920c *Kausalprinzip*, in diesem Band S. 139.

19 Vgl. im Gegensatz dazu Petzoldt, *Relativitätstheorie*, S. 194: „Zahllose gleichberechtigte Raum-Zeit-Systeme, kein ausgezeichnetes, kein absolutes, was sollte da wohl anders übrig bleiben als von allen diesen einander widersprechenden Darstellungen zu behaupten, daß auch nicht eine von ihnen die Wirklichkeit erreicht? Was anderes, als sie alle nur für Abbildungen oder Erscheinungen eines völlig unbekannten, ewig verborgenen Geschehens zu erklären?"

20 Vgl. auch die „Methode" der Koinzidenzen in 1918 *Erkenntnislehre*, S. 234 (*MSGA* I/1, S. 610).

21 Vgl. die Weiterführung dieser Ansicht in 1932a *Positivismus* (*MSGA* I/6).

Dies übersieht der Positivismus in derjenigen extremsten Fassung, in der er jeden Gedanken einer absoluten Wirklichkeit mit dem Schlagwort „Alles ist relativ" erschlagen zu können glaubt. Er findet jedenfalls in der Relativitätstheorie keine Stütze. Es ist durchaus wichtig zu betonen, daß dieser übertriebene relativistische Positivismus tatsächlich zu Behauptungen geführt hat, die den Voraussetzungen der Relativitätstheorie, ja der Physik überhaupt widersprechen. Sie kennen das berühmte Uhrenbeispiel der speziellen Theorie: von zwei ganz gleichgehenden, zunächst nebeneinander ruhenden Uhren wird die eine fortbewegt und kehrt nach einer längeren Reise wieder zu der andern zurück. Die, welche die Rundreise gemacht hat, geht dann gegenüber der zu Hause gebliebenen nach. Dies Beispiel ist von einem sehr scharfsinnigen und hochzuschätzenden Verkünder des relativistischen Positivismus auf Grund seiner philosophischen Anschauung dahin mißverstanden worden, daß von den beiden Uhren, die ja zum Schluß beide nebeneinander ruhen, für den einen Beobachter die eine, für den andern die andere nachgehen müsse.[22] Die zwei Beobachter sollen also, obgleich sie beide neben den Uhren in Ruhe sind, doch einen ganz verschiedenen Tatbestand feststel-

22 Vgl. Petzoldt, *Stellung der Relativitätstheorie*, S. 100: „Wir beachten die vollständige erkenntnistheoretische Gleichberechtigung der ‚relativ zu einander bewegten' Systeme. Die Erfahrungen des ‚mitbewegten' Beobachters, der seine Körpergestalten ungeändert und seine Uhren synchron findet, sind genau so wirklich und wahr wie die des ‚ruhenden', der jene Gestalten als kontrahiert und die Uhren den seinen nachgehend und asynchron feststellt. Ein logischer Widerspruch liegt darin nicht, weil ja die Beobachtungen unter verschiedenen Umständen gemacht werden. [...] Aber allerdings sind diese Wirklichkeiten eben nicht eine, sondern viele, so viele, wie sich Systeme ‚gegeneinander bewegen'." Im Gegensatz dazu unterschied Petzoldt noch in *Gebiete*, S. 31 zwischen Relativismus im engeren und im weiteren Sinn: „Dort, im weiteren Sinne, besteht die Relation in der Beziehung von Raum, Zeit und Bewegung auf den sie erfahrenden und betrachtenden Menschen. Hier, im engeren Sinne, verlangt der Relativismus außerdem die Beziehung des bewegten Körpers auf einen anderen oder auf ein System von anderen, jedenfalls auf ein Koordinatensystem: eine Bewegung ohne Bezugssystem sei undenkbar, ‚absolute' Bewegung sei sinnlos." Er kommt dort, S. 34, sogar zum vorläufigen Schluß, daß „der Relativismus im engeren Sinne [...] keineswegs eine unumgängliche Konsequenz der relativistischen Weltanschauung ist."

len, also an derselben Uhr verschiedene Zeigerstellungen ablesen. Die relativistische Philosophie mag dergleichen Möglichkeiten in Betracht ziehen müssen – prinzipiell brauchten die Erlebnisse verschiedener Beobachter ja niemals irgendwie überein|zustimmen – 66
aber ich brauche nicht zu versichern, daß es der Einsteinschen Relativitätstheorie niemals eingefallen ist, eine solche Behauptung aufzustellen, und einen Relativismus *dieser* Art zu verteidigen.

Jetzt erkennen wir deutlicher die Stellung der Relativitätstheorie: sie ordnet sich im allgemeinen vortrefflich den empiristischen und positivistischen Gedankenreihen ein, aber die innerhalb dieser Richtungen in der Geschichte der Philosophie entwickelten „relativistischen“ Ideen sind keineswegs alle geeignet, die Einsteinsche Theorie verständlich zu machen und zu begründen, ja sie stehen zum Teil in Widerstreit mit ihr. Daraus folgt, daß die Relativitätslehre uns dazu dienen kann, das Berechtigte an jener Philosophie von dem Übereilten und Verkehrten zu sondern. Die Theorie gestattet keinen wilden, unkritischen Empirismus oder Positivismus,[23] sondern nötigt diese philosophischen Richtungen zu einer prägnanten Formulierung ihrer Grundthesen, schließt sie in ganz bestimmte Grenzen ein und reinigt und klärt ihre Prinzipien. So trägt sie machtvoll dazu bei, die Philosophie aus dem Stadium vager Allgemeinheiten in das Stadium fest umschriebener genauer Formulierungen überzuführen: ein Prozeß, der für das Leben der Philosophie von so entscheidender Wichtigkeit ist, und der in der Gegenwart eben durch das Zusammenarbeiten mit der exakten Naturwissenschaft gute Fortschritte zu machen scheint.

Innerhalb der von ihr selbst gezogenen Grenzen bestätigt nun die Relativitätstheorie in der Tat auch manche Einzelentdeckung empiristischer Philosophie auf neuartige Weise. Eine der größten Leistungen Humes war die Kritik des *Substanz*begriffs; sie lief darauf hinaus, den Begriff der Substanz als eines verborgenen, unbekannten Trägers der Eigenschaften zu zertrümmern; Substanz sei nicht etwas Besonderes neben oder hinter den Eigenschaften, nicht ein Ding, an dem sie haften, sondern nur ein

23 Schlick denkt hier an Ernst Mach; vgl. Inv.-Nr. 161, A. 121 b, S. 108–110.

Name für einen Inbegriff von Eigenschaften.[24] Nun, die Relativitätstheorie kam durch ihre Kritik der *Äther*vorstellung zu einem Ergebnis, das sich unmittelbar als eine Anwendung jenes philosophischen Gedankens auffassen läßt. Die Wirkungen von einem Körper zum andern durch das Vakuum werden nach der Theorie nicht durch einen stofflichen Äther übertragen, sondern das Vakuum ist von Zustandsgrößen erfüllt, z. B. von elektrischen und magnetischen Feldstärken, die nicht Zustände von irgend etwas, sondern selbständig für sich da sind und keines Trägers bedürfen. Ihr Wechsel, ihr Entstehen und Verschwinden stellt ein substratloses Geschehen dar, das dem Philosophen schon lange geläufig ist (z. B. aus der „Aktualitätstheorie" des Seelischen),[25]

24 Vgl. Hume, *Treatise*, S. 16: "We have [...] no idea of substance, distinct from that of a collection of particular qualities, nor have we any other meaning when we either talk or reason concerning it."

25 Vgl. Eisler, *Wörterbuch der philosophischen Begriffe*, in Abgrenzung von der metaphysischen Aktualitätstheorie S. 12 f.: „Die *psychologische* Actualitätstheorie geht eigentlich schon auf Protagoras zurück, der gesagt haben soll, die Seele sei nicht παρὰ τὰς αἰσθήσεις ([Diogenes, *Vitae Philosophorum*, zitiert Protagoras' *homo mensura*-Satz und schreibt unmittelbar im Anschluß Liber IX, 51 (S. 668): „Ἔλεγέ τε μηδὲν εἶναι ψυχὴν παρὰ τὰς αἰσθήσεις, καθὰ καὶ Πλάτων φησὶν ἐν Θεαιτήτῳ, καὶ πάντα εἶναι ἀληθῆ." (Diogenes, *Leben und Lehre der Philosophen*, S. 429: „Auch war für ihn die Seele nur die Summe aller Sinneseindrücke, wie Platon im Theaitetos angibt [Platon, *Theaitetos*, 152a]; und alles sei wahr.")]). [...] Hume faßt die Seele geradezu als ‚*Bündel*' von Bewußtseinsinhalten ohne substantiellen Träger auf. Es gibt keine Seele außer dem actuellen Bewußtsein ([Hume, *Treatise*, Book I, Part IV, Section 5 und 6]). [...] Wundt versteht unter der Actualitätstheorie die Tatsache, ‚*daß jeder psychische Inhalt ein Vorgang (actus) ist*', daß das Psychische Ereignis, Geschehen und nicht ruhendes Sein, sowie daß es unmittelbare Wirklichkeit, nicht Erscheinung ist ([Wundt, *Ueber psychische Causalität*, S. 101; ders., *Definition*, S. 42 und S. 81 f.]). Das geistige Leben ist ‚*nicht eine Verbindung unveränderter Objecte und wechselnder Zustände, sondern in allen seinen Bestandteilen Ereignis, nicht ruhendes Sein, sondern Tätigkeit, nicht Stillstand, sondern Entwicklung*' ([Wundt, *Vorlesungen*, S. 495 bezeichnet das als den ‚nie zu übersehenden Grundcharakter des geistigen Lebens'; vgl. ders., *Essays*, S. 170]). Das Psychische ist als ‚*ein fortwährend wechselndes Geschehen in der Zeit, nicht als eine Summe beharrender Objecte, wie dies meist der Intellectualismus infolge jener falschen Übertragung der von uns vorausgesetzten Eigenschaften der äußeren Gegenstände auf die Vorstellungen derselben annimmt*' ([Wundt, *Grundriß der Psychologie*, S. 17 f.]). Die innere Erfahrung ist ‚*ein Zusammenhang von Vorgängen*',

und an das nun auch | der Physiker sich gewöhnt. Die ponderable Materie wird schließlich in gleicher Weise in Zustandsgrößen (Vektoren und Tensoren) aufgelöst, und so besteht die Welt der modernen Physik nicht aus Dingen, Substanzen, *an* denen irgend etwas geschieht, die sich verändern und bewegen, sondern die letzten Elemente, aus denen das Universum sich aufbaut, sind Geschehnisse, Ereignisse. Ein körperliches Ding, z. B. ein Goldatom, *ist* nichts anderes als ein Komplex von Geschehnissen, sein Dasein ist ein *Prozeß*,[26] es besteht darin, daß gewisse Ereignisse sich abspielen. Während etwa Lotze das „Sein der Dinge" und das „Geschehen der Ereignisse" als zwei verschiedene Wirklichkeitsarten einander gegenüberstellt,[27] dürfen wir heute sagen, daß der zweite dieser beiden Begriffe allein zur Beschreibung der Wirklichkeit völlig ausreicht, und daß der erste sich auf ihn zurückführen läßt. 67

Aber diese wichtigen Ergebnisse sind der modernen Naturphilosophie vielleicht noch nicht völlig in Fleisch und Blut übergegangen; dagegen haben sich die leichter zugänglichen Sätze der relativistischen Raum- und Zeitlehre in ihrer erkenntnistheoretischen Bedeutung bereits in sehr erfreulichem Maße auswirken können. Ihre Wirkung war auch schon lange vorbereitet, wenigstens was die Raumlehre betrifft. Denn die Raumtheorie, welche die allgemeine Relativitätstheorie benutzt, wurde von Ein-

sie besteht aus ‚Prozessen' ([ebd., S. 18 f.]). Von diesem Standpunkte aus erklärt sich auch das Verhältnis von Seele und Leib ([ebd., S. 370])."

26 Vgl. 1920c *Kausalprinzip*, in diesem Band.

27 Vgl. Lotze, *Logik*, S. 511 f.: „[W]irklich nennen wir ein Ding, welches *ist*, im Gegensatz zu einem andern, welches *nicht* ist; wirklich auch ein Ereignis, welches *geschieht* oder geschehen ist, im Gegensatz zu dem, welches nicht geschieht; wirklich ein Verhältnis, welches *besteht*, im Gegensatz zu dem, welches nicht besteht; endlich wirklich wahr nennen wir einen Satz, welcher *gilt*, im Gegensatz zu dem, dessen Geltung noch fraglich ist. Dieser Sprachgebrauch ist verständlich; er zeigt, daß wir unter Wirklichkeit immer eine Bejahung denken, deren Sinn sich aber sehr verschieden gestaltet, je nach einer dieser verschiedenen Formen, die sie annimmt, deren eine sie annehmen muß, und deren keine auf die andere zurückführbar oder in ihr enthalten ist. Denn aus Sein läßt sich nie ein Geschehen machen, und die Wirklichkeit, welche den Dingen zukommt, nämlich zu *sein*, gebührt nie den Ereignissen; diese *sind* nie, aber sie *geschehen*[.]"

stein bereits so gut wie vollendet vorgefunden; das war in erster Linie den Arbeiten von Gauß, Riemann und Helmholtz zu danken. Sie hatten schon mit der größten Deutlichkeit eingesehen, daß der physikalische Raum durchaus nicht genau die Eigenschaften zu haben braucht, die ihm von der üblichen Geometrie, die wir in der Schule lernen – der euklidischen Geometrie –, zugeschrieben werden.[28] Sie hatten behauptet, daß die euklidischen Lehrsätze gar nicht notwendig von unserm Raum zu gelten brauchen, sondern daß ihre Geltung bloß als eine *Erfahrungs*tatsache zu betrachten sei, so daß also künftige genauere Erfahrungen uns möglicherweise dahin führen könnten, ihm eine nicht-euklidische Konstitution zuzuschreiben. Diese Behauptungen stießen damals bei den Philosophen der Kantschen Richtung auf schärfsten Widerspruch.[29] Sie gaben höchstens zu, daß nicht-euklidische Geometrien rein abstrakt-begrifflich denkbar seien, aber sie leugneten, daß sie jemals Bedeutung für die Wirklichkeit erlangen könnten, denn – so meinten sie mit Kant – die Grundsätze der euklidischen Geometrie seien ein Ausdruck der Beschaffenheit unseres eigenen Anschauungsvermögens und müssten deshalb mit unentrinnbarer Notwendigkeit von der ganzen wahrnehmbaren und vorstellbaren Welt gelten. Nun kommt die allgemeine Relativitätstheorie und sieht sich genötigt, zur Beschreibung eben dieser Welt die nicht-euklidische Geometrie zu
68 benutzen. Damit ist durch Einstein Wirk|lichkeit geworden, was Riemann und Helmholtz als Möglichkeit behaupteten, die Kantische Position ist als unhaltbar erkannt, und die empiristische Philosophie hat einen ihrer glänzendsten Triumphe errungen. Denn nun entscheidet wirklich die *Erfahrung* darüber, ob die euklidische oder eine andere Geometrie an dieser oder jener Stelle der Natur gültig ist; und dies muß nicht nur jeder zugeben, der bereits an die *Richtigkeit* der allgemeinen Relativitätstheorie

28 Vgl. 1921a *Neue Physik*, in diesem Band insbes. S. 231 sowie 1921b *Vorrede/Helmholtz*, 1921c *Erläuterungen/Helmholtz*, 1922b *Helmholtz*, alle in diesem Band.

29 Gemeint sind Natorp und Cassirer; vgl. 1921c *Erläuterungen/Helmholtz*, in diesem Band S. 321, sowie 1921a *Neue Physik*, in diesem Band.

glaubt, sondern auch jeder, der da glaubt, daß über die Richtigkeit oder Falschheit dieser Theorie letzten Endes allein die Erfahrung, das Experiment entscheiden kann.

Trifft aber, wie ich überzeugt bin, die allgemeine Relativitätstheorie für die Wirklichkeit zu, dann erhalten alle jene wundersamen Eigenschaften nicht-euklidischer Räume, wie sie einem weiteren Kreise von Gebildeten etwa durch Helmholtz' populäre Vorträge schon lange bekannt waren, nun ein neues, gleichsam aktuelles Interesse, denn sie sind nicht mehr bloß theoretische Möglichkeiten, nicht bloß ein Tummelplatz mathematischer Phantasie, sondern sie bedeuten etwas für unser Universum, sie stellen Wirklichkeiten dar, die unser Weltbild von Grund auf umgestalten. Die Theorie führt durch meines Erachtens unausweichliche Schlüsse zu dem Ergebnis, daß der Raum (nicht etwa nur die Welt im Raum) *endlich* ist, obwohl er nirgends Grenzen hat.[30] Das heißt, wenn wir in einer beliebigen Richtung im Universum immer weiter und weiter gehen, so kommen wir natürlich nirgends an irgendwelche Grenzen, wo der Raum aufhörte, aber wir kommen auch nicht ins Unendliche, sondern schließlich in die Nähe des Ausgangspunktes zurück.

Der Gedanke, daß dies nicht bloß eine abstrakte Möglichkeit darstellt, sondern sich höchstwahrscheinlich wirklich so verhält, feuert die Philosophie aufs lebhafteste an, diese anfänglich so schwer vorstellbaren Dinge in ihr System einzuordnen und in Beziehung zu setzen zur psychologischen und erkenntnistheoretischen Betrachtung des Anschauens, Vorstellens und Denkens.[31]

30 Vgl. 1919a *Raum und Zeit* (*MSGA* I/2), Kap. IX; 1925b *Naturphilosophie*, in diesem Band S. 674 sowie 1921i *Rezension/Einstein*, in diesem Band.

31 Vgl. 1917b *Raum und Zeit*, S. 51 (*MSGA* I/2, S. 267): „Es braucht kaum gesagt zu werden, daß hier von Raum und Zeit allein in jenem ‚objektiven' Sinne die Rede war, indem diese Begriffe in der Naturwissenschaft auftreten. Das ‚subjektive', psychologische Erlebnis räumlicher und zeitlicher Ausdehnung und Ordnung ist etwas davon ganz Verschiedenes. Für gewöhnlich hat man keine Veranlassung, sich diesen Unterschied deutlich zum Bewußtsein zu bringen; der Physiker braucht sich um die Untersuchungen des Psychologen über die Raumanschauung nicht im geringsten zu kümmern. Sobald es sich aber um die letzte erkenntnistheoretische Klärung der Naturwissenschaft handelt, wird es nötig, sich von dem Verhältnis beider volle Rechenschaft zu geben."

Diese Bemühungen haben ein lockendes Arbeitsfeld erschlossen und, wie ich glaube, schon ansehnliche Früchte getragen, auf die ich aber hier nicht weiter eingehen kann. Die Ergebnisse scheinen mir auch hier wieder durchaus in der Richtung eines vertieften Empirismus zu liegen.

Zu dem gleichen Resultat kommt man, wenn man die relativistische *Zeit*lehre der Kantischen gegenüberstellt, doch ist es hier nicht möglich und nicht nötig, dabei zu verweilen.

Immerhin ist heute noch der Kantianismus ein ernster – und der einzige beachtenswerte – Gegner einer empiristischen Auslegung der Relativitätstheorie. Er hat nichts unversucht gelassen,
69 um das Prinzip | seiner Philosophie den neuen Erkenntnissen gegenüber zu retten. Er hat sich zu diesem Zwecke auf einen höheren Standpunkt zurückgezogen, indem er die Kantschen Grundgedanken so verallgemeinerte, daß sie fähig erschienen, die neue Physik in sich aufzunehmen. Es stellt sich aber heraus, daß bei Verfolgung dieses Weges vom Kantianismus schließlich nur soviel übrig bleibt, als mit einer verständigen und vertieften Erfahrungsphilosophie vereinbar und auch in ihr schon enthalten ist, so daß die letztere eben doch siegreich bleibt.

Sie mögen mir hierin beistimmen oder nicht – jedenfalls sehen Sie, wie die Relativitätstheorie der Philosophie an vielen Punkten helfen kann, ihre uralten Probleme der Lösung näher zu führen: das Problem der Substanz, das Raum- und Zeitproblem, das Problem der Anschauung und manches andere, das ich heute nicht erwähnen konnte.

Diese Fülle der sachlichen Anregungen und Konsequenzen, durch welche die Relativitätslehre die Philosophie bereichert, bildet sicher den Kern dessen, was ich hier auszuführen hatte; aber bei einer Gelegenheit wie der heutigen erscheint es ebenso wichtig, gerade die methodischen Beziehungen zwischen Relativitätstheorie und Philosophie auch in den Vordergrund zu rücken, denn die heutige Jubelfeier ist weniger dazu angetan, daß wir uns in wissenschaftliche Einzelprobleme vertiefen, als vielmehr an dem Bewußtsein der Einheit aller wissenschaftlichen Forschung begeistern, uns der Gemeinsamkeit ihrer Ziele versichern. Allen Wissenschaften aber, sofern sie echt sind, ist der philosophische Geist, das Streben nach Erkenntnis um ihrer selbst willen gemeinsam, die Philosophie bleibt ihr einigendes Band. Der Mann, auf dessen Anregung die erste Zusammenkunft der Naturforscher vor 100 Jahren zurückgeht, Lorenz Oken, war selbst in erster Linie Philosoph.[32] Als dann freilich die Philosophie sich durch kühne Spekulationen zu weit von den Grundlagen besonnener Forschung entfernte, entstand ein tiefer Bruch zwischen ihr und der exakten Wissenschaft, der jahrzehntelang nicht geheilt wurde. Aber die Zeiten der Trennung sind vorüber,[33] die Naturforschung ist wieder philosophisch geworden, und die Philosophie hat sich auf den Boden der exakten Wissenschaft zurückgefunden. Und das ist nicht in letzter Linie der Einsteinschen Theorie zu danken. Philosophie und exakte Wissenschaft, die sich in der Relativitätslehre die Hand reichen, lassen einander nun nie wieder los; und diese Theorie, von der es eine Zeitlang scheinen konnte, als ob sie wie ein Zankapfel wirke, bringt uns in Wahrheit wenigstens an einer Stelle dieser geistigen Regionen an *das* Ziel, das auf andern Gebieten des Lebens heute so fern erscheint: das Ziel der Gemeinschaft und der Versöhnung.

32 Ähnlich Helmholtz, *Gedächtnisrede/Gustav Magnus*, in einer Passage über die zweite Hälfte des 18. Jahrhunderts, S. 61: „Die Arbeit des Naturforschers erschien eng, niedrig, gleichgültig neben den großen Konzeptionen der Philosophen und Dichter; höchstens solche Naturforscher, welche, wie Oken, sich in philosophisch-dichterischer Anschauungsform bewegten, fanden williges Gehör."

33 Vgl. auch die entsprechenden Ausführungen in Inv.-Nr. 8, A. 14 a.

[Rezension von:] Hans Thirring, Die Idee der Relativitätstheorie

[Rezension von:] Hans Thirring, Die Idee der Relativitätstheorie[1]

Editorischer Bericht

Zur Entstehung

Der Wiener Physiker Hans Thirring hatte sich bereits früh mit der Relativitätstheorie vertraut gemacht. Schon 1911 und 1912 hatte er bei Friedrich Hasenöhrl Vorlesungen dazu gehört, in denen unter anderem auch die Arbeiten Hermann Minkowskis ausführlich behandelt wurden.[2] Mit Albert Einstein stand Thirring seit 1917 in brieflichem Kontakt.

Zwischen Thirring und Schlick gab es in der Folgezeit eine Vielzahl an Berührungspunkten. Genannt seien eine Debatte zur Relativitätstheorie mit Oskar Kraus (1923d *Relativitätstheorie und Philosophie*, in diesem Band), die gemeinsame Mitgliedschaft im *Verein Ernst Mach*, der *Ethischen Gemeinde* sowie (kurzfristig) in einem Gremium zur Untersuchung parapsychologischer Phänomene.[3] Auch an vorbereitenden Aktivitäten anläßlich der Enthüllung des Ernst-Mach-Denkmals in Wien waren beide beteiligt gewesen.[4] In Thirrings hier besprochenem Werk findet Schlick allerdings keinerlei Erwähnung, auch ist kein Briefwechsel zwischen den beiden Gelehrten erhalten.

1 Hans Thirring, *Die Idee der Relativitätstheorie*. Berlin: Springer 1921. IV+170 S.

2 Die entsprechenden Mitschriften finden sich in der Zentralbibliothek für Physik, Wien: Hans Thirring Nachlaß, W 35–197 und W 35–198.

3 Zu diesem Gremium vgl. Menger, *Einleitung*, S. 16 f.

4 Vgl. dazu den editorischen Bericht zu 1926b *E. Mach* (*MSGA* I/6).

Für die *Monatshefte für Mathematik und Physik*, den Publikationsort der vorliegenden Rezension, fungierte ab 1923 Hans Hahn (gemeinsam mit Wilhelm Wirtinger) als Herausgeber. Hahn, eines der ersten ständigen Mitglieder des sich damals in seiner Konstituierungsphase befindlichen Wiener Kreises, könnte das Verbindungsglied zwischen dieser Zeitschrift und Schlick dargestellt bzw. diesen auch zu vorliegender Rezension veranlaßt haben.

Zur Überlieferung und Edition

Die Rezension erschien in *Monatshefte für Mathematik und Physik* XXXIII, 1923, S. 55 (**A**). Im Nachlaß erhalten ist ein einseitiges Typoskript (**Ts**),[5] das auch die Vorlage von 1923c *Rezension/Winternitz*, in diesem Band, beinhaltet. Der Abdruck folgt A, Variante ist Ts. Einige offensichtliche Schreibfehler und deren handschriftliche Korrekturen in Ts sind hier im textkritischen Apparat nicht berücksichtigt.

5 Inv.-Nr. 421, A. 246.

[Rezension von:] Hans Thirring, Die Idee der Relativitätstheorie

Das treffliche Buch hat in der neuen Auflage einige Ergänzungen A 55 / Ts 1 und Verbesserungen erfahren, unter denen besonders eine Einfügung über das angebliche Auftreten von Überlichtgeschwindigkeiten erwähnens- und begrüßenswert ist.[1] Der besondere Charakter des Werkchens besteht nach wie vor darin, daß in ihm allein der Physiker spricht, jedoch nicht ohne die Absicht, zugleich Material und festen Ausgangspunkt für die philosophische Behandlung zu liefern. Dazu eignet sich das Büchlein in der Tat wie kaum ein anderes; es gibt auf 172 Seiten eine wirklich ausführliche Darstellung aller physikalischen Tatsachen und Erwägungen, auf denen die Relativitätstheorie aufgebaut ist, und zwar ohne jede Benutzung mathematischer Rechnungen. Meisterhaft ist die logische Durchdringung des Stoffes. Eine Tabelle am Schluß, welche die verschiedenen Erfahrungstatsachen, Behauptungen und Schlüsse der Relativitätstheorie in ihrer gegenseitigen logischen Abhängigkeit systematisch darstellt, ist ein hübscher Beitrag zur Axiomatik der Theorie; die axiomatische Behandlung aber ist die beste Vorbereitung der erkenntniskritischen Verarbeitung.[2]

1 Vgl. Thirring, *Die Idee der Relativitätstheorie*, Kap. XVII.

2 Eine etwas vorsichtigere Einschätzung als die hier vorliegende findet sich schon bei Reichenbach. Reichenbach, *Rezension/Thirring*, S. 453: „Zwar liegt ihm die philosophische Problemstellung fern, und man darf das Buch auch als Vorarbeit für die philosophische Untersuchung nicht überschätzen. Aber geordnetes Denken ist auf alle Fälle ein pädagogischer Wert[.]"

[Rezension von:]
Josef Winternitz,
Relativitätstheorie und
Erkenntnislehre

[Rezension von:] Josef Winternitz, Relativitätstheorie und Erkenntnislehre[1]

Editorischer Bericht

Zur Entstehung

Der in Oxford geborene Josef Winternitz hatte unter anderem bei Philipp Frank in Prag studiert und sich Anfang der Zwanzigerjahre mit philosophischen Aspekten der Relativitätstheorie auseinandergesetzt.[2] Als KPD-Mitglied und hauptamtlicher Funktionär hatte er sich später politik- und gesellschaftswissenschaftlichen Themen zugewandt und unter den Pseudonymen „Lenz" und „Sommer" zahlreiche parteitheoretische Schriften verfaßt.[3]

Wie auch im Fall von 1923b *Rezension/Thirring*, dürfte Schlicks Kontakt zum Wiener Mathematiker Hans Hahn für den Erscheinungsort der vorliegenden Rezension entscheidend gewesen sein, wenn nicht gar für deren Abfassung. Hahn, eines der ersten Mitglieder des von Schlick ins Leben gerufenen Wiener Kreises, gab gemeinsam mit Wilhelm Wirtinger die *Monatshefte für Mathematik und Physik* heraus, in denen beide Rezensionen publiziert wurden.

Die von Schlick im folgenden Text angedeutete Kritik an neokantianischen Interpretationen der Relativitätstheorie steht in einer Linie

1 Josef Winternitz, *Relativitätstheorie und Erkenntnislehre. Eine Untersuchung über die erkenntnistheoretischen Grundlagen der Einsteinschen Theorie und die Bedeutung ihrer Ergebnisse für die allgemeinen Probleme des Naturerkennens* [= *Wissenschaft und Hypothese*, Bd. 23]. Leipzig/Berlin: Teubner 1923. VIII+230 S.

2 Vgl. Winternitz, *Kausalität*.

3 Vgl. Keßler, *Exil und Nach-Exil*, S. 55–78.

mit 1915a *Relativitätsprinzip* (*MSGA* I/4), mit 1921a *Neue Physik*, in diesem Band,[4] sowie mit 1929a *Erkenntnistheorie* (*MSGA* I/6), wo Schlick auch kurz auf Winternitz eingeht.

In der Korrespondenz mit Reichenbach kommt die in der hier abgedruckten Rezension eher verhalten geäußerte Kritik an dem in der prominenten Serie *Wissenschaft und Hypothese* erschienenen Buch deutlicher zum Ausdruck. Reichenbachs Urteil, das Buch sei wenig originell und der Ton der Darstellung passe schlecht zu dieser bescheidenen Leistung,[5] schließt Schlick sich vorbehaltslos an:

> „Über das Buch von Winternitz habe ich dieselbe Meinung wie Sie. Es bedeutet keinen prinzipiellen Fortschritt. Ich hatte vor längerer Zeit Gelegenheit, bereits in das Manuskript hineinzusehen, und konnte damals dem Verleger nicht mit gutem Gewissen zum Druck des Buches raten, weil es im Grund nichts neues enthält."[6]

Zur Überlieferung und Edition

Die Rezension erschien in *Monatshefte für Mathematik und Physik* XXXIII, 1923, S. 55 (**A**). Im Nachlaß erhalten ist ein einseitiges Typoskript (**Ts**),[7] das auch die Vorlage von 1923b *Rezension/Thirring*, in diesem Band, beinhaltet. Der Abdruck folgt A, Variante ist Ts. Einige offensichtliche Schreibfehler und deren handschriftliche Korrekturen in Ts sind hier im textkritischen Apparat nicht berücksichtigt.

4 Auf diesen Aufsatz Schlicks nimmt Winternitz in seinem Buch (S. 205 ff.) kritisch Bezug.

5 Vgl. Hans Reichenbach an Moritz Schlick 3. Februar 1923; in Reichenbachs *Rezension/Winternitz*, S. 827 heißt es, daß „die mehr glossierende Art der Darstellung, die aus einem Mangel an Disposition entspringt, ermüdend" wirke.

6 Moritz Schlick an Hans Reichenbach, 16. Februar 1923.

7 Inv.-Nr. 421, A. 246.

[Rezension von:] Josef Winternitz, Relativitätstheorie und Erkenntnislehre

Eine sehr sorgfältige und verständige Arbeit, die besonders dadurch erfreut, daß der Autor den behandelten Stoff vollständig beherrscht, ⟨die⟩[a] ihren Hauptwert aber wohl durch die Ausführlichkeit erhält, mit welcher bei der philosophischen Diskussion der Relativitätstheorie die möglichen Fragen und Standpunkte berücksichtigt werden. Das Buch gibt ⌊in⌋[b] der gegenwärtigen Literatur den eingehendsten Überblick über die philosophischen Aspekte der Theorie und kann denen warm empfohlen werden, die einen solchen Überblick sich zu verschaffen wünschen. Die Gedankenführung ist scharf, die Darstellung sehr klar und kommt den Bedürfnissen vieler Leser noch dadurch entgegen, daß sie die Grundgedanken der Theorie nicht voraussetzt, sondern selbst entwickelt. Der eigene Standpunkt des Verfassers ist der eines gemäßigten oder modifizierten Kantianismus, doch gelangt er in der Begründung dieser Meinung über seine Vorgänger, besonders Cassirer, nicht hinaus.[1] Auf die Frage, welches denn die unentbehrlichen synthetischen Prinzipien a priori seien, auf die sich jede Naturforschung stützen müsse, antwortet er: „Das Kausalgesetz, Zeitlichkeit und Räumlichkeit überhaupt, gewisse Stetigkeitsvoraussetzungen ... und schließlich der Satz vom zureichen- A 55 / Ts 1

a Einschub in TS; handschriftliche Korrektur b Ts: ⟨unter⟩; maschinenschriftliche Korrektur

1 Zu Schlicks Auseinandersetzung mit Cassirer siehe 1921a *Neue Physik*, in diesem Band.

den Grunde".[2] Er fügt jedoch hinzu, die Aufzählung mache auf Vollständigkeit keinen Anspruch, und wahrscheinlich gehöre auch der Erhaltungssatz hierher.[3] Ein Blick auf den gegenwärtigen Zustand der Physik aber ruft gegen solche Behauptungen Bedenken wach, mit denen der Verfasser sich m. E. ⟨⟩[c] zu leicht abfindet. Der empiristischen Deutung der Relativitätslehre, wie der Referent sie vertreten hat, scheint mir der Verfasser nicht gerecht zu werden, wenn er meint, daß der Empirismus „seine Bestätigung nur darin finden kann, daß in der physikalischen Theorie alle bis dahin für gültig angesehenen Prinzipien aufgegeben werden ..."[4] Alles in allem: die Stärke des Buches liegt nicht darin, daß es Wesentliches, Originelles zur Lösung der Probleme beiträgt, sondern darin, daß es die gegenwärtige Lage der Probleme in anregender und sehr klarer, verläßlicher Weise zusammenfassend vorführt.

c Ts: ⟨doch⟩; Korrektur

2 Vgl. Winternitz, *Relativitätstheorie und Erkenntnislehre*, S. 206: „Das Kausalgesetz, Zeitlichkeit und Räumlichkeit überhaupt, gewisse Stetigkeitsvoraussetzungen, ohne die die Methoden der Approximation unmöglich wären, deren Formulierung aber nun angesichts der Quantentheorie mit doppelter Vorsicht erfolgen muß, und schließlich der Satz vom zureichenden Grunde."

3 Vgl. ebd., Fußnote S. 206.

4 Vgl. ebd., S. 207: „Wollten wir die Gegenfrage stellen, welche Prinzipien des *Empirismus* in den Grundlagen der Relativitätstheorie enthalten sind, so wäre das freilich unvernünftig, weil doch der Empirismus konsequenterweise kein anderes Prinzip kennen sollte als das, daß es keine Prinzipien gibt, und demgemäß seine Bestätigung nur darin finden kann, daß in der physikalischen Theorie alle bis dahin für gültig angesehenen Prinzipien aufgegeben werden, wovon bislang noch keine Rede ist."

Relativitätstheorie und Philosophie

Relativitätstheorie und Philosophie

Editorischer Bericht

Zur Entstehung

Der vorliegende Text stellt Schlicks Antwort auf einen am 25. und 27. Oktober 1923 in der *Neuen Freie Presse* erschienenen Artikel des Prager Philosophen Oskar Kraus dar.[1] Kraus hatte darin zum wiederholten Mal in polemischer Weise gegen die Relativitätstheorie Position bezogen. Vom Standpunkt des Physikers aus hatte in derselben Zeitung bereits Hans Thirring die Kraus'schen Angriffe zu entkräften versucht[2] und überließ nun „die Erörterungen bezüglich der Naturphilosophie dem Fachmann".[3] Am Ende von Thirrings Text wird explizit auf den „folgenden Artikel" von Schlick verwiesen.

Kraus war bereits 1912 in Prag mit Einstein zusammengetroffen und hatte sich von ihm die Grundgedanken der speziellen Relativitätstheorie auseinandersetzen lassen.[4] Ein Brief aus dem Jahr 1916 belegt, daß er auch mit zumindest einer von Schlicks entsprechenden Arbeiten vertraut war.[5] Nach der Lektüre von 1915a *Relativitätsprinzip* (*MSGA* I/4) brachte Kraus einen Einwand vor, der im Laufe seiner sich zusehends verschärfenden Gegnerschaft zu den Einsteinschen Theorien immer wieder von ihm geäußert werden sollte:

1 Vgl. Kraus, *Stand der Relativitätstheorie.*

2 Vgl. Thirring, *Stand der Relativitätstheorie.*

3 Ebd., S. 19.

4 Vgl. Kraus, *Offene Briefe an Albert Einstein und Max von Laue*, S. 39. Dieses Zusammentreffen scheint allerdings ein einmaliges Ereignis geblieben zu sein.

5 Vgl. Oskar Kraus an Moritz Schlick, 5. Februar 1916.

Ungeachtet der Konsequenzen für die Zeitmessung, so Kraus, dürfe „man diese Messung nicht mit dem Gemessenen verwechseln".[6]

Die Kontroverse zwischen Kraus und Schlick, wie sie in dem hier abgedruckten Artikel zutage tritt, hatte sich bereits anläßlich einer von Hans Vaihinger organisierten Konferenz zur Relativitätstheorie in Halle am 29. Mai 1920 abgezeichnet. Kraus hielt bei dieser Tagung den Hauptvortrag. Trotz einer Einladung Vaihingers sowie der eindringlichen Aufforderung Arnold Berliners, der zu erwartenden Kritik an den Einsteinschen Theorien mittels einer klaren und verständlichen Darstellung zu begegnen,[7] hatte Schlick jedoch nicht daran teilgenommen. Es sei ihm, wie er Einstein mitteilte, wahrscheinlich erschienen,

> „daß die philosophischen Verkleinerer der Theorie ohnehin kaum etwas anderes davontragen könnten als eine Blamage. Den Eindruck hatte ich wenigstens, als ich vor einigen Wochen ein Referat über einen Vortrag las, den Kraus in Wien gehalten hatte, und der inhaltlich vermutlich mit dem Vortrag in Halle sich deckte. So habe ich denn der Anziehungskraft des Kongresses widerstanden."[8]

In seinem Vortrag, der unter dem Titel „Fiktion und Hypothese in der Einsteinschen Relativitätstheorie" publiziert wurde, äußerte sich Kraus auch zu Schlick mehrmals sehr kritisch.[9] Schlick hatte daraufhin zwar erwogen, zu den erhobenen Vorwürfen schriftlich Stellung zu beziehen,[10] dann jedoch von einer Auseinandersetzung mit Kraus Abstand genommen. Diese wird im vorliegenden, drei Jahre nach der Konferenz erschienenen Text nachgeholt.

6 Ebd. Erst nach Jahren der Auseinandersetzung sollte Kraus eingestehen, sich in dieser Hinsicht geirrt zu haben. Sein Nachlaß an der FDÖP in Graz enthält entsprechende Schriftstücke.

7 Vgl. Arnold Berliner an Moritz Schlick, 17. Mai 1920.

8 Moritz Schlick an Albert Einstein, 5. Juni 1920.

9 Vgl. Kraus, *Fiktion und Hypothese*. Siehe auch die anderen Beiträge im dieser Konferenz gewidmeten Heft 3 dieses Bandes von Linke, Lipsius und als einzigem Verteidiger Einsteins Petzoldt. Eine Stellungnahme zum Hallenser Vortrag war auch in der *Neuen Freien Presse* erschienen: Kraus, *Einwendungen*.

10 Vgl. Moritz Schlick an Albert Einstein, 5. Juni 1920.

Kraus schließt in seinem Artikel in der *Neuen Freien Presse* von 1923,[11] der den Anlass für Schlicks Erwiderung bietet, nun explizit an seine frühere Kritik an. Einmal mehr wird die vermeintliche Verwechslung von Zeit und Zeitmessung ins Treffen geführt sowie das Additionstheorem, dessen kinematische Gültigkeit bezweifelt wird.[12] Auch Reichenbach hatte bereits in einem längeren Schlagabtausch mit Kraus auf die Auflösung der das Additionstheorem betreffenden Gleichung hingewiesen (vgl. den „Grundirrtum“, unten in diesem Band S. 571):

„[D]ie *algebraische* Addition ist nur ein Spezialfall der *begrifflichen* Addition, und es ist eine empirische Frage, welche mathematischen Operationen das physikalische Zusammenfügen der Geschwindigkeiten kennzeichnet. Die Gleichung sollte vielmehr so geschrieben werden

$$c(+)v = c$$

wo das eingeklammerte Plus die *begriffliche* Addition bezeichnen soll. Auch *dieser* Spezialfall der begrifflichen Addition läßt sich mathematisch formulieren (d. h. auf algebraische Additionen zurückführen); bekanntlich gelang Einstein diese Formulierung durch sein Additionstheorem

$$\frac{u+v}{1+\frac{uv}{c^2}} = w$$

.

Diese Formel ist die mathematische Auflösung des eingeklammerten Plus, sie ergibt, wie man leicht nachrechnet, für $u = c$ auch $w = c$, also das physikalisch geforderte Resultat.“[13]

Nicht zuletzt lehnt Kraus auch die mit den Resultaten der Sonnenfinsternisexpedition von 1919 erbrachten empirischen Belege der Relativitätstheorie ab, und zwar aufgrund ihrer vorgeblichen quantitativen Ungenauigkeit. Er vertritt darüber hinaus die Ansicht, daß selbst

11 Kraus, *Stand der Relativitätstheorie*.

12 Schlick rekonstruiert den „Widerspruch“, den Kraus im Additionstheorem sieht, in Inv.-Nr. 163, A. 124-2, S. 29.

13 Reichenbach, *Relativitätsdiskussion*, S. 322 f. Vgl. ebd.: „Ganz unabhängig davon, ob die Physik mit ihrer Behauptung *inhaltlich Recht* hat [...] ist Kraus' Einwand auf das schärfste zurückzuweisen, denn es geht nicht an, daß die Philosophie die Grenzen ihres Wissens überschreitet.“ Zu weiteren Auseinandersetzungen Reichenbachs mit Kraus siehe auch: Reichenbach, *Einsteinsche Bewegungslehre*; Kraus, *Unmöglichkeit*; Reichenbach, *Entgegnung*.

der empirische Erfolg nicht notwendig zu relativistischen Schlußfolgerungen über den Raum- und Zeitbegriff zu führen habe. Unter Bezugnahme auf die von Einstein zur Überprüfung der Theorie vorgeschlagenen Experimente – zum Merkur-Perihel, zur Lichtablenkung in einem Schwerefeld sowie zur gravitativen Rotverschiebung des Lichts – meint Kraus:

„[A]ngenommen, aber nicht zugestanden, die drei Effekte wären einwandfrei festgestellt, so nötigt uns dennoch nicht das mindeste, ‚die Raum- und Zeitvorstellungen' der Relativitätstheorie anzunehmen[.]“[14]

Schlick, der schon in 1917a *Raum und Zeit* (*MSGA* I/2) insbesondere die *philosophisch* revolutionäre Bedeutung der Theorie hervorgehoben hatte, (siehe auch 1920c *Kausalprinzip*, in diesem Band S. 136: „ohne durch einen wirklichen Fehler der alten Anschauung dazu gezwungen zu sein“) unabhängig von deren empirischer Bestätigung (1920d *Einstein*, in diesem Band S. 172, 1923a *Relativitätstheorie*, in diesem Band S. 529), vertrat freilich eine gerade konträre Auffassung.[15]

Hans Thirring war ebenfalls auf die bereits im Hallenser Vortrag geäußerten Kraus'schen Einwände eingegangen.[16] Allerdings vertrat er, was die Möglichkeit der Veranschaulichung der Einsteinschen Theorien für fachfremde Laien betraf, einen etwas zwiespältigen Standpunkt. Einerseits hatte Thirring, wie von Schlick positiv hervorgehoben wurde,[17] ebenfalls eine gemeinverständliche Darstellung der Relativitätstheorie „ohne jede Benutzung mathematischer Rechnungen“ verfaßt und bereits darin aufgefordert: „nun mag der Philosoph dazu Stellung nehmen!“[18] Andererseits hatte er in seiner Ant-

14 Kraus, *Stand der Relativitätstheorie*, S. 16.

15 Siehe unten in diesem Band S. 572.

16 Vgl. Thirring, *Rezension/Annalen*, S. 53: „Wenn man, wie Kraus es tut, die Existenz einer absoluten Zeit als ein Axiom oder als eine ‚a priori evidente' Tatsache hinstellt, dann erübrigt sich eigentlich die weitere Diskussion, denn unter dieser Voraussetzung sind selbstverständlich alle Folgerungen der Relativitätstheorie falsch. Vom Standpunkt Kraus' selbst wäre also sein 62 Seiten langer Vortrag überflüssig[.]“

17 Vgl. 1923b *Rezension/Thirring*, in diesem Band S. 553.

18 Thirring, *Die Idee der Relativitätstheorie*, Vorwort.

wort auf Kraus geltend gemacht, die fehlgeleitete *post hoc* Kritik der Antirelativisten in keinem Fall bei einem „namhaften theoretischen Physiker und Mathematiker"[19] vorfinden zu können und lapidar festgestellt, daß „mathematisch geschulten Köpfen"[20] das Eindringen in die Theorie eben leichter fiele.[21] Von diesem didaktischen Zwiespalt bei Thirring hatte Kraus in seiner Erwiderung polemisch zu profitieren gewußt.[22] Auf eine eigentlich physikalische Diskussion ließ er sich jedoch auch Thirring gegenüber zu keinem Zeitpunkt ein, sondern argumentierte stets beharrlich auf einer aprioristischen philosophischen Ebene. Angesichts dessen wird nachvollziehbar, daß Schlick im vorliegenden Text mit einer ganz ähnlichen Bemerkung wie Thirring auch die Zustimmung „namhafter" Philosophen zur Relativitätstheorie ins Treffen führt.[23]

Vor weiteren Attacken von Seiten Kraus' sollte Schlick auch in Hinkunft nicht verschont bleiben.[24]

Zur Überlieferung und Edition

Der Aufsatz erschien in *Neue Freie Presse* Nr. 21265 vom 22. November 1923, S. 17/18 (**A**). Es sind keine Manuskripte, Druckfahnen etc. überliefert. Der Abdruck folgt A. A ist in Fraktur gesetzt. Der Hervorhebungsweise in A (ungebrochene Schrift) entspricht hier Kursivsetzung.

19 Thirring, *Stand der Relativitätstheorie*, S. 19.

20 Ebd., S. 19.

21 Die populäre Anschauung, so Thirring, würde nachziehen, wenn auch mit einiger zeitlicher Verzögerung (ebd.): „Einsteins Theorie von der Krümmung des Weltraumes [wird] den Schulkindern vielleicht schon im Jahre 2500 ebenso einleuchten [...], wie den unseren die Tatsache der Krümmung der Erdoberfläche."

22 Vgl. Kraus, *Abwehr*.

23 Siehe unten in diesem Band S. 573.

24 Kraus, *Offene Briefe an Albert Einstein u. Max v. Laue*, S. 3 schreibt über Schlicks positive Beurteilung der Didaktik von Kirchberger, *Was kann man ohne Mathematik von der Relativitätstheorie verstehen?* von der „Approbation durch einen der Leiter der congregatio de propaganda fide, Herrn Professor Mogrit [*sic*] Schlick (Wien)". Siehe auch die Kritik in Kraus, *Einleitung*, S. LXXV.

Relativitätstheorie und Philosophie

Das Verhältnis der Philosophen zur Naturwissenschaft hat sich 17
seit Anfang des vorigen Jahrhunderts mehrfach gewandelt. Auf die Kantsche Lehre, die in ihrem erkenntnistheoretischen Teile im wesentlichen ein verständnisvoller Versuch war, die Grundvoraussetzungen der Galilei-Newtonschen Physik philosophisch zu rechtfertigen, folgten die Systeme des „deutschen Idealismus“, die sich in kühner begrifflicher Konstruktion und Spekulation ohne nennenswerte Erfahrungsgrundlage ergingen. Sie erreichten ihren Höhepunkt in der Philosophie Hegels, der über die Tatsachen der Erfahrung mit souveräner Mißachtung hinwegsah und daher mit der Naturforschung auf dem Kriegsfuße stand. Hegel erklärte zum Beispiel, die heute jedem Schulkinde geläufige Einsicht Newtons, daß das weiße Licht aus farbigem Lichte zusammengesetzt ist, für eine „Barbarei“ und ereiferte sich dabei über die „Ungeschicklichkeit, Unrichtigkeit und Fadheit, ja Unredlichkeit des Newtonschen Experimentierens, über die gleich schlechte Beschaffenheit des Schließens, Folgerns und Beweisens, über die Gedankenlosigkeit, über die Blindheit des Vorurteils, daß die Theorie auf etwas Mathematischem beruhe ...“.[1] Die gerechte Empörung über solche Anmaßung des Philosophen hatte zur Folge, daß nicht nur

1 Vgl. Hegel, *Gesammelte Werke*, Bd. 19, S. 247 f.: „Nach der bekannten *Newtonischen* Theorie *besteht* das weiße, d. i. farblose Licht aus *fünf* oder aus *sieben* Farben; denn genau weiß dies die Theorie selbst nicht. – Über die *Barbarei* vors erste der Vorstellung, daß auch beim Lichte nach der schlechtesten Reflexionsform, der *Zusammensetzung*, gegriffen worden ist und das *Helle* hier sogar aus sieben *Dunkelheiten* bestehen soll, wie man das klare Wasser aus sieben Erdarten bestehen lassen könnte, kann man sich *nicht stark genug* ausdrücken; so wie über die *Ungeschicklichkeit* und *Unrichtigkeit* des Newtonischen Beobachtens und Experimentierens, nicht weniger über die *Fadheit* desselben, ja selbst,

das Hegelsche System der Mißachtung anheimfiel, sondern jede Art philosophischer Spekulation von der Naturwissenschaft mit höchstem Mißtrauen betrachtet wurde. Es entstand eine tiefe Kluft zwischen beiden, und das bloße Wort „Naturphilosophie" kam in Verruf. Nachdem dieser unerfreuliche Zustand gegenseitiger Feindschaft Jahrzehnte gedauert hatte, trat gegen Ende des Jahrhunderts wiederum eine Annäherung ein, den Philosophen wurde klar, daß der einzige Weg zu ihren Zielen durch eine gründliche Kenntnis der Methoden und Ergebnisse der Einzelwissenschaften hindurchführte, und die Naturforscher erkannten die Notwendigkeit einer philosophischen Begründung und Deutung ihrer eigenen Grundbegriffe. So hat sich in der Gegenwart wieder gegenseitiges Verstehen, gutes Einvernehmen und fruchtbare Zusammenarbeit herausgebildet.

In diese Harmonie der philosophischen und der naturwissenschaftlich-mathematischen Forschung klingen solche Äußerungen wie der kürzlich an dieser Stelle von Professor Kraus in Prag veröffentlichte Artikel über die Relativitätstheorie[2] als ein unschöner Mißton hinein; deshalb liegt es mir am Herzen, auch von der Seite der Philosophie her den Ausführungen jenes Artikels

wie Goethe gezeigt hat, über dessen Unredlichkeit; – eine der auffallendsten sowie einfachsten Unrichtigkeiten ist die falsche Versicherung, daß ein durch ein Prisma bewirkter *einfärbiger* Teil des Spektrums, durch ein zweites Prisma gelassen, auch wieder nur einfärbig erscheine – ([Newton, *Opticks*, Book I, Part I, Proposition 5] in fine); Alsdenn über die gleich schlechte Beschaffenheit des *Schließens, Folgerns* und *Beweisens* aus jenen unreinen empirischen Daten; Newton gebrauchte nicht nur das Prisma, sondern der Umstand war ihm auch nicht entgangen, daß zur Farbenerzeugung durch dasselbe eine Grenze von Hell und Dunkel erforderlich sei ([ebd., Book II, Part II, S. 230]), und doch konnte er jenes als wirksam zu trüben übersehen. [...] Hierauf endlich insbesondere über die Gedankenlosigkeit, mit der eine Menge der unmittelbaren Folgerungen jener Theorie (z. B. die Unmöglichkeit achromatischer Fernrohre) aufgegeben worden und doch die Theorie selbst behauptet wird; – zuletzt aber über die Blindheit des *Vorurteils*, daß diese Theorie auf etwas *Mathematischem* beruhe, als ob die zum Teil selbst falschen und einseitigen *Messungen*, so wie die in die Folgerungen hineingebrachten quantitativen Bestimmungen irgend einen Grund für die Theorie und die Natur der Sache selbst abgäben, ja selbst nur den Namen von Mathematik verdienten."

2 Vgl. Kraus, *Stand der Relativitätstheorie*.

entgegenzutreten, nachdem Professor Thirring sie bereits vor einer Woche von der Seite der Physik her richtiggestellt hat.[3]

Wir können in Kraus' Artikel folgende Behauptungen unterscheiden:

1. Er habe nachgewiesen, daß die Relativitätstheorie philosophisch, physikalisch und mathematisch unhaltbar sei;

2. die Relativitätstheorie habe überhaupt keine philosophische Bedeutung;

3. die Naturphilosophie beginne sich von der Relativitätstheorie abzuwenden.

Alle drei Behauptungen sind falsch.

Ad 1. Mit seinen philosophischen Einwendungen gegen die Theorie spielt Kraus der theoretischen Physik gegenüber eine Rolle, die der oben geschilderten Stellung Hegels zur Newtonschen Physik nicht unähnlich ist. Es soll gern anerkannt werden, daß er sich in der Polemik nicht eines so unwürdigen Tones bedient, wie wir ihn bei Hegel fanden (wie denn überhaupt jeder Vergleich von Professor Kraus mit jenem Philosophen mir im übrigen fernliegt), aber sachlich verdient sein Urteil ebenso energische Zurückweisung. Alle Widersprüche, die Kraus innerhalb der Einsteinschen Theorie zu finden meint, sind in Wahrheit nur Widersprüche der Theorie gegen gewisse Voraussetzungen und Vorurteile, deren Entbehrlichkeit erkannt zu haben die große philosophische Tat Einsteins war, während Kraus an ihnen festhält. Sein Argument, durch das er in seinem Artikel „einen der Grundirrtümer" der Relativitätstheorie mit Hilfe des Beispiels vom Wagen und Automobil auf einer Landstraße aufzudecken glaubt,[4]

3 Vgl. Thirring, *Stand der Relativitätstheorie*.

4 Vgl. Kraus, *Stand der Relativitätstheorie*, Teil 1, S. 16: „Einen der Grundirrtümer kann man an folgendem Beispiele sich klar machen. Wenn ein Automobil mit der Geschwindigkeit von 50 Kilometern in der Stunde (relativ zur Landstraße) fährt und von einem Wagen mit der Geschwindigkeit von 15 Kilometer Stundengeschwindigkeit verfolgt wird, so hat der Scheitelpunkt des Automobils relativ zum Scheitelpunkt des nachfahrenden Wagens unmöglich eine

beruht auf einer Verkennung des wahren Sinnes des sogenannten „Additionstheorems der Geschwindigkeiten" von Einstein, auf einer mangelhaften Unterscheidung zwischen einer mathematischen Formel und ihrer physikalischen Anwendung. Kraus' Einwände gegen die relativitätstheoretische Behandlung des Uhrenganges und Zeitablaufes setzen eben denjenigen Begriff der absoluten Zeit voraus, der von der Theorie gerade in Zweifel gezogen wird: seine Schlüsse leiden daher an dem Fehler, den der Logiker eine *Petitio principii* nennt.

Ad 2. Mit der Einsicht in die logische Unanfechtbarkeit der Relativitätstheorie erschließt sich zugleich die Einsicht in ihre wahre philosophische Bedeutung, die Professor Kraus überhaupt leugnen zu müssen glaubt. Als der Schreiber dieser Zeilen im Auftrage der deutschen Naturforscherversammlung anläßlich der Feier ihres hundertjährigen Bestehens im Herbst 1922 in Leipzig über die Relativitätstheorie in der Philosophie zu berichten hatte, mußte er zuerst darauf hinweisen, daß die philosophische Bedeutung der Theorie selbst dann unvermindert bliebe, wenn sie physikalisch nicht bestätigt worden wäre.[5] Denn ihre Kritik der Raum- und Zeitbegriffe bliebe voll zu Recht bestehen; sie hat gewisse Vorurteile beseitigt, die in der Wissenschaft der Zukunft nie wieder Raum finden können, weil sie eben als Vorurteile erkannt sind. In philosophischer Hinsicht stellt sich die Relativitätstheorie
18 als das vorläufig letzte Glied einer groß|artigen Entwicklung dar, die beiläufig von David Hume über Ernst Mach und Henri Poincaré bis zu Einstein reicht und in der die Begriffe der Substanz, des Raumes und der Zeit immer mehr geklärt wurden – derjenige des Raumes besonders durch die Forschungen der großen

andere Stundengeschwindigkeit als die Differenz = 35 Kilometer. [...] Das ist nun nicht etwa ein physikalisches Gesetz, sondern ein *mathematisches*, sogenanntes phoronomisches oder kinematisches, das über das Ergebnis des Vergleiches zweier Stundengeschwindigkeiten von 50 Kilometer (c) und 15 Kilometer (v) etwas aussagt. [...] Auch Einstein leugnet jenen Satz im allgemeinen nicht; nur mit einer einzigen Ausnahme: vom Scheitelpunkte eines Lichtstrahles soll er nicht gelten! [...] er verlangt eine Invarianz, deren Unmöglichkeit aus dem Begriffe der Relativgeschwindigkeit sich unmittelbar ergibt."

5 Vgl. 1923a *Relativitätstheorie*, in diesem Band S. 529.

Mathematiker des neunzehnten Jahrhunderts Gauß, Riemann, Helmholtz, deren philosophische Ideen in Einsteins Theorie eine wundervolle Anwendung und Bestätigung fanden. Als Gauß seine fundamentalen Einsichten in die nichteuklidische Raumlehre gewonnen hatte, behielt er sie zunächst für sich, weil er, wie er 1829 in einem Brief an Bessel schreibt, „das Geschrei der Böotier" fürchtete.[6] Sollte er vorausgesehen haben, wie sich die Verteidiger „uralten philosophischen Lehrgutes" auch nach fast hundert Jahren noch darüber beklagen würden, daß die neue Lehre „Raum und Zeit verbiegt, verkrüppelt und verbeult"?

Ad 3. Ist es wahr, daß die gegenwärtige Philosophie sich von der Relativitätstheorie als einer Irrlehre abzuwenden beginnt? Nun, mir ist kein Fall bekannt, daß ein Philosoph die Theorie mit vollem Verständnis durchdrungen und sie dann verworfen hätte. Herr Kollege Thirring hat an dieser Stelle mit Recht betont, daß sich unter den Gegnern Einsteins kein namhafter theoretischer Physiker und Mathematiker befinde: also gerade kein einziger von denen, die zum Verständnis der Theorie am besten qualifiziert erscheinen.[7] Ganz ebenso finde ich unter denjenigen Philosophen, die bewiesen haben, daß sie die Theorie zur Gänze wirklich verstehen, keinen einzigen, der sich von ihr „abgewendet" hätte.

Professor Kraus sucht den Leser zu überzeugen, indem er die Gegner Einsteins mit Namen aufzählt, aber leider hat der Laie keine Möglichkeit, sich über die Kompetenz der Aufgeführten in

6 Vgl. Carl Friedrich Gauß an Friedrich Wilhelm Bessel, 21. Januar 1829 (Gauß, *Werke*, Bd. 8, S. 200): „[M]eine Überzeugung, daß wir die Geometrie nicht vollständig a priori begründen können, ist, wo möglich, noch fester geworden. Inzwischen werde ich wohl lange nicht dazu kommen, meine *sehr ausgedehnten* Untersuchungen darüber zur öffentlichen Bekanntmachung auszuarbeiten, und vielleicht wird dies auch bei meinen Lebzeiten nie geschehen, da ich das Geschrei der Böotier scheue, wenn ich meine Ansicht *ganz* aussprechen wollte."

7 Vgl. Thirring, *Stand der Relativitätstheorie*, S. 19: „Bezeichnenderweise finden sich nun unter den Zweiflern keine namhaften theoretischen Physiker und Mathematiker, was wohl weniger auf eine geringere kritische Veranlagung dieser Gelehrtengruppe, als auf den Umstand zurückzuführen ist, daß den mathematisch geschulten Köpfen das Eindringen in die Theorie geringere Schwierigkeiten bereitet."

dem fraglichen Gebiet ein eigenes Urteil zu bilden. Der Verteidiger Einsteins kann nicht dieselbe Methode anwenden, seine Namensliste wäre gar zu umfangreich. Aber es bedarf dessen auch nicht, denn die neue Lehre siegt nicht durch äußere Verteidigung, sondern durch inneren Wert. Schon heute liegen die Dinge für den Kenner der Theorie so klar, daß er ihrem Verkenner nur zurufen kann: *O si tacuisses*![8]

8 Vgl. Büchmann, *Geflügelte Worte*, S. 453: „*O si tacuisses, philosophus mansisses* [...] erklärt sich aus [Boethius, *Trost der Philosophie*, S. 82–84: „Nam cum quidam adortus esset hominem contumeliis, qui non ad verae virtutis usum, sed at superbam gloriam falsum sibi philosophi nomen induerat, adiecissetque iam se sciturum, an ille philosophus esset, si quidem illatas iniurias leniter patienterque tolerasset, ille patientiam paulisper assumpsit acceptaque contumelia velut insultans: ‚Iam tandem, inquit, intellegis me esse philosophum?' Tum ille nimium mordaciter: ‚Intellexeram, inquit, si tacuisses.'" (S. 83–85: „Irgend jemand hatte einen Menschen, der nicht zur Übung wahrer Tugend, sondern aus Ruhmredigkeit fälschlich den Namen Philosoph angenommen hatte, mit Schmähungen angefahren und hinzugefügt, er werde bald wissen, ob jener ein Philosoph sei, wenn er nämlich die Beleidigungen sanft und geduldig ertrüge. Der nahm ein Weilchen Geduld an und sagte dann, als ob er sich über die erlittene Beleidigung hinwegsetze: ‚Begreifst du nun, daß ich ein Philosoph bin?' Darauf sagte der andre bissig: ‚Ich hätte es begriffen, wenn du geschwiegen hättest.'")]"

[Rezension von:] Max Planck, Physikalische Rundblicke

[Rezension von:] Max Planck, Physikalische Rundblicke[1]

Editorischer Bericht

Zur Entstehung

Den Einfluß seines Doktorvaters auf sein Denken beschreibt Schlick selbst mit folgenden Worten:

„In die theoretische Physik wurde ich durch Max Planck eingeweiht und seinen Vorlesungen verdanke ich unsagbar viel [...] Nie wurde dem Blick gestattet, sich in der verwirrenden Mannigfaltigkeit des Naturgeschehens zu verlieren, sondern es wurde stets sogleich die Zauberformel gegeben (oder, wo sie noch nicht gefunden, auf ihre unzweifelhafte Existenz und ihren hypothetischen Ort hingedeutet), welche alles wieder in die ‚Einheit des physikalischen Weltbildes' einzuordnen vermochte."[2]

Diese Einheit des (nicht nur physikalischen) Weltbildes, die in der Anerkennung einer Realität wurzelt, die durch weitestgehende „Loslösung des physikalischen Weltbildes von der Individualität des bildenden Geistes"[3] erkannt werden kann, versuchte Schlick in 1918 *Erkenntnislehre* (*MSGA* I/1) zu begründen. Es kann kaum Zweifel daran bestehen, daß Schlick in diesen Grundüberzeugungen von Planck geprägt wurde. Die erkenntnistheoretische Argumentation in Schlicks Hauptwerk geht freilich weit über Planck hinaus, der seine

1 Max Planck, *Physikalische Rundblicke. Gesammelte Reden und Aufsätze.* Leipzig: Hirzel 1922. IV+168 S.

2 Inv.-Nr. 82, C. 2 b, S. 8.

3 Planck, *Einheit*, S. 34.

diesbezüglichen Ansichten vor allem mit dem Vorwurf der Fruchtlosigkeit der Gegenposition (nämlich dem Machschen Positivismus) stützt.[4]

Vorliegender Text, eine für Schlicks Verhältnisse recht ausführliche Rezension, stellt also durchaus eine Art „Tribut" an seinen Lehrer dar. Dem Briefwechsel ist zu entnehmen, daß Planck dem Werk seines Schülers große Wertschätzung entgegenbrachte.[5] Nicht geklärt ist die Ursache des späten Erscheinungstermins der Rezension dieses bereits 1922 publizierten Buches.

Zur Überlieferung und Edition

Die Rezension erschien in *Deutsche Literaturzeitung* 45, Heft 10, 1924, Spalten 818–823 (**A**). Es sind keine Manuskripte, Druckfahnen etc. überliefert. Der Abdruck folgt A. Dementsprechend bezieht sich die hier angegebene „Originalpaginierung" auf die Spalten- und nicht auf die (in A nicht angegebenen) Seitenzahlen. Der Hervorhebungsweise in A (Sperrung) entspricht hier Kursivsetzung. Statt der französischen Anführungszeichen in A sind hier deutsche in Verwendung.

4 Vgl. dazu unten in diesem Band S. 585.

5 Vgl. Max Planck an Moritz Schlick, 13. November 1925: „Es ist mir immer ein besonderer Genuß, Ihren klaren bei aller Knappheit der Darstellung immer gerade das Wesentliche treffenden Ausführungen zu folgen." Der erhaltene Briefwechsel datiert zwischen 1916 und 1932. Für eine in der Folge entstehende Divergenz in der Frage nach der Realität der Außenwelt vgl. den editorischen Bericht zu 1932a *Positivismus* (*MSGA* I/6). Kritisch äußerte Planck sich auch zu 1927d *Sinn des Lebens* (*MSGA* I/6); für Planck fehlte in Schlicks Konzeption der Sinnfrage die Behandlung des Zwecks von Handlungen; vgl. den editorischen Bericht dort.

[Rezension von:] Max Planck, Physikalische Rundblicke

Das Buch ist ein zusammenfassender Neudruck von sechs Vor- 818
trägen und zwei kleinen Abhandlungen aus den Jahren 1908 bis 1920, die nicht nur äußerlich durch ihre für ein größeres Publikum bestimmte Darstellungsweise zusammengehören, sondern auch innerlich verwandt sind und, sich gegenseitig ergänzend, in ihrer Gesamtheit ein bezauberndes Panorama der gegenwärtigen Physik entrollen. Zugleich aber geben sie – und darin wird für viele Leser ein besonderer Reiz liegen – ein scharf umrissenes Bild der wissenschaftlichen Persönlichkeit des großen Berliner Physikers, der diese „Rundblicke" veranstaltet.

Gleich der erste Vortrag „Die Einheit des physikalischen Weltbildes" führt uns mitten hinein in die Werkstatt dieses so energisch auf | Synthese und letzte Prinzipien gerichteten Geistes. Der 819
Fortschritt der physikalischen Erkenntnis geschieht nach Plancks zweifellos zutreffender Ansicht in der Richtung zunehmender Elimination anthropomorpher Elemente aus dem Weltbilde: die Forschung beginnt mit subjektiven Sinnesempfindungen und endet mit objektiven Begriffen, die von der Individualität des bildenden Geistes vollständig losgelöst sind.[1] Diese Entwicklung bedeutet zugleich eine fortschreitende Vereinheitlichung des Weltbildes, denn die ursprünglich durch die verschiedenen Sinnesqualitäten bestimmte Einteilung der Physik in Optik, Mechanik,

1 Vgl. Schlicks Methode der begrifflichen Konstruktion des objektiven Raumes aus den verschiedenen untereinander unvergleichbaren subjektiven Sinnesräumen in 1917b *Raum und Zeit* (*MSGA* I/2).

Akustik usw. wird in der Theorie vollständig aufgehoben, und gegenwärtig stehen sich nur noch Mechanik und Elektrodynamik als getrennte Teile gegenüber, und auch diese gewiß nicht endgültig und prinzipiell, sondern sie werden in einer „allgemeinen Dynamik" zusammenfließen.[2] Dennoch wird nach Planck in dem also vereinheitlichten Weltbilde der Physik der Zukunft eine grundlegende Einteilung aller Naturprozesse als erste und wichtigste zurückbleiben: nämlich die in reversible und irreversible. In der Tat ist die mathematische Gesetzlichkeit der nichtumkehrbaren (durch das „Entropieprinzip" beherrschten) Vorgänge von derjenigen der umkehrbaren ganz verschieden, und die genannte Einteilung wird daher in den physikalischen Lehrbüchern stets eine entscheidende Rolle spielen müssen – dennoch könnten Plancks Ausführungen über diesen Punkt bei unvorsichtiger Lektüre leicht zu Mißverständnissen führen. Gerade wenn man sich mit Planck auf den gewiß richtigen Standpunkt stellt, daß zwischen unserm Weltbild der Zukunft und der „Welt" selbst kein angebbarer Unterschied besteht,[3] scheint jene Trennung der beiden Arten von Prozessen ihre prinzipielle Bedeutung einzubüßen. Denn auf der einen Seite sind rein umkehrbare Vorgänge, wie der Verf. selbst scharf hervorhebt, nur ideale Grenzfälle; es wären also alle *wirklichen* Prozesse streng genommen als irreversibel zu betrachten, und jene Einteilung beruht daher auf einer künstlichen Abstraktion, ihr entsprechen nicht zwei schlechthin verschiedene Klassen wirklicher Vorgänge. Auf der andern Seite weist Planck darauf hin, daß die kinetische Theorie der Materie, die er mit Recht als wissenschaftlich gesicherte Wahrheit betrachtet, alle elementaren
820 Vorgänge („Mikroprozesse") | als umkehrbar ansieht und von der

2 Zu dieser optimistischen Einschätzung, die Schlick mit Planck (vgl. Planck, *Einheit* S. 6 f.) teilt, siehe 1925b *Naturphilosophie*, in diesem Band S. 629.

3 In 1925a *Erkenntnislehre*, S. 270 (*MSGA* I/1, S. 645) unterscheidet Schlick zwischen der „Wirklichkeit selbst (die Qualitätenkomplexe, die Dinge an sich)" und den „der Wirklichkeit zugeordneten Begriffe[n] der Naturwissenschaft, in ihrer Gesamtheit den physikalischen Weltbegriff bildend". Den an dieser Stelle verwendeten Terminus „Weltbegriff" zieht Schlick gegenüber „Weltbild" wegen der Unanschaulichkeit naturwissenschaftlicher Theorien vor: vgl. ebd., S. 269 (*MSGA* I/1, S. 644).

Nichtumkehrbarkeit der zusammengesetzten Vorgänge („Makroprozesse") nur dadurch Rechenschaft geben kann, daß sie deren Umkehrung – mit Boltzmann – nicht für absolut unmöglich, sondern nur für äußerst unwahrscheinlich erklärt. So betrachtet sind daher alle Naturvorgänge im Prinzip letzten Endes reversibel, und wiederum erscheint jene fundamentale Unterscheidung nicht als Ausdruck einer endgültigen Verschiedenheit der wirklichen Naturprozesse selber, sondern als Folge eines ganz anderen Gegensatzes – nämlich des Gegensatzes zwischen den statistischen Regelmäßigkeiten der Konstellationen in der Natur und der streng kausalen Gesetzlichkeit alles Geschehens.

Daß dies wirklich Plancks Meinung ist, geht auch klar hervor aus seiner Rektoratsrede über „Dynamische und statistische Gesetzmäßigkeit", die eben von jenem Gegensatz handelt und gleichfalls im vorliegenden Bande abgedruckt ist. Echten, dynamischen Naturgesetzen ist absolute Notwendigkeit zuzuschreiben, statistische Regelmäßigkeiten dagegen unterliegen dem Begriff der Wahrscheinlichkeit.[4] Planck wendet sich scharf gegen den Gedanken mancher modernen Forscher, den Gegensatz dadurch aufzuheben, daß sie den statistischen Charakter *aller* Naturgesetze behaupten, also die Existenz streng dynamischer Gesetze und damit die absolute Notwendigkeit des Geschehens in der Physik überhaupt leugnen; ja er weist jeden Versuch zurück, auch nur irgendeine statistische Regel als ein letztes Gesetz des Geschehens (statt einer Beschreibung einer Naturkonstellation) aufzufassen, und erblickt darin einen „ebenso verhängnisvollen wie kurzsichtigen Irrtum".[5] Diese vorsichtige Haltung, die unter keinen Umständen das Kausalprinzip ohne Not opfern möchte, ist gewiß auch vom philosophischen Standpunkt aus zu billigen. Aber so sympathisch sie auch dem Referenten ist, so möchte er doch betonen, daß rein logisch die Möglichkeit zugegeben werden muß, die letzten Gesetze der Natur möchten statistischer und

4 Für Schlicks scharfe Gegenüberstellung der Begriffe Gesetz und Wahrscheinlichkeit siehe vor allem 1936d *Gesetz* (*MSGA* I/6).

5 Planck, *Gesetzmäßigkeit*, S. 96.

nicht kausaler Art sein.[6] Planck versäumt nicht, auch zur Frage der Gesetzmäßigkeit des geistigen Lebens Stellung zu nehmen, und erblickt mit Recht in der „Annahme eines absoluten Determinismus die unentbehrliche Grundlage für jede wissenschaftliche
821 Untersuchung“.[7] Er fügt von diesem | Standpunkt aus einige Bemerkungen über das Problem der Willensfreiheit an, die er dann in einem separat erschienenen Vortrag weiter ausgeführt hat.[8]

Plancks negative Stellungnahme zu der Frage der etwaigen Auflösbarkeit kausaler Gesetze in statistische ist um so bedeutsamer, als ja hier der Schöpfer jener großartigen Theorie zu uns spricht, die den Anlaß zu den erwähnten kühnen Gedanken gegeben hat: der *Quanten*theorie. Plancks Theorie der Quanten und Einsteins Theorie der Relativität – das sind die beiden gewaltigen Gedankengebäude, die der gegenwärtigen Physik ihr charakteristisches Antlitz geben, und es versteht sich daher von selbst, daß in den „Rundblicken“ von beiden Theorien viel die Rede ist. Der Leser erhält tiefe Einblicke in ihre Entstehungsgeschichte, ihren Sinn und ihre Bedeutung. In dem Vortrage über „Die Stellung der neueren Physik zur mechanischen Naturanschauung“ wird mit den Grundgedanken der Relativitätstheorie als deren unausweichliche Konsequenz die Unmöglichkeit geschildert, alle Naturerscheinungen rein *mechanisch* zu erklären, und damit von neuem gezeigt, daß das einheitliche Weltbild der künftigen Physik notwendig viel abstrakter sein muß, als die am Anschaulichen haftenden früheren und naiveren Versuche der Welterklärung sich träumen ließen. In anderem Zusammenhange kommt der Vortrag „Neue Bahnen physikalischer Erkenntnis“[9] auf die Relati-

6 Vgl. dazu 1929a *Erkenntnistheorie* (*MSGA* I/6) und 1925b *Naturphilosophie*, in diesem Band S. 691; ausführlich mit der 1927 durch die Unschärferelation veränderten Situation setzt Schlick sich auseinander in 1931a *Kausalität* (*MSGA* I/6).

7 Vgl. Planck, *Gesetzmäßigkeit*, S. 100: „Aber dennoch ist auch hier auf allen Gebieten, bis hinauf zu den höchsten Problemen des menschlichen Willens und der Moral, die Annahme eines absoluten Determinismus für jede wissenschaftliche Untersuchung die unentbehrliche Grundlage.“

8 Vgl. Planck, *Kausalgesetz und Willensfreiheit*.

9 Der Titel lautet korrekt „Neue Bahnen der physikalischen Erkenntnis“.

vitätslehre zurück. Er gibt Illustrationen zu der nicht genug zu beherzigenden Wahrheit, daß der Fortschritt der exakten Wissenschaft niemals so vor sich geht (obgleich der Laie es oft mißverstehend glaubt), daß alte Theorien einfach über den Haufen geworden werden und neue an ihre Stelle treten, sondern stets so, daß die wirklich bewährten Elemente der alten Ansichten in die neuen übergehen und dort weiter befestigt und entwickelt werden.[10] Dem Schicksal der völligen Preisgabe können nur solche Sätze anheimfallen, die als scheinbar selbstverständliche und daher ungeprüfte, ja oft unbemerkte Voraussetzungen in die Theorien eingegangen waren. Eine solche Annahme war die des absoluten Charakters des Begriffs der Gleichzeitigkeit, welche der Relativitätstheorie hat zum Opfer fallen müssen. Eine zweite solche Voraussetzung war die der Stetigkeit aller dynamischen Wirkungen, die, wie es scheint, durch die Quantentheorie | umgestoßen 822 wird. Nach ihr sind sprunghafte, unstetige Veränderungen der Natur durchaus nicht fremd.

Während aber die Relativitätslehre gleichsam die Vollendung des klassischen Denkens in der Physik seit Newton darstellt, hat die Theorie der Quanten, indem sie zur klassischen Physik der Stetigkeit in einen bisher unversöhnten Gegensatz tritt, eine viel tiefergehende Umwälzung des eigentlich physikalischen Denkens im Gefolge. Hier klafft der gewaltige Riß im gegenwärtigen System der Naturwissenschaft, und Planck schildert und würdigt ihn in seiner ganzen Größe und Bedeutung. Er tut dies besonders in dem überaus fesselnden und lehrreichen Nobelvortrage über die Entstehung und Entwicklung der Quantentheorie[11] und in dem Vortrag über „Das Wesen des Lichtes", in dem der durch die Quantentheorie hervorgerufene Widerstreit zwischen der Wellentheorie und einer modifizierten Emissionstheorie der Strahlung zu höchst anschaulicher Darstellung kommt. Es versteht sich von selbst, daß nach Plancks Meinung diese Kluft, die das

10 Vgl. 1929a *Erkenntnistheorie* (*MSGA* I/6): Dort führt Schlick auch näher aus, daß das Wandelbare nicht die festgestellten Abhängigkeitsbeziehungen selbst, sondern die diese illustrierenden anschaulichen Bilder betrifft.

11 Vgl. Planck, *Quantentheorie*.

gegenwärtige Panorama der Physik zerreißt, nicht endgültig ist und daher nicht zur Resignation Anlaß geben darf, sondern im Gegenteil als Ansporn und Ausgangspunkt begrüßt werden muß, um neuen, tieferen Geheimnissen der Natur auf die Spur zu kommen, so daß „dasjenige, was uns heute unbefriedigend erscheint, dereinst von einer höheren Warte aus gerade als das durch besondere Harmonie und Einfachheit Ausgezeichnete angesehen werden wird!“ [12]

So tritt in allen Teilen dieses Buches das unentwegte Einheitsstreben des großen Forschers und sein philosophischer Drang nach Synthese zutage, auch dort, wo er, wie in den beiden Aufsätzen über „Das Prinzip der kleinsten Wirkung“ und „Das Verhältnis der Theorien zueinander“ [13] die großen Prinzipien der Physik etwas mehr von der methodologischen als von der erkenntnistheoretischen Seite beleuchtet. Die erkenntnistheoretische Grundeinstellung ist die eines gesunden und lebendigen *Realismus*, den Planck in bewußtem Gegensatz zu der besonders von Mach vertretenen streng positivistischen Interpretation der Naturforschung verficht.[14] Die Hypothese der Physik, die Begriffe der Atome, Elektronen und Quanten sind nicht nur, so betont der Verf.
823 immer wieder, bloße Hilfskonstruktionen | ohne reale Bedeutung, sondern ihnen entsprechen wirkliche Naturgegenstände; es ist die wirkliche Welt, deren Erkenntnis uns die physikalischen Theorien tatsächlich immer näher bringen. Eine hypothesenfreie Naturforschung ist nicht möglich, aber sie ist auch nicht notwendig, um wahrhaft wirklichkeitsnah zu bleiben.[15] Planck versucht nicht, den Realismus auf rein logischem Wege zu begründen, aber er weist mit dem größten Recht darauf hin, daß er auf diesem Wege

12 Planck, *Quantentheorie*, S. 165. Im Original schließt der Satz mit einem Punkt.

13 Im Original ohne „das“.

14 Der Auseinandersetzung mit Mach ist besonders das Ende von Planck, *Einheit* gewidmet. Auf einen weiteren Aufsatz Plancks in dieser Debatte (vgl. Planck, *Zur Machschen Theorie*) bezieht Schlick sich auch in 1925a *Erkenntnislehre*, S. 91 (*MSGA* I/1, S. 318), wo er klar zugunsten Plancks Stellung nimmt.

15 Vgl. dazu 1925b *Naturphilosophie*, in diesem Band S. 669.

ebenso wenig zu widerlegen sei. Er gibt zu, daß ein schlechthin hypothesenfeindlicher Positivismus niemals eines logischen oder empirischen Widerspruches überführt werden könne. Entscheidend ist das praktische Prinzip der wissenschaftlichen Fruchtbarkeit: aber dieser Positivismus mag zusehen, wie er es von seinem Standpunkt aus fertig bringt, die physikalische Erkenntnis zu fördern![16]

So zeigt sich klar: Plancks Buch liefert nicht bloß wertvolles *Material* für die Naturphilosophie und Erkenntnistheorie, sondern aus seinem Werke spricht, wie aus dem Schaffen jedes großen Forschers, die Philosophie selber.

16 Mit Bezug auf den zuvor als „falschen Propheten" angesprochenen Mach lautet der letzte Satz von Planck, *Einheit*, S. 37: „An ihren *Früchten* sollt ihr sie erkennen!" Später heißt es im Schreiben Moritz Schlick an Arnold Sommerfeld, 18. Dezember 1932 nach dem Zugeständnis, daß Frank und wohl auch Mach keine produktiven Physiker gewesen seien: „Aber warum soll die Ursache dafür gerade darin liegen, dass sie positivistisch dachten? Ich würde als viel näher liegend die einfache Erklärung vorziehen, dass sie eben kein physikalisches Genie besassen. Ihre natürliche Veranlagung hat sie mehr zu Philosophen als zu Naturforschern gemacht, sie wandten ihr Interesse und ihre Kraft mehr der Erkenntnistheorie als der Physik zu."

Naturphilosophie

Naturphilosophie
Editorischer Bericht

Zur Entstehung

Max Dessoirs *Lehrbuch der Philosophie* umfaßt die beiden Sammelbände *Die Geschichte der Philosophie* – unter anderem mit Beiträgen von Ernst von Aster, Ernst Cassirer und Max Frischeisen-Köhler – sowie *Die Philosophie in ihren Einzelgebieten*, in dem der vorliegende Text publiziert wurde. Die weiteren Autoren sind Erich Becher zu „Erkenntnistheorie und Metaphysik", Kurt Koffka zur „Psychologie", Paul Menzer zur „Ethik", J. Baptist Rieffert zu „Logik – Eine Kritik an der Geschichte ihrer Idee", Paul Tillich zur „Religionsphilosophie", Emil Utitz zu „Ästhetik und Philosophie der Kunst" und Alfred Vierkandt zu „Gesellschafts- und Geschichtsphilosophie".

Schlick hatte während seines Studiums in Berlin bei Max Dessoir Vorlesungen gehört. Die Einladung zur Mitarbeit an Dessoirs Sammelband dürfte er jedoch vor allem dem Bekanntheitsgrad verdankt haben, den er in den Jahren zuvor durch seine Schriften zur Relativitätstheorie, allen voran 1917b *Raum und Zeit* (*MSGA* I/2), erworben hatte. Seine Beschäftigung mit einer thematisch nicht nur auf die Relativitätstheorie beschränkten Naturphilosophie läßt sich jedoch wesentlich weiter zurückverfolgen. Seit jeher waren die mit Abstand meisten Vorlesungen Schlicks diesem Themenbereich gewidmet: Ausgehend von einer ersten „Einleitung in die Naturphilosophie" aus dem Sommersemester 1912 in Rostock, die gleichsam die „Urfassung" aller späteren entsprechenden Arbeiten darstellt,[1] sollte der promovierte Physiker an derselben Universität noch sechs weitere Lehrveranstaltungen dazu abhalten. Auch für die gleichnamigen Vorlesungen in Kiel und Wien bis Mitte der Zwanzigerjahre dürfte dieses Manuskript eine Basis dargestellt haben, die jeweils mündlich ergänzt wurde.[2]

Mit einer sogleich zu erwähnenden Einschränkung ist auch der Aufbau des hier abgedruckten Textes mit jenem des Manuskripts von 1912 identisch. Beide beginnen mit einer Bestimmung der Aufgabe und Stellung der Naturphilosophie, diskutieren die Substanzphilosophie und behandeln die „Philosophie der Gesetze", die, als eine Philosophie der Physik im engeren Sinn, die Ergebnisse moderner Forschungsarbeit reflektiert. Eine eingehendere Philosophie des Lebens, wie sie im vorliegenden Text dargelegt wird, findet sich in der Fassung von 1912 allerdings noch nicht. Eine solche dürfte Schlick vermutlich erst 1914 zu Papier gebracht haben.[3] Der vorliegende Text stellt also gewissermaßen die Momentaufnahme einer in den Grundzügen feststehenden, im Detail aber ständig sich im Fluß befindlichen Arbeit dar, die von Schlick fortwährend weiterentwickelt und modifiziert wurde.

Ständiger Aktualisierungsbedarf ergab sich nicht zuletzt aus dem rasanten Fortschritt der Physik dieser Periode. In der Naturphilosophie von 1912 sprach Schlick noch mit gebotener Vorsicht vom „sogenannten Relativitätsprinzip".[4] Im Zuge seiner fortwährenden Auseinandersetzung mit der Relativitätstheorie konnte er seine bisherigen Ergebnisse jedoch mehrfach präzisieren, so etwa in Hinblick auf den Zusammenhang von Kraftbegriff, Masse und Beschleunigung. Hierzu kommt einer Korrespondenz Einsteins mit Schlick über

1 Das Manuskript dazu findet sich im Nachlaß: Inv.-Nr. 161, A. 121 a.

2 Hinzu kamen sowohl in Rostock und Kiel als auch in Wien mehrere meist einstündige Lehrveranstaltungen, die ausschließlich der Relativitätstheorie gewidmet waren.

3 Vgl. Inv.-Nr. 12, A. 35. Ein Indiz für diese Datierung ist, daß die im Sommersemester 1914 gehaltene Vorlesung Schlicks im Gegensatz zur ersten von 1912 nun bereits zweistündig war.

4 Inv.-Nr. 161, A. 121 a, S. 21 f.

dessen Aufsatz 1920c *Kausalprinzip*, in diesem Band, besondere Bedeutung bei, zumal Schlick schon 1920 die Absicht geäußert hatte:

„Der wesentliche Inhalt des Artikels soll in eine später zu schreibende Naturphilosophie einverleibt werden".[5]

Ein „strittiger Punkt" in 1920c *Kausalprinzip* und davor in 1917a *Raum und Zeit* (*MSGA* I/2) (vgl. das Zitat in diesem Band S. 107) ergab sich aus Schlicks Auffassung, daß das Trägheitsgesetz nach Newton an sich noch keine Verletzung des Kausalitätspostulats darstelle. Dem hatte Einstein widersprochen:

„Richtig wäre es nach meiner Auffassung zu sagen: Die Newton'sche Physik muß der Beschleunigung objektive Realität zuerkennen, unabhängig vom Koordinatensystem. Dies ist nur möglich, wenn man den absoluten Raum (bezw.) Aether als etwas Reales betrachtet. Das tut Newton auch folgerichtig. Sie aber sagen einfach: *Gestalt* ist kein Vorgang. Es handelt sich nicht um ‚Gestalt' sondern um Verharren in einer ‚Gestalt'. Ich muß antworten: Verharren im Gleichgewicht in einer bestimmten ‚Gestalt' ist wohl ein Vorgang im physikalischen Sinne. [...] Es ist gleich, ob Sie dasjenige, was Sie herbeiziehen müssen, um der Beschleunigung Realität zu geben, absoluten Raum, Aether oder bevorzugtes Koordinatensystem (obwohl man letzteres nicht wohl als etwas Reales der Kausalreihe wird einverleiben wollen) nennen. Unbefriedigend bleibt der Umstand, daß dieses Etwas *nur einseitig* in die Kausalreihe eingeht. Ob man das Kausalgesetz als befriedigt zu erklären hat oder nicht, hängt von Subtilitäten in der Definition des Kausalgesetzes ab. Der absolute Raum Newtons ist selbständig, durch nichts beeinflußbar, das $g_{\mu\nu}$-Feld der allgemeinen Relativitätstheorie Naturgesetzen unterworfen, von der Materie in seinen Eigenschaften bestimmt (nicht nur bestimmend). Das haben Sie übrigens auf Seite 27[6] meisterhaft ausgesprochen."[7]

In einer ersten Antwort ließ Schlick noch Unsicherheit bezüglich der Frage erkennen, „wie weit eigentlich [Einsteins] Ansicht von den Ausführungen des Aufsatzes abweich[e]".[8] Er beharrte darauf, daß

„der absolute Raum, den die Newtonsche Mechanik selbstverständlich annehmen muß, von ihr doch nicht als *Ursache* im Sinne des Kausalprinzipes betrachtet zu werden braucht. M. a. W.: sie braucht die Trägheitswiderstände bei gewissen Bewegungen nicht als *Wirkung* einer absoluten Beschleunigung anzusehen, sondern

5 Moritz Schlick an Albert Einstein, 12. Juni 1920.

6 1920c *Kausalprinzip*, in diesem Band S. 133.

7 Albert Einstein an Moritz Schlick, 7. Juni 1920.

8 Moritz Schlick an Albert Einstein, 10. Juni 1920.

kann sie auch als deren definitorisches Merkmal auffassen. Dieser Satz scheint mir aber Ihrer Ansicht nicht zu widersprechen, und wenn ich recht verstanden habe, irre ich nur in der Erklärung des Grundes, warum die Newtonsche Betrachtungsweise so unbefriedigend ist. Ich glaubte ihn darin zu finden, daß die alte Mechanik mit der Kausalerklärung früher halt machte als *nötig war*; verstehe ich recht, daß sie früher halt machte, als sie überhaupt *durfte*?"[9]

Einstein legte dar:

„Wenn ich die Gleichung

$$\text{Masse} \cdot \text{Beschleunigung} = \text{Kraft vom Bezugssystem}$$

nehme, so ist Kraft etwas ‚Absolutes', ebenso Masse, wenn nur die Einheiten (auch für Länge) festgelegt sind. Also muss man auch der Beschleunigung einen absoluten Sinn geben. Diese selbst ist aus Länge und Zeit durch den Ausdruck $\frac{d^2x}{dt^2}$ definiert; man darf also nicht andererseits die Beschleunigung durch das Trägheitsgesetz definieren. Man wird sich vielmehr dazu entschließen müssen x und t selbst als absolute bezw. physikalisch sinnvolle Größen zu definieren. Bei t gelingt dies, wenn man von der Schwierigkeit der Gleichzeitigkeit absieht ($c = \textit{praktisch } \infty$) durch eine Uhr; bei x aber will es nicht gelingen. Man wird genötigt, dem Raum eine rätselvolle, d. h. empirisch unzugängliche Realität zuzuschreiben."[10]

Schlick gelangte über ein pragmatisches Argument vom ausgezeichneten („ruhenden") Körper, der keine Gestaltänderung erfährt, zum in Bezug auf den ausgezeichneten Körper ruhenden Koordinatensystem, welches über jenen definiert ist. Für Einstein hingegen mußte der absolute Raum für die Feststellung der Gestaltänderung resp. Vorgangsänderung schon a priori vorhanden sein. Damit wird ein einseitig bloß wirksames, aber nicht bewirktes Element eingeführt, was eben zur Defizienz der Erklärung der Gravitation bei Newton führe. Trägheit ist nicht über Beschleunigung zu definieren.

In gewisser Weise hatte sich die hier dargelegte Auseinandersetzung bereits früher abgezeichnet.[11] Auch war Einstein keineswegs der einzige, der Schlicks Auffassung in der Frage des Bewe-

9 Moritz Schlick an Albert Einstein, 10. Juni 1920.

10 Albert Einstein an Moritz Schlick, 31. Juni 1920.

11 Schon im Brief von Albert Einstein an Moritz Schlick vom 21. Mai 1917 kritisierte Einstein Schlicks Begriff des Wirklichen in der Erscheinung: vgl. das Zitat in diesem Band S. 36.

gungsproblems kritisch gegenüberstand.[12] In 1922a *Raum und Zeit* (*MSGA* I/2) faßt Schlick in einem Einschub die Einsteinsche Position zusammen, interpretiert zugleich aber Newton so, daß er für seine Erklärung den Ausgang von der Erfahrung nimmt[13] – was sich aus Einsteins Ausführungen allerdings nicht ohne weiteres schließen läßt, hatte dieser doch die „Gestaltänderung" von Anfang an als Änderung eines physikalischen Vorgangs verstanden, sie also jenseits der empirischen Basis angesiedelt. Bei Schlick heißt es:

„Zwar lassen sich die von Newton als absolut betrachteten Beschleunigungen sehr wohl feststellen und messen, weil sie – für Newtons Standpunkt rein zufällig – zugleich die Beschleunigungen gegen das Fixsternsystem sind; aber der Grund, warum gerade dieses System als Bezugssystem dienen muß, warum also gerade jene Beschleunigungen die absoluten sind, entzieht sich schlechterdings der Beobachtung. Freilich war es die *Erfahrung*, durch die sich Newton zur Einführung einer nicht erfahrbaren Ursache genötigt glaubte."[14]

Nach Einstein zwingt nun aber die (wissenschaftlich erweiterte) Erfahrung zu einem anderen Verständnis des Kraftbegriffs, sodaß Schlicks ursprüngliche Idee, die Gleichung Kraft = Masse × Beschleunigung als bloße Definition zu verstehen, „nicht wohl haltbar"[15] ist.

Als weitere Ergänzungen seiner früheren Arbeiten zur Relativitätstheorie stellt Schlick in der hier vorliegenden Arbeit die vierdimensionale Welt Minkowskis ausführlich dar,[16] und behandelt die Physik des elektromagnetischen Feldes, die von ihm mit Nachdruck als „abstrakt" und „unanschaulich" bezeichnet wird. Dies beinhaltet auch eine Absage an das Koinzidenzargument. Schlick sieht für die

12 Vgl. Weyl, *Rezension/Schlick II*: „Die Auffassung, welche Schlick vom Bewegungsproblem und seiner Lösung durch die allgemeine Relativitätstheorie hat, scheint mir – obschon sie wahrscheinlich die gleiche ist, von welcher Einstein ursprünglich sich leiten ließ – durch die einfache Bemerkung widerlegt zu sein, daß nach dieser Theorie selbst die Relativbewegung zweier getrennter Körper gegeneinander sich – unabhängig vom metrischen Feld – ebensowenig fassen läßt wie die Absolutbewegung eines einzigen." Siehe auch Winternitz, *Kausalität*, insbes. S. 228–230.

13 Vgl. auch die Darstellung in Laue, *Relativitätsprinzip*, S. 99–102.

14 1922a *Raum und Zeit*, S. 47 (*MSGA* I/2, S. 221).

15 Unten in diesem Band S. 656.

16 Vgl. ebd., S. 664 ff.

Wissenschaft denn auch voraus, daß sie sich vom Gegebenen entfernen müssen würde, „auf die Gefahr hin, niemals wieder völlig bis zu ihm zurückkehren zu können".[17]

Erstmals findet sich im vorliegenden Text auch eine über bloße Anspielungen hinausgehende Auseinandersetzung mit der Quantentheorie, mit der Schlick sich später in mehreren Publikationen[18] sowie in seinen Naturphilosophie-Vorlesungen der Dreißigerjahre auseinandersetzen sollte.

Starke Kontinuität läßt das Kapitel „Philosophie des Lebens" erkennen. Die Parallelen in der Vitalismus-Kritik zwischen dem 1914 verfaßten Vorlesungsmanuskript und dem letzten Kapitel des vorliegenden Textes reichen bis in Einzelheiten.[19]

Naturphilosophie, das „ist nicht etwa eine Philosophie von der Natur [...] sondern Philosophie der Naturwissenschaft".[20] Diese Begriffsbestimmung könnte als allgemeinstes Credo von Schlicks naturphilosophischen Bemühungen stehen. Nur in engster Anlehnung an die empirischen Wissenschaften sei Naturphilosophie überhaupt möglich; immer wieder warnt Schlick davor, den mühseligen Pfad einzelwissenschaftlicher Forschung durch Beschreiten eines „königlichen Wegs der Philosophie" abkürzen zu wollen.[21]

17 Ebd., S. 669.

18 1931a *Kausalität*, 1935d *Bemerkungen/Jordan*, 1937a *Quantentheorie* (alle *MSGA* I/6).

19 Ein Notizheft von 1921/1922 (Inv.-Nr. 180, A. 196) bezeugt, daß Schlick in dieser Zeit z. B. Philipp Franks *Mechanismus oder Vitalismus?* gelesen hat; eine Auseinandersetzung damit findet sich in Inv.-Nr. 163, A. 124-2, S. 60 f. In dieser Form und Ausführlichkeit hat Schlick das Thema der Philosophie des Lebens ein letztes Mal in der Vorlesung des Sommersemesters 1927 behandelt: vgl. Hollitscher/Rauscher, *Vorwort*, S. VI f. Die im Nachlaß erhaltenen Vorlesungsmitschriften, die allerdings nicht alle einschlägigen Vorlesungen dokumentieren, widersprechen diesem Befund jedenfalls nicht.

20 Inv.-Nr. 161, A. 121, S. 3. Entsprechend der Wende zur Sprache und der neuen Auffassung von Philosophie als Tätigkeit – vgl. 1930b *Wende* (*MSGA* I/6) – sollte Schlick die Naturphilosophie später als Tätigkeit der Sinndeutung naturwissenschaftlicher Sätze charakterisieren: vgl. Inv.-Nr. 34, B. 14, S. 18 ff. (Nachschrift der Vorlesung des Wintersemesters 1932/33).

21 Vgl. z. B. unten in diesem Band S. 711.

Einen Bezugspunkt stellt in dieser Hinsicht Erich Bechers *Naturphilosophie* dar. Schlick teilt etliche der Auffassungen Bechers, z. B. gilt bei beiden für die Naturphilosophie „die Richtung aufs Allgemeinste, aufs Umfassende und Ganze als charakteristisch“.[22] Dennoch unterscheidet Becher zwischen Philosophie der Natur (im Sinne von Erkenntnis des Naturganzen) und Philosophie der Naturwissenschaft (im Sinn von Wissenschaftslehre).[23] Auch ist für Becher im Gegensatz zu Schlick die Philosophie selbst eine Wissenschaft. Sein historisches Argument[24] besagt, daß die Einzelwissenschaften, früher Teil der *philosophia naturalis*, sich von ihr emanzipiert und die Gebiete der Natur untereinander aufgeteilt hätten. Die Naturphilosophie habe sich nun des Rests anzunehmen.[25] Demgegenüber vertritt Schlick die Ansicht, daß auch *Natur*philosophie sich schon aus dem philosophischen Trieb heraus den allgemeineren Prinzipien der Wissenschaften zuzuwenden habe.

Nach der anderen Seite hin ist für Schlick die Naturphilosophie begrenzt durch die allgemeine Erkenntnistheorie.

> „Treibt man die philosophische Neugierde nicht bis zu jenen allgemeinsten Sätzen, sondern macht gleichsam in der vorletzten Schicht halt, so befindet man sich, wenn man von der Naturwissenschaft ausgeht, in der Theorie der Naturerkenntnis, d. h. in der *Naturphilosophie*.“[26]

An dieser Stelle kündigt Schlick auch eine Bearbeitung der für eine allgemeine Erkenntnistheorie zu speziellen Sonderprobleme an. Insofern lassen sich die Pläne für eine Publikation wie die vorliegende bis ins Jahr 1918 zurückverfolgen.

Eine weitere Art wechselseitiger Ergänzung von Naturphilosophie und Erkenntnistheorie ergibt sich aus der Frage nach der „Substanz“. Wird in 1925a *Erkenntnislehre* (*MSGA* I/1) die Idee eines eigenschaftslosen Trägers von Eigenschaften in der Tradition Humes

22 Becher, *Naturphilosophie*, S. 23. Vgl. Inv.-Nr. 1, A. 2 a, S. 4: „[...] die Philosophie geht auf das Ganze“.

23 Vgl. Becher, *Naturphilosophie*, S. 32 f.

24 Vgl. ebd., S. 24.

25 Vgl. Bechers Einschätzung der Unterschiede und Gemeinsamkeiten zu Schlick zitiert im editorischen Bericht zu 1919b *Erscheinung*, in diesem Band S. 36.

26 1918 *Erkenntnislehre*, S. IX (*MSGA* I/1, S. 827).

kritisiert,[27] so läßt sich nach Schlick auch in der Reflexion auf physikalische Ergebnisse auf diesen altehrwürdigen Begriff verzichten. Die Anerkennung der Relativitätstheorie mache die Annahme des Begriffs der Substanz als des identisch Beharrenden sogar unmöglich.[28] Hierzu hatte Schlick auch die Veröffentlichung eines Aufsatzes in den *Naturwissenschaften* geplant, den er allerdings mit der Publikation der vorliegenden Arbeit als obsolet betrachtete.[29] Generell schien mit dem vorliegenden Text Schlicks Bedürfnis zur Publikation im Bereich der Naturphilosphie zumindest vorläufig gedeckt gewesen zu sein: Zwei weitere Angebote, entsprechende Arbeiten zu veröffentlichen, lehnte er ab.[30]

Der Vertrag für die Abfassung des vorliegenden Textes war von Schlick bereits Ende 1922 unterzeichnet worden.[31] Neben detaillierten, wegen der herrschenden horrenden Inflation notwendigen finanziellen Vereinbarungen war darin auch der vorgesehene Umfang (drei bis vier Bögen à 16 Seiten) sowie der Abgabetermin mit 1. April 1923 festgelegt worden. Schlick konnte diese knapp bemessene Frist nicht einhalten: Erst im Sommer berichtete er Einstein, er habe „einen anspruchslosen Grundriss der Naturphilosophie" verfaßt.[32] Der fertige Text langte gegen Ende des Jahres, und auf die dringende Bitte Dessoirs hin,[33] beim Verlag ein. Mitte Januar wurde die Drucklegung in

27 Vgl. 1925a *Erkenntnislehre*, S. 260 f. (*MSGA* I/1, S. 628 f.) und 344 ff. (*MSGA* I/1, S. 769 ff.).

28 Siehe unten in diesem Band S. 641.

29 Vgl. Arnold Berliner an Moritz Schlick, 26. November 1920 und 27. Mai 1924.

30 Im Schreiben von Arnold Berliner an Moritz Schlick, 26. August 1926, spricht dieser die Hoffnung aus, Schlick werde bald die „Einleitung in die Naturphilosophie für unsere Monographiensammlung" schreiben. Ein entsprechender Band dieser Reihe, deren erster Band 1918 *Erkenntnislehre* (*MSGA* I/1) bildet, ist nie erschienen. Ein zweites Angebot erhielt Schlick von Moog: vgl. Willy Moog an Moritz Schlick, 21. September 1925. Den Beitrag „Naturphilosophie" im von Moog herausgegebenen und 1927 erschienenen *Jahrbuch für Philosophie* III verfaßte Theodor Ziehen.

31 Der Vertrag mit dem Datum 29. Dezember 1922 findet sich im Nachlaß unter der Korrespondenz mit dem Ullstein-Verlag.

32 Moritz Schlick an Albert Einstein, 15. Juli 1923.

33 Max Dessoir an Moritz Schlick, 28. November 1923.

Aussicht gestellt,[34] drei Monate später kündigte Dessoir eine baldige Übersendung der Druckfahnen an.[35]

Letztlich konnte der Band jedoch erst in der zweiten Jahreshälfte 1925 erscheinen. Mit dem „Nachzügler", auf den Dessoir im Vorwort Bezug nimmt, dürfte jedenfalls nicht Schlick gemeint gewesen sein.[36] Neben der nicht fristgerechten Lieferung einzelner Beiträge machte Dessoir auch Schwierigkeiten bei der Herstellung für die Verspätung verantwortlich. Eines dieser Probleme betraf vermutlich die Überschreitung des geplanten Umfangs des Sammelwerkes. Wie Schlick, dessen Beitrag die projektierte Länge um ein Drittel bis die Hälfte übertrifft, fanden auch andere Autoren mit dem ihrem Text zugedachten Umfang nicht ihr Auslangen. Einen anderen Punkt befand der Herausgeber als eher unproblematisch: „Auch habe ich einige wenige Unstimmigkeiten, die zwischen verschiedenen Beiträgen in mehr oder minder untergeordneten Punkten aufgetreten sind, ruhig stehen lassen."[37] Diese Bemerkung bezieht sich auf das Verhältnis zwischen Schlicks Beitrag und Bechers „Erkenntnistheorie und Metaphysik".[38]

34 Ullstein-Verlag an Moritz Schlick, 17. Januar 1924.

35 Max Dessoir an Moritz Schlick, 14. März 1924.

36 Vgl. Dessoir, *Vorwort*. Dort schreibt Dessoir auch, daß die Ausführung des Projektes bereits im Herbst 1923 nahezu abgeschlossen gewesen sei.

37 Ebd.

38 Differenzen hatte wohl zuerst Schlick moniert, im Schreiben Max Dessoir an Moritz Schlick, 28. November 1923 heißt es jedenfalls: „Ich habe schon mit Becher ueber gewisse Differenzen zwischen Ihrer u. seiner Auffassung verhandelt: Wir wollen das ruhig stehen lassen, aber ich werde in der Einl. darauf hinweisen." Differenzen zu Schlick ergeben sich vor allem aus Bechers Eintreten für den „Psychovitalismus" (vgl. Becher, *Erkenntnistheorie*, S. 377–383), während Schlick hier der These von der Auszeichnung des Lebendigen durch das Merkmal der Beseelung wie jedweder Einmengung psychologischer Erklärung für biologische Tatsachen energisch widerspricht. Vgl. dazu unten in diesem Band S. 711 ff. Zur wichtigen Rolle, die Becher bei der Berufung Schlicks nach Wien spielte, siehe die Einleitung in diesem Band.

Zur Überlieferung und Edition

Der Text erschien in Dessoir (Hrsg.), *Die Philosophie in ihren Einzelgebieten* (*Lehrbuch der Philosophie*, Bd. II), Berlin: Ullstein 1925, S. 393–492 (**A**). Der Ladenpreis des Bandes betrug 18 Mark.[39] Im Nachlaß überliefert sind die ersten drei Seiten einer Druckfahne (**DF**).[40]

Der Abdruck folgt A, Variante ist DF. Der Hervorhebungsweise in A und DF (Sperrung) entspricht hier Kursivsetzung. Personennamen sind hier wie in A (mit Ausnahme des Literaturverzeichnisses) fallweise hervorgehoben. Stillschweigende Eingriffe erfolgten bei der Vereinheitlichung von verschiedenen gebräuchlichen Abkürzungen (In A z. B. fallweise „bzw." und „bezw.") und bei der in A ebenfalls uneinheitlichen Stellung von Ausführungs- und Satzzeichen. Die Seitenzahlen im Inhaltsverzeichnis beziehen sich auf diesen Band.

39 Vgl. Bibliographische Abteilung des Börsenvereins der Deutschen Buchhändler zu Leipzig, *Deutsches Bücherverzeichnis der Jahre 1921 bis 1925*, Eintrag „Philosophie"

40 Inv.-Nr. 422, A. 251.

Naturphilosophie

⌊Inhaltsverzeichnis⌋[a]

a DF: ⟨Inhalt⟩

b Einschub in A

I. Allgemeines A 397

1. Die ⌊Aufgabe⌋[c] der Naturphilosophie

Die Naturphilosophie verhält sich zur Naturwissenschaft wie die Philosophie im allgemeinen zur Wissenschaft überhaupt. Wie die allgemeine Philosophie die Grundlagen aller menschlichen Erkenntnis aufsucht und die Grundsätze erforscht, mit deren Hilfe das Gesamtgebäude der Erkenntnis errichtet und zusammengehalten wird, so ist es die Aufgabe der Naturphilosophie, eben diese Arbeit für das Sondergebiet der naturwissenschaftlichen Erkenntnisse zu leisten.

Daß eine solche Arbeit nicht nur möglich, sondern auch notwendig ist, wird in unserer Zeit wieder allgemein anerkannt. Und so erfreuen sich naturphilosophische Bestrebungen heute gerechter Würdigung, nachdem es einige Jahrzehnte hindurch geschienen hatte, als ob die Naturforscher jede Philosophie aus den Grenzen ihrer Wissenschaft verbannen wollten.[1] Dies ablehnende Verhalten war wirklich so lange berechtigt, als die Naturphilosophie (etwa bei Hegel und Schelling) mit dem Anspruch auftrat, durch bloßes, kühn spekulierendes Denken Naturerkenntnisse zu gewinnen, zu denen in Wahrheit nur experimentelle Forschung in geduldiger Gewissenhaftigkeit vordringen kann. Es gäbe in der Tat keine Naturphilosophie, wenn man darunter eine Disziplin verstände, die unabhängig von den Naturwissenschaften die Welt mit eigenen Methoden zu ergründen hätte; es gibt aber eine, wenn ihre Aufgabe darin erblickt wird, in Gemeinschaft mit der Naturforschung deren eigene letzte Prinzipien aufzusuchen und zu den höchsten Fragen menschlicher Erkenntnis überhaupt in Beziehung zu setzen. Es *gibt* nicht nur eine, sondern sie ist

c DF: ⟨Aufgaben⟩

1 Als bahnbrechend für die „Wiederentdeckung" der Naturphilosophie sieht Schlick die Veröffentlichung von Ostwald, *Vorlesungen über Naturphilosophie*. Vgl. Inv.-Nr. 161, A. 121 a, S. 2.

von vornherein in jeder Naturwissenschaft enthalten, so wahr jede Wissenschaft auf irgendwelchen Voraussetzungen ruhen muß und irgendwelcher Prinzipien zu ihrem Aufbau bedarf. Solche Voraussetzungen und Prinzipien bilden den innersten Kern jeder Wissenschaft, und so sind denn alle Wissenschaften, wie sie einst dem Schoße der *einen* Universalwissenschaft Philosophie entsprossen, auch heute noch ihrem innersten Wesen nach philosophisch.[2]

Das philosophische Wesen der Naturwissenschaften ist heute, wie gesagt, von ihren Vertretern anerkannt, denn die moderne A 398 DF 2 Ent|wicklung der Forschung ist an einem Punkt angelangt, an dem ihre innersten Triebkräfte sich enthüllen mußten. Man sieht allenthalben ein – was den wahrhaft großen Naturforschern immer klar gewesen ist –, daß ohne Besinnung auf den philosophischen Kern der Naturwissenschaft auch ihr letztes Verständnis sich nicht erschließt und ihre wesentlichsten Fragen unbeantwortet bleiben müßten. Es sind jene Fragen, die auf die Klärung oberster Begriffe zielen, wie Materie, Kraft, Raum und Zeit, Gesetz, Leben: Begriffe, die beinahe in jede Aussage über Naturdinge und Naturgeschehen irgendwie eingehen. Diese wesentlichsten Probleme bilden für den Naturforscher selber stets das Ziel, auf das sein Auge gerichtet bleibt, und für den Laien sind sie gar fast das einzige, was ihn als Suchenden interessiert; und so ist für den Forscher wie für den Laien die Naturphilosophie wiederum ein Zentrum nicht nur unseres Wissens von der Natur, sondern auch unserer Weltanschauung.

2. Gliederung der Naturphilosophie

In die Erforschung der Natur teilen sich zahlreiche Wissenschaften: Physik, Chemie, Astronomie, Botanik, Geologie, Meteorologie, Physiologie und manche andere. Sind alle diese in gleichem Sinne und Maße philosophisch? Dienen sie alle in gleicher Weise als Stütz- und Ausgangspunkte der Naturphilosophie?

2 Diese Charakterisierung des Verhältnisses von Philosophie und Wissenschaft findet sich bereits in der Vorrede zu 1918 *Erkenntnislehre* (*MSGA* I/1, S. 123–126).

Offenbar nicht. Vielmehr ist leicht zu sehen, daß einzelne von diesen Disziplinen den prinzipiellen, allgemeinsten Problemen der Natur viel ferner stehen als die andern; ja, einige schließen das Fortschreiten zu umfassenderen Fragen ganz von ihrer Arbeit aus und setzen sich selbst gar keine andere Aufgabe als die Beherrschung eines bestimmten Bezirkes von Naturerscheinungen mit Hilfe der von anderen Wissenschaften fertig gelieferten Prinzipien. So untersucht z. B. die Meteorologie die Vorgänge im Luftmeer der Erde und erklärt sie durch physikalische Gesetze; wer die Erkenntnis nach oben weitertreiben will und sich diesen Gesetzen selbst kritisch zuwendet, verläßt damit die meteorologische Betrachtungsweise und begibt sich in das Reich der Physik. In derselben Weise entnehmen etwa Geologie und Astronomie alle ihre theoretischen Grundlagen gleichfalls der Physik; dasselbe gilt auch von der Chemie, welche ja die Gesetze erforscht, nach denen die Stoffe sich miteinander verbinden, und diese Gesetze sind letzten Endes zweifellos keine anderen als die in der Physik bereits wohlbekannten und von ihr weiter zu erforschenden.

Geht man diesergestalt den Abhängigkeiten nach, die zwischen den einzelnen Naturwissenschaften bestehen, so findet man, daß ein großer Teil von ihnen restlos in die *Physik* mündet, d. h. alle in diesen Disziplinen auftretenden Begriffe lassen sich schließlich in | solche auflösen, deren letzte Klärung Sache der Physik ist. A 399
Es sind dies von vornherein alle Wissenschaften der „leblosen“, der anorganischen Natur; von ihnen gilt sicher, daß alle ihre Prinzipien letztlich physikalischer Natur sind, daß sie also eigentlich nichts anderes darstellen als Anwendungen der Physik auf abgegrenzte Gebiete der Naturerscheinungen, die nur aus methodisch-praktischen Gründen herausgehoben und zu Gegenständen besonderer Wissenschaften gemacht werden. Die Mächte, die einen Vulkan aufwerfen und Kontinente verschieben, sind im Grunde desselben physikalischen Wesens wie die Kräfte, welche die Atome in einem Molekül Salz zusammenhalten, den Kolben der Dampfmaschine bewegen oder den Blitz aus den Wolken schleudern – aber die Wissenschaften, die sich mit Vulkanen oder Gewittern oder Dampfmaschinen beschäftigen, lassen sich bis zu einem gewissen Grade unabhängig voneinander betreiben, weil es für ihre

besonderen Zwecke nicht nötig ist, die Erscheinungen bis auf ihren letzten Grund zu verfolgen.

Während also dieser letzte Grund für die Wissenschaften von der anorganischen Welt zweifellos in der Physik liegt und folglich die Philosophie der unbelebten Natur nichts anderes sein kann als eine Philosophie der Physik, lassen sich die organischen Wissenschaften – Zoologie, Botanik, Physiologie – zunächst zu der umfassenden Disziplin der *Biologie* (der Wissenschaft vom Leben) vereinigen. Ob dann noch eine weitere Reduktion möglich ist, ob nämlich auch die Biologie schließlich auf rein physikalischen Grundlagen sich aufbauen lasse, darüber sind die Meinungen geteilt. Die Erörterung dieser Möglichkeit bildet vielmehr selbst einen wichtigen Gegenstand naturphilosophischer Betrachtungen.[3] Mindestens solange die Frage nicht endgültig entschieden ist, wird jedenfalls das Gebiet der Naturphilosophie sich in zwei Teile sondern: in die Theorie der anorganischen Natur oder die Philosophie der Physik, und die Theorie der lebendigen Natur oder die Philosophie der Biologie. Jedoch selbst dann, wenn diese Teilung sich nicht als schlechthin endgültig herausstellt, wird sie eine gewisse Berechtigung und Bedeutung behalten; denn wenn auch belebte und unbelebte Natur letzten Endes etwa nicht wesensverschieden sind, so fallen damit | doch die Methoden und Begriffsbildungen der organischen und der anorganischen Naturwissenschaften noch nicht ohne weiteres zusammen, geradeso, wie ein chemisches Laboratorium stets anders eingerichtet sein wird als ein physikalisches, obwohl wir wissen, daß es schließlich *dieselben* Naturkräfte sind, die in beiden erforscht werden.

DF 3

So gliedert sich denn unser Gebiet sachgemäß in die Philosophie der Physik und die Philosophie der Biologie. Da die organische Natur bekanntlich durchwegs[d] sehr verwickelte Gebilde aufweist, und da es für ein systematisches Verfahren zweckmäßig erscheint, die | einfacheren Verhältnisse vor den komplizierteren zu untersuchen, so müssen sich unsere Betrachtungen zuerst der

A 400

d A: ⟨durchweg⟩

3 Vgl. die diesbezügliche Darstellung Schlicks unten in diesem Band S. 696.

leblosen und dann erst der belebten Natur zuwenden. Es sind jedoch einige Erwägungen vorauszuschicken, die für beide Gebiete wichtig sind.

3. Der Begriff des Naturerkennens

Was bedeutet Naturerkenntnis, und wie kommt sie zustande? Was meinen wir, wenn wir sagen, es sei irgendein Naturvorgang *erkannt* worden?

Man versteht unter dem Worte Erkennen oder Erklären in den Naturwissenschaften im Grunde nichts anderes als in allen übrigen Wissenschaften und auch im alltäglichen Leben. Indem ein Naturgegenstand (ein Ding, eine Eigenschaft oder ein Vorgang) erkannt wird, wird er immer *als* etwas erkannt; indem er erklärt wird, wird er *durch* etwas erklärt.[4] Jedes Erkennen stiftet eine Beziehung zwischen zwei Gliedern, nämlich dem Gegenstande, der da erkannt wird, und demjenigen, *als welcher* er erkannt wird. Man pflegt zu sagen, der zu erkennende Gegenstand sei durch die Erklärung auf etwas anderes „zurückgeführt". Dies geschieht stets so, daß in der fraglichen Naturerscheinung die *gleichen* Eigenschaften oder Merkmale entdeckt werden, die man auch an einer anderen Erscheinung wiederfindet; beide erscheinen jetzt nicht mehr als etwas Verschiedenes, sondern die eine darf als besonderer Fall der anderen aufgefaßt werden und wird eben hierdurch auf diese zurückgeführt. Nachdem man z. B. fand, daß elektrische Wellen (wie sie in der drahtlosen Telegraphie Verwendung finden) genau dieselbe Fortpflanzungsgeschwindigkeit besitzen wie das Licht, daß sie gebrochen und gespiegelt werden können wie dieses, da durfte man die Annahme machen: das Licht besteht aus elektrischen Wellen, es ist nichts als ein besonderer Fall von solchen.[5] Und als dann festgestellt wurde, daß auch alle weiteren Eigenschaften der elektrischen Wellen mit denen des

4 Näher ausgeführt wird die Analyse von wissenschaftlicher Erkenntnis als Wiedererkennen der gleichen Gesetzmäßigkeit in 1925a *Erkenntnislehre* (*MSGA* I/1), § 3. Vgl. auch Schlicks Ausführungen zum *principium identitatis indiscernibilium* in 1921a *Neue Physik*, in diesem Band S. 241.

5 Vgl. Maxwell, *Dynamical Theory*, S. 466: "This velocity is so nearly that of light, that it seems we have strong reason to conclude that light itself (including

Lichtes genau übereinstimmen (mit Ausnahme der Wahrnehmbarkeit durch das menschliche Auge), da konnte das Wesen des Lichtes als richtig erklärt, seine Zurückführung auf elektrische Wellen als feststehende Erkenntnis betrachtet werden. Ein anderes Beispiel: Wir wissen heute mit großer Bestimmtheit, daß die sogenannten chemischen Valenzkräfte (also jene Kräfte, welche die Vereinigung der chemischen Elemente zu Verbindungen bewirken) elektrischer Natur sind;[6] die chemischen Prozesse sind also als eine spezielle Art elektrischer Vorgänge wiedererkannt. Die zwischen positiver und negativer Elektrizität wirkenden Anziehungskräfte sind das Allgemeinere; wo sie zwischen Atomen unter ganz bestimmten Umständen auftreten, *heißen* sie eben
A 401 chemische Kräfte. Der | Grund für diese Erkenntnis liegt wieder darin, daß die chemischen Vorgänge bei genauestem Eindringen das *gleiche* Verhalten zeigen, das wir von elektrischen Vorgängen her kennen. So wird es möglich, jene als Spezialfall der umfassenderen Klasse der elektrischen Erscheinungen zu behandeln.

Jeder Erkenntnisprozeß setzt also voraus, daß in verschiedenen Naturvorgängen oder -dingen *Gleichheiten* aufgefunden werden; und er läuft stets hinaus auf eine Einordnung der erkannten Naturerscheinung in eine allgemeinere Klasse, in welcher sie nun als besonderer Fall erscheint. So ist etwa der Schall ein Spezialfall von elastischen Schwingungen, die Kohlensäure ist der allgemeineren Klasse der Verbindungen von Kohlenstoff und Sauerstoff

radiant heat, and other radiations if any) is an electromagnetic disturbance in the form of waves propagated through the electromagnetic field according to electromagnetic laws." Vgl. auch S. 499: "The agreement of the results seems to show that light and magnetism are affections of the same substance, and that light is an electromagnetic disturbance propagated through the field according to electromagnetic laws."

6 Vgl. z. B. Kossel, *Valenzkräfte*, S. 339: „Erst als in den neunziger Jahren die physikalische Atomistik neu auflebte, wandte sich das Interesse sehr rasch auch dieser Seite wieder zu, und seit wir in den letzten Jahren begründete Aussicht haben, in den Bau des Atoms selbst mit physikalischen Vorstellungen einzudringen, ist die Frage nach der Darstellung der chemischen Atomkräfte wiederum im stärksten Fluß. [...] Es kann nicht mehr zweifelhaft sein, daß die definitive Lösung gerade auf *die* physikalischen Kräfte führt, die der älteste Versuch, der von Berzelius, im Spiele sah, auf die elektrischen."

eingeordnet, und so weiter. Zu jeder Erkenntnis bedarf es also durchaus der Kenntnis einer allgemeineren (höheren, oberen, umfassenderen) Klasse, die als „Erklärungsprinzip" dient. Es folgt hieraus, daß es in jedem Stadium der Erkenntnis, so weit sie auch vordringen mag, stets letzte Prinzipien gibt, die selbst nicht mehr erklärt werden können, sondern aller Erkenntnis zugrunde liegen. Je geringer aber die Zahl der letzten Prinzipien, desto vollkommener die Erkenntnis.[7]

4. Der Substanzbegriff

Die allereinfachste und nächstliegende Möglichkeit, im Naturgeschehen Gleichheiten festzustellen, liegt dort vor, wo bereits die[e] schlichte sinnliche Wahrnehmung ohne weiteres Nachdenken uns das Vorhandensein von Übereinstimmungen lehrt; und hierbei ist wiederum der einfachste Fall der, daß wir mit unsern Sinnen an einem einzelnen Vorgange unmittelbar gewahren, wie trotz der vor unseren Augen sich abspielenden Veränderung etwas mit sich selbst gleichbleibt.

Das typische Beispiel für einen solchen Vorgang ist die *Bewegung* eines Körpers. Sie ist ein Prozeß, eine Veränderung (nämlich eine Veränderung der Lage, des Ortes), und doch sehen wir, daß das Bewegte selber mit sich identisch bleibt, gleichsam sein Wesen nicht ändert. Form, Farbe, Härte usw. eines bewegten Steines bleiben nach dem Zeugnis unserer Sinne von der Änderung seiner Lage und Geschwindigkeit unberührt. In der Tat ist die Bewegung der einzige Naturvorgang, bei dem die Forderung alles Erkennens: Auffindung des Gleichen in einer Veränderung, bereits für unsere *Anschauung*, unser Wahrnehmen und Vorstellen, vollkommen erfüllt erscheint. Wir begreifen daher schon jetzt, warum der Mensch, solange er von der Naturerklärung nicht nur Zurückführung der Vorgänge aufeinander, sondern auch auf anschaulich vorstellbare Vorgänge erwartete, stets bemüht war, alle

e Ende von DF

7 Vgl. dazu die Bemerkungen über Fichte und Reinhold in 1921c *Erläuterungen/Helmholtz*, in diesem Band S. 272 sowie die Unterscheidung in „Vollendung nach unten" und „Vollendung nach oben" in Inv.-Nr. 1, A. 2a, S. 6 ff.

A 402 Veränderungen in der | Natur auf *Bewegungen* zurückzuführen. Da die Lehre von der Bewegung die Mechanik ist, so ist uns damit die Vorliebe des Menschen für *mechanische* Naturerklärung verständlich geworden.

Dasjenige nun, was mit sich identisch bleibt, während es zugleich Veränderung durchmacht (die also im Falle der Bewegung Änderungen des Ortes oder der Lage sind), heißt von alters her die *Substanz.* So ist der Begriff der Substanz das erste Werkzeug, das sich der Erkenntniswille zum Zwecke der Naturerklärung schuf. Das Urbild der Substanzidee ist der sinnlich wahrnehmbare Körper, der dem aufmerksamen Auge, dem tastenden Finger, der wägenden Hand immer die gleichen Sinneseindrücke liefert. Auch auf Vorgänge, die sich den Sinnen nicht als Bewegungen, sondern als qualitative Veränderungen darstellen, ließ der Begriff sich ausdehnen. Wenn das Wasser in der Kälte in Eis übergeht, so wurde dieser Prozeß nicht als Umwandlung eines Stoffes in einen anderen aufgefaßt, sondern man nahm an, daß die Wassermenge identisch dieselbe Substanz wie die Eismenge sei, und daß nur ihr Zustand, ihre Erscheinungsform, oder wie man es nun nennen will, ein anderes geworden sei. Hiermit ließ sich der Erkenntnistrieb vorläufig genügen, obwohl er auf diese Art im Grunde mehr beschwichtigt als wirklich befriedigt wurde.

Die Substanzidee in der geschilderten Form ist ein erstes, primitives, aber doch sehr leistungsfähiges Denkmittel, von dem bei den ersten Versuchen wissenschaftlicher Naturerklärung (im alten Hellas) der ausschweifendste Gebrauch gemacht wurde. Man brauchte nur anzunehmen, daß bei allen Naturprozessen, die scheinbar in qualitativen Wesensänderungen betroffener Körper bestehen, in Wahrheit doch ein unseren Sinnen verborgenes Etwas trotz des Wechsels seiner Eigenschaften mit sich selbst identisch bleibt; und es war nur noch ein Schritt zu der weiteren Annahme, daß es überhaupt in allen Naturvorgängen *derselbe* Stoff sei, der allem Flusse des Geschehens als unwandelbares Substrat zugrunde liege. Damit ist man bei dem Begriff des *einen* Urstoffes angelangt, aus dem alle Dinge bestehen sollen. Es gibt nur eine Substanz, und alle Körper der Welt sind nur Abwandlungen dieser einzigen, so lautet eine der ältesten Behauptungen der Naturphilosophie, für die freilich zuerst jeder wissenschaftliche Beweis mangelte und die deshalb leicht durch die bescheidenere Annahme verdrängt werden konnte, daß es *vier* verschiedene Grundstoffe gebe, aus deren Mischung alle Dinge beständen, nämlich die vier Elemente Feuer, Wasser, Luft und Erde.[8] Die wissenschaftliche Chemie setzte später an die Stelle dieser vier Grundstoffe das System der zahlreichen chemischen Elemente, aber immer blieb der Gedanke lebendig, daß diese qualitative Mannigfaltigkeit der Substanzen nicht als letzte Tatsache hinzunehmen sei, sondern daß alle diese „Elemente" sich schließlich aus der gleichen Ur|substanz aufbauen – ein Gedanke, der dann A 403 in der modernen Theorie der Materie mit dem größten Erfolge durchgeführt wurde.

Der Begriff der Substanz – in der Physik meist mit dem Namen *Materie* bezeichnet – spielt also in der Naturerklärung eine grundlegende Rolle. Dies sei hier nur als Tatsache konstatiert; ob es gerechtfertigt ist, wird sich uns später herausstellen.

5. Der Gesetzesbegriff

Die zentrale Bedeutung des Substanzbegriffes in der Naturphilosophie hat es oft so scheinen lassen, als ob die Aufgabe der Physik und Chemie sich darin erschöpfe, diesen Begriff immer vollkommener zu klären und die Art seiner Anwendung auf die Naturdinge immer genauer festzustellen. Aber dies wäre ein Irrtum. Die Substanz mag ein wichtiges Mittel der Naturerklärung sein, reicht aber für sich allein in keinem Falle aus, eine vollgültige Erkenntnis zu geben.

Wenn nämlich auf irgendeinen Naturvorgang, wie etwa das Gefrieren des Wassers, der Substanzbegriff angewendet wurde, indem man den Vorgang als Zustandsänderung eines und desselben Stoffes auffaßte, so war doch damit so lange überhaupt noch nichts erklärt, als man nicht einsah, wie es denn zugehe, daß ein und dieselbe Substanz verschiedene Zustände haben und aus dem einen in den anderen übergeführt werden könne. Es genügt

8 Die verschiedenen antiken Theorien über Zahl und Beschaffenheit der Urstoffe behandelt Schlick ausführlicher in Inv.-Nr. 161, A. 121 a, S. 5 f.

nicht, zu wissen, daß jeder Veränderung etwas Beharrliches zugrunde liegt, sondern die Veränderung, der Wechsel selbst muß noch begriffen, erklärt werden, d. h. es muß in ihm selber noch etwas Unveränderliches, Konstantes, Beharrliches, mit sich selbst Identisches aufgedeckt werden. Das Beharrliche eines Wechsels nennt man sein *Gesetz*. Damit eine Veränderung erklärt werde, muß das Gesetz bekannt sein, nach dem sie stattfindet. Sage ich in unserem Beispiel, Eis und Wasser seien dieselbe Substanz, so ist damit im Grunde nur eine Behauptung aufgestellt, keine Erkenntnis begründet. Eine solche entsteht erst, wenn ich etwa zeige, wie das Gesetz, dem die kleinen Teilchen des Wassers gehorchen, sie bei niederer Temperatur zu festem Eise zusammenschließt, bei höherer aber in der freien Beweglichkeit erhält, die für den flüssigen Zustand charakteristisch ist. Hierdurch erst wird ja die Behauptung begründet, daß es beide Male dieselben Teilchen sind, daß man es mit einer Substanz zu tun habe.

So ist es in allen Fällen: Stets lehrt die Betrachtung, daß erst durch Mitwirkung des Gesetzesbegriffs der Substanzbegriff Anwendbarkeit und erklärende Kraft erhält. Diese Unselbständigkeit des Substanzbegriffes macht ihn verdächtig und legt die Frage nahe, ob er nicht etwa entbehrlich sei, ob nicht vielleicht
A 404 der Gesetzesbegriff | für sich zur restlosen Naturerklärung ausreichen möchte. Wir werden diesen Verdacht später bestätigt finden; es wird sich herausstellen, daß der Begriff der Substanz sich bei sorgfältiger Zergliederung auf den des Gesetzes zurückführen läßt, daß die Substanz selbst bei rechtmäßigem Gebrauch als eine besondere Form des Gesetzesbegriffs aufgefaßt werden kann.[9] Dieser Sachverhalt mußte lange verborgen bleiben, und der Substanzbegriff mußte seine Vorrangstellung behalten, weil er, wie vorhin gesagt, in unmittelbarem Anschluß an die Wahrnehmung der Naturvorgänge gebildet war und sein Inhalt daher höchst anschaulich erschien; dagegen ist der Begriff des Naturgesetzes in einigermaßen brauchbarer Form ein ziemlich spätes Erzeugnis des menschlichen Denkens; ist doch die Gesetzlichkeit eines Vorganges in jedem Falle ein sehr abstraktes Gebilde, nie etwas

9 Siehe unten in diesem Band S. 636 ff.

unmittelbar in die Wahrnehmung Fallendes. Statt allgemeiner Erwägungen möge der Sachverhalt durch ein einfaches Beispiel illustriert werden.

Betrachten wir einen frei fallenden Körper, so besagt das Fallgesetz, nach welchem die Geschwindigkeit v der Fallzeit t proportional ist, folgendes: Messe ich die in einem beliebigen Augenblick vorhandene Fallgeschwindigkeit und dividiere sie durch die Fallzeit, so erhalte ich für jeden Augenblick des Falles die *gleiche* Zahl g (also $\frac{v}{t} = g$ oder $v = gt$). Ganz allgemein sagt jedes Naturgesetz aus, daß eine gewisse Kombination von Größen während eines Naturvorganges unveränderlich (konstant) bleibt, obgleich die Größen selber sich im Laufe des Vorganges ändern. Bezeichnet man die variablen meßbaren Größen, durch die irgendein Naturvorgang bestimmt wird, mit $x, y, z, t, u, v \ldots$ so nennt man ja einen aus ihnen gebildeten Ausdruck eine *Funktion* dieser Größen und bezeichnet ihn in mathematischer Schreibweise mit $f(x, y, z, t, u, v \ldots)$. Bedeutet ferner c eine konstante Größe, so läßt sich also jedes Naturgesetz in der Form $f(x, y, \ldots) = c$ darstellen. Im obigen Beispiel waren v und t die Veränderlichen, die Funktion f war ihr Quotient, und dieser bleibt konstant gleich g. So kommt es, daß jedes Naturgesetz mathematisch als eine *Gleichung* formuliert werden kann.

Über die verschiedenen Arten der Naturgesetze und der in sie eingehenden Größen können wir erst später nähere Bestimmungen machen, wenn wir die Anwendungen des Gesetzesbegriffes auf besondere Bereiche der Natur betrachten.

In dem soeben gegebenen Beispiel des Fallgesetzes scheint die Anwendung des Gesetzesgedankens auf den vorliegenden Tatbestand erst möglich zu werden unter Voraussetzung des Substanzbegriffes. Denn damit vom Fallen gesprochen werden kann, muß etwas da sein, das da fällt und dessen Geschwindigkeit und Fallzeit gemessen werden kann. Es muß, so scheint es, identisch dasselbe sein, was sich nacheinander an den verschiedenen Punkten der Fallbahn befindet. Dies | Identische, das sich als solches A 405 wiedererkennen läßt, wäre aber eben Substanz nach der dafür gegebenen Definition. Ist es etwa in allen Fällen so, daß der Gesetzesbegriff immer in Gemeinschaft mit dem der Substanz und nur unter seiner Voraussetzung Anwendung findet? In der Tat schien es den Denkern früherer Zeiten allgemein so, weil es einer großen Vorurteilslosigkeit bedarf und daher sehr schwer ist, ohne die Substanzvorstellung einen Angriffspunkt für den Gesetzesbegriff zu finden.

Es ist dem Verständnis der Sache förderlich, den Weg, den das naturwissenschaftliche Denken der Menschheit beschritten hat, zunächst einmal zu verfolgen, und so wollen wir die Rolle der Substanzvorstellung in der Naturerklärung in ihren verschiedenen Ausprägungen näher betrachten und zusehen, wie weit man mit ihrer Hilfe allein kommt.

A 406

II. Philosophie der Substanz

1. Die mechanische Atomtheorie

Substanz, Materie nannte man das den Veränderungen in der Natur zugrunde liegend gedachte Unveränderliche, den mit sich selbst identisch bleibenden Träger der veränderlichen Eigenschaften der sinnlich wahrnehmbaren Stoffe. Was war dieses Identische, mit welchen Begriffen konnte es bezeichnet werden? Jede nähere Bezeichnung bedeutete schließlich wiederum nur eine Angabe von Eigenschaften: Wollte man daher die Substanz nicht als etwas dem anschaulichen Vorstellen Entzogenes, nicht weiter Beschreibbares, bloß als letzten Haltepunkt des Erkennens Postuliertes stehen lassen, wollte man durch sie wirklich etwas erklären, so mußte man ihre Grundeigenschaften angeben, denn eine Sache, deren Eigenschaften man nicht kennt, kann uns offenbar zu keiner Erklärung nützen. Diese Eigenschaften mußten unveränderlich, konstant sein, mit sich identisch bleiben, da sie ja das Wesen der Substanz ausdrücken sollten. So lag der Weg und die Möglichkeit der Naturerklärung klar zutage: Die veränderlichen Eigenschaften der sichtbaren Stoffe mußten aufgefaßt werden als hervorgebracht durch und zurückführbar auf *solche* Vorgänge an einem ursprünglichen Substrate, welche seine wesentlichen Eigenschaften unverändert ließen. Schon oben

haben wir einen Vorgang kennengelernt, der dies zu leisten schien; es war die *Bewegung.* Aber welches waren die fundamentalen Eigenschaften oder Qualitäten des bewegten Substrats, die als unveränderlich angenommen werden durften? Die sinnlichen Qualitäten der greifbaren Körper konnten es nicht sein, da diese eben der Veränderung unterworfen waren. Das warme, flüssige Wasser wurde beim Gefrieren kalt und fest; Farbe, Geruch und Geschmack der Dinge änderten sich unter verschiedenen Wahrnehmungsbedingungen – was blieb als unwandelbare Eigenschaft übrig? Die griechischen Philosophen Leukipp und Demokrit ließen der Materie, nachdem sie ihr die „subjektiven“ sinnlichen Qualitäten wie rot, warm, süß usw. hatten aberkennen müssen, als einzige Eigenschaft die Raumerfüllung.[10] Diese schien in der Tat notwendig übrigzubleiben (da ja auf dieser Stufe des Denkens nur etwas anschaulich Vorstellbares als Eigenschaft | in Betracht A 407
kam), und sie schien auch hinreichend, um von dem Verhalten der verschiedenen Stoffe auf anschauliche Weise Rechenschaft zu geben.

Dies geschah mit Hilfe der *Atomhypothese.* Sie besteht in der Annahme, daß die wahrgenommenen ausgedehnten Körper nicht wirklich stetig von Substanz ganz und gar eingenommene Räume sind, sondern sich aus sehr kleinen Teilchen aufbauen, die nicht weiter geteilt werden können. Ihr Wesen aber besteht allein in der Raumerfüllung. Bei dieser Definition können nicht zwei Substanzen zugleich denselben Raum erfüllen, ohne identisch zu sein, d. h. die Substanz ist *undurchdringlich.* Zwischen diesen kleinen, gänzlich von Materie eingenommenen Raumteilchen, den Atomen, befinden sich leere Zwischenräume, die in leichten, lockeren Körpern verhältnismäßig groß angenommen werden, während die Atome in dichten, schweren Körpern enger gepackt liegen sollen. Die einzelnen Atome unterscheiden sich natürlich nicht qualitativ voneinander, denn das Wesen der Substanz, die Raumerfüllung, ist ja bei allen dasselbe, sondern ein Unterschied zwischen ihnen kann nur bestehen in der Größe und Gestalt des Raumes, den sie

10 Vgl. 1919b *Erscheinung*, in diesem Band S. 48 sowie 1921c *Erläuterungen/Helmholtz*, in diesem Band S. 302.

einnehmen, und ferner in ihrer Lage und Bewegung. Demokrit dachte sich die Atome mit Vertiefungen und Erhöhungen, mit Haken und Ösen ausgestattet, so daß sie sich mehr oder minder fest miteinander verhäkeln und so zu Verbänden zusammentreten konnten, die dann die Eigenschaften flüssiger, gasförmiger, härterer oder weicherer Körper zeigen mochten, obgleich die aufbauenden Atome alle absolut hart und von unveränderlicher Gestalt gedacht wurden.

Diese Atomhypothese hatte zugleich einen Vorteil, der erkenntnistheoretisch kaum hoch genug gewertet werden kann: sie lieferte ein Weltbild, das aller qualitativen Unterschiede völlig entkleidet ist. Die Qualitätsunterschiede der Natur ersetzt sie vollständig durch solche der Größe, Gestalt und Bewegung, d. h. durch zahlenmäßig faßbare, quantitative Bestimmungen. Dies ist aber die notwendige Bedingung für jede *mathematische* Formulierung der Naturerkenntnisse, für jene Methode also, welche allein die Physik zum höchsten Range der Wirklichkeitswissenschaften emporhebt. So hat der Atomistik der Alten ein hohes Ziel vorgeschwebt, dem sie freilich mit ihren einfachen Mitteln nicht näher kommen konnte.

Als die Atomhypothese, während des Mittelalters so gut wie vergessen, in der Neuzeit durch Dalton in die exakte Wissenschaft eingeführt wurde,[11] trat sie zunächst in bescheidenerer Form auf, indem sie nicht den Anspruch erhob, alle Eigenschaften der Körper aus der Annahme von lauter qualitativ gleichartigen, also nur aus *einer* Substanz gebildeten Atomen abzuleiten; sie begnügte sich vielmehr einstweilen mit so vielen verschiedenen A 408 Substanzarten, als sie | „chemische Elemente" in der Natur vorfand, und dies war schon damals eine ziemlich große Zahl. Dafür hatte sie aber vor der antiken Theorie den ungeheuren Vorteil, daß sie eine gewaltige Menge chemischer Tatsachen durch ihre Annahme quantitativ verständlich machen konnte; kurz, sie konnte auf Erfahrungstatsachen als Stütze und Beweis der Atomistik hinweisen.

11 Vgl. Dalton, *A New System of Chemical Philosophy.*

Wichtiger aber für die philosophische Entwicklung der Substanzvorstellung ist die bald darauf einsetzende Anwendung der Atomistik auf spezielle *physikalische* Probleme, die in der sogenannten mechanischen Theorie der Materie, zuerst und besonders in der „kinetischen Theorie der Gase“,[12] vollzogen wurde. Das gesetzmäßige Verhalten der Gase, das einfacher ist als das aller anderen Körper, konnte in der genannten Theorie zahlenmäßig und mit großer Genauigkeit abgeleitet werden aus der Annahme, daß ein Gas aus kleinsten Teilchen besteht, von denen sich jedes vollkommen frei nach den Gesetzen der Mechanik bewegt, also dem Trägheitssatze folgend eine geradlinige Bahn im Raume beschreibt, bis es gegen die Gefäßwand oder ein anderes Teilchen anprallt. Ein Fortschritt von enormer Wichtigkeit bestand darin, daß die Theorie eine zwanglose mechanische Deutung des Wesens der *Wärme* lieferte. Die Temperatur eines Gases (und allgemeiner *jedes* Körpers) ist nach dieser Auffassung nichts anderes als die durchschnittliche „lebendige Kraft“ (oder „kinetische Energie“) jener Teilchen.

Zur Durchführung der Theorie war es nötig, den Korpuskeln (also den Atomen bzw. Molekülen) eine neue Eigenschaft zuzuschreiben, nämlich vollkommene Elastizität, das heißt: Beim Zusammenstoß der Teilchen untereinander oder mit der Gefäßwand durfte nicht der geringste Verlust an lebendiger Kraft stattfinden, eine Korpuskel mußte z. B. von der Gefäßwand mit genau derselben Geschwindigkeit zurückgeworfen werden, mit der sie aufgetroffen war. Die Vorstellung dieses Mechanismus aber führt zu begrifflichen Schwierigkeiten. Daß wir in der Erfahrung keine vollkommen elastischen Körper kennen, will nichts besagen – ihre Existenz mußte im Atombegriff eben hypothetisch vorausgesetzt werden –; aber wie sollte man sich den Prozeß des Stoßes vorstellen? Elastizität gibt es nur bei zusammendrückbaren, deformierbaren Körpern. Zwei zusammenstoßende Billardkugeln platten sich vom Augenblick der Berührung an ein wenig ab, nehmen dann ihre ursprüngliche Gestalt wieder an und werden

12 Ein Standardwerk über diese Theorie war damals z. B. Meyer, *Die kinetische Theorie der Gase*.

gerade hierdurch auseinandergetrieben. Wollte man annehmen, daß kollidierende Atome in dem Augenblick, in dem ihre Oberflächen sich in einem Punkte berühren, sofort wieder auseinanderfahren, ohne jede Formänderung, so hätte dieser unstetige Vorgang der unendlich schnellen Geschwindigkeitsumkehrung einen Verstoß gegen die Gesetze der Mechanik bedeutet – A 409 wollte man aber | eine Zusammendrückung zulassen, so wäre damit der ursprüngliche Substanzbegriff aufgegeben. Denn wenn *dieselbe* Substanz im Zustande der Deformation einen kleineren Raum einnehmen kann als vorher, so ist ihr Wesen durch Angabe des erfüllten Raumes eben nicht restlos charakterisiert, sondern es müßte außerdem noch angegeben werden, *mit welcher Dichte* sie ihn erfüllt, und damit wäre eine neue qualitative Bestimmung des Stoffes eingeführt. Diese aber würde zugleich nicht das mindeste zur Erklärung der Elastizität beitragen; denn bei greifbaren Körpern konnte die Zusammendrückbarkeit durch eine Verkleinerung der Zwischenräume zwischen den an sich völlig starren Atomen verständlich gemacht werden, und ebenso die verschiedene Dichte; bei den Atomen ist das nicht mehr möglich, weil sie eben kompakt sind, keine Poren mehr besitzen. Wie man sieht, läßt es sich bei der Durchführung des Gedankens der Atomistik nicht vermeiden, auf die Frage nach der Konstitution des Atom*innern* einzugehen, und diese Frage führt stets zu Widersprüchen mit dem Begriff der Substanz als bloßer Raumerfüllung. Allerdings wäre dieser Begriff ohnehin aufgegeben, wenn die Chemie die Substanzen ihrer „Elemente“ als wirklich unreduzierbar qualitätsverschieden betrachtete, aber diesen Standpunkt nahm sie gewiß immer nur vorläufig ein, ohne jemals den Glauben an weitere Reduktion der Qualitäten bei fortschreitender Erkenntnis aufzugeben: Und dann werden jene Widersprüche für sie aktuell, sobald sie nach mechanischen Erklärungen sucht.

Die Schwierigkeiten waren in der antiken Atomhypothese bereits vollständig angelegt. Dachte man sich zum Beispiel ein mit einem Haken versehenes demokritisches Atom, so durfte man fragen: Warum kann der Haken nicht abbrechen? Man konnte ihn sich doch in Gedanken abgetrennt vorstellen und fragen: Was hält den Haken und den Rest des Atoms zusammen? Warum ist das begrifflich teilbare Gebilde physisch unteilbar? Das demokritische Atom verhält sich so, als ob alle seine Teile durch unendlich große Kräfte miteinander verbunden wären. Selbst wenn es erlaubt wäre, von solchen Kräften zu sprechen, so wäre doch mit ihrer Einführung ein fremdes Moment in den ursprünglichen Substanzbegriff hineingebracht und dieser damit aufgehoben. So verwickelt man sich auf jede Weise in Schwierigkeiten, und sie lassen sich in der Tat nur durch Einschlagen eines neuen Gedankenweges unter Verzicht auf den alten vermeiden: Von den beiden in der bisherigen Form unvereinbaren Gedanken, Atombegriff und Substanzbegriff, muß *einer* aufgegeben werden. Wir betrachten zunächst die zweite Möglichkeit, also den Versuch, durch Fallenlassen des Begriffes der Substanz als des Raumerfüllenden zu einer befriedigenden Vorstellung von der Konstitution der Materie zu gelangen.

2. Die dynamische Atomtheorie A 410

Die Vorstellung der Atome als starrer, raumerfüllender Gebilde stieß, wie wir soeben sahen, auf Schwierigkeiten, wenn man sich den Vorgang des Atomzusammenstoßes in Übereinstimmung mit der Grundvoraussetzung und den mechanischen Gesetzen auszumalen suchte. Die für ein Auseinanderprallen nach einem Zusammenstoß nötigen Kräfte ließen sich aus dem Begriff der Substanz als bloßer Raumerfüllung, aus der Undurchdringlichkeit nicht ableiten. Diese Schwierigkeiten konnten vermieden und der Vorgang konnte als stetig verlaufend gedacht werden, wenn man annahm, daß zwischen den Atomen Abstoßungskräfte bestehen, die um so stärker sind, je kleiner die Entfernung zwischen den Atomen. (Die durch die Erfahrungstatsachen der allgemeinen Gravitation oder Schwere nahe gelegte Annahme, daß die Atome sich gegenseitig *anziehen*, braucht damit nicht im Widerspruch zu stehen; dies brauchte nämlich nur für größere Entfernungen zu gelten: In geringerer Entfernung könnten die anziehenden Kräfte in abstoßende übergehen). Solche Kräfte würden bei der Annäherung zweier Atome eine immer stärker werdende Verminderung ihrer Geschwindigkeiten bewirken, bis schließlich ein Anhalten und dann eine Umkehrung der Bewegung einträte, bevor die Korpuskeln sich noch berührt haben. Dies wäre ein völlig stetiger, mit den mechanischen Gesetzen durchaus verträglicher Vorgang; er wird ermöglicht durch die Einführung des gänzlich neuen Momentes der Atomkräfte.

Man hat also jetzt den Substanzbegriff erweitert, indem man zur bloßen Raumerfüllung noch Kräfte als etwas Besonderes hinzudachte. Fragt man sich aber, welche Rolle die Raumerfüllung, die ursprünglich das eigentliche Wesen der Substanz ausmachte, jetzt noch spielt, so lautet die Antwort: Gar keine! Sie kommt in dem ganzen Mechanismus überhaupt nicht mehr vor. Die Größe und Gestalt der kleinsten Teilchen sind völlig gleichgültig; man kann sie sich ganz beliebig denken (wenn nur die Größe unter einer gewissen Grenze bleibt), die Vorgänge würden in ihrem Ablauf dadurch nicht verändert werden. Es kommt ja nie zu einer Berührung einer Atomoberfläche; ihre Gestalt und Ausdehnung ist also ganz ohne Einfluß. Das einzige, was für die Naturerklärung am Atom jetzt noch in Betracht kommt, sind die von ihm ausgehenden Kräfte: Der raumerfüllende Leib des Atoms wird überhaupt zu keiner Erklärung mehr verwendet, er dient höchstens noch als „Träger“, als Zentrum der Kräfte. Dazu braucht er aber gar nicht ausgedehnt zu sein, die Annahme der Raumerfüllung der Substanz wird überflüssig, und damit wechselt der Substanzbegriff gänzlich seinen Inhalt. Denn es ist nur recht und ehrlich, daß man die Existenz einer Eigenschaft, mit der man in der Theorie doch nichts anzufangen weiß, und die man
A 411 daher gar nicht prüfen kann, | gar nicht erst behauptet. Läßt man die Atome in Wahrheit nur noch als Kraftzentren fungieren, so sollte man auch nur dies in den Substanzbegriff aufnehmen und nicht die Raumerfüllung als überflüssigen Ballast mitschleppen.

So kommt man dazu, sich die Materie als aus punktuellen Zentren – sogenannten *Boscovich*'schen Atomen[13] – aufgebaut zu

13 Bošcović, *Theoria philosophiae naturalis*, stellt sein Vorhaben S. 34 (S. 35) als Mittelweg zwischen Leibniz und Newton dar. Vgl. auch S. 86: „Quamobrem illud jam tuto inferri potest, haec primi genia materiae elementa, non solum esse simplicia, ac indivisibilia, sed etiam inextensa. Et quidem haec ipsa simplicitas, & inextensio elementorum praestabit commoda sane plurima, quibus eadem adhuc magis fulcitur, ac comprobatur. Si enim prima elementa materiae sint quaedam

denken, zwischen denen bestimmte Kräfte wirken, oder vielmehr: deren Wesen ausschließlich im Wirken dieser Kräfte *besteht*. Die Substanz selber ist also hiernach nicht mehr ausgedehnt, und die Ausdehnung der Körper beruht nur darauf, daß die Punktatome, die ihn bilden, durch Abstoßungskräfte auseinandergehalten werden. Dies ist die „dynamische Theorie der Materie". Sie erblickt das Wesen der Substanz in Kräften und führt die Ausdehnung auf letztere zurück, während die ältere (demokritische) Theorie umgekehrt die zwischen den Teilchen wirkenden Kräfte aus der Ausdehnung abzuleiten suchte und dabei scheiterte.

Die dynamische Theorie stellt eine durch die Einfachheit ihrer Grundgedanken imponierende begriffliche Konstruktion dar, die auf philosophische Gemüter starken Reiz ausgeübt hat. *Kant* war ihr Anhänger. Auch Helmholtz hat in seiner früheren Zeit ganz im Banne des Kraftbegriffes der dynamischen Theorie gestanden und ihn sogar für das notwendige, einzig mögliche Mittel der Naturerklärung gehalten. Er bestimmte damals „die Aufgabe der physikalischen Naturwissenschaften dahin, die Naturerscheinungen zurückzuführen auf unveränderliche, anziehende und ab-

partes solidae, ex partibus compositae, vel etiam tantummodo extensae virtualiter, dum a vacuo spatio motu continuo pergitur per unam ejusmodi particulam, fit saltus quidam momentaneus a densitate nulla, quae habetur in vacuo, ad densitatem summam, quae habetur, ubi ea particula spatium occupat totem. Is vero saltus non habetur, si elementa simplicia sint, & inextensa, ac a se invicem distantia." (S. 87: "Therefore, it can now be safely accepted that these primary elements of matter are not only simple & indivisible, but also that they are non-extended. [...] For if the primary elements were certain solid parts, themselves composed of parts or even virtually extended only, then, whilst we pass by a continuous motion from empty space through one particle of this kind, there would be a sudden change from a density that is nothing when the space is empty, to a density that is very great when the particle occupies the whole of the space. But there is not this sudden change if we assume that the elements are simple, non-extended & non-adjacent.") Ebd., S. 88: „Si enim prima materiae elementa fint puncta penitus inextensa, & indivisibilia, a se invicem aliquo intervallo disjuncta, jam erit finitus punctorum numerus in quavis massa; nam distantiae omnes finitae erunt" (S. 89: "For if the primary elements of matter are perfectly non-extended & indivisible points separated from one another by some definite interval, then the number of points in any given mass must be finite; because all the distances are finite.")

stoßende Kräfte, deren Intensität von der Entfernung abhängt",[14] und er fügt hinzu: „Die Lösbarkeit dieser Aufgabe ist zugleich die Bedingung der vollständigen Begreiflichkeit der Natur."[15] Allerdings glaubt er, den Begriff der Substanz selbst von ihren Kräften wenigstens in der Abstraktion noch trennen zu dürfen: „Das Dasein der Materie an sich ist uns also ein ruhiges, wirkungsloses ..."[16] Bei Helmholtz ist der für die rein mechanische Theorie der Materie so wichtige Grundgedanke klar ausgesprochen, daß jede qualitative Verschiedenheit der Substanz wegfällt: „Qualitative Unterschiede dürfen wir der Materie an sich nicht zuschreiben, denn wenn wir von verschiedenen Materien sprechen, so setzen wir ihre Verschiedenheit immer nur in die Verschiedenheit ihrer Wirkungen, d. h. in ihre Kräfte. Die Materie an sich kann deshalb keine andere Veränderung eingehen als eine räumliche, d. h. Bewegung."[17]

Der Gedanke der Atomistik hatte in konsequenter Entwicklung die Auflösung des Begriffes der Substanz als des räumlich Ausgedehnten bewirkt, und die mechanische Naturauffassung hatte damit den Gipfel dieses Gedankenweges erreicht. Ein Naturbild von hoher Einheitlichkeit war so entfaltet; und wenn die heutige Wissenschaft dieses Weltbild längst verlassen hat als eine
A 412 der Wirklichkeit durchaus | nicht entsprechende Gedankenkonstruktion, so liegt der Grund dafür nicht in einer inneren Unstimmigkeit der entwickelten Vorstellungen, sondern einfach in dem Mißerfolg, den die dynamische Theorie bei der Erklärung der einzelnen Erfahrungstatsachen zu verzeichnen hatte: Es gelang ihr nicht, auf ihren Voraussetzungen ein befriedigendes System der Physik aufzubauen.

14 Helmholtz, *Über die Erhaltung der Kraft*, S. 6. Der Beginn des Satzes lautet dort „Es bestimmt sich also endlich die Aufgabe".

15 Ebd.

16 Ebd., S. 4. Im Original: „Das Dasein der Materie an sich ist uns also ein ruhiges, wirkungsloses; wir unterscheiden an ihr die räumliche Vertheilung und die Quantität (Masse), welche als ewig unveränderlich gesetzt wird."

17 Ebd., S. 4 f.; im Original steht nach „eingehen" ein Komma.

3. Die Kontinuitätshypothese (Wirbelatome)

In der soeben geschilderten dynamischen Theorie war der Gedanke der Substanz als des Raumerfüllenden durch den Gedanken der Atomistik besiegt worden. Es schien aber auch möglich, auf dem entgegengesetzten Wege zu einer Theorie der Materie zu gelangen: Indem man nämlich die Identifikation von Stoff und Raumerfüllung aufrechterhielt und dafür den Gedanken des atomistischen Aufbaues zugunsten einer Kontinuitätshypothese aufgab.

Läßt man die Grundidee des demokritischen Atoms fallen, nämlich die Unteilbarkeit seiner Substanz, so gibt es keine starren Atome mehr als Körper von bestimmter Gestalt; jedes Quantum der Substanz kann beliebig oft, an beliebigen Stellen zerlegt, ihre Teilchen können unendlich leicht gegeneinander verschoben werden, kurz, ihr Verhalten gleicht demjenigen einer *Flüssigkeit* mit höchst idealisierten Eigenschaften, sie müßte als eine ideale Flüssigkeit bezeichnet werden.

Ist es möglich, unter Zugrundelegung eines derartigen Substanzbegriffes ein zusammenhängendes, erklärendes Bild der Natur zu entwerfen? Auf den ersten Blick möchte man es für ausgeschlossen halten, da es undenkbar erscheint, daß etwa eine Eisenstange in Wahrheit als aus flüssigem Stoffe aufgebaut betrachtet werden könnte – aber das genauere Studium der Eigenschaften von Flüssigkeiten zeigt, daß hier zunächst unvermutete Möglichkeiten bestehen. Jeder kennt die Ringe aus Tabakqualm, mit deren Erzeugung geschickte Raucher sich die Zeit vertreiben: Es sind Gebilde, in denen die Luft mit den Rauchteilchen um eine ringförmige Achse mit einiger Geschwindigkeit herumwirbelt. Dergleichen Wirbelringe sind nun in jeder Flüssigkeit möglich, und Helmholtz hat die exakten Gesetze für ihre Bewegungen gefunden, indem er die von Euler für das Verhalten solcher Flüssigkeiten aufgestellten Gleichungen auflöste.[18] Er fand, daß in einer idealen, vollkommen reibungslosen Flüssigkeit sol-

18 Helmholtz, *Über Integrale*, bezieht sich auf Euler, *Principes generaux*.

che Ringe weder vernichtet noch erzeugt werden können: sind sie vorhanden, so existieren sie in Ewigkeit weiter. Sie können sich mannigfach bewegen und ihre Gestalt ändern und sich gegenseitig beeinflussen, niemals aber kann einer in der idealen Flüssigkeit verschwinden oder neu entstehen. Diese Eigenschaft der Unzerstörbarkeit war ja eine Haupteigenschaft der demokri-
A 413 tischen Atome gewesen, | und so lag es nahe zu fragen, ob sich solche Wirbelringe nicht als Bausteine der Materie denken ließen. Eine Erklärung der Härte und Festigkeit der Körper hätte sich leicht ergeben, denn man brauchte nur anzunehmen, daß die Teilchen eines solchen unsichtbar kleinen „Wirbelatoms" mit sehr großer Geschwindigkeit herumwirbeln: Ein derartiges Gebilde hat dann (gleich einem äußerst schnell rotierenden Kreisel) die Eigenschaft, äußeren Einwirkungen mit großer Gewalt zu widerstreben, als wenn es hart und starr wäre, es vermag also den Besitz dieser Eigentümlichkeit auf dynamischem Wege vorzutäuschen.

Der Gedanke der Wirbelatome rührt von Lord Kelvin her. Er und J. J. Thomson haben diese Hypothese dann weiter verfolgt, und auch Helmholtz stand dem Gedanken mit Sympathie gegenüber.[19] Das Weltbild der Wirbelatomtheorie, die in Wahrheit eine Kontinuitätstheorie ist und so die Vorteile der Atomistik mit denen des Kontinuitätsgedankens vereinigt, wäre also folgendes: Es gibt in der Welt keine leeren Räume, sondern sie ist vollständig und stetig erfüllt von einer absolut reibungslosen, absolut unzusammendrückbaren Flüssigkeit (dem „Weltäther"), in welcher zahllose ringförmige Wirbelbewegungen von der beschriebenen Art stattfinden. Diese Ringwirbel können untereinander quantitativ verschieden sein, und aus ihnen werden alle sinnlich wahrnehmbaren Körper aufgebaut gedacht. Sie dürfen wegen ihrer Unzerstörbarkeit mit Recht den Namen „Atome" führen, haben aber vor den demokritischen Atomen den Vorteil, daß ihre Unteilbarkeit nicht mehr als letzte unerklärliche Eigenschaft, son-

19 Helmholtz, *Über Integrale*, stellte sogar die wesentliche mathematische Grundlage dar für die atomistische Interpretation in W. Thomson, *On Vortex Atoms*. Vgl. zur Entstehungsgeschichte auch Hörz, *Naturphilosophie als Heuristik*, S. 152–163 und S. 313 f. sowie Thomson, *Treatise on the Motion of Vortex Rings*.

dern als ableitbar aus dem Wesen der Substanz erscheint. Dies Wesen aber besteht hier rein in der Raumerfüllung und in der Fähigkeit, sich auf Grund der Newtonschen Mechanik, d. h. nach Eulers Formeln zu bewegen. Der ursprüngliche Substanzbegriff erscheint damit aufrechterhalten.

Die von einigen Philosophen gegen diesen Substanzbegriff erhobenen Einwände – daß nämlich bei einer Leugnung leerer Räume überhaupt keine Bewegung möglich sei, und daß die Vorstellung eines kontinuierlichen, prinzipiell beliebig teilbaren Stoffes den Widerspruch einer vollendeten Unendlichkeit der Teilung enthalte – sind gänzlich hinfällig;[20] denn wenn jene Begriffe in sich widersprechend wären, so könnten sie nicht in einwandfreier mathematischer Form dargestellt werden, was aber gerade durch die Eulerschen Gleichungen geschieht.

Dagegen ist die Besprechung eines anderen Einwandes philosophisch interessant, der bereits von Leibniz gegen eine Kontinuitätshypothese der Substanz gemacht und später öfters wiederholt wurde. Wenn, so meinte er, in einer überall völlig gleichartigen (homogenen) stetigen Materie irgendwelche Bewegungen stattfinden, so wechseln zwar die Teile der Substanz ihre Stelle, aber überall, wo | ein Teilchen sich aus seiner Lage bewegt, tritt A 414
sofort ein anderes an seinen Ort, und da dieses andere ja von der gleichen Beschaffenheit ist wie das erste, so bleibt der Zustand des Ganzen genau der gleiche wie vorher, beide sind vollkommen ununterscheidbar, es ist genau so, als ob nichts geschehen wäre. Und das gleiche gilt von allen überhaupt möglichen Zuständen: Jeder ist jedem anderen völlig gleich, es befindet sich unter allen

20 Inv.-Nr. 161, A. 121 b, S. 55 verweist in diesem Zusammenhang auf Hartmann, *Die Weltanschauung der modernen Physik*, S. 171: „[E]ntweder der Ruhezustand ist der einzig mögliche, oder Bewegung erfolgt aufgrund geteilter Materie, sei es, daß sie im voraus ins Unendliche geteilt ist, sei es, daß sie im Bedarfsfall sich selbst ins Unendliche teilt. Die letztere Seite der Alternative leidet aber an dem Widerspruch der vollendeten Unendlichkeit der Teilung, weil keine unendlich kleine Größenordnung der Teilchen die letzte sein darf, und die Negation ihrer Größe auch die Möglichkeit aufhebt, durch sie Lücken zu füllen. [...] die erste Seite der Alternative [...] steht im Widerspruch mit der Erfahrungstatsache der gegebenen Bewegung. [...] die Hypothese der Wirbelatome im Sinne von stetigen Flüssigkeitswirbeln wird damit hinfällig."

Umständen an jedem Ort und zu jeder Zeit Substanz von der gleichen Beschaffenheit: Es gäbe also in einer solchen Welt überhaupt keine Änderung, von einem Geschehen in ihr dürfe man also gar nicht sprechen, unsinnig sei es daher, mit Hilfe solcher Vorstellungen die Natur erklären zu wollen, die doch unendlich mannigfaltig und in unaufhörlicher Veränderung begriffen ist.[21]

Dieser Einwand wäre stichhaltig und würde auch die Theorie der Wirbelatome treffen, wenn in der Theorie das bloße *Vorhandensein* der Materie schon irgendeine erklärende Rolle spielte. Aber dies ist durchaus nicht der Fall. Sondern das einzige, was in der geschilderten Weltansicht als erklärendes Prinzip benutzt wird, ist die *Bewegung* der Materie; sie bewegt sich in jedem Punkte mit einer gewissen Geschwindigkeit, die eine bestimmte Größe und eine bestimmte Richtung hat. Daß sich in jedem Punkte des Raumes jederzeit genau gleichartige Substanz befindet, ist zwar richtig, aber deswegen sind die Zustände des Universums zu verschiedenen Zeiten keineswegs einander gleich und ununterscheidbar, denn die Substanz ändert fortwährend ihren *Zustand*, nämlich ihren Bewegungszustand; Materie in Bewegung ist nach der Theorie eben etwas anderes als Materie in Ruhe, und wenn das Leibnizsche Argument von der Bewegung abstrahiert, so läßt es gerade das fort, was den Kerngedanken der Theorie ausmacht. Die Theorie ordnet jedem Punkte des ganzen Raumes, liege er in-

21 Im Nachlaßstück Inv.-Nr. 161, A. 121 b, S. 57, verweist Schlick in diesem Zusammenhang auf „Ed. Gerh. II 295" (Leibniz, *Philosophische Schriften*, Bd. II, S. 295); übersetzt in Leibniz, *Briefwechsel/Des Bosses*, S. 9: „In einer meiner Antworten auf Sturm, die in den Leipziger ‚Acta' gebracht wurde, werden sie einen Beweis finden, der (wie mir scheint) den geometrischen ebenbürtig ist und zeigt, dass, wenn die Erfülltheit der Dinge und Einförmigkeit der Materie gesetzt ist (was die Cartesianer behaupten) und nur die Bewegung hinzukommt, stets Äquivalente einander ersetzen, so wie ein vollkommen einförmiges Rad, wenn es sich um die Achse bewegen würde, oder wenn konzentrische Kreise aus vollkommen gleicher Materie sich drehen würden, und daher der Zustand eines Augenblicks vom Zustand in einem anderen Augenblick nicht unterschieden werden kann, nicht einmal von einem Engel; also könnte auch in den Phänomenen keine Mannigfaltigkeit existieren: und somit müssen außer Gestalt, Größe und Bewegung noch Formen zugelassen werden, durch welche die Distinktion der Erscheinungen in der Materie entsteht, von welchen ich nicht sehe, woher man sie nehmen kann, wenn nicht von den Entelechien."

nerhalb oder außerhalb eines Wirbels, eine nach Größe und Richtung bestimmte Geschwindigkeit zu, und alle Bewegungen der Wirbelatome und der zwischen ihnen liegenden Substanz werden dargestellt, indem man angibt, auf welche Weise in jedem Punkte des Raumes die dort herrschende Geschwindigkeit sich ändert. Da man Größen, die außer einem bestimmten Betrag auch eine bestimmte Richtung besitzen, „Vektoren“ nennt, so kann man sagen: Die Wirbelatomtheorie bedeutet den Versuch, mit Hilfe einer einzigen Art von Vektor, nämlich der Geschwindigkeit, das Geschehen in der gesamten Natur vollständig zu beschreiben. Sie erscheint als ein einziges großes „Vektorfeld“.[22] Freilich stellt sich zugleich heraus, daß es für den begrifflichen Gehalt der Theorie ganz gleichgültig ist, daß dieser Vektor, der den Zustand der Natur in jedem Raum-Zeit-Punkte beschreibt, nun gerade als Bewegungsgeschwindigkeit einer Substanz interpretiert wird; mit andern Worten: Es findet hier eigentlich eine Auflösung des Substanzbegriffes in | Bewegungen statt, ähnlich wie bei der dy- A 415
namischen Theorie in Kräfte, die „Raumerfüllung“ spielt hier im Grunde doch eine andere Rolle als ihr ursprünglich zugedacht war.

Aber die Wirbelatomtheorie stellt durch die Einfachheit ihres Prinzips ein wahrhaft großartiges Unternehmen dar, dessen

22 Inv.-Nr. 161, A. 121 b, S. 58: „Dies ist nun so ein recht sophistischer Einwand, er steht auf einer Stufe mit den bekannten Trugschlüssen der Eleatischen Philosophen gegen die Möglichkeit der Bewegung, es ist eigentlich sogar genau derselbe Einwand. Man begeht nämlich den Fehler, von dem Zustand der Flüssigkeit in einem Zeit*moment* zu reden. Das darf man aber nicht tun, denn ein Bewegungszustand – und ein solcher liegt ja nach der Definition vor – ist in einem Zeitmoment überhaupt nicht *bestimmt*, der Zustand der bewegten Flüssigkeit ist erst bestimmt, wenn man angibt, wie sie sich während einer kleinen Zeit verhält, also während eines sog. Zeitdifferentials dt. Legt ein Teilchen der Substanz während dieser Zeit den Weg ds zurück, so hat es die Geschwindigkeit $\frac{ds}{dt}$. Diese ist eine gerichtete Größe, ein Vector. Vectoren und Skalare. Dieser philos. Einwand übersieht also gerade das Wesentliche der Kelvin'schen Theorie, wonach der Zustand der ganzen Welt bestimmt ist durch den veränderlichen Wert, den dieser Vector zu jeder Zeit und in jedem Punkte des Raumes hat. Statt dessen betrachtet der philos. Einwand nur die skalaren Größen, nämlich die angebliche Lage der Teilchen, als wäre diese, und nicht die Bewegung, das eigentliche Erklärungsprinzip der Theorie.“

Gelingen den menschlichen Erkenntnistrieb in höchstem Maße befriedigt hätte;[23] die unendliche Mannigfaltigkeit des Naturgeschehens wäre hier mit einer Vollkommenheit auf einen einfachen Grundbegriff zurückgeführt, welche die kühnsten Wünsche des Thales hinter sich ließe, als er den Satz aussprach: „Alles ist Wasser." Und zugleich hätte die mechanische Naturauffassung einen großen Triumph gefeiert, denn alles Geschehen in der Welt wäre als Bewegung aufgefaßt.

Heute kommt jedoch die Wirbelatomhypothese als physikalische Theorie nicht mehr in Betracht. Die Wirbelringe oder Kombinationen von solchen haben nicht die Eigenschaften, die sie haben müßten, um die beobachteten Naturvorgänge genau und zahlenmäßig zu erklären; es ist nicht gelungen, irgendeine Erfahrungstatsache z. B. aus dem Gebiete der Chemie oder der Elektrizitätslehre befriedigend in das Weltbild der Theorie einzuordnen. Und so kann diesem interessanten Versuch, ebenso wie neueren Wiederholungen desselben Grundgedankens, kein wissenschaftlicher Wahrheitswert zugeschrieben werden. Das gleiche gilt heute von mechanischen Theorien überhaupt, denn die gegenwärtige Physik hat es aus prinzipiellen (weiter unten zu erwähnenden) Gründen aufgegeben, alle Naturgesetze restlos auf Bewegungsgesetze zurückzuführen, also alles Geschehen der Mechanik unterzuordnen.

4. Die Energetik

Die bisher geschilderten mechanischen Weltbilder, die man auf einem philosophisch befriedigenden Substanzbegriff aufzubauen versuchte, erfüllen nicht die auf sie gesetzten Erwartungen, weil sie als physikalische Hypothesen bei der Durchführung versagen. So war es natürlich, daß man sich solchen fundamentalen Hypothesen prinzipiell mit Mißtrauen gegenüberstellte, ja, derartige Versuche aus erkenntnistheoretischen Gründen als verfehlt zu erweisen sich bemühte. Man erwog die Möglichkeit einer hypothesenfreien Naturbeschreibung und glaubte eine solche dadurch

23 In Inv.-Nr. 161, A. 121 b, S. 57 nennt Schlick sie sogar „ohne Zweifel die philosophisch am meisten befriedigende unter allen möglichen Ansichten".

geben zu können, daß man auf jede Aussage über jenseits der Wahrnehmungsgrenze liegende Wesenheiten, wie die Atome es sein sollten, verzichtete und die Naturgesetze so formulierte, daß sie nur Aussagen über unmittelbar meßbare und daher zweifellos naturwirkliche Größen enthalten. Die erkenntnismäßige Verbindung zwischen den verschiedenen physikalischen Gebieten, z. B. der Mechanik, Wärme, Elektrizitätslehre, durfte | dann nicht A 416
mehr in irgendwelchen submikroskopischen Atom-Mechanismen gesucht werden, sondern es galt, eine andere Brücke zwischen ihnen zu finden. Als solche bot sich der *Energie*begriff und das Gesetz der Erhaltung der Energie dar.[24]

Unter der Energie eines physikalischen Systems (bezogen auf einen bestimmten Anfangszustand) versteht man bekanntlich den Betrag der mechanischen Arbeit, die aus dem System gewonnen werden kann (wenn es in jenen Anfangszustand übergeführt wird). Dieser Betrag ist ein ganz bestimmter, unabhängig davon, was für Zwischenzustände das System während der Überführung durchläuft, und genau derselbe Arbeitsbetrag muß dem System auch zugeführt werden, um es von dem Normal-Anfangszustand wieder in den Endzustand zu bringen, von dem man ausging. Hieraus folgt, daß es kein physikalisches System gibt, aus dem man fortwährend Arbeit ohne Ausgleich in beliebiger Menge gewinnen könnte: Ein „Perpetuum mobile", d. h. eine Maschine, die Arbeit aus nichts erzeugen würde, ist unmöglich.[25] Arbeit kann also erfahrungsgemäß niemals aus nichts entstehen oder in nichts vergehen, sondern wo immer sie gewonnen oder verloren wird, verschwindet oder entsteht dafür ein entsprechendes Quantum Arbeitsfähigkeit in anderer Form, z. B. in Gestalt von elektrischer, chemischer (oder was es sonst noch für Formen geben mag) „Energie". Innerhalb eines gegen die Umwelt abgeschlossenen Systems bleibt also die Summe aller Energien konstant; sie stellt eine Größe dar, die in allem Wechsel des Geschehens unverändert bleibt.

24 Vgl. z. B. die Deutung des Energieerhaltungssatzes als lediglich „methodisches Prinzip" bei Höffding, *Psychologie*, S. 41.

25 Vgl. z. B. Ostwald, *Lebenslinien*, Bd. II, S. 175 f.

Es lag nahe, diese Energie als die wahre „Substanz“ zu betrachten, die allen Naturprozessen als unveränderliches Substrat zugrunde liegt, und so entstand das „energetische Weltbild“, das besonders von *Rankine* und *Ostwald* ausgebildet wurde. Nach Ostwalds Ansicht existiert also in der Welt nichts anderes als die stets mit sich selbst identisch bleibende Energie,[26] die aber in verschiedenen Formen auftreten, d. h. qualitativ verschiedene Eigenschaften annehmen kann. Alles Geschehen in der Welt besteht nur darin, daß die Energie aus einer Form in eine andere übergeht. Sie bleibt ihrem Wesen nach sich selbst gleich, aber ihre Eigenschaften ändern sich nach Regeln, welche eben den Inhalt der Naturgesetze ausmachen. Die Wärme *ist* nicht etwa Bewegung, wie in der Atomtheorie, sondern nur in Bewegung, als etwas qualitativ Verschiedenes, nach festen Gesetzen verwandelbar.

Dieses nicht ohne Geist entworfene Naturbild zählt heute wohl keine Anhänger mehr. Seine Nachteile oder Fehler, die es in der Tat für die gegenwärtige Forschung unannehmbar machen, sind folgende:

1. Den Anspruch, gänzlich hypothesenfrei zu sein, erhebt es zu Unrecht. Um alle Naturerscheinungen erklären zu können, müssen über das Dasein und Verhalten der Energien Annahmen
A 417 gemacht | werden, die ebensogut Hypothesen sind wie Annahmen über das Dasein und Verhalten der Atome, denn die Energien sind durchaus nicht in jedem Augenblick und an jedem Ort restlos beobachtbar und meßbar.

26 Vgl. Ostwald, *Die Energie*, S. 5: „Die Energie ist daher in allen realen oder konkreten Dingen als wesentlicher Bestandteil enthalten, der niemals fehlt, und insofern können wir sagen, *daß in der Energie sich das eigentlich Reale verkörpert.*“ Siehe auch Ostwald, *Energetische Grundlagen der Kulturwissenschaft*, S. 23: „*Alles Geschehen besteht in Energieumwandlungen.*“ Ostwald, *Die Energie*, schreibt über Rankine in Bezug auf die Darstellbarkeit jeder Energie als das Produkt von Intensitäten und Extensitäten S. 100: „Kann insofern den Gedanken *Rankines*, die übrigens durchweg der Klarheit ermangeln, kein Wert für die Entwicklung der Energetik zugeschrieben werden, so erfordert doch die Gerechtigkeit, auf einen anderen Gedankenansatz hinzuweisen, der allerdings ihn gleichfalls nicht zu klaren Ergebnissen führte, für die Folge aber doch von selbständiger Bedeutung in anderen Händen wurde.“ Vgl. auch Ostwald, *Lebenslinien*, Bd. II, S. 174 f.

2. Die verschiedenen Energieformen (z. B. Wärme, Gravitationsenergie, Volumenergie usw.) werden als letzte, nicht weiter erkennbare Qualitäten eingeführt; sie sind nicht mehr aufeinander reduzierbar, die Theorie lehnt jede Erklärung darüber ab, warum die Energie gerade in diesen Formen mit ihren bestimmten Eigenschaften auftritt. Damit kann sich unser Erkenntnisbedürfnis aber nimmermehr zufrieden geben, es verlangt gebieterisch nach weitergehender Vereinheitlichung der Natur, zumal die Physik eine solche Vereinheitlichung bereits mit dem allergrößten Erfolge hatte erzielen können – wie z. B. die Erklärung der Wärme als einer Art mechanischer, die des Lichtes als einer Art elektromagnetischer Energie. Mit der energetischen Naturauffassung würde die Physik auf ein bereits glücklich überwundenes Stadium zurücksinken; statt eine einheitliche Wissenschaft zu sein, würde sie in so viele nicht weiter reduzierbare Teile zerfallen, als es verschiedene Energiearten gibt. Und diese Einteilung würde noch ihren Ursprung aus der Verschiedenheit der menschlichen Sinneswahrnehmung erkennen lassen. So unterschied man früher die Optik (d. h. die Lehre von den Erscheinungen, die dem *Gesichts*sinn gegeben sind), die Akustik (entsprechend dem Gehör), Mechanik (Tast- und Bewegungssinn), Wärmelehre (Temperatursinn) und Elektromagnetismus (keinem besonderen Sinn zugeordnet und daher am spätesten entwickelt). Nun ist es aber gerade die Aufgabe der Physik, die Naturbeschreibung möglichst unabhängig von den subjektiven Auffassungen durchzuführen, die durch die zufällige Organisation des Menschen bedingt sind, nämlich durch die Zahl und Art der Sinne, mit denen er die Außenwelt wahrnimmt; und in der Tat hat die moderne Physik die alte Vielteilung längst überwunden und unterscheidet im Prinzip höchstens noch zwei physikalische Disziplinen: die Mechanik und die Elektrodynamik. Trotz mannigfacher Versuche ist die Verschmelzung auch dieser beiden Teile zu einer Einheit bisher noch nicht vollständig gelungen. – Dem Gesagten widerspricht natürlich nicht, daß in den Lehrbüchern der Experimentalphysik die alte Einteilung noch teilweise aufrechterhalten wird, denn sie geben nicht das System der Physik, sondern den Weg zum

System; ihre Darstellung muß daher von der Wahrnehmung ausgehen und ist durch didaktische Rücksichten beeinflußt.

3. Endlich, und dies ist naturphilosophisch von besonderer Wichtigkeit, stellt sich die Energetik dadurch, daß die Energie in ihr die Rolle einer Substanz im alten Sinne spielt, einer bedeutsamen Umbildung des Substanzbegriffes in den Weg, zu der sonst A 418 gerade | das Energieprinzip Anlaß gibt. Der Satz von der Erhaltung der Energie sagt nämlich bei genauerem Zusehen nur aus, daß gewisse verschiedene Messungen unter ganz bestimmten Bedingungen immer das gleiche Ergebnis liefern; der Satz behauptet also nur die zahlenmäßige Konstanz einer Summe gewisser Größen (eben der „Energien"), und wenn die Energetik dies so deutet, als handele es sich um die quantitative Unveränderlichkeit einer mit sich identisch bleibenden Substanz, so wird damit eine metaphysische Auslegung gegeben, die über den bloßen Inhalt des physikalischen Satzes hinausgeht. Wir werden alsbald sehen, daß die Physik gewichtige Gründe hat, überhaupt den Gedanken der Identität mehr und mehr aufzugeben und statt dessen bei dem Gedanken der Konstanz stehen zu bleiben, womit dann überhaupt der alte Substanzbegriff verlassen und auf den Gesetzesbegriff reduziert würde. Dies ist ein sehr wesentlicher Erkenntnisfortschritt, und die Energetik, die durch ihre besondere Deutung des Energieprinzips den Begriff in der alten Form aufrechterhalten möchte, würde demgegenüber einen Rückschritt bedeuten.

Jeder der drei aufgezählten Gründe ist für sich hinreichend, um ihre Unbrauchbarkeit als abschließende Interpretation der Natur darzutun.

5. Die Elektro-Atomistik

In den letzten Jahrzehnten hat sich ein neues physikalisches Weltbild entwickelt und den Sieg über die anderen errungen. Es versucht weder eine mechanische Erklärung aller Naturerscheinungen, noch verzichtet es gleich der Energetik darauf, die verschiedenen Gebiete der Physik aufeinander zurückzuführen, sondern es bringt durch eine kleine Zahl kühner Hypothesen eine Einheitlichkeit der Naturauffassung zustande, die bei widerspruchsfreier

Durchführung die Ansprüche des Physikers wie des Naturphilosophen in gleichem Maße befriedigen könnte.

Die Grundbegriffe, auf denen die neue Anschauung ihr Naturbild aufbaut, sind der Elektrizitätslehre entnommen, und mit ihrer Hilfe wird die Atomtheorie mit neuem Inhalt erfüllt. Die atomistische Struktur der Materie ist überhaupt durch chemische und andere Tatsachen so sichergestellt, daß der Atombegriff in irgendeiner Form zweifellos in jedem physikalischen Weltbild unentbehrlich ist; aber er braucht natürlich nicht letztes Erklärungsprinzip zu sein wie bei Demokrit oder Boscovich, sondern kann sehr wohl etwas Abgeleitetes und mit der Annahme vereinbar sein, daß die Wirklichkeit in letzter Linie nicht atomistische, sondern kontinuierliche Struktur besitze. Für die letztere Möglichkeit haben wir ja bereits in der Wirbelatomhypothese ein Beispiel kennengelernt.

| Den Anstoß zu der neuen Theorie gab der Einzug der Atomistik in die Elektrizitätslehre. Zahllose Erfahrungstatsachen nötigten mit immer steigender Gewißheit zu der Annahme, daß auch die Elektrizität aus kleinsten, nicht weiter zerlegbaren Teilchen besteht, und es ließ sich mit glänzendem Erfolge die Hypothese durchführen, daß die „Atome" der Materie, also der chemischen Elemente, ganz und gar aus solchen Elektrizitätsteilchen aufgebaut sind.[27] Nach dieser Hypothese besteht jedes chemische Atom aus einem „Kern" positiver elektrischer Ladung und einer Anzahl von negativen kleinsten Elektrizitätsteilchen, sogenannten „Elektronen", die den Kern in bestimmten Bahnen mit großer Geschwindigkeit umkreisen. Die Elektronen sind untereinander genau gleich, d. h. jedes Elektron stellt dasselbe winzige Quantum negativer Elektrizität dar. Die Zahl der positiven Elementarladungen des Kerns ist gleich der Anzahl der Elektronen, die ihn (im normalen Zustande des Atoms) umkreisen, so daß das Atom im ganzen positiv und negativ gleich stark geladen ist und daher nach außen hin im Durchschnitt elektrisch neutral erscheint. Die

A 419

27 Das Atommodell bei Rutherford, *Scattering*, geht auf die empirischen Befunde von Geiger und Marsden, *Reflection*, zurück. Vgl. Kragh, *Quantum Generations*, S. 51–53.

chemischen Elemente unterscheiden sich voneinander nur durch die Zahl der positiven Kernladungen. Das Wasserstoffatom ist das einfachste; sein Kern besitzt eine einzige Ladung und dementsprechend ein umlaufendes Elektron; der Kern des Heliumatoms trägt zwei Elementarladungen und zwei Elektronen; und so geht es fort durch die ganze Reihe der chemischen Elemente bis zum Uran, dessen Atom einen Schwarm von nicht weniger als 92 Elektronen bei entsprechender Kernladung enthält. Noch kompliziertere Elemente sind nicht bekannt.

Es ist nicht nötig, auf Einzelheiten dieser Theorie einzugehen; es genügt hervorzuheben, daß es mit ihrer Hilfe gelungen ist, einen so gewaltigen Komplex physikalischer und chemischer Tatsachen verständlich zu machen und teilweise vorauszusagen, daß dem begrifflichen Gehalt der Theorie zweifellos ein überaus hoher Wahrheitswert zukommt. Sie gibt, so darf man behaupten, eine große Menge gesicherter naturwissenschaftlicher Erkenntnis. Hier interessiert uns nur ihre philosophische Tragweite.

Zunächst scheint es, daß der Begriff der *Substanz* in ihr einen großen Triumph feiert: Sie heißt jetzt „Elektrizität". Ihr scheint der Charakter der Substantialität mit größerem Rechte zuzukommen als ihren Vorgängerinnen, der Masse und der Energie. Von der „Masse" nämlich, also jener (meist durch ihr „Gewicht" gemessenen) Größe, die in allen mechanischen Weltbildern die Rolle der Substanz spielte, wissen wir heute mit Bestimmtheit, daß sie überhaupt nicht unveränderlich ist, daß also das früher als grundlegend betrachtete „Gesetz der Erhaltung der Masse" gar nicht genau richtig ist, obgleich es für gewöhnlich mit sehr großer Annäherung gilt. Insbesondere lehrt uns die unten zu besprechende
A 420 Relativitätstheorie, | daß die Masse eines Körpers von der Geschwindigkeit abhängt, mit der er sich bewegt, und zu ganz enormen Beträgen anwächst, wenn seine Geschwindigkeit sich derjenigen des Lichtes nähert. Die mechanische Masse kommt also nach dem heutigen Stande unseres Wissens als Substanz im alten Sinne nicht mehr wohl in Betracht. – Was ferner die Energie betrifft, von der wir oben schon gesprochen haben, so sind hier noch zwei Gründe zu erwähnen, aus denen ihr Anspruch auf „Substantialität" hinter dem der Elektrizität zurückstehen muß. Erstens

nämlich ist der konstante Betrag der Energie irgendeines abgeschlossenen Systems ein anderer je nach dem Bewegungszustand, in welchem sich das System zu demjenigen befindet, von welchem aus der Betrag gemessen wird. Diesen Übelstand wird man allerdings nicht als schlechthin entscheidend anzusehen brauchen. Zweitens aber gibt es allerneueste, dem Bereich der Quantentheorie (siehe unten) angehörende Erfahrungen, welche ernste Zweifel an der absolut strengen Geltung des Energiesatzes überhaupt erwecken; es scheint die Annahme sich kaum von der Hand weisen zu lassen, daß die Energie nur durchschnittlich, nur im Groben und Großen konstant bleibt, daß aber das Energieprinzip für die allerfeinsten Prozesse im Atom nicht immer gilt, daß dort vielmehr Energie in kleinen Beträgen gänzlich verschwinden und neu entstehen kann – wobei allerdings die Verluste und Gewinne sich im Durchschnitt stets wieder ausgleichen.[28]

Solche Bedenken bestehen nun bei der Elektrizitätsmenge nicht. Die positiven und negativen Ladungen können nach dem gegenwärtigen Stande unserer Kenntnisse weder entstehen und vergehen, noch ist ihre Größe von dem Standpunkt oder Bewegungszustand des Messenden abhängig. Ihre Konstanz scheint also wirklich uneingeschränkt zu sein, und so hat man in der Tat die elektrischen Elementarteilchen als die wahre Substanz in der Natur bezeichnet. Ich führe die Worte eines hervorragenden Physikers an (Sommerfeld, in seinem Werke: Atombau und

28 Bohr et al., *Quantum theory of radiation*, wurde 1925 durch Bothe/Geiger, *Wesen des Comptoneffekts* widerlegt. Vgl. ebd., S. 639: „Es wird eine Versuchsanordnung angegeben, welche erlaubt, zwischen der bisherigen Auffassung vom Comptoneffekt und der von Bohr, Kramers und Slater vorgeschlagenen zu entscheiden. [...] In ihrer neuen Theorie über das Wesen der Strahlung weichen Bohr, Kramers und Slater bei der Deutung des Comptoneffekts von der ursprünglichen Vorstellung von Compton und Debye ab, indem sie dem Energie- und Impulssatz nur statistische Gültigkeit zuerkennen." S. 662 f.: „Die beschriebenen Versuche sind mit der Bohrschen Deutung des Comptoneffekts nicht vereinbar. [...] allgemein für Bohrs neue Theorie der Strahlung scheint das hier gewonnene Ergebnis sehr große Schwierigkeiten zu bieten, denn die Deutung des Comptoneffekts ist bei Bohr, Kramers und Slater aufs engste verknüpft mit der dieser Theorie zugrunde liegenden statistischen Auffassung von Energie- und Impulssatz." Siehe auch die Ankündigung 1924 in Bothe/Geiger, *Nachprüfung der Theorie von Bohr et al.*

Spektrallinien):[29] „Sicherlich ist die negative Elektrizität für uns heutzutage etwas Stoffliches. Sie ist der eine universelle Grundstoff, der dem anderen Grundstoff, der positiv geladenen Materie, gleichberechtigt zur Seite tritt ... Die Ladung erweist sich, wegen ihrer völligen Unveränderlichkeit, im Gegensatz zur Masse, als wahre Substanz.“[30] In einem modernen Lehrbuch der theoretischen Physik (von A. Haas) heißt es: „In der Elektrizität darf die moderne Physik den von den Forschern durch Jahrtausende gesuchten Urstoff erblicken, aus dem alle sinnlich wahrnehmbaren Dinge gebildet sind.“[31]

Als man entdeckte, daß eine Elektrizitätsmenge, also z. B. ein Elektron, sich bei der Bewegung genau so verhält, als ob es eine mechanische Masse besäße (weil es nämlich nach den Gesetzen der Elektrizitätslehre jeder Beschleunigung einen ei-
A 421 gentümlichen Wider|stand entgegensetzt, also ein Beharrungsvermögen zeigt, genau wie die träge mechanische Masse), sprach man von einer „scheinbaren“ Masse der Elektrizität und hatte nun die Möglichkeit, überhaupt alle mechanischen Massen für scheinbar zu erklären, d. h. auf elektrische zurückzuführen. So gelangte man zu einer „Elektrodynamischen Theorie der Materie“, betrachtete sie als Nachfolgerin der alten mechanischen Theorien und meinte so die Mechanik auf die Elektrizitätslehre zurückgeführt zu haben.

Es muß aber bemerkt werden, daß die Redewendung von der elektrischen Theorie der Materie doch ein wenig voreilig war, denn es erschien z. B. durchaus fraglich, ob man etwa die an das positive Elektrizitätsteilchen gebundene Kernmasse (die zirka 1800 mal größer ist als die des Elektrons) rein elektrisch deuten könne. Obgleich dies prinzipiell gewiß möglich erscheint, pflegt

29 Ein Hinweis auf dieses Werk findet sich bereits in Henry Brose an Moritz Schlick, 17. Januar 1920.

30 Sommerfeld, *Atombau und Spektrallinien*, S. 26. Im Original ist der gesamte letzte Satz hervorgehoben.

31 Im Original: „In der *Elektrizität* darf die neue Physik den von den Forschern durch Jahrtausende gesuchten, *einheitlichen Urstoff* erblicken“ (Haas, *Das Naturbild der neuen Physik*, S. 51).

man doch auch jetzt noch den Tatbestand meist so zu formulieren, daß man sagt (siehe das obige Zitat von Sommerfeld), die positive Elektrizität trete nur in Verbindung mit „gewöhnlicher" Materie auf, d. h. mit solcher Masse, deren elektrische Natur nicht als ausgemacht gelten darf. – Zweitens ist es fraglich, ob auch nur die gesamte Masse des Elektrons selber rein elektrisch zu erklären sei, ob nicht etwa noch eine darin lokalisierte „Kohäsionsenergie" gleichfalls einen Beitrag dazu liefere (gewisse Kohäsionskräfte nämlich werden zuweilen als Grund dafür angegeben, daß die negative Ladung nicht, der Abstoßung folgend, explosionsartig auseinandergetrieben werde, sondern im Elektron zusammengeballt verharre). – Endlich und vor allem blieb jene fundamentale Eigenschaft aller Materie, nämlich ihre gegenseitige Anziehung, die Schwere oder Gravitation, als unreduzierter Überrest aus der Newtonschen Mechanik stehen. Es standen also mechanische und elektrodynamische Grundbegriffe in diesem Weltbilde noch unverbunden nebeneinander. Alle übrigen Gebiete physikalischen Geschehens erschienen freilich im Prinzip endgültig auf Mechanik und Elektrizitätslehre zurückgeführt, wie wir bereits erwähnten. Die schließliche Vereinigung dieser beiden Spitzen des Systems der Physik aber geschieht anscheinend nicht dadurch, daß die Mechanik in der Elektrodynamik aufgeht, sondern so, daß beide in einem übergeordneten Begriffssystem zusammenfließen, zu einer höheren Einheit verschmelzen.

Im Gegensatz zur mechanischen Theorie arbeitet die Elektro-Atomistik mit völlig *unanschaulichen* Grundbegriffen, denn das „Wesen" der Elektrizität und der elektrischen und magnetischen Kräfte läßt sich nicht anschaulich vergegenwärtigen. Zwar schreibt man den Elektronen und Atomkernen eine gewisse, auch zahlenmäßig angebbare Ausdehnung zu, aber damit ist durchaus nicht gesagt, daß nun etwa ein Elektron als ein bestimmtes von elektrischer Ladung erfülltes Volumen vorgestellt werden müßte, wie das demokritische | Atom ein stofferfüllter, undurchdringlicher Raum war; vielmehr ist die Zahlenangabe für den Durchmesser eines solchen Teilchens nur aufzufassen als die durchschnittliche Entfernung, bis auf welche die gedachten Zentren der Teilchen sich einander nähern können – und diese Tatsache muß, A 422 ähnlich wie in der dynamischen Theorie der Boscovichschen Atome, als Ausdruck bestimmter Gesetzmäßigkeiten des Geschehens verstanden werden, nicht als Anzeichen des Vorhandenseins einer „undurchdringlichen Substanz" oder dergleichen. Ein Elektrizitätsteilchen ist auch wohl nicht als etwas deutlich und scharf von der Umgebung Getrenntes aufzufassen, man kann bei ihm schwerlich ein Außen und Innen unterscheiden, sondern es geht vermutlich unmerklich stetig in seine Umgebung über.

Diese Umgebung ist das „elektromagnetische Feld", das von elektrischen und magnetischen Kräften erfüllte Vakuum. Diese Kräfte haben wir uns als „Vektoren" von gänzlich unanschaulicher Natur zu denken. Das elektromagnetische Feld aber spielt in der Theorie eine mindestens ebenso wichtige Rolle wie das Verhalten der Elektronen, die darin eingebettet sind, ja gewiß nur als Modifikationen des Feldes selber betrachtet werden dürfen. Das „Feld" als bloßer Inbegriff der im Vakuum vorhandenen Zustände läßt sich nun unter keinen Umständen als „Substanz" auffassen; die Elektrizitätsteilchen, als Atome und als Substanz betrachtet, bilden also in dieser Theorie höchstens *ein* Erklärungsprinzip neben anderen, und es ergibt sich hieraus folgendes.

Erstens: Der atomistische Gedanke ist in der Elektronentheorie nicht letztes Prinzip, sondern sie faßt die Natur letztlich als ein *kontinuierliches* Feld auf. Zweitens erscheint in ihr ein gewisser Dualismus von Substanzbegriff und Feldbegriff, und es entsteht die Frage, ob diese Dualität sich nicht überwinden läßt. Das kann nur dadurch geschehen, daß der Substanzbegriff, seiner ursprünglichen Würde und Alleinherrschaft ja ohnehin entkleidet, durch den Begriff des Feldes und der Gesetzmäßigkeit aufgesogen wird und damit in der Physik eine endgültige Umwandlung und Auflösung erfährt.

6. Die Auflösung des Substanzbegriffes

Die empirische Grundlage und Rechtfertigung für die Anwendung des Substanzgedankens auf die Natur liegt in den sogenannten „Erhaltungsprinzipien", den Gesetzen der Erhaltung der Energie, der Erhaltung der Masse, der Erhaltung der Elektrizität usw. Bei der Besprechung des ersten dieser Prinzipien hatten wir bereits hervorgehoben, daß sein prüfbarer Inhalt nur in der Aussage besteht: „Unter ganz bestimmten Umständen führen ganz bestimmte verschiedene Messungen zu einem und demselben zahlenmäßigen Ergebnis", daß also hier nur von einer Gleichheit von Messungszahlen | die Rede ist, nicht aber von der Identität eines Etwas, dessen Beharren in jener Gleichheit nur seinen Ausdruck findet. Die Behauptung der Gleichheit enthält offenbar nur den Gesetzesbegriff; die Behauptung der Identität aber, also die Anwendung des Substanzbegriffes, stellt eine Zutat dar, die zur besseren Beschreibung des Geschehens gar nichts beiträgt. A 423

Nachdem man sich dies einmal klar gemacht hat, liegt es nahe zu untersuchen, ob denn die „Substanz" in ihren übrigen Formen nicht vielleicht auch eine entbehrliche Rolle in der Physik spielt, und ob nicht alles, was mit ihrer Hilfe gesagt werden soll, schon durch das „Gesetz" allein gesagt werden kann. Man sieht alsbald, daß dies für die mechanische Materie, die „Masse", welche in allen mechanischen Theorien die Substanz darstellt, in der Tat der Fall ist. Denn das Gesetz von der Konstanz der Materie hatte in der Physik schließlich durchaus keinen anderen Inhalt, als daß die Gleichheit bestimmter Messungsergebnisse behauptet wurde (z. B. des Quotienten aus Gewicht und Fallbeschleunigung). Die Messung des Gewichtes war wohl die einzige Methode, die Unveränderlichkeit einer „Menge von Materie" streng zu prüfen, sie war aber gewiß nicht die Feststellung einer Identität. Heute nun, da die Unrichtigkeit des Gesetzes von der Erhaltung der Masse erkannt ist, wurde dem Gedanken dadurch ohnehin der Boden entzogen.

Wie wenig die Substanzidee in Wahrheit zur Erklärung beiträgt, und wie sehr sie eine leere Denkzutat bedeutet, erkennt man daraus, daß ein hartnäckiger Metaphysiker selbst dann fortfahren könnte, von Substanz zu sprechen, wenn irgendeine zahlenmäßige Konstanz gar nicht beobachtet würde: Er könnte immer an der Behauptung festhalten, es sei eine Substanz vorhanden, nur habe sie keine konstanten Eigenschaften. Einen prüfbaren Sinn hätte eine derartige Behauptung nicht, geprüft werden kann immer nur eine Konstanz, *diese* aber wird wiederum durch ein *Gesetz* allein schon vollständig ausgedrückt. Wo man in der

Physik von Substanz redet, wird also im Grunde damit nur das Bestehen einer bestimmten Gesetzmäßigkeit ausgedrückt.

Dies trifft auch zu für die *Elektrizitäts*menge. Man darf sie wohl Substanz *nennen*, muß sich aber darüber klar sein, daß ihre Unveränderlichkeit nicht aufgefaßt zu werden braucht als ein Mit-sich-identisch-Bleiben, sondern daß nur ein Konstantbleiben einer gewissen Kombination veränderlicher Größen ausgesagt werden kann. In der Tat, was ist ein Elektron, ein solcher „substantieller" Baustein eines Atoms? „Im Grunde nichts anderes als eine Stelle, in die elektrische Kraftlinien von allen Seiten einmünden" (Sommerfeld).[32] Das heißt, die Existenz eines Elektrons verrät sich überhaupt nur durch die „elektrischen Kräfte", die in seiner Umgebung herrschen. Die Aussage: „Hier befindet sich ein
A 424 Elektron" hat daher für die | Physik nur den Sinn: „Hier besteht eine ganz bestimmte Gesetzmäßigkeit elektrischer Kräfte." Dabei ist die „elektrische Kraft" (oder „Feldstärke"), was dieser Ausdruck auch sonst bedeuten möge, jedenfalls als ein *Vektor* im früher angegebenen Sinne definiert, und das Vorhandensein eines Elektrons an einer bestimmten Stelle bedeutet für den theoretischen Physiker nur, daß ein ganz bestimmter mathematischer Ausdruck, der sich aus der Verteilung der Vektorgrößen in dem Vektorfelde ableitet, einen bestimmten von Null verschiedenen Wert hat. Dieser Ausdruck ist die sogenannte „Divergenz" der elektrischen Feldstärke.[33] (Analoges gilt von der positiven Elektrizität, nur daß dort die Divergenz das entgegengesetzte Vorzeichen trägt.) Hierin erschöpft sich tatsächlich der ganze physikalische Sinn der Elektrizitätsmenge; man braucht weiter nichts von ihr zu wissen, um mit Hilfe der Theorie die elektromagne-

32 Im Original: „Im Grunde ist ein Elektron, ebenso wie jede negative Ladung, nichts anderes als eine Stelle, in die elektrische Kraftlinien von allen Seiten einmünden." (Sommerfeld, *Atombau und Spektrallinien*, S. 8)

33 Dieser Begriff findet sich schon in Schlicks Aufzeichnungen aus der Studienzeit: vgl. Inv.-Nr. 149, A. 218, wo der Begriff auf S. 2 eingeführt wird, sowie Inv.-Nr. 163, A. 124-2, S. 19 ff. Aus Inv.-Nr. 161, A. 121 a geht hervor, daß Schlick diesem Ansatz ausgesprochen konsequent folgte; vgl. z. B. S. 21: „[E]in Elektron ist weiter nichts als eine Stelle im Äther, wo $(div\mathcal{F})$ nicht gleich 0 ist".

tischen Vorgänge vollständig beschreiben zu können. So tritt also auch hier an die Stelle einer mit sich identisch bleibenden Substanz eine gewisse Gesetzmäßigkeit zwischen veränderlichen, nicht-substantiellen Größen. Wir dürfen mithin sagen: Auch in dem neuen Naturbilde der Elektro-Atomistik erscheint der Begriff der Substanz gänzlich auf den allgemeineren des Gesetzes zurückgeführt und dadurch entbehrlich geworden.

Es muß bemerkt werden, daß jene „Divergenz“, welche die Elektrizitätsmenge (eigentlich deren „Dichte“) in mathematischer Form darstellt, ein sogenannter Differentialausdruck ist, d. h. er ist aus „unendlich kleinen“ Änderungen der Feldstärken gebildet, und diese sind als solche natürlich nicht beobachtbar; die Elektrizitätsmenge wird mithin nicht als eine Divergenz *gemessen*, sondern erst durch die Theorie als eine solche *gedeutet*. Dies ist nun wichtig, denn es zeigt, daß die Naturerklärung sich mit dem Konstantbleiben einer Größe nicht durch die Statuierung einer Substanz abfindet, sondern sie ausdrücklich als Gesetzmäßigkeit zwischen lauter veränderlichen Größen zu begreifen sucht. Diese Größen sind die elektrischen (und magnetischen) Vektoren.

Damit ist die Gesamtanschauung der Elektronentheorie sehr vereinfacht. Für sie ist das Universum ein grenzenloses Vektorfeld von gänzlich unanschaulichen Größen, die widerspruchslos gedacht werden können, aber nicht vorstellbar sind, denn eine elektrische oder magnetische Intensität kann nicht wahrgenommen werden. Die Elektronen selber sind nichts als „Ausgeburten“ des Feldes (H. Weyl),[34] sie sind Stellen, an denen jene Vektoren ein ganz bestimmtes Verhalten zeigen (nämlich nach allen Seiten divergieren oder von allen Seiten konvergieren). Die Substanzidee kommt in diesem Begriffssystem überhaupt nicht mehr vor, wenigstens nicht als unauflösbarer Elementarbegriff. Man kann

34 Weyl, *Raum, Zeit, Materie*, S. 208: „Nicht das Feld bedarf zu seiner Existenz der Materie als seines Trägers, sondern *die Materie* ist umgekehrt *eine Ausgeburt des Feldes. Die Atomkerne und Elektronen sind keine letzten unveränderlichen Elemente*, an welchen die Naturkräfte nur von außen anpacken, sie hin und her schiebend; sondern sie sind selber kontinuierlich ausgebreitet und in ihren feinsten Teilen feinen fließenden Veränderungen unterworfen.“ Siehe auch 1921f *Rezension/Weyl*, in diesem Band.

natürlich ein und dasselbe (identische) Elektron an verschiede-
A 425 nen Orten und zu verschiedenen Zeiten verfol|gen, aber man darf es doch nicht wohl als ein sich im Raume bewegendes, mit sich identisch bleibendes „Ding“ auffassen, sondern nur als einen Zustand, der sich im Raume fortpflanzt.

Ein Vergleich mit der Hypothese der Wirbelatome lehrt, daß die Elektronentheorie viel abstrakter ist, denn ihre Grundbegriffe haben keine unmittelbar anschauliche Bedeutung. Sie ist auch komplizierter; denn während die Wirbelatomlehre mit einer einzigen Art von Vektor alles zu erklären suchte, hat die Elektronentheorie deren zwei und muß noch dazu die Gravitationserscheinungen gänzlich unerklärt lassen. Für die mechanische Kontinuitätstheorie war die letzte und einzige Gesetzlichkeit der Natur in den Eulerschen Gleichungen enthalten, welche die Bewegungen einer idealen Flüssigkeit beschreiben; für die elektrische Theorie übernehmen die analoge Rolle die Gleichungen von *Maxwell*, welche das Verhalten des elektromagnetischen Feldes, die gegenseitige Abhängigkeit seiner Vektoren regeln. Man ist sich heute dessen bewußt, daß die Maxwellschen Gleichungen nur ein angenäherter Ausdruck der wahren Gesetzmäßigkeit des Feldes sein können, die endgültigen Gesetze müssen allgemeinerer Natur sein, weil sie auch die Gravitationsvorgänge und die Tatsachen der unten zu erwähnenden „Quantentheorie“ umfassen müssen. Wie schon erwähnt, ist der Weg zur Aufdeckung dieser umfassenden Gesetzmäßigkeit bisher noch nicht gefunden. Die in den entsprechenden Formeln auftretenden Zustandsbegriffe, die sogenannten „Tensoren“, sind Gebilde vom höchsten Grade der Abstraktion, also natürlich gänzlich unanschauliche Zeichen für die elementaren Naturzustände. Während die Mechanik der Wirbelatome immerhin noch gestattete, von einem welterfüllenden substantiellen Stoffe, einem „Äther“, zu sprechen, ist dies in der neuen Theorie nicht mehr erlaubt. Denn während es für jene alte Vorstellung noch prinzipiell möglich war, „dasselbe“ Teilchen in seiner Bahn an verschiedenen Orten im Zeitlauf zu verfolgen, wird dies für das elektromagnetische Feld sinnlos. Denn die Relativitätstheorie lehrt (wir werden alsbald davon zu sprechen haben), daß es ausgeschlossen ist, in dem von elektromagnetischen

Vorgängen erfüllten Vakuum eine bestimmte Stelle herauszugreifen, durch die Zeit hindurch als „dieselbe" festzuhalten und als solche wiederzuerkennen. Dies ist der Sinn der in der neuen Naturauffassung gewonnenen Erkenntnis, daß es keinen stofflichen „Äther" gibt. Bei Anerkennung der Relativitätstheorie ist es also nicht bloß wie schon früher *unnötig*, den Substanzbegriff als den Begriff des identisch Beharrenden zugrunde zu legen, sondern es ist *unmöglich* geworden.[35] Erst damit ist die Substanzphysik wirklich zerstört.

Es gibt keinen mit sich identisch bleibenden *Stoff*, wir finden an jedem Ort nur wechselnde Zustände, nirgends einen substantiellen Träger, an dem sie haften, und der sie mit sich forttragen könnte. | Die „Zustände" oder „Vorgänge" in der Natur sind eben A 426
etwas Selbständiges, nicht Zustände *von* etwas oder Vorgänge *an* etwas.[36] Die moderne Physik ist nicht eine Physik des Stoffes, sondern eine Physik des „Feldes". Dieses aber ist nur der Inbegriff aller im Raume vorhandenen Zustände, nicht ein substantieller Äther, *dessen* Zustände sie wären. Die Materie wird gänzlich auf Zustände zurückgeführt, sie ist nichts als ein Komplex von solchen.

Daß Zustände oder Vorgänge nicht als unselbständige Eigenschaften von „Dingen" aufgefaßt werden müssen, sondern daß umgekehrt jedes Ding als Komplex von Vorgängen oder Zuständen betrachtet werden kann, war eine alte Behauptung der Philosophie, zuerst von *Hume* mit aller Schärfe ausgesprochen. Sie hatte längst Eingang gefunden in die neuere Psychologie, welche ja die seelischen Vorgänge nicht als Zustände einer substantiellen Seele ansieht, sondern für selbständige Prozesse erklärt, die

35 Vgl. 1915a *Relativitätsprinzip*, S. 172–175 (*MSGA* I/4): „[E]s kann keinen Äther geben, weil er in einem und demselben System beliebig viele Geschwindigkeiten zugleich haben müßte. Dieser Schluß Einsteins ist völlig zwingend. [...] Nachdem einmal erkannt ist, daß der Substanzbegriff nur eine besondere Form des Gesetzesbegriffs darstellt und sich auf diesen zurückführen läßt, kann diese große Wahrheit der Wissenschaft nicht wieder verloren gehen." Siehe auch 1917b *Raum und Zeit*, S. 58 (*MSGA* I/2, S. 275).

36 Vgl. 1920c *Kausalprinzip*, in diesem Band.

in ihrer Gesamtheit erst selber „Seele“ heißen;[37] jetzt hat aber dieser Gedanke auch die Physik erobert.

Die Theorie der Elektro-Atomistik, die zu diesen Erkenntnissen führte, ist nicht abgeschlossen. Man weiß noch nicht, ob es möglich sein wird, die zugrunde liegende Kontinuitätsvorstellung aufrechtzuerhalten, und es fehlt neben manchem anderen noch die Einsicht, durch welche Gesetzlichkeit der Feldgrößen es geschieht, daß die Elektrizitätsmenge gerade immer nur in Quanten von bestimmter Größe auftritt – aber die Art und Weise, in der jene Theorie die Natur beschreibt, enthält so allgemeine Züge, daß man wohl glauben darf, jedes künftige Weltbild der Physik werde sich dieselben Züge zu eigen machen müssen: nämlich die Erklärung alles Naturgeschehens mit Hilfe reiner Zustandsgrößen unter Aufgabe des Substanzbegriffes zugunsten des Gesetzesbegriffes. Für sie gibt es in der Natur nirgends ein ruhendes Sein der Dinge, sondern nur ein Geschehen von Ereignissen.

7. Sind die Atome wirklich?

Das Weltbild der modernen Physik baut die Materie aus chemischen Atomen, die chemischen Atome aus elektrischen Korpuskeln auf und führt die letzteren schließlich auf gesetzmäßige

37 Der Ausdruck „Psychologie ohne Seele“ stammt von Lange, *Geschichte des Materialismus*, Bd. II, S. 823: „‚Aber heißt denn Psychologie nicht *Lehre von der Seele*? Wie ist denn eine Wissenschaft denkbar, welche es zweifelhaft läßt, *ob sie überhaupt ein Objekt* hat?‘ Nun, da haben wir wieder ein schönes Pröbchen der Verwechslung von Namen und Sache! Wir haben einen überlieferten Namen für eine große, aber keineswegs genau abgegrenzte Gruppe von Erscheinungen. Dieser Name ist überliefert aus einer Zeit, in welcher man die gegenwärtigen Anforderungen strenger Wissenschaft noch nicht kannte. Soll man ihn verwerfen, weil das Objekt der Wissenschaft sich geändert hat? Das wäre unpraktische Pedanterei. Also nur ruhig eine Psychologie ohne Seele angenommen!“ Vgl. Brentano, *Psychologie vom empirischen Standpunkt*, S. 13: „Dennoch erklären nicht alle Psychologen sich damit einverstanden, wenn einer im oben angegebenen Sinne sagt, die Psychologie sei die Wissenschaft von der Seele. Vielmehr bestimmen sie dieselbe als die *Wissenschaft von den psychischen Phänomenen*.“ Siehe auch Wundt, *Aufgaben*; Petzoldt, *Stellung der Relativitätstheorie*, S. 48; Jaspers, *Phänomenologische Forschungsrichtung*, S. 392.

Zusammenhänge von Zustandsgrößen zurück. Sind alle diese Gebilde als *wirklich* anzusehen?[38]

Das ist eine Frage, die bei jeder physikalischen Naturerklärung wiederkehren muß, denn ohne irgendeine Benutzung des Atombegriffes erscheint es, wie früher bemerkt, unmöglich, von fundamentalen Erfahrungstatsachen Rechenschaft zu geben. Und seitdem einmal von der Seite einer hypothesenfeindlichen Erkenntnistheorie der | Atombegriff verdächtig gemacht wurde, will A 427
die Frage nicht schweigen: Ist das Atom (nebst allen übrigen nicht direkt wahrnehmbaren Größen, die als Bausteine der Natur gedacht werden) nur eine Hilfskonstruktion unseres Denkens, eine bloße Fiktion, hinter der nichts Wirkliches steht, oder bezeichnet das Wort Atom etwas Reales, etwas wahrhaft in der Natur Vorhandenes?

Zum Glück ist diese Frage, soweit sie zur Naturphilosophie gehört, sehr leicht zu beantworten. Die Naturphilosophie nämlich betrachtet die Natur und die Wissenschaften von ihr als etwas Gegebenes und untersucht nur die Aussagen, durch welche die verschiedenen Naturprozesse aufeinander zurückgeführt werden. Nun ist es völlig zweifellos, daß alle letzten Elemente, welche die Wissenschaft annehmen muß, um den Aufbau der Natur verständlich zu machen, in ganz demselben Sinne und Grade als wirklich zu betrachten sind wie die wahrgenommenen Naturgegenstände selber. Es versteht sich von selbst, daß man das Wirkliche nicht aus unwirklichen Teilchen, nicht aus bloßen Begriffen zusammensetzen kann. Wenn die Physik sich gezwungen sieht, zu behaupten, daß ein Körper aus Atomen bestehe, so sind die-

38 Vgl. Inv.-Nr. 161, A. 121 b, S. 37 f.: „Wenn man den Molekülen u. s. w. die Wirklichkeit abstreitet und sie als bloß methodische Denkmittel betrachtet, so muß man sich vor allem die Frage vorlegen: Was soll eigentlich überhaupt damit gesagt sein, wenn man die Wirklichkeit irgend eines Gegenstandes behauptet, und aus welchen Gründen behauptet man sie? Sind nicht vielleicht die Gründe, weswegen wir einem sinnlich wahrgenommenen Körper Realität zuschreiben, dieselben wie für die nicht wahrgenommenen Atome, also beide in gleichem Maße als wirklich anzusehen? Damit kommt man dann auf die Hauptfrage der Erkenntnistheorie[.]"

se Atome sicherlich genau so wirklich wie der Körper selbst. Die Elektronen existieren so gewiß, wie der Mond existiert.[39]

Ob freilich der Mond existiert, und in welchem Sinne etwa einem Körper und der ganzen Außenwelt Wirklichkeit zuzusprechen ist – diese Frage liegt gänzlich außerhalb des Bereiches der Naturphilosophie. Sie hat es allein mit Problemen zu tun, die der Physik gleichsam *immanent* sind, d. h. sie untersucht nur das Verhältnis, in dem die Naturbegriffe *zueinander* stehen. Wenn sie nach der Wirklichkeit eines Dinges fragt, so heißt dies: Sie fragt, ob das Ding ein Teil der Natur ist, dieselbe Wirklichkeit besitzt wie diese. In welchem Sinne aber die Natur selber wirklich sein mag, dies zu erforschen ist eine Aufgabe der Erkenntnistheorie, und nur dieser. Es ist das Problem der Realität der Außenwelt, das sich da für sie erhebt. Und die Entscheidung der Erkenntnistheorie mag ausfallen, wie sie will: die Naturphilosophie bleibt davon im Grunde unberührt. Denn selbst wenn sich etwa herausstellen sollte, daß nach dem Maßstabe der Erkenntnistheorie die Naturkörper gar keine Wirklichkeit in demselben Sinne besitzen, wie sie etwa den Bewußtseinserlebnissen zukommt, so wären zwar auch die Atome gewiß nichts Wirkliches, aber für die physikalische und die naturphilosophische Betrachtung wäre das ganz gleichgültig; sie interessieren sich allein für die relative Wirklichkeit der Atome *innerhalb* der Natur, hierin auf dem Standpunkt des vorwissenschaftlichen und einzelwissenschaftlichen Denkens verharrend und die Frage nach der absoluten Wirklichkeit der Theorie des Erkennens überlassend. Diese aber stellt fest, daß wir z. B. die Realität des Sirius, des Erdinnern oder der Rückseite des Erdmondes usw. aus Gründen behaupten, die prinzipiell in
A 428 letzter | Linie nicht von denen verschieden sind, die uns zur An-

39 Vgl. Planck, *Einheit*, S. 32: „[D]ie Atome, so wenig wir von ihren näheren Eigenschaften wissen, sind nicht mehr und nicht weniger real als die Himmelskörper oder als die uns umgebenden irdischen Objekte; und wenn ich sage: ein Wasserstoffatom wiegt $1,6 \cdot 10^{-24}\,g$, so enthält dieser Satz keine geringere Art von Erkenntnis wie der, daß der Mond $7 \cdot 10^{25}\,g$ wiegt."

nahme der Atome (oder welche letzten Elemente es sonst sein mögen) führen.[40]

Um sich vor metaphysischen Versuchungen und Abenteuern zu bewahren, tut die Naturphilosophie ferner gut, sich ein weiteres Ergebnis der Erkenntnistheorie vor Augen zu halten, das hier nur ohne nähere Begründung kurz angeführt werden kann, die Einsicht nämlich, daß alle Begriffe der Wissenschaft zu den Wirklichkeiten, die sie bezeichnen, eben nur im Verhältnis des *Zeichens* stehen, in keinem innigeren, und daß alle unsere anschaulichen Vorstellungen, in denen wir die Begriffe von Naturdingen und -prozessen denken, nur als Illustrationen aufzufassen sind, in denen wir uns die Verhältnisse der Wirklichkeit ausmalen, daß sie aber keineswegs Kopien sind, durch die wir etwa die Dinge in unser Bewußtsein herübernehmen. So ist besonders daran festzuhalten, daß unsere anschaulichen Vorstellungen *räumlicher* Verhältnisse etwas ganz anderes sind als die objektive räumliche Ordnung der physischen Objekte. Die ersteren sind der letzteren *zugeordnet*, eine andere Art der Entsprechung besteht nicht. Die Bewegungen der Elektronen finden im *physikalischen* Raum statt, und dieser ist etwas ganz anderes als das, was wir als „Räumlichkeit" oder „Ausdehnung" in unseren Wahrnehmungen unmittelbar erleben. Diese anschauliche Räumlichkeit ist eine völlig verschiedene für die Daten des Tastsinnes, des Gesichtssinnes usw., es gibt also mehrere anschauliche Räume; der physikalische Raum dagegen ist nur einer, er ist eine objektive Ordnung und im Gegensatze zu jenen völlig unanschaulich. Seine Eigenschaften können nur durch mathematische Begriffe bezeichnet, auch durch sinnliche Vorstellungen illustriert werden, sind aber nicht selbst etwas Vorstellbares.

Die Physik hatte sich genötigt gesehen, als letzte Elemente der Wirklichkeit gänzlich unanschauliche Größen (z. B. elektrische Feldstärken) einzuführen; der erkenntnistheoretisch orientierte Naturphilosoph muß nun noch den weiteren Schritt machen, daß er das physikalische Naturbild nicht nur hinsichtlich

40 Vgl. zur impliziten Auseinandersetzung in diesem Punkt z. B. mit Eddington die Einleitung, in diesem Band S. 28.

seines Inhaltes oder Materials, sondern auch hinsichtlich seiner räumlichen und zeitlichen Form als ein durchaus unanschauliches Gebilde anerkennt, das aus abstrakten Begriffen aufgebaut ist, und von dem irgendwelche anschaulichen Eigenschaften nicht sinnvoll ausgesagt werden können.[41]

A 429

III. Philosophie der Gesetze

1. Das Kausalprinzip. Makro- und Mikrogesetze

Jede wissenschaftliche Betrachtung der Wirklichkeit – wie übrigens auch alles praktische Verhalten in der Welt – ruht auf der Voraussetzung, daß alles Geschehen in der Natur sich *gesetzmäßig* abspielt. Die Behauptung, daß diese Voraussetzung erfüllt sei, macht den Inhalt des *Kausalprinzips* aus. Dieses Prinzip ist auf verschiedene Weise formuliert worden, meist mit Hilfe der Begriffe von Ursache (causa) und Wirkung, z. B. „Alles, was geschieht, hat eine Ursache“ oder „Keine Wirkung ohne Ursache“ oder „Auf gleiche Ursachen folgen gleiche Wirkungen“.

Die Untersuchung, ob dieser Satz wirklich allgemein oder notwendig gilt, gehört in die allgemeine Erkenntnislehre. Sie stellt fest, daß eine Wissenschaft von Wirklichem jedenfalls nur insofern möglich ist, als der Kausalsatz gilt. Stieße man irgendwo auf einen Fall, oder gar auf einen ganzen Bereich von Fällen, in denen der Kausalsatz auch bei sorgfältigster Prüfung aller Umstände verletzt erschiene, so stünde man zugleich an einer Grenze der Forschung, wo es keine Erkenntnis mehr gibt und das Wissen aufhört. Die Geltung der Kausalität ist also eine Voraussetzung, nicht ein Gegenstand der Naturwissenschaften,[42] und die Naturphilosophie kann daher die Frage der *Geltung* des Satzes der Erkenntnistheorie zur Behandlung überlassen (die freilich ihre Entscheidung auf Grund der Ergebnisse der Naturforschung fällen

41 Vgl. die Verschärfung dieser These zum unaussprechlichen Inhalt des Bewußtseins resp. die Kritik an einer Sprache des Eigenpsychischen in 1932a *Positivismus* (*MSGA* I/6) sowie ihre Vorbereitung in 1916a *Idealität des Raumes* (*MSGA* I/4).

42 Vgl. die Zurücknahme dieses Punktes in 1931a *Kausalität* (*MSGA* I/6).

muß). Wohl aber muß sie sich über den *Inhalt* des Kausalprinzips klar werden, sie hat den genauen Sinn festzustellen, der mit diesem Satze auf dem Gebiete des Naturgeschehens verknüpft ist.

Der Kausalsatz, in einer beliebigen der soeben aufgeführten Formulierungen, sagt aus, daß zu jeder bestimmten Wirkung eine ganz bestimmte Ursache gehört, und umgekehrt. Wenn irgendein Ereignis vorliegt, so kann man also aus dem Kausalsatz nur schließen, *daß* es irgendeine ganz bestimmte Ursache haben muß, er sagt aber nichts darüber, *welches* denn diese Ursache war. Das Kausalprinzip hat also nur dann einen Sinn, wenn es gewisse Regeln gibt, die da angeben, was für eine Ursache zu einer bestimmten Wirkung | gehört und umgekehrt; da das eine durch das an- A 430
dere bestimmt sein soll, so müssen Regeln da sein, durch welche die Bestimmung vollzogen wird. Diese Regeln sind nun eben die Naturgesetze, und so sehen wir, daß den Inhalt des Kausalsatzes in der Tat die Behauptung bildet: Alles Naturgeschehen vollzieht sich nach *Gesetzen.* Kausalität und Naturgesetzlichkeit sind ein und dasselbe.

Die Begriffe Ursache und Wirkung sind übrigens zur Darstellung des Tatbestandes nicht besonders gut geeignet und daher nur mit Vorsicht zu gebrauchen. Zunächst ist zu bemerken, daß beide Begriffe nur auf *Vorgänge* anwendbar sind, nur auf Prozesse, nicht etwa auf Dinge, nur auf Geschehen, nicht auf Sein.[43] Nicht der Ofen ist die Ursache der Stubenwärme, sondern das Brennen des Feuers ist die Ursache der Erwärmung. Dies erscheint für uns bereits selbstverständlich, da wir ja längst einsahen, daß nach gegenwärtiger Auffassung das Sein der Dinge auf ein Geschehen von Ereignissen zurückgeführt werden muß. Damit stimmt überein, daß wir nur eine Aussage über den Ablauf von Prozessen, niemals aber eine Aussage über das Dasein von Dingen ein „Naturgesetz" nennen.

Aber auch wenn wir daran festhalten, daß nur Natur*vorgänge* als Ursache und Wirkung bezeichnet werden dürfen, stoßen wir auf Schwierigkeiten in der Anwendung dieser Begriffe. Betrachtet man nämlich einen beliebigen physischen Prozeß, etwa das

43 Vgl. hier in diesem Band S. 641 sowie 1920c *Kausalprinzip*, in diesem Band.

Fallen einer Münze, die ich auf den Tisch werfe, so ist es streng genommen unmöglich, die genaue und vollständige Ursache für diesen Vorgang anzugeben. Sie liegt nicht in der Bewegung meiner Hand allein, denn die Münze würde nicht fallen ohne die „Anziehungskraft" der Erde, die also auch mit zur Ursache gehört. Der Fallvorgang wird ferner bestimmt durch die umgebende Luft, deren Bewegung bis ins kleinste bekannt sein müßte, wenn man den Vorgang völlig exakt beschreiben wollte; ja, wenn wir genauer zusehen, finden wir eine unendliche Menge von Vorgängen in der ganzen Welt, von denen der betrachtete Prozeß in irgendeiner Weise abhängig ist. Denn man muß bekanntlich annehmen, daß schließlich auch die fernsten Gestirne auf den Vorgang noch einen Einfluß haben, der zwar für unsere Sinne unmerklich, aber prinzipiell doch vorhanden ist.

So schiene es hoffnungslos, jemals irgendeine Ursache oder Wirkung mit annähernder Sicherheit und Vollständigkeit zu umgrenzen wegen der durchgehenden Abhängigkeit der Naturereignisse voneinander, wenn nicht zum Glück die Naturgesetze selber von solcher Beschaffenheit wären, daß jene Abhängigkeit in gewisse Schranken geschlossen wird. *Erstens* nämlich lehrt die Erfahrung, daß es zur Bestimmung des Ablaufes eines Vorganges genügt, die unmittelbar vorhergehenden Vorgänge zu kennen, während weiter zurückliegende nicht bekannt zu sein brauchen. Mit andern Worten: Es gibt keine Wirkungen in die zeitliche Ferne; alle Abhängigkeiten | A 431 lassen sich zurückführen auf solche zwischen Prozessen, die zeitlich unmittelbar aneinandergrenzen. Daraufhin könnte man den Kausalsatz bereits so aussprechen: Die Vorgänge des gesamten Universums während eines Zeitteilchens sind völlig bestimmt durch die Vorgänge während des voraufgehenden Zeitteilchens. Diese Aussage wäre aber praktisch ganz bedeutungslos, da wir den Gesamtzustand des Kosmos natürlich nicht feststellen können.

Zweitens jedoch hat sich erfahrungsmäßig und mit immer größerer Sicherheit herausgestellt, daß nicht bloß zeitliche, sondern auch räumliche Fernwirkung in der Natur nicht vorkommt; das heißt: für das, was in einem kleinen Bereich während des nächsten Zeitteilchens geschieht, sind allein die Prozesse in unmittelbarer Nachbarschaft von Belang, entferntere Vorgänge gewinnen nur durch die Vermittlung der räumlich zwischen ihnen gelegenen Geschehnisse Einfluß aufeinander, und diese Vermittlung gebraucht Zeit.

Beide Einschränkungen zusammenfassend können wir sagen: „Das Geschehen an irgendeiner Stelle der Natur in einem kleinen Zeitabschnitt hängt nur davon ab, was in der nächsten räumlichen und zeitlichen Nachbarschaft jener Stelle geschieht." Diese Form des Kausalsatzes (die also nur unter der Voraussetzung gilt, daß es keine räumlichen und zeitlichen Fernwirkungen gibt) entspricht denn auch der Form, in welcher die theoretische Physik die Naturgesetze in der vollkommensten Weise ausspricht. In dieser Form geben sie nämlich an, was an einem Punkte geschieht, wenn bekannt ist, was in der unmittelbaren räumlichen und zeitlichen Umgebung sich abspielte. Hier fragt es sich noch, wie der Begriff der „Umgebung" gefaßt werden muß. Rechnet man zur Umgebung nur, was sich in verschwindenden, „unendlich kleinen" Abständen befindet, so treten in der strengen Formulierung der Naturgesetze die räumlichen und zeitlichen Abstände nur als unendlich kleine Größen, als sogenannte „Differentiale" auf, die Abhängigkeit des Geschehens wird durch „Differentialgleichungen" ausgedrückt. Von solcher Art sind z. B. die früher erwähnten „Eulerschen Gleichungen" der Hydrodynamik; sie geben den Bewegungszustand eines Flüssigteilchens in seiner Abhängigkeit von den Bewegungen der benachbarten Teilchen im vorhergehenden Zeitmoment an. Ferner die gleichfalls erwähnten Maxwellschen Grundgleichungen der Elektrodynamik, die uns gestatten, die Änderungen der elektrischen und magnetischen Kräfte an einer Stelle aus den Werten dieser Größen in der Nachbarschaft jener Stelle abzuleiten.

Solche Differentialgesetze stellen das Ideal der Naturbeschreibung dar, auf welches der Physiker der neueren Zeit hinzielt. Er sucht die Welt aufzufassen als ein Feld von Zustandsgrößen, deren gesetzmäßige Abhängigkeit voneinander durch Differentialgleichungen ausgedrückt werden kann, und zwar durch möglichst wenige. Er sucht | also die Natur als ein vollkommen stetiges Gebilde, als ein Kontinuum zu denken. – Es kann aber auch sein, A 432 daß dies Ideal ein Trugbild ist. Es ist möglich, daß die Welt diskontinuierlich gedacht werden muß, daß man zwischen „unmittelbar benachbarten" Punkten der Natur eine zwar äußerst geringe, aber doch endliche Entfernung anzunehmen hätte; es ist ferner möglich, daß das Geschehen während eines „Zeitdifferentials" nicht genügt, um daraus das folgende Geschehen abzuleiten, sondern daß die Vorgänge während einer endlichen, wenn auch kurzen Zeit bekannt sein müssen, damit die folgenden Ereignisse bestimmt sind. In diesen Fällen – zu deren ernster Erwägung die später zu erwähnende „Quantentheorie" uns nötigt – würden die Naturgesetze nicht in der einfachen Gestalt von Differentialgleichungen formuliert werden können, sondern vermutlich wesentlich kompliziertere Gestalt annehmen.

Wie aber auch künftige Erfahrungen zwischen diesen verschiedenen Möglichkeiten entscheiden werden: auf jeden Fall sind die fundamentalen Naturgesetze, zu denen die Physik als letzten Erklärungsprinzipien hinstrebt, Gesetze des Verhaltens der Natur in *kleinsten* raum-zeitlichen Bezirken, deren Größe weit unter der Grenze unmittelbarer Wahrnehmung liegt. Wir wollen sie daher *Mikrogesetze* nennen und von ihnen die *Makrogesetze* unterscheiden[44] als solche, welche die Abhängigkeit der Naturprozesse voneinander über größere, wahrnehmbare und daher direkter Messung zugängliche Erstreckungen wiedergeben. Ein derartiges Gesetz ist z. B. das Coulombsche, nach welchem zwischen zwei Elektrizitätsmengen eine Anziehungs- oder Abstoßungskraft wirkt, die dem Quadrat ihrer gegenseitigen Entfernung umgekehrt proportional ist.[45] Ähnlich das Newtonsche Gravitationsgesetz. Es ist klar, daß bei der geschilderten Sachlage die Makrogesetze nicht als letzte Erklärungsprinzipien dienen können (es sei denn, daß sie zugleich auch Mikrogesetze sind, also in gleicher Form auch für beliebig kleine Entfernungen gelten), sondern daß sie als Folgen verborgener Nahewirkungen, als Äußerung von

44 Vgl. die Unterscheidung in 1924 *Rezension/Planck*, in diesem Band S. 580.

45 Vgl. Coulomb, *Mémoire*, S. 110: «La force répulsive de deux petits globes électrisés de la même nature de l'électricité est en raison inverse du carré de la distance du centre des deux globes.»

Mikrogesetzen aufzufassen sind. Das Makroverhalten der Natur ist natürlich durch die Mikrovorgänge eindeutig bestimmt; kennt man die Mikrogesetze, so kann man daraus die für endliche Entfernungen geltenden Abhängigkeiten rein rechnerisch ermitteln, es geschieht durch die mathematische Operation der „Integration". Auf diese Weise läßt sich z. B. das eben erwähnte Coulombsche Gesetz aus den Mikrogesetzen ableiten, welche durch die Maxwellschen Gleichungen dargestellt sind.[46]

Da der direkten Beobachtung immer nur das Makroverhalten zugänglich ist, so können die zugrunde liegenden Mikrogesetze immer nur aus jenen erschlossen werden, und das Schlußverfahren ist dabei streng genommen niemals zwingend und eindeutig, da man den beobachteten Makroprozessen stets durch verschiedene Annahmen über die | dahinter steckenden Mikrogesetze gerecht werden kann. A 433 Deshalb darf die Richtigkeit der aufgestellten Mikrogesetze im Grunde nie mit derselben Sicherheit, sondern immer nur mit geringerer Wahrscheinlichkeit behauptet werden. Diese kann freilich sehr hohe Grade annehmen, wenn sich immer wieder herausstellt, daß alle aus jenen Gesetzen abgeleiteten Makrofolgen sich in der Erfahrung bestätigen.

Das Streben der Physik, alles Geschehen in letzter Linie durch Mikrogesetze darzustellen, ist, wie bemerkt, ein Ausdruck der Erfahrungstatsache, daß es nur *Nahe*wirkungen in der Natur gibt. Dennoch kann man mit dem Kausalitätsgedanken auch bei Makrovorgängen einen guten Sinn verbinden, indem man z. B. ein abgeschlossenes System betrachtet, welches in so großer Entfernung von allen übrigen Dingen isoliert gedacht wird, daß es von ihnen keine merklichen Einflüsse erfährt. Dann können wir den Gesamtzustand dieses Systems während eines Zeitteiles als Wirkung des voraufgehenden und als Ursache des folgenden Gesamtzustandes ansprechen. Dies ist aber nur eine von beliebig vielen möglichen Arten, die infolge der gegenseitigen Abhängigkeiten bestehende eindeutige Bestimmtheit zu formulieren: Ebensogut können wir irgendeinen Zustand des Systems als Ursache eines beliebig später folgenden ansehen, wenn unser Interesse sich gera-

46 Vgl. Maxwell, *Physical lines of force.*

de auf diese beiden und nicht auf die zeitlich dazwischen liegenden Zustände richtet. Ja, man kann sogar einen früheren Zustand als durch einen beliebigen späteren bestimmt auffassen, denn jener läßt sich aus diesem genau so leicht berechnen wie umgekehrt. Der Astronom kann z. B. aus der gegenwärtigen Stellung der Planeten ganz ebenso leicht die Stellung ableiten, die sie vor tausend Jahren hatten, wie die, welche sie nach tausend Jahren haben werden. Die Physik findet es ferner oft zweckmäßig, die Naturgesetze so auszusprechen, daß sie den Anfang und das Ende eines Naturprozesses als gegeben annimmt und daraus den dazwischen liegenden Verlauf dieses Prozesses herleitet; sie behandelt diesen Verlauf also gleichsam als etwas von Vergangenheit und Zukunft zugleich Abhängiges. Ein Gesetz von dieser Form ist das Hamiltonsche Prinzip oder das „Prinzip der kleinsten Wirkung",[47] und es ist für den formalen Aufbau der Physik von hoher Bedeutung, daß gerade dieses Prinzip der universalsten Anwendung fähig ist. Bei allen Fortschritten der Physik hat sich gezeigt, daß das Wirkungsprinzip im Gegensatz zu manchem anderen Gesetz seine Geltung unerschütterlich bewahrt: Alle neu aufgefundenen Naturgesetze, auch diejenigen der Relativitätstheorie, können aufgefaßt werden als Folgerungen eines Prinzips der kleinsten Wirkung, welches dadurch den höchsten Rang formaler Allgemeinheit einzunehmen scheint.[48] Es ist hierzu offenbar deshalb befähigt, weil in seiner Formulierung die wenigsten Voraussetzungen über die besondere Art der gegenseitigen Abhängigkeit der Naturpro-
A 434 zesse gemacht werden. Hinsichtlich dieser | Abhängigkeiten besteht eben eine beträchtliche Willkür der Auffassungen; die eine

47 Vgl. auch 1921c *Erläuterungen/Helmholtz*, in diesem Band S. 280 sowie unten in diesem Band S. 726.

48 Vgl. Planck, *Wirkung*, S. 103: „Unter den mehr oder weniger allgemeinen Gesetzen, welche die Errungenschaften der physikalischen Wissenschaft in der Entwicklung der letzten Jahrhunderte bezeichnen, ist gegenwärtig das Prinzip der kleinsten Wirkung (Aktion) wohl dasjenige, welches nach Form und Inhalt den Anspruch erheben darf, jenem idealen Endziel der theoretischen Forschung am nächsten zu kommen." Zum Vergleich der Auffassungen Plancks und Schlicks im Hinblick auf das Prinzip der kleinsten Wirkung vgl. Stöltzner, *Principle of least action*, S. 305.

ist so gut berechtigt wie die andere, sofern sie nur dem Gedanken der durchgängigen vollkommenen Bestimmtheit des Ganzen entspricht.

2. Notwendigkeit und Kraft

Auf früheren Stufen des Denkens, da man den Inhalt der Naturbegriffe in vermenschlichender Weise auffaßte, dachte man sich die Ursache als eine Art Streben, das die Wirkung zwangsweise aus sich hervortreiben sollte, man betrachtete die Kausalität als ein reales Band, das Ursache und Wirkung miteinander verknüpft, und konnte dann unter Ursache und Wirkung nur unmittelbar aufeinander folgende Vorgänge verstehen. Unsere eben gewonnene Einsicht, daß dies letztere nicht die einzig mögliche Auffassungsweise ist, zeigt schon den Irrtum jener primitiven Ansicht, gegen die bereits Hume ankämpfte.[49] In der neueren Zeit hat E. Mach jene mystische Vorstellung, wonach die Wirkung aus der Ursache wie durch eine Art von Willensentschluß hervorgezwungen werde, als einen Rest von „Fetischismus" bezeichnet und daraufhin den Ursachenbegriff überhaupt verworfen.[50] Er wollte dafür (in Anlehnung an die Sprechweise der Mathematik) von einer „funktionalen" Abhängigkeit reden. Aber dies ist schließlich nur eine Umnennung; es ist nicht einzusehen, warum man die wirklichen Abhängigkeiten in der Natur im Gegensatz zu den bloß logisch-begrifflichen der Mathematik nicht als „kausale" bezeichnen sollte, und daß die Begriffe von Ursache und

49 Vgl. 1920c *Kausalprinzip*, in diesem Band S. 125.

50 Vgl. Mach, *Populärwissenschaftliche Vorlesungen*, S. 269: „Ich hoffe, daß die künftige Naturwissenschaft die Begriffe Ursache und Wirkung, die wohl nicht für mich allein einen starken Zug von *Fetischismus* haben, ihrer formalen Unklarheit wegen beseitigen wird." Mach, *Wärmelehre*, S. 430: „Nach Ursachen zu fragen haben wir im allgemeinen nur ein Bedürfniss, wo eine (ungewöhnliche) Aenderung eintritt, einmal, weil überhaupt nur ein solcher Fall die Aufmerksamkeit auf sich zieht, und zu Fragen Anlass giebt, dann aber, weil, nur wo verschiedene Fälle (Aenderungen) eintreten, die Frage nach der Bedingung des einen oder des andern überhaupt einen Sinn hat. Die uns geläufigsten Aenderungen in unserer Umgebung sind jene, welche durch unsern *Willen* eingeleitet werden, welche zu den Auffassungen des Animismus und Fetischismus führen." Vgl. auch die in 1920c *Kausalprinzip*, in diesem Band S. 116 zitierten Stellen in Mach, *Mechanik*.

Wirkung sich in einer von Fetischismus freien Weise definieren lassen, dürfte in unseren Betrachtungen klar geworden sein.[51]

Ungleich gefährlicher erscheint der Anthropomorphismus oder Fetischismus, der sich leicht mit dem Begriff des *Naturgesetzes* verknüpft. Das Wort „Gesetz“ ist irreführend, denn es ist dem Gebrauch in der menschlichen Gesellschaft entnommen und bezeichnet ein Gebot der Regierung, welche die Regierten damit zu einem bestimmten Verhalten zwingen will. Ein Naturgesetz aber ist keineswegs ein Gebot, das über die Natur gesetzt ist und gleichsam auf die Dinge einen Zwang ausübt und Gehorsam fordert. Es ist einfach eine Formel, die das *tatsächliche* Verhalten der Natur *be*schreibt, nicht also ihr ein Verhalten *vor*schreibt.

Gewiß enthält der Begriff der Kausalität, und folglich der des Naturgesetzes, auch den Begriff der *Notwendigkeit* – aber welches ist die wahre Bedeutung dieses Ausdrucks? Er bedeutet nimmermehr eine Art von *Zwang* (was der Gegensatz zu „Freiheit“ wäre und das Streben eines bewußten Wesens voraussetzt), son-
A 435 dern nur *Regelmäßigkeit* (was der Gegensatz zu „Zufall“, | d. h. Gesetzlosigkeit ist). Notwendigkeit heißt hier nichts anderes als *Allgemeingültigkeit*; der Satz: „A folgt notwendig auf B“ ist inhaltlich völlig identisch mit dem Satz: „*In jedem Falle*, wenn der Zustand B sich abspielt, folgt der Zustand A“ und sagt nicht das geringste mehr. Hieraus sieht man, daß in der Natur von Kausalität, Gesetz und Notwendigkeit nur die Rede sein kann, wenn in irgendeinem Sinne Wiederholung des Gleichen im Geschehen stattfindet. Nur wenn gleiche (oder wenigstens ähnliche) Prozesse zu verschiedenen Zeiten und an verschiedenen Orten möglich sind, hat es ja einen Sinn, zu sagen, es folge A *jedesmal* auf B. Die Einsicht, daß Gleichartigkeit der Natur eine notwendige Bedingung für den Gesetzesbegriff bildet, darf uns nicht wundern, denn alles Erkennen, und folglich auch das Aufstellen von Naturgeset-

51 Schlick geht etwas ausführlicher auf Kirchhoff und den Funktionenbegriff ein in Inv.-Nr. 161, A. 121 b, S. 82: „Die Darstellung alles Geschehens durch Funktionen *ist* eben Erklärung [...] Es ist also ganz ungerechtfertigt, wenn man den Namen ‚Erklärung‘ nicht für dies Verfahren der Wissenschaft gebrauchen will und ihn durch ‚Beschreibung‘ ersetzen – bloß weil man sich früher einen falschen Begriff davon gemacht hatte, was eine Erklärung eigentlich leisten soll.“

zen, beruht ja immer einzig auf dem Entdecken von Gleichheiten in der Welt.

Zu ähnlichen Irrungen wie die Begriffe der Ursache und der Notwendigkeit hat ein anderer Begriff häufigen Anlaß gegeben, der sogar mit dem Ursachenbegriff nicht selten gleichgesetzt wurde: Es ist die „Kraft“. Auch heute denkt man sich noch manchmal die „Kräfte“ als eigentliche Ursachen des Naturgeschehens, und unwillkürlich stellt man sich darunter etwas Strebendes, auf ein Ziel Gerichtetes, Willenähnliches vor. Man beobachtet, daß ein losgelassener Stein mit einer bestimmten Beschleunigung zur Erde fällt und schreibt dies einer „Anziehungskraft“ der Erde zu, die den Stein an sich zu ziehen „sucht“. – Besonders G. Kirchhoff und E. Mach haben mit Recht darauf hingewiesen, daß solche vermenschlichenden Vorstellungen, so sehr sie durch den Ursprung des Kraftbegriffes erklärlich sind, in der Physik nichts zu suchen haben.[52] Der Ursprung des Kraftbegriffes nämlich liegt zweifellos in den Erfahrungen, die der Mensch bei der Bewegung von Körpern durch seine Muskelanstrengungen macht. Man beobachtete, daß die Muskelanstrengung, die man zur Bewegung eines Körpers aufwenden muß, um so größer war, je mehr man den Körper beschleunigen will, und außerdem von einem Faktor abhängt, der durch die Natur des Körpers bestimmt ist und den man „*Masse*“ nannte; und so *definierte* man (es war Newton, der dies tat) als Maß der Kraft die Größe: Masse mal Beschleunigung.[53]

Stellte man nun z. B. fest, daß ein elektrisch geladenes Körperchen von bekannter Masse an einer bestimmten Stelle eines elektrischen Feldes eine gewisse Beschleunigung erfährt, so durfte man auf Grund jener Definition sagen: Es wirkt dort auf das Probekörperchen eine Kraft, die gleich dem Produkt aus seiner Masse und Beschleunigung ist. Man durfte aber offenbar nicht glauben, daß an jener Stelle des Feldes irgendein Streben säße, das unter Anstrengungsgefühl das Teilchen wegzuschieben oder

52 Vgl. 1921c *Erläuterungen/Helmholtz*, in diesem Band S. 336.

53 Auch Leibniz interpretierte das dementsprechend ab 1686, als die Erstauflage von Newtons *Principien* erschien. Vgl. z. B. Wilson, *Leibniz*, S. 192.

zu ziehen suche. Was man behaupten kann, ist nur dies, daß an jener Stelle irgendein Zustand herrscht, irgendwelche Prozesse sich A 436 abspielen, die als Ursache des Beschleuni|gungsvorganges anzusehen sind. Wollte man die „Kraft“ mit dieser Ursache identifizieren, so würde sie ein Name für jene Feldprozesse selbst sein, aber dies wäre eine höchst unzweckmäßige Terminologie; es entspricht viel besser dem Sinn der physikalischen Begriffsbildung, wenn wir unter dem Worte Kraft nicht selbst einen Vorgang verstehen, sondern es zur Bezeichnung einer bestimmten *Gesetzmäßigkeit* des Vorganges verwenden. Dies wird sogleich klar werden.

Man hat gelegentlich gemeint, Kraft *sei* nichts anderes als ein bloßes willkürliches Maß der Bewegung, sie sei identisch mit dem Produkt Masse mal Beschleunigung und bedeute weiter nichts. Aber diese Auffassung ist nicht wohl haltbar. Kraft ist nicht selbst ein bloßes Maß, sondern wird ihrerseits durch jenes Produkt gemessen; man denkt sich unter Kraft (in unserem Beispiel) nicht etwas an der Bewegung des Körpers selber, sondern etwas an ihrer Ursache, an dem Feldvorgang, von dem die Bewegung abhängt. Dies geht z. B. daraus hervor, daß die gegenwärtige (Einsteinsche) Mechanik die Gleichung Kraft = Masse × Beschleunigung gar nicht mehr als allgemein richtig betrachtet, sondern ihr nur angenäherte Gültigkeit für kleine Geschwindigkeiten zuschreibt. Das wäre nicht möglich, wenn es sich bei dieser Gleichung um eine gänzlich *willkürliche* Definition handelte. In Wahrheit stützt man sich auf ganz bestimmte Erfahrungstatsachen, etwa auf folgende (in idealisierter Darstellung): Bringt man zwei Körperchen von verschiedener Masse und Geschwindigkeit nacheinander unter dieselben äußeren Umstände – z. B. an dieselbe Stelle eines elektrischen Feldes –, so werden sich beide ganz verschieden verhalten. Da man aber unter Kraft eben etwas an dem Zustand des Feldes verstehen will, so darf man sagen: Beide Körperchen stehen an jener Stelle unter dem Einfluß *derselben* Kraft (wobei noch vorausgesetzt wird, daß ihre Anwesenheit den Zustand des Feldes nicht merklich modifiziert). Um für die Kraft ein Maß zu finden, muß man also zusehen, welche Größe in dem verschiedenen Verhalten beider Körper eine und dieselbe bleibt. Da findet man denn, daß eine solche Größe in erster Näherung das Produkt Masse × Beschleunigung ist, und *nur hierin* liegt die Berechtigung der älteren Mechanik, die Kraft durch diese Größe zu messen (etwaige Schwierigkeiten bei der Definition des Massenbegriffes übergehen wir hier). Und die neue Mechanik ersetzt jenes Produkt durch einen komplizierteren Ausdruck auch nur aus dem Grunde, weil sie erkannt hat, daß eben dieser neue Ausdruck die einfachste Größe darstellt, die in beiden Fällen denselben Wert erhält. – Wem das Beispiel der elektrischen Kraft zu ungewohnt ist, möge sich vorstellen, daß die beiden Körperchen etwa in Berührung mit einer sich entspannenden, beide Male im gleichen Zustand befindlichen Feder gebracht werden. Wir sagen dann, auf beide Körper | wirke in beiden Fällen die gleiche Kraft A 437 (nämlich die der Feder), und suchen wiederum die Größe auf, die beide Male den gleichen Wert hat; dann haben wir das Maß der Kraft gefunden. Die Gleichheit einer solchen Messungsgröße ist aber der Ausdruck einer Gesetzmäßigkeit, und zwar einer Gesetzmäßigkeit derjenigen Vorgänge in der Feder (bzw. in dem elektrischen Felde des ersten Beispiels), die wir als die Ursache der beobachteten Beschleunigung der Probekörper, auf welche „die Kraft wirkt“, ansehen durften. Damit ist bestätigt, daß wir die „Kräfte“ keineswegs als Ursachen, wohl aber als Ausdruck einer Gesetzmäßigkeit der verursachenden Vorgänge aufzufassen haben.

Unsere Interpretation des Kraftbegriffes wurde auf Grund der Erfahrungstatsache durchgeführt, daß es keine „Fernkräfte“, sondern nur kontinuierlich von Ort zu Ort sich fortpflanzende Wirkungen gibt. Wir brauchen da zur Analyse des Kraftbegriffes nur die unmittelbare Umgebung des Teilchens zu berücksichtigen, auf welches die Kraft ausgeübt wird, und können die Abhängigkeit der dort herrschenden Zustände von der ferneren Umgebung außer Betracht lassen. Ganz anders wäre es, wenn unvermittelte Fernwirkungen in der Natur vorkämen. In diesem Falle müßte zur Festlegung des Kraftbegriffes die Gesamtkonstellation aller beteiligten Körper herangezogen werden, er wäre aufzufassen als Beschreibung einer Gesetzmäßigkeit ihres Gesamtverhaltens. Die Schwierigkeit dieser Vorstellung hat wohl dazu beigetragen, daß die Naturforscher schon früh eine Abneigung gegen die Annahme von Fernkräften hegten, ja, sie wohl gar a priori für unmöglich erklärten unter Berufung auf solche Sätze wie: „Wo ein Körper nicht ist, da kann er auch nicht wirken.“ Demgegenüber ist daran festzuhalten, daß die Unmöglichkeit der Fernkräfte gewiß nicht philosophisch bewiesen werden kann. Nur die Erfahrung scheint zu lehren, daß derartiges nicht existiert, daß es vielmehr möglich ist, den Zusammenhang des Geschehens in der Natur vollständig und eindeutig unter der Annahme zu beschreiben, daß die Ereignisse an jeder Stelle immer nur von denen der räumlich-zeitlichen Nachbarschaft abhängen.

3. Die Relativität der Zeit und der Bewegung

Die eben erwähnte Tatsache, daß es keine Fernkräfte, keine mit unendlich großer Geschwindigkeit sich ausbreitenden Wirkungen gibt, hat im Verein mit anderen Erfahrungstatsachen außerordentlich weittragende Folgen, von denen man wohl sagen darf, daß mit ihrer Erkenntnis eine neue Epoche der Naturphilosophie eingeleitet ist. Sie sind durch die „Relativitätstheorie“ von Einstein aufgedeckt worden.

A 438 | Im Falle der Existenz von Fernkräften wäre ein Vorgang an einem Orte von einem anderen an einem weit entfernten Orte stattfindenden *gleichzeitigen* Vorgang abhängig. Was ist hier unter „Gleichzeitigkeit“ zu verstehen? Dieser Begriff bedarf keiner Definition, wenn es sich um das zeitliche Zusammenfallen zweier Ereignisse handelt, die (nahezu) am gleichen Orte stattfinden. Denn in diesem Fall ist der Sinn des Wortes uns durch ein Erlebnis unseres Bewußtseins unmittelbar gegeben: Jeder weiß ohne Erklärung oder Messung, was es heißt, „gleichzeitig“ den Mund auf und die Augen zuzumachen, oder den Einsatz einer Note „gleichzeitig“ mit dem Wink des Dirigenten zu beginnen. Ganz anders, wenn die beiden Geschehnisse, deren Gleichzeitigkeit ich beurteilen soll, räumlich weit auseinanderliegen. Da ich mich nicht an beiden Orten befinden kann, so vermag ich nicht beide Ereignisse und ihre Gleichzeitigkeit unmittelbar zu erleben – was also denke ich mir dabei? Nun, ich stelle mir etwa vor, daß ich zunächst einem der beiden Ereignisse beiwohne und mich dann mit unendlich großer Geschwindigkeit an den Ort des anderen begebe und dann auch dieses gerade noch miterlebe. Oder ich stelle mir vor, daß, während ich dem ersten Ereignis anwohne, ein von dem zweiten mit unendlich großer Geschwindigkeit ausgesandtes Signal mich in demselben Augenblick erreicht, in welchem das erste stattfindet. In beiden Fällen würde ich die Ereignisse für gleichzeitig erklären müssen. Gäbe es also unvermittelte Fernwirkungen und folglich unendlich schnelle Übertragungen von Ort zu Ort, so wäre der Begriff der Gleichzeitigkeit ganz allgemein in absoluter Weise (d. h. gültig für alle Standpunkte) definiert, in zweifelfreier Art auf die Gleichzeitigkeit am gleichen Ort zurückgeführt.

Da nun aber momentane Fernwirkungen nicht vorkommen, so ist man für diese Zurückführung in Wahrheit auf die Benutzung von Signalen angewiesen, die eine gewisse Zeit gebrauchen, um von dem einen Ereignis zum andern zu gelangen, und diese Zeit muß irgendwie in Rechnung gestellt werden. Beobachte ich z. B. ein Ereignis auf dem Monde in demselben Augenblick, in dem eine neben mir stehende astronomische Uhr tickt, so werde ich natürlich nicht das Ereignis auf dem Mond und das Ticken der Uhr als gleichzeitig ansetzen, sondern werde behaupten, daß ersteres um so viel früher stattgefunden hat als das Licht, das mir vom Monde Kunde gibt, Zeit gebraucht, um von dort zu mir zu gelangen. Da die Lichtgeschwindigkeit 300 000 km pro Sekunde beträgt und der Mond etwa 380 000 Kilometer entfernt ist, so muß ich also sagen: Das Ereignis dort oben war gleichzeitig mit denjenigen Ereignissen meiner Nachbarschaft, die ich vor etwa $1^1/_4$ Sekunde erlebte. Dies scheint aber nur zu gelten, wenn die Erde als *ruhend* angenommen wird; denn wenn etwa die Erde sich in der Richtung Mond–Erde mit großer | Geschwin- A 439
digkeit bewegte, so würde sie ja vor den vom Monde kommenden Lichtstrahlen forteilen, das Licht würde mithin längere Zeit gebrauchen, um von dort zu ihr herabzugelangen – das Mondereignis wäre also mit solchen irdischen Geschehnissen gleichzeitig, die *länger* als $1^1/_4$ Sekunde zurückliegen. (Auf die etwaige Bewegung des Mondes kommt es dabei gar nicht an, da erfahrungsgemäß die Geschwindigkeit des Lichtes unabhängig ist von der Bewegung der Quelle, die es aussendet.) Um also festzustellen,

welche Ereignisse denn nun „wirklich" gleichzeitig sind, müßte man wissen, ob und mit welcher Geschwindigkeit die Erde sich bewegt. Nun läuft die Erde um die Sonne, aber die Sonne bewegt sich ja auch mitsamt der Erde in dem Milchstraßensystem, und dieses steht gewiß auch nicht still – welche ist also die wahre Bewegung der Erde? Die Frage hat nur einen Sinn, wenn es eine „absolute" Bewegung gibt. Besteht aber Bewegung nur in einer Lageänderung relativ zu anderen Körpern, so wird die Frage sinnlos, und mit ihr alle anderen Fragen, die ihre Beantwortung voraussetzen. Und so verhält es sich nun in der Tat, zunächst sicherlich für geradlinig-gleichförmige Bewegungen. Es gelingt auf keine Weise, eine absolute geradlinig-gleichförmige Bewegung zu beobachten oder zu definieren, und damit verliert dann auch die Frage ihren Sinn, welche Ereignisse an verschiedenen Orten denn nun „wirklich" oder „absolut" gleichzeitig sind. Wird die Erde als ruhend betrachtet, so sind eben *andere* Ereignisse gleichzeitig, als wenn sie als bewegt angesehen wird, und darin liegt kein innerer Widerspruch, sondern höchstens ein Widerspruch zu unserer unberechtigten Denkgewohnheit, beliebig große Signalgeschwindigkeiten stillschweigend für möglich zu halten.

Der Gedanke, alle Bewegung als relativ aufzufassen, ist recht alt und für geradlinig-gleichförmige Bewegungen bereits in der Mechanik von Newton heimisch gewesen; aber die gewaltigen Konsequenzen, welche Einstein in seiner Theorie daraus zog, konnten sich erst ergeben, nachdem er die Vorstellung eines substantiellen *Äthers* aufgegeben hatte. Gäbe es nämlich einen das ganze Weltall erfüllenden Stoff, so könnte man die Begriffe Ruhe und Bewegung naturgemäß auf ihn beziehen, und trotz dem Fehlen einer unendlich großen Übertragungsgeschwindigkeit würde man zur Definition einer absoluten, für beliebig bewegte Beobachter gemeinsamen Gleichzeitigkeit gelangen. Man könnte, wenn eine solche Substanz vorhanden wäre, ihre mit sich selbst identisch bleibenden Teilchen ins Auge fassen und die Geschwindigkeit des Lichtes relativ zu ihnen als seinen Trägern feststellen. Einen relativ zum Äther ruhenden (d. h. einen „absolut" ruhenden) Körper würde man daran erkennen, daß das Licht sich in bezug auf diesen Körper gerade mit jener Geschwindigkeit fortpflanzt; relativ zu „bewegten“ Körpern müßte die Lichtgeschwindigkeit dann eine andere sein, und die unter Berücksichtigung dieses | Umstandes ausgeführte Bestimmung der Gleichzeitigkeit zweier Ereignisse müßte immer eindeutig zu demselben Ergebnis führen, unabhängig vom Bewegungszustand des Messenden: der Gleichzeitigkeitsbegriff hätte universale, absolute Bedeutung. Nun zeigte aber die physikalische Erfahrung, daß trotz allem Suchen keine Möglichkeit bestand, etwas über den Bewegungszustand eines Körpers relativ zum „Äther“ zu ermitteln. Es hat sich vielmehr herausgestellt, daß man bei der Messung der Lichtgeschwindigkeit stets auf dieselbe Zahl stößt, ganz unabhängig vom Bewegungszustand des Körpers, in bezug auf welchen die Geschwindigkeit festgestellt wird; d. h. jeder beliebige Körper verhält sich so, als ob er im Äther ruhte. Dies wäre natürlich ein Widerspruch; und wenn man den Tatbestand nicht durch ganz willkürliche und unberechtigte Hypothesen umdeuten will, so folgt daraus A 440

1. daß das Vakuum (wie wir statt „Äther“ besser sagen) keine Substanz ist, denn man kann ja nicht relativ zu ihm irgendwelche Bewegungen feststellen, also nicht irgendein Teilchen in ihm als mit sich selbst identisch durch die Zeit hindurch verfolgen; und es folgt hiernach

2. daß die Feststellung der Gleichzeitigkeit zweier Ereignisse an verschiedenen Orten zu verschiedenen Resultaten führen muß, wenn sie von Körpern vorgenommen wird, die sich zueinander bewegen. Da nicht der geringste Grund besteht, irgendeine von diesen Feststellungen vor den übrigen zu bevorzugen, so müssen alle als rechtmäßig, alle als gleich richtig betrachtet werden, und die Aussage: „Zwei räumlich entfernte Ereignisse sind gleichzeitig“, gilt nie absolut, sondern immer nur für eine bestimmte Gruppe von Beobachtern, die zueinander in Ruhe sind.

Wir wiederholen: Dies Resultat ist eine Folge davon, daß es keine unendlich große Signalgeschwindigkeit gibt, und daß keine überall gegenwärtige Substanz existiert, auf die man die Begriffe Ruhe und Bewegung beziehen könnte.

Es gibt in der Natur keine größere Geschwindigkeit als die des Lichtes; und die Einsteinsche Theorie, in der alle diese Gedanken zum ersten Male durchgeführt wurden, liefert zugleich die Einsicht in den physikalischen Grund dafür. Es ergibt sich nämlich aus ihr, daß man einem Körper, und sei es der kleinste, eine Geschwindigkeit gleich der des Lichtes nur mit Aufwendung einer unendlich großen Kraft erteilen könnte, d. h. überhaupt nicht. Jene stellt also die äußerste, unüberschreitbare Grenze aller physikalischen Geschwindigkeiten überhaupt dar. – Diese Ausbreitungsgeschwindigkeit des Lichtes (d. h. der elektromagnetischen Vorgänge, denn das Licht ist ein solcher) spielt also in der Natur eine ganz besondere Rolle. Es ist die Geschwindigkeit, mit der alle Wirkungen sich durch das Vakuum fortpflanzen.

A 441 | Da nach der Relativitätstheorie, wie schon früher bemerkt, auch die Materie als Energie aufgefaßt werden darf, so gibt es zwei Möglichkeiten, wie Energie von einem Orte zum anderen gelangen kann: 1. „diffuse" Energie schreitet mit Lichtgeschwindigkeit fort, und dieser Prozeß heißt „Strahlung"; 2. konzentrierte, zusammengeballte Energie mit beliebiger geringerer Geschwindigkeit, und dieser Vorgang heißt „Transport von Materie". Dieser prinzipielle Gegensatz kann zur Definition der „Materie" zum Unterschied vom reinen „Felde" benutzt werden, und jede Theorie der Materie wird von ihm Rechenschaft geben müssen.

Die weiteren wesentlichen Ergebnisse der speziellen (d. h. für geradlinig-gleichförmige Bewegungen gültigen) Relativitätstheorie dürfen schon als allgemein bekannt vorausgesetzt werden; es sei nur kurz daran erinnert: Nicht nur die Gleichzeitigkeit zweier Ereignisse an verschiedenen Orten ist relativ, sondern auch die Dauer eines Ereignisses ist keine absolute Größe; sie ist gleichfalls abhängig vom Bewegungszustand des Bezugskörpers, von dem aus sie gemessen wird. Dasselbe gilt von der Längenausdehnung jedes Körpers in der Bewegungsrichtung; sie ergibt sich um so kleiner, je schneller der Körper sich relativ zum Bezugskörper bewegt, und würde für Lichtgeschwindigkeit zu Null werden. – Diese Abhängigkeit der Längen und Zeiten vom Bewegungszustand bedeutet nicht etwa, daß sie für einen nicht mitbewegten Beobachter kürzer „erscheinen", sondern sie *sind* es für ihn wirklich; gibt es doch für den Physiker keine fester begründete Wirklichkeit als die durch seine Messungen festgestellte.

Die gewaltige philosophische Bedeutung dieser Erkenntnisse, durch die Raum und Zeit einer bis dahin ungeahnten Analyse unterworfen werden, darf nicht mißverstanden und in der falschen Richtung gesucht werden. Keineswegs wird durch die besprochenen Relativierungen irgendeine Art von Willkür oder Subjektivismus eingeführt, die Gesetzmäßigkeit der Natur wird nicht gelockert, sondern im Gegenteil verschärft: Die Theorie lehrt ja, daß auch dort noch Zusammenhänge bestehen, wo man bisher keine vermutet hatte, nämlich zwischen Raum- und Zeitmessungen. Die Relativität bedeutet nicht eine Abhängigkeit vom „wahrnehmenden Subjekt", sondern es handelt sich durchaus um objektive Zusammenhänge, die streng exakt zu errechnen sind. Auf jeden Fall gibt es für die Relativitätstheorie eine objektive, für alle Beobachter gleich wirkliche und ihnen allen gemeinsame Welt, die deswegen auch mit Recht „absolut" genannt werden darf. Hierauf muß mit größtem Nachdruck hingewiesen werden gegenüber allen Versuchen, die Anschauung der Relativitätstheorie mit der Monadenlehre von Leibniz in Parallele zu setzen, also die verschieden bewegten Beobachter als Monaden aufzufassen, von denen jede ihren eigenen Kosmos hat, mit den anderen aber in | keiner A 442 realen Verbindung steht, mit ihnen nicht zu einem gemeinsamen objektiven Universum vereint ist.[54]

Um die Wirklichkeitsbedeutung der neuen Ideen recht zu würdigen, fragt man am besten nicht: „Was wird hier alles relativiert?" sondern: „Was bleibt von der Relativierung unberührt?". Da sieht man denn, daß Raum- und Zeitgrößen einzeln genommen verschieden sind, je nach dem Bewegungszustande des Systems,

54 Vgl. Petzoldt, *Relativitätstheorie*, S. 191: „Denn wenn jeder der Beobachter gegen jeden anderen relativ bewegt ist, so vermag keiner die Beobachtungen irgendeines der anderen zu machen; jeder lebt gewissermaßen in einer eigenen Welt für sich, in einer Art Spinoza-Leibnizscher Monade, die keine Fenster hat – oder er ist eine solche Monade. [...] Daher muß jeder Versuch, die Erfahrungen auch nur zweier gegeneinander bewegter Beobachter, wie sie die Relativitätstheorie meint, durch ein Modell darzustellen, mißlingen und zu Irrtümern führen." Vgl. ebenso die detailliertere Kritik an Petzoldt in 1923a *Relativitätstheorie*, in diesem Band.

in dem sie gemessen werden, daß es aber gewisse Kombinationen der in jeden Vorgang eingehenden Raum- und Zeitgrößen gibt, die in jedem beliebigen Bezugssystem ohne Ausnahme *denselben* Wert behalten. Man muß also diese Kombinationen (die sogenannten „Invarianten“) als diejenigen Begriffe betrachten, welche die objektive Wirklichkeit beschreiben. Räumliche und zeitliche Bestimmungen getrennt geben nur eine *einseitige* Darstellung der Ordnung der objektiven Welt; aber in bestimmter Vereinigung kommt ihnen eine vom Standpunkt und Bewegungszustand des Messenden unabhängige Bedeutung zu. Dies Ergebnis steht im besten Einklang mit der früher gewonnenen Einsicht, daß als letzte Elemente des Universums nicht „Dinge“, sondern vielmehr „Vorgänge“ aufzufassen sind. In der Tat kann durch eine Kombination von Raum- und Zeitgrößen immer nur ein Vorgang, ein Geschehen bezeichnet werden, nicht ein ruhendes *Sein* von Dingen.

4. Die vierdimensionale Welt

Der beste Weg, sich den durch die Relativitätstheorie aufgedeckten Naturzusammenhang klarzumachen, besteht in der Anwendung gewisser mathematischer Kunstgriffe, durch welche die Verschmelzung und Einheit der räumlichen und zeitlichen Größen sehr deutlich illustriert werden kann. Wir betrachten zunächst eine Analogie. Wenn ich auf einer Papierfläche, also auf einem Gebilde von zwei Dimensionen, ein Abbild eines körperlichen, also dreidimensionalen Gegenstandes entwerfen will, so ist das nicht mit vollkommener Treue möglich, sondern ich kann nur eine perspektivische Ansicht darstellen, und diese gibt den Körper nur so wieder, wie er von einem bestimmten Punkte gesehen sich ausnimmt; für alle übrigen Punkte würde die Ansicht eine andere sein müssen. Um einen Körper adäquat abzubilden, ist ein dreidimensionales Modell nötig, man bedarf eines Bildhauers statt eines Malers. Die Wirklichkeit nun kann durch ein dreidimensionales Modell nicht vollkommen dargestellt werden, denn sie ist nicht nur räumlich in drei Dimensionen ausgedehnt, sondern viertens zugleich auch zeitlich bestimmt; die Körper, aus denen sie besteht, sind in Wahrheit Vorgänge. Man kann daher bei der Herstellung eines physikalischen Weltbildes so verfahren, daß man die | zeitliche Erstreckung der Welt, die ja, wie gesagt, mit der räumlichen zu einer untrennbaren Einheit zusammenfließt, als eine vierte, den drei räumlichen nebengeordnete Dimension auffaßt und die Welt als ein vierdimensionales Gebilde betrachtet – ein Gedanke, dessen mathematische Behandlung keine Schwierigkeiten bietet, so große Hindernisse er auch unserem Anschauungsvermögen entgegenstellen mag. Es ist sogar ein Vorteil dieser Darstellung, daß sie uns nicht in Versuchung führt, das Physikalische anschaulich vorstellen zu wollen. – So baut die Physik ein vierdimensionales Modell des Universums auf, welches vermöge der in ihm durchgeführten Vereinigung von Zeit und Raum ein getreues Bild der objektiven, aus Vorgängen bestehenden Natur darstellt. Der Begriffsbildhauer, der zuerst ein solches Modell schuf, nachdem bis dahin die Physik die Welt gleichsam nur *gemalt* hatte, war der Mathematiker *Minkowski*. Seine mathematische Abbildung des Weltgeschehens ist in rein formaler Hinsicht von einer solchen Harmonie und Durchsichtigkeit, daß ihre Schönheit und ihr Erkenntniswert gleichermaßen gepriesen werden. A 443

Zerlegt man dies einheitliche Modell, um die räumlichen und die zeitlichen Bestimmungsstücke gesondert erscheinen zu lassen, so fällt diese Zerlegung nicht für alle Beobachter gleich aus. Man erhält eben gleichsam perspektivische Ansichten, nur daß sie nicht von der *Lage* des Betrachters abhängen – diese kommt in der physikalischen Naturbeschreibung nicht mehr vor –, sondern von seinem Bewegungszustand. Wie aber ein Zeichner, dem *ein* perspektivisches Bild eines Körpers gegeben ist, daraus alle übrigen Ansichten desselben Körpers rekonstruieren kann, so genügt dem Physiker eine Ausmessung der Natur von einem beliebigen Bezugskörper aus, um daraus die Maße abzuleiten, die sie relativ zu irgendeinem anderen Bezugskörper aufweist; denn er kennt die Gesetzmäßigkeit, die das eine mit dem anderen verbindet. Jedes perspektivische Bild ist natürlich trotz seiner Relativität durchaus „richtig“. Vom Beobachter ganz unabhängig aber ist die vierdimensionale, räumliche und zeitliche Bestimmungen in einheitlicher Verschmelzung enthaltende, aus Ereignissen zusammengesetzte Welt; schon Minkowski selbst hat sie deshalb nicht mit Unrecht eine „absolute“ genannt.[55]

Betrachten wir nun die Struktur dieses vierdimensionalen Kosmos ein wenig näher! Sehen wir für einen Augenblick von der modernen Auffassung der Physik als einer reinen „Feld“-Theorie ab und stellen wir uns vor, die Natur bestände aus lauter in Bewegung befindlichen Teilchen (z. B. Elektronen), deren jedes mit sich identisch bleibt und stets als „dasselbe“ wiedererkannt werden kann. Denken wir uns die verschiedenen Punkte, an die ein solches Teilchen nacheinander gelangt, im Raum eingezeichnet, so bilden diese zusammen eine kontinuierliche Linie, seine A 444 „Bahn“, und diese Bahn zeigt uns, welche | Raumstellen es nacheinander berührt hat, sie lehrt uns aber nichts darüber, zu welcher *Zeit* es an bestimmten Raumpunkten gewesen ist. Benutzen wir jedoch das vierdimensionale Modell und tragen in ihm die Raum-*Zeit*-Punkte ein, die es durchlief, so erhalten wir die sogenannte „Weltlinie“ des Teilchens, deren Betrachtung uns nicht nur seine Bahn erkennen läßt, sondern auch zeigt, zu welchem Zeitpunkt es sich an einer bestimmten Stelle seiner Bahn befunden hat. Konstruiert man für jedes einzelne Teilchen seine Weltlinie, so erscheint die vierdimensionale Natur von einem Gewebe endloser Weltlinien durchzogen. Und dieses System der Weltlinien würde überhaupt *alles* Geschehen im Universum vollständig und restlos darstellen, wenn außer den bewegten Teilchen in der Welt gar nichts anderes vorhanden wäre. Dies entspräche einer rein „kinetischen“ Naturauffassung (von Kinesis, die Bewegung), die eine Spezialform der mechanischen Weltansicht darstellt. – Kreuzen sich zwei Weltlinien in einem Punkte, so bedeutet dies, daß zwei Teilchen zu gleicher Zeit am gleichen Ort zusammen-

55 Vgl. Minkowski, *Raum und Zeit*, S. 82: „[...] scheint mir das Wort *Relativitätspostulat* für die Forderung einer Invarianz [...] sehr matt. Indem der Sinn des Postulats wird, daß durch die Erscheinungen nur die in Raum und Zeit vierdimensionale Welt gegeben ist, aber die Projektion in Raum und Zeit noch mit einer gewissen Freiheit vorgenommen werden kann, möchte ich dieser Behauptung eher den Namen *Postulat der absoluten Welt* (oder kurz Weltpostulat) geben.“

getroffen sind, und diese Begegnung stellt ein *objektives* Ereignis dar, denn nach dem früher Gesagten ist Gleichzeitigkeit am gleichen Ort ein absolutes Geschehnis, d. h. die raum-zeitliche Begegnung kann von *jedem* Bezugssystem als solche konstatiert werden. Da nun bei näherer Betrachtung jede physikalische *Messung* auf nichts anderes hinausläuft als auf die Feststellung der raum-zeitlichen Koinzidenz zweier Körperpunkte (nämlich einer Zeigerspitze oder einer Quecksilberkuppe mit einem Skalenstrich usw.), so ergibt sich, daß durch jede Messung in der Tat ein objektives, nicht relatives, vom Bezugskörper unabhängiges Geschehen konstatiert wird. Punktkoinzidenzen sind überhaupt das einzige, was physikalisch beobachtbar und messender Bestimmung in letzter Linie zugänglich ist; aus Punktkoinzidenzen allein ist das objektive, vierdimensionale Modell, die „absolute Welt" aufzubauen, und alle Naturgesetze müssen so formuliert werden, daß sie bei der Übertragung von einem Bezugssystem auf das andere diese Koinzidenzen unberührt lassen. Alles, was die Naturgesetze sonst noch enthalten mögen, ist vom Bezugssystem abhängig und verfällt der Relativierung.

Einige Folgerungen hieraus sind im nächsten Kapitel zu besprechen; hier aber muß eine prinzipielle Bemerkung gemacht werden, damit das vierdimensionale Weltbild mit seinen Weltlinienzügen im rechten Licht erscheine. Wäre alles Geschehen im Kosmos restlos durch das System von Koinzidenzen substantieller Punkte darstellbar, so bedeutete dies die Realisierung des Ideals einer rein kinematischen Naturauffassung, denn das raumzeitliche Zusammenfallen von Punkten ist ja ein rein kinematischer Begriff; alles wäre durch *Bewegung* erklärt. Nun haben wir aber gesehen, daß die gegenwärtige Physik den Begriff der Substanz als eines identisch bleibenden Materie|teilchens aufgegeben A 445
hat: Indem sie sich aus einer Physik der Materie in eine „Feldphysik" verwandelt, führt sie die Materie auf Zustandsgrößen im Vakuum zurück, und der Bewegungsbegriff wird unanwendbar. Zwar bleibt es möglich, ein Elektron z. B. als „ein und dasselbe" im Auge zu behalten und seine Ortsveränderung mit der Zeit zu verfolgen, und für diese Teilchen bleibt die Weltlinie das passende Darstellungsmittel des Geschehens; aber für das zwischen

den Teilchen befindliche und sie verbindende „Feld“ schwindet jede Möglichkeit, die Ereignisse mit derartigen Hilfsmitteln zu beschreiben. Und da die Feldvorgänge gerade das Wesentliche sind, in das alles andere sich auflöst, und das durch die Mikrogesetze der Physik beschrieben wird, so folgt, daß die Darstellung des Geschehens durch Weltlinien überhaupt kein adäquates Bild der Wirklichkeit liefert. Sie gibt nur einen gewissen Aspekt des Wirklichen wieder, nämlich dasjenige, was sich mit bloßen Bewegungsbegriffen beschreiben läßt (das Kinematische), aber sie gibt kein eigentliches Verstehen oder Erklären, da sie gegenüber den Feldzuständen als dem eigentlich Letzten versagt.[56] Die Erklärung des physikalischen Geschehens bleibt den Mikrogesetzen vorbehalten; sie haben die vollständige Beschreibung der Naturzusammenhänge zu liefern.

In diesem vollständigen Naturbilde behält der Begriff der zeiträumlichen Koinzidenzen seinen vollen Sinn und seine fundamentale Bedeutung: Alle Raum- und Zeitbestimmungen haben nur den Sinn, Koinzidenzen von Ereignissen auszusagen – aber das Wort „Ereignis“ ist hier ganz allgemein zu verstehen, Koinzidenz heißt nicht mehr Begegnung zweier substantieller Punkte bzw. Schnitt zweier Weltlinien. – Da es nun unzweifelhaft ist, daß für uns nie etwas anderes als das Zusammenfallen „materieller Punkte“ unter die messende physikalische Beobachtung fällt (wir müssen z. B., um zu messen, die Marken eines Maßstabes als „dieselben“ im Auge behalten können), so öffnet sich eine große Kluft zwischen den Erfahrungsgrundlagen der Physik und den letzten Ergebnissen und Mitteln, durch die sie die Erfahrungstatsachen beschreibend erklärt. Man geht in der Erfahrung aus von den Koinzidenzen materieller Teilchen und endet in der Theorie mit der Annahme eines Kontinuums unanschaulicher Quantitäten oder Größen (Vektoren, Tensoren), in welchem keine identischen Teile existieren, sondern nur durch eine eigentümliche Gesetzmäßigkeit

56 Die Ergänzung der Kinematik ist eine Aufgabe, die für Schlick im allgemeinen der Erfahrung (Beobachtung dynamischer Erscheinungen) zukommt. Vgl. 1915a *Relativitätsprinzip*, S. 167 (*MSGA* I/4) sowie 1920c *Kausalprinzip*, in diesem Band S. 135, an dieser Stelle aber nur mehr mittels erweiterter *wissenschaftlicher* Erfahrung möglich ist.

mit gewisser Annäherung vorgetäuscht werden; man beobachtet, anders ausgedrückt, nur die Schnittpunkte von Weltlinien und konstruiert dazu ein Naturbild, in dem diese Schnitte nicht nur nicht als letzte Konstruktionselemente auftreten, sondern überhaupt keine streng gültigen Naturbegriffe darstellen, vielmehr nur mit einer gewissen Annäherung, für eine Makrobetrachtung, Bedeutung besitzen. Man gibt mithin den so klaren, anschaulichen und einfachen Gedanken der kinematischen Naturbeschreibung | auf zugunsten eines verhältnismäßig verwickelten A 446 Systems von niemals gegebenen, in letzter Linie also hypothetischen Elementen, und dadurch scheint man sich von der Erfahrung ins Ungemessene zu entfernen, und die physikalische Theorie scheint keine Beschreibung des Vorgefundenen mehr zu sein.[57]

Aber man darf hierüber nicht erstaunen; bei näherer Betrachtung zeigt sich vielmehr, daß die physikalische Naturbeschreibung letzten Endes immer so verfährt, und nicht etwa aus leichtfertiger Freude am Hypothesenmachen und Konstruieren, sondern unter dem unentrinnbaren Zwange des Einheitsbedürfnisses unserer Erkenntnis. Die Tatsachen lehren eben, daß man das Gegebene nur dann befriedigend erklären (d. h. durch ein geschlossenes Begriffssystem bezeichnen) kann, wenn man sich zunächst einmal von ihm entfernt, auf die Gefahr hin, niemals wieder völlig bis zu ihm zurückkehren zu können. Man hat im Gegenteil nicht den geringsten Grund, zu erwarten, daß die im Makroverhalten (als dem allein der Beobachtung zugänglichen) sich zunächst darbietenden Größen nun auch geeignet seien, bei den Mikrovorgängen die Rolle der letzten Elementargrößen zu spielen. Wo dies der Fall zu sein scheint (wie z. B. beim Begriff der elektrischen Feldstärke, die zunächst durch Makrovorgänge definiert ist, dann aber auch in den Mikrogesetzen der Elektrodynamik als Zustandsgröße auftritt), ist eher Mißtrauen am Platze, ob die endgültige Form der Gesetze schon gefunden ist.

57 In der Folge wird der Begriff der Koinzidenz – trotz der noch in 1925a *Erkenntnislehre*, S. 249 (*MSGA* I/1, S. 610) konstatierten „allerhöchsten Wichtigkeit" – von Schlick kaum noch verwendet.

Mit Unrecht hat man daher von der Seite des strengen Positivismus (d. h. derjenigen philosophischen Ansicht, welche möglichst vollkommene Beschränkung aller Wissenschaft auf das Reich des unmittelbar Gegebenen fordert) den physikalischen Theorien vorgeworfen, daß sie mit ihren Hypothesen die Wirklichkeit, die letzten Endes aus Gegebenheiten sich aufbaue, vergewaltige. Die physikalische Wirklichkeit baut sich eben *nicht* aus direkt erlebbaren, beobachtbaren Daten auf, sondern ist nur an sie angeschlossen, und der Physiker hat allein dafür zu sorgen, daß dieser Anschluß an die Erfahrung jederzeit für *alle* Beobachtung aufrechterhalten bleibt.

5. Die Relativität des Raumes und die Gravitation

Wenn es wahr ist, daß die Messung aller physikalischen Größen nur durch Beobachtung von Punktbegegnungen geschieht, und wenn die Richtigkeit der Naturgesetze in letzter Linie nur darauf beruht, daß sie jene Koinzidenzen richtig wiedergeben, so lassen sich daraus Konsequenzen von höchster Wichtigkeit für die Naturphilosophie herleiten.

Erstens die physikalische Relativität *aller* Bewegungen. Denn A 447 wenn ich nur feststellen kann, *daß* die Punkte A und B sich | begegnen, so ist es ein und dasselbe, ob sich A zu B oder B zu A hin bewegt hat, und dies muß offenbar für *beliebige* Bewegungen gelten, d. h. in der Formulierung der Naturgesetze muß jede Bewegung, nicht bloß die geradlinig-gleichförmige, als etwas Relatives aufgefaßt werden können. Durch diese Überlegung gelangt man mit Einstein zur „allgemeinen Relativitätstheorie", die nun auch krummlinige und beschleunigte Bewegungen ihres absoluten Charakters entkleidet. In der alten Physik und in der „speziellen Relativitätstheorie" waren beide Arten von Bewegung dadurch unterschieden, daß die geradlinig-gleichförmige Bewegung diejenige war, in der ein bewegter Körper „von selbst" verharrte, während er jeder Änderung der Richtung oder Geschwindigkeit seiner Bewegung einen Widerstand entgegensetzte, den man als „Trägheitswiderstand" bezeichnete, und der seiner „trägen Masse" proportional war; eine krummlinige oder ungleichförmige Bewegung konnte ein Körper daher nur ausführen, wenn „Kräfte" auf ihn wirkten. Unter diesen ist nun die *Schwerkraft*, d. h. die allgemeine Massenanziehung oder Gravitation, dadurch ausgezeichnet, daß sie ebenfalls jener „Masse“ genau proportional ist. Mit anderen Worten: Schwere und träge Masse, obwohl ursprünglich auf ganz verschiedene Weise definiert, sind vollständig äquivalent, sind im Grunde eines und dasselbe. Dies ist nur dadurch zu erklären, daß Trägheit und Schwere als Äußerungen einer und derselben Naturtatsache aufgefaßt werden. Dies tat Einstein und gelangte dadurch auf einem hier nicht näher zu schildernden Wege zu folgendem Ergebnis: Wie es nach der speziellen Relativitätstheorie erlaubt war, einen Körper mit gleichem Recht als ruhend oder als geradlinig-gleichförmig bewegt anzusehen, so darf er nach der *allgemeinen* Theorie mit gleichem Recht als beschleunigt oder unbeschleunigt betrachtet werden, indem man zugleich eine bestimmte Gravitationskraft je nach den Umständen hinzu- oder hinwegdenkt. Das heißt: Mit der Beschleunigung wird zugleich die Gravitation oder die Schwere relativiert. Sie ist nicht etwas Absolutes, sondern ob sie als vorhanden anzusehen ist oder nicht, hängt von dem zugrundegelegten Bezugskörper ab. (Wem es sonderbar vorkommt, daß die Existenz einer Kraft vom Zustande des Betrachters abhängen soll, möge daran denken, daß die „Zentrifugalkraft“, deren sehr reale Wirkungen jeder von uns tausendfach erfahren hat, bereits von Newton als nur für einen krummlinig bewegten Beobachter vorhanden, nicht als objektiv existierend betrachtet wurde.) Die Gravitationskraft ist nicht als eine physikalische Realität aufzufassen, die den Körper aus seiner Bahn „zieht“, sondern er bewegt sich nach der neuen Anschauung durchaus „von selbst“ krummlinig bzw. beschleunigt; seine Bewegung unter dem Einfluß der „Schwere“ ist eine kräftefreie, „natürliche“; sie ist dem *Raume* angepaßt, in dem die Bewegung stattfindet.

| Damit kommen wir zu der *zweiten* Folgerung, die sich aus A 448
der geschilderten Grundauffassung ergibt. Sie betrifft das Wesen des Raumes und der Wissenschaft vom Raume, die Geometrie. Die größten Mathematiker und Physiker des 19. Jahrhunderts hatten bereits die Einsicht gewonnen, daß man aus erkenntnistheoretischen Gründen nicht wohl vom „Raum“ schlecht-

weg ohne jede Bezugnahme auf Körper oder physikalische Gegenstände sprechen könne, daß folglich die Geometrie, sofern sie Wissenschaft vom Raume sein wolle, keineswegs von physikalischen Erfahrungen unabhängig sei, daß sie also nicht etwa einen „reinen" Raum untersuche, sondern vielmehr gewisse Seiten des Verhaltens der Naturkörper beschreibe. So sagte Helmholtz, die Geometrie spreche in Wahrheit „über das mechanische Verhalten unserer festesten Körper bei Bewegungen".[58] Newton schon erklärte sie für „denjenigen Teil der gesamten *Mechanik*, welche die Kunst des *Messens* genau feststellt und begründet";[59] und Einstein nennt sie die Wissenschaft von den „Lagerungsmöglichkeiten der Körper".[60] Das wesentliche dabei ist, daß die Raumlehre als Erfahrungswissenschaft erkannt wird; d. h. die Axiome der Geometrie sind uns nicht durch irgendeine „reine Anschauung" oder sonstwie von vornherein als notwendig gegeben, sondern erst die Erfahrung belehrt uns über ihre Gültigkeit für den Raum. Und die Erfahrung, die Beobachtung zeigt uns, daß unter Zugrundelegung der Grundgedanken der allgemeinen Relativitätstheorie die Lagerungsmöglichkeiten der Körper *nicht* genau durch die uns von der Schule her vertraute, seit den Tagen des Euklid überlieferte Raumlehre – die „euklidische" Geometrie – dargestellt werden, daß also die Eigenschaften des wirklichen Raumes nicht den euklidischen Axiomen entsprechen. Ein ideal genaues Lineal, ein Lichtstrahl haben niemals vollkommen exakt die Eigenschaften, welche Euklid der geraden Linie zuschreibt: Wir leben in einer nichteuklidischen Welt.

Nehmen wir wie früher die Zeit als viertes Bestimmungsstück zu den drei Raumdimensionen hinzu, so kommt in dieser vierdimensionalen Welt, die nun ganz unabhängig vom Beobachter ein

58 Helmholtz, *Ursprung und Bedeutung der geometrischen Axiome*, in diesem Band S. 372.

59 Vgl. Newton, *Principien*, S. 1: „Die Geometrie hat demnach ihre Basis in der praktischen Mechanik und sie ist derjenige Theil der allgemeinen Mechanik welcher die Kunst, genau zu messen, aufstellt und beweist."

60 Einstein, *Geometrie und Erfahrung*, S. 7. Vgl. auch 1921c *Erläuterungen/Helmholtz*, in diesem Band S. 295 und 1921i *Rezension/Einstein*, in diesem Band S. 465.

Bild der objektiven Wirklichkeit darstellt, der nichteuklidische Charakter des Raumes in ganz besonderer Weise zum Ausdruck. Es gibt nämlich einen gewissen mathematischen Ausdruck, dessen Wert im allgemeinen von Punkt zu Punkt wechselt, und der die sogenannte „Krümmung“ der vierdimensionalen Mannigfaltigkeit angibt. Darunter ist nun aber durchaus nicht etwas zu verstehen, das in irgendeinem Sinne wahrnehmbar-anschaulich gekrümmt wäre, sondern nur eine Größe, die rein mathematisch-formal Ähnlichkeit hat mit einem Ausdruck, der bei krummen Flächen als Maß der Krümmung dienen kann. Dies muß man sich vor Augen halten, dann wird man durch das Wort „Krümmung“ nicht zu dem oft gehörten Einwand verführt | werden, es könnten A 449 wohl Gegenstände im Raume krumm sein, niemals aber der Raum selbst.

Und nun das Merkwürdige: Dasjenige, was durch den Begriff der „Krümmung“ in der objektiven Welt bezeichnet wird, entspricht der „Gravitation“ bzw. einer beschleunigten Bewegung. Mit andern Worten: Wenn ein Beobachter in seiner Umgebung ein „Gravitationsfeld“ oder – relativ zu einem andern Bezugskörper – ein „Beschleunigungsfeld“ konstatiert, so bedeutet dies in dem objektiven Naturbilde der Physik, daß dort eine „Weltkrümmung“ vorhanden ist. Damit erscheint das Wesen der Schwere in einer überraschenden Weise aufgeklärt: Sie ist nicht eine „Kraft“, welche die Körper gleichsam äußerlich miteinander verbindet, sondern sie gehört in demselben Sinne zur Natur der Körper wie deren räumliche und zeitliche Erstreckung und Ordnung, sie ist selbst nur ein Ausdruck des räumlich-zeitlichen Zusammenhanges der Dinge. Körper, Raum, Zeit, Schwere: alles dies ist in der absoluten Welt zu einer in Wirklichkeit untrennbaren Einheit verflochten, und die Unterscheidung der durch jene Worte bezeichneten Seiten der einheitlichen Wirklichkeit hat nur einen relativen oder vorläufigen, vom Bezugssystem und vom Zweck der Beschreibung abhängigen Sinn. Während in allen früheren Weltbildern die Natur aus Dingen bestand, die sich in einem Raume befanden, während einer Zeit existierten und durch angreifende Kräfte irgendwie verbunden waren, ist in der Einsteinschen Physik eine solche Trennung und gesonderte Betrachtung prinzipiell unmöglich. Unsere frühere Erkenntnis, daß die Natur nicht aus Dingen, sondern aus Vorgängen besteht, wird durch diese Einsicht präzisiert, vertieft und erweitert.

So erscheint die Welt von unerhörter Harmonie durchwaltet. Von der grandiosen Geschlossenheit und überirdischen Schönheit des Naturbildes der neuen Physik läßt sich durch eine gedrängte Darstellung ihrer Grundgedanken kaum eine Vorstellung geben; sie erschließt sich nur dem eindringenden Studium. Ein solches aber offenbart hinter der scheinbaren Kompliziertheit des neuen Naturbegriffs eine so wundervolle Einheit feinster Zusammenhänge, daß man tief in das innerste Herz der Natur zu blicken glaubt, während die vorschnelle Einfachheit früherer mechanischer Naturbilder roh und oberflächlich sich ausnimmt.

6. Bau und Entwicklung des Kosmos[61]

Die Raumlehre der relativitätstheoretischen Naturauffassung führt zu einem höchst bemerkenswerten Ergebnis in bezug auf den Bau des Kosmos als Ganzen. Spekulationen über die Struktur des Weltganzen sind von jeher ein Lieblingsgegenstand der A 450 Natur|philosophie gewesen. Der Grundgedanke, der diese Spekulationen etwa von der Renaissance bis in die neueste Zeit beherrschte, war die Idee der *Unendlichkeit* des Weltraumes.[62]

Die neuere Astronomie hatte erkannt, daß alle sichtbaren Sterne (von denen einer unsere Sonne ist) einem einzigen großen Sternsystem, dem „Milchstraßensystem", angehören und innerhalb seiner, zu Sternhaufen und -strömen zusammengeballt, in gesetzmäßiger Bewegung begriffen sind; sie hatte ferner vermutet, daß manche der am Himmel zahlreich vorhandenen „Spiral-

61 Schlick hielt nach dem Ersten Weltkrieg eine Reihe von Vorträgen mit dem Titel „Einführung in die Himmelskunde". Vgl. Inv.-Nr. 18, A. 67 und A. 68. Siehe ferner Einstein, *Kosmologische Betrachtungen*; 1919a *Raum und Zeit* (*MSGA* I/2), Kap. IX; 1923a *Relativitätstheorie*, in diesem Band S. 545.

62 Vgl. z. B. Wundt, *Unendlichkeit der Welt*, S. 107: „Gleichwohl kann man vielleicht bezweifeln, ob es wirklich eine Notwendigkeit und nicht bloß eine im Lauf der Jahrhunderte gereifte Gewohnheit des Denkens ist, die uns jene Idee eines unendlichen Universums heute so vertraut macht."

nebel“ in Wahrheit Milchstraßensterne darstellen, die dem unsrigen an Größe und Struktur ähnlich sind. Da lag es für die kosmologische Phantasie nahe, alle diese Milchstraßensysteme ihrerseits als zusammengehörig und als mit vielen andern ein höheres System bildend zu betrachten – dann weiter anzunehmen, daß zahllose solcher höheren Systeme wiederum zu einem nächstgrößeren und nächsthöheren sich zusammenschließen – und so fort. Man gelangte auf diese Weise zu der Vorstellung einer Hierarchie der Sternsysteme, die ins Unendliche fortgesetzt gedacht werden konnte, denn es schien keinen Grund zu geben, irgendeines dieser Systeme als das schlechthin größte und letzte zu betrachten. – Bedachte man ferner, daß nach den Lehren der Physik jedes einzelne Atom als eine Art kleines Planetensystem aufgefaßt werden durfte,[63] so lag der Gedanke nicht allzu fern, es möchte jener astronomischen Unendlichkeit im Großen eine Unendlichkeit im Kleinen entsprechen; das heißt, man fragte sich: Ist nicht vielleicht jedes Elektron wiederum ein Weltsystem für sich und jeder Elementarkörper eines solchen Mikro-Weltsystems wiederum ein kleineres System höherer Ordnung und so fort ins Unendliche?

Hiermit ist nur eines von verschiedenen möglichen kosmologischen Bildern angedeutet, welche die konstruierende Phantasie sich aufbauen und an denen sie ihren Unendlichkeitsdurst stillen kann. So lockend und großartig derartige Gedankengänge sind, so ist doch klar, daß ihnen irgendein positiver Erkenntniswert kaum zugemessen werden kann. Ihnen gegenüber glaubte die neueste Astronomie bereits manche empirischen und theoretischen Anzeichen dafür zu haben, daß das Universum, dem unser Sonnensystem angehört, in Wahrheit nur eine *endliche* Anzahl von Sternen enthalte, wenn auch natürlich eine ganz ungeheuer große. Auf

63 Vgl. z. B. Wien, *Über Elektronen*, S. 261: „Große Schwierigkeiten macht der Elektronentheorie auch die Erklärung der Spektrallinien. Da jedem Element eine bestimmte Gruppierung der Spektrallinien zukommt, die es in leuchtendem Zustande aussendet, so muß jedes Atom ein unveränderliches System bilden. Am einfachsten wäre es, wenn man jedes Atom als ein Planetensystem auffassen könnte, das aus einem positiv geladenen Zentrum besteht, um welches die negativen Elektronen wie Planeten kreisen.“

diese Frage der *Endlichkeit* der Welt hat die Einsteinsche Theorie überraschend ganz neues Licht geworfen. Es ergibt sich nämlich aus ihr mit einer äußerst hohen Wahrscheinlichkeit, daß der Kosmos *nicht* unendlich ausgedehnt ist, aus dem einfachen Grunde, weil der Raum selber nur eine endliche Ausdehnung besitzt. Die Theorie führt auf einem Wege, der hier nicht näher geschildert werden kann, zu dem Ergebnis, daß der Weltraum, von dem wir A 451 ja bereits wissen, | daß er kein euklidischer ist, annähernd die Eigenschaften eines sogenannten „sphärischen Raumes" hat.[64] Ein derartiger Raum, dessen Gesetzlichkeit von den Mathematikern des 19. Jahrhunderts bereits genau untersucht worden war, ist nicht etwa, wie der Laie glauben könnte, kugelförmig, sondern er trägt seinen Namen deshalb, weil seine Eigenschaften sich zu denen des euklidischen Raumes analog verhalten wie die geometrischen Eigenschaften einer Kugelfläche zu denen der Ebene. Der sphärische Raum hat zwar eine endliche Größe, aber er ist schlechthin unbegrenzt, darf also nicht etwa als ein begrenztes Stück eines unendlichen Raumes aufgefaßt werden. Wenn ich im Universum in irgendeiner Richtung unaufhörlich geradeaus weiter schreite, so komme ich nirgends an eine Grenze, an welcher die Erfüllung des Raumes mit Sternen oder gar der Raum selber aufhörte, aber ich gelange auch nicht ins Unendliche, sondern kehre schließlich in die Gegend zurück, von der ich ausgegangen bin – und dies, wohlgemerkt, ohne je von der geradesten Richtung abgewichen zu sein. – Diese Eigenschaften des sphärischen oder vielmehr annähernd sphärischen Weltraums sind dem Ungeübten schwer begreiflich, ja, die Attribute der Unbegrenztheit und Endlichkeit erscheinen ihm vielleicht widersprechend – aber die Mathematiker sind mit diesen Begriffsbildungen längst vertraut, und zweifellos ist der geschilderte Bau des Kosmos völlig widerspruchsfrei und auch mit unserer Anschauung schließlich nicht unverträglich; es bedarf nur einiger Gewöhnung, um sich in die zunächst fremdartigen Vorstellungen einzuleben. Wer den Weg zu einer solchen Gewöhnung finden will, möge die erkenntnistheoretischen Schriften von Helmholtz und die Einsteinsche

64 Vgl. 1921c *Erläuterungen/Helmholtz*, in diesem Band.

Abhandlung über „Geometrie und Erfahrung“[65] studieren; auch die Bücher von H. Poincaré können gute Dienste leisten.[66]

Trotz der räumlichen Endlichkeit steht das neue Weltbild keinem früheren an Großartigkeit nach. Der moderne Naturphilosoph begeistert sich nicht weniger an der harmonischen Schönheit des geschlossenen Universums und an der Kühnheit des menschlichen Gedankens, der zu seiner Erkenntnis führte, als sich einst Giordano Bruno an der mächtigen Idee der Unendlichkeit der Welten berauschte.[67]

In ein ganz anderes Gebiet naturphilosophischer Fragen als die Räumlichkeit des Kosmos führt das Problem der *zeitlichen* Entwicklung des Universums. Zwar in manchen populär-astronomischen Darstellungen des Weltbaues stellt sich die Sache einfach genug dar. Die Astrophysik unterscheidet verschiedene Entwicklungsstadien der Sterne. Sie nimmt an, daß die Fixsterne durch Zusammenballung | kosmischer Nebelmassen entstehen, daß sich A 452 auf diese Weise hellglühende Gaskugeln und Sonnen bilden, die allmählich in einen immer festeren Zustand übergehen und erkalten, was sich darin äußert, daß das weiße Licht, welches sie ausstrahlen, allmählich immer gelblichere Färbung annimmt, dann rötlich wird und endlich ganz erlischt. Daß die Sterne derartigen Entwicklungsprozessen unterworfen sind, darf in der Tat als gesichert angenommen werden; aber es erhebt sich die Frage: Wo kommen die ursprünglichen Gasnebel her? Am befriedigendsten würde die Annahme erscheinen, daß die erkalteten Himmelskörper auf irgendeine Weise wieder in Gasnebel zurückverwandelt werden – dann würde alle Entwicklung im Universum sich darstellen als ein ewiger gewaltiger Kreislauf von Nebel zu Stern und von Stern zu Nebel. Aber es ist sehr schwer, eine mit den physikalischen Gesetzen verträgliche Hypothese darüber

65 Vgl. 1921i *Rezension/Einstein*, in diesem Band.

66 Abgesehen von seinen Schriften zur Geometrie gibt Poincaré in *Leçons sur les hypothèses cosmogoniques* eine Übersicht über die zeitgenössischen Theorien des Kosmos.

67 Vgl. 1919a *Raum und Zeit*, S. 65 (*MSGA* I/2, S. 258).

aufzustellen, wie die Umwandlung der festen Himmelskörper in Nebel vor sich gehen soll. Und selbst wenn man mit manchen Forschern annehmen dürfte, daß etwa durch einen zufälligen Zusammenstoß zweier Himmelskörper infolge der dabei entstehenden Hitze eine Verflüchtigung der beiden in den gasförmigen Zustand stattfinde, so fragt sich doch, ob ein solches Geschehen sich beliebig oft wiederholen könne, ob also die kosmische Entwicklung wirklich als ein ewig in ähnlicher Weise wiederholter Kreisprozeß gedacht werden dürfe. Dem scheint nämlich ein ganz bestimmtes physikalisches Gesetz entgegenzustehen. Es ist das „Gesetz von der Vermehrung der Entropie", häufig auch als „zweiter Hauptsatz der Wärmetheorie" bezeichnet (der „erste Hauptsatz" ist nichts anderes als das Energieprinzip).

Es steht den bisher besprochenen Naturgesetzen als ein ganz neuartiges gegenüber und verlangt aus mehr als einem Grunde eine naturphilosophische Betrachtung.

Verneinte der Energiesatz die Möglichkeit der Erzeugung von Energie aus nichts, so leugnet der Entropiesatz die beliebige Verwandelbarkeit der Energien ineinander; seine Behauptung läuft im wesentlichen darauf hinaus, daß Wärmeenergie nur unter ganz bestimmten Bedingungen in Arbeit umgesetzt werden kann, während die entgegengesetzte Umwandlung andrer Energiearten in Wärme völlig unbeschränkt möglich ist. Die Folge davon ist, daß im Universum fortwährend Energie zu Wärme wird, die sich nie mehr restlos in Arbeit zurückverwandeln läßt.

Bei den vorhin geschilderten kosmischen Prozessen nun müßte sich mehr und mehr Wärme auf Kosten der lebendigen Kraft der Sternbewegungen erzeugen, der Prozeß der Sternbildung würde bei jeder Wiederholung weniger energisch verlaufen und schließlich ersterben. Allgemein hat man aus dem Entropieprinzip schließen wollen, daß die Welt einst den „Wärmetod" erleiden, d. h. A 453 in einen | Zustand gelangen wird, in dem unter Ausgleichung sämtlicher Temperaturunterschiede alle Energie in Wärme übergegangen ist und aus dieser Form nicht mehr befreit werden kann. Dann wäre alles Geschehen in der Welt zum Stillstand gekommen; es hätte sich in jene zitternde Bewegung der kleinsten Teilchen aufgelöst, die wir „Wärme" nennen. Ähnlich wie auf ein

„Weltende“ hat man aus dem Entropiesatz auch auf einen „Weltanfang“ zu schließen versucht und eine Reihe weiterer Spekulationen angeschlossen, die für den Naturphilosophen einen Anlaß bilden, das Wesen des Entropieprinzips etwas genauer in Augenschein zu nehmen.

Zunächst darf gesagt werden, daß die durch den Entropiesatz ausgedrückten Tatsachen es in der Tat verbieten, sich das Weltgeschehen in der oben angedeuteten einfachen Weise als einen wechselnden Kreislauf von Nebeln zu Sternen und umgekehrt vorzustellen; in Wahrheit werden die Entwicklungsprozesse des Kosmos außerordentlich viel komplizierter sein. Andrerseits aber ist es nach unserer gegenwärtigen Kenntnis und Auffassung des zweiten Hauptsatzes mit seinem Wesen dennoch nicht unverträglich, daß das Weltgeschehen im großen Ganzen zyklischen Charakter trage. Dies würde nicht zutreffen, wenn das Entropieprinzip wirklich ein streng exaktes Naturgesetz von ausnahmsloser Gültigkeit wäre, denn dann wären die Weltvorgänge nicht umkehrbar (irreversibel), und dadurch wäre eine bestimmte Richtung des Geschehens als möglich vor der entgegengesetzten als unmöglich ausgezeichnet. Jedoch seit den Untersuchungen Ludwig Boltzmanns darf man glauben – und diese Überzeugung ist in der gegenwärtigen Naturforschung herrschend – daß der Entropiesatz gar keine *notwendige*, sondern nur eine *wahrscheinliche* Geltung besitzt, anders ausgedrückt: nicht in *allen* Fällen, sondern nur durchschnittlich in der weitaus überwiegenden Zahl der Fälle spielt sich das Geschehen in der von dem Entropieprinzip angegebenen Weise ab.[68] Wenn dieses Prinzip z. B. behauptet: „Bei Berührung zweier Körper von verschiedener Temperatur geht die Wärme aus dem wärmeren in den kühleren Körper über, nicht aber umgekehrt“, so ist dieser Satz in demselben Sinne gültig wie etwa die Behauptung: „Niemand wird mit einem normalen Würfel eine Million mal hintereinander eine Sechs werfen.“ Obgleich ein millionenfacher Sechserwurf keinem Naturgesetz widerspricht und daher nicht schlechthin ausgeschlossen ist, erwarten wir doch mit Recht

68 Vgl. Boltzmann, *Beziehung zwischen dem zweiten Hauptsatz und Wahrscheinlichkeitsrechnung.*

niemals, ihn zu erleben. Nun ist nach den Überlegungen Boltzmanns (auf die wir im nächsten Kapitel kurz zurückkommen) die Wahrscheinlichkeit eines im Widerspruch zum Entropiesatz verlaufenden Geschehens im allgemeinen noch eine sehr viel kleinere als die des besprochenen Würfelfalles, obgleich sie nie absolut zu Null wird; aus diesem Grunde bleiben wir mit allen vom Entropiesatz beherrschten Erfahrungstatsachen genau so gut im
A 454 | Einklang, wenn wir ihm nur eine sehr hohe (im Einzelfall zahlenmäßig bestimmbare) Wahrscheinlichkeit zuschreiben, als wenn wir ihn für ein strenges Naturgesetz erklären würden. Das letztere aber verbietet sich, und das erstere empfiehlt sich aus Gründen, die wir noch kurz zu erwähnen haben.

Ist jedoch das Entropieprinzip nur ein Wahrscheinlichkeitsgesetz, sind also ihm widersprechende Prozesse nicht schlechthin unmöglich, so müssen derartige Prozesse schließlich doch in der Wirklichkeit vorkommen, zwar überaus selten, aber mit um so größerer Wahrscheinlichkeit, je längere Zeiträume verstreichen. Da nun dem Universum beliebig lange Zeiten zur Verfügung stehen, so wird es, prinzipiell gesprochen, keinen Zustand der Welt geben, der nicht wiederkehren, keinen, der nicht rückgängig gemacht werden könnte. Sollte also einmal so etwas wie ein Wärmetod im Universum eingetreten sein, so wird, wenn auch nach unermeßlichen Zeiten, schließlich einmal wieder von selbst (durch „Zufall") eine neue Differenzierung des allgemeinen undifferenzierten Zustandes stattfinden, eine Umwandlung der überall gleichmäßig verteilten Wärme in andre Energieformen eintreten müssen; es müssen sich dann die Naturvorgänge in umgekehrter Reihenfolge oder Richtung abspielen, als wir es im gegenwärtigen Zustande des Kosmos gewöhnt sind. Damit werden alle jene kosmologischen Spekulationen hinfällig, die auf der Voraussetzung des Entropiegesetzes als eines absolut gültigen Naturgesetzes beruhen. Diese Feststellung genügt hier für unsere Zwecke; es erübrigt sich daher eine Betrachtung darüber, ob die erwähnten Spekulationen nicht vielleicht auch bei Aufrechterhaltung jener Voraussetzung auf schwachen Füßen ruhen.

Mit der durch den „zweiten Hauptsatz" bedingten Einseitigkeit des Ablaufs der Naturvorgänge hängt zweifellos die Aus-

zeichnung der *Zeitrichtung* von der Vergangenheit zur Zukunft zusammen, d. h. die merkwürdige Tatsache, daß die Richtung vom Früher zum Später völlig verschieden von der umgekehrten Richtung und mit ihr nicht vertauschbar erscheint; oder vielmehr: Die Nichtumkehrbarkeit der Vorgänge und die Einseitigkeit der Zeitrichtung sind im Grunde eine und dieselbe Tatsache. Bereits Boltzmann hat hierauf aufmerksam gemacht.[69] Wenn einmal in der Welt oder einem Teil der Welt alle Vorgänge dem Entropiesatz zuwiderlaufen, so haben dort Vergangenheit und Zukunft ihre Rollen vertauscht, und man darf sagen, daß der Zeitlauf selbst dort die umgekehrte Richtung habe. Vielleicht würde uns ein derartiges Geschehen, wenn wir darin lebten oder hineinversetzt würden, überaus sonderbar erscheinen, wie ein verkehrt ablaufender Film; es wäre aber auch möglich, daß wir gar nichts davon merken, sondern in der gewohnten Welt zu leben glauben würden. Denn wir nennen „vergangenes" Geschehen offenbar dasjenige, wovon wir „Erinnerungsvorstellungen" haben, und „zukünfti|ges" A 455
dasjenige, wovon wir noch keine Kenntnis besitzen. Die Erinnerung bildet im Grunde das einzige Kriterium, ist aber nur ein subjektives; welches Geschehen „objektiv" und „in Wirklichkeit" vorausgeht, würden wir gar nicht beurteilen können, ja vielleicht hätte die Frage gar keinen Sinn, ob das, was uns als „Vergangenheit" erscheint, wirklich „vergangen" oder in Wahrheit etwa „zukünftig" ist und uns nur durch den verkehrten Ablauf aller Prozesse (zu denen ja auch unsere Gedächtnisprozesse gehören) als vergangen vorgetäuscht wird.

Solche Betrachtungen lehren uns zum mindesten, daß es nur unter ganz besonderen Vorsichtsmaßregeln oder Voraussetzungen möglich ist, zwischen „vorwärts" und „rückwärts" verlaufenden Prozessen zu unterscheiden und der Zeitrichtung eine objektive Bedeutung zuzumessen; aber die weitere Verfolgung dieser Gedanken würde rein erkenntnistheoretischen Charakter tragen und gehört nicht mehr in die Naturphilosophie.

69 Vgl. Boltzmann, *Beziehung zwischen dem zweiten Hauptsatz und Wahrscheinlichkeitsrechnung*.

Dagegen möge noch kurz die diesseits der Erkenntnistheorie gelegene Frage besprochen werden, woher es überhaupt kommt, daß wir im allgemeinen nur über vergangene, nicht aber über zukünftige Geschehnisse genau Bescheid wissen. Man hat wohl gelegentlich bemerkt, daß die Erklärung dafür im Entropieprinzip liegen müsse, und dies muß natürlich der Fall sein, da ja dies Prinzip erst den Grund der fraglichen Unterscheidung abgibt. In der Tat ist bei reversibeln Naturvorgängen, bei denen keine merkliche Wärme erzeugt wird und mithin der Entropiesatz keine Rolle spielt – so bei den Bewegungen der Himmelskörper – die Zukunft genau so gut erschließbar wie die Vergangenheit. Aber über den wahren Zusammenhang herrscht im allgemeinen keine Klarheit.

Eigentlich sollte man sogar erwarten, es sei leichter, mit Hilfe des Entropiesatzes die Zukunft als die Vergangenheit zu errechnen, denn es ist offenbar eher möglich, den undifferenzierten Zustand anzugeben, nach welchem ein Zustand ungleichmäßiger Energieverteilung hinstrebt, als zu sagen, aus welchen stärker differenzierten Zuständen sich ein weniger differenzierter entwickelt hat. Das Paradoxon löst sich, wenn man beachtet, daß die Struktur der Vergangenheit nicht aus dem Grade der Energieverteilung, sondern aus der Raumgestalt der Gegenstände erschlossen wird. Vergangenes ist nämlich deshalb erkennbar und rekonstruierbar, weil es „Spuren“ hinterläßt. Ich kann dem Meeresstrande ansehen, daß kurz vorher ein Mensch darüber geschritten ist, ich kann ihm aber nicht ansehen, ob nächstens ein Mensch dort wandeln wird. Die Erzeugung von „Spuren“ im weitesten Sinne geschieht nun stets in der Weise, daß eine Energie in differenzierter Form (in unserm Falle die kinetische Energie der Fußbewegungen des Menschen) eine Umlagerung körperlicher Teil-
A 456 chen (der Sandkörner des Strandes) bewirkt und ihnen | so eine bestimmte Form (den Eindruck eines Fußes) aufprägt, welche eben dadurch dauernd erhalten bleibt, daß die Energie dabei gemäß dem Entropiesatz in eine zerstreute Form (ungeordnete Bewegung der Sandkörnchen-Moleküle) übergeht, also keine weitere Lageänderung der groben Teilchen mehr bedingt. Bliebe die Energie in geordneter Form (als lebendige Kraft der Sandkörner),

so würden die Körner nach Empfang des Fußtritts nicht in Ruhe verharren, und es würde keine bleibende Spur hinterlassen. – Da gewiß auch unser „Gedächtnis“ auf gewissen, im Gehirn zurückgebliebenen Spuren beruht, so gilt die hier gegebene Erklärung ganz allgemein und macht plausibel, warum auch unsere Erinnerung sich nur auf die (mit Hilfe des „zweiten Hauptsatzes“ definierte) Vergangenheit, nicht aber auf die Zukunft erstreckt.

7. Statistische und ontologische Gesetze. Quantentheorie

Der Entropiesatz ist ein Makrogesetz. Seine Erklärung, d. h. die Erklärung des „Strebens“ der Natur nach Energiezerstreuung oder ihrer „Vorliebe“ für Zustände größeren Wärmeausgleichs, hätte die dazu gehörenden Mikrogesetze aufzusuchen. Die Mikrogesetze aber, die sonst in der ganzen Physik bewährt waren, sind lauter Gesetze für reversible Vorgänge: Sie sind von der Art, daß mit ihnen die Umkehrung jedes Naturvorganges verträglich ist, in ihnen selbst ist kein Grund gegeben, warum irgendein Geschehen sich eher in der einen als in der andern Richtung abspielen sollte, in ihnen ist also die Irreversibilität nicht enthalten. Wie also kommt sie in das Makroverhalten der Natur hinein?

Hier bestehen zwei Möglichkeiten. Die erste wäre natürlich die, daß die bis jetzt bekannten Mikrogesetze eben nicht die endgültig wahren sind, sondern nur angenähert gelten und auf andere von gänzlich verschiedener Struktur zurückgeführt werden müssen. Die zweite Möglichkeit besteht darin, den Grund der Nichtumkehrbarkeit der Naturvorgänge überhaupt nicht in einem Natur*gesetz* zu suchen, sondern in den *Anfangsbedingungen*, von denen wir ja gesehen haben (S. 431), daß erst in Gemeinschaft mit ihnen die Naturgesetze eine vollständige und eindeutige Bestimmung der Weltprozesse liefern.[70] Der letztere Weg besitzt neben dem rein empirischen Vorzug, daß er die wohlbewährten Mikrogesetze nicht antastet, auch noch allgemeine erkenntnistheoretische und naturphilosophische Vorzüge und ist, wie bereits angedeutet, von L. Boltzmann durch Einführung des Gedankens der „Wahr-

70 Vgl. auch 1920c *Kausalprinzip*, in diesem Band S. 112.

scheinlichkeit" beschritten worden.[71] Sein Grundgedanke war folgender: Nach der kinetischen Wärmetheorie ist die Wärme eine Art kinetischer Energie, nämlich die Energie der *ungeordneten* Bewegung der Atome bzw. Moleküle. Wäre die Bewegung der A 457 Moleküle *geordnet*, hätten sie also | z. B. alle die gleiche Richtung und Geschwindigkeit, so würde sich offenbar der Körper als Ganzes in dieser Richtung und Geschwindigkeit bewegen, wir hätten kinetische Energie in Makro-Form vor uns. Das ist also ein eigentümlicher Unterschied.

Wenn man (die folgende Erwägung ist, um nicht weitschweifig zu werden und möglichst anschaulich zu bleiben, nicht in logisch korrekter Form gegeben)[72] die Gesamtheit aller in einem Körper möglichen Molekularbewegungen ins Auge faßt, so befindet sich darunter augenscheinlich eine relativ sehr viel größere Zahl ungeordneter Bewegungen als geordneter. Da nun das Verhältnis einer besonderen Klasse von Fällen zur Gesamtzahl aller möglichen Fälle in der Mathematik die „Wahrscheinlichkeit" jener besonderen Fälle heißt, so kann man also auch sagen, ungeordnete Bewegungen der kleinsten Teilchen seien viel *wahrscheinlicher* als geordnete. Macht man jetzt die Hypothese, daß dasjenige, was die größere mathematische Wahrscheinlichkeit besitzt, in der Natur auch in entsprechendem Maße häufiger vorkommt, so läßt sich hieraus ableiten, daß geordnete Bewegungen die Tendenz haben, in ungeordnete überzugehen. Allgemeiner: Die Energie geordneter Vorgänge „strebt", bei gebotener Gelegenheit in die Energie nichtgeordneter Prozesse sich zu verwandeln. Rührt man eine Flüssigkeit um, so kommt sie nach einiger Zeit „von selbst" zur Ruhe, indem die Bewegung ihrer Teilchen sich in ungeordnete Wärmebewegung umwandelt. Das Umgekehrte aber, daß nämlich die ungeordnete Bewegung der Teilchen einer Flüssigkeit sich durch Zufall ordnen sollte, so daß die Flüssigkeit als Ganzes unter Abkühlung in Bewegung gerät, dies kommt nicht zur Be-

71 Vgl. Boltzmann, *Beziehung zwischen dem zweiten Hauptsatz und Wahrscheinlichkeitsrechnung*.

72 In 1931a *Kausalität*, S. 158 (*MSGA* I/6, S. 277 f.) formuliert Schlick eine Kritik am Frequentismus.

obachtung, weil ein derartiger Vorgang, obwohl nicht schlechthin unmöglich, so ungeheuer unwahrscheinlich wäre; noch viel unwahrscheinlicher als etwa der Fall, daß ein Felsblock durch das zufällige Wirken der Witterungseinflüsse genau die Gestalt eines Würfels annähme. Betrachtet man dagegen einen ganz winzigen Bereich einer Flüssigkeit, so ist innerhalb eines solchen die Wahrscheinlichkeit, daß einmal zufällig die Bewegung der Moleküle sich vorübergehend ordne, gar nicht mehr so gering; und in der Tat kann man unter dem Mikroskop beobachten, daß in einer Flüssigkeit schwebende Körperchen unter dem Einfluß von Molekularstößen in Bewegung geraten. Hier finden also in kleinstem Bezirk fortwährend wirkliche Verstöße gegen den „zweiten Hauptsatz", kleine Umwandlungen von Wärmeenergie in lebendige Kraft statt: ein zwingender Grund, dem Entropiesatz keine absolut genaue Gültigkeit zuzuschreiben, sondern diese Mikrovorgänge von ihm auszunehmen.[73] Für alle Makrovorgänge aber ergibt sich unter den angegebenen Voraussetzungen seine Geltung mit überaus hoher Wahrscheinlichkeit, und zwar, wie Boltzmann zeigte, in völliger quantitativer Übereinstimmung mit dem beobachteten Verhalten der Natur.[74]

| Jene Voraussetzung, daß die molekulare Unordnung den Gesetzen der mathematischen Wahrscheinlichkeit folge, ist so naheliegend, daß sie gar nicht als eine besondere Hypothese erscheint und auch von Boltzmann nicht als solche aufgefaßt wurde; aber unzweifelhaft liegt eine ausdrückliche Annahme vor, und zwar nicht eine Annahme über die Gesetzmäßigkeit der Vorgänge, sondern über die jeweiligen *Anfangszustände*, über die Konstellationen der Natur. Denn da das Verhalten durch Anfangsbedingun- A 458

73 In Inv.-Nr. 161, A. 121 b notiert Schlick dazu S. 115: „Im kleinen schon jetzt experimentell realisierbar. Laue."

74 Vgl. Brush, *The kind of motion we call heat*, Bd. I, S. 236: "It was Boltzmann's achievement to show in detail how thermodynamic entropy is related to the statistical distribution of molecular configurations, and how increasing entropy corresponds to increasing randomness on the molecular level. This was a peculiar and unexpected relationship, for macroscopic irreversibility seemed to contradict the fundamental reversibility of Newtonian mechanics, which was still assumed to apply to molecular collisions."

gen und Naturgesetze bestimmt ist, letztere aber als mit *beliebiger* Richtung des Geschehens verträglich vorausgesetzt sind, so kann nur die Besonderheit des Anfangszustandes daran schuld sein, daß die Energie sich zu zerstreuen strebt. Die gemachte Hypothese lautet also etwa: „In der Welt überwiegen bei weitem diejenigen Konstellationen, die zu einer Entropievermehrung führen.“ Es ist sehr leicht möglich, sich einen Anfangszustand zu denken, aus dem ein Geschehen *gegen* den Entropiesatz entspringen würde: Man braucht sich nur in dem betrachteten Beispiel der umgerührten und dann erwärmt zur Ruhe gekommenen Flüssigkeit plötzlich die Wärmebewegung aller Moleküle in der Richtung genau umgekehrt zu denken; dann müßte der ganze Prozeß genau entgegengesetzt verlaufen, die ungeordnete Bewegung der Teilchen müßte von selbst in eine Makrobewegung der gesamten Flüssigkeit übergehen. Aber das natürliche Vorkommen eines derartigen Anfangszustandes ist eben unsagbar unwahrscheinlich.[75]

So enthält der Entropiesatz eine Aussage über Dinge, die in den bisher besprochenen Naturgesetzen überhaupt nicht vorkommen. Diese Naturgesetze geben ja immer nur an, welches Geschehen sich abspielt, nachdem einmal ein bestimmter Ausgangszustand gegeben ist; *welcher* Zustand aber zu irgendeiner Zeit vorliegt, in welcher Konstellation etwa die Naturkörper, seien es Planeten oder Moleküle, sich in irgendeinem Augenblick befinden, das sagt uns kein Gesetz, sondern es ist Sache des *Zufalls* (– ebenso, wie es Zufall ist und nicht selbst wieder als Folge eines Gesetzes gedeutet werden kann, daß in der Welt überhaupt bestimmte Naturgesetze herrschen –). Anders ausgedrückt: Die Ge-

75 Vgl. Brush, *The kind of motion we call heat*, Bd. I, S. 239: "Boltzmann's initial response (1877) to the reversibility paradox was the suggestion that the irreversibility of processes in the real world is not a consequence of the equations of motion and the form of the intermolecular force law but, rather, seems to be a result of the initial conditions. For some unusual initial conditions the system might in fact decrease its entropy (increase the value of H) as time progresses; such initial conditions could be constructed simply by reversing all the velocities of the molecules in an equilibrium state known to have evolved from a non-equilibrium state."

setze bestimmen nur, was aufeinander folgt, nicht, was gleichzeitig ist (wobei noch dem Begriff der Gleichzeitigkeit mit Rücksicht auf die Relativitätstheorie eine gewisse weitere Bedeutung zukommt). Denken wir an das vierdimensionale Weltbild, so dürfen wir sagen: Nur in der Zeitrichtung herrscht Kausalität, nicht in den Raumrichtungen. Dort haben wir Gesetze, hier zunächst nur Tatsachen.

Der Entropiesatz deutet darauf hin, daß es auch im Reiche der Tatsachen allgemeine Hypothesen gibt, daß auch auf diesem Gebiete allgemeines Wissen denkbar ist, und es liegt die Frage nahe, ob es nicht auch auf diesem Felde Regeln gebe, die dann freilich keine | Kausalgesetze (nicht „nomothetisch") wären, sondern auf A 459 das nebeneinander in der Natur Befindliche bezüglich („ontologisch").[76] Die durch den Entropiesatz oder die Hypothese der molekularen Unordnung angenommene Regel hat „statistischen" Charakter, sie handelt von der Häufigkeit des Vorkommens gewisser Zustände und ist von derselben Art wie etwa die Behauptung, daß in einer Großstadt sich jährlich durchschnittlich so und so viele Selbstmorde ereignen. Die statistische ist also eine besondere Art der ontologischen Regelmäßigkeit. Gibt es noch andere Arten?

Auf den ersten Blick scheint es, daß die reinen Tatsachen, die Anfangszustände, auch sonst nicht jeder Regelmäßigkeit entbehren; auch im Raum finden wir Wiederholungen des gleichen zur selben Zeit: In den verschiedensten Gegenden des Weltraumes sind die gleichen chemischen Elemente vorhanden, und wir haben Grund zu der Annahme, daß die letzten Bausteine der Materie, die Elektronen, überall einander gleich sind, wo sie sich auch befinden mögen. Es sind eigentümliche Probleme, auf die sich hier ein Ausblick öffnet. So viel ist sicher: jene uns bekannten Bruchstücke einer ontologischen Regelmäßigkeit reichen nicht entfernt hin, um irgendeine Seite der Natur vollständig zu bestimmen. Wenn ich weiß, was für ein Zustand in einem Teile der Welt herrscht, so kann ich daraus nicht die Zustände ableiten, die zur

76 Vgl. Schlicks Verweis für diese Unterscheidung auf Johannes von Kries in 1920c *Kausalprinzip*, in diesem Band S. 144.

gleichen Zeit in andern Teilen bestehen. Aber der Gedanke ist nicht gänzlich von der Hand zu weisen, daß spätere Forschung einmal bisher unbekannte Wege entdeckt, um auch dieses Gebiet, das ganz im Dämmer des Zufalls zu liegen scheint, durch den Gesetzesbegriff zu erhellen.

Die äußerste Grenze, bis zu welcher die Durchdringung der Natur mit Hilfe des Gesetzesbegriffes ausgedehnt werden könnte, wäre *dann* erreicht, wenn sich die prinzipielle Möglichkeit ergäbe, aus dem Zustande eines beliebigen, noch so kleinen Teiles der Natur während einer beliebigen, noch so kleinen Zeit den Gesamtzustand der Welt zu *allen* Zeiten zu errechnen. Damit wäre ein Gedanke von Leibniz, der in jeder „Monade" ein vollständiges Spiegelbild der ganzen Welt zu erblicken glaubte,[77] in einer wundersamen Form verwirklicht: In jedem noch so kleinen Volumenelement der vierdimensionalen Welt wäre alles Naturgeschehen in nuce vollständig enthalten. Ob es jemals gelingen wird, eine solche alles durchdringende Gesetzmäßigkeit zu finden, wissen wir nicht. Nach unserm gegenwärtigen Wissen deutet kaum etwas darauf hin, daß sie überhaupt vorhanden ist.

Es wird heute sogar schon ernstlich die Möglichkeit erwogen, daß selbst die kausalen Gesetze gar nicht so weit reichen, wie man allgemein annimmt und wie der Leser nach den bisherigen Ausführungen glauben muß. Nachdem nämlich einmal die stati-

77 Vgl. Leibniz, *Philosophische Schriften*, Bd. VI, S. 617 f. : «Le corps appartenant à une Monade, qui en est l'Entelechie ou l'Ame, constitue avec l'Entelechie ce qu'on peut appeller un vivant, et avec l'Ame ce qu'on appelle un Animal. Or ce corps d'un vivant ou d'un Animal est tousjours organique, car toute Monade étant un miroir de l'univers à sa mode, et l'univers étant reglé dans un ordre parfait, il faut qu'il y ait aussi un ordre dans le representant, c'est à dire dans les perceptions de l'ame et par consequent dans le corps, suivant lequel l'univers y est representé.» (Leibniz, *Monadologie*, S. 47: „Der Körper, der zu einer Monade gehört, die seine Entelechie oder Seele ist, konstituiert mit der Entelechie das, was man ein Lebewesen nennen kann, und mit der Seele das, was man ein Tier nennt. Nun ist dieser Körper eines Lebewesens oder eines Tieres immer organisch; da nämlich jede Monade auf ihre Art ein Spiegel des Universums ist und das Universum eine vollkommene Ordnung besitzt, muß es auch eine Ordnung in dem Vorstellenden, d. h. in den Perzeptionen der Seele und folglich in dem Körper geben, der gemäß das Universum vorgestellt wird.")

stische Betrachtungsweise in die Physik eingeführt war, konnte der Gedanke | auftauchen, daß vielleicht die *letzte* Gesetzlichkeit der Natur selber statistischen Charakter trage, daß die wahren Mikrogesetze selber Wahrscheinlichkeitsgesetze seien. Zu dieser Konzeption gehört eine große Kühnheit des Gedankens, denn an *dieser* Stelle würde die Einführung des Wahrscheinlichkeitsprinzips eine völlig andre Bedeutung haben als beim Makroverhalten der Natur. Beim letzteren handelte es sich, wie wir sahen, um absolut strenge kausale Gesetzmäßigkeit, und die Wahrscheinlichkeit bezog sich nur auf die zufällige Häufigkeit der Anfangszustände – glaubt man aber, daß die letzten Mikrogesetze für sich Wahrscheinlichkeitscharakter tragen, so wird dadurch das Geschehen selbst zu etwas Zufälligem, es wäre der Kausalität entzogen und nicht mehr restlos erkennbar. Nach den Ergebnissen der sogleich zu erwähnenden „Quantentheorie" gehorchen die Vorgänge, durch welche die einzelnen Atome elektromagnetische Strahlung aussenden und empfangen, gewissen Wahrscheinlichkeitsregeln, und je besser es gelungen ist, diese Vorgänge in das Innere des Atoms hinein zu verfolgen, um so mehr, scheint es, muß damit gerechnet werden, daß sich dies Verhalten nicht weiter, etwa auf dem ontologischen Wege, verständlich machen läßt. Damit wäre die erste der oben beim Entropiesatz (Seite 456) erwähnten Möglichkeiten gewählt, es wäre der Zufall in das Mikroverhalten eingedrungen, der Entropiesatz selber könnte für Strahlungsprozesse zum Range eines Mikrogesetzes erhoben werden. A 460

Schreibt man dergestalt den elementaren, nicht mehr weiter reduzierbaren Mikrogesetzen statistisches Wesen zu, so wäre damit die theoretische Grundlage des bisherigen Weltbildes gänzlich aufgehoben, es wäre auf restlose Erkennbarkeit der Natur grundsätzlich verzichtet, weil eine eindeutige Zuordnung unserer Begriffe zum Geschehen bei den Elementarvorgängen nicht mehr möglich wäre. Es ließe sich für das Geschehen prinzipiell niemals ein zureichender Grund angeben. Man würde z. B. nur sagen können, daß irgendein Atom unter bestimmten Umständen in bestimmter Zeit durchschnittlich so und so oft ein „Quantum" Strahlungsenergie aussendet; fragt man aber nach der Ursache, warum es gerade in einem bestimmten Zeitpunkt strahlt, in andern nicht, so gäbe es darauf schlechterdings keine Antwort, das Einzelgeschehen wäre völlig ursachlos. Die Zukunft wäre nicht genau vorausbestimmbar, sie wäre eben nicht bestimmt, sondern zukünftiges Geschehen wäre innerhalb weiter Grenzen schlechthin *zufällig*. Und dies würde auch für das Makrogeschehen gelten, denn es setzt sich ja aus Mikrovorgängen zusammen und kann durch kleine Änderungen in den letzteren schließlich ein ganz anderes Gesicht bekommen. Übrigens wäre auch, wie wohl ohne weiteres einleuchtet, in ganz gleicher Weise die Vergangenheit aus der Gegenwart nicht mehr vollständig errechenbar. Die Welt wäre [A 461] in letzter Linie dem *Zufall* ausgeliefert. Es wäre | also nicht bloß das Vorhandensein der Natur in ihrer bestimmten Konfiguration und mit ihren bestimmten Gesetzen als schlechthin grundlos, zufällig zu betrachten, sondern auch ihre *Entwicklung* wäre ein Werk des Zufalls. Mit andern Worten: Nicht bloß das Ontologische, sondern auch das Nomothetische, nicht nur das Sein, sondern auch das Geschehen wäre nicht mehr streng determiniert; der alte Traum einer „Weltformel", mittels deren ein Laplace[78] jeden künftigen und vergangenen Weltzustand zu errechnen hoffte, wenn nur ein einziger Zustand ihm gegeben wäre ... dieser Traum wäre endgültig vorüber.

Vielleicht sollte aber bemerkt werden, daß die Verfechter einer metaphysischen „Willensfreiheit" keinen Grund haben würden, sich über ein solches Scheitern der deterministischen Auffassung zu freuen, denn was absolut zufällig wäre, würde auch keinen „Willen" zur Ursache haben können, und eine nicht determinier-

78 Vgl. Laplace, *Probabilités*, S. 3 f.: «Nous devons donc envisager l'état présent de l'univers, comme l'effet de son état antérieur, et comme la cause de celui qui va suivre. Une intelligence qui pour un instant donné, connaîtrait toutes les forces dont la nature est animée, et la situation respective des êtres qui la composent, si d'ailleurs elle etait assez vaste pour soumettre ces données à l'analyse, embrasserait dans la même formule les mouvemens des plus grands corps de l'univers et ceux du plus léger atome: rien ne serait incertain pour elle, et l'avenir comme le passé, serait présent à ses yeux.»

te, d. h. schlechthin zufällige Willensentscheidung würde die Aufhebung aller sittlichen Verantwortlichkeit bedeuten.[79]

Nach allem diesem ist klar, daß der Naturforscher oder der Philosoph sich nur im alleräußersten Notfalle zur Annahme rein statistischer Mikrogesetze entschließen wird, denn die Tragweite einer solchen Annahme wäre ungeheuer: Das Kausalprinzip wäre aufgegeben, es würde nur eine angenäherte Geltung für Makrovorgänge noch behalten, das feinste Geschehen aber wäre dem Zufall unterworfen, und damit müßte auf restlose Erkennbarkeit verzichtet werden. Gewiß wäre eine derartige Stellungnahme nicht unmöglich, denn ein durch die Erfahrungswissenschaften geschulter Denker wird weder den Kausalsatz noch die Forderung der restlosen Begreiflichkeit der Natur für schlechthin notwendig und unaufhebbar halten – er wird aber doch diese sonst so gut bewährten Voraussetzungen aller Forschung nur dann fallen lassen, wenn der Zwang der Tatsachen unausweichlich wird.[80]

Daß die soeben angedeuteten Möglichkeiten deutlich in den Gesichtskreis treten, daran ist, wie schon erwähnt, die *Quantentheorie* schuld. Diese wundersamste Theorie der modernen Wissenschaft, die Schöpfung M. *Plancks*, bedeutet überhaupt die Einführung einer ganz neuen Betrachtungsweise in die Physik. Ihr wesentlicher Kern ist die Übertragung des Gedankens der *Diskontinuität* auf das Geschehen. Während für die ontologische

79 Vgl. 1930a *Ethik*, S. 114 f. (*MSGA* I/3, S. 493): „Von Motiven kann man nur in kausalen Zusammenhängen sprechen; es wird also klar, wie sehr der Begriff der Verantwortung auf dem der Verursachung, d. h. der Gesetzlichkeit der Willensentschlüsse ruht. In der Tat, stellen wir uns einmal vor, ein Willensentscheid wäre schlechthin ursachlos, es gäbe nirgends irgendeine Ursache für ihn (dies nämlich wäre in aller Strenge die indeterministische Voraussetzung), so wäre der Willensakt absolut *zufällig* – denn Zufall ist mit Gesetzlosigkeit identisch, und es gibt keinen andern kontradiktorischen Gegensatz zur Kausalität. Könnten wir den Täter dann verantwortlich machen? Gewiß nicht."

80 Obwohl Schlick in 1920c *Kausalprinzip*, in diesem Band, noch eine konservativere Einstellung zur philosophischen Konzeption der Kausalität vertritt, deutet sich schon in 1924 *Rezension/Planck*, in diesem Band S. 582 ein vorsichtigerer Umgang damit an, der in 1931a *Kausalität* (*MSGA* I/6) nochmals im Sinne eines Zugeständnisses des Philosophen an den Wissenschafter – als neue Autorität zum Kausalitätsbegriff – abgeändert wird.

Konstitution der Welt der Unstetigkeitsgedanke in der Form der Atomtheorie längst eingebürgert war, wurde doch das Geschehen selbst, entsprechend der Stetigkeit, die man dem Raum und der Zeit zuschrieb, als ein kontinuierlicher Prozeß aufgefaßt; „natura non facit saltus“[81] hieß es von alters her. Planck aber gelangte durch eine geniale Schlußweise zunächst zu dem Ergebnis, daß bei gewissen Vorgängen (den schnellen periodischen Prozes- A 462 sen der Licht- und | Wärmestrahlung usw.) die *Energie* nicht in beliebig kleinen Beträgen auftritt, sondern nur in unteilbaren „Quanten“ von bestimmter endlicher Größe ausgetauscht wird, und er entdeckte die Existenz einer universellen, absolut unveränderlichen Größe, des sogenannten „Wirkungsquantums“,[82] das alle Vorgänge der erwähnten Art beherrscht und seinen Namen deshalb trägt, weil es die Natur einer „Wirkungs“größe (nämlich Energie multipliziert mit Zeit) hat. Es ist der völlig neue Gedanke einer *Atomistik des Geschehens*, der uns hier entgegentritt, die Naturvorgänge spielen sich nicht stetig, sondern sprunghaft ab.

Ungeheure Fruchtbarkeit hat die Quantentheorie in Verbindung mit der Elektro-Atomistik gezeigt, auf welche sie durch Niels Bohr übertragen wurde.[83] Es ist auf diesem Wege eine so ins einzelne gehende Erklärung feinster und kompliziertester Erscheinungen geglückt, so viele Voraussagen der Theorie haben sich bestätigt, daß kein Zweifel sein kann: Die Quantentheorie enthüllt wirklich eine ganz fundamentale Gesetzmäßigkeit des

81 Als Ursprung des genauen Zitats (vgl. Büchmann, *Geflügelte Worte*, S. 465 f.) gilt Linné, *Philosophia botanica*, der die Aussage auf Mutationen bei natürlichen Arten bezieht. Schlick hat es vermutlich übernommen von Planck, *Bahnen*, S. 72: „Der dritte der oben angeführten Sätze betrifft die *Stetigkeit aller dynamischen Wirkungen*, früher eine unbestrittene Voraussetzung aller physikalischen Theorien, die sich, in freier Anlehnung an *Aristoteles*, zu dem bekannten Dogma verdichtete: natura non facit saltus. Aber auch in diese von alters her stets respektierte Feste der physikalischen Wissenschaft hat die heutige Forschung eine bedenkliche Bresche geschlagen. [...] Die Natur scheint in der Tat Sprünge zu machen.“ Aristoteles gibt eine Definition von Stetigkeit in *Physica*, 232 b.

82 Das Wirkungsquantum taucht das erste Mal auf in Planck, *Strahlungsvorgänge*. Vgl. auch Planck, *Quantentheorie*, S. 157.

83 Vgl. Bohr, *Constitution of atoms*.

Naturgeschehens. Sie nötigt aber zu einer Revision der „klassischen“ Physik; es ist sicher, daß die Mikrogesetze der Elektrodynamik und wohl auch der Gravitation, wie wir sie besprachen, noch nicht die letzte Lösung, sondern nur eine Annäherung darstellen. Die im Atom den Kern umkreisenden Elektronen gehorchen durchaus nicht den bekannten (Maxwellschen) Differentialgesetzen der Elektrodynamik, sondern vollführen unter der Herrschaft der Quanten die merkwürdigsten Sprünge: So steht die neue Theorie an bestimmten Stellen mit den alten Gesetzen im Widerspruch. Und dieser Widerspruch ist nicht nur ein Gegensatz von Stetigkeit und Unstetigkeit, sondern er scheint viel tiefer zu liegen. Die Quantentheorie einerseits und die „klassische“ Theorie andererseits stellen offenbar zwei verschiedene Seiten des Naturgeschehens dar und beide bis zu einer gewissen Grenze mit großer Vollkommenheit und Exaktheit; wie aber beide Seiten zusammenhängen, das liegt vorläufig noch in tiefem Dunkel. Dieses Dunkel aufzuhellen, ist wohl die vornehmste Aufgabe der gegenwärtigen Physik, und nur auf dem Wege empirischer Forschung kann sie gelöst werden; ohne deren Hilfe vermag auch der Naturphilosoph hier nicht weiter zu schauen. Es ist möglich, daß die Quantentheorie sich in eine vertiefte Kontinuitätslehre einordnen läßt; vielleicht trägt aber auch diskontinuierliche Auffassung der Natur den Sieg davon. Zurzeit hat es aber den Anschein, daß es ganz neuer Denkmittel bedürfe, um die Schwierigkeit zu überwinden; so könnte möglicherweise eine noch tiefer gehende Modifikation der Begriffe von Raum und Zeit die Lösung bringen.

IV. Philosophie des Lebens A 463

1. Die Grundfrage der Biologie

Die letzte und größte Frage der Wissenschaft vom Leben bezieht sich auf das Verhältnis der lebendigen zur unbelebten Natur.

Da Erkennen heißt, das eine auf das andere zurückzuführen, so hat die Biologie zunächst die Aufgabe, die Gesamtheit der Lebenserscheinungen durcheinander zu erklären und auf allgemeinste Prinzipien zu bringen, indem sie in ihnen allen das Gemeinsame aufsucht. So steigt sie zu einem Begriff des Organischen, des Lebendigen überhaupt auf, der nun dem Begriff der anorganischen, toten Natur gegenübersteht, welche den Gegenstand der Physik bildet. Gibt es darüber hinaus noch einen weiteren Erkenntnisfortschritt, so kann er nur darin bestehen, auch diese beiden Begriffe noch zu vereinigen;[84] und die Frage, ob dies möglich ist, steht am Ende der Biologie und enthält im Grunde den ganzen philosophischen Kern dieser Wissenschaft.

Die ersten Naturerklärungen, auf welche der Mensch verfiel, gingen bekanntlich in der Richtung, daß man die anorganische Welt auf die organische zu reduzieren suchte, indem man sie beschrieb mit Hilfe von Begriffen, die dem *menschlichen* Leben entnommen waren. Es war das Stadium der *mythologischen* Naturauffassung, welche die Naturdinge „anthropomorph" deutete, den brausenden Wind, den rauschenden Bach als lebendig ansah und im Gewitterdonner das Grollen eines Gottes erblickte. Diese Art, sich mit den Naturerscheinungen abzufinden, entspricht natürlich nicht den Anforderungen des wissenschaftlichen Denkens, aber auch auf höherer Stufe ist im Prinzip ein ähnlicher Versuch möglich, wie die Naturphilosophie *Schellings* zeigt, welche gleichfalls das organische Geschehen zum letzten Erklärungsprinzip machen und also die tote Natur auf die lebendige zurückführen wollte. Es ist bekannt – und die Gründe dafür werden uns später noch besser einleuchten –, daß heutzutage nur der umgekehrte Weg noch in Frage kommt; d. h., wer überhaupt der Meinung ist, daß Organisches und Anorganisches sich nicht als zwei verschiedene Welten gegenüberstehen, hält eine Erklärung der Lebenserscheinungen auf anorganischem Wege für möglich.
A 464 So stehen sich heute nur noch *zwei* | Anschauungen einander gegenüber: die eine glaubt an die Zurückführbarkeit der Lebenserscheinungen auf die unbelebte Natur, die andre hält überhaupt eine Reduktion beider Gebiete aufeinander für unmöglich. Die letztere Richtung, welche also dem Leben eine einzigartige Rolle in der Welt zuschreibt, nennt man bekanntlich *Vitalismus*, die er-

84 Vgl. oben in diesem Band S. 604 ff.

stere ist die Behauptung des *Mechanismus* (dieser Name ist nicht passend; er stammt aus der Zeit, in welcher die Mechanik als Grundlage der Physik und jede physikalische Erklärung als eine mechanische angesehen wurde. Da das Wort jedoch eingebürgert ist, so mag es beibehalten werden – nur muß man den rechten Begriff damit verbinden). – Die dritte im Prinzip vorhandene Möglichkeit, für beide Gebiete einen gemeinsamen Oberbegriff zu finden, auf den beide sich zurückführen ließen, kommt in Wahrheit nicht in Betracht, da jeder methodische Grund dafür fehlt, warum ein etwa aufgefundenes Erklärungsprinzip einem dritten Gebiet zugewiesen werden müßte und nicht als zur Physik gehörig betrachtet werden dürfte. Dies wird später noch klarer werden.

Das ältere philosophische Denken, von der hellenischen Zeit bis zum Ausgang des Mittelalters, war nicht geneigt, die organische Natur als von der unbelebten wesensverschieden zu betrachten, den Übergang vom einen zum andern hielt man für ein alltägliches Vorkommnis. Erst der Fortgang der experimentellen Forschung schien eine Scheidewand zwischen den beiden Naturreichen aufzurichten und immer mehr als undurchdringlich zu erweisen (wenigstens in der Richtung vom Toten zum Lebendigen). So entstand und erstarkte die Lehre, daß das Organische charakterisiert und definiert sei durch das Vorhandensein einer besonderen Kraft, der „Lebenskraft“,[85] die sich vor allem darin äußern sollte, daß nur mit ihrer Hilfe die Produktion gewisser Stoffe möglich sei, nämlich der im Organismus vorkommenden chemischen Verbindungen, der sogenannten „organischen“ Substanzen, die man bei vorgeschrittener Kunst der Analyse wohl in ihre elementaren Bestandteile zerlegen konnte, aber nicht aus diesen auf künstlichem Wege darzustellen vermochte. Dazu sollte allein jene Lebenskraft imstande sein. Da aber gelang es *Wöhler*

85 Vgl. etwa Höffding, *Psychologie*, S. 41: „Da es aber [...] klar war, dass die bewusste Seele nicht direkt die Ursache der organischen Prozesse ist, welche so oft eine dem bewussten Willen des Individuums ganz entgegengesetzte Richtung nehmen, so schob man zwischen die bewusste Seele und den Körper eine sogenannte Lebenskraft zur Erklärung jener Erscheinungen ein.“ S. 42: „Die Lehre von der ‚Lebenskraft‘ ist eigentlich nur ein mythologischer Ausdruck des durch die Eigentümlichkeit der organischen Erscheinungen hervorgerufnen Erstaunens.“

im Jahre 1828, einen Stoff im Laboratorium zu erzeugen, der sonst nur in lebendigen Körpern vorgefunden wurde, nämlich den Harnstoff.[86] Hierdurch war mit einem Male die Lehre widerlegt, daß es zur Hervorbringung der organischen Stoffe einer besonderen Lebenskraft bedürfe. Allmählich wurden dann immer mehr organische Verbindungen synthetisch hergestellt, und wenn heute bei einigen Stoffen, wie etwa beim Eiweiß, die künstliche Erzeugung noch nicht gelungen ist, so herrscht doch kein Zweifel darüber, daß daran nur rein technische Schwierigkeiten schuld sind, hauptsächlich bedingt durch den äußerst komplizierten Auf-
A 465 bau jener Verbindungen, daß aber keineswegs eine prinzipielle | Unmöglichkeit vorliegt. Man ist überzeugt, daß die „organische Chemie" ihren Namen eigentlich zu unrecht trägt, und daß sie richtiger einfach „Chemie der Kohlenstoffverbindungen" heißen müsse.[87] Denn alle durch die Lebensprozesse im Organismus erzeugten Substanzen enthalten ja Kohlenstoff, und man führt dies sicherlich mit Recht auf den Umstand zurück, daß die Kohlenstoffatome die Fähigkeit besitzen, sich zu Ketten und Ringen zusammenzuschließen und auf diese Weise jene überaus verwickelten, oft aus Tausenden von Atomen aufgebauten Moleküle zu bilden, ohne welche sich die so komplizierten Lebensprozesse nicht abspielen könnten.

So war festgestellt, daß die Verbindungen, welche die Elemente im Organismus eingehen, nicht dem Leben eigentümlich sind,

86 Vgl. Wöhler, *Künstliche Bildung des Harnstoffs*, S. 253: „Der Umstand, daß bei der Vereinigung [von Cyansäure und Ammoniak] dieselben ihre Natur zu verändern schienen und dadurch ein neuer Körper entstände, lenkte von Neuem meine Aufmerksamkeit auf diesen Gegenstand, und diese Untersuchung hat das unerwartete Resultat ergeben, daß bei der Vereinigung von Cyansäure mit Ammoniak Harnstoff entsteht, eine auch in sofern merkwürdige Tatsache, als sie ein Beispiel von der künstlichen Erzeugung eines organischen, und zwar sogenannten animalischen, Stoffes aus unorganischen Stoffen darbietet." Vgl. auch Friedrich Wöhler an Jöns Jakob Berzelius, 22. Februar 1828 (Wallach, *Briefwechsel J. Berzelius/F. Wöhler*, Bd. I, S. 206): „[I]ch kann, so zu sagen, mein chemisches Wasser nicht halten und muss Ihnen sagen, dass ich Harnstoff machen kann, ohne dazu Nieren oder überhaupt ein Thier, sey es Mensch oder Hund, nöthig zu haben. Das cyansaure Ammoniak ist Harnstoff."

87 Vgl. oben in diesem Band S. 604.

sondern außerhalb des Organismus ebensogut entstehen können. Auf diese Frage der organischen *Stoffe* hatte sich das Interesse zuerst gerichtet, weil der Substanzbegriff im Vordergrunde des wissenschaftlichen Denkens stand.

Für das Problem der Erklärbarkeit des Lebens war im Grunde mit der Lösung jener Frage nur sehr wenig geleistet; wir sahen ja, daß die Substanzidee nur eine ganz spezielle Form des Gesetzesbegriffs ist,[88] und so ist es klar, daß das Hauptproblem zur vollständigen Lösung eine Antwort auf die Frage erfordert: Sind die Lebensprozesse durch *dieselben Gesetze* zu begreifen wie das anorganische Geschehen oder nicht? In dieser Form, welche auch das Problem der Gestalt, des Verhaltens und der Entstehung der lebenden Wesen einschließt, wird denn auch die Frage von der modernen biologischen Philosophie gestellt. Die Anhänger der Meinung, daß das Leben seine eigene, nicht weiter zurückführbare Gesetzmäßigkeit besitze, also die Verteidiger der *Autonomie* des Lebens, werden als Neovitalisten bezeichnet.[89] Die neovitalisti-

88 Vgl. oben in diesem Band S. 636.

89 Driesch, *Philosophie des Organischen*, 1. Aufl. gibt zwei „Beweise" der Autonomie des Lebens an – Bd. I, S. 143: „*Keine* Art von Kausalität, die auf Konstellationen einzelner physikalischer und chemischer Akte gegründet ist, kann für die Formbildung des individuellen Organismus verantwortlich sein. [...] Das Leben, die Formbildung wenigstens, ist *nicht* eine besondere Anordnung anorganischer Ereignisse; die Biologie ist daher *nicht* angewandte Physik und Chemie; *das Leben ist eine Sache für sich und die Biologie ist eine unabhängige Grundwissenschaft.*" Bd. I, S. 230 (zitiert in Inv.-Nr. 163, A. 124-2, S. 43): „Wir können in der Tat sagen, daß es geradezu eine Absurdität sei, anzunehmen, daß eine komplizierte, nach den drei Richtungen des Raumes in typischer Weise verschiedene Maschine viele, viele Male geteilt werden und doch immer ganz bleiben könne: also kann *keine Maschine irgend welcher Art* Ausgangspunkt der Entwicklung und Basis der Vererbung sein." Hartmann, *Grundriß der Naturphilosophie*, S. 128: „Jede jeweilig gegebene chemische Verbindung im Organismus kann Durchgangspunkt des Lebens sein, [...] aber das Leben selbst wurzelt weder in ihr, noch erschöpft es sich in den rein chemischen Vorgängen, die vielmehr auf eine sie leitende Lebenstätigkeit zurückweisen." Ders., *Das Problem des Lebens*, S. V: „[...] zu dem Ergebnis gelangt, daß die physiko-chemischen Kräfte und Gesetze *nicht ausreichen*, um die Erscheinungen des Lebens hervorzubringen." Reinke, *Einleitung in die theoretische Biologie*, kritisiert Drieschs „Beweise" und schreibt S. 68: „Bei der gegenwärtigen Sachlage gelangt die materialistische Anschauung der Lebensvorgänge nicht zur unbeschränkten, sondern zu einer durch ihre

sche Philosophie besteht daher im wesentlichen in der Aufstellung und Verteidigung von Argumenten für die Eigengesetzlichkeit des Organischen, die mechanistische dagegen in der Kritik dieser Argumente und in der Aufsuchung von Gründen, die *für* die Erklärbarkeit des Lebens sprechen. Im folgenden müssen wir uns auf einen Überblick über die bedeutsamsten Punkte des Für und Wider beschränken.

2. Ansichten über die Entstehung des Lebens

Bevor noch die Frage des Vitalismus in der soeben formulierten Gestalt richtig ausgesprochen war, ist man sich doch oft ungefähr dessen bewußt gewesen, worauf es beim Lebensproblem eigentlich ankommt, und man hat sich ihm von einer bestimmten Seite her genähert, indem man die Frage nach der *Entstehung* des Lebens
A 466 | aufwarf. Kann Lebendiges nur aus Lebendigem hervorgehen, oder gibt es auch einen Ursprung organischer Wesen aus völlig unbelebtem Material? Anders ausgedrückt: Ist der Satz ‚omne vivum ex vivo' richtig, oder gibt es eine ‚generatio aequivoca', eine Urzeugung?[90]

Beschränkung berechtigten Geltung; und ein gleiches gilt von der vitalistischen, wenn sie, von einer alles bewirkenden Lebens*kraft* absehend, dennoch ein nur im Bereiche der Lebewesen geltendes Lebens*prinzip* anerkennt [...] Will man diese Naturanschauung Neovitalismus nennen, so mag man es tun; ich muß indessen bekennen, daß ich diesen Ausdruck schon darum für wenig glücklich gewählt halte, weil er als ein Wiederaufleben des alten Vitalismus gedeutet worden ist."

90 Vgl. Harvey, *Exercitationes de generatione*, S. 2: „Nos autem afferimus, (ut ex dicendis constabit) omnia omnino animalia, etiam vivipara, atque hominem adeo ipsum ex ovo progigni." Vgl. auch Virchow, *Continuität des Lebens*, S. 15: „Ich habe dem Satze Harvey's (Omne vivum ex ovo) den anderen Satz gegenübergestellt: Omnis cellula e cellula." Hertwig, *Lehrbuch der Zoologie*, S. 112: „[...] haben wir zunächst in diesem Kapitel zu erörtern, in welcher Weise Organismen neu entstehen können. Wenn wir hierbei allein das Gebiet des Beobachteten berücksichtigen wollten, so müßten wir uns an den alten Satz des berühmten Engländers *Harvey* halten: Onme vivum ex ovo, und, denselben etwas modifizierend, sagen: Omne vivum ex vivo, daß jeder lebendige Organismus von einem anderen lebenden Organismus abstammt." Ebd., S. 133: „Urzeugung (Generatio aequivoca, G. spontanea, Abiogenesis) ist die Entstehung lebender Wesen aus unbelebter Materie (ohne präexistierende Mutterorganismen)."

Lange und intensiv hat sich die experimentelle Biologie früherer Zeiten mit der Frage der Urzeugung beschäftigt; alle möglichen Mischungen und Lösungen wurden daraufhin untersucht, ob sich in ihnen nicht schließlich von selbst Organismen bildeten.[91] Aber in allen Fällen, in denen die Lösungen durch gründliches Erhitzen keimfrei gemacht und gegen die Außenluft abgeschlossen waren, zeigte sich auch nach noch so langer Zeit *kein* Leben in ihnen.[92]

Wird durch dies Ergebnis die Unmöglichkeit der Urzeugung bewiesen? Gewiß nicht![93] Denn wenn man, wie es in den besprochenen Versuchen geschah, aufs Geratewohl irgendwelche Flüssigkeiten herstellt, so darf man sicherlich nicht erwarten, mit irgendeiner nennenswerten Wahrscheinlichkeit diejenigen Umstände getroffen zu haben, die für eine Entstehung lebender Wesen, falls sie möglich ist, notwendig und günstig sind. Erst wenn man die Gesetze des Lebens bis ins einzelne erforscht hätte, dürfte man hoffen, die Bedingungen angeben zu können, unter denen eine Urzeugung möglicherweise zu erwarten wäre: und *dann* wäre es an der Zeit, diese Bedingungen planmäßig herzustellen. Vorher hat man es nur mit planlosem Probieren zu tun. Die Sache wurde am falschen Ende angefaßt. Die künstliche Erzeugung eines Vorgangs ist freilich ein gutes Kriterium dafür, daß man das Wesen des Vorgangs richtig erfaßt hat; daß der Blitz ein elektrischer Vorgang ist, wird am augenfälligsten dadurch bewiesen, daß man mit der Elektrisiermaschine einen Blitz im kleinen herstellt. Nor-

91 Die Abfolge von zum Teil phantastischen Theorien über die Entstehung von Leben aus anorganischen Stoffen schildert Schlick detailliert in Inv.-Nr. 12, A. 35, S. 1 f. und zwar, wie ein Vermerk auf der Rückseite des 1. Blattes belegt, im Anschluß an Moore, *The Origin and Nature of Life*; vgl. dort Kap. VII. Benjamin Moore war Inhaber des ersten Lehrstuhls für Biochemie in England.

92 Hier bezieht Schlick sich auf Pasteur, der Mitte des 19. Jahrhunderts in mehrjährigen Versuchsreihen die Fehlerquellen der vermeintlichen experimentellen Nachweise aufzeigen konnte: vgl. Inv.-Nr. 12, A. 35, S. 2.

93 Lange, *Geschichte des Materialismus*, Bd. II, S. 683, zitiert Zöllner, der wie Haeckel die *generatio aequivoca* aus apriorischen Gründen ablehnt, und findet Ähnlichkeit mit der „Sicherheit, mit welcher Pasteur und ähnliche Dogmatiker auf Grund ihrer Experimente die generatio aequivoca für definitiv widerlegt halten."

malerweise steht aber die künstliche Nachahmung einer Sache am Ende, nicht am Anfang der Erkenntnis dieser Sache, und sie ist durchaus keine *notwendige* Bedingung der Erkenntnis. Es könnte ja sein, daß man die Gesetzmäßigkeit eines Vorganges vollkommen durchschaut, und daß doch zufällige Umstände oder technische Schwierigkeiten die experimentelle Nachahmung unmöglich machen. Die tatsächliche Beobachtung einer generatio aequivoca wäre also nicht notwendig, um die mechanistische Anschauung zu beweisen – wäre sie aber vielleicht dazu *hinreichend*? Wäre mit der Feststellung, daß das Leben aus toter Materie entstehen kann, ein sicherer Beweis *gegen* die Autonomie des Lebens geliefert?

Man muß wohl zugeben, daß die Möglichkeit einer mechanistischen Erklärung der Lebensvorgänge dadurch wahrscheinlich gemacht wäre, aber bewiesen wäre sie nicht; dazu wäre auf jeden Fall eine restlose Erkenntnis der inneren Vorgänge bei der Lebensentstehung erforderlich. Gesetzt nämlich, man hätte das A 467 Vorkommen | einer Urzeugung in irgendeinem Falle nachgewiesen, so dürfte man doch nicht ohne weiteres schließen, daß die Gesetze der Lebensvorgänge dieselben seien wie die Gesetze der anorganischen Natur. Manche Vitalisten nehmen z. B. an, daß alle Lebenserscheinungen auf der Wirksamkeit eines besonderen nichtphysikalischen Faktors, „Seele“ genannt, beruhen; nach ihrer Meinung ist Leben mit Beseelung identisch, und das Wesen der Seele bestehe eben darin, daß sie ihre eigenen Gesetze habe, die von den physikalischen Gesetzen, denen alles Tote gehorcht, grundverschieden seien. – Diese Ansicht könnte das Erscheinen von Lebewesen in einem sterilisierten, verschlossenen Gefäß, wenn dergleichen beobachtet würde, durch die Annahme erklären, daß unkörperliche Seelen (für die es ja physische Hindernisse nicht zu geben brauchte) in das Gefäß eingedrungen wären (in welchem Falle allerdings von einer eigentlichen *Neu*entstehung des Lebens nicht gesprochen werden dürfte), oder aber einfach darin entstanden seien. Der Vitalist könnte etwa behaupten, daß bei einer ganz bestimmten Konstellation der physikalischen Geschehnisse plötzlich eine „Seele“ sich bilde, und daß von da ab die Prozesse nicht mehr nach rein physikalischen Regeln verlaufen.

Vorausgesetzt, daß sich mit dem Worte „nichtphysikalisch“ ein bestimmter angebbarer Sinn verbinden läßt, ist nicht einzusehen, wie man diese vitalistische Annahme als falsch erweisen wollte, solange eben der intime Verlauf der hier vorausgesetzten Prozesse nicht bis ins einzelne bekannt ist. Auf diesen Verlauf kommt alles an, und es gibt daher *kein andres Mittel*, die Autonomiefrage zu entscheiden, als die *Gesetze des Lebens selbst kennen* zu lernen und mit denen der anorganischen Welt zu vergleichen. Alle übrigen Untersuchungen, selbst von so fundamentalen Fragen wie die Urzeugung, tragen zur Lösung des Problems *nur insofern* etwas bei, als sie auf jene letzten Lebensgesetze selber Licht werfen.[94]

Allerdings hat die Frage der Urzeugung auch unabhängig von ihrer Bedeutung für das große Hauptproblem ein besonderes Interesse, und man hat versucht, ihr auf indirektem Wege beizukommen. – Wäre es richtig, daß ein lebendes Wesen immer nur aus einem andern lebenden Wesen entstehen kann, daß also eine generatio aequivoca mit den Naturgesetzen unvereinbar ist, dann müßte das Leben entweder so alt sein wie die Welt selber, oder sein Erscheinen in der Welt müßte einer Durchbrechung der Naturgesetze, d. h. einem besonderen „Schöpfungsakte“ zu verdanken sein. Die letztere Möglichkeit kann, obwohl z. B. noch Goethe für sie eintrat, nicht wohl zum Gegenstand wissenschaftlicher Erörterung gemacht werden; es bleibt also nur die erste Möglichkeit zu diskutieren, daß das Leben von jeher dagewesen sei. Nun kann man mit Bestimmtheit sagen, daß der heute mit so blühendem Leben bedeckte Erdball einst eine feurige Kugel war, auf der kein lebender Organismus existieren | konnte. Wer A 468
also die Urzeugung verneint, muß glauben, daß lebendige Wesen nachträglich auf die Erde gelangen konnten. Ließe sich andrerseits zeigen, daß eine solche Möglichkeit nicht besteht, so wäre damit die Annahme einer Urzeugung auf der Erde zu einer Notwendigkeit geworden. Können also die Vorfahren des irdischen Lebens auf fernen Sternen heimisch gewesen sein?

94 Vgl. Inv.-Nr. 163, A. 124-2, S. 50: „Urzeugung = weder notwendige noch hinreichende Bedingung der Organismen“.

Lebendige, von fremden Weltkörpern kommende Keime, die auf den Erdball niederfallen sollen, müßten eine Reise durch den kalten leeren Weltraum über ungeheure Entfernungen überstehen können, und man hat verschiedene Hypothesen, die sogenannten *Panspermie*hypothesen,[95] aufgestellt, um eine solche zunächst sehr unwahrscheinlich anmutende Annahme plausibler erscheinen zu lassen. Die Panspermiehypothesen behaupten, daß in den weiten Räumen zwischen den verschiedenen Sonnensystemen zahllose lebensfähige Keime umherirren und gelegentlich in die Atmosphäre von Planeten gelangen, auf denen sie sich weiter entwickeln können. Nach der einen Ansicht (Lord Kelvin, Helmholtz)[96] sind es die Meteoriten (jedermann als „Sternschnuppen" bekannt), welche in ihren Ritzen die kleinen Organismen beherbergen und den Transport besorgen sollen, nach der andern (Arrhenius) sollen die Keime einzeln frei im Raume schweben und durch die Kraft des *Lichtdrucks* von einem Fixsternsystem zum andern befördert werden.[97] Auf jeden Fall würde eine solche Reise Jahrtausende dauern, und uns ist nicht bekannt, ob das Leben, das doch jedenfalls ein *Prozeß* ist, in irgendeiner Form die Fährnisse einer solchen Irrfahrt (Kälte des Weltraumes, Hitze

95 Ein anderer Name für solche Theorien ist „Kosmozoenlehre". Vgl. Becher, *Naturphilosophie*, S. 389 ff. Die in Inv.-Nr. 12, A. 35 vorgebrachte Diskussion dieser Hypothesen, die der folgenden sehr ähnlich, aber tendenziell eindeutig ablehnender ist, folgt – wie aus einem Vermerk Schlicks auf der Rückseite des 3. Blattes hervorgeht – der Darstellung Schäfers; vgl. dazu unten in diesem Band Anm. 98.

96 Vgl. Kelvin, *Origin of Life*; Helmholtz, *Entstehung des Planetensystems*; in Inv.-Nr. 12, A. 35 wird auch zitiert aus Helmholtz, *Vorrede*, S. XI: „Aber es erscheint mir ein vollkommen richtiges wissenschaftliches Verfahren zu sein, wenn alle unsere Bemühungen scheitern, Organismen aus lebloser Substanz sich erzeugen zu lassen, daß wir fragen, ob überhaupt das Leben je entstanden, ob es nicht eben so alt, wie die Materie sei, und ob nicht seine Keime von einem Weltkörper zum anderen herübergetragen sich überall entwickelt hätten, wo sie günstigen Boden gefunden."

97 Vgl. Arrhenius, *Das Werden der Welten*, S. 199: „Es ist daher sehr wahrscheinlich, daß es so kleine lebende Organismen gibt, daß der Strahlungsdruck der Sonne sie in den Raum hinaustreiben könnte, wo sie auf Planeten, die ihrer Entwicklung günstigen Platz böten, Leben erwecken könnten." Der Nobelpreisträger (für Chemie 1903) war sicher der bekannteste zeitgenössische Vertreter der Panspermie-Hypothese.

der Strahlung, Mangel an Feuchtigkeit usw.) so lange auszuhalten vermag. Die Hypothese, daß es derartig widerstandsfähige Keime gibt, bleibt prinzipiell möglich; aber man bewegt sich bei solchen Erwägungen vorläufig ganz und gar auf dem Gebiete bloßer Annahmen, irgendeine triftige Entscheidung nach der einen oder andern Seite ist nicht möglich, der Naturphilosoph findet keinen sicheren Halt, wo er seinen Fuß aufsetzen kann.[98]

Auch die Verteidiger der Urzeugung, die also keiner Panspermiehypothese bedürfen, können über die Entstehung des ersten Lebens auf der Erde nur mit Hilfe vager Vermutungen Auskunft geben. Im allgemeinen sind sie bestrebt, das erste Auftreten von Organismen auf der Oberfläche unseres Planeten als einen Schritt in einer äußerst langen natürlichen Entwicklung aufzufassen. Man denkt sich, daß mit zunehmendem Alter der Erde allmählich immer kompliziertere chemische Verbindungen sich bildeten, bis schließlich – entweder durch einen glücklichen Zufall oder in strenger Folgerichtigkeit des Fortschritts – jene hochverwickelten labilen Substanzen ins Dasein traten, welche wir als Träger der Lebensprozesse kennen; und man faßt diese Bildung als die Fortsetzung eines kosmischen Evolutionsvorganges auf, der mit den allerleichtesten der | chemischen Elemente A 469
beginnt (aus denen nach den Ergebnissen der Astrophysik die heißesten, vermutlich jüngsten Sterne allein aufgebaut sind), dann über die schwereren Elemente weitergeht (die sich auf den weniger hellen Sonnen finden) und schließlich bei den erkalteten, schon mit einer festen Kruste versehenen Weltkörpern zu den kompliziertesten Verbindungen führt. Besonders *Herbert Spencer*, der

98 In Inv.-Nr. 12, A. 35, S. 2 f. macht Schlick zusätzlich geltend, daß allgemeine Prinzipien wie der Glaube an die Einfachheit der Natur für die Urzeugungshypothese sprechen und zitiert auf S. 3 zustimmend Schäfer, *Life: Its Nature, Origin and Maintenance*, S. 15 f.: "But the acceptance of such theories of the arrival of life on the earth does not bring us any nearer to a conception of its actual mode of origin; on the contrary, it merely serves to banish the investigation of the question to some conveniently inaccessible corner of the universe and leaves us in the unsatisfactory position of affirming not only that we have no knowledge as to the mode of origin of life – which is unfortunately true – but that we never can acquire such knowledge – which it is to be hoped is not true." In Inv.-Nr. 12, A. 35 ist das Zitat von Schlick übersetzt.

Entwicklungsphilosoph par excellence,[99] hat den Gedanken vertreten, daß der Unterschied zwischen den einfachsten organischen Wesen und dem kompliziertesten anorganischen Gebilde unmerklich sei, daß zwischen beiden Reichen keine scharfe Grenze und kein plötzlicher Sprung bestehe, daß man also überhaupt keinen bestimmten Zeitpunkt angeben könne, an welchem das Leben auf der Erde zuerst aufgetaucht sei.[100]

Man darf zugeben, daß diese Gedankengänge ungefähr das enthalten, was vorsichtigem Denken als die annehmbarste Vor-

99 Eine besonders detaillierte Auseinandersetzung mit Herbert Spencer findet sich im Nachlaßstück mit dem Titel „Die Philosophie der Gegenwart"; Inv.-Nr. 6, A. 8, z. B. S. 11 f.: „Sp[encer] trug sich mit der Absicht, auch die anorganische Welt in sein System aufzunehmen, also die Gesetze der Physik und Chemie aus seiner Entwicklungsformel abzuleiten; aber schon der geringste Versuch mußte ihn belehren, daß ein solches Unternehmen absolut unmöglich sei; und so ist denn auch dieser Teil seines Systems, der vor der Biologie hätte Platz finden müssen, nie geschrieben worden. [...] Aber eine große und ungeheuer mächtige Idee war es doch. Und wenn sie auch bei Spencer weder richtig gefaßt, noch richtig angewendet war, so hat er ihr doch auf dem Gebiete zum Siege verholfen, wo sie wirklich Großes leisten kann – dem Gebiete aller Lebensverhältnisse, die für uns so unermeßliche Bedeutung haben, weil wir selbst lebende Wesen sind. Wenn wir in den folgenden Vorlesungen auch bei vielen anderen Philosophen den Entwicklungsgedanken als wichtiges Element wieder antreffen werden, so ist eine der Ursachen davon ohne Zweifel der gewaltige Einfluß des Spencerschen Geistes."

100 Vgl. Spencer, *The Principles of Biology*, Bd. I, S. 63 f.: "On the evolution hypothesis we are obliged to assume that the earliest living things – probably minute units of protoplasm smaller than any the microscope reveals to us – had the ability to appropriate directly from the inorganic world both the nitrogen and the materials for carbohydrates without both of which protoplasm cannot be formed; since in the absence of preceding organic matter there was no other soucre. [...] The essential fact to be recognized is that living matter, originated as we must assume during a long stage of progressive cooling in which the infinitely varied parts of the Earth's surface were slowly passing through appropriate physical conditions, possessed from the outset the power of assimilating to itself the materials from which more living matter was formed; and that since then all living matter has arisen from its self-increasing action." Sowie Bd. I, S. 78: "To those who accept the general doctrine of Evolution, it need scarcely be pointed out that classifications are subjective conceptions, which have no absolute demarcations in Nature corresponding to them. [...] Thus it happens that on seeking a definite idea of Life, we have great difficulty in finding one that in neither more nor less than sufficient."

stellung des wahren Sachverhalts erscheinen wird; es ist aber zugleich klar, daß diese Vorstellung dermaßen unbestimmt und allgemein ist, daß ihr eine wesentliche Bedeutung für die Naturerkenntnis und -philosophie nicht zugesprochen werden kann. Abgesehen davon, daß der Entwicklungsprozeß, der vom Einfachen zum Verwickelten hinaufführen soll, selber gänzlich unaufgeklärt bleibt, wird das ganze Problem so behandelt, als ob der Gegensatz zwischen unbelebter und lebendiger Natur sich in dem Gegensatz zwischen „einfach“ und „kompliziert“ erschöpfe. Es bedarf keines Wortes darüber, daß das Merkmal der Kompliziertheit nicht ausreicht, um die lebendige Substanz zu definieren. Freilich sind die Lebensprozesse vom Standpunkte des Chemikers sehr verwickelt, aber mit der Hervorhebung dieses vagen Umstandes ist nur eine Seite der Sache getroffen, und nicht die wichtigste; zum mindesten müßte die ganz besondere Art der Kompliziertheit, die beim Leben vorliegt, noch näher bezeichnet werden. Der ganze Gedankengang berührt nur die äußerste Oberfläche der Sache und kommt dem Kern nicht nahe. Dies zeigt sich auch daran, daß nur mit dem Substanzgedanken gearbeitet wird, der ja, wie wir wissen, zur Formulierung und Lösung des Problems gänzlich unzureichend ist. Komplizierte Substanzen sind noch nicht lebendige Substanzen; und wenn selbst z. B. die Entstehung von Eiweiß durch einen anorganischen Entwicklungsvorgang verständlich gemacht werden könnte, so wäre es zunächst am toten Eiweiß, und das Problem hebt erst an mit der Frage: Wie unterscheidet sich denn lebendes Eiweiß von totem?

Man kann freilich die Hypothese aufstellen (und das hat besonders Max Verworn getan), daß der Unterschied tatsächlich nur ein rein chemischer sei.[101] Das soll heißen: Wenn es gelänge, z. B. ein Stückchen Protoplasma von genau derselben chemischen Zusammensetzung herzustellen, die es in einem lebenden Körper

101 Verworn, *Allgemeine Physiologie*, S. 150: „*Gegenüber der Gesamtheit aller anorganischen Körper besteht das gemeinsame Charakteristikum der Organismen nur in dem ausnahmslosen Besitz gewisser hochkomplizierter chemischer Verbindungen [...] Darin liegt aber kein prinzipieller, kein elementarer Gegensatz zwischen beiden Körpergruppen.*“ Dieses 1895 erstveröffentlichte Werk des Göttinger Physiologie-Professors erschien 1922 bereits in der 7. Auflage.

A 470 hat, | dann wäre dieses Protoplasma auch eo ipso lebendig. Jene besondere labile Beschaffenheit der lebenden Substanz, die unter dem Namen „Reizbarkeit" für die lebenden Wesen charakteristisch ist, sei eben die notwendige Folge einer bestimmten chemischen Konstitution, und überall, wo diese Konstitution vorliege, da sei auch Leben; Sterben bedeute nichts anderes als eine Vernichtung dieser Konstitution. Aber hier haben wir natürlich nur eine Hypothese vor uns, die erstens wiederum äußerst unbestimmt ist, da über die Natur jener chemischen Verbindung genaue Angaben nicht zu machen sind, und mit der auch die empirische Forschung zur Lösung der Frage der Lebensentstehung vorläufig nichts anfangen kann. Denn sowie man versuchen wollte, jene eigentümliche Konstitution experimentell zu ermitteln, würde man finden, daß die dazu verfügbaren Methoden jedenfalls in den feinen Aufbau der lebendigen Stoffe störend eingreifen, sie töten und zerlegen, so daß es schließlich immer nur die Zusammensetzung toter Substanz ist, was wir experimentell ermitteln.[102]

So bleibt denn nur das Urteil übrig: Wir wissen nicht, wie das Leben entsteht. Und den Grund dieser Unwissenheit kennen wir: Er liegt darin, daß eben die Gesetze der lebendigen Natur nicht hinreichend erforscht sind. Immer wieder sehen wir uns auf diesen selben Punkt verwiesen; über die Erkenntnis der Lebens*gesetze* führt der einzige Weg zur Lösung und philosophischen Durchdringung der biologischen Probleme.

3. Kriterien des Lebens

Jede Wissenschaft muß von einer vorläufigen Definition ihres Gegenstandes ausgehen, durch welche ihr dieser Gegenstand zunächst einmal gegeben und ihr Gebiet umgrenzt wird, und erst später erarbeitet sie sich den vollständigen und endgültigen Begriff ihres Objektes, der dann oft ganz anders aussieht als der

102 Später hält Schlick in 1937a *Quantentheorie*, S. 323 (*MSGA* I/6, S. 815) dagegen fest, daß es „nicht gerade wahrscheinlich [ist], daß lebende Zellen sozusagen durch bloßes scharfes Anschauen im allgemeinen abgetötet werden sollten".

anfängliche. Zum Beispiel für die Optik ist am Beginn ihrer Untersuchungen das *Licht* nur durch seine Wirkung auf das menschliche Auge definiert, am Ende aber bestimmt sie den Begriff als eine besondere Art von elektromagnetischem Vorgang.[103] – Welches ist nun die vorläufige Definition des Lebens, die von der Biologie zugrunde gelegt wird?

Was für eine gemeinsame Eigenschaft aller Pflanzen und Tiere läßt sich angeben, die ihnen ohne Ausnahme zukommt, allen unbelebten Dingen aber fehlt? Natürlich erkennen wir Pflanzen und Tiere im täglichen Leben zunächst an ihrer eigentümlichen *Gestalt*, die Tiere außerdem noch besonders an ihrer *Bewegung*. Sobald wir aber versuchen, die Besonderheit der Formen und Bewegungen ausdrücklich anzugeben, die uns als Kriterien des Lebendigen dienen, so stoßen wir auf beträchtliche Schwierigkeiten. Die alltäglichen | Kennzeichen der Gestalt (Vorhandensein von A 471 Gliedmaßen, Sinnesorganen usw.) sind auf einfachere Lebewesen, wie etwa Protozoen (Einzellige), nicht anwendbar, und auch wenn man auf wissenschaftlichem Wege nach rein „morphologischen" Kriterien sucht (d. h. solchen, die allein die Körperform betreffen), kommt man nicht weiter. Weist man z. B. auf den „Aufbau aus *Zellen*" hin, so ist das gewiß zutreffend, aber dies Unterscheidungsmerkmal wird erst anwendbar, wenn man weiß, was eine „lebendige Zelle" charakterisiert, und dies ist wiederum nicht scharf anzugeben. Ganz allgemein muß hier bemerkt werden, daß die augenfällige Körpergestalt überhaupt bestimmt nicht ausreicht, lebendige Wesen von toten zu unterscheiden, denn auch nach dem Tode bewahren die Organismen mindestens eine Zeitlang ihre Gestalt. Ein bewußtloser Mensch, ein Tier oder ein Baum im Winterschlaf, ein trockenes Samenkorn – alles dies sind Beispiele, in denen die Trennung zwischen Leben und Tod schwierig ist und keinesfalls auf den ersten Blick gelingt. Die *Form* ist also kein hinreichendes Kriterium der Lebendigkeit.

Was wird in den angedeuteten Fällen nun als Merkmal benutzt? Man greift hier bekanntlich auf das andre Kriterium, die *Bewegung*, zurück: Der Arzt untersucht, ob das Herz des schein-

103 Vgl. oben in diesem Band S. 605.

toten Menschen noch pocht, der Botaniker stellt fest, ob das Samenkorn unter geeigneten Umständen sich entfaltet, usw. Aber Bewegung ist offenbar ein Merkmal, das nicht nur der belebten, sondern in hohem Grade der *gesamten* Natur zukommt; die Bewegung, die als Kriterium des Lebens dienen soll, muß also ganz besonderer Art sein. Sucht man diese Besonderheit zu beschreiben, so türmen sich neue Schwierigkeiten auf. Im Verhalten der *Tiere* ist sicherlich der „spontane“ Charakter ihrer Bewegungen das auffälligste, leichtest erkennbare Merkmal. „Es lebt“ und „es bewegt sich spontan“ sind für das naive Individuum zwei gleichbedeutende Sätze, und das Kind ist meist erstaunt, wenn man ihm sagt, daß auch Pflanzen lebendig seien. Ihnen fehlt ja im allgemeinen die „spontane“ Bewegung, und schon deshalb ist dieses Kriterium nicht brauchbar. Ferner ist wichtig, zu bemerken, daß „spontan“ hier nichts anderes bedeutet als eine Bewegung, deren Ursache oder Gesetzmäßigkeit nicht so unmittelbar durchschaut wird wie bei vielen Vorgängen der anorganischen Natur. Wenn man sagt, ein Tier bewege sich „von selbst“, so ist damit nur auf diese Verborgenheit der Ursachen hingedeutet. Die organischen Bewegungen sind Vorgänge, die durch (äußere oder innere) „Reize“ ausgelöst werden,[104] und was für Bewegungen bei bestimmten (physikalisch betrachtet meist ganz geringfügigen) Reizen erfolgen, ist durch den gerade vorliegenden Zustand des Organismus bedingt, dieser aber hängt ab von der gesamten Vorgeschichte des Lebewesens, weil jedes Erlebnis irgendwelche Spuren in dem Organismus zurückläßt und dadurch ihn und seine Reaktionsweise
A 472 ver|ändert. Je mehr die früheren Erfahrungen in der einzelnen Reaktion mitspielen, um so deutlicher trägt sie den Charakter der „Handlung“. Gerade in diesem „Handeln“ hat man den Ausdruck der Eigengesetzlichkeit des Lebens finden wollen,[105] nach der man suchte, und wir werden alsbald darüber zu sprechen haben. Hier ist nur festzustellen, daß in ihm jedenfalls auch nicht

104 Inv.-Nr. 12, A. 35, S. 4: „*Spontane* Bewegung im strengen Sinne ist ein Unding, sowohl aus philosophischen Gründen (ursachlos Willensfreiheit), als auch durch die Tatsachen immer deutlicher belegt.“

105 Vgl. unten in diesem Band S. 729.

das endgültige Kriterium des Lebens liegen kann, denn ein Individuum ist auch dann lebendig, wenn es nicht handelt, in der Ruhe, im Schlafe. Wollte man, um der Schwierigkeit zu entgehen, das entscheidende Kennzeichen etwa in einer „*Fähigkeit* zum Handeln“ erblicken, so wäre damit ein bloßes Wort eingeführt, das wiederum ohne genaue Kenntnis der innersten Gesetze des Lebens inhaltsleer bliebe.

In Wahrheit liegt die Sache so, daß wir tatsächlich kein Lebenskriterium besitzen, das jederzeit und im Augenblick anwendbar wäre. Wir sind in fraglichen Fällen darauf angewiesen, längere Beobachtungen anzustellen, um über die Lebendigkeit eines Körpers urteilen zu können; dann wird es leicht, genügend charakteristische Merkmale anzugeben. Man findet sie sofort in jenen Erscheinungskomplexen, die unter den Namen Fortpflanzung, Regeneration, Vererbung zusammengefaßt werden. Es sind jene Vorgänge, durch welche die Lebewesen imstande sind, ihresgleichen zu erzeugen, und durch die für den unversehrten Bestand der Individuen und Gattungen gesorgt wird. Diese Prozesse sind hinreichende, aber natürlich keine notwendigen Merkmale des Lebens, denn auch in Augenblicken, in denen keine Fortpflanzung oder Regeneration stattfindet, ist Leben vorhanden; ja auch ein Individuum, das zu jenen Lebensäußerungen überhaupt nicht fähig ist, braucht deswegen noch keineswegs tot zu sein. Fortpflanzung und Regeneration sind ferner grobe Makrovorgänge, von denen kein leicht erkennbarer Weg zu den Mikrovorgängen hinüberführt, in denen offenbar das eigentliche Wesen des Lebens, d. h. seine endgültige wissenschaftliche Begriffsbestimmung zu suchen ist.

Die Situation ist also die, daß wir nur ganz primitive, für präzise Formulierung und exakte Forschung ungeeignete Kriterien des Lebens besitzen. Wir wollen wissen, ob die organische Natur sich auf die anorganische zurückführen läßt, und wissen nicht einmal genau, wie wir sie voneinander trennen sollen, können also gar nicht genau angeben, *was* eigentlich Gegenstand unserer Erklärung ist.

Was mögen es für Prozesse sein, die sich in jeder lebendigen Substanz fortwährend abspielen und die auch dann vorhanden

sind, wenn die Substanz äußerlich unbewegt bleibt? Vorläufig läßt sich wohl nur auf eine Klasse von Vorgängen hinweisen, die nach dem gegenwärtigen Stande unseres Wissens für das Leben wirklich eigentümlich zu sein scheinen: Es sind die chemischen Prozesse des „Stoffwechsels“ (Metabolie), der aus einem fortwährenden
A 473 Aufbau | der eigenen Körpersubstanz aus der Nahrung (Assimilation) und entsprechendem Abbau der verbrauchten Stoffe (Dissimilation) besteht. Vermöge des Stoffwechsels erscheint das Lebewesen als ein „stationäres“ Gebilde, das seine Gestalt ungefähr bewahrt, aber fort und fort aus immer neuen Substanzen aufgebaut wird, die in stetigem Fluß durch seinen Körper strömen, gleichwie eine Flamme, die unaufhörlich neuen Brennstoff aufnimmt und Verbrennungsgase aushaucht und dabei doch ihre Individualität bewahrt. Diesen annähernd stationären Charakter haben die lebendigen Körper mit manchen anorganischen Gestalten gemeinsam, er ist also kein für das Leben charakteristisches Merkmal der Stoffwechselprozesse. Wie ist ein solches zu finden?

In die einzelnen Phasen der geschilderten Vorgänge, den Aufbau und Abbau der organischen Verbindungen, hat die experimentelle Forschung tief hineingeleuchtet, sie auch wohl künstlich nachahmen können, aber der intime Mechanismus und die geordnete Vereinigung dieser Prozesse, die erst in ihrer Gesamtheit den „Stoffwechsel“ ausmachen, ist noch unüberschaut und nicht rekonstruierbar, und die Chemie ist noch sehr weit davon entfernt, den eigentlichen Elementarvorgang angeben zu können, der nirgends fehlt, wo Leben ist, und dessen Vorhandensein unter allen Umständen Leben bedeutet. Die bisher erzielten Ergebnisse zeigen höchstens die Richtung, in der man weiter zu suchen hat, aber sie lassen das Geheimnis des Lebens noch dicht verhüllt. Der „Stoffwechsel“ kann wohl als Charakteristikum des Lebens dienen – auch im schlummernden Samenkorn spielt sich ein solcher Prozeß vermutlich in äußerst verlangsamter Form ab –, wiederum aber ist davon schließlich nur ein Teil des Makroverhaltens bekannt, und der Weg zu den entscheidenden Mikrovorgängen, zu einer wissenschaftlichen Definition des Lebens ist noch entmutigend weit, der Beweis für ihre Möglichkeit noch nicht erbracht.

Aber die einzige Methode zur Erreichung des Zieles besteht in der Aufzeigung der elementaren Mikroprozesse; und jeder Versuch, diesen Weg der geduldigen und mühsamen Einzelforschung abzukürzen und auf dem königlichen Weg der Philosophie die Lösung des Lebensproblems unmittelbar zu erzwingen, führt unfehlbar in die Irre.

4. Leben und Bewußtsein

Ein solcher Irrpfad ist es, wenn man den Begriff des Lebens mit demjenigen des *Bewußtseins* verschmilzt und also meint, das Bewußtsein als ein – ja als einziges – notwendiges und hinreichendes Kriterium des Lebens hinstellen zu müssen. Dies würde der Behauptung gleichkommen, daß das Leben nur einer *psychologischen* Erklärung zugänglich sei.

| Aus verschiedenen Gründen ist es in der Philosophie der Biologie vollkommen unstatthaft, sich auf diesen Standpunkt zu stellen. A 474

Zum ersten gibt es einen *methodischen* Grund: Ob irgendein Wesen mit Bewußtsein begabt ist, entzieht sich prinzipiell und endgültig der Feststellung. Es ist ja ein Gemeinplatz und ein Resultat der bescheidensten philosophischen Besinnung, daß wir unmittelbar nur vom Dasein eines einzigen Bewußtseins wissen, nämlich des eigenen. Zur Annahme fremden Bewußtseinslebens führt uns unter allen Umständen nur ein Analogieschluß: Wir sehen an andern Wesen Bewegungen, von denen wir wissen, daß bei uns selber mit ähnlichen Bewegungen seelische Prozesse einhergehen, und wir nehmen an, daß analoge Bewußtseinsvorgänge sich auch bei jenen Wesen abspielen.[106] Wir schließen also auf das

106 Diese Auffassung von der Erkenntnis des Fremdpsychischen entspricht dem Standpunkt in 1925a *Erkenntnislehre*, S. 245 (*MSGA* I/1, S. 603 f.). Im Manuskript Inv.-Nr. 6, A. 8 aus dem Jahr 1912 zitiert Schlick S. 21 in diesem Zusammenhang aus Höffding, *Moderne Philosophen*, S. 80 kritisch ein Argument bei Fouillé, *Critique des systèmes de morale contemporains*: „Ich kann meiner selbst nicht bewußt werden, ohne Bewußtsein von andern Wesen zu haben: diese fasse ich in Analogie mit mir selbst, und mich selbst in Beziehung zu ihnen auf. Bereits rein gedanklich ist es mir unmöglich, mich selbst als einziges Wesen zu betrachten.“ Bereits in 1926a *Erleben*, S. 146 f. (*MSGA* I/6, S. 33–36) lehnt

Vorhandensein seelischer Prozesse erst, nachdem wir von der Lebendigkeit des Wesens überzeugt sind; der Schluß findet demnach gerade in der umgekehrten Richtung statt, wie es der Fall sein müßte, wenn das Bewußtsein als Lebenskriterium sollte dienen können. Ferner ist bekanntlich das Ergebnis eines Analogieschlusses niemals streng gültig, sondern trägt immer nur den Charakter der Wahrscheinlichkeit. Man wird dem vorliegenden Schluß gern die höchste Wahrscheinlichkeit zugestehen, wenn wir etwa mit seiner Hilfe auf die Beseeltheit unserer Mitmenschen schließen oder ein Pferd oder einen Hund für bewußte Wesen erklären (obwohl kein geringerer als Descartes alle Tiere für bloße bewußtlose Automaten hielt[107]), aber wie steht es mit der Anwendbarkeit des Schlusses, wenn wir fragen, ob auch einer Amöbe, einer menschlichen Samenzelle (an deren Lebendigkeit ja kein Zweifel besteht) Bewußtsein zukomme? Man braucht solche unbeantwortbaren Fragen nur zu stellen, um einzusehen, daß es methodisch völlig verfehlt wäre, etwas prinzipiell nicht Beobachtbares – und „Bewußtsein" ist ja niemals Gegenstand der Wahrnehmung – zum Kriterium des Lebens machen zu wollen.

Zweitens gibt es einen sehr gewichtigen *empirischen* Grund dafür, daß Leben und Bewußtsein nicht notwendig organisch zusammengehören. Er liegt darin, daß augenscheinlich das Bewußtsein aufhören kann, ohne daß das Leben aufhört. In der Ohnmacht oder Narkose, wahrscheinlich auch im tiefen Schlaf, ist das Bewußtsein unseres Wissens völlig erloschen, aber das Leben geht ruhig weiter – wie wäre es da wohl möglich, das Bewußtsein als notwendige Bedingung des Lebens aufzufassen!

Drittens ist noch ein Grund anzuführen, welcher der *Erkenntnistheorie* angehört und daher am tiefsten greift: selbst wenn es erlaubt wäre, das Leben durch etwas prinzipiell nicht Beobachtbares zu erklären, so dürfte dies doch niemals das *Bewußtsein*

Schlick dann den Analogieschluß zur Beantwortung dieser Frage als „sinnlos" ab. Vgl. die sich andeutende Verschärfung des Sinnkriteriums oben in diesem Band S. 646.

107 Vgl. z. B. Descartes, *Œvres de Descartes*, Bd. V, S. 277 sowie Wundt, *Essays*, S. 143 aber auch Cottingham, *Descartes' Treatment of Animals*.

sein. Denn alles Naturgeschehen verlangt eine naturwissenschaftliche Deutung, und jedes Zurückgehen auf eine Begriffsbildung | anderer Art würde naturphilosophisch dem Verzicht auf eine Erklärung gleichkommen. Zwar ist es natürlich vollkommen korrekt, sich das Handeln eines Menschen oder Tieres verständlich zu machen, indem man seelische Regungen in ihm annimmt; im täglichen Leben, in der Geschichte und den übrigen Geisteswissenschaften verfahren wir so, dort ist die psychologische Erklärung und ihre Vermischung mit naturwissenschaftlicher Erklärungsart zulässig, weil es da überhaupt nicht auf eine strenge theoretisch reine Erkenntnis ankommt, sondern auf ein Verstehen in allgemeinerem Sinne. Aber in der Biologie hat ein Verstehen in diesem Sinne nur als Durchgangsstufe zur echten Erklärung eine vorläufige Berechtigung; innerhalb eines abgeschlossenen naturwissenschaftlichen Erkenntnissystems haben psychologische Begriffe schlechterdings keine Stelle. Denn die erkenntnistheoretische Analyse des Verhältnisses der physischen Vorgänge zum Bewußtsein zeigt, daß beide nicht einander gleichgeordnet sind und daher niemals gemeinsam als Glieder einer und derselben Kausalreihe auftreten können. Dies ist nicht so gemeint, als ob das Physische und das Psychische zwei verschiedene Arten von Wirklichkeit wären, sondern es sind – wie hier nicht näher begründet werden kann – gänzlich verschiedene Begriffssysteme, verschiedene Arten, die Wirklichkeit zu bezeichnen.[108] Psychisch nennen wir die Wirklichkeit, sofern sie von irgendeinem Bewußtsein unmittelbar erlebt wird; physisch heißt sie, sofern wir sie durch das eigentümliche Begriffssystem der Naturwissenschaft bezeichnen. Psychologisch ist jeder Begriff, den wir einem unmittelbar vorgefundenen Bewußtseinsdatum ohne jeden Umweg zuordnen; physikalische und biologische Begriffe jedoch werden immer erst durch ein ganz besonderes Verfahren der Abstraktion und Kombination konstruiert (bei den physikalischen sind die letzten Konstruktionselemente z. B. die oben geschilderten „Koinzidenzen")[109]. Naturerklärung heißt eben: Darstellung durch dies ganz besondere

A 475

108 Vgl. 1925a *Erkenntnislehre* (*MSGA* I/1), §§ 32–35.

109 Vgl. oben in diesem Band S. 667 ff.

naturwissenschaftliche Begriffssystem. Sollte dies System irgendwo versagen, so würde das Unmöglichkeit der Erklärung bedeuten, und daran würde durch eine Ausfüllung der Lücken durch andersartige, psychologische Begriffe nichts geändert. Glaubt man ohne „Psychisches", „Seelisches", bei der Erklärung der Lebenserscheinungen nicht auskommen zu können, so muß man es jedenfalls als „Naturfaktor" einführen, d. h. als einen auf naturwissenschaftlichem Wege, nicht durch „Bewußtsein" zu definierenden Begriff. Die Schwierigkeiten, die dabei freilich entstehen, haben wir jetzt noch nicht zu betrachten. Die Geltung des eben entwickelten Arguments gegen psychologische Erklärung in der Biologie ist gerade auch von vitalistischer Seite (H. Driesch) voll anerkannt worden.[110]

Jeder der drei angeführten Gründe ist schon für sich allein durchaus entscheidend, und so dürfen wir als Ergebnis festhalten, A 476 | daß jede Verquickung der Begriffe Leben und Bewußtsein streng abzuweisen ist, und daß, wie auch das Verhältnis beider Begriffe zueinander sein möge, die Biologie das Lebensproblem jedenfalls gänzlich unabhängig vom Bewußtseinsproblem zu behandeln hat.

5. Organische Zweckmäßigkeit und „Finalität"

Diejenigen Begriffe, die man am häufigsten als philosophische Brücke zum Verständnis des organischen Lebens zu benutzen sucht, sind die Begriffe des *Zweckes* und der *Zweckmäßigkeit.*

Die oben besprochenen Einrichtungen des Stoffwechsels und der Regeneration, die Anpassung der verschiedenen Organe und Funktionen aneinander sind höchst „zweckmäßig", sie scheinen alle von einem obersten Ziel beherrscht zu sein, auf welches sie oft in gerader Richtung, oft in verschlungenen Umwegen loszusteuern scheinen: es ist das Ziel der Erhaltung und Entwicklung der lebenden Organismen, und zwar sowohl der Individuen wie der Gattung. Die Zweckmäßigkeit aller organischen Körper und Funktionen stellt sich vielen als das eigentliche Wunder des Le-

110 Vgl. dazu unten in diesem Band S. 730, Anm. 141 sowie 1920g *Rezension/Driesch*, in diesem Band.

bens dar, durch welches es sich von der toten Natur am deutlichsten abhebt; und es ist nur natürlich, daß der Hinweis auf die Zweckmäßigkeit des Organischen von jeher das stärkste Argument derjenigen gebildet hat, welche die Autonomie des Lebens behaupten.

Sorgfältige Zergliederung der Begriffe ist nötig, um den Blick für die hier liegenden Probleme klar zu halten. Was ist zunächst unter „Zweck" zu verstehen? Es ist zweifellos ein dem menschlichen Handeln entnommener Begriff. Wir nennen Zweck nichts anderes als den *vorgestellten Enderfolg* unseres Handelns.[111] Bei jeder mit Bewußtsein ausgeführten Handlung wird das Ziel der Handlung im Bewußtsein als Vorstellung vorweggenommen: die Existenz eines Zweckes setzt also das Dasein eines vorstellenden Bewußtseins voraus. Wo kein Bewußtsein vorhanden ist oder ein Begriffssystem vorliegt, in welchem das Bewußtsein nicht vorkommt, ist es also unmöglich, von „Zwecken" im ursprünglichen Sinne des Wortes zu reden. Es ist also nach dem früher Gesagten eigentlich von vornherein aus der Biologie zu verbannen. Will man es aber dort beibehalten, so kann das nur geschehen, indem man dem Worte „Zweck" einen neuen Sinn beilegt. Ein solches Verfahren sollte nur im äußersten Notfalle Anwendung finden, denn jeder Bedeutungswechsel eines Wortes führt leicht zu schlimmen Mißverständnissen.

Aber fragen wir einmal, welche Bedeutung man dem Worte wohl geben könnte, um ihm biologische Verwendbarkeit zu verleihen. Da die Beziehung auf ein Bewußtsein ausgeschaltet sein soll, so liegt es am nächsten, einfach das Merkmal des Vorgestelltwerdens | fortzulassen und also unter dem Zweck irgendwelcher A 477 organischen Prozesse schlechthin den Enderfolg zu verstehen, der durch sie erreicht wird, ohne Rücksicht darauf, ob dieser Erfolg von irgendeinem Bewußtsein vorausgesehen war oder nicht. Es

111 Vgl. 1908 *Lebensweisheit*, S. 6 f. (*MSGA* I/3, S. 53): „Unter ‚Zweck' versteht man nämlich die Vorstellung, die man von der Folge des eigenen Tuns hat; und die Folgen einer Handlung sind das einzige, was den Menschen an ihr unmittelbar interessiert." Ebd., S. 23 (*MSGA* I/3, S. 69): „Von dem ‚Zweck' einer Handlung kann man nur bei *bewußten* Tätigkeiten reden, denn der Zweck meiner Handlung ist meine Vorstellung von ihren Folgen[.]"

ist also die tatsächliche *Wirkung* jener Prozesse. Da jedoch das Wort Wirkung in diesem Falle alles vollkommen ausdrückt, was gesagt werden kann, und da es das in der Naturwissenschaft für diesen Begriff stets verwendete und bereitliegende Wort ist, so liegt nicht der geringste Grund vor, in der Biologie für denselben Begriff plötzlich noch einen andern Terminus einzuführen. Es würde dadurch nur der Anschein erweckt, als ob es sich in der Lebenswissenschaft um einen neuen, nur ihr eigenen Begriff handele, und damit wäre das Denken von vornherein irregeleitet. Ferner ist zu sagen, daß der neue Sinn des Wortes Zweck von dem ursprünglichen in einem sehr wesentlichen Punkte abweichen würde; bei einer bewußten Handlung ist nämlich der Zweck keineswegs immer gleich dem wirklichen Erfolg, denn die Absicht des Handelnden kann ja durchkreuzt, die Erreichung des Zieles kann durch widrige Umstände verhindert werden.[112] Wollte man nun, um sich der ursprünglichen Bedeutung wieder zu nähern, den Zweck in der Biologie als den *normalen* Erfolg der Vorgänge definieren, indem man darunter diejenige Wirkung versteht, die immer eintritt, wenn nicht störende Einflüsse dazwischenkommen, so würde die Sachlage nicht gebessert. Denn wiederum liegt in dem Ausdruck „normale Wirkung" ein Terminus vor, welcher den Sinn deutlicher und einfacher wiedergibt und keine falschen Vorstellungen erwecken kann.

Kurz: der Begriff des Zweckes ist aus der naturwissenschaftlichen Betrachtung des Lebens zu verbannen. Daraus folgt aber nicht, daß der Begriff der *Zweckmäßigkeit* das gleiche Schicksal erleiden müßte. Wir haben den letzteren Begriff oben bereits verwendet, und in der Tat läßt sich zeigen, daß dies rechtmäßig und ohne Bedenken geschehen kann, weil er sich definieren läßt, ohne daß dabei von Zwecken selber die Rede sein müßte. Man kann von Zweckmäßigkeit auch dort sprechen, wo kein vorstellendes Bewußtsein vorhanden ist. Es genügt, daß gewisse Beziehungen von Naturvorgängen zueinander da sind, die bei einer menschli-

112 Vgl. 1908 *Lebensweisheit*, S. 176 (*MSGA* I/3, S. 197): „In der Welt ist jedes Teilchen um seiner selbst willen da, nicht etwa für das Ganze, dem es zufällig angehört, denn die Natur kennt den Begriff des Zu-einem-Zwecke-dienens nicht."

chen Zweckhandlung niemals fehlen und die daher den *Anschein* erwecken, als ob eine bewußte Zwecksetzung stattgefunden hätte. In der Tat hat man den Begriff der Zweckmäßigkeit durch diesen Anschein zu bestimmen versucht. So definiert ein Biologe (S. Becher): „Wir bezeichnen diejenigen (organischen) Einrichtungen und Vorgänge als zweckmäßig, die den Anschein erwecken, als wenn sie von einem intelligenten Wesen zum Erreichen eines vorausgesehenen Zieles geschaffen oder reguliert worden wären.“ [113] Statt aber auf den Anschein hinzuweisen und so nur eine indirekte Bestimmung zu geben, | ist es sicherlich besser, die Merkmale selbst aufzuführen, durch die der Anschein erzeugt wird. Man wird daher sagen müssen: „Eine Gruppe von Vorgängen oder Organen heißt zweckmäßig in bezug auf einen bestimmten Erfolg, wenn dieser Erfolg die normale Wirkung des Zusammenarbeitens der Vorgänge oder Organe ist.“ Der Ton liegt dabei auf dem *Zusammen*arbeiten; im einzelnen können die Vorgänge je nach den Umständen sehr verschieden verlaufen, sie sind aber derartig voneinander abhängig und miteinander verknüpft, daß sich im ganzen doch ungefähr die gleiche Wirkung ergibt. Im anorganischen Geschehen ist es ja meistens (nicht immer) so, daß eine Wirkung, die dem Zusammenwirken mehrerer Faktoren verdankt wird, sofort ausbleibt, wenn einer von diesen Faktoren gestört wird; im Organischen greifen aber bei Ausfall oder Veränderung eines Prozesses alsbald die übrigen ein und kompensieren die Störung. A 478

Zweckmäßig bedeutet also nichts anderes als eine bestimmte Art der Beziehung, der Wechselwirkung, des Ineinandergreifens der Funktionen. Sie wird daran erkannt, daß das Endergebnis des Funktionierens in sehr weiten Grenzen von äußeren Umständen und Störungen unabhängig ist – wodurch eben der Eindruck erweckt wird, als ob ein zielbewußter Wille sich durchsetze. Der Effekt, der sich als Wirkung des Zusammenarbeitens der Funktionen darstellt, ist in erster Linie die Erhaltung und Entwicklung

113 Vgl. S. Becher, *Seele*, S. 288; im Original ist der ganze Satz hervorgehoben. Siegfried Becher wirkte von 1914 bis 1921 in Rostock, war mit Schlick befreundet und der Bruder von Erich Becher. Vgl. Merker, *Ernst Siegfried Becher* sowie Becher, *Ernst Siegfried Becher* sowie Fischer, *Vorwort*, S. XVII.

des Organismus selber, in zweiter Linie die Erhaltung und Vermehrung der ganzen Art; es kann aber auch drittens – hierauf hat besonders E. Becher hingewiesen – ein Lebewesen mit Einrichtungen versehen sein, die für *andere* Organismen zweckmäßig sind. Mit dem letztgenannten Philosophen kann man die drei verschiedenen Möglichkeiten in leichtverständlicher Benennung als selbstdienliche, artdienliche und fremddienliche Zweckmäßigkeit bezeichnen.[114]

Dieser Begriff der Zweckmäßigkeit, der zur Beschreibung der in der Biologie vorliegenden Tatsachen vollkommen ausreichend ist, enthält nichts, was über die in der anorganischen Natur vorkommenden Prozesse und Gesetze prinzipiell hinausginge. Wenngleich die durch jenen Begriff erforderte weitgehende Abgestimmtheit der Funktionen aufeinander nur in der organischen Welt beobachtet wird, so steht sie doch zu den Gesetzen der unbelebten Natur, also zur Physik, in keinem Gegensatz. Sie bedeutet nichts grundsätzlich Neues, sondern nur eine besondere Form der Abhängigkeit von Vorgängen untereinander. Es ist also nicht einzusehen, warum diese Zweckmäßigkeit als untrügliches Anzeichen einer Eigengesetzlichkeit des Lebens angesehen werden müßte. Und doch geschieht dies, indem man behauptet, daß die geschilderte Zweckmäßigkeit nicht durch physikalische Gesetze verständlich zu machen sei, daß das Ineinandergreifen der organischen Vorgänge überhaupt nicht auf kausalem | Wege erklärt werden könne. Zweckmäßigkeit lasse sich vielleicht ohne einen Zweckbegriff definieren, nicht aber erklären; die Gesetze des Organischen seien besonderer Art, nämlich „final" oder „teleologisch" (finis ist das lateinische, telos das griechische Wort für Ziel oder Zweck). Die Behauptung, daß die physikalische Betrachtungsweise den Lebensvorgängen gegenüber notwendig versagen müsse, werden wir sogleich zu prüfen haben; vorderhand untersuchen wir nur dasjenige, was an ihre Stelle treten soll, nämlich den Begriff der Teleologie oder Finalität.

A 479

114 Vgl. z. B. Becher, *Erkenntnistheorie*, S. 383 f. Zum Dissens mit Becher in der Frage des Vitalismus siehe oben den editorischen Bericht S. 597, Anm. 38.

Hören wir, wie ein Vertreter der teleologischen Auffassung den Begriff der Finalität bestimmt (Joh. Reinke): „Alles gesetzmäßige Geschehen in der Natur vollzieht sich mit Notwendigkeit.[115] – – Von biologischer Notwendigkeit kennen wir zwei Arten: die Kausalität und die Finalität. Jeder Lebensvorgang ist bedingt durch vorausgegangene Erscheinungen: dies ist Kausalität; er kann aber auch insofern bedingt sein durch spätere Zustände ..., als die vorausgegangenen unerläßliche Durchgangsstadien dafür sind: das ist Finalität.[116] – – Während die kausale Notwendigkeit alle Naturwissenschaften gleichmäßig durchdringt, herrscht die finale ausschließlich auf dem Gebiete der Biologie.[117] – – Beim Zweck liegt eine seiner wesentlichen Bedingungen nicht in der Vergangenheit, sondern in der Zukunft; sie geht ihm nicht voraus, sondern folgt ihm. Dies ist das Unterscheidungsmerkmal der Finalität von Kausalität ...“[118]

Aus unseren früheren Ausführungen über Kausalität (S. 433) ergibt sich die Verschwommenheit und Unzulässigkeit dieser Gedanken und die Verkehrtheit des Finalitätsbegriffs überhaupt. Wir stellten dort nämlich fest, daß der Gedanke der Kausalität schlechthin identisch ist mit dem Gedanken der durchgängigen Naturgesetzlichkeit überhaupt, und daß es für diesen Gedanken ganz gleichgültig ist, ob man sagt, die späteren Zustände werden durch die früheren bedingt, oder umgekehrt, oder ob man (wie beim Prinzip der kleinsten Wirkung) den Verlauf eines Vorgan-

115 Vgl. Reinke, *Einleitung in die theoretische Biologie*, S. 81: „Alles gesetzmäßige Geschehen in der Natur vollzieht sich mit Notwendigkeit, und jeder Zusammenhang unter den Lebenserscheinungen, sofern er gesetzmäßig verläuft, ist ein notwendiger.“

116 Ebd., S. 82. Der letzte Teil lautet vollständig: „er kann aber auch insofern bedingt sein durch spätere Zustände eines Typus, als die vorausgegangenen unerläßliche Durchgangsstadien dafür sind: das ist Finalität.“

117 Ebd., S. 82.

118 Ebd., S. 88 f. Der letzte Teil lautet vollständig: „Dies ist das Unterscheidungsmerkmal der Finalität von Kausalität, aus dem sich aber auch sogleich die enge Verwandtschaft beider Begriffe ergibt; Kant nennt daher die Teleologie eine ‚Kausalität nach Zwecken‘.“ Das Zitat findet sich auch unkommentiert in Inv.-Nr. 163, A. 124-1, S. 11.

ges durch seinen Anfang und sein Ende bestimmt sein läßt. Welche von diesen Auffassungen man wählt, ist gänzlich willkürlich; alle Möglichkeiten sind stets in gleicher Weise vorhanden, also auch beim anorganischen Geschehen, und sie bedeuten keineswegs verschiedene Arten von Gesetzmäßigkeiten in der Natur. Es sind nur rein formal verschiedene Arten, die durchgehende Abhängigkeit der Naturvorgänge voneinander auszudrücken, die das Wesen der Kausalität ausmacht. Wer an die allgemeine unverbrüchliche Gesetzmäßigkeit der Natur glaubt, steht damit schon unter allen Umständen auf dem Boden der Kausalität: wer sie aber leugnet, würde damit eine teleologische Anschauung keineswegs ermöglichen, denn auch die Finalität soll ja strenge Gesetzlichkeit bedeuten. Besonders lehrreich ist es, sich die Un-
A 480 brauchbarkeit des Finalitätsgedankens an dem | ausgesprochensten Typus des organischen Geschehens klarzumachen, nämlich am menschlichen Handeln. Jedermann wendet hier die kausale Betrachtungsweise in der gewöhnlichen Form an. Die Zweckvorstellungen, aus denen das Handeln entspringt, sind ja keineswegs etwas Zukünftiges, sondern gehen dem Handeln als seine Ursachen im üblichen Sinne vorauf.

Es ergibt sich also: Wenn das Leben eine Eigengesetzlichkeit hat, so kann diese nimmermehr darin bestehen, daß es der Kausalität entrückt und von „Finalität" beherrscht wäre, sondern der Unterschied zwischen organischem und anorganischem Geschehen müßte *innerhalb* der kausalen Betrachtung gesucht werden. Damit ist der Weg für die modernen Verfechter der Autonomie des Lebens vorgezeichnet.

6. Der naive Vitalismus

Die Frage nach der Unterordnung der Lebensprozesse unter die Gesetzmäßigkeit des anorganischen Geschehens wurde zum erstenmal auf direktem experimentellen Wege in Angriff genommen durch die Versuche von Rubner (1894)[119] und Atwater (1904).[120]

119 Vgl. Rubner, *Quelle der thierischen Wärme*. Vgl. auch im Rückblick Rubner, *Die Gesetze des Energieverbrauchs bei der Ernährung*, S. 2 f.: „Denn zu dem

Der erstgenannte Physiologe untersuchte bei Tieren, der zweite bei Menschen, ob das *Energieprinzip* beim Ablauf der organischen Vorgänge gewahrt bleibt. Der Ausfall der Experimente zeigte, daß dies in der Tat der Fall ist, daß im lebendigen Körper Energie weder verschwindet noch entsteht. (Natürlich ist streng genommen der Nachweis nur für die Summe der Makrovorgänge im Organismus erbracht; die Möglichkeit, daß im Einzelnen und Kleinsten Energie entstehe und vergehe, bleibt ebenso bestehen, wie dies beim anorganischen Geschehen der Fall war. Siehe oben Seite 420).[121]

Die Bedeutung dieser Ergebnisse darf nicht überschätzt werden. Die Versuche unterrichten uns nur über die Energie-Bilanz der organischen Vorgänge, sagen aber im übrigen nicht das geringste über ihre Gesetzmäßigkeit, und sie lassen es daher ganz unentschieden, ob die Gesetze auch in andern Beziehungen die gleichen sind wie diejenigen der unbelebten Natur. Die vorwiegende Betonung der Energieverhältnisse hat in vielen Köpfen die – freilich nie klar ausgesprochene – Meinung erzeugt, als erschöpfe sich die Kausalität der physikalischen Vorgänge in der Erfüllung des Energieprinzips. Man wurde zu der Ansicht verführt, daß die Annahme irgendwelcher besonderen Lebensgesetze den bekann-

Beweise, dass alle Wärme wirklich nur aus den umgesetzten Stoffen stamme, fehlten die unbedingt nothwendigen Voraussetzungen und die eingehende thermochemische Basis, sowie die näheren biologischen Erfahrungen über die Art der Wärmeentwicklung und namentlich die Kenntnisse von den Beziehungen der Kräfte zueinander, die erst durch R. Meyer und Helmholtz richtig erkannt wurden. Zu dem Beweise, dass beim Thiere thatsächlich die abgegebene Wärme quantitativ sich mit den Umsetzungen deckt, dazu bedurfte es einer Fülle von Arbeit, die nahezu ein volles Jahrhundert in Anspruch nahm. [...] Die Beweisführung des Gesetzes der Erhaltung der Kraft im Thierkörper die mir, so weit unsere Methoden an Genauigkeit reichen, zuerst gelungen ist, liefern die sichere Basis für weitere thermische Betrachtungen."

120 Vgl. Atwater und Benedict, *Experiments on the Metabolism and Energy of the Human Body 1900–1902*. Die Jahreszahl geht vermutlich zurück auf die deutsche Bearbeitung von 1904: Atwater, *Neue Versuche*. Vgl. auch die Hinweise bei Becher, *Gesetz von der Erhaltung der Energie*, und bei Sheldon, *Conservation of Energy* sowie den kleinen „Augenzeugenbericht" bei Erdmann, *Wissenschaftliche Hypothesen über Leib und Seele*, S. 111.

121 Vgl. auch ebd. die Anm. 28 in diesem Band S. 633.

ten physikalischen Gesetzen so lange nicht widersprechen könne, als nur das Energieprinzip dabei nicht verletzt werde. Damit schien der Autonomie des Lebens ein weiter Spielraum innerhalb der physikalischen Gesetzlichkeit eröffnet, und die vitalistische Spekulation hat hier | [A 481] eingesetzt, nicht immer unter Vermeidung des oben kritisierten Gedankens der Finalität. Die hierher gehörenden Gedanken werden passend als *naiver* Vitalismus bezeichnet, weil sie auf unkritischen Voraussetzungen über die Natur der anorganischen Gesetze ruhen und dem Problem unbefangen ohne ausreichende Klärung der Begriffe gegenübertreten.

Der Gedankengang des naiven Vitalismus ist etwa folgender: Jeder Organismus ist in dem Zusammenarbeiten seiner Teile einer Maschine vergleichbar. Sehen wir eine Maschine, also ein „zweckmäßig“ gebautes Kunstwerk, so schließen wir sofort, daß sie nicht „von selbst“ entstanden ist, sondern der Intelligenz eines Technikers, eines Künstlers ihr Dasein verdankt, die nun gleichsam in der Maschine weiter wirkt. Ein Organismus weist noch vollkommnere Zweckmäßigkeit auf als eine Maschine, wir müssen daher bei ihm auf die Existenz eines zwecktätigen Agens schließen, welches irgendwie der Intelligenz eines Ingenieurs analog ist und das mit J. Reinke und E. v. Hartmann „Dominante“ oder „Oberkraft“ heißen mag. Maschinen dienen dem Energieumsatz. Der Mensch als Schöpfer der Maschine ändert nicht die Naturkräfte, sondern lenkt sie bloß. Lenkung der Energien ist also auch die Leistung der Oberkräfte. „Bei Hervorbringung der Gestalt einer Pflanze oder eines Tieres sehen wir zahlreiche äußere und innere Ursachen oder Bedingungen in Kraft treten, die auf energetischer Tätigkeit beruhen. Weil diese Energien einheitlich geregelt sind, wie der Bau eines Hauses durch den Plan, so müssen wir auf übergeordnete Agentien schließen, die wir uns als Dominanten zu denken haben.“ [122] „Ihr Vorhandensein ist darum eine Notwendigkeit, weil ohne sie nur ziellose Kräfte tätig sein würden; wir sehen aber tatsächlich die chemischen wie die gestaltenden Prozesse in der Pflanze und im Tier zielstrebig und einheitlich

122 Reinke, *Die Welt als Tat*, S. 292. Statt wie hier „Gestalt einer Pflanze oder eines Tieres“ heißt es im Original „Gestalt einer Pflanze und eines Tieres“.

geordnet verlaufen." [123] So äußert sich der Biologe Reinke. [124] Und ganz ähnlich der Philosoph v. Hartmann: „Das Organische kann weder das Prius des Anorganischen noch mit ihm gleich ewig, sondern muß auf der Erde zu bestimmter Zeit entstanden sein; es konnte aber nicht aus bloß anorganischen Kräften und Gesetzen entspringen, wenn nicht höhere leitende und ordnende Kräfte hinzutreten. Denn einerseits können nach anorganischen Gesetzen nur unter besonderen Maschinenbedingungen, wie sie wohl im chemischen Laboratorium herzustellen, aber nicht in der freien Natur zu finden sind, anorganische Verbindungen in organische übergeführt werden. Und andrerseits mußten die ersten Organismen, um bestehen und ihre Art erhalten zu können, Fähigkeiten besitzen, die sie aus unorganischen Kräften und Gesetzen nicht erlangen konnten." [125] „Es ist ganz unmöglich, eine Maschine auch

123 Ebd. Vollständig lautet der Satz: „Ihr Vorhandensein ist darum eine Notwendigkeit, weil ohne sie nur ziellose Kräfte erster Hand tätig sein würden; wir sehen aber tatsächlich die chemischen, wie die gestaltenden Prozesse in der Pflanze und im Tiere zielstrebig und einheitlich geordnet verlaufen."

124 Zur Kritik an Reinke vgl. auch Inv.-Nr. 1, A. 2a, S. 11f.: „Als Botaniker auf pflanzenphysiologische Gedankengänge eingestellt, faßt er die Vorgänge in der ganzen Welt in Analogie zu den in den Pflanzen sich abspielenden auf. (Wie ihm diese durch gewisse zielstrebige Kräfte bestimmt zu sein scheinen, so nimmt er auch im Weltall eine kosmische Vernunft an, die ganz ähnlich wirken soll wie jene zielstrebigen Kräfte, die er Dominanten nennt. In derartigen Analogien schafft er sich dann eine Weltanschauung, die alsbald einseitig und unhaltbar erscheint, wenn man sich ihr in den Richtungslinien von andern Wissenschaften her zu nähern sucht.) Auch bei Reinke finden wir die mangelhafte Berücksichtigung der Erkenntnistheorie, wenn er z. B. behauptet, unsere Vorstellungen seien alle verhältnismäßig getreue Abbildungen der Dinge an sich, denn die Leugnung dieses Satzes ist gerade eine der ersten Taten der wissenschaftlichen Philosophie."

125 Hartmann, *Grundriß der Naturphilosophie*, S. 208f. Im Original lautet dieses Zitat vollständig: „Das Organische kann weder das Prius des Unorganischen, noch mit ihm gleich ewig, sondern muß auf der Erde zu bestimmter Zeit aus ihm entstanden sein; es konnte aber nicht aus bloß unorganischen Kräften und Gesetzen entspringen, wenn nicht höhere leitende und ordnende Kräfte hinzutreten. Denn einerseits können nach unorganischen Gesetzen nur unter besonderen Maschinenbedingungen, wie sie wohl im chemischen Laboratorium herzustellen, aber nicht in der freien Natur zu finden sind, unorganische Verbindungen in organische übergeführt werden. Und andererseits mußten die ersten Urorganismen, um bestehen und ihre Art erhalten zu können, schon Fähigkeiten besitzen, die sie

nur theoretisch zu ersinnen, die gleich dem Organismus zerstörte Teile wiederherstellt, ordnungswidrig umgelagerte wieder in die A 482 richtige Ordnung | bringt, sich durch Teilung jedes ihrer Glieder und Umordnung aller Hälften teilt und diese Fähigkeit zur Teilung auf ihre Teilungsprodukte überträgt."[126]

Nach dem früher Gesagten bedarf es nur weniger Bemerkungen, um die Lücken und Schwächen dieser Überlegungen aufzuweisen. Abgesehen davon, daß das Problem der Autonomie mit der Frage der Urzeugung vermischt wird, ist der Schluß aus der organischen Zweckmäßigkeit auf leitende „Oberkräfte" aus folgenden Gründen nicht stichhaltig:

Erstens ist der Vergleich einer Maschine mit einem Lebewesen in dem wesentlichen Punkte nicht zutreffend, daß die Zweckmässigkeit des Organismus stets in erster Linie selbstdienlich ist; die Maschine dagegen dient fremden Zwecken, und nur sie setzt daher eine erzeugende Intelligenz voraus, die sich ihrer bedient. Bei selbstdienlicher Zweckmäßigkeit fehlt jedes Analogon als Grundlage eines Wahrscheinlichkeitsschlusses.

Ferner: Die Zielstrebigkeit, die einheitliche Ordnung, d. h. die Zweckmäßigkeit der Lebensvorgänge besteht, wie wir sahen, in ihrer eigentümlichen Abhängigkeit voneinander, welche die Erhaltung des Organismus zum Resultat hat; es ist logisch nicht ersichtlich, wie aus ihrem Vorhandensein geschlossen werden kann, daß das Lebewesen seine Fähigkeit nicht aus unorganischen Kräften und Gesetzen zu erlangen vermochte. Es fehlt ein allgemeiner Obersatz, mit Hilfe dessen dieser Schluß gezogen werden könnte. Auch für die Behauptung, daß es prinzipiell unmöglich sei, eine Maschine zu ersinnen, die dasselbe leiste wie ein Organismus, fehlt durchaus ein begründender Obersatz; jene Behauptung drückt aber auch keine Erfahrungstatsache aus, denn diese

aus unorganischen Kräften und Gesetzen nicht erlangen konnten, nämlich Assimilation, Dissimilation, Atmung, überkompensierte Ernährung, Wachstum, Zusammenziehung und Ausdehnung, regulatorische Selbsterhaltung, aktive Anpassung und Fortpflanzung durch Selbstteilung." Auch alle folgenden Zitate stammen aus Kap. X von Hartmanns Werk.

126 Ebd., S. 212. Die Anfangsworte lauten im Original: „Es ist aber ganz unmöglich".

könnte nur lehren, daß bisher niemand eine derartige Maschine zu ersinnen fähig war, was freilich wahr, jedoch nicht im geringsten verwunderlich ist.

Ist somit deutlich, daß die *Notwendigkeit* der Einführung nichtphysikalischer „Oberkräfte" nicht erwiesen wurde, so läßt sich weiter zeigen, daß nicht einmal ihre *Möglichkeit* dargetan, sondern im Gegenteil schwersten Bedenken ausgesetzt ist. Verträgt sich ihre Existenz mit den bekannten physikalischen Gesetzen? Mit dem Energieprinzip wohl; aber es ist eben der große Fehler des naiven Vitalismus, den Satz von der Erhaltung der Energie so zu behandeln, als wenn er alle anorganischen Gesetze zum Ausdruck bringe.[127] In Wirklichkeit stellt er nur einen Rahmen dar, innerhalb dessen die physikalischen Gesetze sich entfalten. Der Energiesatz ist ein Integralgesetz, das vor andern nichts voraus hat, auch nicht etwa mit der Kausalität in irgendeinem engeren Zusammenhang steht (was man am besten daraus ersieht, daß der Energiesatz gar nicht richtig zu sein brauchte, ohne daß der Kausalität des Geschehens dadurch der geringste Abbruch getan würde). Es ist, | nebenbei gesagt, auch merkwürdig, daß in A 483
der Metaphysik bei der Behandlung des Leib-Seele-Problems die Frage häufig so gestellt wurde, ob eine Wechselwirkung zwischen Körper und Seele mit dem Energieprinzip verträglich sei.[128] Man hätte mit viel größerem Rechte fragen müssen, ob die Wechselwirkung etwa mit den Maxwellschen Gleichungen oder mit dem

127 Vgl. Hartmann, *Die Weltanschauung der modernen Physik*, S. 35: „Die Endlichkeit der Welt ist also eine unausweichliche Konsequenz der Annahme, daß die beiden Hauptsätze der Energielehre *nicht bloß annähernd, sondern genau richtig sind*, daß sie theoretische Wahrheiten im Sinne der exakten Naturwissenschaft sind." Vgl. auch Inv.-Nr. 161, A. 121 b, S. 94 f.: „Gänzlich zu verwerfen ist die häufig gehörte Formulierung: Die Energie des Weltalls ist konstant. [...] E. v. Hartmann, dessen naturwissenschaftliche Kenntnisse zwar sehr ausgebreitet, aber nicht tief waren, formulierte z. B. das Energieprinzip in der angedeuteten falschen Weise und kam zu dem törichten Schlusse [...] die Endlichkeit der Welt sei eine unausweichliche Konsequenz der Annahmen, daß der Energiesatz nicht bloß annähernd, sondern genau richtig sind, daß sie theoretische Wahrheiten im Sinne der exakten Wissenschaft sind. Nichts kann falscher sein als solche Behauptung."

128 Vgl. aber Schlicks Verweis auf das Prinzip der kausalen Geschlossenheit des Physischen in 1916a *Idealität des Raumes* (*MSGA* I/4).

Hamiltonschen Prinzip vereinbar sei, denn dies sind im Gegensatz zum Energieprinzip Gesetze, welche das Geschehen wirklich eindeutig bestimmen.[129]

Die Oberkräfte sollen dadurch charakterisiert sein, daß sie die Energieumsätze leiten oder lenken; der naive Vitalismus vergißt aber ganz, daß gerade die anorganischen Kräfte bereits genau hierdurch charakterisiert sind, denn die fundamentalen Differentialgesetze (siehe oben Seite 431 f) der Natur geben ja gar nichts anderes an als das Wie, Wo und Wann der Energieumsetzungen, sie zeichnen den Weg vor, den die Energien nehmen. Wodurch also unterscheiden sie sich von den organischen „Oberkräften"? Dadurch, daß sie als „energetische" Kräfte bezeichnet werden? Es ist nicht deutlich, was mit diesem Worte gemeint sein soll; in der Wissenschaft vom Anorganischen existiert ein derartiger Begriff nicht.

Aber der Gedanke, welchen der Vitalist ausdrücken will, wenn er von einer Lenkung der anorganischen Energien durch Dominanten spricht, kann nur der sein, daß die physikalischen Gesetze zur eindeutigen Bestimmung des Geschehens nicht ausreichen; nur in diesem Falle nämlich wäre ja die Möglichkeit des Eingreifens anderer Kräfte gegeben. Bestimmen sie aber das Geschehen nicht eindeutig, wie kommt es dann, daß der Ablauf der Vorgänge sich mit ihrer Hilfe überall in der anorganischen Natur genau und eindeutig berechnen und voraussagen läßt? Dies müßte unmöglich sein, und man erkennt, daß der Begriff der „Oberkraft" überhaupt verfehlt ist. Wenn es wirklich vitale Kräfte gibt, so können sie in der Tat den physikalischen Kräften nicht „übergeordnet" sein, sondern müssen sozusagen im gleichen Range neben ihnen stehen, obwohl gerade dies z. B. durch v. Hartmann ausdrücklich zurückgewiesen wird: „Der alte Begriff der Lebenskraft ist darum gerichtet, weil er eine materielle, mechanische, energetische Kraft neben den übrigen darstellen sollte und

129 Vgl. zum Energieprinzip auch oben in diesem Band S. 630 sowie zum Hamiltonschen Prinzip 1921c *Erläuterungen/Helmholtz*, in diesem Band S. 280 und oben in diesem Band S. 652.

eine solche unmöglich ist."[130] Ganz unglücklich ist auch folgender Versuch v. Hartmanns, die Übereinstimmung und den Unterschied beider Naturreiche zugleich auszudrücken: „Das Wirken der organischen Kräfte ist ebenso natürlich und ebenso gesetzmäßig determiniert wie das der unorganischen; bei beiden ist die Kraft als solche qualitativ nicht verschieden, sondern nur durch die Gesetze, deren Verwirklichungsmacht sie ist."[131] Da nach unsern früheren Ausführungen über den Kraftbegriff[132] unter dem Wesen einer Kraft gar nichts anderes verstanden werden kann als das Gesetz ihres Wirkens, so leuchtet die Fruchtlosigkeit dieses Versuches ein.

| Der Gedanke der „Dominanten" setzt überhaupt eine Auffassung des Gesetzbegriffes voraus, die längst als unzulässig erkannt wurde. Nur wenn man sich die Naturgesetze fälschlich nach Art der menschlichen vorstellt, nämlich als Gebote, nach denen das Geschehen sich richten soll,[133] kann man höhere und niedere unterscheiden, die einander über- oder untergeordnet sind; bleibt man sich dessen bewußt, daß die Naturgesetze immer nur Beschreibungen des tatsächlichen Verlaufs der Ereignisse sind, so wird damit dem Begriff der Dominanten, welche über die andern Kräfte herrschen sollen, von selbst der Boden entzogen. Wer die Autonomie des Lebens verteidigen will, muß dies auf andern als den bisher besprochenen Wegen tun. Und dies ist ganz wohl möglich. Es gibt einen kritischen Vitalismus, der seine Behauptung der Eigengesetzlichkeit des Lebens auf eine viel sorgfältigere Analyse der Begriffe stützt. A 484

130 Hartmann, *Grundriß der Naturphilosophie*, S. 214. Im Original steht nach „Kraft" das Wort „mehr".

131 Ebd., S. 216.

132 Vgl. oben in diesem Band S. 655 ff.

133 Zu der Unterscheidung von ethischer und naturwissenschaftlicher Bedeutung von „Gesetz" vgl. vor allem 1930a *Ethik* (*MSGA* I/3), Kap. VII sowie oben in diesem Band S. 654.

7. Der kritische Vitalismus

Die Existenz eines nicht-physikalischen Geschehens kann man nur behaupten, wenn man im Besitz einer strengen Definition des physikalischen Geschehens ist. Überlegt man sich aber, welche Merkmale ein Begriff haben müsse, damit er unter allen Umständen als ein physikalischer angesprochen werde, so gelangt man schließlich zu den *räumlichen* Bestimmungen.[134] Sobald ein Ereignis oder ein Objekt an eine bestimmte Stelle des Raumes (natürlich relativ zu andern Ereignissen oder Objekten) eingeordnet werden kann, ist es dadurch zu einem physischen Objekt gestempelt, es unterliegt den Methoden der physikalischen Erkenntnis. Die einzige Möglichkeit, einen Faktor als nicht-physikalisch nachzuweisen, besteht folglich darin, seine Unräumlichkeit darzutun.[135] Gelänge es, für einen oder für alle organischen Prozesse zu zeigen, daß ihre Ursachen bestimmt nicht in irgendwelchen im Raume stattfindenden Geschehnissen liegen, dann würde es an der Zeit sein, unräumliche Faktoren als Ursachen anzunehmen, und die Eigengesetzlichkeit des Lebens bestände dann eben darin, daß die organischen Prozesse von Bestimmungsstücken abhängen, auf die räumliche Prädikate nicht anwendbar sind, die also nicht an einem Orte lokalisiert werden können.

Schon E. v. Hartmann hatte von seinen „organischen Oberkräften" gelegentlich behauptet, sie „haben keinen räumlichen Sitz, überhaupt keinen bestimmten Ausgangspunkt ihrer Kraftäußerungen",[136] aber einen wirklich klaren Einblick in den Sachverhalt finden wir erst in der Philosophie des Organischen, die Hans *Driesch* entwickelt hat. Seine Bemühungen richten sich ausdrücklich auf einen | Nachweis der Unerklärbarkeit der Lebens- A 485

134 Vgl. dazu 1925a *Erkenntnislehre* (*MSGA* I/1), § 32 und 1935c *Notions psychologiques* (*MSGA* I/6).

135 Im Gegensatz dazu veranschlagt Schlick selbst für das Psychische räumlichen Charakter. Vgl. 1916a *Idealität des Raumes* (*MSGA* I/4) sowie 1917a *Raum und Zeit* (*MSGA* I/2).

136 Hartmann, *Grundriß der Naturphilosophie*, S. 214.

vorgänge aus räumlich bestimmbaren Daten, sein Vitalismus ist kritisch.[137]

Freilich befinden sich unter seinen Beweisversuchen der Lebensautonomie auch solche, die im Prinzip über den Gedankenkreis des naiven Vitalismus nicht hinausgehen. So jenes Argument, welches das Verhalten eines Organismus als „Handlung" dem Geschehen in der anorganischen Natur als etwas grundsätzlich Verschiedenes gegenüberstellt.[138] Während nämlich bei anorganischen Vorgängen bestimmte Teile der Ursache immer ganz bestimmten Teilen der Wirkung entsprechen, lasse sich für die Lebensprozesse zeigen, „daß nicht die einzelnen Konstituenten des Effekts hier einzeln von den einzelnen Konstituenten des Reizes abhängen, sondern daß ein *Ganzes* von einem andern *Ganzen* abhängt."[139] Was damit gemeint ist, läßt sich am besten durch das berühmte „Telegrammargument" verdeutlichen.[140] Wenn jemand eine Depesche des Inhaltes „Fritz angekommen" empfängt,

137 Vgl. auch 1920g *Rezension/Driesch*, in diesem Band sowie 1935j *Ganzheit* (*MSGA* I/6).

138 Vgl. oben in diesem Band S. 708.

139 Vgl. Driesch, *Philosophie des Organischen*, Bd. II, S. 77: „Denn es läßt sich zeigen, daß nicht die einzelnen Konstituenten des Effektes hier einzeln von den einzelnen Konstituenten des Reizes abhängen, sondern daß ein *Ganzes* von einem anderen *Ganzen* abhängt, wobei beide ‚Ganze' nur logisch verständlich sind." Obwohl Schlick im Literaturverzeichnis die 1921 erschienene 2. Auflage dieses Werkes angibt, wird aus einer im folgenden zitierten Stelle, die nicht in die 2. Auflage übernommen wurde, klar, daß Schlick die 1. Auflage verwendet hat. Vgl. auch Kroner, *Zweck und Gesetz*, S. 31 f.: „Die Herrschaft eines organisierten Ganzen über seine Teile – das ist das hervorstechendste Charakteristikum allen Lebens. Wenn irgendwo, so werden wir in diesem Ganzen den Faktor suchen müssen, durch den sich das Organische vom Anorganischen unterscheidet. [. . .] Da das organisierte Ganze seine materielle Wirklichkeit in den Teilen hat, diese aber nicht gleichzeitig das Band, das sich um sie schlingt, die Ordnung, die ihre Bewegungen beherrscht, zersplittert in sich tragen können, da mit anderen Worten das Ganze mehr ist als die Summe seiner Teile, so darf der fragliche Faktor überhaupt nicht räumlich lokalisiert werden."

140 Das Argument findet sich bei Driesch, *Philosophie des Organischen*, Bd. II, S. 65; dort allerdings am Beispiel einer Gesprächssituation. Ausführlich wird das „Telegrammargument" diskutiert bei Busse, *Geist und Körper, Seele und Leib*, S. 310 ff., auf den Driesch verweist. Busse gibt dort auch verschiedene andere Autoren an, die dieses Beispiel diskutieren und verfolgt den Ursprung desselben

so wird die Handlung, welche diese Nachricht in ihm auslöst, ganz unabhängig sein von der Form der Buchstaben im Telegramm. Ob sie groß sind oder klein, geschrieben oder gedruckt, in deutscher oder lateinischer Schrift, wird auf seine Handlung keinen Einfluß haben, ja diese wird auch dieselbe sein, wenn die Mitteilung statt des Wortes „angekommen" die ganz verschiedenen Worte „arrived" oder „arrivé" enthält. Starke Unterschiede des Reizes bedingen also keinen Unterschied in der Handlung. Aber dennoch würde eine ganz geringfügige Änderung der Ursache eine *ganz* neue Gesamthandlung hervorrufen können. Lautete nämlich das Telegramm: „Fritz *um*gekommen", so wäre die Wirkung auf den Empfänger sicherlich eine ganz verschiedene, denn nunmehr ist der *Sinn* des Reizes ein anderer, so gering auch die tatsächliche Verschiedenheit des Buchstabenbildes ist. – Diese Art des Reagierens, sagt das Argument, sei prinzipiell verschieden vom Verhalten der unbelebten Natur und mache die Annahme eines besonderen Faktors nötig, der von Driesch in diesem Falle „Psychoid" genannt wurde (nicht Psyche, denn Seele im strengen Sinne setzt Bewußtsein voraus, und die Einmengung des Bewußtseins in biologische Erklärungen lehnt Driesch mit Recht ab).[141]

Aber eine genauere Zergliederung zeigt (wie schon oben S. 472 bemerkt), daß der Tatbestand der „Handlung" keinen hinreichenden Anlaß zu einer endgültigen Scheidung des Organischen vom Anorganischen liefert, sondern daß nur Gradunterschiede behauptet werden können. Es ist nämlich sehr leicht, sich einen physikalischen Mechanismus auszudenken, der auf äußerst verschiedene Einwirkungen mit der gleichen Reaktion antwortet, der aber

bis zu Langes *Geschichte des Materialismus* zurück. Ludwig Busse war Schüler von Hermann Lotze und von 1896 bis 1898 Professor in Rostock.

141 Dieser Begriff wird eingeführt bei Driesch, *Philosophie des Organischen*, Bd. II, S. 78 f.; zur Ablehnung des Begriffs des Bewußtseins für biologische Erklärungen siehe auch ebd., S. 35 f. Zur Kritik am „Psychoid" vgl. z. B. Schaxel, *Vitalismus*, S. 718: „Entelechie gestaltet nach Driesch als unräumliches Agens die organischen Formen im Raume. Von dieser Erkenntnis geblendet handelt Driesch ohne weitere Untersuchungen auch die organischen Bewegungen ab. Nach dem Muster seiner versagenden Analysis der Gestaltungen kommt er zu dem Ergebnis, daß bei der Handlung zwischen Reiz und Reaktion das elementare Psychoid tritt, das den Organismus in maschinell nicht faßbarer Weise bewegt."

bei einer ganz bestimmten minimalen Änderung des „Reizes“ eine bestimmte, völlig verschiedene Wirkung hervorbringt; und nur hierin bestand ja das Eigentümliche der geschilderten Leistung. Man sagt zwar, daß | ein derartiger Mechanismus niemals im A 486 gleichen Sinne lernfähig sein und Erfahrungen verwerten könne wie ein lebendes Wesen, weil bei einem physikalischen Apparat (man denke an einen Phonographen oder Kinematographen) die Spuren seiner Vorgeschichte in der einmal aufgeprägten Ordnung fest erhalten blieben, während sie beim Handeln des Lebewesens nur ein allgemeines Reservoir von Möglichkeiten bilden, in welchem sich die einzelnen Elemente entsprechend den Erfordernissen des Augenblicks umordnen – aber hier entsteht der Schein eines grundsätzlichen Unterschiedes nur dadurch, daß man sich die physikalischen Modelle allein aus dem starren Material unserer gebräuchlichen Apparate aufgebaut vorstellt. Denkt man sich die Spuren der vergangenen Einflüsse in eine plastische kolloidale Masse eingetragen (Protoplasma), in welcher sie gesetzmäßig durcheinanderfließen und sich kombinieren können, so sieht man, daß wieder nur ein gradueller, kein prinzipieller Gegensatz gegen das Lebendige vorliegt. Neuerdings hat Driesch zugegeben, man könne sich vielleicht einen Automaten denken, der imstande sei, eine Unterhaltung zu führen, aber dieser könne dann doch eines nicht, nämlich – lügen.[142]

Viel wichtiger als die auf die „Handlung“ gestützten Gründe sind die aus den *formbildenden* Prozessen der Organismen abgeleiteten Argumente,[143] weil in ihnen die Aufmerksamkeit wirklich auf das Entscheidende, nämlich die *räumlichen* Verhältnisse gelenkt wird. Betrachtet man die Vorgänge, durch welche sich aus einer Keimzelle allmählich ein ganzes Individuum herausbildet

142 Vgl. Driesch, *Der Begriff der organischen Form*, S. 83: „Man mag sich einen ‚Automaten‘ ausdenken, welcher deutsch spricht und sich meinetwegen sogar auf deutsch ‚unterhält‘; aber nicht einen ‚Automaten‘, welcher mit Erfolg irgendwelche *nicht vorgesehene* Sprachstunden bekommt und welcher gelgentlich ‚lügt‘.“

143 Vgl. Driesch, *Philosophie des Organischen*, Bd. I, S. 119–150. Ein dritter von Driesch in diesem Werk geführter „Beweis“ für die Autonomie des Lebens, beruhend auf der Analyse der Vererbung (ebd., S. 218–243), bleibt hier wie in Inv.-Nr. 12, A. 35 unberücksichtigt.

(Entwicklung), oder diejenigen, durch welche sich ein verstümmeltes Individuum von selbst wieder zu einem vollständigen Lebewesen ergänzt (Regeneration), so sieht man hier den höchsten Grad organischer Zweckmäßigkeit: die einzelnen Teile und Prozesse ordnen sich zueinander ohne Rücksicht auf ihre ursprüngliche räumliche Orientierung zur Erzeugung eines ganzen Individuums zusammen. Bei normaler Entwicklung wird aus einem bestimmten Teil des Embryos ein ganz bestimmtes Organ des fertigen Tieres: ein Teil entwickelt sich zu einem Auge, ein anderer zu einem Fuße usw.; entfernt man aber einen Teil durch experimentellen Eingriff, so fehlt nachher dem fertigen Organismus nicht etwa notwendig ein Auge oder ein Fuß, sondern die Bildung dieser Organe kann von andern Teilen des Embryos übernommen werden. Schneidet man von einem Keim in einem gewissen Entwicklungsstadium die Hälfte weg, so sind nur noch diejenigen Zellen vorhanden, aus denen sich bei normalem Entwicklungsgange die eine Hälfte des Tieres bildet. Trotzdem kann sich aus dem halben Keim ein vollständiges Individuum, wenn auch vielleicht von unternormaler Größe, entwickeln. Bekanntlich lassen sich viel niedere Tiere (man denke an den Regenwurm), so in Stücke schneiden, daß die einzelnen Teile zu einem vollkommenen
A 487 | Individuum auswachsen. Wird z. B. von einer Tubularia (einem Hydroidpolypen) der obere Teil abgeschnitten, so wächst aus der Schnittstelle ein neuer Oberteil hervor; zerlegt man aber das Tier in anderer Weise, so kann der gleiche Teil des Ganzen, der im ersten Falle einen Oberteil hervorbrachte, nunmehr einen Unterteil hervorsprießen lassen. Kurz, ein und derselbe Teil gewisser Lebewesen verkörpert ganz verschiedene Entwicklungsmöglichkeiten, es kann aus ihm ein Auge, ein Fuß, ein Kopf werden, je nachdem, was gerade für das Zustandekommen eines unversehrten Organismus am zweckmäßigsten ist. Es ist unmöglich, sagt nun Driesch, daß ein rein physikalisches System, also eine „Maschine", derartige Eigenschaften haben kann. Denn für eine Maschine sei es charakteristisch, daß jeder ihrer räumlichen Teile eine bestimmte Funktion ausübt, für die er eingerichtet ist, nicht aber jeder beliebige Teil je nach den Umständen jede beliebige Funktion. Trenne ich von einer Maschine ein Stück ab, so ist das Stück nicht ei-

ne Maschine von derselben Art wie das Ganze, nur in kleinerem Format, sondern ein unvollständiges Bruchstück. Die formbildenden Prozesse des Lebens seien daher nicht maschinenmäßig, nicht physikalisch erklärbar. Die Beschaffenheit eines bestimmten Teiles eines Organismus ist natürlich gänzlich bedingt durch seinen Ort, durch seine Lage innerhalb des Organismus; da nun aber, wie die angeführten Tatsachen beweisen, ein örtlich bestimmter Teil des Lebewesens bei der Entwicklung (Ontogenese) eine ganz verschiedene Rolle spielen kann, so muß diese Entwicklung, das Schicksal des einzelnen Teilchens, durch einen weiteren Faktor mitbedingt sein, der überhaupt nicht örtlich bestimmt, also *unräumlich* ist. Driesch nennt ihn (unter Anlehnung an eine Wortbildung des Aristoteles) die *Entelechie*. „Erinnern wir uns daran, daß *nicht* jedes *einzelne* räumliche Ereignis, das aus der Entfaltung der Entelechie resultiert, seine *einzelne äußere* Ursache hat. Eben darum, weil das nicht der Fall ist, wurde unser Begriff der Entelechie ja geschaffen.“ [144] Durch sie ist alles organische Geschehen ausgezeichnet, seine Autonomie begründet. Entelechie ist „ein teleologisch wirkender Naturfaktor ... es gibt nichts, was ihr gleich ist, in der anorganischen Welt.“ [145] „Entelechie ist nicht Energie, nicht Kraft, nicht Intensität und nicht Konstante, sondern – Entelechie.“ [146] „Entelechie bezieht sich auf den Raum und gehört daher zur Natur, aber Entelechie ist nicht im Raum – – sie wirkt nicht im Raum, sie wirkt in den Raum hinein.“ [147] Sie ist „unteilbar“ und „unörtlich“.

144 Driesch, *Philosophie des Organischen*, Bd. II, S. 157. Im Orginal lautet der letzte Teil des Zitates „wurde unser Begriff Entelechie ja geschaffen“.

145 Vgl. ebd., S. 207: „Wie wir wissen, ist die Entelechie ein teleologisch wirkender Naturfaktor. Sie ist eine intensive Mannigfaltigkeit und vermag auf Grund ihrer inhärenten Verschiedenheiten den Betrag an Verschiedenheit in der anorganischen Welt zu vermehren, soweit Verschiedenheit der Verteilung in Betracht kommt; sie wirkt durch Suspension möglichen, auf gegebene Potentialdifferenzen basierten Geschehens und durch Aufheben solcher Suspensionen. Es gibt nichts, was ihr gleich ist, in der anorganischen Welt.“

146 Ebd., S. 207. Im Original ist das Wort „nicht“ jeweils hervorgehoben.

147 Der erste Teil dieses Zitats findet sich ebd., S. 238, der zweite auf S. 239 und lautet vollständig „Wir können gradezu sagen: Entelechie wird von räumlicher

Ist dieser Beweis der Eigengesetzlichkeit des Lebens zwingend? Machen die geschilderten Tatsachen es notwendig, unräumliche Ursachen anzunehmen? Daß bei irgendeinem Prozeß ein nichtphysikalisches Agens mit im Spiele sei, läßt sich nur behaupten, wenn nachgewiesen ist, daß schlechterdings keine räumlichen A 488 Ver|änderungen zu beobachten sind, die als Ursachen des Prozesses angesprochen werden können. Dies wäre nur der Fall, wenn wir aus genau dem *gleichen* Zustand, aus genau der gleichen Konstellation *verschiedene* Zustände sich entwickeln sähen, wenn also z. B. aus zwei in jeder Beziehung völlig gleichen Eiern (die wir uns bis in jede Einzelheit durchschaubar denken) verschiedene Tiere auskröchen, wenn zwei bis ins kleinste gleiche Keime unter gleichen äußeren Umständen ganz verschiedene Entwicklungen durchmachten. Da in diesem Fall alle im Raum lokalisierten Ursachen die gleichen wären und dennoch eine verschiedene Wirkung einträte, so würde das Kausalprinzip zur Annahme unräumlicher und daher nicht beobachtbarer Ursachen drängen. Freilich kann man sagen, daß eine solche Gleichheit verschiedener Fälle eine theoretische Konstruktion sei, die in der Wirklichkeit nicht vorkomme; und selbst wenn bei der Anwendung der allerfeinsten Untersuchungsmethoden keine Unterschiede konstatiert werden könnten, bliebe es stets möglich, jenseits der Beobachtungsgrenzen, etwa im Submikroskopischen, räumliche Veränderungen als Ursachen für die beobachteten Wirkungen hypothetisch anzunehmen. Dies ist zweifellos richtig, und es würde deshalb stets unmöglich sein, einen absolut strengen Beweis für die Existenz unräumlicher Ursachen zu erbringen; aber so viel wird man dem vitalistischen Gedankengang einräumen dürfen, daß ein solcher Rückzug der Hypothesen auf das unsichtbar Kleine keine wissenschaftliche Befriedigung geben würde, und daß bei immer wiederholtem Scheitern aller Versuche, im Raum auffindbare Ursachen nachzuweisen, ihre Nichtexistenz immer wahrscheinlicher würde. Lägen also bei den Organismen die Verhältnisse so, daß auch die

Kausalität affiziert und wirkt auf räumliche Kausalität, als wenn sie von jenseits des Raumes herkäme: *sie wirkt nicht im Raum, sie wirkt in den Raum hinein;* sie ist nicht im Raum, im Raum hat sie nur Manifestationsorte."

geschärfteste Beobachtung alle räumlichen Bedingungen wirklich völlig gleich fände, dann wäre die vitalistische Hypothese sehr wahrscheinlich gemacht.

Wie steht es nun in Wahrheit hiermit in den oben im Anschluß an Driesch angeführten Beispielen? Man überzeugt sich bald, daß dort von einer Gleichheit aller Bedingungen keine Rede sein kann. Denn bei allen besprochenen Experimenten ist ja offenbar ein wichtiger Faktor des Geschehens die Art der Zerlegung der organischen Keime, die Schnittführung; diese aber ist gänzlich verschieden in den verschiedenen Fällen und könnte sehr wohl die hinreichende Ursache dafür abgeben, daß die Entwicklung eines und desselben Keimstückes zu so verschiedenen Resultaten führt, daß es z. B. einmal zu einem Ohre, ein anderes Mal zu einem Auge sich gestaltet. Wir wissen ja nicht genau, was für Einflüsse von den Grenz- und Schnittflächen ausgehen, aber nichts hindert uns, anzunehmen, daß sie eine völlige Umlagerung der kleinsten Teilchen, eine Umordnung der elementaren Prozesse bewirken, so daß das Schicksal der kleinsten Stückchen bei der Entwicklung ein ganz anderes wird, als es | ohne die Zerschneidung geworden A 489
wäre. Wenn auch bei einer „Maschine“ jeder Teil zunächst diejenige Funktion ausübt, für die er eingerichtet ist, so ist doch nicht abzusehen, warum die Einrichtung nicht so getroffen sein könnte, daß bei einer Zerschneidung die Struktur und die Funktion der einzelnen Teile sich automatisch in zweckmäßiger Weise ändern. Sagt man, wir könnten eine solche Maschine uns nicht vorstellen, so mag dies richtig sein, kann aber sehr wohl in unserer mangelnden Erfindungsgabe seinen Grund haben. Behauptet man jedoch, eine solche Maschine sei überhaupt *unmöglich*, so muß man den allgemeinen Obersatz angeben, aus welchem die Unmöglichkeit folgen soll. Ein derartiger Obersatz aber ist nicht bekannt.

So zeigt sich, daß die Notwendigkeit der Annahme unräumlicher Ursachen des organischen Geschehens nicht dargetan,[148]

148 Vgl. Driesch, *Rezension/Störring*, S. 406: „[A]ndere Seiten der Störringschen Kausalitätslehre kann der Referent freilich nicht annehmen, z. B. daß es ‚eine mystische Betrachtungsweise‘ sei, wenn Roux von einem ‚Hervorgebrachtwerden‘ der Wirkung durch die Ursache redet (S. 315). Leider fehlt dem Werk eine eingehende Erörterung des Begriffs *Entwicklung*.“

und folglich der Beweis der Autonomie des Lebens nicht erbracht ist. Auf Grund neuerer Untersuchungen kann man wohl sogar noch ein wenig weiter gehen und es als höchst wahrscheinlich betrachten, daß die Ursachen der organischen Prozesse in räumlich lokalisierten und räumlich sich ausbreitenden, also in physikalischen Vorgängen zu suchen sind. Sinnreich erdachte Experimente nämlich haben folgendes gezeigt:[149] Im frühesten Stadium der Entwicklung eines Keimes ist die spätere Funktion oder das Schicksal seiner einzelnen Teile noch nicht determiniert; vertauscht man nämlich durch Transplantationen die Teile miteinander, so entsteht trotzdem nicht ein Organismus mit vertauschten Organen, sondern ein normales Individuum. In einem späteren Stadium dagegen weist eine bestimmte Stelle des Keims bereits Determination auf, während die übrigen Stellen noch undeterminiert sind; und bei fortschreitender Entwicklung *breitet sich* nun die Eigenschaft, determiniert zu sein, von jener Stelle *stetig über den ganzen Keim aus*, bis also schließlich aus einem bestimmten Teil nur mehr ein ganz bestimmtes Organ wird, gleichgültig, ob jener Teil an seinem normalen Orte bleibt oder durch Transplantation an irgendeiner anderen Stelle des Keims zur Entwicklung kommt. Diese allmähliche und stetige räumliche Ausbreitung der Determiniertheit deutet doch gewiß darauf hin, daß alle Ursachen des hier vorliegenden organischen Geschehens räumlich lokalisiert und transportierbar sind und folglich unter den Begriff des Physikalischen fallen. Diese Abhängigkeit vom Ort und Zustand wäre gänzlich unverständlich, wenn eine unräumliche „Entelechie“ für die geschilderten Prozesse als Ursa-

149 Vgl. Spemann, *Transplantationen*, S. 306: „Verschiedene Gründe sprechen dafür, daß bei den Amphibienembryonen durch die Gastrulation [...] die Anlagen der Hauptorgane des Körpers mehr oder weniger fest bestimmt, determiniert werden. In den Experimenten, über die ich im folgenden berichten will, wurde nun versucht, diese Determination nach der Zeit ihres Eintretens und der Art ihrer Ausbreitung genauer zu erforschen. Zu diesem Zwecke wurden größere oder kleinere Teile der ganz jungen Keime verlagert, dadurch dem Einfluß ihrer alten normalen Umgebung entrückt und unter den Einfluß einer neuen abnormen Umgebung gebracht[.]“ Siehe ebenso die detailliertere Darstellung bei Spemann, *Determination*.

che verantwortlich wäre. Gäbe es einen derartigen Naturfaktor, so müßte er imstande sein, die von ihm erstrebten Ziele an beliebigem Material ganz ohne Rücksicht auf die vorhandene Struktur zu verwirklichen. Ein schlechthin unräumlicher Naturbestimmer müßte jede beliebige Struktur in jede andere umwandeln können; er müßte aus einem und demselben Ei | ebensogut ein Huhn wie A 490 ein Krokodil hervorzubringen vermögen; und wenn der Natur eine Entelechie zur Verfügung stände, so wäre es unbegreiflich, warum sie ihren Keimen so große Strukturdifferenzen verleiht, wie wir sie tatsächlich beobachten. Warum genügt nicht allein die verschiedene Wirkungsweise der Entelechie, warum besteht überhaupt so weitgehende Verschiedenheit des räumlichen Aufbaus der organischen Zellen? Driesch scheint anzunehmen, daß die Verschiedenheit der Struktur notwendig ist, um die Entelechie gleichsam davon in Kenntnis zu setzen, was sie zu tun habe, damit sie auf diesen Reiz hin die nötige Veränderung bewirke: „... es kann eigentlich nicht mehr gesagt werden, als *daß* Entelechie für ihren jedesmal bestimmten Aktus ... in bestimmter Weise von der bestimmten gerade jetzt vorliegenden materiellen Beschaffenheit des Systems, welches sie weiterbilden, adaptieren oder restituieren soll, affiziert werden müsse."[150] Das heißt also, die Entelechie bedarf einer Anregung durch den physikalischen Zustand des Organismus. Bestimmt aber dieser Zustand vollständig das Wirken der Entelechie, so darf er als hinreichende Ursache für das folgende Geschehen überhaupt angesehen werden. Sind nämlich die räumlichen Prozesse im Organismus notwendig und hinreichend,

150 Vgl. Driesch, *Der Begriff der organischen Form*, S. 61: „Es ist sehr wenig, denn es kann eigentlich nicht mehr gesagt werden, als *daß* Entelechie für ihren jedesmal bestimmten Actus nach dem vierten Schema der Kausalität in *bestimmter* Weise von der *bestimmten* gerade jetzt vorliegenden materiellen Beschaffenheit des Systems, welches sie weiterbilden, adaptieren oder restituieren soll, affiziert werden müsse." Das hier angesprochene „vierte Schema der Kausalität" erläutert Driesch ebd., S. 58: „Entelechie setzt in das materielle Getriebe ‚naturwirkliche Bedingungsgleichungen' und zwingt dadurch der Bewegung der Materie gleichsam ein Modell auf, nach welchen sie sich in großen Zügen zu richten hat (meine neueste Theorie)." Für eine ausführliche Erörterung dieses Problems verweist Driesch selbst auf seine *Philosophie des Organischen*, Bd. II, S. 153–240.

um der Entelechie die für das weitere Geschehen erforderlichen Weisungen zu geben, so müssen sie auch differenziert genug sein, um die hinreichenden Bedingungen für das weitere Geschehen selbst zu enthalten. Mit andern Worten: Die Entelechie spielt dann nur die Rolle eines Vermittlers, und zwar eines gänzlich überflüssigen; man sieht nicht ein, warum die späteren Phasen des organischen Geschehens nicht direkt aus den früheren sollten hervorgehen können. Wenn diese die Ursachen restlos enthalten, so fehlt jeder Grund für die Annahme eines unräumlichen Vermittlers.

So darf denn wohl geschlossen werden, daß die bisher vorgebrachten Argumente für die Autonomie des Lebens nicht überzeugend sind; die Behauptung des Vitalismus ist nicht bewiesen. Im Gegenteil, die Tatsachen der Biologie ermutigen durchaus dazu, die Versuche der Zurückführung der biologischen Gesetze auf physikalische mit frischer Hoffnung immer weiter zu verfolgen.

Für die positive Erklärung der organischen Zweckmäßigkeit liegen wohl manche Ansätze vor, aber es ist zweifellos, daß die entscheidenden Erkenntnisse noch ausstehen. Gewiß sind durch die Entwicklungstheorien von Lamarck, Darwin und anderen[151] wichtige Faktoren aufgedeckt worden, welche bei der Herausbildung der Zweckmäßigkeit eine Rolle spielen, und besonders Darwins Gedanke der „Auslese“ kann plausibel machen, wie eine vorhandene Zweck|mäßigkeit sich allein durch rein zufällige Veränderungen, durch den Kampf ums Dasein und die Vererbung immer weiter vervollkommnen kann. Es ist jedoch heute keine Frage, daß die Ideen jener Theorien nicht ausreichen, um von den Eigentümlichkeiten der organischen Prozesse und Strukturen volle Rechenschaft zu geben. Man wird vielmehr nicht ohne die Annahme auskommen, daß die Organismen eine besondere Tendenz und Fähigkeit zur Hervorbringung des Zweckmäßigen

A 491

151 Vgl. Lamarck, *Philosophie zoologique* sowie Darwin, *The Origin of Species*. Auf Darwin wird in Inv.-Nr. 12, A. 35 näher eingegangen – Schlick orientiert sich dabei v. a. an Weismann, *Vorträge über Descendenztheorie* – sowie schon in 1909 *Ästhetik* (*MSGA* I/4).

besitzen, welche die Anpassung an die umgebende Welt auf direkterem Wege bewerkstelligt als auf dem Umweg über beliebige zufällige Änderungen und die nachträgliche Auslese der passendsten. Wie eine solche Tendenz physikalisch zu erklären sei, davon können wir uns freilich beim gegenwärtigen Stande der Forschung nur recht dunkle Vorstellungen machen. Andererseits gibt es auch kein allgemeines Prinzip, welches eine derartige Zurückführung des organischen Geschehens auf das anorganische unmöglich erscheinen ließe. Neuerdings hat der Psychologe Wolfgang Koehler auf gewisse Ähnlichkeiten zwischen physikalischen und biologischen Prozessen hingewiesen, aus denen hervorgeht, daß es auch in der Physik gewisse Strukturen gibt (die sogenannten „physischen Gestalten"), die dem „Organismus" in der Biologie und der „Gestalt" in der Psychologie verwandt sind, so daß auch dem physikalischen Geschehen eine „Zweckmäßigkeit" in unserem Sinne nicht ganz fremd ist.[152] Vielleicht liegen hier Ansätze zu künftiger Erklärung vor. So haben der Naturforscher und der Philosoph allen Grund zu dem Vertrauen, daß die Natur nicht in zwei völlig unüberbrückte Reiche auseinanderfällt, sondern daß es eine und dieselbe Gesetzmäßigkeit ist, die in allen ihren Teilen waltet.

152 Vgl. Köhler, *Die physischen Gestalten in Ruhe und im stationären Zustand*, S. XIII–XIV: „[D]ie auffallende *Zweckmäßigkeit* von Aufbau, Funktionen und Reaktionen der Lebewesen wird wohl mit derselben Grundeigenschaft des Organischen in engen Zusammenhang gebracht, und so findet man für die Biologie im allgemeinen ein Problem aufgeworfen, welches dem besondern *Gestalt*problem der Psychologie einigermaßen ähnelt. Dieselbe Verwandtschaft offenbart sich, wenn Vitalisten zur Erklärung der merkwürdigen Lebenserscheinungen biologische Kräfte von der Art und der Wirkungsweise gerade der höheren *psychischen* Faktoren postulieren, denn als die Grundform und das Charakterisierende der höheren psychischen Gebilde stellt sich ja immer mehr der Typus ‚Gestalt' heraus. [...] Die spezifisch vitalistische Antwort auf die vorliegende Frage würde von vornherein die Möglichkeit echter physikalischer Gestalten ausschließen. Sucht man aber einmal nach solchen, so scheint es, als könnten die typischen Eigenschaften des Lebensgeschehens einen Hinweis darauf geben, in welcher Richtung die Physik zu durchsuchen wäre[.]" Das wichtigste Beispiel Köhlers ist die Elektrizitätsverteilung auf einem beliebigen Leiter. Vgl. dazu auch 1935j *Ganzheit* (*MSGA* I/6).

Literatur[153]

I. Allgemeine Darstellungen

B. Bavink: *Ergebnisse und Probleme der Naturwissenschaft.* 3. Aufl. 1924. E. Becher: *Naturphilosophie* (*Die Kultur der Gegenwart*, III, 7, I). 1914. Classen: *Vorlesungen über moderne Naturphilosophen.* 1909.[154] Enriques: *Probleme der Wissenschaft* (*Wissenschaft und Hypothese* XI). 1910. Helmholtz: *Vorträge und Reden.* 5. Aufl. 1903. E. Mach: *Erkenntnis und Irrtum.* 2. Aufl. 1906. Th. Ziehen: *Grundlagen der Naturphilosophie* (*Wissenschaft und Bildung* Bd. 182). 1922. C. Siegel: *Geschichte der Naturphilosophie.* 1909–1913.[155] K. Pearson: *The Grammar of Science.*

II. Einige besondere Literatur zu den einzelnen Kapiteln

Zu I: E. Becher: *Die philosophischen Voraussetzungen der exakten Wissenschaften.*[156] 1907. E. Cassirer: *Substanzbegriff und Funktionsbegriff.* 2. Aufl. 1924.[157] M. Schlick: *Allgemeine Erkenntnislehre.* 2. Aufl. 1925. Helmholtz: *Abhandlungen zur Erkenntnis-*
A 492 *theorie*, herausgegeben von Hertz | und Schlick. 1921. Duhem: *Ziel und Struktur der physikalischen Theorien.* 1908. A. Rey: *Die Theorien der Physik.* 1908.[158] H. Poincaré: *Wissenschaft und*

153 Bei der folgenden Literatur werden nur falsche Angaben Schlicks angemerkt; für die vollständigen Angaben siehe – wie generell – das Literaturverzeichnis am Ende dieses Bandes. Umgekehrt wie hier ist in A jeweils der Name des Autors hervorgehoben, der Werktitel ist wie der Fließtext gesetzt.

154 Das Erscheinungsjahr ist 1908.

155 Der Titel lautet im Original *Geschichte der deutschen Naturphilosophie*, die Jahreszahl *1913*.

156 Im Original lautet der Titel *Philosophische Voraussetzungen der exakten Naturwissenschaften*.

157 Das Erscheinungsjahr ist 1923.

158 Schlick meint vermutlich Rey, *Die Theorie der Physik bei den modernen Physikern*.

Hypothese. 4. Aufl. 1921.[159] H. Poincaré: *Der Wert der Wissenschaft.* 3. Aufl. 1921. H. Poincaré: *Wissenschaft und Methode.* 1914. H. Poincaré: *Letzte Gedanken.* 1913. E. v. Hartmann: *Die Weltanschauung der modernen Physik.* 2. Aufl. 1902.[160] L. Boltzmann: *Populäre Schriften.* 1905. B. Russell: *Die Erkenntnis der Außenwelt.* 1925.[161]

Zu II: K. Laßwitz: *Geschichte der Atomistik.* Helm: *Die Energetik nach ihrer geschichtlichen Entwicklung.* 1898. W. Ostwald: *Grundriß der Naturphilosophie.* W. Ostwald: *Moderne Naturphilosophie.* 1914. A. E. Haas: *Das Naturbild der neuen Physik.* 2. Aufl. 1924. A. Sommerfeld: *Atombau und Spektrallinien.* 3. Aufl. 1922. J. B. Stallo: *Die Begriffe und Theorien der modernen Physik.* 2. Aufl. 1911. Rosa: *Der Äther.* 1912. H. Weyl: *Was ist Materie?* 1924.

Zu III: M. Planck: *Physikalische Rundblicke.* 1921.[162] E. Mach: *Die Mechanik in ihrer Entwicklung.* E. Becher: *Weltgebäude, Weltgesetze, Weltentwicklung.* 1915. A. Einstein: *Die spezielle und die allgemeine Relativitätstheorie. Gemeinverständlich.* In vielen Aufl. A. Einstein: *Äther und Relativitätstheorie.* 1920. A. Einstein: *Geometrie und Erfahrung.* 1921. P. Kirchberger: *Was kann man ohne Mathematik von der Relativitätstheorie verstehen?* 3. Aufl. 1922. M. Schlick: *Raum und Zeit in der gegenwärtigen Physik.* 4. Aufl. 1922. A. S. Eddington: *Raum, Zeit, Schwere.*[163] 1923. H. Weyl: *Raum, Zeit, Materie.* 5. Aufl. 1923. J. Winternitz: *Relativitätstheorie und Erkenntnislehre.* 1923. H. Reichenbach: *Relativitätstheorie und Erkenntnis a priori.* 1920. C. D. Broad: *Scientific Thought.* 1923. Arrhenius: *Das Werden*

159 Auflage und Jahreszahl sind falsch: die aktuellste Auflage war die 3. von 1914.

160 Das Erscheinungsjahr ist 1909.

161 Der Titel lautet im Original *Unser Wissen von der Außenwelt*, die Jahreszahl *1926*; möglicherweise erschien das Buch trotz dieser offiziellen Datierung bereits 1925.

162 Das Erscheinungsjahr ist 1922; siehe 1924 *Rezension/Planck*, in diesem Band.

163 Im Original lautet der Titel *Raum, Zeit und Schwere.*

der Welten. 3. Aufl. 1913. Newcomb-Engelmann: *Populäre Astronomie.* 6. Aufl. 1924.[164]

Zu IV: H. Driesch: *Philosophie des Organischen.* 2. Aufl. 1922.[165] E. v. Hartmann: *Grundriß der Naturphilosophie.* 1907. E. v. Hartmann: *Das Problem des Lebens.* B. Kern: *Weltanschauungen und Welterkenntnis.* 2. Aufl.[166] W. Koehler: *Die physischen Gestalten.* 1920. H. Bergson: *Schöpferische Entwicklung.* J. Reinke: *Einleitung in die Theoretische Biologie.* 2. Aufl. 1911. J. Reinke: *Die Welt als Tat.* 6. Aufl. 1915. E. Ràdl: *Geschichte der biologischen Theorien.* 1905 u. 1909. J. Schaxel[167]: *Grundzüge der Theorienbildung in der Biologie.* 1919. Pauly: *Darwinismus und Lamarckismus.* 1905. Semon: *Die Mneme.* 3. Aufl. 1911. Tschulok: *Descendenzlehre.* 1922. Stöhr: *Der Begriff des Lebens.* 1919.[168]

164 Das Erscheinungsjahr ist 1921.

165 Das Erscheinungsjahr ist 1921.

166 Es erfolgte keine Neuauflage des 1911 erschienenen Werkes.

167 Schaxel war Herausgeber der Reihe *Abhandlungen zur theoretischen Biologie*, von der zwei Hefte durch Schlick rezensiert wurden. Siehe 1920f *Rezension/Kroner* und 1920g *Rezension/Driesch*, beide in diesem Band.

168 Das Erscheinungsjahr ist 1909.

[Rezension von:] Pierre Busco, Les cosmogonies modernes et la théorie de la connaissance

[Rezension von:] Pierre Busco, Les cosmogonies modernes et la théorie de la connaissance[1]

Editorischer Bericht

Zur Entstehung

Die Zeitschrift *Psychologische Forschung*, Publikationsort der vorliegenden Rezension, wurde 1921 in Berlin gegründet und diente vor allem der Propagierung der neuen Gestaltpsychologie, einer Forschungsrichtung, der Schlick sehr positiv gegenüberstand.[2] Mit einem der Herausgeber, dem Experimental- und Gestaltpsychologen Wolfgang Köhler, stand Schlick von 1921 bis in die Dreißigerjahre in regem Kontakt. Köhler war wie er selbst Hörer bei Planck gewesen und brachte insbesondere Schlicks erkenntnistheoretischen Arbeiten lebhaftes Interesse entgegen. Obschon durch die überlieferte Korrespondenz nicht belegt, liegt die Vermutung nahe, daß es Köhler war, der Schlick zur Abfassung der hier abgedruckten Rezension bewogen hat.

Bei Pierre Buscos Werk handelt es sich allerdings, wie auch Schlick hervorhebt, um eine weniger erkenntnistheoretisch als vielmehr deskriptiv angelegte Erläuterung verschiedener Theorien zur Entstehung und Entwicklung des Sonnensystems.[3] Busco orientiert

1 Pierre Bucso, *Les cosmogonies modernes et la théorie de la connaissance*. Paris: PUF 1924. 436 S.

2 Vgl. etwa 1935a *Ganzheit* (*MSGA* I/6).

3 Dies schien damals auch der allgemeine Eindruck: vgl. z. B. Lalande, *Philosophy in France*, S. 539.

sich dabei an der rationalistischen Ansicht Brunsvicgs, gemäß welcher die *intélligence* angesichts von Widersprüchen mit der Erfahrung herausgefordert würde, neue Konstrukte zu erdenken. Diese Entwicklungsdynamik ist bei Busco auch für die verschiedenen von ihm dargestellten kosmogonischen Erklärungsweisen bestimmend. Freilich war Schlick auch mit dem Thema selbst vertraut: die zeitliche Entwicklung der Sternensysteme etwa behandelt er in 1925b *Naturphilosophie*, in diesem Band S. 677 ff., beschränkt sich dort jedoch vor allem auf die kosmologische Bedeutung des Entropiebegriffs. Ein Einfluß Buscos, der mehrere einschlägige Werke veröffentlicht hatte, ist allerdings nicht zu belegen. Es scheint keinerlei über diese Rezension hinausgehende Beziehung zwischen Schlick und Busco bestanden zu haben.

Zur Überlieferung und Edition

Die Rezension erschien in *Psychologische Forschung* 6, 1925, S. 417–418 (**A**). Im Nachlaß erhalten ist ein einseitiges Typoskript (**Ts**).[4] Ts enthält einige maschinschriftlich vorgenommene Sofortkorrekturen. Der Abdruck folgt A, Variante ist Ts. Personennamen, in A durch Sperrung hervorgehoben, sind hier wie in Ts wie der Fließtext gesetzt. Im textkritischen Apparat nicht vermerkt ist eine Abweichung in der Kommata-Setzung.

4 Inv.-Nr. 421, A. 248.

[Rezension von:] Pierre Busco, Les cosmogonies modernes et la théorie de la connaissance

| Man nimmt den starken Band mit einer gewissen Verwunderung A 417 / Ts 1 darüber zur Hand, daß die Beziehungen der Weltentstehungshypothesen zur Erkenntnistheorie zum Gegenstand eines so umfangreichen Werkes gemacht werden konnten. Denn die Probleme der Entwicklung der Welt – oder vielmehr der Planeten- und Sternsysteme – scheinen doch wesentlich Tatsachenfragen, nicht Prinzipienfragen zu sein. Die Aufsuchung der früheren Weltzustände, aus denen die gegenwärtigen sich entwickelten, ist offenbar eine Angelegenheit von mehr historischem, als theoretisch-naturwissenschaftlichem Charakter, sie verspricht wohl nur wenig für die Aufdeckung neuer Gesetze und Naturzusammenhänge, und ihre Beziehung zur Erkenntnistheorie kann daher nur lose und indirekt sein. Die Lektüre des Buches bestätigt diese Meinung. Als eigentlich erkenntnistheoretisch könnte nur das XIII. Kapitel (L'évolution du problème cosmogonique dans son rapport avec les lois de la connaissance humaine) angesehen werden; die übrigen enthalten in der Hauptsache eine kritisch-historische Darstellung der kosmologischen Theorien von Descartes bis zur Gegenwart. Der Verfasser gibt eine ausführliche und anschauliche Schilderung der wichtigsten Weltbildungshypothesen (unter den neueren seien die von Faye, du Ligondès, Arrhenius, Belot, Moreux genannt),[1] und wer eine klare Zusammenstellung jener

1 Vgl. Faye, *Sur l'Origine du Monde*; Ligondès, *Formation mécanique du système du Monde*; Arrhenius, *Das Werden der Welten*; Belot, *Essai de Cosmogonie tourbillonnaire*; Moreux, *Pour comprendre Einstein* (insbes. Kap. V).

Gedankengänge sucht, wird bei der Lektüre auf seine Rechnung kommen. Freilich ist die Darstellung nicht erschöpfend, die Theorie von Nölke wird z. B. überhaupt nicht erwähnt.[2] Die Schreibweise ist sehr elementar und leichtverständlich und infolgedessen manchmal recht breit, so besonders bei der Besprechung des Entropiesatzes und seiner kosmologischen Bedeutung, welche zwei ganze Kapitel (XIV und XV) in Anspruch nimmt. Die sachlich-historischen Betrachtungen führen den Verfasser zu dem Ergebnis, daß die Weltentstehungshypothesen ursprünglich stark von metaphysischen Ideen durchsetzt und von ästhetischen und rationalistischen Denkbedürfnissen bestimmt waren; die größte Rolle spielte das Streben, von einem möglichst „einfachen" Anfangszustand des Universums auszugehen. Im strengen Sinne aber ist dies Streben überhaupt unerfüllbar, denn es ist klar, daß jeder frühere Weltzustand im Grunde dasselbe Maß von Differenziertheit aufweisen muß wie der gegenwärtige, da jede einzelne Besonderheit des letzteren in den früheren Zuständen auch schon irgendwie angelegt sein muß. In den älteren Kosmologien herrschte die Tendenz, im Weltgebäude Harmonie, Einfachheit, Rationalität deduktiv aufzuweisen, und erst in der Gegen-
A 418 wart nehmen die kosmolo|gischen Probleme endgültig den induktiven, empirischen Charakter an, durch den sie zu sinnvollen, wissenschaftlich lösbaren Fragen werden. Die Schilderung dieses allmählichen Läuterungsprozesses der kosmologischen Fragestellungen und Methoden im Laufe der historischen Entwicklung bildet den wesentlichen Inhalt des Buches; sein soeben angedeutetes Resultat ist gewiß richtig, und die verständnisvollen, sehr fleißigen Ausführungen sind auch dann verdienstvoll, wenn ihr spezifisch philosophischer Ertrag nur gering ist. Der Verfasser hat seine Aufgabe, die ihrer Natur nach eine ziemlich eng begrenzte ist, gut[a] gelöst.

a Ts: ⟨vortrefflich⟩

2 Nölke, *Das Problem der Entwicklung unseres Planetensystems.*

Anhang

Literaturverzeichnis

Von Schlick zitierte Literatur

Arrhenius, Svante, *Das Werden der Welten*. Leipzig: Akademische Verlagsgesellschaft 1908 [orig. u. d. T. *Världarnas utveckling*. Stockholm: Gebers 1906].

Aster, Ernst von, *Geschichte der neueren Erkenntnistheorie (von Descartes bis Hegel)*. Berlin & Leipzig: Vereinigung wissenschaftlicher Verleger 1921.

Avenarius, Richard, *Kritik der reinen Erfahrung* (2 Bde.). Leipzig: Fues (Reisland) 1888–1890.

Avenarius, Richard, *Der menschliche Weltbegriff*. 3. Aufl., Leipzig: Reisland 1912.

Bavink, Bernhard, *Ergebnisse und Probleme der Naturwissenschaft*. 3. Aufl., Leipzig: Hirzel 1924.

Becher, Erich, *Philosophische Voraussetzungen der exakten Naturwissenschaften*. Leipzig: Barth 1907.

Becher, Erich, *Naturphilosophie* (unter der Redaktion von C. Stumpf bearbeitet), in: *Die Kultur der Gegenwart. Ihre Entwicklung und ihre Ziele*. Herausgegeben von Paul Hinneberg, *Dritter Teil: Mathematik, Naturwissenschaften, Medizin, Siebente Abteilung: Naturphilosophie und Psychologie, Erster Band*, Leipzig und Berlin: Verlag von B. G. Teubner 1914.

Becher, Erich, *Weltgebäude, Weltgesetze, Weltentwicklung*. Berlin: Reimer 1915.

Bergmann, Hugo, „Der Begriff der Verursachung und das Problem der individuellen Kausalität", in: *Logos* 5, 1914, S. 77–111.

Bergson, Henri, *Schöpferische Entwicklung*. Jena: Diederichs 1912.

Bloch, Werner, *Einführung in die Relativitätstheorie*. Leipzig & Berlin: Teubner 1918 [=*Aus Natur und Geisteswelt*, Bd. 618].

Boltzmann, Ludwig, *Populäre Schriften*. Leipzig: Barth 1905.

Bonola, Roberto, *Die nichteuklidische Geometrie*. Autorisierte deutsche Ausgabe besorgt von Heinrich Liebmann, Leipzig & Berlin: Teubner 1908 [= *Wissenschaft und Hypothese*, Bd. 4].

Born, Max, *Die Relativitätstheorie Einsteins und ihre physikalischen Grundlagen gemeinverständlich dargestellt* (mit 129 Abbildungen und einem Porträt). Berlin: Springer 1920.

Broad, Charlie D., *Scientific Thought*. London u. a.: Paul, Trench, Trubner & Co. 1923.

Busco, Pierre, *Les cosmogonies modernes et la théorie de la connaissance*. Paris: PUF 1924.

Cassirer, Ernst, *Substanzbegriff und Funktionsbegriff. Untersuchungen über die Grundfragen der Erkenntniskritik*. Berlin: Verlag von Bruno Cassirer 1910 [2. Aufl., ebd., 1923].

Cassirer, Ernst, „Philosophische Probleme der Relativitätstheorie", in: *Die Neue Rundschau* 31/1920, Bd. 2, S. 1337–1357.

Cassirer, Ernst, *Zur Einsteinschen Relativitätstheorie*. Berlin: Cassirer 1921.

Classen, Johannes Wilhelm, *Vorlesungen über moderne Naturphilosophen*. Hamburg: Boysen 1908.

Conrat, Friedrich, *Hermann von Helmholtz' Psychologische Anschauungen*. Halle: Niemeyer 1904.

Delbœuf, Joseph, *Prolégomènes philosophiques de la géométrie*. Liège: Desoer 1860.

Dilthey, Wilhelm, „Beiträge zur Lösung der Frage nach dem Ursprung unseres Glaubens an die Realität der Aussenwelt und seinem Recht", in: *Sitzungsberichte der Königlich-Preussischen Akademie der Wissenschaften zu Berlin* 39, 1890, S. 977–1022.

Dingler, Hugo, *Physik und Hypothese. Versuch einer induktiven Wissenschaftslehre nebst einer kritischen Analyse der Fundamente der Relativitätstheorie*. Berlin & Leipzig: Vereinigung wissenschaftlicher Verleger 1921.

Driesch, Hans, *Philosophie des Organischen. Gifford-Vorlesungen, gehalten an der Universität Aberdeen in den Jahren 1907–1908* (2 Bde.). Leipzig: Verlag von Wilhelm Engelmann 1909.

Driesch, Hans, *Der Begriff der organischen Form*. Berlin: Bornträger 1919 [= *Abhandlungen zur theoretischen Biologie*, Bd. 3].

Drill, Robert, „Die Kultur der Haeckel-Zeit", in: *Frankfurter Zeitung*, 19. August 1919, S. 1/2.

Duhem, Pierre, *Ziel und Struktur der physikalischen Theorien*. Leipzig: Barth 1908.

Eddington, Arthur S., *Raum, Zeit und Schwere*. Braunschweig: Vieweg & Sohn 1923.

Einstein, Albert, *Die Grundlage der allgemeinen Relativitätstheorie*. Leipzig: Barth 1916.

Einstein, Albert, *Äther und Relativitätstheorie*. Berlin: Springer 1920.

Einstein, Albert, *Geometrie und Erfahrung*. Berlin: Springer 1921.

Einstein, Albert, *Über die spezielle und die allgemeine Relativitätstheorie. Gemeinverständlich*. 11. Aufl., Braunschweig: Vieweg & Sohn 1921.

Enriques, Federigo, *Probleme der Wissenschaft*. Leipzig u. a.: Teubner 1911 [= *Wissenschaft und Hypothese*, Bd. 11].

Erdmann, Benno, *Über Inhalt und Geltung des Kausalgesetzes*. Halle/Saale: Niemeyer 1905.

Erdmann, Benno, *Die Idee von Kants Kritik der reinen Vernunft*, in: *Abhandlungen der Königlich-Preußischen Akademie der Wissenschaften, Philosophisch-Historische Klasse*, Berlin: Verlag der Königlichen Akademie der Wissenschaften 1917.

Erdmann, Benno, „Die philosophischen Grundlagen von Helmholtz' Wahrnehmungstheorie", in: *Abhandlungen der Preussischen Akademie der Wissenschaften 1921, Philosophisch-Historische Klasse*, 1922, S. 1–45.

Erhardt, Franz, *Tatsachen, Gesetze, Ursachen. Rede zur Feier des 28. Februar 1912*. Rostock: Stiller'sche Hof- und Universitäts-Buchhandlung 1912.

Fichte, Johann Gottlieb, *Grundlage der gesamten Wissenschaftslehre*. Hamburg: Meiner 1997. [von Schlick herangezogene Ausgabe nicht nachgewiesen]

Fichte, Johann Gottlieb, *Bestimmung des Menschen*. Berlin: Veit & Comp. 1845. [von Schlick herangezogene Ausgabe nicht nachgewiesen]

Gehrcke, Ernst, *Physik und Erkenntnistheorie*. Leipzig & Berlin: Teubner 1921 [= *Wissenschaft und Hypothese*, Bd. 22].

Geyser, Joseph, *Allgemeine Philosophie des Seins und der Natur*. Münster: Schöningh 1915.

Haas, Arthur E., *Das Naturbild der neuen Physik*. 2. Aufl., Berlin: De Gruyter & Co. 1924.

Haeckel, Ernst, *Die Welträtsel. Gemeinverständliche Studien über monistische Philosophie*. Stuttgart: Kröner bzw. Bonn: Strauß 1899.

Hartmann, Eduard von, *Das Problem des Lebens*. Bad Sachsa: Haacke 1906.

Hartmann, Eduard von, *Grundriß der Naturphilosophie*. Bad Sachsa: Haacke 1907 [= *System der Philosophie im Grundriß*, Bd. II].

Hartmann, Eduard von, *Die Weltanschauung der modernen Physik*. 2. Aufl., Bad Sachsa, Südharz: Haacke 1909.

Hegel, Georg Wilhelm Friedrich, *Enzyklopädie der philosophischen Wissenschaften im Grundrisse*. 2. Aufl., Heidelberg: Oßwald 1827 [= *Gesammelte Werke*, Bd. 19]. [von Schlick herangezogene Ausgabe nicht nachgewiesen]

Hegel, Georg Wilhelm Friedrich, *System der Wissenschaft. Erster Theil, die Phänomenologie des Geistes*. Bamberg und Würzburg: Joseph Anton Goebhardt 1807 [= *Gesammelte Werke*, Bd. 9]. [von Schlick herangezogene Ausgabe nicht nachgewiesen]

Helm, Georg, *Die Energetik nach ihrer geschichtlichen Entwicklung*. Leipzig: Veit 1898.

Helmholtz, Hermann von, *Die Lehre von den Tonempfindungen als physiologische Grundlage für die Theorie der Musik*. Braunschweig: Vieweg & Sohn 1863.

Helmholtz, Hermann von, *Handbuch der Physiologischen Optik*. Leipzig: Voss 1867 [= *Algemeine Encyklopädie der Physik*, Bd. IX].

Helmholtz, Hermann von, „Ueber die Thatsachen, die der Geometrie zum Grunde liegen", in: *Nachrichten von der Königlichen Gesellschaft und der Georg-Augusts-Universität zu Göttingen*, 3. Juni 1868, Nr. 9, S. 193–221.

Helmholtz, Hermann von, „Die neueren Fortschritte in der Theorie des Sehens", in: *Preußische Jahrbücher* 21, 1868, S. 149–170, S. 263–290 und S. 403–435.

Helmholtz, Hermann von, „The Origin and Meaning of Geometrical Axioms", in: *Mind* 1, 1876, S. 301–321.

Helmholtz, Hermann von, „The Origin and Meaning of Geometrical Axioms II", in: *Mind* 3, 1878, S. 212–225.

Helmholtz, Hermann von, *Wissenschaftliche Abhandlungen* (3 Bde.). Leipzig: Johann Ambrosius Barth 1882–1895 [Repr. Hildesheim/Zürich/New York: Olms-Weidmann, Bd. I: 2006, Bd. II: 2003].

Helmholtz, Hermann von, *Handbuch der Physiologischen Optik*. 2. Aufl., Hamburg & Leipzig: Voss 1896.

Helmholtz, Hermann von, „Über den Ursprung und die Bedeutung der geometrischen Axiome“, in: ders., *Vorträge und Reden*. 4. Auflage, Zweiter Band, Braunschweig: Druck und Verlag von Friedrich Vieweg und Sohn 1896, S. 1–31.

Helmholtz, Hermann von, „Die Thatsachen in der Wahrnehmung“, in: ders, *Vorträge und Reden*. 4. Auflage, Zweiter Band, Braunschweig: Druck und Verlag von Friedrich Vieweg und Sohn 1896, S. 213–247.

Helmholtz, Hermann von, *Über die Erhaltung der Kraft* (mit Zusätzen aus dem Jahre 1881). Leipzig: Verlag von Wilhelm Engelmann 1902.

Helmholtz, Hermann von, *Einleitung zu den Vorlesungen über theoretische Physik*. Leipzig: Barth 1903 [= *Vorlesungen über theoretische Physik*, Bd. I].

Helmholtz, Hermann von, „Über das Sehen des Menschen“, in: ders., *Vorträge und Reden*. 5. Aufl., Bd. I, S. 85–117.

Helmholtz, Hermann von, *Vorträge und Reden* (2 Bde.). 5. Aufl., Braunschweig: Vieweg 1903.

Helmholtz, Hermann von, *Handbuch der Physiologischen Optik*. 3. Aufl., Hamburg & Leipzig: Voss 1910.

Helmholtz, Hermann von, *Schriften zur Erkenntnistheorie*. Herausgegeben und erläutert von Paul Hertz und Moritz Schlick, Berlin: Springer 1921.

Helmholtz, Hermann von, „Zählen und Messen, erkenntnistheoretisch betrachtet“, in: *Philosophische Aufsätze. Eduard Zeller zum 50. Doctorjubiläum gewidmet*. Leipzig: Fues' Verlag 1887, S. 17–52.

Henry, Victor, „[Rezension von:] Schlick, Moritz, Raum und Zeit in der gegenwärtigen Physik“, in: *Kant-Studien* 23, 1919, S. 351–354.

Hertz, Heinrich, *Die Prinzipien der Mechanik*. Leipzig: Barth 1894 [= *Gesammelte Werke*, Bd. III].

Hilbert, David, *Grundlagen der Geometrie*. 3. Aufl., Leipzig & Berlin: Teubner 1909.

Hillebrand, Franz, *Ewald Hering. Ein Gedenkwort der Psychophysik*. Berlin: Springer 1918.

Holst, Helge, *Die kausale Relativitätsforderung und Einsteins Relativitätstheorie*. Kopenhagen: Høst & Søn 1919 [= *Det Kgl. Danske Videnskabernes Selskab, Mathematisk-fysiske Meddelelser*, II, 11].

Hume, David, *A Treatise of Human Nature*. Oxford: Clarendon 1888.

James, William, „What is an emotion?“, in: *Mind* 9, 1884, S. 188–205.

Jaspers, Karl, *Psychologie der Weltanschauungen*. Berlin: Springer 1919 [2. Aufl., ebd., 1922].

Jevons, Stanley, *The Principles of Science*. 2. Aufl., London & New York: Macmillan & Co. 1877.

Kant, Immanuel, *Gedanken von der wahren Schätzung der lebendigen Kräfte*. Königsberg: Dorn 1746. [von Schlick herangezogene Ausgabe nicht nachgewiesen]

Kant, Immanuel, *Kritik der reinen Vernunft*. Text der Ausgabe 1781 mit Beifügung sämmtlicher Abweichungen der Ausgabe 1787, herausgegeben von Karl Kehrbach, zweite verbesserte Auflage, Leipzig: Druck und Verlag von Philipp Reclam jun. 1879.

Kant, Immanuel, *Metaphysische Anfangsgründe der Naturwissenschaft*, in: *Kant's gesammelte Schriften*. Herausgegeben von der Königlich Preußischen Akademie der Wissenschaften, Erste Abtheilung: Werke, Bd. IV, Berlin: Druck und Verlag von Georg Reimer 1911, S. 465–565. [von Schlick herangezogene Ausgabe nicht nachgewiesen]

Kern, Berthold, *Weltanschauungen und Welterkenntnis*. Berlin: Hirschwald 1911.

Kirchberger, Paul, *Was kann man ohne Mathematik von der Relativitätstheorie verstehen?*. 3. Aufl., Karlsruhe i. B.: Müllersche Hofbuchhandlung 1922.

Kirchhoff, Gustav, *Vorlesungen über mathematische Physik*. Leipzig: Teubner 1876.

Klein, Felix, „Grenzfragen der Mathematik und Philosphie", in: *Wissenschaftliche Beilage zum 19. Jahresbericht (1906) der Philosophischen Gesellschaft an der Universität Wien*. Leipzig: Barth 1906, S. 1–10.

Klein, Felix, *Gesammelte Mathematische Abhandlungen*, Erster Band. Berlin: Springer 1921.

Köhler, Wolfgang, *Die physischen Gestalten in Ruhe und im stationären Zustand*. Braunschweig: Vieweg 1920 [alternativ: Erlangen: Philosophische Akademie 1924].

Königsberger, Leo, *Hermann von Helmholtz* (3 Bde.). Braunschweig: Vieweg & Sohn 1902–1903.

Kraus, Oskar, *Franz Brentano. Zur Kenntnis seines Lebens und seiner Lehre, mit Beiträgen von Carl Stumpf und Edmund Husserl*. München: Beck 1919.

Kraus, Oskar, „Der gegenwärtige Stand der Relativitätstheorie", in: *Neue Freie Presse* Nr. 21238, 25. Oktober 1923, S. 16–17 und *Neue Freie Presse* Nr. 21240, 27. Oktober 1923, S. 15–16.

Krause, Albrecht, *Kant und Helmholtz über den Ursprung und die Bedeutung der Raumanschauung und der geometrischen Axiome*. Lahr: Schauenburg 1878.

Kries, Johannes von, *Logik. Grundzüge einer kritischen und formalen Urteilslehre*. Tübingen: Mohr (Siebeck) 1916.

Kroner, Richard, *Das Problem der historischen Biologie*. Berlin: Bornträger 1919 [= *Abhandlungen zur theoretischen Biologie*, Heft 2].

Land, Jan Pieter Nicolaas, „Kant's Space and Modern Mathematics", in: *Mind* 2, 1877, S. 38–46.

Lange, Carl, *Über Gemüthsbewegungen. Eine psycho-physiologische Studie*. Autorisierte Übersetzung, Leipzig: Verlag von Theodor Thomas 1887.

Laßwitz, Kurd, *Geschichte der Atomistik* (2 Bde.). Hamburg & Leipzig: Voss 1890 [Repr. Darmstadt: Wissenschaftliche Buchgesellschaft 1963].

Lipps, Theodor, *Grundtatsachen des Seelenlebens*. Bonn: Cohen & Sohn (Cohen) 1883.

Mach, Ernst, *Die Mechanik in ihrer Entwicklung*. 3. Aufl., Leipzig: Brockhaus 1897.

Mach, Ernst, *Die Analyse der Empfindungen*. 5. Aufl., Jena: Fischer 1906.

Mach, Ernst, *Erkenntnis und Irrtum*. 2. Aufl., Leipzig: Barth 1906.

Maxwell, James Clerk, *Matter and Motion*. New York: Pott, Young & Co. 1876.

Meumann, Ernst, „Zur Frage der Sensibilität der inneren Organe", in: *Archiv für die gesamte Psychologie* 9, 1907, S. 26–62.

Mongré, Paul, *Das Chaos in kosmischer Auslese*. Leipzig: Naumann 1898.

Newcomb, Simon und Rudolf Engelmann, *Populäre Astronomie*. 6. Aufl., Leipzig: Engelmann 1921.

Newton, Isaac, *Mathematische Principien der Naturlehre*. Berlin: Oppenheim 1872.

Ostwald, Wilhelm, *Grundriß der Naturphilosophie*. Leipzig: Reclam 1908.

Ostwald, Wilhelm, *Moderne Naturphilosophie*. Leipzig: Akademische Verlagsgesellschaft 1914.

Pasch, Moritz, *Vorlesungen über neuere Geometrie*. 2. Aufl., Leipzig & Berlin: Teubner 1912.

Pauly, August, *Darwinismus und Lamarckismus*. München: Reinhardt 1905.

Pearson, Karl, *The Grammar of Science*. London: Walter Scott 1892.

Petzoldt, Joseph, „Verbietet die Relativitätstheorie Raum und Zeit als etwas Wirkliches zu denken?", in: *Berichte der Deutschen Physikalischen Gesellschaft/Verhandlungen* 20, 1918, S. 189–201.

Planck, Max, „Die Einheit des physikalischen Weltbildes" (Vortrag, gehalten am 9. Dezember 1908 in der naturwissenschaftlichen Fakultät des Studentenkorps an der Universität Leiden), in: ders., *Physikalische Rundblicke*. Leipzig: Verlag von S. Hirzel 1922, S. 1–37.

Planck, Max, „Neue Bahnen der physikalischen Erkenntnis" (Rede, gehalten beim Antritt des Rektorats der Friedrich-Wilhelm-Universität Berlin, am 15. Oktober 1913), in: ders., *Physikalische Rundblicke*. Leipzig: Verlag von S. Hirzel 1922, S. 64–81.

Planck, Max, „Dynamische und statistische Gesetzmäßigkeit" (Rede, gehalten bei der Feier zum Gedächtnis des Stifters der Friedrich-Wilhelms-Universität Berlin am 3. August 1914), in: ders., *Physikalische Rundblicke*. Leipzig: Verlag von S. Hirzel 1922, S. 82–102.

Planck, Max, „Das Prinzip der kleinsten Wirkung", in: ders., *Physikalische Rundblicke*. Leipzig: Verlag von S. Hirzel 1922, S. 103–119.

Planck, Max, „Verhältnis der Theorien zueinander", in: ders., *Physikalische Rundblicke*. Leipzig: Verlag von S. Hirzel 1922, S. 120–128.

Planck, Max, „Das Wesen des Lichts" (Vortrag, gehalten in der Hauptversammlung der Kaiser-Wilhelm-Gesellschaft, am 28. Oktober 1919), in: ders., *Physikalische Rundblicke*. Leipzig: Verlag von S. Hirzel 1922, S. 129–147.

Planck, Max, „Die Entstehung und bisherige Entwicklung der Quantentheorie" (Nobel-Vortrag, gehalten vor der Königlich Schwedischen Akademie der Wissenschaften zu Stockholm am 2. Juni 1920), in: ders., *Physikalische Rundblicke*. Leipzig: Verlag von S. Hirzel 1922, S. 148–168.

Planck, Max, *Physikalische Rundblicke. Gesammelte Reden und Aufsätze*. Leipzig: Hirzel 1922.

Platon, *Werke in acht Bänden*. Herausgegeben von Gunther Eigler, Darmstadt: Wissenschaftliche Buchgesellschaft 1970 ff. [von Schlick herangezogene Ausgabe nicht nachgewiesen]

Poincaré, Henri, *Wissenschaft und Hypothese*. Zweite verbesserte Auflage, Leipzig: Teubner 1906.

Poincaré, Henri, *Science et Méthode*. Paris: Flammarion 1908.

Poincaré, Henri, *Der Wert der Wissenschaft*. 2. Aufl., Leipzig & Berlin: Teubner 1910.

Poincaré, Henri, *Dernières Pensées*. Paris: Flammarion 1913.

Poincaré, Henri, *Letzte Gedanken*. Mit einem Geleitwort von Wilhelm Ostwald, übers. von Karl Lichtenecker, Leipzig: Akademische Verlagsgesellschaft 1913.

Poincaré, Henri, *Wissenschaft und Methode*. Autorisierte deutsche Ausgabe mit erläuternden Anmerkungen von F. und L. Lindemann, Leipzig: Teubner 1914 [= *Wissenschaft und Hypothese*; Bd. 17].

Poincaré, Henri, *Der Wert der Wissenschaft*. 3. Aufl., Leipzig: Teubner 1921.

Ràdl, Emanuel, *Geschichte der biologischen Theorien in der Neuzeit* (2 Bde.). Leipzig & Berlin: Engelmann, Bd. I: 1905, Bd. II: 1909.

Reichenbach, Hans, *Relativitätstheorie und Erkenntnis apriori*. Berlin: Springer 1920.

Reinke, Johann, *Einleitung in die theoretische Biologie*. 2. Aufl., Berlin: Gebrüder Paetel 1911.

Reinke, Johann, *Die Welt als Tat*. 6. Aufl., Berlin: Gebrüder Paetel 1915.

Rey, Abel, *Die Theorie der Physik bei den modernen Physikern*. Leipzig: Klinkhardt 1908.

Riehl, Alois, *Hermann von Helmholtz in seinem Verhältnis zu Kant*. Berlin: Reuther & Reichard 1904.

Riehl, Alois, *Der philosophische Kritizismus* (2 Bde.). 2. Aufl., Leipzig: Engelmann 1908–1925.

Riemann, Bernhard, *Über die Hypothesen, welche der Geometrie zu Grunde liegen*. Neu herausgegeben und erläutert von H. Weyl, Berlin: Springer 1919 [2. Aufl., ebd., 1921].

Rosa, Michele La, *Der Äther*. Übers. von K. Muth, Leipzig: Barth 1912.

Russell, Bertrand, *Unser Wissen von der Außenwelt*. Leipzig: Meiner 1926.

Schaxel, Julius, *Grundzüge der Theoriebildung in der Biologie*. Jena: Fischer 1919.

Schlick, Moritz, „Gibt es intuitive Erkenntnis?", in: *Vierteljahrsschrift für wissenschaftliche Philosophie und Soziologie* 37, 1913, S. 472–488.

Schlick, Moritz, „Die philosophische Bedeutung des Relativitätsprinzips“, in: *Zeitschrift für Philosophie und philosophische Kritik* 159, 1915, S. 129–175.

Schlick, Moritz, „Idealität des Raumes, Introjektion und psychophysisches Problem“, in: *Vierteljahrsschrift für wissenschaftliche Philosophie und Soziologie*, Jg. 40, N. F. XV, 1916, S. 230–254.

Schlick, Moritz, *Allgemeine Erkenntnislehre*. Berlin: Springer 1918 [= *Naturwissenschaftliche Monographien und Lehrbücher*, Bd. 1].

Schlick, Moritz, *Raum und Zeit in der gegenwärtigen Physik. Zur Einführung in das Verständnis der Relativitäts- und Gravitationstheorie*. Dritte, vermehrte und verbesserte Auflage, Berlin: Springer 1920.

Schlick, Moritz, „Naturphilosophische Betrachtungen über das Kausalprinzip“, in: *Die Naturwissenschaften*, Jg. 8, H. 24, 1920, S. 461–474.

Schlick, Moritz, „Kritizistische oder empiristische Deutung der neuen Physik? Bemerkungen zu Ernst Cassirers Buch ‚Zur Einsteinschen Relativitätstheorie‘“, in: *Kant-Studien* 26, 1921, S. 96–111.

Schlick, Moritz, *Raum und Zeit in der gegenwärtigen Physik. Zur Einführung in das Verständnis der allgemeinen Relativitäts- und Gravitationstheorie*. Vierte, vermehrte und verbesserte Auflage, Berlin: Springer 1922.

Schlick, Moritz, *Allgemeine Erkenntnislehre*. Zweite Auflage, Berlin: Springer 1925.

Schneider, Ilse, *Das Raum-Zeit-Problem bei Kant und Einstein*. Berlin: Springer 1921.

Schopenhauer, Arthur, *Die Welt als Wille und Vorstellung*, in: ders., *Sämtliche Werke*. Textkritisch bearbeitet und herausgegeben von Wolfgang Frhr. von Löhneysen, Bd. I und II. Stuttgart und Frankfurt am Main: Cotta-Insel 1960 [von Schlick herangezogene Ausgabe nicht nachzuweisen].

Sellien, Ewald, *Die erkenntnistheoretische Bedeutung der Relativitätstheorie. Inaugural-Dissertation zur Erlangung der Doktorwürde der hohen philosophischen Fakultät der Christian-Albrechts-Universität zu Kiel*. Berlin: Reuther & Reichard 1919 [auch erschienen als *Kant-Studien Ergänzungshefte* 48].

Semon, Richard, *Die Mneme als erhaltendes Princip im Wechsel des organischen Geschehens*. 3. Aufl., Leipzig: Engelmann 1911.

Siegel, Carl, *Geschichte der deutschen Naturphilosophie*. Leipzig: Akademische Verlagsgesellschaft 1913.

Sommerfeld, Arnold, *Atombau und Spektrallinien*. 3. Aufl., Braunschweig: Vieweg 1922.

Stallo, John Bernhard, *Die Begriffe und Theorien der modernen Physik*. 2. Aufl., Leipzig: Barth 1911.

Stöhr, Adolf, *Der Begriff des Lebens*. Heidelberg: Winter 1909.

Stumpf, Carl, *Tonpsychologie*. Leipzig: Hirzel 1883–90.

Thirring, Hans, *Die Idee der Relativitätstheorie*. Berlin: Springer 1921.

Thirring, Hans, „Zum gegenwärtigen Stand der Relativitätstheorie", in: *Neue Freie Presse* Nr. 21258, 15. November 1923, S. 19.

Tschulok, Sinai, *Deszendenzlehre*. Jena: Fischer 1922.

Vaihinger, Hans, *Philosophie des Als Ob*. 5. und 6. Aufl., Leipzig: Meiner 1920.

Weyl, Hermann, *Raum, Zeit, Materie. Vorlesungen über allgemeine Relativitätstheorie*. Berlin: Springer 1918 [5. Aufl., ebd., 1923].

Weyl, Hermann, *Was ist Materie?* Berlin: Springer 1924.

Winternitz, Josef, *Relativitätstheorie und Erkenntnislehre. Eine Untersuchung über die erkenntnistheoretischen Grundlagen der Einsteinschen Theorie und die Bedeutung ihrer Ergebnisse für die allgemeinen Probleme des Naturerkennens*. Leipzig & Berlin: Teubner 1923 [= *Wissenschaft und Hypothese*, Bd. 23].

Wundt, Wilhelm, *Grundzüge der Physiologischen Psychologie*. 5. Aufl., Leipzig: Engelmann 1902.

Ziehen, Theodor, *Grundlagen der Naturphilosophie*. Leipzig: Quelle & Meyer 1922 [= *Wissenschaft und Bildung*, Bd. 182].

Von den Herausgebern zitierte Literatur

[Adickes, *Kant contra Haeckel*] Adickes, Erich, *Kant contra Haeckel. Für den Entwicklungsgedanken – gegen naturwissenschaftlichen Dogmatismus*. Zweite, verbesserte und erweiterte Auflage, Berlin: Verlag von Reuther & Reichard 1901.

[Aristoteles, *Analytica*] Aristoteles, *Analytica priora et posteriora*. Oxford: Clarendon 1968.

[Aristoteles, *Analytiken*] Aristoteles, *Erste Analytiken*. Leipzig: Verlag der Dürr'schen Buchhandlung 1877.

Aristoteles, *Physica*, in: *The Basic Works of Aristotle*. Hrsg. von Richard McKeon, New York: Random House 1941.

Arrhenius, Svante, *Das Werden der Welten*. Leipzig: Akademische Verlagsgesellschaft 1908 [orig. u. d. T. *Världarnas utveckling*, Stockholm: Gebers 1906].

Aster, Ernst von, *Geschichte der neueren Erkenntnistheorie (von Descartes bis Hegel)*. Berlin & Leipzig: Vereinigung wissenschaftlicher Verleger 1921.

Atwater, Wilbur und Francis Gano Benedict, *Experiments on the Metabolism and Energy of the Human Body 1900–1902*. Washington: Government Printing Office 1903 [= *Office of Experiment Stations Bulletin*, 136].

[Atwater, *Neue Versuche*] Atwater, Wilbur, „Neue Versuche über Stoff- und Kraftwechsel im menschlichen Körper" (deutsche Bearbeitung von F. Friedländer und L. Asher), in: *Ergebnisse der Physiologie* 3, 1904, S. 497–622.

Augustinus, Aurelius, *De Civitate Dei*. Leipzig: Teubner 1863.

[Avenarius, *Bemerkungen*] Avenarius, Richard, „Bemerkungen zum Begriff des Gegenstandes der Psychologie", Teil 1, in: *Vierteljahrsschrift für wissenschaftliche Philosophie und Soziologie* 18, 1894, S. 137–161.

Avenarius, Richard, *Der menschliche Weltbegriff*. 3. Aufl., Leipzig: Reisland 1912.

Bacon, Francis, *Novum Organum*, in: ders., *Collected Works of Francis Bacon*, Bd. I, Teil 1. London: Longmans u. a. 1879 [Repr. London: Routledge/Thoemmes Press 1996; orig. London: Joannem Billium 1620; dt. Übersetzung Berlin: Akademie-Verlag 1962].

[Becher, *Gesetz von der Erhaltung der Energie*] Becher, Erich, „Das Gesetz von der Erhaltung der Energie und die Annahme einer Wechselwirkung zwischen Leib und Seele", in: *Zeitschrift für Psychologie* 46, 1907, S. 81–122.

[Becher, *Sensibilität*] Becher, Erich, „Über die Sensibilität der inneren Organe", in: *Zeitschrift für Psychologie* 49, 1908, S. 341–373.

[Becher, *Bemerkungen über die Sensibilität*] Becher, Erich, „Einige Bemerkungen über die Sensibilität der inneren Organe", in: *Archiv für die gesamte Psychologie* 15, 1909, S. 356–379.

Becher, Erich, *Naturphilosophie* (unter der Redaktion von C. Stumpf bearbeitet), in: *Die Kultur der Gegenwart. Ihre Entwicklung und ihre Ziele*. Herausgegeben von Paul Hinneberg, *Dritter Teil: Mathematik, Naturwissenschaften, Medizin, Siebente Abteilung: Naturphilosophie und Psychologie, Erster Band*, Leipzig und Berlin: Verlag von B. G. Teubner 1914.

[Becher, *Rezension/Külpe*] Becher, Erich, „[Rezension von:] Külpe, Oswald, Einleitung in die Philosophie“, in: *Naturwissenschaften* 3, 1915, S. 355/356.

Becher, Erich, *Geisteswissenschaften und Naturwissenschaften*. München & Leipzig: Duncker & Humblot 1921.

[Becher, *Erich Becher*] Becher, Erich, „Erich Becher“, in: Schmidt, Raymund (Hrsg.), *Die Philosophie der Gegenwart in Selbstdarstellungen*, Bd. I. 2. Aufl., Leipzig: Meiner 1923, S. 21–48.

[Becher, *Erkenntnistheorie*] Becher, Erich, „Erkenntnistheorie und Metaphysik“, in: Dessoir, Max (Hrsg.), *Die Philosophie in ihren Einzelgebieten*. Berlin: Ullstein 1925, S. 295–392 [= *Lehrbuch der Philosophie*, Bd. II].

[Becher, *Ernst Siegfried Becher*] Becher, Erich, „Ernst Siegfried Becher“, in: ders., *Deutsche Philosophen*. München & Leipzig: Duncker & Humblot 1929, S. 265–278.

[Becher *Seele*] Becher, Siegfried, „Seele, Handlung und Zweckmäßigkeit im Reich der Organismen“, in: *Annalen der Naturphilosophie* 10, 1911, S. 269–313.

Belot, Emile, *Essai de Cosmogonie tourbillonnaire*. Paris: Gauthier-Villars 1911.

Bergson, Henri, *Matière et Mémoire*. Paris: Alcan 1910.

[Berkeley, *Principles*] Berkeley, George, *The Principles of Human Knowledge*. Leipzig: Meiner 1913.

Bibliographische Abteilung des Börsenvereins der Deutschen Buchhändler zu Leipzig, *Deutsches Bücherverzeichnis der Jahre 1921 bis 1925*. Leipzig: Verlag des Börsenvereins der Deutschen Buchhändler 1927.

Bloch, Werner, *Einführung in die Relativitätstheorie*. Leipzig & Berlin: Teubner 1918 [= *Aus Natur und Geisteswelt*, Bd. 618].

Boethius, *Trost der Philosophie*. München & Zürich: Artemis 1990.

[Bohr, *Constitution of atoms*] Bohr, Niels, „On the constitution of atoms and molecules“, in: *Philosophical Magazine* 26, 1913, S. 1–25, 476–502, 857–875.

[Bohr et al., *Quantum theory of radiation*] Bohr, Niels, Kramers, Hendrik Anthony und John Clarke Slater, „The quantum theory of radiation“, in: *Philosophical Magazine* 47, 1924, S. 785–802.

Bois-Reymond, Emil du, *Über die Grenzen des Naturerkennens*. Leipzig: Veit & Comp. 1872.

[Bois-Reymond, *Die sieben Welträthsel*] Bois-Reymond, Emil du, „Die sieben Welträthsel", in: *Monatsberichte der Königlich Preussischen Akademie der Wissenschaften zu Berlin 1880*, 1881, S. 1045-1072.

[Boltzmann, *Beziehung zwischen dem zweiten Hauptsatz und Wahrscheinlichkeitsrechnung*] Boltzmann, Ludwig, „Über die Beziehung zwischen dem zweiten Hauptsatz der mechanischen Wärmetheorie und der Wahrscheinlichkeitsrechnung resp. den Sätzen über das Wärmegleichgewicht", in: *Sitzungsberichte der Kaiserlichen Akademie der Wissenschaften, mathematisch-naturwissenschaftliche Classe* 76, Abt. II, 1877, S. 373–435.

Bonola, Roberto, *Die nichteuklidische Geometrie.* Autorisierte deutsche Ausgabe besorgt von Heinrich Liebmann, Leipzig & Berlin: Teubner 1908 [= *Wissenschaft und Hypothese*, Bd. 4].

[Born, Einstein, *Briefwechsel*] Born, Max und Albert Einstein (Hrsg.), *Albert Einstein, Hedwig und Max Born. Briefwechsel: 1916–1955.* München: Nymphenburger Verlag 1969.

Boscovich, Ruggiero Giuseppe, *Theoria philosophiae naturalis.* Wien: Kaliwoda 1758 [2. Aufl., Venedig: Remondini 1763; Lateinisch-englische Ausgabe Bošcović, Ruđer Josip, *A theory of natural philosophy.* Übersetzt von J. M. Child, London: Open Court 1922; Repr. Cambridge/MA: MIT Press 1966].

[Bothe, Geiger, *Nachprüfung der Theorie von Bohr et al.*] Bothe, Walther und Hans Geiger, „Ein Weg zur experimentellen Nachprüfung der Theorie von Bohr, Kramers und Slater", in: *Zeitschrift für Physik* 26, 1924, S. 44.

[Bothe, Geiger, *Wesen des Comptoneffekts*] Bothe, Walther und Hans Geiger, „Über das Wesen des Comptoneffekts; ein experimenteller Beitrag zur Theorie der Strahlung", in: *Zeitschrift für Physik* 32, 1925, S. 639–663.

Brentano, Franz, *Die Psychologie des Aristoteles, insbesondere seine Lehre vom nous poietikos.* Mainz am Rhein: Kirchheim 1867 [Repr. Darmstadt: Wissenschaftliche Buchgesellschaft 1967].

Brentano, Franz, *Psychologie vom empirischen Standpunkt.* Hrsg. von Oskar Kraus, Hamburg: Meiner 1924 [Repr. 1955; orig. Leipzig: Duncker & Humblot, 1874].

Brush, Stephen George, *The kind of motion we call heat*, Bd. 1: *Physics and the atomists.* Amsterdam: North Holland Publ. Co 1976.

[Buchsteiner, *Zwischen Monarchie und Moderne*] Buchsteiner, Martin und Antje Strahl, *Zwischen Monarchie und Moderne. Die 500-Jahrfeier der*

Universität Rostock 1919. Rostock 2008 [= *Rostocker Studien zur Universitätsgeschichte*, Bd. 4].

Büchmann, Georg, *Geflügelte Worte*. 20. Aufl., Berlin: Haude & Spener'sche Buchhandlung (Weidling) 1900.

Busco, Pierre, *Les cosmogonies modernes et la théorie de la connaissance*. Paris: PUF 1924.

Busse, Ludwig, *Geist und Körper, Seele und Leib*. Leipzig: Verlag der Dürr'schen Buchhandlung 1903.

Cahan, David, *Letters of Hermann von Helmholtz To His Parents*. Stuttgart: Steiner 1993.

Capelle, Wilhelm, *Die Vorsokratiker*. Leipzig: Kröner 1935.

[Carnap, *Geltung*] Carnap, Rudolf, „Wer erzwingt die Geltung des Naturgesetzes?", in: *Münchner Neueste Nachrichten* Nr. 310, 26. Juli 1921, S. 2.

Cassirer, Ernst, *Leibniz' System in seinen wissenschaftlichen Grundlagen*. Marburg: Elwert 1902.

Cassirer, Ernst, *Substanzbegriff und Funktionsbegriff. Untersuchungen über die Grundfragen der Erkenntniskritik*. Berlin: Bruno Cassirer 1910.

[Cassirer, *Hermann Cohen*] Cassirer, Ernst, „Hermann Cohen und die Erneuerung der Kantischen Philosophie", in: *Kant-Studien* 17, 1912, S. 252–273.

[Cassirer, *Probleme der Relativitätstheorie*] Cassirer, Ernst, „Philosophische Probleme der Relativitätstheorie", in: *Die Neue Rundschau* 31/ 1920, Bd. 2, S. 1337–1357.

Cassirer, Ernst, *Zur Einsteinschen Relativitätstheorie. Erkenntnistheoretische Betrachtungen*. Berlin: Bruno Cassirer 1921.

Cohen, Hermann, *Kants Theorie der Erfahrung*. 3. Aufl., Berlin: Cassirer 1918.

Conrat, Friedrich, *Hermann von Helmholtz' Psychologische Anschauungen*. Halle: Niemeyer 1904.

Cornelius, Hans, *Psychologie als Erfahrungswissenschaft*. Leipzig: Teubner 1897.

[Cottingham, *Descartes' Treatment of Animals*] Cottingham, John, „‚A Brute to the Brutes?': Descartes' Treatment of Animals", in: *Philosophy* 53, 1978, S. 551–559.

[Coulomb, *Mémoire*] Coulomb, Charles-Augustin de, „Premier mémoire sur l'électricité et le magnétisme", in: *Histoire de l'Académie royale des sciences avec les mémoires de mathématique et de physique*, 1785, S. 569–577 [zitiert nach: ders., *Collection de mémoires relatifs à la physique*, Bd. I. Paris: Gauthier-Villars 1884, S. 107–115].

Dalton, John, *A New System of Chemical Philosophy*. London: Bickerstaff (Bd. 1) & Wilson (Bd. 2) 1808–1827 [Repr. London: Dawson 1954].

Darwin, Charles, *The Origin of Species*. London: Murray 1859.

[Darwin, *Expression*] Darwin, Charles, *The Expression of the Emotions in Man and Animals*. London: Murray 1872.

[Delbœuf, *Prolégomènes*] Delbœuf, Joseph, *Prolégomènes philosophiques de la géométrie*. Liège: Desoer 1860.

Descartes, René, *Discours de la méthode*. Paris: Hachette 1937.

Descartes, René, *Œvres de Descartes*. Hrsg. von Charles Adam und Paul Tannery, Paris: Vrin 1969 ff.

Descartes, René, *Die Prinzipien der Philosophie*. Hamburg: Meiner 2005.

[Dessoir, *Vorwort*] Dessoir, Max, „Vorwort", in: ders. (Hrsg.), *Lehrbuch der Philosophie*, Bd. 2: *Die Philosophie in ihren Einzelgebieten*. Berlin: Ullstein 1925.

Dessoir, Max (Hrsg.), *Lehrbuch der Philosophie* (2 Bde.), Bd. 1: *Die Geschichte der Philosophie*, Bd. 2: *Die Philosophie in ihren Einzelgebieten*. Berlin: Ullstein 1925.

Diels, Hermann, *Parmenides*. Berlin: Reimer 1897.

Diels, Hermann und Walther Kranz, *Die Fragmente der Vorsokratiker* (3 Bde.). 2. Aufl., Berlin: Weidmannsche Buchhandlung 1906–1910.

[Dilthey, *Beiträge*] Dilthey, Wilhelm, „Beiträge zur Lösung der Frage nach dem Ursprung unseres Glaubens an die Realität der Aussenwelt und seinem Recht", in: *Sitzungsberichte der Königlich-Preussischen Akademie der Wissenschaften zu Berlin* 39, 1890, S. 977–1022.

Dingler, Hugo, *Die Grundlagen der Physik*. Berlin & Leipzig: De Gruyter 1919.

Dingler, Hugo, *Physik und Hypothese. Versuch einer induktiven Wissenschaftslehre nebst einer kritischen Analyse der Fundamente der Relativitätstheorie*. Berlin & Leipzig: Vereinigung wissenschaftlicher Verleger 1921.

Dingler, Hugo, „Kritische Bemerkungen zu den Grundlagen der Relativitätstheorie", in: *Physikalische Zeitschrift* 21, 1920, S. 668–675 [alternativ: Leipzig: Hirzel 1921].

Dingler, Hugo, „Kritisches zur Relativitätstheorie", in: *Münchner Neueste Nachrichten*, 30. Mai 1921, S. 1.

Diogenes, *Leben und Lehre der Philosophen*. Stuttgart: Reclam 1998.

Diogenes, *Vitae Philosophorum*. Stuttgart & Leipzig: Teubner 1999.

Dreisigacker, Ernst und Helmut Rechenberg, „Karl Scheel, Ernst Brüche und die Publikationsorgane", in: *Physikalische Blätter* 51, 1995, S. F-135–F-142.

Driesch, Hans, *Philosophie des Organischen. Gifford-Vorlesungen gehalten an der Universität Aberdeen in den Jahren 1907–1908* (2 Bde.). Leipzig: Verlag von Wilhelm Engelmann 1909.

Driesch, Hans, „Gibt es harmonisch-äquipotentielle Systeme?", in: *Biologisches Centralblatt* 35, 1915, S. 545.

Driesch, Hans, „Noch einmal das ‚harmonisch-äquipotentielle System' ", in: *Biologisches Centralblatt* 36, 1916, S. 472.

[Driesch, *Rezension/Störring*] Driesch, Hans, „[Rezension von:] Gustav Störring, Logik", in: *Archiv für Entwicklungsmechanik der Organismen* 43, 1918, S. 405/406.

Driesch, Hans, *Der Begriff der organischen Form*. Berlin: Bornträger 1919 [= *Abhandlungen zur theoretischen Biologie*, Bd. 3].

[Drill, *Kant*] Drill, Robert, „Kant und die Sozialisten", in: *Freistatt* 6, 1904, S. 144–146.

[Drill, *Kultur*] Drill, Robert, „Die Kultur der Haeckel-Zeit", in: *Frankfurter Zeitung und Handelsblatt*, Jg. 64, Nr. 609 v. 19. August 1919, S. 1/2 (auch in: ders., *Aus der Philosophen-Ecke. Kritische Glossen zu den geistigen Strömungen unserer Zeit*. Frankfurter Societäts-Druckerei 1923, S. 69–79).

[Drill, *Aus der Philosophen-Ecke*] Drill, Robert, *Aus der Philosophen-Ecke. Kritische Glossen zu den geistigen Strömungen unserer Zeit*. Frankfurter Societäts-Druckerei 1923.

[Drill, *Kantiana*] Drill, Robert, „Kantiana", in: *Frankfurter Zeitung*, 9. Mai 1924, S. 2.

[Dunlap, *Preface*] Dunlap, Knight, „Editor's Preface", in: Lange, Carl und William James, *The Emotions*. Baltimore: Williams & Wilkins 1922 [Repr. New York: Hafner 1967], S. 5–7.

[Dyson et al., *Determination of the Deflection of Light*] Dyson, Frank W., Eddington, Arthur S. und Charles R. Davidson, „A Determination of the Deflection of Light by the Sun's Gravitational Field, from Observations made at the Total Eclipse of May 29, 1919", in: *Philosophical*

Transactions of the Royal Society of London, Series A, Vol. 220, 1920, S. 291–333.

Eddington, Arthur S., *The Nature of the Physical World. Gifford Lectures 1927, Fourth Impression April 1929.* Cambridge: University Press 1929.

[Einstein, *Elektrodynamik*] Einstein, Albert, „Zur Elektrodynamik bewegter Körper", in: *Annalen der Physik* 17, 1905, S. 891–921.

[Einstein, *Relativitätsprinzip*] Einstein, Albert, „Über das Relativitätsprinzip und die aus demselben gezogenen Folgerungen", in: *Jahrbuch der Radioaktivität* 4, 1907, S. 411–462.

[Einstein, *Lichtgeschwindigkeit*] Einstein, Albert, „Lichtgeschwindigkeit und Statik des Gravitationsfeldes", in: *Annalen der Physik* 38, 1912, S. 355–369.

[Einstein, *Theorie des statischen Gravitationsfeldes*] Einstein, Albert, „Zur Theorie des statischen Gravitationsfeldes", in: *Annalen der Physik* 38, 1912, S. 443–458.

[Einstein, *Stand des Gravitationsproblems*] Einstein, Albert, „Zum gegenwärtigen Stande des Gravitationsproblems", in: *Physikalische Zeitschrift* 14, 1913, S. 1249–1262.

[Einstein, *Grundlage*] Einstein, Albert, „Die Grundlage der allgemeinen Relativitätstheorie", in: *Annalen der Physik* 49, 1916, S. 769–822.

[Einstein, *Mach*] Einstein, Albert, „Ernst Mach", in: *Physikalische Zeitschrift* 17, 1916, S. 101–104.

[Einstein, *Spezielle und allgemeine Relativitätstheorie*] Einstein, Albert, *Über die spezielle und die allgemeine Relativitätstheorie.* Braunschweig: Vieweg & Sohn 1917.

[Einstein, *Kosmologische Betrachtungen*] Einstein, Albert, „Kosmologische Betrachtungen zur allgemeinen Relativitätstheorie", in: *Sitzungsberichte der Königlich Preußische Akademie der Wissenschaften Berlin*, 1917, S. 142–152.

[Einstein, *Rezension/Weyl*] Einstein, Albert, „[Rezension von:] Weyl, Hermann, Raum – Zeit – Materie", in: *Naturwissenschaften* 6, 1918, S. 373.

[Einstein, *On His Theory*] Einstein, Albert, „Einstein On His Theory. Time, Space, and Gravitation", in: *The London Times*, 28. November 1919, S. 13–14.

[Einstein, *Antwort*] Einstein, Albert, „Meine Antwort. Über die anti-relativitätstheoretische G. m. b. H.", in: *Berliner Tageblatt*, 27. August 1920, Morgen-Ausgabe, S. 1/2.

Einstein, Albert, „Geometrie und Erfahrung“, in: *Sitzungsberichte der Preußischen Akademie der Wissenschaften* 1921, 1921, S. 123–130 [auch: Einstein, Albert, *Geometrie und Erfahrung*. Berlin: Springer 1921].

Einstein, Albert, *Collected Papers*, Bd. 7. Hrsg. von Janssen, Michel u. a., Princeton: University Press 2002.

Einstein, Albert, *Collected Papers*, Bd. 10. Hrsg. von Buchwald, Diana Kormos u. a., Princeton: University Press 2006.

„Einstein auf der Mordliste“, *Oberschlesischer Anzeiger*, 6. August 1922.

Eisler, Rudolf, *Wörterbuch der philosophischen Begriffe*. Historisch-quellenmässig bearbeitet, zweite völlig neu bearbeitete Auflage, Erster Band: A bis N, Berlin: Ernst Siegfried Mittler und Sohn 1904.

[Engler, *Schlicks Beitrag zum Einstein-Wettbewerb*] Engler, Fynn Ole, „Moritz Schlicks Beitrag zum Einstein-Wettbewerb des ‚Scientific American‘ “, in: Stadler, Friedrich und Hans Jürgen Wendel (Hrsg.), *Stationen: dem Philosophen und Physiker Moritz Schlick zum 125. Geburtstag*. Wien: Springer 2009, S. 281–291.

[Erdmann, *Axiome*] Erdmann, Benno, *Die Axiome der Geometrie. Eine philosophische Untersuchung der Riemann-Helmholtz'schen Raumtheorie*. Leipzig: Voss 1877.

Erdmann, Benno, *Wissenschaftliche Hypothesen über Leib und Seele*. Köln: Verlag der Dumont-Schaubergschen Buchhandlung 1907.

[Erdmann, *Voraussetzungen*] Erdmann, Benno, „Die philosophischen Voraussetzungen der materialistischen Geschichtsauffassung“, in: *Jahrbuch für Gesetzgebung, Verwaltung und Volkswirtschaft im Deutschen Reich* 31, 1907, S. 1–56.

[Erdmann, *Grundlagen*] Erdmann, Benno, „Die philosophischen Grundlagen von Helmholtz' Wahrnehmungstheorie“, in: *Abhandlungen der Preussischen Akademie der Wissenschaften* 1921, Philosophisch-Historische Klasse, 1922, S. 1–45.

Erdmann, Johann Eduard (Hrsg.), *Leibnitii opera philosophica*. Berlin: Eichler 1840 [Repr. Aalen: Scientia 1959].

[Euler, *Principes generaux*] Euler, Leonhard, „Principes generaux du mouvement des fluides“, in: *Mémoires de l'académie des sciences de Berlin* 11, 1757, S. 274–315.

Faye, Hervé, *Sur l'Origine du Monde*. 4. Aufl., Paris: Gauthier-Villars 1907.

[Feldman, *Wundt's Psychology*] Feldman, S., „Wundt's Psychology“, in: *The American Journal of Psychology* 44, 1932, S. 615–629.

[Ferrari, *Franz Erhardt*] Ferrari, Massimo, „Franz Erhardt. Der Philosoph, der gegen Schlicks Habilitation in Rostock ‚nicht die mindesten Bedenken' hatte", unveröffentl. Manuskript.

Fichte, Johann Gottlieb, *Bestimmung des Menschen*. Berlin: Veit & Comp. 1845.

Fichte, Johann Gottlieb, *Grundlage der gesamten Wissenschaftslehre*. Hamburg: Meiner 1997.

[Fischer, *Vorwort*] Fischer, Aloys, „Vorwort", in: Becher, Erich, *Deutsche Philosophen*. München & Leipzig: Duncker & Humblot 1929, S. XIII–XXXI.

[Forman, *Naturforscherversammlung 1920*] Forman, Paul, „Die Naturforscherversammlung in Nauheim im September 1920", in: Hoffmann, Dieter und Mark Walker (Hrsg.), *Physiker zwischen Autonomie und Anpassung*. Weinheim: Wiley 2007, S. 29–58.

Fouillé, Alfred, *Critique des systèmes de morale contemporains*. Paris: Baillière 1883.

[Frank, *Mechanismus oder Vitalismus?*] Frank, Philipp, „Mechanismus oder Vitalismus? Versuch einer präzisen Formulierung der Fragestellung. (Besonders im Hinblick auf den Neovitalismus von Hans Driesch.)", in: *Annalen der Naturphilosophie*, VII, 1908, S. 393–409.

[Frank, *Bedeutung*] Frank, Philipp, „Die Bedeutung der physikalischen Erkenntnistheorie Machs für das Geistesleben der Gegenwart", in: *Naturwissenschaften* 5, 1917, S. 65–72.

Freundlich, Erwin, *Die Grundlagen der Einsteinschen Gravitationstheorie*. Berlin: Springer 1916.

[Friedlaender, *Lebenserinnerungen*] Friedländer, Max, „Lebenserinnerungen des Rechtsanwalts Dr. Max Friedlaender", *Bundesrechtsanwaltskammer*, unter: http://www.brak.de/seiten/pdf/friedlaender.pdf (Zugriff: November 2008).

Friedman, Michael, *Reconsidering Logical Positivism*. Cambridge: University Press 1999.

[Friedman, *Helmholtz's Zeichentheorie*] Friedman, Michael, „Helmholtz's Zeichentheorie and Schlick's Allgemeine Erkenntnislehre: Early Logical Empiricism and Its Nineteenth-Century Background", in: *Philosophical Topics* 25, 1997, S. 19–50.

[Frischeisen-Köhler, *Lehre von der Subjektivität der Sinnesqualitäten*] Frischeisen-Köhler, Max, „Die Lehre von der Subjektivität der Sinnesqualitäten und ihre Gegner", in: *Vierteljahrsschrift für wissenschaftliche Philosophie und Soziologie* 30, 1906, S. 271–327.

[Frischeisen-Köhler, *Zeitproblem*] Frischeisen-Köhler, Max, „Das Zeitproblem", in: *Jahrbücher der Philosophie* 1, 1913, S. 129–166.

[Funke, *Kant-Studien 1896–1996*] Funke, Gerhard, „Kant-Studien 1896–1996", in: *Kant-Studien* 87, 1996, S. 385–389.

Galilei, Galileo, *Il Saggiatore*. Rom: Giacomo Mascardi 1623 [Übersetzung: Drake, Stillman (Hrsg.), *The Controversy on the Comets of 1618*. Philadelphia: University of Pennsilvania Press 1960.]

[Gauß, *Selbstanzeige/Disquisitiones*] Gauß, Carl Friedrich, „[Selbstanzeige von:] Disquisitiones generales circa superficies curvas", in: *Göttingische gelehrte Anzeigen*, 5. November 1827 [alternativ: in: ders., *Werke*, Bd. IV, S. 341–347].

[Gauß, *Disquisitiones*] Gauß, Carl Friedrich, „Disquisitiones generales circa superficies curvas", in: *Commentationes Societatis Regiae Scientiarum Gottingensis Recentiores* 6, 1828, S. 99–146.

Gauß, Carl Friedrich, *Werke*. Göttingen: Dieterich 1863.

[Gehrcke, *Interferenz des Lichtes*] Gehrcke, Ernst und Otto Lummer, „Ueber die Interferenz des Lichtes bei mehr als zwei Millionen Wellenlängen Gangunterschied", in: *Verhandlungen der Deutschen Physikalischen Gesellschaft* 4, 1902, S. 337–346.

[Gehrcke, *Einwände*] Gehrcke, Ernst, „Die gegen die Relativitätstheorie erhobenen Einwände", in: *Naturwissenschaften* 1913, S. 62–66 [alternativ: ders., *Kritik der Relativitätstheorie*, S. 20–28].

[Gehrcke, *Grundlagen*] Gehrcke, Ernst, „Die erkenntnistheoretischen Grundlagen der verschiedenen physikalischen Relativitätstheorien", in: *Kant-Studien* 19, 1914, S. 481–487 [alternativ: ders., *Kritik der Relativitätstheorie*, S. 35–40].

Gehrcke, Ernst, *Die Relativitätstheorie, eine wissenschaftliche Massensuggestion*. Berlin: Arbeitsgemeinschaft Deutscher Naturforscher zur Erhaltung Reiner Wissenschaft 1920 [alternativ: ders., *Kritik der Relativitätstheorie*, S. 54–68].

Gehrcke, Ernst, *Physik und Erkenntnistheorie*. Leipzig & Berlin: Teubner 1921 [= *Wissenschaft und Hypothese*, Bd. 22].

Gehrcke, Ernst, *Kritik der Relativitätstheorie. Gesammelte Schriften über absolute und relative Bewegung*. Berlin: Meusser 1924.

[Geiger, Marsden, *Reflection*] Geiger, Hans und Ernest Marsden, „On a Diffuse Reflection of the α-Particles", in: *Proceedings of the Royal Society Series A* 82, 1909, S. 495–500.

Geyser, Joseph, *Allgemeine Philosophie des Seins und der Natur*. Münster: Schöningh 1915.

Gingerich, Owen, *The Eye of Heaven*. New York: American Institute of Physics 1993.

[Gödel, *Über formal unentscheidbare Sätze*] Gödel, Kurt, „Über formal unentscheidbare Sätze der Principia Mathematica und verwandter Systeme I", in: *Monatshefte für Mathematik und Physik* 38, 1931, S. 173–198.

[Goethe, *Werke*] Goethe, Johann Wolfgang von, *Goethes Werke*. Herausgegeben im Auftrage der Großherzogin Sophie von Sachsen, 133 Bde. (in 143 Tln.), Weimar: Böhlau 1887–1919.

Haas, Arthur E., *Das Naturbild der neuen Physik*. 2. Aufl., Berlin: De Gruyter & Co. 1924.

[Haeckel, *Die Perigenesis der Plastidule*] Haeckel, Ernst, *Die Perigenesis der Plastidule oder die Wellenzeugung der Lebensteilchen*. Berlin: Reimer 1876.

[Haeckel, *Die Welträtsel*] Haeckel, Ernst, *Die Welträtsel. Gemeinverständliche Studien über monistische Philosophie*. Stuttgart: Kröner bzw. Bonn: Strauß 1899.

Hartmann, Eduard von, *Das Problem des Lebens*. Bad Sachsa: Haacke 1906.

Hartmann, Eduard von, *Grundriß der Naturphilosophie*. Bad Sachsa: Haacke 1907 [= *System der Philosophie im Grundriß*, Bd. II].

Hartmann, Eduard von, *Die Weltanschauung der modernen Physik*. 2. Aufl., Bad Sachsa, Südharz: Haacke 1909.

Harvey, William, *Exercitationes de generatione*. Amsterdam: Ravesteyn 1651.

[Heath, *Manual*] Heath, Thomas Little, *A Manual of Greek Mathematics*. Oxford: Clarendon Press 1931.

Hegel, Georg Wilhelm Friedrich, *Enzyklopädie der philosophischen Wissenschaften im Grundrisse*. 2. Aufl., Heidelberg: Oßwald 1827 [= *Gesammelte Werke*, Bd. 19].

Hegel, Georg Wilhelm Friedrich, *Gesammelte Werke*. In Verbindung mit der Deutschen Forschungsgemeinschaft herausgegeben von der Rheinisch-Westfälischen Akademie der Wissenschaften, Hamburg: Meiner 1968 ff.

[Hegselmann, *Geschichte der Erkenntnis*] Hegselmann, Rainer, „Zur Geschichte der Erkenntnis", in: *Erkenntnis* 35, 1991, S. 461–471.

Heidegger, Martin und Karl Jaspers, *Briefwechsel 1920–1963*. Hrsg. von Walter Biemel und Hans Saner, München: Piper & Frankfurt am Main: Klostermann 1992.

[Helmholtz, *Kraft*] Helmholtz, Hermann von, *Über die Erhaltung der Kraft*. Berlin: Reimer 1847 [auch: ders., *Wissenschaftliche Abhandlungen*, Bd. I, S. 12–75 sowie ders., *Über die Erhaltung der Kraft*. Mit Zusätzen aus dem Jahre 1881, Leipzig: Verlag von Wilhelm Engelmann 1902].

Helmholtz, Hermann von, *Ueber das Sehen des Menschen. Ein populär wissenschaftlicher Vortrag gehalten zu Königsberg in Pr. zum Besten von Kant's Denkmal am 27. Februar 1855*. Leipzig: Leopold Voss 1855 [auch in: ders., *Vorträge und Reden*, 5. Aufl., 2 Bd., Braunschweig: Vieweg und Sohn 1903, Erster Band, S. 85–117].

[Helmholtz, *Über Integrale*] Helmholtz, Hermann von, „Über Integrale der hydrodynamischen Gleichungen, welche den Wirbelbewegungen entsprechen", in: *Journal für die reine und angewandte Mathematik* 55, 1858, S. 25–55 [alternativ: ders., *Wissenschaftliche Abhandlungen*, Bd. I, S. 101–134].

[Helmholtz, *Die Lehre von den Tonempfindungen*] Helmholtz, Hermann von, *Die Lehre von den Tonempfindungen als physiologische Grundlage für die Theorie der Musik*. Braunschweig: Vieweg & Sohn 1863.

Helmholtz, Hermann von, *Handbuch der Physiologischen Optik*. Leipzig: Voss 1867 [= *Algemeine Encyklopädie der Physik*, Bd. IX], auch: ders., *Handbuch der Physiologischen Optik*. Dritte Auflage (3 Bde.). Hamburg/Leipzig: Verlag von Leopold Voss 1909.

[Helmholtz, *Tatsachen*] Helmholtz, Hermann von, „Ueber die Thatsachen, die der Geometrie zum Grunde liegen", in: *Nachrichten von der Königlichen Gesellschaft und der Georg-Augusts-Universität zu Göttingen*, 3. Juni 1868, Nr. 9, S. 193–221.

[Helmholtz, *Gedächtnisrede/Gustav Magnus*] Helmholtz, Hermann von, „Gedächtnisrede auf Gustav Magnus", gehalten in der Akademie der Wissenschaften am 6. Juli 1871, in: Scheel, Heinrich (Hrsg.), *Physiker über Physiker II*. Berlin: Akademie-Verlag 1979, S. 56–66.

[Helmholtz, *Fortschritte*] Helmholtz, Hermann von, „Die neueren Fortschritte in der Theorie des Sehens", in: *Preußische Jahrbücher* 21, 1868, S. 149–170, S. 263–290 und S. 403–435 [auch in ders., *Vorträge und Reden*, 5. Aufl. (2 Bde.). Braunschweig: Vieweg und Sohn 1903, Erster Band, S. 265–365].

[Helmholtz, *Vorrede*] Helmholtz, Hermann von, „Vorrede", in: Thomson, William und P.G. Tait, *Handbuch der theoretischen Physik*, Bd. I, 2. Teil. Braunschweig: Vieweg 1874, S. V–XIV.

[Helmholtz, *Origin*] Helmholtz, Hermann von, „The Origin and Meaning of Geometrical Axioms", in: *Mind* 1, 1876, S. 301–321.

Helmholtz, Hermann von, *Populäre wissenschaftliche Vorträge*, Bd. 3, Braunschweig: Vieweg u. Sohn 1876.

[Helmholtz, *Origin II*] Helmholtz, Hermann von, „The Origin and Meaning of Geometrical Axioms II", in: *Mind* 3, 1878, S. 212–225.

Helmholtz, Hermann von, *Wissenschaftliche Abhandlungen* (3 Bde.). Leipzig: Johann Ambrosius Barth 1882–1895.

[Helmholtz, *Ursprung und Sinn der geometrischen Sätze*] Helmholtz, Hermann von, „Über den Ursprung und Sinn der geometrischen Sätze; Antwort gegen Herrn Professor Land", in: ders., *Wissenschaftliche Abhandlungen*, Bd. II, S. 640–660 [Übersetzung: Helmholtz, „The Origin and Meaning of Geometrical Axioms II"].

[Helmholtz, *Erinnerungen*] Helmholtz, Hermann von, „Erinnerungen", in: ders., *Vorträge und Reden*, Bd. I, S. 1–21.

[Helmholtz, *Robert Mayers Priorität*] Helmholtz, Hermann von, „Robert Mayer's Priorität", in: ders., *Vorträge und Reden*, Bd. I, S. 401–414.

Helmholtz, Hermann von, „Zählen und Messen, erkenntnistheoretisch betrachtet", in: *Philosophische Aufsätze. Eduard Zeller zum 50. Doctorjubiläum gewidmet*. Leipzig: Fues's Verlag (R. Reisland) 1887, S. 17–52.

[Helmholtz, *Vorwort*] Helmholtz, Hermann von, „Vorwort", in: Hertz, Heinrich, *Die Prinzipien der Mechanik*. Leipzig: Barth 1894, S. I–XXII.

[Helmholtz, *Ursprung und Bedeutung der geometrischen Axiome*] Helmholtz, Hermann von, „Über den Ursprung und die Bedeutung der geometrischen Axiome", in: ders., *Vorträge und Reden*. 4. Auflage, Zweiter Band, Braunschweig: Druck und Verlag von Friedrich Vieweg und Sohn 1896, S. 1–31.

[Helmholtz, *Wahrnehmung*] Helmholtz, Hermann von, „Die Thatsachen in der Wahrnehmung", in: ders, *Vorträge und Reden*. 4. Auflage, Zweiter Band, Braunschweig: Druck und Verlag von Friedrich Vieweg und Sohn 1896, S. 213–247.

[Helmholtz, *Optik*, Zweite Auflage] Helmholtz, Hermann von, *Handbuch der Physiologischen Optik*. Zweite umgearbeitete Auflage, Hamburg & Leipzig: Verlag von Leopold Voss 1896.

Helmholtz, Hermann von, *Vorträge und Reden* (2 Bde.). 5. Aufl., Braunschweig: Vieweg und Sohn 1903.

[Helmholtz, *Entstehung des Planetensystems*] Helmholtz, Hermann von, „Ueber die Entstehung des Planetensystems", in: ders., *Vorträge und Reden*. Fünfte Auflage, Zweiter Band, Braunschweig: Vieweg und Sohn 1903, S. 53–91.

[Helmholtz, *Einleitung*] Helmholtz, Hermann von, *Einleitung zu den Vorlesungen über theoretische Physik*. Leipzig: Barth 1903 [= *Vorlesungen über theoretische Physik*, Bd. I].

[Henry, *Raumproblem*] Henry, Viktor, *Das erkenntnistheoretische Raumproblem in seinem gegenwärtigen Stande*. Berlin: Reuther & Reichard 1915 [= *Kant-Studien Ergänzungshefte* 34].

[Henry, *Rezension/Schlick*] Henry, Victor, „[Rezension von:] Schlick, Moritz, Raum und Zeit in der gegenwärtigen Physik", in: *Kant-Studien* 23, 1919, S. 351–354.

[Henry, *Besprechung Schlicks*] Henry, Victor, „Zu meiner Besprechung von Moritz Schlicks Buch über Raum und Zeit", in: *Kant-Studien* 23, 1919, S. 512.

[Hentschel, *Korrespondenz Petzoldt-Reichenbach*] Hentschel, Klaus, *Korrespondenz Petzoldt-Reichenbach: Zur Entwicklung der ‚wissenschaftlichen Philosophie' in Berlin*. Berlin: Sigma-Verlag 1990.

[Herbart, *Metaphysik*] Herbart, Johann Friedrich, *Allgemeine Metaphysik, nebst den Anfängen der philosophischen Naturlehre*. Zweyter, systematischer Theil, Königsberg: August Wilhelm Unzer 1829.

[Herbart, *Lehrbuch*] Herbart, Johann Friedrich, *Lehrbuch zur Einleitung in die Philosophie*. Leipzig: Meiner 1912.

[Hering, *Vom Lichtsinne*] Hering, Ewald, *Zur Lehre vom Lichtsinne*. 2. unveränderter Abdruck, Wien: Gerold 1878.

Hertwig, Richard, *Lehrbuch der Zoologie*. 4. Aufl., Jena: Fischer 1897.

Hertz, Heinrich, *Die Prinzipien der Mechanik*. Leipzig: Barth 1894 [= *Gesammelte Werke*, Bd. III].

[Heuser, *Analysis 2*] Heuser, Harro, *Lehrbuch der Analysis, Teil 2*. 13. Aufl., Wiesbaden: Teubner 2004.

Heymans, Gerardus, *Einführung in die Metaphysik*. Leipzig: Barth 1905.

Hilbert, David, *Grundlagen der Geometrie*. 3. Aufl., Leipzig & Berlin: Teubner 1909.

[Hillebrand, *Ewald Hering*] Hillebrand, Franz, *Ewald Hering. Ein Gedenkwort der Psychophysik*. Berlin: Springer 1918.

[Höffding, *Psychologie*] Höffding, Harald, *Psychologie in Umrissen auf Grundlage der Erfahrung*. Unter Mitwirkung des Verfassers nach der zweiten dänischen Auflage übersetzt, Leipzig: Fues's Verlag (R. Reisland) 1887.

Höffding, Harald, *Moderne Philosophen. Vorlesungen, gehalten an der Universität in Kopenhagen im Herbst 1902*. Leipzig: Reisland 1905.

[Hollitscher/Rauscher, *Vorwort*] Hollitscher, Walter und Josef Rauscher, „Vorwort", in: Schlick, Moritz, *Grundzüge der Naturphilosophie*. Aus dem Nachlaß hrsg. von Walter Hollitscher und Josef Rauscher, Wien: Gerold & Co. 1948, S. III–VII.

[Holst, *Relativitätsforderung*] Holst, Helge, *Die kausale Relativitätsforderung und Einsteins Relativitätstheorie*. Kopenhagen: Høst & Søn 1919 [= *Det Kgl. Danske Videnskabernes Selskab, Mathematisk-fysiske Meddelelser* II, 11].

[Hönigswald, *Über den Unterschied und die Beziehungen*] Hönigswald, Richard, „Über den Unterschied und die Beziehungen der logischen und der erkenntnistheoretischen Elemente in dem kritischen Problem der Geometrie", in: *Bericht über den III. Internationalen Kongress für Philosophie zu Heidelberg*, Heidelberg: Winter's Universitätsbuchhandlung 1909, S. 887–893.

Hörz, Herbert, *Naturphilosophie als Heuristik? Korrespondenz zwischen Hermann von Helmholtz und Lord Kelvin (William Thomson)*. Marburg/Lahn: Basilisken-Presse 2000.

[Hume, *Treatise*] Hume, David, *A Treatise of Human Nature*. Oxford: Clarendon 1888.

[Hume, *Enquiry*] Hume, David, *An Enquiry concerning Human Understanding*. Oxford: University Press 1999.

[Husserl, *Logische Untersuchungen, Erster Teil*] Husserl, Edmund, *Logische Untersuchungen*, Erster Theil: *Prolegomena zur reinen Logik*. Halle/Saale: Max Niemeyer 1900.

[Husserl, *Ideen zu einer reinen Phänomenologie*] Husserl, Edmund, „Ideen zu einer reinen Phänomenologie und phänomenologischen Philosophie", in: ders. (Hrsg.), *Jahrbuch für Philosophie und phänomenologische Forschung*, Bd. I, 1913, S. 1–323.

[Husserl, *Briefwechsel*] Husserl, Edmund, *Briefwechsel*, Bd. VII. In Verbindung mit Elisabeth Schuhmann hrsg. von Karl Schuhmann, Dordrecht & Boston & London: Kluwer 1994 [=*Husserliana Edmund Husserl Dokumente*, Bd. 3/7].

[Jacobi, *Werke*] Jacobi, Friedrich Heinrich, *Werke*. Leipzig: Fleischer 1812–1825.

[James, *Emotion*] James, William, „What is an emotion?", in: *Mind* 9, 1884, S. 188–205.

[Jaspers, *Phänomenologische Forschungsrichtung*] Jaspers, Karl, „Die phänomenologische Forschungsrichtung in der Psychopathologie", in: *Zeitschrift für die gesamte Neurologie und Psychiatrie Originalien* 9, 1912, S. 391–408 [Repr. in ders., *Gesammelte Schriften zur Psychopathologie*. Berlin & Göttingen & Heidelberg: Springer 1963, S. 314–328].

Jaspers, Karl, *Psychologie der Weltanschauungen*. Berlin: Springer 1919.

[Jevons, *Principles*] Jevons, Stanley, *The Principles of Science*. 2. Aufl., London & New York: Macmillan & Co. 1877.

[Kant, *Anfangsgründe*] Kant, Immanuel, *Metaphysische Anfangsgründe der Naturwissenschaft*, in: *Kant's gesammelte Schriften*. Erste Abtheilung: Werke, Bd. IV, Berlin: Druck und Verlag von Georg Reimer 1911, S. 465–565.

[*Kant's gesammelte Schriften*] Kant, Immanuel, *Kant's gesammelte Schriften*. Herausgegeben von der Königlichen Preußischen Akademie der Wissenschaften, Berlin: Reimer 1900 ff.

Kant, Immanuel, *Kritik der reinen Vernunft*, in: *Kant's gesammelte Schriften*. Erste Abtheilung: Werke, Band III, Berlin: Druck und Verlag von Georg Reimer 1911 und ebd., Bd. IV, S. 1–252.

[Kant, *Prolegomena*] Kant, Immanuel, *Prolegomena zu einer jeden künftigen Metaphysik, die als Wissenschaft wird auftreten können*, in: *Kant's gesammelte Schriften*. Erste Abtheilung: Werke, Band IV, Berlin: Druck und Verlag von Georg Reimer 1911, S. 253–383.

Katz, David, *Zur Psychologie des Amputierten und seiner Prothese*. Leipzig: Barth 1921 [= *Zeitschrift für angewandte Psychologie*, Beiheft 25].

[Kelvin, *Origin of Life*] Kelvin, William Thomson, „‚On the Origin of life'. Excerpt from the Presidential Address to the British Association for the Advancement of Science, held at Edinburgh in August 1871", in: ders., *Popular lectures and adresses*, Volume II: *Geology and General Physics*. London; New York: Macmillan and Co. 1894, S. 197–205.

Keßler, Mario, *Exil und Nach-Exil*. Hamburg: VSA-Verlag 2002.

Kirchberger, Paul, *Was kann man ohne Mathematik von der Relativitätstheorie verstehen?* 3. Aufl., Karlsruhe i. B.: Müllersche Hofbuchhandlung 1922.

[Kirchhoff, *Vorlesungen*] Kirchhoff, Gustav, *Vorlesungen über mathematische Physik*. Leipzig: Teubner 1876.

[Kirsten, *Dokumente einer Freundschaft*] Kirsten, Christa, u. a. (Hrsg.), *Dokumente einer Freundschaft. Briefwechsel zwischen Hermann von Helmholtz und Emil du Bois-Reymond 1846–1894*. Berlin: Akademie-Verlag 1986.

[Klein, *Grenzfragen*] Klein, Felix, „Grenzfragen der Mathematik und Philosphie", in: *Wissenschaftliche Beilage zum 19. Jahresbericht (1906) der Philosophischen Gesellschaft an der Universität Wien*. Leipzig: Barth 1906, S. 1–10.

[Klein, *Nicht-Euklidische Geometrie*] Klein, Felix, „Ueber die sogenannte Nicht-Euklidische Geometrie", in: *Mathematische Annalen*, 4, 1871, S. 573–625 (auch in: ders., *Gesammelte Mathematische Abhandlungen*, Erster Band. Berlin: Springer 1921, S. 254–305).

Köhler, Wolfgang, *Die physischen Gestalten in Ruhe und im stationären Zustand*. Braunschweig: Vieweg 1920 [alternativ: Erlangen: Philosophische Akademie 1924].

[Königsberger, *Helmholtz*] Königsberger, Leo, *Hermann von Helmholtz* (3 Bde.). Braunschweig: Vieweg & Sohn 1902/1903.

Kopernikus, Nikolaus, *De Revolutionibus Orbium Coelestium*. Nürnberg: Johannes Petreius 1543.

[Kossel, *Valenzkräfte*] Kossel, Walther, „Die physikalische Natur der Valenzkräfte", in: *Naturwissenschaften* 7, 1919, S. 339–345 und S. 360–366.

Kragh, Helge, *Quantum Generations: A history of physics in the twentieth century*. Princeton: University Press 1999.

[Kraus, *Fiktion und Hypothese*] Kraus, Oskar, „Fiktion und Hypothese in der Einsteinschen Relativitätstheorie", in: *Annalen der Philosophie* 2, 1921, S. 335–396.

[Kraus, *Einwendungen*] Kraus, Oskar, „Einwendungen gegen Einstein", in: *Neue Freie Presse* Nr. 20130, 11. September 1920, S. 2–3.

[Kraus, *Unmöglichkeit*] Kraus, Oskar, „Die Unmöglichkeit der Einsteinschen Bewegungslehre", in: *Umschau* 25, 1921, S. 681–684.

[Kraus, *Stand der Relativitätstheorie*] Kraus, Oskar, „Der gegenwärtige Stand der Relativitätstheorie", in: *Neue Freie Presse* Nr. 21238, 25. Oktober 1923, S. 16/17 und *Neue Freie Presse* Nr. 21240, 27. Oktober 1923, S. 15/16.

[Kraus, *Abwehr*] Kraus, Oskar, „Zur Abwehr in Sachen der Relativitätstheorie", in: *Neue Freie Presse* Nr. 21312, 10. Januar 1924, S. 18/19.

[Kraus, *Einleitung*] Kraus, Oskar, „Einleitung des Herausgebers", in: Brentano, Franz, *Psychologie vom empirischen Standpunkt*. Hamburg: Meiner 1924 [Repr. 1955], S. XVII–XCIII.

Kraus, Oskar, *Offene Briefe an Albert Einstein u. Max v. Laue*. Wien & Leipzig: Wilhelm Braumüller Universitäts-Verlagsbuchhandlung 1925.

[Kries, *Messung intensiver Größen*] Kries, Johannes von, „Über die Messung intensiver Größen und über das sogenannte psychophysische Gesetz", in: *Vierteljahrsschrift für wissenschaftliche Philosophie* 6, 1882, S. 257–294.

Kries, Johannes von, *Principien der Wahrscheinlichkeitsrechnung*. Freiburg: Mohr (Siebeck) 1886.

[Kries, *Funktion der Netzhautstäbchen*] Kries, Johannes von, „Über die Funktion der Netzhautstäbchen", in: *Zeitschrift für Psychologie und Physiologie der Sinnesorgane* 9, 1896, S. 81–123.

[Kroner, *Zweck und Gesetz*] Kroner, Richard, *Zweck und Gesetz in der Biologie*. Tübingen: Mohr (Siebeck) 1913.

Kroner, Richard, *Das Problem der historischen Biologie*. Berlin: Bornträger 1919 [= *Abhandlungen zur theoretischen Biologie*, Heft 2].

[Kubsch, *Wesen und Erscheinung*] Kubsch, Hugo, „Wesen und Erscheinung", in: *Tägliche Rundschau* 127, 2. Juni 1917, Unterhaltungsbeilage.

[Külpe, *Die Realisierung*] Külpe, Oswald, *Die Realisierung. Ein Beitrag zur Grundlegung der Realwissenschaften*, Erster Band. Leipzig: Verlag von S. Hirzel 1912.

[Laas, *Idealismus und Positivismus*, I. Teil] Laas, Ernst, *Idealismus und Positivismus. Eine kritische Auseinandersetzung*, Erster Theil: *Allgemeiner und grundlegender Theil*. Berlin: Weidmannsche Buchhandlung 1879.

[Laas, *Idealismus und Positivismus*, III. Teil] Laas, Ernst, *Idealismus und Positivismus. Eine kritische Auseinandersetzung*, Dritter Theil: *Idealistische und positivistische Erkenntnisstheorie*. Berlin: Weidmannsche Buchhandlung 1884.

[Lalande, *Philosophy in France*] Lalande, André, „Philosophy in France, 1924", in: *The Philosophical Review* 34, 1925, S. 533–556.

Lamarck, Jean-Baptiste de, *Philosophie zoologique*. Paris: Dentu 1809.

[Land, *Kant's Space*] Land, Jan Pieter Nicolaas, „Kant's Space and Modern Mathematics", in: *Mind* 2, 1877, S. 38–46.

[Land, *Rezension/Erdmann*] Land, Jan Pieter Nicolaas, „[Rezension von:] Erdmann, *Die Axiome der Geometrie*", in: *Mind* 3, 1878, S. 551–555.

[Lange, *Über Gemütsbewegungen*] Lange, Carl, *Über Gemüthsbewegungen. Eine psycho-physiologische Studie.* Autorisierte Übersetzung, Leipzig: Verlag von Theodor Thomas 1887.

Lange, Friedrich Albert, *Geschichte des Materialismus* (2 Bde.). Hrsg. und eingeleitet von Alfred Schmidt, Frankfurt am Main: Suhrkamp 1974.

Langevin, Paul und Louis-Victor de Broglie, *Theorie du rayonnement.* Paris: Gauthier-Villars 1912.

[Laplace, *Probabilités*] Laplace, Pierre Simon de, *Essay philosophique sur les Probabilités.* Paris: Bachelier (Courcier) 1825.

[Laue, *Interferenzerscheinungen*] Laue, Max von, „Über die Interferenzerscheinungen an planparallelen Platten", in: *Annalen der Physik* 13, 1904, S. 163–181.

[Laue, *Relativitätsprinzip*] Laue, Max von, „Das Relativitätsprinzip", in: *Jahrbücher der Philosophie* 1, 1913, S. 99–128.

[Leibniz, *Philosophische Schriften*] Leibniz, Gottfried Wilhelm, *Die Philosophischen Schriften.* Hrsg. von Carl Immanuel Gerhardt, Hildesheim: Olms 1965.

Leibniz, Gottfried Wilhelm, *Hauptschriften zur Grundlegung der Philosophie.* Hrsg. von Ernst Cassirer, Hamburg: Meiner 1966 [1. Aufl.: 1904].

Leibniz, Gottfried Wilhelm, *Mathematische Schriften.* Hrsg. von Carl Immanuel Gerhardt, Hildesheim & New York: Olms 1971.

Leibniz, Gottfried Wilhelm, *Nouveaux Essais sur l'Entendement Humain,* in: ders., *Philosophische Schriften.* Hrsg. von Wolf von Engelhardt und Hans Heinz Holz, französisch und deutsch, Bd. III.1, 2. Aufl., Darmstadt: Wissenschaftliche Buchgesellschaft 1985 [Repr. Frankfurt am Main: Suhrkamp 1996].

[Leibniz, *Sämtliche Schriften*] Leibniz, Gottfried Wilhelm, *Sämtliche Schriften und Briefe.* Hrsg. von der Berlin-Brandenburgischen Akademie der Wissenschaften und der Akademie der Wissenschaften zu Göttingen, Berlin: Akademie Verlag 1923 ff.

Leibniz, Gottfried Wilhelm, *Monadologie.* Stuttgart: Reclam 1998.

[Leibniz, *Briefwechsel/Des Bosses*] Leibniz, Gottfried Wilhelm, *Der Briefwechsel mit Bartholomäus Des Bosses.* Meiner: Hamburg 2007.

[Lenzen, *Evolutionstheorien*] Lenzen, Manuela, *Evolutionstheorien in den Natur- und Sozialwissenschaften.* Campus Verlag: Frankfurt/Main; New York 2003.

[Liebert, *Vortragsveranstaltung*] Liebert, Arthur, „Vortragsveranstaltung 5. Bericht", in: *Kant-Studien* 22, 1918, S. 505–506.

Ligondès, Raoul Marie du, *Formation mécanique du système du Monde, avec un résumé de la nouvelle théorie par l'Abbé Moreux*. Paris: Gauthier-Villars 1897.

Linné, Carl von, *Philosophia botanica*. Stockholm: Kiesewetter 1751.

Lipps, Theodor, *Grundtatsachen des Seelenlebens*. Bonn: Cohen & Sohn (Cohen) 1883.

Lipps, Theodor, *Einheiten und Relationen*. Leipzig: Barth 1902.

[Locke, *Works*] Locke, John, *The Works of John Locke*. A new Edition, Corrected (10 Bde.). London: Tegg et. al. 1823.

Lotze, Hermann, *Logik*, 3. Buch: *Vom Erkennen (Methodologie)*. 2. Aufl., Leipzig: Misch 1928 [Repr. Hamburg: Meiner 1989].

[Mach, *Wärmelehre*] Mach, Ernst, *Die Principien der Wärmelehre*. Leipzig: Barth 1896.

Mach, Ernst, *Populärwissenschaftliche Vorlesungen*. Leipzig: Barth 1896.

[Mach, *Mechanik*] Mach, Ernst, *Die Mechanik in ihrer Entwicklung*. 3. Aufl., Leipzig: Brockhaus 1897.

Mach, Ernst, *Die Analyse der Empfindungen*. 5. Aufl., Jena: Fischer 1906.

Mach, Ernst, *Prinzipien der physikalischen Optik*. Leipzig: Barth 1921.

[Mamlock, *Relativitätstheorie*] Mamlock, „Die Relativitätstheorie auf dem Naturforschertag", in: *Berliner Tageblatt*, 19. September 1922.

[Maw/Raworth, *Deflection of Light*] Maw, William H. und B. Alfred Raworth (Hrsg.), „The Deflection of Light by the Sun's Gravitational Field", in: *Engineering* 108, 14. November 1919, S. 648.

[Maxwell, *Physical lines of force*] Maxwell, James Clerk, „On physical lines of force", in: *Philosophical Magazine* 21, 1861, Part I: S. 161–175, Part II: S. 281–291 und 338–349 sowie in: *Philosophical Magazine* 23, 1862, Part III: S. 12–24, Part IV: S. 85–95.

[Maxwell, *Dynamical Theory*] Maxwell, James Clerk, „A Dynamical Theory of the Electromagnetic Field", in: *Philosophical Transactions of the Royal Society of London* 155, 1865, S. 459–512.

Maxwell, James Clerk, *Matter and Motion*. New York: Pott, Young & Co. 1876.

[Maxwell, *Helmholtz*] Maxwell, James Clerk, „Hermann Ludwig Ferdinand Helmholtz", in: *Nature* 15, 1877, S. 389–391 [alternativ: ders., *Scientific Papers*, Bd. II. Cambridge: University Press 1890, S. 592–598.]

[Menger, *Einleitung*] Menger, Karl, „Einleitung", in: Hahn, Hans, *Empirismus, Logik, Mathematik*. Hrsg. von Brian McGuinness, Frankfurt am Main: Suhrkamp 1988, S. 9–18.

[Merker, *Ernst Siegfried Becher*] Merker, Ernst, „Ernst Siegfried Becher", in: *Zoologische Jahrbücher* 43, 1927, S. 431–538.

[Meumann, *Frage der Sensibilität*] Meumann, Ernst, „Zur Frage der Sensibilität der inneren Organe", in: *Archiv für die gesamte Psychologie* 9, 1907, S. 26–62.

[Meumann, *Weiteres zur Frage der Sensibilität*] Meumann, Ernst, „Weiteres zur Frage der Sensibilität der inneren Organe und der Bedeutung der Organempfindungen", in: *Archiv für die gesamte Psychologie* 14, 1909, S. 279–310 und 16, 1910, S. 228–235.

Meyer, Oscar Emil, *Die kinetische Theorie der Gase*. Breslau: Maruschke & Berendt 1877.

[Mill, *Logic*] Mill, John Stuart, *A System of Logic. New Impression*. New York u. a.: Longmans, Green & Co. 1925.

[Minkowski, *Raum und Zeit*] Minkowski, Hermann, „Raum und Zeit", in: *Jahresbericht der Deutschen Mathematiker-Vereinigung* 18, 1909, S. 75–88.

[Mongré, *Chaos*] Mongré, Paul, *Das Chaos in kosmischer Auslese*. Leipzig: Naumann 1898.

Moore, Benjamin, *The Origin and Nature of Life*. New York: Henry Holt and Company / London: Williams and Norgate (ohne Jahr).

Moreux, Théophile, *Pour comprendre Einstein*. Paris: Doin 1922.

[Müller, *Psychophysik der Gesichtsempfindungen*] Müller, G. E., „Zur Psychophysik der Gesichtsempfindungen", in: *Zeitschrift für Psychologie und Physiologie der Sinnesorgane* 10, 1896, S. 1–82 und S. 321–413.

[Müller, *Physiologie des Gesichtssinnes*] Müller, Johannes, *Zur vergleichenden Physiologie des Gesichtssinnes des Menschen und der Thiere*. Leipzig: Cnobloch 1826.

[Müller, *Handbuch*, Zweiter Band] Müller, Johannes, *Handbuch der Physiologie des Menschen für Vorlesungen*, Zweiter Band. Coblenz: Hölscher 1840.

Natorp, Paul, *Descartes' Erkenntnistheorie*. Marburg: Elwert'sche Verlagsbuchhandlung 1882 [Repr. Hildesheim: Gerstenberg 1978].

[Natorp, *Galilei*] Natorp, Paul, „Galilei als Philosoph", in: *Philosophische Monatshefte* 18, 1882, S. 193–229.

Natorp, Paul, *Die logischen Grundlagen der exakten Wissenschaften*. Leipzig & Berlin: B. G. Teubner 1910.

[Nef, *Wundts Stellung zu Kant*] Nef, Willi, *Wilhelm Wundts Stellung zur Erkenntnistheorie Kants*. Berlin: Simion 1913 [= Beilage zu Heft 2 des *Archivs für Geschichte der Philosophie*, Bd. XXVI].

[Nelkowski, *Physikalische Gesellschaft zu Berlin*] Nelkowski, Horst, „Die Physikalische Gesellschaft zu Berlin in den Jahren nach dem Zweiten Weltkrieg", in: *Physikalische Blätter* 51, 1995, S. F-143–F-156.

Newton, Isaac, *Optice*. Translated by S. Clarke, London: Innys 1719 [orig. engl. ders., *Opticks*. London: Smith & Walford 1704].

[Newton, *Principien*] Newton, Isaac, *Mathematische Principien der Naturlehre*. Berlin: Oppenheim 1872.

[Newton, *Correspondence*] Newton, Isaac, *The correspondence of Isaac Newton*. Hrsg. von Herbert Westren Turnbull, Bd. III: 1688–1694, Cambridge: Cambridge University Press 1961.

Nölke, Friedrich, *Das Problem der Entwicklung unseres Planetensystems*. Berlin: Springer 1919.

[Norton, *Einstein's Principle*] Norton, John, „What was Einstein's Principle of Equivalence?", in: *Studies in History and Philosophy of Science* 16, 1985, S. 203–246.

[Oberdan, *Geometry*] Oberdan, Thomas, „Geometry, Convention, and the Relativized Apriori: The Schlick-Reichenbach Correspondence", in: *Stationen. Dem Philosophen und Physiker Moritz Schlick zum 125. Geburtstag*. Hrsg. von Stadler, Friedrich und Hans Jürgen Wendel, Wien & New York: Springer 2009.

Ostwald, Wilhelm, *Vorlesungen über Naturphilosophie*. 2. Aufl., Leipzig: Veit 1902.

Ostwald, Wilhelm, *Die Energie*. Leipzig: Barth 1908.

Ostwald, Wilhelm, *Energetische Grundlagen der Kulturwissenschaft*. Leipzig: Klinkhardt 1909.

Ostwald, Wilhelm, *Lebenslinien* (3 Bde.). Berlin: Klasing & Co. 1926/1927.

[Padovani, *Probability and Causality*] Padovani, Flavia, *Probability and Causality in the Early Works of Hans Reichenbach*. Dissertation, Genf 2008.

[Pais, *Raffiniert ist der Herrgott*] Pais, Abraham, *Raffiniert ist der Herrgott...: Albert Einstein, eine wissenschaftliche Biographie*. Heidelberg & Berlin: Sepktrum, Akademischer Verlag 2000.

Pasch, Moritz, *Vorlesungen über neuere Geometrie*. 2. Aufl., Leipzig & Berlin: Teubner 1912.

[Paulsen, *Haeckel als Philosoph*] Paulsen, Friedrich, „Ernst Haeckel als Philosoph", in: *Preussische Jahresbücher*, H. 1, Juli 1900.

[Petzoldt, *Gebiete*] Petzoldt, Joseph, „Die Gebiete der absoluten und der relativen Bewegung", in: *Annalen der Naturphilosophie* 7, 1908, S. 29–62.

Petzoldt, Joseph, *Das Weltproblem*. 2. Aufl., Leipzig & Berlin: Teubner 1912 [3. Aufl., ebd., 1921].

[Petzoldt, *Relativitätstheorie der Physik*] Petzoldt, Joseph, „Die Relativitätstheorie der Physik", in: *Zeitschrift für positivistische Philosophie* 2, 1914, S. 1–56.

[Petzoldt, *Relativitätstheorie*] Petzoldt, Joseph, „Verbietet die Relativitätstheorie Raum und Zeit als etwas Wirkliches zu denken?", in: *Berichte der Deutschen Physikalischen Gesellschaft/Verhandlungen* 20, 1918, S. 189–201.

[Petzoldt, *Stellung der Relativitätstheorie*] Petzoldt, Joseph, *Die Stellung der Relativitätstheorie in der geistigen Entwicklung der Menschheit*. Dresden: Sibyllen-Verlag 1921.

[Petzoldt, *Mechanistische Naturauffassung*] Petzoldt, Joseph, „Mechanistische Naturauffassung und Relativitätstheorie", in: *Annalen der Philosophie* 2, 1921, S. 447–462.

[Pictet, *Discussion*] Pictet, Raoul, „Discussion des théories de la vision", in: *Archives des sciences physiques et naturelles* 58, 1877, S. 420–438.

[Planck, *Strahlungsvorgänge*] Planck, Max, „Über irreversible Strahlungsvorgänge V.", in: *Sitzungsberichte der Preußischen Akademie der Wissenschaften* 5, 1899, S. 440–480.

[Planck, *Zur Machschen Theorie*] Planck, Max, „Zur Machschen Theorie der physikalischen Erkenntnis", in: *Vierteljahrsschrift für wissenschaftliche Philosophie und Soziologie*, Bd. 34, H. 4, 1910, S. 497–507.

[Planck, *Prinzip*] Planck, Max, *Das Prinzip der Erhaltung der Energie*. Leipzig & Berlin: Teubner 1913 [= *Wissenschaft und Hypothese*, Bd. 6].

[Planck, *Einheit*] Planck, Max, „Die Einheit des physikalischen Weltbildes, Vortrag, gehalten am 9. Dezember 1908 in der naturwissenschaftlichen Fakultät des Studentenkorps an der Universität Leiden", in: ders., *Physikalische Rundblicke*, S. 1–37.

[Planck, *Bahnen*] Planck, Max, „Neue Bahnen der Physikalischen Erkenntnis", in: ders., *Physikalische Rundblicke*, S. 64–81.

[Planck, *Gesetzmäßigkeit*] Planck, Max, „Dynamische und statistische Gesetzmäßigkeit, Rede, gehalten bei der Feier zum Gedächtnis des Stifters der Friedrich-Wilhelms-Universität Berlin am 3. August 1914", in: ders., *Physikalische Rundblicke*, S. 82–102.

[Planck, *Wirkung*] Planck, Max, „Das Prinzip der kleinsten Wirkung", in: ders., *Physikalische Rundblicke*, S. 103–119.

[Planck, *Quantentheorie*] Planck, Max, „Die Entstehung und bisherige Entwicklung der Quantentheorie. Nobel-Vortrag, gehalten vor der Königlich Schwedischen Akademie der Wissenschaften zu Stockholm am 2. Juni 1920", in: ders., *Physikalische Rundblicke*, S. 148–168.

[Planck, *Rundblicke*] Planck, Max, *Physikalische Rundblicke. Gesammelte Reden und Aufsätze*. Leipzig: Hirzel 1922.

Planck, Max, *Kausalgesetz und Willensfreiheit. Öffentlicher Vortrag gehalten in der Preussischen Akademie der Wissenschaften am 17. Februar 1923*. Berlin: Springer 1923.

Platon, *Werke in acht Bänden*. Herausgegeben von Gunther Eigler, Darmstadt: Wissenschaftliche Buchgesellschaft 1970 ff.

Poincaré, Henri, *Wissenschaft und Hypothese*. Zweite verbesserte Auflage, Leipzig: Teubner 1906.

Poincaré, Henri, *Science et Méthode*. Paris: Flammarion 1908.

Poincaré, Henri, *Der Wert der Wissenschaft*. 2. Aufl., Leipzig & Berlin: Teubner 1910.

Poincaré, Henri, *Leçons sur les hypothèses cosmogoniques*. Paris: Hermann et fils 1911.

Poincaré, Henri, *Dernières Pensées*. Paris: Flammarion 1913.

[Pulte, *The Space between Helmholtz and Einstein*] Pulte, Helmut, „The Space between Helmholtz and Einstein: Moritz Schlick on Spatial Intuition and the Foundations of Geometry", in: Hendricks, Vincent, Jørgensen, Klaus, Lützen, Jesper und Stig Andur Pedersen (Hrsg.), *Interactions: Mathematics, Physics and Philosophy 1860–1930*. Dordrecht: Springer 2006, S. 185–206.

[Rassow, *Society*] Rassow, Berthold, „The Society of German Man of Science and Physicians", in: *Nature* 110, 2. Dezember 1922, S. 750–751.

[Reber, *Zum Motiv des Doppelgängers*] Reber, Natalie, *Studien zum Motiv des Doppelgängers bei Dostojewskij und E. T. A. Hoffmann*. Gießen: Schmitz 1964.

[Reich, *Geschichte der Differentialgeometrie*] Reich, Karin, „Die Geschichte der Differentialgeometrie von Gauß bis Riemann (1828–1868)", in: *Archive for History of Exact Sciences* 11, 1973, S. 273–376.

Reichenbach, Hans, *Relativitätstheorie und Erkenntnis apriori*. Berlin: Springer 1920.

[Reichenbach, *Rezension/Schlick*] Reichenbach, Hans, „[Rezension von:] Moritz Schlick, Allgemeine Erkenntnislehre", in: *Zeitschrift für angewandte Psychologie* 19, 1920, S. 341–343.

[Reichenbach, *Selbstanzeige/Relativitätstheorie*] Reichenbach, Hans, „[Selbstanzeige von:] Relativitätstheorie und Erkenntnis apriori", in: *Annalen der Philosophie* 2, 1921, S. 493.

[Reichenbach, *Raumlehre*] Reichenbach, Hans, „Die Einsteinsche Raumlehre", in: *Umschau* 24, 1920, S. 402–405.

[Reichenbach, *Einsteinsche Bewegungslehre*] Reichenbach, Hans, „Die Einsteinsche Bewegungslehre", in: *Umschau* 25, 1921, S. 501–505.

[Reichenbach, *Entgegnung*] Reichenbach, Hans, „Entgegnung [zu Kraus, ‚Die Unmöglichkeit der Einsteinschen Bewegungslehre']", in: *Umschau* 25, 1921, S. 684–685.

[Reichenbach, *Relativitätsdiskussion*] Reichenbach, Hans, „Der gegenwärtige Stand der Relativitätsdiskussion", in: *Logos* 10, 1921, S. 316–378 [Repr. in: Reichenbach, Hans, *Gesammelte Werke*, Bd. III. Braunschweig & Wiesbaden: Vieweg & Sohn 1979, S. 342–400].

[Reichenbach, *Rezension/Hertz, Schlick I*] Reichenbach, Hans, „[Rezension von:] Paul Hertz und Moritz Schlick, Hermann von Helmholtz, Schriften zur Erkenntnistheorie", in: *Physikalische Berichte* 3, 1922, S. 399.

[Reichenbach, *Rezension/Hertz, Schlick II*] Reichenbach, Hans, „[Rezension von:] Hermann von Helmholtz, Schriften zur Erkenntnistheorie, herausgegeben und erläutert von Paul Hertz und Moritz Schlick", in: *Zeitschrift für angewandte Psychologie* 20, 1922, S. 421–422.

[Reichenbach, *Rezension/Thirring*] Reichenbach, Hans, „[Rezension von:] Thirring, Hans, Die Idee der Relativitätstheorie", in: *Elektrotechnische Zeitschrift* 43, 1922, S. 453.

[Reichenbach, *Rezension/Winternitz*] Reichenbach, Hans, „[Rezension von:] Winternitz, Josef, Relativitätstheorie und Erkenntnislehre", in: *Naturwissenschaften* 11, 1923, S. 827.

[Reichenbach, *Bewegungslehre*] Reichenbach, Hans, „Die Bewegungslehre bei Newton, Leibniz und Huyghens", in: *Kant-Studien* 29, 1924, S. 416–438.

[Reichenbach, *Concept of Probability*] Reichenbach, Hans, *The Concept of Probability in the Mathematical Representation of Reality*. Hrsg. von Frederick Eberhardt und Clark Glymour, Chicago: Open Court 2008.

Reinhold, Karl Leonhard, *Beiträge zur Berichtigung bisheriger Mißverständnisse der Philosophen*. Jena: Mauke 1790 [zitiert nach: Hamburg: Meiner 2003].

Reinke, Johann, *Die Welt als Tat*. 5. Aufl., Berlin: Paetel 1908.

Reinke, Johann, *Einleitung in die theoretische Biologie*. 2. Aufl., Berlin: Gebrüder Paetel 1911.

Rickert, Heinrich, *Kulturwissenschaft und Naturwissenschaft*. Freiburg i. B. & Leipzig & Tübingen: Mohr (Siebeck) 1899.

[Riehl, *Kriticismus*, Erster Band] Riehl, Alois, *Der philosophische Kriticismus und seine Bedeutung für die positive Wissenschaft*, Erster Band: *Geschichte und Methode des philosophischen Kriticismus*. Leipzig: Verlag von Wilhelm Engelmann 1876.

[Riehl, *Kriticismus*, Zweiter Band, Erster Teil] Riehl, Alois, *Der philosophische Kriticismus und seine Bedeutung für die positive Wissenschaft*, Zweiter Band. Erster Theil: *Die sinnlichen und logischen Grundlagen der Erkenntniss*. Leipzig: Verlag von Wilhelm Engelmann 1879.

[Riehl, *Kriticismus*, Zweiter Band, Zweiter Teil] Riehl, Alois, *Der philosophische Kriticismus und seine Bedeutung für die positive Wissenschaft*, Zweiter Band, Zweiter Theil (Schluss): *Zur Wissenschaftstheorie und Metaphysik*. Leipzig: Verlag von Wilhelm Engelmann 1887.

Riehl, Alois, *Hermann von Helmholtz in seinem Verhältnis zu Kant*. Berlin: Reuther & Reichard 1904.

[Riehl, *Kritizismus*, Erster Band] Riehl, Alois, *Der philosophische Kritizismus. Geschichte und System*, Erster Band: *Geschichte des philosophischen Kritizismus*. Zweite, neu verfasste Auflage, Leipzig: Verlag von Wilhelm Engelmann 1908.

[Riehl, *Helmholtz*] Riehl, Alois, „Helmholtz als Erkenntnistheoretiker", in: *Naturwissenschaften* 9, 1921, S. 702–708.

[Riehl, *Kritizismus*, Zweiter Band] Riehl, Alois, *Der philosophische Kritizismus. Geschichte und System*, Zweiter Band: *Die sinnlichen und logischen Grundlagen der Erkenntnis*. Zweite veränderte Auflage, Leipzig: Alfred Kröner Verlag 1925.

[Riemann, *Über Hypothesen*] Riemann, Bernhard, „Ueber die Hypothesen, welche der Geometrie zu Grunde liegen", hrsg. von Richard Dedekind, in: *Abhandlungen der Königlichen Gesellschaft der Wissenschaften zu*

Göttingen 13, 1867, S. 1–20 (auch in: ders., *Über die Hypothesen, welche der Geometrie zu Grunde liegen*. Neu herausgegeben von H. Weyl, Berlin: Springer 1919, 2. Aufl.: 1921).

Riemann, Bernhard, *Gesammelte Mathematische Werke*. Leipzig: Teubner 1876 [2. Aufl., ebd., 1892; Repr. New York: Dover 1953].

[Roth, *Wie ich Leipzig sah*] Roth, Joseph, „Wie ich Leipzig sah", Leipziger Mittag, 2. Oktober 1922, in: Hackert, Fritz und Klaus Westermann (Hrsg.), *Joseph Roth Werke*, Bd. 1. Köln: Kiepenheuer und Witsch 1990, S. 869–871.

[Rubner, *Quelle der thierischen Wärme*] Rubner, Max, „Die Quelle der thierischen Wärme", in: *Zeitschrift für Biologie* 30, 1894, S. 73–142.

Rubner, Max, *Die Gesetze des Energieverbrauchs bei der Ernährung*. Leipzig & Wien: Deuticke 1902.

[Rutherford, *Scattering*] Rutherford, Ernest, „The Scattering of α and β Particles by Matter and the Structure of the Atom", in: *Philosophical Magazine Series 6* 21, 1911, S. 669–688.

[Ryckman, *P(oint)-C(oincidence) Thinking*] Ryckman, Thomas, „P(oint)-C(oincidence) Thinking", in: *Studies in the History and Philosophy of Science* 23, 1992, S. 471–497.

Ryckman, Thomas, *The Reign of Relativity*. Oxford u. a.: Oxford University Press 2005.

Schäfer, Edward A., *Life: Its Nature, Origin and Maintenance*. London u. a.: Longmans, Green & Co. 1912.

[Schaxel, *Vitalismus*] Schaxel, Julius, „Induktiver und deduktiver Vitalismus", in: *Naturwissenschaften* 3, 1915, S. 718/719.

Schaxel, Julius, *Über die Darstellung allgemeiner Biologie*. Berlin: Bornträger 1919.

[Scheel, *Sitzung*] Scheel, Karl (Hrsg.), „Sitzung der Physikalischen Gesellschaft zu Berlin am 25. November 1921", in: *Verhandlungen der Deutschen Physikalischen Gesellschaft* 2 (3. Reihe), 1921, S. 74.

Schneider, Ilse, *Das Raum-Zeit-Problem bei Kant und Einstein*. Berlin: Springer 1921.

Schopenhauer, Arthur, *Die Welt als Wille und Vorstellung* (2 Bde.). Leipzig: Brockhaus 1938 [= *Sämtliche Werke*, Bd. 2 und 3].

[Schreier/Franke, *Geschichte der Physikalischen Gesellschaft zu Berlin*] Schreier, Wolfgang und Martin Franke, „Geschichte der Physikalischen Gesellschaft zu Berlin 1845–1900", in: *Physikalische Blätter* 51, 1995, S. F-9–F-59.

Schultz, Julius, *Die Maschinentheorie des Lebens*. Göttingen: Vandenhoeck & Ruprecht 1909.

[Schultz, *Philosophie des Organischen*] Schultz, Julius, „Die Philosophie des Organischen", in: *Jahrbücher der Philosophie* 1, 1913, S. 167–199.

[Schwarz: *Berliner Tageblatt (1872–1939)*] Schwarz, Gotthart, „Berliner Tageblatt 1872–1939", in: Fischer, Heinz-Dietrich (Hrsg.), *Deutsche Zeitungen des 17.–20. Jahrhunderts*, Band 2. Pullach bei München, 1972; S. 315–327.

[Schweisheimer, *Hundertjahr-Versammlung*] Schweisheimer, Waldemar, „Hundertjahr-Versammlung Deutscher Naturforscher. Eröffnungsansprachen – Relativitätstheorie", in: *Münchner Neueste Nachrichten*, 20. September 1922, S. 1.

Sellien, Ewald, *Die erkenntnistheoretische Bedeutung der Relativitätstheorie. Inaugural-Dissertation zur Erlangung der Doktorwürde der hohen philosophischen Fakultät der Christian-Albrechts-Universität zu Kiel*. Berlin: Reuther & Reichard 1919 [auch erschienen als *Kant-Studien Ergänzungshefte* 48].

[Sheldon, *Conservation of Energy*] Sheldon, William Herbert, „Is the Conservation of Energy Proved of the Human Body?", in: *Journal of Philosophy* 18, 1921, S. 589–600.

[Smekal, *Rezension/Dingler*] Smekal, Adolf, „[Rezension von:] Dingler, Hugo, Die Grundlagen der Physik", in: *Monatshefte für Mathematik und Physik* 32, 1922, S. 44–45.

Sommerfeld, Arnold, *Atombau und Spektrallinien*. 3. Aufl., Braunschweig: Vieweg 1922.

[Spemann, *Transplantationen*] Spemann, Hans, „Über Transplantationen an Amphibienembryonen im Gastrulastadium", in: *Sitzungsberichte der Gesellschaft naturforschender Freunde zu Berlin* 9, 1916, S. 306–320.

[Spemann, *Determination*] Spemann, Hans, „Über die Determination der ersten Organanlagen des Amphibienembryo I–VI", in: *Archiv für Entwicklungsmechanik der Organismen* 43, 1918, S. 448–555 & Tafel XVIII–XXIII.

Spencer, Herbert, *The Principles of Biology*. Revised and enlarged edition, London & Edinburgh & Oxford: Williams & Norgate 1898.

Steinberg, Holger und Ulf Künstler, „Vor 100 Jahren erschienen die ‚Vorlesungen über Psychopathologie...' von Gustav Wilhelm Störring", in: *Fortschritte der Neurologie und Psychiatrie* 68, 2000, S. 243–249.

[Stöltzner, *Principle of least action*] Stöltzner, Michael, „The principle of least action as the logical empiricist's Shibboleth", in: *Studies in History and Philosophy of Modern Physics* 34, 2003, S. 285–318.

[Störring, *Vorlesungen*] Störring, Gustav, *Vorlesungen über Psychopathologie in ihrer Bedeutung für die normale Psychologie mit Einschluss der psychologischen Grundlagen der Erkenntnistheorie*. Leipzig: Verlag von Wilhelm Engelmann 1900.

Stratton, George Malcolm, *Theophrastus and the Greek Physiological Psychology before Aristotle*. London & New York: Allen & Unwin & Macmillan 1917.

Stumpf, Carl, *Tonpsychologie*, Zweiter Band. Leipzig: Hirzel 1890.

Stumpf, Carl, *Die Wiedergeburt der Philosophie*. Leipzig: Barth 1908.

Thirring, Hans, *Die Idee der Relativitätstheorie*. Berlin: Springer 1921.

[Thirring, *Rezension/Annalen*] Thirring, Hans, „[Rezension von:] Annalen der Philosophie. Zweiter Band, drittes Heft", in: *Monatshefte für Mathematik* 33, 1923, S. 53–54.

[Thirring, *Stand der Relativitätstheorie*] Thirring, Hans, „Zum gegenwärtigen Stand der Relativitätstheorie", in: *Neue Freie Presse* Nr. 21258, 15. November 1923, S. 19.

Thomson, Joseph John, *Treatise on the Motion of Vortex Rings*. London: Macmillan & Co. 1883.

[Thomson, *On Vortex Atoms*] Thomson, William, „On Vortex Atoms", in: *The London, Edinburgh and Dublin Philosophical Magazine and Journal of Science* 34, 1867, S. 15–24.

[Ullrich, *Gauß*] Ullrich, Peter, „Carl Friedrich Gauß zwischen reiner und angewandter Mathematik", in: *Mathematische Semesterberichte* 54, 2007, S. 219–238.

Vaihinger, Hans, *Philosophie des Als Ob*. 5. und 6. Aufl., Leipzig: Meiner 1920.

Verworn, Max, *Allgemeine Physiologie*. 5. Aufl., Jena: Fischer 1909 [7. Aufl., ebd., 1922].

[Virchow, *Continuität des Lebens*] Virchow, Rudolf, „Die Continuität des Lebens als Grundlage der modernen biologischen Anschauung", in: *Virchows Archiv* 150, 1897, S. 4–15.

Volkelt, Johannes, *Erfahrung und Denken*. Hamburg & Leipzig: Voss 1886 [Repr. Hildesheim & Zürich & New York: Olms 2002].

[Volkert, *On Helmholtz' Paper*] Volkert, Klaus, „On Helmholtz' Paper ‚Ueber die thatsächlichen Grundlagen der Geometrie' ", in: *Historia Mathematica* 20, 1993, S. 307–309.

[Wallach, *Briefwechsel J. Berzelius/F. Wöhler*] Wallach, Otto, *Briefwechsel zwischen J. Berzelius und F. Wöhler* (2 Bde.). Leipzig: Engelmann 1901.

[Wallis, *De Postulato Quinto*] Wallis, John, „De Postulato Quinto; et Quinta Definitione Lib. 6. Euclidis; Disceptatio Geometrica", in: ders., *Opera Mathematica*, Bd. II. Oxford: Theatrum Sheldonianum 1693 [Repr. Hildesheim & New York: Olms 1972], S. 657–678.

[Wazeck, *Einstein auf der Mordliste*] Wazeck, Milena, „ ‚Einstein auf der Mordliste!' Die Angriffe auf Einstein und die Relativitätstheorie 1922", in: Renn, Jürgen (Hrsg.), *Albert Einstein – Ingenieur des Universums: Hundert Autoren für Einstein*. Weinheim, Wiley 2005, S. 222–225.

Weismann, August, *Vorträge über Descendenztheorie* (2 Bde.). Jena: Fischer 1902.

[Weyl, *Raum, Zeit, Materie*] Weyl, Hermann, *Raum, Zeit, Materie. Vorlesungen über allgemeine Relativitätstheorie*. Berlin: Springer 1918.

[Weyl, *Rezension/Schlick I*] Weyl, Hermann, „[Rezension von:] Schlick, Moritz, Allgemeine Erkenntislehre", in: *Jahrbuch über die Fortschritte der Mathematik* 46, 1923, S. 59–63.

[Weyl, *Rezension/Schlick II*] Weyl, Hermann, „[Rezension von:] Schlick, M., Raum und Zeit in der gegenwärtigen Physik", in: *Jahrbuch über die Fortschritte der Mathematik* 47 (1919/1920), 1924, S. 772.

[Weyl, *Rezension/Dingler*] Weyl, Hermann, „[Rezension von:] Dingler, H., Physik und Hypothese", in: *Jahrbuch über die Fortschritte der Mathematik* 48 1921–1922, 1925, S. 871.

[Wien, *Über Elektronen*] Wien, Wilhelm, „Über Elektronen", in: *Berichte der Deutschen Physikalischen Gesellschaft* 3, 1905, S. 259–262.

[Wilson, *Leibniz*] Wilson, Catherine, „Leibniz and Atomism", in: *Studies in the History and Philosophy of Science* 13, 1982, S. 175–199.

Windelband, Wilhelm, *Einleitung in die Philosophie*. 2. Aufl., Tübingen: Mohr (Siebeck) 1920.

[Winternitz, *Kausalität*] Winternitz, Josef, „Kausalität, Relativität und Stetigkeit", in: *Kant-Studien* 25, 1920, S. 220–232.

Winternitz, Josef, *Relativitätstheorie und Erkenntnislehre. Eine Untersuchung über die erkenntnistheoretischen Grundlagen der Einsteinschen Theorie und die Bedeutung ihrer Ergebnisse für die allgemeinen Pro-*

bleme des Naturerkennens. Leipzig & Berlin: Teubner 1923 [= *Wissenschaft und Hypothese*, Bd. 23].

[Wöhler, *Künstliche Bildung des Harnstoffs*] Wöhler, Friedrich, „Über künstliche Bildung des Harnstoffs", in: *Annalen der Physik und Chemie* 12, 1828, S. 253–256.

[Wolters, *Carnap, Dingler*] Wolters, Gereon, „‚The First Man Who Almost Wholly Understands Me': Carnap, Dingler, and Conventionalism", in: Rescher, Nicholas (Hrsg.), *The Heritage of Logical Positivism.* Lanham & New York & London: University Press of America 1985, S. 93–107.

[Wolters, *Mach I*] Wolters, Gereon, *Mach I, Mach II, Einstein und die Relativitätstheorie.* Berlin & New York: De Gruyter 1987.

Wulf, Peter, *Das Kabinett Fehrenbach.* Boppard am Rhein: Boldt 1972.

[Wundt, *Beiträge*] Wundt, Wilhelm, *Beiträge zur Theorie der Sinneswahrnehmung.* Leipzig & Heidelberg: Winter'sche Verlagshandlung 1862.

[Wundt, *Vorlesungen*, Erste Auflage] Wundt, Wilhelm, *Vorlesungen über die Menschen- und Thierseele* (2 Bde.). Leipzig: Voss 1863.

[Wundt, *Grundzüge*, Erste Auflage] Wundt, Wilhelm, *Grundzüge der Physiologischen Psychologie.* Leipzig: Engelmann 1874.

[Wundt, *Aufgaben*] Wundt, Wilhelm, „Die Aufgaben der experimentellen Psychologie", in: *Unsere Zeit* 3, 1882, S. 389–406.

[Wundt, *Vorlesungen*] Wundt, Wilhelm, *Vorlesungen über die Menschen- und Thierseele.* 2. Aufl., Hamburg & Leipzig: Voss 1892.

[Wundt, *Ueber psychische Causalität*] Wundt, Wilhelm, „Ueber psychische Causalität und das Princip des psychophysischen Parallelismus", in: *Philosophische Studien* 10, 1894, S. 1–124.

[Wundt, *Definition*] Wundt, Wilhelm, „Über die Definition der Psychologie", in: *Philosophische Studien* 12, 1896, S. 1–66.

Wundt, Wilhelm, *Grundriß der Psychologie.* Leipzig: Engelmann 1896.

[Wundt, *Grundzüge*, Fünfte Auflage] Wundt, Wilhelm, *Grundzüge der physiologischen Psychologie* (3 Bde.). Fünfte völlig umgearbeitete Auflage, Leipzig: Verlag von Wilhelm Engelmann 1902/03.

[Wundt, *Logik*, Erster Band] Wundt, Wilhelm, *Logik*, Erster Band. 3. Aufl., Stuttgart: Enke 1906.

[Wundt, *Unendlichkeit der Welt*] Wundt, Wilhelm, „Die Unendlichkeit der Welt", in: ders., *Essays*, S. 105–138.

Wundt, Wilhelm, *Essays.* 2. Aufl., Leipzig: Engelmann 1906.

[Wundt, *System der Philosophie*, Erster Band] Wundt, Wilhelm, *System der Philosophie*, Erster Band. Dritte, umgearbeitete Auflage, Leipzig: Verlag von Wilhelm Engelmann 1907.

Wundt, Wilhelm, *Kleine Schriften* (2 Bde.). Leipzig: Engelmann 1910/1911.

Wundt, Wilhelm, *Erlebtes und Erkanntes*. Leipzig & Stuttgart: Kröner 1920.

[Ziehen, *Leitfaden*] Ziehen, Theodor, *Leitfaden der Physiologischen Psychologie in 15 Vorlesungen*. Fünfte theilweise umgearbeitete Auflage, Jena: Verlag von Gustav Fischer 1900.

[Ziehen, *Erkenntnistheorie*] Ziehen, Theodor, *Erkenntnistheorie auf psychophysiologischer und physikalischer Grundlage*. Jena: Verlag von Gustav Fischer 1913.

Zitierte Bände der *Moritz Schlick Gesamtausgabe*

[*MSGA* I/1] *Moritz Schlick Gesamtausgabe*, Abt. I: Veröffentlichte Schriften, Bd. 1: *Allgemeine Erkenntnislehre*. Hrsg. und eingeleitet von Hans Jürgen Wendel und Fynn Ole Engler, Wien/New York: Springer 2009.

[*MSGA* I/2] *Moritz Schlick Gesamtausgabe*, Abt. I: Veröffentlichte Schriften, Bd. 2: *Über die Reflexion des Lichtes in einer inhomogenen Schicht/ Raum und Zeit in der gegenwärtigen Physik*. Hrsg. und eingeleitet von Fynn Ole Engler und Matthias Neuber, Wien/New York: Springer 2006.

[*MSGA* I/3] *Moritz Schlick Gesamtausgabe*, Abt. I: Veröffentlichte Schriften, Bd. 3: *Lebensweisheit. Versuch einer Glückseligkeitslehre / Fragen der Ethik*. Hrsg. und eingeleitet von Mathias Iven, Wien/New York: Springer 2006.

[*MSGA* I/4] *Moritz Schlick Gesamtausgabe*, Abt. I: Veröffentlichte Schriften, Bd. 4: *Zürich – Berlin – Rostock. Aufsätze, Beiträge, Rezensionen 1907–1916*. Hrsg. und eingeleitet von Fynn Ole Engler, Wien/New York: Springer [im Erscheinen].

[*MSGA* I/6] *Moritz Schlick Gesamtausgabe*, Abt. I: Veröffentlichte Schriften, Bd. 6: *Die Wiener Zeit. Aufsätze, Beiträge, Rezensionen 1926–1936*. Hrsg. und eingeleitet von Johannes Friedl und Heiner Rutte, Wien/New York: Springer 2008.

Stücke aus dem Nachlaß von Schlick[1]

Inv.-Nr. 1, A. 1: Die Lehre vom Raum in der gegenwärtigen Philosophie [1909], p. 1–15, Typoskript

Inv.-Nr. 1, A. 2a: Die Aufgabe der Philosophie in der Gegenwart [Antrittsvorlesung an der Universität Rostock, 29. Juni 1911]
1911, p. 1–18, Typoskript

Inv.-Nr. 6, A. 8: [Philosophie der Gegenwart]
Undat., p. 1–34, Handschrift

Inv.-Nr. 8, A. 13b: Geschichte der Philosophie
[1922], p. 1–16, Typoskript

Inv.-Nr. 8, A. 14a: [Naturphilosophie]
[1922], 4 S., Handschrift

Inv.-Nr. 12, A. 35: [Über den Machschen Positivismus]
Undat., p. 1–4, Typoskript

Inv.-Nr. 13, A. 39: Über die Möglichkeit der Erkenntnistheorie
[1911], p. 1–11, Typoskript

Inv.-Nr. 16, A. 57b: Die Überwindung des Konventionalismus
Undat., 5 S., Typoskript

Inv.-Nr. 18, A. 67: [Vorträge über Astronomie: 2.–10. Vortrag]
Undat., 15 S., Typoskript

Inv.-Nr. 18, A. 68: Leitsätze des Professor Dr. Schlick in Rostock, Orleansstr. 23, zu dem Vortrage: Einführung in die Himmelskunde
Undat., 3 S., gedruckt

Inv.-Nr. 20, A. 77: [Bericht über einen Vortrag von A. Einstein: „Geometrie und Erfahrung"]
1921, 1 S., Typoskript

Inv.-Nr. 34, B. 14: Steinhardt, Käthe
[Schlick, Moritz:] Natur-Philosophie
Vorlesungsmitschrift: 1932/33, p. 1–97, Typoskript

1 Die Numerierung und Betitelung der hier angeführten Nachlaßstücke (der Briefwechsel wird nicht gesondert angeführt) basiert auf dem von Reinhard Fabian erstellten Inventarverzeichnis zum *Wiener-Kreis-Archiv*, Nachlaß Moritz Schlick.

Inv.-Nr. 60, B. 40: verschiedene Autoren
Philos. Seminare bei Prof. Schlick
Seminarprotokoll: 1929/33, 238 S., Typoskript

Inv.-Nr. 82, C. 2b: Schlick, Moritz [Autobiographie]
[nach 1915], p. 1–13, Handschrift

Inv.-Nr. 84, C. 23-1: Erteilung der Venia legendi für das Fach Philosophie an der Universität Rostock
Rostock, 17. Juni 1911, 1 S., Typoskript

Inv.-Nr. 84, C. 23-2: Verleihung des Titels „Professor" an der Universität Rostock
Schwerin, 1. Mai 1917, 1 S., Handschrift

Inv.-Nr. 84, C. 23-3: Verleihung des Titels „außerplanmäßiger ordentl. Professor" an der Universität Rostock
Schwerin, 1. Juni 1921, 1 S., Typoskript

Inv.-Nr. 85, C. 26-1: N.N.
[Aufzeichnungen über die von Moritz Schlick besuchten Vorlesungen 1900–1904]
Undat., 5 S., Handschrift

Inv.-Nr. 86, C. 30-1: Einladung zu dem Vortrag von M. Schlick: „Wesen und Erscheinung"
1 S., Handschrift

Inv.-Nr. 149, A. 218: Electronentheorie
[1902], 32 S., Handschrift

Inv.-Nr. 151, A. 97-3: Von den Kategorien und Anschauungsformen
Undat., p. 27–32, Handschrift

Inv.-Nr. 151, A. 97-4: Die Aufgabe der Erkenntnistheorie
Undat., p. 33–39, Handschrift

Inv.-Nr. 161, A. 121a: Naturphilosophie (Vorlesung)
[1922/23], p. 1–25, Handschrift

Inv.-Nr. 161, A. 121b: [Vorlesung über Naturphilosophie]
[1922/23], 1–121, Typoskript

Inv.-Nr. 163, A. 124-1: [Naturphilosophie / Notizen I]
Undat., 13 Bl., Handschrift, teilweise Kurzschrift

Inv.-Nr. 163, A. 124-2: [Naturphilosophie / Notizen II]
Undat., 60 Bl., Handschrift

Inv.-Nr. 163, A. 127: [Beurteilung von Bewerbungsschriften der Einstein-Preisaufgabe]
Undat., 8 Bl., Handschrift

Inv.-Nr. 163, A. 128: A. Riehl, Kriticismus, II, 1, S. 59
Undat., 5 S., Typoskript

Inv.-Nr. 164, A. 130: Erscheinung und Wesen
[1917], p. 1–22, Handschrift

Inv.-Nr. 170, A. 166: Einstein-Preisaufgabe der Vereinigung der Freunde und Förderer des positivistischen Idealismus [Beurteilungen der eingesandten Arbeiten]
Undat., 4 S., Typoskript, Durchschlag

Inv.-Nr. 180, A. 194: [Notizheft 2]
Undat., 32 Bl., Handschrift

Inv.-Nr. 180, A. 196: [Notizheft 4]
1921/1922, 42 Bl., Handschrift

Inv.-Nr. 180, A. 197: [Notizheft 5]
Undat., 8 Bl., Handschrift

Inv.-Nr. 180, A. 198: [Notizheft 6]
1915, 32 Bl., Handschrift, Kurzschrift

Inv.-Nr. 417, A. 236: [Rezension von]: Hermann Weyl, Raum, Zeit, Materie. Berlin 1918.
Druckvorlage. Undat., 4 S., Typoskript

Inv.-Nr. 419, A. 239: Einsteins Relativitätstheorie und ihre letzte Bestätigung
Druckfahne. Undat., 3 S., mit handschriftlichen Ergänzungen

Inv.-Nr. 419, A. 240: Kritizistische oder empiristische Deutung der neuen Physik?
Druckfahne. Undat., p. 96–110, mit handschriftlichen Ergänzungen

Inv.-Nr. 419, A. 241: [Rezension von:] Bloch, Werner, Einführung in die Relativitätstheorie, Leipzig/Berlin 1918.
Druckvorlage. Undat., 1 S., Typoskript

Inv.-Nr. 419, A. 242: [Rezension von:] Hugo Dingler, Physik und Hypothese, Berlin 1921.
Druckvorlage. Undat., 1 S., Typoskript

Inv.-Nr. 419, A. 243: [Rezension von]: E. Gehrcke, Physik und Erkenntnistheorie, Leipzig/Berlin 1921.
Druckvorlage. Undat., 1 S., Typoskript

Inv.-Nr. 419, A. 244: Helmholtz als Erkenntnistheoretiker
Druckfahne. 16. Januar 1922, 7 S., mit handschriftlichen Ergänzungen

Inv.-Nr. 421, A. 246: [Rezension von:] Die Idee der Relativitätstheorie von Hans Thirring (Berlin 1922); Relativitätstheorie und Erkenntnislehre von Dr. Josef Winternitz (Leipzig/Berlin 1923)
Druckvorlage. Undat., 1 S., Typoskript

Inv.-Nr. 421, A. 248: [Rezension von:] Pierre Busco, Les cosmogonies modernes et la theorie de la connaissance, Paris 1924.
Druckvorlage. Undat., 1 S., Typoskript

Inv.-Nr. 422, A. 251: Naturphilosophie Druckfahne. Undat., 3 S.

Inv.-Nr. 490, G. 9: Kubsch, Hugo
Wesen und Erscheinung [Bericht über einen Vortrag von M. Schlick]. *Tägliche Rundschau*, 2. Juni 1917. 1 S.

Moritz Schlick Bibliographie. Zu Lebzeiten veröffentlichte Schriften[1]

(1904 *Reflexion des Lichtes*) *Über die Reflexion des Lichtes in einer inhomogenen Schicht. Inaugural-Dissertation zur Erlangung der Doktorwürde genehmigt von der Philosophischen Fakultät der Friedrich-Wilhelms-Universität zu Berlin.* Berlin: G. Schade 1904. 51 S.

(1907 *Anhang/Nicolai*) „Theoretischer Anhang" [zu: Nicolai, Georg Friedrich, „Die Gestalt einer deformierten Manometermembran, experimentell bestimmt"], in: *Archiv für Anatomie und Physiologie / Physiologische Abteilung* Heft I und II, 1907, S. 139/140.

(1908 *Lebensweisheit*) *Lebensweisheit. Versuch einer Glückseligkeitslehre.* München: Beck 1908. VI + 341 S.

(1909 *Ästhetik*) „Das Grundproblem der Ästhetik in entwicklungsgeschichtlicher Beleuchtung", in: *Archiv für die gesamte Psychologie* 14, 1909, S. 102–132.

(1910 a *Begriffsbildung*) „Die Grenze der naturwissenschaftlichen und philosophischen Begriffsbildung", in: *Vierteljahrsschrift für wissenschaftliche Philosophie und Soziologie* 34, 1910, S. 121–142.

(1910 b *Wesen der Wahrheit*) „Das Wesen der Wahrheit nach der modernen Logik", in: *Vierteljahrsschrift für wissenschaftliche Philosophie und Soziologie* 34, 1910, S. 386–477.

(1911 a *Rezension/Natorp*) [Rezension von:] Natorp, Paul, *Die logischen Grundlagen der exakten Wissenschaften*, Leipzig/Berlin: Teubner 1910. In: *Vierteljahrsschrift für wissenschaftliche Philosophie und Soziologie* 35, 1911, S. 254–260.

(1911 b *Rezension/Voß*) [Rezension von:] Voß, Aurel, *Über das Wesen der Mathematik. Rede gehalten am 11. März 1908 in der öffentlichen Sitzung der K. bayerischen Akademie der Wissenschaften. Erweitert und*

1 Die Bibliographie reicht bis in das Jahr 1937, da die letzten für den Druck vorbereiteten Veröffentlichungen erst nach Schlicks Tod erschienen sind.

mit Anmerkungen versehen, Leipzig/Berlin: Teubner 1908. In: *Vierteljahrsschrift für wissenschaftliche Philosophie und Soziologie* 35, 1911, S. 260/261.

(1911c *Rezension/Goldschmidt*) [Rezension von:] Goldschmidt, Ludwig, *Zur Wiedererweckung Kantscher Lehre. Kritische Aufsätze*, Gotha: Perthes 1910. In: *Vierteljahrsschrift für wissenschaftliche Philosophie und Soziologie* 35, 1911, S. 261/262.

(1911d *Rezension/Bilharz*) [Rezension von:] Bilharz, Alfons, *Descartes, Hume und Kant. Eine kritische Studie zur Geschichte der Philosophie*, Wiesbaden: Bergmann 1910. In: *Vierteljahrsschrift für wissenschaftliche Philosophie und Soziologie* 35, 1911, S. 262/263.

(1911e *Rezension/Mannoury*) [Rezension von:] Mannoury, Gerrit, *Methodologisches und Philosophisches zur Elementar-Mathematik*, Haarlem: Visser 1909. In: *Vierteljahrsschrift für wissenschaftliche Philosophie und Soziologie* 35, 1911, S. 263–265.

(1911f *Rezension/Schröder*) [Rezension von:] Schröder, Ernst, *Abriß der Algebra der Logik*. Bearbeitet im Auftrag der Deutschen Mathematiker-Vereinigung von Dr. Eugen Müller. I. Teil: *Elementarlehre*, Leipzig/Berlin: Teubner 1909; II. Teil: *Aussagentheorie, Funktionen, Gleichungen und Ungleichungen*, ebd. 1910. In: *Vierteljahrsschrift für wissenschaftliche Philosophie und Soziologie* 35, 1911, S. 265/266.

(1911g *Rezension/Enriques*) [Rezension von:] Enriques, Federigo, *Probleme der Wissenschaft*. Übersetzt von Kurt Grelling, zwei Bände (mit durchgehender Paginierung). Bd. I: *Wirklichkeit und Logik*; Bd. II: *Die Grundbegriffe der Wissenschaft* (= *Wissenschaft und Hypothese*, Bd. 11, 1 und 11, 2), Leipzig/Berlin: Teubner 1910. In: *Vierteljahrsschrift für wissenschaftliche Philosophie und Soziologie* 35, 1911, S. 266–269.

(1911h *Rezension/Stöhr*) [Rezension von:] Stöhr, Adolf, *Lehrbuch der Logik in psychologisierender Darstellung*, Leipzig u. a.: Deuticke 1910. In: *Vierteljahrsschrift für wissenschaftliche Philosophie und Soziologie* 35, 1911, S. 269/270.

(1911i *Rezension/Haas*) [Rezension von:] Haas, Arthur E., *Die Entwicklungsgeschichte des Satzes von der Erhaltung der Kraft*, Wien: Hölder 1909. In: *Vierteljahrsschrift für wissenschaftliche Philosophie und Soziologie* 35, 1911, S. 270/271.

(1911j *Rezension/Eisler*) [Rezension von:] Eisler, Rudolf, *Grundlagen der Philosophie des Geisteslebens* (= *Philosophisch-soziologische Bücherei*, Bd. 6), Leipzig: Klinkhardt 1908. In: *Vierteljahrsschrift für wissenschaftliche Philosophie und Soziologie* 35, 1911, S. 271/272.

(1911k *Rezension/Wundt*) [Rezension von:] Wundt, Wilhelm, *Die Prinzipien der mechanischen Naturlehre. Ein Kapitel aus einer Philosophie der Naturwissenschaften.* Zweite, umgearbeitete Auflage von *Die physikalischen Axiome und ihre Beziehung zum Kausalprinzip*, Stuttgart: Enke 1910. In: *Vierteljahrsschrift für wissenschaftliche Philosophie und Soziologie* 35, 1911, S. 439–441.

(1911l *Rezension/Boelitz*) [Rezension von:] Boelitz, Otto, *Die Lehre vom Zufall bei Emile Boutroux. Ein Beitrag zur Geschichte der neuesten französischen Philosophie* (= *Abhandlungen zur Philosophie und ihrer Geschichte*, Bd. 3), Leipzig: Quelle & Meyer 1907. In: *Vierteljahrsschrift für wissenschaftliche Philosophie und Soziologie* 35, 1911, S. 441.

(1911m *Rezension/Petersen*) [Rezension von:] Petersen, Julius, *Kausalität, Determinismus und Fatalismus*, München: Lehmann 1909. In: *Vierteljahrsschrift für wissenschaftliche Philosophie und Soziologie* 35, 1911, S. 442/443.

(1911n *Rezension/Stumpf*) [Rezension von:] Stumpf, Carl, *Philosophische Reden und Vorträge*, Leipzig: Barth 1910; ders., *Die Wiedergeburt der Philosophie. Rede zum Antritt des Rektorates der Königlichen Friedrich-Wilhelms-Universität in Berlin am 15. Oktober 1907*, ebd. 1908; ders., *Vom ethischen Skeptizismus. Rede, gehalten in der Aula der Berliner Universität am 3. August 1908*, ebd. 1909. In: *Vierteljahrsschrift für wissenschaftliche Philosophie und Soziologie* 35, 1911, S. 443/444.

(1912a *Rezension/Volkmann*) [Rezension von:] Volkmann, Paul, *Erkenntnistheoretische Grundzüge der Naturwissenschaften und ihre Beziehungen zum Geistesleben der Gegenwart* (= *Wissenschaft und Hypothese*, Bd. 9), Leipzig/Berlin: Teubner 1910. In: *Vierteljahrsschrift für wissenschaftliche Philosophie und Soziologie* 36, 1912, S. 293/294.

(1912b *Rezension/Volkmann*) [Rezension von:] Volkmann, Paul, *Die Eigenart der Natur und der Eigensinn des Monismus. Vortrag, gehalten in Kassel und in Königsberg i. Pr. im Herbst 1909*, Leipzig/Berlin: Teubner 1910. In: *Vierteljahrsschrift für wissenschaftliche Philosophie und Soziologie* 36, 1912, S. 294/295.

(1912c *Rezension/James*) [Rezension von:] James, William, *Psychologie.* Übersetzt von Dr. Marie Dürr, mit Anmerkungen von Prof. Dr. Ernst Dürr, Leipzig: Quelle & Meyer 1909. In: *Vierteljahrsschrift für wissenschaftliche Philosophie und Soziologie* 36, 1912, S. 295.

(1912d *Rezension/Kreibig*) [Rezension von:] Kreibig, Joseph Klemens, *Die intellektuellen Funktionen. Untersuchungen über Grenzfragen der*

Logik, Psychologie und Erkenntnistheorie, Wien: Hölder 1909. In: *Vierteljahrsschrift für wissenschaftliche Philosophie und Soziologie* 36, 1912, S. 296/297.

(1913a *Intuitive Erkenntnis*) „Gibt es intuitive Erkenntnis?", in: *Vierteljahrsschrift für wissenschaftliche Philosophie und Soziologie* 37, 1913, S. 472–488.

(1913b *Rezension/Rubner*) [Rezension von:] Rubner, Max, *Kraft und Stoff im Haushalte der Natur*, Leipzig: Akademische Verlagsgesellschaft 1909. In: *Vierteljahrsschrift für wissenschaftliche Philosophie und Soziologie* 37, 1913, S. 142/143.

(1913c *Rezension/Schneider*) [Rezension von:] Schneider, Karl Camillo, *Vorlesungen über Tierpsychologie*, Leipzig: Engelmann 1909. In: *Vierteljahrsschrift für wissenschaftliche Philosophie und Soziologie* 37, 1913, S. 143–145.

(1913d *Rezension/Frischeisen-Köhler*) [Rezension von:] Frischeisen-Köhler, Max, *Wissenschaft und Wirklichkeit* (= *Wissenschaft und Hypothese*, Bd. 15), Leipzig/Berlin: Teubner 1912. In: *Vierteljahrsschrift für wissenschaftliche Philosophie und Soziologie* 37, 1913, S. 145–148.

(1913e *Erklärung Lehrstühle*) [Mitunterzeichner der:] „Erklärung [gegen die Besetzung philosophischer Lehrstühle mit Vertretern der experimentellen Psychologie]", in: *Logos. Internationale Zeitschrift für Philosophie der Kultur* 4, 1913, S. 115/116; nochmals in: *Archiv für Geschichte der Philosophie* 26, 1913, S. 399/400 sowie in: *Archiv für systematische Philosophie* 19, 1913, S. 273/274 bzw. in: *Kant-Studien* 18, 1913, S. 306/307 und [mit Zusatz von Paul Barth] in: *Vierteljahrsschrift für wissenschaftliche Philosophie und Soziologie* 37, 1913, S. 341–343.

(1913f *Erklärung Lehrstühle Zusatz*) [Mitunterzeichner des:] „Zusatz" [zu 1913e], in: *Akademische Rundschau. Zeitschrift für das gesamte Hochschulwesen und die akademischen Berufsstände* 1912/1913, 2. Halbbd. (1. Jg., Heft 10, Juli 1913), S. 607; nochmals in: *Vierteljahrsschrift für wissenschaftliche Philosophie und Soziologie* 37, 1913, S. 499/500.

(1914a *Rezension/Lourié*) [Rezension von:] Lourié, Samuel, *Die Prinzipien der Wahrscheinlichkeitsrechnung. Eine logische Untersuchung des disjunktiven Urteils*, Tübingen: Mohr 1910. In: *Vierteljahrsschrift für wissenschaftliche Philosophie und Soziologie* 38, 1914, S. 276/277.

(1914b *Rezension/Lüdemann*) [Rezension von:] Lüdemann, Hermann, *Das Erkennen und die Werturteile*, Leipzig: Heinsius 1910. In: *Vierteljahrsschrift für wissenschaftliche Philosophie und Soziologie* 38, 1914, S. 277/278.

(1914c *Vaterland*) „Lieb Vaterland!", in: *Rostocker Anzeiger*, 34. Jg., Nr. 207, 5. September 1914.

(1914d *Erklärung Hochschullehrer*) [Mitunterzeichner der:] *Erklärung der Hochschullehrer des Deutschen Reiches*. Berlin: *Kaiser-Wilhelm-Dank. Verein der Soldatenfreunde*, 16. Oktober 1914.[2]

(1915a *Relativitätsprinzip*) „Die philosophische Bedeutung des Relativitätsprinzips", in: *Zeitschrift für Philosophie und philosophische Kritik* 159, 1915, S. 129–175.

(1915b *Rezension/Dingler*) [Rezension von:] Dingler, Hugo, *Die Grundlagen der Naturphilosophie*, Leipzig: Unesma 1913. In: *Vierteljahrsschrift für wissenschaftliche Philosophie und Soziologie* 39, 1915, S. 374–376.

(1916a *Idealität des Raumes*) „Idealität des Raumes, Introjektion und psychophysisches Problem", in: *Vierteljahrsschrift für wissenschaftliche Philosophie und Soziologie* 40, 1916, S. 230–254.

(1916b *Rezension/Becher*) [Rezension von:] Becher, Erich, *Weltgebäude, Weltgesetze, Weltentwicklung. Ein Bild der unbelebten Natur*, Berlin: Reimer 1915. In: *Vierteljahrsschrift für wissenschaftliche Philosophie und Soziologie* 40, 1916, S. 255–257.

(1916c *Rezension/Driesch*) [Rezension von:] Driesch, Hans, *Die Logik als Aufgabe. Eine Studie über die Beziehung zwischen Phänomenologie und Logik, zugleich eine Einleitung in die Ordnungslehre*, Tübingen: Mohr 1913. In: *Vierteljahrsschrift für wissenschaftliche Philosophie und Soziologie* 40, 1916, S. 257–259.

(1916d *Rezension/Raab*) [Rezension von:] Raab, Friedrich, *Die Philosophie von Richard Avenarius. Systematische Darstellung und immanente Kritik*, Leipzig: Meiner 1912. In: *Vierteljahrsschrift für wissenschaftliche Philosophie und Soziologie* 40, 1916, S. 259/260.

(1916e *Rezension/Lehmann*) [Rezension von:] Lehmann, Alfred, *Die Hauptgesetze des menschlichen Gefühlslebens*. Zweite, völlig umgearbeitete Auflage, Leipzig: Reisland 1914. In: *Vierteljahrsschrift für wissenschaftliche Philosophie und Soziologie* 40, 1916, S. 372–374.

(1916f *Rezension/Bechterew*) [Rezension von:] Bechterew, Wladimir von, *Objektive Psychologie oder Psychoreflexologie. Die Lehre von den Assoziationsreflexen*. Autorisierte Übersetzung aus dem Russischen,

2 Zuerst (ohne Auflistung der Unterzeichner) in: *Berliner Akademische Nachrichten*, Nr. 3 (Wintersemester 1914/1915), S. 34/35.

Leipzig/Berlin: Teubner 1913. In: *Vierteljahrsschrift für wissenschaftliche Philosophie und Soziologie* 40, 1916, S. 374–376.

(1916g *Rezension/Burnet*) [Rezension von:] Burnet, John, *Die Anfänge der griechischen Philosophie*. Nach der zweiten englischen Auflage übersetzt von Else Schenkl. Leipzig/Berlin: Teubner 1913. In: *Vierteljahrsschrift für wissenschaftliche Philosophie und Soziologie* 40, 1916, S. 376/377.

(1916h *Rezension/Herbertz*) [Rezension von:] Herbertz, Richard, *Prolegomena zu einer realistischen Logik*, Halle: Niemeyer 1916. In: *Vierteljahrsschrift für wissenschaftliche Philosophie und Soziologie* 40, 1916, S. 377–380.

(1916i *Rezension/Kries*) [Rezension von:] Kries, Johannes von, *Logik: Grundzüge einer kritischen und formalen Urteilslehre*, Tübingen: Mohr 1916. In: *Vierteljahrsschrift für wissenschaftliche Philosophie und Soziologie* 40, 1916, S. 380–384.

(1916j *Rezension/Cornelius*) [Rezension von:] Cornelius, Hans, *Transcendentale Systematik. Untersuchungen zur Begründung der Erkenntnistheorie*, München: Reinhardt 1916. In: *Vierteljahrsschrift für wissenschaftliche Philosophie und Soziologie* 40, 1916, S. 384–386.

(1917a *Raum und Zeit*) „Raum und Zeit in der gegenwärtigen Physik. Zur Einführung in das Verständnis der allgemeinen Relativitätstheorie", in: *Die Naturwissenschaften* 5 (Heft 11 und 12), 1917, S. 161–167 und S. 177–186.

(1917b *Raum und Zeit*) *Raum und Zeit in der gegenwärtigen Physik. Zur Einführung in das Verständnis der allgemeinen Relativitätstheorie*. Berlin: Springer 1917. IV + 63 S.

(1918 *Erkenntnislehre*) *Allgemeine Erkenntnislehre* (= *Naturwissenschaftliche Monographien und Lehrbücher*, Bd. 1). Berlin: Springer 1918. IX + 346 S.

(1919a *Raum und Zeit*) *Raum und Zeit in der gegenwärtigen Physik. Zur Einführung in das Verständnis der Relativitäts- und Gravitationstheorie*. Zweite, stark vermehrte Auflage, Berlin: Springer 1919. VI + 86 S.

(1919b *Erscheinung*) „Erscheinung und Wesen", in: *Kant-Studien* 23, 1919, S. 188–208.

(1919c *Zeitgeist*) „Zeitgeist und Naturwissenschaft", in: *Frankfurter Zeitung*, Jg. 64, Nr. 649 (Erstes Morgenblatt), 2. September 1919, S. 1.

(1919d *Entgegnung*) „Entgegnung", in: *Frankfurter Zeitung*, Jg. 64, Nr. 680 (Erstes Morgenblatt), 13. September 1919, S. 1.

(1919e *Selbstanzeige*) [Selbstanzeige von:] Schlick, Moritz, *Raum und Zeit in der gegenwärtigen Physik. Zur Einführung in das Verständnis der allgemeinen Relativitäts- und Gravitationstheorie*. Zweite, stark vermehrte Auflage, Berlin: Springer 1919. In: *Die Naturwissenschaften* 7 (Heft 26), 1919, S. 463.

(1919f *Rezension/Kraus*) [Rezension von:] Kraus, Oskar, *Franz Brentano. Zur Kenntnis seines Lebens und seiner Lehre, mit Beiträgen von Carl Stumpf und Edmund Husserl*, München: Beck 1919. In: *Die Naturwissenschaften* 7 (Heft 26), 1919, S. 463/464.

(1920a *Raum und Zeit*) *Raum und Zeit in der gegenwärtigen Physik. Zur Einführung in das Verständnis der Relativitäts- und Gravitationstheorie*. Dritte, vermehrte und verbesserte Auflage, Berlin: Springer 1920. VI + 90 S.

(1920b *Space and Time*) *Space and Time in Contemporary Physics. An Introduction to the Theory of Relativity and Gravitation*. Rendered into English by Henry L. Brose, with an introduction by Frederick A. Lindemann, Oxford: Clarendon Press / New York: Oxford University Press 1920. X + 89 S. [englische Übersetzung von 1920a *Raum und Zeit*].

(1920c *Kausalprinzip*) „Naturphilosophische Betrachtungen über das Kausalprinzip", in: *Die Naturwissenschaften* 8 (Heft 24), 1920, S. 461–474.

(1920d *Einstein*) „Einsteins Relativitätstheorie", in: *Mosse Almanach 1921*, Berlin: Mosse 1920, S. 105–123.

(1920e *Bestätigung*) „Einsteins Relativitätstheorie und ihre letzte Bestätigung", in: *Elektrotechnische Umschau* 8, 1920, S. 6–8.

(1920f *Rezension/Kroner*) [Rezension von:] Kroner, Richard, *Das Problem der historischen Biologie* (= *Abhandlungen zur theoretischen Biologie*, Heft 2), Berlin: Bornträger 1919. In: *Die Naturwissenschaften* 8 (Heft 32), 1920, S. 636/637.

(1920g *Rezension/Driesch*) [Rezension von:] Driesch, Hans, *Der Begriff der organischen Form* (= *Abhandlungen zur theoretischen Biologie*, Heft 3), Berlin: Bornträger 1919. In: *Die Naturwissenschaften* 8 (Heft 32), 1920, S. 637.

(1920h *Ehrendoktor*) „Rostocker Ehrendoktoren. III. Albert Einstein", in: *Norddeutsche Zeitung. Landeszeitung für Mecklenburg, Lübeck und Holstein*, Nr. 8, 11. Januar 1920, 2. Beiblatt.

(1920 i *Kundgebung*) [Mitunterzeichner der:] „Kundgebung deutscher Hochschullehrer", in: *Frankfurter Zeitung*, Jg. 64, Nr. 406 (Erstes Morgenblatt), 5. Juni 1920, S. 1/2.[3]

(1921 a *Neue Physik*) „Kritizistische oder empiristische Deutung der neuen Physik? Bemerkungen zu Ernst Cassirers Buch ‚Zur Einsteinschen Relativitätstheorie'", in: *Kant-Studien* 26, 1921, S. 96–111.

(1921 b *Vorrede/Helmholtz*) „Vorrede" [gemeinsam mit Paul Hertz], in: Helmholtz, Hermann von, *Schriften zur Erkenntnistheorie*. Herausgegeben und erläutert von Paul Hertz und Moritz Schlick, Berlin: Springer 1921, S. V–IX.

(1921 c *Erläuterungen/Helmholtz*) „Erläuterungen" [zu: Helmholtz, Hermann von, „Über den Ursprung und die Bedeutung der geometrischen Axiome" und ders., „Die Tatsachen in der Wahrnehmung"], in: Helmholtz, Hermann von, *Schriften zur Erkenntnistheorie*. Herausgegeben und erläutert von Paul Hertz und Moritz Schlick, Berlin: Springer 1921, S. 25–37 und S. 153–175.

(1921 d *Espacio y tiempo*) *Espacio y tiempo en la física actual. Introducción para facilitar la inteligencia de la teoría de la relatividad y de la gravitación*. Traducido de la tercera edición alemana por Manuel García Morente, con once apéndices explicativos, Madrid: Calpe 1921. 158 S. [spanische Übersetzung von 1920 a *Raum und Zeit*].

(1921 e *Rezension/Bloch*) [Rezension von:] Bloch, Werner, *Einführung in die Relativitätstheorie* (= *Aus Natur und Geisteswelt*, Bd. 618), Leipzig/Berlin: Teubner 1918. In: *Kant-Studien* 26, 1921, S. 174/175.

(1921 f *Rezension/Weyl*) [Rezension von:] Weyl, Hermann, *Raum, Zeit, Materie. Vorlesungen über allgemeine Relativitätstheorie*, Berlin: Springer 1918. In: *Kant-Studien* 26, 1921, S. 205–207.

(1921 g *Rezension/Dingler*) [Rezension von:] Dingler, Hugo, *Physik und Hypothese. Versuch einer induktiven Wissenschaftslehre nebst einer kritischen Analyse der Fundamente der Relativitätstheorie*, Berlin u. a.: Vereinigung wissenschaftlicher Verleger 1921. In: *Die Naturwissenschaften* 9 (Heft 39), 1921, S. 778/779.

3 In gekürzter Fassung und ohne Schlicks Unterschrift zuvor u. d. T. „Für die demokratische Verfassung. Ein Aufruf der Hochschullehrer", in: *Vossische Zeitung*, Nr. 271, 30. Mai 1920, S. 1 sowie u. d. T. „Kundgebung deutscher Hochschullehrer für die republikanische Verfassung. Gegen die ‚unfruchtbare Ablehnung des neuen politischen Zustandes'", in: *Berliner Tageblatt*, Nr. 250 (Abend-Ausgabe), 30. Mai 1920, S. 1.

(1921h *Rezension/Gehrcke*) [Rezension von:] Gehrcke, Ernst, *Physik und Erkenntnistheorie* (= *Wissenschaft und Hypothese*, Bd. 22), Leipzig/Berlin: Teubner 1921. In: *Die Naturwissenschaften* 9 (Heft 39), 1921, S. 779.

(1921i *Rezension/Einstein*) [Rezension von:] Einstein, Albert, *Geometrie und Erfahrung*, Berlin: Springer 1921. In: *Die Naturwissenschaften* 9 (Heft 22), 1921, S. 435/436.

(1922a *Raum und Zeit*) *Raum und Zeit in der gegenwärtigen Physik. Zur Einführung in das Verständnis der allgemeinen Relativitäts- und Gravitationstheorie*. Vierte, vermehrte und verbesserte Auflage, Berlin: Springer 1922. VI + 107 S.

(1922b *Helmholtz*) „Helmholtz als Erkenntnistheoretiker", in: *Helmholtz als Physiker, Physiologe und Philosoph. Drei Vorträge gehalten zur Feier seines 100. Geburtstags im Auftrage der Physikalischen, der Physiologischen und der Philosophischen Gesellschaft zu Berlin von E. Warburg, M. Rubner und M. Schlick*. Karlsruhe: Müllersche Hofbuchhandlung 1922, S. 29–39.

(1922c *Rezension/Aster*) [Rezension von:] Aster, Ernst von, *Geschichte der neueren Erkenntnistheorie (von Descartes bis Hegel)*, Berlin u. a.: Vereinigung wissenschaftlicher Verleger 1921. In: *Die Naturwissenschaften* 10 (Heft 39), 1922, S. 873.

(1922d *Rezension/Reichenbach*) [Rezension von:] Reichenbach, Hans, *Relativitätstheorie und Erkenntnis apriori*, Berlin: Springer 1920. In: *Die Naturwissenschaften* 10 (Heft 39), 1922, S. 873/874.

(1922e *Rezension/Jaspers*) [Rezension von:] Jaspers, Karl, *Psychologie der Weltanschauungen*, Berlin: Springer 1919. In: *Die Naturwissenschaften* 10 (Heft 39), 1922, S. 874.

(1923a *Relativitätstheorie*) „Die Relativitätstheorie in der Philosophie", in: Witting, Alexander (Hrsg.), *Verhandlungen der Gesellschaft Deutscher Naturforscher und Ärzte. 87. Versammlung zu Leipzig, Hundertjahrfeier vom 17. bis 24. September 1922*. Leipzig: Vogel 1923, S. 58–69.

(1923b *Rezension/Thirring*) [Rezension von:] Thirring, Hans, *Die Idee der Relativitätstheorie*. Zweite, durchgesehene und verbesserte Auflage, Berlin: Springer 1922. In: *Monatshefte für Mathematik und Physik* 33, 1923, S. 55.

(1923c *Rezension/Winternitz*) [Rezension von:] Winternitz, Josef, *Relativitätstheorie und Erkenntnislehre. Eine Untersuchung über die erkenntnistheoretischen Grundlagen der Einsteinschen Theorie und die Bedeutung ihrer Ergebnisse für die allgemeinen Probleme des Naturerken-*

nens (= *Wissenschaft und Hypothese*, Bd. 23), Leipzig/Berlin: Teubner 1923. In: *Monatshefte für Mathematik und Physik* 33, 1923, S. 55.

(1923 d *Relativitätstheorie und Philosophie*) „Relativitätstheorie und Philosophie", in: *Neue Freie Presse*, Nr. 21265 (Morgenblatt), 22. November 1923, S. 17/18.

(1924 *Rezension/Planck*) [Rezension von:] Planck, Max, *Physikalische Rundblicke. Gesammelte Reden und Aufsätze*, Leipzig: Verlag von S. Hirzel 1922. In: *Deutsche Literaturzeitung* 45, 1924, Sp. 818–823.

(1925 a *Erkenntnislehre*) *Allgemeine Erkenntnislehre* (= *Naturwissenschaftliche Monographien und Lehrbücher*, Bd. 1). Zweite Auflage, Berlin: Springer 1925. X + 375 S.

(1925 b *Naturphilosophie*) „Naturphilosophie", in: Dessoir, Max (Hrsg.), *Lehrbuch der Philosophie*, Bd. 2: *Die Philosophie in ihren Einzelgebieten*. Berlin: Ullstein 1925, S. 393–492.

(1925 c *Rezension/Busco*) [Rezension von:] Busco, Pierre, *Les cosmogonies modernes et la théorie de la connaissance*, Paris: Alcan 1924. In: *Psychologische Forschung* 6, 1925, S. 417/418.

(1926 a *Erleben*) „Erleben, Erkennen, Metaphysik", in: *Kant-Studien* 31, 1926, S. 146–158.

(1926 b *E. Mach*) „Ernst Mach, der Philosoph", in: *Neue Freie Presse*, Nr. 22 177 (Morgenblatt), 12. Juni 1926, Chronikbeilage S. 11/12.

(1927 a *Popper-Lynkeus*) „Enthüllung des Popper-Lynkeus Denkmals", in: *Zeitschrift Allgemeine Nährpflicht* 10, 1927, Heft 40, S. 2.

(1927 b *Rezension/Russell*) [Rezension von:] Russell, Bertrand, *Die Probleme der Philosophie*. Autorisierte Übersetzung aus dem Englischen von Paul Hertz, Erlangen: Weltkreis-Verlag 1926. In: *Die Naturwissenschaften* 15 (Heft 30), 1927, S. 626.

(1927 c *Vorbemerkung/Money-Kyrle*) [Vorbemerkung zu: Money-Kyrle, Roger, „Belief and Representation"], in: *Symposion* 1, 1927, S. 315.

(1927 d *Sinn des Lebens*) „Vom Sinn des Lebens", in: *Symposion* 4, 1927, S. 331–354.

(1927 e *Sinn des Lebens*) *Vom Sinn des Lebens* (= *Sonderdrucke des Symposion*, Heft 6). Berlin-Schlachtensee: Weltkreis-Verlag 1927. 24 S. [inklusive Paginierung identisch mit 1927 d *Sinn des Lebens*].

(1928 a *Rezension/Birkemeier*) [Rezension von:] Birkemeier, Wilhelm, *Über den Bildungswert der Mathematik* (= *Wissenschaft und Hypothese*, Bd. 25), Leipzig/Berlin: Teubner 1923. In: *Monatshefte für Mathematik und Physik* 35, 1928, S. 4 (der „Literaturberichte").

(1928b *W. Jerusalem*) „Wilhelm Jerusalm zum Gedächtnis", in: *Neue Freie Presse*, Nr. 22 935 (Morgenblatt), 22. Juli 1928, S. 27/28.

(1928c *Rezension/Frisch*) [Rezension von:] Frisch, Karl von, *Aus dem Leben der Bienen* (= *Verständliche Wissenschaft*, Bd. 1), Berlin: Springer 1927. In: *Die Naturwissenschaften* 16 (Heft 44), 1928, S. 824.

(1928d *Rezension/Goldschmidt*) [Rezension von:] Goldschmidt, Richard, *Die Lehre von der Vererbung* (= *Verständliche Wissenschaft*, Bd. 2), Berlin: Springer 1927, und ders., *Einführung in die Wissenschaft vom Leben oder „Ascaris"*, zwei Bände (= *Verständliche Wissenschaft*, Bd. 3, 1 und 3, 2), ebd. 1927. In: *Die Naturwissenschaften* 16 (Heft 44), 1928, S. 824.

(1929a *Erkenntnistheorie*) „Erkenntnistheorie und moderne Physik", in: *Scientia* 45, 1929, S. 307–316.

(1929b *Théorie de la connaissance*) „La théorie de la connaissance et la physique moderne", in: *Scientia* 45, 1929, Supplement, S. 116–123 [französische Übersetzung von 1929a *Erkenntnistheorie* von Marcel Thiers].

(1929c *Rezension/Reichenbach*) [Rezension von:] Reichenbach, Hans, *Philosophie der Raum-Zeit-Lehre*, Berlin: de Gruyter 1928. In: *Die Naturwissenschaften* 17 (Heft 27), 1929, S. 549.

(1929d *Rezension/Bridgman*) [Rezension von:] Bridgman, Percy W., *The Logic of Modern Physics*, New York: Macmillan 1927. In: *Die Naturwissenschaften* 17 (Heft 27), 1929, S. 549/550.

(1929e *Rezension/Carnap*) [Rezension von:] Carnap, Rudolf, *Der logische Aufbau der Welt*, Berlin-Schlachtensee: Weltkreis-Verlag 1928. In: *Die Naturwissenschaften* 17 (Heft 27), 1929, S. 550/551.

(1929f *Espace el le temps*) *Espace et le temps dans la physique contemporaine. Introduction à la théorie de la relativité et de la gravitation.* Traduit sur la quatrième édition allemande par M. Solovine, Paris: Gauthiers-Villars 1929. 94 S. [französische Übersetzung von 1922a *Raum und Zeit*].

(1930a *Ethik*) *Fragen der Ethik* (= *Schriften zur wissenschaftlichen Weltauffassung*, Bd. 4). Wien: Springer 1930. VI + 152 S.

(1930b *Wende*) „Die Wende der Philosophie", in: *Erkenntnis* I, 1930/31, S. 4–11.

(1930c *Rezension/Russell*) [Rezension von:] Russell, Bertrand, *Die Philosophie der Materie* (= *Wissenschaft und Hypothese*, Bd. 32), übersetzt von Kurt Grelling, Leipzig/Berlin: Teubner 1929. In: *Monatshefte für Mathematik und Physik* 37, 1930, S. 5/6 (der „Literaturberichte").

(1930 d *Wende*) „Die Wende der Philosophie", in: *Der Volkslehrer*, Jg. 12, Nr. 26 vom 21. Dezember 1930, S. 335/336 (Beilage: *Die Schule des Proletariats*, Nr. 5) [Nachdruck von 1930 b *Wende*].

(1930 e *Relativité de l'espace*) „La relativité de l'espace", in: *Les Nouvelles Littéraires, artistiques et scientifiques*, Nr. 415, 27. September 1930, S. 8 [Auszug aus dem 3. Kapitel von 1929 f *Espace et le temps*, mit einer Vorbemerkung von Marcel Boll].

(1931 a *Kausalität*) „Die Kausalität in der gegenwärtigen Physik", in: *Die Naturwissenschaften* 19 (Heft 7), 1931, S. 145–162.

(1931 b *Future*) „The Future of Philosophy", in: Ryle, Gilbert (ed.), *Proceedings of the Seventh International Congress of Philosophy, held at Oxford, England, September 1–6, 1930*. Oxford University Press / London: Milford 1931, S. 112–116.

(1931 c *Rezension/Weinberg*) [Rezension von:] Weinberg, Siegfried, *Erkenntnistheorie. Eine Untersuchung ihrer Aufgabe und ihrer Problematik*, Berlin: Heymann 1930. In: *Erkenntnis* II, 1931, S. 466/467.

(1932 a *Positivismus*) „Positivismus und Realismus", in: *Erkenntnis* III, 1932/33, S. 1–31.

(1932 b *Future*) „The Future of Philosophy", in: *College of the Pacific Publications in Philosophy* 1, 1932, S. 45–62.

(1932 c *Philosophy*) „A New Philosophy of Experience", in: *College of the Pacific Publications in Philosophy* 1, 1932, S. 107–122.

(1932 d *Causality*) „Causality in Everyday Life and in Recent Science", in: *University of California Publications in Philosophy* 15, 1932, S. 99–125.

(1932 e *Apriori*) „Gibt es ein materiales Apriori?", in: *Wissenschaftlicher Jahresbericht der Philosophischen Gesellschaft an der Universität zu Wien – Ortsgruppe Wien der Kant-Gesellschaft für das Vereinsjahr 1931/1932*. Wien: Verlag der Philosophischen Gesellschaft 1932, S. 55–65.

(1933 *Rezension/Bavink*) [Rezension von:] Bavink, Bernhard, *Ergebnisse und Probleme der Naturwissenschaften. Eine Einführung in die heutige Naturphilosophie*. Fünfte, neu bearbeitete und erweiterte Auflage, Leipzig: Verlag von S. Hirzel 1933. In: *Monatshefte für Mathematik und Physik* 40, 1933, S. 19.

(1934 a *Fundament*) „Über das Fundament der Erkenntnis", in: *Erkenntnis* IV, 1934, S. 79–99.

(1934 b *Philosophie*) „Philosophie und Naturwissenschaft", in: *Erkenntnis* IV, 1934, S. 379–396.

(1934 c *Les énoncés*) *Les énoncés scientifiques et la réalité du monde extérieur*. Traduction du Général Ernest Vouillemin, revue et mise à jour par l'auteur, introduction de Marcel Boll (= *Actualités scientifiques et industrielles*, vol. 152). Paris: Hermann 1934. 53 S. [französische Übersetzung von 1930 b *Wende* und 1932 a *Positivismus*].

(1935 a *Ganzheit*) „Über den Begriff der Ganzheit", in: *Erkenntnis* V, 1935, S. 52–55.

(1935 b *Facts*) „Facts and Propositions", in: *Analysis* 2, 1935, S. 65–70.

(1935 c *Notions psychologiques*) „De la relation entre les notions psychologiques et les notions physiques", in: *Revue de Synthèse* 5, 1935 (Unterreihe *Sciences de la Nature et Synthèse générale*, vol. 10), S. 5–26.

(1935 d *Bemerkungen/Jordan*) „Ergänzende Bemerkungen über P. Jordans Versuch einer quantentheoretischen Deutung der Lebenserscheinungen", in: *Erkenntnis* V, 1935, S. 181–183.

(1935 e *Questions*) „Unanswerable Questions?", in: *The Philosopher* 13, 1935, S. 98–104.

(1935 f *Geleitwort/Schächter*) „Geleitwort", in: Schächter, Josef, *Prolegomena zu einer kritischen Grammatik* (= *Schriften zur wissenschaftlichen Weltauffassung*, Bd. 10). Wien: Springer 1935, S. III–IV.

(1935 g *Fondement*) *Sur le fondement de la connaissance*. Traduction du Général Ernest Vouillemin (= *Actualités scientifiques et industrielles*, vol. 289). Paris: Hermann 1935. 55 S. [französische Übersetzung von 1934 a *Fundament*, 1935 b *Facts*, 1935 h *Introduction* sowie 1935 i *Constatations*].

(1935 h *Introduction*) „Introduction", in: 1935 g *Fondement*, S. 3–7.

(1935 i *Constatations*) „Sur les ‚constatations'", in: 1935 g *Fondement*, S. 44–54.

(1935 j *Ganzheit*) „Über den Begriff der Ganzheit", in: *Wissenschaftlicher Jahresbericht der Philosophischen Gesellschaft an der Universität zu Wien – Ortsgruppe Wien der Kant-Gesellschaft für die Vereinsjahre 1933/1934 und 1934/1935*. Wien: Verlag der Philosophischen Gesellschaft 1935, S. 23–37 [auch als Sonderabdruck mit eigener Paginierung (S. 3–17); weitgehend identisch mit 1936 a *Ganzheit*].

(1936 a *Ganzheit*) „Über den Begriff der Ganzheit", in: *Actes du Huitième Congrès International de Philosophie à Prague*, 2–7 Septembre 1934. Prag: Orbis 1936, S. 85–99 [weitgehend identisch mit 1935 j *Ganzheit*].

(1936 b *Meaning*) „Meaning and Verification", in: *The Philosophical Review* 45, 1936, S. 339–369.

(1936c *Naturgesetze*) „Sind die Naturgesetze Konventionen?", in: *Actes du Congrès International de Philosophie Scientifique, Sorbonne, Paris 1935*, fasc. 4: *Induction et probabilité* (= *Actualités scientifiques et industrielles*, vol. 391). Paris: Hermann 1936, S. 8–17.

(1936d *Gesetz*) „Gesetz und Wahrscheinlichkeit", in: *Actes du Congrès International de Philosophie Scientifique, Sorbonne, Paris 1935*, fasc. 4: *Induction et probabilité* (= *Actualités scientifiques et industrielles*, vol. 391). Paris: Hermann 1936, S. 46–57.

(1937a *Quantentheorie*) „Quantentheorie und Erkennbarkeit der Natur", in: *Erkenntnis* VI, 1936, S. 317–326.

Aufbau und Editionsprinzipien der Moritz Schlick Gesamtausgabe

1. Grundsätzliches zur Edition

In der *Moritz Schlick Gesamtausgabe* werden die veröffentlichten und die nachgelassenen Schriften Moritz Schlicks unter Berücksichtigung von Exzerpten, Marginalien, Korrekturen, Streichungen und Anstreichungen in einer textkritischen Bearbeitung mit erläuternden Kommentierungen wiedergegeben.

Die Ausgabe informiert, soweit dies möglich ist, vermittels eines textkritischen Apparates über alle überlieferten autorisierten Fassungen eines von Schlick zu Lebzeiten veröffentlichten Textes und über alle Varianten eines nachgelassenen Textes.

Texte Schlicks, die erst nach seinem Tode gedruckt worden sind, gehen nur dann in die Ausgabe ein, wenn entsprechende von Schlick autorisierte Fassungen den Herausgebern vorgelegen haben.

Nachgelassene Texte Schlicks, die aufgrund bestimmter Passagen als Vorarbeiten von zu Lebzeiten Schlicks veröffentlichten Texten angesehen werden müssen, die aber von Schlick ursprünglich zu einem anderen Zweck angefertigt wurden, sind in den erläuternden Kommentaren angeführt. Ihre Bedeutung für den Entstehungsprozeß eines veröffentlichten Textes wird ferner im Editorischen Bericht dargelegt.

Im Falle von veröffentlichten fremdsprachigen Texten, zu denen sich eine oder mehrere deutschsprachige Vorlagen im Nachlaß befinden, werden die fremdsprachigen Texte wiedergegeben und signifikante Unterschiede im textkritischen Apparat angeführt. Die deutschsprachigen Vorlagen werden in den entsprechenden Nachlaßband aufgenommen.

Der Herausgebertext wird in allen Bänden hinsichtlich der verwendeten Rechtschreibung konsistent verfaßt.

Nach Abschluß der Edition erscheint ein Registerband, in dem u. a. ein Gesamtpersonenverzeichnis abgedruckt ist, das über alle von Schlick angeführten Personen informiert.

Die *Moritz Schlick Gesamtausgabe* ist in vier Abteilungen gegliedert:

Abteilung I: Veröffentlichte Schriften
Abteilung II: Nachlaß
Abteilung III: Briefe
Abteilung IV: Varia, Register

Die Abteilung I umfaßt die von Schlick veröffentlichten Schriften, d. h. seine Monographien, Aufsätze, Beiträge und Rezensionen und alle sonstigen von Schlick zur Veröffentlichung vorgesehenen Schriften. Die Abteilung I enthält folgende Bände:

Band 1 Allgemeine Erkenntnislehre
Band 2 Über die Reflexion des Lichtes in einer inhomogenen Schicht / Raum und Zeit in der gegenwärtigen Physik
Band 3 Lebensweisheit. Versuch einer Glückseligkeitslehre / Fragen der Ethik
Band 4 Zürich, Berlin, Rostock – Aufsätze, Beiträge, Rezensionen 1907 - 1916
Band 5 Rostock, Kiel, Wien – Aufsätze, Beiträge, Rezensionen 1919 - 1925
Band 6 Die Wiener Zeit – Aufsätze, Beiträge, Rezensionen 1926 - 1936

Die Abteilung II beinhaltet die nachgelassenen Schriften Schlicks. Die Abteilung III umfaßt den Briefwechsel Schlicks. Die Abteilung IV beinhaltet Dokumente zur Biographie Schlicks sowie Register.

2. Zur Edition der Schriften der Abteilung I

Allgemeines zur Struktur und Gestaltung der Bände

Struktur der Bände In der Regel enthält jeder Band der Abteilung I der *Moritz Schlick Gesamtausgabe* eine Titelei, ein Inhaltsverzeichnis, ein Verzeichnis der Siglen, Abkürzungen, Zeichen und Indizes, eine Bandeinleitung, einen Editorischen Bericht, den kritisch edierten Text Schlicks, ein Literaturverzeichnis, die Editionsprinzipien sowie ein Personen- und ein Sachregister. Beinhaltet ein Band mehrere Texte Schlicks, so geht jedem Text in der Regel ein Editorischer Bericht voran. Die Bandherausgeber entscheiden, ob dem jeweiligen Text ein Anhang beigefügt wird. Gleichfalls besteht die Möglichkeit, ein Glossar zu erstellen.

Gestaltung der Bände Die Bände wurden so gestaltet, daß der Text Schlicks und der zugeordnete Apparat gemeinsam auf jeder Seite erscheinen, wobei sich der Apparat unter dem Text befindet. Der Apparat ist in einen textkritischen Apparat und einen darunter angeordneten Erläuterungsapparat gegliedert. Treten Fußnoten Schlicks auf, so stehen diese zwischen dem Text und dem Apparat.

Schriftarten und -grade Schlicks Text erscheint im Druckbild in derselben Serifenschrift wie seine Fußnoten und der textkritische Apparat. Der Haupttext ist in einer Schrift von elf Punkt gesetzt, die Fußnoten Schlicks und des textkritischen Apparates jeweils um zwei Punkte kleiner. Die erläuternden Kommentierungen werden in einer serifenlosen Schrift wiedergegeben. Der Schriftgrad beträgt zehn Punkt.

Beziehungen zwischen dem Text, den Fußnoten Schlicks und den Apparaten Dem Text Schlicks ist der textkritische Apparat über fortlaufende kleine lateinische Buchstaben zugeordnet. Schlicks Text und die erläuternden Kommentare der Herausgeber sind durch arabische Ziffern ohne Klammern miteinander verbunden. Schlicks Fußnoten wurden mit seinem Text durch fortlaufende arabische Ziffern mit Klammern in der Schriftart des Textes aufeinander bezogen.

Verzeichnisse und Querverweise Enthalten Monographien ein Inhaltsverzeichnis, so wird dies an derselben Stelle wie in der Originalausgabe abgedruckt, wobei die Seitenzahlen auf die jeweiligen Stellen in der *Moritz Schlick Gesamtausgabe* verweisen. Außerdem werden in diesem Fall nach Möglichkeit die beiden höchsten Gliederungsstufen des Textes in die Kolumnentitel aufgenommen. Bei Querverweisen Schlicks wird die von Schlick angegebene Seitenzahl belassen, eventuelle Seitenangaben aus Textvarianten werden im textkritischen Apparat angegeben. Enthält die Originalmonographie Register, so werden diese am Ende des Textes mit den Originalseitenangaben (und unabhängig von den von den Herausgebern erstellten Registern) abgedruckt.

Kopf- und Fußzeile In der Kopfzeile steht der Kolumnentitel links- und rechtsseitig außen. Auf den Textseiten Schlicks erscheint bei Monographien linksseitig der Titel des Textes, rechtsseitig gegebenenfalls die beiden höchsten Gliederungsstufen des Textes. Bei Aufsätzen, Beiträgen und Rezensionen steht links- und rechtsseitig der Titel des jeweiligen Textes. Für alle anderen Einheiten der Bände mit Ausnahme der Titelei gilt gleichfalls, daß links- und rechtsseitig die Einheitsüberschrift steht. Die jeweils erste Seite einer Einheit erscheint immer ohne Kolumnentitel. Die Fußzeile enthält links- und rechtsseitig außen die Seitenzählung.

Zeilenzählung Auf dem jeweils inneren Rand einer Textseite befindet sich eine Zeilenzählung. Diese beginnt auf jeder Seite neu. Überschriften werden mitgezählt, Leerzeilen nicht. Die Fußnoten Schlicks, der textkritische Apparat und der erläuternde Herausgebertext weisen keine Numerierung der Zeilen auf. Eine Zeilenzählung entfällt ebenfalls bei allen Verzeichnissen, Registern und Anhängen, der Titelei, der Bandeinleitung und dem Editorischen Bericht.

Seitenzählung und Seitenumbruch in Originalen Auf dem jeweils äußeren Rand einer Textseite erscheint die Originalpaginierung der gedruckten Texte Schlicks. Ein senkrechter Strich auf gleicher Höhe verweist auf den genauen Seitenumbruch im Original. Erfolgt ein Seitenumbruch im varianten Text, so wird dieser durch einen senkrechten Strich, gefolgt von der Angabe der Seitenzahl im Original, wiedergegeben. Bei mehreren Druckauflagen ist vor der Seitenzahl eine Sigle gesetzt, die die jeweilige Auflage kennzeichnet. Die frühste Druckfassung trägt die Sigle A, die nachfolgenden die Siglen B, C, D etc. Werden nachgelassene Fassungen eines Textes textkritisch berücksichtigt, erfolgt die Angabe ihrer ursprünglichen Seitenzählung wie bei publizierten Fassungen. Handelt es sich dabei um unpaginierte Texte, so folgt die Angabe der Zählung der Herausgeber. Seitenumbrüche in Fußnoten Schlicks bleiben unberücksichtigt.

Hervorhebungen Ein von Schlick gesperrt gesetzter Text erscheint in Kursivschrift. Dagegen werden Namen wie normaler Fließtext wiedergegeben, es sei denn Schlick hebt einen bestimmten Namen neben anderen zusätzlich hervor oder zeichnet ihn noch gesondert aus. In diesem Fall erfolgt eine Hervorhebung durch Kursivsetzung.

Anführungszeichen Bei Zitationen werden ab Satzlänge die Anführungszeichen der zitierten Sprache verwendet. Für Anführungszeichen in Zitaten sind einfache Anführungszeichen gesetzt.

Überschriften In allen Bänden werden Überschriften zentriert gesetzt und typographisch vereinheitlicht. Bei Monographien folgt die Numerierung dem Original. In den Aufsatzbänden werden die Überschriften nicht numeriert.

Verteilung der Texte Die Verteilung der Texte in Abteilung I erfolgt nach drei Kriterien: Textsorte, Sachzusammenhang und Chronologie. Die jeweilige Sorte eines Textes, d. h. Monographie, Aufsatz, Beitrag oder Rezension, entscheidet vor dem Sachzusammenhang und der chronologischen Reihenfolge über die Zusammenstellung der Bände. Der Sachzusammenhang erhält dann den Vorrang, wenn mehrere Schriften dieser Abteilung in einen Band vereinigt werden müssen. Ansonsten erfolgt die Verteilung der Texte auf die einzelnen Bände in der Abteilung I chronologisch nach Erscheinungsjahr, wodurch die thematischen Schwerpunkte der Arbeit Schlicks in ihrer zeitlichen Folge sichtbar gemacht werden.

Bandtitel

Die Bandtitel der Abteilung I geben den Titel der darin abgedruckten Monographie an, bei mehreren Titeln der Monographien. Bei den Bänden, die Aufsätze, Beiträge und Rezensionen enthalten, erhält jeder Bandtitel eine Orts- und Zeitangabe, die auf die jeweilige Wirkungsstätte der betreffenden Periode verweist.

Bandeinleitung

Jedem Band ist eine Einleitung der Herausgeber vorangestellt, in welcher über die thematischen Schwerpunkte der abgedruckten Texte Schlicks und ihren unmittelbaren zeit- und wissenschaftsgeschichtlichen Kontext informiert wird. Die weitergehende Problem-, Rezeptions- und Wirkungsgeschichte wird nicht behandelt, ebensowenig werden Hinweise auf die diesbezügliche Literatur angeführt. Bei Bänden, die mehrere Texte Schlicks enthalten, ist darüber hinaus die Beziehung dieser Texte zueinander erläutert.

Editorischer Bericht

Allen Texten ist jeweils ein Editorischer Bericht vorangestellt, in dem über die Textentstehung und -überlieferung berichtet wird, und der über die editorischen Entscheidungen der Herausgeber informiert. Der Editorische Bericht enthält in der Regel drei Teile: Entstehung, Überlieferung, Editorische Entscheidungen.

Entstehung Dieser Abschnitt stellt die unmittelbaren wissenschaftlichen und biographischen Kontexte dar, die für die Textgenese relevant sind. Die Textentstehung und -entwicklung wird nach Möglichkeit unter Berücksichtigung aller überlieferten autorisierten Fassungen eines Textes beschrieben und erläutert. Liegen nicht-autorisierte nachgelassene Vorarbeiten vor, wird über deren Verhältnis zum Text berichtet. Ferner sind bei der Erläuterung des Entstehungszusammenhanges bereits veröffentlichte Texte Schlicks mit zu berücksichtigen.

Überlieferung In diesem Teil des Editorischen Berichts wird dargelegt, in welcher Form (Textstruktur, Buchformat, Anzahl der Bögen etc.), in welchem physischen Zustand (Papierqualität, Einband etc.) und unter welchen Überlieferungsumständen (Auflagen, Druckvorlagen, Manuskripte etc.) der

Text erhalten ist. Sofern der Text in mehreren Fassungen überliefert ist, wird der Bericht erläutern, welche davon der Edition zugrunde gelegt wurde und welche als Variante verstanden wird.

Editorische Entscheidungen Der Bericht erläutert in diesem Teil die jeweiligen editorischen Entscheidungen in bezug auf einen Text und begründet diese.

Texte

Die kritische Bearbeitung und erläuternde Kommentierung der Texte geschieht vermittels zweier Apparate: dem textkritischen Apparat und dem Erläuterungsapparat.

Textkritischer Apparat

Der textkritische Apparat teilt die überlieferten autorisierten Fassungen eines Textes mit und informiert über die Veränderungen im Text.

Textentwicklung Ist ein Text Schlicks in mehreren autorisierten Fassungen überliefert, wird eine dieser varianten Fassungen zum edierten Text bestimmt. In der Regel ist dies die Fassung letzter Hand. Die Fassungen eines Textes sind durch Siglen ausgezeichnet. Die früheste Fassung trägt die Sigle A, spätere Fassungen des Textes sind entsprechend der zeitlichen Folge ihres Erscheinens mit B, C, D etc. bezeichnet.

Edierter Text und alle varianten Fassungen werden gleichwertig behandelt. Dies geschieht vermittels eines negativen Apparats, indem allein die vom edierten Text abweichenden Stellen in bezug auf die varianten Fassungen verzeichnet werden.

Im Falle autorisierter Übersetzungen werden die signifikanten Veränderungen zwischen den nachgelassenen deutschsprachigen Vorlagen und den publizierten fremdsprachigen Texten im textkritischen Apparat wiedergegeben.

Textveränderungen Eingriffe der Herausgeber in den Text Schlicks werden auf ein Minimum beschränkt. Seine sprachlichen Eigentümlichkeiten sind unverändert übernommen. Korrigiert und im textkritischen Apparat vermerkt werden lediglich eindeutige grammatische Fehler, falsch wiedergegebene Namen und Datumsangaben. Eine stillschweigende Korrektur erfolgt bei Tipp- und Druckfehlern. Bei deutschsprachigen Texten werden fehlende Interpunktionszeichen zwischen Hauptsätzen, bei Aufzählungen und Relativsätzen sowie bei „daß"-Sätzen ebenfalls stillschweigend korrigiert. Bei fremdsprachigen Texten ist die editorische Regel zu Interpunktionszeichen im Editorischen Bericht zu formulieren. Anderenfalls geben eckige Klammern die eingefügten Satzzeichen wieder. Umlaute werden entsprechend der heutigen Schreibweise gesetzt. Abkürzungen Schlicks werden, insofern sie schwer verständlich sind, in eckigen Klammern ergänzend ausgeschrieben.

Sofortkorrekturen Schlicks in zitierten Nachlaßstücken werden nicht textkritisch behandelt. Treten in den nachgelassenen Texten Hervorhebungen auf, werden diese kursiv gesetzt. Keine Eingriffe erfolgen bei zitierten Passagen anderer Autoren.

Erläuterungsapparat

Der Apparat liefert den Nachweis, die Ergänzung oder die Berichtigung der Zitate und der Literaturangaben Schlicks und gibt sachliche Erläuterungen.

Zitate Die Zitate Schlicks werden überprüft. Gibt Schlick ein Zitat unvollständig oder fehlerhaft an, so wird in einer entsprechenden Erläuterungsfußnote das vollständige Zitat richtig wiedergeben. Bei indirekter Zitation Schlicks wird nach Möglichkeit der Entstehungszusammenhang dokumentiert. Liegt ein nicht belegtes Zitat vor, so verweist die zugeordnete Erläuterungsfußnote auf seine Quelle. Konnte ein Zitat von den Herausgebern nicht nachgewiesen werden, so steht in der entsprechenden erläuternden Fußnote: Als Zitat nicht nachgewiesen.

Literaturangaben Alle Literaturangaben Schlicks werden einer Überprüfung unterzogen. Nach Möglichkeit werden nicht eindeutige oder fehlerhafte Angaben vermittels der von Schlick angegebenen Literatur ergänzt oder berichtigt. Anderenfalls erfolgt die Vervollständigung oder Berichtigung der Literaturangaben Schlicks in der Regel durch gängige Referenzausgaben. In jedem Fall werden Klassikerzitate durch eine entsprechende Referenzausgabe nachgewiesen. Die vollständige bibliographische Angabe erfolgt im Verzeichnis der von Schlick angegebenen Literatur. Gibt Schlick ohne nähere Angaben den Hinweis auf eine Literatur, so wird diese ebenfalls im Verzeichnis der von Schlick angegebenen Literatur vollständig nachgewiesen.

Die Literaturangaben der Herausgeber werden im Erläuterungsapparat bei wiederholtem Auftreten mit Kurztitel verwendet. Diese sind im Verzeichnis der Herausgeberliteratur aufgelöst.

Erläuternde Kommentare Neben Begriffen werden Ereignisse erläutert, die in einem sachlichen Zusammenhang mit dem Text stehen und deren Kenntnis für das Textverständnis erforderlich erscheint.

Die Kommentare geben darüber hinaus Standpunkte und Ansichten unter Heranziehung der entsprechenden Literatur wieder, in deren Umfeld Schlicks Denken nachhaltig beeinflußt wurde. Die Angabe und die Zitation von nachgelassenen Texten sowie veröffentlichten Schriften Schlicks unterstützen die Überlegungen im Hinblick auf die thematischen Schwerpunkte und die Problemkreise, die zur Entstehung und Entwicklung des Textes beigetragen haben. Daneben dienen sie zur Betonung und weiteren Darlegung der im Text von Schlick zum Ausdruck gebrachten Positionen.

Verzeichnisse und Register

Jedem Band sind folgenden Verzeichnisse und Register beigefügt:

Inhaltsverzeichnis

Verzeichnis der Siglen, Abkürzungen, Zeichen und Indizes

Verzeichnis der von Schlick zitierten Literatur In diesem wird die von Schlick verwendete Literatur unter Angabe der vollständigen bibliographischen Daten in alphabetischer Reihenfolge der Autorennamen aufgeführt.

Verzeichnis der Herausgeberliteratur Dieses Verzeichnis erfaßt die von den Herausgebern verwendete Literatur mitsamt den bibliographischen Angaben. Die Literatur ist dabei geordnet nach der Reihenfolge der Autorennamen. Wurden Kurztitel verwendet, so werden diese in Klammern vor der vollständigen Angabe aufgeführt.

Personenregister Dieses führt die in der Bandeinleitung, den Editorischen Berichten und im edierten Text vorkommenden Personennamen auf, wobei die Seitenzahlen, die auf von Schlick genannte Personen hinweisen, gerade gesetzt sind. Alle Seitenzahlen, die von den Herausgebern verwendet, auf Personen verweisen, sind kursiv gesetzt. Hinter dem Namen der Person stehen jeweils, soweit bekannt, in Klammern deren Geburts- und Sterbejahr.

Sachregister Dieses führt relevante Begriffe und Sachverhalte an, die in der Bandeinleitung, den Editorischen Berichten und dem edierten Text verwendet werden, wobei die Seitenzahlen, die auf von Schlick genannte Begriffe und Sachverhalte hinweisen, gerade gesetzt sind. Alle Seitenzahlen, die von den Herausgebern verwendet, auf Begriffe und Sachverhalte verweisen, sind kursiv gesetzt.

Personenregister

Sachregister

FSC
www.fsc.org
MIX
Papier | Fördert
gute Waldnutzung
FSC® C083411

Kolibri 360 GmbH
Ferdinand-Jühlke-Straße 7
99095 Erfurt, Deutschland
produktsicherheit@kolibri360.de